개정판

해양환경공학

Marine Environmental Engineering

한국해양환경 · 에너지학회 편

도서출판 동화기술

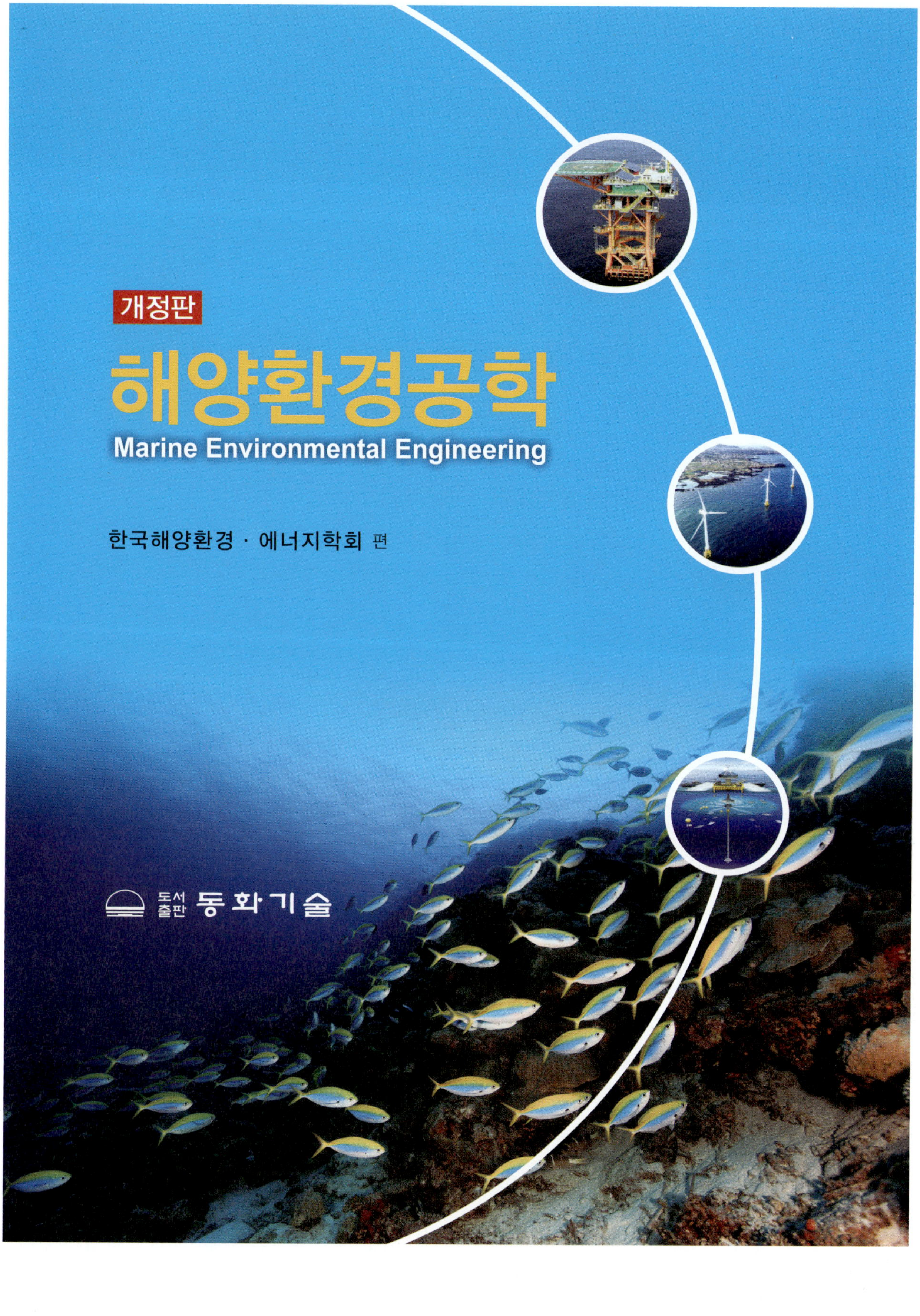

개정판 발간사

많은 미래학자들은 해양의 시대를 예고하고 있으며, 앞으로 해양 공간의 이용과 개발은 더욱 가속화 될 것으로 전망합니다. 그러나 건강하고 풍요로운 바다를 위한 모두의 노력에도 불구하고 씨프린스 호와 허베이스피리트 호와 같은 해양오염 사고와 크고 작은 선박 사고에서 보듯이 해양 환경과 안전에 대한 위협 또한 증가해 왔습니다. 한국해양환경·에너지학회는 해양을 보전하는 '지속 가능한 발전'을 위한 과학기술 연구의 구심점으로, 관련 인재의 양성이 무엇보다 중요함에도 적당한 입문서가 부재함을 안타깝게 여겨 왔습니다. 이에 학회 구성원들이 뜻을 모아 대학 교재로도 활용이 가능한 '해양환경공학'을 2008년 처음으로 발간한 바 있습니다.

초판을 발간한 이후 10여년이 지나면서 괄목할만한 학문적인 발전이 이루어지고, 또한 초판에 미처 담지 못한 연관 분야에 대해서도 필요성이 대두되어 개정을 논의하게 되었습니다. 이에 학회가 출범한지 20주년이 되던 2017년에 '해양환경공학' 개정을 위한 도서편찬위원회를 학회 내에 출범시켜 개정판을 준비하였습니다. 학회의 명칭이 초판 발간 당시의 한국해양환경공학회에서 현재의 한국해양환경·에너지학회로 변경되었듯이, 해양환경 분야의 눈부신 발전과 최신의 과학기술적 성과들을 개정판에 담아 보다 올바른 안내서로 자리매김하고자 노력하였습니다.

개정판이지만 많은 부분에서 초판에 준하는 전면적인 개정으로 완성도를 높였으며, 해양환경 분야의 종합적인 입문서가 될 수 있도록 연관 분야를 충실히 다루고자 힘을 기울였고, 많은 사례들을 수록하여 이해를 돕고자 하였습니다. 만족스러운 개정판을 내놓을 수 있게 된 것은 전적으로 새로이 참여한 집필진의 헌신과 또다시 노고를 마다하지 않은 초판 집필진 모두의 후학 양성에 대한 열정과 노력의 결과입니다. 또한 도서출판 동화기술 편집진의 정성과 노고에도 깊이 감사드립니다.

바다는 자원의 보고이고 삶의 터전이며 문화의 공간입니다. 특히 삼면이 바다로 둘러싸여 태평양을 통해 세계로 뻗어 있는 우리에게 해양의 의미는 특별합니다. 해양의 환경을 보전하고 풍요롭게 하는 것은 우리 모두의 책무이고 바람이며, 무엇보다 과학기술의 뒷받침 없이는 불가능합니다. 보다 많은 후학들이 본서를 통해 매력적인 해양환경이라는 학문의 깊은 바다로 들어서는 입구를 찾게 되기를 고대합니다.

사단법인 한국해양환경·에너지학회 회장 홍 기 용

초판 발간사

우리나라는 국토가 좁고 지하자원이 빈곤하나, 삼면이 바다이다. 다행히 국토의 약 4.5배나 되는 우리 바다는 각종자원이 매우 풍부하고 경관이 아주 아름답다. 선진 한국의 꿈은 여러 가지 방법으로 이룰 수 있으나, 이렇게 운명처럼 주어진 우리의 여건이자 강점인 바다를 먼저 가꾸고 개발하는 것이 우리의 꿈 실현에 매우 수월할 것이다. 이것의 Key가 바로 MT(marine technology) 즉, 해양과학기술이다. 또한, 최근 큰 화두가 되고 있는 국가 균형발전의 핵심 역시 MT라고 생각한다. 우리 국토의 동·서·남쪽 모두가 해안 지역이므로 이 연안역의 발전이 국토 균형발전의 핵심이고 연안역의 발전 동력이 여건과 특성상 대부분 MT와 관련이 있을 수밖에 없기 때문이다.

최근 국가 중점 과학기술 분야의 하나로 6T(BT, IT, NT, ET, ST, CT) 이외에 MT(해양과학기술)가 추가되었고 이를 토대로 해양 산업, 자원 개발, 환경 보전을 3축으로 하는 MT 개발 로드맵이 완성되었다. 그러나 큰 문제는 우리의 해양강국 비전을 펼쳐 줄 전문 연구인력이 아직 상당히 부족하다는 것과 미래의 젊은 인재가 해양과학기술 분야로의 진출에 회의적인 시각을 가지고 있다는 것이다. 이러한 시대적 여건을 감안하여 해양 환경보전과 개발에 관한 올바른 이해를 제공하고 동시에 젊은 세대의 관심을 유도하고자 해양환경공학 분야의 입문서 발간을 기획하게 되었다.

본서는 우리의 새로운 미래를 펼치고자 노력한 집필진 여러분의 진지한 사명감과 자발적인 헌신의 결과이다. 집필진 여러분들에게 진심으로 감사한다. 또한, "사람이 책을 만들고 책이 사람을 만든다"는 생각으로 함께 정성을 기울인 편집진의 노고에도 깊이 감사한다.

그리고 여러 가지 형태로 각지에서 흘러드는 물이 모여 결국은 바다를 이루듯, 이렇게 책으로 시작하여 많은 젊은이가 자기가 좋아하는 바다의 꿈을 키우며, 아름다운 바다를 통하여 보다 큰 세상으로 나아가기를 기원한다.

사단법인 한국해양환경공학회 회장 이 규 형

개정판 머리말

2008년 5월 첫 발간된 본 해양환경공학 도서는 2007년 한 해 동안 한국해양환경공학회원들의 자발적인 헌신으로 집필되었는데, 본 도서가 교정작업을 마무리하고 발간사와 머리말을 작성할 무렵인 2007년 12월은 태안반도에서 허베이스피리트 호 사고가 발생하여 온 나라가 떠들썩했을 때였던 걸로 기억한다. 그래서 초판의 머리말을 보면 허베이스피리트 호 사고의 발생을 개탄하면서, 어떻게 하면 이러한 사고를 미연에 예방하고 발생한 후에도 피해를 최소화할 수 있을지를 고민했던 흔적이 남아 있다. 그 이후의 사고의 수습에 대하여는 많은 분들이 잘 알고 계시듯이 해양경찰청을 중심으로 진행된 방제작업이 과거에 비해 비교적 해피엔딩적 마무리가 이루어졌다고 판단된다. 불모지에서 시작한 해양환경공학 분야가 종사하는 많은 전문가분들의 노력으로 그나마 작은 결실을 맺은 듯 하여 뿌듯함도 가져보지만, 아직도 해결해야 할 문제점들이나 아쉬운 점, 부족한 점이 산적해 있기에 앞으로 가야 할 길은 훨씬 멀고도 도전적이며 해양환경공학인의 큰 분발과 도전을 요구하고 있다.

해양환경공학에서 허베이스피리트 호 사고와 같은 해양유류오염 문제는 극히 부분적인 일례에 불과하며, 그 내용도 초판에 기술되었던 것보다 훨씬 넓은 분야에까지 그 영역이 확대되고 있다. 지속가능한 해양환경이란 개념도 초기의 해양환경보전과 해양개발의 조화를 추구하는 데에 더하여 사회적인 발전까지를 포함하는 개념으로까지 확대되고 있다. 또한 UN미래보고서에 따르면 머지않은 미래에 해양도시나 해저도시, 심지어는 독립된 해양국가가 건설될 수도 있다는 예측을 하고 있다. 북극에서 해빙이 진행되면서 북극항로가 열리고 새로운 개념의 운송수단이나 바다를 이용한 다양한 신재생에너지의 생산과 저장기술들이 거론되고 있다. 이러한 새로운 분야에 대한 해양의 지속가능한 개발과 보전의 조화를 찾고, 인공지능이나 사물인터넷 등 4차 산업혁명 기술들과 융합된 신개념의 해양환경공학 분야의 정립을 위하여는 보다 적극적으로 해양환경에 대한 과학적, 공학적, 기술적, 정책적인 융복합적 접근을 추구해야 될 것이다.

본 개정판은 이러한 노력의 일환으로 지난 10년 동안의 변화와 발전을 반영하고자 노력하였다. 초판과 마찬가지로 여전히 대학교 학부과정의 교재로 사용할 수 있도록 구성되었지만 해양과 관련된 다양한 연구계, 산업계 및 관공서 종사자들이 참고서로 활용할 수 있도록 전문적인 내용도 어느 정도 포함시켰다. 제1장에서 4장까지에 해당하는 서론, 해양환경과 해양생태계, 해양환경 문제의 종류와 현황 및 해양환경보전 및 관리기술은 기본 골격은 대부분 초판의 형태로 유지하되 그간의 변화를 담아 상당 부분 업데이트하는 형식으로 개정되었다. 제5장 지속가능한 해양개발과 이용은 확대일로에 있는 해양의 신재생에너지 개발과 해양광물자원 개발, 청정 선박이나 친환경 구조물, 항만 등의 새로운 기술내용을 추가하여 대폭으로 개편되었다. 제6장 해양환경공학 적용사례는 초판발행 시점의 적용사례가 현 시점에서 볼 때 다소 진부하고 심지어는 법 개정 등으로 더 이상 유용하지 않은 내용마저 담겨 있었기 때문에 과감히 전체 내용을 새로이 기획하여 집필하는 형식을 취하였다. 마지막 장인 제7장 해양환경보전 법제도도 지난 10여 년간 많은 제·개정이 이루어졌기 때문에 대폭으로 개편될 수밖에 없었다. 초판발행에 못지않은 개정판 집필작업에 흔쾌히 참여하고 수고해 주신 장 집필책임자들을 비롯한 전 집필진에 다시금 무한한 감사의 마음을 전한다. 끝으로 본 개정판의 편찬을 적극 지원하여 준 본 학회 회장님을 비롯한 임원분들께 감사드리며, 개정판 편찬의 전 과정을 성실하고도 묵묵히 진행해 준 도서편찬위원회의 오정환 이사와 강선옥 학회간사께 이 자리를 빌려 진심어린 감사를 전하고자 한다.

사단법인 한국해양환경·에너지학회 도서편찬위원장 **현 범 수**

도서편찬위원회

위원장 : 현범수(한국해양대)
간 사 : 오정환(선박해양플랜트연구소)

집필진

* 표는 장별 집필책임위원, 나머지는 가나다순

제1장 : 이규형*(전남대)

제2장 : 윤양호*(전남대), 이규형(전남대)

제3장 : 이석모*(부경대)
강대석(부경대), 김경신(한국해양수산개발원), 김동명(부경대),
김성수(해양환경공단), 김종구(군산대), 서영상(국립수산과학원),
안경호(국립수산과학원), 유선재(군산대), 이봉길(전 해양경찰청), 이인철(부경대),
정창수(한국해양과학기술원), 조현서(전남대), 최영찬(제주대)

제4장 : 이두곤*(한국교원대)
강성길(선박해양플랜트연구소), 강창구(윙쉽테크놀러지),
김영옥(한국해양과학기술원), 이봉길(전 해양경찰청), 이찬원(경남대),
홍기용(선박해양플랜트연구소), 홍기훈(한국환경안전연구원)

제5장 : 홍기용*(선박해양플랜트연구소)
김상진(한국해양과학기술원), 강성균(한국해양과학기술원),
김은찬(선박해양플랜트연구소), 권개경(한국해양과학기술원), 김동수(부경대),
김충곤(한국해양과학기술원), 김현주(선박해양플랜트연구소),
박우선(한국해양과학기술원), 송무석(홍익대), 신희재(한국해양과학기술원),
이광수(한국해양과학기술원), 이윤호(한국해양과학기술원),
이정현(한국해양과학기술원), 현범수(한국해양대),
홍사영(선박해양플랜트연구소), 홍섭(선박해양플랜트연구소)

제6장 : 강성길*(선박해양플랜트연구소)
김경태(한국해양과학기술원), 김은찬(선박해양플랜트연구소), 김학균(부경대),
김현주(선박해양플랜트연구소), 송무석(홍익대), 신승호(선박해양플랜트연구소),
심원준(한국해양과학기술원), 이규태(네오엔비즈), 이봉길(전 해양경찰청),
이용우(해양환경공단), 이정석(네오엔비즈), 정태성(한남대)

제7장 : 남정호*(한국해양수산개발원)
강대석(부경대), 이두곤(한국교원대), 이봉길(전 해양경찰청)

감 수 : 배광준(서울대), 이문옥(전남대)
편집지원 : 강선옥(한국해양환경 · 에너지학회 간사)

목 차

Chapter 1

서 론

1.1 해양환경에 대한 인식 변화와 미래

역사를 돌아보면 바다를 지배한 자가 세계를 지배했다. 과거에 지구상의 바다는 오랫동안 수산물 생산과 물자수송의 길로서 인식되어서 해상교역 활동이 활발하게 이루어져 왔으며, 해상 실크로드를 장악한 강국들이 그 기반을 유지하고 번영의 시대를 이끌었다. 그리고 1960년대에 이르러서 가까운 장래에 육지지구의 자원 고갈을 예견한 선진강국이 해양자원개발의 필요성을 역설한 이후, 바다는 탐구의 대상이 되었고 자원개발 경쟁시대를 예고하였다. 반면 우리는 1970년대에 강력한 국가 주도의 경제개발계획에 의거하여 연안역 가까이에 유치한 각종 산업공단이 가동되면서 나타난 중금속 오염과 부영양화에 의한 적조 현상을 겪고 해양환경 오염의 심각성을 깨닫게 되었다. 당시 해양환경관리에 관한 국가적 관심은 1973년 국제해사기구(IMO)의 해양오염방지국제협약(MARPOL 73/78)을 비준하고 「해양오염방지법」(1977)을 제정하면서 시작된다. 그러나 환경보전과 경제개발은 계속해서 이해관계가 크게 대립하는 어려움 속에서 좌충우돌하다가 1992년에 "유엔 환경과 개발에 관한 정상회의(리우회의)" 이후 인류사회의 지속가능한 발전을 실현하기 위한 이정표로 "의제 21(Agenda 21)"을 채택하고, 각 나라마다 나름의 국가 실천계획을 수립하기에 이른다. 이로 인하여 국제사회의 흐름을 반영한 우리 정부의 정책에 큰 변화가 있었지만 이미 대부분의 갯벌이 매립되어서 상당한 어장 소실과 함께 심각한 수질오염과 생태계 훼손, 1995년에 발생한 씨프린스 호 대형 기름 유출사고, 대규모 유해성 적조현상의 상습적 발생 등으로 기존의 해양산업 근간을 흔들어 놓는 결과를 초래함으로써 국가 사회적으로 큰 영향을 주어 전 국민에게 해양환경의 중요성을 다시 한 번 깨닫게 하였다. 이후, 국내의 다양한 오염 저감 활동과 더불어 부유 쓰레기 등 해양환경 오염물질의 국가간 이동에 대응하고 공유해역의 환경과 자원을 관리하기 위하여 북서태평양 해양환경 보전 실천계획(NOWPAP), 황해 광역생태계 관리 프로그램(YSLME), 동아시아 해역 환경관리 프로그램(PEMSEA)에 참여하는 등 인접 국가를 포함한 동북아시아 해역의 국가간 협력을 확대하여서 점차적으로 국가 상호간의 이해관계를 극복하며 지속적인 활동을 유지하고 있다. 그런데 지금 우리는 빠르게 4차 산업혁명시대에 진입하면서 어떻게 만족할 만한 해양환경보전을 이룰 수 있으며, 어떻게 인류사회의 지속가능한 발전을 실현할 수 있을까?

이제 4차 산업시대는 인터넷과 컴퓨터 기반의 디지털화(3차 산업시대)에서 인공지능(AI), 빅데이터, 사물인터넷(IoT) 등의 기술이 융합되어, 생산, 관리, 경영 등에 전반적인 변화를 일으키는 차세대 기술혁명시대를 지칭한다. 예상되는 변화로는 인터넷 연동이 가능한 의류와 안경, 3D프린팅 제조, AI로봇의 상용화, On-Off line 연동과 플랫폼, 자율운행 전기차량과 드론의 운행 및 융합, 각 분야의 스마트 서비스화 등으로서 이제는 다양성과 창의적 사고, 정보통신기술(ICT)에 대한 이해와 응용력, 인간중심의 소통 기술 등의 자질이 크게 요구된다고 한다. 그리고 한편, 우리가 당면한 에너지, 식량, 물 부족 등을 해소하기 위하여 해양에서의 자원개발과 관련한 산업활동, 지구환경 문제의 제어관련 친환경 산업 활동 등이 상기한 각종 첨단 기술과 만나면서 아주 활발할 것으로 예측되고 있다.

이와 관련하여 우리 정부가 21세기에 진입하면서 육성하고 있는 과학기술은 생명(BT), 정보(IT), 나노(NT), 환경(ET), 우주(ST), 문화(CT), 해양(MT)으로, 해양과학기술 분야는 2020년까지 해양강국 5위를 목표로 하여서 로드맵을 작성하였다. 로드맵은 3개의 큰 축으로 수산, 조선, 해운 등을 포함한 첨단해양산업기술, 해양환경기술, 해양자원개발기술인데, 산업 활동과 연관시켜 볼 때 관심을 받는 중요한 축이 해양자원개발이라고 할 수 있다.

그러나 해양과 그 주변에서의 모든 개발행위는 유동적인 해수의 특성 때문에 그 영향역이 의외로 폭 넓게 나타날 수 있으며, 아주 사소한 것일지라도 시기에 따라서는 환경변화에 민감한 해양생물들에게 심각한 피해를 줄 수 있다. 한편, 개발 행위와 전혀 관계가 없이도 오래전부터 육상에서 버려지는 각종 물질은 시간이 걸릴 수 있지만 결국 위치가 낮은 바다를 향하여 수시로 점점 더 많이 유입하고 있다. 이러한 물질들은 이동과 순환 과정을 거쳐서 일부가 먼 바다로 확산되지만 대부분은 해수교류가 억제된 폐쇄적인 연안역 가까이 멈춰서 축적되며 오염현상을 일으킨다. 따라서 이제는 어떠한 특별한 조치도 없이 자연 그대로 방치하게 된다면 오염현상은 점점 더 심하게 확산되므로 조만간에 해양경관은 물론 수산업 등 기존의 해양산업 조차 생존의 위협을 받게 될 수 있다. 이러한 우리 주변의 해양환경을 유연한 사고를 통하여 살펴보고 깊게 이해한다면 앞으로 해양에서의 개발 행위와 해양환경 보전 활동은 상호보완이 반드시 필요하며 상생(相生)이 가능해야 한다.

이제 우리는 시대의 흐름을 읽으며, 연안역에서부터 대양에 이르기까지 환경보전과 함께 해양의 가치 증진을 이루기 위하여 최첨단 융복합기술을 접목하여 감으로써 가까운 장래에 반드시 지속가능한 선진 해양강국의 꿈을 이루어가야 할 것이다.

1.2 바다의 가치와 연안의 역할

평균수심 약 3,800 m로 지구표면의 약 71%를 덮고 있는 바다에는 지구상 물의 97% 이상이 존재한다. 이 바닷물에는 지구상에 존재하는 대부분의 자연계 원소, 약 90여종이 녹아 있다. 이러한 바다가 신비스러운 이유는 첫째, 바다가 "지구상의 생명체를 탄생시키고 번성하게 한다"는 것이고, 둘째, 지구상 최고의 "보물창고"라는 것, 셋째, 지구상의 "기후 조절자"라는 것, 넷째, 지구상의 거대한 "정화조 역할"을 수행한다는 것 등이기 때문이다.

그리고 아직까지도 육지 중심적 사고에 가려져, 다소 소외되어 발전이 저해되고 있는 바닷가 즉, 연안역의 가치는 해상운송을 위한 교두보 이외에도, 인류를 풍요롭게 해 줄 각종자원이 다량 인접함에 있다. 예를 들면, 아름다운 경관이외에 공간자원, 해저 광물, 무공해 에너지, 막대한 용존 물질, 우리에게 부족한 물, 그리고 생물을 기반으로 하는 식량 등이 가까이 있다는 것이다. 그러므로 연안역은 육지와 바다의 완충지로서 해양 재난 방지 등 여러 가지 역할을 열거할 수 있으나, 바람직한 연안역의 역할은 자기 발전을 위하여 바다의 이런 가치를 충분히 활용할 뿐 아니라, 궁극적으로 도시와 미개발지역 간의 상호 균형발전을 유도해야 한다는 것이다.

이해를 돕기 위해서 "역할을 가능케 하는 연안역의 발전 동력은 무엇이어야 할까?"에 대하여 생각해 보자. 연안역의 발전 동력은 지금까지 대부분이 해상 뱃길이나 해양관광, 레저 활동을 중심으로 크게 강조하는 경향이 많았다. 물론 이것들도 아주 중요하지만 "이러한 활동만으로 연안역의 성장 동력이 과연 충분한가?"에 대해서는 회의적이다. 왜냐하면 어떤 연안에서는 항구를 중심으로 물자 수송과 여러 가지 관광 활동이 활발하지만, 다른 한편에서는 많은 주민들이 고유한 문화를 유지하며 살아갈 수 있는 기반이 열악하여 아름다운 섬과 연안역을 떠나고 있기 때문이다. 우리나라에는 섬이 약 3,170개나 있지만 현재 알려진 바로는 이미 약 85%가 무인도라고 한다. 여기서 우리는 국토 안보의 측면에서도 해양국토를 확실하게 지키려면 인공 섬 등의 개발도 필요하겠지만 기존하는 섬을 근간으로 하여 지켜나가야 효율적일 것이며, 막강한 해군력과 함께 섬 주민들이 거주하면서 해양국토를 쓸모 있게 가꾸어가도록 해야 할 것이다.

그렇다면 바람직한 연안역의 발전 동력은, 구체적인 예를 들면 에너지의 경우, 전기를 육지로부터 공중이나 해저를 거쳐 공급받는 형태의 연안(섬) 모습이 아니라, 오히려 연안에서 조류나 파랑으로부터 무공해 에너지를 직접 얻어 이용할 뿐만 아니라 부족한 육지로 공급하는 모습으로 나타나야 하고, 물의 경우 역시, 육지에서 부족한 물을 조달받아야 하는 연안이 아니라 오히려 가까운 바다에서 깨끗한 물을 풍부하게 얻어서 육지로 공급 하는, 바다자원의 창출지로서 성장, 발전해야 한다는 것이다. 그렇게 해야 연안역 주민이 기본적으로 안정되어서 정착하게 되고, 생명과 문화와 레저가 함께 "살아 있는 바다, 숨 쉬는 연안(2012 여수해양엑스포의 주제)"이라는 기반이 마련되면서 결국 연안의 역할인 도시와 미개발지역 간의 상호 균형발전을 이끌 것이라고 생각된다.

이러한 조력발전이나 파랑에너지의 이용, 그리고 해수로부터 담수 추출, 그 외에 시속 500 km로 달리는 선박(WIG선) 개발 등 여러 가지 해양과학 기술은 이미 충분한 수준에 도달하여 있기 때문에 요구만 한다면 조만간 실행이 가능할 것이다. 다시 말하자면 연안역의 진정한 성장 동력은, 해상 뱃길이나 해양관광도 중요하지만, 다양한 자원 개발이다.

우리는 당장 인류의 생존과 번영을 위협하는 부족한 식량과 식수, 육상자원의 고갈과 환경오염 문제에 당면해 있다. 그리고 이러한 문제 해결의 돌파구는 자원이 풍부한 바다에 있다는 점에 대하여 모두가 공감하리라 생각된다.

따라서 바다가 21세기의 새로운 성장 동력이고, 연안은 도시와 미개발지역 간의 상호 균형발전을 이끌어가는 바다자원의 창출지라야 한다. 그리고 연안역이 그 역할을 다 하기 위해서는 환경보전 활동과 함께 해양자원의 조화로운 개발이용이 함께 검토되어야 한다.

1.3 해양환경공학의 범주

일반적으로 해양학은 바다의 자연현상에 대한 연구 분야로서, 물리학, 화학, 생물학, 지질학 등 각각의 시각으로 그 대상인 바다 환경과 물, 그 속에 포함된 물질이나 생물은 물론이고, 해저나 바다 표면을 포함시켜 탐색하는 종합자연과학이라고 할 수 있다. 반면, 해양공학은 바다의 부존자원과 자질을 고도로 활용하여서 사회 시스템을 향상시키거나 인류 복지를 이끌기 위한 각종 응용기술 전반에 관한 연구 분야이다(近藤, 1994). 해양공학이 새로운 학문체계로 일반인에게 인식 된 것은 1960년대 이후로서, 당시 우주공학처럼 해양개발을 목적으로 다양한 공학체계가 종합화 된 학문으로 발전할 수밖에 없었다. 이것은 해양환경이 육상에 비하여 극히 가혹하기 때문인데 다양한 학문분야가 일체되어야 그 개발과 이용이 가능해지기 때문이다. 따라서 이들 관련학문은 광산·자원공학, 화학·재료공학, 조선·해양공학, 전기·전자공학, 토목·건축공학, 기계·시스템공학, 환경·생물공학 등이다. 물론 해양개발을 할 때 반드시 필요한 기초 지식은 해양학이다. 그리고 해양환경공학은 해양환경의 보전과 이용에 관한 이론적, 실제적 기술에 관한 연구 분야로서, 해양공학의 일부이다. 해양공학은 일반적으로 그 기술체계로 보아 해양구조물공학 이외에도 조선해양공학, 해양계측공학, 에너지, 광물, 용존물, 심층수 등의 해양자원개발공학, 해양정보공학, 해양환경공학, 해양안전공학 등 광범위한 분야를 포함하기 때문이다.

해양환경공학의 범주는 크게 바다의 본래 가치와 생태적 기능을 유지하기 위한 해양보전기술 분야와 바다 환경의 유익한 변화와 그 이용적 가치를 창출하기 위한 이용기술 분야로 나눌 수 있다. 여기서 보전기술 분야는 해양환경의 평가, 관리, 처리/방제, 복원 기술 등을 다루고, 이용기술 분야는 해양의 공간, 에너지, 용존물 등의 해양자원개발, 제어/개선, 계측/시스템, 수중안전 기술 등을 포함한다고 할 수 있다.

그리고 해양개발은 일반적으로 해수나 해저면 또는 해저하에 있는 천연자원을 인간사회의 활동유지 또는 향상시키는 원천으로 이용하는 행위를 총칭한다. 주로 천연자원을 탐사하여 생산하는 것으로서, 넓은 의미로 각종 해양개발과 관련한 기술 개발도 포함한다. 해양개발은 1960년 이후, 20세기 후반의 큰 과제로 부각되면서 우주개발과 함께 인류의 꿈과 희망을 담는 말로 각광을 받기 시작했으며, 새로운 산업의 신규 개척자로서도 주목을 받았다. 1970년대 이후에는 오일 쇼크로 연안에서 석유와 가스 개발, 조력과 파랑 발전 등의 대체에너지 개발이 추진되었고, 1980년대 후반에는 심해의 열수광상 개발과 수산양식 등 연안역의 이용개발을 위한 활동이 주도적으로 이루어져 왔다. 최근에는 우리의 지구상 온난화 문제를 어떻게 제어할 것인지 바다의 기능과 연계하여 촉각을 곤두세우게 되었다. 바야흐로 21세기는 지구 환경을 제어하는 해양의 자질이 크게 주목 받는 시대이다.

한편, 우리는 과거에 빈곤 탈출과 국가 부강을 꿈꾸며 여러 차례의 경제부흥 정책을 수립하면서 국토를 확장하고 농토 이용과 산업단지 조성을 위하여, 바닷가에서 주로 갯벌을 대상으로 대대적인 해면 매립을 시행하였는데 이것이 마치 해양개발인 것처럼 홍보를 하고 대다수가 그렇게 인식하기도 하였다. 이것은 사실상 해양개발이라기보다 토지개발이었다.

그리고 항구도시나 도서지방에서는 해상활동 기반을 마련해야 하므로 오래 전부터 손쉽게 폐쇄적인 형태로 석축에 의한 항만공사와 방파제 축조 등이 당연시되어 이루어져 왔다. 그런 연유로 오늘날 대부분의 항만과 부두는 해류소통이 크게 억제되어서 유기물 축적 등 오염현상이 심각한 실정에 이르렀다. 이는 해양개발을 위한 기반시설이기는 하나, 해양환경을 악화시켜 결국 개발과 환경보전이 양립하는 모순에 빠져서 대립하는 양극화를 초래하고 진정으로 필요한 해양개발의 발목을 잡는 결과를 낳았다.

바람직한 해양개발이라면 방파제 시설의 경우, 부유식 파력발전형 방파제를 설치하여 해류소통을 방해하지 않고 파랑에너지를 얻으면서 해면의 상하진동을 억제시키므로 방파제 안쪽 해면을 충분히 안정시켜 보다 쾌적하게 항내의 안전을 확보할 수 있을 것이다. 이렇게 방파제의 기능과 함께 환경보전을 병행하면서 유용한 에너지를 얻고 안전을 확보하는 행위야말로 오늘날 시급하게 요구되는 해양환경공학 분야의 역할이라고 할 수 있다.

1.4 해양환경공학의 과제

21세기의 연안지역과 해양개발의 큰 과제는 첫째, 지구 가용인구 100억에 대처할 수 있는 바다의 자원개발이고, 둘째, 지구온난화 문제에 대처할 바다의 역할과 기능의 고도화이며, 셋째, 초고령 사회에 대처할 바다의 사회자본 정비와 각각에 따른 새로운 산업구조를 어떻게 구축할 것인가 인데, 이러한 문제를 총칭하여 universal ocean(보편적인 해양)의 구축이라고 한다(近藤, 1994).

한편, 유사 이래 해양의 많은 자질 중 가장 경제적 편익성이 높은 것은 부력을 이용한 해운이고 그 다음이 어업이었다. 근년에는 대륙붕의 천연가스와 석유 개발 등이 비교적 경제적 편익성이 높은 개발 형태로 나타나, 해양공간의 확보 경쟁과 함께 해양공간의 자원화가 대두되어 왔다. 그리고 많은 전문가에 의하면 21세기에는 가장 경제적 편익성이 기대되는 것으로 해양의 생물환경 자질과 에너지 자질을 꼽고 있다.

그러나 우리의 해양환경은 그동안 연안역의 무분별한 이용과 무관심 속에서 악화되어서 수산업 등 기존의 산업 활동을 위축시켜 생존을 위협하고 있고, 21세기를 이끌어 갈 해양의 잠재력마저 크게 훼손시킬 수 있으므로 심각한 문제로 제기되었다. 따라서 해양환경공학의 중요성은 점차 증대되었으며, 해양환경공학의 역할과 해결해야 할 과제는 시급한 사안이 되었다.

우리는 인류의 지속가능한 발전을 실현하기 위하여 바다의 가치를 이해하고 보전함과 동시에 그 가치의 증진과 개발을 요구하고 있다. 따라서 이와 관련한 조사와 연구 활동 및 기술개발 과정을 통하여 해양환경은 먼저 그곳의 에너지 자원 등을 개발하여 함께 발전할 수 있도록 할 수 있다. 즉, 필요한 곳에서 에너지가 환경을 지키고 환경이 에너지를 만든다는 상생의 개념 도입이다. 이해를 돕기 위하여 다음과 같이 해양에너지 개발 등과 관련하여 몇 가지 가능한 구상을 해 보자.

우선, 우리의 "**해양국토 지키기**"를 위하여 자연스럽게 도서에 사는 주민으로 하여금 그곳의 환경을 지키고 가치를 보전하며 이용하도록 지원해야 할 것인 바, 도서의 기본 인프라로서 부족한 물과 에너지를 가까운 바다로부터 개발하여 수월하게 공급할 수 있다. 그리고 "**연안역의 스마트화**"와 함께 "**우리 국토의 균형발전 및 선진화 유도**"를 위하여, 연안 환경의 보전 및 가치증대, 항만의 스마트화, 양식장과 연안어장의 생산 증대 및 안정화, 연안역과 도서를 연계한 지역 인프라 구축 등이 요구되는데, 이는 저층 오염물질의 분산 장치, 부유식 파력발전 방파제 시설, 집약적 생태 친환경 양식장의 스마트 구축, 연도교 및 연육교 교각에서의 조류발전 등이 핵심 주제가 되어야 하므로 그곳의 해양에너지 개발과 이용으로 기본적인 목적 달성이 가능할 것이다. 무엇이든 보전 가치가 있다면 그 가치를 개발하여 함께 지역발전을 이끌어야 한다. 삼면이 바다인 우리나라는 가까운 연안역이나 멀리 떨어져서 낙후된 도서를 중심으로 다양한 해양환경 보전 가치와 에너지 등 자원 개발 가치가 충분하며 아주 시급하다. 에너지의 경우, 연안역에서 당장이라도 주목해야 하는 형태는 소형화와 다양화가 가능한 파랑에너지인데, 가급적 태양에너지를 병용하는 것이 현실적으로 바람직하다. 바람이 부는 흐린 날은 주로 파랑에너지를 얻고 파랑이 없는 맑은 날은 태양에너지를 많이 얻을 수 있으므로 상호 지속가능한 에너지 이용이 가능하기 때문이다.

해양환경공학의 과제는 이렇게 통합적이거나 융복합적인 과제를 포함하여 직면하고 있는 해양환경 문제에 대한 대응 기술 개발과 해양환경 자원의 친환경적 이용기술 개발로 크게 구분해 살펴볼 수 있다.

1 해양환경 문제의 대응 기술 개발

우리가 직면한 해양환경 문제는 연안역의 부영양화, 적조발생, 백화현상, 중금속 오염, 유기화학물질 오염, 폐기물의 해양투기, 발전소 온배수에 의한 열 오염, 핵물질에 의한 방사능 오염, 미세 플라스틱 물질의 발생과 침투, 습지 및 갯벌 매립, imposex현상과 외래종 유입 등 해양생태계의 이상 현상, 유류 및 유해화학물질(HNS)의 유출사고, 수중 소음과 진동 문제, 이상 고조현상에 의한 침수 그리고 범지구적인 지구 온난화 문제 등을 들 수 있다. 이들 각각의 문제에 대한 대응 기술은 오염물질

유입원 관리, 해양환경 감시 및 평가, 각종 해양생태계 변화에 대한 대응관리, 오염해역의 정화 기술, 훼손된 생태계의 복원, 각종 해양사고별 대응기술, 해양침적 폐기물의 관리, 자연재해 대응기술, 기후변화 대응기술 등이 있다. 이들 기술은 당연히 친환경적이어야 하며, 훨씬 효과적인 기술 개발을 추구함과 동시에 전 과정을 스마트화함으로써 지속적이고 합리적인 관리체제 구축으로 결국 해양환경 보전이라는 목적을 달성할 수 있을 것이다.

2 해양환경 자원의 친환경적 이용 기술 개발

해양환경 자원의 친환경적 이용기술은 먼저 개발과 보전이 조화롭게 융합되는 청정생산의 개념 안에서 이용 가능한 기술 개발로 나타나야 한다. 이것은 해운, 항만, 수산, 조선 등 기존 산업기술의 경우에도 마찬가지이다. 그 외에 최근 부각되고 있는 이용 기술로는 신재생 해양에너지로서 파력, 조력, 조류, 해수온도차, 해상의 풍력과 태양광 등 에너지 이용기술, 식량이외에도 기능성 신물질 자원으로서 다양한 해양환경의 생물자원과 생명공학적 기술, 해양환경의 공간 이용과 창조적 기술, 경제성 및 기능성이 있는 해양의 심층수 개발과 담수화 등 해수자원화기술 등을 열거할 수 있다.

우리는 이제, 해양환경 문제 해소 기술의 향상(up-grade)은 물론이고, 우리 바다의 아름다운 생동성과 천연자원 등 그 가치를 극대화할 수 있는 여러 가지 이용기술을 개발하고 해양환경과 연계하여 전 과정을 통합함으로써 우리 모두의 지속가능한 발전을 도모해야 할 것이다.

참고문헌

近藤建雄, 1994, 環境創造をめさす21世紀の海洋開發, 清文社, 東京, 380pp.

Chapter 2

해양환경과 해양생태계

2.1 해양의 구조 및 지형

1 지구의 구조와 해양과학

우리가 살고 있는 지구(地球)는 태양계를 구성하는 8개의 행성 중의 하나로, 우주에서 바라보면 그 모습이 물처럼 파랗게 보이는 것에서 수구(水球)라고도 하고 있다. 즉 지구는 표면적의 29.2%는 육지이지만, 70.8%는 물로 채워진 회전타원체 모양으로 층상구조(그림 2.1.1)를 나타낸다. 그러나 우주에서 지구를 보면 전체가 물로 채워진 행성으로 보인다.

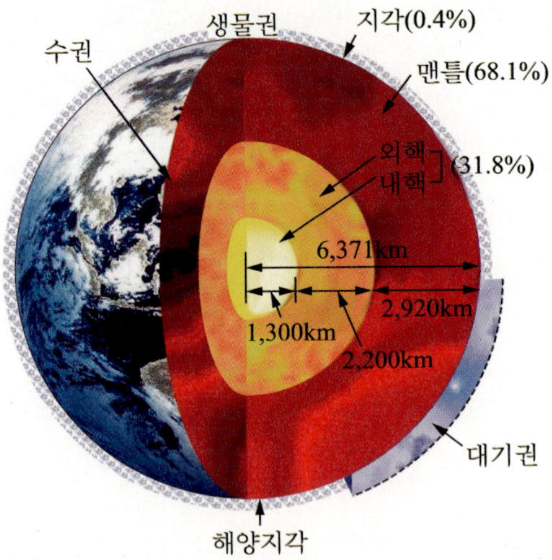

그림 2.1.1 지구 내부의 구조(Pinet, 2006)

우리가 생활하는 지구의 층상구조는 서로 다른 매질을 나타내고 있어, 지구를 대상으로 하는 지구과학(地球科學, earth science) 분야는 대상 매질에 따라 접근방법을 달리하는 몇 개인가 독립된 학문 영역을 포함하게 된다(표 2.1.1).

표 2.1.1 지구의 층상구조와 각 층상을 대상으로 하는 학문분야

	매질 구성에 따른 구분	학문분야
지구 (地球 earth)	암석권(岩石圈, lithosphere)	지질학, 지진학 등
	수권(水圈, hydrosphere)	해양학, 하천학, 호소학 등
	기권(氣圈, atmosphere)	기상학, 대기과학 등
	생물권(生物圈, biosphere)	생물학, 생태학 등

2 바다의 크기와 해양지리

전체 지구표면적은 5.10×10^9 km^2로서 이 중 70.8%에 해당하는 면적인 3.61×10^9 km^2가 바다(海洋)이다. 바다는 광활한 면적을 가질 뿐만 아니라 육지의 평균고도가 840 m인 것에 반하여 평균수심이 약 3,800 m로 막대한 물(海水)로 채워진 공간이다. 지표면 기준으로 바다가 차지하는 비율은 북반구에서 60.6%인 것에 반하여, 남반구에서는 81.0%로 차이를 보이며, 남반구의 바다면적은 육지의 4배에 달한다. 지구에서 바다와 육지의 면적과 체적 등은 표 2.1.2에 나타내었으며, 지구에서 관찰되는 다양한 자연현상에는 직·간접적으로 바다가 다양한 영향을 작용하고 있다.

표 2.1.2 바다의 크기(면적, 체적 및 수심)

구 분	면적 ($\times10^6$ km^2)	체적 ($\times10^6$ km^3)	평균수심 (m)	최고수심 (m)
태평양	179.7 (35.2%)	723.7	4,028	11,034
대서양	106.5 (20.9%)	354.7	3,332	8,385
인도양	74.9 (14.7%)	291.9	3,897	7,450
전체 해양	361.1 (70.8%)	1,370.3	3,795	11,034
전체 육지	148.9 (29.2%)		−840	−8,848

또한 바다는 연속된 하나의 계(system)로 연결되어 있지만, 편의상 대륙이나 섬 등에 의해 여러 개의 계로 구분한다. 이렇게 구분된 계에서 가장 규모가 큰 것을 대양(大洋, ocean)이라 하여 태평양, 대서양 및 인도양으로 나누고 있고, 이들 세 개의 대양을 흔히 3대양이라 부른다. 지구의 모든 바다는 이 3대양에 속하고 있으면서 지리적 특성을 달리하는 바다를 부속해라는 용어를 구분하고 있다. 부속해에는 대륙과 대륙 사이에 위치하는 바다를 지중해(유럽지중해, 호주지중해, 아메리카지중해 등)라고 하며, 하나의 대륙에서 섬이나 반도에 의해 둘러싸인 바다를 연해(동해, 황해, 동중국해, 베링해 등)로 세분한다. 그리고 만(灣, bay)은 해안선이 육지 쪽으로 굽어 바다가 육지 안쪽으로 들어와 있는 지형의 바다를 나타내는 용어이고, 해협(海峽, strait)은 육지 사이에 끼어 있어 좁고 긴 바다로 양쪽에는 다른 바다로 연결되는 해역을 말한다. 우리가 지구를 5대양 6대주로 이야기할 때 5대양은 앞에서 설명한 3대양 이외에 극지방에 위치하는 해역으로 남극대륙 주변의 바다(60°S 남쪽)인 남극해/남빙양(Antarctic ocean)과 60°N 이북에서 북극해를 포함하는 북극해/북빙양(Arctic ocean)을 포함하여 부르는 것이다.

지구의 고도 분포(요철/凹凸)는 그림 2.1.2와 같이 육지와 바다에서 두 개의 모드가 만들어진다. 즉 육지의 최고봉인 8,848 m 고도의 에베레스트 산에서 최고 심부인 −11,034 m의 깊이를 보이는 태평양 마리아나 해구의 비티아즈 해연사이에서, 해수면 상부의 육지에서 평균고도 840 m를 중심으로 하나의 모드가 형성되며, 다른 하나는 해수면 밑인 바다의 평균수심 3,800 m를 중심으로 형성되고 있다. 이 두개의 모드는 지구의 지각을 형성하는 서로 다른 두 개의 물질인 대륙지각(화강암질)과 해양지각(현무암질)이 존재하고 있음을 시사한다. 또한 지구표면의 고도차는 육지의 최고봉인 8,848 m와 바다의 최심부인 11,034 m를 더하면 19,882 m로 약 20 km인 것에 반하여, 지구의 반경은 약 6,400 km이기에 지구표면의 굴곡비(屈曲比, tortuosity)는 20 km ÷ 6,400 km = 1/320이 된다. 이는 지구표면에서 320 m의 수평거리에 대하여 1 m의 고도차를 보이는 것으로 실제 지구의 편평률(扁平率, flattening)인 1/330과 매우 유사한 값이다.

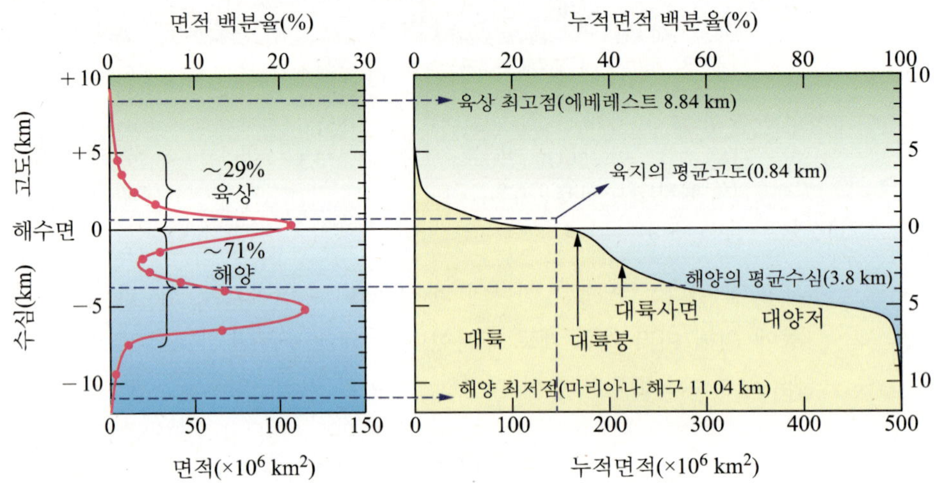

그림 2.1.2 **지구표면의 고도 및 면적 분포곡선**(滿鹽, 1986)

3 해저지형과 퇴적물

육지에서 바다를 바라보면 무한하게 펼쳐진 평원이다. 그러나 해저지형을 살펴보면 해저에도 산맥, 해산, 해저곡, 해분 등이 있어 규모의 차이는 있지만 육지의 형태와 큰 차이가 없다. 즉 해저지형은 수심, 경사도, 구성물질, 구조 등에 따라 대륙주변부(continental margin)인 대륙붕(大陸棚, continental shelf), 대륙사면(continental slope), 대륙대(continental rise) 및 대양저(deep sea basin)의 대양저 산맥(oceanic ridge), 심해저 평원(abyssal plain) 그리고 심해저 구릉(abyssal hill), 해구(trench, 6000 m 이상 수심), 화산체(volcanic areas)로 구분한다. 다만 해양은 평형화 작용으로 지형의 규모가 육상과는 크게 다르다. 해저의 지형별 분포비는 표 2.1.3과 같다.

표 2.1.3 해저지형별 구성 면적비, 평균경사도 및 평균 폭

해저지형	해양면적비 (%)	평균경사도 (°)	평균 폭 (km)
대륙붕	8	0.1	75
대륙사면	7	4.3	50
대륙대	5	0.2	40
심해저 평원 및 심해저 구릉	42	-	-
대양저산맥	33	0.2	1,700
해구	2	3.0	100
화산체	3	-	-

해저지형의 특징은 해저의 75%가 대양저 산맥, 심해저 평원 및 심해저 구릉으로 분포한다는 것과 대양저 산맥이 지구를 휘감으며 65,000 km까지 이어져 나타나는 것, 그리고 해저에서만 나타나는 기요[guyot = 평정해산(平頂海山, table mounts)]와 같은 지형이 존재하는 것이다(그림 2.1.3). 한편 이러한 해저는 아주 오래전부터 대양저 산맥을 중심으로 수평방향의 지속적인 지각변동(약 2 cm/년)이 일어나고 있다는 사실도 밝혀지고 있다.

해저퇴적물은 해저지형을 이루는 최상부에서 암반, 자갈, 모래, 펄 등의 무기물(암석류) 및 패각, 산호, 규조류, 유공충, 방산충 등의 유기물(생물)로 구성되며, 이들은 연안성과 원양성 퇴적물로 구분된다. 즉 연안성 퇴적물은 주로 자갈, 모래, 펄 등으로 육지나 섬 가까이에 퇴적된다. 다만 남극대륙이나 그린란드 등의 주변해역에는 빙산성이나 빙하성의 특수한 퇴적물이 관찰되며, 일부 열대해역은 산호초를 형성하는 산호, 패각 등에 의한 특수 연안성 퇴적물이 분포한다. 그리고 화산지대 주변해역은 화산성의 경석이나 화산재 등이 포함되기도 한다. 하지만 원양성 퇴적물 대부분은 적색 점토와 플랑크톤의 피각이 침강하여 형성된 연니(軟泥, ooze)로 구성된다. 연니는 석회질의 익족류나 유공충류 및 규질의 방산충류나 규조류 등에 의해 형성되며, 이러한 원양성 퇴적물에서는 망간, 인회석 등의 단괴(nodule)가 포함된다.

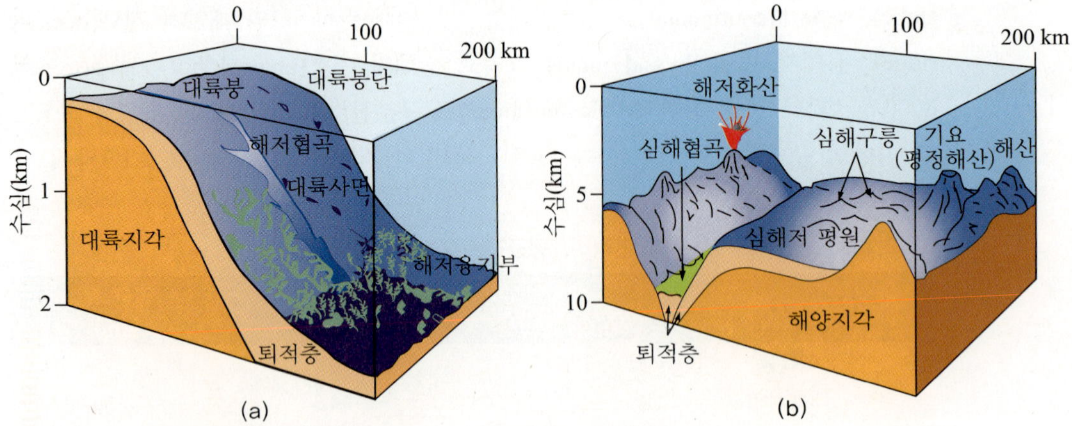

그림 2.1.3 해양의 일반적인 해저지형 구분(Pinet, 2006)

(a) 연안 대륙사면, (b) 심해평원

2.2 해수의 물성과 운동

1 해수의 물성

(1) 수온

바다 수온(水溫, water temperature)은 −2～30℃로, 육상이 −70～50℃에 비해 훨씬 안정된 곳으로 지구표면의 열 저장고 역할을 하고 있다. 해수 물성(物性, physical properties)에서 수온은 가장 기본적인 항목으로 해양의 열 구조 분포에 의한 해수운동은 물론 해수의 용존 화학반응, 해양생물의 생리·생태, 그리고 해황 및 엘니뇨와 같은 지구의 기상현상에 영향을 미친다. 바다에서 수온을 결정하는 인자는 태양열이 해면을 통한 열수지(약 1.2×10^5 cal/cm^2/year), 지열(약 40 cal/cm^2/year), 파도에서 발생하는 열에너지(약 4.4 cal/cm^2/year) 및 해수의 화학반응에 의한 열에너지(≒ 0 cal/cm^2/year) 등이지만, 해수면을 통한 태양열 수지가 다른 인자에 비해 월등히 높다(柳, 1988). 때문에 수온은 태양에 가까운 해수 표층에서 높고, 저층에서 낮다. 해역에 따른 수온 분포도 적도에서 극지방을 진행할수록 입사하는 열에너지가 작아지기 때문에 그림 2.2.1과 같은 대상 분포(zonal distribution)를 하게 된다.

다만 심해저에서 관찰되는 열수분출공(熱水噴出孔, hydrothermal vent) 주변해역은 마그마 활동에 의해 해수가 가열되기에 일부해역에서 300℃ 이상의 수온이 나타나기도 하지만, 주변의 차가운 해수에 의해 빠르게 냉각되기에 해양 전체의 수온분포에는 영향을 미치지 못한다.

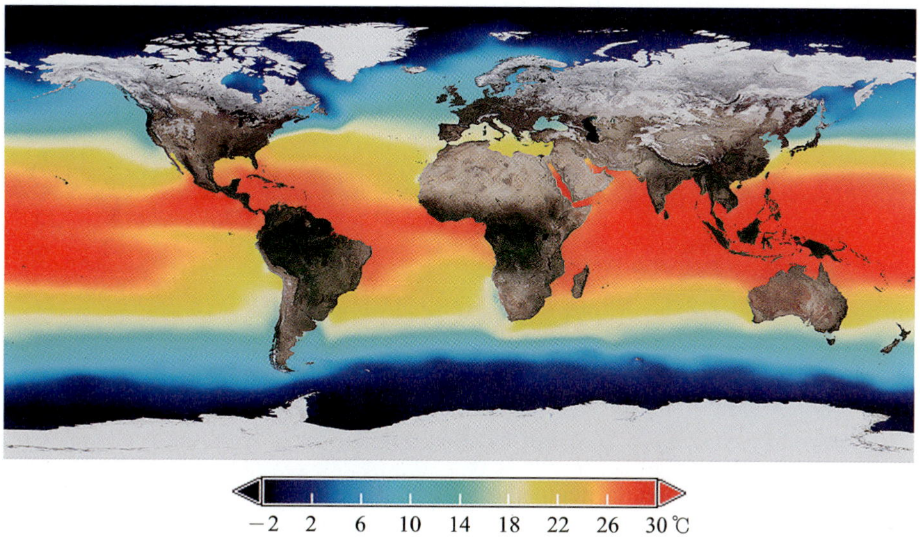

그림 2.2.1 해양의 연평균 수온 분포(https://svs.gsfc.nasa.gov/3652)

그리고 태양복사는 천체운동에 따른 태양고도의 계절변화가 발생하기에 바다의 수온도 태양복사의 계절변화에 따른 변화를 보인다. 그림 2.2.2는 적도해역, 중위도 해역 및 극해역에서 보여 지는 수온의 연직분포 모식도이다. 바다에서 수온의 계절변화가 나타나는 깊이는 해수면에서 약 400 m 수심까지에 한정된다. 해수면 부근에서는 파랑 등 해수의 물리적 작용에 의해 수온이 균질화된 수층이 관찰되는데, 이를 혼합층(混合層, mixed layer)이고 하며, 이 혼합층은 계절에 따라 형성되는 수심의 깊이를 달리한다. 중위도 해역의 표층은 여름에 큰 수온구배가 관찰된다. 이와 같이 계절에 따라 수심변화에 비해 수온변화가 크게 나타나는 불연속수층을 계절수온약층(季節水溫躍層, seasonal thermocline)이라 한다. 반면 그 보다 깊은 곳에서 관찰되는 수온 불연속수층은 연중 존재하기에 영구수온약층(永久水溫躍層, permanent thermocline)이라 한다. 또한 영구수온약층보다 깊은 곳의 수온은 연중 변함없이 일정한 값을 보이기에 심해등온층(深海等溫層, isothermal layer)이라 한다. 바다에서 관찰되는 수온약층은 물리·화학적인 연직혼합과정을 크게 방해하고 있어, 연안해역의 생물생산 및 환경문제 접근에 매우 중요한 단서를 제공하는 인자로 사용된다.

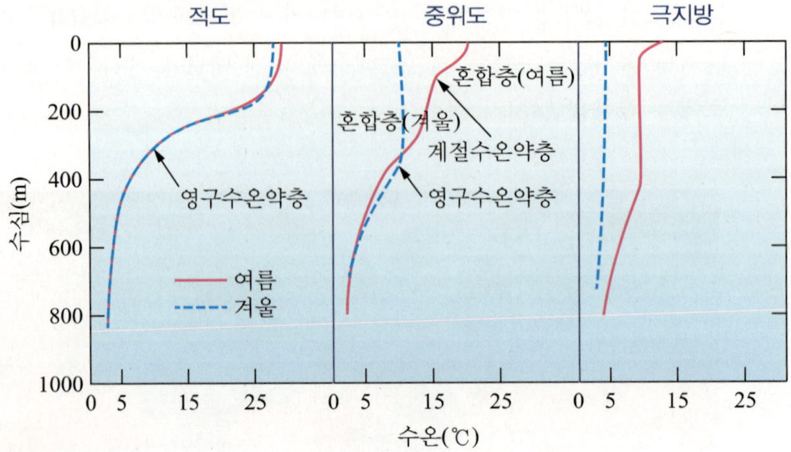

그림 2.2.2 위도에 따른 수온의 연직분포 모식도

심해의 수온은 표층과는 다르게 높은 수압에 의한 단열압축으로 측정된 온도보다 1℃ 이상 높게 표현된다. 심층해수를 단열시켜 표층(대기압)까지 운반된 수온을 온위(溫位, potential temperature)라고 하며, 온위는 서로 다른 심층해수의 성질을 비교할 때 유용한 지표로 이용된다.

(2) 염분

해수라는 용액에는 자연계에 존재하는 대부분의 원소가 녹아 있다. 해수에 녹아 있는 물질은 원소상태가 아닌 화합물이나 이온의 형태로서 존재하며, 물질이 해수에 존재하는 형태를 염류(鹽類, salt)라고 한다. 해수에 녹아 있는 물질의 99.5% 이상은 염류이며, 이 염류의 총합을 염분(鹽分, salinity)이란 용어로 표현한다. 즉 염분은 해수 1 kg에 녹아 있는 고형물질의 총량을 g수(천분율=‰, ppt)로 표현한 것이다. 그러나 해수 고형물질의 전량을 물질별로 측정한다는 것은 불가하다. 때문에 해수의 염분 측정은 "해역에 따라 해수의 염분농도가 다르다고 하더라도, 각 해수를 구성하는 염류의 구성비는 일정하다"라는 원칙에서 염분을 구성하는 물질 중 비교적 측정이 쉽고 가장 많은 양으로 존재하는 염소량(鹽素量, chlorinity, Cl)을 은(Ag) 적정법(滴定法, titration)으로 측정하여, 다음의 크누센 경험식으로 염분(S)을 구하는 방법이 전통적으로 사용되었다(Knudsen, 1901).

$$S(‰) = 0.03 + 1.805\mathrm{Cl}(‰) \qquad (2.1)$$

그러나 이 식은 과거 원자량 측정정도가 좋지 않았을 때에는 염소나 은의 원자량이 변화할 때마다 관계식이 변하게 되어, 1962년 유네스코 권고에 따라 다음과 같은 식으로 수정되었다.

$$S(‰) = 1.80655\mathrm{Cl}(‰) \tag{2.2}$$

이와 같이 적정법에 따른 염분측정은 적정시약(질산은)이 고가라는 경제적 측면과 처리효율 및 측정 이후 폐기물에 대한 환경문제까지 발생하게 되어 현재는 거의 사용하지 않는다. 지금은 해수에 존재하는 염류가 이온형태로 전해질의 특성을 나타내는 해수 특성을 이용한 전기전도도(電氣傳導度, electric conductivity) 방법으로 염분측정하는 것이 일반화 되어 있다. 유네스코가 정의한 해수의 염분과 전기전도도의 관계는 다음 식으로 표현된다(Unesco, 1965).

$$\begin{aligned} S = & -0.08996 + 28.29720R + 12.80832R^2 - 10.67896R^3 \\ & + 5.98624R^4 - 1.32311R^5 \end{aligned} \tag{2.3}$$

이 식에서 R은 1기압, 15℃ 수온, 35‰의 염분을 나타내는 표준해수에 대한 표본해수의 비전기전도도이다. 정밀도가 높은 염분계(salinometer)가 보급되면서 해수를 구성하는 염류의 구성비가 일정하다는 가정에 의문이 제기되었다. 또한 전기전도도를 해수 중의 염류의 총량과 직접적으로 연관을 짓는 것이 곤란하여, Unesco(1981)는 염분에 대한 정의를 다음과 같이 재정립하였다. 즉 "수온 15℃, 1기압에서 1 kg의 물에 염화칼륨(KCl) 32.4356 g을 포함하는 용액과 전기전도도가 같은 해수의 염분을 35로 한다." 다른 해수의 염분(S)은 수온 15℃, 1기압에 대한 염화칼슘 용액과 전기전도도의 비(K)로부터 다음 식으로 계산한다.

$$\begin{aligned} S = & -0.0080 - 0.1692K_{15}^{1/2} + 25.3851K_{15} + 14.0941K_{15}^{2/3} \\ & - 7.026K_{15}^2 + 2.7081K_{15}^{5/2} \end{aligned} \tag{2.4}$$

이러한 전기전도도에 의한 UNESCO의 염분 정의에 따라 기존의 적정법에 의한 염분을 절대염분(絕對鹽分, absolute salinity)으로 하는 것에 반해, 전기전도도에 의한 염분을 실용염분(實用鹽分, practical salinity)으로 정의하였다. 실용염분은 $2 \le S \le 42$ 범위에서 유효하며, 단위는 기존의 절대염분의 무게 개념을 사용할 수 없기에 실용염분단위(practical salinity unit, psu)를 붙여 사용하거나, 단위를 사용하지 않는다.

최근 염분측정은 수온, 압력에 의한 수심 그리고 전기전도도에 의한 염분을 정밀

센서를 이용하여 동시에 측정할 수 있는 CTD(conductivity, temperature, depth) 장비를 개발되어, 해양에서 연속적으로 수평 및 수직은 물론 계류 등에 의해 장시간 연속측정 및 기록할 수 있는 시스템이 일반화되어 있다.

염분은 수온과 같이 해수의 물성을 나타내는 기본 인자로서 해수의 운동 및 해양생물의 분포에 큰 영향을 미친다. 외양에서 염분의 변화는 33～37 psu(평균 약 34.7 psu)의 범위를 보이며, 염분 농도는 주로 해수면에서의 증발량과 강수량에 의해 결정된다. 그리고 담수유입이 많은 연안 해역은 증발량과 강수량 이외에 하천수의 유입 효과가 더해진다. 바다에서 증발량과 강수량은 해수면의 기상조건에 따라 결정되는 것으로, 해수면의 기상조건은 등위도선을 따라 분포하는 기압대에 의해 결정된다. 때문에 표층해수의 염분분포 역시 등위도선을 따라 변화하게 된다(그림 2.2.3).

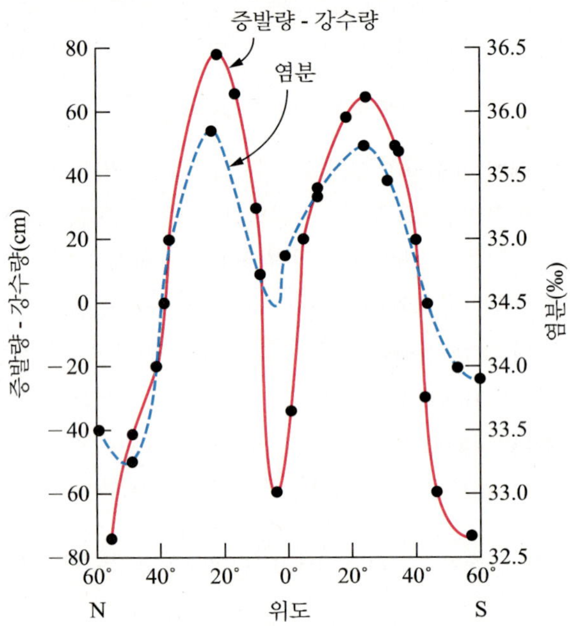

그림 2.2.3 위도에 따른 강수량–증발량 차이 및 표층염분의 변화(Defant, 1961)

그림에서 위도에 따른 증발량과 강수량의 차이와 표층 해수의 염분농도의 변화를 나타내는 두 개의 분포 곡선이 매우 잘 일치하고 있음을 알 수 있다. 즉 적도보다 다소 북쪽(5°N－기상학적 적도)은 상대적으로 높은 강수량에 의해 염분 농도가 낮고, 아열대해역은 무역풍대의 활발한 증발에 의해 염분 농도가 높다. 그리고 극지방은 증발량보다 강수량이 많고, 극지방의 해빙 요인이 더해지면 더욱 낮은 염분 농도를 나타내었다(그림 2.2.3과 그림 2.2.4).

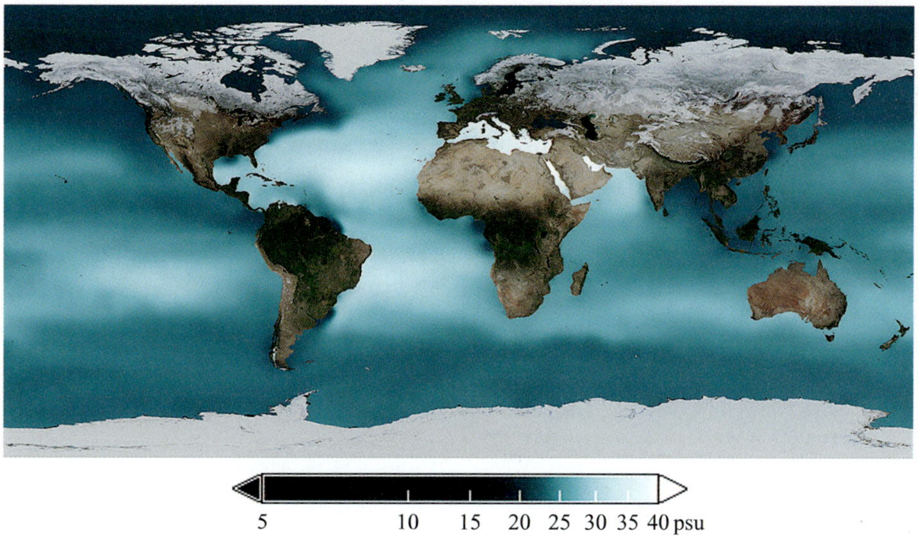

그림 2.2.4 바다 표층의 연평균 염분분포(https://svs.gsfc.nasa.gov/3652)

세계 해양에서 표층 해수의 연평균 염분 분포(그림 2.2.4)에서도 위도에 따른 염분 변화가 명확하게 관찰되고 있고, 북대서양의 염분이 북태평양보다 2 psu 정도 높다. 이러한 차이를 나타내는 것은 태평양과 대서양에서의 증발량 차이에서 오는 현상이다. 즉 북대서양에서는 증발한 수증기는 무역풍을 타고 파나마 해협을 넘어 북태평양으로 이동하여 비를 내리고 있는 반면, 북태평양에서는 발생한 수증기는 편서풍을 타고 동쪽으로 이동하는 도중에 록키산맥을 넘지 못하고 재차 북태평양에 비를 내리고 있기 때문이다.

(3) 밀도

밀도(密度, density)란 단위체적에 대한 질량(kg/m^3)으로 표현되는 항목으로, 해수의 밀도는 1,022 ~ 1,027 kg/m^3(평균 약 1,025 kg/m^3)의 변화 폭을 나타낸다. 이러한 해수의 밀도는 수온, 염분 및 압력의 함수로 표현되며($\rho = f$(t.s.p)), 해수의 순환을 이해하는 기본 인자이다. 다만, 연안 해역처럼 수심이 낮은 해역은 수압의 영향이 미약하여 무시할 수 있기에 통상적으로 수압을 생략하고 수온과 염분의 함수로 표현한다. 즉 1기압 조건에서의 해수 밀도는

$$\rho(S,\ t,\ 0) = \rho_w + (b_0 + b_1 t + b_2 t^2 + b_3 t^3 + b_4 t^4)S + (c_0 + c_1 t + c_2 t^2)S^{3/2} + d_0 S^2 \tag{2.5}$$

으로 표현되며, 식에서 상수항은 다음과 같다.

$$b_0 = 8.24493 \times 10^{-1} \quad c_0 = -5.72466 \times 10^{-3} \quad d_0 = 4.8314 \times 10^{-4}$$
$$b_1 = -4.0899 \times 10^{-3} \quad c_1 = 1.0227 \times 10^{-4}$$
$$b_2 = 7.6438 \times 10^{-5} \quad c_2 = -1.6546 \times 10^{-6}$$
$$b_3 = -8.2467 \times 10^{-7}$$
$$b_4 = 5.3875 \times 10^{-9}$$

그리고 ρ_w는 순수의 기준 밀도로 다음 식으로 표현된다.

$$\rho_w = a_0 + a_1 t + a_2 t^2 + a_3 t^3 + a_4 t^4 + a_5 t^5 \tag{2.6}$$

식 (2.6)에서 상수는 다음과 같이 표현된다.

$$a_0 = 0.999842594 \qquad a_1 = 6.793952 \times 10^{-2}$$
$$a_2 = -9.095290 \times 10^{-3} \qquad a_3 = 1.001685 \times 10^{-4}$$
$$a_4 = -1.120083 \times 10^{-6} \qquad a_5 = 6.536332 \times 10^{-9}$$

그러나 이러한 식으로 표현되는 밀도는 자리수가 복잡하게 표현되기에 다음과 같이 시그마의 식으로 간단한 해수밀도를 표현한다.

$$\sigma = \rho - 1,000 \tag{2.7}$$

위 식의 값에서 1기압 조건에서의 시그마 값을 시그마 $t(\sigma_t)$라고 하며, 일반적으로 해수의 현장밀도를 나타내는 항목으로 사용된다.

$$\sigma_t = \rho(S, t, 0) - 1,000 \tag{2.8}$$

해수의 밀도는 염분과 수온의 변화에 따라 비선형으로 변화하므로, 등밀도선은 염분(가로축)과 수온(세로축)을 취해 작성한 수온-염분 다이어그램(T-S diagram)에서 직선이 아닌 곡선으로 표현된다(그림 2.2.5). 때문에 밀도는 같지만, 수온과 염분이 다른 A와 B라는 해수가 같은 양으로 혼합하여 두 해수의 중간 수온과 염분을 가지는 해수 C가 만들어질 때, 해수 C의 밀도는 원래의 해수 A와 해수 B보다 크게 되어 침강하게 된다. 이런 현상을 카벨링 효과(cabbeling effect)라고 한다. 그리고 밀도의 수평 및 연직분포는 외양에서 염분에 비해 수온 변화가 크게 나타나기에 수온분포와 유사하며, 연안은 수온 변화보다 염분 변화가 크기에 염분변화에 대응하는 분포양상을 보인다.

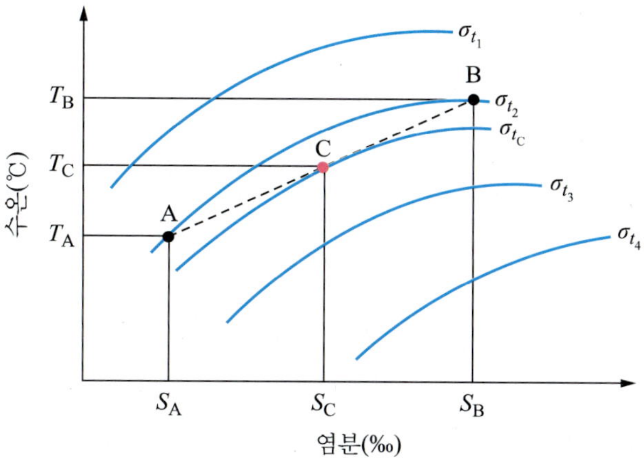

그림 2.2.5 **T-S diagram, 등밀도선 및 카벨링 효과**(Apel, 1988)

해수밀도의 역수를 취한 것이 비용(比容, specific volume)이다. 즉 비용 $\alpha = 1/\rho$로 표현하여 역학계산에 주로 이용한다. 현장해수의 비용과 1기압, 0℃, 35 psu 해수 비용의 차이를 비용편차(比容偏差, thermosteric anomaly)라고 하며, 다음 식으로 표현된다.

$$\Delta(S, t, 0) = \alpha(S, t, 0) - \alpha(35, 0, 0) \tag{2.9}$$

그리고 온위와 염분으로 계산되는 해수 밀도를 포텐셜 밀도(potential density)라 하며, 온위와 같이 서로 다른 심층해수의 성질 및 운동을 이해할 때 지표로 사용한다.

(4) 압력과 부력

수중의 물체에는 압력(壓力, pressure)과 부력(浮力, buoyancy force)이 작용하게 된다. 대기와는 달리 해양은 압력 변화가 매우 크며, 해수면 아래의 모든 수심에서 상부의 해수와 대기의 무게에 의한 정수압(靜水壓, hydrostatic pressure)이 발생한다. 해양에서는 대기압이 크지 않기에 수압만을 고려하여 압력을 나타낸다. 따라서 어떤 수심에서 압력 P는 다음과 같이 표현된다.

$$P = \rho g h \tag{2.10}$$

여기서 ρ는 해수의 평균밀도, g는 중력가속도, h는 수심이다.

1기압은 표준중력가속도 (g = 980.665 cm/sec^2)하에서 온도 0℃일 때, 76 cm 높이의 수은주(수은 밀도 : 13.595 g/cm^2)의 최하단부에 미치는 압력으로 간단히 13.595 × 980.665 × 76 = 1,013.242 dyne/cm^{2}로 보통 1 cm^{2}에 10^6 dyne의 힘이 작용하는 압력을 1 bar로 나타낸다. 해수 중 어느 깊이의 압력은 수온과 염분 측정에 의해 밀도를 구하고, 그 깊이까지의 해수의 중량을 누적하여 구한다. 해양에서 해역에 따른 밀도와 중력의 차이는 아주 작기에 압력은 주로 깊이의 함수로도 표현된다. 일반적으로 수압은 수심이 약 10 m 증가할 때마다 1기압씩 증가한다. 즉 11,000 m가 넘는 해양 최심부의 수압(압력)은 1,100기압 이상이 된다.

또한 해수에 잠겨 있거나 떠 있는 물체는 언제나 해수(유체)로부터 부력을 받는다. 이때 부력은 유체 속에 잠긴 물체에 대해서 물체에 의해서 배제된 유체의 무게만큼 받게 되고, 유체 위에 떠 있는 물체는 물체의 무게와 같은 양의 유체를 배제한다. 이것이 아르키메데스의 원리(Archimedes's law)이다. 즉 해수 중 물체가 받는 부력이나 안정성은 물체의 체적과 무게, 그리고 유체의 밀도에 의해 결정된다.

(5) 빛

바다 표층에 도달한 태양광은 해수에 흡수되어 열을 공급하기도 하고, 광합성 생물에 의한 에너지동화에 이용된다. 또 어류 및 자원생물의 섭이활동은 물론 인간의 해양활동에도 많은 영향을 끼친다. 지구에 입사되는 태양에너지는 적외선(50%), 가시광선(40.5%), X선 및 감마선(9.0%) 그리고 자외선(0.5%)으로 구성된 전자파로서 수십억 년 동안 일정량을 변함없이 방출하고 있다. 지구 대기권에 도달하는 태양에너지는 평균 2 cal/cm^2/mim이지만, 약 31%는 대기 중에서 산란·반사되며, 19%는 구름 및 대기 중에서 흡수되게 되며, 나머지 약 50%만이 지표 또는 해수면에 도달한다(그림 2.2.6a).

해수면에 도달하여 해수에 입사되는 태양광에서 상대적으로 긴 파장인 적외선은 해수면 아래의 수 m 해수에 흡수되어 열에너지로 변화하여 해수의 수온을 상승시킨다. 해수의 에너지 흡수는 극히 표층에서 발생하여 외양에서는 1 m 이내의 해수에서 60%, 10 m 수심의 해수에 90%가 흡수된다. 생물량이 많은 연안에서는 1 m 이내의 해수층에서 82% 이상이 흡수된다. 한편 가시광선의 파장으로 해수면에 도달한 태양광은 일부 반사되어 소멸되지만, 해수에 입사되어 해수, 용존물질, 해양생물 및 부유물질량 등에 흡수·산란되면서 수심이 증가와 함께 급격하게 감소한다. 수심에 따른 태양광의 감소 특성은 다음의 램버트 - 비어(Lambert-Beer) 식에 따른다.

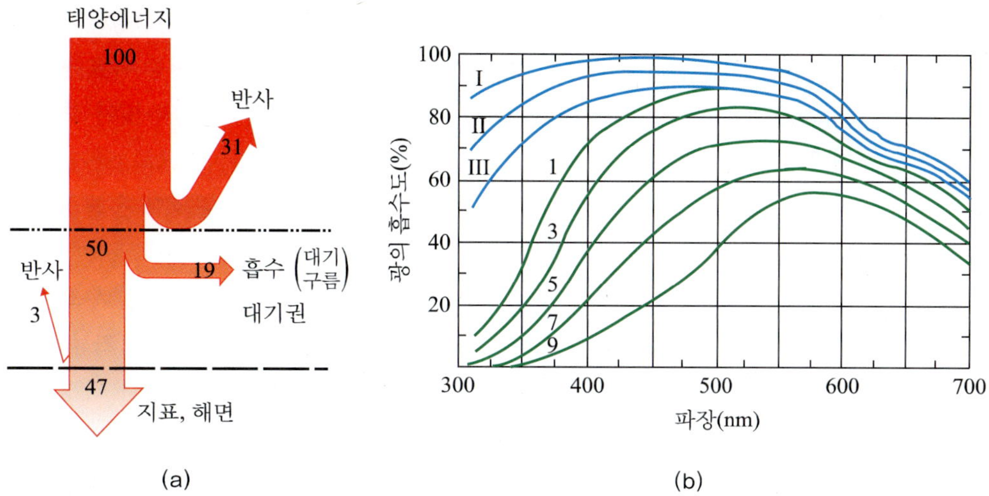

그림 2.2.6 태양광이 지표에 도달과정(a) 및 해수 중 빛 파장별 흡수특성(b)

Ⅰ, Ⅱ, Ⅲ은 외양역으로 청색계통, 1, 2, 5, 7, 9는 연안해역으로 녹색계통 파장

$$I_z = I_o e^{-kz} \tag{2.11}$$

식에서 I_o는 해수면 직하의 광량, I_z는 수심 z에서 광량, z는 수심 그리고 k는 소광계수(消光係數, extinction efficient or diffuse attenuation coefficient)를 나타낸다. 소광계수는 파장에 따라 차이를 나타내어 장파에서 크고, 단파에서 작다. 맑은 외양에서는 청색계통이 가장 깊은 150~200 m 수심까지 입사되어 산란하게 되기에 바다는 파랗게 보이게 된다(그림 2.2.6b). 그러나 생물생산이 높은 연안은 파장이 다소 짧은 녹색이나 황색이 최대로 입사하며, 투과되는 수심도 수십 % 이상 감소한다. 소광계수는 수심별 광량을 측정할 수 있을 때에는 식 (2.11)에 의해 간단하게 계산되지만, 수심별 광량 측정이 어려울 때에는 투명도판(secchi disk)에 의해 측정된 투명도 수심(D_s)을 측정한 다음, 다음의 식 (2.12)에 의해 대략적으로 계산이 가능하다.

$$k = 1.7/D_s \tag{2.12}$$

해수면의 광량과 수심에 따른 광량의 변화를 고려하여, 광합성 생물의 광합성량과 호흡량이 같아지는 수심을 보상수심(補償水深, compensation depth)으로 정의한다. 보상수심은 또한 물리학 개념으로는 해수면의 광량을 100으로 하였을 때 광량이 해수에 흡수되어 1%가 남게 되는 수심으로 정의하기도 한다(그림 2.2.7). 일반적으로는 보상심도보다 얕은 수층을 유광층(有光層, photic zone)이라고 하며, 보상심도보다 깊은 수심을 무광층(無光層, aphotic zone)으로 구분하지만, 광량과 생물활동을 고려하여 보상심도 상부의 광합성 활동이 가능한 수심대를 진광대(眞光帶, euphotic zone), 광합성은 불가하지만 동물의 시각반응이 가능할 정도의 빛이 보이는 수층을 미광대 또는 박광층(微光帶/薄光層, disphotic)으로, 생물학적으로 빛이 전혀 존재하지 않은 수심을 무광층으로 구분하기도 한다. 일반적으로 해양에서 보상심도는 투명도 수심의 2～3배에 해당하는 것으로 알려져 있다.

바다는 육상생태계와는 달리 광합성에 필요한 태양광이 극해 일부 표층에만 입사된다. 즉 해양은 평균 약 4,000 m의 수심을 나타내지만, 광합성이 가능한 수심은 약 100 m 정도의 표층에 한정된다. 때문에 해양 전체 공간에서 1/40에 해당하는 해역에서만 광합성 생물인 식물플랑크톤에 의해 생산된 생산물이 전체 해양동물의 에너지원으로 제공된다.

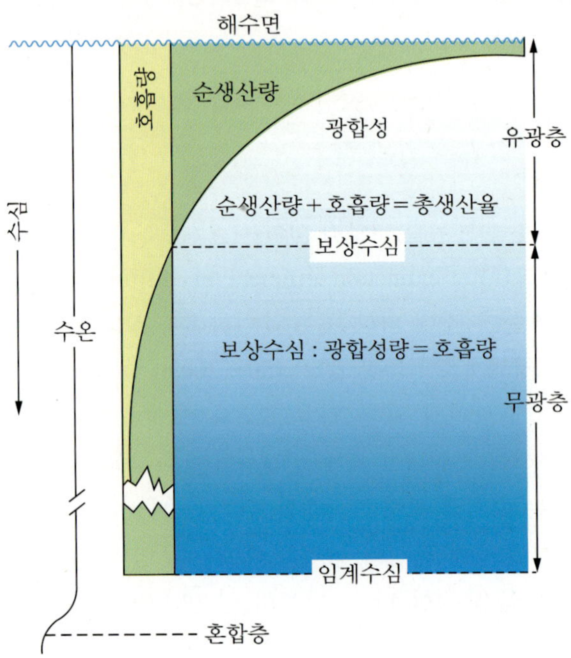

그림 2.2.7 빛의 연직분포 및 보상심도와의 관계(Parsons et al., 1984)

(6) 음파

우리가 다양한 정보 전달 수단으로 사용하는 빛이나 전자파는 공기 중에서 빠른 속도를 나타내지만, 해수에서는 빠르게 흡수되어 버리기에 수중에서의 정보 전달 수단으로는 적합하지 않다. 그러나 음파(音波, sound wave)는 공기에서보다 해수 중에서 더욱 빠르게 멀리까지 진행하는 특성을 가지고 있어 다양한 해양산업에 폭 넓게 이용된다. 해수 중에서 음의 세기 I는 압력 P의 변동을 이용하여

$$I = P^2/\rho C \qquad (2.13)$$

으로 정의된다. 여기에서 ρ는 해수의 평균밀도, C는 음속을 나타낸다. 해수에서 음파의 전달속도 C는 평균 1,500 m/sec이지만, 해수의 밀도에 의해 크게 변화하기에 다음 식으로 나타낸다.

$$C = 1449.22 + 4.624T - 0.0546T^2 + 0.1605P + 1.391(S - 35.0) \qquad (2.14)$$

식 (2.14)에서 T는 수온(℃), P는 압력(kg/cm^2), S는 염분(psu)을 나타내며, 음속은 수온, 염분 및 압력에 비례하지만 특히 수온의 영향을 크게 받는다. 때문에 외양에서 수온이 높은 표층과 수온이 낮지만 압력이 높은 심층에서 음속이 빠르게 전달되기에, 표층과 심층의 중간인 약 1,000 m 수심 주변에서 음속최소층(音速最小層, SOFAR)이 형성된다. 또한 음파는 음속이 빠른 쪽에서 느린 쪽으로 굴절하여 진행하는 성질이 있기 때문에 음원의 음속최소층에 있을 때에는 음파가 모두 자기 쪽으로 굴절하게 되어 음속최소층을 따라 집중적으로 전파하게 되어 수천 km까지 전달된다. 이러한 의미에서 음속최소층을 소파층(SOFAR, sound fixing and ranging layer) 또는 음의 통로(sound channel)라고도 한다(그림 2.2.8). 1960년 미국과 호주는 소파층을 이용하여 호주서안에서 대서양 버뮤다까지 2만 km 거리를 수중음파를 이용한 통신실험을 성공시켰다.

그리고 음향측심기(Echo sounder)는 선저에서 발생한 음파가 해저에 반사되어 선박으로 돌아오는데 소요된 시간(T)을 측정하여 수심(D)를 측정한다.

$$D(\mathrm{m}) = C(\mathrm{m/sec}) \times T/2(\mathrm{sec}) \qquad (2.15)$$

여기에서 음속 C는 해수의 수온과 염분에 따라 크게 변화하기에 음속보정을 위해 수온과 염분에 대한 연직측정이 필요하다. 또한 음파는 주파수가 클수록 분해능은 크지만, 해수 중에서 감소하는 비율이 높다. 때문에 현재 일반적인 음향측심기는 10 kHz 내외의 주파수를 사용하고 있으며, 해수 중의 생물체를 탐지하기 위한 어군탐지기(魚群探知機, Fish Finder)에는 일반적으로 50 kHz 전후의 주파수를 사용하고 있다.

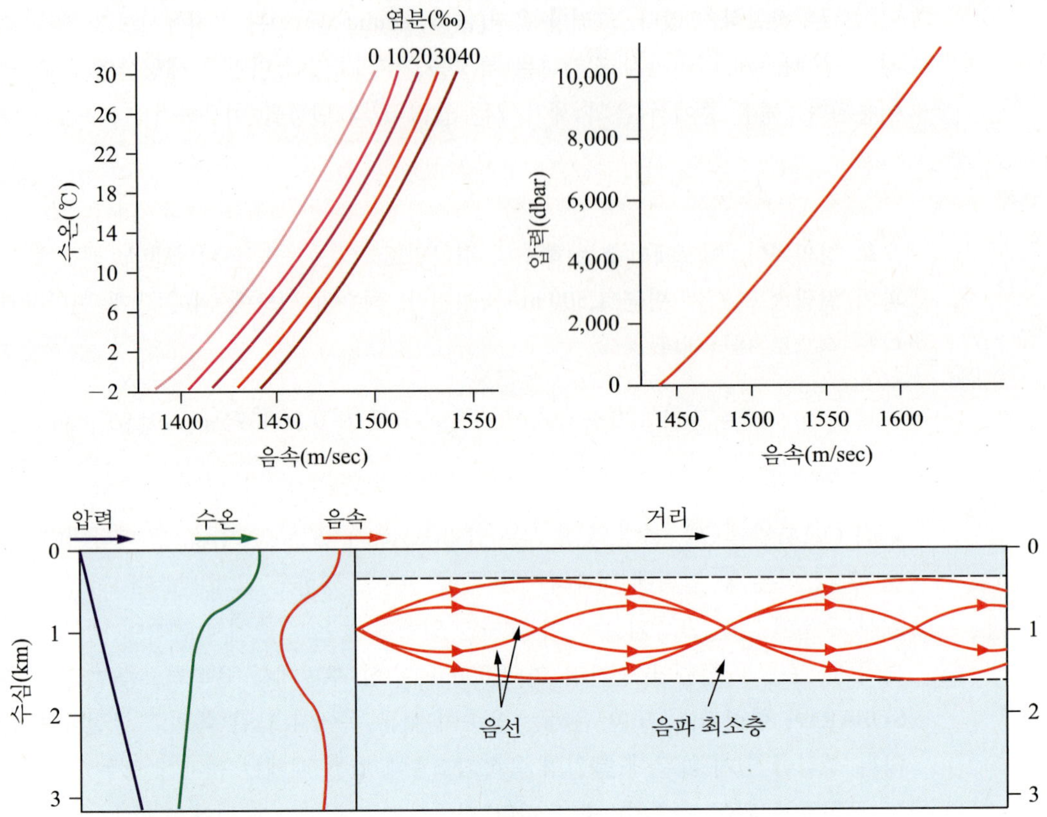

그림 2.2.8 수온, 염분 및 압력 변화에 따른 음속변화와 소파층(Lawrence and Kinsler, 1962)

2 해수운동과 해양의 대순환

(1) 해류

바다의 특성 중 하나는 전체 해양이 단일계로 구성되어 연속적인 흐름을 나타낸다는 것이다. 해양에서 관찰되는 해수운동은 태양일사량 차이에 의한 밀도차는 물론 지구표면의 탁월풍계, 해저지형, 지구자전에 의한 편향력(코리올리힘, Coriolis force) 등 복잡한 외력의 영향으로 복잡하게 나타낸다. 이러한 해수운동에서 해양의 표층(< 1,000 m)에서 육지의 거대한 강물처럼 상당한 속도로 한쪽 방향으로 연속적인 운동하는 것을 해류(海流, oceanic current)라고 한다. 표층해류가 발생하는 주요 원인은 탁월풍계에 의해 발생하는 것에서 풍성순환(風成循環, wind driven circulation)이

라고도 한다(그림 2.2.9). 표층의 풍성순환 특징은 다음과 같이 요약된다. ① 해류는 적도를 중심으로 거의 북반구와 남반구에서 대칭을 보인다. ② 태평양 및 대서양의 아열대해역에는 고기압성 특성을 나타내는 순환류가 존재한다. ③ 쿠로시오해류, 멕시코 만류, 동오스트레일리아 해류, 브라질 해류와 같은 "강한 흐름을 보이는 해류는 모두 대양의 서쪽(대륙 동쪽)에서 관찰된다." 등의 특징을 보인다.

일반적으로 표층해류는 연중 같은 방향의 흐름을 나타내지만, 인도양 북서부해역의 소말리해류는 계절풍 영향으로 여름에는 북동방향의 흐름을 보이고, 겨울에는 남서방향의 흐름을 나타낸다. 표층해류 중 아열대해역에 보이는 고기압성 아열대순환류는 무역풍과 편서풍에 의해 발생하는 것으로 보이나, 실제로는 그림 2.2.10과 같이 무역풍과 편서풍에 의해 발생한 에크만 수송(Ekman transport)에 의해 대양 중앙부에 해수면 상승에 따른 압력경도력(壓力傾度力, pressure gradient force) 발생으로 만들어진 아열대순환류(亞熱帶循環流, subtropical gyre)가 형성되기 때문에 발생한다.

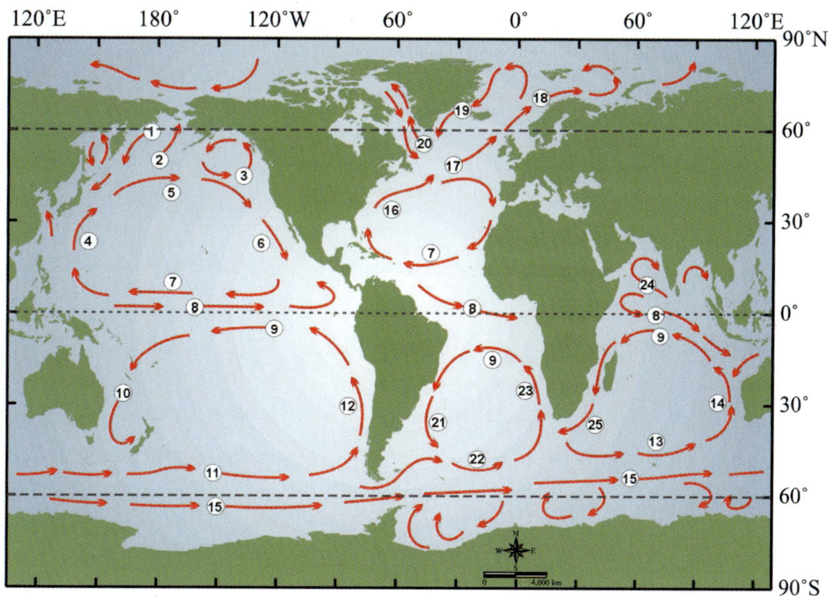

그림 2.2.9 표층해수의 대순환(Pinet, 2006)

1: 오야시오, 2: 베링, 3: 알래스카, 4: 쿠로시오, 5: 북태평양, 6: 캘리포니아, 7: 북적도, 8: 적도반류, 9: 남적도, 10: 동 오스트레일리아, 11: 남태평양, 12: 페루, 13: 남인도양, 14: 서 오스트레일리아, 15: 남극주극, 16: 멕시코만류, 17: 북대서양, 18: 노르웨이, 19: 동 그린란드, 20: 라브라도, 21: 브라질, 22: 남대서양, 23: 벵골라, 24: 소말리, 25: 아글라스 해류를 나타냄.

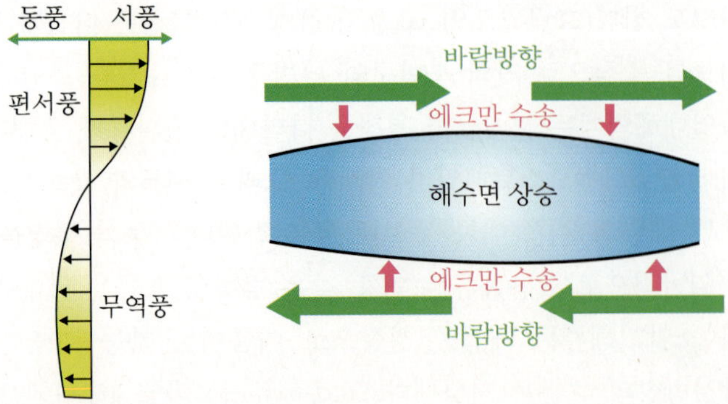

그림 2.2.10 무역풍, 편서풍, 아열대 순환류의 관계(Williams et al., 1968)

또 대양의 서쪽에 출현하는 흐름이 강한 표층해류를 서안경계류(西岸境界流, western boundary current)라고 하며, 이 흐름은 위도에 따른 지구자전의 전향력(코리올리 힘) 때문에 발생하는 것으로 밝혀졌다(Stommel, 1948).

코리올리힘 F_c는 흐름에 영향을 주는 힘으로 다음과 같다.

$$F_c = 2V\Omega\sin\phi \qquad (2.16)$$

식에서 V는 유체의 속도, Ω는 지구자전의 각속도, ϕ는 위도를 나타낸다. 코리올리 힘은 유체의 속도가 클수록, 위도가 높을수록 커지는 것을 알 수 있다.

(2) 에크만 수송

지구표면에서 공기와 물과 같이 유체로 구성된 매질은 코리올리힘과 같이 우리가 쉽게 감지할 수 없는 외력에 의해 이해하기 쉽지 않은 현상들이 발생한다. 해양에서 탁월한 계절풍인 바람에 의해 발생하는 표층 흐름인 취송류(吹送流, wind-driven current)도 이러한 현상 중 하나이다. 조그만 호수나 바다에서 일시적으로 강한 바람이 불게 되면 수면의 나뭇잎 등이 바람방향을 따라 이동하는 것을 볼 수 있다. 하지만 광활한 해양이나 호수에서 오랜 시간, 일정한 방향으로 지속적인 바람이 불게 되면 물에 일정한 흐름이 발생한다. 이때의 물의 흐름은 지구자전에 의한 코리올리힘 때문에 수면에서 일정 깊이까지 수층에 따른 유속분포가 다르게 나타난다(그림 2.2.11).

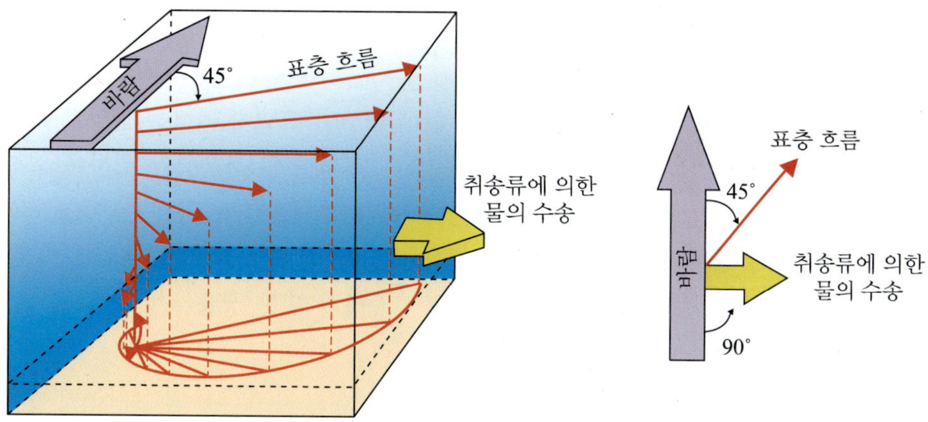

그림 2.2.11 Ekman 나선(Ekman, 1905)

바람의 방향과 수층 사이의 유향·유속관계는 수심의 증가함에 따라 나사못과 같이 방향이 순차적으로 변화하는 모양을 나타낸다. 이러한 현상은 Ekman(1905)에 의해 관찰되어, 원인이 밝혀졌기에 에크만 나선(Ekman spiral)이라고 하고 있고, 바람의 영향으로 물의 흐름이 형성되는 수심까지의 수층을 에크만 층(Ekman layer)이라 하고 있다. 에크만 층의 깊이 D(m)와 해수 표면의 취송유속 V_0(cm/sec) 사이에는 다음과 같은 관계식이 형성된다.

$$D = 7.6W/\sqrt{\sin\phi} \tag{2.17}$$

$$V_0 = 0.0126W/\sqrt{\sin\phi} \tag{2.18}$$

식에서 W는 풍속(m/sec), ϕ는 위도를 나타낸다. 북반구에서 일정한 방향의 바람이 지속적으로 불게 되면, 해수면에 흐름이 발생하게 되지만, 흐름의 방향은 코리올리힘에 의해 바람의 방향에 대해 오른쪽 45°(남반구에서는 왼쪽 45°) 방향으로 흐르게 된다. 이 흐름은 수심 증가에 따른 점성 마찰로 점차 오른쪽으로 기울어 나선형을 만든다. 결국 취송류에 의한 에크만 층에서의 해수 수송은 연직방향의 유속을 적분하여 계산할 수 있으며, 계산 결과는 북반구에서 바람 방향에서 오른쪽 직각방향(남반구에서는 왼쪽 직각방향)으로 해수가 운반된다. 이와 같이 취송류에 의한 해수의 체적수송을 에크만 수송(Ekman 輸送, Ekman transport)이라 한다.

(3) 용승류와 침강류

용승(湧昇, upwelling)은 심층의 물이 표층으로 올라오는 현상으로 표층에서 해수 발산이 있을 때 발산에 의해 수송된 표층해수를 보충하기 위하여 연직 상방으로의 흐름이 발생하는 것이다. 북(남)반구에서 연안을 왼(오른)쪽에 두고 북(남)풍이 해안선에 평행하게 지속적으로 불게 되면, 표층해수가 에크만 수송에 의해 외해 쪽으로 수송되어, 표층의 빈 해수 공간을 보충하기 위한 상승류가 발생하는데 이것을 연안용승(沿岸湧昇, coastal upwelling)이라고 한다. 또, 적도에서는 무역풍에 의한 에크만 수송이 북반구에서는 북쪽, 남반구에서는 남쪽으로 발생하는데, 이때 각각 남북 방향으로 수송된 해수를 보충하기 위해 심층에서부터 용승이 일어나는 것을 적도용승(赤道湧昇, equatorial upwelling)이라 한다. 심층 해수는 낮은 수온을 나타내지만, 표층에서 침강한 유기물이 분해되어 풍부한 영양염을 나타낸다. 용승으로 심층의 비옥한 영양염류가 표층의 유광층으로 상승하면, 식물플랑크톤에 의한 생물생산을 촉진시킬 수 있기에 용승역은 높은 생물생산으로 좋은 어장이 형성된다. 이러한 용승은 주로 대양의 동쪽(대륙의 서쪽)에서 관찰되며, 태평양은 캘리포니아 연안과 페루 연안이 대표적인 용승해역이다.

반면 침강(沈降, sinking)은 용승과는 정반대로 표층의 물이 저층으로 내려가는 현상으로 표층에서 해수의 수렴이 있을 때 수렴으로 모여진 물이 연직하방으로 흐르게 된다. 침강류의 발생은 상기한 연안용승과 반대로 바람이 불어서 연안 쪽으로 해수가 흘러 집적이 일어나면 나타난다. 그리고 냉각효과에 의한 수온 하강이나 바람에 의한 해수 증발로 해수의 염분이 높아져 해수 밀도가 증가하여도 무거워진 물이 저층으로 침강한다. 이때 저층으로 침강하는 해수와는 다르게 자리바꿈으로 가벼운 저층해수가 표층으로 상승하는 것을 역학적 용승(dynamic upwelling)이라고 한다. 이러한 역학적 용승은 남극대륙의 웨델해(Weddell Sea) 주변에서 관찰된다.

(4) 해양 심층수의 대순환

바람에 의한 풍성순환으로 표층해류가 발생한다면, 타원체인 지구표면은 태양에너지 입사가 적도해역에 높고, 극지역에서 낮기 때문에 두 해역사이에 태양에너지 입사에 의한 수온차이가 해수의 밀도차를 발생시켜 극해역은 침강류가 발생한다. 이러한 결과 적도해역에서는 극해역으로 이동된 해수 공간을 채우기 위한 적도용승이 발생하여 저층해수가 표층으로 이동하는 흐름이 발생한다(그림 2.2.12).

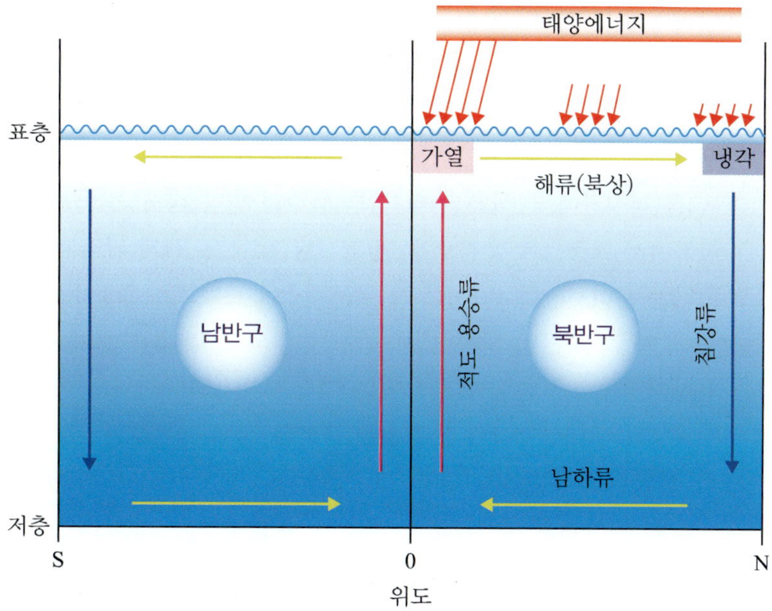

그림 2.2.12 해수 순환에 대한 단순 개념도

이러한 심층해수의 순환은 표층과는 달리 태양에너지 입사량 차이 및 그에 따른 밀도차이에서 발생하는 것에서 열염순환(熱鹽循環, thermohaline circulation)이라고 한다. 열염순환의 간단한 모형으로 알려진 것이 아래의 해양컨베이어벨트(oceanic conveyor belt)이다(그림 2.2.13).

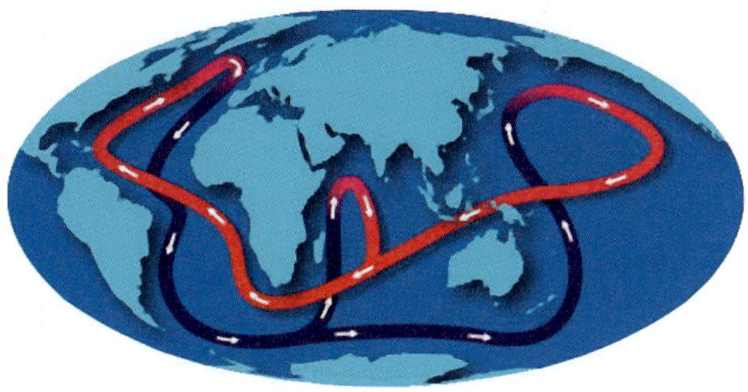

그림 2.2.13 열염순환에 의한 심층해수의 해양컨베이어벨트

표층해수가 냉각되어 침강하는 해역은 한정되어 있다. 북반구에서는 대서양 노르웨이해의 그린란드 주변에서 약 0℃까지 냉각되어 높은 밀도로 심층으로 침강한다.

이 침강류는 약 4,000 m 수심까지 도달하여 북대서양심층수(北大西洋深層水, North Atlantic Deep Water/NADW)를 형성하여 대서양을 남하한다. 한편 남반구에서는 폐쇄적 해역특성을 보이는 남극대륙의 웨델해(Weddell Sea)에서 수온 약 −2.0℃까지 냉각되어 저층으로 침강하여 남극저층수(남극저층수, Antarctic bottom water/AABW)를 형성하여, 남하하는 대서양심층수와 만나 대서양, 인도양 및 태평양 심층을 순환하면서 표층으로 올라오게 된다(그림 2.2.13). 실제 남극저층수는 세계 4대 어장에 속하는 북서서양의 북위 45°N 부근의 그랜드뱅크스(Grand Banks) 해저나, 북태평양 북위 50°N 부근의 알류산열도까지 추적되고 있다(이, 2010).

해양심층수가 순환에 소요되는 기간은 약 2,000년 이상이 필요하다. 때문에 심층수 순환은 3대양에서의 물질순환은 물론 지구온난화 원인물질인 탄소순환에서 해양의 생물펌프 및 알칼리펌프에도 매우 중요한 역할을 담당한다.

(5) 해파

해파는 해면의 주기적인 승강운동이다. 서로 다른 매질의 경계면상에 나타나는 교란현상으로 물 입자가 제자리에서 원운동을 할 뿐으로 해수 수송 없이 파의 형태만 진행한다. 통상적으로 바람에 의해 호수나 바다에 파도가 생기는 것을 우리는 잘 알고 있다. 바람의 강약으로 해수면에 에너지 분포가 달라지면서 수면에 굴곡이 발생하여 위로 올라간 물 입자는 중력에 의해 밑으로 내려가고, 밑에 있는 물 입자는 복원력에 의해 위로 이동하는데, 운동하기 시작한 물 입자는 관성력을 가져 원래 위치에 멈추지 못하게 된다. 이와 같이 상, 하 위치가 바뀐 물 입자는 재차 중력과 복원력의 작용으로 상하운동을 반복하여 마찰력에 따른 운동에너지가 열에너지로 변화될 때까지 계속진행 한다. 이와 같은 파를 풍파(風波, wind wave)라고 하지만, 중력을 복원력으로 사용하기에 중력파(重力波, gravity wave)라고도 한다. 바람 이외에도 해파는 기조력이나 지각 변동으로 발생하기도 한다. 전자는 조석파(tidal wave), 후자를 쓰나미(tsunami)라고 한다.

해파의 각 부분을 이해하고자 할 때는 하나의 정현파로서 설명된다. 정형파의 파윗부분을 파봉(波峰, crest), 밑으로 함몰된 부분을 파곡(波谷, trough), 파곡에서 파봉까지 거리를 파고(波高, wave height), 파고의 1/2 거리를 진폭(振幅, amplitude), 파봉에서 파봉까지를 파장(波長, wave length)이라 한다. 그리고 한 개의 파봉에서 다음 파봉까지 통과하는데 소요되는 시간을 주기(周期, period)라고 하고 있다(그림 2.2.14).

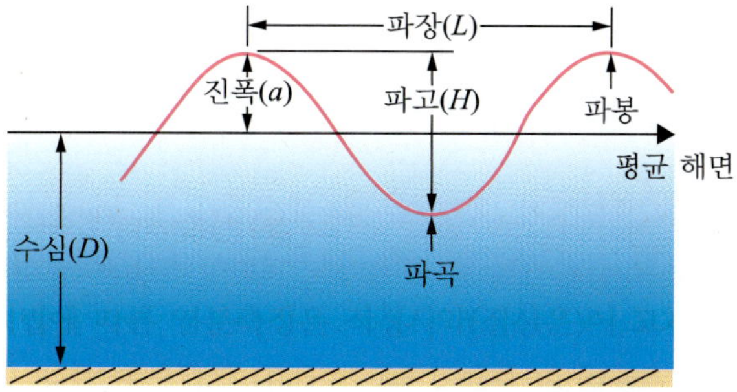

그림 2.2.14 **파의 형태 및 파동에 관한 용어**

따라서 파속(波速, phase speed or wave speed, C)은 파장(L)을 주기(T)로 나눈 다음 식으로 표현 된다.

$$C = L/T \tag{2.19}$$

수심이 파장의 1/2보다 깊은 바다에서 파장, 주기 및 파속 사이에는 다음과 같은 식의 성립한다.

$$\begin{aligned} L &= \frac{g}{2\pi} \cdot T^2 = 1.56\,T^2 \\ C &= \frac{L}{T} = 1.56\,T = 1.25L^{1/2} \end{aligned} \tag{2.20}$$

식에서 g는 중력가속도이며, 수심이 파장의 1/2보다 깊은 파를 심해파(深海波, deep water (gravity) wave)라고 하며, 파속은 주기에 지배된다. 즉 주기가 길고, 파장이 긴 심해파일수록 파속이 빠르다. 파의 주기와 파장 변화에 따라 파속이 변하는 것을 파의 분산(dispersive), 이들 사이의 관계를 분산관계(dispersion relation)라고 한다. 어떤 파동에서 분산관계를 분명하게 하는 것은 파의 특성을 이해하는데 매우 중요하다. 수심(D)이 파장의 1/2과 1/25 사이에 있을 때 분산관계는 다음과 같다.

$$\begin{aligned} L &= \frac{g}{2\pi} \cdot T^2 \cdot \tanh\left(2\pi\frac{D}{L}\right) \\ C &= \left[g\frac{L}{2\pi} \cdot \tanh\left(2\pi\frac{D}{L}\right)\right]^{1/2} \end{aligned} \tag{2.21}$$

이 식으로 표현되는 파를 천해파(淺海波, shallow water (gravity) wave)라고 한다. 그리고 수심이 파장의 1/25보다 얕으면, $\tanh(2\pi D/L) \fallingdotseq 2\pi D/L$과 근사하게 되어

분산관계는 다음과 같게 된다.

$$C = (gD)^{1/2} \tag{2.22}$$

이 파를 극천해파 또는 장파(極淺海波/長波, long wave)라고 한다. 장파의 파속은 심해파와 다르게 주기 및 파장에 관계없이 수심에 지배되는 특성을 나타내기에 비분산성(非分散性, nondispersive) 파동이라고 한다. 해양에서 관찰되는 대표적인 장파는 지진 등으로 발생하는 쓰나미(tsunami)로 수백 km의 파장으로 파속은 650 km/h 이상을 나타낸다.

파장이 천 km가 넘으면 Coliolis 힘도 파동이 복원력에 작용하여 중력파와는 전혀 다른 파동을 한다. Coliolis 힘만을 복원력으로 하는 파를 Rossby파라고 하며 분산관계에 중력가속도 g가 필요 없는

$$C = -\frac{\beta}{L} \tag{2.23}$$

이라는 관계식이 성립된다. β는 Coliolis parameter(f)의 위도변화율을 나타낸다. 일반적인 중력파가 양과 음의 양방향으로 전달되는 것에 비하여 Rossby파는 한 방향으로만 전달되어 중력이 없어도 지구가 회전하면 파동운동이 가능하게 된다. 분산관계에 중력을 포함하지 않은 파를 관성파(慣性波, inertia wave)라고 한다. Rossby파와 같은 관성파와 풍파와 같은 중력파의 중간적 특성으로 분산관계에 중력가속도와 Coliolis 힘 모두를 포함하는 파를 관성중력파(慣性重力波, inertia-gravity wave)라 하며, 여기에는 Sverdrup파, Kelvin파 등이 포함된다.

해파는 임의의 진행방향으로 연안에 접근하는 입사파(incoming wave)는 수심 변화에 따른 파 분산 관계식(wave dispersion relation)에 의해 파회절(wave refraction)이 발생하여, 해안선에 거의 직각 방향으로 굴절하여 진행하다가 결국 쇄파(wave breaking)를 형성하고 부서져 사라진다. 이때 해파가 탁월한 바람에 의해 해안에 일정한 각도를 가지고 접근하면 쇄파대(surf zone)에서 해안에 평행한 방향으로 연안류(longshore current)가 발생하여 종종 해빈퇴적물(모래)의 수송을 발생시킨다. 또 이러한 연안류가 마주쳐 흐르는 지점에서는 표면의 해수수송과는 반대로 수면 밑에서 바다 쪽으로 강하게 흐르는 이안류(rip current)가 발생하여 해상 안전사고를 발생시키기도 한다.

(6) 조석과 조류

바다에는 하루에 한번 또는 두 번 규칙적인 해수면의 반복적 연직운동이 관찰된다. 해수면 연직운동은 지구를 중심으로 달과 태양 등 천체의 인력 작용으로 발생하는 것으로 조석(潮汐, tide)이라 한다. 조석은 주기가 일주기 또는 반일주기로 발생하며, 파장은 외양에서 수천 km, 연안에서 수백 m 이상의 장파이며, 기조력을 복원력으로 하는 파이다. 기조력(起潮力, tide generating force)이란 조석을 발생시키는 힘으로 다음 식으로 표현된다. 즉 그림 2.2.15와 같이 지구중심의 단위 질량에 작용하는 달의 인력(f)은

$$f_0 = G \cdot \frac{M}{R^2} \tag{2.24}$$

이란 관계식으로 표현된다. 식에서 G는 만유인력상수, M은 달의 질량, R은 지구와 달 사이의 거리이다. 다만 지구와 달이 질량을 무시할 수 있는 도구로 연결되었다고 가정할 때 두 천체의 중심을 공동중심이라고 정의한다. 공동중심은 지구중심에서 달을 향해 지구반경의 약 3/4의 위치에 존재한다. 따라서 지구중심의 단위질량에 대해 f_0의 힘으로 당기지만, 공동중심의 주위를 도는 원심력 C와 균형을 이르고 있기에 달과 충돌하지 않는다(그림 2.2.15). 원심력은 지구 표면의 모든 점에서 동일하게 작용한다. 한편 달에 가까운 지구 A점의 단위질량에 작용하는 달의 인력 f_A는

$$f_A = G \cdot \frac{M}{(R-e)^2} \tag{2.25}$$

로 표현할 수 있다. 여기에서 e는 지구반경이다. 따라서 A점의 달의 인력과 원심력 사이에는 $f_A > C$가 되어, A점의 단위질량에는

$$\begin{aligned} F_A &= f_A - C = G\left[\frac{M}{(R-e)^2} - \frac{M}{R^2}\right] \\ &\fallingdotseq \frac{GM}{R^2}\left[\frac{(1+2e)}{R} - 1\right] \fallingdotseq \frac{2GMe}{R^3} \end{aligned} \tag{2.26}$$

이 되는 F_A라는 힘이 작용하게 되는데, 이 F_A가 기조력이다. 같은 방법으로 달에서 가장 멀리 떨어진 B점에서는 $f_A < C$가 되는 반대방향의 기조력 F_B가 작용한다. 이러한 방법으로 지구의 모든 점에서 기조력을 계산할 수 있다(그림 2.2.15).

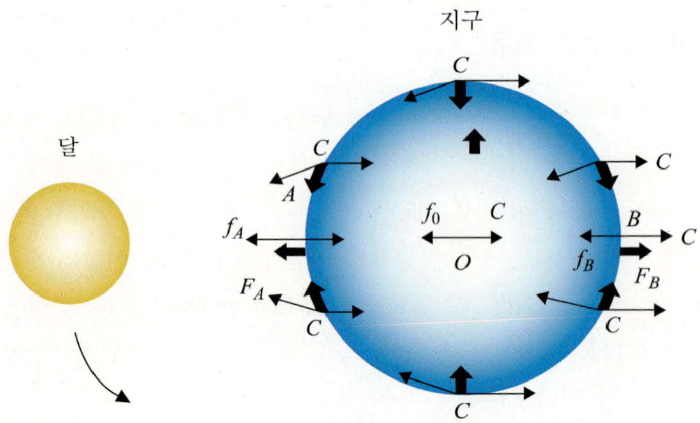

그림 2.2.15 지구와 달의 관계에서 달의 인력(f), 원심력(C)과 기조력(F)

해수면의 연직운동에서 해수면이 최대인 상태를 고조(高潮/滿潮, high water)라고 하며, 해수면이 최소인 상태를 저조(低潮/干潮, low water)라고 한다. 고조에서 저조까지의 상태를 썰물(落潮, ebb)이라고 하며, 저조에서 고조사이의 상태를 밀물(漲潮, flood)이라 한다. 그리고 조위의 시간적 변화를 표현하기 위해 가로축에 시간, 세로축에 조위를 시간변화에 따라 표현한 곡선을 조석곡선이라 한다. 지구는 자전을 하고 있어 지구표면의 어느 점에서 하루에 2번의 고조와 저조를 경험하게 되는데, 이를 반일주조(半日周潮, semidiurnal tide)라 한다. 지형적인 특성에 따라서는 하루에 한 번의 고조와 저조만을 경험하게 되는 조석을 1일주조(一日周潮, diurnal tide)라고 한다. 다만 조석시간은 달이 지구를 한 바퀴 도는데 약 24시간 50분이 소요되기에 매일 50분씩 늦어진다. 또한 하루에 두 번 발생하는 고조와 저조의 수위는 동일하지 않고 다르게 출현하는데, 이러한 현상을 일조부등(日潮不等, diurnal inequality)이라 하며, 달과 태양이 적도부근에 있을 때 작고, 적도에서 멀어질 때 커진다.

기조력에는 달의 인력 이외에도 지구 주위의 다른 천체 인력이 작용하지만, 힘의 크기가 태양은 달의 1/2, 화성은 달의 $1/10^6$에 불과하여, 달과 태양 이외에 다른 천체의 인력의 영향은 무시한다. 때문에 조석은 신월이나 만월과 같이 달과 태양의 인력이 중복될 때에는 고조와 저조의 차이인 조차(潮差, tidal range)가 크게 될 때를 대조(大潮, spring tide)라고 한다. 반대로 하현이나 상현과 같이 달과 태양의 인력이 상호 교차될 때에는 조차가 가장 작게 되며, 이때를 소조(小潮, neap tide)라고 한다(그림 2.2.16).

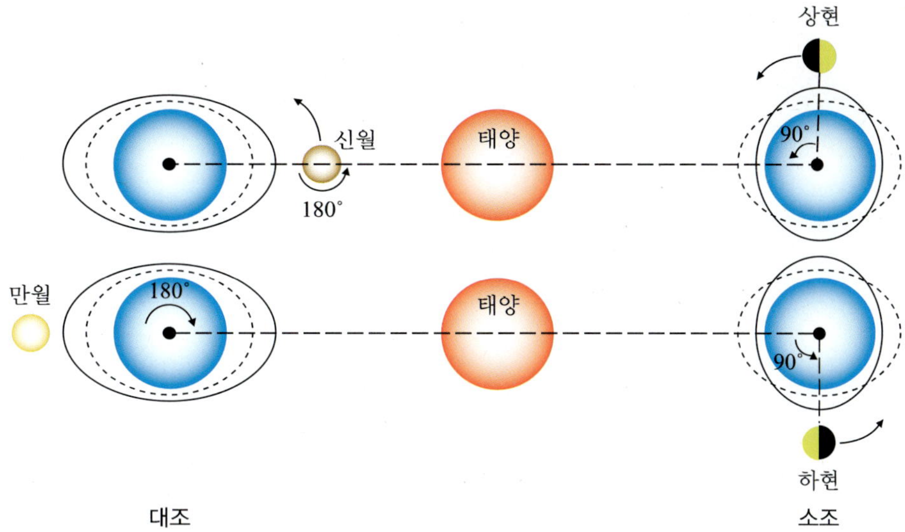

그림 2.2.16 대조와 소조 때 달과 태양의 기조력에 의한 평형해면

조석에 따라 발생하는 해수의 주기적인 수평운동을 조류(tidal current)라 한다. 그리고 해면이 상승하여 고조로 가는 동안의 흐름은 창조류(漲潮流, flood current), 해면이 하강하여 저조로 가는 동안의 흐름은 낙조류(落潮流, ebb current)라고 한다. 또한 창조와 낙조에 조류 방향이 바뀔 때를 전류(轉流, turn of tide)라 하며, 전류 때 유속이 0이 되는 게류(憩流, slack water)현상이 관찰한다. 해류가 한 방향의 흐름을 나타내지만, 조류는 연안에서 창조류와 낙조류에서 방향이 180도 변화하는 양방향의 왕복성 흐름을 나타낸다.

지형의 영향이 없는 외양에서는 흐름의 방향이 돌아서 나타나는 회전성 흐름을 보인다. 바다 쪽으로 돌출하지 않고 육지 쪽으로 들어간 큰 규모의 해안에서는 외부에서 진입하는 왕복성 조류에 의해 중심에 조류와 반대로 흐르는 환상(環狀)의 반류(反流, counter current)가 발생하여 해수의 정체역을 형성하기도 한다. 조류의 유속벡터의 선단을 연결하여 얻어진 타원을 조류타원(潮流楕圓, tidal current ellipse)이라 하고, 조류타원에서 창조류 및 낙조류가 최대가 되는 시간, 유향과 유속, 탁월한 조류성분, 항류(恒流, permanent flow), 유속벡터의 변화 등을 쉽게 파악할 수 있다(그림 2.2.17).

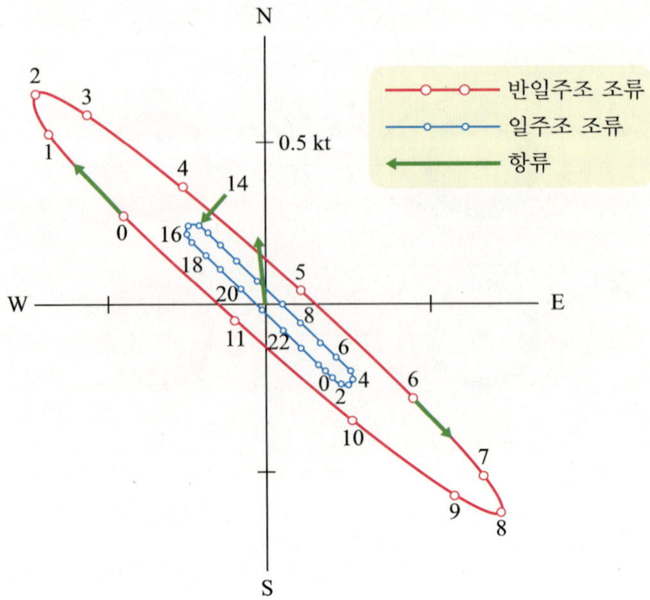

그림 2.2.17 연안역의 조류타원을 계산한 사례

항류란 탁월한 조류에 대해 1주기간의 측류 결과를 평균하면, 거의 "0"이 될 것으로 기대되지만, 실지로는 "0"이 아닌 일정 값과 방향을 나타내게 된다. 이러한 평균값을 항류라고 한다. 항류는 지형적 요인과 바람 등 외력에 의하여 발생하며, 연안의 물질 확산에 크게 관여하게 된다.

2.3 지구의 물 순환과 해수화학

1 지구의 물 순환

태양계의 8개 행성에서 생명체가 지구에만 존재하는 이유는 물이 존재하기 때문이다. 현재의 지구에서 광활한 해양의 면적과 깊은 수심으로 지구의 전체 물에서 대부분을 차지하는 97.25%가 바다에 존재하여 지구 전체의 물 순환을 조절하고 있다. 바다 이외에 물을 저장할 수 있는 곳으로는 상대적 높은 비율을 차지하는 것은 양극 해역의 빙산 및 빙하, 그리고 만년설의 얼음의 형태로 2.05%, 지표수에서 땅속으로 스며든 지하수로 0.68%가 존재한다. 기타 우리가 상수원 등 직접적으로 이용하는 지표수인 하천이나 호수에는 약 0.01%의 극소량만 존재하며, 대기의 수증기로서 약 0.001%, 그리고 생물체에 0.006% 정도가 존재한다(표 2.3.1).

표 2.3.1 매체에 따른 지구 물의 저수량(x 10^6 km^3)

저수장소		존재형태	물의 양 (x 10^6 km^3)	저수 백분율 (%)
해양		해수	1,370	97.25
육상	빙하, 빙산	얼음	29	2.05
	지하수	담수	9.5	0.68
	호수	담수	0.125	0.01
	하천	담수	0.0017	0.0001
대기권		수증기	0.013	0.001
생물권		생체	0.0006	0.00004
합 계			1,514.64	99.99114

Berner and Berner(2012)

그러나 각 저장소에 존재하는 물은 유체(流體)로서 수면을 통한 증발 및 강수는 물론 서로 평형을 유지하려는 작용으로 한 곳에 정체하지 못하고 이동한다. 또한 바다는 지형학적 위치에서 육지보다 낮은 위치한다. 이러한 지구 규모에서 물의 순환(水循環, hydrological cycle)을 그림 2.3.1에 간략하게 나타내었다. 그림에서 해수는 바다표면에서 연간 423,100 km^3/year가 증발하여, 385,700 km^3/year가 비로서 바다로 회수되어, 바다는 증발량이 강수량보다 37,400 km^3/year가 많다. 반면 육지는 증발량이 72,900 km^3/year인 것에 비해 강수량이 110,300 km^3/year로서 바다와는 반대로 강수량이 37,400 km^3/year가 많다. 이러한 물 수지의 불균형은 육지와 바다사이에 물의 흐름을 발생시키는 원동력이 된다. 또한 이러한 순환이 지구에서 생물서식을 가능하게 하고 있다.

바다와 육지의 물 수지균형을 위해 바다의 잉여 증발량은 육지로 이동되고, 육지의 잉여 강수량은 바다로 이동되어야 된다. 이동과정에서 바다의 잉여 증발량은 수증기 형태로 바람에 의해 육상으로 수송지만, 육지의 잉여 강수량은 하천을 통해 바다로 유입되어, 이동 경로가 다른 특성을 나타낸다. 즉 바다에서 육지로 이동되는 물은 해수가 아닌 담수로 공급되기에 육지의 모든 생물이 이용가능하게 되며, 육상의 잉여 강수량은 토양성분을 포함하여 하천이란 통로를 통해 바다로 유입하여 이들 토양성분은 해양기초생물의 생산에 필요한 영양염을 공급하게 된다(그림 2.3.1).

이렇게 물의 순환을 통해 육지는 부족한 물을 지속적으로 바다에서 공급받게 되고, 바다는 육지에서 토양성분을 공급받아 육지와 바다의 생물이 공존할 수 있는 조건을 만들고 있다. 또한 대기를 통한 수증기의 흐름은 국지적인 기상이변을 발생시키기도 하는 물의 순환을 통한 지구환경의 변화는 물리, 화학, 생물, 지질학 및 기타 여러 분야와 연계하여 상호 의존적으로 지속적인 작용을 하는 것이 된다.

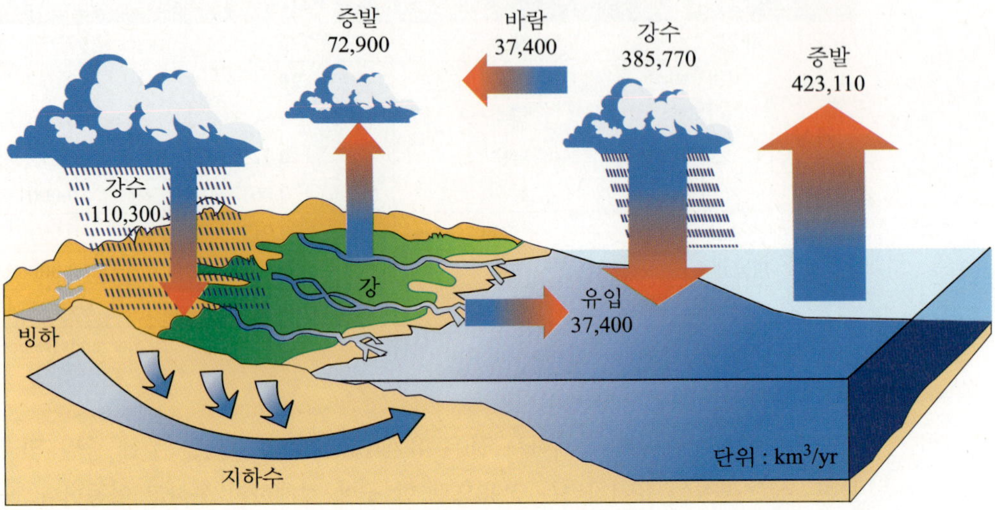

그림 2.3.1 지구 규모에서의 물의 순환(Pinet, 2006)

2 해수의 화학

육상의 하천을 통해 바다에 유입한 다양한 물질은 해양환경에 서식하는 생물의 성장에 필요한 영양소를 제공함은 물론 여러 변화과정을 거치면서 가장 안정된 형태의 물질로서 바다에 오랜 시간 머물게 된다. 따라서 바다에는 존재량을 달리하면서 지구상의 모든 자연 원소 대부분이 존재하며, 해양의 존재량 및 존재형태는 물질의 형태 및 해양에서의 체류시간에 의해 다르게 표현된다.

(1) 용존과 입자성 물질

해수에 존재하는 물질은 원소상태로 존재하지 않고, 이온형태나 분자형태 또는 무기 및 유기의 배위 화합물이나 유기물 등 다양하게 존재한다. 무기물질(원소)이 해수에 녹아 있는 형태를 화학종/용존종(化學種, chemical species or dissolved species)

이라 한다. 그러나 해수에는 모든 물질이 용존물질(溶存物質, dissolved matter)로서 존재는 것이 아니라, 부유하는 입자형태인 입자성 물질(粒子性 物質, particulate matter)로도 존재한다. 물질에 따라서는 용존물질과 입자성 물질로 구분하기 어려운 것도 있지만, 해수에 존재하는 물질을 대상으로 할 때 이들의 구분을 명확히 할 필요성이 있게 된다. 용존물질과 입자성 물질의 구분은 편의상 공경(孔徑, pore size)이 0.45 μm인 박막여과지(membrane filter)를 통과하면 용존물질, 필터 위에 남으면 입자성 물질로 구분한다. 그러나 해수의 화학종에서 지름이 10^{-5} cm에서 10^{-7} cm 정도 크기인 콜로이드(colloid)상의 물질은 용존과 입자성 물질의 중간에 위치한다. 표 2.3.2에는 해수 중에 존재하는 각종 무기원소들의 농도와 화학종, 그리고 해양에 존재하는 총량 등을 나타내었다. 즉 해수에는 지구에 존재하는 대부분의 자연 발생적 물질들이 녹아 있지만, 주요원소 몇 종류를 제외하고는 용존 농도가 매우 낮다.

해수의 무기 용존물질을 염류(鹽類, salt)라고 한다. 해수 1 kg 중에 녹아 있는 염류(고형물질)의 총량을 염분(鹽分, salinity)으로 정의하고 있지만, 염류는 해수 존재량이나 생물활동의 관련성으로부터 주요성분, 소(미)량성분, 영양염류로 구분하기도 한다. 주요성분(主要成分, major constituents)은 해수 1 kg에 1 mg 이상으로 존재하는 물질로서 대부분 양이온이나 음이온의 화학종으로 존재한다(표 2.3.3). 소(미)량성분(小量成分, minor/trace constituents)은 해수 1 kg에 1 mg 이하로 존재하는 물질로 주요성분을 제외한 무기물질 모두가 여기에 해당한다.

특히 미량원소(微量元素, minor element)는 해수의 지화학 및 생물학적 순환에서 중요한 역할을 담당하기에 원소의 생·지화학적 거동을 파악하는데 매우 중요하다. 한편 방사성 동위원소는 해수 중의 존재량이 미량원소에 해당되지만, 원소가 가지는 특징 때문에 미량원소와 구분하여 취급한다. 그리고 질소, 인, 규소 등의 무기화합물은 생물활동과 밀접한 관련성을 가지기에 영양염류 또는 친생물 원소로 취급한다.

염분은 해역의 증발량이나 강수량, 하천 유입량 등에 따라 높고 낮음을 나타내지만, 염분을 구성하는 염류 사이의 조성비는 일정한 것으로 알려진다. 해수에 존재하는 물질에 염분에 비례하여 농도가 변화하는 성질을 보존성(保存性, conservative properties)이라 하며, 생물활동 등에 의해 쉽게 변화하는 성질을 비보존성(非保存性, non-conservative properties)이라 하여 해수 중의 물질 특성을 이해하는 지표로 이용된다.

표 2.3.2 해수 중에 용존하는 물질의 용존량과 화학종(Open univ., 1989)

원소명	원소기호	농도 (mg/L)	해수에 존재하는 주요 화학종	해양 중 전체 용존량(톤)
염소	Cl	1.95×10^{4}	Cl^{-}	2.57×10^{16}
나트륨	Na	1.077×10^{4}	Na^{+}	1.42×10^{16}
마그네슘	Mg	1.290×10^{3}	Mg^{2+}	1.71×10^{15}
황	S	9.05×10^{2}	SO_4^{2-}, $NaSO_4^{-}$	1.2×10^{15}
칼슘	Ca	4.12×10^{2}	Ca^{2+}	5.45×10^{14}
칼륨	K	3.80×10^{2}	K^{+}	5.02×10^{14}
브롬	Br	67	Br^{-}	8.86×10^{13}
탄소	C	28	HCO_3^{-}, CO_3^{2-}, CO_2	3.7×10^{13}
질소	N	11.5	N_2(기체), NO_3^{2-}, NH_4^{+}	1.5×10^{13}
스트론튬	Sr	8	Sr^{2+}	1.06×10^{13}
산소	O	6	O_2(기체)	7.93×10^{12}
붕소	B	4.4	$B(OH)_3$, $B(OH)_4^{-}$, $H_2BO_3^{-}$	5.82×10^{12}
규소	Si	2	$Si(OH)_4$	2.64×10^{12}
플루오르	F	1.3	F^{-}, MgF^{+}	1.72×10^{12}
아르곤	Ar	0.43	Ar(기체)	5.68×10^{11}
리튬	Li	0.18	Li^{+}	2.38×10^{11}
루비튬	Rb	0.12	Rb^{+}	1.59×10^{11}
인	P	6×10^{-2}	HPO_4^{2-}, PO_4^{3-}, $H_2PO_4^{-}$	7.93×10^{10}
요오드	I	6×10^{-2}	IO_3^{-}, I^{-}	7.93×10^{10}
바륨	Ba	2×10^{-2}	Ba^{2+}	2.64×10^{10}
몰리브덴	Mo	1×10^{-2}	MoO_4^{2-}	1.32×10^{10}
비소	As	3.7×10^{-3}	$HAsO_4^{2-}$, $H_2AsO_4^{-}$	4.89×10^{9}
우라늄	U	3.2×10^{-3}	$UO_2(CO_3)_2^{4-}$	4.23×10^{9}
바나듐	V	2.5×10^{-3}	$H_2VO_4^{-}$, HVO_4^{-}	3.31×10^{9}
알루미늄	Al	2×10^{-3}	$Al(OH)_4^{-}$	2.64×10^{9}
철	Fe	2×10^{-3}	$Fe(OH)_2^{+}$, $Fe(OH)_4^{-}$	2.64×10^{9}
니켈	Ni	1.7×10^{-3}	Ni^{2+}	2.25×10^{9}
티탄	Ti	1×10^{-3}	$Ti(OH)_4$	1.32×10^{9}
아연	Zn	5×10^{-4}	$ZnOH^{+}$, Zn^{2+}, $ZnCO_3$	6.61×10^{8}
세슘	Cs	4×10^{-4}	Cs^{+}	5.29×10^{8}
크롬	Cr	3×10^{-4}	$Cr(OH)_3$, CrO_4^{2-}	3.97×10^{8}
안티몬	Sb	2.4×10^{-4}	$Sb(OH)_6^{-}$	3.17×10^{8}
망간	Mn	2×10^{-4}	Mn^{2+}, $MnCl^{+}$	2.64×10^{8}
크립톤	Kr	2×10^{-4}	Kr(기체)	2.64×10^{8}
셀렌	Se	2×10^{-4}	SeO_3^{2-}	2.64×10^{8}
네온	Ne	1.2×10^{-4}	Ne(기체)	1.59×10^{8}
카드뮴	Cd	1×10^{-4}	$CdCl_2$	1.32×10^{8}
구리	Cu	1×10^{-4}	$CuCO_3$, $CuOH^{+}$	1.32×10^{8}
텅스텐	W	1×10^{-4}	WO_4^{2-}	1.32×10^{8}
게르마늄	Ge	5×10^{-5}	$Ge(OH)_4$	6.61×10^{7}
크세논	Xe	5×10^{-5}	Xe(기체)	6.61×10^{7}
수은	Hg	3×10^{-5}	$HgCl_4^{2-}$, $HgCl_2$	3.97×10^{7}
지르코늄	Zr	3×10^{-5}	$Zr(OH)_4$	3.97×10^{7}

원소명	원소기호	농도 (mg/L)	해수에 존재하는 주요 화학종	해양 중 전체 용존량(톤)
비스무트	Bi	2×10^{-5}	BiO^{+}, $Bi(OH)_2^{+}$	2.64×10^{7}
니오브	Nb	1×10^{-5}	미확인	1.32×10^{7}
주석	Sn	1×10^{-5}	$SnO(OH)_3^{-}$	1.32×10^{7}
탈륨	Tl	1×10^{-5}	Tl^{+}	1.32×10^{7}
토륨	Th	1×10^{-5}	$Th(OH)_4$	1.32×10^{7}
하프늄	Hf	7×10^{-6}	미확인	9.25×10^{6}
헬륨	He	6.8×10^{-6}	He(기체)	8.99×10^{6}
베릴륨	Be	5.6×10^{-6}	$BeOH^{+}$	7.40×10^{6}
금	Au	4×10^{-6}	$AuCl_2^{-}$	5.29×10^{6}
레늄	Re	4×10^{-6}	ReO_4^{-}	5.29×10^{6}
코발트	Co	3×10^{-6}	Co^{2+}	3.97×10^{6}
란탄	La	3×10^{-6}	$La(OH)_3$	3.97×10^{6}
네오디뮴	Nd	3×10^{-6}	$Nd(OH)_3$	3.97×10^{6}
은	Ag	2×10^{-6}	$AgCl_2^{-}$	2.64×10^{6}
탄탈	Ta	2×10^{-6}	미확인	2.64×10^{6}
갈륨	Ga	2×10^{-6}	$Ga(OH)_4^{-}$	2.64×10^{6}
이트륨	Y	1.3×10^{-6}	$Y(OH)_3$	1.73×10^{6}
세륨	Ce	1×10^{-6}	$Ce(OH)_3$	1.32×10^{6}
디스프로슘	Dy	9×10^{-7}	$Dy(OH)_3$	1.19×10^{6}
에르븀	Er	8×10^{-7}	$Er(OH)_3$	1.06×10^{6}
이테르븀	Yb	8×10^{-7}	$Yb(OH)_3$	1.06×10^{6}
가돌리늄	Gd	7×10^{-7}	$Gd(OH)_3$	9.25×10^{5}
프라세오디뮴	Pr	6×10^{-7}	$Pr(OH)_3$	7.93×10^{5}
스칸듐	Sc	6×10^{-7}	$Sc(OH)_3$	7.93×10^{5}
납	Pb	5×10^{-7}	$PbCO_3$, $Pb(CO_3)_2^{2-}$	6.61×10^{5}
홀뮴	Ho	2×10^{-7}	$Ho(OH)_3$	2.64×10^{5}
루테튬	Lu	2×10^{-7}	Lu(OH)	2.64×10^{5}
툴륨	Tm	2×10^{-7}	$Tm(OH)_3$	2.64×10^{5}
인듐	In	1×10^{-7}	$In(OH)_2^{+}$	1.32×10^{5}
테르븀	Tb	1×10^{-7}	$Tb(OH)_3$	1.32×10^{5}
텔루르	Te	1×10^{-7}	$Te(OH)_6$	1.32×10^{5}
사마륨	Sm	5×10^{-8}	$Sm(OH)_3$	6.61×10^{4}
유로퓸	Eu	1×10^{-8}	$Eu(OH)_3$	1.32×10^{4}
라듐	Ra	7×10^{-11}	Ra^{2+}	92.5
프로트악티늄	Pa	5×10^{-11}	미확인	66.1
라돈	Rn	6×10^{-16}	Rn(기체)	7.93×10^{-4}
폴로늄	Po	-	PoO_3^{2-}, $Po(OH)_2$	?

표 2.3.3 해수 1kg 중의 주요성분과 용존평균농도(mg/L, ‰)

이온명		35‰ 해수 1 kg의 무게비율(‰)	
염소 이온	Cl^-	18.980	음이온 소계 21.861
황산 이온	SO_4^{2-}	2.649	
중탄산 이온	HCO_3^-	0.140	
브롬 이온	Br^-	0.065	
붕산 이온	$H_2BO_3^-$	0.026	
플루오르 이온	F^-	0.001	
나트륨 이온	Na^+	10.556	양이온 소계 12.621
마그네슘 이온	Mg^{2+}	1.272	
칼슘 이온	Ca^{2+}	0.400	
칼륨 이온	K^+	0.380	
스트론튬 이온	Sr^{2+}	0.013	
합 계			34.482

(2) 영양염류

해수의 용존 무기염류에서 식물플랑크톤(기초생산자)의 성장으로 소비되고, 생물의 호흡과 미생물의 분해로 재생되는 물질을 영양염류(營養鹽類, nutrients)라고 한다. 식물플랑크톤의 성장에는 많은 원소가 필요하지만, 바다의 유광층에서 수요와 공급에 의해 부족하기 쉬운 원소는 질소(N), 인(P), 탄소(C) 그리고 규소(Si)이다. 즉 생물체의 조직이나 연한 부분은 주로 탄소, 수소(H) 및 산소(O)의 화합물로 구성되며, 다음에 질소나 황(S) 등이 주요 구성원소가 된다. 특히 인은 핵산 등 생체 내의 에너지 전송에 관여한다. 반면 식물플랑크톤의 세포를 감싸는 껍질(殼)의 주성분은 규산(SiO_2)이나 탄산칼슘($CaCO_3$)이다. 즉 영양염류는 생물체의 구성에 절대적으로 필요한 원소이기에 친생물 원소라 한다.

영양염류서도 해수 중 용존량이 생물의 수요를 충족하지 못해 부족하기 쉬운 원소를 제한영양염류(制限營養鹽類, limiting nutrient)라고 한다. 만일 폐쇄된 계(系, system)에서 식물플랑크톤을 성육시키면 제일 먼저 제한영양염가 부족하기에 제한영양염의 추가 공급 없이는 지속적인 생물성장이 불가하다. 제한영양염은 수권에 따라 차이는 있어 일반적으로 해양은 질소가, 호수나 하천 등 담수계에는 인이 제한되기 쉽다. 다만 육지에서 많은 담수가 유입되는 연안 및 내만해역에서 담수유입이 많은 계절은 질소보다 인이 식물플랑크톤 성장에 제한하기도 한다. 영양염류의 해수 중 존재 형태는 질소가 암모니아염(NH_4^+), 아질산염(NO_2^-) 및 질산염(NO_3^-)의 형태로 존재한다. 암모니아염과 아질산염은 산화되어 질산염으로 변하기에 외양에서는 대부분 질산염으로 존재하지만, 인간 활동의 영향을 받는 연안이나 내만해역은 유기물의 분해산물인 암모니아염이 많은 양으로 존재하기도 한다. 그러나 인과 규소는 해수에 인산염(PO_4^{3-})이나 규산염($Si(OH)_4$)의 한 가지 형태로만 존재한다.

바다에서 식물플랑크톤에 의한 광합성은 태양광선이 투과되는 수심 100 m 전후까지인 극표층에서만 이루어진다. 하지만 세균에 의한 생물의 분해 및 생물의 호흡은 바다의 전 수층에서 이루어진다. 바다 표층에서 식물플랑크톤 성장에 필요한 영양염류는 외부 유입은 하천에 의한 유입(流入, runoff), 대기로부터 첨가(添加, addition) 및 용승(upwelling)에 의한 심층수에서 공급된다. 그러나 이러한 공급량을 모두 합해도 유광층에서 식물플랑크톤이 흡수, 동화되는 양에는 훨씬 미치지 못한다. 따라서 해양에서 식물플랑크톤의 안정된 성장을 위한 영양염류의 대부분은 유광층의 생물분해를 통한 무기화 과정에 의존하고 있다(그림 2.3.2).

인을 예로 들어 해양에서 영양염류의 순환을 개략적으로 살펴보면, 해양의 유광층에서 인 총량을 1,000으로 하였을 때. 이 모두는 식물플랑크톤의 광합성에 의해 동화 된다. 생체에 흡수, 동화된 인에서 90%에 해당하는 900은 생물의 호흡(분해)에 의해 유광층에서 무기화된다. 나머지 10%에 해당하는 100의 입자성 물질은 광합성을 할 수 없는 무광층(無光層, aphotic zone)으로 침강한다. 침강하는 유기물질은 먹이사슬을 통한 소비와 호흡 및 종속영양세균에 의한 분해로 9%인 99가 무기화된 다음 용승현상으로 유광층으로 재공급되어 식물플랑크톤에 흡수된다. 한편 심층으로

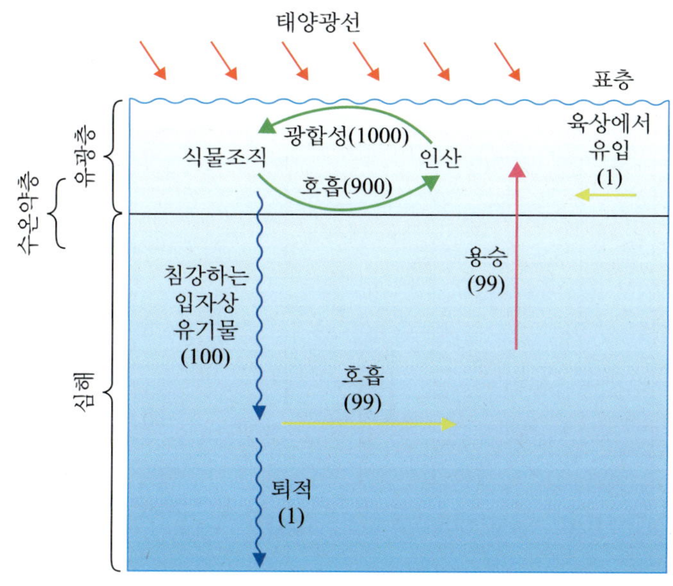

그림 2.3.2 해양에서 영양염류(인)의 순환(Pinchot, 1970)

침강한 입자 유기물질 중 1은 해저에 퇴적되어 해양에서 제거된다. 해양에서 제거되는 양에 해당하는 물질은 하천을 통하여 육지에서 바다로 유입되는 물질로서 공급을 받는다. 이와 같은 영양염의 순환과정을 거쳐 해양에서 영양염류의 균형이 유지되고 있다(그림 2.3.2).

식물플랑크톤의 광합성에 필수인자인 이산화탄소는 해수에 충분히 존재하여 기초생산에 제한인자로 작용되지 않는다. 그러나 유광층에서 인, 질소 및 규소는 식물플랑크톤 생산에 필요한 수요량보다 공급량이 부족하여 종종 제한인자로 작용한다. 규소는 규조류(珪藻類, diatoms) 등의 껍질(殼)을 만드는 성분으로 일부 한정된 생물군에 필요한 영양염류이지만, 해양 식물플랑크톤에서 규조류의 역할은 매우 중요하기에 주요 영양염류로 취급한다. 이렇게 해양에서 광합성 생물의 수요와 공급에 불균형을 이루고 있는 영양염류는 표층(유광층)에서 빠르게 소비되어 급격히 농도를 감소시킨다. 하지만 광합성 활성이 없는 무광층에서는 표층에서 침강한 입자성 유기물의 분해에 의한 무기화로 영양염류 농도는 높게 된다. 때문에 영양염류 농도는 광합성에 의해 영양염류가 흡수되는 표층에서 낮고, 호흡(분해)에 의해 영양염류가 무기화되는 무광층에서 높게 된다. 그림 2.3.3에서 보이는 3대양 해역에서의 질산염(NO_3^-)과 인산염(PO_4^{3-})의 연직분포에서 이러한 내용이 잘 표현되고 있다. 즉 표층은 광합성 생물에 의한 영양염류 흡수로 낮은 농도를 보이지만, 일정 수심 이하인 심층에서 높은 영양염류 농도로 일정한 연직분포를 나타낸다. 그림 2.3.3에서 관찰되는 3대양에서 영양염류의 차이를 보이는 것은 2.2절의 심층수 순환에서 대서양북부에서 침강한 해수가 오랜 시간 대서양을 남하하면서 인도양 태평양을 통해 무기화 과정이 발생하고 있어, 대서양보다 태평양과 인도양이 높게 되는 심층해수의 지속시간에 관계되는 현상이다.

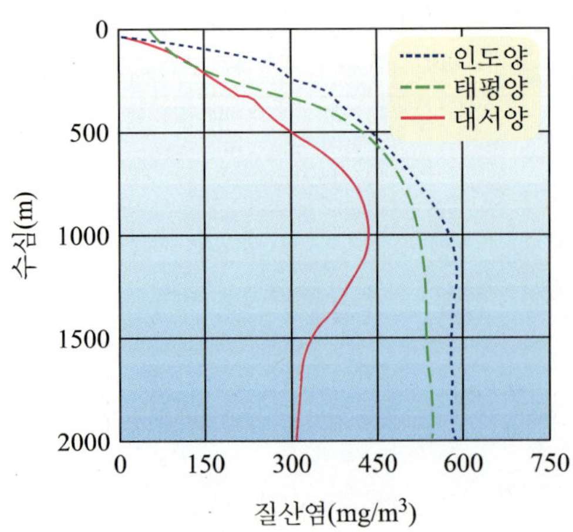

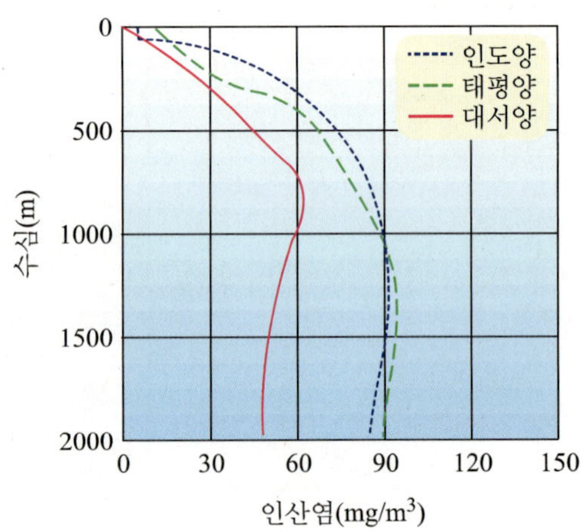

그림 2.3.3 **3대양에서 영양염류의 연직분포**(Pinchot, 1970)

그림에서 표현되는 영양염류 단위 mg/m^3(=μg/L)이나 연안해역의 환경조사에서 쉽게 사용되는 mg/L(=ppm) 단위는 영양염류의 단위로 부적합하다. 이유는 해수 중의 용존 영양염의 농도는 극히 미량으로 용존하고 있어서 ppm 단위로 표현하면 매우 큰 오차를 발생시킨다. 또 친생물 원소에서 제한 영양염 등 수질평가에 사용되는 레드필드 비, 즉 N/P 비 등은 영양염류의 절대농도가 아닌 원자비로 계산된다. 때문에 해양 영양염류의 단위는 절대농도에 각 원소의 분자량으로 나눈 원자량 값인 μM(=μg · at./L) 단위 사용이 요구된다.

(3) 해수의 용존 기체

해수에 용존하는 일부 물질은 기체 형태로만 존재한다. 기체 형태로 존재하는 물질이 용해도는 원소의 분자량과 수온에 지배된다. 다만 이산화탄소는 기체 분압이 용해도에 크게 작용한다. 즉 기체 용해도는 원소의 분자량이 크고, 수온이 낮을수록 증가하고, 분자량이 작고 수온이 높을수록 감소하여 용해도와 분자량 사이에는 강한 양의 상관을, 용해도와 수온 사이에는 음의 상관을 나타낸다(그림 2.3.4).

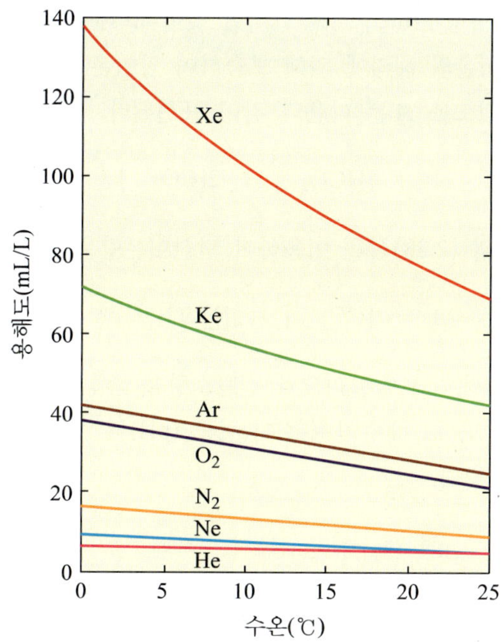

그림 2.3.4 해수 중 기체의 용해도(Broecker, 1974)

그리고 표층해수의 기체 용해도는 대기와 해수의 기체분압은 물론 수온과 염분에 따라 변화한다. 이러한 물리적 특성 이외에도 산소나 이산화탄소와 같은 기체는 광합성 및 세균에 의한 호흡(분해)에 의해서도 쉽게 영향을 받고 있어, 해역의 생물작용을 평가하는 인자로 널리 사용된다.

이산화탄소는 해수에 높은 농도로 존재한다. 탄소는 주로 해양 유기물로 존재하지만, 무기형태로는 이산화탄소(CO_2) 이외에 탄산(H_2CO_3), 중탄산이온(HCO_3^-) 및 탄산이온(CO_3^{2-})의 형태로 존재한다. 특히 해수의 무기 탄소는 대부분 중탄산 및 탄산이온으로 존재하기에 해양의 전 탄소($\sum CO_2$)는 다음과 같이 표현된다.

$$[\sum CO_2] = [HCO_3^-] + [CO_3^{2-}] \qquad (2.27)$$

해양의 탄소는 표층에서 생물의 광합성이나 생물체의 골격형성 등 생물생산에 이용되며, 심층해수는 표층에서 침강한 유기물이 종속영양세균 등의 분해 및 호흡작용으로 해수에 공급되기에 전 탄소는 다른 영양염류와 동일하게 표층에 낮고 심층에 높게 된다. 이러한 탄소의 존재형태 및 존재량은 해수의 알칼리도나 수소이온농도(pH)를 결정한다. 해수의 알칼리도(alkalinity)는 해수의 전하(電荷, charge) 평형에서 해수의 양이온 전하가 음이온 전하보다 다소 많고, 이러한 전하의 차이를 해수 1 L의 밀리 당량수(meq/L)로 표시한 것이다. 해수는 부족한 음이온 전하를 중탄산이온과 탄산이온의 해리에 의해 보충하여 양이온 전하와 평형을 유지한다. 따라서 해수의 알칼리도를 A는 다음과 같이 표현된다.

$$A = [HCO_3^-] + 2[CO_3^{2-}] \qquad (2.28)$$

(2.27)과 (2.28)식을 이용하여 탄산이온량은

$$A - [CO_3^{2-}] = [\sum CO_2] \quad \text{or} \quad A - [\sum CO_2] = [CO_3^{2-}] \qquad (2.29)$$

가 된다. 해수의 알칼리도와 전탄소량을 측정하면 위 식에서 탄산이온의 농도를 구할 수 있다. 또 해수의 수소이온농도(pH)는 수소이온을 몰수로 표시한 것으로서 다음 식과 같다.

$$pH = -\log_{10}[H^+] \qquad (2.30)$$

이 해수의 pH는 해수의 중탄산이온과 탄산이온의 존재비인 다음 식으로 표현할 수 있다.

$$HCO_3^- \Leftrightarrow H^+ + CO_3^{2-} \qquad (2.31)$$

바다에서 이 식의 화학반응은 매우 빠르게 진행되며, 이들 사이에는 다음의 관계식이 성립한다.

$$K = \frac{[H^+][CO_3^{2-}]}{[HCO_3^-]} \tag{2.32}$$

여기서 K는 평형상수이다. 위 식을 수소이온(H^+)에 대해 정리하면

$$H^+ = \frac{K[HCO_3^-]}{[CO_3^{2-}]} \tag{2.33}$$

이 된다. 즉 해수의 pH는 탄산이온과 중탄산이온의 존재비에 의해 결정되며, 이 두 이온은 대기와의 기체교환이나 해양의 생물작용 등에 의해 평형을 유지하고 있기 때문에 매우 안정되어 8.0 ± 0.2 (또는 0.5) 범위의 약알칼리성으로 일정한 농도를 유지한다. 해수의 전 탄소량은 해수의 알칼리도 및 pH 사이에서 일정한 관계식을 유지하여 전탄소량과 알칼리도 사이에는 양(+), pH와는 음(−)의 관계를 나타내며, 이들 항목은 해양생물의 생산 활동과 밀접한 관계가 있음을 잘 시사한다.

해수의 용존산소량(溶存酸素量, dissolved oxygen/DO)은 대기와 해수면의 기체교환과 해수유동 등 물리학적 요인에 의해 결정되기에 표층해수의 용존산소량은 포화상태를 나타내지만, 아래 식으로 표현되는 해양생물의 광합성이나 미생물의 분해 활성 등 생물의 호흡에 의해서도 쉽게 영향을 받기에 해수 중의 용존산소량의 변화는 매우 큰 특징을 보인다.

$$nCO_2 + nH_2O \underset{\text{호흡}}{\overset{\text{광합성}}{\rightleftharpoons}} nCH_2O + nO_2 \tag{2.34}$$

해양의 표층에서 냉각되어 침강한 심층해수는 높은 용존산소량을 포함한다. 하지만 유광층에서 밑부분인 중간수층은 대기로부터 산소공급 차단과 광합성에 의한 산소생산이 없는 반면, 표층에서 침강된 입자성 유기물의 분해작용으로 산소가 소비되어 용존산소량이 감소한다. 따라서 유광층 밑에는 표층과 심층에 비해 용존산소가 낮은 산소극소층(酸素極小層, oxygen minimum layer)이 형성된다. 산소극소층은 해역에 따라 차이가 있지만 대략 500 m에서 1000 m 수심에 형성된다. 그림 2.3.5는 미국 캘리포니아 남부해역, 남태평양 동부해역 및 아메리카 지중해에서 용존산소량의 연직분포와 산소극소층의 위치 및 연직분포 나타내었다. 동해는 약 600 m 수심에서 산소극소층이 형성된다.

해수의 용존산소량은 수온과 염분의 함수로 표현되며, 수온과 염분 농도가 낮을수록 높다. 때문에 그림 2.3.5의 산소 연직분포에서 대서양과 태평양의 심층해수에서 농도가 다른 것은 영양염류 항의 그림 2.3.3에서 관찰되는 질산염과 인산염의 연직분포와 같이 2.2절 심층해수의 순환에서 대서양 북부에서 냉각으로 높은 용존산소량을 포함하여 침강한 심층수가 오랜 시간 인도양과 태평양을 순환하면서 호흡에 의해 용존산소가 소모되기 때문에 발생하는 현상이다. 이때 심층해수의 용존산소량은 비보존성의 연안 용존산소와는 달리 보존성분으로 취급한다. 그러나 생물생산이 풍부하고 해수교환이 불량한 폐쇄성의 부영양화된 연안/내만해역의 저층은 표층에서 침강된 유기물질을 세균 등이 분해하면서 많은 양의 산소를 소비(COD/BOD로 표시)하여 무산소수괴(無酸素水塊, anoxic water)를 형성한다. 정체성이 강한 흑해(Black sea)는 중층 이하에서 산소가 없는 무산소수괴가 형성된 전형적인 해역이다. 우리나라도 생활하수나 산업폐수 유입이 많은 마산만 및 가막만 내만과 같은 폐쇄성이 강한 해역에서 수온약층이 형성되는 고수온기에 해저무(저)산소수괴가 만들어져, 혐기성 퇴적층(嫌氣性堆積層, anoxic sediment)이 형성되는 것이 보고된다.

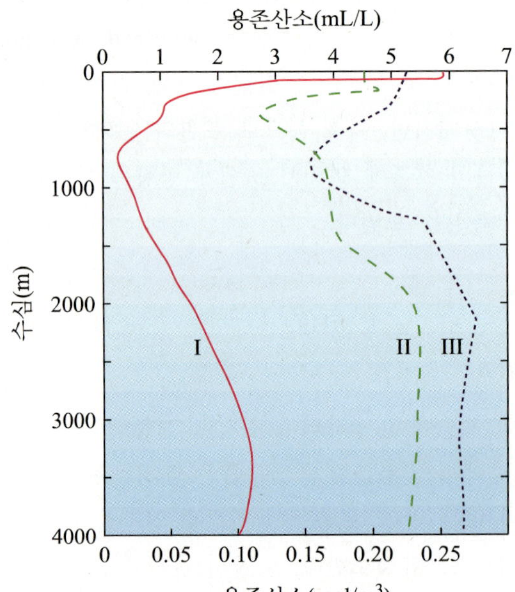

그림 2.3.5 용존산소량의 연직분포(Open Univ., 1989)

I: 캘리포니아 남부연안, II: 남대서양 동부해역, III: 아메리카 지중해

수온과 염분의 계절변화 등 환경변화가 심한 연안/내만해역의 용존산소량은 측정

된 절대값보다, 용존산소포화도로 표현하는 것이 해양환경을 이해하는데 도움이 된다. 용존산소포화도(溶存酸素飽和度, DO saturation)는 수온과 염분에 의해 결정되는 이론값인 산소포화량(DO_s)과 용존산소 실측값(DO_m)의 비로서 표현된다.

$$\text{산소 포화도(\%)} = (DO_m / DO_s) \times 100 \tag{2.35}$$

이때 포화도가 100% 이상이면 과포화, 포화도가 100% 이하를 불포화라고 하며, 과포화 상태는 대기에서 용해되는 산소 이외에 광합성 활동으로 산소가 생산되고 있음을 의미하고, 불포화 상태는 세균 등 미생물 활성에 의해 유기물이 분해되면서 해수의 용존산소가 소비하고 있음을 나타낸다. 연안에서 이러한 생물작용이 활발하지 않은 일반적인 해역의 용존산소는 대기에서 용해되어 포화 100% 전후의 값을 나타낸다.

이산화탄소나 산소 이외에 해수에는 미량의 농도지만 기체로 존재하는 화합물이 있다. 기타의 기체 화합물 대부분은 해양 표층에서 생물활동으로 생산되어 과포화를 나타낸다. 이렇게 해양 표층에서 과포화 기체 화합물은 대기로 방출되어 대기와 해양 사이의 평형을 유지한다. 해양의 미생물활동에 의해 생산되는 산화질소(N_2O, nitrous oxide)는 해양의 질소수지(nitrogen budget)에 중요한 인자이다. 일산화탄소(CO, carbon monoxide)와 메탄(CH_4, methane)은 해수에 비슷한 농도를 보이나, 대기에 일산화탄소가 메탄보다 적기 때문에 대기와 해양 사이의 농도 구배가 크게 되어 해양에서 대기로 방출되는 양도 크다. 요오드화메틸(CH_3I, methyl iodide)과 황화이메틸($(CH_3)_2S$, dimethyl sulfide)은 호기환경에서는 매우 불안정하여, 대기에 유출된 다음 자외선에 의해 쉽게 분해된다. 다만 아황산가스(SO_2, sulfur dioxide)는 화산활동과 화석연료의 연소에 의해 대기에 공급되지만 산성비로 해양에 재유입 된다.

(4) 체류시간

해양에 용존하는 다양한 화학원소는 일정한 농도로 오랜 시간 매우 안정된 정상상태(定常狀態, steady state)를 유지한다. 즉 해양은 원소의 공급율과 제거율이 일치하여 화학적으로 안정된 균형을 유지하고 있다. 어떤 화학성분이 바다에 유입된 이후, 해양에서 제거될 때까지 머무는 시간을 체류시간(滯留時間, residence time)이라 하며, 다음과 같이 나타낸다.

$$\tau = \frac{A}{(dA/dt)} \tag{2.36}$$

식에서 τ는 원소의 체류시간을, A는 대상 원소가 해수에 용존된 총량을, 그리고 dA/dt는 원소가 시간변화에 따른 해양의 유입 또는 제거되는 양을 나타낸다. 특히 dA/dt를 물질흐름에서 플럭스(flux)의 개념으로 사용된다. 체류시간에서 플럭스는 연간 변동비율로 나타내기에 체류시간도 일반적으로 연 단위로 표현된다(그림 2.3.6).

해수 중 화학성분의 체류시간은 해당 원소가 해수에서의 반응성이나 거동을 추정할 때 중요하다. 그러나 해양에서 원소의 유입과 제거되는 기구(機構, mechanism)가 명확하게 파악되어야만 체류시간을 구할 수가 있기 때문에 아직도 각 원소의 정확한 체류시간을 파악하는 것은 쉽지 않다.

현재 바다의 해수에 용존되어 있는 다양한 원소들이 용존량과 체류시간의 분포도에서 체류시간이 긴 원소일수록 해수의 용존농도가 높고, 체류시간이 짧을수록 용존농도가 낮은 특성을 보인다(그림 2.3.6). 바다물이 짠 이유도 이러한 원소의 체류시간으로 설명된다.

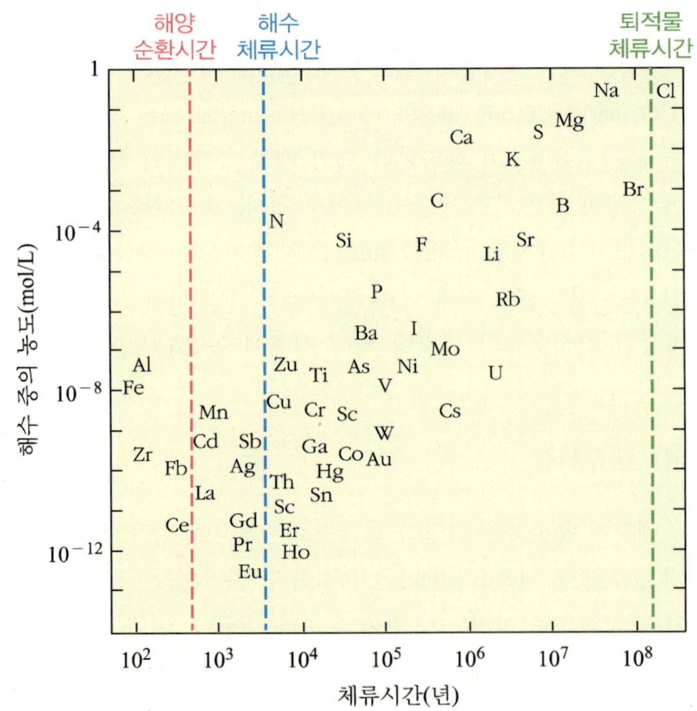

그림 2.3.6 **용존 무기원소의 체류시간과 해수의 존재 농도**(Open Univ., 1989)

2.4 해양생물과 해양생태계

1 해양서식지의 환경구분

생물의 서식지로서 해양환경은 해수로 구성되는 표영환경(漂泳環境, pelagic environments)과 해수를 담는 그릇의 바닥부분인 저서환경(底棲環境, benthic environments)으로 크게 구분할 수 있다(그림 2.4.1).

표영환경은 수평적으로 해안선에서 수심 200 m까지의 대륙붕을 덮고 있는 해수영역을 연안역/천해역(沿岸域/淺海域, coastal/neritic province)으로, 대륙붕보다 깊은 수심의 해수영역을 외양역(外洋域, oceanic province)로 구분한다. 연안역은 수온과 염분의 일변화와 계절변화가 크고, 육지에서 유입되는 하천수에 의해 풍부한 영양염류가 공급되며, 태양광량이 풍부하여 높은 기초생산량으로 다양한 해양생물이 모이는 영역이다. 그러나 외양역은 투명도가 높고 수온과 염분 등의 환경변화가 작지만, 낮은 영양염류 때문에 기초생산량이 낮아 생물생산이 빈약한 특성을 보인다(그림 2.4.1).

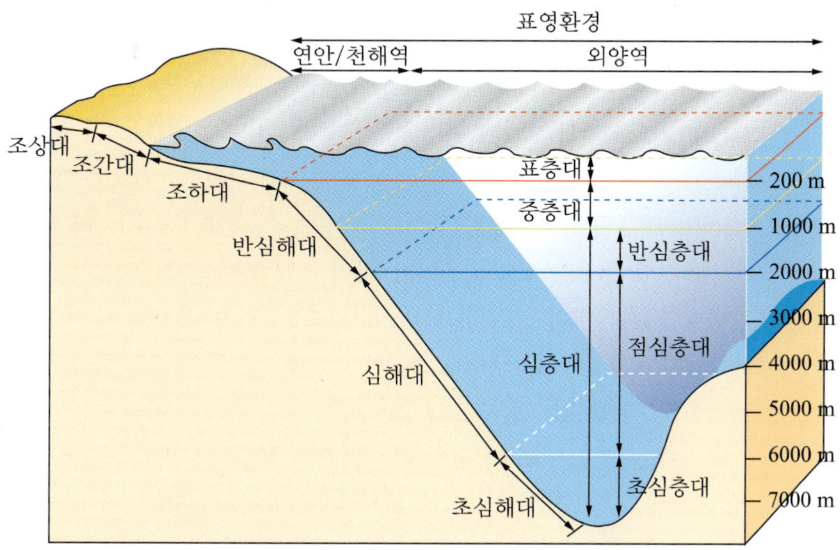

그림 2.4.1 해양서식지의 구분(Pinet, 2006)

외양역은 깊은 수심을 나타내기에 태양광의 투과 및 생물서식에 의해 연직적으로 광합성 생산이 가능한 표층대(表層帶, epipelagic zone)와 박광층, 그리고 광합성 활성은 되지 않지만 표층대에서 침강되는 생물을 비교적 쉽게 이용할 수 있는 중층대(中層帶, mesopelagic zone) 및 낮은 수온과 높은 압력 그리고 암흑의 세계로 생물서식의 희박한 심층대(深層帶, bathypelagic zone)로 구분한다(그림 2.4.1). 표층은 광합성 활동이 가장 활발한 해역으로 전체 해양을 평균하면 110 m 전후의 수심이나, 해역에 따라서는 250 m까지도 빛이 투과되는 것이 알려진다. 일반적으로는 표층대은 대륙붕 수심인 200 m까지의 수층으로 전체 해양의 약 1/40로 약 3%의 공간을 차지한다. 중층은 가장 다양한 생물이 서식하는 수층으로 표층의 광합성 생물의 침강이나 피코식물플랑크톤 생물량이 높은 것이 최근 보고되고 있다(Inoue, 2007). 중층대의 생물생산은 일주연직이동(日周鉛直移動, diurnal vertical migration)을 하는 생물군에 의해 지배되고, 200～1,000 m의 수심을 수층대로 전체 해양의 약 28%의 공간을 차지한다. 중층대는 수심에 따른 수온변화가 큰 반면, 인정된 염분 환경을 보인다. 심층대는 빈약한 영양원 공급으로 생물 서식밀도가 낮은 1000 m보다 깊은 수심대로서 깊은 수심으로 높은 수압에 수온은 3～5℃, 염분은 35 psu 수준에서 매우 안정된 약 69%의 최대 해양공간이다. 심층대는 재차 1,000～2,000 m의 반심층대(bathypelagic zone), 2,000～6,000 m의 점심층대(abyssalpelagic zone), 그리고 6,000 m보다 더 깊은 초심층대(hadalpelagic zone)로 구분하기도 한다(그림 2.4.1).

저서환경은 해안에서 최고조선 상부에 해당하는 조상대(潮上帶, supralittoral zone), 최고조선과 최저조선 사이로 육지와 바다가 교차되는 조간대(潮間帶, littoral zone), 그리고 최저조선에서 수심 약 200 m까지의 대륙붕 해역을 조하대(潮下帶, sublittoral zone)로 구분한다. 표영환경에서 외양역에 위치하는 저서환경을 심해역(深海域, deep-sea province)이라 하며, 심해대에서 200～2,000 m 사이의 대륙사면 해역을 반심해대(半深海帶, bathyal zone), 2,000～6,000 m 사이의 심해저평원을 심해대(深海帶, abyssal zone), 6,000 m보다 깊은 해구를 초심해대(超深海帶, hadal zone)로 구분한다(그림 2.4.1).

조상대는 연중 해수에 잠기지는 않지만 파도나 바람 등에 의한 해수의 비말 등으로 수분의 영향을 받는 곳으로 남조류 등이 분포한다. 조간대는 하루에도 조석에 따라 육지와 바다가 교차되는 해역으로 건조, 온도, 염분 등 환경요인이 극단적으로 변화되고, 파랑의 영향도 강하게 받지만, 매우 다양한 저서생물이 서식한다. 조간대의 넓이는 조차(潮差, tidal range)의 크기에 비례하고 경사도에 반비례한다. 조하대는 조간대보다 환경변화는 작지만, 영양염류가 풍부하고 빛 조건이 좋아 대형 해초류 등에 의한 기초생산이 높기에 저서생물의 서식밀도도 가장 높다. 심해역은 낮은 수온에 35

psu의 안정된 염분을 나타내며, 빛이 없는 암흑세계와 높은 수압으로 연중 변화가 없는 안정된 환경특성을 보이지만, 생물서식에는 혹독한 환경을 나타낸다. 또한 심해역의 퇴적물은 생물사체에 기인하는 연니(軟泥, ooze)와 같은 세립질로 구성되어 있다. 또 20세기 최대의 해양발견이라고 하는 열수분출공이 수심 3,000 m 전후에 존재하여, 마그마 활동에서 발생하는 지열과 황화합물로 에너지를 동화시키는 화학합성(化學合成, chemosynthesis) 세균에 의해 생물이 밀집된 열수분출공(hydrothermal vent)이 관찰되기도 한다. 열수분출공은 분출되는 연기 색의 형태에 따라 블랙 스모커(black smoker)와 화이트 스모커(white smoker)로 구분한다. 블랙 스모커는 일반적으로 관찰되는 형태로서 분출되는 주성분이 철이나 황인 것에 반해, 화이트 스모커는 소규모적으로 관찰되며, 분출되는 주성분이 바륨, 칼슘, 규소 등을 포함한다.

이러한 해역환경구분은 연구자에 따라 다소 다른 표현을 사용하기도 하며, 생물서식밀도가 희박한 심층(해)대에 대해 많은 이견(異見)을 나타내기도 하지만, 지금까지 생물서식에 부적합 것으로 판단되었던 심해의 퇴적층에서 다양한 생물이 높은 밀도로 서식하는 것이 새롭게 알려진다.

2 해양생물

(1) 해양생물의 분류

지구에 서식하는 생물은 현재 500만에서 3,000만종 정도이며, 해양에 약 100만종 이상이 서식하는 것으로 추정된다. 현재 생물 종의 구분은 형태, 생리 및 유전자 등 다양한 유사성을 기준으로 구분하며, 종을 구분하는 것을 분류(分類, classification)라고 한다. 초기 생물분류는 형태적 차이를 기준으로 구분하였지만, 지금은 진화사적 관계인 생물의 계통발생(系統發生, phylogeny)을 기준으로 실시된다. 형태중심의 분류학(taxonomy)에 비해 진화를 기반으로 하는 분류를 계통분류학(系統分類學, systematics)이라 한다. 생물 분류체계는 생물을 정의하는 기본 단위인 종(種, species)에서 출발하여, 유사한 특징을 가지는 종들이 모여 상위 계급인 속(屬, genus)이 만들어 지고, 유사한 속들이 공동적 특징으로 보다 상위 단계인 과(科, family)로 발전하고, 유사한 과들의 공통된 특징으로 보다 상위 단계인 목(目, order), 그리고 이들이 공통적 특징에서 강(綱, class) → 문(門, phylum(동물)/division(식물)) → 계(界, Kingdom)의 분류군으로 넓혀간다. 우리는 이러한 분류군을 일반적으로 문 → 강 → 목 → 과 → 속 → 종의 단계로 이해하기도 한다. 구분된다. 지금은 과거 동물계와 식물계로 단순하게 구분하던 개념을 넘어, 생물의 영양방법의 차이에 기반을 두고 미국의 식물생태학자인 휘태커(R.H. Whittaker)가 제안한 5계설이 일반적으로 사용된다(그림 2.4.2). 5계설은 다세포 진핵생물에서 광합성에 의한 자가영양을 하는 식물계(植物界, Plantae), 포식 등에 의해 종속영양을 하는 동물계(動物界, Animalia) 및 분해·흡수의 영양방법을 하는 규 하는 진균생물계(眞菌生物界, Fungi)로 구분하고, 단세포 진핵생물을 종합하여 원생생물계(原生生物界, Protista), 그리고 원핵생물의 집단인 원핵생물계(原核生物界, Monera)로 구분하였다(Whittaker, 1969).

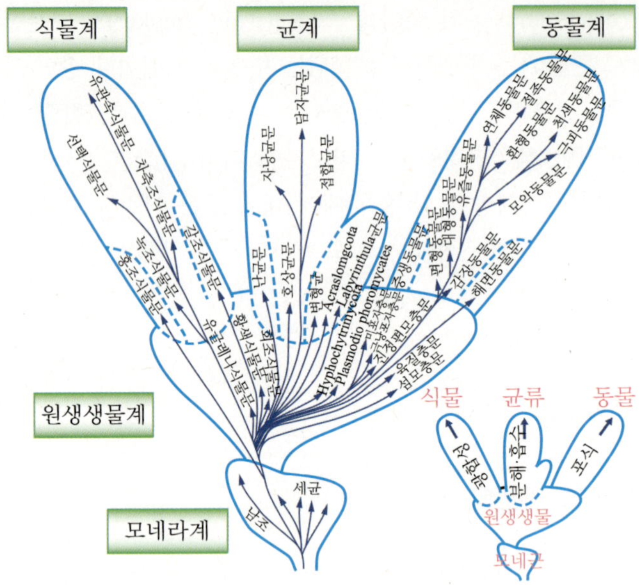

그림 2.4.2 휘테커가 제안한 5계설의 개요 및 영양방법(Inoue, 2007)

생물의 진화적 유사성을 기준으로 분류하는 것을 자연분류라고 한다면, 인위적으로 생물에 대한 접근성의 편의를 위하여 생물의 서식지, 생활양식, 크기, 기능 등을 기준으로 분류하는 것을 인위적 분류라 한다. 일반적으로 생태적 접근에서는 자연분류보다 인위적 분류에 의해 생물을 분류한다. 이러한 인위적 분류의 예로서 모든 해양생물을 서식지와 운동성을 기준으로 다음과 같이 세 개의 생물군으로 분류한다. 첫째는 해양의 표영환경 서식하면서 운동력이 없거나 있더라도 미약하여 파도, 해류, 조류 등 외력에 수동적으로 움직이는 생물을 총칭하여 부유생물(浮游生物, plankton)로 정의한다. 둘째는 표영환경에 서식하면서 운동력을 가지고 능동적으로 이동할 수 있는 생물을 총칭하여 유영생물(遊泳生物, nekton)로 정의한다. 그리고 셋째는 저서환경인 해저에 생활기반을 두는 생물로서 총칭하여 저서(생)생물(底棲(生)生物, benthos)로 정의한다(표 2.4.1). 이들 3개의 생물군과는 달리 해수면은 대기와 해양의 상호작용이 발생하는 경계역으로 매우 혹독한 서식환경으로 높은 유기물 집괴 등으로 생물량이 바로 밑의 표층보다 수배에서 수십배 높다. 이러한 경계면의 두께는 수 cm의 두께로 층보다는 해수면의 표면막(膜, surface film, 약 150 μm)으로 표현하며, 이곳에 서식하는 생물과 유기물 집괴를 총칭하여 수표생물(水表生物, neuston)로서 앞의 3가지 생물군과는 별도의 영역으로 구분하기도 한다.

표 2.4.1 생활양식에 따른 해양생물의 분류

구 분	주요 포함 생물군
부유생물(plankton)	바이러스, 세균, 식물플랑크톤, 동물플랑크톤, 난, 자치어, 치패 등
유영생물(nekton)	어류(연골, 경골), 갑각류, 두족류, 포유류 등
저서생물(benthos)	해산식물, 해양무척추동물(패류/갑각류 등) 등

(2) 부유생물

부유생물은 물에 떠다니는 방랑자 생물을 총칭하는 용어로서 일반적으로 플랑크톤으로 불린다. 해양플랑크톤은 광합성에 의한 영양방식에 따라 광합성이 가능한 식물적 기능을 가지는 식물플랑크톤(phytoplankton)과 광합성을 할 수 없어 유기물을 섭취하여 종속영양을 하는 동물플랑크톤(zooplankton)으로 구분한다. 또 동물플랑크톤은 생활사에 따라서는 일생 부유생활을 하는 종생플랑크톤(holoplankton)과 해양생물의 알, 자치어 및 치패 등과 같이 생활사 중 일부기간에 한정하여 부유생활을 하는 일시성 또는 주기성 플랑크톤(meroplankton)으로 구분한다.

플랑크톤은 1 μm 이하에서 수백 cm까지 매우 다양한 크기의 생물이 포함되고 있어, 해역의 생물 생산이나 영양 상태를 평가할 때 크기를 기준으로 플랑크톤을 분류하기도 한다. 크기를 기준으로 플랑크톤을 구분하면 크기 0.02～0.2 μm의 바이러스 등을 초극미소플랑크톤(超極微小浮遊生物, femtoplankton), 크기 0.2～2.0 μm의 세균 등을 극미소플랑크톤(極微小浮遊生物, picoplankton), 크기 2.0～20 μm의 균류나 일부 식물플랑크톤 등을 미소플랑크톤(微小浮遊生物, nanoplankton), 크기 20～200 μm의 대부분 식물플랑크톤이나 원생동물을 포함하는 소형플랑크톤(小型浮遊生物, microplankton), 크기 0.2～20 mm의 일부 원생동물이나 후생동물플랑크톤을 포함하는 중형플랑크톤(中型浮遊生物, mesoplankton), 크기 2～20 cm의 상대적 대형의 모악류나 크릴새우 등의 동물플랑크톤 포함하는 대형플랑크톤(大型浮遊生物, micro-plankton) 그리고 크기 20～200 cm의 대형 해파리 등의 동물플랑크톤을 포함하는 초대형플랑크톤(超大型浮遊生物, megaplankton)으로 구분한다. 특히 20 μm 이상의 플랑크톤은 플랑크톤 네트에 의해 채집이 가능하기에 네트(망)플랑크톤(net plankton)으로 불리기도 한다.

식물플랑크톤은 우리 시각으로 직접 확인할 수 없고 현미경을 통해서만 형태관찰이 가능한 현미경적 크기의 단세포 생물이다(그림 2.4.3a). 전체 해양에서 식물플랑크톤 대부분은 규산질 피각을 가지는 규조류(珪藻類, diatoms)가 지배하지만, 열대해역이나 부영양화된 연안은 와편모조류(渦鞭毛藻類, dinoflagellates)가 우점하기도 한다. 기타 식물계를 포함하는 대부분 식물군이 식물플랑크톤으로 출현하지만, 빈영양해역(貧營養海域, oligotrophic)인 외양에서는 남조류(藍藻類, blue-green algae/cyanobacteria)와 인편모조류(鱗鞭毛藻類, coccolithophores)가 기초생산자로서 중요한 역할을 수행한다.

식물플랑크톤은 일반적으로는 2분법에 의한 무성생식으로 증식하지만, 환경변화에 따라서는 유성생식에 의한 휴면포자를 형성하는 종도 알려진다. 최근 내만·연안해역의 개발행위와 부영양화에 의해 문제가 되는 적조현상 및 패류독화 현상을 발생시키는 원인생물은 모두 식물플랑크톤이다. 동물플랑크톤 군집은 미소동물플랑크톤으로 단세포 생물군인 원생동물(原生動物, protozoa)에서 크기가 20 m에 달하는 해파리까지 매우 다양한 생물군을 포함한다. 그러나 해역의 동물플랑크톤 군집의 60～70%는 갑각류에 속하는 요각류(橈脚類, copepoda)가 점유하며, 담수 및 고수온기의 담수유입이 많은 연안에서는 물벼룩인 지각류(枝角類, cladocera)가 우점 출현하기도 한다.

(a) 식물플랑크톤 / 규조류, 와편모조류, 규질편모조

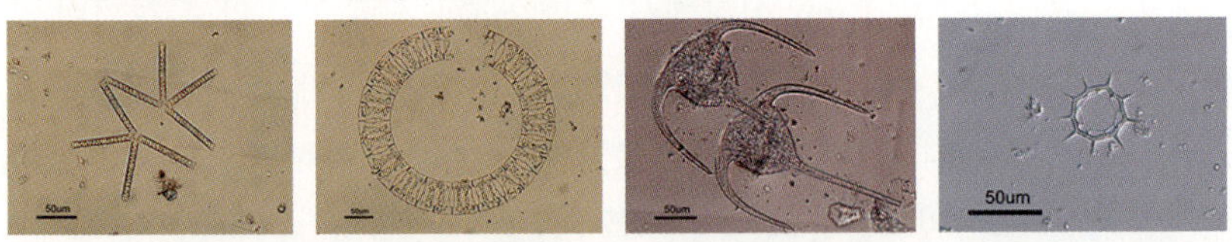

(b) 동물플랑크톤 / 지각류, 요각류 등

그림 2.4.3 해양 동·식물플랑크톤의 다양한 형태

(3) 유영동물

유영동물에는 어시장에서 쉽게 볼 수 있는 어류를 중심으로 물범, 물개, 고래 등과 같은 해양 포유류 및 문어, 오징어, 꼴뚜기 등과 같은 연체동물에 포함하는 두족류가 포함된다. 이외에도 닭새우와 같은 절지동물에 속하는 갑각류도 포함한다. 유영생물은 상당한 유영능력을 가지고 있어, 서식환경이 나쁘게 되면 능동적으로 서식지를 변경할 수 있다. 어류(魚類, fish)는 분류학적으로 원구류(圓口類, cyclostomata), 연골어류(軟骨魚類, chondrichthyes) 및 경골어류(硬骨魚類, osteichthyes)로 구분한다(그림 2.4.4).

그림 2.4.4 다양한 해양 유영생물의 형태

원구류는 가장 원시적인 어류로서 턱뼈와 쌍지느러미가 없으며 포장마차 등에서 쉽게 관찰되는 먹장어나 칠성장어가 여기에 속한다. 연골어류는 턱뼈는 있지만 질긴 피부와 가벼운 물렁뼈인 연골로 되어 있으며, 체내수정으로 새끼를 낳는 난태생(卵胎生, ovoviviparity)의 특징을 나타내는 가오리류 및 상어류 등을 포함한다. 연골어류는 부레가 없기에 해수 중에서 부력유지가 어려워 계속 움직이면서 부력을 조절한다. 경골어류는 턱뼈와 체내에 단단한 뼈를 가지면서 부레에 공기를 채워 부력을 조절하는 다양한 형태의 일반적인 어류를 포함한다. 어류의 호흡은 덮개로 보호되는 아가미의 모세혈관을 통과하는 해수의 용존산소를 이용하며, 피부는 비늘로 보호한다. 번식은 일부 난태생하는 종도 있지만, 대부분 경골어류은 많은 알을 낳아 체외수정으로 번식한다. 개복치는 한 번에 3억 개 이상의 알을 낳는다. 어류는 서식지에 따라 해수 표층에 서식하는 멸치, 고등어, 삼치, 참치 등의 등 푸른 부어류(浮魚類, pelagic fish)와 대구, 명태, 조기, 가자미류와 흰색 살을 가진 저어류(底魚類, demersal fish) 및 심해어류(深海魚類, deep-sea fish)로 구분하기도 한다. 그리고 많은 수의 군집성 어류는 산란, 월동, 섭이 등 다양한 목적으로 먼 거리를 회유(回遊, migration)한다. 또한 연어, 은어, 송어, 빙어, 뱅어, 황복 등과 같이 바다에서 대부분의 일생을 보내다가 알을 낳기 위해 하천으로 올라가는 소하성어류(溯河性魚類, anadromous fish)와 반대로 뱀장어, 숭어, 무태장어, 황어 등과 같이 하천이나 연못에서 생활하다 알을 낳기 위해 바다로 내려가는 강하성 어류(降下性魚類, catadromous fish)도 있다.

(4) 저서생물

저서생물은 해저에 서식하는 생물을 말하며, 해저의 암석 등 경성저질에는 구멍을 뚫거나 부착하여 서식하고, 펄이나 모래와 같은 연성저질에는 구멍을 퇴적물 속에서 서식하거나 퇴적물 표층을 기어 다니며 살고 있다. 때문에 저서생물은 서식장소에 따라 암반 표면에 부착하거나 퇴적물 표면에 서식하면 표재저서생물(表在底棲生物, epibenthos), 암반이나 나무에 구멍을 뚫거나, 퇴적물 속에 서식하는 내재저서생물(內在底棲生物, endobenthos), 그리고 몸의 일부를 적물 표면에 노출하여 서식하는 반내재저서생물(半內在底棲生物, hemiendobenthos)로 구분한다.

저서생물에는 해저에 고착하여 서식하는 미역, 다시마, 감태, 우뭇가사리, 김 등의 해조류(海藻類, seaweed)와 펄에 뿌리를 내리고 서식하는 현화식물인 잘피와 같은 해초류(海草類, sea grass)는 물론 갯벌의 기초생산을 지탱하는 저서성 규조류(benthic diatoms) 등 광합성 생물을 포함한다.

저서동물로는 방사충, 유공충과 같은 원생동물에서 히드로충, 산호충, 말미잘과 같은 자포동물, 딱지조개, 군소와 같은 다판류, 고동, 전복과 같은 복족류, 백합, 바지락, 꼬막, 피조개와 같은 이매패류, 낙지 등과 같은 두족류, 환형동물에 속하면서 저서환경의 지표종으로 사용하는 갯지렁이류와 같은 다모류, 게류, 새우류 등과 같은 십각류, 불가사리, 성게, 해삼 등과 같은 극피동물 그리고 우렁쉥이, 미더덕과 같은 멍게류의 척색동물 등 90%의 해양생물을 차지하는 대부분의 무척추동물을 포함한다. 이와 같은 저서생물은 조상대에서 해구까지 서식하고 있다(그림 2.4.5).

저서생물은 크기에 따라서 초대형저서생물, 대형저서생물, 중형저서생물, 소형저서생물로 구분한다. 다만 많은 저서생물이 성장단계에 따라 크기를 달리하게 되기에,

크기에 따른 저서생물의 경계가 명확하지 않을 수도 있다. 그러나 일반적으로 초대형저서생물(超大型底棲生物, megalobenthos)은 드렛지나 트롤어망으로 채집하는 크기 15 mm 정도의 그물코에 채집되는 저서생물을 말한다. 대형저서생물(大型底棲生物, macrobenthos)은 망목이 1 mm인 체에 채집되는 생물군으로 일반적인 저서생물 연구에서 대상으로 하는 크기이다. 중형저서생물(中型底棲生物, meiobenthos)은 약 0.1 ~ 1 mm 범위의 크기의 저서생물로서 저서성 요각류, 선충류, 갯지렁이류 및 일부 섬모충류가 해당한다. 소형저서생물(小型底棲生物, microbenthos)은 크기가 100 μm 이하인 단세포의 원생생물을 포함하는 생물군이다.

그림 2.4.5 다양한 저서생물의 형태

(5) 지표생물

해양생물에서 일부 특수 서식지에 적응한 생물은 서식환경 및 범위가 매우 한정된다. 예로서 식물플랑크톤에서 규조류인 *Chaetoceros coarctatus*, 와편모조류인 *Ceratium platycome*, 육식성 대형 동물플랑크톤인 모악류(毛顆類, chaetognatha)의 화살벌레인 *Sagitta enflata* 등은 난류성 해역에만 서식하여 Kuroshio해류의 지표생물로 이용된다. 반대로 규조류인 *Thalassiosira decipiens*, 화살벌레 *Sagitta elegans*, 요각류인 *Calanus cristatus* 등은 낮은 수온을 나타내는 한류해역에만 서식하여

Oyashio해류의 지표생물로 사용된다. 그리고, 저서다모류 중 *Capitella capitata*는 유기오염이 진행된 해역에 우점하여 유기오염 지표생물로 알려지는 등 많은 생물종이 특수 환경에 적응되어, 생물출현으로 해양환경을 추정할 수 있는 지표종(指標種, indicator species)로 이용되기도 한다.

3 해양생태계

(1) 생태개념

생태계(生態系, ecosystem)란 어느 공간에 서식하는 생물군집과 비생물환경 사이의 상호작용을 에너지나 물질흐름의 체계로 표한한 하나의 계(system)를 말한다. 따라서 크게는 지구를 하나의 생태계로도 볼 수 있고, 세부적으로는 작은 호수를 하나의 생태계로 볼 수도 있다. 바다를 대상으로 하는 해양생태계는 특성을 달리하는 연안생태계 및 외양생태계는 물론, 연안생태계는 갯벌생태계, 암반생태계 등 다양하게 구분하여 접근할 수 있다. 여기서는 지구생태계에서 매질에서 차이를 보이는 육상생태계와 해양생태계로 구분하여 해양생태계를 접근한다. 생태계는 어느 공간에 존재하는 모든 생물은 군집(群集, community)을 대상으로 하는 군집생태계를 기본으로 한다. 생물군집은 종을 달리하는 다양한 개체군(個體群, population)의 집합으로 구성된다. 개체군은 단일 종의 다양한 연령군 및 개체(個體, individual)의 집합으로 구성되며, 종(種, species)은 자연 상태에서 상호교배에 의해 생식 가능한 후손을 나을 수 있는 생물분류의 기본단위를 말한다.

생태계를 구성하는 생물 종은 상호 의존적으로 공존한다. 이러한 공존은 생물종 사이에서 경쟁을 하지만, 종 사이에서 완전한 배제 없이, 각 종의 생활하는 서식지(棲息地, habitat)가 완전하게 중복되지 않는 기능적 영역을 가지고 있기 때문에 가능하다. 생물군집에서 종의 기능적 영역을 생태적 지위(生態的 地位, ecological niche)라 한다. 생태계에서 종간경쟁은 생태적 지위에 의해 이해할 수 있으며, 중복되는 생태적 지위가 많은 종일 수록 경쟁은 심해지게 되고, 두 종의 생태적 지위가 완전히 중복되게 되면, 경쟁에서 패하는 종은 멸종하게 된다. 군집을 구성하는 종들은 경쟁을 피하기 위해 분포해역 및 수심을 달리하거나, 먹이를 달리하는 등의 서로 다른 생태적 지위를 가지고 생활한다. 군집에서 수적으로 풍부한 개체를 나타내는 종과 수적으로 빈약한 개체의 종이 존재하는데, 수적으로 풍부한 종을 우점종(優占種, dominant species)이라고 하여 군집을 대표한다. 생태계를 구성하는 군집에 대해 출현종과 출현 개체수에 의해 산출되는 다양도 지수(多樣度指數, diversity index), 우점도

지수(優点度指數, index of dominance), 균등도(均等度, evenness) 및 풍부도(豊富度, richness) 등 생태지수(生態指數, ecological indices)를 산출하여 군집구조를 평가한다.

그리고 생태계를 구성하는 생물은 생태계에서 담당하는 기능을 중심으로 생산자(生産者, producer), 소비자(消費者, consumer) 및 분해자(分解資, decomposer)로 구분한다(표 2.4.2). 해양생태계에서 태양광을 합성하는 광합성 생물로서 생산자는 연안해역의 해조류와 해초류에 의해 구성된 해산식물과 전체 해양의 1/40의 공간인 표층에서 부유생활을 하는 식물플랑크톤으로 한정된다. 주로 연안해역에 서식하는 해조류는 조류 등 해수운동에 의해 무광층으로 이동되는 것을 방지하기 위해 암반에 뿌리를 부착해야만 유광층에 지속적으로 존재할 수 있기에 서식이 가능한 해역이 한정되게 되어, 단위 생물당 생산력은 높지만 해양의 기초생산량에 차지하는 비율은 약 3%에 불과하다. 그러나 식물플랑크톤은 단세포로 현미경적 크기를 하지만, 광활한 해양 표층 어디에서나 서식이 가능하여 해양 기초생산의 약 97% 차지한다. 이러한 이유에서 해양생태계에서 기초생산자라고 하면 일반적으로 식물플랑크톤을 가리킨다. 심해저의 열수분출공과 같은 특수한 환경에서는 세균 등에 의해 화학에너지를 합성할 수 있는 화학합성(化學合成, chemosynthesis)이나 광합성을 하는 세균 등의 기초생산자가 존재하지만, 해양 전체의 기초생산을 고려할 경우 무시된다. 그리고 해조류는 해수 중 빛의 투과특성에 의해 조하대의 상부에 녹조류(綠藻類, green algae)가, 상대적으로 깊은 조하대 하부에는 홍조류(紅藻類, red algae)가, 그리고 이들 중간 위치에 갈조류(褐藻類, brown algae)가 분포하는 대상분포(帶狀分布, zonation)를 하는 것이 알려진다.

표 2.4.2 해양생태계 내의 기능에 의한 해양생물의 분류

구 분	주요 생물군
생산자(producer)	식물플랑크톤, 해산식물, 광합성 및 화학합성 세균 등
소비자(consumer)	동물플랑크톤, 어류, 무척추동물, 포유류
분해자(decomposer)	세균, 균류 등

소비자는 생산자를 직접 이용하는 초식동물(초식동물, herbivore)과 동물을 잡아먹는 육식동물(肉食動物, carnivore)로 구분되며, 초식동물에는 동물플랑크톤 및 복족류 등의 연체동물이나 성게 등 극피동물을 포함하는 일부 해양무척추동물이 해당된다. 육식동물은 어류, 포유류 및 대부분의 해양 무척추동물이 해당된다. 그리고 바다는 육상과 달리 공간적 특성을 하고 있어, 해수 중에는 막대한 양의 생물 사체나 배

설물 등 유기물에 기원을 가지는 유기쇄설물(detritus)이 존재하고 있어, 이들 유기쇄설물과 해수 중 플랑크톤을 해수와 함께 빨아 들려 먹이를 섭취하는 현탁물 식자(suspending feeder) 또는 여과식자(filter feeder)가 존재한다. 대부분 이매패류나 일부 동물플랑크톤이 이러한 먹이습성을 가진다.

분해자는 생산자 및 소비자에 의해 발생하는 배설물, 사체 등을 재차 생산자가 이용할 수 있는 무기물로 전환시켜 주는 미생물로서 원핵생물인 종속영양세균이나 진핵생물인 균류 등이 여기에 속한다. 그렇지만 해양 세균 중에는 광합성을 하거나, 화학합성에 의해 직접적으로 에너지를 합성하는 생물 종도 다수 포함한다. 조류학에서 식물플랑크톤으로 취급하는 남조류는 광합성을 하지만, 실제로는 그람음성세균에 속하는 세균으로 남조세균(cyanobacteria)이라고도 하고 있다.

(2) 먹이사슬과 영양단계

해양생태계를 구성하는 생물군집에는 먹고 먹히는 관계를 에너지 흐름의 형태로 표현하는데 이는 해양생태계를 구성하는 무생물 환경조건 및 생물군집에 의해 결정된다. 생물군집 사이의 먹고, 먹히는 관계를 단순하게 표현한 것이 먹이사슬(food chain)이다(그림 2.4.6a). 그러나 실제 해양 등 자연계에서는 생물군집에서 먹고 먹히는 관계가 먹이사슬처럼 단순하지 않고 여러 영양단계의 생물군을 동시에 이용하거나, 동일 영양단계의 생물 사이에서도 먹고 먹히는 관계가 성립하는 등 매우 복잡하다. 이렇게 복잡한 먹고 먹히는 관계의 도식을 먹이사슬과 구분하여 먹이망(food web)이라 한다(그림 2.4.6b).

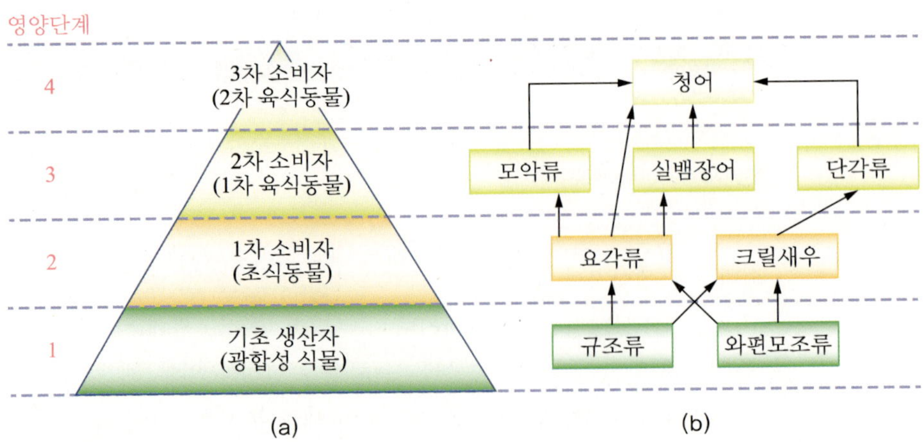

그림 2.4.6 먹이사슬(a)과 먹이망(b), 그리고 영양단계

먹이사슬에서 생산자 및 소비자 등 각각의 생물체가 차지하는 위치를 영양단계(營養段階, trophic level)라고 하며, 하부의 영양단계에서 상부의 영양단계로 전송될 수 있는 에너지양을 생태효율(生態效率) 또는 전송효율(傳送效率, ecological efficiency)이라 하여, 해역의 생물생산의 효율이나 생태계의 이용·관리에서 매우 유용한 지표로 이용된다. 일반적으로 기초생산량이 낮은 외양역은 생태효율이 낮고, 영양단계의 수가 많아지게 된다. 반면 연안이나 연안 용승해역처럼 영양상태가 좋은 해역의 생태효율은 매우 높고, 영양단계 수가 적게 되어 단순화 된다(표 2.4.3). 일반적으로 외양의 생태효율은 10% 수준으로 낮고, 영양단계는 5단계를 나타내는 반면, 연안 용승해역은 생태효율이 20% 수준이면서 영양단계는 1.5단계를 나타내고 있다. 표 2.4.3에서 보면 외양은 전체 해양의 90%를 차지하지만, 기초생산력이 50 gC/m^2/year으로 5단계의 영양단계를 거치면서 연간 생산 가능한 어류생산량은 160,000 MT에 불과하지만, 연안 용승해역은 전 해양의 0.1%에 지나지 않지만 기초생산력이 300 gC/m^2/year으로 매우 높고 1.5의 영양단계를 나타내고 있어 생산 가능한 어류생산량은 120,000,000 MT으로 전체 해양의 90%를 차지하는 외양에 비해 750배의 어류생산량을 나타내었다. 그리고 전체 해양에서 연간 생산 가능한 어류생산은 240,000,000 MT이지만 어류의 재생산 등을 고려한 지속가능한 적정 어획량은 연간 1억 MT 수준이라는 것을 나타내는 내용이다(Ryther, 1969).

표 2.4.3 해양에서 영양수준이 다른 해역에서 기초생산력, 영양단계 수 및 평균 어류생산의 변화(Ryther, 1969)

해역	면적 비 (%)	면적 (km^2)	평균기초생산력 (gC/m^2/year)	평균 영양단계	연간어류생산 (×1000 MT)
외양역	90.0	326,000,000	50	5	160
연안역	9.9	36,000,000	100	3	120,000
연안용승해역	0.1	360,000	300	1.5	120,000
해양의 연간 어류 생산					240,160
연간 지속 가능한 어획량					100,000

그러나 해양저차영양단계에서는 광합성 생물에서 출발하는 먹이사슬이 아닌 해수의 용존유기탄소(溶存有機炭素, dissolved organic carbon/DOC)에서 출발하는 새로운 개념의 미세생물 고리(微細生物環, microbial loop)가 해역에서 생물생산의 에너지흐름에 중요한 역할을 하는 것이 알려진다(그림 2.4.6). 미세생물 고리는 미세생물환이나 미세먹이망 등 다양한 용어로 사용되기도 한다.

미세생물 고리의 특징은 먹이사슬 출발점이 생물체가 아닌 해수 중의 용존유기탄소(DOC)에 있다는 것이다. DOC는 유기물로서 해수 중에 자유 생활하는 세균(free living bacteria)들에 의해 분해된다. 때문에 DOC는 세균을 통해 입자형태로 전환된다. 전환된 탄소는 아직 해양에서 정확한 현존량조차도 파악되어 있지 않지만, 막대한 양으로 존재하는 것으로 추정되는 해양의 종속영양미소편모조류(従屬營養微小鞭毛藻類, heterotrophic nanoflagellates/HNF) 및 섬모충 등의 원생동물에게 훌륭한 먹이원으로 공급된다. 이들 HNF나 섬모충은 재차 해양의 2차 생산자로 알려지는 동물플랑크톤의 먹이원으로 공급되어, 전통적인 해양의 먹이사슬에 편입된다. 이렇게 저차영양단계에서 관찰되는 새로운 물질흐름을 미세생물 고리라는 이름으로 불리고 있다(그림 2.4.7).

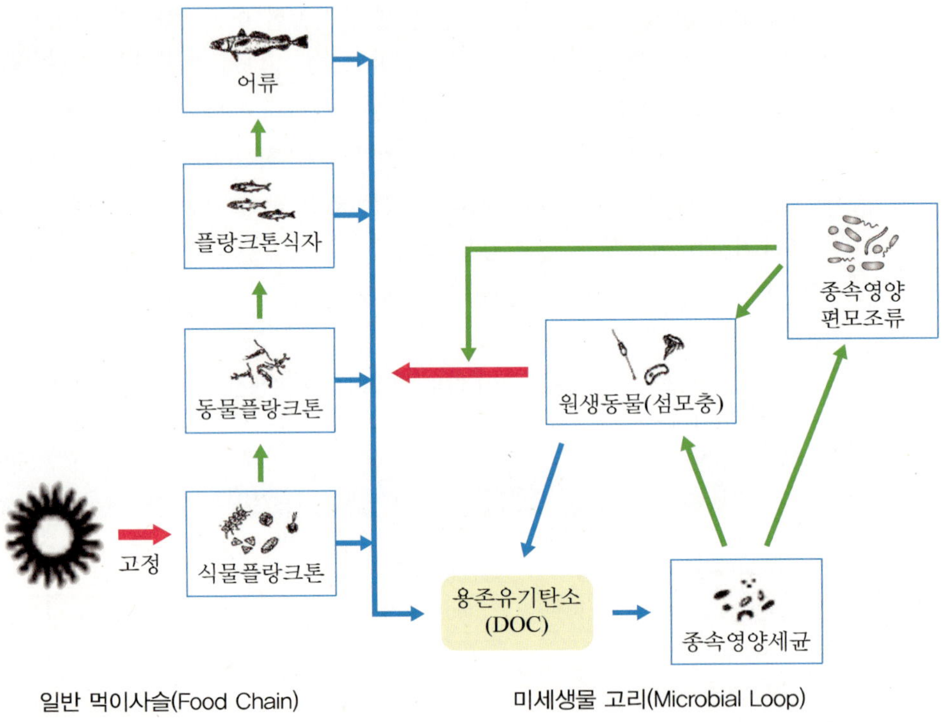

그림 2.4.7 미세생물 고리의 순환

미세생물 고리의 출발점이 되는 DOC가 해양에 존재하는 현존량은 입자성 유기탄소와는 비교가 되지 않을 정도로 막대하다(그림 2.48a). 해수 중 DOC는 그림 2.4.7에서처럼 해양생물의 배설물이나 생리작용에서 배출된다. 그러나 식물플랑크톤은 광합성을 하면서 끊임없이 세포 밖으로 용존유기물질을 배출한다. 이러한 세포외 배출 용존유기물(細胞外排出溶存有機物, extracellular released organic carbon/EOC)이라 한다. 광합성 산물로서 만들어지는 유기물에서 약 절반이 EOC로 빠르게 세포외로 배출되는 것으로 추정하고 있다(그림 2.4.8).

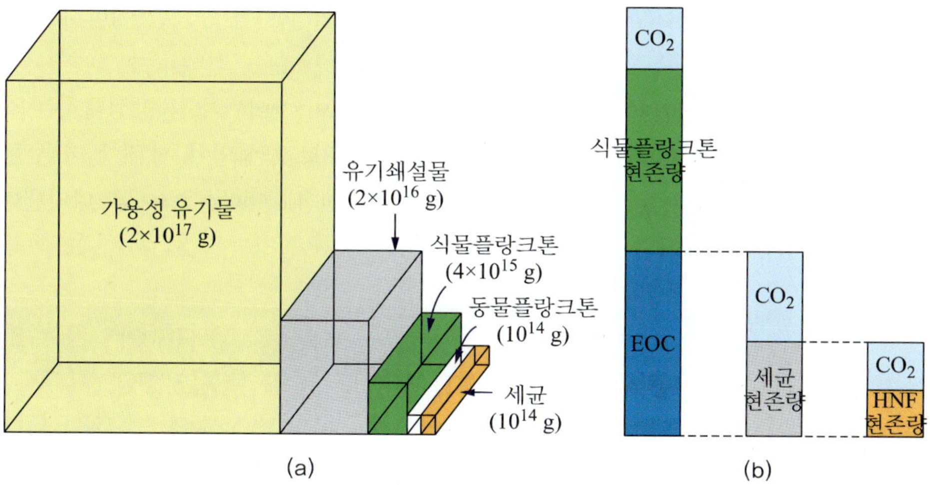

그림 2.4.8 **해양의 용존유기탄소의 분포와 식물플랑크톤 세포외 배출용존유기물(EOC)**
(a: Cauwet, 1981, b: 鈴木, 1997)

그러나 식물플랑크톤 생물량은 필터에 의해 위에 남는 입자성 유기물만으로 측정되기에 EOC는 현재의 광합성 생산물의 평가에서 제외된다. 미세생물 고리는 매우 빠르게 진행되기에 현재 해양에서 EOC를 정확하게 측정하는 것은 매우 어렵다. 때문에 현재 해양에서 식물플랑크톤의 생산량을 평가할 때는 EOC가 배제되어 있기에. 분석방법이 발전에 따라서는 실질적인 해양의 기초생산량은 현재보다 두 배 이상 높게 평가될 것이다(Inoue, 2007).

(3) 육상생태계와 다른 점

생태계에서 태양에너지를 합성한 생산자를 소비자에 의해 이용되고, 생산자와 소비자의 배설물이나 사체가 분해자에 의해 무기화되어 생산자가 이용할 수 있는 무기물로 재생산되는 시스템은 어디에서나 동일하다. 그러나 해양생태계는 육상생태계에 많은 차이점을 가지고 있지만, 크게 다음의 3개 항목에서 큰 차이를 보인다. 이러한 생태적 차이가 해양을 서식지로 하는 생물군과 육상 생물과 많은 부분에서 다른 특성을 나타내는 원인이 된다.

해양생태계가 육상생태계와 다른 첫 번째는 공간적인 문제로서 육상이 평면으로 지표면에서 최고봉인 에베레스트산 정상까지 어디서나 태양에너지가 입사될 수 있는 것에 반하여, 해양은 3차원 공간으로 태양에너지는 전체 해수 체적의 1/40인 약 0.03%의 해양 표층(< 110 m)에 한정되고 있다. 이러한 이유로서 해양에는 유기물 기원인 유기쇄설물(有機瑣屑物, organic detritus)이 중요한 에너지 출발점으로 작용하고 있다.

두 번째 차이로는 생태계를 메우는 매질이 차이이다. 해양생태계는 해수라는 매질로 구성되고 있지만, 육상은 공기라는 매질로 구성되어, 매질에 따른 물성의 차이에 의해 서식하는 생물군 및 생리적 특징에서 매우 다른 차이를 나타낸다(표 2.4.4).

표 2.4.4 해수와 공기의 물성 비교(Strathmann, 1990)

구 분	비 중 (g/cm^3)	점 도 (g/cm/sec)	산소의 확산계수 (cm^2/sec)
해수	1.02	1.1×10^{-2}	1.1×10^{-6}
공기	1.2×10^{-3}	1.8×10^{-4}	1.1×10^{-2}
해수/공기	850	60	1/10,000

세 번째는 지구 중심에서 당기는 힘인 중력의 차이이다. 해양은 중력에 상응하는 부력이 작용하기에 중력에 의한 영향이 매우 미약하다. 때문에 바다에는 30 m가 넘는 대왕고래와 같은 생물이 자유롭게 유영할 수 있다. 그러나 육상에는 중력이 작용하기에 생물이 체중을 유지하기 위해서는 중력에 대항할 수 있는 골격이 필요하게 되어 크기에 제약을 받게 된다.

이러한 기본적인 환경차이에 의해 기초생산을 담당하는 광합성 식물에서 육지는 지표면을 기반으로 하는 단년생 풀에서 다년생 대형 수목이 유지되지만, 바다는 일부 연안해역의 해조류 및 현화식물인 해초류를 제외하면 현미경 크기로 바다 표층에 부유하면서 광합성을 하는 식물플랑크톤이 기초생산을 담당할 수밖에 없게 된다. 때문에 해양의 초식동물은 육지와는 달리 미세한 식물플랑크톤을 섭취하여 플랑크톤식자인 소형어류에게 먹이공급을 할 수 있도록 크기를 전환시키는 동물플랑크톤이 담당한다. 이러한 이유에서 수산자원 동물에게 실질적인 먹이사슬의 출발점은 동물플랑크톤이 담당하고 있어, 동물플랑크톤을 육상생태계에는 없는 제2차 생산자라고 하기도 한다. 반면 육상의 초식동물은 초지나 대형식물을 이용할 수 있는 메뚜기, 쥐, 염소, 소, 말, 기린, 코끼리 등과 같은 다양한 크기의 생물이 번성하고 있다. 이와 같은 생태구조 때문에 육상식물은 생체를 구성하는 주요 성분이 탄수화물로 성장 속도가 느린 반면, 해양의 식물플랑크톤은 탄수화물 이외에 단백질과 지질 성분을 포함하고 있을 뿐만 아니라, 세대시간도 3～6일 정도로 매우 빠르다.

또한 해양의 비열은 공기에 비해 월등하기 때문에 육상에 비해 수온의 일교차, 연교차가 적어 변온동물이 많지만, 육지의 항온동물이 많다.

4 해양의 물질순환

지구의 특정원소들은 한 가지 존재형태로 머물러 있지 않고, 생물계와 비생물계 사이에서 존재형태를 달리하면서 대기, 수권 및 암권을 통한 순환을 지속적으로 유지하고 있다. 이러한 물질의 지속적 순환계를 물질순환(物質循環, material cycle)이라 하며, 친생물원소인 탄소, 질소, 인 및 미량원소 등은 자연계의 무생물환경으로 대기, 수권 또는 토양에 화합물이나 이온상태로 존재한다. 이들 무기이온이나 화합물은 광합성 식물(기초생산자)에 흡수되어 생태계로 전환 유입된 이후 먹이망을 통해 다양한 생물 사이에서 에너지 전송을 담당하다 퇴적되어 생태계에서 제거된다. 하지만 퇴적된 원소는 재차 암석의 풍화작용, 화산활동 및 화석연료의 연소과정을 통해 자연환경의 무생물계로 유입되어 동일한 순환과정을 반복한다.

해양에서도 다양한 경로를 통해 바다로 유입되어 해수에 녹아 있는 탄소, 질소, 인, 황 및 미량원소 등은 유광층에서 식물플랑크톤이나 해조류의 광합성 활동에 의해 태양에너지를 포함하는 유기물로 전환된다. 유기물로 전환된 이들 원소는 해양생태계의 먹이사슬/먹이망을 통하여 고차 소비자에게 전달되지만, 전달과정에서 상당 부분의 유기물은 호흡에 무기화 된다. 먹이사슬을 거치는 생물의 배설물이나 사체는 유기쇄설물의 형태로 변화되어 다양한 해양무척추동물 및 심해생물의 먹이공급원이 되기도 한다. 이러한 해양생태계 내의 다양한 유기물은 분해자인 종속영양세균이나 균류에 의해 무기화되어 재차 생산자에 이용하기도 하지만, 일부는 유기물 형태로 해저에 침강하여 퇴적된다. 퇴적된 유기물은 오랜 시간이 경과된 다음 다양한 지각활동이나 기상활동 등에 의해 재차 무생물환경으로 유입되지만, 해양에서 퇴적되는 양에 해당하는 물질은 하천을 통해 바다로 유입되어 물질순환의 균형을 취한다. 이러한 과정이 해양의 물질순환을 나타내는 기본 개념이다(그림 2.4.9). 실제 해양에서는 다양한 인자 사이에서 복잡한 과정의 순환을 통해 물질평형이 유지하고 있다.

이러한 물질순환을 에너지 흐름(energy flow)이란 차원에서 살펴보면, 물질순환의 출발점은 태양에너지에서 시작한다. 태양에너지는 해양의 기초생산자에 의해 합성되어 유기물질로 변화되어 화학에너지로 변화한다. 유기화합물로 전환된 화학에너지는 해양생태계의 먹이사슬을 통해 상위 영양단계로 전송된다. 소비자에게 전송된 화학에너지는 소비자의 호흡에 의해 산화되어, 생물의 성장과 생존에 필요한 에너지로 이용되며, 일부는 자유에너지로 방출되어 우주공간에 제거된다(그림 2.4.10).

그림 2.4.10에서 정상상태(定常狀態, steady state)의 계(system)에서 광합성에 의해 동화된 태양에너지는 해양생태계 내에서 생물활동 과정에서 우주공간으로 방출되는 자유에너지, 즉 에너지가 유실되는 양과 같게 된다. 해양생태계에서 각 영양단계의 생물군의 상호작용에서 생물군집은 항시 정상상태를 유지하려 한다. 연간 단위의 긴 시간으로 보면, 해양생태계는 매년 거의 같은 현상이 반복되는 주년성의 정상상태로서 생태계의 항상성(恒常性, homeostasis)이 유지 되고 있다. 때문에 물질순환이란 개념을 에너지 흐름으로 보면, 생태계로 유입된 에너지는 순환되지 않고, 우주공간으로 방출되어 소실되기에 순환이란 용어 대신에 흐름(flow)이란 용어를 사용하게 된다.

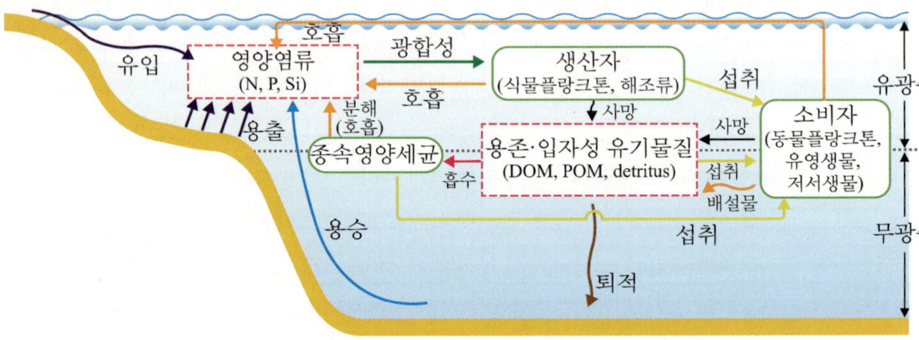

그림 2.4.9 **물질순환의 모식도**(양성기 등, 1984)

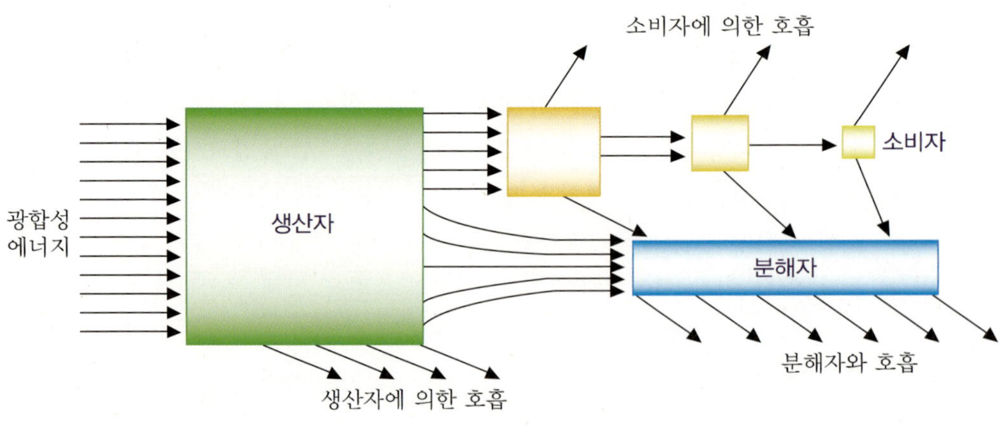

그림 2.4.10 **해양에서 에너지 흐름의 모식도**(和達, 1987)

참고문헌

양성기, 서해립, 윤양호, 1994. 해양과학. 문운당, 서울, 294pp.

윤양호(역), 2016. 조류 30억년의 자연사: 조류를 통해 본 생물진화·지구·환경. 전남대학교출판부, 광주, 756pp.

이창복, 2010. 해양환경의 이해. 서울대학교출판문화원, 서울, 275pp.

Apel, J.R., 1988. Principles of Ocean Physics. International Geophysics Series, Vol. 38., Academic Press, London, 631pp.

Berner, E.K. and R.A. Berner, 2012. Global Environment: Water, Air and Geochemical Cycles(2nd eds). Prentice-Hall, NJ, 443pp.

Broecker, W.S., 1974. Chemical Oceanography. Harcourt Brace Jovanovich Inc., New York, 214pp.

Cauwet, G. 1981. Non-living particulate matter. In "Duursma, E.K. and R. Dawson(eds), Marine Organic Chemistry: Evolution, Composition, Interactions and Chemistry of Organic Matter in Seawater. Elsevier, New York, 521pp.", p.71-89

Defant, A., 1961. Physical Oceanography. Pergamon Press, New York, 786pp.

Ekman, V.W., 1905. On the influence of the earth`s rotation on ocean currents. Arkiv för Matematik, Astronomi Och Fysik, 2(11), 1-53.

Inoue, I., 2007. The Natural Historu of Alage(2nd eds.). Perspective of Three Billion Years Evolution of Algae. earth and Environment. Tokai Univ. Press, Tokyo, 643pp

Knudsen, M.(ed), 1901. Hydrographical tables according to the measurements of Carl Forch, P. Jacobsen, Martin Knudsen and S.P.L. Sorensen. G.E.C. Gad: Copenhagen, Williams Norgate, London, 63pp.

Lawrence, E. and A.R.F. Kinsler, 1962. Fundamentals of Acoustics(2nd eds). John Willey & Sons, Inc, New York, 524pp.

Parsons, T.R., T. Takahashi and B. Hargrave, 1984. Biological Oceanographic Processes(3rd eds). Pergamon Press, Oxford, 330pp.

Pinchot, G.B., 1970. Marine farming. Scientific American, 223(6), 15-21.

Pinet, P.R., 2006. Invitation to Oceanography (4th eds). Jones and Bartlett Publishers, Boston, 594pp.

Pipkin, B.W., D.S. Gorsline, R.E. Casey and D.E. Mammond, 1977. Laboratory Exercises in Oceanography (2nd eds). W.H. Freeman and Company, New York, 257pp.

Ryther, J.H., 1969. Photosynthesis and fish production in the sea. The production of organic matter and it conversion to high forms of life vary throughout the world ocean. Science, 166, 72-76.

Stommel, H., 1948. The westward intensification of wind-driven ocean currents. Transactions. American Geophysical Union, 29(2), 202-206.

Strathmann, R.R., 1990. Why life histories evolve differently in the sea. American Zoologist, 30(1), 197-207.

The Open University, 1989. Seawater; Its Composition, Properties and Behaviour. Pergamon

Press, Oxford, 165pp.

Unesco, 1965. First report of the joint panel on oceanographic tables and standards. Copenhage, October 1964. Unesco Technical Paper in Marine Science, 1, 26pp.

Unesco. 1981. Background papers and supporting data on the Practical Salinity Scale 1978. TTechnical Paper in Marine Science, 37, 144pp.

Whittaker, R.H., 1969. New concepts of Kingdoms of organisms. Science, 163, 150-160.

Williams, J., J.J. Higginson and J.D. Rohrbough, 1968. Sea & air: The naval environment. U.S. Naval Institute, Annapolis, 338pp.

鈴木 款(編), 1997. 海洋生物と炭素循環. 東京大学出版会, 193pp.

滿鹽大洸, 1986. 海の地學(1): 海 -その歷史と起源と現狀. In "高知大學(編), 海をさぐる-その開發へのアフローチ. たけうち", 1-20.

柳哲雄, 1988. 海の科學 -海洋學入門-. 恒星社厚生閣, 東京, 126pp.

和達淸夫(監修), 1987. 海洋大事典. 東京堂出版, 東京, 589pp.

Chapter 3

해양환경문제의 종류와 현황

3.1 개요

해양환경문제를 인식하고 현황을 정확히 파악하기 위해서는 해양을 포함한 수역에서 일어나는 수질오염현상과 수질오염물질에 대한 정의를 파악할 필요가 있다.

수질오염현상을 정의하면 수중에 어떤 물질이 유입되어 수질을 변화시켜 그 결과로 그 물을 이용하는 인간을 포함한 생물에게 유해한 영향을 미쳤을 때 수질이 오염되었다고 하고, 이때 유입된 물질을 수질오염물질(water pollutants)이라고 한다(박청길, 2007).

이렇게 수질오염현상은 순수(pure water)에 대한 뜻이 아니고 물 이외에 다른 물질이 혼입되어 있어도 본래 그 물을 이용하고 있던 생물에 유해한 영향을 미치지 않으면 수질이 오염되었다고 말하지 않는다. 해수의 경우 35,000 ppm이나 되는 소금을 포함한 각종 염류들이 함유되어 있어도 외양해수를 오염되었다고 말하지 않는다. 해양생물들은 이런 정도의 염분이 함유된 해수에 적응해서 잘 살아가고 있기 때문이다. 그러나 하천이나 호수와 같은 담수역에 소금의 구성성분인 염화이온이 250 ppm만 들어 있어도 상수원수나 농업, 공업용수로 사용할 수 없게 되고 담수 생물이 살 수 없게 됨으로 수질이 오염되었다고 한다.

그래서 수질오염현상은 수질오염물질의 종류나 농도보다는 본래 그 물을 사용하는 사람을 포함한 생물에 기준을 두고 생물에 유해한 영향을 미치는 여부에 따라 결정되는 것이다.

해양환경문제의 종류와 현황에 대하여 수질관리자의 측면에서 파악한 Stoker and Seager(1976)의 분류를 참고하여 해양 및 수산물의 위해성 및 전 지구적인 문제인 기후변화 등을 포함하여 서술하였다.

3.2 부영양화

1 부영양화 현상이란?

(1) 정의

부영양화(eutrophication)는 물의 체류시간이 비교적 긴 호소 등의 수역에서 조류의 생산을 제한하는 영양염이 과다하게 유입되어 조류의 생산을 높이고, 이것을 출발점으로 하여 생태계의 구성과 대사를 질적·양적으로 변화시키는 현상을 말하는 것으로서 원래 호소학에서 발전되었다. 그러나 근래에 들어 인구증가, 산업발달 및 농업의 대규모화에 따라 부영양화의 원인물질이 되는 영양염이 과다하게 유입되어 호소뿐만 아니라 하천과 연안해역까지도 부영양화 현상이 진행되고 있다. 따라서 이로 인한 부영양화 과정은 자연적인 부영양화 과정과 구별하여 인위적 부영양화(cultural eutrophication)라 정의하고 있다.

(2) 원인

① 원인물질

식물플랑크톤 등 식물체의 주요 구성원소는 수소, 산소, 질소, 황, 인, 칼슘, 칼륨, 마그네슘, 철, 탄소 등으로 이들 중 다량으로 필요한 원소는 칼슘, 마그네슘, 칼륨, 황, 질소, 인 등이다. 그러나 천연수 중에서는 질소와 인의 양이 부족하여 식물성장의 제한 인자로 작용한다. 따라서 이들 영양성분이 과도하게 수중으로 유입하게 되면 식물성장을 촉진하게 된다.

② 진행과정(인위적 부영양화)

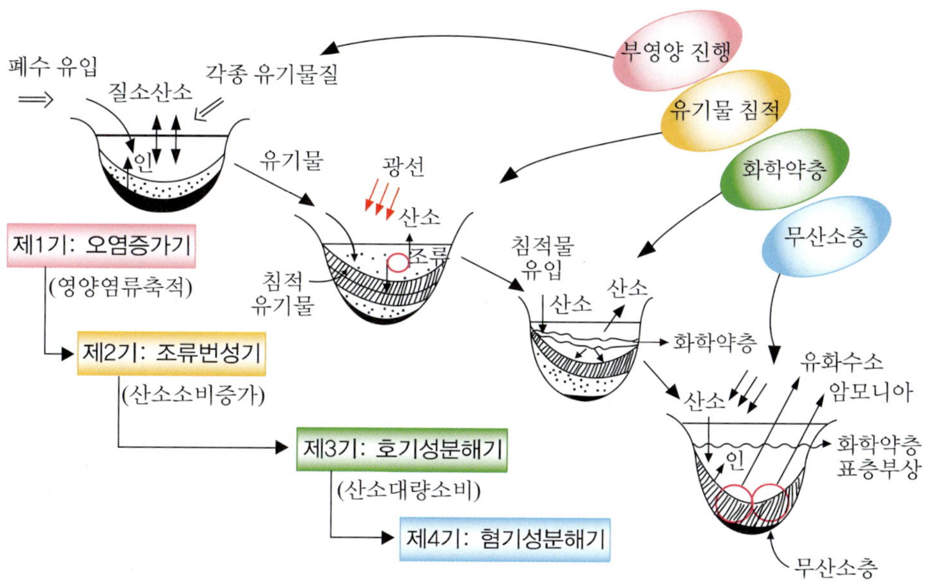

③ 전형적 초기 징후

- 투명도 수심이 감소하고 수역의 색조를 변화시킨다.
- 생물량이 양적으로 증가한다.
- 어류 종조성의 변화가 일어난다. 즉, 부영양화가 진전되면 고급 어종의 종류가 감소하고, 저급 어종이 증가한다.

(3) 부영양화의 영향

① 해양환경에 미치는 영향

- 경제적 및 심미적 가치 저하

  연안해역의 부영양화로 식물플랑크톤이 대량 번식할 경우 수산용수로서의 가치가 저하될 뿐만 아니라, 어류들은 통상 오염되기 전에 동일 수역에서 서식하였던 어류보다 저급 어종이 주류를 이룬다. 즉, 부영양화는 수역의 생산성을 증가시키지만 생산된 생물의 가치는 감소한다. 예를 들어 하와이의 Kanehoe만이 부영양화 된 후에 가치 없는 조류가 무성하여 건강한 산호군집이 완전히 파괴된 사례도 있다.

- 종간(種間)의 경쟁과 포식압력 증가

- 적조발생

  부영양화된 해역에서는 식물플랑크톤의 증식에 필수적인 질소, 인, 비타민류, 유기물질의 중간분해산물 등이 풍부하여 적조가 자주 발생하게 되며, 수산생물에게 직접적 또는 간접적으로 피해를 준다. 특히 최근에는 유해성 적조의 발생에 의해 많은 수산피해를 일으키고 있다.

- 빈산소 수괴 형성

  부영양화로 인하여 과도하게 증식된 식물플랑크톤은 사멸하면서 미생물에 의해 분해되므로 일시에 많은 양의 산소를 소모한다. 특히 많은 양의 식물플랑크톤 사체는 저층에 퇴적되어 분해가 일어나므로 조류소통이 불량한 폐쇄성 또는 반폐쇄성 내만 해역의 저층은 용존산소 부족현상 즉, 빈산소(또는 무산소) 수괴 현상을 초래하게 된다. 이에 따라 서식생물의 폐사는 물론 환원환경 하에서 저층으로부터 질소, 인 등의 영양염류의 용출을 촉진시켜 그 해역의 부영양화를 가중시키기도 한다.

② 부영양화에 따른 저차생산(低次生産)단계의 생물상 및 생산양식의 변화

부영양화의 진행에 따라 빈영양 상태의 해역은 부영양 상태 해역으로, 다시 과영양상태의 해역으로, 또 다시 부수상태의 해역으로 점차 생물상 및 생산양식의 특징이 변화한다.

- 빈영양해역

  식물플랑크톤(phytoplankton)은 아주 적다(극대치는 1 mgC/m^3/hr 전후). 단위면적당 1차, 2차 및 유용어류 생산량도 아주 적고 1차 생산량에 대한 유용어 생산량(유용어 생산효율)도 0.0～0.01%로 극히 낮다. 다모류보다 갑각류가 우세하다.

- 부영양해역

  식물플랑크톤(phytoplankton)량은 증가해서 1차 생산량의 극대치는 1～10 mgC/m^3/hr로 아주 높다. 2차 생산량과 유용어 생산량도 아주 높고 유용어 생산효율도 1 내지 수%로 현저히 높아진다. 저층은 유기성 침전물의 증가로 산소불포화역이 형성된다. 저서생물의 종류와 수량은 증대하나 갑각류보다 다모류의 비율이 증가해서 양자의 구성비는 근접한다.

- 과영양해역

  식물플랑크톤이 표층 가까이에 농밀하게 증식해서 소위 적조성 플랑크톤(plankton)이 차지하게 된다. 1차 생산량의 극대치는 10～200 mgC/m^3/hr로 크게 되나 생산층이 그 해역 표층에 한정되어 있기 때문에 총면적에 대한 1차 생산량은 그만큼 증가하지는 않는다.

  동물플랑크톤(zooplankton)은 아주 적어지고 유용어 생산효율도 낮아진다. 수심이 깊은 해역의 저층은 다량의 유기물 침강과 산화분해 후 거의 무산소상태로 된다. 세균의 분해는 혐기적으로 유독 악취성 물질이 생산된다. 저서생물은 현저히 감소한다. 수심이 얕은 해역의 저층에는 공중에서 녹아드는 산소나 식물플랑크톤에 의해 생산되는 산소가 비교적 많기 때문에 그렇게 감소하지 않으나, 그렇지 않은 해역은 유기물의 침강이 아주 많아 저토(底土)는 환원상태가 되며 유화물도 많아 이런 유해물에 저항성이 강한 다모류나 패류가 주로 서식한다.

■ 부수역

유기물의 과다 결과 표층 가까이까지 무산소상태가 된다. H_2S 등 유독물질이 다량 생산되고 해수는 유화철에 의해 흑미(黑味)를 띠고 식물플랑크톤은 아주 적게 되고, 원생생물을 제외하고는 동물플랑크톤이나 유용어는 보이지 않게 된다.

(4) 부영양화의 평가와 대책

① 단일 parameter에 의한 평가

■ 영양염 농도

가장 대표적인 부영양화 평가지표는 영양염 농도이다. 단계별 평가기준은 학자들 간에 차이가 있으며 일반적으로 N 및 P의 농도가 각각 0.2 mg/L 및 0.02 mg/L 이상을 부영양화라 한다.

표 3.2.1 미국 EPA 부영양화 단계 판정기준

항 목	빈영양	중영양	부영양
Total-P(mg/L)	<0.01	0.01～0.02	>0.02～0.025
투명도(m)	>3.7	2～3.7	<2.0
저층용존산소(포화도, %)	>80	10～80	<10

■ 1차 생산력에 의한 방법

표 3.2.2 1차 생산력에 의한 부영양화 구분(Rodhe)

구 분	빈영양호	부영양호	
		자연적	인위적
증식기평균치(mgC/m^2/day)	30～100	300～1,000	1,500～3,000
연 평균치(gC/m^2/day)	7～25	75～250	350～700

■ 클로로필 *a*(Chlorophyll *a*)에 의한 방법

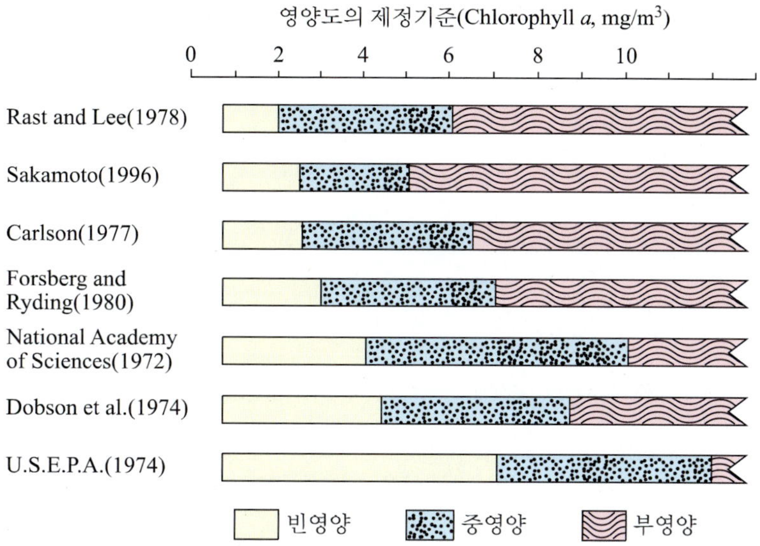

② 복수 parameter에 의한 평가

Parameter 간 상관관계를 고려하여 평가한다. 즉, TSI(trophic state index) 등을 이용한다.

■ 부영양화도지수(TSI)에 의한 방법

여러 영양물질의 상호간의 관련성을 종합하여 부영양화상태를 평가하는 방법으로 가장 보편적으로 활용되고 있는 방법은 Carlson Index(CI)이며, 0～100으로 표시되고 있다.

- 부영양상태 : TSI 50 이상
- 중영양상태 : TSI 40～50
- 빈영양상태 : TSI 40 이하

$$\mathrm{TSI(SD)} = 10\left[6 - \frac{\ln(\mathrm{SD})}{\ln 2}\right] \quad \leftarrow \quad \mathrm{SD} = \frac{\ln\left(\frac{I_t}{I_o}\right)}{\sigma_D + \sigma_P \times C_P}$$

$$\mathrm{TSI(Chl\text{-}}a) = 10\left[6 - \frac{2.04 - 0.68\ln(C_P)}{\ln 2}\right]$$

$$\mathrm{TSI(T\text{-}P)} = 10\left[6 - \frac{\ln(48/C_{TP})}{\ln 2}\right]$$

여기서 SD : 투명도(transparency)

I_t : 투명도에 대응하는 일정 수심에서의 빛의 강도

I_o : 수표면에서 빛의 강도

σ_D : 물과 용존물질에 의한 빛의 감쇄계수

σ_P : 식물플랑크톤에 의한 빛의 감쇄계수

C_P : 식물플랑크톤(Chl-*a*)의 농도(mg/m^3)

C_{TP} : 총인의 농도(mg/m^3)

상기수홍(相崎守弘) 등(1981)은 Carlson의 TSI에 수정을 시도하여, 엽록소 *a*의 농도 0.1 mg/m^3을 지수의 최소치의 기준으로 하고 1,000 mg/m^3을 최대치의 기준으로 하여 다음과 같은 기본식을 개발하였다.

$$\mathrm{RTSI(SD)} = 10\left[2.46 + \frac{(3.69 - 1.53\ln \mathrm{SD})}{\ln 2.5}\right]$$

$$\mathrm{RTSI(T\text{-}P)} = 10\left[2.46 + \frac{(-1.23 + 1.15\ln \mathrm{TP})}{\ln 2.5}\right]$$

$$\mathrm{RTSI(Chl\text{-}}a) = 10\left[2.46 + \frac{(\ln \mathrm{Chl})}{\ln 2.5}\right]$$

③ 방지대책

■ 생활하수 및 폐수의 고차처리

육상으로부터 유입하는 유기물질뿐만 아니라 질소와 인도 처리하여야 한다. 질소와 인이 미처리된 상태로 연안해역으로 유입될 경우 적조(식물플랑크톤)와 같은 유기물로 합성되고 사멸 후 퇴적하여 분해되는 물질순환과정을 거친다. 따라서 질소와 인을 처리하지 않을 경우 부영양화를 유발한다.

■ 연안 오염퇴적물의 개선

퇴적물 내에 축적된 유기물은 미생물에 의해 분해되면서 용존산소를 소비하며 분해 산물로서 질소와 인과 같은 영양물질을 수중으로 방출하여 부영양화를 유발함으로 오염된 퇴적물을 지속적으로 개선하여야 한다.

3.3 적조

1 적조의 정의

적조라고 흔히 불리는 바다 속 자연현상은 바다 속의 작은 생물체들이 일시에 대량 번식하여 바닷물의 색을 변화시키는 것을 뜻한다. 대개의 경우 붉은 색이나 갈색으로 변화되어 적조(red tide)라고 하였다. 과학적인 설명이라기보다는 현상에 대한 기술이라 할 수 있다.[1] 이를 좀 더 자세히 설명하면 동·식물플랑크톤[2]이나 미생물이 적당한 환경조건에서 일시에 대량증식하거나 물리·화학적으로 집적하여 바닷물의 색이 변화하는 현상이라 정의하기도 한다. 이외에도 적조발생과정을 통해 해양생물에 피해를 입히게 되는 것을 포함하기도 한다.

적조는 해양환경에서 매우 오래 전부터 관찰된 현상이다. 기원전 1500～3000년 전의 역사적 사실을 반영하고 있다고 알려져 있는 구약성서의 출애굽기 7장 20～21절에 보면 나일강의 적조를 기술한 것으로 보이는 표현이 있다. 우리나라에서도 일연이 지은 삼국유사(김원중, 2002)에 보면 선덕여왕 8년(서기 639년)에 "秋七月 新羅東海水 赤且熱 魚龜死"라는 기록이 보인다. 이를 옮기면 "가을 음력 7월에 신라의 동해물이 붉게 변하고, 또한 따뜻하였으며, 물고기와 거북이가 죽었다"와 같다. 이 기술은 현재 우리나라 연안에서 관찰되는 적조 현상과 생태계에 미치는 영향의 측면에서 비교적 과학적인 기록으로 보인다. 적조발생의 시기, 수온, 해양생물의 폐사 등이 모두 우리가 적조의 특징으로 꼽는 것과도 매우 흡사하여 우리나라 적조기록의 첫 사례로 꼽힌다.

1980년대 이후 세계 여러 나라에서 어패류에 의한 식중독사례가 빈번하게 발생함에 따라, 바닷물색의 변화와는 상관없이 플랑크톤 등에 의한 독소의 생성과 어패류의 독화, 인간에 미치는 영향 들을 고려하여 전통적인 정의를 변경하여야 할 필요성

---

1) 적조관련 과학적 기록은 18C 이후부터 발견되기 시작하며, 우리나라의 경우에도 여러 역사서에서 적조를 기술한 기록을 찾아볼 수 있다. 실질적인 정의는 20C 초기부터 논의되기 시작하여 2001년에 비로소 현재의 정의를 가지고 있다. 그만큼 관찰이나 피해에 비해 정의가 모호하다고 할 수 있다.

2) 플랑크톤(plankton)이란 분류학상의 용어는 아니다. 「떠다니는 것」이란 의미를 지닌 옛날 그리스말을 어원으로 하는 용어이다. 즉, 물에 떠다니는 것을 통칭하는 것으로 바이러스, 박테리아, 곰팡이는 물론 작은 조류(藻類)도 포함하며 식물을 잡아먹는 동물들도 있다. 생활사에 따라서 어린 개체가 물에 떠다니는 것들도 포함된다. 이외에도 물고기의 알이나 아주 작은 어린 물고기들도 플랑크톤이라고 한다. 미생물과 같은 것은 미생물플랑크톤(bacterioplankton), 식물에 해당하는 것을 식물플랑크톤(phytoplankton), 동물에 해당하는 것은 동물플랑크톤(zooplankton), 알이나 어린 물고기는 어류플랑크톤(ichthyoplankton)이라고 부른다. 따라서 운동성이 희박한 해파리종류도 플랑크톤의 종류로 볼 수 있다. 영양단계에 따라 동물과 식물의 특성을 동시에 가지고 있는 것들도 종종 발견되고 있다.

이 제기되었다. 이에 따라, 지금까지 적조라고 불렀던 현상은 물론 어패류에 의한 독화현상이나 식중독과 같은 현상을 모두 포함한 개념으로 확대되어 적조라는 용어 대신 유해조류대번식(harmful algal blooms, HABs)이란 용어를 사용하기 시작하였다. APEC/IOC/UNESCO에서 정의한 유해조류대번식은 「유·무해종인 조류의 번식으로 바닷물색이 변하거나, 바닷물의 색을 변화시키지는 않더라도 조류독소나 다른 생물상에 물리적 피해를 입히는 조류의 대번식」[3]을 의미하는 것으로 확대되었다. 여기서는 편의상 적조라는 용어를 사용하도록 한다.

우리나라에서 본격적인 피해를 본 1995년부터 적조의 발생 및 소멸까지의 연도별 특징 및 개요를 표 3.3.1에 정리하였다.

2 적조의 종류

적조의 종류는 원인생물별, 바닷물의 변화된 색, 바다에서 적조가 퍼져있는 모습, 발생해역, 유해여부 등으로 나누어 볼 수 있다. 원인생물별로는 규조적조, 편모조류적조, 야광충적조, 세균적조 등[4]으로 나누어 볼 수 있으며, 색깔에 따라서는 청조, 적조, 백조, 녹조, 갈조로 구분되기도 한다. 육상식물과는 달리, 바다 속에서 생활하는 적조생물은 바닷물의 특성상 물에 투과되는 가시광선의 파장에 따라, 태양에너지를 고정하는 색소체의 특성이 달라짐에 따라 다양한 색을 나타내게 된다. 아울러 적조생물의 종류, 구성비율, 밀도에 따라서 여러 가지 색깔을 나타낼 수 있으나, 일반적인 특성을 정리하면 표 3.3.2와 같다.

적조발생의 모습에 따라, 띠상 적조, 반점모양적조 등으로 구분할 수 있으며, 발생해역에 따라 하구형, 내만형, 외해형으로 구분하기도 한다. 발생해역에 따른 구분은 적조생물의 염분에 대한 선호도, 적응성은 물론 물리적인 집적 등과 매우 밀접한 연관이 있어서 적조발생 기작이나 생태를 이해하는 데 중요한 역할을 하게 된다.

---

3) The term "harmful algal blooms" or HABs will be used in its most general or inclusive sense − it will refer to blooms of toxic and non-toxic algae which discolor the water, as well as to blooms which are not sufficiently dense to change water color but which are dangerous because of the algal toxins they contain or the physical damage they cause to other biota.

4) 실질적으로는 해양생태계의 복잡성으로 말미암아 많은 적조생물들이 혼재되어 적조가 발생하게 된다. 따라서 해양생태계에서 우점종으로 발견될 경우에 이름을 따르게 된다. 우리나라의 경우, 수산피해와 관련이 있는 적조로 *Cochlodinium*적조가 있으며, 이외에 *Noctiluca*적조가 자주 보인다.

표 3.3.1 적조발생 및 소멸현황

구분 \ 연도	1995년	1996년	1997년	1998년	1999년	2000년
최초발생일 (음력)	8.29(8.4)	9.5(7.23)	8.25(7.22)	8.30(7.9)	8.10(6.30)	8.22(7.23)
소멸일 (음력)	10.23(8.29)	10.3(8.21)	9.22(8.19)	10.2(8.12)	10.3(8.24)	9.20(8.22)
지속기간	54일	28일	29일	34일	56일	29일
최초 발생지역	나로도 인근	나로도 인근	나로도, 남해미조	나로도 인근	나로도 인근	돌산동안, 남해도
발생범위	완도~삼척	완도~기장	완도~울진	완도~거제	완도~울진	고흥~기장
발생건수	65건	61건	62건	122건	83건	69건
최고밀도	30천 개체/mL	23천 개체/mL	20천 개체/mL	22천 개체/mL	43천 개체/mL	15천 개체/mL
수산피해	764억 원	21억 원	15억 원	1.6억 원	3.2억 원	2.6억 원
장마기간	6.30~7.27	6.24~7.22	6.20~7.18	6.24~7.28	6.23~7.20	6.22~7.21
특징	장기화, 고밀도화, 광역화(대규모 적조)	단기간 발생, 중규모, 중밀도	적조 발생 해역의 규모는 크나 밀도는 중밀도	경남으로의 확산지연 및 남해안 일부해역에만 유해적조 발생	국지성 집중호우와 고수온 지속 및 일조량 증가 등으로 적조 발생기간의 장기화, 광역화, 고밀도화(대규모 적조)	조기소멸, 중규모, 저밀도 적조
원인	7~8월의 태풍에 의한 집중강우 및 저층유기물의 공급	적조기간 중 동해 연안은 22℃ 내외의 냉수대(동해확산 저지)		대마난류의 강세 및 포식동물이 다량 번식 전남(적수온, 동남풍), 경남(수온성층 형성)		코클로디니움의 단독적조가 아니라 혼합종으로 발생
소멸요인	수온하강 19~20℃	- 태풍 '제인' 9.26~10.2 - 수온하강 20.0~22.9℃	- 태풍 '올리와' 9.11~9.17 - 수온 23.2~23.9℃	- 태풍 '예니' 9.29~10.1 - 수온 23.5~23.8℃	- 태풍 '바트' 9.19~9.24 - 수온 23.2~24.5℃	- 태풍 '사오마이' 9.9~9.13 - 수온 21.0~22.1℃
예보발령 건수	주의보 13회 경보 5회	주의보 14회 경보 4회	주의보 19회 경보 5회	주의보 11회 경보 5회	주의보 17회 경보 12회	주의보 8회 경보 4회

구분 \ 연도	2001년	2002년	2003년	2004년	2005년	2006년
최초발생일 (음력)	8.14(6.25)	8.2(6.24)	8.13(7.16)	8.5(6.20)	7.19(6.14)	8.7(7.14), 10.18(8.28)
소멸일 (음력)	9.24(윤8.8)	9.27(8.21)	10.13(9.18)	9.3(7.19)	9.14(8.11)	8.29(윤7.6), 10.30(9.9)
지속기간	42일	57일	62일	30일(해제 9.8)	58일	23일+13일 (36일)
최초 발생지역	나로도~돌산동안	보돌바다~돌산동안	외나로도~남해도	거제남부, 외나로도 외해	전남 보돌바다	나로도, 가막남하단(재발생 : 남해, 사천)
발생범위	완도~강릉	완도~울진군 죽변	진도~강릉	완도~거제	완도~거제	완도~통영 (남해~통영)
발생건수	56건	59건	45건	65건	39건	31건
최고밀도	29천 개체/mL	30천 개체/mL	48천 개체/mL	5,800개체/mL	25천 개체/mL	22.5천 개체/mL
수산피해	84억 원	49억 원	215억 원	1.2억 원	10.6억 원	0.7억 원
장마기간			6.23~7.22	6.17~7.15		6.20~7.20
특징	장기화, 대규모, 고밀도	장기 지속, 대규모, 혼합적조	장기 지속, 대규모	- 조기 발생, 단기간 - 거제연안 발생	- 조기 발생, 소규모 발생, 장기간 지속 - 남해동부해역 소멸 후 재발생	- 최단기간 발생, 소규모 발생 - 발생범위가 남해안 서부에서 중부까지 - 소멸 후 10월 중순 재발생
원인		집중강우(8.5~16) 후 8.15~30 사이에 집중 발생하였으며 혼합적조임 (내만 규조적조, 남해동부 *Gym. mikimotoi*과 혼재)	- 잦은 강우, 태풍 거의 없음 (태풍 '매미' 이후 급증), 냉수대 없음, 수온상승 - 동해의 30 m (10~15℃)에서도 코클로디니움 발견	- 거제, 외나로도 외측해역에 강한 수온전선대 형성 - 거제해역의 영양염 농도 높음	6월부터 쿠로시오난류의 일시적인 강세와 태풍 하이탄의 영향으로 외해수가 강하게 영향을 미쳐 발생	- 장마 후 수온 상승 - 수온이 23℃로 유지되어 잔존 코클로디니움 적조 재발생
소멸요인	기상악화 및 수온하강	수온하강	수온하강	기상변동에 따른 해양환경변화와 종간경쟁 (*Gonyaulax*)	쿠로시오의 약세로 유해성 적조 형성 환경이 조성되지 않아, 연안성 규조류가 우점되어 소멸	- 강한 수온약층의 지속, 쿠로시오해류의 외해측 분포 - 수온하강
예보발령 건수	주의보 16회 경보 7회	주의보 20회 경보 11회	주의보 21회 경보 14회	주의보 13회 경보 9회	주의보 24회 경보 8회	주의보 6회 경보 2회

표 3.3.2 바닷물 변색에 따른 적조생물종의 구분

변색의 종류	적조생물속
갈조	*Ceratium, Gymnodinium, Prorocentrum*
적조	*Noctiluca, Cochlodirium, Mesodinium, Chaetocerus, Skeletonema, Thalassiosira, Eutreptiella, Karenia, Prorocentrum*
황조	*Mesodinium, Heterosigma*
녹조	*Noctiluca*
백조	*Gephyrocapsa*
진갈조	*Cochlodinium*

3 적조생물의 특징

적조를 일으키는 생물은 주로 물에 떠다니는 plankton종들이다. 분류학 측면에서 보면 크게 식물, 동물, 미생물 등으로 나누어 볼 수 있는데, 이제까지 대부분의 적조 발생에 관련한 정보는 식물의 특성을 가진 플랑크톤과 관련된 것들이다. 90년대 이후 유전학, 생리학, 면역학 등의 분야에서 첨단기법이 급격히 발전되고 해양생물분야에 적용이 되면서 일부의 플랑크톤은 식물과 동물의 특성을 같이 가지고 있는 혼합영양생물체인 것도 많이 밝혀지고 있다. 또한 전통적인 연구방법론의 한계에서는 분리·동정이 불가능한 생물종에 대한 연구가 분자생물학적 방법론 및 분석기법의 발달로 가능하게 되어 기존에는 알려지지 않았던 종에 대한 연구도 많은 성과를 내게 되었다.

식물플랑크톤은 광합성기작을 이용한 태양에너지를 에너지원으로 활용하고 질소, 인과 같은 영양염류를 섭취하여 탄소동화작용을 거쳐 생체물질을 만들어 내게 된다. 따라서 적정한 일사량과 적정 수온, 육상 등에서 공급되는 영양염류가 충분할 때, 일반적으로 적조가 일어나게 된다. 특히 물리적으로 안정된 상황에서는 증식·분열이 더욱 좋은 조건에서 이루어질 수 있다.

바다에 사는 식물플랑크톤은 대략 4,000종 이상이 될 것으로 추정하고 있다. 이 숫자는 계속 증가될 수밖에 없다. 표본채취 기법, 채취해역 및 수심의 확대, 보존 및 배양방법 등의 발전은 아직까지 알지 못했던 해양생물종에 대한 정보를 쏟아내고 있으며, 지금도 미기록종이 계속 보고되고 있다. 게다가 관련 학문의 비약적인 발전은 단순한 생물종에 대한 정보만이 아니라, 생물종 개체의 생리적인 특성이나 유전정보는 물론 해양 내에서 가지는 생태적 기능과 생지화학적인 의미에 대한 자료들의 생산을 가능하게 하고 있다.

표 3.3.3 주요 적조원인 해양플랑크톤 종류

문(Division)	강(Class)	속(Genus)
남조식물문	남조강	*Tricodesmium, Anabaina, Microcystis*
은편모식물문	은편모조강	*Cryptomonas, Rhodomonas*
와편모식물문	와편모조강	*Prorocentrum, Dinophysis, Cochlodinium, Gymnodinium, Ceratium, Karenia, Gyrodinium, Alexandrium, Gonyaulax, Heterocapsa, Scrippsiella, Peridinium*
황색조식물문	규조강	*Skeletonema, Talassiosira, Chaetoceros, Nitzschia, Pseudonitzschia*
	녹편모조강	*Chattonella, Heterosigma*
유글레나문	유글레나조강	*Eutreptia, Euglena*
녹조식물문	프리시노조강	*Pyramimonas, Micromonas, Tetraselmis*
원생동물문	키네토프라그미노포라강	*Mesodinium*

우리나라에서 주로 발생하는 적조생물은 크게 두 가지로 볼 수 있다. 와편모조류와 규조류에 의한 적조가 대부분이며, 세계적으로도 유사한 양상을 보인다. 돌말이라고도 불리는 규조류는 규산질을 주성분으로 하는 컵 모양의 두 개의 껍데기를 가지고 있으며, 흔히 군체를 형성하기도 한다. 와편모조류는 편모를 가지고 있으며, 수 μm에서 수 mm의 크기가 일반적이다. 이 조류는 단세포생물로 단독으로 살아가거나 군체나 사상체를 이루기도 하고 기생생활을 하는 종도 있다. 우리나라에서 여름철에 주로 적조를 일으키는 *Cochlodinium*이 대표적이며 *Gyrodinium*, *Gymnodinium*, *Alexandrium*이나 야광충으로 알려져 있는 *Noctiluca*도 여기에 속한다.

4 적조의 발생기작

적조발생은 다른 육상이나 해양생물과 마찬가지로 수온, 일조량, 영양염류와 같은 환경요인에 의해 좌우되기도 하고, 바람, 해류, 조석 등과 같은 물리적인 요인이나 먹이그물 내에서 생태적 지위나 피식·포식과 같은 직접적인 생물간 작용, 반작용, 상호작용에 의해서도 결정될 수 있다. 즉 적조의 발생이 다른 생물에 영향을 주거나 바닷물의 색을 변화시킬 때에는 기본적으로 적조생물의 숫자가 물리적으로 일정 규모이상이 되어야 한다. 이때에는 적조생물의 크기와 색소의 함량이 중요한 지수가 될 수 있다. 즉, 적조생물의 생리·생태적 특성이 해양환경변화에 어떻게 반응하는지 이해하는 것이 중요하다. 이외에도 일부의 경우에는 생물시계에 의해서 결정될 수 있다는 가설까지도 제안되고 있다.

표 3.3.4 적조에 영향을 주는 환경요인

환경요인		항 목
물리적 요인		수온, pH, 일사량(광도), 탁도, 바람의 세기, 바람의 방향, 조류, 조석, 간만, 해수순환, 폐쇄도 등
화학적 요인	유기 영양염	질소(NH_4^+, NO_2^-, NO_3^-, urea 등), 인(유기인 등), 규산(유기규소), 비타민(B_{12} 등)
	무기 영양염	미량금속(Fe, Co, Mn, Zn, Se 등), 규산(무기규소)
생물학적 요인		식물플랑크톤, 동물플랑크톤, 세균, 바이러스, fecal pellets, exudates
생태적 요인[5]		개체군역학(population dynamics), 항상성(homeostasis), 작용/반작용/상호작용(action/reaction/interaction), 피식/포식

(1) 물리적 환경요인

물리적 환경요인으로는 수온, pH, 염분, 일사량(광도)을 들 수 있다. 우리나라에서 주로 문제가 되고 있는 *Cochlodinium*을 예로 들면, 따뜻한 물을 좋아하는 *Cochlodinium*의 특성에 따라, 적정 수온은 대략 23~25℃의 범위에 속한다. 우리나라 연안에서 볼 때, 보통 여름철에 나타나는 바닷물의 온도이다. pH는 전형적인 바닷물의 pH인 7.8~8.2 정도의 중성 내지 약알칼리성에서 최적의 생장을 나타낸다. 염분의 경우에는 28~32 psu 정도가 최적염분이다. 이런 적정요인 등은 해당 적조생물의 생리·생태적 특징에 따라 다르다. 일사량의 경우는 강한 것이 비교적 생장에 유리하다. 적조생물 안에 있는 엽록체에 존재하게 되는 색소들의 에너지고정 파장에 따라 다르기는 하나, 일반적으로 일주운동 등을 통해 수층내를 이동하여 적정한 일사량을 유지하게 된다.

이에 반하여 바람의 세기나 방향, 해류의 흐름과 방향 등은 적조생물의 생장에 미치는 요소이기보다는 증식된 적조생물의 이동·확산·집적에 더 큰 영향을 미치게 된다.

(2) 화학적 요인

화학적 요인은 영양염류의 공급을 통해 적조생물의 생물체 구성요소를 이루는 제

5) 적조생물의 생리·생태적 특성을 이해함이 매우 중요하고 기본적인 중요자료이다. 이외에도 적조생물의 급격한 증식 및 유지는 생태계의 항상성 유지 및 생태계 구성생물간의 군집역학의 측면에서도 검토가 되어져야 한다. 생태적 이해가 없이는 종합적인 적조제어를 하기는 매우 어렵게 된다.

한요소로 작용하게 된다. 흔히 오염으로 통칭되는 영양물질의 공급은 육상이나 대기로부터 이루어진다. 이외에도 양식장의 사료 공급 등으로 직접 이루어지기도 한다. 탄소의 경우에는 공기와 바다 속에 항시 존재하고 있어 제한요인으로 작용하지는 않으나, 질소나 인의 경우에는 생물의 제한요소로 작용할 수 있다. 이외에도 미량금속원소나 비타민과 같은 미량물질은 흔히 제한요소[6]로 작용하며, 적조발생의 한 원인으로 지목되기도 한다.

(3) 생물학적 요인

적조를 일으키는 생물은 주로 식물플랑크톤이며, 따라서 적조의 발생에 따른 제반 설명이 식물의 증식에 맞추어져 있다. 이외에도 동물이나 미생물에 의한 것이 일부 보고되고 있다. 식물플랑크톤의 경우, 육상의 초식동물과 같이 동물플랑크톤에 의해 섭식된다. 적조의 경우, 영양염류의 순환 측면에서 보면 수산생물의 피해 외에도 영양염류의 먹이그물내로 편입을 의미하게 된다. 즉, 한 생태적 영양단계에 진입하게 되어 물질의 순환이 지속될 수 있는 순기능을 하게 된다.

(4) 생태적 요인

생태계에서 생물은 한 개체나 한 종만으로 존재[7]하는 경우는 거의 없다. 그러므로 생태계를 유지하는 생물요소끼리의 관계와 역학이 매우 중요하다. 흔히 천적으로 표현되는 것은 매우 간단한 예로, 먹고 먹히는 관계에서 물질 전달, 에너지의 흐름, 개체수 조절 등이 일어나게 된다. 이외에도 생물 상호간의 작용기작 또한 중요하다. 적조의 특성 중 하나인 독성 발생은 적조생물을 섭취한 어패류에 의해서 일어난다. 그러나 실제 식물플랑크톤의 독소는 식물플랑크톤과 공생하는 미생물에 의해 만들어진다. 따라서 적조의 독성영향에 대한 연구는 식물플랑크톤 자체에 대한 연구보다 미생물과의 관계와 생태적 연결고리와 상생효과 등에 관한 연구가 있어야 한다.

---

6) 제한요소(limiting factor)란 생물의 성장을 제한할 수 있는 요인들을 이야기한다. 특히 체구성물질 및 성장에 영향을 미치는 화학적인 요인을 지칭할 경우에는 리비히의 최소의 법칙(Law of minimum)에 의거하여 각 체구성물질 및 생화학반응에 필요한 효소 등에 필요한 화학성분 중에서 가장 작은 양으로 존재하는 성분에 따라 생장과 증식이 제어된다.

7) 인간이 제어하는 통제된 환경이나 극히 일부분의 특수한 환경[고온, 고압, 산성환경과 같은 극한환경(extreme environments)을 말한다]에서 발견되거나 유지되는 경우를 제외하면 한 종의 생물만으로 생태계가 구성되는 예는 존재하지 않는다. 열역학 중 엔트로피를 유지하는 에너지효율이 매우 낮아 가능하지 않다.

5 적조의 영향

적조의 영향을 긍정적 측면과 부정적 피해로 나누어 볼 수 있다. 지금까지는 주로 적조에 대한 피해에 관해서만 영향을 논하였다. 적조관련 피해의 직접적인 피해로서 어패류폐사와 관련된 것 이외의 직접적·간접적 피해들을 표 3.3.5에 정리하였다.

표 3.3.5 적조에 의한 경제피해(modified after Lee and Chah, 1996)

경제피해	산업분야
직접 피해	수산업 : 자원량 감소, 자원량 변동 양식업 : 양식 어패류 폐사, 종묘 감소 무역 : 수산물의 수출입
간접 피해	국민정서 악화 : public opinion 심미적 피해 : 바다색의 변화, 악취 등 발생 서비스산업 : 레저, 레크리에이션, 요식업, 해수욕, 서핑과 요트서비스 관련 산업 국제관계 : ballast water, 물류, 교란생물, 외래유입종, 생물다양성감소 등 해양환경변화 : 빈산소 수괴 등

6 적조관련 대책

적조의 영향을 입게 되는 수산생물은 주로 그물속이나 육상의 수조안에서 키워지는 양식생물이다. 특히 이동을 할 수 없고, 단위 면적당 같이 살아가는 물고기의 양과 밀도가 높음에 따라 일시에 폐사가 일어날 수 있는 확률이 매우 크다. 따라서 적정한 조치가 없을 경우 순식간에 피해를 입게 되며, 이런 인과관계는 이제까지의 피해사례를 볼 때 더욱 자명해진다.

세계적으로 적조방제 대책을 마련하고 있는 나라는 우리나라와 일본 정도를 꼽을 수 있다. 특히 우리나라의 경우, 1995년의 기록적인 적조피해 이후 국가차원에서의 체계적인 방제계획을 수립하여 운용하고 있는 유일한 나라이다. 이에 비하여 일본의 경우에는 지방자치단체와 어업인을 중심으로 느슨한 상황의 자율적인 방제를 하고 있는 정도이다.

초기 단계의 적조생물의 동향에 대해서는 국립수산과학원의 「조기적조광역조사」를 통해 예찰하고 있으며, 그 결과를 토대로 적조예보를 하고 있다. 적조주의보가 발령되면 해당지방자치단체와 지방해양수산청을 중심으로 어업인, 수협 등의 유관기관은 물론 해양경찰청, 해군 등의 협조를 통해 적조발생의 정보의 교환 및 방제업무를 수행하게 된다. 주요 방제방법은 환경친화적이며 효과적이라고 알려져 있는 황토살포는 물론 폐사생물체의 조속처리 등을 통한 2차오염방지 등이 주요내용이다.

양식업과 관련된 적조피해방지 방안도 두 가지로 나누어 볼 수 있다. 해상가두리 양식장과 육상 양식장에 대한 대처방안이 다르다. 기본적으로 적조에 의한 폐사를 방지하고, 양식생물의 생리적 활성도를 최소화시켜 생존할 수 있는 가능성을 높이는 것이 기본 방향이 된다.

해상가두리의 경우에는 우선적으로 심층수의 활용, 액화산소 공급 등이 주요 대책이 될 수 있다. 낮에는 식물플랑크톤의 광합성으로 산소의 공급이 활발하나 밤이 되면 광합성에 의한 산소공급이 중단되고, 호흡의 결과로 산소농도가 급격하게 떨어지게 된다. 그래서 지속적인 산소공급이 물고기 폐사를 막을 수 있는 지름길이라 할 수 있다. 이외에도 가두리 주위에 「적조차단막」을 설치하여 적조와 격리는 물론 적조생물의 증식을 낮출 수 있는 방안에 대한 실험이 진행되고 있다. 또한 연안역에서의 공동방제 외에 자체적으로 황토를 확보하여 물의 흐름을 감안하여 살포할 경우, 직접적인 효과를 볼 수 있다.

육상양식장의 경우에는 산소발생기의 활용이 중요하다. 액화산소를 이용한 산소공급은 물론 물의 흐름을 지속적으로 유지시켜줄 수 있는 산소발생기는 매우 유용한 수단이다. 또한 취수를 중단하거나, 적조생물의 밀도가 낮을 때에만 취수해야 한다. 많은 육상양식장의 피해가 단순한 취수잘못에서 기인하고 있음을 보면 취수에 대해서 적극적인 관심을 기울여야만 한다.

해상가두리나 육상양식장에서 공통적으로 적용되는 것은 사료의 공급을 중단하는 것이다. 사료의 공급은 양식생물의 활성도를 높이고 산소소모를 높이게 되어 적절하지 못하며, 특히 여름철임을 감안하여 사료의 부패로 인한 물고기의 스트레스 증가 또한 물고기의 폐사에 간접적인 요인으로 작용하게 된다. 이외에도 적조경보기의 적극 활용이 요구된다. 국립수산과학원에서 이미 개발하여 보급하고 있는 적조경보기는 사용어가에서 적조대응방안으로 효율적이란 평가가 있다. 그러나 현장에서의 보급률은 미비한 실정이다. 또한 경제적 피해를 줄이는 방안으로 양식생물의 조기 출하도 중요한 피해저감방안의 하나이다.

3.4 중금속

1 중금속오염의 특성

산업혁명 이후 산업사회가 지속되어 오면서 금속으로 이루어진 제품들이 쏟아져 나온 것은 물론이고 이런 제품을 생산하기 위한 기반시설들도 거의 금속으로 이루어져 있다. 이처럼 금속은 우리 생활에 없어서는 안 될 중대한 요소이다. 106가지의 원소 중에서 84가지 원소가 금속에 분류되어 있다. 이 중에서 유해한 금속은 수은, 카드뮴, 구리, 납, 아연, 베릴륨, 바륨, 망간, 니켈, 주석, 바나듐 등이다. 중금속(heavy metal 또는 trace metal)은 생물학적으로 볼 때 필수원소로서 요구되기도 하는 원소로서 물리, 화학 그리고 생물학적으로 가역적인 특성을 보이는 밀도 5 이상으로, 활성을 갖는 미생물 개체 또는 다른 생명체에 대한 독성 효과를 나타내는 물질이다(이성호, 2006).

수질오염물질 중 그 자체로는 독성이 없으나, 수중 산소의 고갈을 유발시키거나 부영양화현상을 야기시켜 산소를 소모하는 폐기물, 식물영양염류 등과는 달리 중금속은 쉽게 소멸되지 않고 오랫동안 환경에 남아 순환하는 지속성 오염물질(persistent pollutant)로 그 자체로 독성을 가지고 있다.

또한 해양환경에 유입되면 생물체 내의 골격이나 지방 등의 조직에 축적되거나 먹이연쇄를 따라 그 함유량이 점점 높아져, 수산물 속에는 해수 중에 존재하는 농도보다 수십 배에서 수백만 배까지 농축될 수도 있다. 중금속이 인간 활동에 의해 연안으로 대량 유입되면 우선 연안수와 퇴적물이 오염되며 곧이어 이곳에서 서식하는 해양생물이 오염된다. 특히 정착성 어패류 등의 저서동물과 미역, 다시마 등의 부착식물이 오염에 노출되어 피해를 입게 되며 중금속에 오염된 수산물을 장기간 섭취할 경우 우리 인간도 결국은 중금속에 노출됨으로써 중독증상을 일으키게 된다.

2 중금속 배출원

중금속은 암석의 풍화작용, 광석과 금속의 제련과정, 금속과 금속화합물의 이용과정, 생활 쓰레기 및 산업 폐기물 처리장, 쓰레기 매립장의 침출수, 그리고 중금속을 함유한 배설물 등을 통해 환경으로 배출된다. 이와 같은 경로를 통해서 중금속에 오염된 해양은, 그곳에 생육하는 생물뿐만이 아니라 먹이사슬에 의해서 인간에도 영향을 주게 되었다.

이러한 인위적인 중금속 오염의 발생원을 박청길 등(2004)의 분류를 통해 살펴보면 다음과 같다.

(1) 금속광산으로부터의 폐수

금속광산으로부터 발생하는 폐수는 광내수, 채석장의 침출수, 선광폐수 등으로 구별될 수 있으며, 모두 산성이 강하여 pH 1~3의 것이 많다. 광석의 성분조성 및 채취하는 금속의 차이에 의해 배출되는 성분도 구리(Cu), 납(Pb), 카드뮴(Cd), 비소(As) 등의 여러 종류로 분류될 수 있다. 금속제련소에서도 유사한 오염물질이 배출되어질 것이다.

(2) 도금 공장으로부터의 폐수

일반적으로 니켈(Ni), 구리(Cu), 아연(Zn), 크롬(Cr), 은(Ag), 백금(Pt), 주석(Sn) 등이 사용되고 있기 때문에, 이들 원소에 의한 오염을 생각할 수 있다. 현재, 카드뮴(Cd)에 의한 도금은 거의 하고 있지 않지만, 과거에 배출되었던 카드뮴(Cd)이 저질토에 포함되어 수로 등에 침전되어 있다.

(3) 피혁가공 공장으로부터의 폐수

피혁의 무두질 공정에서 크롬(Cr) 무두질을 할 경우에 폐수 중에 크롬(Cr)이 함유되는 경우가 있다.

(4) 도료, 도장, 염색

카드뮴 옐로(황색), 카드뮴 레드(적색), 아연백색과 같이 중금속을 함유한 발색안료를 사용하는 경우, 폐수 중으로 유입되는 오염원이 된다. 매염제로서 쓰이는 명반, 중크롬산칼륨, 크롬 명반, 안티몬염, 초산납, 황산 제일철, 또 후처리제로서 쓰이는 황산구리, 중크롬산칼륨, 불화 크롬, 명반 등의 중금속염이 이용되기 때문에, 이들의 폐액이 폐수 중에 함유되면 오염의 가능성이 생긴다.

(5) 기타 공장폐수

전자공업에서 Cu, Zn, Pb 등의 사용, 브라운관 형광도료로서 Cd의 사용, 렌즈 연마공장 등의 폐수 중에 이들의 금속이 혼입될 위험성이 있다.

(6) 도시하수

도시하수에는 도시의 생활폐수와 공장폐수 등이 유입되고 하수처리 결과 생기는 슬러지에는 비교적 다량의 유해금속이 함유되어 있다.

(7) 소각장에서의 매연

각종 폐기물을 소각할 때에 배기가스로서 대기에 확산되는 유해금속이 있다. 이것들은 대기로 확산되고, 그 후 강하하여 오염원이 된다.

3 중금속 오염

이러한 배출원에서 배출된 중금속 중 몇몇 유해금속의 개별 사례를 살펴보면 다음과 같다(이성호, 2006, 박청길, 2007).

(1) 수은

수은의 오염원으로는 다음과 같은 염소-알칼리 제조업에서 해수의 전기분해시 수은 전극 사용에 따른 오염, 펄프 공업에서 펄프 저장시 해충의 번식을 막기 위한 phenyl mercury acetate(PMA) 살충제 사용으로 인한 오염, 유기 수은을 사용한 종자 살균으로 인한 오염, 수은등, 수은 전지와 같은 전기용품 사용으로 인한 오염, 석탄, 석유와 같은 화석연료 연소 그리고 페인트, 의약품, 촉매제, 온도계 등으로부터의 오염을 들 수 있다.

수은은 1970년 참치에서 0.5 ppm(FDA한계농도)을 초과한 사례와 같이 먹이사슬을 통해서 식품에 축적된다. 수은화합물은 환경 중에서 유기수은으로 전환되며, 유기수은 형태가 가장 유독하고 생체에 쉽게 섭취된다. 또한 수은은 생체 내에 있는 황함유 아미노산과 결합해서 생체 중요 기능 장애를 일으킨다.

수은 오염의 대표적인 사례로는 미나마타병을 들 수 있다. 미나마타병은 1953년경 일본의 미나마타 만에서 잡힌 고기를 먹고 백여 명이 수은에 중독되어 그 중 44명이 사망한 사건으로, 만 부근의 합성수지 제조공장에서 촉매로 무기수은화합물을 사용한 것이 그 원인으로 알려져 있다. 당시 합성수지 공장 주변 저질에 수은이

2,000 ppm 검출되고 주변 해수 중에 1.6～3.6 ppb가 검출(해수 중 정상농도 0.1 ppb)되고, 그 곳에서 잡힌 어류에 5～20 ppm의 수은이 검출되었다.

(2) 납

납 오염원으로는 납이 첨가된 휘발유의 연소와 흰색과 노란색의 페인트, PbO가 첨가된 도자기와 토기의 유약, 옛날 납을 사용한 수도관 등으로부터의 오염을 들 수 있으며, 이러한 납은 동물과 인간 생활의 영양을 위한 필수적인 금속은 아니다.

납은 헤모글로빈 생성에 중요한 역할을 하는 효소를 구성하는 황함유 아미노산과 결합, 변성시켜서 빈혈을 일으킨다. 체내에 흡수된 납의 90% 이상이 골격에 축적되며 해가 거듭될수록 변형된 납의 일부는 부드러운 조직에 축적된다. 납 독성은 간헐적인 작은 양보다 오랜 시간이상 꾸준히 소비 후 누적하는 납의 독성 영향으로부터 기인한다.

(3) 카드뮴

카드뮴(Cd)은 인간과 생물 모두에게 해로운 물질로 비교적 희귀 원소이다. 카드뮴(Cd)은 sulfur와 잘 결합하며, 아연 제련은 카드뮴 오염의 주요 오염원이다.

Cd은 장과 호흡기 흡착에 의해 인체로 유입되며, 체내로 유입된 이후에는 간과 신장에 축적된다. Cd의 장기간 독성 효과의 한계량은 명확하게 알려지지 않았지만 신체에 축적되는 경향이 있다. 카드뮴오염의 결과로는 골연화증, 병리학상의 골절 등이 있으며 심각한 고통을 수반한다. 카드뮴 오염에 의해 야기된 중독의 예로는 일본의 Jintsu River Valley의 이타이이타이병을 들 수 있다.

3.5 유류오염

1 개요

현대문명을 석유문명이라고 부를 정도로 석유류가 에너지원으로 또 산업 기초원료로 주로 활용되었다. 이를 바탕으로 한 석유관련 산업의 발달과 자동차 산업의 급속한 발전은 유류 소비량을 증가시켜 원유를 포함한 석유류의 해상수송량이 증가되고 해양에서의 석유채굴의 증가와 연안의 저유시설 확대 등으로 해양으로 유류유입이 증가되고 있다.

특히, 유조선 사고나 해저유전의 폭발사고 등으로 일어나는 유류 유출사고는 일시에 대량의 유류가 제한된 해역에 배출됨으로써 그 피해가 엄청나며 많은 인력·장비와 막대한 비용을 들여도 효율적으로 대처할 수 없어 해양생태계 파괴를 가져와 오랜 기간 동안 회복할 수 없는 심각한 문제를 야기하게 된다.

이러한 유류유출에 따른 피해를 최소화하기 위해서는 유출된 유류의 특성과 현장상황에 맞는 효율적인 방제대응이 이루어져야 한다. 유류오염사고의 현황·방제대응 기술 등은 다른 장에서 다루고 이 장에서는 유류가 해상에 유출되었을 때 유류의 특성변화 유류오염의 영향에 대하여 알아본다.

2 해상 유출유의 특성 변화

해상에 유출된 유류는 풍화작용으로 물리적·화학적 변화를 일으켜 일부는 해상에서 소멸되지만 오래 지속되면서 해양에 다양한 영향을 미친다.

풍화작용은 유출량, 기름의 종류(물리·화학적 특성), 기후, 해상상태 등 여러 요인들의 영향을 받으므로 이러한 요인들의 상호작용에 대한 이해와 특성을 파악하는 것은 기름유출사고를 처리하는 데 매우 중요하다.

아래 그림 3.5.1은 기름이 해상에 유출된 이후 자연 상태에서 변해가는 과정(풍화작용)을 나타낸 것이다.

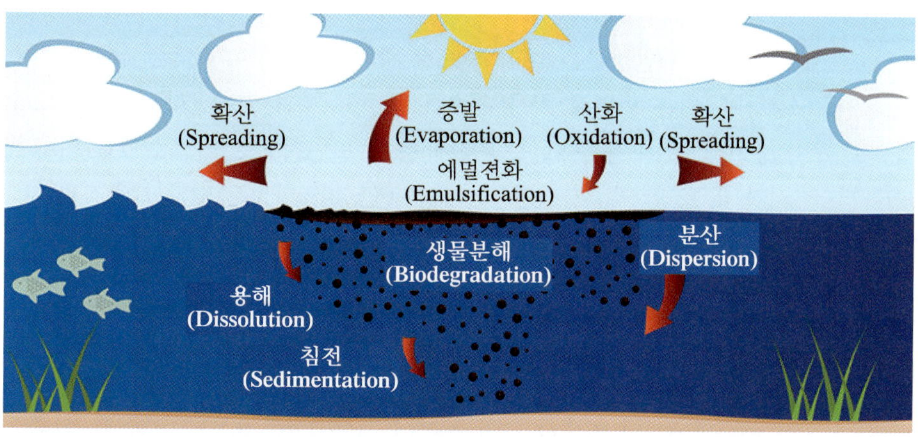

그림 3.5.1 **해상 유출유의 변화 및 이동**(자료 : ITOPF)

(1) 확산(Spreading)

유류는 해상에 유출되자마자 확산되기 시작한다. 확산속도는 주로 유류의 점도와 유출량 등에 따라 결정된다. 일반적으로 유출량이 많을수록 확산이 잘 되고 점도가 낮을수록 얇은 유막을 형성하게 된다.

유출 후 수 시간이 지나면 유류의 확산은 기름 자체의 유동성보다는 파도, 조류, 해류, 바람 등 해상상태에 영향을 크게 받는다.

이 경우 유출된 기름은 조류의 속도와 바람의 세기에 의한 벡터관계가 있다.

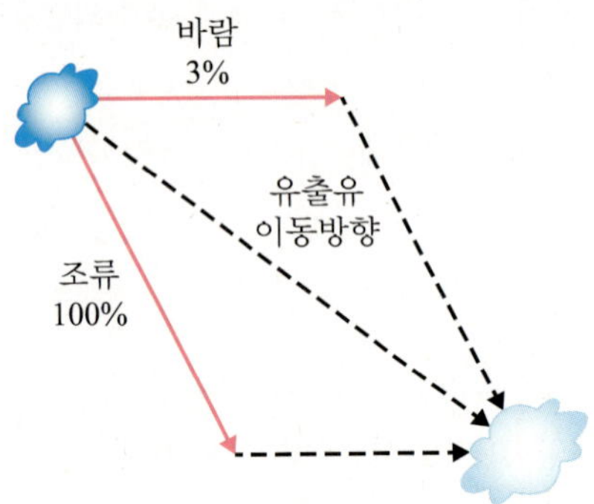

$$\overrightarrow{V}(\text{유류}) = \overrightarrow{V_1}(\text{유속}) + \overrightarrow{V_2}(\text{풍속}) \times K$$

$\overrightarrow{V}$(유류) : 유류의 이동속도
$\overrightarrow{V_1}$(유속) : 조류속도
$\overrightarrow{V_2}$(풍속) : 바람세기
K : 바람계수(2～5%, 보통 3%)

그림 3.5.2 해상유출유의 이동 방향

※ 유출유 확산이동은 조류 100%, 풍속 3% 작용 받아 이동

(2) 증발(Evaporation)

유류의 휘발성분은 대기 중으로 증발된다. 비점이 낮은 유종일수록 증발 현상이 강하며, 넓은 범위로 확산 될수록 증발이 빨리 일어난다. 또한 파도가 높고 풍속이 강하며 기온이 높을 때 증발률이 높다. 일반적으로 비점 200℃ 이하의 경질유는 24시간 내 증발하며, 경질원유는 1일 동안 40%까지 증발하고 중질원유는 2～3일 사이에 25～30% 정도 증발하게 된다.

(3) 분산(Dispersion)

해수면에서의 파도나 교란 등은 확산에 의해 형성된 유막 중 일부를 분산시켜 크고 작은 기름방울을 만든다. 작은 기름방울은 수중에 부유하며 현탁상태를 유지하지만 큰 기름방울은 해면상에 다시 부상하여 조류나 바람 등에 의해 다른 곳으로 이동하면서 다른 기름방울들과 합쳐져 유막을 형성하거나 새로운 얇은 유막을 형성하기도 한다.

이렇게 분산되어 수중에 부유하는 작은 입자의 기름방울은 해수와 혼합되면서 표면적이 커져 생물분해, 용해, 퇴적 등의 과정을 촉진시킨다. 유처리제 사용은 해상에 유출된 기름의 유막을 분산시켜 이런 자연적 정화를 촉진시키는 역할을 한다.

(4) 에멀젼화(Emulsification)

해상에 유출된 기름은 경질성분이 증발된 후 잔존유는 바람, 파도에 의해 해수와 혼합되어 에멀젼(Water in-oil emulsions)을 형성한다. 에멀젼은 수분이 유출유 중량의 2～3배, 부피는 3～4배(5배까지)로 증가하게 된다.

에멀젼화한 기름을 뮤스(mousse)라 하기도 하며 색깔은 일반적으로 흑색에서 갈색, 오렌지색, 흰색으로 변한다. 에멀젼화 기름의 함수율은 시간 및 바람에 따라 혼합이 이루어져 그 변화가 지속적으로 변화된다. 경우에 따라 점도가 수만～10만 cst 이상 되는 고점도화된 경우도 있다.

에멀젼은 잔잔한 해상상태에서 햇볕을 쬐거나 해안에 표착되면 다시 기름과 물이 분리될 수도 있다.

(5) 용해(Dissolution)

유출된 기름의 용해속도와 정도는 유류의 조성 및 확산상태, 수온, 해수면에서의 교란 및 분산 상태에 따라 다르다. 원유 중 중질유성분은 거의 해수에 용해되지 않으나 경질유 성분, 특히 벤젠, 톨루엔 등 방향족 탄화수소류는 일부 해수에 용해된다.

그러나 이러한 성분들은 휘발성이 강하기 때문에 해수 중에 용해되는 것보다 10～1,000배 정도 빨리 증발하게 된다. 따라서 해수 중에 용해되는 유분은 1 ppm 미만으로 해상 유출유를 제거하는데 큰 요인이 되지 못하나 일부 해수에 용해되는 방향족 탄화수소류들이 해양생물에 유해한 영향을 준다.

(6) 산화(Oxidation)

기름의 주요 구성 성분인 탄화수소는 산소와 반응하여 수중 용해물을 만들거나 타르(Tar)를 형성시킬 수 있다. 산화과정은 햇빛에 의해 촉진되고 유출 후 해상에 존재하는 동안 이루어지지만 제거효과는 다른 풍화작용에 비해 미미하다.

엷은 유막을 형성하고 있는 기름은 1일 약 0.1% 정도 산화분해 되지만 고점도유와 에멀젼화된 기름은 분해되지 않고 남아 있게 된다.

해안에 표착된 타르볼(Tar-ball)은 모래등과 결합한 단단한 껍질을 형성하고 있어 더 이상의 광화학적 산화분해와 같은 변화를 받지 않게 된다.

(7) 침전(Sedimentation)

분산된 기름방울은 해수 중에 부유하는 다른 입자상 물질이나 유기물이 부착되면 해수의 비중(약 1.025)보다 크게 되어 해저에 침전될 수 있다. 얕은 연안지역과 하구역은 부유물질들이 많아 기름입자들의 퇴적에 유리한 조건을 제공한다.

모래와 같은 침전물과 혼합된 후 파도에 씻겨 내려가면서 해수 중에 침강하여 침전되기도 한다. 또한 파도의 영향이 작은 폐쇄성 해안은 세립질 퇴적물로 이루어져 있어 이곳에 기름이 오염되면 장기간 동안 기름이 해양환경에 남아 있게 된다.

(8) 생물분해(Biodegradation)

해수 중에는 기름을 분해하는 다양한 해양 미생물들이 있다. 이들은 기름을 탄소원이나 에너지원으로 이용할 수 있는 박테리아, 곰팡이류, 효모균류, 단세포조류, 원생동물 등이 있다. 이와 같은 미생물은 전 세계해양에 널리 분포하고 있으며 산업폐수나 하수 등이 유입되는 오염수역에서 더 많이 분포하고 있다.

생물분해는 주로 해수와 기름의 계면에서 일어난다. 따라서 해상에서 자연적 또는 유처리제 등 화학분산에 의해 생성된 기름방울은 생물분해에 유리하도록 표면적이 증가됨으로써 분해가 촉진되고, 일반적으로 수온이 높을수록, 입자가 작을수록 분해율이 높아진다.

(9) 복합작용(Combined processes)

유류가 해상에 유출되자마자 모든 과정의 풍화작용이 일어난다. 유출초기 단계에서는 확산, 증발, 분산, 에멀젼화, 용해 등의 작용이 가장 중요하며 산화, 침전, 생물분해 등은 장기간에 걸쳐 일어나는 작용이다.

풍화작용간의 반응 메커니즘은 잘 규명되어 있지 않으나 분산과 에멀젼화는 대립되는 과정으로 분산은 표층의 기름을 제거하고 에멀젼화는 오염물질의 양을 증가시키고 지속시킨다.

일반적으로 비지속성 유류(휘발유, 나프타, 등유 등)는 표층에서 쉽게 소멸되나 지속성 유류(원유, 중유 등)는 천천히 소멸되고 대게 방제작업이 필요하다.

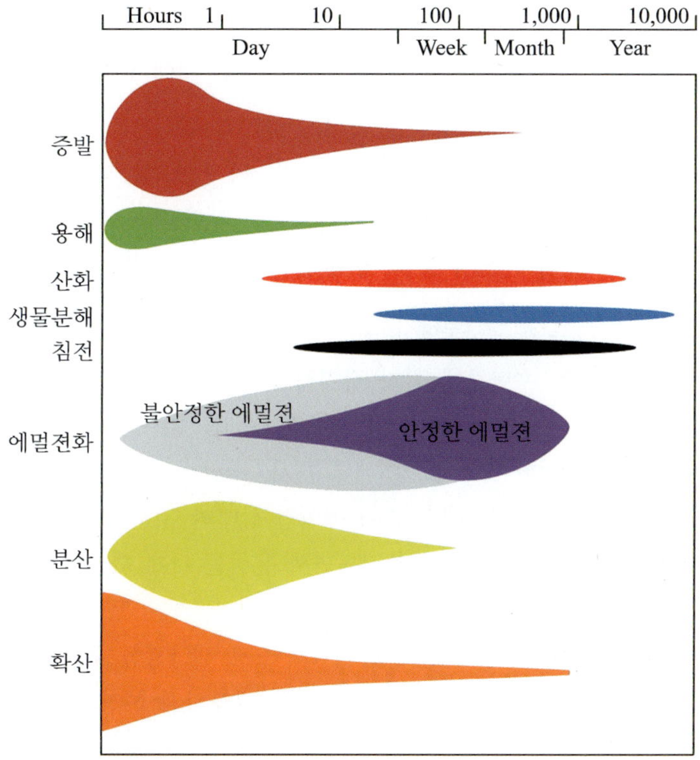

그림 3.5.3 시간경과에 따른 유출유의 풍화과정(자료 : ITOPF)

3 유류오염의 영향

유류유출은 해양환경에 다양한 영향을 줄 수 있다. 유조선 사고 등에 의해 대량의 유류가 해양에 유출되면 해양환경이나 해양생태계 파괴뿐만 아니라 지역주민들의 생계와 삶의 질에도 심각한 피해를 가져온다.

(1) 해양환경에 미치는 영향

유류유출은 물리적·화학적 변화와 독성영향의 결과로 해양환경에 심각한 손상을 일으킬 수 있다. 손상의 정도는 일반적으로 유출유의 양과 종류, 주위 조건 그리고 유류의 영향을 받은 생물과 그들의 서식지의 민감도에 따라 다르다.

① 유출유의 해양환경 손상 메커니즘

유류는 다음 메커니즘 중 한 가지 이상에 의해 환경에 영향을 줄 수 있다(ITOPF).[8]

- 생리적 기능에 영향을 미치는 물리적 질식
- 치사 또는 아치사 효과를 일으키거나 세포기능의 장애를 유발하는 화학적 독성
- 주로 군집에서의 핵심 생물 소실과 기회종의 서식지 잠식과 같은 생태적 변화
- 서식지나 은신처 상실, 생태적으로 중요한 종의 최종사멸과 같은 간접적인 영향

이에 따른 해양생물에 미치는 영향은 유출 초기의 직접적인 생물피해와 유출 후 수개월 또는 수년간에 걸친 장기적인 피해로 나누어 볼 수 있다.

직접적인 생물피해는 유출된 유류와 직접 접촉하거나 독성에 의하여 영향을 받게 되는 것을 말한다. (예 : 어패류 폐사, 바닷새 때죽음, 어린 유생생물 치사 등)

장기적인 영향은 해수 중에 에멀젼 상태의 유류입자를 해양생물이 섭취하고 먹이연쇄를 따라 유해물질이 축적되면서 유취를 나게 하거나 잠재적인 발암물질이 되기도 한다.

또한 대량으로 유출된 유류의 확산으로 태양광선 투과 방해, 용존산소 저하, 가스교환방해, 수온상승, 해수수질오염 등 다양하게 해양환경에 영향을 미친다.

② 해양환경의 회복

해양환경은 매우 복잡하며 이러한 환경 속에서 해양 동식물들은 그들의 서식지 변화에 대처하는 다양한 자연적인 회복능력을 가지고 있다.

회복의 정의와 생태계가 회복되었다고 말할 수 있는 시점에 대해 상당한 논쟁이 있지만, 생태계의 다양성이 유출전과 똑같은 상태로 되돌아가기 어렵다는 것은 널리 수용되고 있다.

회복에 대한 대부분의 정의는 서식지의 특정적인 동물상과 식물상 군집의 재착생과 생물 다양성 및 생산성 측면의 정상적인 기능에 초점을 둔다.

---

8) ITOPF 방제기술정보문서(환경에 대한 기름유출의 영향)

생태계의 전반적인 기능과 생물 다양성, 생산성은 대부분의 경우 몇 계절 주기 안에 회복이 이루어지고 맹그로브(mangrove)와 같은 특수한 지역을 제외하고는 대부분의 서식지는 1~3년 내에 회복된다(ITOPF).

태안 허베이스피리트 호 오염사고 현장의 경우 사고 4년 경과 후 전반적으로 사고 이전 수준으로 회복되는 양상을 보였다(이봉길, 2017).

표 3.5.1 유류오염 서식지별 회복기간(ITOPF)

서식지	회복기간
플랑크톤	몇 주 / 몇 개월
모래해변	1~2년
개방성 암반해안	1~3년
폐쇄성 암반해안	1~5년
염습지	3~5년
맹그로브	10년 이상

(2) 지역 경제활동에 미치는 영향

유류유출에 따른 해양환경과 해양생태계 파괴는 어업 및 양식산업 등 해양수산업뿐만 아니라 연안지역 산업 및 경제 활동에도 심각한 영향을 미친다.

① 수산업에 대한 영향

유류오염에 의한 피해 중 경제적 손실이 가장 큰 것은 어업피해이며 표 3.5.2와 같이 어업의 종류에 따른 피해 형태는 다양하다.

대량 유류유출은 오염해역에서의 조업불가 등에 의한 해면어업 피해나 양식장 오염 등 유류에 의한 직접적인 피해와 환경과 생물이 유류의 영향을 받아 생산성 저하, 수산물에 대한 사회적 불신 등의 간접적인 피해가 있다.

표 3.5.2 수산업에 미치는 영향

직접피해		간접피해
해면어업	▪ 어군분산, 조업불가 ▪ 어패류 폐사 및 유취 ▪ 어구오염 - 그물·선박	▪ 어장청소(방제)를 위한 조업 중단 ▪ 환경오염에 따른 자원생물 피해 ▪ 어장의 소멸과 이동 ▪ 유출확산 등에 의한 조업방해 ▪ 출하감소 및 소비자 불신
양식어업	▪ 양식생물 폐사 ▪ 양식시설 오염 ▪ 어패류 유취 - 가격저하	

수산업에 미치는 영향의 특성과 범위는 유출유의 특성, 사고 상황, 영향을 받은 어업활동이나 사업의 종류에 따라 다르며 유출당시 적절한 방제 대응은 그 피해를 크게 줄일 수 있다.

② 지역사회·산업에 미치는 영향

대량 유류유출은 연안지역의 해양환경파괴에 의한 수산업 이외에도 어류·수산물 가공, 어류 도·소매 등 수산업 연계사업과 펜션·숙박업, 유선, 낚시 등 관광산업과 같은 바다 연계산업이 직접적인 피해를 입게 된다.

표 3.5.3은 태안 허베이스피리트 호 사고 당시 피해를 입은 산업분야를 정리한 것이다.

또한 해안에 위치하여 냉각수 등 해수를 이용하거나 작업공간을 이용하는 발전소, 항만·부두시설, 조선소, 연안건설사업, 염전, 해수담수화시설과 같은 해안산업시설의 오염 등으로 인한 조업중단이나 방해, 정화작업 비용 등 다양한 영향을 미친다.

이와 같은 산업에 대한 영향은 지역 경제의 파탄을 가져와 생활터전을 파괴하기 때문에 경제적 손실과 공동체 파괴로 인한 2차 사회적 문제를 함께 야기하기도 한다.

표 3.5.3 유류오염 피해 산업분야

분 야		업 종
수산분야		어선어업, 정치망어업, 양식어업, 맨손어업 등
비수산 분야	어업연계 산업	어류가공업, 수산품가공업, 수산물창고업, 어류소매상, 급유업, 얼음사업자, 생선운반업 등
	관광산업 분야	숙박업(호텔, 콘도, 펜션, 민박 등), 요식업(횟집, 일반음식점, 유흥음식점 등), 해수욕장시설(야영장, 주차장, 대여업, 놀이기구 등), 유선업(낚싯배, 낚시도구판매업, 유람선), 판매업(편의점, 슈퍼마켓, 관광상품판매업 등), 목욕시설(해수탕, 찜질방) 등
	기 타	건물임대업, 부동산매매업, 커피숍, PC방

자료 : 허베이스피리트 호 오염사고방제, 그리고 10년(이봉길, 2017)

③ 인간에 미치는 영향

원유를 비롯한 석유제품에는 유해화학물질들이 많이 함유되어 있다.

그 중 휘발성유기화학물질(VOCs), 다환방향족탄화수소(PAHs), 중금속 등은 호흡기 자극증상, 중추 및 말초 신경계 영향, 피부자극 등을 유발할 수 있으며, 방향족화합물 중 일부는 발암물질에 포함되는 것도 있다.

이러한 유해화학물질의 인체의 유입 경로를 보면 호흡을 통한 노출, 피부를 통한 유해화학물질 접촉, 오염된 농수산물 섭취를 통한 노출, 엄마를 통한 태아의 간접 노출 등이 있다(태안환경보건센터).[9)]

원유에 포함된 방향족탄화수소 등 독성이 강한 물질 등은 휘발성이 강해 유출초기에 대부분 증발된다. 이와 같은 유해가스가 사라지기전에 사고 현장에 접근하는 것은 위험하며 사고발생 3~4일까지 가장 위험한 시기라고 할 수 있다.

또한 원유가 피부에 직접 접촉하게 되면 피부주위가 가렵거나 붉은 반점 등 부작용이 발생하게 된다.

원유 등에 함유된 유해화학물질이 호흡기 또는 피부를 통해 노출되기 때문에 이에 대한 예방은 필수적이다.

특히, 유출초기나 장시간에 걸쳐 방제작업에 참여할 경우 장갑, 마스크, 보호복 등 안전장구를 반드시 착용하여야 하고 임산부나 노약자, 어린이 등은 가급적 현장 접근을 차단하여 지역주민들의 건강 피해를 최소화 하여야 한다.

3.6 유해화학물질

산업혁명 이후 산업화가 진행되는 과정에서 다양한 종류의 많은 화학물질이 생산, 유통, 사용되면서 인류는 이들 물질의 오염에 심각하게 노출되었으며 각종 오염현상을 겪고 있다. 일본의 수은 중독에 의한 미나마타병, 카드뮴 중독에 의한 이타이이타이병, 미국 허드슨강의 폴리염화비페닐(PCB) 오염사건 등 전 세계적으로 수많은 오염사고 및 오염현상이 보고되고 있으며, 이들 물질은 다양한 경로를 거쳐 최종적으로 해양생태계로 유입되어 해양생태계를 위협하고 있다.

이들 화학물질의 오염의 심각성은, 1962년 해양생물학자이며, 환경운동의 어머니라고 불리는 레이첼 카슨(Rachel Carson 1907~1964)의 저서 Silent Spring(침묵의 봄)과 1996년 테오 콜본(Theodora Emily Colborn, 1927~2014)의 도둑맞은 미래(Our Stolen Future)의 두 권의 저서가 출판되어 이들 물질에 의한 생태계 파괴의 경각심을 불러일으키는 계기가 되었다. 레이첼 카슨은 살충제와 살균제의 무분별한 사용으로 생태계가 파괴되면서 "봄이 왔는데도 새들의 노래 소리가 들리지 않는다."는

9) 해양 유류오염사고 환경보건대응 매뉴얼, 2015, 태안환경보건센터

것을 우려한 환경오염의 심각성을 지적한 책 「침묵의 봄」을 발간하면서 세계인들의 주목을 받게 되었다. 테오 콜본은 화학물질이 자연과 인간에게 미치는 영향을 다룬 책 「도둑맞은 미래」를 발간하여 1950년대 이후 급격하게 늘어난 야생동물의 생식기 결함, 인간 정자수의 급격한 감소, 고환암 발생률의 급격한 증가 등 화학물질에 의한 피해 사례들과 대응책을 자세히 서술하고 있다.

유해화학물질의 오염에 관한 경각심을 크게 불러일으킨 화학물질은 산업과 과학기술이 발전함에 따라 그 종류와 사용량이 증가하고 있으며, 현재 전 세계적으로 유통되는 화학물질은 약 12만 종으로 알려져 있으며, 매년 2천여 종의 새로운 화학물질이 개발되어 상품화되는 것으로 알려져 있다. 우리나라는 화학물질을 「화학물질 등록 및 평가 등에 관한 법률(화평법)」과 「화학물질관리법」으로 관리하고 있으며, 잔류성유기오염물질은 「잔류성유기오염물질 관리법」으로 관리하고 있다. 「화학물질 등록 및 평가 등에 관한 법률」(화평법, 그림 3.6.1)에서 화학물질과 이를 함유한 제품을 관리하고 있으며, 국내에서 제조·수입되는 모든 신규화학물질과 연간 1톤 이상 등록대상기존화학물질에 대한 등록 및 심사·평가부분과 제품 내 함유되어 있는 유해화학물질 신고 및 위해우려제품의 안전·표시기준 준수로 나뉘어져 있다(환경부, 2018). 「화학물질관리법」은 화학물질에 대한 통계조사 및 정보체계 구축, 유해화학물질 취급 및 설치·운영기준 구체화 등의 안전관리 강화, 화학사고 장외영향평가제도(사업장 밖의 제3자에게 인적·물적 피해를 야기하지 않도록 이중, 삼중의 안전 개념에 따라 시설을 설계·설치하였는지 확인하는 과정) 및 영업허가제 신설 등을 통한 유해화학물질 예방관리체계 강화, 사고대비물질 관리 강화, 화학사고의 발생 시 즉시 신고의무 부여 및 현장조정관 파견 등 화학사고의 대비·대응을 주요 내용으로 하고 있다(환경부, 2017).

한국에는 현재 35,000여 종의 화학물질이 유통되고 있으며 매년 200여 종이 시장에 신규로 출시되고 있다. 새로 개발되거나 처음 수입되는 신규화학물질(200여 종/년)에 대해서는 제조·수입 전에 유해성 심사를 받도록 하고 있으며, 유해성 자료 없이 유통 중인 3만여 종의 기존화학물질에 대해서는 매년 50여 종씩 선정하여 안전성 시험을 실시하고 있다.

유해화학물질은 지구생태계에 존재하는 화학물질 중 사람의 건강과 환경에 유해한 화학물질을 총칭하여 말한다. 환경부 「유해화학물질관리법」에서 "유해화학물질"이란 유독물질, 허가물질, 제한물질 또는 금지물질, 사고대비물질, 그 밖에 유해성 또는 위해성이 있거나 그러할 우려가 있는 화학물질을 말한다(환경부, 2017). 「잔류성유기오염물질 관리법(잔류성물질법)」에서 "잔류성유기오염물질"이란 독성·잔류성·생물농축성 및 장거리이동성 등의 특성을 지니고 있어 사람과 생태계를 위태롭게 하는 물질로서 다이옥신 등 「잔류성유기오염물질에 관한 스톡홀름협약」(이하 "스톡홀름협약"이라 한다)에서 정하는 것을 말하며, 그 구체적인 물질은 대통령령으로 정한다(환경부, 2018). 해양수산부 「해양환경관리법」에서는 "잔류성유기오염물질"이란 해양에 유입되어 생물체에 농축되는 경우 장기간 지속적으로 급성·만성의 독성 또는 발암성을 야기하는 화학물질로서 해양수산부령이 정하는 것으로 정의하고 있다(해양수산부, 2018).

유해화학물질을 표현하는 용어로는 잔류성유기오염물질(persistent organic pollutant substances, POPs), PBTs(persistent bioaccumulative and toxic substances), 내분비계장애물질(endocrine disruption chemicals, EDCs) 등 잔류성, 생물 농축성, 독성이 큰 특성에 따라 따로 분류하고 있다.

유기오염물질은 잔류성유해화학물질로서 환경 중에 잔류성이 강하고 먹이사슬을 통해 인간과 생태계에 농축되어 악영향을 미치는 독성이 강한 물질을 의미하는데, 최근 미국, EU 및 OECD 등 국제적으로 큰 주목을 받고 있어서 POPs 협약 등에서 논의대상이 되고 있다.

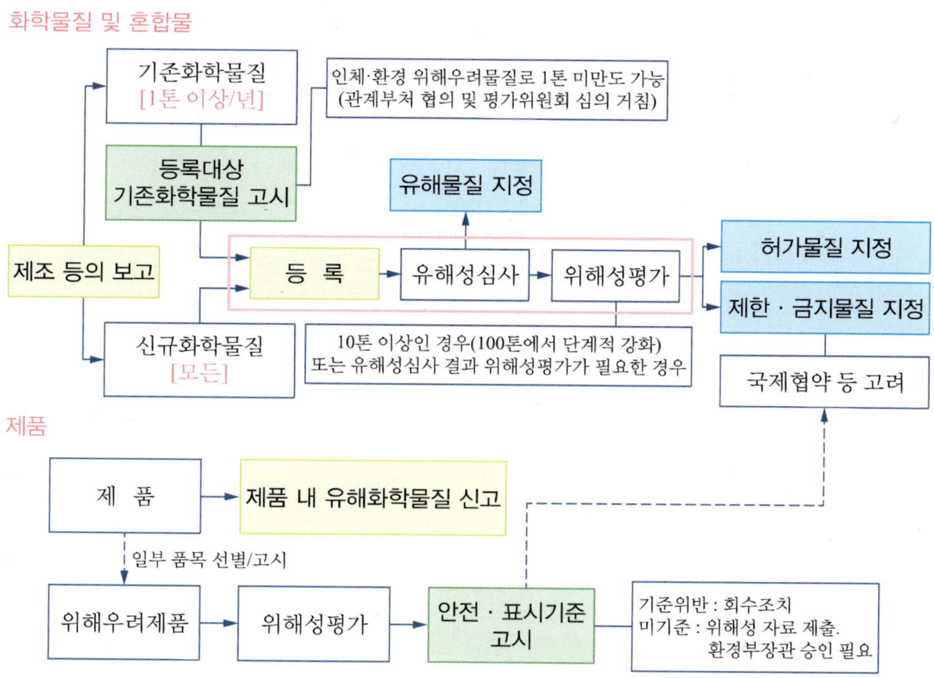

그림 3.6.1 「화학물질 등록 및 평가 등에 관한 법률(화평법)」 개요

이 중 잔류성유기오염물질(Persistent Organic Pollutants, POPs)은 잔류성, 독성, 잔류성이 강하고, 장거리 이동성이 큰 유기오염물질을 말하며, 자연환경에서 분해되지 않고 먹이사슬을 통해 동식물 체내에 축적되어 면역체계 교란·중추신경계 손상 등을 초래하는 유해물질을 일컫는다. 이들 물질은 대부분 산업생산 공정과 폐기물 저온 소각과정에서 발생하며 주요 물질로는 DDT·알드린 등 농약류와 PCB·헥사클로로벤젠 등 산업용 화학물질, 다이옥신, 퓨란 등이 있다. 60~70년대 이래 산업·농약용으로 사용된 화학물질이 인체 및 환경에 미치는 폐해가 규명됨에 따라 UNEP(유엔환경계획)이 중심이 되어 화학물질 안전관리 방안을 논의해 왔으며, 2001년 5월 염화페비닐(polychlorinated biphenyls, PCBs), 다이옥신(dioxins), 퓨란(furans), 알드린(aldrin, 토양살충제), 딜드린(dieldrin, 방충제), DDT(살충제), 엔드린(endrin, 살충제), 클로르덴(chlordane, 제초제), 헥사클로로벤젠(hexachlorobenzene, 살충제), 마이렉스(mirex, 화염억지제 또는 살충제), 톡사펜(toxaphene, 살충제) 및 헵타클로르(heptachlor, 토양살충제)의 12개 POPs를 규제하기 위한 POPs 규제협약(스톡홀름 협약)이 채택되었다. 이중 다이옥신과 퓨란은 각종 화학물질의 생산과정에서 부산물로 발생하며, 석탄, 목재 및 각종 폐기물 소각과 자동차 배출가스 등에서 부산물로 발생하는 대표적인 잔류성유기오염물질(POPs)이다. 현재는 의도적 물질 26종[부속서 A: 24종(최초 9종+클로르데칸, 린단, 알파/베타헥사클로로사이클로헥산, 테트라, 펜타/헥사, 헵타브로모디페닐에테르(-BDE), 헥사브로모비페닐(HBB), 펜타클로로벤젠, 엔도설판, 헥사브로모사이클로도데칸(HBCD), 펜타클로로페놀(PCP), 헥사클로로부타디엔(HCBD), 염화나프탈렌(PCN), 데카브로모디페닐에테르(c-decaBDE), 단쇄염화파라핀(SCCPs), 부속서 B: 2종(과불화옥탄술폰산(PFOS)과 그 염류, 과불화옥탄산술포닐플로라이드, DDT)]과 비의도적 물질 7종[부속서 C(다이옥신, 퓨란, 헥사클로로벤젠, 펜타클로로벤젠, CO-PCB, 염화나프탈렌, 헥사클로로부타디엔)]이 지정되었지만 헥사클로로벤젠, 펜타클로로벤젠, PCB, 헥사클로로부타디엔, 염화나프탈렌 등 5종이 부속서 A와 C에 모두 지정되어 있어서 총 28종의 물질이 지정되어 있다. 이들 물질은 잔류성 기준(물 중 반감기>2개월, 토양 및 퇴적물 중 반감기>6개월), 생물농축성 기준(생물농축계수>5000), 장거리 이동성 기준(대기 중 반감기>2일, 모니터링 및 모델링을 통해 이동성 검증)을 통해 후보 물질로 검토되어, 위해성 평가 과정을 거쳐 협약 대상 물질로 등재되었으며, 현재 물질이 후보 물질로 지정되어 검토되고 있다. 우리나라에서는 2007년 1월 「잔류성유기오염물질 관리법」을 제정하고 2008년 1월부터 시행하고 있으며, 스톡홀름협약 체계적 대응, 기본적 기반구축, 효율적 배출저감대책 수립, 네트워크 강화, POPs 관리제도 및 인프라 구축 등 5대 중점과제를 수립하고 5년마다 기본계획을 수립하여 추진하고 있다. 2017년 3월 현재 협약 등재물질 28물질 중 최근에 등재된 데카브로모디페닐에테르(Decabromodiphenyl ether, commercial mixture, c-deca BDE)와 단쇄염화파라핀(Short-chain chlorinated paraffins, SCCPs)를 제외한 26물질에 수은 및 수은화합물을 포함하여 27물질을 잔류성 유기오염물질로 지정하여 관리하고 있다(환경부, 2018). 국내 잔류성유기오염물질의 관리는 다음 그림과 같이 환경부, 해양수산부, 농림축산식품부 등 4부 2청에서 소관 법률에 따라 관리하고 있다(그림 3.6.2).

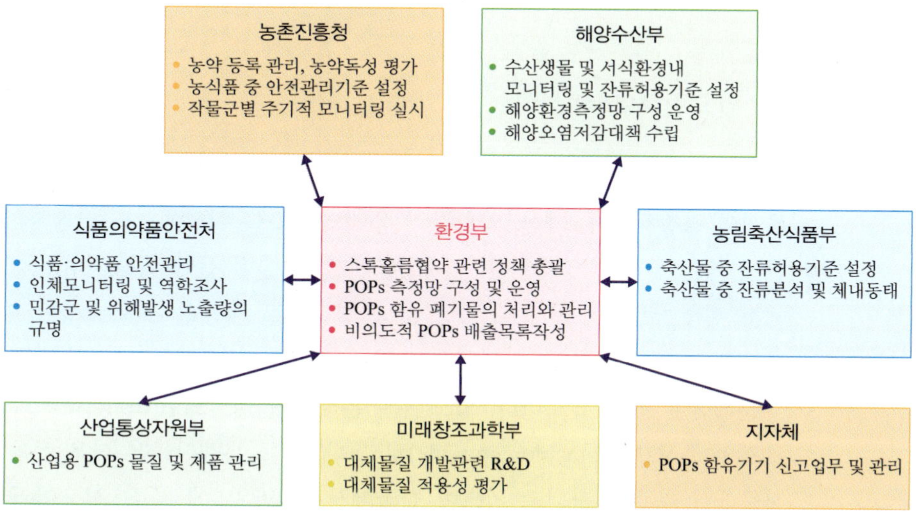

그림 3.6.2 **POPs 관리부처 현황 및 업무 영역**(환경부 2016)

이들 물질 중 비의도적 배출 물질인 다이옥신의 배출현황을 보면, 소각시설의 대기 배출허용기준 강화 및 소형 소각시설(25 kg/hr 미만) 폐쇄 등 관리를 통해 2001년 이후 지속적인 감소 추세를 보이고 있다.

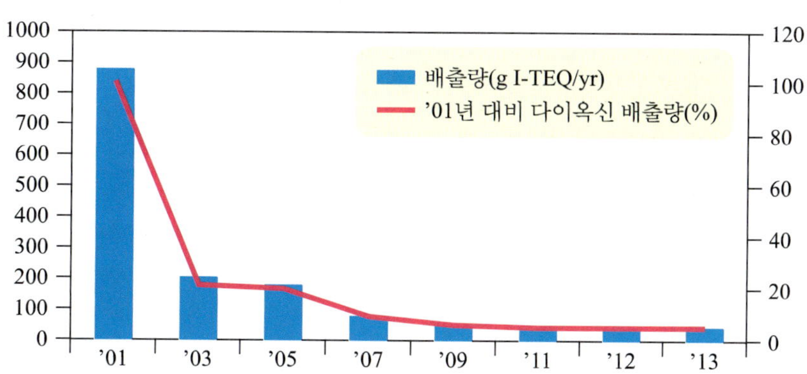

그림 3.6.3 **소각시설의 다이옥신 배출량 변화 추이**(환경부, 2016)

「해양환경관리법」에서는 이외에 그 밖의 스톡홀름협약에서 등재된 물질 중 해양수산부장관이 정하는 물질로 고시하고 있다. 해양수산부장관은 잔류성오염물질의 오염실태 및 진행상황 등에 대하여 해양수산부령으로 정하는 바에 따라 측정·조사하고, 그 측정·조사결과 해양환경의 관리에 문제가 있다고 인정되는 경우 해당 잔류성오염물질의 사용금지 및 사용제한 요청 등 해양수산부령으로 정하는 조치를 하여야 한다고 되어 있다(해양수산부, 2017).

각 POPs 물질의 특성은 다음과 같다(환경부, 2016, Stockholm Convention).

(1) 알드린(Aldrin)

화학식은 $C_{12}H_8C_{16}$이며, HHDN이라고 약기한다. 분자량 364.93인 갈색 또는 무색 무취의 결정체이다. 약산, 약알칼리 용액의 200℃ 이상에서도 안정하나 산화제나 진한 산에는 분해를 일으킨다. 아세톤, 벤젠, 크실렌 등에 용해된다. 농약의 일종으로 채소 해충, 보리 해충 등에 살충제 및 살균제로 사용된다. 속효성이 있으며, 식물에 살포한 경우의 잔류성은 적으나 토양에 투약하면 오랫동안 잔류한다.

분해산물 역시 유독하다. 알드린은 분해하여 디알드린(dealdrin)으로 되고 헵타클로르 에폭시드(heptachlor epoxide)로 된다. 이들 분해산물은 더욱 유독하다. 수입 농산물에서 자주 검출되고 있으며 한국에서는 1972년에 제조·사용이 금지되었다. 사용방법은 유제, 수화제, 분제로 하여 사용한다. 벼, 보리, 야채, 고구마, 콩류, 밀감 등의 충해 구제에 쓰인다. 독성은 쥐에 대하여 경구로 LD_{50}은 약 50 mg/kg이며, 잉어의 48시간값 TLm은 0.056 ppm, 은어는 0.016 ppm이다.

인체영향은 분진을 흡입하였을 경우 구토, 두통, 현기증, 메스꺼움, 경련 등의 증세를 일으키며, 피부에 묻었을 경우 붉은 반점과 가려움증을 유발한다. 눈에 들어갔을 경우 결막염을 일으키며 피부흡수를 통해 전신독성을 나타낼 수 있다. 작업시 방진 마스크, 보안경, 보호의, 보호장갑을 착용하여야 한다.

피부에 부착하면 즉시 비눗물로 세척하고, 눈에 들어가면 청수로 15분 이상 세척하고, 흡입하면 신선한 장소로 이동하여 보온 안정하고 호흡중단시 인공호흡을 행하고, 삼켰을 경우 다량의 물이나 우유를 먹여 토하게 하고 의사의 진료를 받아야 한다. 폐기물 처리방법은 가연성이 좋은 물질과 섞어 재연소장치 및 가스세정기가 부착된 화학소각 장치에서 소각처리하는 연소법과 시멘트로 고형화시켜 매립하는 고화격리법이 있다.

(2) 엔드린(Endrin)

무색의 결정성 고체로 분자식은 $C_{12}H_8Cl_6O$이고, 분자량 380.93이다. 융점 245℃, 증기압 2×10^{-7} mmHg(25℃), 비중(d^{20}) 1.7이고, 물에 불용이며, 용해도는 아세톤 170 g/L, 벤젠 183 mg/L, 사염화탄소 33 g/L, 헥산 127.1 g/L이다. 과수 해충, 야채의 나방 애벌레, 진딧물 등 광범한 해충에 유효한 살충제이며, 세계자연보호기금은(WWF)이 환경호르몬으로 규정하고 있다. 1972년 제조됐으나 사용을 금하고 있다. 잔류기준은 검출되지 않아야 한다. 잔류성이 높아 사용 중지 후 10년이 지나서도 근채류에서 검출된다. 급성독성(반치사농도, LD_{50})은 흰쥐 경구투여로서 7.5～17.5 mg/kg이다.

분말을 흡입하였을 경우 30분～10시간 내에 경련이 발생할 수 있으며 두통, 졸음, 현기증, 무력감, 식욕감퇴, 메스꺼움, 구토, 경련 등의 증상이 2～4주간 지속된다. 피부에 묻었을 때에는 접촉부위에 붉은 반점과 가려움증을 일으키며, 피부흡수를 통해 전신독성을 나타낼 수 있다. 눈에 들어갔을 경우 점막을 자극하여 결막염을 일으킨다. 피부에 부착하면 즉시 비눗물로 세척하고 눈에 들어가면 깨끗한 물로 15분 이상 세척하고 흡입하면 다량의 물을 먹여 토하게 한 후 의사치료를 받아야 한다. 처리방법은 가연성이 좋은 물질과 섞어 재연소장치 및 가스세정기가 부착된 화학소각 장치에서 소각처리하거나 시멘트로 고화시켜 지정된 장소에 매립하는 고화격리법이 있다.

(3) 디엘드린(Dieldrin)

순품은 녹는점 172～175℃의 백색 결정이나, 공업용 원제는 녹는점 150℃ 이하의 갈색 고체이다. 화학식은 $C_{12}H_8Cl_6O$이며, 분자량은 380.91이다. 이성질체로서 엔드린이 있으며, 잔효성이 매우 좋은 접촉살충제로서 화학적으로 안정하나 DDT, BHC 등 다른 유기염소살충제와 마찬가지로 생태계의 잔류성 문제로 한국에서도 이미 생산·판매·사용이 금지되었다.

주로 흰개미, 직물(textile)에서 서식하는 해충, 농업 토양에서 서식하는 해충, 질병을 유발하는 해충 등을 방제하는데 사용되었다. 토양 내에서의 디엘드린 반감기는 약 5년 정도로 알려져 있다. 디엘드린은 어류나 다른 수생동물, 특히 개구리에 높은 독성을 나타내어 개구리의 배자(embryo)는 낮은 농도의 디엘드린에 노출되어도 척추기형이 발생된다. 환경에 잔류된 디엘드린은 수질, 대기, 토양, 어류, 조류, 포유류, 인체 등 다양한 환경매체에서 검출되고 있으며, 대부분 생물에 대한 1차 노출원은 음식물로 알려져 있다.

(4) 톡사펜(Toxaphene)

왁스와 유사한 호박색의 고체물질로서, 송진과 유사한 냄새가 나며, 분자식은 $C_{10}H_{10}Cl_8$이고, 분자량은 414이다. 융점은 65～90℃, 증기압 6.69×10^{-6} mmHg(20℃)이고 물에서의 용해도는 0.55 mg/L(20℃)이다. 용도는 면화, 곡물, 과일, 야채 등의 살충제 및 가축에 서식하는 진드기 제거제로 사용되었으며 배출량의 50% 이상이 토양에서 약 12년까지 잔류한다. 인체 피부에 접촉하면 피부를 자극하여 쓰라리며, 피부반응을 통해 피부염을 유발할 수 있고 분진을 통한 직접 흡입 또는 섭취하면 중추신경계를 자극하여 호흡곤란, 기침 그리고 경련과 함께 구역질, 구토 등의 증상을 보이며 심한 경우 4～24시간 내에 사망할 수 있으며, 인체 치사량은 2～7 g이다. 또한 인체에는 대부분 음식물을 통해서 유입되어 암을 유발할 수 있다.

톡사펜은 어류에 상당한 독성을 나타내어 톡사펜에 90일 동안 노출된 송어는 체중과 알의 생존력이 크게 감소되었으며, 톡사펜 0.5 μg/L을 함유한 물에 장기간 노출되면 알의 생존력은 거의 0에 가깝게 감소되었다. 현재 약 37개 국가에서 톡사펜의 사용이 금지되었으며, 11개 국가에서는 사용이 엄격하게 제한되고 있다.

(5) 클로르단(Chlordane)

무색, 무취의 점성이 있는 액체물질이며, 상업용 제품의 경우 염소와 같은 냄새를 가진다. 분자식은 $C_{10}H_6Cl_8$이고, 분자량은 409.8, 융점은 107.0～108.8℃, 증기압은 9.75×10^{-6} mmHg(25℃)이다. 물, 지방족과 방향족 탄화수소 용매에 혼합되기 쉬운 물질이며 물에서의 용해도는 0.056 mg/L(25℃)이다.

인체 피부에 접촉시 염증을 일으키며 독성효과를 나타내며 흡입, 섭취를 하게 되면 중추신경계에 영향을 미쳐서 구토, 설사, 복통, 경련 등의 증세가 나타나고 심하면 호흡실패에 의해 사망에 이른다. 독성은 쥐에 대하여 경구로 LD_{50}은 약 430 mg/kg이며, 토끼는 약 590 mg/kg이다.

주로 제초제로 사용되며, 농작물 재배시 흰개미나 기타 다른 해충을 방제하는 살충제로 사용되고 있다. 클로르단은 토양에 오랜 기간 잔류하며 약 1년의 반감기를 갖는 것으로 보고되었다. 어류나 조류에 대한 치사량은 종에 따라 다양하나 매우 적은 양으로도 물오리, 메추라기, 새우 등에 치명적인 영향을 주는 것으로 보고되었다. 또한 이들 물질은 인체의 면역 체계에도 영향을 주며 발암성 물질로 분류되어 있다. 주로 대기를 통해서 노출되는 것으로 알려져 있으며 미국이나 일본에서는 주택의 내부 공기에서도 검출되었다. 현재 12개 국가에서 사용이 금지되었거나 엄격히 규제되고 있다.

(6) 헵타클로르(Heptachlor)

흰색 또는 엷은 황갈색의 왁스와 유사한 형태의 고체물질이다. 분자식은 $C_{10}H_5Cl_7$이고, 분자량은 373.4, 융점은 95～96℃, 증기압은 $4×10^{-4}$ mmHg(25℃)이다. 용해도는 물에서 0.18 mg/L(25℃)이다. 헵타클로르는 열분해 될 때 염화수소, 염화물, CO 등의 독성물을 방출하며, 아세트산에서 삼산화크롬과 반응하면 heptachlor epoxide를 형성하며 산화하고 철을 녹슬게 한다.

농작물에 피해를 주거나 질병을 옮기는 곤충을 방제하기 위해 사용되나, 많은 야생동물에 피해를 주어 미국 콜롬비아 강에 서식하는 거위, 황조롱이 등 여러 야생조류의 개체수가 감소하기도 하였다. 동물실험에 의하면 헵타클로르를 투여한 동물들은 폐사하거나 행동 및 번식 장애를 일으키는 것으로 보고되고 있다. 독성은 쥐에 대하여 경구로 LD_{50}은 약 40 mg/kg이다. 헵타클로르는 현재 정자수 및 정자운동의 감소, 태아발달장애 등을 일으키며 발암성 물질로 분류되어 약 24개 국가에서 이를 금지하고 있거나 사용을 엄격하게 규제하고 있다. 음식물의 섭취에 의해 인체에 유입되며, 미국과 호주에서 수입된 소의 혈액에서 잔류 헵타클로르가 검출되기도 하였다.

(7) 미렉스(Mirex)

미렉스는 고체물질이며 무취의 물질이다. 분자식은 $C_{10}Cl_{12}$이고, 분자량은 545.55, 융점은 485℃, 증기압은 $3×10^{-7}$ mmHg(25℃)이고 불용성 물질이다. 독성은 쥐에 대하여 경구로 LD_{50}은 약 235 mg/kg이며, 경피는 토끼에서 약 2 mg/kg 이상이다.

대개 개미용 살충제로 사용되며 플라스틱, 고무, 전기재료 등의 내화성 제재로 이용된다. 미렉스에 직접 노출되는 경우는 인체에 해를 주지 않지만 체내 축적될 경우 암을 유발한다. 관련연구에 따르면 미렉스는 몇몇 식물, 어류, 갑각류에 독성을 갖는 것으로 알려져 있다. 또한 미렉스는 매우 안정적이며 난분해성 물질로 약 10년의 반감기를 갖는다. 음식물(육류, 어류, 야생동물 등)의 섭취에 의해 주로 인체에 유입된다.

(8) 헥사클로로벤젠(Hexachlorobenzene, HCB)

헥사클로로벤젠은 백색의 결정체이다. 분자식은 C_6C_{l6}이고, 분자량은 284.78, 융점은 231.8℃, 증기압은 $4.9×10^{-5}$ mmHg(25℃)이고 용해도는 물에서 $4.7×10^{-3}$ mg/L(25℃)이며 에테르, 벤젠, 클로로포름, 고온의 에탄올에 잘 용해된다. 헥사클로로로벤젠은 염소계 용매 및 염화비닐 등의 염소화합물 제조공정, chlor-alkali 공정, 도시폐기물 소각장으로부터 배출되는 비산재(fly ash)와 연료가스로부터 발생되는 폐기물 등의 부산물로 생성되며, 유기염소계 살충제의 제조공정에서 불순물로서 생성된다. 독성은 쥐에 대하여 경구로 LD_{50}값은 기니피그(쥐)에서 1,000 mg/kg b.w., 쥐에 대해서는 3,500～10,000 mg/kg b.w.이며, 호흡에 의한 LC_{50}은 쥐에 대해서 약 4,000 m^3, 고양이는 1,600 m^3이다. 1945년에 종자 처리용으로 처음 소개되었으며 농작물의 살균제 및 살충제 첨가제로 이용되었다. 1954년에서 1959년 사이에 터키 동부의 주민들이 HCB가 처리된 곡물을 섭취한 후 감광성피부 손상(photosensitive skin lesions), 복통, 신경쇠약 등의 다양한 증상을 보였으며 porphyria turcica라고 불리는 대사장애를 일으켜 수백 명이 사망한 바 있다. 특히 유아에게는 태반이나 모유를 통해서 HCB가 전달될 수 있다. HCB에 짧은 시간동안 노출되었을 경우 일차적으로 간과 신경에 대한 독성효과가 발생하고, 체중변화, 피부손상, 몸의 떨림 증상 등이 나타난다. 노출기간과 양이 증가하면 피부손상, 행동이나 신경의 변화, 체중감소, 조직무게의 증가, 갑상선 기능 및 갑상선호르몬 변화 등의 증상이 나타나고 심하면 사망에 이른다. 1회 투여량이 높은 경우 HCB는 동물에게 치명적인 피해를 끼칠 수 있으며, 투여량이 낮은 경우에는 번식에 장애를 준다. 대부분의 음식물에서 검출되는데 스페인산 육류에 대한 연구에서는 모든 표본에서 HCB가 검출되었으며, 인도에서 실시한 실험에 의하면 HCB의 1일 섭취량이 체중 1 kg당 0.13 μg인 것으로 조사되었다.

(9) 폴리클로리네이티드비페닐(Polychlorinated biphenyls, PCBs)

폴리클로리네이티드비페닐(PCBs)은 biphenyl기($C_{12}H_{10}$)의 하나 또는 그 이상의 수소원자가 염소로 치환된 물질의 총칭하며 biphenyl기에 치환된 염소의 치환수(1염소화～10염소화)와 위치에 따라 이론적으로 209종의 이성질체(이성체, isomer)가 존재한다.

PCBs의 오염원은 전기제품생산공장, 화학공장, 식품공장, 제지공장에서 제품을 생산·처리하는 과정에서 자연계로 유출되는 것으로 알려져 있다.

PCBs의 오염경로는 개방계와 폐쇄계를 생각할 수 있는데, 개방계는 PCBs를 원료로 한 제품(감압지, 플라스틱, 도료)의 매립시 토양 중에 존재하며, 소각시 미립자나 매연에 부착되어 비산된 후 강우시 지상·해양으로 낙하하여 유입되며, 폐감압지의 재생시에 발생하는 다량의 제지찌꺼기에 부착되어 하천을 경유하여 해양으로 배출된다. 폐쇄계로는 변압기유, 콘덴서유, 열매체에 함유된 PCBs가 일정기간 사용 후에 회수처리되지 않은 일부가 직접 수계나 토양 중에 유입되어 해양으로 유입된다.

건강에의 영향으로는 피부증상으로 면포, 여드름, 모공확대, 각질증식, 색소침착 등이 알려져 있으며, 점막증상으로 눈곱, 눈꺼풀의 종양, 눈의 침침함, 구강·치육의 색소침착피부·점막증상 등이 있으며, 전신증상으로 식욕부진, 피로, 두통, 복통, 요통, 관절통, 관절부종창, 사지부종, 월경이상, 성욕감퇴, 호흡기장애, 신경내분비장애, 지질대사 이상 등의 영향이 알려져 있다.

PCBs 중독에 의한 오염사례로는 1968년 3월부터 1970년 초에 걸쳐 일본 기타큐슈(北九州)를 중심으로 서일본 일대에 PCBs의 아금성중독인 카네미유증(カネミ油症)을 유발시킨 사례가 있으며 원인은 카네미회사에서 쌀겨기름의 탈취공정에 가열용 열매체로 PCBs를 사용하고 있었는데, 이것이 가열 파이프에서 누출되어 쌀겨기름에 혼입되어 발생하였는데 이때 Kaneclor-400에 의해 오염된 쌀겨기름을 섭취했기 때문으로 추정되고 있다.

(10) 디디티(1,1,1-trichloro-2,2-bis(4-chlorophenyl)ethane, DDT)

염소를 한 개씩 달고 있는 벤젠 고리 2개와 3개의 염소가 결합한 형태의 유기염소화합물이다. 화학식은 $(ClC_6H_4)_2CH(CCl_3)$으로 강력한 살충효과와 제초효과를 가지고 있다. 상온에서 색이 없는 결정 상태의 고체로 존재하며 극성이 없어서 물에 녹지 않는다. DDT는 클로로벤젠과 트리클로로에탄올을 반응시켜 제작하며 다양한 상품명을 가지고 있다. 곤충의 신경세포에 작용하여 나트륨이 세포막을 이동하는 것을 막아버림으로써 살충효과가 나타난다.

DDT의 반감기는 2년에서 15년으로 잘 분해되지 않으며 몸속의 지방 성분에 주로 쌓인다. 땅이나 물속에 남아 있는 DDT는 식물에 흡수된 후 생물농축을 통해 인간 같은 생물에게까지 영향을 미친다. 1970년대 미국에서 행한 연구에 따르면 인간의 몸에서도 DDT가 검출되었으며 이는 몸속에서 에스트로겐과 비슷하게 작용하는 내분비계교란물질로 활동한다. DDT가 환경에 영향을 끼친 사례로 가장 유명한 것은 1950년대부터 관찰된 대머리독수리 개체수의 감소이다. DDT는 조류 배아에 악영향을 끼치고 알 껍질에 칼슘 부족을 일으켜서 알이 쉽게 깨지게 만드는 문제를 일으켰다. 또한 물고기나 양서류에도 독성을 나타내는 것으로 알려져 있다. 인간과 같은 생물에 있어서 피부로 접촉할 경우에는 특별한 문제를 일으키지 않지만 음식을 통해 섭취할 경우에는 암이 유발될 수 있다는 경고 때문에 현재는 대부분의 나라에서 농약으로 사용하는 것은 금지되었다.

(11), (12) 다이옥신(Polychlorinated dibenzo-*p*-dioxins, PCDD), 퓨란(Polychlorinated dibenzofurans, PCDF)

다이옥신은 벤젠 고리에 염소를 포함하고 있는 화합물로서 75종류의 이성체(congener)를 가진 다이옥신류(polychlorinated dibenzo-*p*-dioxin, PCDD)와 135종류의 이성체를 가진 퓨란류(polychlorinated dibenzofuran, PCDF)로 나눌 수 있다. 화학구조는 매우 안정하여 상온에서 색깔이 없는 결정으로 존재하며 극성이 없어 물에 잘 녹지 않는다. 대신 지방에 잘 녹기 때문에 몸속에 들어가면 오줌으로 배설되지 않고 지방조직에 축적된다. 다이옥신 중에서도 가장 유독한 물질은 2,3,7,8-사염화다이옥신(2,3,7,8-tetrachlorodibenzo-*p*-dioxin, TCDD)이다.

다이옥신은 염소를 함유하고 있는 유기화합물이 탈 때 다이옥신이 생성될 수 있다. 베트남 전쟁에서는 제초제(고엽제)를 만들 때 다이옥신이 함께 들어가기도 했으나 현재는 쓰레기를 불태울 때 주로 발생한다. 이 때문에 대부분의 국가에서는 소각시설에서 배출되는 다이옥신 양을 줄이기 위해 여러 가지 노력을 기울이고 있다.

97%가 넘어가는 대부분의 다이옥신은 음식에 포함되어 인체에 흡수되며 약 3% 이하만 호흡기를 통해 흡수한다. 가장 일반적인 흡수 경로는 쇠고기, 돼지고기나 닭고기, 우유 등에 들어 있는 지방에서 흡수하는 것이다. 호흡기를 통해 흡수하는 경우에는 담배연기가 가장 일반적이다. 다이옥신은 주로 몸속의 에스트로겐 관련 내분비계에 작용하여 독성을 나타내기 때문에 내분비계교란물질로 분류된다. 다이옥신의 독성연구는 주로 TCDD 중심으로 진행되어 있으며, TCDD의 축적 결과 피부질환, 면역력 감소, 기형아 출산, 성기 이상, 암 유발 등이 나타난다는 연구가 진행되었다.

다이옥신과 관련된 사건으로는 1949년 미국에서 염소살균제 공장 폭발 사고가 일어나고, 그 당시 일하던 근로자들에게 피부질환이 나타나면서 다이옥신의 유독성이 알려지기 시작했다. 1963년 제초제 공장의 폭발 사고로 4명이 죽고 50명이 넘는 사람에게 건강상 문제가 일어났다. 이 공장에서도 생산하고 있던 고엽제(agent orange)는 1965년부터 진행된 베트남전에 사용되었다. 베트남전에 참전했던 군인은 전 세계적으로 현재까지 고엽제 후유증에 시달리고 있다. 1999년에 벨기에에서 동물 사료에 다이옥신이 검출되면서 700만 마리의 닭과 6만 마리의 돼지를 도살했다. 2000년 한국에서도 산모 59명의 모유를 검사한 결과 높은 수준의 다이옥신이 검출되었다.

우리나라에서는 대기 중 다이옥신(퓨란을 포함) 기준을 연간 평균치로 0.6 pg-TEQ/Sm^3(국제독성등가환산계수(I-TEF)로 환산한 농도)로 설정하고 있다(환경부, 2018).

(13) 클로르데칸(Chlordecone)

클로르데칸은 1958년에 살충제로 처음 소개되어 1978년 미국에서 사용 중지할 때까지 사용되었다. 화학식은 $C_{10}Cl_{10}O$이며, 분자량은 490.64이다. 클로르데칸은 바나나, 열매 맺지 못하는 감귤나무, 담배, 관상용 관목, 잔디와 꽃에 사용되는 살충제이다. Kelevan 제조의 원료물질이며, 미끼형태로 위장관 독성물질로 사용하여 굼벵이, 달팽이, 불개미를 제거한다. 클로르데칸은 잎을 먹는 곤충, 흡즙성 곤충에 덜 효과적이지만, 파리 유충 제거에 유용하다.

미국 보건복지부(DHHS)는 클로르데칸이 발암물질이 될 가능성이 있음을 확정했다. 클로르데칸의 발암성 여부에 대한 사람 대상 연구는 없지만, 생쥐 등에서 간, 부신, 신장 종양을 일으킬 수 있는 것을 밝혔다.

클로르데칸은 환경에서 서서히 분해되어 토양과 물에 수년 간 머문다. 물 표면이나 토양의 표면에서 많은 양이 증발하지도 않는다. 클로르데칸은 물에 잘 용해되지 않고, 우선적으로 흙과 퇴적물 입자에 결합한다. 토양에서 잘 이동하며, 토양을 지나 지하수로 옮겨가지 않을 수 있다. 클로르데칸은 생선이나 오염된 물에 사는 다른 동물 또는 오염된 동물을 먹는 다른 생물에서 축적된다. 1년 이상 오랜 기간 클로르데칸에 고농도로 노출된 근로자의 경우 신경계, 피부, 간, 남성의 생식기능에 해로운 영향이 나타났다.

(14) 린단(Lindane)

린단은 감마-헥사클로로사이클로헥산(HCH) 및 벤젠 헥사염화물(BHC)로도 알려져 있는 살충제이다. 화학식은 $C_6H_6Cl_6$이며, 분자량은 290.85이다. 미국과 다른 52개국에서는 사용을 금지하고 있으나 대부분의 유럽국가와 거의 모든 개발 도상국가에서는 여전히 널리 사용하고 있다. 권태감, 실신감, 어지럼증, 오심, 구토, 근연축, 운동실조증, 안절부절, 진전, 청색증, 안면 창백 증상을 유발할 수 있다. 무의식을 동반한 간대성 및 강직성 경련도 특징적인 중독 증상이다. 치명적인 경우에 후반기 혼수상태가 일정 시간 동안 진행된 후 호흡부전이 일어난다. 역행성 기억상실증을 유발할 수 있다. 간과 신장의 손상을 유발할 수 있다. 임신 중에는 가능한 한 린단로션을 피한다.

(15), (16) 알파-헥사클로로사이클로헥산(Alpha-hexachlorocyclohexane), 베타-헥사클로로사이클로헥산(Beta-hexachlorocyclohexane)

헥사클로로사이클로헥산류(HCH)은 무색의 모래 같은 가루이다. HCH는 여덟 가지의 동족체를 통칭하는 것이며, 감마-HCH는 린덴으로 알려져 있다. 유기염소계 살충제 중 하나이다. 화학식은 $C_6H_6Cl_6$이며, HCH는 인간에서 구토, 기절, 떨림 같은 증상을 포함하는 민감성과 중추신경 영향을 일으킨다고 보고되었다. HCH의 알파, 감마 이성질체는 중추신경을 자극하고, 과민 반응 및 경련을 일으키는 반면, 베타와 델타 이성질체는 중추신경 억제를 유발한다. HCH를 포함한 유기염소계 살충제는 생식능력을 저하시키는 것으로 보고된다. 4종의 실험동물에서 경구 LD_{50} 값은 59～597 mg/kg 사이이다. 경구로 장기간 노출된 생쥐에서 간 종양이 발견되었다. HCH는 IARC에 의해 인간에게 암을 유발할 가능성이 있는 2B군으로 분류되었다.

살충제로서 알파/베타 HCH를 의도적으로 사용하는 것은 몇 년 전에 단계적으로 중단되었지만, 여전히 린덴의 의도하지 않은 부산물로 생산된다. 생성된 린덴 1톤당 알파 및 베타-HCH를 비롯한 약 6～10톤의 다른 이성질체가 생성된다. 따라서 알파 및 베타-HCH의 많은 비축량이 환경에 존재한다.

알파 및 베타-HCH는 추운 지역에서 수분 함량이 높으며 생체 및 북극의 먹이사슬에서 생체 축적 및 생체 성장을 일으킬 수 있다. 이 화학물질은 장거리 운송의 대상이 되고, 잠재적으로 인체에 발암물질로 분류되며 오염된 지역의 야생동물과 인체에 악영향을 미친다.

(17), (18) 테트라브로모디페닐에테르와 펜타브로모디페닐에테르(Tetrabromodiphenyl ether and pentabromodiphenyl ether), 헥사브로모디페닐에테르와 헵타브로모디페닐에테르(Hexabromodiphenyl ether and heptabromodiphenyl ether)

폴리브롬화디페닐에테르(Polybrominated diphenylethers; PBDEs)는 벤젠고리 2개 사이에 산소가 치환된 구조를 가지며, 나머지 치환기에 브롬이 치환된 유기물질을 총칭한다. PBDEs는 총 209개의 이성체를 가지며, 구조식과 화학물질의 특성은 PCBs와 거의 유사하다. 독성, 장거리 이동성, 생물농축(생물농축계수 5,000 이상), 환경중 반감기는 대기 중에서 약 2일, 물에서는 2개월, 토양과 퇴적물에서는 6개월 이상인 것으로 알려져 있어서 대표적인 잔류성유기오염물질(POPs)이다.

브롬계 난연제(Brominated flame retardants; BFRs)인 PBDEs는 다른 난연제와 달리 폴리머(polymer)와 반응하지 않고, 혼합이 가능하여 전자제품, 섬유, 플라스틱 등에 광범위하게 사용되고 있다. PBDEs를 다량 함유하고 있는 주요 제품은 TV, 라디오, 컴퓨터, 건축물의 재료 등으로 우리 생활 주변에 널리 사용되고 있다.

현재 상업적으로 생산되고 있는 주요 PBDEs 제품(이하 technical mixture)은 penta-BDEs, octa-BDEs 및 deca-BDEs 등으로 이들 제품들은 여러 종류의 PBDE 이성체로 구성되어 있어 각각의 이성체에 따라 환경 중의 분포, 잔류성, 생물농축, 독성 등 개별적인 특성을 나타낸다.

특히, 산업 및 생산 활동 등으로 생성되는 육상기인 PBDEs는 하천수나 강우 유출에 의한 입자이송, 대기 침적 등 다양한 이동경로를 통하여 연안역으로 유입되어 주로 퇴적물에 쌓이게 된다. PBDEs에 의해 유발되는 환경문제는 1980년대부터 선진국에서 주목받기 시작하였다. 북유럽의 발틱해 퇴적물 내 PBDEs는 1973년 이후 급격히 농도가 증가되었으며, 일본 도쿄만에서도 1980년대 이후 PBDEs의 농도는 계속적으로 증가하였다.

또한, PBDEs는 공기, 물, 토양 및 생물군과 같은 다양한 환경시료에서 검출되었고, 특히, 스웨덴 여성 모유의 경우 PBDEs가 매 5년마다(1972 ~ 1997년) 2배씩 지속적으로 증가하여 약 60배 정도의 농도가 증가하는 경향을 보였다. 이러한 환경문제의 심각성 때문에 유럽공동체(European community; EU)에서는 penta-, octa-BDEs 등을 함유한 모든 제품의 생산 및 사용을 금지시켰으며, 우리나라도 2006년 2월부터 penta-BDEs와 octa-BDEs를 취급제한물질로 지정하여 제조, 수입, 사용 등을 금지하였다.

(19) 헥사브로모비페닐(Hexabromobiphenyl)

폴리브롬화 비페닐 또는 폴리브롬비페닐(PBB)이라는 이름은 비페닐의 수소가 브롬으로 치환된 할로겐화 탄화수소류를 뜻한다. PBB는 자연적으로 발생하지 않는 것으로 알려져 있다. 분자식은 $C_{12}H_{(10-x-y)}Br_{(x+y)}$이며 여기서 x와 y는 모두 1부터 5까지다. 이론적으로 209개의 동족체가 가능하다. 이 중 몇 가지만 개별적으로 합성되어 특성화되었다. 상업용으로 제조되는 PBB는 주로 헥사-, 옥타-, 노나- 및 데카-브로모비페닐이 있으며 다른 동족체를 포함하기도 한다. PBB는 Friedel-Crafts형 반응을 이용해서 비페닐과 브롬을 반응시켜서 만드는데 유기용매를 사용하기도 하고 안하기도 하며 촉매로서 염화 알루미늄, 브롬화 알루미늄, 혹은 철을 사용한다.

PBB는 안정하고 지속적이며 친유성이어서 물에는 약간만 녹는다. 동족체의 일부는 잘 대사되지 않고 생물의 지질 부분에 축적된다. 환경에 배출되면 먹이 사슬에 들어가서 점점 농축된다. 동물에서 이것의 주요 대사산물은 히드록시 유도체이며 일부 사례에서는 부분적으로 브롬화된 PBB도 있었다.

대부분의 연구는 Fire Master BP-6 및 FF-1에 대한 것이다.

Fire Master(FM)의 상업적 생산은 미국에서 1970년에 시작되었다. 1970년에서 1976년 사이에 미국에서 생산된 PBB의 양은 6,000톤(상업용)으로 추정되었다. 옥타브로모비페닐 및 데카브로모비페닐은 미국에서 1979년까지 생산되었다. 브롬칼 80-9 D(Bromkal 80-9 D)라고 불리는 고도로 브롬화된 PBB 혼합물은 독일에서 1985년 중반까지 생산되었다. 기술 등급 데카브로모비페닐(Adine 0102)은 현재 프랑스에서 생산된다. 알려져 있는 한 이것이 현재 유일하게 생산되는 PBB이다.

PBB는 1970년대 초에 난연제로서 등장했다. 1974년 11월 전에는 헥사브로모비페닐이 미국에서 상업적으로 가장 중요한 PBB였으며 아크릴로니트릴-부타디엔-스티린(ABS) 플라스틱(PBB 함유 10%)에 결합시켜 주로 소형 기구 및 차량용 기구, 코팅, 락카 및 폴리우레탄 폼에 사용하였다. 기타 PBB 난연제도 유사 용도로 사용된다.

이것들은 첨가제 유형의 난연제인데 고체상 혹은 액상 중합물질과 섞으면 필터 타입의 난연제가 되며 인화되면 브롬화 수소를 방출한다.

폴리브롬화 비페닐의 독성은 함량에 따라 달라진다. 일반적으로 피부에 일차적 자극을 일으키고 후속적으로 다른 피부병을 일으킬 수 있다. 흡수는 간독성, 쇠약, 피로, 두통, 균형 문제, 관절통, 집중력 저하, 과민성을 일으킬 수 있다. 폴리브롬화 비페닐은 기관에 잔류하는 것으로 나타났는데 실험 동물에게 면역 억제, 내분비 장애, 간 종양을 일으켰다.

Task Group의 견해는 폴리브롬화 비페닐이 지속성이 강하고 생체에 축적되며 장기간 노출되는 경우엔 매우 낮은 농도에서도 유해 반응을 일으킬 가능성이 있기 때문에 인간과 환경에 노출되어서는 안 된다는 것이다. 그러므로 폴리브롬화 비페닐은 더 이상 상업적으로 사용되어서는 안 된다.

(20) 펜타클로로벤젠(Pentachlorobenzene, PeCB)

클로로벤젠은 방향족 유기화합물이다. 화학식은 C_6HCl_5이며, 공기 흡입, 음식 및 음용수 섭취, 클로로벤젠을 함유하는 증기, 음식 및 기타 제품과의 피부 접촉을 통해 클로로벤젠에 노출될 수 있다. 중추신경계 억제를 유발한다. 섭취할 경우 타액 분비, 복통, 오심, 구토, 두통, 잠복 창백, 메트헤모글로빈혈증으로 인한 청색증, 허탈을 일으킬 수 있다. 흡입시 호흡기를 자극하며 접촉시 피부와 눈의 자극을 유발한다. 인화성이므로 화기에 주의하여야 한다.

클로로벤젠은 주로 제초제, 염료 및 고무와 같은 물품의 생산에 중요한 니트로클로로벤젠 및 산화 디페닐 생산에서 중간물질로 사용된다. 유기 합성뿐만 아니라 많은 산업 분야에도 사용된다.

중추신경계 억제를 유발한다. 섭취할 경우 타액 분비, 복통, 오심, 구토, 두통, 잠복 창백, 메트헤모글로빈혈증으로 인한 청색증, 허탈을 일으킬 수 있다. 높은 농도에서 흡입시 두통, 어지럼증, 졸음, 일과성 마취 및 지리멸렬(Incoherence), 메트헤모글로빈혈증으로 인한 청색증, 팔다리의 경직 수축, 빠른 호흡, 약맥 및 부정맥, 적갈색 소변, 의식 상실, 혼수, 호흡기 및 순환계 허탈이 일어날 수 있다. 액체와 접촉되면 홍조 및 피부의 탈지를 동반하는 자극을 유발할 수 있으며 지속적으로 접촉할 경우, 지방 제거 반응으로 인한 피부염, 중등도 홍반, 가벼운 표재성 괴사 또는 화상을 일으킬 수 있다.

(21) 과불화옥탄술폰산(Perfluorooctane sulfonic acid, PFOS), 그 염류와 과불화옥탄술포닐플로라이드(Perfluorooctane sulfonyl fluoride, PFOS-F)

탄소와 불소로 이루어진 불소계 화합물로서 방염제, 페인트 희석제 및 접착제에 사용한다. 화학식은 $C_8HF_{17}O_3S$이며, 동물실험 결과, 0.25(어류)~73.2(조류) mg/L에서 급성독성과 만성독성 등을 유발하는 것으로 알려진 물질이다. 과불화옥탄술폰산(PFOS, perfluorooctane sulfonate)은 잠재적인 위험성이 크고, 환경에서 생분해가 되지 않는 물질이다. 과불화옥탄술폰산은 미토콘드리아의 생체에너지, 간극 결합세포간 신호전달, 간에서의 지방산 단백질 결합을 저해한다.

동물실험 결과, 0.25(어류)~73.2(조류) mg/L에서 급성독성과 만성독성 등을 유발하는 것으로 알려진 물질이다. 직접 접촉시 통증, 화상, 기침, 질식, 폐부종, 호흡곤란, 청색증 등을 야기한다.

(22) 엔도설판 및 그 이성체(Endosulfan and its isomer)

중추신경계 독성이 있는 유기인계 살충제의 하나이다. 화학식은 $C_9H_6Cl_6O_3S$이며, 매우 강한 급성 독성을 지니고 있으며 내분비계 교란물질의 하나로 생각되고 있다. 환경오염성과 생체 축적성이 강하여 유럽연합을 비롯한 많은 나라에서 사용이 금지되거나 제한되고 있으며 국제적으로 규제를 하려는 시도가 이루어지고 있다. 에스트로겐양 효과를 지니고 있어 남자 어린이의 성적 성숙을 늦추는 작용이 있다. 이 물질을 뿌린 농장 근처에 사는 여성들에서 태어난 어린이들의 자폐증 발병률이 몇 배나 높아 자폐증과의 관련성이 의심되고 있기도 하다.

엔도설판은 곤충과 인간을 포함하는 포유동물 모두에 급성 신경독성을 나타낸다. 특히 중추신경계의 자극에 독성작용을 한다. 급성 중독 증상으로는 행동과다, 떨림, 경련, 협응부족, 비틀거리는 걸음, 호흡곤란, 오심과 구토, 설사가 있으며, 심하면 의식불명에까지 이른다. 면역을 억제할 수 있다.

만약 의복에 묻어 계속 남아 있으면 피부의 따가움과 발적을 일으킬 수 있다. 엔도설판을 엎질러서 다루는 긴급 상황이나 엔도설판이나 엔도설판 함유 폐기물을 처리하거나 저장하는 동안 호흡 장비와 화학 보호 의복을 착용한다.

(23) 헥사브로모사이클로도데칸(Hexabromocyclododecane, HBCD)

헥사브로모(6개의 브롬)가 고리형태의 도데칸(탄소사슬 12의 탄화수소)의 수소와 치환된 구조를 가지고, 화학식은 $C_{12}H_{18}Br_6$이며, 고리 형태의 탄소 사슬에 결합된 수소와 브롬의 방향에 의해 광학이성체가 존재한다. HBCD는 폴리스틸렌과 화학섬유 등에 사용되어 자동차의 내장, 건재, 전자기기 등 그 용도는 넓다. 2000년대에 들어서 PBDE의 대체품으로 수요가 늘어났지만, 독성과 생물농축성을 나타내어 2013년에 스톡홀름협약의 대상물질에 추가되었다.

(24) 펜타클로로페놀과 그 염 및 에스테르(Pentachlorophenol and its salts and esters, PCP)

펜타클로로페놀(PCP)은 무색 혹은 흰색 결정고체로, 화학식은 C_6HCl_5O이며, 주로 목재 보존재로 사용되었으며 제초제 혹은 살균제로 일부 사용되기도 하였다. 급성 독성으로 호흡, 혈압, 소변량 변화 등을 동반한 쇠약감이 나타나며, 피부염 등이 동반되기도 한다. 만성적으로 간, 신장 손상을 유발하며 실험동물에서 염증을 동반한 간 괴사가 발견되었다. 폴리클로로페놀의 노출에 따른 인간에서의 발암성에 대한 증거는 제한적이며, 동물에서의 발암성에 대한 증거는 충분하다. 펜타클로로페놀은 인간에게 암을 유발할 가능성이 있는 물질군(IARC, 2B)으로 분류되어 있다.

(25) 헥사클로로부타디엔(Hexachlorobutadiene, HCBD)

헥사클로로부타디엔은 실온에서 무색의 용액으로 테레펜틴 오일과 비슷한 냄새를 가진다. 화학식은 C_4Cl_6이며, 다른 염소 함유 물질의 용매로 가장 일반적으로 사용된다. 헥사클로로부타디엔은 사염화탄소의 생산에서 부탄 유도체의 염소화의 부산물로 나타난다. 인체노출로 신경 기능 장애가 보고되었으며 실험동물에서는 중증도의 중추신경계 억제가 보고되었다. 동물에서 유전독성과 생식발생독성을 나타내었다. 신장에서 신세뇨관과 신피질뇨관 변성이 발생하였다. 만성 노출로 간 질환이 인체에서 발견되었다. 국소 도포로 피부괴사가 발생하였으며, 안점막과 비점막에 자극을 유발하였다. 동물실험에서 기형발생이 보고되었다. 발암성은 미 EPA 기준으로 Group C로 분류된다.

인체노출로 신경 기능 장애가 보고되었으며 실험동물에서는 중증도의 중추신경계 억제가 보고되었다. 동물에서 유전독성과 생식발생독성을 나타내었다. 신장에서 신세뇨관과 신피질뇨관 변성이 발생하였다. 만성 노출로 간 질환이 인체에서 발견되었다. 국소 도포로 피부괴사가 발생하였으며, 안점막과 비점막에 자극을 유발하였다. 동물실험에서 기형발생이 보고되었다.

(26) 염화나프탈렌(Chlorinated naphthalenes, PCN)

나프탈렌에 염소가 치환된 방향족 탄화수소이며 염소수(1～8개)와 위치에 따라 75종의 동질체가 가능하다. 폴리염화나프탈렌은 1833년 최초로 합성된 이후 1930년～1950년 사이에 산업용으로 대량 생산되었으며 동질체들의 혼합물로 구성된 제품으로 난연제, 절연제, 염색, 목재처리 등에 사용되었다. 1920년대 유럽의 생산량은 약 9,000톤 이었으며 1960년대 생산이 금지되었다. 미국의 경우 1956년 3,200톤/년에서 1978년에는 연간 320톤/년으로 대체 화학물질로 인해 생산량이 감소하였으며 1980년대 생산이 금지되었다.

산업에서 사용된 제품과 폴리염화비페닐 등 다른 화학제품의 생산과정에서 불순물로 합성되어 환경으로 유입되며 이외에 소각로, 시멘트 소성로 등 산업시설의 연소과정에서 다이옥신, 다환방향족탄화수소 등과 함께 비의도적으로 발생된다. 염화나프탈렌의 분자는 평면형이며 다이옥신과 유사한 발암성, 독성을 나타내는 것으로 알려져 있다. 폴리염화나프탈렌 동질체의 독성등가환산계수(Toxic Equivalent Factor, TEF)를 다이옥신과 비교하면 1,2,3,4,6,7-hexaCN, 1,2,3,5,6,7-hexaCN, 1,2,3,4,5,6,7-heptaCN의 TEF＝0.001으로 2,3,7,8-TCDD(TEF＝1)의 1/1000 수준으로 낮은 편이다. 환경으로 유입된 염화나프탈렌은 치환된 염소수에 비례하여 토양, 저질에 흡착되며 일부 동질체는 쉽게 분해되지 않고 잔류하여 pg/g 수준으로 검출 된다.

(27) 데카브로모디페닐에테르(Decabromodiphenyl ether, commercial mixture, c-deca BDE)

Decabromodiphenyl ether는 PBDEs 그룹에 속하는 브롬계난연제이며, 화학식은 $C_{12}Br_{10}O$이다. 상업 혼합물은 주로 77.4~98%의 농도 범위에서 완전히 브롬화된 decaBDE 동족체와 nonaBDE(0.3~21.8%)와 octaBDE(0~0.04%)의 동족체로 구성되어 있다.

DecaBDE는 첨가제 난연제로 사용되며 플라스틱/고분자/복합재, 섬유, 접착제, 실란트, 코팅제 및 잉크를 비롯한 다양한 용도로 사용된다. DecaBDE 함유 플라스틱은 컴퓨터 및 TV, 전선 및 케이블, 파이프 및 카펫의 하우징에 사용된다. 상업적으로 이용 가능한 decaBDE 소비는 2000년대 초반에 최고조에 달했지만, c-decaBDE는 전 세계적으로 광범위하게 사용되고 있습니다. DecaBDE는 매우 지속적이며 장기간 운송뿐 아니라 생체 축적의 높은 가능성을 가지고 있다. 토양 생물, 새, 물고기, 개구리, 쥐, 생쥐 및 인간에 대한 부작용이 보고되고 있다.

(28) 단쇄염화파라핀(Short-chain chlorinated paraffins, SCCPs)

염화파라핀은 염소화된 긴 사슬의 지방족 화합물이다. 황색에서 호박색의 점성이 있는 기름진 액체로서 보통 무취이다. CPs는 탄소 사슬 길이에 따라 단쇄 CP(SCCP, C10~13), 중간 사슬 CP(MCCP, C14~17), 장쇄 CP(LCCP, C>17)로 세분화된다. 윤활제, 난연제, PVC 가소제로 사용된다. 반복 적용시 피부와 눈에 자극을 일으킬 수 있으나 피부 과민성을 유발하지는 않는다. 또한 경미한 홍반을 유발할 수 있다. 동물 실험에서 발암성에 대한 충분한 근거가 있어 염화파라핀(C12, 60% 염소)은 인간 발암 물질로 예상된다. 염화파라핀은 인간에게 암을 유발할 개연성이 높은 물질군(IARC 2B)으로 분류된다. SCCPs는 장거리 운송이 발생하고 가수분해적으로 안정적으로 보이기 위해 공기 중에서 충분히 지속적이다. 생물 다양성에 많은 SCCP가 축적될 수 있다. SCCPs는 장거리 환경 수송의 결과로 환경 및 인간 건강에 심각한 악영향을 미칠 수 있다.

3.7 폐기물 해양투기

1 육상폐기물 해양배출

(1) 폐기물 해양배출제도

우리나라의 폐기물 해양투기는 폐기물의 육상처리 부담을 줄이고 하천과 연안을 보호한다는 명분으로 1988년 처음 시작되었으나, 런던협약[10], 특히 런던의정서[11]에 가입한 이후부터는 부속서 1에 명시된 폐기물 또는 그 밖의 물질에 한해서 육상처리가 어렵고, 오염도 기준을 충족한 경우에만 해양배출을 허용하고 있다(정창수 등, 2016).

① 법적근거

국내에서 폐기물 해양배출은 국제협약(런던협약/의정서)을 근거로 한 해양환경관리법에 따른다. 동법 제23조 제1항의 폐기물 해양배출 금지 원칙하에 제2항에서 예외적으로 육지에서 처리가 곤란한 폐기물로서 해양수산부령이 정하는 해역과 처리기준(오염도기준) 및 방법에 따라 배출하는 것을 허용하고 있다.

런던의정서 수용을 위한 정책 수립[12] 이전의 해양배출 폐기물은 분뇨, 축산폐수, 음식물폐수, 하·폐수처리장오니, 준설토사 등 14종이었으나, 정책 시행 이후 단계적인 해양배출 감축을 통해 2016년부터는 준설토사와 고염의 수산가공/원료동식물 잔재물만 해양배출을 허용하고 있다.

② 폐기물 배출해역지정현황

폐기물 배출허용해역은 서해병, 동해병 및 동해정 3개 해역을 배출해역으로 지정하여 운용하고 있다.

동해병 해역은 포항 동방 약 125 km에 위치하고 있으며, 면적은 3,583 km^2이고

10) 런던협약(London Convention)
1972년 폐기물 및 그 밖의 물질투기에 의한 해양오염방지협약(1975.8.30 국제발효, 1994.1.20 국내발효), 2018년 현재 총 87개국이 가입

11) 런던의정서(London Protocol)
런던협약 실효성을 강화하기 위해 1996년에 채택(2006.8.30 국제발효, 2009.1.20 국내발효), 2018년 현재 총 51개국 가입

12) 육상폐기물 해양투기관리 종합대책(2006년 3월 수립·시행)
해양배출 관리방식을 런던의정서에 적용하여 허용품목이 아닌 폐기물은 해양배출 금지 및 허용품목의 해양배출량 단계별 저감(육상처리 능력 평가를 통해 연도별 해양배출 허용량 책정) 후 종료 등

평균 수심은 200~2,000 m 정도이며, 동해정 해역은 울산 남동방 약 63 km에 위치하고 있으며, 면적은 1,189 km^{2}이고, 평균 수심은 150 m 정도이고, 서해병 해역은 군산 서방 약 200 km에 위치하고 있으며, 면적은 3,165 km^{2}이고 평균 수심은 80 m 정도이다.

육상폐기물 해양투기관리 종합대책에 따라 시행된 배출해역 정밀모니터링 결과를 반영하여, 오염 가중이 우려되는 배출해역은 2006년 8월부터 휴식년구역(동해병해역의 53%, 서해병해역의 20%)으로 지정하여 현재까지 해양배출을 금지하고 매년 지속적인 모니터링을 시행하고 있다.

그림 3.7.1 한국 폐기물 배출해역도

표 3.7.1 배출해역 지정현황

구 분	동해병 해역	동해정 해역	서해병 해역
배출위치	포항 동방 약 125 km	울산 남동방 약 63 km	군산 서방 약 200 km
해역면적	3,583 km^2	1,189 km^2	3,165 km^2
평균수심	200~2,000 m	150 m	80 m

(2) 육상폐기물 배출현황

① 폐기물 배출업체 및 위탁처리업체 현황

폐기물 해양 배출업 등록을 하고 위탁업체로부터 폐기물 처리를 업으로 하고 있는 업체는 해양배출이 최고조인 2005년 말에는 전국 19개 업체로 45척의 운반선을 보유했으나, 정책시행 이후 지속 감속하여 2018년 현재 전국 3개 업체로 2척의 운반선으로 지정된 해역에 배출하고 있다.

발생된 폐기물을 배출업체에 위탁하여 해양처리하고 있는 업체 또한 2005년 말에는 5,137개 업체이었으나, 이후 급격히 감소하여 현재는 125개이다.

표 3.7.2 폐기물 위탁처리업체 현황 비교 (단위: 개소)

	계	제조업	음식물류	축산	분뇨	하수	수산물	원료동식물	준설토사
2005년	5,137	1,124	152	3,121	24	248	341	130	19
2018년	125	0	0	0	0	0	109	14	2

② 폐기물 배출현황

1988년 초기 해양배출물질은 식품가공잔재물이었으나 육상에서 처리하기 곤란한 폐기물의 배출이 허용되면서 1993년에 하수처리오니의 해양배출이 시작되고, 1997년에 축산폐수, 2004년에 음식물류폐기물 처리폐수 등으로 확대되면서 1990년대 중반에는 매년 배 이상 증가하는 등 지난 15년간 10배 이상 급격히 증가하게 되었다.

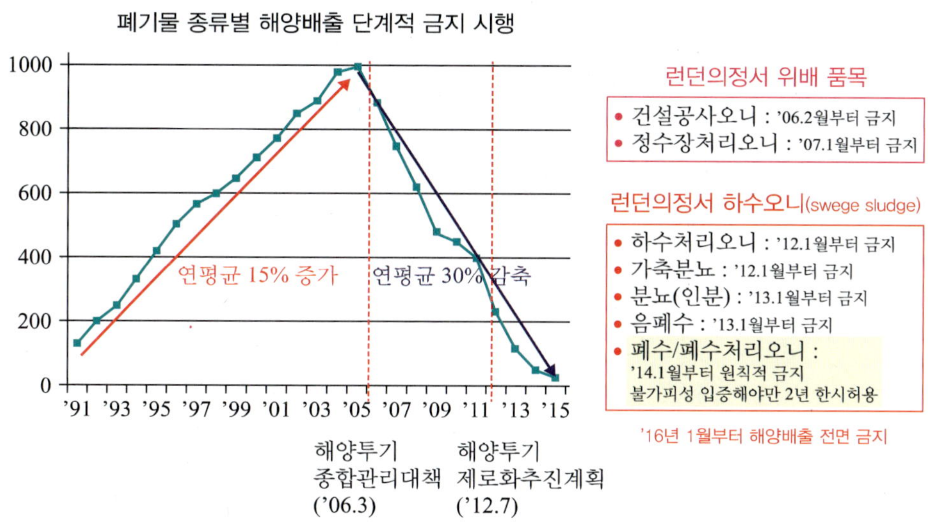

그림 3.7.2 폐기물 종류별 배출량 변화 추세

표 3.7.3 폐기물 종류별 지정해역 해양배출 현황 (단위: 천m^3)

종류별 \ 연도별	1998	1999	2000	2001	2002	2003	2004	2005	2006	2012	2013	2017
투기총량	5,976	6,444	7,104	7,671	8,475	8,874	9,749	9,929	8,439	2,288	1,160	21
하수오니	484	658	920	1,145	1,268	1,364	1,547	1,629	1,640	0	0	0
폐수오니	1,356	1,607	1,837	1,848	1,794	1,666	1,650	1,441	1,352	802	900	0
분뇨	1,788	1,770	1,696	1,565	1,550	1,611	1,605	833	407	22	0	0
축산폐수	297	605	765	1,127	1,626	2,014	2,356	2,764	2,622	0	0	0
폐수 (음식물)	1,637	1,311	1,256	1,416	1,520	1,660	1,956 (699)	2,275 (1,498)	2,219 (1,657)	1,458 (1,192)	253 (0)	0
수산가공/원료동식물	13	13	13	12	33	50	43	46	23	6	7	21

그러나 2005.11 폐기물 해양배출해역에서 어획되는 수산물에서 중금속이 검출되는 등 사회적 문제로 부각되면서 언론, 환경단체 등의 강력한 반발로 정부에서 해양배출억제정책을 2006년에 수립·시행하면서 2005년 993만m^3를 정점으로 급격히 감소하여 폐수처리오니 해양배출이 완전히 금지된 직후인 2017년의 준설토사를 제외한 수산가공/원료동식물잔재물의 해양배출량은 3만m^3로 2005년의 0.3% 수준이다.

③ 폐기물 해양배출량 증가원인

첫째, 육상환경 규제를 강화한 법제도적인 측면이다. 2002년에 「오수분뇨 및 축산폐수의 처리에 관한 법률」 시행령을 개정하여 해양배출업자에게 전량 위탁 처리하는 경우 폐수처리 시설 설치의무를 면제해주고, 2003년부터 「폐기물관리법」에서 육상 직매립을 금지하였으며 2005년부터 음식물류폐기물도 육상 직접 매립이 전면 금지되면서 하수오니산 폐수, 하수오니, 음식물류폐기물이 급격히 증가하게 되었다.

둘째, 해양투기비용이 육상처리비용보다 크게 저렴(2~10배)하고 처리방법 또한 간편한 경제적 측면과 육상처리를 위한 매립장 소각시설, 재활용시설 설치를 주민들이 반대하는 이른바 님비(NIMBY)현상과 같은 사회적 갈등문제도 해양투기를 조장하는 결과를 가져왔다.

(3) 폐기물 해양배출 관리 개선

① 해양배출 선호도 억제(해양환경개선부담금 징수)

폐기물 해양배출을 선호하는 가장 큰 요인은 육상처리에 비해 상대적으로 저렴한 비용이다. 따라서 런던협약과 런던의정서에서 해양배출의 수요 억제를 위한 경제적 유인 수단인 오염자부담원칙을 국내에도 도입하여 해양배출량 정도에 따라 부과금을 징수하는 해양환경개선부담금제도를 도입하였다. 「해양환경관리법」 제19조는 폐기물 해양배출을 포함하여 해양환경 및 생태계에 현저한 영향을 미치는 행위에 대해 시행령에서 산정한 방식으로 해양환경개선부담금을 부과·징수하여 해양오염방지 및 해양환경의 복원에 관한 사업, 해양환경의 보전관리에 관한 사업, 해양환경 관련 연구개발사업, 해양오염에 따른 어업인 피해의 지원 등을 위한 용도로 사용할 수 있다.

② 해양배출 폐기물 오염도 기준 강화

해양환경관리법에 명시한 해양배출 처리기준은 해양배출 폐기물에 적용되는 규제기준으로서 오염물질 배출의 최대허용농도를 의미한다.

이 기준은 해양배출 수요 억제와 오염부하량 저감을 통한 배출해역의 오염 가속화 방지뿐만 아니라 폐기물 특성에 따라 재활용으로도 전환시키는 중요한 정책 수단이다.

해양환경관리법 시행규칙 별표 8에서는 총함량법을 토대로 한 오염물질별 해양배출 처리기준이 명시되어 있다.

이 처리기준은 2006년 2월에 해양오염방지법 시행규칙 개정을 통해 시행예고를 하고, 당시 해양배출 위탁업체의 기술과 대처능력을 감안하여 단계적으로 2008년 8월부터 해양배출 금지조치에 해당하는 제1처리기준, 그리고 20011년 2월부터는 제2처리기준을 초과할 경우 생물독성(발광박테리아, 단각류) 기준을 충족해야 해양배출을 허가하였다.

시행년도인 2011년 해양배출량은 2005년 대비 절반으로 저감시킨 수치에 근접함으로서 폐기물 해양배출에 대한 오염도 기준 강화가 해양배출 수요를 억제뿐만 아니라 육상 전환 동기 부여, 그리고 재활용 촉진에도 상당히 기여하였다.

③ 폐기물 해양배출 연도별 저감 목표 설정·시행

폐기물 해양배출량의 급격한 증가로 배출해역의 오염이 심화되는 것을 방지하기 위하여 육상 폐기물을 육상에서 처리한다는 원칙 하에 해양배출량을 매년 10% 이상 감축하여 2005년 993만 m^3인 것을 2011년에 400만 m^3까지 감축하기로 정부정책을 수립·시행했다.

이를 뒷받침하기 위해 해양배출허용 폐기물 종류도 감축하고(14종 → 9종), 처리기준 강화(14개 항목 → 25개 항목), 중금속분석(용출법 → 함량법) 개선하는 등 규제를 강화하였다.

2009년에는 런던의정서에 가입하고, 육상폐기물 해양배출 제로화 정책을 수립하여 해양배출 생물독성도 기준을 강화하고, 폐기물별로는 2012년에는 하수처리오니와 가축분뇨, 그리고 2013년부터는 음폐수, 그리고 2016년부터는 폐수처리오니 해양배출을 단계적으로 금지시켰다.

④ 폐기물 해양배출 적법 관리 강화

또한 불법적인 해양배출 단속을 강화하는 등 해양배출폐기물의 육상처리 전환을 유도해 나가고 있다.

해양배출 지정해역이 아닌 해역에 불법으로 폐기물을 배출하는 것을 막기 위하여 폐기물 운반선의 자동 항행기록장치(GPS) 기록지의 항행 상황, 폐기물 배출상황 등을 정밀 점검하는 한편, 항공기와 경비함정을 이용하여 추적 감시하고 있다.

또한 2008년부터는 모든 폐기물운반선에 선박위치발신장치(AIS)가 설치됨에 따라 선박의 운항 및 배출구 개·폐정보를 실시간 확인·관리하는 시스템[13]을 운영하면서 배출해역 관리에 대한 실효성 확보와 불법 배출 예방에 주력하고 있다.

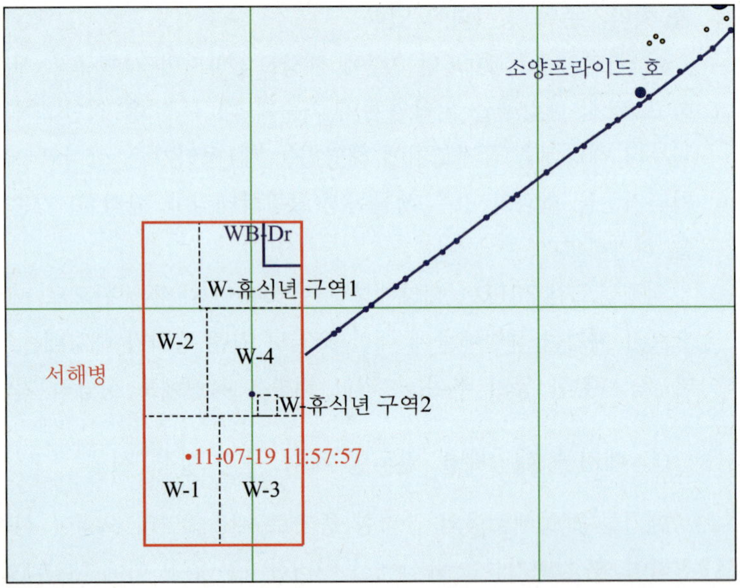

그림 3.7.3 폐기물 해양배출 정보관리시스템(DMS)에서 폐기물 운반선 위치와 배출시행 구역 확인

13) 폐기물해양배출정보관리시스템(http://dms.kcg.go.kr/index.jsp)

폐기물 배출선박이 허가된 해역에서 해양배출을 시행했는지의 감시는 2010년 발사된 정지궤도 해양위성인 천리안 해양관측위성으로부터도 확인될 수 있다.

동 위성은 한반도 주변 해양관측의 임무를 수행하고 있으며, 한국해양과학기술원 해양위성연구센터에서 주관·운영하고 있다.

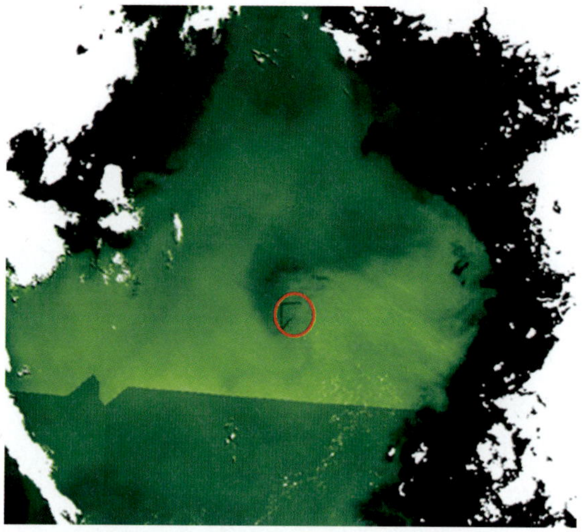

그림 3.7.4 서해 배출해역에서 선박으로 배출된 폐기물 띠(plume)에 대한 천리안 해양관측위성 사진(2011.7.19.)14)

⑤ 폐기물 해양배출 지도·점검 강화

폐기물 해양배출 위탁업체 중 해양배출 처리기준을 초과할 우려가 높은 업체는 특별관리 업체로 구분하고, 식품가공업체 등 상대적으로 오염물질이 낮은 업종들은 중점관리 업체로 구분하는 등 관리 대상에 맞게 연간 1~2회 주기적인 점검을 실시하고, 위반업체에 대하여는 형사처벌 및 신고증명서 취소 등의 불이익을 줌으로서 해양배출 적법관리에 철저를 기하고 있다.

폐기물 해양배출업체 및 폐기물 운반선에 대해서는 연 1회 이상의 출입 점검을 실시하여 위반사항이 있을 경우 형사입건, 영업정지, 운반선 운항정지 등의 행정처분 조치하고 있으며, 폐기물의 불법배출을 방지하고 유해성물질 다량 함유 폐기물 등에 대해서는 중점적으로 지도점검을 실시함으로써 불법폐기물의 해양배출을 사전에 차단하는 한편, 폐기물의 해양배출을 억제하여 육상처리를 유도하고 있다.

14) 자료제공; 한국해양과학기술원 해양위성센터

⑥ 배출해역 환경조사·관리

폐기물 해양배출해역에 대한 과학적 관리를 위하여 배출해역의 오염도를 정기적으로 조사하고 있다.

배출해역 내 일정지역 집중 배출로 인한 오염도가 증가된 해역은 휴식년제를 도입하여 배출을 금지시키고, 업체별로 배출해역 책임구역제를 실시하여 중금속·협잡물 등이 함유된 폐기물 배출을 업체 스스로 차단하도록 유도해 나가는 등 배출해역관리를 해나가고 있다.

⑦ 국제협약 당사국 의무 준수

런던의정서에서는 폐기물 또는 그 밖의 물질에 대해서 해양배출을 원칙적으로 금지하고 있고, 다만 부속서 1에 열거된 폐기물에 한해서 부속서 2의 평가절차를 거친 후 해양배출 허가를 발행하고, 이 모든 상황을 런던의정서(9조) 사무국에 보고하도록 규정하고 있다.

이에 따라 우리나라매년 해양배출 현황, 배출해역 환경상태 및 제도 개선 현황을 런던의정서에 보고하고 있다.

2 해양쓰레기 관리

(1) 해양쓰레기 발생과 영향

최근 해양쓰레기에 대한 내용이 각종 언론 매체를 통해 기사화되고 있는 가운데, 혹자는 해양쓰레기 문제가 기후변화 다음으로 국제사회의 이슈로 떠오르고 있다는 평가를 내리고 있다. 해양쓰레기란 일반적으로 '인간이 제조하거나 가공한 것으로 바다에 버려진 모든 고형의 물질'을 말한다. UNEP(2016)에 따르면, 2014년 한 해에 약 3.1억 톤의 플라스틱이 생산되었고, 현재의 생산과 사용이 지속될 경우 2050년에는 플라스틱 생산량이 20억 톤으로 증가할 것으로 전망했다(UNEP, 2016). Jambeck et al.(2015)는 2010년 기준 192개 연안 국가에서 발생된 플라스틱 쓰레기를 2억7천5백만 톤으로 산정했고, 이 중 4.8～12.7백만 톤이 해양으로 유입되는 것으로 추정했다. 현재까지 지구에 있는 것으로 추정되는 160만 종의 해양생물보다 많은 플라스틱 쓰레기가 매년 해양에 유입되는 상황이다.

해양쓰레기는 발생원에 따라 크게 육상기인과 해상기인으로 구분된다. 육상기인 쓰레기는 육상에서 발생되었으나 적절하게 관리되지 못해 강과 하천을 통해 해양으로 유입되는 쓰레기이다. 해상기인 쓰레기는 어업, 선박, 해양레저 등 바다 공간의 이용 과정에서 발생되고 있다. 호우 등 자연 재해 시에 대량으로 해양에 유입되는 초목류는 해양쓰레기 개념에는 포함되지 않으나, 그 영향이 크기 때문에 재해쓰레기라는 이름으로 관리의 대상에 포함하고 있다.

해양쓰레기는 해양 생태계에 직접적으로 위해를 가할 뿐만 아니라 사람의 건강성을 위협하는 요인으로 지목되고 있다. 폐그물 등에 얽히거나, 해양쓰레기를 먹이로 섭취한 해양생물이 폐사하는 모습이 빈번히 발생하고 있다. 또한 플라스틱이 잘게 조각난 미세 플라스틱은 생물뿐만 아니라 전이 과정을 통해 사람의 건강성도 직접적으로 위협하고 있다. 해양쓰레기는 해양환경 오염, 수산자원 피해, 선박운항 장애, 관광산업 등 다양한 사회·경제적 피해를 유발하고 있다.

표 3.7.4 해양쓰레기로 인한 주요 사회·경제적 영향과 피해

피해 분야	피해 사례
지역 관광	2011년 7월 폭우로 인해 유입된 재해쓰레기로 거제 지역 해해 경관 훼손, 지역 관광객 감소 등 280억~370억 원 피해
수산 자원	유령 어업(Ghost Fishing)으로 인한 피해는 연간 어획량의 10%인 3,787억 원에 달하는 것으로 추정(2015)
선박 운항	2013년~2017년도(5년) 해양사고 8,081건 중 폐어망 등 부유물 사고가 887건 (11.0%). 2010년~2015년 해군 함정 폐어구로 연평균 397건(척당 2.3건) 운항장애 발생
미세 플라스틱	멸치, 게, 굴, 홍합 등 바다 생물과 바다소금에서 미세 플라스틱 검출

(2) 해양쓰레기 관리를 위한 제도

① 관리 체계

해양쓰레기 관리는 발생원에 따라 이원화되어 있다. 환경부는 강·하천에서 발생하는 쓰레기 관리와 폐기물 관리, 폐자원 자원순환(재활용) 업무를 담당하고 있다. 해양수산부는 강·하천 해양 유입 쓰레기를 포함한 해양쓰레기 업무 전반을 책임지고 있다. 지자체는 환경부와 해양수산부의 방침에 따라 관할 지역의 해양쓰레기 발생 예방과 수거 등 처리 업무를 담당하고 있다.

구 분	역 할
해양수산부	▪ 해양쓰레기 정책 수립 ▪ 예방 - 수거 · 처리 - 교육 · 홍보 ▪ 인접국 등 해양쓰레기 국제 협력
환경부	▪ 강 · 하천 쓰레기 관리 ▪ 폐기물 관리 정책 수립 ▪ 폐기물 재활용 등 자원순환 계획
해양경찰청	해양쓰레기 투기 단속
지자체	관할 지역 해양쓰레기 사업 시행

그림 3.7.5 해양쓰레기 관리 체계

② 법률 및 기본계획

국제사회에서는 육상에서 적절하게 관리되지 못해 해양으로 유입되는 쓰레기와 해상활동에서 발생하는 해상기인 쓰레기 모두를 해양쓰레기에 포함하고 있으나, 육상 기인에 비중을 두고 있다. 따라서 해양쓰레기에 관한 국제 논의에 부합하기 위해서는 해양수산부의 해양쓰레기 관리 정책과 함께 환경부의 국가폐기물관리종합계획이나 자원순환 정책[제1차 자원순환기본계획(2018～2027)], 하천 · 하구 쓰레기 관리 기본계획, 산업통상자원부의 신 · 재생 에너지 기본계획 등 유관 부처의 정책이 모두 포함되어야 한다.

해양수산부는 증가하는 해양쓰레기 문제를 해결하기 위해 「해양환경관리법」에서 규정하고 있던 해양폐기물을 포함한 해양쓰레기 사항을 분리하여 2017년부터 「해양폐기물 및 해양오염퇴적물 관리법」 제정을 추진(상임위 계류 중)하고 있다. 또한 해양쓰레기의 효과적 관리를 위해 국가 차원의 기본계획을 수립하여 시행해 오고 있다. 2008년에 '제1차 해양쓰레기 관리 기본계획(2009～2013)'을 수립·시행한 이후, 2018년에는 '제3차 해양쓰레기 관리 기본계획(2019～2023)'을 수립했다.

해양수산부는 제2차 해양쓰레기 관리 기본계획(2014～2018) 동안 총 4,090억 원을 투자했다. 세부 전략별로는 예방 정책 1,425억 원(34.8%), 수거 정책 2,420억 원(59.2%), 관리 기반 고도화 210억 원(5.1%) 등으로, 수거 분야에 약 60%가 투자되었다.

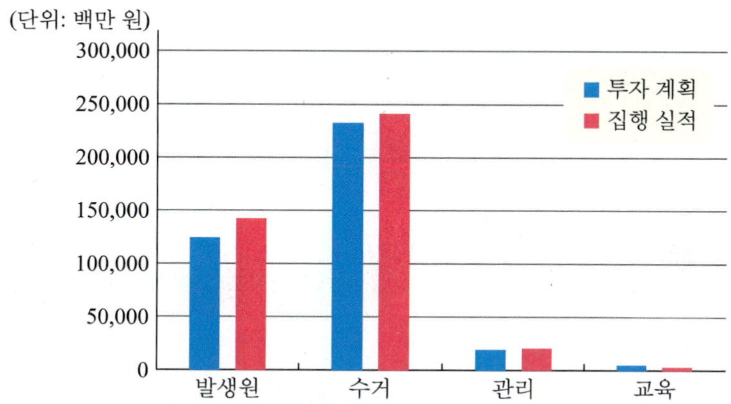

구 분	집행 실적	
	금액(백만 원)	비율(%)
1. 해양쓰레기 발생원 관리	142,533	34.8
2. 생활밀착형 수거사업 강화	242,072	59.2
3. 해양쓰레기 관리기반 고도화	21,020	5.1
4. 대상자 맞춤형 교육·홍보	3,384	0.8
합계	409,009	100.0

주 : 2014～2017년은 집행 실적, 2018년은 예산 편성 기준임.

그림 3.7.6 제2차 해양쓰레기 관리 기본계획(2014~2018) 투자 집행 실적

(3) 해양쓰레기 주요 추진 정책

우리나라의 해양쓰레기 관리는 크게 예방, 수거·처리, 관리, 교육·홍보 등 네 가지 방향으로 추진되어 왔다. 예방은 육상기인 쓰레기와 해상기인 쓰레기의 해양 유입을 억제하는 데 중점을 두고 추진되었다. 수거·처리는 이미 버려진 쓰레기가 인간과 자연환경에 영향을 미치지 않도록 해양으로부터 신속하게 제거하는 정책이다.

① 수거 및 처리

해양쓰레기는 발생원에서부터 해류 등을 따라 이동하는 특성을 가지고 있으며 해양생태계에 부정적인 영향을 미치므로 그 영향이 확산되지 않도록 신속하게 수거·처리해야 한다. 우리나라는 해양쓰레기가 현존하는 위치와 발생 강도를 고려하여 침적쓰레기, 부유쓰레기, 해변쓰레기, 재해쓰레기로 구분하여 관리하고 있다. 해양쓰레기 수거 사업은 사업 주체에 따라 중앙 정부와 지자체에서 수행하는 사업으로 분류된다. 해양수산부는 항만과 어항, 조업 수역, 해양보호구역 등을 중심으로 수거 선박을 활용하여 침적 및 부유 쓰레기 수거 사업을 수행하고 있다. 2017년에 수거한 해양쓰레기 총량은 82,175톤으로 2016년에 비해 16%(11,335톤) 증가했다.

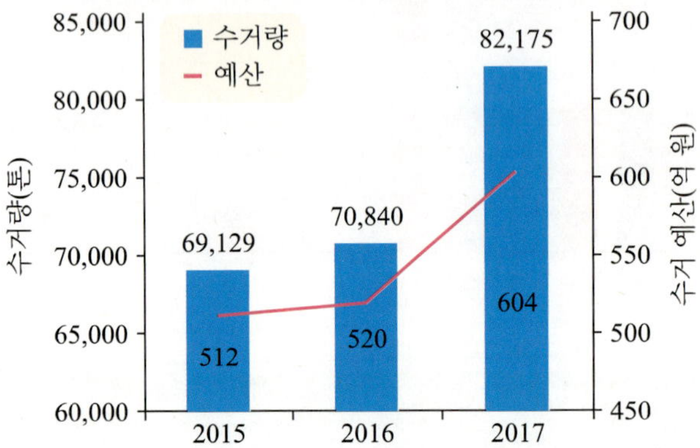

(a) 수거량 및 예산 추이

종류	2015	2016	2017
부유	4,330	4,697	4,460
침적	16,252	24,146	29,662
해안	48,547	41,997	48,053
합계	69,129	70,840	82,175

(b) 해양쓰레기 종류별 수거량(톤) 추이

그림 3.7.7 해양쓰레기 수거 실적(2015~2017)
자료 : 해양환경공단 해양쓰레기 통합 정보시스템(www.malic.or.kr)

해변과 바다에서 수거한 해양쓰레기는 재활용 등으로 처리되고 있다. 특히, 수산양식장에서 사용하고 있는 부이 중 발포스티로폼부이(EPS)는 미세 플라스틱의 주요 발생원으로 해양수산부는 2003년부터 감용기 보급 사업(2017년 기준 40대 보급)을 통해 수거된 EPS를 펠릿으로 성형하여 민간 재활용 업체에 판매하고 있다. 또한 폐어망이나 양식장 폐기자재는 재활용 원료로 제조되어 판매되거나 소각 연료로 활용되고 있다.

② 국가 해안쓰레기 모니터링

우리 정부는 과학조사 기반의 해양쓰레기 관리 정책을 수립하기 위해 우리나라 동해안(9개소), 서해안(19개소), 남해안(12개소) 등 40곳(2014년 말부터 조사 정점을

20개소에서 40개소로 확대)을 대상으로 해안쓰레기 모니터링을 실시하고 있다. 국가 해안쓰레기 모니터링 사업은 2008년부터 시작되었는데, 2개월에 1번씩 정기적으로 해안쓰레기의 양과 종류, 외국기인 쓰레기의 유입 변화 등을 조사하고 있다. 2014년 말 조사 정점의 확대로 해양쓰레기 증가가 있었으나, 전반적으로 해양쓰레기는 감소하는 추세에 있다.

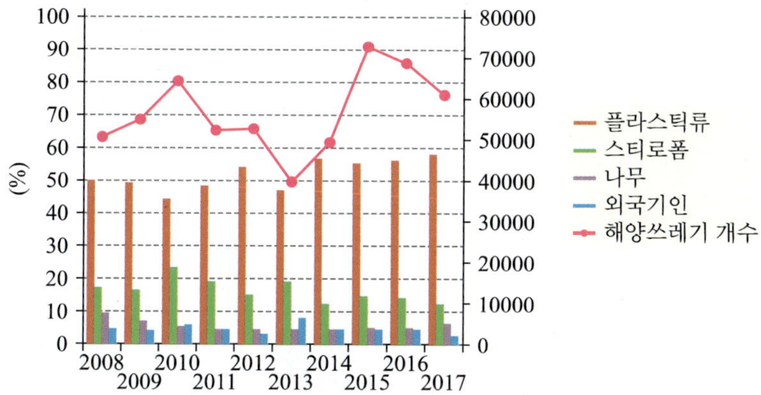

(a) 종류별 해양쓰레기 변화 추이(%)

구분	개수	무게(kg)	부피(L)
2008	50,588	9,362.50	48,563.50
2009	54,902	10,161.60	60,907.60
2010	64,406	9,888.70	47,503.30
2011	52,323	11,421.80	49,400
2012	52,678	9,823.50	52,136.20
2013	39,647	10,243.20	39,210.20
2014	49,117	9,614.40	44,559.40
2015	73,001	16,709.80	90,613.40
2016	68,647	11,835.20	65,403.70
2017	60,944	9,793.30	63,780.60
합계	566,253	108,853.90	562,077.80

(b) 10년간 해양쓰레기 양적 변화

그림 3.7.8 국가 해양쓰레기 모니터링 결과
자료 : 해양환경공단 해양쓰레기 통합 정보시스템(www.malic.or.kr)

③ 해양쓰레기 발생 예방

해양쓰레기 발생을 저감하기 위해 우리 정부는 한강 등 5대강 유역으로 유입되는 육상 쓰레기 수거사업을 시행하고 있다. 강과 하천에 인접하고 있는 지자체와 환경부가 처리 비용 협약을 체결하여 강과 하천을 통해 유입되는 쓰레기 수거사업을 시행하고 있다. 정부는 폐어망의 그물 얽힘과 유령 어업 등을 방지하기 위해 바다 속에서 자연 분해되는 생분해성 어구를 개발하여 보급하는 사업을 시행하고 있다. 또한, 어업 과정에서 발생하는 폐어구 등 해양쓰레기를 항과 포구에 보관할 수 있는 선상 집하장 설치 사업을 2010년부터 추진해 오고 있다. 선상 집하장은 전국 어촌계와 항, 포구 인접 바다에 연간 40~60개소에 설치된다. 정부는 기존 고밀도 EPS 부표의 해양생태계에 미치는 영향을 저감하기 위해 2015년부터 EPS 부표를 대체하는 제품인 친환경부표 보급 지원 사업을 시행해 오고 있다. 친환경부표는 기존 부표에 비해 내구성이 우수하고 미세 플라스틱 발생이 상대적으로 적은 부표이다. 민간이 개발한 부표 중 친환경 제품으로 인정된 제품에 대해서는 어업인이 구매하는 경우 국가가 구매 비용을 일부를 지원하고 있다.

선상 집하장(2015년, 전남 완도)

고정식 감용기(경남 통영)

그림 3.7.9 선상 집하장 및 감용기

④ 교육·홍보 및 국제 협력

해양쓰레기 발생을 저감하기 위해서는 발생된 해양쓰레기를 신속하게 수거하는 것과 함께 발생을 예방하기 위한 정책이 효과적이다. 해양쓰레기는 일반 시민의 생활과 산업 활동, 여가 활동, 해양 활동에서 발생하는데 국민들의 인식 향상과 민간 부분의 실천 행동을 유인하는 노력이 필요하다. 이를 위해 우리 정부는 해양쓰레기 교재 개발, 전문 강사 양성, 해양환경 이동 교실을 시행하고 있으며, 공익 광고, 해양 사진 공모전, 아이디어·표어·유투브(Youtube)·업싸이클링 공모전 등을 캠페인 활동을 수행하고 있다. 또한 매년 9월 셋째 주 토요일을 전후로 100여개 국가에서 연간 50만 명이 참여하고 있는 '국제 연안정화의 날'을 매년 개최하고 있다.

(4) 향후 해양쓰레기 대응 방향

국제사회에서는 기후변화 다음으로 해양쓰레기를 주요한 국제 환경 현안으로 인식하고 있다. 유엔환경계획과 G7, G20 등 주요 국제기구에서는 지속가능 개발 목표(UN SDGs) 이행, 국제협약 추진, 행동계획(Action Plan) 채택, 성명서 발표, Global Campaign, 지역 해 관리(Regional Sea Management) 등을 강화하면서 해양쓰레기 문제 해결을 위한 구체적인 대응을 추진하고 있다. 미세 플라스틱이 생태계와 인간에 미치는 영향들이 과학적 연구 결과를 통해 속속 밝혀짐에 따라 이에 대한 대응도 확대되고 있다. 또한 해양플라스틱 쓰레기를 단계적으로 줄이기 위한 저감 정책, 해양쓰레기를 폐자원으로 활용하기 위한 자원순환 정책도 범지구적으로 강화될 전망이다.

해양쓰레기가 야기하는 오염 문제는 향후에도 지속적으로 이슈화될 가능성이 높으며 문제 해결을 위한 국제사회의 공조도 한층 더 강화될 것으로 보인다. 우리나라도 이에 맞추어 관리 정책의 선진화가 요구된다. 플라스틱 쓰레기를 포함한 해양쓰레기의 저감 정책, 영향 확산을 방지하기 위한 친환경적인 수거 정책, 해양쓰레기를 폐자원으로 활용하고 플라스틱 대체 제품을 개발하기 위한 자원순환 정책, 시민·업계·어업인·이해관계자의 인식 전환과 실천 행동을 유인하기 위한 홍보·캠페인 정책, 과학적 조사·연구 기반의 정책 수립과 관리를 위한 연구개발 투자 확대, 개발도상국에 대한 인도적 지원 확대 등이 필요하다.

3.8 열오염

1 열오염의 정의와 현황

(1) 열오염의 정의

화력발전소 또는 원자력발전소와 정유공장 등의 대규모 사업체에서는 발전기를 돌리기 위해 많은 양의 냉각수를 필요로 한다. 이때 냉각용으로 취수된 해수는 열교환기를 통과한 후 수온이 약 7℃ 정도 높아져 다시 바다로 배출되는데 이러한 해수를 온배수(thermal effluents, thermal discharges)라고 한다(그림 3.8.1).

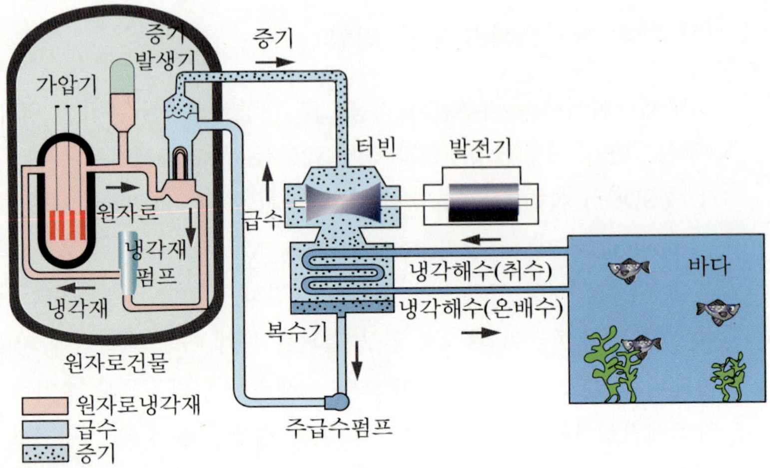

그림 3.8.1 원자력발전소의 온배수 순환도

이러한 온배수가 배출되는 해역의 수온이 자연해수의 수온보다 높아짐에 따라 주변해역의 수온분포가 변화하여 직·간접적으로 해양환경 및 생태계 변화 등을 초래하는 현상을 열오염(thermal pollution) 현상이라고 한다.

(2) 열오염의 현황

① 지구온난화에 따른 해수 온도의 상승과 온배수

원자력발전소에서 배출되는 온배수가 주변해역에 미치는 영향을 이해함에 있어서 무엇보다도 지구온난화에 따른 자연적인 해수 온도의 상승을 고려할 필요가 있다. 국립수산과학원이 발표한 바에 따르면 한반도 주변 해양의 해수 온도가 상승하면서 어업자원 변동의 전형적인 세 가지 특이 현상이 나타나고 있다. 첫째로 난류성 어종에 있어 어종의 분포 해역이 북상하고, 둘째로 어종의 어기가 연장되고 있으며, 셋째로 어종의 겨울철 어획량의 증가 현상이 나타난다. 이와 같이 지구온난화에 따른 해수 온도가 서서히 증가하는 상황에 연안에 세워진 발전소로부터 온배수가 방출되어 해수의 온도가 더욱 올라가면 상승작용을 나타내어 예상치 못한 결과가 초래되지 않을까 우려된다.

국내 원자력발전소 가운데 영광원전을 예로 들어 복수기로 들어가는 물의 온도와 복수기를 거쳐 나오는 물의 온도차를 살펴보면 표 3.8.1과 같다. 물론 계절에 따라 그리고 발전소의 가동 상황에 따라 복수기 입·출구 온도차는 달라지는데, 전반적으로 7~10℃의 범위를 보이고 경우에 따라서는 12℃까지 차이를 보이기도 한다. 그런데 원자력발전은 화력발전보다 열효율이 낮아서 보다 많은 냉각수를 필요로 하며 특히 한 부지에 4개 호기 또는 그 이상의 발전소가 가동함에 따라 사용되는 냉각수의 양은 실로 엄청난 양이 아닐 수 없다(표 3.8.2). 따라서 지구온난화에 따른 해수 온도가 상승하는 현실에서 온배수가 대량 방출된다면 예측하기 어려운 상승작용을 나타낼 수 있을 것이다.

표 3.8.1 원자력발전소 복수기 입·출구 온도차의 예 (단위: ℃)

호기 \ 계절	겨울	봄	여름	가을
#1호기	10.5 ~ 12.3	9.0 ~ 9.5	7.5 ~ 8.5	8.2 ~ 9.6
#2호기	9.9 ~ 12.2	7.7 ~ 9.0	7.7 ~ 9.0	8.6 ~ 9.9
#3호기	11.5 ~ 11.9	10.0 ~ 10.7	8.8 ~ 9.1	10.2 ~ 10.5
#4호기	11.3 ~ 12.1	10.5 ~ 10.7	8.8 ~ 9.1	10.0 ~ 10.3

※ 영광원전, 2001

표 3.8.2 국내 원전 냉각수 사용량의 설계치 또는 운영실적 (단위: m^3/sec)

호기 \ 원전	고리	월성	울진	영광
#1호기	21.8	40.5	61.8	49.8
#2호기	23.7	40.5	61.8	49.8
#3호기	42.8	40.5	49.8	45.8
#4호기	43.3	40.5	49.8	45.8
#5호기	-	-	-	59.3
#6호기	-	-	-	59.3
계	131.6	162.0	223.2	309.8

※ 한국전력공사, 2002

② 냉각방식

우리나라에 건설되고 가동되고 있는 모든 원전의 냉각계통은 관류냉각방식을 취하고 있다. 관류냉각방식이 설계가 간단하고 경비가 가장 적게 든다는 장점이 있으나, 많은 양의 열에너지를 주변 수역으로 방출함에 따라 인근해역에서 수산업에 종사하는 주민들의 민원이 제기되고 있는 현실이다.

③ 발전소의 입지와 온배수 확산

우리나라 대부분의 화력발전소 및 원자력발전소는 내륙에서 다량의 냉각수를 안정적으로 공급받을 수 없는 지리적 여건으로 인하여 연안에 위치하고 있다. 연안역으로 대량 방출된 온배수는 해양으로 확산되어 가면서 수온상승으로 인한 해양생태계 교란을 초래함은 물론 해수의 흐름구조를 크게 변화시킨다. 그림 3.8.2는 해양으로 방출된 온배수의 확산/냉각과정을 모식화한 것이며, 수평적 확산영역과 해양물리적 지배요소를 요약하면 그림 3.8.3과 같다.

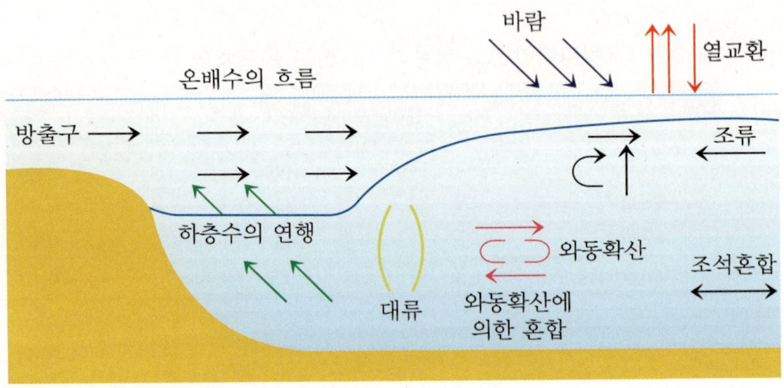

그림 3.8.2 온배수의 해양내 확산/냉각과정

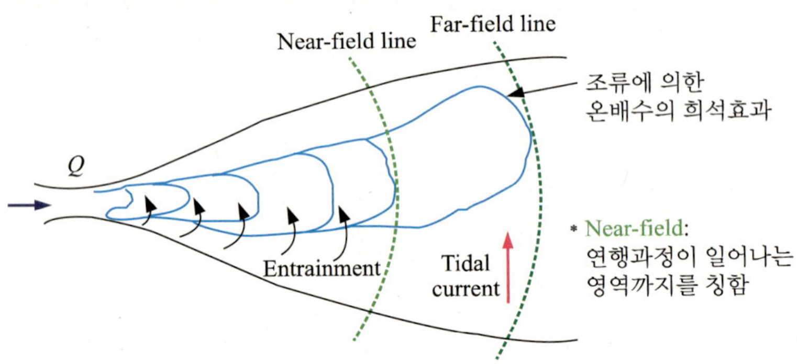

그림 3.8.3 온배수의 확산영역의 구분

- **방출구 인접영역(near-field)** : 주위 냉각수의 연행(entrainment)에 의한 혼합
- **중간영역** : 방출수 및 주위수의 흐름에 의한 이류 및 난류에 의한 와동확산
- **원방영역(far-field)** : 조류에 의한 이류, 분산 및 해면과 대기간의 열교환

발전소 부지의 새로운 입지 선정에 난관을 겪고 있는 우리나라에서는 부득이 기존의 부지에 다수기를 건설할 예정으로 있으며, 이렇게 한 부지에 6기 또는 8기에 달하는 다수기의 원자로가 가동되면 주변 해역에 미치는 온배수의 영향이 더욱 가중될 것으로 예상된다.

④ 현재 원전 온배수 배출기준이 없음

전 세계적으로 많은 나라에서는 발전소로부터 배출되는 온배수의 배출기준을 엄격하게 규정하고 있다. 연해에 해조류나 어패류 양식장이 별로 없는 미국에서조차 환경보호와 자원보전을 위하여 엄격한 기준을 채택하고 있는데, 바다를 적극 활용하고 다양한 해양생물자원을 이용하고 있는 우리나라도 온배수 배출 기준의 정립이 시급히 요구되고 있는 실정이다.

⑤ 원전 온배수 이용방안 미흡

국외의 선진국은 1950년대부터 발전소 온배수를 이용하기 시작하였으며, 1970년대부터 본격적으로 실용화 되었다. 온배수가 지닌 열에너지를 이용하여 농작물의 생산을 촉진시키기 위한 지중 가온 또는 온실 난방에 활용하거나 온배수 자체를 해산어류 및 무척추동물의 양식에 직접 이용할 수 있다. 현재 발전소 온배수 이용의 기술개발이 이루어져 상업화 단계에 이른 나라는 일본, 미국, 프랑스 등 20여개 국가에 이른다. 우리나라는 1990년대부터 보령화력, 영광 및 월성원전 등에 양식장을 건설하고 어패류를 양식/분양하거나 방류하는 수산업분야에 적극적으로 이용하고 있으나, 원전 온배수 이용 양식장의 규모와 생산 기술과 현황은 프랑스나 일본 등 선진국에 비하면 아직까지도 미흡한 수준이다.

2 열 오염원

해양의 수질환경에 있어서 열오염원은 화력발전소 및 원자력발전소의 냉각수와 열수로 인한 열오염원이 75～80%를 차지한다. 이들 열오염원을 열거하면 다음과 같다.

(1) 발전소 냉각수

화력발전소는 15%의 폐열이 냉각수로 전이되며, 원자력발전소는 45%의 폐열이 냉각수로 전이된다.

(2) 냉각수량

국내에서 사용 중인 원자로 1기에 대한 온배수 발생량은 100만 kW, 발전소 1대당 1초에 50～70 ton의 막대한 양이다. 예를 들어 4,000 MW를 생산하는 발전소의 배출수 지역을 10℃ 상승시키는데 필요한 냉각수량은 약 $1 \sim 2 \times 10^7$ ton/day의 대량의 해수가 소요된다.

(3) 배출수의 수온

미국 EPA는 배출수가 배출해역의 4계절의 평균수온보다 1℃를 상회하지 않도록 공표하고 있으나 현재 우리나라의 경우 주변해역보다 약 5～15℃를 상회하고 있는 실정이다.

(4) 잔류염소 오염

발전소의 냉각체계에 있어 냉각 효율의 증대를 위하여 냉각관 내부 벽면에 부착생물의 부착방지와 성장억제를 위해 냉각체계에 연속적 또는 간헐적으로 염소를 주입하고 있는 것으로 보고되고 있어 잔류염소도 온배수 열오염의 부차적 오염원으로 간주될 수 있다. 그러므로 발전소 냉각체계로부터 해양으로 배출되는 잔류염소가 해양생태계 서식 환경에 미치는 영향에 대해서도 충분한 대책이 필요할 것으로 판단된다. 국내에서 사용 중인 원자로 1기에 대한 온배수 발생량은 100만 kW, 발전소 1대 당 1초에 50～70 ton의 막대한 양이므로 해양환경에 미치는 영향이 매우 클 수 있다.

3 열오염의 영향

(1) 기계적 영향

① 스크린에 의한 영향

발전소별로 매년 105～107마리의 어류가 망에 충돌하여 치사하는 영향으로 이는 현존 생물량의 약 0.06% 정도이며 상업적인 어업량의 약 2.7%에 이른다.

② 냉각체계 내에서의 영향

온도충격, 물리적인 상처, 타격, 압력, 염소처리 등에 의해 생물이 치사하는 영향으로 볼 수 있다.

(2) 치명적 영향

① 수온 변화에 의한 생태계 영향

해양생물체의 각종 생리현상은 평균수온이 아닌 치사수온 바로 아래서 활발하기 때문에 정상수온에 비해 2~3℃ 가량 수온이 상승하여도 대량 치사를 하게 된다.

특히 어류보다는 이동성이 없는 고착성 생물인 패류 등에 미치는 영향이 더욱 더 크다고 할 수 있다. 그림 3.8.4에 나타난 바와 같이 해양생물은 서식지의 온도조건이 변화하게 되면 예전에 출현하던 생물 가운데 온도의 내성한계가 좁은 생물은 사라지는 반면, 변모된 온도 조건을 선호하는 새로운 생물종이 출현하게 된다. 이는 수온증가로 어류, 수생식물과 부착성 조류 등의 생산성은 증가할 수 있으나 전체적인 종 다양성은 감소하게 되어 생물의 종다양성 변화를 비롯한 먹이사슬 변화 등의 생태학적인 환경건전성의 지표가 악화되어 전반적인 생태계에 혼란을 초래하게 된다.

이외에도 온배수에 의한 수온 상승 뿐 아니라 원자로의 가동 중지 및 재가동 등에 의한 온도의 급격한 변화 때문에 해양생물에 온도 충격을 유발하여 영향을 미칠 수 있다. 그리고 비정상적인 조류의 과다 출현으로 적조현상 또는 남조류의 대량번식으로 독성물질이 방출되어 어류 및 해조류의 대량치사가 일어날 수도 있다.

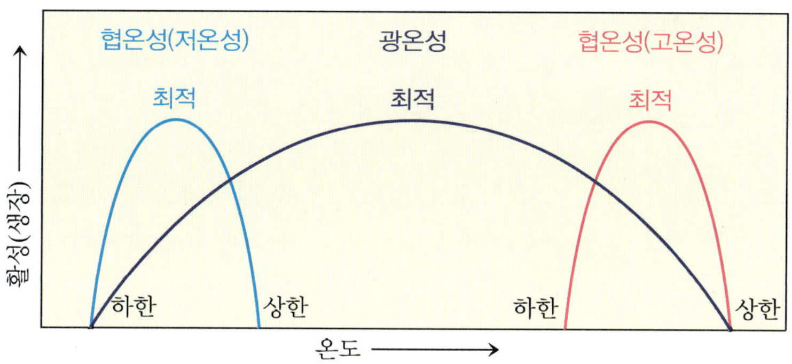

그림 3.8.4 협온성 및 광온성 생물의 상대적 내성한계의 비교

② 용존산소 저하로 인한 영향

온도가 증가함에 따라 미생물 및 수생생물의 호흡량은 대사율의 증가에 따라 필요한 산소를 얻기 위하여 증가되는 반면에, 포화 용존산소농도는 온도의 증가에 따라 감소되므로 해수의 산소 용해율은 저하되어 생물들에게 호흡곤란 등을 유발하게 한다. 대략 수온이 10℃ 증가함에 따라 산소용해도는 약 20% 감소하게 되며, 이러한

산소결핍현상은 성층현상(stratification)에 의해 더욱 심화되어질 수 있다.

③ 각종 스트레스에 대한 해양생물의 저항력 약화

수온의 증가는 해양생물의 생리적인 활성을 변화시켜 질병, 유해물질 등 환경 내에서 극복해야 될 각종 스트레스에 대한 내성을 낮추어 생물들의 생육에 장애를 일으킬 수 있다. 또한 각종 병원균 등은 온도가 높을수록 더욱 활성이 강해지므로 이로 인해 어패류가 각종 질병에 노출되기가 더욱 쉬워지게 된다.

④ 온배수 잔류염소에 의한 영향

발전소의 냉각체계에서 사용되는 부착생물, 유생 등의 부착방지용 염소처리과정에서 배출수가 충분히 처리되지 않을 경우 배출수 잔류염소에 의해 해양생물에게 독성을 나타낼 수도 있다.

⑤ 경제적인 영향

생태계의 변화에 따라 고급 어종들이 감소하게 되고 일부 어종은 생육이 불가능해짐에 따라 어업 및 수산업 등에 영향을 미칠 수 있다.

4 열오염에 대한 대책

(1) 열오염원의 정확한 현황파악

해안과 해저 지형에 대한 정보와 배출 상태에 대한 정확한 정보를 확보하고 지속적인 해양환경과 생태계에 대한 모니터링을 실시해야 한다.

(2) 온배수 배출관 연장

온배수의 배출관을 먼 바다까지 연장하여 온배수를 먼 바다에 배출함으로써 어업자원이 풍부한 연근해의 오염을 막는 방식을 이용해야 한다.

(3) 발전소 냉각체계의 변경

우리나라에서는 거의 모든 화력발전소는 물론 특히 대용량 원자력 발전소들이 관류냉각방식을 취하고 있고, 다량의 냉각수를 공급하기 위하여 모두 바닷가에 건설되어 있는 실정이다. 그런데 관류냉각방식은 엄청난 열에너지를 주변 수역으로 방출하게 되고, 이에 따른 주변 해수의 온도 상승이 심각한 문제를 야기하게 된다. 따라서 발전소 냉각계통의 변경을 심각하게 고려할 필요가 있다.

(4) 원전 온배수 배출기준의 제정

우리나라 환경부의 「수질환경보전법」 시행규칙 가운데 오염물질의 배출허용 기준에서 배출수의 온도를 40℃로 규정하고 있지만, 이 기준을 발전소 온배수의 배출 기준으로 간주하기는 어려운 실정이다. 특히 원자력발전은 화력발전에 비하여 훨씬 많은 양의 온배수를 방출할 뿐만 아니라 대용량의 4개 또는 6개 호기가 가동되고 후속기의 건설이 계속 추진되고 있는 상황을 감안해 볼 때, 원전에서 배출되는 온배수의 배출 기준제정에 대한 검토가 시급히 이루어져야 할 것이다.

(5) 온배수 적극적인 활용방안 수립

원전 온배수 문제를 해결함에 있어서 가장 비중 있게 다루어야 할 분야가 온배수의 활용방안을 수립하는 것이다. 온배수가 지닌 열에너지를 효과적으로 이용하고 특히 발전소 지역 농어민의 생활 향상에 이바지할 수 있도록 냉난방 시스템, 농업, 원예, 양식업 등 다각적인 대책을 강구해야 할 필요가 있다.

3.9 방사능 오염(Radioactivity pollution)

1 방사능의 발견

방사성물질은 지구가 탄생할 때부터 지구상에 존재하였으나, 그 존재를 알게 된 것은 122년 전에 불과하다. 방사능은 1896년 프랑스의 물리학자 앙리 베크렐(A.H. Becquerel)에 의해 처음으로 알려졌다. 베크렐은 햇빛이 전혀 쪼이지 않는 결정체에서 발생한 빛이 사진건판을 감광시킨 것을 보고 이 정체불명의 선을 우라늄선이라 이름 지었다. 그 결정체는 칼륨우라늄중황산염($KUO(SO_4)_2$)으로서 여기에는 우라늄 외에도 우라늄의 딸핵종인 다른 방사성동위원소가 많이 있었을 것이다. 1898년 큐리

(Curie) 부부가 방사능을 가진 새로운 2가지 원소(Polonium, Radium)를 발견하였으며, 1934년에는 인공방사성동위원소인 P-30을 분리하면서 최초로 인공방사성 동위원소의 존재가 알려지게 되었다. 그 이후 20세기 중반까지 1,200여 종이 넘는 인공방사성동위원소가 만들어 졌으며, 인공방사성 동위원소들은 아직까지도 계속해서 만들어지고 있다.

2 방사능의 특성

원자는 화학적 또는 물리적 반응을 통하여 한개 또는 그 이상의 전자가 손실 또는 첨가되기도 한다. 많은 원자들은 화학적으로 불안정하지만 최종적으로는 안정화단계를 거친다. 이를테면, 핵 내에서 불안정성은 양성자와 중성자의 비율을 같게 함으로서 안정하게 되는데 이러한 변화과정 중에 입자나 에너지가 방출되며, 이렇게 방출된 에너지나 입자를 방사능(radioactivity)이라 한다. 또한, 불안전한 상태의 원소들을 방사성동위원소(radioactive isotope) 또는 방사성핵종(radionuclide)이라 한다. 방사성동위원소는 핵 내에 동일한 수의 양성자를 가지고 있으나, 중성자의 수가 다른 원소를 말하며, 따라서 화학적 성질은 같지만 핵질량이 다른 원소이다.

3 방사선의 종류

에너지가 높은 상태에 있는 원자핵은 에너지를 방출하여 보다 안정된 상태로 되는 성질을 가지고 있다. 어떤 원자핵이 붕괴되는 현상을 방사능이라 하며, 이때 에너지가 방출되는데 이것이 방사선으로 관측된다. 그리고 방사능의 성질을 가진 물질을 방사성물질이라 하므로 방사능에 오염되었다는 것은 방사성물질에 오염되었다는 것이 정확한 표현이다. 그러나 방사선의 조사(照射)로 오염되었다는 표현은 사용하지 않는다.

자연에 존재하는 90여 종의 원자 중 원자번호가 83 이상의 것은 대부분 자연방사성 원소로서 항상 방사선을 가지고 있다. 방사성물질에서 나오는 방사선의 종류에는 알파선, 베타선, 감마선이 있으나, 이들 3종류의 방사선은 모든 방사성물질에서 동시에 방출하거나 혹은 특정 방사선만을 방출하기도 한다.

알파선은 원자핵이 붕괴하면서 헬륨원자를 방출하므로 질량수 4, 양자수 2개가 감소된다. 알파입자는 에너지를 매우 빨리 잃고, 감속되어 공기 중에서 투과력이 약하며(3 cm 정도의 종이 두께를 투과하지 못함), 자장에 의한 편향도도 미세한 편이다.

베타선은 붕괴하면서 전자를 방출하며, 공기 중에서 투과력이 알파선에 비해 다소 강하다(10 cm 알루미늄판을 투과하지 못함). 감마선은 붕괴하면서 전자기파를 방출하며, 투과력이 매우 강하고(납판을 투과하지 못함), 자장에 의한 편향도는 없다.

4 방사선의 양과 단위

현재 방사선의 양과 단위 및 방사선 방어에 관한 국제기관은 국제방사선 단위위원회(ICRU, International Commission on Radiation Units and Measurement)와 국제방사선방호 및 측정위원회(ICRP, International Commission Radiological Protection)가 있다. 최근 ICRU에서는 국제단위계(SI)를 사용할 것을 권고하고 있으며, 과거에 사용했던 Curie(Ci), Roentgen(R), Rad, Rem 등을 특수단위로 구분하고 있다. SI단위로는 방사능 단위로 Becquerel(Bq), 조사선량(exposure dose) 단위로는 쿨롱/킬로그램(C/kg), 흡수선량(absorbed dose) 단위로 Gray(Gy), 등가선량(equivalent dose) 단위로 Sievert(Sv) 등이 사용되고 있다.

베크렐(Bq)은 매 초당 한 핵의 붕괴수로 정의되며, 큐리(Ci)와의 관계는 $1\ Bq = 2.703\times10^{-11}$ Ci가 된다. 또한, 큐리는 라듐(Ra-226)원소 1 g의 방사능에 해당되는 붕괴율인 3.7×10^{10}붕괴수/s로 정의되며, 베크렐과의 관계는 $1\ Ci = 3.7\times10^{10}\ s^{-1} = 3.7\times10^{10}$ Bq이 된다. 그레이는 방사능이 1 kg의 생물체 조직에 1줄(Joule)의 에너지를 흡수하게 하는 양으로서 생물학적 측면에서 매우 중요한 단위이다. 시버트(Sv)는 감마입자 1그레이 또는 중성자 0.1그레이와 동일하다.

5 방사성동위원소의 분류와 붕괴법칙

지구상에 존재하는 방사성원소를 크게 세 가지로 분류된다. 첫째, 지구가 생성될 때 결합된 원자 중에 존재하는 원시방사성원소(천연방사성원소, 표 3.9.1), 둘째, 대기 중에서 원자핵의 분열반응에 의해 생성된 우주선기원의 방사성원소로서 H-3, Be-7, Be-10, C-14, Al-26, Si-32 등이 있다. 셋째, 인간의 핵폭발실험이나 핵분열실험에 의해 생성된 인공방사능핵종 등이 있다.

표 3.9.1 Uranium, Thorium 및 Antino-Uranium계열의 방사붕괴와 반감기

	U-238계열							Th-232계열					U-235계열				
Np																	
U	U -238 (4.47 $\times 10^9$ y)		U -234 (2.48 $\times 10^5$ y)										U -235 (7.04 $\times 10^5$ y)				
Pa	↓	Pa -234 (1.18 m)	↓										↓	Pa -231 (3.25 $\times 10^4$ y)			
Th	Th -234 (24.1 d)		Th -230 (4.52 $\times 10^4$ y)					Th -232 (1.40 $\times 10^{10}$ y)		Th -228 (1.9 y)			Th -231 (25.5 h)	↓	Th -227 (18.6 d)		
Ac			↓					↓	Ac -228 (6.13 h)	↓				Ac -227 (21.6 y)	↓		
Ra			Ra -226 (162^2 y)					Ra -228 (5.75 y)		Ra -224 (3.64 d)					Ra -223 (11.4 d)		
Fr			↓							↓					↓		
Rn			Rn -222 (3.82 d)							Rn -220 (54.5 s)					Rn -219 (3.92 s)		
At			↓							↓					↓		
Po			Po -218 (3.05 m)		Po -214 (1.64$\times 10^{-4}$ s)		Po -210 (138.4 d)			Po -216 (0.158 s)		Po -212 (3.0$\times 10^{-7}$ s)			Po -215 (1.78$\times 10^{-3}$ s)		
Bi			↓	Bi -214 (19.7 m)	↓	Bi -210 (5.0 d)	↓			↓	Bi -212 (60.5 m)	↓			↓	Bi -211 (2.16 m)	
Pb			Pb -214 (26.8 m)		Pb -210 (22.3 y)		Pb -206 (stable)			Pb -212 (10.6 h)	35% ↓	Pb -208 (stable)			Pb -211 (36.1 m)	↓	Pb -207 (stable)
Ti											Ti -208 (3.1 m)					Ti -207 (4.79 m)	

여기서 천연방사성원소들은 다시 Uranium계열(U-238계열), Thorium계열 Antino-Uranium계열(U-235계열)로 나누어진다. 또한, 인공방사성핵종으로는 수많은 종들이 만들어졌으며, 앞으로도 계속 증가할 것이다.

원자핵은 알파입자나 양전자(positron)를 방출하거나 또는 전자포획(electron capture)을 통하여 안정화되며, 이러한 과정을 방사붕괴(radiative decay)라 한다. 방사붕괴는 단위시간당 붕괴하는 원자의 수로 표현할 수 있으며, 원자의 총수인 N과 비례한다. 이때 비례상수를 붕괴상수(decay constant, λ)라 하며, 반응속도상수로서 핵종마다 고유한 값을 가진다. 또한, 초기 방사능(A_0)은 시간이 경과함에 따라 지수함수적으로 감소하는데 t시간이 경과한 후 남아 있는 방사능(A)은 아래와 같이 나타낼 수 있다.

$$A = A_0 e - \lambda t$$

위의 식에서 t는 반감기(half-life)라하며, $t = 0.693/\lambda$가 된다. 반감기는 붕괴상수와 마찬가지로 핵종마다 고유한 값을 가진다. 이러한 성질을 이용하여 해양지구화학에서 다양한 물질의 거동을 이해하는 데 유용하게 이용되고 있다.

반감기에는 환경의 영향을 받지 않는 각 핵종 고유의 값을 가지는 물질적 반감기(physical half-life)와 방사성핵종을 생물체에 투여한 후 투여량 중 1/2이 생리학적으로 체외로 배설되는 데 소요되는 시간을 나타내는 생물학적 반감기(biological half-life), 어떤 장기조직에 있어서 방사능이 실제 반으로 줄어드는 데 소요되는 시간을 나타내는 유효반감기(effective half-life)로 나눌 수 있다.

6 원자력의 이용과 문제점

원자력을 이용하여 에너지원으로 얻는 데는 핵분열과 핵융합의 두 가지 방법이 있다. 핵분열은 U-235나 Pu-239와 같이 무거운 핵종에서 중성자로 충격을 가해줄 때 일어나며, 이때 생성된 새로운 중성자들이 다른 핵종과 충돌하여 다시 분열을 초래하는 연쇄반응이 일어난다. 이러한 원리는 처음에 핵폭탄 제조에 이용하였으며, 이후 원자력을 이용한 전력 생산에 이용되고 있다.

반면에 핵융합은 원자번호가 낮은 원자의 결합을 의미하며, 원자력에너지를 효율적이고 안전하게 이용하기 위해서는 핵융합반응을 통하여 얻는 것이 가장 바람직하다.

7 방사능 오염현황

(1) 핵무기관련 조약 및 낙진의 영향

제2차 세계대전 말기 원자폭탄이 투하되면서 핵문제가 대두되기 시작한 이래 미국, 영국, 구소련, 프랑스, 중국 등에 의해 지속적으로 핵실험이 이루어지면서 지구환경에 유입되었다. 핵실험에는 농축된 우라늄이나 플루토늄을 사용하고 있어서 수중 혹은 지상에서 폭발하면 200여 종 이상의 핵분열산물과 방사성동위원소가 생성된다. 이처럼 폭발에 의해 생성된 방사성동위원소들은 대부분 자연에 존재하지 않는 물질들이며, 이들 중에는 일부 반감기가 매우 짧은 것도 있으나, 반감기가 긴 핵종들은 낙진(fallout)의 형태로 지구상에 떨어져서 오염을 일으키기도 한다.

핵실험 정지 또는 금지 문제를 처음으로 다룬 것은 1958년 3월 구소련이 일방적으로 핵실험의 정지를 선언한 것이 계기가 되었으며, 미국과 영국을 포함한 3개국이 1958년 10월에 제네바에서 핵실험금지회의가 열리게 되었다. 그러나 1962년 1월까지 총 350여 차례 회의를 열면서 핵실험금지를 위한 노력을 기울였으나, 1961년 구소련이 사상 최대의 핵실험을 재개하면서 그 회의는 중단되었다.

이후 1963년 10월 미국, 영국, 구소련 등 3개국의 비준에 의하여 발효된 "부분적 핵실험금지조약(Treaty of Banning Nuclear Weapons Tests in the Atmosphere in Outer Space and Under Water)"이 핵무기관련 최초의 국제조약이 되었다. 그러나 이 조약은 대기권내 우주공간 및 수중에서의 핵무기실험을 금지하는 조약으로 지하에서의 핵실험에 대한 부분이 제외되어 있으며, 사찰조항이 포함되어 있지 않다. 이와 같이 지하핵실험에 대해 언급하지 않은 것은 국제적인 관리가 곤란하다는 점과 미국 등 핵강대국들이 지하핵실험으로 핵무기개발을 계속할 수 있다는 속셈이 숨겨져 있었다. 이에 대해 강력히 반발하여 조인을 거부한 국가가 프랑스와 중국이며, 이 두 국가는 1980년대 초반까지도 핵실험을 계속해 왔다. 우리나라도 이 조약에 1964년에 서명 가입하였다. 그러나 이 조약은 비핵보육국들로부터 많은 비난을 받았음에도 불구하고, 1966년부터 미국과 구소련이 지속적인 합의와 비핵보유국들에 대한 교섭을 벌인 결과를 가지고 1969년 6월 12일에 국제연합총회에서 "핵확산금지조약(Nuclear Nonproliferation Treaty)"이 채택되었다. 이 조약은 핵무기보유국과 나머지 40개국의 비준을 필요로 하며, 발효는 미국과 구소련의 비준서 기탁이 끝난 1970년 3월 5일에 이루어졌다. 우리나라는 1975년 4월 23일에 정식비준국이 되었고, 북한은 1985년 12월 12일에 가입하였고, 1993년 3월 12일 탈퇴를 선언하였으나 탈퇴 요건을 충족시키지 못해 보류되었으며, 2003년 1월 10일 다시 탈퇴를 선언하였다. 그러나 프랑스와 중국은 미국과 구소련에 반발하여 가입하지 않았지만 1992년에 가입하였고, 현재는 가맹국이 189개 국가이다.

이러한 일련의 핵실험금지조약에도 불구하고, 여전히 지하 핵실험을 규제할 수 없다는 문제를 해결하기 위하여 1996년 국제연합총회에서 어떠한 규모, 형태, 장소에서도 핵실험을 금지한다는 내용을 골자로 채택한 국제조약이 "포괄적 핵실험금지조약(Comprehensive Test Ban Treaty)"이라 한다.

이와 같이 핵 열강들에 의해 수십 차례의 핵실험결과 대기를 통해 확산된 낙진이 해양으로 유입되었음을 알 수 있으며, 이러한 핵실험은 대부분 북반구에서 일어났음을 알 수 있다(그림 3.9.1).

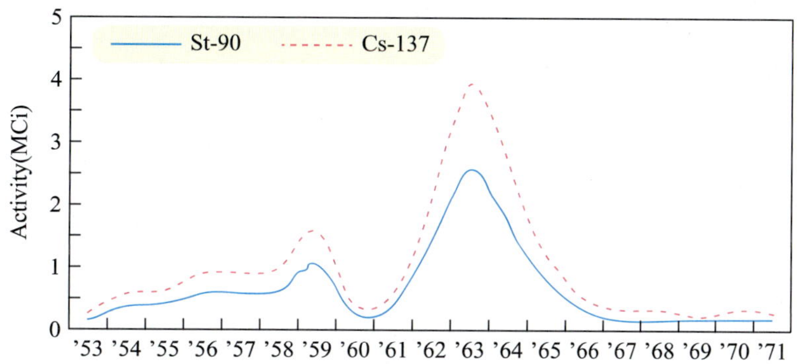

그림 3.9.1 **북반구에서 연평균 방사능 낙진**(Folsom, 1980)

(2) 방사능 유출사고

일반적으로 원자력 반응로의 핵심은 스테인리스나 지르코늄 합금으로 피복(cladding)된 수천 개의 작은 산화우라늄 연료봉으로 구성되어 있으며, 500 MW급 발전소에는 약 20,000개의 연료봉이 장착되어 있다. 이러한 핵 연료봉 피복에 균열이 생기지 않는 한 핵 연료봉으로부터 방사성물질의 유출은 거의 없으며, 핵 연료봉으로부터 냉각수로 유출되는 방사성핵종들도 기타 불순물들과 함께 냉각수와 분리시키기 때문에 실제로 지구환경으로 유출되는 방사성물질의 수준은 매우 낮다. 그러나 방사성핵종이 가스성인 경우는 굴뚝을 통해 대기 중으로 방출되기 때문에 문제가 될 수 있다.

가장 최근에 발생한 방사능 유출사고는 전 세계를 충격에 휩싸이게 한 지구규모의 대 재앙을 기억할 것이다. 2011년 3월 11일 일본 동북부 지역에서 발생한 규모 9의 지진으로 거대한 지진해일(쓰나미)로 인해 일본 동경전력이 운영하고 있는 후쿠시마

다이이치 원자력발전소가 가동이 중단되어 전력공급 차단으로 원자로의 냉각장치가 멈추면서 원자로 내부의 노심이 녹아내리고 수소폭발이 일어났다. 이 폭발로 인하여 원자로 내부에 잔존하고 있었던 많은 양의 방사성물질이 대기로 방출되었다. 또한, 과열된 원자로 냉각을 위해 해수를 뿌렸고, 이때 원자로에 있던 방사성물질이 해수에 씻겨 바다로 흘러들었다. 비교적 방출량이 많았던 것은 3월 12~24일과 28~31일 경이다. 방출량이 많았던 핵종으로는 제논-133(반감기 5.2일), 요오드-131(반감기 8.0일), 요오드-133(반감기 20.8일), 텔루륨(반감기 3.2일), 크립톤-85(반감기 10.8일), 세슘-13(반감기 2.06일), 세슘-137(반감기 30.2년), 스트론튬-89(반감기 50.5일), 스트론튬-90(반감기 28.7년) 등이 있다. 이 사고로 많은 양의 방사성물질이 대기 및 바다로 방출되었으며, 사망자도 다수 발생하였다. 이 사고는 아직도 그 영향이 지속되고 있는 것으로 알려지면서 우리들에게 막연한 두려움과 사회적 혼란을 일으키기도 하였다.

일본 정부의 모니터링 결과에 의하면 2011년 3월 말 원자력발전소 인근 바다에서 세슘-137이 10억 Bq/L을 초과한 결과도 있었으며, 4월 초순에는 발전소 앞 항만에서도 68,000 Bq/L의 값을 보였다. 그러나 바다로 유입된 방사성물질은 급속히 확산되면서 사고 발생 2년 후에는 미국 캘리포니아 인근 해역에서 감지되기도 했지만 농도는 매우 낮아진 것으로 알려졌다(그림 3.9.2). 그러나 최근까지도 방사성물질로 오염된 지하수가 계속해서 바다로 유입되는 것으로 알려지면서 일본 내 탈핵 목소리가 커져가고 있다는 뉴스를 접하고 있다.

이전의 대규모 폭발사고로는 1986년 4월 26일 구소련(현재 우크라이나)의 키예프(Kiev)시 북쪽에 위치한 체르노빌 원자력발전소 4호기(당시 4기의 원자로가 가동중

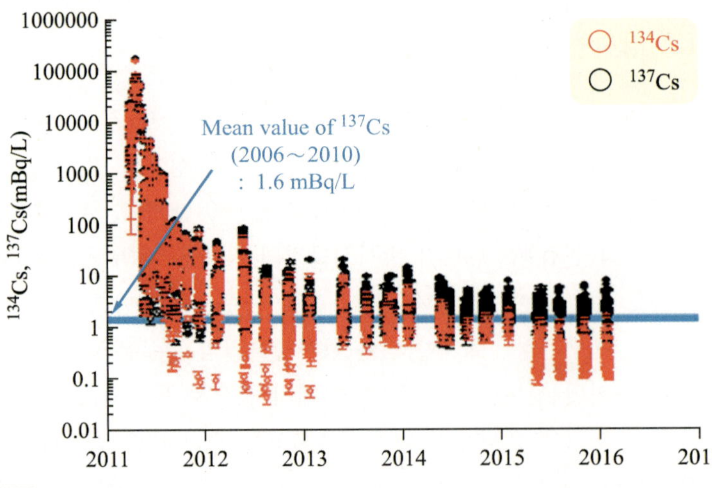

그림 3.9.2 2011년 3월부터 2016년 2월까지 후쿠시마 연안 해수 중 Cs-134와 Cs-137 농도(Takata et al., 2017)

이었으며, 이중 가장 늦게 건설되었음) 폭발에 의한 대규모 참사로 발전소 운전요원 약 30여명이 현장에서 사망하였다. 이외에도 화재진압을 위해 동원되었던 소방대원, 군인, 의사들은 물론 인근 5호기 건설에 관여하였던 작업인부들까지도 방사능에 피폭되었다. 이외에도 1986년부터 1990년까지 사고복구 및 처리를 위해 활동했던 수십만 명 중에서 약 20여만 명 정도가 직접 또는 간접적으로 방사능에 피폭된 것으로 알려져 있다.

체르노빌 원자력발전소 사고로 인하여 방출된 방사성물질은 총 12×10^{18} Bq로 추정하고 있으며, 이 가운데 약 절반정도가 불활성 가스 형태였다. 그러나 나머지는 생물학적으로 매우 유해한 방사성핵종인 요오드(I-131), 세슘(Cs-134와 Cs-137) 등이었으며, 이들은 반감기에 따라 단기적 혹은 장기적인 영향을 줄 수 있다. 사고 당시 전문가들의 평가에 의하면 I-131가 $1.3 \sim 1.8 \times 10^{18}$ Bq, Cs-134이 약 0.05×10^{18} Bq, Cs-137이 약 0.09×10^{18} Bq인 것으로 평가되었다(그림 3.9.3, 그림 3.9.4).

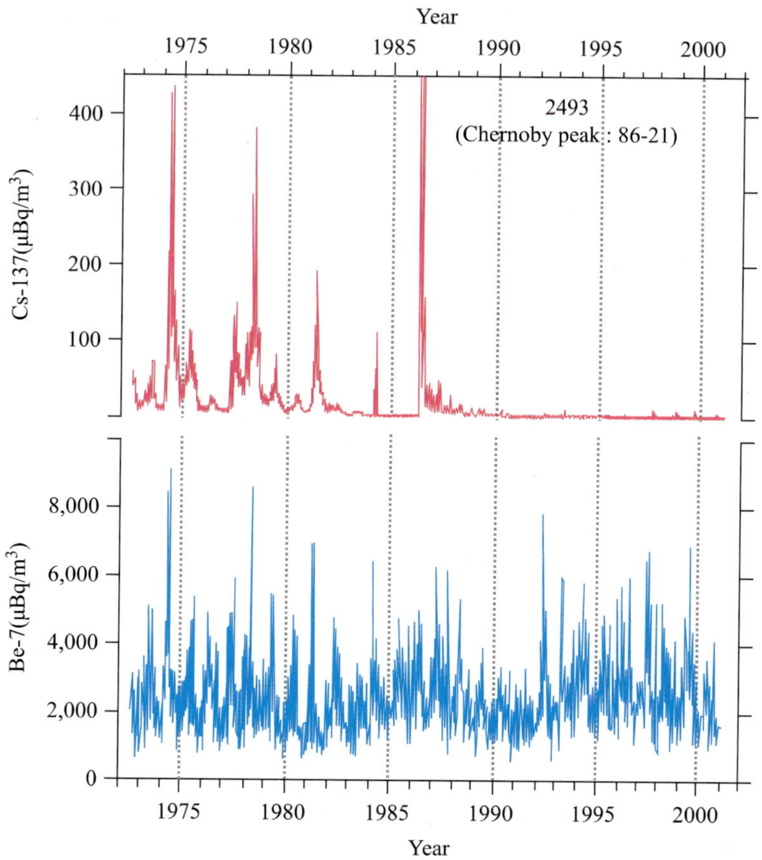

그림 3.9.3 스웨덴의 Grindsjon 지역(59° N) 대기 중 Be-7과 Cs-137의 주간단위의 방사능(1972~2000년)

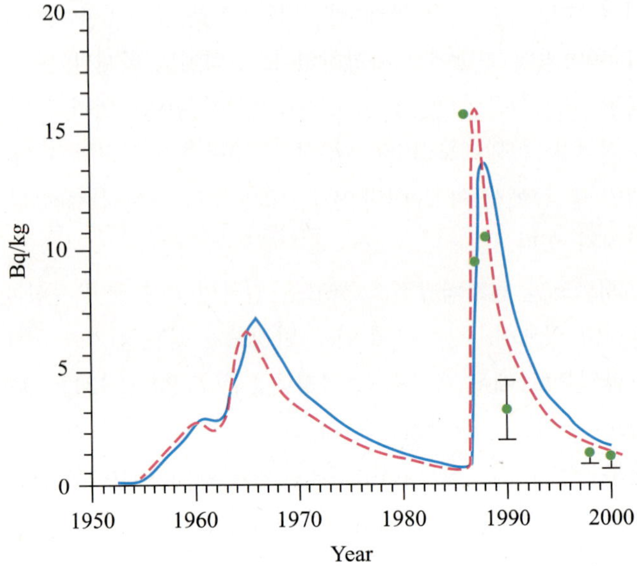

그림 3.9.4 Black Sea 서부에서 어류 중 Cs-137의 예측한 농도와 실측값의 비교
(Lepicard et al., 2004)

미국 펜실바니아주 해리스버그(Harrisburg) 인근의 쓰리마일 아일랜드(Three Mile Island) 원자력발전소 2호기(959 MWt급)에서 1979년 3월 28일에 발생한 사고는 냉각수펌프의 문제점 때문에 반응로내의 온도가 상승하였고, 그 결과 압력도 상승하면서 반응로의 조절봉을 자동으로 핵심에 떨어지게 하여 가동이 중단되었다. 그 결과 지르코늄으로 만들어진 연료봉 피복이 깨지면서 주변에 방사성물질이 방출되었다. 이 사고로 방출된 총 방사능은 $1\sim5\times10^{17}$ Bq로 추정되지만 다행스럽게도 반감기가 수일로 매우 짧은 불활성기체인 제논과 크립톤이 대부분이었다. 이외에도 생물에 영향을 주는 I-131과 Cs-137이 발전소 주변지역의 우유와 물에서 검출되었으나, 그 양은 매우 미량이었다.

또한 1963년에 가동을 시작한 캘리포니아 유레카(Eureka)의 원자력발전소 굴뚝에서 배출된 가스 중 방사능 수준이 1965년 6월부터 높아지기 시작하여 8월에는 평균 방사능 수준이 330억 Bq로 미국 원자력국의 평균배출한계량인 18억 Bq을 현저히 초과하는 사건이 발생하였다. 이러한 문제를 해결하기 위하여 스테인리스 피복은 지르코늄 피복으로 교체하여 그 문제를 해결하였다. 다행스럽게도 이때 배출된 방사능의 대부분은 비활성기체(noble gases)인 제논(Xenon)과 크립톤(krypton)이었으나, 일부 요오드(I-131)도 배출되었다.

1957년 10월에 영국 컴버랜드(Cumberland)의 윈드스케일 원자로에서 연료의 일부가 손상되어 원자로 굴뚝을 통해 대기 중으로 방사능 가스가 방출되었다. 이 사고로 원자력발전소 반응로의 사용이 완전히 중단되었으며, 이때 방출된 총 방사능은 일본 히로시마에 투하되었던 원자폭탄의 10% 정도에 달하였다. 낙진 조사결과에 따르면 이때 방출된 방사성핵종은 반감기가 8일인 I-131이었으며, 혹시 방사성물질이 축적된 풀을 먹은 소의 우유에 함유될 수 있다는 판단 하에 광범위한 지역에서 우유를 수거하였고, 방사능 수준이 안전수준으로 될 때까지인 약 20~40일 동안 우유의 음용을 금지시켰다.

(3) 기타 방사성 폐기물

원자력발전소 사고에 의한 대량의 방사성물질 유출 외에 액상 혹은 고체 상태로 해양에 유출되기도 한다. 액상으로 해양에 유출되는 형태로는 핵연료에 의해 운항되는 선박과 핵잠수함으로부터 직접적인 해양 유출을 들 수 있으나, 그 양은 원자력발전소와 핵물질 가공공장에서 배출되는 양에 비해 극히 적은 양이다. 특히 원자력발전소에는 대량의 냉각수가 필요하며, 이 냉각수가 하천을 통하여 바다로 유출되거나 혹은 연안으로 직접 배출된다. 이러한 냉각수에는 다소의 방사능이 포함되어 있어서 영국의 경우는 이에 대한 배출량 규제가 이루어지고 있으나, 발전소별로 상이한 실정이다. 특히 굴에 축적이 잘되는 아연(Zn-65)은 주변에 굴양식장이 있는 경우 엄격하게 규제하고 있으며, 이러한 규제는 1970년 중반 이후 더욱 강화되고 있는 추세이다.

한편, 고체상태의 방사성 폐기물의 해양투기는 1946년 이후 지속되고 있으나, 국제적 규제가 강화되고 있다. 1972년의 런던협약(공식명칭: 폐기물 및 기타 물질의 투기에 의한 해양오염방지에 관한 협약, Convention on the Prevention of Marine Pollution by Dumping of Wastes and Other Matters)이 채택되었고, 1994년 1월에 발효되었다(우리나라는 1993년 12월 21일 가입). 협약의 주요내용(부속서 1) 중 국제원자력기구(IAEA: International Atomic Energy Agency)에서 부적합하다고 정의한 고준위 방사성물질이 포함되어 있으며, 1993년 제16차 당사국회의에서는 모든 방사성 폐기물의 해양투기 전면 금지를 결의하기에 이르렀다. 이전에 핵 선진국에서는 콘크리트로 고형화하여 심해저에 폐기하여 왔으나, 여러 학자들에 의해 이 콘크리트 구조물의 부식에 의해 다시 해양생태계로 확산될 우려가 있다는 지적이 있었으나, 그 수준은 매우 낮은 것으로 예측하고 있다.

(4) 해양생태계내의 방사능 수준

해양에 존재하는 방사성물질은 다른 오염물질과 마찬가지로 대기, 하천 및 지하수 등을 통해 유입되며, 이외에도 해양폐기에 의해 유입되기도 한다. 이러한 경로를 통해 유입된 방사성핵종들은 해양생물체에 먹이사슬을 통해 농축되는데 그 정도는 생물종이나 방사성동위원소에 따라 현저한 차이를 보인다. 지금까지 방사성물질의 생물농축과정 및 축적정도에 대해 많은 연구가 수행되어 왔으나, 아직까지 방사성물질의 농축으로 인한 생물대사의 방해에 대한 보고는 없다. 특히 방사능에 조사된 생물체의 경우 그 피해가 바로 나타나지 않거나 다음 세대에 나타나기 때문에 고등동물에 대한 정확한 피해 판정은 매우 어렵고 복잡하다. 실험실내에서 인위적으로 방사능을 조사하거나 방사성핵종을 투여하는 실험들은 많이 이루어지고 있으나, 실제 자연현상에서는 어떻게 나타날 것인지에 대한 정확한 답은 앞으로도 많은 자료들이 축적되어야만 그 실체를 이해할 수 있을 것으로 판단된다. 따라서 지금부터는 실제로 연안역에 서식하는 해양생물에 대한 방사성핵종의 농축정도에 대한 몇 가지 예를 들어보고자 한다.

해수로부터 물질을 흡수하는 해조류의 경우 해수에 비해 현저히 높은 농도로 축적되어 있음을 알 수 있다. 이를테면, 저준위 방사성물질이 배출되는 쉘라휠드 인근해역에 서식하는 김 중 각종 방사성핵종의 농도는 해수 중의 농도에 비해 Cesium-137 (Cs-137)은 10배, Zirconium-95(Zr-95)와 Niobium-95(Nb-95)는 400배, Cerium-145 (Ce-145)는 1,000배, Ruthenium-106(Ru-106)은 1,500배 정도 축적된 것으로 나타났다(Clark, 1992). 다른 해조류의 경우 Zr, Nb, Ce 등은 파래류인 *Enteromorpha*와 *Ulva*가 김(*Porphyra*)보다 훨씬 높은 농도로 농축되어 있으며, 청각류에는 Plutonium-239 (Pu-239)가 훨씬 많이 농축되어 있었다.

천연방사성핵종 중 생물체에 가장 잘 흡수되는 핵종 중의 하나로 알려져 있는 Polonium-210(Po-210)의 농축정도를 알아보자. 우리나라 연안의 경우 진해만과 수영만의 플랑크톤과 해조류에 대한 조사결과(김성수, 1993), 진해만 식물플랑크톤과 동물플랑크톤 중 Po-210의 농도는 각각 4.32~11.48 dpm/g 및 8.68 dpm/g이었으며, 이러한 농도는 규조류가 우점하는 발틱해에서의 12.6~20.3 dpm/g(Skwarzec and Bojanowski, 1988)보다 다소 낮았다. 수영만의 해조류 중 농도는 2.46~312.4 dpm/g으로 지충이(*Sargassum thunbergii*)에서 가장 높았고, 붉은부채살(*Carpopeltis cornea*)과 구멍갈파래(*Ulva pertusa*)에서도 각각 155.2 dpm/g과 141 dpm/g으로 비교적 높은 값을 보였다. 영일만 표영군집에 대한 연구(서 등, 1995)에 따르면, 총세포수의 95% 이상을 차지하는 식물플랑크톤 중 Po-210의 농도는 59.2~81.2 mBq/g이었고, 동물플랑크톤에서는 210.2～2,070.4 mBq/g으로 요각류 중 (*Labidocera bipinnata*)에서 최고값을 보였다. 어류의 유문맹낭에서는 2,979～3,811 mBq/g으로 매우 높은 농도를 보였다. 일반적으로 생물체내의 Po-210의 농도는 근육, 몸 전체, 유문맹낭, 간췌장의 순으로 높게 나타난다고 알려져 있으나(Heyraud and Cherry, 1979; Cherry et al., 1987), 생물종에 따라 현저한 차이를 보일 수 있다. 쿠바의 Cienfuegos만에서 채취한 어류와 패류 중 Cs-137의 농도를 조사한 결과(Alonso-Hernandez et al., 2002), 어류 중에서는 0.09～0.30 Bq/kg(습중량)이었고, 패류 중에서는 0.10～1.10 Bq/kg(습중량)으로 패류가 다소 높았다. 그러나 이러한 양은 IAEA에서의 권고기준치에 현저히 못 미치는 농도이며, 무시할 수 있을 정도라고 평가한 바 있다.

(5) 해양에서 방사성핵종의 응용

해수, 해저퇴적물, 광물 및 해양생물에 함유되어 있는 방사성동위원소들은 고유한 반감기를 가지고 있기 때문에 해양에서 일어나고 있는 다양한 물질순환과정의 추적자로 이용되고 있다. 이들 방사성동위원소들은 각 핵종이 가지고 있는 고유한 반감기의 1/5～5배 정도의 시간축을 가지는 변화과정에 적용할 수 있다.

이를테면, 우주기원방사성핵종 중 Be-7(반감기 53.6일)은 해수에 잘 녹으므로 수개월의 시간적 규모를 가진 표층수의 혼합과정을 추정하는데 이용된다. 반면 Be-10 (반감기 2.5×10^6년)은 입자와 흡착하는 성질이 있으므로 심해저의 퇴적속도나 망간단괴의 성장속도를 추정하는 데 이용된다. C-14(반감기 5,680년)는 해수의 연령, 유동속도, 퇴적속도, 생물교란 및 해수혼합속도 등의 추적자로 이용된다. Si-32(반감기 500년)는 심층수의 체류시간, 생물기원 규산염 퇴적물의 지질연대 추정에 이용된다. 인공방사성핵종 중 비교적 반감기가 긴 Sr-90(반감기 28년)과 Cs-137(반감기 30년)은 연안퇴적물의 퇴적속도나 생물교란속도를 추정하는 데 이용되며, H-3(반감기 12.3년)은 대양 표면혼합층의 혼합속도를 추정하는 데 활용된다.

천연방사성핵종 중에서도 핵종의 화학적 성질에 따라 다양한 추적자로 활용되고 있다. 이를테면, 용존성인 Ra 동위원소(Ra-226, Ra-228, Ra-224, Ra-223)는 연안과 하구역에서의 해수교환율 혹은 심층수에서의 확산속도 등을 파악하는 데 추적자로 이용된다. 입자와의 반응성이 강한 Pb-210은 연안역에서의 퇴적속도, 해양생물체에 잘 흡수되는 Po-210은 생물농축 및 해수 중의 물질순환율을 추정하는 데 이용되고 있다. 반감기가 비교적 짧고, 입자와의 반응성이 높은 Th-234(반감기 24.1일)는 연안퇴적물의 생물교란속도나 연안역의 물질제거과정 및 외해역 표층에서의 물질순환과정을 이해하는 데 좋은 추적자로 이용되고 있다. 이외에도 반감기가 매우 긴 Th-230

(반감기 75,380년)과 Pa-231(반감기 32,760년) 등은 망간단괴의 성장속도나 심해퇴적물의 퇴적속도 추정 및 입자의 수평수송과정 연구에 이용되고 있다(이광우 등, 1992).

3.10 해양사고

1 해양오염사고 발생 현황

(1) 연도별 발생현황

우리나라 해양오염사고는 지난 1978년 8월 해양경찰청에서 해양오염관리업무를 관장하면서 1979년부터 그 현황이 집계되고 있다.

우리나라 연안에서 발생되고 있는 해양오염사고는 1979년에 128건이었으나 1980년대에 200건대, 1990년대 300건대, 2000년대에 400건대로 점차 증가되었으나, 국민의 해양환경보전의식 제고와 함께 안전운항체계 강화 등으로 2000년도 483건을 정점으로 감소추세에 있으며 최근 10년(2008~2017년) 기준 연평균 267건 발생하고 있다.

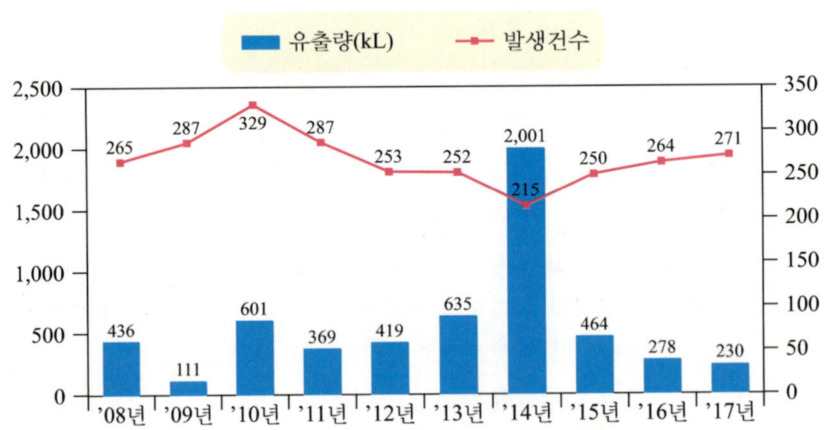

그림 3.10.1 최근 10년간(2008~2017년) 해양오염사고 발생추이

표 3.10.1 연도별 해양오염사고 발생현황

구분	계	'79	'80	'81	'82	'83	'84	'85	'86	'87	'88	'89	'90	'91
발생건수	11,103	128	140	185	221	248	226	166	158	152	158	200	248	240
유출량 (kL)	80,560	486	396	983	143	362	201	2,204	2,618	482	1,058	368	2,421	1,257
구분		'92	'93	'94	'95	'96	'97	'98	'99	'00	'01	'02	'03	'04
발생건수		328	371	365	299	337	379	470	463	483	455	385	297	343
유출량 (kL)		2,943	15,460	456	15,776	1,720	3,441	1,050	387	583	668	410	1,458	1,462
구분		'05	'06	'07	'08	'09	'10	'11	'12	'13	'14	'15	'16	'17
발생건수		355	285	345	265	287	329	287	253	252	215	250	264	271
유출량 (kL)		410	365	15,448	436	111	601	369	419	635	2,001	464	278	230

유출량은 대형오염사고 발생 유무에 따라 연간 유출량 차이가 많으며 2000년도 이전에는 제5금동 호 사고(벙커C 1,228 kL), 코리아비너스 호 사고(경유 2,000 kL, 항공유 2,288 kL) 등이 발생한 1993년도와 씨프린스 호 사고(원유 등 5,035 kL), 제1유일 호 사고(벙커C 2,392 kL), 호남사파이어 호 사고(원유 1,402 kL) 등 대형사고가 발생한 1995년도에 유출량이 가장 많았다.

1997년 제3오성 호 사고(벙커C 1,699 kL) 이후 2007년 우리나라 최대 유출사고로 태안 허베이스피리트 호(원유 12,547 kL) 오염사고가 발생하였고, 최근에는 '14년 여수 우이산 호 사고(899 kL), 부산 캡틴반젤리스엘 호 사고(237 kL)로 유출량이 많았다.

(2) 유형별 발생 현황

① 배출원별 현황

최근 10년간(2008～2017년) 배출원별 해양오염사고 발생 현황을 분석해 보면, 오염사고 총 2,673건 중 선박에 의한 사고가 2,251건으로 전체의 84%를 차지하고 있으며, 육상시설 등에서 317건 12%, 원인미상이 105건 4%로 분석된다. 원인미상 건이 대부분 선박 기인성임을 감안할 때 선박에 의한 사고가 전체의 88% 이상을 차지하고 있으며, 그 중 어선이 972건으로 36%를 차지하고, 여객선 등 기타선 716건 27%, 화물선 315건 12%, 유조선 248건 9% 순으로 발생되고 있다.

유출량으로는 총 5,544 kL 중 선박에서의 유출량이 4,056 kL로 73%를 차지하고 있으며, 그 중 화물선이 1,775 kL 32%, 기타선 1,295 kL 23%, 유조선이 602 kL

11%, 어선 384 kL 7%로 나타났다. 배출원별 해양오염사고 발생 현황을 분석해 보면, 최근에는 연료유를 대량으로 싣고 다니는 화물선에 유출량이 많으나 과거 사례로 보아 대량 유출은 유조선에 기인하는 경우가 많으며(2007년 태안 허베이스피리트호 유출사고) 어선에 의한 사고는 발생건수는 많으나 소형사고라는 특성을 가지고 있음을 알 수 있다.

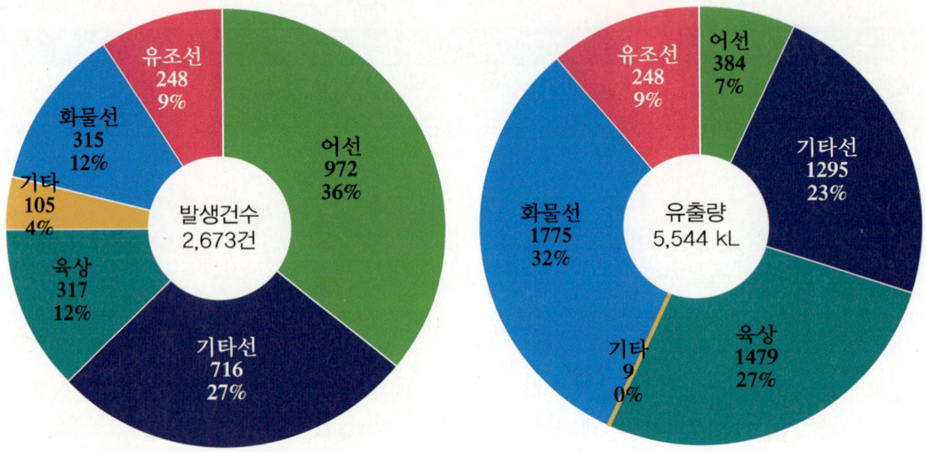

그림 3.10.2 최근 10년간 배출원별 해양오염사고 현황

표 3.10.2 최근 10년간 배출원별 해양오염사고 발생현황

구 분	계	유조선	화물선	어 선	기타선	육 상	원인미상
건수(건)	2,673	248	315	972	716	317	105
유출량(kL)	5,544	602	1,775	384	1,295	1,479	9

② 사고원인별 현황

지난 10년간(2008~2017년) 원인별 해양오염사고 발생 현황을 분석해 보면, 부주의에 의한 사고가 1,490건으로 56%를 차지하고, 해난이 570건 21%, 파손이 326건 12%, 고의가 168건 6% 순이며, 고의 및 부주의에 의한 사고가 아직도 62%를 차지하고 있다. 유출량은 해난에 의한 사고가 4,305 kL로 전체 78%를 차지하고, 부주의 사고가 608 kL 11%, 고의 등 기타 유출량이 630 kL 11% 정도이며, 고의 및 부주의에 의한 사고는 어선 등에 의한 소형오염사고가 대부분이고, 피해가 큰 대형오염사고는 유조선 등의 해난사고에 기인하고 있는 것을 알 수 있다.

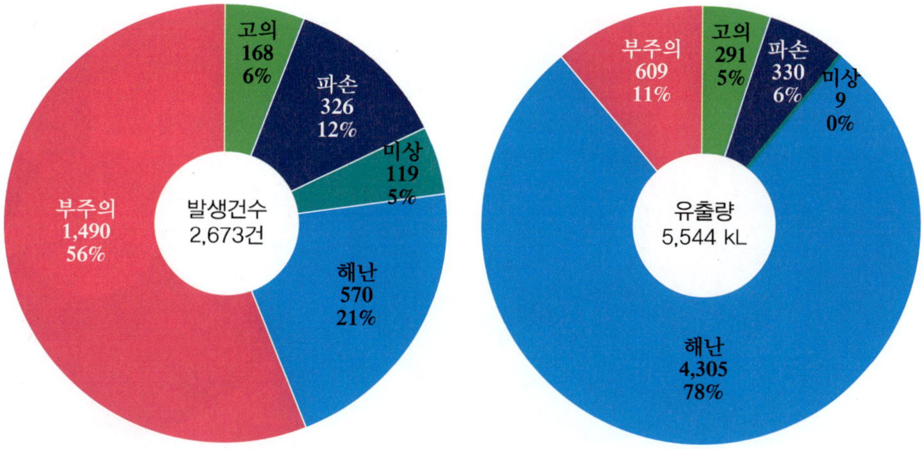

그림 3.10.3 최근 10년간 원인별 해양오염사고 현황

표 3.10.3 최근 10년간 원인별 해양오염사고 발생현황

구 분	계	해 난	부주의	고 의	파 손	미 상
건수(건)	2,673	570	1,490	168	326	119
유출량(kL)	5,544	4,305	609	291	330	9

③ 오염물질별 현황

지난 10년간(2008~2017년) 발생된 해양오염사고를 오염물질별로 분석해 보면, 기름에 의한 사고가 2,425건, 4,676 kL로 대부분을 차지(건수 91%, 유출량 84%)하고 있으며, 폐기물 224건, 529 kL, 기타 유해물질 24건, 339 kL 순으로 나타났다. 발생건수를 기준으로 하면 기름에 의한 사고 2,425건 중 경유 유출사고가 897건으로 가장 많았으며, 유출량을 기준으로 할 경우 중유, 경유에 의한 사고가 전체의 69%를 차지하고 있다.

특히 해양에 유출된 중유는 경유 등에 비해 물리·화학적 특성상 지속성이 강하고, 유출량, 해상상태, 온도 등에 의한 기름의 해상 잔류여부에 따라 해양생태계에 치명적인 영향을 초래하게 되므로 오염물질 중 가장 심각하다고 할 수 있다.

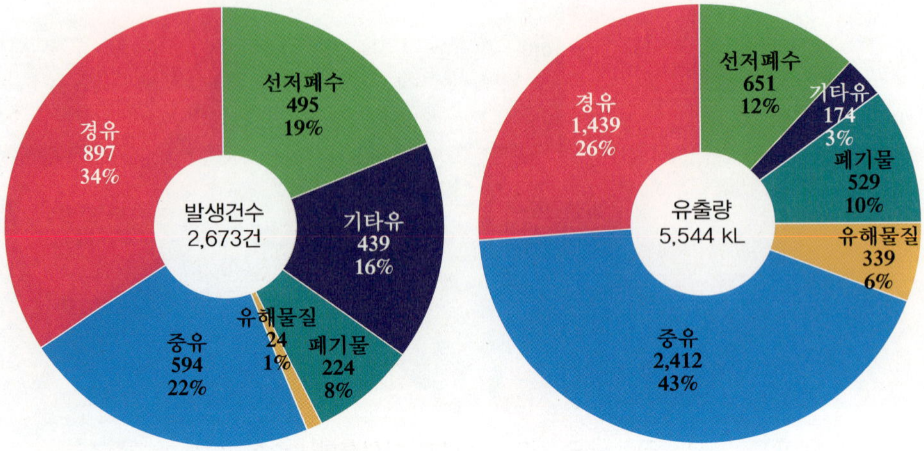

그림 3.10.4 최근 10년간 오염물질별 해양오염사고 현황

표 3.10.4 최근 10년간 오염물질별 해양오염사고 발생현황

구 분	총계	기 름					폐기물	유해물질
		소계	중유	경유	선저폐수	기타유		
건수(건)	2,673	2,425	594	897	495	439	224	24
유출량(kL)	5,544	4,676	2,412	1,439	651	174	529	339

④ 사고규모별 현황

지난 10년간(2008~2017년) 발생된 해양오염사고는 총 2,673건으로 그 중 중·소형 어선 등으로부터 발생한 1 kL 미만의 소량오염사고가 2,458건 발생되어 전체 사고건수의 92%를 차지하고 있으나 유출량은 3%, 192 kL에 불과한 반면, 10 kL 이상 유출된 중·대형 해양오염사고는 215건으로 발생원인은 대부분 선박의 충돌·좌초 등 해난사고에 의한 것으로 나타나고 있으며, 비록 발생건수가 전체 오염사고의 8%에 불과하지만 유출량은 5,352 kL가 유출되어 전체의 97%를 차지하고 있다.

표 3.10.5 최근 10년간 규모별 해양오염사고 발생현황

구 분		계	1 kL 미만	1~10 kL	10~30 kL	30~100 kL	100 kL 이상
계	건수(건)	2,673	2,458	146	29	27	13
	유출량(kL)	5,544	192	455	493	1,405	2,999

권역별로 어장·양식장이 집중된 남해해역(남해청 관할)에서 사고발생이 1,063건, 40%로 가장 많으며 유출량은 서해해역(서해청 관할)이 2,224 kL, 40%로 가장 많은 것으로 나타나고 있다.

표 3.10.6 최근 10년간 권역별 해양오염사고 발생현황

구 분		계	동해청 (속초~포항)	서해청 (여수~부안)	남해청 (울산~통영)	중부청 (인천~보령)	제주청 (제주~서귀포)
계	건수(건)	2,673	308	725	1,063	372	205
	유출량(kL)	5,544	468	2,224	1,987	542	323

표 3.10.7 국내 주요 해양오염사고 발생현황(100 kL 이상 유출)

연번	일시	장소	선명 (선종, 톤수, 국적)	원인	오염물질 (kL)
1	'95.5.25	전남 여천	51 보양 호 (어선, 149, 한국)	충돌	벙커A 124 kL 경유 35 kL
2	'95.6.30	부산 남형제도	알렉산드리아 호 (화물선, 8,328, 리베리아)	침몰	벙커C 803 kL 경유 113 kL
3	'95.7.23	여수 소리도	씨프린스 호 (유조선, 144,587, 싸이프러스)	좌초	벙커C 879.9 kL 원유 4,155.3 kL
4	'95.7.24	부산 조도	68 태흥 호 (어선, 138, 한국)	충돌	경유 106 kL
5	'95.9.21	부산 북형제도	제1유일 호 (유조선, 1,592, 한국)	충돌 침몰	벙커C 2,392 kL
6	'95.11.17	여수 호남정유	호남싸파이어 호 (유조선, 142,488, 한국)	충돌	원유 1,402 kL
7	'95.12.22	울산 묘박지	다니타 호 (유조선, 43,733, 파나마)	충돌	등유(DPK) 4,971 kL
8	'96.1.28	통영 욕지도	TORINO 호 (유조선, 135,311, 노르웨이)	파손	원유 378.4 kL
9	'96.6.15	경남 통영 매물도	안나스피라토우 호 (화물선, 14,901, 싸이프러스)	침몰	벙커C 227 kL 경유 80 kL
10	'96.7.1	군산 어청도	8한창 호 (유조선, 2,380, 한국)	충돌	경유 430.3 kL
11	'96.9.19	제주 여서도	오션제이드 호 (화물선, 35,744, 필리핀)	충돌	벙커C 207 kL
12	'97.1.1	부산 생도	쥬타제시카 호 (화물선, 6,678, 태국)	좌초	벙커C 310 kL 경유 130 kL
13	'97.4.3	통영 한산 등가도	제3오성 호 (유조선, 786, 한국)	침몰	벙커C 1,699 kL
14	'97.10.21	목포 신안 우이도	마린스타M 호 (화물선, 1,569, 온두라스)	침몰	벙커B 70 kL 경유 40 kL
15	'97.11.25	포항 구룡포항	제3동진 호 (유조선, 237, 한국)	좌초	경유 400 kL 등유 320 kL
16	'97.11.25	부산 남항	바론 호 (화물선, 4,392, 한국)	좌초	벙커C 203.2 kL

연번	일시	장소	선명 (선종, 톤수, 국적)	원인	오염물질 (kL)
17	'98.1.15	울산 울주	뉴바론 호 (화물선, 4,400, 파나마)	좌초	벙커C 271 kL 경유 30 kL
18	'98.5.19	여수 상백도	하카다 호 (화물선, 7,586, 파나마)	침몰	벙커C 420 kL 경유 14.8 kL
19	'00.4.11	평택 포승면 만호리	대림 501 호 (준설선, 1,450, 한국)	침몰	MDO 144.6 kL 윤활유 및 빌지 20 kL
20	'01.1.15	경남 거제시 남녀도	피·하모니 호 (유조선, 5,544, 파나마)	폭발 침몰	벙커C 280 kL MDO등 48 kL
21	'02.5.13	군산 어청도	2대산파이오니아호 (케미칼선, 1,597, 한국)	충돌	Xylene 203.8
22	'03.9.12	부산 중앙부두	덕양 호 (유조선, 147, 한국)	침몰	벙커C 360 kL
23	'03.12.23	여수 삼일면 낙포부두	정양 호 (유조선, 4,061, 한국)	충돌	벙커C 623.3 kL
24	'04.5.26	경남 남해군 대도	모닝 익스프레스 (유조선, 56,285, 파나마)	충돌	나프타 1,200 kL
25	'07.12.7	온산항	포센져 호 (케이칼선, 22,637, 노르웨이)	충돌	메탄올 954.6 kL
26	'07.12.7	만리포	허베이스피리트 호 (유조선, 146,848, 홍콩)	충돌	원유 12,547 kL
27	'07.12.25	여수 백도	이스턴브라이트 호 (케미칼선, 1,323, 한국)	침몰	질산 1,466 kL 벙커C 등 86.6 kL
28	'08.3.11	여수 간여암	흥양 호 (유조선, 4,066, 한국)	충돌	경유 252.9 kL
29	'10.3.26	백령도	천안함 (군함, 1,200, 한국)	침몰	경유 132 kL
30	'12.1.19	포항 영일만	글로벌레거시 호 (화물선, 29,753, 파나마)	좌주	벙커C 7.18 kL 선저폐수 108 kL
31	'13.4.15	동해 주문진	티안윤 호 (화물선, 3,911, 파나마)	침몰	벙커C 112 kL 경유 6 kL
32	'13.10.15	포항 영일만항	청루15 호 (화물선, 8,461, 파나마)	침몰	벙커C 103.1 kL 경유 26.1 kL
33	'14.1.31	여수 낙포각	여수 우이산호 유류오염사고	충돌	원유 483.9 kL 납사 284.1 kL 유성혼합물 131 kL
34	'14.2.15	부산 남외항	캡틴 반젤리스 엘 호 (화물선, 88,420, 리베리아)	충돌	벙커C 237 kL
35	'14.4.4	여수 거문도	그랜드포춘1 호 (화물선, 4,303, 몽골)	침몰	벙커C 140 kL 경유 6 kL 윤활유 5 kL
36	'14.4.16	진도 병풍도	세월 호 (여객선, 6,825, 한국)	침몰	벙커C 139 kL 경유 39 kL 윤활유 36 kL
37	'14.12.28	부산 태종대	현대브릿지 호 (화물선, 21,611, 파나마)	충돌	벙커C 335.2 kL
38	'15.1.11	울산항 4부두	한양에이스 호 (케미칼선, 1,553, 한국)	파손	혼산 198 kL (질산, 황산)
39	'15.4.13	서귀포 남동	이스턴엠버 호 (화물선, 4,433, 중국)	침몰	벙커C 78 kL 경유 37 kL 윤활유 3 kL

표 3.10.8 세계 주요 해양오염사고사례

발생일	장소	오염원	유출량(kL)	원인
'67. 3. 18	영 국	*Torrey Canyon*	원유 119,000	좌초
'78. 3. 6	프랑스	*Amoco Cadiz*	원유 223,000	좌초
'83. 8. 6	남아프리카	*Castillo De Bellver*	원유 252,000	충돌
'89. 3. 24	미국	*Exxon Valdez*	원유 37,000	좌초
'91. 4. 12	이탈리아	*Haven*	원유 144,000	폭발
'92. 12. 3	스페인	*Aegean Sea*	원유 74,000	좌초
'93. 1. 5	스코틀랜드	*Braer*	원유 85,000	좌초
'96. 2. 15	영 국	*Sea Empress*	원유 72,000	좌초
'97. 1. 2	일 본	*Nakhodka*	벙커C 6,240	침몰
'97. 10. 15	싱가폴	*Evoikos*	벙커C 29,000	충돌
'99. 12. 12	프랑스	*Erika*	벙커C 14,500	침몰
'02. 11. 13	스페인	*Prestige*	중유 63,000	침몰
'03. 8. 13	파키스탄	*Tasman Spirit*	원유 29,000	좌초
'04. 12. 7	미국 알라스카	*Selendang Ayu*	벙커C 1,817	좌초
'06. 7. 13	레바논	*Jiyyeh Power St*	벙커C 15,000	폭격
'07. 11. 11	우크라이나(흑해)	볼가네프트 139 호	원유 1,300	좌초
'08. 7. 23	미국(미시시피강)	DM 932	벙커C 1,586	충돌
'10. 4. 20	미국(멕시코만)	Deepwater Horizon (석유시추시설)	원유 778,000	폭발
'10. 7. 16	중국(다롄 항)	다롄항 석유비축기지	원유 1,500	폭발
'11. 6월 초	중국(보하이만)	펑라이 19-3 (석유시추시설)	원유 약 515	폭발
'11. 10. 5	뉴질랜드(타우랑가 해안)	RENA 호	벙커C유 350	좌초

2 해양오염사고 발생추세와 전망

(1) 해상물동량 증가에 따른 오염발생 가능성 증가

우리나라의 경제구조는 대외무역에 크게 의존하고 있고, 최근 급속한 경제성장으로 에너지 소비량이 증가함에 따라, 원유 도입량이 크게 급증하여 연간 약 12만여 척의 유조선이 3억 6천여 톤의 기름을 연안에서 운송하고 있으며, 주로 대량 수송에 적합한 해상으로 수출·입 화물수송이 집중되는 등 해상물동량이 급속하게 증가하고 있다.

따라서 이로 인한 선박의 좌초, 충돌, 침몰, 화재 그리고 선원의 부주의로 일어나는 유류유출사고는 대형 유조선을 통한 유류의 운반이 많아질수록, 산업화에 따른 물동량이 증가할수록 점점 대형화되고 있는 실정이다.

초대형 컨테이너선(2만TEU급 컨테이너선 등장) 운항으로, 사고시 기름, 화학물질 등이 동시 유출되는 대규모 복합사고가 증가하고 있으며 최근 기상악화뿐만 아니라, 우리나라에도 지진이 연이어 발생함에 따라 자연재해로 인한 유류저장시설과 선박으로부터의 대규모유출 가능성이 커지고 있다. [경주('16.9), 포항('17.11) 규모 5.0 이상 지진 발생, 포항의 경우 특별재난지역으로 선포]

그러나 유조선 이중선체 의무화, VTS 관제 및 해양종사자의 안전의식 강화 등으로 유조선에 의한 대형 유출사고는 감소하겠지만, 어선, 기타선(예인선)에 의한 중·소형 해양오염사고는 지속적으로 발생할 것으로 예상된다.

표 3.10.9 국내 유류물동량 현황

연도별	'08년	'10년	'12년	'14년	'16년
유조선 입·출항(척)	81,706	88,293	112,896	113,492	123,958
유류물동량(천톤)	282,872	284,434	322,020	318,932	359,580

※ 해양수산부 해운항만물류정보센터 통계자료

우리나라에서 발생한 1995년 7월 발생한 씨프린스 호 오염사고는 5,035 kL의 원유 등 기름이 유출되었던 사고였지만 사고 당시 88,000 kL 이상의 원유가 적재되어 있었고, 선체에 암초가 파고든 상태로 기관실에 화재까지 발생하여 선체절단 또는 폭발로 적재원유 전량이 유출될 수 있었던 사고였다. 이런 유사 사고는 세계도처에서 수시로 발생되고 있고 우리나라도 예외가 아님을 보여준 사고였다.

특히, 2017년 12월 태안 만리포 북서방 10 km 해상에서 투묘중인 유조선 허베이 스피리트 호와 크레인부선 충돌, 원유 12,547 kL가 유출되는 우리나라 최대 규모의 기름유출사고가 발생하여 재난적 피해를 입히고 10년 이상 피해소송이 지속되기도 하였다(소송건수 127,471건 4조2272억원 중 2017.7월말 법원확정 127,185건 4,323억원).

선박의 좌초, 충돌 그리고 침몰 등의 해난사고가 악천후에 기인하여 발생되면 유출된 기름은 예상 밖으로 빠르게 확산되어 광범위한 해역을 오염시키게 되게 되며, 주변해역의 이용정도가 클수록 피해규모는 더욱 커지게 된다.

(2) 한반도 주변 공해상 오염사고 발생 가능성

우리나라 주변해역에는 일본·중국·러시아 등으로 운항하는 선박의 운항도 빈번하여, 외국에서 발생하고 있는 수만 톤 이상의 대형 오염사고 발생가능성도 있다고 본다.

1997년 1월 항행 중 높은 파고에 의해서 선체가 절단되면서 벙커C 6,240 kL이 유출되어 일본 서해안을 오염시킨 러시아 유조선 나호드카(Nakhodka) 호 침몰사고와 2002년 11월 스페인 연안에서 기상악화 및 인접국가의 이기주의로 유조선 Prestige 호(42,000톤, 벙커C 77,000 kL 적재)가 절단되면서 해저 3,500 m로 침몰되어 갈리시아 해안을 오염시킨 사고는 선박이 좌초·충돌 등이 아닌 선체구조 및 기상악화에 따라, 우리나라에서도 이와 유사한 수만 톤 이상의 대형유출사고가 발생할 수 있음을 보여주고 있다.

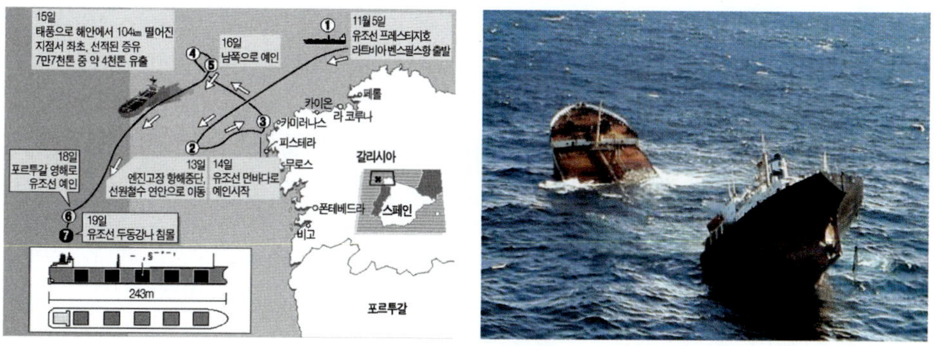

그림 3.10.5 Prestige 호 침몰 상황도 및 침몰장면

3.11 기후변화

1 기후란 무엇인가?

최근 들어 날씨를 종잡을 수 없다. 기상이 이상하다. 계절이 없다는 말을 많이 한다. 그 이유가 기상이변 또는 기후변동 때문이라고 이야기 한다. 기상(氣象)이란 시간 개념상에서 볼 때 일회성의 하루 또는 수일의 날씨현상을 말한다. 천후(天侯)는

계절 내에 기상현상의 평균이다. 기후(氣侯)는 여러 해동안의 모든 계절의 기상과 천후의 장기간 평균이다. 고대부터 여러 해에 걸쳐서 불변하는 상태에서 나타나는 기상현상을 기후(klima)라고 불러왔다. 여기서, klima는 그리스어로서 태양의 "기울어짐"이라는 뜻이다. 지구상에는 여러 기후가 나타난다. 태양광선의 상이한 입사각에 기인된 것으로 열대에서는 덥고, 극 지역에서는 춥고, 중위도에서는 온화한 기후대가 나타난다. 이러한 기후대 상태는 불변하는 것으로 간주되어 왔다. 그러나 최근 기후는 지속적으로 변화하는 것으로 인식되기 시작했다.

마침내, 2007년 2월 유엔의 정부간 기후변화위원회(IPCC)는 제4차 보고서를 통해 처음으로 지구가 온난화되고 있음을 전 세계의 과학적 자료를 분석한 결과로 밝혔다. 온난화의 주요 요인이 인간의 활동으로 인한 온실가스의 증가에 있다고 그 심각성을 알렸다. 사실상 인간 활동에 기인된 기후변화 유발을 인식해야 할 때가 된 것이다. 대규모 도시건설에 의한 도시의 열섬효과 및 현저한 증발량 감소, 인간의 회색성장에 의해 형성되는 에어로졸은 입사태양복사와 지표방출복사를 감소시키고, 배기가스와 이산화탄소 및 미량기체(질소산화물, 스프레이, 냉동기술에서 승화된 기체 및 냉매로 이용되는 염화불화탄소, 메탄가스, 아황산가스, 암모니아) 등이 대기 조건을 크게 변화시키고 있는 것으로 나타났다.

기후변동의 원인에 대한 일반적인 과학적 견해는 큰 범주로 살펴볼 때 지구의 대기권, 암석권, 수권, 설빙권, 생물권 사이에서 상호작용의 결과 및 태양 등 외적인자들의 영향도 있는 것으로 알려져 있다. 기후변동의 원인을 구체적으로 살펴보면, 대륙이동, 산맥의 형성, 지구궤도 요소의 변화, 지구상의 빙하 점유율 변동, 태양흑점의 변화, 화산활동 등을 예로 들 수 있겠다.

2 기후변화에 미치는 해양의 영향

지구의 대기권은 고립된 물리적 시스템이 아니라 지구의 다른 권역들과 집중적으로 결합되어 있다. 지구에서 물이 있는 지역인 수권은 해양, 호수 및 하천이 있다. 이러한 수권은 증발을 통해서 대기권에 수증기를 공급한다. 대기권은 이 수증기를 액체 또는 고체 형태 즉, 강수라는 현상으로 다시 수권에 공급한다. 바람은 바다에서 파도를 일으키며, 해류가 되고 이러한 해류(멕시코만류, 쿠로시오 등)는 대기권에 열을 전달하며 가열한다.

기후변동은 기후요소들의 일정한 리듬과 불규칙한 리듬의 변동으로 구분할 수 있다. 대기권뿐만 아니라 해양에서도 자체의 고유한 물리적 시스템이 존재한다. 그러나 대기와 해양 두 권역 사이에서는 다시 물리적 법칙에 따라 상호작용 하는 과정을 거친다. 기후시스템은 수많은 기상요소와 권역별 톱니바퀴를 가진 거대한 기계로서 기계의 톱니들은 물리적인 법칙에 반응하는 많은 연결 시스템으로 서로 결합되어 기후시스템의 물리적 크기에 상응한다. 이러한 톱니의 속도가 다른 경우처럼, 기후시스템의 여러 구성 요소들은 실제 서로 다른 저장시간(체류시간)을 갖는다. 예를 들면, 대류권에서는 수일, 성층권에서는 수개월에서 수년정도이나, 해양의 표층 부근에서는 수개월, 해양의 심층수에서는 수백 년의 체류시간을 갖는다. 작은 빙하는 수년에서 수십 년, 한랭기의 거대한 대륙빙상은 수천 년 또는 그 이상의 저장시간을 가지고 있다. 이와 같이 기후시스템 구성요소들의 상이한 기억은 일종의 관성과 관련되어 중요한 영향을 미친다.

냉각(가열)현상이 일어나는 경우, 물은 육지보다 더 느리게 반응한다. 이와 같이 물질의 속성에 따른 전형적인 특성을 열용량 이라 한다. 해양성 기후는 대륙성기후보다 균등성이 높은 것도 이와 관련이 있다. 사실상 물은 공기보다 열용량이 4배 높다. 그리고 물의 밀도가 공기에 비해 거의 800배 높다. 따라서 물의 단위 용적당 열용량은 공기보다 무려 3,000배나 크다.

열용량 이외에도 해양에는 해수면 부근 수층과 심해 수층 사이에 뚜렷한 완충지대가 있다. 이 완충지대는 어떤 발생된 변동성을 우선은 억제시키고 태풍과 같은 매우 큰 변동성을 제외하고는 비교적 긴 시간이 지난 후에야 비로소 그 변동성을 전달시킨다. 이렇게 완충 기능이 가능하려면 특별한 차단 지대가 필요한데, 해양에서는 해수 표층과 중층 그리고 심층사이에 계절 및 영구수온약층(thermocline)이라는 것이 존재하고, 마치 대기상태의 대류권과 성층권사이의 대류권계면 형태처럼 존재하게 된다.

따라서 기후변동에 관하여 이해하고자 한다면 대기에서 일어나는 과정에만 국한해서는 안 될 것이다. 해양을 포함한 모든 권역과 이들의 상호작용을 포함시켜야만 할 것이다. 그러므로 기후변동을 연구하기 위해 기후학자뿐만 아니라 최근에는 해양학자, 수맥학자, 빙하학자, 지리학자, 생물학자들 그리고 경제학자와 사회학자들까지도 기후학의 문제에 관여해야 한다. 지구시스템과 관련된 기후연구는 국내 학계간의 공동연구와 나아가, 국제공동연구도 절실히 필요하다.

3 기후변화와 한국근해 이상변동

(1) 한국 근해 표면수온의 장기변동

국립수산과학원에서는 1921년부터 한국근해 해양관측을 시작하였으나 1960년대 이후부터 현재와 동일한 정점과 시기에 관측을 지속 수행하여 통계적으로 유의한 많은 해양자료를 축적하고 있다. 이와 같은 체계적인 장기간의 해양자료는 해양학자들에게 유용한 장기변동 자료이며, 기후변화에 대응하는 해양 정책수립을 위한 필수적인 자료로 활용되고 있다. 1968년 이후부터 현재 수행되고 있는 해양조사는 1년에 6회, 각 짝수월별로 이루어지고 있으며, 총 정선과 정점 수는 동, 서, 남해 및 동중국해 북부해역에 걸쳐 25개 선, 196개 정점에 이른다(그림 3.11.1).

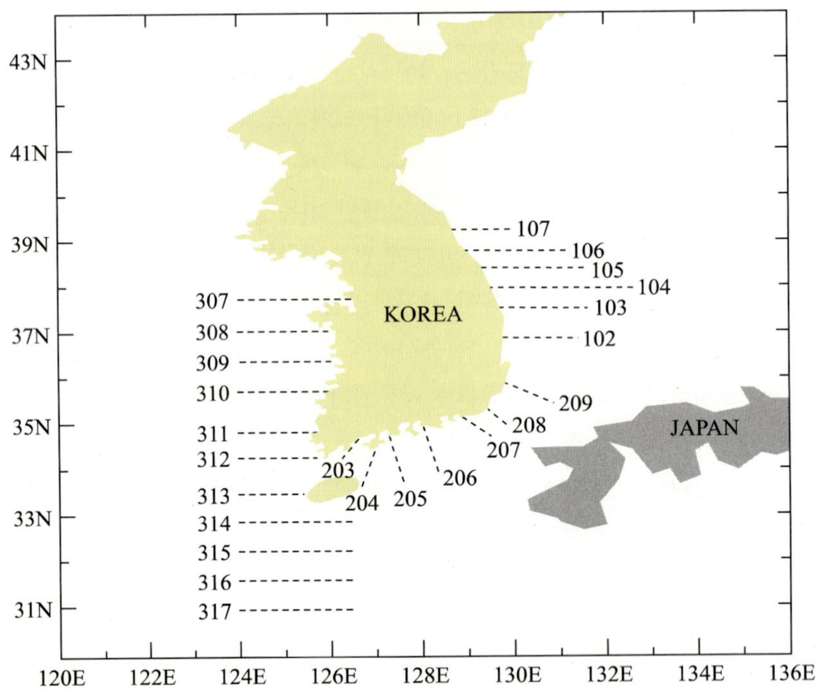

그림 3.11.1 국립수산과학원 해양정선조사 정점 위치도

현재와 같은 시스템으로 정선해양조사(NSO)가 실시된 후 관측 자료의 결측 없이 조사가 수행된 1968년부터 2016년까지 한반도 주변해역의 장기 수온 변동 경향을 살펴보았다.

표층수온은 최근 49년간(1968～2016) 표층의 경우 한반도 전체 연근해역에서 1.23℃ 상승한 것으로 나타났다. 해역별로는 동해의 경우 약 1.43℃ 상승하였으며, 서해는 1.26℃, 남해는 1.01℃ 각각 상승한 것으로 나타났다(그림 3.11.2～3.11.3).

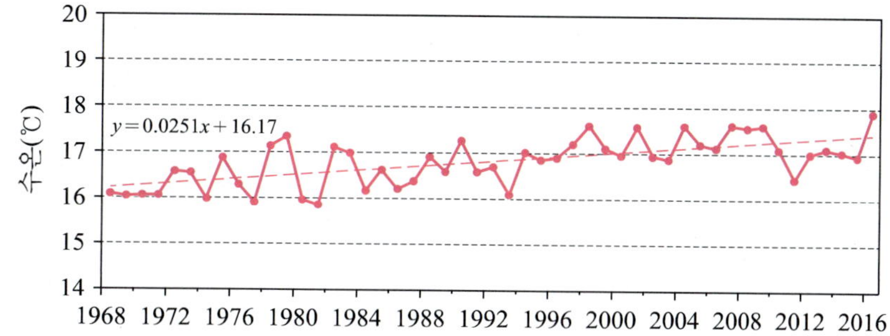

그림 3.11.2 **한반도 주변해역 평균 표층수온 변화(1968～2016년).**
지난 49년간 1.23℃ 상승

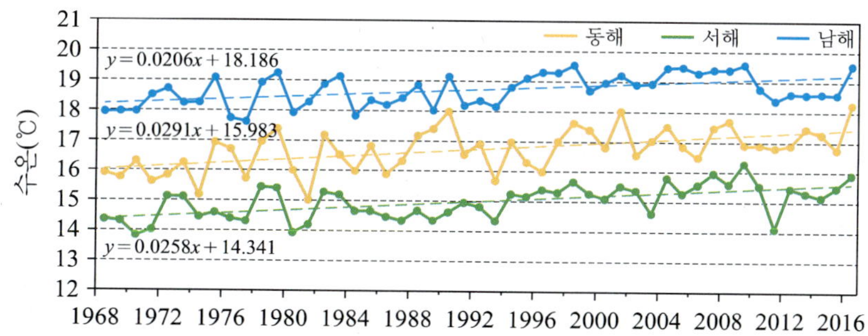

그림 3.11.3 **한반도 해역별(동해, 서해, 남해) 표층수온 변화(1968～2016년).**
지난 49년간 동해 1.43℃, 서해 1.26℃, 남해 1.01℃ 상승

(2) 동해 아극전선대의 변동

대기 조건이 좋은 위성 영상을 획득할 수 있는 시기인 5월 동해에서 한류와 난류가 만나 이루는 아극전선대(subpolar front)의 위도별·연별(1990과 2018년) 변동을 NOAA 위성으로 추정한 표면 수온분포 영상을 도식화하였다. 동해 연근해역(위도 37°N～40°N, 경도 129°E～135°E)에서 수평공간상 비교적 조밀한 수온분포의 위치와 아극전선대의 중심수온을 파악한 결과, 아극전선대의 중심수온이 1～3℃ 증가하였으며, 전선대 위치도 수평공간 분포상 고위도로 이동하는 경향을 나타내었다(그림 3.11.4).

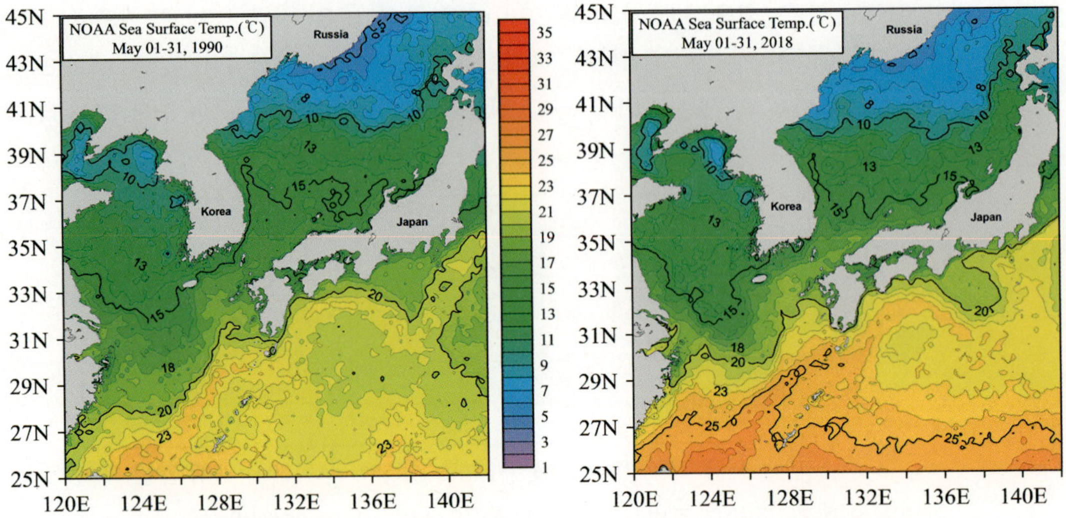

(a) 1990　　(b) 2018

그림 3.11.4 NOAA 위성 열적외감지로 관측된 한국근해 해표면수온 분포(℃)

(3) 한국근해 표면 염분의 장기 변동

한반도 주변 해역 염분의 장기 변동 경향을 보기 위하여, 국립수산과학원의 해양 정선조사 최근 49년간(1968～2016) 자료를 이용하여, 한반도 평균 및 해역별 표층 염분 변동 경향을 살펴보았다. 염분은 표층 전체 해역에서 －0.38 psu로 하강 현상이 나타났다. 해역별 표층의 경우 동해가 －0.20 psu, 서해가 －0.48 psu, 남해가 －0.46 psu로 각각 하강하였다(그림 3.11.5～3.11.6).

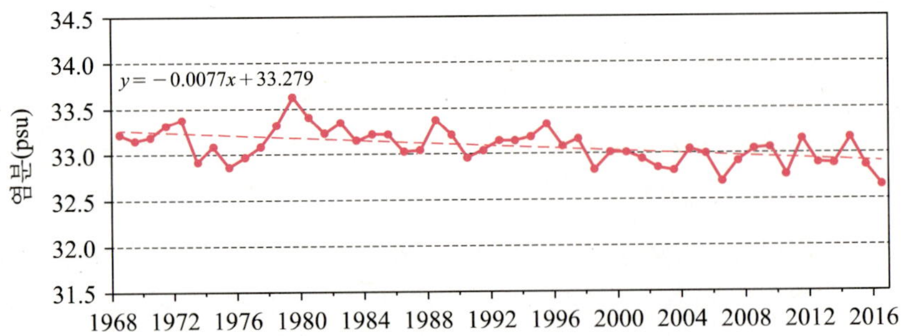

그림 3.11.5 한반도 주변해역 평균 표층염분 변화(1968～2016년).
지난 49년간 －0.38 psu 하강

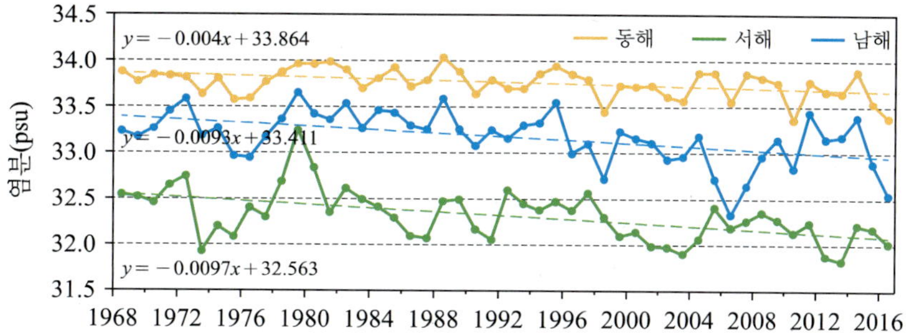

그림 3.11.6 한반도 해역별(동해, 서해, 남해) 표층염분 변화(1968~2016년).
지난 49년간 동해 −0.20 psu, 서해 −0.48 psu, 남해 −0.46 psu 하강

4 기후변화에 대한 해양수산 대책

최근 기후변화에 따라 지구 규모의 해양환경도 크게 변동하고 있어 전 세계적으로 많은 피해가 속출하고 있는 실정이다. 유엔의 정부간 기후변화위원회(IPCC)는 전 세계의 과학적 자료를 분석하여, 제4차 및 5차 보고서를 통해 지구가 온난화되고 있음을 밝혔다. 그 온난화의 주요 원인이 인간의 활동으로 인한 온실가스의 증가에 있음과 그 심각성도 알리고 있다.

국립수산과학원의 정선해양조사를 통해 최근 51년(1968~2018) 동안의 관측 자료를 분석한 결과에도 동해, 서해, 남해 해역의 표면수온이 1℃ 이상 상승한 것으로 나타난다. 이로 인해, 한반도 해양생태계가 변하고 수산자원생물의 종 조성 및 체급군 구성과 그 공간분포에도 변화가 나타나고 있다. 2000년 이후부터는 멸치, 오징어와 같은 표층 난류성 어종의 어획량이 증가하는 반면, 대형 해파리뿐만 아니라 초대형 가오리, 보라문어, 흑새치, 백미돔 등 아열대를 지표 하는 어종들의 출현 빈도가 급증하고 있는 실정이다.

우선 지구 규모의 기후변화 현상을 보이는 전형적 자연현상 변화부터 살펴보고 인위적 지구 온난화로 인해 예상되는 미래 기후변화를 전망하고자 한다. 지구 규모적 기상·기후변화는 페루 연근해의 경우 수온이 평년보다 약 2℃ 이상 고온현상을 보이는 엘니뇨(El Niño)가 1986/87과 1997/98년 등에 발생하여, 페루 전 해안에 용존산소와 물고기가 많이 분포토록 하는 용승수(upwelling water)가 발생하지 않는 현상이 나타나 전 세계적으로 기상 및 해양학적 이변을 초래했다. 통계에 의하면, 1972년의 경우 엘니뇨현상 발생으로 페루에서 매우 중요한 어획량을 90% 감소시켰다.

미래 기후 예측에 대해 상당히 앞선 시기에 기후 모델 개발자인 Augustson and Ramanathan(1977)의 모델계산에 의하면 미래 CO_2량이 두 배 정도 높아져서 접지층의 기온상승에 미치는 영향은 약 2~3℃ 정도로 예상된다는 것이었다. 이것은 제4기 빙하시대의 온난기인 현재의 준 안정된 기후에서 빙하가 없는 온난기후로 이행될 수 있는 임계 치에 도달하는 것을 암시한다. 그 이유는 특히 기후모델들이 이와 같은 전 세계 평균의 기온상승 효과가 극지역에서 약 7~10℃의 기온상승 효과에 상응한다는 사실을 제시하기 때문이었다(Manabe and Wetherald, 1975). 최악의 경우에는, 해수면을 약 70 m 상승시킬 수 있을 정도로 지구 전체의 빙하가 녹을 수도 있는 연구결과를 내어놓았다. 그러면 대부분의 연안 가까운 육지가 해안이 될 것이다. 일종의 전단계로서 예를 들어 남극의 빙하가 녹을 수 있는데, 이 자체만으로도 약 5 m의 해수면 상승효과를 일으킬 것으로 예상하고 있다.

여러 가지 기후이변이 동시에 연관성을 가지며 출현할 수 있는 현상을 원격접속(tele-connection)이라 하는데, 한반도 주변의 수온상승이 정확히 지구의 온난화 현상 때문인지 아니면, 기후시스템의 어떠한 구성요소에 영향 받고 있는지는 보다 면밀히 살펴보는 조사연구가 필요하다. 예를 들면, 스페인어로 "남자아이"라는 뜻을 가진 엘니뇨(El Niño)와는 반대로 "여자아이"를 뜻하는 라니냐(La Niña)는 적도 동태평양에 저수온 현상을 일으킨다. 뿐만 아니라, 엘니뇨와 라니냐를 감싸 안고 있는 "딸과 아들의 엄마" 즉, 태평양의 북쪽에서 서쪽 편으로 이어지며, 다시 남쪽으로 연결되는 말굽모양(ㄷ)의 높은 수온대가 장기간(20~30년) 유지되는 현상을 라마마(La Mama)라 하는데 최근 미 항공우주국(NASA/JPL)에서 이 라마마 현상의 기여를 가설단계로 제시하고 있다. 라마마는 지구온난화와 직접 관련된 현상으로 우리의 한반도 주변과 근접한 서부태평양 해역의 수온 장기변화와 밀접히 관련된 것으로 생각된다. 라마마는 서태평양해역에서의 폭우 및 태풍을 동반한 해수면 증가와 해류까지도 변화시킬 것으로 예측되는 새로운 현상으로 향후, 우리가 주목하여 조사 연구할 필요가 있다.

기후변동을 연구하고 대책을 세우기 위해서는 일반 국민의 관심과 참여로 온실가스 배출을 감소하는 일과 학문적으로는 해양학자, 기상학자, 빙하학자, 지리학자와 생물학자들뿐만 아니라 경제학자와 사회학자들까지도 지구온난화 등의 기후변동 문제에 유기적으로 관여해야 한다. 산학연간의 공동연구 및 국제적 공동연구도 절실히 필요하다. 지구규모의 기후변화인자(climate change index)와 한반도 주변의 기상 및 해양변동 현상을 체계적으로, 종합적으로, 장기적으로 관측하고 원격 연관성(tele-connection)을 조사 및 연구할 국가적 대응 체계를 구축할 필요가 있다.

실상, 미국은 최근 수백 명의 해양학자가 참여하여 대규모의 연구기획 작업을 하고 다양한 관련 아이디어가 집대성되고 있다. 2008년부터 미국 국립과학재단(NSF)의 해양관측계획(Ocean Observatories Initiative) 프로그램 수행해 오고 있다. 이 전 프로그램은 미국의 해양과학자들이 참여하는 하늘의 오리온 별자리를 떠오르게 하는 이름 "오리온(ORION, Ocean Research Interactive Observatory Network)"에 의해 운영 및 관리되어 왔다. 그러나 지금까지 해양조사의 한계를 극복하고 관측 장비와 관측 담당자간에 쌍방향 통신으로, 24시간, 365일 지속적으로 해양을 관측할 수 있게 되었다. 해양과학 관측분야에 있어 정보통신기술(ICT), 사물통신(M2M), 사물인터넷(IOT), 5V(Volume, Velocity, Variety, Veracity, Value)를 만족하는 빅데이터(Big Data) 기반의 대변혁 시대가 될 것이다. 향후 새로운 해양관측 네트워크 구축과 시설 유지 및 운영을 위해 대규모의 예산이 집행될 계획이다. 중국 또한, 4차 산업기반 국가 주도의 대형프로젝트를 기후변화관련 해양관측 분야에 수행할 계획이다.

국내에서도 기후변화 모니터링 차원의 첨단 해양조사 프로그램이 체계적으로 추진되어야 할 것이다. 이를 위해서는 거시적, 장기적으로 사업이 해양수산부, 과학기술정보통신부, 행정안전부, 교육부, 기획재정부, 보건복지부 등 범 부처와 함께 수행 발전될 수 있도록 큰 전략을 수립해야 한다. 기후변화와 관련된 해양온난화 및 해양생태계 변동 등 제반 현상을 실시간적으로 모니터링하고 적어도 북태평양 환경변화와 해양기후의 변동원인을 과학적으로 충분히 이해할 수 있는 단계까지 지속적인 국민의 관심과 전문 인력개발 및 예산지원이 지속적으로 필요할 것이다.

참고문헌

기장군, 2006. 원전건설에 따른 수산피해조사 및 원전온배수 활용방안, 297.

김성수, 1993. 한국 연안해수 중 Po-210과 Th-234의 거동에 관한 연구. 부산수산대학교 대학원, 박사논문, 106.

김영환, 2000. 발전소 온배수와 해양생태계. 전파과학사편, 212.

김영환, 2003. 원자력발전과 온배수 - 그 현황과 대책 -, 전파과학사편, 123.

김원중, 2002. 삼국유사, 역서. 을유문화사, 622.

김종규, 1998. 기후변동론, 한울 아카데미사, 역서, 198.

공영, 서영상, 성기탁, 한인성, 2010. 기후변화와 해양생태계, 아카데미서적, 278.

공영, 서영상, 2012. 기후변화와 어류, 아카데미서적, 역서, 180.

녹원출판사, 1988. 수질관리.

동화기술, 1991. 수질관리.

민홍식, 김철호, 2006. 한국 연안 표층수온의 경년변동과 장기변화. Ocean Polar Res., 28(4), 415-423.

박청길, 1979. 한국동해의 용존산소 분포의 특성에 관한 연구. J. Oceanogr. Soc. Korea, 14(2), 67-70.

박청길, 2007. 수질분석법. 동화기술, 230.

박청길, 이제근, 이병헌, 여석준, 이석모, 강임석, 김일규, 2004. 현대환경과학. 동화기술, 199.

서영상, 2014. 고래 배 속의 기후변화. 세계 식품과 농수산, FAO 한국협회. 126-135.

서영상, 장이현, 황재동, 2003. 지구환경 변화와 관련된 한국 연근해 해양 이상변동. 한국환경과학회지, 12(3), 257-263.

서해립, 김성수, 고유봉, 남기완, 윤성규, 윤양호, 조수근, 홍재상, 1995. 영일만 표영군집내의 Po-210 축적. 한국수산학회, 28(2), 219-226.

이광우, 양한섭. 1992. 화학해양학. 청문각, 189-232.

이성호, 2006, 낙동강 하구의 중금속 거동 및 화학종에 관한 연구. 부경대학교 대학원, 박사학위논문, 89.

이봉길, 2017, 허베이스피리트 호 오염사고방제 그리고 10년, 동화기술.

이한중, 2006. 기후창조자. 황금나침판사, 역서, 418.

장이현, 강용균, 서영상, 2000. 시간스케일에 따른 해양표면수온과 기온의 변동 및 상관 연구, 한국환경과학회지, 9(4), 303-309.

정창수, 홍기훈, 2016. 육상폐기물 해양배출 제로화 백서, 140p. ISBN: 978-89-444-9038-5(034400)

태화출판사, 1994. 해양학 개론.

한국수력원자력(주), 2002, 원전 온배수 문제 종합대응방안 수립을 위한 연구. 164.

해양수산부, 2017. 해양환경관리법

해양수산부, 2017. 해양환경관리법 시행령 http://chm.pops.int

해양수산부, 국립수산과학원, 2000. 해양환경정보편람.

환경부, 2016. 제2차 잔류성유기오염물질 관리 기본계획(안)

환경부, 2017. 화학물질관리법

환경부, 2018. 잔류성유기오염물질 관리법

환경부, 2018. 잔류성유기오염물질 관리법 시행령

Alonso-Hernandez C., M. Diaz-Asencio, A., Munos-Caravaca, E. Suarez-Morell and R., Avila-Moreno, 2002. Cs-137 and Po-210 dose assessment from marine food in Cienfuegos Bay(Cuba). J. Environ. Radioact., 61, 203-211.

Augustson and Ramanathan, A radiative-convective model study of the CO2 climate problem. J. Atm. Sc. 34, 448.

Carlson R. E., 1977. A trophic index for lakes. Limnol. Oceanogr., 21(2), 361-369.

Cherry M.I., R.D. Cherry and M. Heyraud, 1987. Polonium-210 and lead-210 in Antarctic marine biota and sea water. Mar. Biol., 96, 441-449.

Clark, R.B., 1992. Marine Pollution, Third Edition, Clarendon Press, Oxford, 101-115.

Cushing D. H., 1982. Climate and Fisheries, Academic Press, 373.

EPA-NES, 1974. Nation Eutrophication Survey.

Folsom, T.R., 1980. Some measurements of global fallout suggesting characteristics of the N. Pacific controlling dispersal rates of certain surface pollutants, Isotope Marine Chemistry Chapter, 5, 51-117.

Forsberg, C. and S. O. Ryding, 1980. Eutrophication parameters and trophic state indicates in 30 Swedish waste-receiving lakes. Arch. Hydrobiol., 89, 189-207.

Gong, Y. and Y. S. Suh, 2003. Effect of the environmental conditions on the structure and distribution of Pacific saury in the Tsushima Warm Current region. J. Environ. Sci., 12(11), 1137-1144.

Gong, Y. and Y. S. Suh, 2004. Effect of the environmental conditions on the stock structure and abundance Pacific saury, Cololabis saira in the Tsushima Warm Current region. J. Environ. Sci., 13(5), 449-467.

Heyraud M. and R.D. Cherry, 1979. Polonium-210 and lead-210 in marine food chains. Mar. Biol., 52, 227-236.

Hoyt, D. V. and K. H. Schattern, 1997. The Role of the Sun in Climate Change. Oxford University Press, 279.

Jambeck, J. R. et al.(2015), Plastic waste inputs from land into the ocean. Science, 347(6223).

Kim, J.Y., Y. S. Kang, H.J. Oh, Y.S. Suh and J.D. Hwang, 2005. Spatial distribution of early life stages of anchovy (Engraulis japonicus) and hairtail (Trichiurus lepturus) and their relationship with oceanographic features of the East China Sea during the 1997-1998 El Niño Event. Estuar., Coast. Shelf Sci., 63, 13-21.

Kulan, A., 2006. Seasonal 7Be and 137Cs activities in surface air before and after the Chernobyl event. J. Environ. Radioacti., 90(2), 140-150.

Lee, G. F. and R. A. Jone, 1982. Resent advance in assessing the impact of phosphorus in eutrophication-related water quality. J. Water Res. 16, 503.

Lepicard, S., R. Heling and V. Maderich., 2004. POSEIDON/RODOS models for radiological assessment of marine environment after accidental releases: application to coastal areas of the Baltic, Black and North Seas. J. Environ. Radioacti., 72, 153-161.

Lima, A.L., J.B. Hubeny, C.M. Reddy, J.W. King, K.A. Hughen and T.I. Eglinton, 2005. High-resolution historical records from Pettaquamscutt River basin sediments: 1. 210Pb and varve chronologies validate record of 137Cs released by the Chernobyl accident. Geochim. Cosmochim. Acta, 1803-1812.

Lu, X., 2004. Application of the Weibull extrapolation to Cs-137 geochronology in Tokyo Bay and Ise Bay, Japan. J. Environ. Radioact., 73, 169-181.

Manabe, S. and Wetherald R. T., 1975. The effects of doubling the CO2 concentration on the climate of a general circulation model. J. Atmos. Sci. 32, 3-15.

Mitchell, J. M, 1966. Climate change, WMO Tech. note 79.

Mochizuki, H. 2007. Analysis of the Chernobyl accident from 1:19:00 to the first power excursion. Nuc. Engin. Des., 237, 300-307.

Ramade, Francois, 1978. Elements d. ecologie appliquee- Action de l'homme sur la biosphere. Groupe McGraw-Hill Inc.

Sakamoto, M., 1966. Primary production by phytoplankton community in some Japanese lakes and its dependence on lake depth. Aech. Hydrobiol., 62, 1-28.

Skwarzec, B. and R. Bojanowski, 1988. Po-210 content in sea water and its accumulation in southern Baltic plankton. Mar. Biol., 97, 301-307.

Takata, H., M. Kusakabe, N. Inatomi, K. Hasegawa, T. Ikenoue, Y. Watanabe, T. Watabe, C. Suzuki, J. Misonoo and S. Morizono. 2017. Long-term distribution of radioactive cesium in the coastal seawater and sediments of Japan. Rep. Mar. Ecol. Res. Inst., No. 22, 17-25.

UNEP(2016), MARINE PLASTIC DEBRIS & MICROPLASTICS - GLOBAL LESSONS AND RESEARCH TO INSPIRE ACTION AND GUIDE POLICY CHANGE.

US GARP Committee, 1975. Understanding climatic change. Nat. Acad. Sci., Washington, D.C.

相崎守弘·大槻 晃·福島武彦·細見正明·河合崇欣(1981): 修正カールソン 富營養化 狀態指標の日本湖沼への適用と他水質項目との關連 湖沼の富營養化狀態指標に關する 基礎的研究. 國立公害研究所, 研究報告 第23號, 13～31.

Chapter 4

해양환경 보전 및 관리기술

4.1 개요

우리는 앞 장에서 해양환경 자체에 대한 이해와 해양 환경문제에 대한 이해를 추구하였다. 이 장에서는 이러한 이해를 바탕으로 해양과 관련된 환경문제의 해결을 학문적으로 추구하고자 한다. 보다 구체적으로 표현하자면 이 장의 제목처럼 해양환경의 보전 및 관리기술이라 할 수 있다. 그 내용적 추구는 해양환경과 관련하여 여러 양상으로 나타나는 환경문제를 해결하기 위한 체계적인 탐구, 그리고 좀 더 확장하여 보다 좋은 해양환경을 창출하기 위한 체계적인 탐구를 포함한다.

따라서 환경문제의 해결과 보다 좋은 환경의 창출이라는 문제해결과 창조의 성격을 이 장이 추구하므로, 이제 우리는 공학의 세계로 깊숙이 들어가는 것이다. 현대사회에서 과학과 공학 내지 기술은 예전에 비해 보다 긴밀한 관계를 가지게 되었다. 해양환경공학은 과학을 바탕으로 창출하는 세계이다. 이 장을 통해 해양환경공학의 현재와 미래, 학문적 성격을 이해하기를 기대한다. 소중한 해양환경을 보호하고, 문제를 해결하고, 보다 가치 있게 창출하는 역동적인 공학의 세계로 안내하고자 한다.

이 장에서 이어지는 4.2절에서는 오염물질의 유입원 관리에 대해 탐구한다. 해양오염원으로 육상기인 오염원과 해양기인 오염원을 어떻게 관리할 수 있을지에 대한 탐구이다. 4.3절에서는 해양환경 감시 및 평가에 대해 탐구하며 해양환경기준의 설정과 모니터링 체제, 해양오염 진단 기술 등에 대해 탐구한다. 4.4절에서는 해양생태계 대응관리에 대해 탐구하며 적조, 백화현상, 외래종 유입 등 해양생태계 이상 현상에 대한 과학기술을 탐구한다. 과학적 이해를 바탕으로 대응시스템, 관리 및 예방, 공학시스템 구축 등에 대해 탐구한다.

4.5절에서는 오염해역 정화기술에 대해 탐구한다. 오염된 해양퇴적물의 생태적 영향과 오염퇴적물 정화방법 및 기술을 탐구하고, 부영양화 해역의 회복기술에 대해 탐구한다. 그리고 잘피(밭) 복원기술에 대해 탐구한다. 그리고 연안역 통합관리와 연안오염 총량관리 기술에 대해 탐구한다. 4.6절에서는 해양사고 대응기술 및 해양오염 사고에 대한 대응과 방제 방법에 대해 탐구한다. 해양사고 시 오염물질의 확산에 대한 이해와 확산 방지 기술, 방제체제 등에 대해 탐구한다. 유류와 위험·유해물질 유출 오염에 대한 대응시스템을 포함한다. 4.7절에서는 자연재해 대응기술에 대해 탐구한다. 해일과 파랑 등 해양물리력에 의한 해양재난에 대한 대응기술에 대해 탐구한다. 환경문제로서 환경파괴 현상[1]에 대한 대응이라 할 수 있다. 쓰나미와 태풍

---

1) 환경과학적인 측면에서 환경문제를 환경오염과 환경파괴 문제로 구분해 볼 수 있다. 여기에 대해서는 이두곤(2003)의 논의를 참조.

에 대해서도 이러한 측면에서 그 영향과 대응에 대해 탐구한다.

4.8절에서는 기후 변화 대응기술에 대해 탐구한다. 이 절에서는 대기 중 CO_2 증가로 인한 지구온난화 문제와 해양과의 관계, 해양에 대한 영향, 지구온난화 대응기술과 그 일환으로 CO_2의 해양저장 기술 등에 대해 탐구한다. 마지막으로 제9절에서는 해양침적폐기물 관리기술에 대해 탐구하며 해양에 침적된 폐기물의 현황과 관리기술 등에 대해 탐구한다. 또한 해양폐기물의 분포 조사, 수거, 해양 폐기물 처리 기술 등에 대해 탐구한다.

이 장의 글에서도 나타나지만, 해양환경공학은 많이 관련될 것으로 생각되는 환경공학의 학문적 세계와 성격적인 차이도 좀 있음을 감지할 필요가 있다. 해양환경공학은 환경공학보다 문제의식의 폭이 보다 넓고, 열려져 있다는 점이 이해되었으면 한다. 이 장에서의 탐구를 통해 발전하고 있는 해양환경공학의 학문적 세계에 대한 기초가 튼튼히 구축되었으면 한다.

4.2 오염원과 입력경로 관리

해양오염(marine pollution)이란 주제를 이해하기 위해서는 우선 해양과 오염의 성격을 이해하는 것이 필요하다. 해양은 지리적으로 낮은 위치에 존재하기 때문에 육상, 하천, 대기 등 주위 환경에 고의적이나 비고의적으로 버린(처분한) 유해물질이 궁극적으로 도달하는 장소이다. 해양에는 많은 생물이 서식하고 있다. 그러므로 해양으로 유해물질이 쉽게 집적되고 또 해양에 서식하는 생물에도 유해물질이 집적되기 쉽다. 해양생물 중 상당수는 사람이 섭취하는 수산물을 구성한다. 또 해양은 우리가 해수욕 등 휴식을 취하는 공간이므로 호흡기, 입, 피부를 통해 유해물질에 노출되기도 한다. 우리가 섭취하는 식품 중 중금속이나 PCBs 오염을 이유로 채취를 금지하거나 섭취를 금지하는 경고문을 발령하는 경우는 수산물이 거의 유일하다. 그 이유는 수산물의 유통경로가 농산물과는 다르기 때문이고, 일단 오염된 해역을 인간생활과 분리하기 쉽지 않고, 또 해역 오염을 완화하거나 원래상태로 복원하는 것이 용이하지 않기 때문에 "포획 금지 혹은 섭취 금지" 경고문을 정부에서 발령하는 것이다.

한편 오염이란 원래상태에 이물질 특히 유해물질이 입력되어 원래 상태의 서비스를 제공하지 못하는 상태를 이르는 말이다. 해역이 오염되어 있는지의 여부는 어패류를 채취할 수 있고, 또 먹을 수 있는지, 옷을 벗고 수영할 수 있는지의 가부를 생각하여 보면 분명하여진다. 따라서 해양오염의 방지는 인간 건강 보호 차원에서 다루어진다. 생태계 건강 보호는 궁극적으로 인간 건강을 보호하는 보조수단이다.

본 절에서는 해양의 일정공간인 해역을 대상으로 한정한다. 어느 해역에 물질이 입력되어 그 해역의 물과 해저퇴적물이나 서식하고 있는 생물, 그리고 그 해역에서 생물을 채취하여 먹거나 수영 등을 하는 인간에게 해를 미치게 되는 경우 그 해역이 오염[2]되었다고 하고, 입력된 그 물질은 해양환경에서의 오염물질이 된다. 즉 해양에서 오염물질이 되는 폐기물[3]을 해양에 투입 처분하는 행위가 해양을 오염시키는 행

2) 오염이란 과학적으로는 contamination이란 현상이다. 즉, 어떤 물질에 외래 물질이 들어와서 그 어떤 물질의 원래의 특성이 달라진 상태를 말하고 이때의 외래물질을 오염물질이라고 한다. 예를 들면 물에 잉크 한 방울을 넣게 되면, 물은 잉크로 오염된 것이고 잉크에 물을 넣으면 잉크는 물로서 오염되었다고 할 수 있다. 따라서 오염 자체는 인간에 대한 유해성 여부, 즉, 더럽거나 깨끗하다는 의미와는 상관이 없다. 또한 오염물질이란 정황에서 생겨나는 것이다. 즉 수은이 광산에서 채광될 때는 유용한 광물이고, 산업적으로 이용될 때는 원료이나 수은을 바다에 버리면 수은이 해양의 오염물질이 된다. 그러나 일반사회에서는 오염이 곧 인간과 환경의 질을 손상시키는 공해(pollution)라는 개념으로도 사용되어왔다. 이는 오염(汚染)이란 용어의 "오"가 더럽게 된다는 의미를 가지기 때문이다. 그간 우리사회에서는 주로 화학물질에 의한 물, 공기, 토양 등 수용매체의 특성이 변화되어 수용매체 고유의 기능이 손상을 받은 상태를 말한다. 그러나 해양에서의 오염 즉 해양오염은 정치적으로는 매우 광범위하게 정의되어 있으나 여기서의 논의는 화학물질에 의한 해양 공간의 물, 해저퇴적물, 생물의 고유 물질 특성이나 기능이 손상을 받은 상태라고 정의한다. 국제적으로는 '폐기물 및 기타물질의 투기에 의한 해양오염방지에 관한 협약(런던의정서)' 제1조10항에서 "오염"이란 생물자원과 해양생태계에 악영향을 미치거나 미칠 우려가 있는, 혹은, 인간의 건강에 해가 되거나, 어업 및 적법한 해양의 이용을 포함한 해양이용활동을 방해하거나, 해수 이용의 질을 저하시키고, 쾌적성을 감소시키는, 인간 활동으로부터 직접 또는 간접적으로 해양에 폐기물이나 기타 물질을 입력하는 것으로 정의하고 있다. 유엔해양법에서도 이와 유사하게 해양 오염을 규정하고 있다.

3) 폐기물이란 더 이상 필요 없게 된 물질이다. 여기서는 폐수나 오수, 하수라고도 달리 불리는 인간생활에 더 이상 필요없게 된 모든 물질을 통칭한다. 우리 사회에서는 쓰레기라고도 일반적으로 부르고 있다. 일반적으로 폐기물이 생성되면 우리 주위 환경(대기, 육상, 해양)에 궁극적으로는 처분(disposal)을 하게 되고, 환경오염이란 바로 폐기물의 처분으로 발생한다. 따라서 폐기물의 처분 수요, 특히 해양에 대한 폐기물의 처분 수요를 감축하는 것이 해역의 오염을 방지하는 방법이다. 폐기물의 처분 수요 감축은, ① 폐기물 발생의 원천적 방지, ② 발생된 폐기물의 재활용, ③ 폐기물에 포함된 유해물질의 감축이나 파괴를 통한 재활용 기회 확대 방법으로 확보하고 더 이상 재활용할 수 없는 폐기물은 ④ 육상처분(매립), ⑤ 대기처분(소각), ⑥ 해양처분(해안 배출과 해양 투기)의 순으로 환경에 처분하는 것이 폐기물 관리의 정석이다. 불가피하게 해양에 폐기물을 처분하게 된 후에도 해양환경에 미치는 영향을 조사하고 감시하여 해양환경이나 해양생물 그리고 인간에 위험을 초래할 가능성을 조기에 발견하고 그 가능성을 차단하기 위한 행위가 ⑦ 해양환경 감시 및 평가 사업이다. 맨 마지막의 환경 감시 및 평가 단계를 포함한 7단계의 의사결정을 반복적으로 환류시킴으로서 지속가능한 환경을 확보해 나가게 된다. 이러한 의사결정의 기반으로는 기술의 진보, 관리 방식의 혁신, 폐기물(유해물질)과 환경과의 상호 작용에 대한 과학적 지식이다. 우리 사회의 지속가능개발을 위하여 과학과 기술이 필수적인 요소로 간주되는 이유이다. 폐기물관리의 7단계 중 1단계를 제외한 재활용(2단계와 3단계)과 처분(4단계에서 6단계)에서는 별도의 추가적 경비가 필요하다. 또한 7단계의 환경 감시와 평가에도 상당한 비용이 소요된다. 이러한 경비는 실제로 환경산업을 육성할 수 있는 자금이 된다. 즉 우리사회가 폐기물 재활용과 처분에 관련된 비용을 누가, 어떻게, 얼마나 투자할 것인가에 관한 경제적 동기가 우리 주위 환경을 깨끗하게 유지하는 관건이다. 선진국은 유해물질의 생산이 많음에도 불구하고 바다, 공기, 토양, 담수가 청정하게 유지되고, 후진국은 유해물질의 생산이 선진국에 비해 훨씬 적으나 시장에서 판매되는 식품의 위험성이 선진국의 경우보다 더 높다. 이는 폐기물 관리의 거버넌스가 제대로 정착되지 않은 때문이다.

위이고, 이 행위를 방지하는 조치가 해양환경보호조치이다. 해양오염을 효과적으로 완화하거나 방지하기 위해서는 “해양이 오염되었다”라는 수동적 사고에서 “해양을 오염시켰다”라는 능동적인 사고로 전환해야 한다.

그러나 유감스럽게도 해역의 오염은 육상 지역과는 달리 조기에 발견되지 않고 또 방치되는 경우가 매우 흔하다. 해양 오염을 감축하기에 어려운 이유 중 가장 큰 이유는 해역의 소유자가 분명하지 않기 때문이다. 사유재의 경우에 오염이 되면 오염자 부담원칙에 근거한 법절차에 의하여 오염을 제거하게 된다. 그러나 해양은 국가의 공공재로서 해역의 개별 이용자(어업, 용수 채취, 선박 운항 등)가 각각 국가로부터 면허를 취득하여 일정 부분을 이용하는 방식이고 총체적인 환경관리는 국가가 법률에 의거 집행하도록 되어 있다. 정부가 소유자인 국민을 대신해서 주인의식을 가지고 특별한 노력을 기울이지 않으면 공유지의 파멸(tragedy of the commons)[4]이 발생하게 되는 것이다. 해양이란 공공재의 관리를 담당하는 행정청 당국자들과 이용자들의 인식이 해양오염방지의 관건이다. 이 절에서는 해양에 오염물질을 입력할 잠정 오염원들을 살펴보기로 한다.

1 육상활동기인

일반적으로 해양이라 함은 공간적으로 매우 광범위하기 때문에 여기서는 공학적 수단을 투입하여 해역 오염을 해결할 수 있는 연안 해역을 중심으로 다룬다. 연안해역이란 육지와 해양의 경제활동이 접합되는 곳으로서 육지에서는 인구가 밀집하고 산업이 집중되는 도시가 발달하고, 지리적으로도 평탄한 지형이 많아서 농업이 발달하게 된다. 그 결과 도시 문명의 부산물인 하수를 포함한 생활 및 산업 폐기물과 도

4) 원문 tragedy of the commons에서 commons는 영국에서의 공공소유(국가, 지방자치단체)의 토지(도로, 항만, 공원 등)를 말한다. 그리고 tragedy는 흔히 “비극”이라고 번역되어 있으나 실제 영어사전을 보면 첫번째로는 큰 고통이나 파괴를 초래하는 자연재해를 포함하는 사고나 사건을 의미하고 두번째로 주인공이 불행하게 되는 연극 즉 비극을 의미한다. 원래 이 용어는 1883년 윌리윔 포스터 로이드(William Forster Lloyd)의 공공소유 초지의 황폐화를 설명하는 경제모형으로 소개되었고, 이를 1968년 가렛 하딘(Garret Hardin)이 Science지에 “The tragedy of the commons”이란 제목으로 국립공원, 수산자원, 공용주차장 등의 공유지의 관리 방안을 제시하는 수필을 발표함으로써 유명하게 되었다. 그러나 기원전 330년에 이미 아리스토텔레스가 “(소유주가 공동으로 된) 최대 인원에게 공통적인 것은 가장 덜 관리 된다”라고 갈파하였다. 공유지의 문제는 실소유주인 국민을 대신하여 공공기관의 특정 요원들이 관리하는 토지로써, 소유와 경영이 분리되어 있어서 책임 소재(accountability)의 투명성을 보장하는 장치가 없는 경우에는 관리요원들이 사적이익을 공공의 이익에 우선하는 등 공유지의 가치를 저하시키는 경우가 실재로 많이 발생한다. 그러므로 “공유지의 참사 혹은 파멸”이라고 번역하는 게 원래의 경제모형의 취지에 더 맞다고 본다. 또한 “비극”이라는 말은 독자를 관객으로 가정한다. 그러나 독자는 즉 국민은 공유지(예: 바닷가를 포함한 해양)의 주인이기 때문에 관객으로 배우(관리요원을 포함하는 타자들)의 연기(행위)를 구경하고 그 불행한 결말을 수동적으로 보는 입장은 아니기 때문에 “비극”이란 번역은 “참사 혹은 파멸”로 바로 잡아야 할 것으로 사료된다.

시 방역 후 잔류의약품, 비료와 농약 등 농경지 발생 유해물질이 해양으로 입력될 수 있다. 해역으로의 입력행위에는 해안선에 방류구(outfall, 점오염원)를 설치하여 하수를 배출하는 등 고의적인 처분과 도시에서 전염병의 방역 작업에 사용한 살충제 중 일부가 강우 시의 하천수나 지표면을 흐르는 표층수(surface runoff)에 휩쓸리거나 바람을 타고 해역으로 입력이 되는 등 비고의적인 처분 행위를 포함한다. 이러한 비고의적 처분에 해당되는 하수, 표층수, 대기 침적 등은 비점오염원이라고 한다. 해양에서는 유해물질이 축적되기 때문에 환경기준치 이하의 유해물질이 포함된 하수처리장의 방류수나 토양이나 대기의 관리기준 이하의 유해물질(예, 잔류농약)이 해역으로 입력되면 해양은 이로 인하여 오염된다. 여기에 해양오염의 관리방식이 육상의 환경규제와 다른 이유이다.

(1) 비점오염원

육지에서 해역으로 입력되는 비점오염원의 지리적 범위는 점오염원인 물을 통하여 입력되는 유해물질의 경우는 분수계를 경계로 한 집수역(集水域, 유역, watershed) 범위가 되고, 대기를 통하여 입력되는 유해물질의 경우에는 집기역(集氣域 airshed)이 된다. 집기역은 집수역보다 더 넓은 게 일반적이다. 일반적으로 그리고 외해에서 주어진 해역으로 들어오는 선박에서 발생하는 유해물질이 해역으로 배출되는 것으로 크게 나누어 볼 수 있다. 일반적으로 1980년대에 세계 평균적으로 해양오염원은 육지가 약 80%, 이 중 대기 경로를 통한 것이 약 절반이라고 알려져 있었으나, 연안해역의 경우 최근 하수관거의 정비와 폐기물 재활용기술의 발달을 감안하면, 육지의 비중은 현격하게 줄어들었고, 상대적으로 해양 오염원의 기여가 증가하고 있다. 예를 들면, 2000년대의 북해(North Sea)의 경우 유해물질의 종류에 따라 입출항하는 선박이 차지하는 비중이 30%나 되고 선박의 방오도료로 사용되어 온 유기주석(tributyl tin)의 오염원은 100%가 선박이다.

(2) 하수

연안해역의 점오염원의 대표적인 것으로는 하수를 들 수 있다. 하수는 인간 생활이나 산업생산과정에서 발생한다. 하수의 처리는 인간 생존과 직결되어 있다. 즉 하수를 인간생활공간에 가깝게 두면 온갖 질병의 발생처가 되게 된다. 모든 폐기물의 처리 처분 관리 방식과 마찬가지로 우선 발생된 하수를 생활공간으로부터 격리하여 한 곳에 모아서 부피를 감축하고 유해물질을 일부나 전부를 파괴하여 처분 대상 물질의 부피를 줄이고 질을 개선시키게 된다. 우리나라 전체 인구가 2000년 현재 1960년에 비하여 2배나 증가하였으나 요즈음 우리나라 해안을 가보면 20여 년 전이나 40년 전보다는 더 깨끗하다고 느낄 것이다. 이는 이전에 해안선에 하수 방류구를 설치하여 바다로 직접 배출하던 하수를 하수관에 연결하여 하수처리장으로 보내게 되었기 때문이다. 즉, 미처리하수의 해안배출을 중지한 데서 비롯된다. 하수의 처리 과정은 다음과 같다. 1차 처리는 하수에 포함된 고형물을 제거하는 물리적 처리이고, 2차 처리는 생물화학적 처리라고도 하는 호기성 및 혐기성 소화를 시켜서 유기물을 분해하는 공정을 말한다. 3차 처리는 고도처리라고도 하는 공법으로 하수에 존재하는 인과 질소 성분을 제거하는 공정이다. 우리나라의 대부분의 하수처리장의 처리 공법은 2차 이상이다. 하수를 처리하고 나면 최종적으로 폐수와 처리오니가 발생하게 된다. 하수처리장에서 발생하는 폐수는 주위 환경(하천이나 바다)에 배출되기 때문에 방류수라고도 부른다. 즉, 하수처리장의 생산품은 방류수와 하수처리오니이다. 하수처리 공정을 요약하면 하수를 수거하고, 운반하고, 하수처리장에서 여러 가지 단계로 처리를 하고 남은 폐수와 처리오니를 다시 우리 주위 환경의 특정 장소에 처분하는 것이다. 처분(disposal)을 우리나라에서는 최종처리라고 부르고 있었으나 2010년 7월부터는 처리(treatment)와는 다른 "처분"이란 개념을 「폐기물관리법」에 도입하여 처분에 따른 인체 및 환경 영향을 검토하는 근거를 마련했다.[5] 또한 「폐기물관리법」을 개정하여 "적정하게 처리하여"란 개념(즉 달성 가능한 한 낮게 as low as reasonably achievable, 혹은 최선의 가용한 기술 best available technologies)을 폐지하고 "친환경적으로 처리함으로써"로 라고 바꾸어서 "친환경적"이라는 수용체(환경)가 기준이 되도록 제도를 변경하여 폐기물 처분에 따른 환경 보호의 큰 전환의 계기를 마련하였다.[6] 처분이전의 단계에서도 수거 과정에서의 누락이나 운반 도중에 누출되는 등 환경오염이 발생할 수 있으나 가장 중요한 오염원인은 이 방류수와 하수처리 오니의 환경 처분이다. 산업폐수 처리 공정도 생활하수 처리 공정과 마찬가지이다. 일반적으로 생활하수 오니는 여러 가지 가정용품이나 기계류, 기름류 등 물질들의 파쇄물, 도시 방역 잔류약품, 대변 소변 등 다양한 물질이 존재하기 때문에 이들 중 지속성이 강한 중금속과 지속성 유기물질은 하수처리 과정에서 거의 파괴되지 않고 하수처리

5) 2010.7.23일에 「폐기물관리법」 제2조(정의) 제6호 ""처분"이란 폐기물의 소각(燒却) · 중화(中和) · 파쇄(破碎) · 고형화(固形化) 등의 중간처분과 매립하거나 해역(海域)으로 배출하는 등의 최종처분을 말한다."로 처분 개념을 도입하여 개정했다.

6) 2010.7.23일에 「폐기물관리법」 제1조(목적)를 "이 법은 폐기물의 발생을 최대한 억제하고 발생한 폐기물을 "적정하게" 처리하여 환경보전과 국민생활의 질적 향상에 이바지하는 것을 목적으로 한다."를 "이 법은 폐기물의 발생을 최대한 억제하고 발생한 폐기물을 "친환경적으로" 처리함으로써 환경보전과 국민생활의 질적 향상에 이바지하는 것을 목적으로 한다."로 개정했다.

오니에 주로 남게 된다. 산업단지의 폐수는 산업공정에 필요한 투입물은 시초부터 제품의 원가에 반영되므로 폐기물로 배출되기 보다는 원료로서 회수되어 재사용되는 경우가 일반적이기 때문에 생활하수처리오니가 산업폐수처리오니보다 더 유해물질이 많이 함유되어 있는 경우도 흔하다. 하수처리오니에는 다량의 유해물질이 함유되어 있으므로 하수처리를 환경에 처분하지 않기 위하여, 즉, 하수처리처분으로 인한 해양환경 오염을 방지하기 위하여, 대부분의 나라들에서 재활용되고 있다. 여기서 재활용은 목초지의 비료 제조의 원료로 사용하거나 조개탄 같은 연료나 활성탄의 원료로 가공하여 사용하는 방안 등 다양하다. 지역특성에 맞는 재활용 방안의 개발은 해역오염을 방지하고 감축하는 유일한 길이다. 재활용 방안이 억제되는 곳에서는 해역에 처분하게 된다. 특히 우리나라는 세계 다른 나라와는 달리 하수처리 오니의 대부분을 황해와 동해 중앙에 투기함으로써 해양을 크게 오염시키고 있다. 방류수의 유해물질 배출 기준을 살펴보면 해당 집수역에 존재하는 하수처리장으로부터 얼마나 많은 유해물질이 해역으로 입력되는 지를 추정하여 볼 수 있을 것이다.

(3) 하천

도시를 통과하는 하천은 도시의 폐기물을 해역으로 운반하는 컨베이어 벨트 역할을 하게 된다. 오염물을 용존 형태와 고형물 형태로 구분될 수 있다. 하천을 통하여 해역으로 유해물질의 이동을 방지하려면 자연 하천에 하수가 유입되지 않도록 하수관거를 철저히 설치하여야 한다. 해안도시에서의 지면계획(landscape planning)은 우수배출(storm water runoff)을 특별히 염두에 두어야 한다. 우수에는 자동차 연료 연소, 타이어 마모 등 도로에 쌓인 각종 유해물질이 해역으로 우수와 함께 입력되지 않도록 도로 옆에 초지(storm water garden)나 습지(wetland)를 조성하여 직접 해역으로 흘러들지 않도록 하여야 한다.

(4) 대기 침적물

공장이나 일반 가정에서 연소의 기체 형태의 부산물은 집기역의 바람 방향에 따라 이동하나 궁극적으로 바다에 도달하게 된다. 또한 대기를 통한 유해물질의 해역 입력을 제대로 파악하기 위하여서는 해당해역으로 진입하는 기단의 기원을 잘 알아야 한다. 일반적으로 대기로 오염물질을 배출하는 점오염원에 대하여서는 배출기준으로 관리하고 있다. 일반적으로 배출기준(action list와 action level)이란 특정 유해물질이 환경과 인간에 미치는 영향의 지식과 해당 사회의 경제적 기술적 역량에 근거하고 있다. 따라서 환경기준이란 최대허용한도라는 개념이며 배출기준이하이기 때문에 무해하다는 것은 아니다. 그러므로 새로운 지식의 진전과 경제 성장과 주민들의 요구에 의하여 배출기준은 변할 수 있다. 자동차를 예로 들면 자동차의 배기가스는 기존에는 인간과 생물에 대한 직접적인 유해성 여부를 근거로 하여 규제되어 왔다. 예를 들면 아황산가스, 질소산화물, 일산화탄소 등이다. 그러나 최근에는 이산화탄소가 지구 기후를 변화시키고, 또 해양표면을 산성화시키는 것으로 밝혀져서 이를 억제하기 위하여 자동차나 연소기관의 이산화탄소 배출을 규제하게 될 것으로 전망된다. 이러한 새로운 유해물질(emerging pollutant)이 나타날 개연성은 항상 존재한다. 배출기준으로 관리되는 대기나 수질 오염원을 관리하는 방법은 집수역 총부하량과 해역의 수용성의 상관관계를 이용하여 총부하량을 규제하는 방안이 있다. 총부하량을 규제하면 일시적으로는 해당 점오염원에 경제적인 부담이 되지만 이러한 도전을 해결하고자하는 새로운 기술이나 관리방식이 개발되고, 관련 틈새시장이 성장하게 되어 환경적으로 깨끗하여 지고 경제적으로도 풍요롭게 될 수 있다. 정부의 적절한 규제는 환경시장을 육성하게 된다.

2 해양활동기인

우리 인간의 해양에서의 활동은 물자와 인력을 수송하는 선박, 수산자원을 이용하는 수산업과 물자가 바다에서 육지로 육지에서 바다로 이동하는 항만산업이 대표적이다. 물론 해상에 고정 혹은 부유 하는 플랫폼을 설치하여 석유, 천연가스, 골재나 금속광물을 채굴하는 해저 광업 등도 잠재적 오염원이다. 지난 2010년 미국 남부 멕시코 만에서 발생한 딥워터 호라이즌(Deepwater Horizon) 석유 플랫폼(현대중공업이 2001년에 납품)에서 시험시추 중 폭발 이후 발생한 화재로 11명이 사망하고 17명이 부상을 당했고 약 4.9백만 배럴의 원유가 유출되었다. 여기서는 선박과 항만, 수산업에 국한하여 간략이 기술하고 해저 광업에 대해서는 5장을 참조하기 바란다.

(1) 선박 방오도료

선박의 선체(hull) 중 해수 접촉하는 부분에 칠하는 도료는 생물이 선체에 부착하지 못하도록 계속 독성물질을 내보내게 된다. 이를 방오도료라고 한다. 우리주위에서 나무로 만든 가구나 외장재나 철도 침목이나 철이나 강 구조물이 페인트로 채색되어 있는 것을 흔히 볼 수 있다. 이는 다 벌레들의 침투를 막아서 내구성을 강화하기 위한 방법이다. 이러한 도료나 처리제는 생물제제(biocide)이다. 생물제제의 작용원리는 장기간을 두고 일정량이 주위 환경으로 배출되어 오손생물들이 침투하지 못하게 하는 것이다. 선체 외벽에서의 오손생물이란 따개비 등 패류와 대형 부착성 조류들이다. 해양에 시설한 구조물 외벽에도 이러한 생물제제들을 도포하여 내구성을 높인다. 주어진 해역에 출입하는 선박이나 구조물의 표면적 중 해수 접촉부분의 총 면적과, 동 해역 체류기간, 이들 방오도료의 용해율(erosion rate)을 알면 방오도료 용해로 인한 동 해역의 오염부하를 산정할 수 있다.

이 중 TBT(Tributyltin), 구리, 아연 등이 가장 중요한 방오제제로서 사용되어 왔다. TBT(Tributyltin)는 경제성 및 우수한 방오 성능 때문에 1970년대에 대량 사용되었으나, 1980년대 프랑스 아카숑만의 굴, 조개 양식 산업을 붕괴시켰고, 우리나라 항만에서도 패류의 imposex를 유발하고 있다. 이를 계기로 1989년 TBT(Tributyltin) 사용 금지에 대한 논의가 국제적으로 시작되어 1999년에는 IMO(국제해양기구) 총회에서 TBT의 사용금지를 결의하고 2003년까지 선체에 신규로 사용하는 것을 금지하고 2008년 1월 이후에는 선체에 잔존하는 것을 금지하는 AFS 협약(Convention on the Control of Harmful Anti-fouling Systems on Ships)이 체결되었다. 2008년 전면 금지에 따라서 조선소의 선박 도장작업 중 일부 방오도료 물질이 해역으로 투입될 수 있다.

그러므로 조선소의 도장 작업 중 샌드블라스팅(sand blasting) 폐기물이 해역으로 투입되지 않도록 하는 방안이 필요하다. 외부 해수면과 접촉하고 있는 공간이 있는 조선소나 선박 수리 시설 등 해양시설에서는 폐기물이 해면으로 투입 처분 되지 않도록 특별히 주의해야 한다. 폐기물의 해상 투입 처분은 사전에 허가를 받아야 하는 런던협약/의정서란 국제조약 관리 대상이다.

(2) 선박평형수(밸러스트수, Ballast Water)

선박의 종류에 따라 다르나 선박평형수는 선적 시에 배출하게 되고 하역 후에는 선적하게 된다. 일반적인 원단위는 선박 1톤당 5.5리터 정도인 것으로 알려져 있다.[7] 선박평형수는 한 해역에서 그 해역의 해수를 선적하고 다른 해역에서 배출하게 되므로 그 해역의 해양생물을 다른 해역으로 이동하게 되고, 경우에 따라서는 외래종이나 유해물질의 이동 경로가 된다. 대부분의 해양생물은 유생시기에 플랑크톤이

7) Environment Austria. 1999. Emissions Estimation Technique Manual for Aggregated Emissions from Commercial Ships/Boats and Recreational Boats-version 1.0. 33p.

되는 것이 대부분이기 때문에 성체인 경우에는 선박평형수에 휩쓸려 들어가지 않으나, 플랑크톤유생의 형태로 이동된다. 이외에도 선박은 해충의 이동 경로가 될 수 있다. 약 7,000종의 생물이 선박으로 이동되는 것으로 알려져 있다. 예를 들면 유럽의 홍합(Zebra mussel, *Dreissena polymorpha*)이 미국 하천의 약 40%를 침범하여 1989~2000년 기간 동안 이를 구제하는 데 10억 달러가 소요되었다. 중국의 참게가 유럽항구에 이동되어 유럽항구의 제방을 무너뜨린 사례는 매우 유용한 교훈이 될 수 있다. 또한 적조 생물이 이동되는 경로이기도 하다.8) 따라서 외해역에서 귀항하는 선박의 선박평형수를 철저히 소독하고 선박이 후미진 곳에 오손생물이 숨어있는지를 잘 관리할 필요가 있다. 그 외에도 선체의 부식 방지용으로 부착한 아연이 용해되어 선박평형수에는 아연 함량이 높을 수도 있다.

(3) 선박 운항 기인 폐기물

선박은 해상에서 운항하는 교통수단이나 육상의 자동차나 기차와 공중의 비행기와는 다른 특성을 가진다. 선박은 이들 타 운송수단에 비하여 일반적으로 많은 화물을 장기간 운반하고, 선박은 협소하여 폐기물을 장기간 보관할 수 없다는 특성이 있다. 그 결과 불가피하게 운항 상 발생한 폐기물을 해역에 투입 처분하게 된다. 국제적으로 선박에 의한 해양오염을 규제하고 있는 MARPOL 조약의 제V부속서는 garbage를 6가지 범주로 구분하여 처리 방법을 달리 규정하고 있는데, Category 1에 해당하는 플라스틱류는 해양배출이 금지되고, Category 2에 속하는 부유성 포장지, 내피, 포장물질은 해안에서 25해리 바깥에서, Category 3에 속하는 종이류, 넝마, 유리, 금속, 병, 도자기 등은 해안에서 12해리 바깥에서, Category 4에 속하는 화물잔류물, 분쇄한 종이제품, 넝마, 유리, 금속, 병, 도자기 등은 3해리 바깥에서, Category 5에 속하는 분쇄하지 않은 음식폐기물은 12해리 바깥에서, 분쇄한 음식폐기물은 3해리 바깥에서 해양배출을 허용하고 있다. 이러한 방식의 폐기물 처분은 육상에서는 상상할 수도 없다.

8) Global Ballast Water Management Programme. International Maritime Organization. archive.iwlearn.net/globallast.imo.org/index.html (2018년 10월 방문)

(4) 항만폐기물수용시설(port reception facility)

그러나 해양 처분이외의 대안이 없는 것은 아니다. MARPOL 73/78은 폐기물의 해양배출을 허용하면서 동시에 이들 폐기물을 항만수용시설(port reception facility)에 배출하도록 요청하고 있다. 폐기물의 해양에 대한 배출은 해양환경에 부정적인 영향을 초래하기 때문에 이를 방지할 대안을 강구하도록 회원국에 요청하고 있다. 통상 garbage(부속서 V)와 sewage(부속서 IV)는 생활폐기물과 동일하여 도시하수처리설비로 처리·처분될 수 있다. 즉, 하수는 선박으로부터 도관을 설치하여 수용시설에 배출하고, 그렇게 할 수 있도록 파이프라인의 규격을 맞출 것을 요청하고 있다. 특히 화물을 이동 중에 흘린 유출화물(spillage)은 항해 전에 청소하고, 화물공간이나 수용시설에 배출하도록 하고 있다. 기름이 묻은 넝마(rag)와 오염된 넝마는 선상에 보관하고 항만수용시설에 배출하거나 소각하여야 한다. 화물관련폐기물은 해양배출이 가능하나 가급적 인근 항만수용시설에 출항 전에 배출하도록 요구하고 있다. 부속서 I과 II의 폐기물은 독성이나 가연성 등의 특성 때문에 유해폐기물로서 별도의 처리설비가 필요하다. 부속서 III은 포장유해물질에 의한 오염을 방지하는 규정으로서 통상적으로 항구에서 배출되어야 할 폐기물을 생성하지는 않으나, 그 포장이나 내용물이 손상을 입을 경우에는 이를 처리할 별도의 시설이 필요하게 된다. 또한 MARPOL 73/78의 당사국은 남극으로 선박이 출항하기 전에 모든 폐기물을 수용시설에 배출하도록 하고 있다. 즉 선박의 운영 폐기물의 해양처분 수요는 항만의 수용시설의 구비와 밀접하게 연관되어 있어서 항만국(port state)은 출입하는 선박을 위하여 수용시설을 구비하여야 할 것이다. 그러나 일부 국가들은 적정한 폐기물 수용시설을 제공하기 보다는 배출기준과 시설기준을 강화하는 방향으로 증가하는 해양환경보호요구에 대응하는 경향을 보이고 있다. 한편 캐나다를 비롯한 대부분의 국가에서는 관할해역과 어로작업해역에서는 고형폐기물의 해양배출을 금지하고 있다. 최근 자료에 의하면 상당수 선박들이 선박 운영 중에 발생한 폐오일필터를 항만수용시설에 전달하지 않고 해역에 투기한 사실들이 적발되기도 하였다.[9] 선박의 폐기물 기록부에는 폐기물 발생과 처분현황을 기재하도록 되어 있다.

9) Paris MOU (2007.2.14) 보도자료

선박 운항에 특정적인 사안으로는 정상운영에서 해역에 배출하거나 할 가능성이 있는 폐기물은 기름, 유해액체물질, 포장유해물질, 하수, 고형폐기물, 대기오염물질은 각각 MARPOL 부속서에 관리방법을 지정하고 있다. 또한 사고로 인하여 해역에 배출되는 경우가 있을 수 있기 때문에 이에 대한 방제조치는 6장에서 별도로 다루게 된다.

(5) 어업기인 폐기물

우리나라의 어업인구는 2007년에 2,010,512명에서 2016년 125,660명으로 크게 감소하고 있다. 그러나 2017년에 일반해면어업 생산량은 926,944톤으로 전년 대비 2.1% 증가, 천해양식어업은 2,309,873톤으로 전년대비 23.4% 증가, 내수면어업은 36,143톤으로 전년대비 2.1% 증가하였고 원양어업도 470,11톤으로 전년 대비 3.5% 증가했다. 해양환경 및 생물 및 생태계에 대한 과학지식 진전에 따른 수산자원의 지속적인 발굴과 지속가능한 양식기술의 진전으로 앞으로도 해역에 투입되는 어구의 종류나 규모는 더욱 커질 것으로 전망된다. 일반적으로 모든 사업장에서는 원료를 투입하여 제품을 생산하고 그 과정에서 부산물로 사업장에서 원하지 않는 물질이 발생하므로 이를 사업장 바깥으로 처분한다. 어업도 타 산업과 다르지 않다. 최근 크게 주목받고 있는 마이크로플라스틱 오염원도 남해안에서는 수하식 양식 시설물에 부력을 제공하기 위해 사용하는 스티로폼 부자가 거의 90%를 차지한다고 보고되고 있다. 그 이외에도, 그물(정치망어구-대부망, 대모망, 포집망, 각망, 죽방림; 저인망, 트롤, 선망, 건착망, 채낚기 파라슈트, 선인망, 봉수망, 안강망, 주목망, 자망, 통발, 형망, 연승, 조망, 들망)과 단지(pot) 등 어구는 바다 현장에서 어로 활동 중 잊어버리거나, 노후하여 회수를 하지 못하거나, 방치 및 고의 투기가 빈번하게 일어나고 있다. 이러한 해양 쓰레기에 동물이 얽히거나, 또 이를 삼키거나 하여 사망하는 등 피해가 생기고 또한 선박 운항에 장애가 되기고 하고, 바다 경관을 훼손하여 정상적인 해양 이용을 방해하기도 한다. 어장을 지속적으로 이용하여 수산물을 생산하기 위해서는 어업활동으로 폐기물이 발생하지 않도록 방지하거나 발생한 폐기물을 신속히 처리하고 안전하게 처분하는 방안을 강구해야 한다.

4.3 해양환경[10] 감시 및 평가

1 해양환경기준 설정

환경기준이란 어떤 사업에 따르는 위험을 관리하는 여러 단계(risk management system) 중 하나의 도구(mechanism)이다.[11] 여기서의 도구란 법규적인 것을 의미한다. 법규란 해당 사안의 과학적인 분석 결과와 한 사회가 달성하고자 하는 목표란 사회의 가치관을 포함하여 정해지게 된다. 하나의 공간인 해역을 대상으로 여러 가지 목적으로 이용하고자 하는 주체간의 행동 규범, 즉 게임의 법칙(rule of game)이 법규이다. 그러므로 법규에 대한 정확한 인식과 준수(compliance)는 사회 발전의 한 축이다. 모든 사업(행위)에는 환경 위험이 수반되고, 이 위험을 최소화하는 장치중의 하나가 환경기준이라는 의미이다. 즉, 환경기준 이하, 예, 수은의 해역수질기준[12]이 0.0005 mg/L이라는 것은 기준치 미만이면 사람에 위해하지 않다는 의미는 아니다. 즉 수은이 해역으로부터 사람에게 이동하는 경로는 수산물의 섭취이다. 사람이 수산물 섭취로 인한 수은에 의한 위험을 평가하기 위하여서는 수산물의 수은 함량과 사람의 수산물 섭취량에 의하여 달라진다. 물론 개인적 수은 중독의 내성의 정도에 따라서도 달라진다. 즉, 환경기준이 안정성을 보장하는 것은 아니고 수은의 위험을 관

10) 해양과 환경이란 두 용어를 합쳐놓은 해양환경이란 보는 시각에 따라 매우 다른 인식을 가져올 수 있다. 여기서는 해양환경이라는 용어는 해양이라고 하는 공간이라는 의미로 국한하고자 한다. [참고 : 「환경정책기본법」 제3조(정의) 이 법에서 사용하는 용어의 정의는 다음과 같다. <개정 2016.1.27> 1. "환경"이라 함은 자연환경과 생활환경을 말한다. 2. "자연환경"이라 함은 지하·지표(해양을 포함한다) 및 지상의 모든 생물과 이들을 둘러싸고 있는 비생물적인 것을 포함한 자연의 상태(생태계 및 자연경관을 포함한다)를 말한다. 3. "생활환경"이라 함은 대기, 물, 폐기물, 소음·진동, 악취, 일조(日照), 인공조명 등 사람의 일상생활과 관계되는 환경을 말한다. 4. "환경오염"이라 함은 사업 활동 기타 사람의 활동에 따라 발생되는 대기오염, 수질오염, 토양오염, 해양오염, 방사능오염, 소음·진동, 악취, 일조방해, 인공조명에 의한 빛공해 등으로서 사람의 건강이나 환경에 피해를 주는 상태를 말한다. 5. "환경훼손"이라 함은 야생 동·식물의 남획(濫獲) 및 그 서식지의 파괴, 생태계질서의 교란, 자연경관의 훼손, 표토(表土)의 유실 등으로 인하여 자연환경의 본래적 기능에 중대한 손상을 주는 상태를 말한다. 6. "환경보전"이라 함은 환경오염 및 환경훼손으로부터 환경을 보호하고 오염되거나 훼손된 환경을 개선함과 동시에 쾌적한 환경의 상태를 유지·조성하기 위한 행위를 말한다. 7. "환경용량"이라 함은 일정한 지역에서 환경오염 또는 환경훼손에 대하여 환경이 스스로 수용·정화 및 복원하여 환경의 질을 유지할 수 있는 한계를 말한다. 8. "환경기준"이란 국민의 건강을 보호하고 쾌적한 환경을 조성하기 위하여 국가가 달성하고 유지하는 것이 바람직한 환경상의 조건 또는 질적인 수준을 말한다.]

11) 환경정책기본법 제12조(환경기준의 설정) ① 국가는 생태계 또는 인간의 건강에 미치는 영향 등을 고려하여 환경기준을 설정하여야 하며, 환경 여건의 변화에 따라 그 적정성이 유지되도록 하여야 한다. <개정 2016.1.27.> ② 환경기준은 대통령령으로 정한다. ③ 특별시·광역시·도·특별자치도(이하 "시·도"라 한다)는 해당 지역의 환경적 특수성을 고려하여 필요하다고 인정할 때에는 해당 시·도의 조례로 제1항에 따른 환경기준보다 확대·강화된 별도의 환경기준(이하 "지역환경기준"이라 한다)을 설정 또는 변경할 수 있다. ④ 특별시장·광역시장·도지사·특별자치도지사(이하 "시·도지사"라 한다)는 제3항에 따라 지역환경기준을 설정하거나 변경한 경우에는 이를 지체 없이 환경부장관에게 보고하여야 한다.

12) 환경정책기본법 시행령 별표 1 라. 해역

리하는 하나의 도구임을 명심할 필요가 있다. 이러한 법적 도구의 명확한 인식이 환경기준을 비현실적으로 설정하거나 환경기준을 준수하지 않는 사인이나 공인의 일탈을 방지할 수 있다.

해양은 공공재로서 사인이 소유하지 않고 있고 이용자가 다수이므로 해양을 보호하기 위하여서는 관리 도구로서의 기준이 필요하다. 환경기준 설정의 요건은, (i) 해역 이용 목적에 봉사하고, (ii) 강제할 수 있어야 한다.[13] 즉, 수영이 목적인 해수욕장에서는 인체에 해수가 접촉되거나 우연히 마시게 됨으로 이러한 경우에 유해물질과 더불어 대장균의 숫자가 중요하게 된다. 또한 수산물을 채취하는 해역에서는 서식하거나 채취되는 수산생물에 함유된 유해화학물질이나 인체에 유해할 수 있는 기생충이나 콜레라 같은 병원균의 함유 여부가 기준 항목에 포함되어야 할 것이다. 경관지의 경우에는 미관을 해치는 식물이나 동물플랑크톤을 포함한 부유물의 함량이 기준으로서 중요하다. 공업용수를 취수하는 해역에서의 해수에는 해파리 등 냉각관을 막을 우려가 있는 생물의 개수가 적어야 한다. 그리고 해역의 용도별로 설정한 기준이 초과되었을 경우 오염원을 정비하거나 기준 초과 항목을 기술적으로 복원하는 등 행정 조치가 가능하여야 한다. 즉, 기준은 강제할 수 있어야 한다. 따라서 부유물이 많은 하구에서의 부유물 기준과 하천이 유입되지 않는 해역에서의 부유물 기준이 서로 같을 수가 없다. 즉 자연적인 해역 고유의 환경취약성을 반영하여야 한다. 예를 들면 납, PCBs 등 친 입자성(particle reactive) 물질은 부유물 함량이 높으면 해수 중에 용존 상태로 존재하는 양보다는 부유물에 부착되어 존재하는 양이 많아진다. 따라서 유해물질을 같은 양을 투입 처분하여도 탁도가 높은(부유물이 많은) 해수에서는 해양생물에 영향을 줄 수 있는 유해물질 함량이 탁도가 낮은(맑은) 해수에서 보다 더 적을 수 있다. 단순하게 말하면 부유물이 많은 황해가 부유물이 이보다 10배나 100배 이상 적은 동해보다 오염에 덜 취약할 수 있다. 이러한 물질별 분배계수 특성에 따라서 해역의 취약성이 달라진다. 환경기준은 이러한 해역의 취약성을 감안하여야 한다.

일반적으로 해역의 환경적 구분(environmental compartment)은 해수와 해저퇴적물, 해양생물로 나눌 수 있고 해양생물의 대표적인 생물종으로서는 식용의 수산생물을 들 수 있다. 이러한 주요 환경구분에 대하여 인위적으로 개입할 수 있는 항목을 환경기준으로 설정한다.

13) 제13조(환경기준의 유지) 국가 및 지방자치단체는 환경에 관계되는 법령을 제정 또는 개정하거나 행정계획의 수립 또는 사업의 집행을 할 때에는 제12조에 따른 환경기준이 적절히 유지되도록 다음 사항을 고려하여야 한다. 1. 환경 악화의 예방 및 그 요인의 제거 2. 환경오염지역의 원상회복 3. 새로운 과학기술의 사용으로 인한 환경오염 및 환경 훼손의 예방 4. 환경오염방지를 위한 재원(財源)의 적정배분

기준의 설정은 앞에서 말한 바와 같이 해역의 용도와 해역고유의 특성에 의하여 결정되어야 한다. 해역고유 특성이란 예를 들면 바닷가[14]인지 아닌지, 바닷가의 해저면이 개흙으로 이루어져 있는지, 혹은 모래, 자갈인지 등의 특성을 감안하여 기준을 설정하게 된다. 물론 해역이란 공간에는 해수욕, 용수채취, 어업[15] 혹은 유어 활동이 배타적으로 행해지는 경우도 있으나 동시에 행해지는 경우도 있다. 이 경우에는 관할행정청간에 협의를 통하여 해역 환경 관리의 우선순위를 결정하고 충돌하지 않는 용도는 포함하여야 한다. 예를 들면 수산물을 주로 채취하는 해역에서의 수은 기준은 냉각수를 주로 채취하는 해역과는 다를 수 있고 다른 기준을 적용하는 것이 관리상 합리적일 수도 있다.

표 4.3.1 해양환경기준 항목 설정에서 고려해야 할 요소

	해 수	넙치의 살
변이성	▪ 수직 : 물기둥의 성층이 존재하면 수직적으로 수은 함량 다름 ▪ 수평 : 특정 오염원에 가까울수록 높고 멀수록 낮음 ▪ 시기 : 계절별 변이 ▪ 존재형태 : 입자상태, 용존 상태 등 화학종에 따라 생물에 대한 가용성 다름	
기술난이도	고난이도, 저층수의 수은 측정용 시료 채취는 특수 장치 필요. 화학종 별 구분 정량 등	해수보다는 용이
비용	대	소
대표성 확보	다수의 조사 정점에 대하여 4계절 조사 필요. 생물이나 인간에 대한 영향 평가위해 수산생물 조사 필요	직접 인간에 미치는 영향 파악 가능

기준 항목은 측정하기에 용이하고 측정 오차가 작은 것이 바람직하다. 해역의 해수 중 수은 함량을 측정하는 것과 해역에 서식하는 넙치의 식용부위(살, flesh)에서 수은 함량 측정을 비교하여 보면 넙치에서 수은의 함량을 측정하는 것이 경제적으로도 과학적으로도 더 바람직하다. 기준 항목에 포함하여야 하는 우선관리오염물질(priority pollutant)은 해역에 입력이 되고 있거나 될 가능성이 있는 물질을 선정하게

14) 「연안관리법」 제2조(정의) 제2항 "연안해역"이란 다음 각 목의 지역을 말한다.
가. 바닷가[「공간정보의 구축 및 관리 등에 관한 법률」 제6조제1항제4호에 따른 해안선으로부터 지적공부(地籍公簿)에 등록된 지역까지의 사이를 말한다] 나. 바다[「공간정보의 구축 및 관리 등에 관한 법률」 제6조제1항제4호에 따른 해안선으로부터 영해(領海)의 외측한계(外側限界)까지의 사이를 말한다], 제2조 「수산업법」 제2조 18. "바닷가"라 함은 만조수위선(滿潮水位線)과 지적공부(地籍公簿)에 등록된 토지의 바다 쪽 경계선 사이를 말한다.

15) 어업의 정의는 「수산업법」(제2조)을 참조한다. "어업"이라 함은 수산동식물을 포획·채취하거나 양식하는 사업과 염전에서 바닷물을 자연 증발시켜 소금을 생산하는 사업을 말한다. "양식"이라 함은 수산동식물을 인공적인 방법으로 길러서 거두어들이는 행위와 이를 목적으로 어선·어구를 사용하거나 시설물을 설치하는 행위를 말한다. "어장"이라 함은 제8조의 규정에 의하여 면허를 받아 어업을 하는 일정한 수면을 말한다. "유어(遊漁)"라 함은 낚시 등을 이용하여 놀이를 목적으로 수산동식물을 포획·채취하는 행위를 말한다.

되고, 해역이용이나 육지나 해역의 활동 변경에 따라 새로운 물질이 추가될 수 있고 또한 더 이상 관리가 필요하지 않은 물질은 삭제할 필요도 있다. 환경기준의 강제(측정, 기준치 초과 시의 대응 등)에는 비용이 들기 때문에 다른 법규와 마찬가지로 비용편익(cost-benefit)분석에서 편익이 더 크도록 제정되어야 한다.

(1) 환경기준의 경제적 특성

해역의 환경기준의 보다 명확한 이해는 폐기물관리체제의 맥락에서 파악되어야 한다. 즉 해역환경의 오염은 폐기물의 해역 처분으로 발생한다. 여기서 폐기물의 처분이란 고의적이거나 비고의적인 것을 말한다. 고의적이란 해안선에 하수나 폐수 방류구를 설치하고 이를 통하여 폐기물을 해역으로 방출하는 것이다. 또한 도시 도로에 존재하는 타이어 마모 파쇄물 등이 비나 바람을 통하여 해역으로 입력되는 것은 비고의적인 처분이라고 볼 수 있다. 선박에서 운항 중에 하수나 폐수를, 선체의 부식을 방지하고 생물이 부착되는 것을 방지하기 위하여 바르는 방오도료로부터의 유해물질의 해역 입력도 의도적이나 불가피한 처분이라고 할 수 있다. 그러므로 환경기준의 설정은 이러한 행위들에 제약을 가하게 된다.

폐기물을 처분하면 처분 환경이 악화되어 인간 생존이 위협을 받게 되고, 이를 막게 되면 인간 생존이 또한 위협을 받게 되는 것은 선진국에서도 다를 바 없다. 우리나라보다 잠재적으로 환경에 유해할 가능성이 높은 물질을 더 많이 생산하는 선진국에 가면 공기, 물, 바다가 우리보다 더 깨끗하다고 느끼게 된다. 그런데 1인당 소득이 미화 수백 달러에 불과한 농업위주의 빈국에 가면 대개는 공기, 물, 바다가 우리보다 더 더럽고 그 곳에서 나는 식품의 안전을 우려하게 된다. 하수 처리나 폐기물 배출 방지 산업기반은 우리국내에서도 존재하고 있다. 다만 해양 처분 이외의 재활용이나 처분방안이 폐기물 생성 주체들에 의하여 채택되기 위하여서는 관련 시장의 조성이 절대적으로 필요하다. 여기에 환경기준의 역할이 존재한다.

일반적으로 국가 간 환경의 질과 소득 수준을 보면 저소득 국가에서 환경오염이 심하고 고소득 국가에서 환경오염이 미약하다. 이러한 현상을 보고 다음과 같은 가설이 경제학자들에 의하여 도출되었다. 사람들은 경제개발 초기에는 깨끗한 공기나 물보다는 일자리와 소득자체를 더 중요하게 여기고, 사회는 환경완화비용을 댈 여력이 없고 따라서 환경규제도 약하나, 소득이 증가하면 선도적인 산업 부문부터 더 깨끗하여지고 사람들은 환경을 점점 중요하게 여기고 그에 따라 규제도 더 효과적이다. 이때의 소득과 공해물질 배출량과의 관계 곡선은 역U자형이 된다. 그리고 곡선을 따라 가면 어느 소득 수준에서는 공해물질 배출량은 감소하기 시작하고 더 부유하게 되면 산업화 이전 상태의 청정한 환경을 유지하게 된다는 것이 환경 쿠즈네츠 곡선(Environmental Kuznets Curve, EKC) 가설[16]이다. 물론 모든 종류의 유해물질 오염, 지역, 기간에 대하여 환경수준과 소득간의 관계를 나타내 주는 하나의 관계식은 존재하지 않지만, EKC는 환경오염을 결정하는 요인들을 규명하고 분석하는 유용한 환경경제학적 도구로서 널리 사용되고 있다. 1인당 국민소득(Gross National Income per Capita)은 소득(income), 생산(output), 지출(expenditure)이라는 국가 경제의 3요소의 통합 지표로서 한 국가의 경제적 관리 능력(governance)의 지표로서 생산과 지출과 밀접하게 연관되어 있는 환경 관리의 지표로서도 의미가 있다.

일반적으로 기존의 정부 규제 축소는 경제활동을 촉진시키지만, 폐기물 관리의 경우에 그러한 규제, 여기서는 환경기준의 축소는 오히려 환경산업의 토대를 침식시키고 국가 자연 환경을 피폐하게 만들 수 있다. 환경기준의 강화와 앞으로도 계속 환경기준이 강화될 것이라는 믿음을 경제 주체들에게 심어줄 수 있는 정책의 확실성이 폐기물의 처분 방안을 친환경적으로 유도하고 경제적으로도 번영을 가져오게 된다. 환경오염은 인간 생존과 직결된 문제이기 때문에 피할 수 있는 문제가 아니고, 해양과 대기의 경우에는 그 오염의 월경적(越境的) 특성 때문에 지역적으로나 세계적으로 무임승차라는 부담을 지게 된다. 그러나 환경문제는 정책의 시의적절한 구현을 통해 기술적으로 해결할 수 있다.

2 모니터링 체제

일반적으로 모니터링(감시, monitoring)은 특정한 목적으로 특정한 목표치(관리기준)를 가지고 특정 해역, 특정 생물 서식지, 혹은 특정 해역의 생물, 물리나 화학적 특성에 대하여 과학기술적인 방법으로 표본을 채취하고 또 채취하는 반복적인 행위를 지칭한다. 즉 주어진 항목의 임계점, 관리기준에 대하여 해역의 추세를 파악하고 이를 초과하거나 위반하는 경우에 사전에 합의된 정책적 조치를 취하는 것을 목적으로 한다. 이러한 행정 조치를 촉발할 목적으로 실시하는 운영 모니터링(operational monitoring)[17]은 조사를 정기적으로 실시하고 나중에 그 추세와 조사의 결과에 정책

16) 쿠즈네츠(S. Kuznets)는 1955년 미국, 영국, 독일의 시계열 자료를 이용하여 개인 간의 소득불균형(y축)과 국가의 종합소득(aggregate income)수준(x축)간의 상관관계를 조사한 결과 역U자 관계성이 존재함을 처음으로 발견하였고 이를 쿠즈네츠곡선(Kuznets curve)이라고 부른다. 여기서 y축의 불평등에 환경 질을 대입하면 마찬가지 현상이 경험적으로 발견되었다. 이를 환경 쿠즈네츠곡선이라고 부른다. 쿠즈네츠는 제2차 세계 대전 후 미드(J. Meade), 스톤(R. Stone)과 더불어 현대국가 계정 산정기법을 제시하였다.

17) de Jonge V.N., Elliot, M. and Brauer, V.S., 2006. Marine monitoring: its shortcomings and mismatch with the EU Water Framework Directive's objectives. Mar. Poll. Bull. 53, 5-19.

적 의미를 부여하는 정기 관측(surveillance)과는 매우 다르다. 운영모니터링은 관리 대상해역의 환경상태가 목표로 하는 해양환경기준에 맞는지, 배출한계 내에 있는지의 준수 여부 판단의 근거 자료 확보[18] 차원이며, 만약 그 해역이 기준을 만족하지 못하거나 인위적으로 변화되었다면 그 원인을 파악하기 위한 조사차원(혹은 진단차원)의 모니터링이 있을 수 있음을 원칙으로 하고 있다. 여기에서 후자는 원인과 결과를 조사하게 된다. 우리나라의 지정해역 수질 조사나 해양환경감시망은 흔히 모니터링이라는 용어를 사용하고 있으나 정기 관측의 성격이 강하다.

(1) 현장 감시(모니터링)의 설계

운영 모니터링의 핵심은 영향가설의 구성이다. 해당 사업의 시행으로 사업 대상 해역의 환경변화가 예상된 범위에서 이루어지고 있는지를 확인하기 위하여 수립되어야 한다. 즉 영향가설을 검증하는 데 어떤 관측과 시료 채취 및 분석이 필요한가? 그리고 자료는 어떻게 관리되고 해석되어야 하는가? 영향권의 범위의 판단은 영가설(null hypothesis)에 의거하게 된다.

(2) 정기 관측의 설계

정기 관측의 설계는 비용편익적이어야 한다. 예를 들면 황해 표층수의 수은 함량을 측정하는 것은 상당한 비용이 들지만 황해에서 잡히는 넙치의 식용부위의 수은 함량을 측정하는 것은 앞에서 살펴본 바와 같이 해양환경 관리의 목적에 더 부합하고 비용편익적이라고 볼 수 있다. 현장 감시 모니터링이 환경기준의 만족 여부에 초점을 맞추고 있는 데 반하여 정기 관측은 경향을 판단하는 것이므로 최고의 과학적 기술을 동원하여야 한다. 표층해수를 제외하고는 수심 2000 m에 이르는 해수 전체를 대상으로 한 정기 관측은 엄청난 비용이 소요되고, 선박을 이용한 방식으로는 시계열 변이를 망라할 수 없기 때문에 외해역에 대한 정기 관측의 유용성은 그리 크지 않은 게 보통이다. 즉, 자연적인 변이와 인위적인 변이를 구분할 수 있을 정도의 기술력의 확보가 선행 조건이다. 따라서 정기 관측을 시작하기 전에 자연적 변이와 오염원의 존재, 입력예상량에 대한 분석과 기술 상태를 면밀히 검토하여야 한다. 또한 10년 이상의 장기간 관측에는 기후변화의 영향도 나타나게 된다. 그러므로 실제적인

18) 영국의 하수오니 투기장은 투기 종료 후 10여 년간 계속 감시되고 있다(Rees, H. L., Pendle M.A., Limpenny D.S. Mason, C.E. Boyd, C.E. Birchenough S, Vivian CMG. 2006. Benthic responses to organic enrichment and climatic events in the western North Sea. J. Mar. Biol. Ass. U.K. 86, 1-18).

위협요인이 존재하지 않는 한, 정기 관측을 실시하는 경우에는 각별한 주의가 필요하다.

예를 들면 선박 좌초로 인하여 원유 등 기름[19]이 유출되었을 때 초기 방제활동을 한 후에 사고해역이 원래 상태로 회복되는 지, 회복되는 동안에 환경피해가 발생하지 않는지를 감시하기 위한 모니터링은 유효할 것이나, 황해역의 표층해수의 수은 함량의 변이를 선박을 이용하여 정기적으로 방문하여 해수시료를 채취하여 분석하는 것은 수은 함량 변화의 경향만을 살피는 목적으로서 실효적이 아닐 수 있다. 물론 황해역이 수은 함량이 환경기준을 초과하여 오염되어 있다면 필요할 것이다.

(3) 오염진단기술

어느 해역이 오염이 되었는지의 여부는 오염의 규정에 달려있다. 즉, 환경기준을 초과하는 경우에 오염이 되었다고 본다. 그러나 일반적으로는 오염물질의 존재와 그 크기를 검출하는 것을 의미하는 것으로도 사용되는 개념이다. 이러한 개념에 속하는 오염진단은 해양의 환경구분에 존재하는 특정 오염물질의 검출방법이 진단기술에 해당된다. 또한 해역의 생물이 오염물질로 인하여 질병상태인 것을 검출하는 방법이다. 예를 들면 다환방향족탄화수소의 여러 화학종의 존재비율로서 타르 볼(tar ball)의 해역 입력을 발견하는 것[20]은 전자에 해당되고, 생물 축적의 정도나 영향을 살펴보는 방법으로는 개체의 생리상태의 교란을 분자(molecular)수준에서부터 세포내 오르가넬(organelle)수준, 세포(cellular)수준, 조직(tissue)수준, 개체의 사망을 보는 수준(organism) 그리고 더 나아가 개체군(population)차원, 군집(community)차원, 그리고 생태계(ecosystem)차원의 영향을 조사하여 오염의 영향을 진단할 수 있을 것이다.[21] 오염진단기술에서 중요한 것은 원래상태를 파악하는 기술이다.

오염진단기술은 오염이 가시화되기 전 단계의 해역의 건강상태를 파악하는 데도 필요한 것으로 오염의 외부성(externality)을 보완하는 중요한 기술이다. 즉, 오염이란 피해자의 입장에서 존재한다. 예를 들면, 당신이 나의 옷차림, 나의 음악에 대한 기호, 혹은 내가 읽고 있는 책에 의하여 피해를 볼 수 있다. 그러나 이런 일들에 대

19) 「해양환경관리법」 제2조제5호 (5. "기름"이라 함은 「석유 및 석유대체연료 사업법」에 따른 원유 및 석유제품(석유가스를 제외한다)과 이들을 함유하고 있는 액체상태의 유성혼합물(이하 "액상유성혼합물"이라 한다) 및 폐유를 말한다.) 환경기준은 법규적인 용어이므로 본 장에서는 독자들의 혼선을 피하기 위해 법률로서 규정된 용어를 사용한다.

20) Hegazi et al., 2004. Source diagnotistic and weathering indicators of tar balls utilizing acyclic, polycyclic and S-heterocyclid components. Chemosphere 55, 1053-1065.

21) van der Oost, R., J. Beyer, N.P.E. Vermeulen, 2003. Fish bioaccumulation and biomarkers in environmental risk assesment: a review. Environ. Toxicol. Pharmacol. 13, 57-149.

하여 내가 보상해야 한다고 제안하는 것은 터무니없이 비상식적이다. 그러나 우리는 꼴불견의 노출이나 전시에 반대하는 규정을 가지고 있고, 밤늦게 소란스러운 파티를 하는 것, 폭력적이고 음란한 물질을 회람하는 것을 반대하는 규정을 가지고 있다. "오염자 부담" 원칙을 강제하기 위해서는, 당신은 원래상태 — 즉 오염 없는 세상이 정확하게 무엇인지 — 를 규정하여야 한다. 생물은 사람과 직접적인 의사교통수단이 없기 때문에 이를 보완하는 것이 오염진단기술이다. 그러나 원래 상태(default state)는 사회적 기준의 산물이고 그것은 시간에 따라 변한다. 과거에는 거리에 대변을 쌓아두었고, 최근까지도, 산업폐기물을 공장 주변에 쌓아두는 것이 정상적으로 허용되었었다. 그러나 현재에는 물론 우리나라에서 용인될 수 없다.

3 오염 완화 및 복원 방안

일단 오염된 해역이 발견되면 오염을 완화하고 복원하는 방안을 개발하여야 한다. 일반적으로 해역에 대한 오염원을 차단하면 유해물질의 유입이 중지되고, 해역의 자연적인 해저퇴적과정이나 외해와의 해수교환 등으로 유해물질의 농도가 줄어들어 자연적으로 복원이 된다. 따라서 연안 해역에서의 오염감소나 방지는 오염원을 감축하는 것이 가장 중요한 수단이다. 일반적으로 해양환경은 한번 오염되면 거의 회복되지 않는다고 하지만 이는 사실과 다르다. 이는 해당 오염현상의 정확한 과학적인 이해와 복원 및 정화 기술 방안의 최적 선정과 시행을 통하여 원상태로 복원할 수 있음은 이미 많은 사례로서 증명이 되어 있다. 이는 현재상태의 위험을 수용할 것인지, 여러 가지 잠재적인 완화 및 복원 방법을 어느 방법을 동원하는 것이 해역의 용도에 맞는 것인지를 결정하는 중요한 의사결정 단계에 이르게 된다. 이러한 위험관리를 위한 도구들이 상당수 개발되었다.

(1) 위험평가와 관리

앞에서 언급한 환경기준으로는 사업의 영향을 파악하고 그 영향을 최소화하는 기술을 도입하기에 부족하기 때문에 사업의 위험을 평가하고 사업의 위험을 최소화하도록 관리하는 선진 기법이 선진각국에서 사용된다. 위험평가와 관리를 위한 체제(framework for risk assessment and management)이다. 위험평가(risk assessment)는 부지(해역)특성규명(site characterization), 노출평가(exposure assessment), 효과평가(effects assessment), 위험특성규명(risk characterization)으로 구성되고 위험관리

(risk management)는 위험평가에 근거하여 사업시행과 사후 영향 감시(monitoring)와 완화(mitigation)나 원래상태로의 복원(remediation)을 의미한다. 이 경우에는 엄격한 수학적 기법을 동원한 다목적 다기준 의사결정기법(multi-purpose and multi-criteria decision analysis)을 사용하게 된다. 그림 4.3.1은 위험평가의 개요를 나타낸 것이다. 위험평가와 관리에서 주어진 문제의 체계적 정리가 제대로 이루어져야 분석과 위험 규명이 올바로 이루어져서 위험관리가 제대로 될 수 있다.

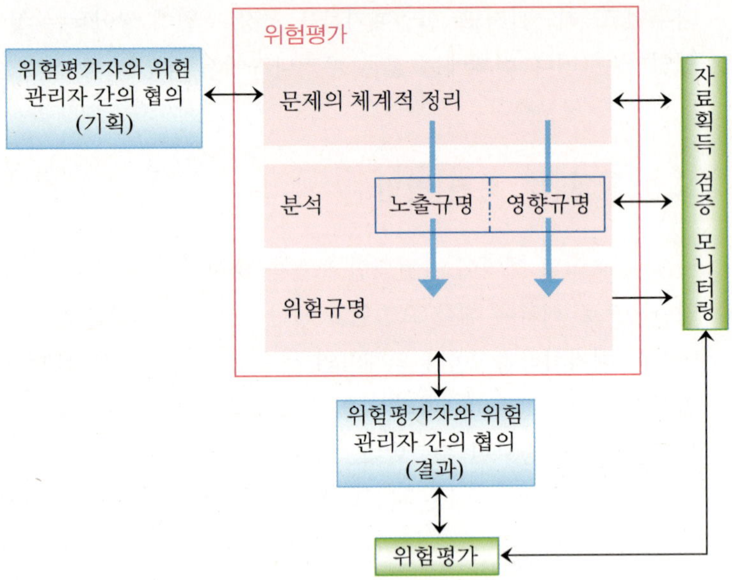

그림 4.3.1 위험평가와 관리 체제 모식도

4.4 해양생태계 대응관리

1 해양생태계 이상 현상

(1) 적조

가장 널리 알려진 해양생태계의 이상 현상은 적조현상(red tides)이라 할 수 있다. 적조는 주로 인간 활동으로부터 유래된 오염원이 배출되는 내해나 내만의 수역에 국한되어 발생되어 왔다. 그러나 최근에는 적조 발생해역이 광대해지고 적조원인생물도 다양해지는 추세를 보이고 있다. 국내에서 발생하는 적조의 원인과 그 규모에 관해서는 앞의 3장 3.3절에서 상세히 기술하고 있으므로 본 장에서는 이에 관한 언급은 제한하고자 한다. 국내 적조연구는 1970년대 적조생물의 분류학적 연구, 1980년대 적조생물의 군집 동태 연구, 1990년대 적조에 의한 피해 대책 연구, 2000년도에 들어서 유해성 적조 감지기술 연구가 주로 수행되었으며 2005년 이후에는 유독적조생물의 자원화 기술개발과 같은 BT(biological technology)연구까지 전개되고 있다.

적조 예방 및 제어를 위한 적극적인 방안 마련을 위해 다각적인 노력은 오래 전부터 있었으나 현재까지 실용성과 안전성을 겸비한 최적의 대응 방법은 부재하다. 따라서 현시점 황토살포와 같은 임시적 방편에 의지할 수밖에 없는 안타까운 실정이다.

(2) 백화현상

백화는 흔히 "바다의 사막화"로 언급되고 있다. 이는 바다 속을 푸르게 만드는 해조류의 고갈을 표현한 것이다. 그러나 백화 즉 바다가 하얗게 되는 또 다른 이유가 있다. 해수 중에 풍부히 용해되어 있는 탄산칼슘($CaCO_3$)이 고체상태로 해저에 침전되어 마치 눈이 내린 것처럼 하얗게 침착되는 일종의 화학반응의 결과도 백화의 원인으로 알려져 있다.

국내에서 백화현상에 관심을 갖기 시작한 것은 극히 최근으로 풍성했던 해조류가 녹아 버리듯 사라지는 "갯녹음" 현상이 최근에 자주 목격되었기 때문이다. 제주도 북쪽해역은 감태가 풍성히 자라는 곳이었으나 감퇴가 사라지고 이어 소라, 성게, 문어와 같은 수산물 생산이 크게 감소했다. 동해안에서도 암반위에 서식하는 해조류가 사라지고 석회질의 산호류가 대신하여 암반을 덮는 현상이 나타났다(김, 2000). 이렇게 국내 연안해역의 저층 환경이 백화현상에 의해 황폐화되고 있으며 나아가 수산생물에 미치는 영향도 매우 크므로 백화현상의 원인 규명과 대책이 시급한 실정이다.

백화현상은 왜 일어나는가? 아직 정확한 답변을 얻기 어렵다. 성게와 같이 해조류를 섭식하는 생물들이 해조류를 과다 섭식하여 백화현상이 일어난다는 주장이 있다. 백화 현상을 대표적으로 보여주는 사진 속에서도 이 같은 모습이 그대로 비쳐지고 있다(그림 4.4.1). 그러나 다른 한편으로 성게 또한 백화현상의 피해자로 볼 수 있다. 무성한 해조류가 사라지면서 해조류를 주식으로 하는 이들은 치열한 경쟁 속에서 해조류를 섭식하고 그 결과 해조류 고갈의 주범으로 지목되고 있다. 최근에 백화현상의 근본 원인이 지구온난화에 있다는 주장이 설득력을 얻고 있다. 지구온난화에 의한 해수온의 상승과 수중 이산화탄소 유입량의 증가는 우리나라 해역을 아열대의 환경으로 변화시켜 잎이 넓은 해조류보다는 석회질의 무절산호류가 서식하는 데 유리한 환경을 제공하였으며, 해수 중 이산화탄소의 높은 용존율이 탄산칼슘이 주성분인 무절산호류의 생장을 가속화시켰다고 설명하고 있다(정호성 등, 1998).

그림 4.4.1 거제도(좌측)와 제주도(우측) 연안에서 발견된 백화현상의 모습(부산대 옥정현 사진 제공)

(3) 외래종 유입

연안해역은 수산물 생산의 집약지로 경제적 가치가 높은 수역이다. 따라서 연안생태계는 안정성이 확보되어야 생산성도 꾸준히 유지될 수 있다. 연안생태계에 위협을 주는 요인으로 육상오염원의 과부하를 들 수 있으며 이는 연안 인접 육상으로부터 기인되는 내부적 압력으로 볼 수 있다. 따라서 내부적 압력은 주로 화학적 오염에 무게가 실리게 된다. 반면 타 해역으로부터의 압력 즉 외부적 압력의 경우 생물학적 오염으로 외래종 유입을 대표적인 예로 꼽을 수 있다.

해양에서 외래종 유입의 주요 경로는 외양을 운항하는 대형 선박 내에 채워진 선박평형수(밸러스트수)이며, 선박평형수는 주입되는 출항지와 배출되는 입항지가 다르므로 선박평형수 내에 포함된 해양생물이 인위적으로 옮겨진다. 유입된 생물의 일부 종류는 새로운 해역에 적응하여 기존의 토착생물과 생태학적 지위를 겨루게 되며 더 나아가 토착생물보다 우점적 위치를 차지하는 경우가 발생한다. 국내 해역에서 외래종인 진주 담치는 왕성한 번식력으로 이미 국내 전 연안에 서식하여 토착화 되어 버렸으며 반대로 토종 홍합은 서식지를 잃어버리고 있다. 더욱이 유입된 생물이 병원성이거나 유해성인 경우는 토착생물에 미치는 영향이 더욱 크리라 예측된다.

상업적으로 수입된 수산물로부터 외래종이 유입되는 경우도 있다. 예를 들면 중국산 Asian clam(*Potamocorbula amurensis*)은 시장 개방에 의해 중국에서 샌프란시스코 만으로 수입되었고, 그 후 1990년 이후 급증하여 샌프란시스코 만의 생태계를 교란시킨 선례가 있으며(Carlton et al., 1990), 일본산 굴(*Crassostrea gigas*)의 경우 캐나다 British Columbia에 상업적 양식용으로 유입되어 수산물로써 경제적 가치를 올렸으나 유입 시 일본산 모자반(*Sargassum muticum*)이 편승되었고, 이 모자반은 빠른 적응력과 성장으로 기존의 잘피(*Zostera*) 서식지를 점령하였다. 결과적으로 British Columbia 연안에 서식하는 잘피의 생존이 큰 위협을 받은 사실이 있다. 상업적 목적의 유입 외래종은 인간의 의도적 행위에서 비롯되나 이 같이 외래종을 숙주로 생존하는 기생성 또는 공생성 생물들이 비의도적으로 함께 유입될 수 있음을 인식해야 한다.

(4) 해파리 대량출현

최근 몇 년 사이에 국내 연안에서 해파리의 대량출현이 빈번히 목격되고 있다. 해파리는 독을 가지고 있어 타 생물을 직접 공격하여 피해를 입히는 경우가 흔하며 어부들의 어망에 걸리는 불청객으로도 악명이 높다. 특히 대형 종류인 노무라입깃해파리(*Neopilema nomurai*)는 어업에 큰 피해를 입히는 종으로 알려져 있다. 일본에서는 이미 막대한 어업 손실이 보고되고 있으며 노무라입깃해파리의 이동경로를 추적하는 등 대응 방안 마련에 심혈을 기울이고 있다. 해파리의 대량 출현은 연안해역의 오염과 지구온난화에 의한 수온상승이 큰 원인으로 보고 있으며 우리나라에 유입되는 노무라입깃해파리도 대마난류를 타고 북상하는 것으로 추정하고 있다. 울진 원자력발전소의 경우 지난 2001년 보름달물해파리(*Aurelia aurita*) 떼가 취수구를 막아 발전소 가동이 중단되어 큰 경제적인 손실을 경험하였다. 국내에서 해파리의 대량 출몰지는 오염해역과 밀접한 관계를 보이고 있다. 시화호나 마산만에서 해파리의 대량 출현은 이들 해역은 해파리의 먹이 공급이 원활하기 때문으로 추정하고 있으며 저층 빈산소 환경에서도 밀집 분포를 보이는 해파리의 생태적 특성은 오염환경에서 높은 적응력을 암시하고 있다(그림 4.4.2). 이 밖에 과다어획에 의해 해파리를 잡아먹는 포식자(쥐치류)가 감소하거나 해파리와 먹이 경쟁을 하는 어류가 감소함으로 해파리의 증가를 유도했다고 언급하고 있다. 연안 인공구조물 증가에 따른 해파리의 부착유생(폴립)의 서식지 증가도 해파리 대량 출몰의 원인으로 추정하고 있다(강 등, 2004). 위와 같은 비정상적인 해파리의 고밀도 출현은 연안해역 먹이사슬의 안정적 구조를 깨뜨리는 결과를 초래하며 나아가 국내 연안해역의 수산자원의 미래를 위협하게 될 것이다.

그림 4.4.2 **거제도 연안에 대량 출현한 보름달물해파리 모습**(한국해양과학기술원 강정훈 사진 제공)**과 시화호에 서식하는 보름달물해파리의 부착유생**(해양환경연구소 채진호 사진 제공)

(5) 데드존(dead zone) 형성

해양생태계는 표층과 저층의 수직적 공간을 나누어 표영생태계와 저서생태계로 구분한다. 표영생태계와 저서생태계는 물질순환의 고리를 통해 서로 연결되어 있는 상호 밀접한 관계를 가지고 있기 때문에, 표영생태계의 이상현상은 저서생태계로 반영되어 나타난다. 예를 들면, 육상으로부터 유입되는 무기영양염의 과부하로 표층에 부영양화 환경이 조성되면 적조와 같이 식물플랑크톤 폭발적 증식과 급속한 사멸로 이어지고 대량의 유기쇄설물이 부산물로 남겨져 해저로 침강한다. 해저에 과다하게 축적된 유기물은 박테리아의 분해작용도 과도하게 유발되어 저층의 산소가 많이 소모된다. 따라서 인위적 압력에 의한 연쇄적 반응을 통해 저층에는 빈산소(hypoxia) 수괴가 형성되고 산소 부족으로 저서생물의 생존이 위협받는 결과가 초래된다(그림 4.4.3).

특히 여름철 표층 수온의 상승은 상층부의 저밀도 수괴와 하층부의 고밀도 수괴로 분리되는 수괴의 성층을 발달시키고, 성층화 수괴는 밀도차에 의해 수직 혼합이 원활하지 않아 저층에 형성된 빈산소 수괴가 산소가 풍부한 표층의 해수와 섞이지 못한다. 더불어 기후변화의 영향으로 고수온기가 길어지면 유기물 분해작용이 활발해져 빈산소 환경이 심화되며, 빈산소 수괴가 장기적으로 체류하게 된다. 결과적으로 빈산소 수괴의 해소가 지연됨으로 저서생물이 대부분 사멸하는 데드존으로 전락하게 된다.

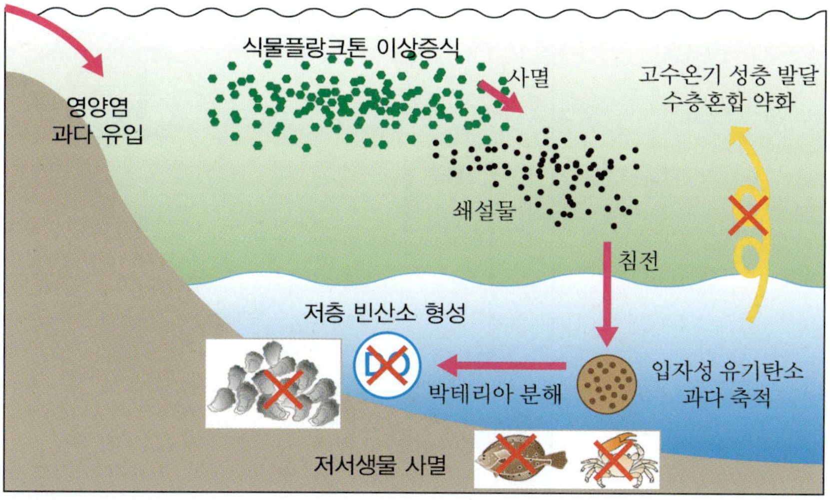

그림 4.4.3 해양의 저층 빈산소 형성 과정 모식도

2 해양생태계 이상 현상 대응기술

(1) 적조 대응기술

① 적조경보시스템

적조발생을 신속하게 감지하여 그 피해를 최소화하기 위한 사전 대응법이 적조경보시스템이다. 원격탐사의 경우는 넓은 해역의 해양현상을 단 시간 내에 관측할 수 있는 방법으로 인공위성 자료를 이용하여 적조생물의 농도, 확산 범위를 신속하게 파악할 수 있으며 나아가 적조의 발생 범위와 시기를 조기에 알려 대비할 수 있는 대규모 수준의 적조 조기 경보시스템으로 활용되고 있다. 소규모로는 양식장내에 적조경보장치를 설치하여 적조에 의한 피해를 방지할 수 있는 장치가 국립수산과학원에서 개발되었다. 이 적조경보장치는 적조생물을 감지하는 센서가 장착되어 있으며, 적조생물이 양식장 내에 진입 시 해수의 유입이 차단되며 동시에 용존산소가 공급되도록 하여 양식 환경을 보강하는 원리로 구성되어 있으며 경보음이나 경보등으로 신속하게 적조 상황을 알리는 경보장치가 부착되어 있다(그림 4.4.4).

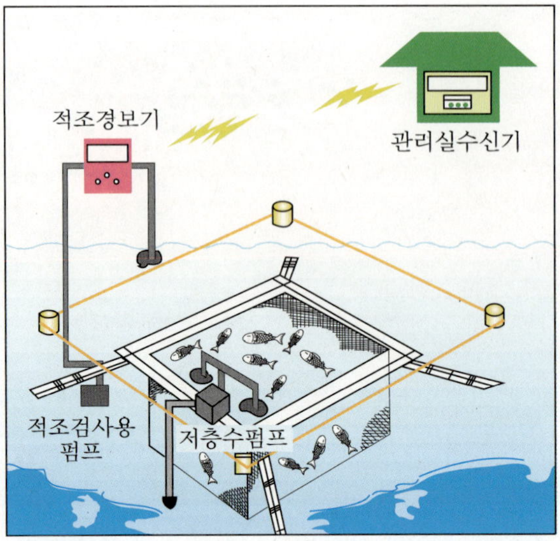

그림 4.4.4 해상양식장 적조경보기 설치 모식도

② 생물학적 적조제어

■ 규조류를 이용한 유해적조의 예방

적조원인생물 중 어업에 피해를 유발하는 종은 주로 와편모조류에 속해 있다. 식물플랑크톤은 규조류와 와편모조류가 주요 구성원으로 되어 있으며 이 두 그룹은 서로 다른 생태학적 특성을 보인다. 이와 관련하여 와편모조류의 적조를 억제시키기 위해 규조류의 발생을 촉진시키는 방법이 소개되었다(Itakura, 2002). 연안 해저 표면에 강한 빛을 쪼여 규조류 휴면포자를 발아시킨 후, 수층의 상하 혼합을 통해 규조류를 수중에서 번성하게 하는 방법이다. 이 방법은 환경 친화적인 방법이나 타 저서생물에게 미치는 영향이 고려되지 않은 단점을 가지고 있다.

■ 살조세균에 의한 적조제어

적조제어를 위해 살조세균을 사용할 때 장점은 자연환경 속에 존재하지 않는 화학물질이나 약제를 살포하는 것보다 생물에 주는 피해가 적다는 점이다. 특별한 미생물의 기능강화를 통해 환경오염을 제어하는 것은 생물학적 복원의 기본 방향이다. 살조세균은 적조소멸기에 급격히 증가하므로 이 시기에 살조세균을 분리하여 증식시키고 적조발생시 활용한다는 간단한 원리에 기초를 두고 있는 방법이다. 분리된 살조세균 사용법은 다음과 같이 크게 세 가지로 나누고 있다

(Yoshinaga, 2002). 적조발생시 살조세균 자체를 살포하는 방법, 적조가 발생하는 현장의 살조세균을 활성화시키는 방법, 살조세균으로부터 얻은 살조물질을 적조발생지에 살포하는 방법이 있다. 살조세균을 직접 살포 시에는 고밀도의 살조세균을 대량으로 살포해야 하며 해수의 확산과 현장에 분포하는 타 세균군집과의 경쟁과 같은 변수를 고려해야 하므로 다소 현실성이 떨어지는 방법이다. 다음으로 현장의 살조세균을 활성화 시키는 방법으로 대형해조류 주변에는 각종 살조세균이 풍부하다고 보고되어 있다. 적조생물로부터 분비된 물질에 의해 살조세균의 활성이 유도되어 결과적으로 적조생물을 사멸시키는 방법이다. 이 방법에는 살조유도물질의 분리, 동정, 생산하는 어려운 과정이 해결되지 않고 남아 있다. 마지막으로 살조세균으로부터 직접 살조물질을 얻을 수 있다면, 이 물질을 천연 약제로 개발하여 직접 살포하는 방법이 있다(그림 4.4.5). 불필요하게 다량으로 사용하지 않는다면 적조제어에 효과적으로 사용 가능하다. 이 방법도 차후 생물독성, 안정성, 살포법의 검토가 숙제로 남아 있다.

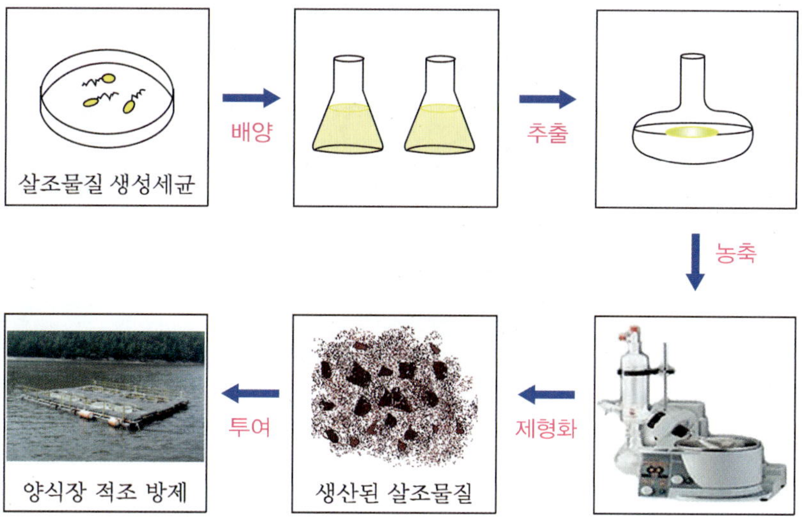

그림 4.4.5 살조세균을 이용한 적조방제의 실험과정

■ 천적생물을 이용한 적조생물의 포식제어

1994년 여름에 일본 우치시마(家島)에서 와편모조류 *Gymnodinium mikimotoi*에 의한 적조가 발생하였으며 동 시기에 종속영양성 와편모조류 일종인 *Gyrodinium dominans*와 *G. spirale*도 함께 증식하였다. 이들 종속성 편모조류의 세포내에는 *G. mikimotoi*가 포식됨이 확인되었다. 이 후 *G. mikimotoi*에 의한 적조는 이 들 포식자의 증식과 함께 급격히 소멸되었다(Kamiyama, 2002). 적조생물의 또 다른 천적생물로 섬모충을 들 수 있다. 일본 히로시마만에서 유독성 와편모조류 *Heterocapsa circularisquama*가 하계에 적조를 일으켜 이매패류 양식에 큰 피해를 입혔다. 해산 섬모충을 대표하는 유종섬모충(tintinnids) 중에 비교적 세포의 크기가 큰 *Favella ehrenbergii*가 이 소형 와편모조류를 효과적으로 포식함이 현장 조사 결과 확인되었으며 실내의 섭식실험을 통해 재 입증되었다(Kamiyama et al., 2001). 이와 같은 결과로 섬모충을 이용하여 유해성 적조를 억제시킬 수 있는 방안이 활발히 검토되고 있다. 국내에서도 이와 유사한 방안으로 천적동물인 섬모충 *Strombidinopsis jeokjo*를 분리하여 이를 대량배양하고 *Cochlodinium polykrikoides* 적조발생시 직접 투여함으로 적조를 제어할 수 있다고 보고된 바 있으며 최근 인공 생태계(메소코즘)내에서 이 천적생물의 포식에 의한 *C. polykrikoides* 제거효과가 입증되었다(Jeong et al., 2004; Jeong et al., 2008)(그림 4.4.6).

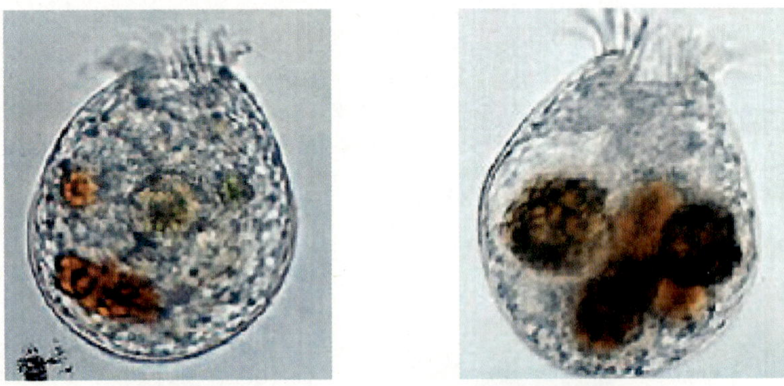

그림 4.4.6 **국내에서 보고된 적조생물의 천적생물 섬모충**
Strombidinopsis jeokjo (서울대 정해진 사진 제공)

③ 황토살포에 의한 적조제어

적조에 의한 어업피해를 줄이는 방법은 적조의 발생을 사전에 막는 일과 적조 발생 후 어업피해가 생기지 않게 조치를 취하는 일로 나눌 수 있다. 황토를 살포하는 방법은 후자에 속하는 조치로 현재 국내에서도 가장 실용적인 적조 피해 저감 방법이다. 최근 국내 남해안 적조의 원인 생물인 *Cochlodinium polykrikoides*에 의한 적조 발생 시 황토 살포법이 효과가 크다고 알려져 있다(김학균, 2005)(그림 4.4.7). 황토 살포는 지리적 여건에 따라 효율적인 즉, 경제적 살포방법이 권장되고 있다. 황토살포는 수중에 균일하게 체류시간이 오래 유지되도록 함이 중요하며 양식장의 위치를 고려하여 적조의 근접을 막도록 분사하여야 한다.

황토는 바닷물에 분사되면 황토로부터 적조생물을 약화 또는 사멸시키는 물질이 용출되며 동시에 황토는 적조생물을 응집하여 침강시키는 기능을 발휘한다. 이 같은 구제기능은 적조원인생물의 종류에 따라 효과의 차이를 보이기도 한다. 적조가 발생한 양식장에 살포 시 적정 농도를 사용하면 양식 어류에는 피해가 없음이 입증되어 있다. 아울러 황토 살포가 현장해역의 수질과 퇴적물질 환경에 미치는 영향도 극히 적음이 확인되었다. 그러나 황토 살포법은 황토 공급의 문제가 지적되며 적조 발생 후 대응으로 지극히 수동적인 방법 즉, 긴급대책성임을 알아야 한다.

그림 4.4.7 황토살포를 통한 적조방제(국립수산과학원 사진 제공)

④ 양식장 적용기술

- 적조유입 차단막

자연 해역에서 적조 발생 시 물고기는 능동적으로 이동하여 생존의 위협으로부터 벗어날 수 있다. 양식장의 경우는 어류 자체의 능동적 대처가 불가능하므로 양식장 외부로부터 적조생물의 유입을 차단할 수 있는 방지막을 설치한다. 이때 해수의 유통 또한 차단되므로 산소공급장치 등을 통해 산소공급이 가능토록 해야 한다.

- 대형조류와 어류의 혼합양식에 의한 양식장 적조발생예방

대형 해조류가 번무하고 있는 수중이나 해조표면에 다양한 종류의 살조세균이

서식함이 알려져 있다. 이와 관련하여 수온이 높은 하계에도 생존하는 해조류의 일종인 파래를 어류 양식장에 혼합 배양하는 방법이 제안되었다. 해조류의 표면으로부터 지속적으로 살조세균이 방출되어 적조원인종을 공격할 수 있으며 혼합양식된 해조류는 양식어 사료 공급에 의해 부하된 질소와 인을 흡수하여 양식장을 정화할 수 있는 기능까지 일석이조의 효과를 얻을 수 있다.

■ 기타 물리적 대응법

수직으로 양식장을 침하시키는 경우는 수심이 10 m 이상인 해수의 유통이 원활한 수역에만 적용할 수 있어 실제 적조발생지가 수심이 낮은 경우 지리적 여건상 불가능한 경우가 많다. 양식장의 수평적 이동의 경우는 적조로부터 안전한 곳으로 대피시킬 수 있으나 양식어가 밀집되지 않도록 주의해야 한다. 이 밖에 양식장 주변에 초음파를 처리하여 적조생물을 파괴하거나 근접을 막는 방법도 고려할 수 있다.

(2) 백화 대응기술

육상에서 1차 생산이 가장 활발한 곳은 열대 우림이다. 바다에도 열대 우림과 같은 곳이 해중림이라 할 수 있다. 해중림은 주로 대형해조류에 의해 조성된 바다 숲속이다. 현재까지 백화 방지를 위해 가장 널리 적용하고 있는 방법은 바다 숲 가꾸기이다. 해중림 조성은 크게 해조류의 성장을 촉진 시키는 방법과 해조류를 섭식하는 동물을 차단하는 방향으로 접근된다.

① 해조류 생산량 증가

해조류 중 인공양식이 가장 보편적인 종류는 다시마, 미역, 김을 들 수 있다. 특히 다시마는 체장이 길고 성장도 빨라 일본에서 해중림 조성에 큰 효과를 보고 있는 종류로 알려져 있다. 다시마는 수온이 낮은 북쪽 해역에 주로 서식하는 해조류로 백화현상이 주로 발생하는 남쪽 해역에서는 다시마의 인공양식을 통해 해중림 조성에 활용하고 있다. 해조류의 생산량을 증가시키기 위해 이식기술, 영양공급기술, 기질제공기술과 같은 요소기술이 수반되어야 한다. 이식기술은 우량 종묘를 생산하여 적절한 기질에 부착시켜 현장에 투입되기 전까지 어린 해조류를 관리하는 기술이다. 어린 개체가 자연 해수 속에서 잘 자라기 위해서는 영양공급이 충분해야 한다. 영양공급은 인공비료나 생장촉진제와 같은 영양제를 주입하며 최근에는 영양염이 풍부한 심층수를 이용하여 양식하는 기술이 선보이고 있다. 해조류의 성장은 이들이 부착하는 기질의 영향을 크게 받는다. 기질은 생물에 대한 안전성, 기능성, 자체 내구성을 갖추어야 한다. 최근 국내 연구결과 친환경소재 기질(전로슬래그)을 사용하여 백화현상을 복원한 결과가 소개되고 있다(김형석 등, 2003).

② 해조류 섭식량의 감소 방안

건강한 숲을 조성하기 위해 가장 우선되는 관리는 병충해 방지라 할 수 있다. 해중림 조성의 경우도 이들을 섭식하는 초식동물을 방어해야 한다. 초식동물은 해저표면과 수중에 동시에 존재하므로 효과적인 방어를 위해 지상전과 수중전을 함께 전개하는 대응 방안을 소개하고 있다(Taniguchi, 1999).

- 지상전

  지상전은 해조류가 부착되어 있는 해저의 기질 표면에 함께 서식하는 성게와의 싸움이 대표적인 예로 들 수 있다. 여기에는 세 가지 방법이 동원된다. 첫째는 성게를 직접 제거하는 방법으로 잠수부나 어선 또는 통발을 이용하여 물리적으로 성게는 포획하는 방법이다. 둘째로는 성게를 분산시키는 방법이 있다. 해조류 양식장에서 수확된 상품화 되지 못하는 해조류를 먹이로 투여하여 자연산 어린 해조류의 섭식을 막거나, 성게가 해조장에 접근하지 못하도록 기피제(CaO, florotanine)를 투여할 수 있다. 셋째 성게 방어법은 해조장에 망 또는 펜스를 설치하거나, 해조장을 수중에 매달아 설치하여 어린 해조 엽체가 수중의 부착기질에 부착되어 성게로부터 보호될 수 있다.

- 수중전

  조식어류(해조류를 섭식하는 어류)의 제거는 어망이나 낚시를 통해 가능하며, 조식어류의 분산은 기피물질을 설치 또는 투여한다. 물리적인 기피물은 수중 반사판이나 음향발생기를 들 수 있으며 화학적 기피물로 사과산(malic acid)을 해조장에 투여하여 어류의 접근을 막는 방안이 시도되었다(Fujita et al., 2006). 조식어류의 침공을 막기 위해 해조장 위에 망을 설치하거나 해조장을 높게 설치하여 주변의 유속을 증가시켜 어류의 접근을 막거나, 여러 종류의 해조류를 혼합양식하여 한 종류의 집중적 피해를 줄이는 방법도 제시되고 있다.

(3) 외래종 대응기술

① 선박평형수 관리

연간 100억 톤의 해수가 선박평형수를 통해 전 세계에 이동되고 있다. 따라서 선박평형수가 배출되기 전에 포함된 생물을 사멸시키거나 대양에서 새로운 해수로 교환해야 한다. 이 같은 선박평형수의 처리를 위해 국제해사기구(International Maritime Organization, IMO)에서 선박평형수 관리를 위한 지침서를 마련하여 선박평형수에 의한 유해생물의 확산을 막고 있다(http://www.imo.org). 2004년 런던에서 열린 국제해사기구회의에서 선박 선박평형수 및 퇴적물의 규제와 관리를 위한 국제 협약(International Convention for the Control and Management of Ships Ballast Water & Sediments)이 채택되었다. 74개 회원국과 기타 정부간 기구 및 비정부간 기구의 참관자들이 참가한 이 협약은 30개 이상의 정부가 비준하고 선박을 통한 세계 상업적 교역량의 35% 이상을 대표하게 되면 효력을 발휘하게 된다. 선박평형수 처리에 관한 자세한 내용은 6장 6.7절에서 다루고 있다.

② 수입 수산생물 관리 및 검역 강화

수산업과 해양업을 통해서도 외래종이 유입되기도 한다. 따라서 국내 수산자원보호령은 "반입하여 이식하거나 환경 또는 생태계에 영향을 줄 우려가 있는 곳에 일시적으로 보관하고자 하는 자" 및 "포획과 수출을 제한 또는 금지하고 있는 치어 및 치패를 외국으로 반출하고자 하는 자" 등은 국립수산과학원 원장의 승인을 얻도록 하고 있다. 수산동·식물 이식승인에 관한 규칙 하에서 수산과학원장이 승인신청서를 받으면, 이식승인대상품종에 대한 양식기술 및 국내종묘의 수급동향, 이식승인대상품종의 수량 및 규격의 적정성 여부, 이식승인 대상품종에 대한 질병 발생 및 감염상태, 국내 양식어업, 종묘생산어업 및 생태계에 미치는 영향을 고려하여서 승인여부를 결정하도록 되어 있다.

(4) 해파리 대량출현 대응기술

① 발전소 취수구 폐쇄현상 방지기술

최근에 발전소 취수구에 해파리 유입 시 이를 제거하는 기술로 고속스크린장치가 한국해양연구원에서 개발되었다(이재학, 2005). 이 장치는 취수구에 유입된 해파리를 해수표면으로 부양시키는 부양장치, 표면에 떠오른 해파리를 스크레파에 의해 분리하는 인양장치, 분리된 해파리를 배출하는 이송장치로 구성되어 있다(그림 4.4.8).

이 장치는 기존의 드럼 스크린이나 트레블링 스크린보다 10배의 성능을 가지고 있어 차후 해파리에 의한 발전소 취수구 막힘 시에 효과적으로 사용할 수 있는 기술이다.

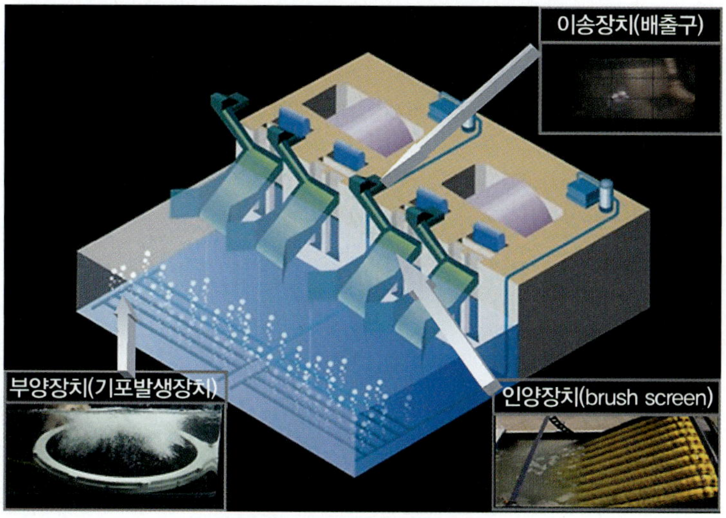

그림 4.4.8 발전소 취수구 유입 해파리 제거 시스템(이재학, 2005)

② 해파리 분리망

해파리가 대량 출몰 시 선박 위에서 그물로 해파리를 포획한 후, 물고기는 빠져 나가고 해파리만 걸려 분리하여 수집망에 모아 처리하는 원리로 개발된 장치가 있다. 이 장치를 일명 해파리 분리망이라 부르며 국립수산과학원에서 개발되었다(그림 4.4.9). 이같이 해파리 성체를 제거하는 일을 효율성이 높은 물리적인 작업이 요구되고 있다. 차후 해파리 유생인 폴립의 집단 서식지 및 부착 유도 기질을 개발하여 어릴 때부터 해파리를 제거하는 방안이 현재 강구 중에 있다.

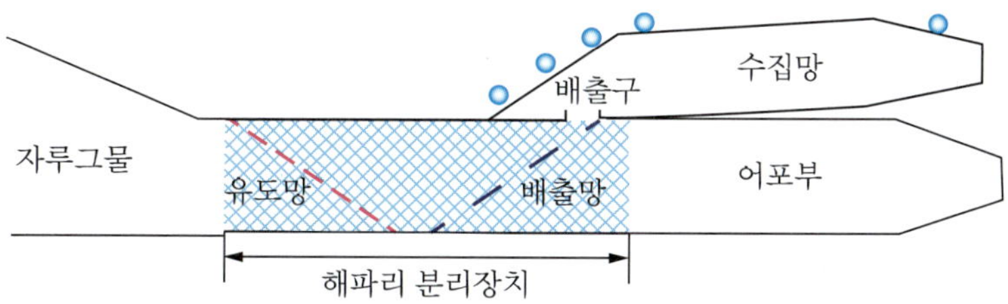

그림 4.4.9 해파리 분리망 구조의 모식도(국립수산과학원 그림 제공)

(5) 데드존 확산 대응기술

① 국내 연안오염총량관리제

해저의 데드존 형성은 물리화학적 압력에 의한 생물학적 이상 반응의 결과다. 따라서 압력원을 저감시키는 것이 근원적 대응기술이다. 고수온이나 성층현상과 같은 물리적 원인을 저감시키는 기술은 현실적 실행이 어려우나 화학적 압력원 즉, 육상으로부터 연안으로 배출되는 질소와 인과 더불어 유기물의 양을 관리 규제하는 것은 적극적인 대응이라 할 수 있다.

연안오염총량관리제는 해역의 목표수질을 설정하고 목표 달성이 가능한 범위 내에서 TP(질소와 인)와 유기물의 배출농도와 유입총량을 관리하는 방식으로 연안해역에서 집중관리가 필요한 특별관리해역에서 우선 시행하고 있다. 2008년 마산만과 2013년 시화호, 2015년 부산 수영만에서 시행중이다. 최근 2016년 울산연안과 광양만에서 총량제를 시행하기 위한 계획안이 마련되고 추진되고 있다. 특히 마산만의 경우 반폐쇄형의 지리적 특성으로 해류의 순환이 원활하지 않아 빈산소 수괴의 자연적 해소가 지연됨으로 저서생물의 생존이 크게 위협받고 있음이 보고된 바(최진우 등, 2007), 오염총량제는 마산만에서 우선적으로 시행되어 10년간 지속적으로 추진하고 있다. 연안오염총량관리제에 관한 자세한 내용은 4.5절에 '연안역통합관리 및 연안오염총량관리' 부분에 소개되어 있다.

② 국외 통합최적관리

미국 체사피크만의 경우, 만과 인접한 육상의 인위적 활동의 특성에 따른 맞춤형 최적 관리계획을 수립하여 체계적으로 시행하고 있다. 예를 들면, 체사피크만의 동부는 최근 강우량 증가로 육상으로부터 질소와 인의 영양염 부하가 커졌고, 질소와 인의 배출 근원은 농경지로부터 비료원이 주요 원인으로 파악되었다. 따라서 동부 연안에는 잘피와 같은 수변식물 식생하여 질소와 인의 저감 효과를 장기적으로 추적하고 있다. 서부의 경우는 인구가 밀집된 대도시가 분포하고 있어 도시 오폐수가 최적 관리의 주요 대상으로 지적되었다. 따라서 서부의 경우 오폐수처리시설의 개선을 위한 투자를 지속적으로 시행하였고 그 결과 최근에는 수질이 향상되고 빈산소 발생 면적도 축소되는 관리효과를 얻고 있다(www.ian.umces.edu).

체사피크만의 경우 빈산소 형성의 원인이 되는 질소와 인의 부하 저감을 위해 배출지역의 특성을 고려하여 다각적인 방법을 통합하여 추진하는 대응기술을 전개하고 있다(그림 4.4.10).

- 오폐수처리시설 개선을 위한 지속적 투자 : 질소계 영양염과 인산염의 부하 저감에 큰 효과를 보임
- 대기관리 병행 : Chesapeake Bay 질소계 영양염의 30%가 대기원임. 따라서 대기의 질소원 관리를 위한 정책 병행
- 농경/축산지역 관리 : 농경지 비료원과 축산지 가축분뇨원의 관리를 통한 영양염 유출 저감 방안 수립. 특히 경작지 면적 관리 강화
- 빗물관리 : 인근 도시개발 및 인구증가로 인해 빗물과 함께 유입되는 영양염 및 퇴적물 오염원이 증가함으로 이를 저감하기 위한 시설 및 방안 마련

그림 4.4.10 체사피크만 주변 육상의 인위적 이용 특성에 따른 오염원 통합 관리 모식도

4.5 오염해역 정화기술

1 오염퇴적물 정화기술

(1) 해양오염퇴적물의 영향과 생태계 훼손

퇴적물은 토양의 침식, 우수에 의한 운반, 대기로부터의 침전 등 여러 가지 경로를 거처 최종적으로 바닥에 쌓이는 자갈, 모래, 점토, 유기물질, 광물질을 통칭하며 생태학적으로 저서생물이 서식하는 공간을 제공하는 수생태계의 중요한 요소이다.

물은 유동으로 인하여 계절이나 지점에 따라 그 변화가 심하지만 퇴적물은 확산 및 이동이 용이하지 못하기 때문에 상당히 일정한 경향을 보여줄 뿐만 아니라, 깊이

별 측정은 오염의 역사까지 알 수 있게 해준다.

퇴적물이 수생생물 또는 생태계에 영향을 미칠 수 있는 농도 이상의 중금속, 다환방향족탄화수소(PAHs), 유기염소계농약, 폴리클로리네이티드비페닐(PCBs) 등의 유해화학물질을 포함하는 경우 이것을 오염된 퇴적물이라 일컫는다.

오염된 퇴적물로 인한 생태 및 인간의 건강 악화는 사회·경제적 손실을 야기한다. 지느러미 손상을 일으키거나 어류의 질병을 유발한다. 퇴적물 오염을 견디지 못한 종과 군집의 손실로 인해 수생생태계의 심각한 피해를 초래하며, 식용으로 사용이 불가능해진 어패류의 수익손실과 여가활동 제한으로 사회에 잠정적 손실을 입히게 된다.

유해화학물질이 일단 주변 환경으로 배출되면 오랜 기간 동안 해양퇴적물에 축적되어 생식저하, 성비 변화 등 생태계 질서를 근본적으로 뒤흔드는 문제를 일으킬 수 있다. 오염퇴적물은 퇴적물에 서식하는 저서생물과 먹이사슬을 통해 연결되어 있는 수생생물은 물론 더 나아가 인류의 건강에 악영향을 미친다. 퇴적물에 포함된 DDT, PCBs, 납(Pb), 구리(Cu), 아연(Zn), 다이옥신(dioxin) 등과 같이 생물농축성이 큰 유해물질은 저서생물 체내에 축적되어 먹이사슬을 통해 다음 단계의 소비자로 전달되는데 이때 체내 농도는 최종 소비자로 갈수록 급격히 농축(food chain concentration)된다. 따라서 사람이 오염된 해양퇴적물에 서식하는 어패류를 섭식하는 경우 각종 암, 유전병, 생식이상, 신경계이상 등 매우 다양하고 심각한 질병을 일으키며 그 영향이 자손에 미칠 수 있기 때문에 많은 관심과 노력을 기울이고 있다.

유해화학물질 외에 퇴적물에 다량으로 포함된 유기물이 문제가 되기도 한다. 퇴적물에 포함된 유기물은 미생물에 의해 산소를 소모하면서 분해된다. 만일 이 과정에서 수층 혼합이 이루어지지 않아 산소 공급이 중단된다면 퇴적물 주위의 산소는 고갈되어 퇴적물 내에 살고 있는 저서생물은 생존에 위협을 받게 된다. 유기물을 분해하는 미생물은 무산소 환경에서는 메탄, 황화수소 등의 유독성 가스를 생성하는데 이는 저서생물의 생존에 치명적인 악영향을 미치게 된다.

(2) 오염퇴적물 정화기술

우리나라 「해양환경관리법」 제18조, 「해양환경관리법」 시행령 제24조, 「해양환경관리법」 시행규칙 제9조에 따라 해역관리청이 해양오염퇴적물에 대하여 조사를 하거나 오염퇴적물 정화·복원 사업을 할 때 사용하는 지침으로 '해양퇴적물 유해화학물질에 관한 정화·복원 기준'이 있다. 이 기준은 해저퇴적물에 존재하는 유해화학물질이 해양생물에 축적되어 해양생물의 성장을 저해하거나, 먹이사슬을 통하여 수산물의 가치를 저하시키거나, 해수나 해저면과 접촉하여 국민 건강에 위해를 끼칠 우려가 있는 해역에 대하여 오염퇴적물을 정화하고 복원하는 준설사업을 실시하는 데 활용되는 기준이다. 이러한 정화복원기준은 정화복원지수값을 산정하여 정화·복원 대상 범위를 설정하는 데 활용된다. 정화복원 지수값이 2 이상인 구역은 정화복원 대상지역이다. 이 지수의 대상 항목은 필수항목 10개[비소(As), 카드뮴(Cd), 크롬(Cr), 구리(Cu), 수은(Hg), 니켈(Ni), 납(Pb), 아연(Zn), 폴리클로리네이티드비페닐(PCBs), 다환방향족탄화수소(PAHs)]와 선택 항목 4개[클로로데인(Chlordane), 다이엘드린(Dieldrin), 디디티(DDT), 유기주석화합물(TBT)]이다.

표 4.5.1 해양오염퇴적물 조사 및 정화·복원 유해화학물질 관련 평가항목, 기준농도

항 목	단위	기준1	기준2	비고
비소(As)	ppm(건중량)	9.0	41.6	공통
카드뮴(Cd)	〃	0.68	4.21	〃
크롬(Cr)	〃	80	370	〃
구리(Cu)	〃	24	108	〃
수은(Hg)	〃	0.15	1.0	〃
니켈(Ni)	〃	23	52	〃
납(Pb)	〃	50	220	〃
아연(Zn)	〃	200	410	〃
폴리클로리네이티드비페닐(PCBs)	ppb(건중량)	21.6	189	〃
다환방향족탄화수소(PAHs)	〃	4,000	45,000	〃
클로로데인(Chlordane)	〃	0.5	6.0	선택
다이엘드린(Dieldrin)	〃	0.02	8.0	〃
디디티(DDT)	〃	1.6	46	〃
유기주석화합물(TBT)	〃	5.0	105	〃

오염퇴적물을 정화하는 방법으로는 자연정화, 현장처리, 준설 및 수중폭기법, 영양염류 불활성화 등 다양한 기술이 시행되고 있다. 해역의 지형적 요소, 복구 방안의 실용 가능성, 해당 지역의 수리특성, 자연 정화에 소요되는 시간 및 경제성 등을 고려하여 효과적인 방법을 선정하여야 한다. 조건만 충족된다면 자연정화법을 오염퇴적물 처리를 위한 기본적인 방법으로 간주하고 있다. 해역에서의 준설은 많은 예산과 시간이 소요되기 때문에 준설효과의 사전제고와 지속성을 높이기 위해 효율적인 선정기준이 필요하다. 최근 오염된 퇴적물을 준설하는 방식에서 벗어나 퇴적물을 현장에서 정화하는 환경친화적인 기술 개발이 활발한 추세이다.

오염퇴적물 정화복원방법 해외사례를 알아보면 미국의 경우 1980년대 말부터 5대호 퇴적물 처리에 대한 정화복원방법 및 기술에 대한 연구를 시행하였고(Assessment and Remediation of Contaminated Sediments Program, USEPA 1992), 오염퇴적물 오염도 평가, 정화복원방법과 기술, 오염원 관리와 처리 등을 위하여 오염퇴적물 국가실무팀(National Contaminated Sediment Task Force)을 운영하고 있다. 캐나다의 경우에는

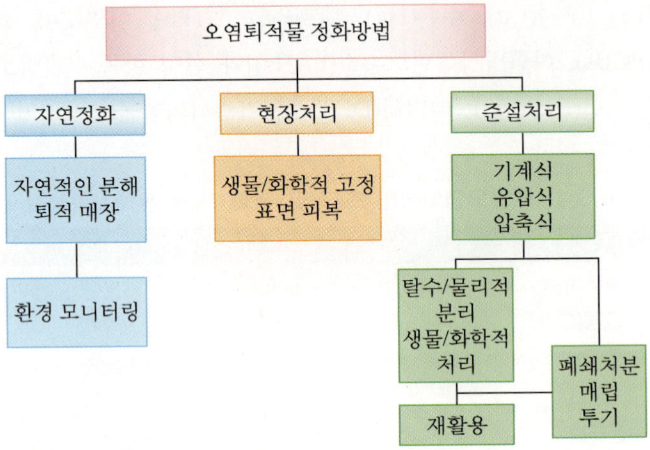

그림 4.5.1 오염퇴적물 정화방법의 종류

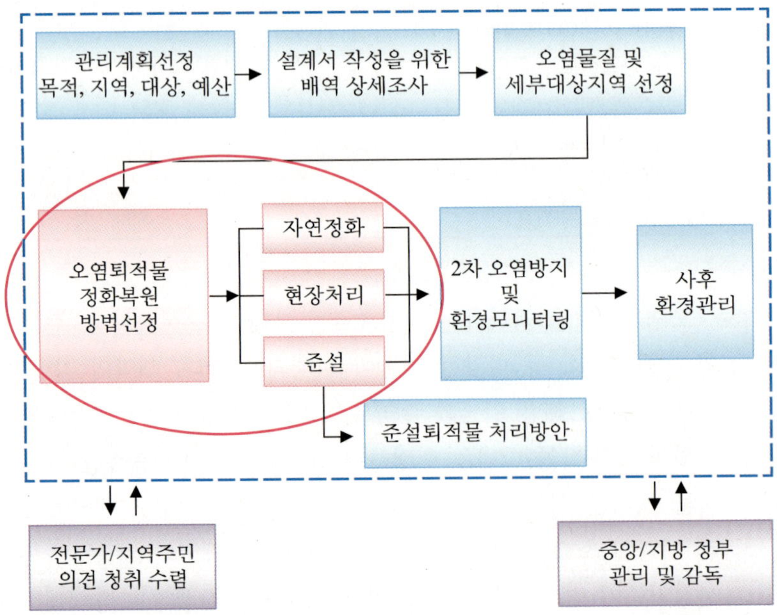

그림 4.5.2 해양오염퇴적물 정화복원사업 설계서 구성

100개 이상의 오염퇴적물 제거기술 개발에 7,500백만 달러를 투자하여 개발기술의 상업화를 추진하고 있다(Contaminated Sediment Removal Program, Environment Canada, 1994). 일본의 경우에는 현장처리와 제거방법을 우선으로 하여 처리와 처분 등에 관한 잠정 지침에 준하여 오염퇴적물 정화복원을 시행하고 있다(환경청환경법령연구회, 1998).

그림 4.5.3 오염퇴적물 준설과 표면피복방법

표 4.5.2 오염퇴적물 정화복원방법

구 분		내 용
자연정화		오염퇴적층의 오염도가 낮으며 해양생태계의 영향이 비교적 크지 않고 충분한 자가 정화 능력이 존재할 경우 오염퇴적층을 현장처리 혹은 준설하지 않고 자연적으로 정화시키는 방법
현장처리	생물학적 고정	미생물을 이용한 오염물질 분해, 화학물질을 첨가한 오염물질의 중성화, 침전, 탈염소화, 미생물의 활동 강화를 위한 산화제 투입 등의 혼합법과 물리적 또는 화학적으로 퇴적물 성질을 변화시켜 오염물질 누출을 저감하는 안정화/고형화 방법
	표면피복	오염된 퇴적층에 깨끗한 모래, 자갈 혹은 기타물질을 사용하여 퇴적층을 덮음으로써 해수와 물리적으로 분리시키는 방법
준설		오염된 퇴적물을 현장에서 물리적으로 제거하여 다른 처리시설 등에서 처리하는 방법으로 일반적으로 해수유동이 활발하고 오염도가 매우 악화된 지역 그리고 선박왕래가 많은 항만지역에서 항로개선을 위한 일반 준설의 효과를 겸하기 위하여 오염퇴적물을 제거하는 방법

표 4.5.3 오염퇴적물 정화복원방법의 장단점

정화복원방법	주요내용	장 점	단 점
자연정화	자연적인 분해, 퇴적	▪ 인위적인 복구에 따른 2차 오염방지	▪ 장시간 기간 필요 ▪ 정화추이에 따른 장기모니터링 필요
현장 처리법	생물적, 화학적 고정 및 안정화 오염지역 피복(모래, 자갈, 지오그리드 등)	▪ 효과적인 오염물질 봉쇄 ▪ 2차 오염 영향 적음 ▪ 상대적으로 저비용	▪ 해수유동 특성 등에 따라 효과미비가능 ▪ 피복물질의 침식가능 ▪ 피복물질의 변화 및 장기 모니터링 필요
퇴적물 제거법	준설	▪ 안정적인 기술체계 확립 ▪ 항만에서는 항로개선 준설 효과	▪ 제거퇴적물 처리에 따른 2차 오염 가능 ▪ 상대적 고비용

표 4.5.4 오염퇴적물 정화복원기술(현장처리)

구분	방법	주요응용사례	경제성평가
생물학적 분해법	저층 퇴적물에 산소와 영양염류를 공급하여 미생물에 의한 생물학적 처리	휘발성화합물(VOC, SVOC)에 의해 오염된 퇴적물	us$ 1～25/lb 간접경비 많음
화학적 산화법	산화제를 퇴적물에 삽입하여 화학적으로 산화를 시켜 화학적 처리	고농도의 VOC, PAHs 축적된 퇴적물	
열처리 방법	고온(혹은 저온)의 열을 오염퇴적물에 가하여 유기물질을 분해하여 정화	VOC 유기화합물, PCBs 축적된 퇴적물	us$ 100～300/cu yd (고정시설 제외)
표면피복 방법	오염된 퇴적물층 상부에 인공/자연적인 피복물질을 덮어 처리	VOC, SVOC, PCBs 축적된 퇴적물	us$ 100,000～1,000,000/acre

표 4.5.5 준설방법의 장단점 비교(현장처리)

구분	종류	장점	단점
기계식	크렘셀 일반굴착	▪ 현장퇴적물의 함수량에 크게 좌우되지 않고 굴착가능 ▪ 고도의 준설운용성 ▪ 모든 종류의 고형물 제거 가능 ▪ 준설의 정확성이 높음	▪ 다량의 퇴적물 재부유 ▪ 준설물질의 재처리 필요 ▪ 유압식에 비해 낮은 준설 용량 ▪ 유압식에 비해 높은 준설비용
유입식 압축식	수동유압 단순흡입 공기부상 우저식	▪ 퇴적물의 재부유가 적음 ▪ 재처리에 대한 부담 감소 ▪ 기계식에 비해 높은 준설 용량 ▪ 기계식에 비해 낮은 준설 비용	▪ 퇴적물과 함께 제거된 수분의 후처리 문제 ▪ 설치된 수송관이 수상교통에 방해 가능성 ▪ 대부분의 고형잔해물의 제거가 불가능

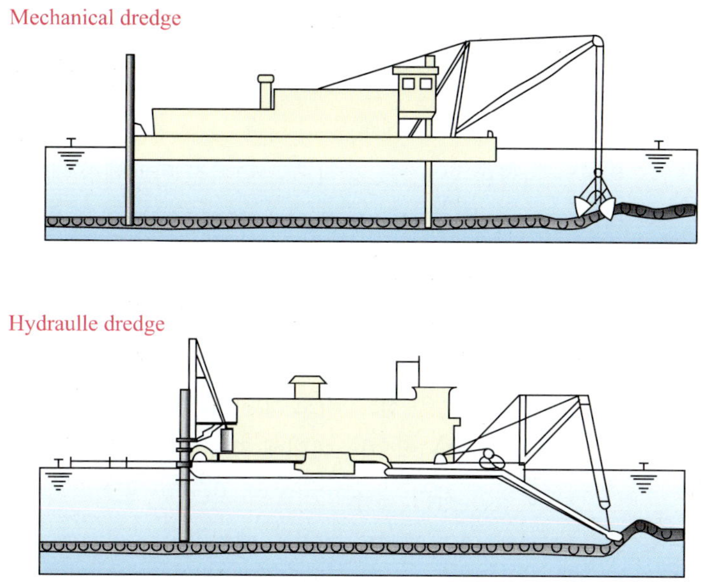

그림 4.5.4 **준설방법**(Source: USACE/USEPA, 1992)

표 4.5.6 표면피복방법(in-situ capping)

주요 방법	Pipeline / Hopper / Barge Placement / Granular materials / Amendments / Fabrics & Membranes
고려 사항	▪ 지역사전평가(저층유형, 조류특성, 물리/생물학적 특성 등) ▪ 오염퇴적물의 특성(입도분석, 경도특성, 용출률, 안정성 등) ▪ 표면피복방법 선정(해수중의 확산범위, 효과, 비용 등) ▪ 표면피복물질 선정(퇴적물과의 혼합, 용출, 중간재 사용 등) ▪ 표면피복범위 선정(피복범위, 두께, 생물교란, 침식영향 평가) ▪ 사후 모니터링 및 효과검증 방법 선정(피복물질의 장단기 안정성, 잠재 오염 가능성, 피복물질에 의한 저층생태계 영향 등) ▪ Capping effectiveness test: Chemical tracer(DO, NH_4^+, PO_4^{3-}) 등을 활용한 Small-scale Lab. 표면피복효과 테스트

① 미국의 해양오염퇴적물 정화·복원 사례

1980년대 말 오염퇴적물 관리 추진위원회 설립을 통하여 오염퇴적물 관리방안을 수립하여 100개 이상의 오염퇴적물 제거기술 개발에 7,500백만 달러 투자하여 개발기술의 상업화를 추진하고 있다. 미국연방정부 차원의 퇴적물 관리는 준설퇴적물관리의 주무부처인 미육군공병단이 환경보호청(EPA)의 퇴적물관리기준을 참고로 하여 시행하였다. 오염퇴적물의 오염도 평가, 정화복원방법과 기술, 오염원 관리, 처리 등에 대한 자문기구인 National Contaminated Sediment Task Force를 설립 운영하고 있다. 연방정부 및 주정부 통합관리기준은 설정되어 있지 않으며, 오염도 조사 및 시행 그리고 환경영향평가 등 시행주체 및 관리기준이 상이하다.

- Puget Sounds

워싱턴주 콜롬비아강을 중심으로 펼쳐진 반폐쇄성 해역으로 주정부의 퇴적물관리기준을 바탕으로 Puget Sounds의 퇴적물오염 현황조사 실시 후 현재 정화·복원사업진행 중이다. 조사지역을 총 93개 지역으로 세분화하여 각 지역의 특성 및 현황에 맞는 다양한 오염퇴적물 정화방법(자연정화방법 포함)을 선택하였다. 각 세부지역은 0.2~266에이커에 달하는 다양한 면적을 가지고 있으며 그에 따라 소요되는 예산도 최소 50만 달러에서 최고 1,000만 달러까지 책정되었다. 연방정부(EPA)의 기준이외에 생태영향 등 다양한 방법을 고려하여 오염도를 평가하여야 하며, 준설퇴적물의 처리 및 투기와 관련된 비용의 지나친 증대를 고려하여 이와 관련된 지침을 폐지하거나 완화하여 현실적 대응이 가능토록 조치하여야 한다.

- New Bedford Harbor

마사추체스주 반폐쇄성 Buzzards Bay 내에 위치한 상업항으로서 주변 공장지대에서부터 많은 양의 PCBs와 중금속 오염부하가 심한 지역이다. 해양환경생태계 조사를 통해 오염이 매우 심한 지역(hot spot)과 그 외의 지역으로 구분하여 오염퇴적물의 정화복원 우선순위를 선정하였다. 각각의 오염퇴적물 정화방법에 대하여 장단점 분석 및 소요예산을 산정하여 오염이 매우 심하고 선박운항을 위해 준설이 필요한 항로에 대해서는 오염퇴적물을 준설제거하고, 오염이 심하지 않은 지역은 피복을 덮어 복원하는 방법 등을 다각적으로 선택하고 있다.

그림 4.5.5 미국의 해양오염퇴적물 정화·복원 사례

- New York-New Jersey Harbor

  미국에서 가장 활동이 활발한 항구 중의 하나인 뉴욕 - 뉴저지항은 다양한 유기성 및 무기성물질에 의해 오염되어 있는 대표적인 지역이다. 다이옥신, PCBs, PAHs 및 중금속에 의한 오염도는 매우 심각한 수준으로 알려져 항로개선을 위한 준설과 함께 오염퇴적물 제거준설 사업을 실시하였다.

② 일본의 해양오염퇴적물 정화·복원 사례

1990년대 말 오염퇴적물 제거, 감시, 공사방법, 처리와 관련된 [퇴적물 처리 및 처분 등에 관한 잠정지침]을 제정하여 관리하고 있다. [감시], [공사방법] 및 [보관 및 처리]에 관한 기본조건과 유의사항을 지침으로 제시하며 퇴적물의 특성, 해당 수역의 지형, 해역의 상태, 해류 특성 및 어업기간과 어류 현황 등의 지역적 특성을 감안하여 탄력적인 운용을 권고하였다. 주요 관리대상 오염물질로 수은 및 PCBs를 중점적으로 관리하여 대상 해역의 퇴적물의 유해물질 농도와 해역의 평균조차 및 용출률 등을 고려하여 결정하였다. 제거된 퇴적물 중 수은, 시안을 포함하고 판정기준에 부적합한 퇴적물은 콘크리트 고형화로 누출을 방지한 후 공용수역 및 지하수와 차단되는 장소에 매립하였다. 주요 사례지역은 미나마타만, 오사카만, 세토내해 등이 있다.

표 4.5.7 퇴적물 처리 및 처분 등에 관한 잠정지침(지역적 특성)

대상지역	관심물질	지역특성	처리깊이	처리대상 퇴적물 종류	처리면적
Minami–ko Japan			20 cm	sand	
Uranouchi Bay Japan		20 ~ 60 ft deep	15 ~ 20 cm	sand	17,400 m^2
Suonada Bay Japan		3 ~ 16 ft deep	30 ~ 50 cm	sand	15,900 m^2
Mikawa Bay Japan			40 ~ 100 cm	sand	14,100 m^2
Tsuda Bay Japan		33 ~ 49 ft deep	50 cm	sand	418,000 m^2
Gokasho Bay Japan			20 cm	sand	106,900 m^2
Uwajima Bay Japan			20 cm	sand	46,800 m^2
Minimata site Japan	Mercury		2.8 m	Geotextile sheets, two types of sand	

③ 유럽의 해양오염퇴적물 정화·복원 사례

1980년대 초반부터 퇴적물질 오염평가 기준과 정화방법 개발을 위한 연구가 영국, 프랑스, 독일, 네덜란드 등지에서 개별적으로 추진하였다. 현재는 유럽퇴적물관리 네트워크(SedNet)를 구성하여 유럽연합차원에서 오염퇴적물의 오염도 평가 및 정화, 복원 체계 확립하였다. 주요 기관으로는 PIANC Working Group, 디마스 2005 회의, OSPAR 등이 있다. 전통적인 수질오염원 관리 차원에서 발전된 수저퇴적물에 서식하는 저서생물보호를 위한 생태적인 관점으로 발전하였다. 오염정도가 심각한 경우(지역주민의 건강성 문제, 오염의 확산 및 저서생태계, 장기적인 생태계 영향 등 고려)를 제외하고 대부분 자연정화 방안을 선택 권고하였다. 비용에 비해 효과가 미비한 준설 - 처리 공법을 탈피하여 환경친화적인 오염퇴적물 제거기술 개발을 확대하였다. 주요사례로는 Maasvlakte, Port of Rotterdam으로 독일의 발원지인 라인강 하구역에 위치한 로테르담항에서 오염퇴적물 약 10만 톤을 독일과 협력하여 제거하였다. 비소, 아연 등을 포함한 중금속류와 PCBs 등 유기화합물이 중점관리대상으로 선정되었다.

그림 4.5.6 유럽의 해양오염퇴적물 정화·복원 사례

2 부영양화 해역 회복기술

(1) 부영양화 물질 제어

동물의 배설물과 사람이 사용하고 내놓은 여러 가지 형태의 폐수와 폐기물에는 당연히 어느 정도의 영양물질이 포함되어 있거나 경우에 따라서는 높은 농도의 영양물질을 함유하고 있다. 이러한 영양물질이 제대로 처리되지 않고 자연으로 과다하게 배출되면 생태계는 균형을 잃게 된다. 그리하여 나타나는 대표적인 현상이 호수와 강의 녹조와 남조, 연안 바다의 적조이며 이를 수계의 부영양화라고 한다.

폐쇄된 수역에서 부영양화는 1차 생산을 자극한다. 그러나 생산량이 그 수역에서의 다른 이용가치와 조화를 이루지 못할 정도로 증가할 경우에는 문제가 된다. 1차 생산 즉, 광합성 작용의 증가는 식물플랑크톤의 과다번식을 의미하며 이때 수중의 용존산소 농도는 과포화 상태에 도달한다. 또한 과다증식한 식물플랑크톤이 사멸하여 밑바닥에 가라앉게 되면 분해가 진행되어 수중의 저층에는 무산소 상태가 형성되며 혐기성 분해에 의한 가스가 발생한다. 해수 중의 산소농도가 급격히 감소할 때 주변 동·식물들이 대규모로 떼죽음을 당할 수 있다. 플랑크톤이 발생한 후 일정기간이 지나면 플랑크톤이 사멸하여 플랑크톤 자체가 유기물 오염원으로 작용한다.

우리나라 연안의 적조는 1962년에서 1970년 중반까지 주로 진해만 일대 내만에서 무독성의 규조류가 발생하였다가 곧 소멸되곤 하였으나, 1980년대에는 외만으로 적조가 확산되고 기간도 장기화하는 양상으로 변화하게 되었다. 또한 연안역의 오염이 심화됨에 따라 적조가 발생하는 해역도 전국 연안으로 확대되고 있는 추세이다. 1995년 9월 말 남해안에서 발생한 대규모 적조는 동해안으로 확산되었고 이로 인해 양식 중이던 물고기들이 대량으로 폐사하는 사건이 발생하였으며, 낙동강에서는 남조류의 대발생과 녹조현상도 나타났다.

최근에는(2013～2016년) 대부분이 무해성 적조이며, 유해성 적조로는 *Karenia mikimotoi*가 5～8월 사이, *Cochlodinium polykrikoides*가 7～9월 사이에 발생하고 있다.

(2) 부영양화 제어기술

최근 산업의 발달 및 생활수준의 향상에 따라 방류수역의 수질오염의 심화, 환경오염에 대한 시민의식의 향상, 처리 수질의 배출허용 기준 강화 등으로 과거의 2차 처리 공정으로는 방류수역의 수질 개선 효과가 이루어지지 못하고 있으며, 수자원 부족으로 처리수의 재활용에 대한 필요성이 대두되고 있어 고도처리의 필요성이 날로 증가되고 있는 실정이다.

궁극적으로 방류수역의 수질개선을 위해서는 유기물뿐만 아니라, 질소, 인 등을 함께 제거할 수 있는 처리공법의 채택이 적극적으로 검토되어야 한다. 질소(N)의 주요 발생원은 분뇨, 비료 및 산업폐수 등이며 도시하수의 질소 농도는 15～50 mg/L 정도가 된다. 도시하수 중의 질소는 약 60%가 암모니아성 질소이며, 나머지는 유기질소인데 질소에 의한 문제점은 부영양화의 촉진 이외에도 질산화가 진행되면서 산소를 소모한다. 폐수 중의 질소는 주로 단백질 및 요소 형태의 유기성 질소와 암모니아성 질소, 아질산성 및 질산성 질소 형태의 무기성 질소로 구분된다. 이들 질소화합물들이 환경에 노출되었을 때 조건에 따라 각각 다른 형태의 화합물로 전환된다. 호기성 환경에서는 세균이 암모니아성 질소를 아질산염과 질산염으로 산화시킨다. 그러나 질산염 상태의 질소는 조류 및 기타 수생식물이 섭취하여 조류의 급성장으로 수계에 악영향을 일으키기도 한다.

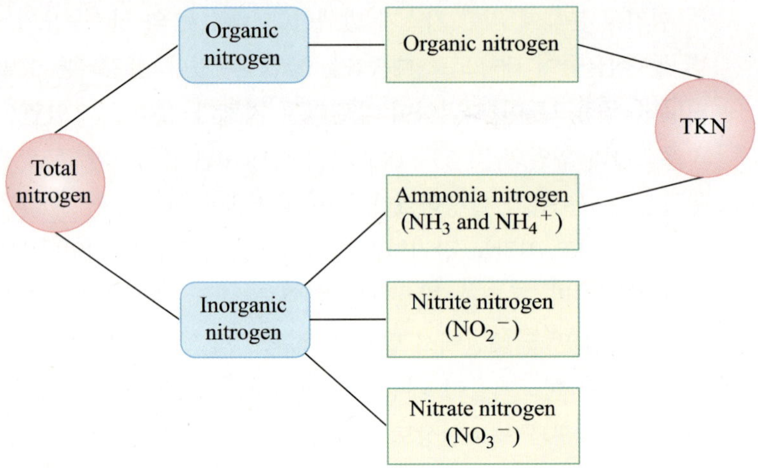

그림 4.5.7 질소 성분의 구분

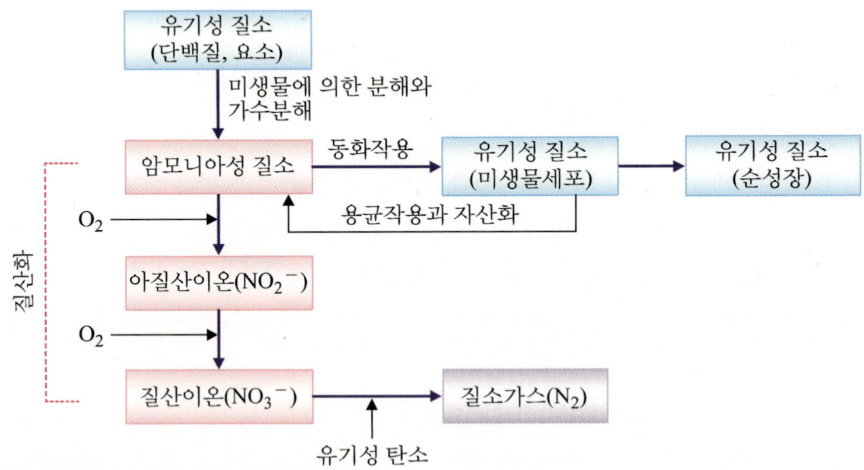

그림 4.5.8 질산화 및 탈질과정 모식도

생물학적 산소요구량(BOD) 성분이 호기성 미생물에 의해 정화되고 그 후 질산화가 이루어지며, 이 질산화물을 다시 혐기성 미생물을 이용하여 자연계에 무해한 질소가스로 배출시켜 수중의 질소를 제거하게 된다.

인(P)의 발생원도 다양하여 가정생활하수와 산업폐수에 포함되어 자연수계로 유입되며 농경지 유출수나 축산폐수로부터 발생되는 양도 무시할 수 없다.

도시 생활하수에는 5~15 mg/L의 인이 함유되는 것이 보통인데 이중 30~50%가 분뇨나 음식물 찌꺼기로부터 발생되고 합성세제로부터 발생되는 양이 50%를 넘는다.

표 4.5.8 공공하수처리시설의 방류수질기준

구분		생물화학적 산소요구량 (BOD) (mg/L)	화학적 산소 요구량 (COD) (mg/L)	부유 물질 (SS) (mg/L)	총질소 (T-N) (mg/L)	총인 (T-P) (mg/L)	총대장균 군수 (개/mL)	생태 독성 (TU)
1일 하수처리 용량 500 m^3 이상	Ⅰ지역	5 이하	20 이하	10 이하	20 이하	0.2 이하	1,000 이하	1 이하
	Ⅱ지역	5 이하	20 이하	10 이하	20 이하	0.3 이하	3,000 이하	
	Ⅲ지역	10 이하	40 이하	10 이하	20 이하	0.5 이하		
	Ⅳ지역	10 이하	40 이하	10 이하	20 이하	2 이하		
1일 하수처리용량 500 m^3 미만 50 m^3 이상		10 이하	40 이하	10 이하	20 이하	2 이하		
1일 하수처리용량 50 m^3 미만		10 이하	40 이하	10 이하	40 이하	4 이하		

* 지역 구분

Ⅰ지역 : 「수도법」 제7조에 따라 지정·공고된 상수원보호구역, 「환경정책기본법」 제22조제1항에 따라 지정·고시된 특별대책지역 중 수질보전 특별대책지역으로 지정·고시된 지역, 「한강수계 상수원 수질개선 및 주민지원 등에 관한 법률」 제4조제1항, 「낙동강수계 물관리 및 주민지원 등에 관한 법률」 제4조제1항, 「금강수계 물관리 및 주민지원 등에 관한 법률」 제4조제1항 및 「영산강·섬진강수계 물관리 및 주민지원 등에 관한 법률」 제4조제1항에 따라 각각 지정·고시된 수변구역, 「새만금사업 촉진을 위한 특별법」 제2조제1호에 따른 새만금사업지역으로 유입되는 하천이 있는 지역으로서 환경부장관이 정하여 고시하는 지역

Ⅱ지역 : 「물환경보전법」 제22조제2항에 따라 고시된 중권역 중 화학적 산소요구량(COD) 또는 총인(T-P)의 수치가 같은 법 제24조제2항제1호에 따른 목표기준을 초과하였거나 초과할 우려가 현저한 지역으로서 환경부장관이 정하여 고시하는 지역

Ⅲ지역 : 「물환경보전법」 제22조제2항에 따라 고시된 중권역 중 한강·금강·낙동강·영산강·섬진강수계에 포함되는 지역으로서 환경부장관이 정하여 고시하는 지역(Ⅰ지역 및 Ⅱ지역을 제외한다)

Ⅳ지역 : Ⅰ지역, Ⅱ지역 및 Ⅲ지역을 제외한 지역

① 질산화(Nitrification) 반응공정

질산화조는 폐수 속에 함유된 킬달성질소(유기성질소＋암모니아성 질소)를 질산성질소(NO_3-N)로 전환시키는 공정이다. 이들 반응은 독립 영양균에 속하는 질산화 미생물에 의해 이루어지며, 주 반응식은 다음과 같다.

$$\text{1단계}\quad NH_4^+ + \frac{3}{2}O_2 \longrightarrow NO_2^- + 2H^+ + H_2O$$

$$\text{2단계}\quad NO_2^- + \frac{1}{2}O_2 \longrightarrow NO_3^-$$

$$\text{전체반응}\quad NH_4^+ + 2O_2 \longrightarrow NO_3^- + 2H^+ + H_2O$$

질소의 일부는 세포로 합성됨.

$$4CO_2 + HCO_3^- + NH_4^+ + H_2O \longrightarrow C_5H_7NO_2 + 5O_2$$

에너지 및 합성반응을 합한 전체반응

$$22NH_4^+ + 37O_2 + 4CO_2 + HCO_3^-$$
$$\longrightarrow C_5H_7O_2N + 21NO_3^- + 20H_2O + 42H^+$$

생물학적 질산화 과정의 지배적인 역할을 담당하는 세균의 속은 독립영양균(autotrophic organism)인 *Nitrosomonas*와 *Nitrobactor*로, 매우 호기적인 독립영양균인데 *Nitrosomonas*는 에너지원으로서 암모니아를 이용하고 *Nitrobactor*는 아질산염을 에너지원으로 이용한다.

이들 세균은 유기물을 산화하여 얻는 종속영양세균과는 달리 무기질소 화합물을 산화하여 성장에 필요한 에너지를 얻는 생리적 특성을 가지고 있다. 또한 질산화균의 증식속도는 BOD 산화에 작용하는 종속영양미생물의 증식속도에 비하면 1/10정도는 느린 증식속도를 가지므로 질산화 반응이 효과적으로 일어나려면 슬러지 일령(SRT)이 *Nitrosomonas*의 증식속도보다 커야 한다.

*Nitrosomonas*와 *Nitrobactor*는 질산화 반응에서 생성된 에너지를 세포 성장과 유지에 사용한다. 질산화 미생물은 에너지를 얻는 동안 암모늄이온의 일부를 세포질로 동화하는 데 사용하게 된다. 이때 폐수내의 alkalinity를 소모하게 되는데, 산화

NH_4^+-N 1 mg당 7.14 mg의 alkalinity(중탄산 8.64 g)가 필요하다.

② 질산화 효율에 미치는 영향인자

질산화 미생물은 세포증식속도가 매우 느리기 때문에 독성물질 유입 등으로 미생물 충격부하 시 회복에 상당한 시간이 소요되므로 이에 유의하여 관리하여야 한다.

표 4.5.9 질산화 효율에 영향을 미치는 인자

항 목	질산화율을 향상시키기 위한 하폐수처리장 운전 조건
DO	평균 2 mg/L 이상, 최소 1 mg/L 이상
pH	7~9
알칼리도	암모니아성 질소 1 kg을 질산성질소로 산화시키는데 대략 알칼리도가 7.1 kg이 소모된다.
온도	30~35℃(40℃일 때는 질산화율이 거의 0에 가깝다.)
독성물질	중금속(Cd, Cu, Zn), 시안, Thiourea 등 유기화학물질
암모니아성질소 농도	질산화박테리아의 성장률에 영향을 준다.

③ 탈질(Denitrification)반응공정

무산소(Anoxic) 상태에서 미생물이 유기물을 분해할 때 산소대신 질산성 질소(nitrate)를 마지막 전자 수용체(electron acceptor)로 사용하면서 nitrate가 N_2가스로 변화하는 탈질공정이 일어난다.

$$2NO_2^- + 6H^+(\text{hydrogen donor}) \rightarrow N_2 + 2H_2O + 2OH^-$$

$$2NO_3^- + 10H^+(\text{hydrogen donor}) \rightarrow N_2 + 4H_2O + 2OH^-$$

질소화합물은 N_2(gas), N_2O(아질산화질소), NO(산화성질소)를 포함한다. 이러한 환원 상태의 질소화합물은 미생물의 성장에 이용되는 형태가 아니며, 직접적으로 환경에 영향을 미치지 않으므로 질소의 최종적인 제거 수단이 되고 있다.

탈질공정에서는 원폐수 중의 질산성 질소와 질산화 공정에서 전환된 질산성 질소가 무산소상태에서 종속영양미생물의 에너지 반응과 합성반응에 의해서 N_2가스로 전환하게 되는데, 이때 수소공여체로서 적당한 유기성 폐수가 여의치 못한 경우 메탄올, 에탄올 또는 초산 등이 사용되고 대표적인 물질로 메탄올을 주로 사용한다.

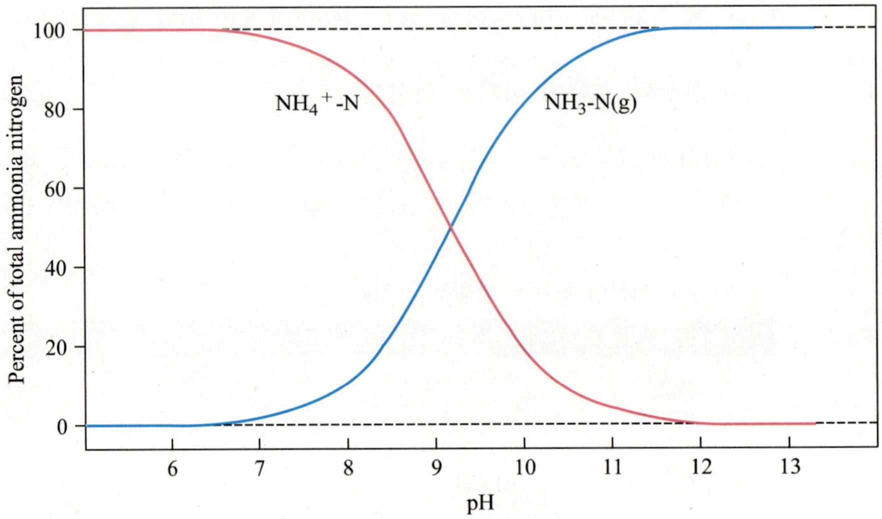

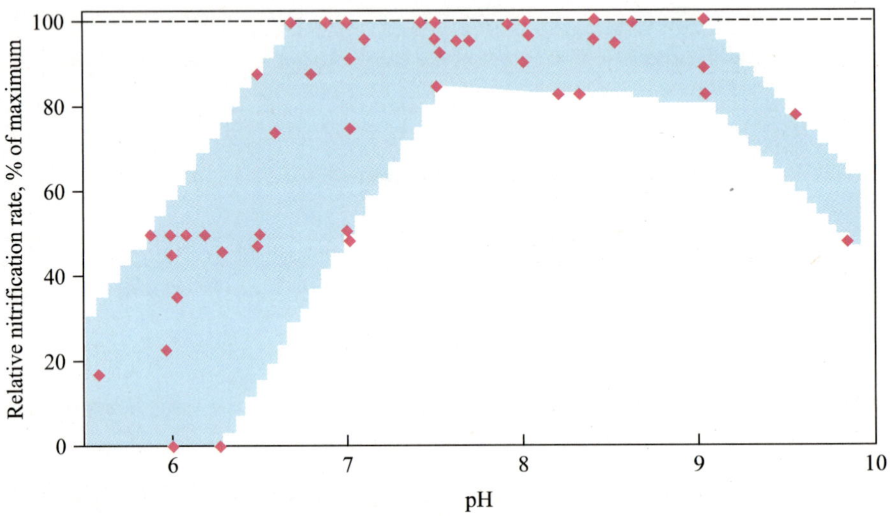

그림 4.5.9 질산화 효율에 영향을 미치는 인자 (표 4.5.9 참조)

메탄올을 유기탄소원으로 사용하였을 때의 탈질화 메커니즘은 다음과 같다.

1단계 $6NO_3^- + 2CH_3OH \rightarrow 6NO_2^- + 2CO_2 + 4H_2O$

2단계 $6NO_2^- + 3CH_3OH \rightarrow 3N_2 + 3CO_2 + 3H_2O + 6OH^-$

전체반응 $NO_3^- + 5CH_3OH \rightarrow 5CO_2 + 3N_2 + 7H_2O + 6OH^-$

세포합성반응

$$3NO_3^- + 14CH_3OH + CO_2 + 3H_2^+ \rightarrow 3C_5H_7O_2N + 19H_2O$$

합성반응으로 유기에너지의 약 20~25%가 소비되며 에너지 반응 시 OH^- 발생으로 pH 8~9 정도가 된다.

④ 탈질효율에 미치는 영향 인자

표 4.5.10 탈질효율에 미치는 영향 인자

항 목	탈질률을 향상시키기 위한 하폐수처리장 운전 조건
DO	0 mg/L에 가까워야 한다.
pH	7.5~9
알칼리도	질산성질소 1 kg을 질소 환원시키는데 대략 알칼리도가 3.6 kg이 생성된다.
온도	5~30℃
독성물질	중금속, 시안, 유기화학물질
질산성질소농도	탈질박테리아의 성장률에 영향을 준다.
유기물농도	유기물이 부족하면 외부 탄소원을 공급해야 한다.

(3) 인 제거 기술 - 남해안 적조의 해결방안

인은 사람을 포함한 동물과 식물에게 가장 중요한 영양물질 중의 하나이다. 뿐만 아니라 인은 우리의 음식, 물, 인체의 뼈, 치아, 유전자 물질의 구성성분이며 근육의 활동 등 모든 생체 에너지와 관계하고 있다. 인은 우리가 먹는 음식 중에 채소, 과일, 육류 등의 자연 성분으로 존재하고 있으며 또한 가공 식품의 첨가물로 다양하게 이용되고 있다. 식품 첨가물로의 인의 사용은 식품의 기능성을 높여주고 여러 가지 기술적인 문제를 해결하여 준다. 인이 첨가되고 있는 대표적인 식품으로는 콜라 등의 탄산음료, 베이킹파우더, 빵, 아이스크림, 밀가루, 마카로니, 과일 젤리, 치즈 등의 우유 제품, 잼, 새우와 햄 가공식품 등이 있다. 물론 식품 첨가물로서 인의 안정성은 USFDA에서 인정하고 있다. 유엔의 WHO와 FAO의 식품 첨가물에 관한 공동 전문가 위원회에서 인을 포함한 모든 식품 첨가물의 안정성을 검토하였다. 그 결과 인의 경우 일일 최대 섭취허용량은 70 mg/kg·bw person·day(체중 1 kg당 하루 70 mg)이다. 1980~1994년의 자료로 조사한 바에 따르면 미국의 경우 음식으로 섭취하는 인의 양은 일일 최대섭취허용량의 10% 정도 된다고 보고하여 별 문제가 없는 것으로 발표하였다.

인은 인산염으로 자연식품에 존재할 뿐만 아니라 다양한 형태의 인이 첨가된 수많은 상품이 우리 주위에 이용되고 있다. 인의 칼슘염은 제빵에서 뿐만 아니라 치약의 주요 성분으로 포함되고 있다. 인체도 스스로 칼슘을 포함하는 인산염인 하이드록시 아파타이트라는 물질을 치아의 주성분으로 만들고 있다. 콜라에는 인이 인산의 형태로 들어있고 콜라병은 인산염의 세제로 세척되고 콜라병 뚜껑은 인산 용액 탱크에서 제조된 금속박으로 제조하고 있다. 그 중에서 우리의 강, 호수, 바다에 배출되어 환경적으로 가장 심각한 영향을 미치는 것이 주방용 또는 세탁용 합성세제이고 그 외 산업용 세제에도 거의 모두 인을 포함하고 있다. 인은 세제의 세정력을 강화해 주는 기능을 갖고 있다. 따라서 인의 첨가 없이 세정력을 유지하는 무린세제의 개발은 환경적으로 상당히 큰 기여를 하게 된다.

지구의 생명을 지탱하고 있는 생태계의 구조에서 광합성을 하는 일차 생산자인 식물플랑크톤과 식물은 그들의 영양물질로 질소와 인을 사용하여 유기물을 만든다. 2050년 90～100억의 인구 증가가 예상되는 시대에 살아가는 인류는 세계 인구를 부양하기 위하여 세계 각국에서는 더 많은 식량이 필요하다. 그리하여 주어진 토양에서 더 많은 작물을 생산하기 위하여 질소, 인, 칼리 비료를 다량 사용하고 있다. 비료로 사용된 영양물질 중 식물이 섭취하지 못한 상당한 량은 수계로 흘러들고, 이는 또한 수계의 부영양화의 주요 원인이 되고 있다.

인은 동식물의 구성 성분이고, 또한 각종 음식물에 포함되어 있고, 여러 가지 공산품의 첨가물이며, 주요 비료 중 하나로 도처에서 이용되고 있는 중요하고 놀라운 물질임이 분명하다. 그래서 한때는 인을 만능물질(all-purpose chemical)로 부르기도 했다.

미국의 「맑은 물에 관한 법령(Clean Water Act)」은 미국의 각 주(state)나 담당기관은 가능한 어느 곳에든지 어패류 및 야생동식물이 건강한 상태를 유지하고, 또한 레크리에이션의 목적에 적합한 수질을 확보하도록 요구하고 있다. 이것은 유럽연합(EU)이 새로이 제정한 모든 표피수의 수질을 2015년까지 자연 생물종이나 다양성에 악영향을 미치지 않을 정도의 영양물질 농도를 유지하는 것을 요구한 것과 상응하는 것이다. 1998년 미국 클린턴 정부가 의회에 보고한 내용에 의하면 미국 수계 중 40%의 강, 51%의 호수 및 저수지, 57%의 연안 하구가 부영양화로 Clean Water Act가 제시한 기준을 만족시키지 못하고 있다고 하였다. 무린 세제의 개발과 생활하수처리장의 투자에도 불구하고 3.5백만 에이커의 호수 및 저수지와 84,000 miles의 강과 하천의 물이 과다한 영양물질로 정상적인 생태계를 유지하지 못하고 있는 것으로 보고하였다. 그 당시 미국의 영양물질에 관한 기준은 먹는 물의 질산성 질소 농도 10 mg/L, 연안 해수의 경우 인 농도 0.01 mg/L 이하로 규정하고 있는 것이 전부였다. 이는 부영양화의 측면이 아니라 단지 독성학적인 견지의 규정에 그치고 있었던 것이다. 2000년 12월에 발간된 새로운 영양물질에 관한 규정은 미국전역을 17개의 생태지역으로 분류하고 질소와 인에 관한 유지 농도를 제시하고 있다.

또한 부영양화의 결과로 나타나는 클로로필 *a*의 농도와 탁도에 관한 수치도 포함시켰으며 이는 미국 내의 각 주(state)가 그 지역의 영양물질 오염정도를 파악하고 부영양화를 제어하는 근간을 제공하고 있는 것이다. 그리고 정부의 이러한 새 기준의 제시는 2004년까지 지역 수질 기준을 마련하도록 권장하고 있는 것이다.

적조 발생의 근본적인 대책은 적조 미생물인 식물성플랑크톤의 과다번식을 일으키는 해수 중의 영양물질 농도를 줄이는 것이다. 영양물질 중에서 가장 중요한 것이 질소와 인이다.

우리나라 연안바다의 2002년 해수중의 질소 농도는 0.077～0.894 mg/L, 인 농도는 0.011～0.147 mg/L이다. 연안바다 중에서 부영양화가 심한 마산만의 경우 질소 평균 농도는 0.572 mg/L, 인의 평균 농도는 0.029 mg/L이다. 학자들의 견해에 따라 다소 차이는 있으나 적조 발생 한계농도를 질소의 경우 0.1 mg/L, 인의 경우 0.015 mg/L를 제시하고 있다. 마산만의 경우 해수 중의 질소 농도는 적조가 발생될 수 있는 농도의 10～20배를 초과하였고, 인의 경우 대체로 2～3배를 유지하고, 마산만 해수 중 인의 농도는 조사시기나 조사지점에 따라 적조 발생 한계농도 이하를 유지하고 있다. 이러한 사실은 우리나라 연안바다의 경우 육상기인 인의 유입을 줄이거나 이미 퇴적되어 있는 오염된 뻘(오니)을 제거할 경우 제한 인자로서 인이 부족하여 적조 발생을 줄일 수 있음을 보여주고 있다.

적조 발생이 감소하거나 해수중의 적조 미생물량이 점차 줄어들게 되면 사멸된 적조 미생물 분해에 의한 오염영향이 감소한다. 왜냐하면 적조 미생물 자체가 영양물질을 포함한 유기물이기 때문이다. 최근 OECD에서 발표한 자료에 의하면 인의 농도에 따른 부영양화의 지표 수치를 수계에 따라 달리 설정하고 있다. 강의 경우 0.1 mg/L, 호수는 0.025 mg/L, 연안바다의 경우는 위치와 특성에 따라 다르다. 적조 발생의 요인으로는 해수의 유동, 부유 물질에 의한 빛의 투과 정도, 혼합 깊이, 동물플랑크톤의 존재, 조석 효과 등 여러 가지가 존재한다. 질소와 인의 비율을 계산함으로써 어떤 영양물질이 적조 발생의 제한물질로 작용하고 있는지 알 수 있다. 해수 중 질소와 인의 비율은 질소계 화합물 몰농도의 합과 인산염 인의 몰농도와의 비를 나타낸 것으로, N/P가 16보다 크면 질소계 무기영양염류가 인계 무기영양염류보다 풍부하므로 인이 식물플랑크톤의 성장제한인자가 된다.

우리나라 적조 발생 해역의 질소와 인의 비율은 N/P = 21 : 1～171 : 1로써 인이 적조 발생의 주요 제한 인자임을 알 수 있다. 다시 말하면 육상 및 해상 오염원의 인을 제대로 처리하거나 제거할 경우 경제적이며 효과적으로 적조 현상을 제어할 수 있다.

① 인 제거에 의한 적조 제어

폐수 중의 인 제거 방법은 크게 화학적 방법과 생물학적 방법이 있다. 인은 생태계의 순환 특성으로 여러 가지 광물질과 결합하여 잘 침전하는 성질을 갖고 있다. 이를 이용한 처리 방법이 화학적 응집으로 주로 알루미늄염, 철염, 칼슘염이 사용되고 있다. 인 제거에 있어서 탁월한 효율을 보여주는 분말활성 굴패각은 고농도의 인 함유 폐수는 물론 저농도의 바닷물, 강물, 호수물의 인을 2~3분에 95% 이상을 제거할 수 있다. 또한 슬러지와 바다 퇴적물의 응집제로의 성능이 증명되었다. 게다가 분말활성 굴패각의 성형으로 유동상반응기에 적용하여 폐수 중의 인을 회수한 생성물인 하이드록시아파타이트도 제조되었다. 이 기술은 폐수 중의 인을 회수하여 수계의 부영양화를 제어할 뿐만 아니라 수계의 인(P) 자원의 재활용이라는 일석이조의 효과를 이룩할 수 있다.

인의 생물학적 제거 방법은 혐기상태와 폭기상태를 번갈아 적용하여 세포내 인 축적 능력이 뛰어난 박테리아의 생리적 특징을 이용하는 것이다. 혐기적인 조건하에 다량의 유기물을 함유한 폐수가 유입되면 박테리아는 세포내의 폴리인산염을 이용하면서 유기물을 탄소원으로 섭취하여 PHA의 형태로 저장한다. 이 혐기성 공정에서는 세포내의 poly-P가 분해되어 나오므로 오히려 인의 농도가 증가한다. 하지만 다음의 폭기 공정에서는 인 축적 박테리아가 증식하면서 저장했던 PHA를 탄소원과 에너지원으로 사용하면서 폐수중의 인을 다량 체내 세포로 흡수하여 poly-P를 만든다. 질산화-탈질 반응에 의한 질소 제거와 위의 인 제거를 고효율 저비용으로 수행할 수 다단계 SBR system이 개발되어 있다.

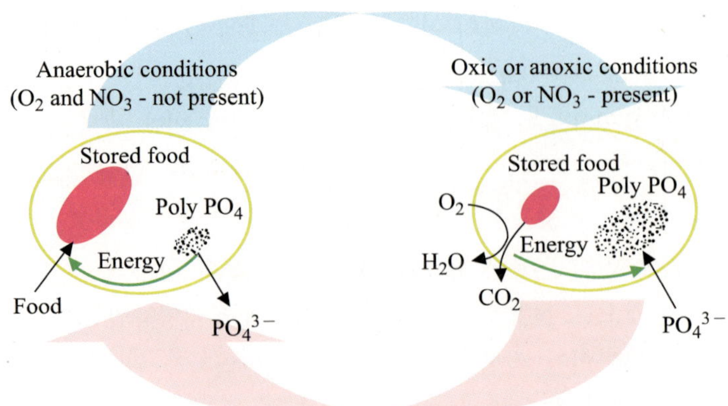

그림 4.5.10 인 제거 기작

3 잘피 복원기술

잘피(seagrass)는 바닷물에 적응되어 살고 있는 수생 현화식물(aquatic angiosperms)로 뚜렷한 잎, 줄기, 뿌리조직을 가져, 해조류(algae)와 구별된다. 약 50～60여 종의 seagrass가 전 세계의 거의 모든 해안에 분포하고 있고 해안과 하구 생태계에 매우 중요한 역할을 한다. 잘피 생태계는 다른 많은 생태계와는 달리 수산경제학적 가치와 서식지 정화라는 생태학적 가치를 함께 지닌 매우 특이한 생태계를 이룬다.

(1) 잘피 생태계의 경제적 가치

잘피 생태계는 경제성이 큰 많은 어족자원들에게 서식지를 제공해 주며, 많은 종류의 물고기들에게 산란장과 피난처를 제공함으로써 근해 수산생산성과 밀접하게 관련되어 있다. 잘피는 매우 높은 생산성을 가지고 있어, 이들이 만든 유기물질이 물고기나 다른 동물들의 직접적인 먹이원으로, 또는 미생물에 의하여 먹이사슬로 편입되기도 한다. 뿐만 아니라 잘피의 잎에는 많은 착생 동식물들이 붙어살고 있어 물고기나 게, 새우와 같은 경제적 가치를 지닌 동물의 먹이를 제공해주고 있어, 다양한 어족 자원에 좋은 서식 환경을 제공해 준다. 잘피 잎은 조류의 속도를 감소시켜 바닷물 속의 부유입자를 가라앉히며, 조밀한 지하경과 뿌리 조직들은 바다 속의 토양을 안정화시킨다. 또한 바닷물을 맑게 해주며, 하구로부터 과도하게 유입되는 질소나 인과 같은 영양 오염물질을 빠른 속도로 흡수해 제거함으로써 해양 생태계의 부영양화를 막아주고, 수질향상에 중요한 역할을 하고 있다. 그러므로 이들 군집은 생태적 중요성뿐 아니라, 경제적인 중요성도 함께 지니고 있는 자원이라고 할 수 있다.

Seagrasses in Korea

Zostera marina(거머리말) - 가장 많은 종
Zostera asiatica(왕거머리말) - 동해안
Zostera caespitosa(포기거머리말) - 자갈
Zostera caulescens(수거머리말) - 거대 잘피
Zostera japonica(애기거미리말) - 조간대
Phyllospadix iwatensis(새우말) - 바위
Phyllospadix japonicus(게바다말) - 바위
Ruppia maritima(줄말) - 하구종
Halophila nipponica J. Kuo(해호말) - 아열대성 잘피로 2009년 발견

그림 4.5.11 *Zostera marina*

U.S. National Oceanic and Atmospheric Administration. Coastal Services Center. 2001. Submerged Aquatic Vegetation: Data Development and Applied Uses. NOAA/CSC/20116-CD. CD-ROM. Charleston, SC: NOAA Coastal Services Center.

약 50여 종의 seagrass 중 우리나라 연안에는 9종의 seagrass가 분포하고 있어, 비교적 많은 종이 분포하고 있는 지역에 속하나, 우리나라에 분포하는 잘피종들에 대한 생태학적 연구는 매우 부족한 상태이다. 따라서 우리나라와 중국 연안에 분포하는 잘피의 생태학적 연구는 많은 국제적 관심을 끌고 있다.

이렇게 연안 및 하구 생태계에 중요한 역할을 하고 있는 잘피가 최근 10년 동안 전 세계적으로 약 50% 이상이 사라졌다고 보고되었으며, 인류에 의한 환경파괴가 그 주된 원인인 것으로 알려져 있다. 선박 항로를 위한 준설작업, 매립 및 과다한 양식장과 같은 물리적 교란, 그리고 정화되지 않고 방출된 생활하수 속에 있는 많은 양의 영양 오염 물질(질소와 인 등)들이 식물성 플랑크톤을 이상번식하게 하여 물을 흐리게 할 뿐만 아니라, 잘피의 잎에 착생하여 잘피의 잎이 광합성에 필요한 충분한 양의 빛을 받지 못하게 함으로써 잘피의 서식지는 점점 줄어들고 있다. 우리나라의 경우 잘피 서식지의 약 70~80%가 이미 사라진 것으로 추정된다(자료 제공: 고흥해양수산사무소 김양섭 소장).

(2) 잘피생태계 복원

① 잘피 이식 장소 선택의 고려사항은 이전의 자연 서식 분포, 해저면의 구성(점토질, 사질, 자갈, 암반), 파도의 정도, 수심, 수질(부영양화상태, 투명도 등), 다른 생물의 영향 등이다.

② 고려사항을 조사하고 정량화하여 예비 이식장소를 선택한다.
③ 예비 이식 실험을 수행한다.
④ 본 이식장소를 선택한다.
⑤ 이식 방법으로는

- Plug methods – core of seagrass with sediment(해저 배양토와 함께 이식)
- Staple methods – without sediment, attaching to the staples(해저 배양토 없이 스테이플로 처리)
- Peat pot method – (구덩이를 만들어 이식)
- Line planting methods – (줄을 만들어 이식)
- Sowing seeds – (씨앗을 심는 방법)
- TERFS(transplanting eelgrass remotely with frame systems) – (프레임을 활용하여 이식하는 방법)
- Seeding culture – (종자 배양법)

(자료: 부산대 생물학과 이근섭 교수, 경남대 지역혁신센터 세미나)

4 연안역통합관리 및 연안오염총량관리

(1) 연안역통합관리

연안은 연안육지와 연안바다를 포함한다. 연안육지는 여러 가지 유리한 입지 조건으로 많은 삶의 터전으로 이용되고 있다. 연안바다는 일반적으로 수심이 50~70 m 이내 해역으로 많은 생물들의 서식 또는 산란장소로 중요하다. 하구를 포함하는 연안바다는 육지와 바다가 처음 만나는 곳으로 육지에서 발생하는 각종 오염물질이 유입되는 곳이다. 따라서 세계에서 생태학적으로 가장 민감한 지역이 연안바다이다.

연안통합관리는 지구의 주요한 터전인 연안의 관리에 관한 21세기의 역동적인 패러다임이다. 우리나라에서는 1999년 「연안관리법」이 국회에서 통과된 후 연안관리지역 계획이 수립되었다.

① 연안통합관리의 필요성

연안역은 바다와 육지가 만나 이루는 제3의 국토공간으로 생태계의 중요한 터전이다. 연안역에는 인류의 약 절반 가량이 거주하고 공장가동, 운송, 에너지 이용 등에 필요한 사회간접시설이 50% 이상 존재하는 곳이다. 환경의 급속한 악화가 지구상 도처에서 발생하고 있으며 전 세계적인 연안역 파괴 경향에 비해 현재의 연안역

관리성과는 미미한 수준이다. 또한 국가, 지역 및 국제적 노력에도 불구하고 지속적인 개발을 가능케 하는 해양 및 연안자원의 관리 대책이 정립되지 않고 있으며 연안자원과 환경은 세계 곳곳에서 급속히 파괴되고 있다.

이에 연안자원의 지속 가능한 개발을 위해 유엔 환경개발회의에서는 연안역통합관리 정책 수립 및 법제도 정비, 연안역 이용실태 파악, 주요 연안국 관리사안에 대한 대책 마련, 연안역 관리 계획 및 실행에 사전 예방적 대책 수립, 연안 자원 및 환경에 대한 적절한 경제적 평가방법 사용, 계획 및 정책 결정 과정에 이해 당사자가 참여할 수 있도록 하는 제도적 장치 마련 등의 사항들에 대한 이행을 권고하고 있다.

② 연안통합관리의 정의

연안통합관리란 부문별한 목표를 하나의 관리체계로 통합하는 것을 의미한다. 즉, 연안자원과 환경의 개발과 보존을 위한 통합계획을 수립하고 실행하기 위해 정부와 지역사회, 과학과 정책, 관련 산업과 공공의 이익을 통합시켜 가는 지속적이고 역동적인 과정을 말한다. 따라서 연안 인구 및 연안 도시의 적정한 성장관리, 연안 환경의 관리, 수자원의 관리, 연안자원의 개발, 연안역 모니터링 및 과학적 조사와 자료의 관리, 연안관리법제 및 행적조직의 개편, 시민참여와 시민 교육 등 다양한 과제를 하나의 틀 속으로 통합하는 것이다.

연안통합관리 전략은 시스템적 관점에 근거하여 수립되어야 하며, 시스템적 관점에서는 연안의 시스템들 간의 상호작용을 중요하게 여기며, 학제간 접근법을 사용한다.

③ 연안통합관리의 기본 목표

연안은 연안생물의 서식처, 연안 관광과 레저 공간, 임해산업공단 등 여러 용도로 활용된다. 또한 육상과 마찬가지로 연안개발 수요 증대에 따른 매립과 훼손이 문제점으로 지적되고 있다. 연안에 대한 종합 이용과 보전계획 없이 신청자의 사전 이용과 인허가로 연안의 이용과 보전질서가 크게 손상되고 있다. 따라서 연안자원을 생태적, 문화적, 경제적 가치가 조화롭게 공존될 수 있도록 종합적이고 미래지향적인 관점에서 연안을 활용하고 보전하기 위하여 연안통합관리계획을 수립해야 한다.

연안통합관리의 기본목표는 다음의 다섯 가지로 구분할 수 있다.

첫째, 생태계의 생물 다양성 유지 및 보호 가치가 높은 연안생물의 서식처 보호를 통한 연안생태계 보전, 그리고 해양생물 및 철새 같은 생물의 서식기능과 오염물질 정화의 기능을 갖고 있는 갯벌 생태계의 복원과 보전이다.

둘째, 임해 산업단지, 임해 도시, 임해 원자력발전소에서 배출되는 오염원과 항만운영 및 선박운항으로 인한 오염원의 효과적인 관리체계 구축을 통한 연안해역 환경개선을 들 수 있다.

셋째, 태풍, 해일, 연안침식, 침수 같은 연안재해방지를 위한 시설설치와 계속되는 유지·보수를 통한 연안공간이용, 해안선 보호와 연안관광, 어촌정비사업, 주거환경개선, 경제개발에 필요한 공간의 합리적 배분을 통하여 연안공간에 대한 다목적 이용질서를 확립하는 데 있다.

넷째, 수산자원 보호·육성과 지역특성에 적합한 관광상품개발로 풍요로운 어촌을 조성하여 지역주민의 삶의 질을 향상시키고, 시민이 중심이 되는 연안공간 조성으로 시민의 연안이용 횟수를 늘려서 풍부하고 다양한 연안문화를 창출하는 데에도 있다.

다섯째, 목표는 과학조사·모니터링에 바탕을 둔 정책결정체계의 정착과 연안통합관리 체제의 개방성과 투명성 확보, 지방자치단체, 지역사회, 지역주민을 비롯한 연안이용 당사자의 연안통합관리에 대한 인식을 향상시키는 데 있다.

④ 연안통합관리의 내용

1992년 6월 브라질 리우에서 개최된 유엔환경개발회의에서 천명된 지구환경보전과 지속 가능한 개발의 기본원칙인 "리우선언"의 구체적 실천방안으로서 채택된 "Agenda 21"의 총 40개의 의제 중 가장 복잡하고 많은 분량을 차지하고 있는 "제17장 연안 및 해양자원보호와 합리적인 이용 및 개발 방안"으로서 해양 및 연안역 자원의 지속 가능한 개발을 위해 "통합관리"라는 혁신적인 패러다임을 제시하고 있다.

연안국은 자국의(연안에 위치한 행정자치 기구는) 관할 하에 있는 연안수역 및 해양환경을 통합적으로 관리하여 연안생태환경이 정상적으로 회복 또는 지속될 수 있도록 힘써야 하며, 이를 위해서는 무엇보다도 다음과 같은 조치들이 필요하다고 수록하고 있다.

- 모순되지 않고 균형 있는 자원이용을 촉진하기 위해서 관련된 부문이 포함된 통합된 정책 및 정책결정과정의 제시
- 연안 이용 상황과 이용 계획 및 상호관련성의 규명
- 연안 관리에 관한 문제점을 명확히 하기 위한 집중적인 노력
- 주요사업의 영향에 대한 사전평가 및 체계적인 관찰을 포함한 사업계획 및 집행 시에 예방적, 사전 경고적 대책 채용

- 해양의 오염 및 부식, 자원손실 및 서식지 파괴들을 포함하여 해양 및 연안의 이용으로부터 발생하는 가치 변화를 반영하여 국가의 자원 및 환경 평가 등의 방법 및 적용의 촉진
- 계획 및 정책결정의 적절한 단계에서 관련된 개인, 집단 및 기구가 협의하고 참여할 수 있는 가능한 정보 및 기회의 제공
- 인적자원 개발 및 훈련

이와 같이 연안관리 기능의 통합은 연안역관리에 있어서 개발 수요와 환경보존의 조화와 통합, 연안육역과 연안해역관리의 통합, 연안역관리 관련 기관의 통합을 통한 기관간의 상이한 아이디어 및 이해관계의 조정 등을 포함한다. 통합의 핵심적 요소는 지속 가능한 연안역발전 및 체계적인 접근, 자원 배분의 우선순위 결정, 상황 대응적 관리 등이다.

연안통합관리 관련 기관 및 관리 주체의 통합은 연안역통합관리와 관련되는 중앙정부, 지방정부, 국제기구들을 수직적, 수평적으로 통합하며 공공부문과 민간부문간의 통합을 포함한다. 통합관리계획의 수립, 집행, 평가 등 연안역 정책의 전 과정에 걸친 통합이 연안역통합관리의 주된 내용이며 과제가 된다.

⑤ 연안통합관리 범위 설정

연안통합관리 범위 설정은 연안관리의 효율성을 증대시키기 위한 것으로서 몇 가지 지표를 사용하여 지표상의 지리적 분포상태를 확인하고, 연안관리의 실효성을 거두자는 데에 목적이 있다. 실제로 지표상에 경계선이 확정되어 있는 것이 아니라 목적에 맞게 설정된 기준에 의해서 구분되는 것이다. 단순한 공간구분이 아니라 내용 및 개성을 가지고 있는 공간 구분으로 범위 내의 제요소가 상호 인과관계에 의해서 결합되는 것을 의미한다. 범위 설정은 일반적으로 지역성을 갖고 있음으로서 동질을 의미하는 반면에, 그 범위에 속하지 않는 다른 인접지역은 그와 유사한 지역성을 갖고 있지 않으므로 이질적이다. 또한 어떤 특정 범위의 지역성에서 동질을 의미한다는 것은 특정 인자에서는 동질이지만, 다른 인자에서는 이질적인 것의 집합이라고도 할 수 있다. 따라서 모든 범위내의 지역은 동질이면서 동시에 이질적이라는 완전히 모순된 2개의 성격을 동시에 갖고 있다.

관리계획을 세워야 할 연안의 자연환경은 크게 갯벌, 모래해안, 바위와 자갈해안, 해식애, 반폐쇄성 해역, 개방해역으로 구분된다.

갯벌은 오염물을 정화하고, 해양 동식물에게 서식처를 제공하며 태풍과 해일에 대한 완충작용을 하고 홍수방지 같은 기능을 하며 최근에는 관광자원으로서의 가치도

높아지고 있다. 따라서 갯벌은 될 수 있는 한 자연상태로 보전하되 계속해서 이용되어야 하며, 이러한 갯벌의 보전이 지역주민의 참여와 협조 속에 이루어져야 한다. 또한 갯벌에서 이루어지는 지역주민들의 일상생활이 최대한 보장되고 엄격히 보전하여야 할 구역과 공공의 이용에 제공되는 구역으로 구분하여 관리하되 이용구역은 국민들에게 가깝고 친근한 공간으로 조성되어야 한다. 따라서 이러한 갯벌지역에서는 건축물을 비롯한 기타 시설물의 신축이나 토지의 형질변경, 습지의 수위 또는 수량에 증감을 가져오는 행위, 광물, 흙, 모래, 자갈 또는 돌의 채취, 사람이 동식물을 유입하는 행위, 경작, 포획 또는 채취 같은 행위가 금지되어야 한다.

모래해안은 지형변화가 많은 특징을 보이는 곳이다. 인근 해역에 설치되는 방파제, 방조제와 돌제 같은 구조물이 파도와 해류환경을 변화시켜 모래해안이 없어지거나, 새롭게 생기는 현상이 일어날 수 있다. 사구는 바람으로 만들어지는데, 모래의 저장원으로 인근 해변에 모래를 공급하고 배후의 육지환경과 염습지를 보호한다. 이러한 모래해안을 관리하기 위해서는 모래해안과 사구 또는 연안사주 주변의 해류환경을 변화시켜 자연지형을 유실시키거나 매몰을 유발할 수 있는 건축과 시설물의 건설을 제한하고, 이들의 경관을 보호하여야 한다.

바위와 자갈해안은 폭풍과 해일에 대한 완충작용을 하고 파도의 힘을 약화시켜 연안이 유실되는 것을 방지하며 다양한 해양 동식물에게 서식처를 제공한다. 그러나 이들 해안도 조류, 파도, 바람과 하천홍수 따위로 유실되는 경우가 많기 때문에 이들의 유실을 최소로 할 수 있는 방법을 고려하고, 지형 특징과 주요 동식물 군집을 파악하는 것이 필요하다.

해식애는 인근 해안에 모래 등의 퇴적물을 공급하고 태풍과 해일에 대한 완충작용을 한다. 이러한 지역의 건축과 시설물 설치 또한 지형의 퇴적물 입자조성, 경사, 고도, 식생을 변화시킴으로써 침식작용에 취약하게 만들어 해변의 퇴적환경을 조절하는 주요 기능을 약화시킨다. 따라서 이러한 지형의 경사와 고도, 식생을 사전에 파악하고 이들 지형을 변형시킬 수 있는 건축과 시설물 축조를 제한하여야 한다.

반폐쇄성 강하구 해역에서는 담수와 해수가 만나 이루어지는 독특한 물의 순환작용이 일어난다. 또 영양염의 집적작용, 서식처 보호기능으로 다양한 해양 동식물의 산란과 매우 높은 생산력을 보여 어업과 양식활동이 활발한 곳이다. 이 지역의 순환기능은 조류, 담수유입 그리고 하구역의 깊이로 결정된다. 한편 이곳은 육상에서 유입되는 다양한 오염물질이 집적되는 곳으로 이곳의 생태적 가치를 유지하기 위해서는 육상에서 유입되는 오염물질을 체계적으로 저감시키고 관리해야 한다. 이 지역은 해상교통이 활발하여 선박에서 나오는 오염물질이 많이 유입되고 해상 선박사고로 생긴 유류오염에도 취약한 곳이다.

개방해역의 경우는 오염물질의 희석과 확산작용이 활발하여 오염방지와 정화를 위한 노력은 덜어지지만, 유류유출사고에 대비한 해양오염 방재계획 수립과 실행, 수산자원의 보호를 위한 어족자원 남획, 불법 어업을 금지하는 관리기준을 제시하여야 한다. 이러한 자연환경 중에서 보호지역으로 지정되어야 할 가치가 있는 연안역은 보통 다음과 같은 곳이다. 즉, 다양한 동식물이 살고 있으며 연안생태계의 보전상태가 우수한 자연해안, 갯벌처럼 각종 어패류, 해조류가 많이 살고 있는 생산력이 높은 곳으로서, 수산자원의 보호와 육성이 필요한 곳이다. 또 멸종위기에 처하거나 우리나라에 희귀종인 동식물이 살고 있는 곳, 철새가 머무는 지역, 경치가 수려하거나 독특한 자연경관을 가진 지역, 해상·해안공원으로 지정되었거나 지정할 요건이 갖추어진 연안, 그리고 주변경관의 보전이 필요한 지역 등을 들 수 있다.

일단 연안보호 지역으로 지정되면 시설물 설치, 건축물의 신축·증축·개축, 야적 또는 방치, 택지와 공장용지 조성이 금지되거나 제한된다. 이 외에도 토사, 모래 또는 자갈 채취, 토지와 해저의 굴착과 준설, 토지의 형질변경과 분할, 공유수면매립, 어로 행위와 양식, 야생 동식물 포획, 그리고 오염물질과 폐기물의 배출이 제한된다.

(2) 연안오염총량관리

① 연안오염총량관리제

연안오염총량관리제는 바다로 배출되는 생활하수, 산업폐수 등 오염물질을 농도가 아닌 배출총량을 기준으로 통제하는 방식으로, 주로 폐쇄적인 만(灣) 구조를 가지며 배후지역이 고밀도로 이용되고 있는 연안해역 중 오염이 심한 해역을 대상으로 시행되는 제도다. 해역의 환경관리 목표수질을 설정하고, 목표수질의 유지·달성을 위해 해역으로 유입하는 오염물질의 허용부하량을 산정하여 유역에서 배출하는 오염물질의 총량을 허용부하량 이내에서 관리하는 제도이다. 지속가능한 발전의 입장에서 보면, 해역 환경개선의 시급성이 높은 특별관리해역(오염이 심하거나 우려되는 해역으로 마산만, 시화호·인천연안, 부산연안, 울산연안, 광양만이 지정되어 있다.)의 해양환경에 가장 큰 영향을 미치는 오염원의 효과적인 통제와 관리를 통해 해역 환경질을 개선하고 지역개발용량을 최대한 확보하는 것으로 설정할 수 있다. 우리나라에서는 2007년 마산만에서 최초도 도입되어 시행되었으며 2013년 시화호, 2015년 부산연안에서 연안오염총량관리제가 시행되었다. 2018년 울산연안, 2019년 광양만으로 확대 시행될 계획이다.

표 4.5.11 폐쇄성해역의 발생원별 발생오염 부하량 비교(COD ton/day)

해역	생활 하수	산업 폐수	기타	계	단위면적당 부하량 (COD/km^2/day)
진해만(1991)	65	11	24	100	0.156
세토내해(1979)	486	429	95	1010	0.046
도쿄만(1979)	324	115	36	477	0.318
이세만(1979)	151	119	37	307	-

② 마산만 특별관리해역 연안오염총량관리제와 민관산학협의회

마산만 특별관리해역을 대상으로 연안오염총량관리제를 도입·시행하는 법제도적인 근거는 「해양환경관리법」 제15조 제3항에서 정한 '특별관리해역 오염물질 총량규제', 연안 오염우심해역 해양환경관리 정부입장(2004. 9. 22), 관계부처 합동 마산만 특별관리해역 관리기본계획(2004. 12. 29), 마산만 특별관리해역 연안오염총량관리계획 기본방침(해양수산부 2015.10) 등이다.

연안오염총량관리제는 해양수산부장관, 시도지사가 기본계획을 수립하고·시행하는 2007~2011년(1단계, 5년), 관리대상물질을 총인, 총질소로 확대하여 시행하는 2012~2016년(2단계, 5년), 2017~2021년(3단계, 5년)로 구분할 수 있다. 대상 오염물질은 제1단계에서는 화학적 산소요구량(COD), 제2단계에서는 대상물질을 총인(T-P)으로 확대하였고, 해양에서는 화학적 산소요구량(COD)을 기준으로 하기 때문에 환산계수를 이용하여 육상 BOD를 COD로 변환하여 사용하였다.

연안오염 총량관리 제도의 특징 중 하나는 특별관리해역별로 구성된 민관산학 협의회가 목표수질 및 감축 목표량 설정, 오염저감 사업계획 등을 협의·조정을 담당

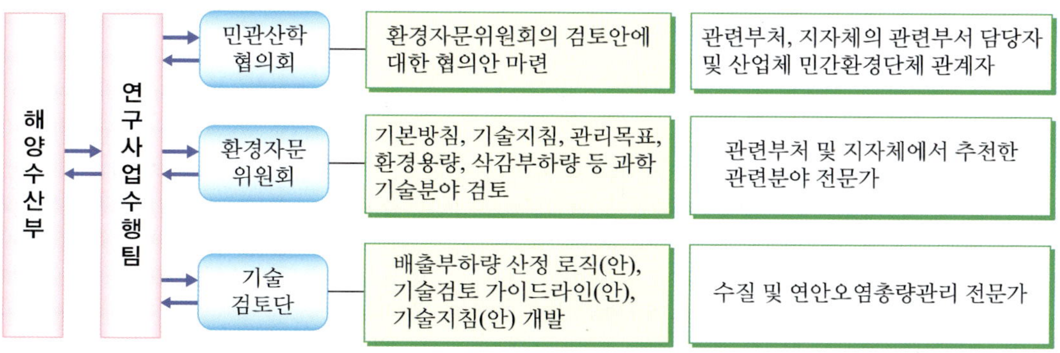

* 설치근거 : 특별관리해역 연안오염총량관리 기본방침 제2조 및 특별관리해역 민관산학협의회 구성 및 운영에 관한 규정

그림 4.5.12 마산만 특별관리해역 연안오염총량관리 기본계획 수립 체제

하고 있는 것이다. 민관산학 협의회는 정부, 지자체, 학계, 기업 및 시민단체가 참여하여 환경개선을 위해 지역 이해관계자 스스로 지역특성에 적합한 관리방법을 발굴하고 실천하기 위해 구성된 지역중심의 협의기구이다. 민관산학협의회는 정부의 일방적 주도에 의한 것이 아니라 지역 이해관계자의 주도하에 지역 특성에 적합한 관리방법을 스스로 발굴하고 시행할 수 있는 협의기구이다. 마산만 특별관리해역 관리기본계획의 주요내용인 '연안오염총량관리제'를 비롯한 해역환경개선 대책을 지역의 특성에 적합하게 스스로 발굴하고 이를 관련 이해당사자가 합의·시행하는 선진적 지역협력체계라 할 수 있다.

과거 마산만 주변지역은 인적이 한적한 어촌마을이었으나, 영조 때에 마산포에 조창이 생기면서 사람들이 모여들었다. 풍부한 수산물의 거래가 이루어졌던 마산포는 동해의 원산, 서해의 강경과 더불어 크게 번성하였다. 바다는 미더덕과 꼬시락을 양동이로 퍼 담아 낼만큼 수산물이 풍부하였고, 전어는 마산 어시장을 통해 전국적으로 팔려나갔다. 여름철이면 가포해수욕장과 월포해수욕장은 더위를 피해 바닷가로 몰려온 사람들로 넘쳐났다.

연안오염총량관리제는 오염원 배출을 일방적으로 규제하여 지역발전을 가로막는 제도는 아니다. 오히려 지역개발 및 사회경제여건과 해역환경을 동시에 고려하여 점진적이며 자발적인 방식으로 오염물질을 효과적으로 관리함으로써 "지역의 가치"를 높이고 새로운 브랜드를 창출하는 선진적 지역발전 전략이다. 이미 미국, 일본, 유럽은 마산만과 같이 반폐쇄성 해역의 환경개선을 위해 적극적으로 연안오염총량관리제를 적극적으로 시행하고 있다.

■ 외국사례

- 미국 : 44종류의 오염물질을 대상으로 681개 연안지역시행
- 일본 : 도쿄만, 이세만, 세토내해에서 지난 20년 동안 시행한 결과 육상에서 발생하는 오염물질(COD)의 부하량을 34% 삭감
- 유럽 : 2006년 하반기부터 실시

③ 일본의 연안총량규제

일본의 수질총량규제제도는 인구, 산업 등이 집중하고 오염이 현저한 광역적인 폐쇄성 해역을 중심으로 수질환경기준 준수를 목표로 해당 해역에의 오염부하량을 총량으로 삭감하는 제도로 1978년 「수질 오탁 방지법」을 개정하고 「세토내해 환경 보전 임시조치법」을 제정하여 1979년부터 시행되었다.

도쿄만, 이세만 및 세토내해의 3개 해역을 대상으로, 화학적 산소요구량(COD)에

대해서 1979년 이래 4차례에 걸쳐 생활 배수, 산업 배수 등 오염 발생원에 대해서 삭감 종합대책을 시행하였고, 제5차 수질총량규제(2002~2004)를 시행하였다.

표 4.5.12 일본의 수질총량규제 시행 과정

시행일	총량규제	기준연도/목표연도
1980. 3.	제1차 COD 총량규제	1979/1984
1987. 4.	제2차 COD 총량규제	1984/1989
1991. 3.	제3차 COD 총량규제	1989/1994
1996. 9.	제4차 COD 총량규제	1994/1999
2002. 7.	제5차 COD, 질소, 인 총량규제	1999/2004

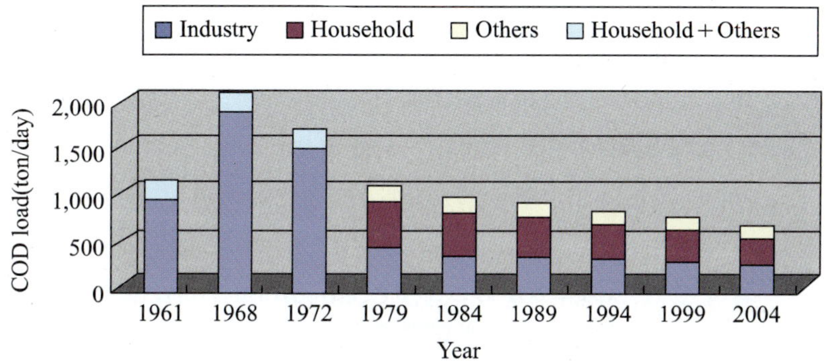

그림 4.5.13 일본의 세토내해 COD 부하량 경향

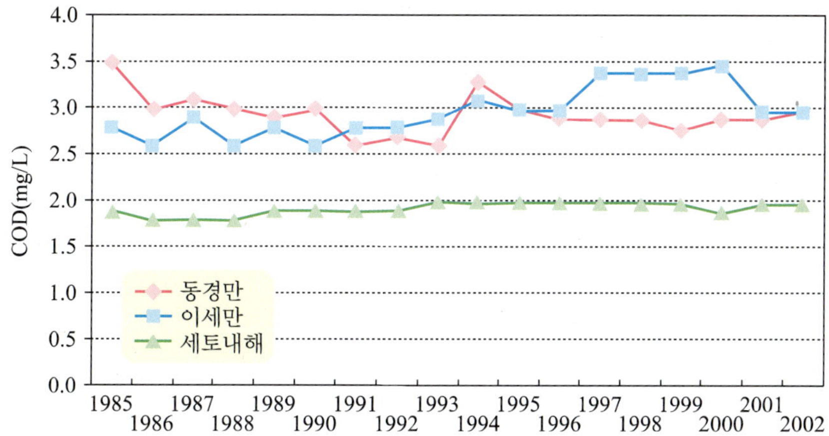

그림 4.5.14 폐쇄성 해역의 COD 수질 변화 추이(1985~2002)

20년간 COD를 중심으로 총량규제가 실시되었음에도 불구하고 대상해역의 수질이 개선되지 않자 일본 환경성은 폐쇄성수역 오염기작의 모든 과정에 대한 파악을 시도하였다. 여기에는 오염물질의 해역유입 외에 내부생산, 침강, 분해, 해저퇴적물에 의한 용출, 하구에서의 오염물질의 이동까지를 포함하고 있으며, 적조발생기작에 대한 조사도 별도로 실시하였다.

환경성의 조사결과, 폐쇄성 해역에서는 내부생산이 오염물질의 유입 못지않게 중요한 수질오염의 한 원인인 것으로 밝혀졌다(표 4.5.13). 내만에서 이루어지는 조류에 의한 기초생산의 정도와 범위는 대부분 인의 농도에 따라 제한되는데, 내만에 인이 과다 유입되면 일사조건과 수온이 광합성에 적합한 여름철에는 순생산량이 3~4 g-C/m^2/일에 이를 정도로 식물플랑크톤이 이상증식을 하게 되었다. 이에 따른 해역 내 내부생성된 COD 기여율이 62%(평균 50.8%)를 넘는 것으로 밝혀졌다. 따라서 조류의 이상증식에 의한 COD의 내부생산을 제어하기 위해서는 기존의 COD 유입 규제와 더불어 식물플랑크톤의 생성원인인 인과 질소에 대한 관리 필요성이 대두되었다. 이에 따라 총인에 대해서는 1986년부터 삭감지도가 시행되었으며 총질소는 2002년도에 시작한 5차 수질총량규제에서 총인과 더불어 총량규제의 대상물질이 되었다.

표 4.5.13 지정수역별 내부생산 COD(mg/L)의 기여율 평균값(%)

해역	도쿄만	미가와만	이세만	오사카만	계절평균
동계(1~3월)	37.8	49.5	38.5	35.5	40.3
춘계(4~6월)	60.4	61.4	55.3	50.1	56.8
하계(7~9월)	62.3	69.4	63.8	53.6	62.3
추계(10~12월)	40.6	54.5	42.9	32.0	42.5
평균값	50.8	58.8	50.5	43.3	50.9

자료: 박원규(1993)에서 재인용

4.6 해양오염사고 대응기술

1 해양오염사고 방제전략

(1) 해양오염사고 특성 분석

해양오염사고 발생 시 효율적인 방제조치를 위해서는 가장 먼저 오염원의 종류와 상태 및 오염물질의 종류 등을 파악한다.

① 오염원 파악

오염물질이 선박으로부터 유출된 경우에는 유조선, 위험·유해액체물질 운반선, 화물선 등 선박의 종류와 침몰·좌초·선체파손 등 선체 안전상태 및 추가 유출여부를 파악하고 오염물질이 육지로부터 유출된 경우에는 오염원의 종류, 해상과의 거리, 추가 유출여부 등을 파악하고 사고경위 등을 확인한다.

② 오염물질 파악

오염원을 파악한 다음에는 유출된 오염물질의 종류, 양 및 추가 유출 가능량과, 오염물질의 점도, 비중, 유동점 등 물리·화학적 특성을 신속하게 파악한다.

(2) 해양오염사고 위험도 평가

해양오염 사고 시 신속하고 효율적으로 대응하기 위해서는 발생한 오염사고의 규모, 기상조건 및 해역특성 등 오염상황을 정확히 파악하고 위험도를 평가한다.

① 해상기상조건

해상의 기상은 오염물질의 확산과 방제작업 결정에 가장 중요한 요소로 작용하므로 오염사고 시는 발생 시부터 방제작업 종료 시까지 풍향·풍속, 파고, 조류·조석, 수온·기온, 기상특보 등 현장의 기상조건을 주기적으로 파악하고 활용한다.

② 해역특성

사고해역의 환경민감도 등 해역특성은 방제작업 결정에 제한적인 요소로 작용한다. 해역특성 평가에 필요한 기본적인 정보는 사고해역의 수심, 해저지질 및 해안선의 종류, 어장·양식장 및 어류 산란지 분포현황, 해수욕장등 관광 위락지 분포현황, 해수 취수 산업시설, 해양 조류 및 포유류 서식지, 자연생태계 보호지역 등이다.

③ 오염물질 확산상황

오염물질은 해상에 유출되는 즉시 물질의 특성에 따라서 확산, 증발, 유화, 용해, 분산, 침강 등 다양한 양상을 나타내나, 방제전략에 가장 큰 영향을 미치는 요인은 확산작용이다. 해상에 유출된 오염물질은 주로 바람과 해류 및 조류 등에 의해 영향을 받게 되며, 확산속도, 이동방향 및 오염물질의 길이, 폭, 두께 등을 파악한다.

(3) 방제방법 결정

위험도 평가결과에 따라 현장상황에 적용이 가능한 방제방법을 선정하고 방제작업 우선순위를 정한 다음, 방제조치에 필요한 선박 및 자재 등 동원자원의 규모를 결정한다.

표 4.6.1 오염물질별 방제전략

구 분	방제 전략
휘발성물질	화재·폭발방지 및 사고현장 접근 통제, 확산촉진
경질유	확산방지, 기계적 회수 및 흡착 회수방법 검토 분산처리방법은 억제, 해안접근 시 제한적 검토
중질유	확산방지, 기계적 회수 및 흡착회수방법 검토 분산처리방법은 수심(10 m 이상)일 경우 사고초기 실시
협잡물함유	물리적 회수작업 가능 시 확산방지 및 회수작업 실시 넓은 해역에서는 그물네트나 스크린벨트 이용

표 4.6.2 현장상황별 방제전략

현장 상황		방제 전략
점도	높음	포집 후 기계적 회수 작업 실시
	낮음	분산처리방법 검토
해상 상태	거침	분산처리방법 검토 해안 부착 시 대비, 해안 방제작업 준비
	잔잔함	오일펜스로 포집 후 기계적 회수 작업 실시
해수 유동	빠름	오일펜스로 포집 후 기계적 회수 작업 실시(조류 방향 이용, 회수작업) 흡착 회수작업은 억제
	느림	오일펜스로 포집 후 기계적 회수 작업 실시 분산처리 방법 제한
장소	연안	회수작업 중심의 방제조치 실시
	외해	해안부착 우려 시 기계적 회수 및 분산처리

방제방법은 유출된 오염물질의 확산방지, 회수작업 및 분산작업 등을 배출된 장소, 기상조건, 해역의 특성 및 오염물질의 특성에 따라 단계별로 실시하거나, 동시에 실시하기도 한다.

2 해양오염물질 확산방지 기술

해상에 유출된 오염물질은 일반적으로 역학적 평형에 의하여 광범위하게 확산된 후 조류와 바람의 영향에 의해 이동하게 된다. 일반적인 경우 오염물질은 조류의 유속(100%)과 바람의 세기(3%)에 의해 이동하게 되므로, 사고 초기에 얼마나 신속하게 오염물질의 확산을 방지하느냐에 따라 방제작업의 성공여부가 판가름된다.

(1) 오일펜스의 종류

해양에 유출된 오염물질의 확산을 방지하거나, 오염물질로부터 피해를 예방하기 위하여 오일펜스를 사용하고 있으며, 크기 및 구조, 용도에 따라서 다양하게 제작, 사용되고 있다.

일반적인 오일펜스의 구조는 수면상에 부상하여 오염물질의 확산을 방지하는 부력체와 수면 밑으로 오염물질이 빠져나가지 못하도록 차단하는 스커트, 오일펜스를 예인하거나 외부장력에 견딜 수 있도록 체인이나 로프, 벨트 등을 부착한 장력체, 오일펜스 아랫부분에 체인이나 무거운 추를 달아 부력체와 스커트의 균형을 수직으로 유지시켜주는 발라스트부와 연결용 접속부로 구성되어 있다(그림 4.6.1).

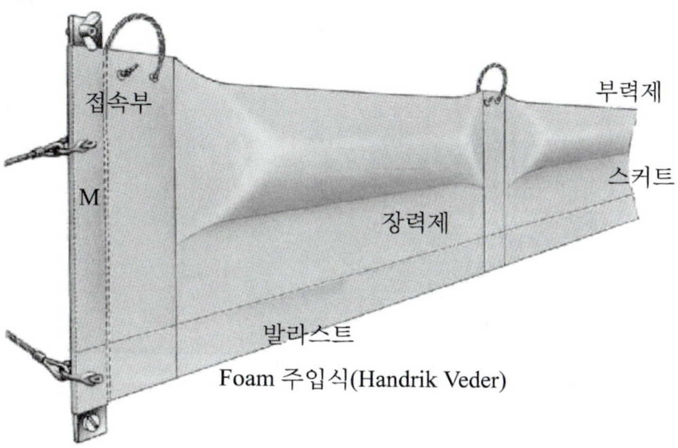

그림 4.6.1 오일펜스의 구조

커텐형		스커트가 유연한 재질로 구성
고형식		▪ 발포성(스티로폼) 부력체를 내장 ▪ 부피가 크므로 보관 공간을 많이 차지 ▪ 가격이 저렴, 파손저항 우수
강제 팽창식		▪ 부력체에 공기 강제주입 ▪ 주력체 파공시 침강우려 ▪ 부피가 적어 보관과 운송이 유리
자동 팽창식		▪ 팽창용 스프링을 내장 ▪ 외피 파공시 침강 우려 ▪ 자동팽창으로 신속 전장
펜스형		**스커트가 고정되거나 판넬로 구성**
		▪ 방유벽 양쪽에 고형 부력체를 부착 ▪ 부피가 크므로 보관 공간을 많이 차지 ▪ 유연성이 떨어져 조류와 파도에 취약
특수목적용		**사용용도에 따라 특수하게 제작**
해안용	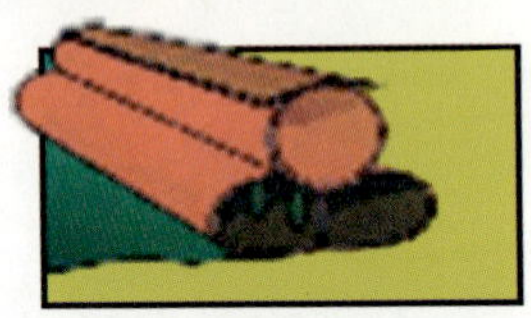	▪ 튜브 3개를 겹쳐서 제작 ▪ 부피가 크고 가격이 고가 ▪ 조간대에 해안보호용으로 사용
내화용		▪ 내화용 부력체를 내장 ▪ 가격이 고가 ▪ 오염물질 소각용으로 사용
그물형		▪ 그물눈 1 mm 정도의 그물망으로 제작 ▪ 구입이 쉽고 저가 ▪ 중질유 부착 및 흡착재 수거시 사용

그림 4.6.2 형태 및 구조에 따른 분류

표 4.6.3 크기에 따른 분류

형식	본체부		접속부(cm)	설치장소
	수면상(cm)	수면하(cm)		
A형	20 이상~30 미만	30 이상~40 미만	60 이상~80 미만	항만
B형	30 이상~60 미만	40 이상~90 미만	80 이상~150 미만	연안
C형	60 이상	90 이상	150 이상	대양

(2) 오일펜스 전장방법

① 포위전장

오염물질이 유출된 선박이나 시설을 완전히 포위하여 유출된 오염물질이 확산되지 않도록 차단하거나, 양식장 등 오염물질로부터 보호해야 할 대상을 포위하여 피해를 예방하는 방법이다.

유출량이 많고 조류가 있는 해역에서는 2중~3중으로 설치하여 오염물질의 확산을 차단하기도 한다.

그림 4.6.3 포위전장법

② 포집전장

오염물질의 이동방향이 일정한 경우, 유출량이 많고 오일펜스가 부족하거나 바람, 조류의 영향이 커서 포위가 곤란한 경우 오염물질의 확산을 방지하고 회수작업을 위하여 오일펜스를 설치하고 닻으로 고정시킨 후 오염물질을 포집하는 방법이다.

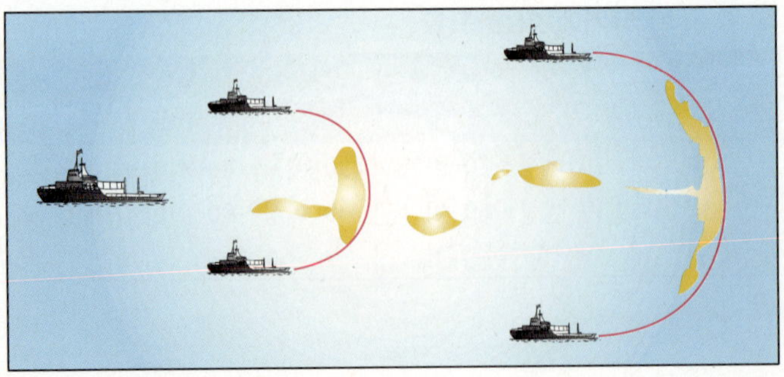

그림 4.6.4 포집전장법

③ 폐쇄전장

항내의 협수로, 운하 등의 수로를 폐쇄하여 오염물질을 차단하는 방법으로 조류가 강하여 오일펜스로 포집이 곤란한 경우 또는 선박의 통항으로 수로 폐쇄가 곤란한 경우에는 조류의 흐름과 경사지게 하거나 중앙을 개방하여 전장하기도 한다.

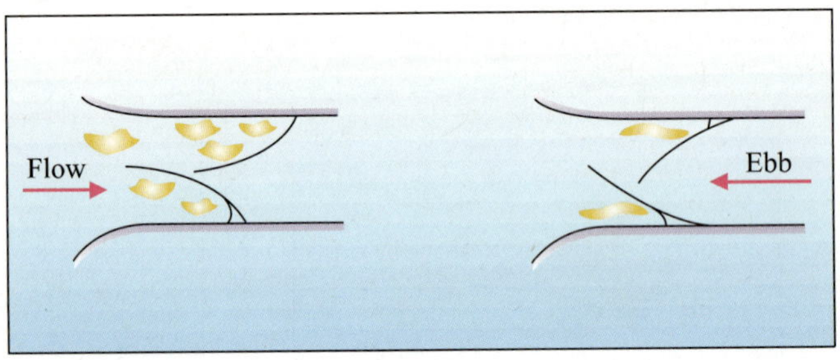

그림 4.6.5 폐쇄전장법

④ 유도전장

유출량이 많고, 조류의 영향이 커서 오염물질을 현장에서 포집하기 어렵거나 현장에서 회수작업이 곤란한 경우 또는 포집한 오염물질이 빠져나가는 경우 오일펜스를 경사지게 여러 겹으로 전장하여 유속이 빠른 수역에서 느린 수역으로 유도하여 오염물질을 회수하거나 특정지역을 보호하기 위하여 설치하는 전장방법이다.

그림 4.6.6 유도전장법

⑤ 예인전장

수심이 깊어 닻을 사용할 수 없거나, 해면에 넓게 확산된 오염물질을 포집하고자 하는 경우에 사용하며 오일펜스를 2척의 작업선으로 예인하여 이동하면서 오염물질을 포위하여 포집하는 전장방법이다(그림 4.6.7).

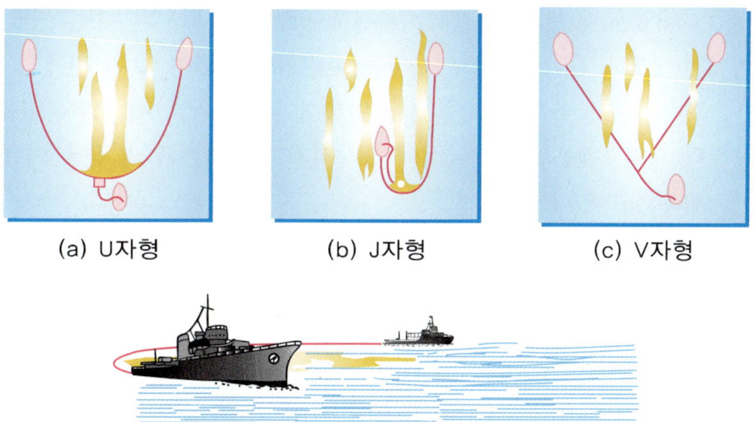

(a) U자형 (b) J자형 (c) V자형

그림 4.6.7 예인전장법

⑥ 흐름전장

오일펜스를 닻으로 고정시키면 조류의 영향을 받아 기능을 상실할 경우와 수심이 깊어 닻으로 고정시킬 수 없는 경우에 사용하며, 오일펜스를 닻으로 고정시키지 않고 기름을 포위한 상태로 조류와 같이 이동하게 하는 전장방법으로 포집된 오염물질은 이동하면서 회수하거나, 회수하기 쉬운 장소로 유도한 후 회수한다(그림 4.6.8).

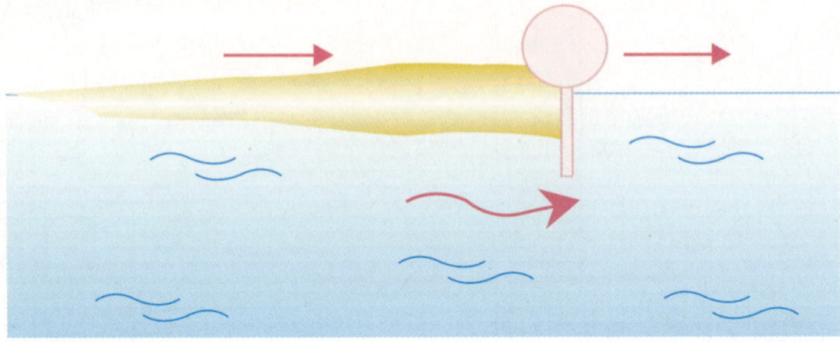

그림 4.6.8 흐름 전장법

3 해양오염물질 회수 및 흡착기술

(1) 회수기의 종류 및 작동원리

해양에 오염물질이 배출된 경우 일반적인 회수방법은 회수기를 사용하는 기계적인 방법과 흡착물질을 이용하는 물리적인 방법이 있다. 기계적 회수작업에 사용되는 회수기는 물과 기름의 특성을 이용하여 해수와 함께 오염물질을 회수하는 흡입원리와 오염물질을 친유성물질에 흡착시켜 회수하는 원리 등을 이용하여 다양하게 제작, 사용되고 있다.

(2) 회수기 선택 및 운용방법

해양오염사고시 오염물질을 효과적으로 회수하기 위해서는 오염물질의 특성, 해상의 환경조건 및 회수기의 회수방식을 고려하여 가장 적절한 회수기를 선정한다.

회수기 선정 시에는 오염물질의 종류와 점도, 유출량 및 파도 높이, 조류 속도, 풍속 등의 해상 조건과, 유출된 오염물질에 부유 쓰레기가 혼합되어 있는지와 회수기 운용선박, 저장용기, 포집용 오일펜스 동원 여부 등을 사전 검토한다.

표 4.6.4 회수기 선택 및 운용방법

해상 조건	회수기	운 용
파고 1 m 이상 조류 1 kt 이상	방제선에 설치된 전진형 회수기 (브러시, 부유벨트, 사이크로넷) 예인형 스키머(트롤스키머, 트롤브러시)	VOSS형 V형
파고 1 m 미만 조류 1 kt 미만	정지형 이동용 회수기 (디스크, 드럼, 스크루, 브러시, 위어형)	V형 U형, J형

오염물질의 점도	회수기	운 용
고점도 10,000 cSt 이상	스크루, 진공 스키머	흡입 위어
중점도 1000 ~ 10,000 cSt	브러시, 위어, 드럼, 트롤	흡착 위어
저점도 1,000 cSt 미만	디스크, 부유벨트, 위어, 원심력식	흡착 위어

형 식		작동 원리
흡착식	흡착식 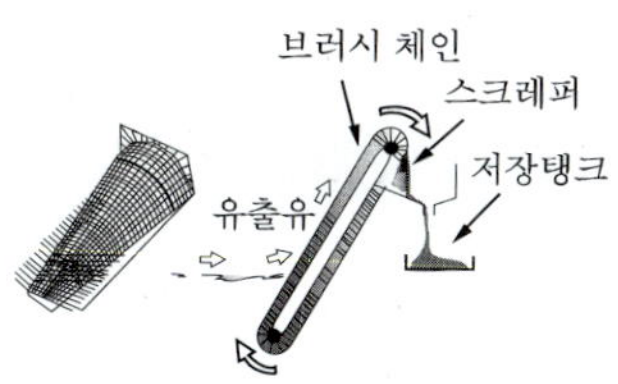	친유성 디스크와 브러시 등 흡착능력이 좋은 물질을 이용하여 오염물질을 흡착시킨 후 흡착시킨 오염물질을 긁어내거나 짜내어 회수
위어식	위어식 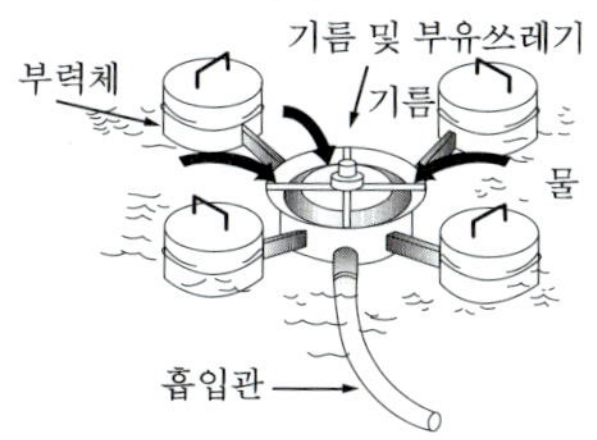	위어의 흡입구를 경계면에 위치토록 조정하고 해수와 오염물질의 비중차를 이용하여 위어로 흘러 들어오는 오염물질을 회수
원심력식	원심력식 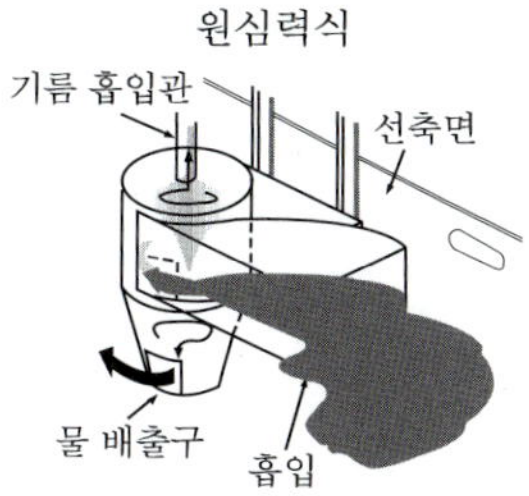	오염물질을 해수와 함께 흡입한 후 비중차를 이용한 원심력으로 분리하고 오염물질만 회수

형 식		작동 원리
벨트식	벨트식 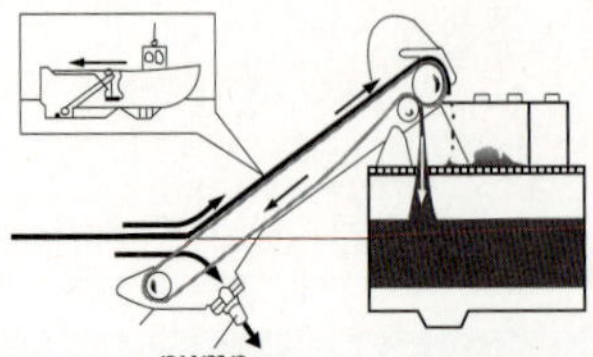 	벨트를 경사지게 회전시켜 오염물질을 저장탱크로 이동시킨 후 회수
진공식	진공식 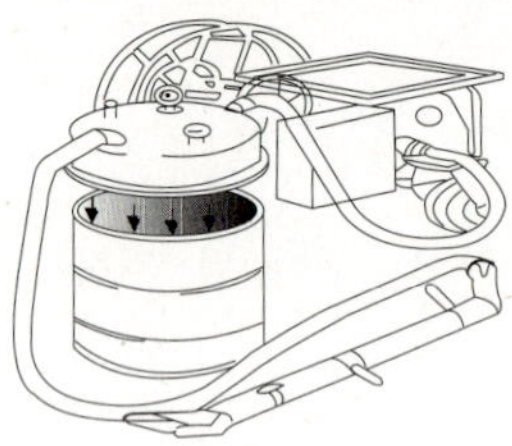	진공장치를 이용하여 오염물질을 빨아 들여 회수

그림 4.6.9 회수기의 종류 및 방식

그림 4.6.10 VOSS형 회수선

※ VOSS(Vessel Opportunity Skimming System) : 방제선 자체에서 회수용 붐을 전개하고 포집된 오염물질을 회수하는 방식

(3) 흡착재 사용기술

흡착재는 해상에 유출된 오염물질을 흡수 또는 흡착하여 회수하는 물질로서 유출량이 적거나 좁은 지역으로 회수기를 이용한 회수작업이 곤란한 경우와 양식장 및 산란지 등 민감해역에서 방제작업이 제한된 경우 등에 주로 사용된다.

종 류		형태 및 용도
패드형	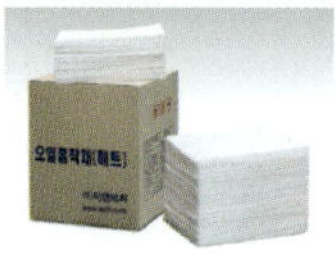	▪ 사각형의 시트 모양 ▪ 폐쇄된 해역 또는 소량의 회수작업 시 사용 ▪ 포집된 오염물질 위에 직접 투하하여 흡착
쿠션형		▪ 흡착 소재를 내장한 방석 형태 ▪ 비교적 오염물질이 많은 경우 사용 ▪ 해안 쪽에 고정시켜 조간대에 바위나 자갈해안에서 빠져 나오는 오염물질을 흡착
롤형		▪ 폭 0.5～1 m, 길이 50 m 정도 감아놓은 롤(roll) 형태 ▪ 해수욕장, 바위틈 등 민감지역 보호에 사용 ▪ 비교적 오염물질이 많은 경우 및 선박의 갑판이나 작업구역의 오염방지 및 미끄럼 방지 등
붐형		▪ 3～10 m의 붐 모양으로 연결한 형태 ▪ 하수구나 하천에 장기간 설치 시 사용 ▪ 오일펜스 대체용으로 설치하거나 오일펜스 내부에 설치하여 포집된 오염물질을 흡착
로프형		▪ 흡착 소재를 로프에 연결한 형태 ▪ 오일펜스 대체용으로 설치하거나 오일펜스 내부에 설치하여 포집된 오염물질을 흡착 ▪ 강, 하천, 잔잔한 바다에서 사용
겔화제 내장형		▪ 유겔화제를 내장한 방석 형태 ▪ 점도가 낮은 경질성 오염물질 회수작업 시 사용

그림 4.6.11 흡착재의 종류 및 사용방법

① 흡착재 사용 시 유의사항

흡착재 사용 시는 흡착 후 수거방법을 사전에 고려하여 사용여부를 결정하며, 해·조류가 빠른 외해에서의 사용은 자제하고, 투하한 유흡착재는 반드시 수거하여 2차 오염을 방지한다.

오염물질의 두께가 0.1 mm 이상인 경우 주로 사용하여야 효과적이며, 사용 시 오염물질의 위에 정확하게 투하하여야 한다. 오염물질의 두께가 엷을 경우에는 오일펜스로 유막을 두껍게 포집하면 효율을 높일 수 있으나, 유처리제 살포작업과 병행하면 흡착성능이 저하되며 고점도 오염물질(5,000 cSt 이상)은 흡착되지 않으므로 사용을 제한한다.

4 해상유출유 분산처리

(1) 유처리제 작용원리 및 특성

① 작용원리

해상에 유출된 기름을 화학적 및 생화학적 방법으로 처리하는 약제로서 해수와 유막간의 표면장력을 감소시켜, 기름을 미립자화하여 수중에 분산시킴으로서 박테리아에 의한 미생물 분해, 일조에 의한 증발, 산화 등 자정작용을 촉진시키는 작용을 한다.

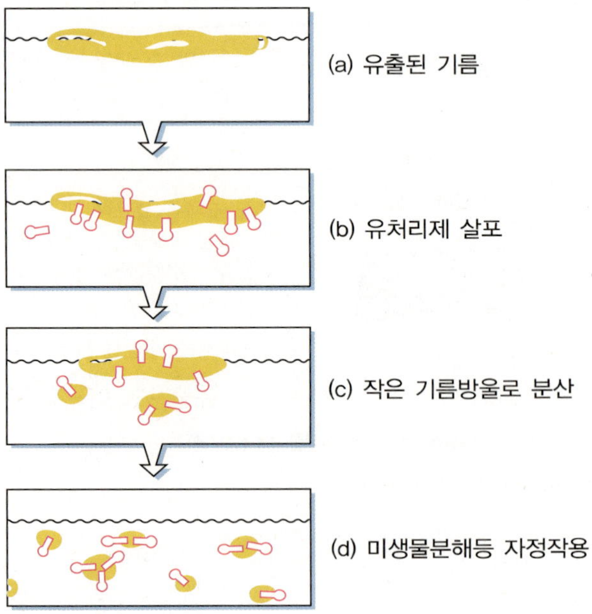

그림 4.6.12 유처리제 작용원리

② 구성성분 및 종류

유처리제는 주로 계면활성제와 용제로 구성되어 있다. 계면활성제는 친수성과 친유성 분자로 구성된 화학적 합성물질로서 유처리제는 친수성 계통의 성분으로 주로 구성되어 있다. 용제는 주로 세 가지로 물, 물과 섞일 수 있는 수산기 화합물, 기름과 섞일 수 있는 탄화수소로 분류할 수 있다. 유처리제 종류는 용제에 따라 탄화수소 용제형, 농축형, 수용제형으로 분류하고 있다.

탄화수소용제형은 탄화수소 용제를 기유(base oil)로 하여 15～25%의 계면활성제를 포함하고 있으며, 해수로 희석하면 분산효과가 없어지므로 직접 유출유에 살포한다. 제1세대 유처리제라고 불렸던 초기의 탄화수소형 유처리제는 유독한 방향족탄화수소 용제를 사용함으로써 해양생태계에 일시적인 부작용을 줄 수 있었으나 최근에는 해양생물에의 축적성이 없고 생물독성도 거의 없는 노르말 파라핀계 탄화수소용제를 사용하고 있다.

농축형 유처리제는 알코올 또는 글리콜계 용제를 사용하고 있으며, 보통 고농도의 계면활성 성분을 포함하고 있으며, 살포 전 해수에 희석해 사용해도 무방하다.

수용제형 유처리제는 물이 주성분으로 독성이 적어 오염이 예상되는 해안지역에 미리 희석하여 살포하기도 하나, 점도가 높은 기름에는 효과가 떨어지며, 저온에는 동결되는 단점이 있다.

(2) 유처리제 사용결정

① 사용결정시 고려사항

유처리제 사용은 가능한 유출초기 유출유의 점도가 2,000 cSt 이내인 경우에 사용하며, 기계적 회수 또는 흡착방법 등 다른 방제방법과의 연계성, 사고해역의 주변환경과 기상상황, 유처리제의 사용으로 유출유가 단시간 수중에 분산되어 미치는 영향과 유처리제를 사용하지 않았을 경우 환경에 미치는 영향 등 환경이득분석을 고려하여 사용여부를 결정한다.

또한, 유처리제는 수산자원의 서식지 및 산란장, 어장·양식장이 있는 환경민감해역과, 수심 20 m 이내인 연안해역에서는 사용을 제한한다.

② 살포량 결정

유출유의 특성 및 유처리제의 종류에 따라 유처리제 살포량은 차이가 있으며, 일반적으로 농축형은 유출된 기름량의 10% 정도를 살포하나, 탄화수소형 유처리제는 희석하지 않고 원액을 사용하며, 희석하여 사용할 경우에는 유처리제와 해수의 비율이 1 : 3을 초과하지 않도록 하여야 하며 희석시는 즉시 사용한다.

표 4.6.5 유처리제 살포량 기준

기름의 점도	농축형	일반형
1,000 cSt 이하	유출량의 5~10%	유출량의 30~50%
1,000~2,000 cSt	유출량의 10~15%	유출량의 100%
2,000 cSt 이상	분산효과가 낮다.	분산효과가 낮다.

(3) 유처리제 살포기술

유처리제 살포는 살포장치에 의한 분무살포가 원칙으로, 살포 후에는 분산촉진을 위해 충분히 교반시켜 준다.

유처리제 분무액이 클 경우에는 유막을 뚫고 물과 바로 혼합되어 분산효과가 유실되며, 유처리제 분무액이 너무 적을 경우에는 바람에 날려 유실되므로 펌프의 배출량과 노즐을 적절히 조절하여 살포하여야 한다.

유처리제는 해수와 먼저 혼합되어 분산효과가 상실되지 않도록 유출유에 직접 살포하며, 살포작업 시는 유막이 두꺼운 부분부터 살포하되, 엷은 유막은 파도의 작용만으로도 분산되므로 살포한다.

① 항공살포

고정익 항공기나 헬기를 이용하여 유처리제를 살포하는 방법으로, 대형 유출사고 시와 육지로 멀리 떨어진 외해에서의 오염사고 시는 고정익항공기를 주로 사용하며, 유출유가 상대적으로 적거나 유출유가 여러 해역에 분산되어 있을 경우에는 헬기가 효과적이다.

항공 살포방법은 바람의 방향에 성공여부가 결정되므로, 바람과 평행하게 비행하면서 살포하며, 살포할 유처리제는 원액을 사용하되, 분사된 유처리제의 입자크기가 0.3~0.7 mm 정도가 되도록 하여야 효과적이다.

그림 4.6.13 유처리제 항공살포

② 선박살포

선박살포는 주로 선박에 설치된 소방용 펌프시스템을 이용하며, 별도로 살포용 펌프를 설치하여 사용하는 경우도 있다.

살포할 유처리제는 주로 해수와 희석하여 사용하므로, 분산효과가 떨어지지 않도록 선수파로 인하여 유막이 선체에서 밀려나는 현상(herding effect)을 방지하기 위하여 바람이 불어 가는 방향으로 진행하면서 살포하되, 살포한 후에는 분산효과를 높이기 위하여 소화펌프로 해수를 살포하거나, 선박 뒤에 교반장치를 달아서 교반하여 주면 효과적이다.

유처리제 살포량은 선박의 속력, 분사폭 등을 감안하여 적정량을 산정하고, 항공기에 의한 유도로 유출유에 정확히 살포할 수 있도록 한다.

그림 4.6.14 유처리제 선박살포

5 해상유출유 소각처리

(1) 소각장비 및 소각기술

해상에 유출된 오염물질을 제거하는 방법의 하나로 소각방법이 있다. 이러한 소각방법은 오염물질의 특성 및 장소 등 현장상황에 따라 제한이 있으며 유출된 오염물질의 기름인 경우의 제한조건은 유출유의 두께가 2 mm 이상이어야 하며, 풍화되기 이전 유화되지 않은 상태이어야 한다.

① 소각장비

현장소각에 필요한 장비들은 소각 시 발생한 열에 견딜 수 있는 내화용 오일펜스와 점화장치, 타고 남은 잔재물을 수거하는 그물 등이 필요하다.

유출유를 소각하기 위한 점화방법은 헬기에서 젤리화된 가솔린을 뿌려 점화시키는 "Heli-torch" 방법과, 플라스틱통에 가솔린을 담아 점화시키는 점화라이터 방법이 있다. 소각 시 내화용 오일펜스를 예인하는 예인선박은 오일펜스 양쪽 끝에 150 m 정도의 예인로프를 연결하고, 바람방향과 반대방향으로 예인하며, 예인속도는 통상 1 knot 이하로 예인한다.

그림 4.6.15 해상유출유 소각처리

(2) 소각의 장·단점

① 소각의 장점

오염물질을 신속하고 효과적으로 제거할 수 있으며, 오염물질에 따라 점화하기 어려운 경우도 있지만 한번 불이 붙으면 대부분이 소각된다.

소각방법을 적용하면 유출유의 회수, 이송, 저장, 폐유처리 등의 과정이 필요 없으므로 안전하고 효과적으로 제거할 수 있으므로, 다른 작업방법에 비하여 장비동원이나 노력, 비용을 크게 줄일 수 있다.

② 소각의 단점

소각 시에 검은 연기가 발생하므로 시각적인 영향 때문에 공공의 관심이 집중될 뿐만 아니라, 소각 시 높은 온도로 인한 수온 상승, 화재에 대한 안전위험 등으로 환경적인 측면과 실행적인 측면에서 많은 문제가 야기될 우려가 있다.

6 HNS 등 특정 유해물질 방제

석유산업의 발달 등으로 해상으로 운송되는 위험·유해물질(hazardous and noxious substances, HNS)의 종류 및 물동량이 지속적으로 증가하고 있어, 해난사고 발생으로 인한 HNS 유출사고 위험이 높아지고 있다.

국제해사기구(IMO)에서는 HNS사고를 예방하고 사고 시 신속하게 처리하여 인명, 재산 및 환경을 보호할 목적으로 2000년 3월 위험·유해물질 오염사고의 대비·대응 및 협력에 관한 국제협약(OPRC-HNS 의정서)을 채택하였고, 2007년 6월 14일 국제적으로 발효되어 규제가 강화되고 있다.

우리나라에서는 협약의 내용을 2008년 3월 「해양환경관리법」 시행규칙에 반영하였고, OPRC-HNS 의정서는 2008년 4월 발효되었다.

(1) HNS의 종류와 특성

① HNS의 종류

HNS(위험·유해물질)이란, OPRC-HNS 의정서에서는 해양환경에 유입되면 인간의 건강 및 해양생물에 해를 주거나 쾌적한 생활환경의 손상 또는 기타 해양이용을 저해하는 물질로 정의하고 있다.

「해양환경관리법」 시행규칙(제26조제2항)에서는 유출될 경우 해양자원이나 생명체에 중대한 위해를 미치거나 해양의 쾌적성 또는 적법한 이용에 중대한 장애를 일으키는 물질로서 유해액체물질 및 포장유해물질과 산적으로 운송되며, 화재·폭발 등의 위험이 있는 물질(액화가스류를 포함한다)로 규정하고 있으며, 전 세계적으로 6,500여 종이 해상으로 운송되고 있다.

표 4.6.6 HNS의 종류

종 류	품 목	주요 운송수단
가스류	LNG, LPG 등	LPG선, LNG선
유해액체물질	벤젠, 자일렌, 톨루엔 등	케미컬선
산적고체화합물	유황, 석회석 등	벌크선
포장유해물질	니트로글리세린, 폭약 등	컨테이너선

그림 4.6.16 LNG선(좌) 및 컨테이너선(우)

② HNS의 특성

HNS가 사고와 관련되어 가지는 위험 특성은 크게 폭발위험, 화재로 인한 연소 생성가스의 위험, 인체에 중독 및 질식 등을 일으키는 독성위험, 환경오염 및 생태계 파괴를 야기하는 환경오염성, 부식되거나 반응을 통해 또 다른 유독물을 생성하는 반응위험성을 들 수 있다. 이러한 HNS 물질들은 인체에 호흡, 소화기, 피부, 혈관침투 등의 과정을 거쳐 인체에 노출된다.

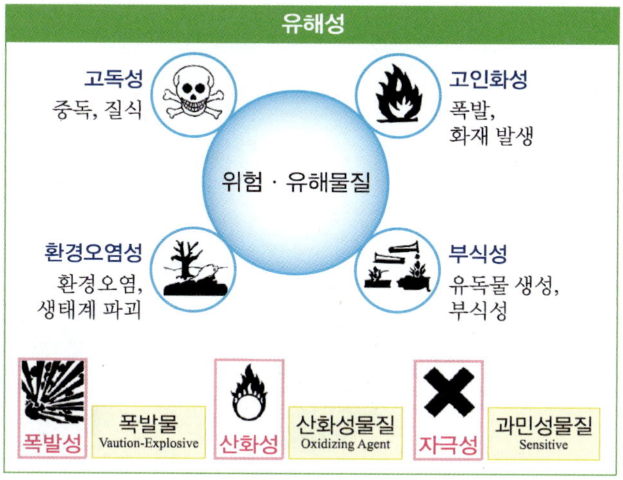

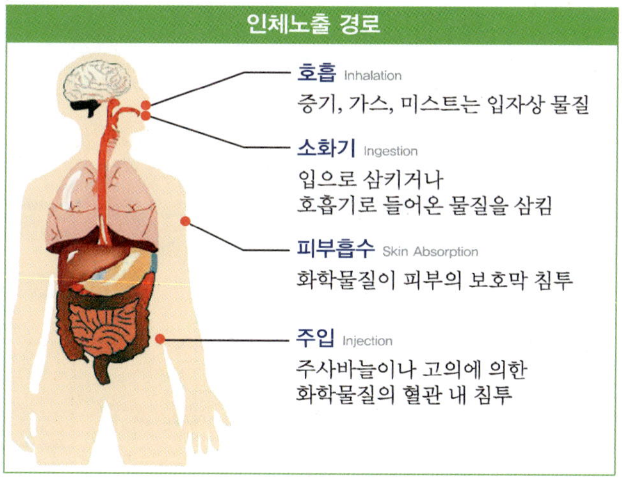

그림 4.6.17 HNS의 유해성과 인체노출 경로

(2) HNS 방제기술

① HNS 사고 유형

HNS는 기름보다 휘발성이 높고 가연성이 높은 물질이 많으므로 화재와 폭발, 해상유출을 동반하는 경우가 많다. 가스상 물질, 액체상 물질, 고체상 물질 별 거동특성에 따라 사고의 유형 등이 결정되는 경우가 많다.

그림 4.6.18 HNS의 사고유형 및 거동특성

② HNS의 방제기술

HNS 사고 시 방제기술은 HNS의 화재·폭발·대기확산·반응 등 물질특성에 의해 인명보호가 우선되어야 하므로, 기존의 회수, 분산중심의 기름오염 방제기술과는 많은 차이가 있다.

표 4.6.7 HNS 물질별 대응기술 ※ O : 필수 적용, * : 적용 고려

물질별 \ 대응기술		개인보호	탐지측정	피해예측	화재진압	수거회수	제 독	사후관리
인화성	가 스	○	○	○	○			
	액 체	○	○	○	○	*	**	*
	물 질		○	○	○	*	*	
비인화성	독성 액체	○	○	○		○	○	○
	저독성액체	○	○	○		○	○	
	독성 고체	○	○	○	*	*	○	○
	가 스	○	○	○	*	*		
산화성물질			○	○	○	*	*	
폭약류 등			○	○	○	○	*	
부식성액체		○	○	○	*	○	○	*
독성 가스		○	○	○	*		*	○
고압 가스		○	○	○	*			

③ HNS의 사고대응절차

HNS 사고 시 대응절차는 1. 상황접수 및 응급대응, 2. 초동조치, 3. 현장대응, 4. 사후관리 순으로 진행되면, 기름오염 시 대응방법과는 세부적인 면에서 차이가 있다.

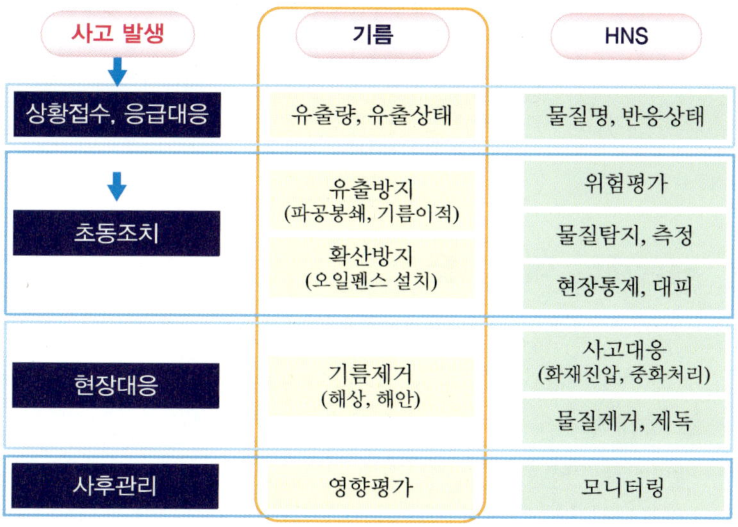

그림 4.6.19 기름오염 사고대응절차와 HNS 사고대응절차와의 비교

그림 4.6.20 HNS 사고대응절차

4.7 해양재난 대응기술

인류의 해양개발은 파랑, 흐름, 바람 등 다양한 해양 물리력의 효과적 이용과 극복을 통해 발전해 왔다. 바람의 힘을 이용하여 항해하는 범선의 경우나, 파랑이나 흐름 에너지를 이용한 청정에너지의 생산 등은 해양 물리력을 유익하게 활용한 예이다. 그러나 해양의 물리력은 한편으로 많은 해양사고와 재난의 원인으로 작용하며, 해양 개발의 역사는 물리력의 이용보다는 재난에 대응하는 기술적 어려움의 극복이 중심이 되어 왔다.

해양재난의 원인이 되는 각각의 물리력은 서로 다른 특징을 갖는다. 해수의 흐름은 조석에 기인하여 연안에서 크게 나타나는 조류와 해면의 바람, 수온 및 염분차, 지구의 자전 등이 복합적으로 작용하여 대양을 순환하는 해류로 구분된다. 조류를 일으키는 조석은 태양과 같은 행성들의 인력이 해수를 끌어당기는 힘과 지구의 공전에 의한 원심력의 작용으로 해수면이 상하로 움직이는 현상을 말하며, 해면의 기압이나 바람의 변화에 의해서도 발생할 수 있다. 조류는 천체의 움직임과 밀접하게 연관되어 있으므로 시간적인 분포가 매우 주기적이어서 예측이 용이하다. 해류의 경우에도 계절적인 변화와 기상환경에 따른 다소의 변동성에도 불구하고 일반적으로 변화가 완만하여 예측이 가능하다. 따라서 해수의 흐름은 예측을 통한 대응이 가능한 물리력으로 이에 기인하는 해양재난은 드물다. 다만, 해수의 흐름이 파랑이나 바람 등에 기인하는 해양재난을 악화시킬 수 있으므로 다른 해양 물리력과 마찬가지로 해양재난을 예방하기 위해서는 그 특성의 정확한 파악이 필요하다.

해양파는 바람과 중력의 작용에 의해 생성되는 풍파 및 너울과 해저의 지진활동에 기인하는 지진해일로 구분되며, 기상변화에 기인하는 바람과 함께 출현이 불규칙적이기 때문에 예측 및 대응이 어려워서 해수의 흐름과는 달리 많은 해양재난의 원인이 되고 있다. 해양재난은 일반적으로 다양한 해양 외력이 복합적으로 작용하여 발생한다. 통상의 해난사고와는 달리 연안역에서 대규모의 인적, 물적 손실을 가져오는 해양재난으로는 해일이 대표적이다. 해일은 해저 지진에 기인하는 쓰나미(tsunami)라고 불리우는 지진해일과 기상변화에 따르는 폭풍에 기인하는 폭풍해일(storm surge)이 있다. 본 절에서는 지진해일 및 폭풍해일을 대상으로 해양재난의 발생원인 및 진행과정, 재난의 형태 및 특성, 재난 대응 및 피해 저감기술을 고찰하고 실제 발생한 해양재난 사례 등을 살펴본다.

1 지진해일의 발생과정과 특성

쓰나미는 해저지진에 의한 지각의 융기, 침하, 수평이동과 해저화산의 폭발 및 붕괴 등 다양한 원인으로 발생하는 주기 수분에서 수십분 정도의 해양파이다. 쓰나미는 일반적으로 다수의 파가 연속되며, 최초의 발생한 파들 중에서 최고파가 나타나는 경우가 많다. 쓰나미는 대양에서의 해저 지각 운동에 의해서 뿐 아니라 지진을 계기로 해안의 절벽이 붕괴하거나 연안 지반이 미끄러짐으로 인해 국부적으로 연안역에서 강한 쓰나미가 유발되기도 한다. 기타 빙산의 붕괴, 해저 지층에 포함된 메탄가스의 급격한 분출, 운석에 의한 충돌에 의해서도 쓰나미가 발생할 수 있다.

해저 지각의 운동은 인접한 해수의 움직임을 유발하고, 특히 해수의 상하운동은 중력의 작용과 결합하여 파장이 매우 긴 해양파인 쓰나미를 형성한다. 쓰나미는 지각 변동의 수평적인 범위, 연직적인 변동량 및 속도에 따라 파장과 파고가 결정되며, 심해에서의 파고는 높지 않으나, 파장이 매우 길기 때문에 전파 속도가 아주 빠르다. 쓰나미와 같은 매우 긴 장파의 전파 속도 c는 수심 h만에 의해 정해진다.

$$c = \sqrt{gh} \tag{4.1}$$

여기서 g는 중력 가속도를 나타낸다. 수심이 5,000 m인 심해의 경우를 가정하면, 쓰나미가 797 km/h의 빠른 속도로 전파됨을 알 수 있다. 또한 심해에서는 파장에 비해 파고가 상대적으로 매우 작기 때문에 쓰나미에 기인하는 해수면 변화를 시각적으로 인지하기는 어렵다.

장파인 쓰나미는 전파되면서 해저지형의 영향을 받아 굴절되며, 이에 따라 에너지의 집중과 분산이 이루어진다. 또한 대륙붕이나 해저산맥 등의 사면에서 일부가 반사되기도 한다. 쓰나미는 수심이 낮은 해역으로 전파되면서 파장이 짧아지고 전파속도는 느려지는 반면에 파고는 점차 높아진다. 특히, 연안의 천해 지역에 가까워지면 파봉의 전면이 부서지는 쇄파가 흔히 발생하며, 폭이 좁은 만의 안쪽으로 진행하는 경우에는 만 내 수심의 영향과 함께 만의 폭에 의해서도 파랑이 집중되어 파고가 급격히 높아진다. 전파하는 쓰나미의 수심변화에 따른 파고 변화를 미소진폭파 이론에 근거하여 근사하면 다음 식으로 표현된다.

$$\frac{H}{H_0} = \left(\frac{b_0}{b}\right)^{\frac{1}{2}}\left(\frac{h_0}{h}\right)^{\frac{1}{4}} \tag{4.2}$$

여기서 H는 파고, b는 입사파의 폭을 나타내며 아래첨자 0은 기준점에서의 값을 나타낸다. 이 근사식은 해저 지형에 의한 반사나 해저면 마찰 등에 의한 감쇠 등을 고려하지 않았기 때문에 실제 쓰나미의 파고는 이보다 작은 것이 일반적이다.

완만한 경사의 해안에 도달한 쓰나미는 해안을 타고 처오름이 발생한다. 쓰나미의 주기가 길고 파고가 작으면 중복파를 형성하므로 상응하는 처오름(wave runup)의 높이는 중복파의 이론식에 의해 근사될 수 있다.

2 폭풍해일의 발생과정과 특성

폭풍해일은 태풍이나 허리케인처럼 발달한 저기압에 동반되어 해안의 해면이 높아지는 현상으로, 폭풍해일 발생의 주요 원인은 기압저하에 의한 수면상승과 해안 쪽으로 부는 강풍에 의해 해수가 해안 쪽으로 밀려가면서 수면이 높아지는 두 가지이다.

해수면 위에 태풍 또는 강한 저기압권이 존재할 때, 외곽 주변부와의 기압차에 대해 정역학적 균형을 유지하기 위해 해수면이 상승한다. 기압차에 의한 해수면의 상승은 기압차 1 hPa당 약 1 cm이다. 그러므로 950 hPa인 태풍의 중심에서는 태풍이 없는 경우(약 1,010 hPa)보다 해수면이 약 60 cm 높아진다. 정역학적으로 상승한 해수면은 폭풍의 속도로 이동하며, 폭풍의 이동속도가 그 해역의 너울 속도와 같은 경우에는 공명이 발생하여 폭풍해일의 진폭이 증폭되기도 한다. 또한 연안에서는 폭풍이 해수를 연안 쪽으로 밀어 올리는 효과도 나타나서 폭풍해일이 강화된다. 폭풍이 해수를 연안 쪽으로 밀어 올리는 힘은 풍속의 제곱에 비례하며, 수심에 반비례한다. 또한 부는 거리가 증가하면 상승량이 축적되어 커지므로, 폭넓은 대륙붕이나 얕고 긴 만 안쪽에서 폭풍의 효과가 크게 나타나 큰 해일이 일어나기 쉽다.

고조의 크기를 실용적으로 예보하기 위해 다음의 경험식이 제안되고 있다.

$$\zeta = a\Delta p + bU_{\max}^2 \cos\theta \tag{4.3}$$

여기서, ζ는 고조에 의한 최대 조위 편차, Δp는 공간적인 평균 해수면 기압과 해수면 최저 기압의 차, $U_{\max}$는 최대 풍속, θ는 최대 조위 편차 시의 풍향과 최대 풍속일 때의 풍향이 이루는 각을 나타내고, a와 b는 과거의 경험치에 기초한 상수들이다. 이 식에서 우변의 첫째 항이 기압차에 따른 해수의 상승효과를, 둘째 항이 바람에 의한 해수의 밀어올림 효과를 나타냄을 알 수 있다.

해양파는 바람의 취송에 의해 생성되어 전파되고, 풍속이 빠를수록 파고도 높아지므로 고조가 발생하는 폭풍 해역의 파고는 매우 높은 것이 일반적이다. 그러나 폭풍 해역의 최대 고조와 최대 파고의 발생시점이 서로 일치하는 것은 아니며, 고파가 먼저 일어나는 경향이 있다. 파랑이 해안에 접근하여 수심이 낮아지면 쇄파에 의해 파고가 작아지지만, 수위는 해안을 향하여 높아지는 파랑 처오름(wave runup)이 발생한다. 폭풍해일과 결합된 파랑 처오름은 고조시의 해수면 상승 크기를 증가시키므로 연안역에 심각한 침수 피해를 가져올 수 있다.

지진해일의 경우 해면의 상하운동이 반복되는데 비해, 폭풍해일의 조위 변화는 전체적으로 일회적이다. 그러나 대륙붕이나 만내에서는 지형의 영향으로 고유진동이 일어나기도 한다. 이와 같은 해수면의 진동은 조석에 대한 2차 진동이라는 의미로 부진동이라 불리며, 주기는 만의 길이나 수심에 따라 달라진다.

3 해양재난 사례

화석연료 사용 증가에 따른 지구온난화가 지속되고, 기상이변의 빈도와 강도가 증가하면서 해양재난에 의한 피해도 급증하고 있다. 특히 폭풍해일에 의한 최근의 연안역 피해는 미국 뉴올리언스에 막대한 피해를 입힌 "카트리나"의 예에서 보듯 매우 대형화 되고 있는 실정이다. 아래에서는 지진해일 및 폭풍해일의 대표적 사례들을 살펴보고자 한다.

(1) 인도양 쓰나미

인도네시아의 수마트라섬 북단의 도시 반다아체에서 남남동쪽으로 약 250 km 떨어진 해저에서 2004년 12월 26일 발생한 진도 9의 강진에 의한 인도양 쓰나미는 12개국에서 약 20만 명 이상의 사망자가 발생한 근래 최악의 지진해일 중 하나로 기록되었다. 쓰나미에 의해 침수되었던 해안가 시설들의 조사에 따르면 국지적으로는 해안가 10 m 이상의 높이까지 쓰나미가 도달했음을 보여준다.

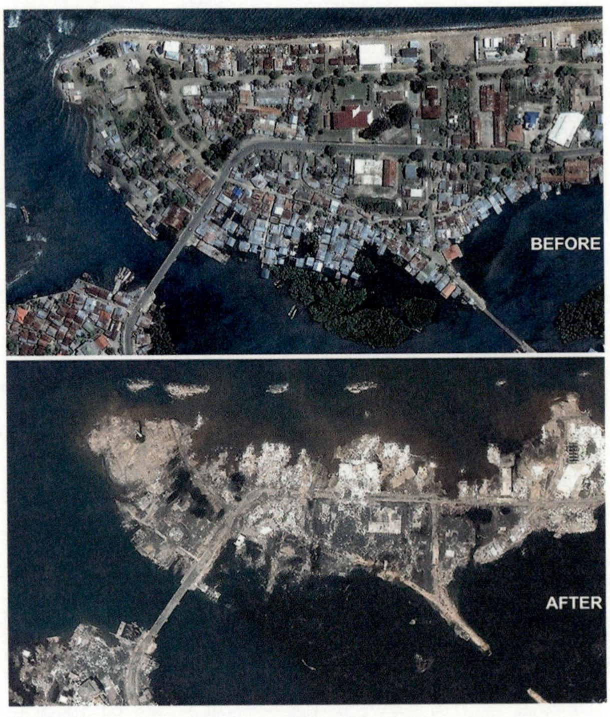

그림 4.7.1 인도네시아 수마트라 섬 반다아체 지역의 쓰나미 피해

(2) 동일본 대지진 쓰나미

일본 동북지방 태평양 연안에서 2011년 3월 11일에 발생한 쓰나미는 일본 역사상 유례가 없는 재해로 기록되었다. 이 쓰나미는 일본해구의 태평양판과 대륙판 사이의 판 경계에서 발생한 규모 9.0의 지진에 의해 유발되었으며, 진앙은 센다이시로부터 129 km 이격된 해상이다. 쓰나미는 진앙으로부터 가장 가까운 해안에 지진발생 약 30분 후에 도착하였으며, 해안관측소에서 파고 9 m 이상, 해안지역 처오름 40 m 이상의 최댓값을 기록하기도 하였다. 동북지방 태평양 연안 500 km 이상의 해안지역에 광범위한 영향을 미친 쓰나미로 인해 사망자와 실종자가 2만5천 명에 달하고 재산피해도 25조 엔에 이르는 것으로 추정되었으며, 방사능을 유출한 재앙적인 후쿠시마 원전사고의 원인이 되어 이후 원자력발전의 안전성에 대한 사회적 논란이 촉발되는 계기가 되었다.

(3) 허리케인 "카트리나"

허리케인 "카트리나"는 미국 플로리다 주 남부의 동쪽 해상에서 열대성 저기압으로 시작되어, 마이애미 부근에서 1등급 허리케인으로 커진 후 플로리다를 가로질러 남서쪽으로 움직여 멕시코 만으로 빠져 나갔고, 2005년 8월 28일 하루 동안 그곳에 머무르며 중심기압 902 hPa, 최대 지속풍속 280 km/h의 5등급 허리케인으로 세력을 확장하였다. 이후 2005년 8월 29일 시속 225 km/h의 4등급 허리케인으로 루이지애나 주에 2차 상륙하면서 뉴올리언스 일대에 심각한 재난을 초래하였으며, 2005년 8월 31일 오후 11시 캐나다의 국경 부근에서 소멸하였다. 허리케인 "카트리나"로 인해 가장 큰 피해를 입은 뉴올리언스는 지역의 80% 이상이 해수면보다 지대가 낮아 침수에 취약한 상황에서 8월 30일 허리케인으로 인해 호수의 제방이 붕괴되면서 도시의 대부분의 침수되어 1,577명의 사망자와 812억 달러로 추정되는 막대한 피해를 초래하였다.

그림 4.7.2 허리케인 카트리나에 의한 뉴올리언스의 침수 피해

(4) 태풍 "매미"

태풍 "매미"는 2003년 9월 6일에 발생하여 9월 14일에 소멸한 중형급 태풍으로 강한 바람과 함께 폭풍해일을 동반하여 우리나라 남해안에 막대한 강풍 및 침수 피해를 초래한 태풍이다. 국내에서 기상관측을 실시한 이래 중심부 최저기압이 가장 낮은 950 hPa을 기록했으며, 인명피해 130명, 재산피해 4조7810억 원이 발생했다. "매미"는 2003년 9월 6일 남태평양의 마리아나 열도의 서쪽 해상에서 처음 발생하여, 북서로 거의 직진하면서 9월 10일 일본 오키나와 남쪽 미야코지마 남동 해상에서 세력이 최대로 되고 그 세력을 유지한 채 미야코지마 부근을 통과하였다. 이후 진로를 북북동으로 바꾼 매미는 동지나해를 지나 9월 12일에 한반도에 상륙하였으며, 그 후 동해로 진행하며 세력이 약화되어 9월 14일에 오호츠크 해상에서 온대성 저기압으로 바뀌면서 소멸하였다. 태풍 매미가 최대로 발달한 9월 10일의 미야코지마 남동 해상에서의 일본 기상청 관측치로는 중심기압 912 hPa, 최대 지속풍속 38.4 m/s, 최대 순간풍속 74.1 m/s로 기록하였으며, 한반도에 상륙한 9월 12일의 중심기압은 한반도에서 기상관측을 실시한 1904년 이래 중심부 최저기압이 가장 낮은 950 hPa을 기록했다. 이는 1959년 9월 발생한 태풍 "사라"의 952 hPa(사망·실종 849명), 1987년 7월의 태풍 "셀마"의 972 hPa(사망·실종 1,231명), 2002년 8월의 태풍 "루사"의 970 hPa(사망·실종 270명)를 넘어서는 기록이었다.

4 해양재난의 예방 및 대응

해일과 같은 자연재해를 인공적인 수단으로 완벽하게 예방할 수는 없으나, 과거의 경험과 기술적 분석을 통해 예상되는 해양재난을 예측함으로써 효과적인 대응 시설물의 확보가 가능하며, 평소에 교육 및 훈련을 통해 재난 발생 시에 대응할 수 있는 사전 계획을 준비함으로써 피해를 최소화할 수 있다.

해양재난에 대한 구조적 대책으로는 고조 방파제나 쓰나미 방파제, 방조제, 흉벽, 수문의 설치 등이 있다. 쓰나미 방파제는 만 입구의 폭을 좁혀 쓰나미 내습시에 항내로 유입되는 해수의 양을 억제함으로써 항내 쓰나미의 저감을 꾀한다. 또한 해양재난에 효과적으로 대응하기 위해서는 경보체제 확립이 중요하다. 특히 지진해일의 경우에는 파의 이동속도가 매우 빠르므로 조기 경보체제 구축과 이와 연계된 신속 대응체제의 확보 없이는 효과적인 대응이 어렵다. 폭풍해일의 경우에도 연안에 접근하기 이전에 폭풍해일의 진로 및 특성을 파악함으로써 효과적 대응이 가능하다. 이를 위해 비행기나 탐사위성을 이용한 기상관측과 대양에서 설치된 해양관측기기나 해양기지를 이용한 해양정보의 취득이 활성화되고 있다.

비구조적 대책으로는 주민들에 대한 방재교육 및 대피훈련의 실시를 통해 해양재난 내습 시의 행동요령 숙지가 무엇보다 중요하며, 해양재난 대응의 효율성을 제고하기 위한 위해도 작성, 긴급방재계획 수립, 정보전달 체계의 구축, 피난 및 구호시설의 확보 등 사회적 재난대응 기반의 확립이 필요하다.

그림 4.7.3 해양 관측을 위한 이어도 해양과학기지

4.8 지구온난화 대응기술

1 지구온난화와 기후변화협약

산업혁명 이후, 세계 경제가 급속히 발전됨에 따라 화석연료의 대량소비로 인한 과다한 온실가스 배출이 지구온난화를 초래하고 있다. 대표적인 온실가스로는 이산화탄소(CO_2), 메탄(CH_4), 아산화질소(N_2O), 수소불화탄소(HFCs), 과불화탄소(PFCs), 육불화황(SF_6) 등을 꼽을 수 있다. 특히 지구온난화의 주범으로 알려진 이산화탄소의 대기중 농도는 산업혁명 이전 280 ppm에서 산업혁명 이후 대규모 화석연료 사용으로 인하여 현재 약 390 ppm으로 증가하였는 바, 이는 지난 80만 년 지구 역사 이래 최고 수준으로 올라간 것으로 조사되고 있다(IPCC 2001). 특히 2007년 2월 기후변화정부간패널(IPCC)에서 채택한 IPCC 4차 평가보고서에 따르면, 현재와 같이 에너지원의 화석연료 집중이 계속될 경우 금세기 말까지 기온은 2.4~6.4℃, 해수면은 26~56 cm 상승되어 심각한 환경재앙이 초래될 것이라고 경고하고 있다(그림 4.8.2).

위와 같은 지구온난화를 완화하기 위하여 1992년 6월 기후변화협약이 채택되었고 본 협약상의 온실가스 감축의무를 규정하는 교토의정서(Kyoto Protocol)가 2005년 2월 공식 발효되었다. 교토의정서 발효에 따라 영국, 일본, 유럽연합 등 교토의정서 부속서 I 40개 국가들은 1차 공약기간(2008~2012) 중에 온실가스의 방출량을 1990년 기준으로 평균 5.2%를 감축하기로 하였다. 세계 각국은 2020년 만료되는 교토의정서를 대체하기 위해서 협상을 지속하다가 2015년 12월 새로운 기후변화체제로서 파리협약(Paris Agreement)을 채택하였다. 본 협약은 세계 195개국이 온실가스 감축에 동참하기로 한 최초의 세계적 기후합의이다. 특히 파리협약은 기후변화 대응을 위한 중장기 목표로 산업화 이전 대비 지구 기온의 상승폭(2100년 기준)을 2℃ 이하로 유지하고, 향후 1.5℃ 이하로 제한하기 위한 노력하기로 하였다. 이러한 목표를 달성하기 위해서 세계 각국은 2030년까지 자발적으로 온실가스 감축목표(INDC)를 발표하기로 하였다. 국가별 감축목표 유형은 절대량 또는 배출전망치(BAU) 방식이며 우리나라의 경우 우리나라는 2030년 배출전망치(BAU) 대비 37% 감축을 목표를 설정하였다. 이에 우리나라를 비롯하여 세계 각국은 지구온난화 문제에 적극 대처하고 교토의정서상의 온실가스 배출규제에 따른 산업 및 경제 피해를 예방할 수 있는 다각적인 기술 및 정책 개발이 집중적으로 개발하고 있다.

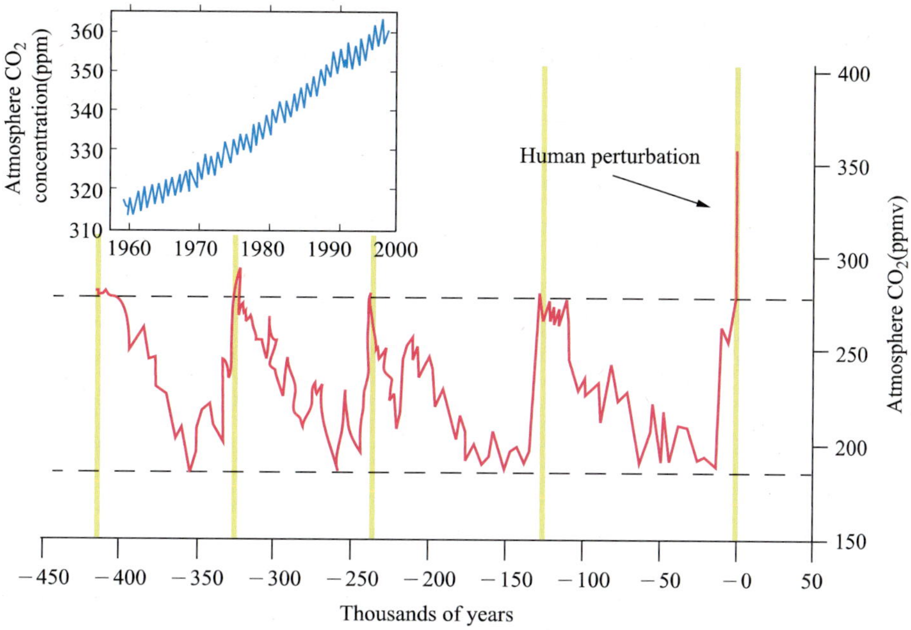

그림 4.8.1 **빙하 시추 시료로부터 분석된 과거 지구 대기 중의 이산화탄소의 농도 변화.**

빙하기와 간빙기의 주기에 따라 180~280 ppm의 변화를 보이던 것이 최근에 들어서 급격히 증가하는 양상을 보여준다.(자료: IPCC, 2001)

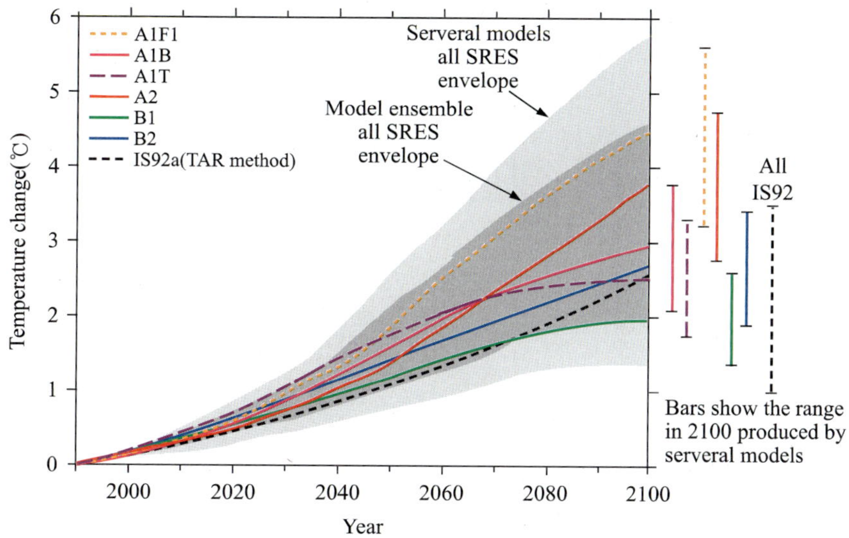

그림 4.8.2 **IPCC(2001)에서 제시한 향후 지구 온난화 예측 시나리오**

A1F1: 현재와 같은 화석연료에 의존한 대량소비형 사회가 지속될 경우, A2: 발전지향적 사회일 경우, A1B: 균형적 발전을 지향하는 사회일 경우, B2: 자연친화적(지역적 수준), A1T: 비화석에너지를 이용할 경우, B1: 자연친화적 에너지구조를 갖출 경우

2 대기 중 CO_2 증가로 인한 해양환경의 영향

CO_2 등 온실가스의 대기 중 농도 증가로 인하여 지구 온난화 및 기상이변 및 해수면 상승과 함께, 해수 표층의 산성화, 영양염 순환구조 변화, 해양환경 내 생물 종 조성 및 생태계 변화 등 다양한 해양환경 관련 문제가 야기되고 있다.

대기 중으로 방출된 인위적 요인의 CO_2의 상당부분은 해양으로 흡수된다. 이 등(2006)은 지난 1800년부터 200년 동안 화석연료로 발생한 이산화탄소 2240억 톤의 48%(1180억 톤)가 바닷물에 흡수된다고 보고한 바 있다.

해양에 존재하는 탄소는 다양한 물리화학적 과정과 생물 과정을 통해 해양 내에서 순환한다(그림 4.8.3). 대기에 존재하는 이산화탄소가 해양으로 유입되는 해양-대기 이산화탄소 교환 수지는 해양 표면에서의 기체교환 속도와 대기 - 해양 간 이산화탄소 농도 차이에 의해 결정되며, 해양의 이산화탄소 농도는 해수의 물리적 특성인 수온과 염분, 화학적 특성인 총탄소량과 알칼리도, 생물적 특성인 광합성과 호흡량 그리고 역학적 특성인 해양대순환에 의해 복합적으로 결정된다(박 등, 2007). 해양에 존재하는 다량의 탄소는 해양 내 탄소 순환을 통해 심해와 퇴적물 등에 존재하게 됨으로써 대기로부터 장기간 격리된다.

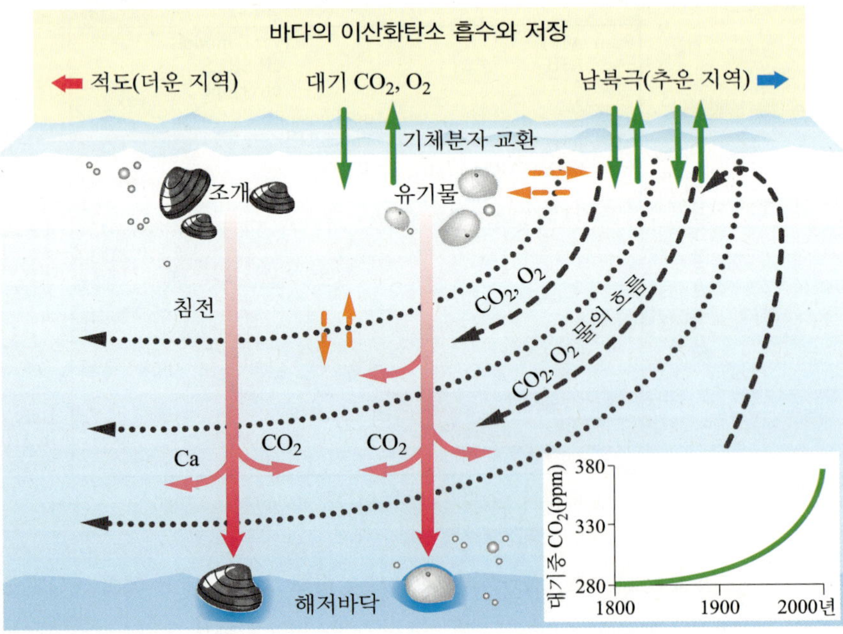

그림 4.8.3 대기 중으로부터 흡수된 CO_2의 해양 내 거동(자료: 이기택 등, 2006)

표층 해수의 이산화탄소 용해도는 순수하게 해수의 수온, 염분과 같은 물리적 요인에 의해 결정된다. 따라서 해수의 이산화탄소 용해도는 대기 이산화탄소 농도와 총탄소량 등 해수의 탄소화학 관련 요인에 변화가 없더라도 표층 수온의 변화에 의해 변하게 되며, 해수의 이산화탄소 용해도가 변화함에 따라 새로운 해양-대기 이산화탄소 교환이 생겨나게 되는데 이를 "용해도 펌프(solubility pump)"라 한다. 계절적(겨울철) 혹은 지역적(극지방)으로 표층해수의 수온 강하가 일어나는 해역에서 낮은 수온으로 인해 이산화탄소 용해도가 증가해 표층 해수에 더 많은 이산화탄소를 포함하게 된다. 저온의 표층해수는 밀도증가로 인해 침강하여 심해수를 생성하게 되는데, 이러한 연직대류에 의한 심해수 생성을 통해 대기와 접하는 표층 해수로부터 이산화탄소가 심해로 격리되는 과정을 "순환 펌프(circulating pump)"라 한다. 심해로 격리된 이산화탄소는 심해수의 해양순환을 따라, 해양대순환의 경우 수백 년 후에 해양심층순환의 끝에 해양의 표층으로 다시 돌아와 대기 중으로 재방출된다.

표층 해수에 녹아있는 이산화탄소는 해양생물의 광합성과 같은 1차 생산에 의해 유기물의 형태로 전환되어 해수로부터 제거되어 해수의 이산화탄소 농도를 낮추게 되는데 이를 "생물 펌프(biological pump)"라 한다. 생산된 유기물은 표층 해양 내에서 미생물에 의해 분해되어 무기탄소의 형태로 표층 해수에 다시 공급되거나, 표층 해양 내에서 채 분해되지 못하고 심해로 떨어져 표층 해양으로부터 제거되기도 한다. 심해로 제거된 유기탄소는 심해의 미생물 활동을 통해 무기탄소로 분해되거나 분해되지 않은 유기물의 형태로 심해퇴적물로 퇴적되기도 한다. 심해퇴적물로 제거된 탄소는 상당히 긴 지질학적 시간동안 전 지구 탄소 순환에 관여하지 않게 된다. 생물펌프를 활성화시킴으로써 해양의 이산화탄소 흡수량을 늘이고자 하는 연구가 시도되었다. 표층해수의 영양염이 풍부하지만 철(iron) 부족이 생물생산을 제한하는 요소로 작용하는 해역에서 표층해수에 철 시비(iron fertilization)를 통해 표층 해양의 1차 생산이 크게 높아지는 것을 확인했으며, 1차 생산 증가와 함께 해수의 이산화탄소 감소가 확인되었다. 그러나 생산된 유기물이 심해로 제거되는 비율에 따라 이산화탄소 제거 효율이 달라진다. 생물펌프 중 탄산염 생체 골격을 생산하는 생물에 의해 분해가 쉬운 생물조직이 아니라 심해에 탄산염 퇴적물로 장기간 퇴적될 수 있는 탄산염 골격이 생물생산에 의해 심해로 제거되는 과정을 "탄산염 펌프(carbonate pump)"라 한다.

위와 같은 다양한 기작에 의해 해양으로 유입된 CO_2는 해수를 산성화시킨다. 해수에 녹은 CO_2는 대부분이 중탄산염(bicarbonate, HCO_3^-)이나 탄산염(bicarbonate, CO_3^{2-})으로 해리되는데, 그 과정에서 해수중 H^+이온이 발생하여 해수가 산성화되게 된다. 그림 4.8.4는 대기 중 CO_2 농도 증가에 따른 해수 중 pH의 변화 양상을

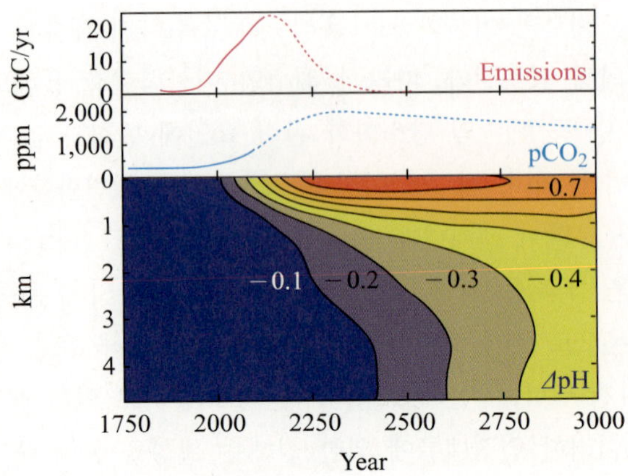

그림 4.8.4 **대기 중 CO_2 농도 증가에 따른 해수 중 pH의 변화양상**(자료: IPCC, 2005)

보여준다. 대기 중 CO_2 농도가 1800년 380 ppm에서 2004년 380 ppm으로 증가되면서 표층 해수의 pH는 약 0.1 정도 감소(산성화)되었으며, 앞으로 대기 중 CO_2 농도가 지속적으로 증가할 경우에 해수의 산성화가 계속 진행되는데, 특히 생물활동이 높은 표층해수가 보다 산성화하게 된다(IPCC, 2005).

해수의 산성화는 해양 내 영양염을 포함한 다양한 물질순환에 큰 영향을 끼칠 뿐만 아니라 특히 탄산염 골격을 갖는 식물플랑크톤이나 산호, 패류 등에게 직접적인 피해를 끼칠 수 있다.

그림 4.8.5는 대기 중 CO_2 증가에 따라 식물플랑크톤 종류인 석회비늘편모류(*coccolithoporid*)의 탄산염 골격의 형태가 변화되는 모습을 보여준다.

CO_2 증가에 따른 pH 변화는 탄산염 골격을 갖는 생물의 형태뿐만 아니라 해양생물의 체내 생리생화학적 변화, 예를 들면, 다양한 효소계의 활성도 변화 및 이온교환과정에 영향을 미치거나 혈액의 pH를 변화시켜 순환계와 근골격계 기능에 직접적인 영향을 미치게 된다. 아울러 성게나 조개류의 생식률과 유생의 성장을 저하시키기도 한다. 이러한 피해는 누적되어 결국 생물 개체군 더 나아가 생물군집, 해양 생태계 전반에까지 큰 교란을 유발할 수 있다.

CO_2 유입에 따른 산성화로 인한 직접적인 피해 이외에도 지구온난화에 따른 해수 수온 상승에 따른 해양환경의 변화도 큰 피해를 유발하고 있다. 예를 들어, 주요 식량자원으로서 단백질 공급원의 45%를 차지하고 있는 수산물의 경우, 지구온난화의 영향으로 한류성 어종의 급격한 감소와 난류성 어종의 출현 증가 현상을 보인다. 최근 한반도 주변해역에서 빈번하게 발견되는 대형해파리도 지구온난화에 따른 수온 상승의 결과로 알려져 있다.

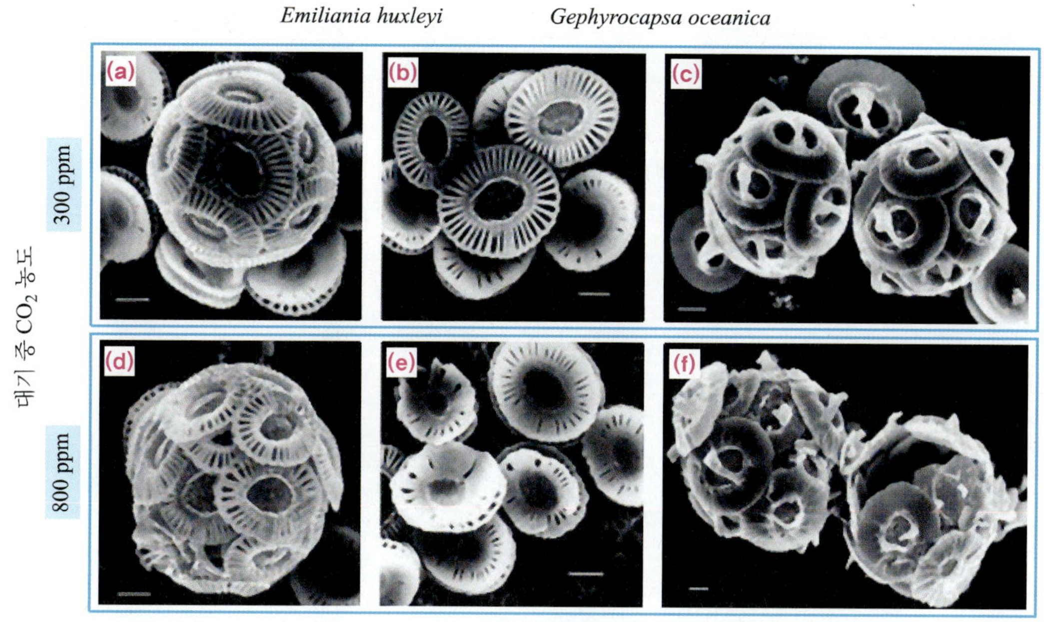

그림 4.8.5 대기 중 CO_2 증가에 따라 식물플랑크톤인 석회비늘편모류(*coccolithoporid*)의 탄산염 골격의 형태가 변화하는 양태. 위쪽은 정상적인 CO_2 대기농도(300 ppm), 아래쪽은 높은 CO_2 농도(800 ppm)에서 배양한 식물플랑크톤들의 전자현미경 사진

3 기후변화 대응기술의 종류

기후변화에 따른 제반 환경 및 경제적 피해를 감소하기 위한 대응기술은 크게 두 종류로 구분될 수 있다. 즉, 지구온난화 주범인 CO_2의 배출 자체를 억제시키는 기술과 배출되는 CO_2를 대기 중에 방출하는 것을 저감하는 기술로 나눌 수 있다(표 4.8.1). CO_2 배출 억제기술에는 CO_2 발생자체를 줄이기 위한 기술로서 에너지 절약기술, 천연가스로의 연료전환기술, 천연에너지(태양광, 풍력, 수력, 조력, 파력 등)나 원자력 등 비화석연료로의 전환기술이 포함된다. 반면에 CO_2 배출저감기술은 CO_2를 대량으로 배출시키는 발전소 등에서 발생되는 CO_2의 대기 방출을 줄이거나 또는 대기 중의 CO_2를 줄이기 위한 기술들이 포함된다. 발생된 CO_2의 대기 중 방출저감을 위해서는 CO_2 분리 및 회수, 해양이나 지중에의 CO_2 저장 등과 같은 기술이 있다. 반면에 산림 등을 통한 생물학적 CO_2 고정은 대기 중의 CO_2를 저감시키는 유형에 속한다.

표 4.8.1 지구온난화 대응 CO_2 처리 및 저감기술의 분류와 개요

<table>
<tr><th colspan="2">분 류</th><th colspan="3">기술명</th><th>개 요</th></tr>
<tr><td colspan="2" rowspan="5">CO_2 배출 억제
(사전 대응)</td><td colspan="3">에너지 절약기술</td><td>에너지 이용 효율 향상, 에너지 수요 억제
(수송, 산업, 건축 등)</td></tr>
<tr><td colspan="3">연료 전환</td><td>수소, 암모니아, 천연가스</td></tr>
<tr><td colspan="3" rowspan="3">비화석 연료 전환</td><td>천연에너지(태양광, 풍력, 수력, 지열, 바이오매스, 해양에너지)</td></tr>
<tr><td>원자력</td></tr>
<tr><td>새로운 에너지 이용 기술</td></tr>
<tr><td rowspan="11">배출된 CO_2 저감</td><td rowspan="10">배출가스 중의 CO_2 저감</td><td rowspan="3">포집</td><td>흡수법</td><td>아미노 흡수
탄산칼륨 흡수</td><td>알칼리성 흡수액으로 CO_2를 흡수</td></tr>
<tr><td>흡착법</td><td>물리 흡착</td><td>고체 흡착제로 CO_2 흡착</td></tr>
<tr><td>가스 분리법</td><td>고분자 막분리</td><td>막에 대한 가스의 투과 속도 차이를 이용
가스 성분의 응축 농도 차이를 이용</td></tr>
<tr><td rowspan="5">저장</td><td rowspan="3">지중 저장</td><td>대염수층 저장</td><td>육상이나 해저의 지하 1,000 m 정도의 심부 대염수층에 CO_2를 주입하여 저장</td></tr>
<tr><td>유·가스전 저장</td><td>CO_2를 압입해 석유, 메탄 가스 등을 회수하면서 CO_2를 처리하거나 고갈 유·가스전에 CO_2를 주입하여 저장</td></tr>
<tr><td>석탄층 저장</td><td>석탄층에 CO_2를 주입하여 메탄을 회수하고 CO_2를 저장</td></tr>
<tr><td rowspan="2">해양 분사 저류</td><td>심해 저류</td><td>수심 2,000 m 이상의 심해 해저에 CO_2를 대용량으로 저류 (하이드레이트화)</td></tr>
<tr><td>해중 분사</td><td>해양의 대용량 CO_2 흡수능력을 감안하여 수심 500 m 이상의 심해에 작은 CO_2 액적을 분사시켜 해수 내에 희석처리</td></tr>
<tr><td rowspan="3">고정
(재이용)</td><td rowspan="2">화학적 고정</td><td>전기·광화학적 반응</td><td>빛의 조사와 전극 반응에 의해 CO_2를 전기 화학적으로 환원</td></tr>
<tr><td>촉매 수소화 반응</td><td>촉매 하에서 CO_2와 수소에서 메탄올 등의 유기 화합물을 생성하여 재이용</td></tr>
<tr><td>대기 중의 CO_2 저감</td><td>생물적 고정</td><td>식림, 재식림
균류</td><td>산림(홍수림 등의 해양식물 포함) 등에서 CO_2를 광합성에 의해 식물체로 고정
미세조류(藻類)에 $CaCO_3$로 고정</td></tr>
</table>

이들 기후변화 대응기술 중에서 가장 근본적인 대책은 물론 온실가스를 아예 발생시키지 않은 태양광, 풍력, 수력, 바이오, 지열, 해양에너지 등 재생 가능한 천연 에너지원을 개발해 사용하는 것이다. 최근 이들 천연 에너지와 이를 이용하여 수소를 만들어 이를 에너지원으로 활용하는 '수소경제'가 큰 관심을 끌고 있다. 그러나 현재의 기술수준으로는 이들 에너지원만으로는 산업사회에서 요구하는 에너지 수요를 감당할 수 없는 상황이며, 이에 앞으로 이들을 실용화하여 화석에너지 고갈과 지구 온

난화 문제를 한꺼번에 해결하기 위한 많은 연구가 진행될 필요가 있다. 에너지 이용 효율을 높여 온실가스 방출량을 줄이고자 하는 에너지 절약기술은 이미 산업계 차원에서 비용절감 차원에서 많은 노력이 진행되어 왔는데, 따라서 앞으로 예측 가능한 추가적인 온실가스 감축량은 한계가 있는 실정이다.

화력발전소 등과 같은 대규모 CO_2 배출원에서 CO_2를 포집하여 저장하거나 재이용하는 기술은 일단 온실가스가 만들어진 후부터 적용된다는 점에서 다른 기술만큼 근본적 대책은 아니다. 하지만 상대적으로 단시간 내에 그리고 대규모로 대기 중 온실가스 농도증가를 억제하는 효과를 기대할 수 있다는 장점이 있다. 다른 근본적인 온실가스 감축대책이 실용화되어 효과를 발휘하게 될 때까지 온난화를 늦춰줄 응급처방으로서 활용가치가 매우 높은 것이다. 특히 이 기술을 이용할 경우 기존 산업구조의 큰 변경 없이 화석연료의 에너지원 활용을 지속적으로 활용 가능하다는 장점이 있다. 현재의 대체/청정에너지 및 에너지 효율개선 기술수준을 감안할 경우 앞으로 최소 2050년까지는 소비 에너지의 70% 이상이 기존의 화석연료가 차지할 것으로 예상되기에, 기존의 CO_2 기반 에너지 공급 및 산업구조를 당분간 유지하면서 이산화탄소 배출감축 요구량을 의무감축 기간 내에 실현시킬 수 있는 대안으로써 이산화탄소 포집 및 저장기술의 중요성이 최근 주목되기도 하였다.

이산화탄소를 촉매를 이용하여 부가가치가 높은 다른 화합물(예 : 메탄올, 디메틸에테르, 올레핀 등)로 전환시켜 재이용하고자 하는 기술개발도 현재 많이 진행되고 있다. 그러나 이런 화학적 고정에 의해서 처리할 수 있는 CO_2의 양이 비교적 소규모로 제한되어 있고 현재의 기술로는 전환하는 과정에서 과다한 에너지를 써야 하므로 처리되는 CO_2 오히려 많은 CO_2를 다시 방출하는 약점이 있다. 따라서 화학적인 이산화탄소 전환기술은 온실가스를 배출하지 않는 재생 에너지 등을 이용해 값싸게 처리하는 기술이 실용화되지 않고서는 지구온난화 대응책으로 큰 의미를 갖기 어려우며, 단지 CO_2 폐기물을 산업적으로 유용하게 처리하는 폐기물 처리기술의 하나로서 간주될 수 있다.

산림 또는 해조류의 광합성이나 미세조류 등에 의해 CO_2를 고정하는 생물적 CO_2 고정기술도 유용한 기후변화 대응기술로 여겨진다. 생물적 흡수원을 활용하는 기술은 태양에너지 이외의 별도의 에너지가 거의 들어가지 않고 배출되는 이산화탄소를 직접 이용하므로 배출가스 전처리에 들어가는 공정비용을 절감할 수 있고 아울러 최종적으로 고정화 공정의 최종산물인 바이오매스를 대체에너지로 사용가능하다는 장점이 있다.

4 해양 퇴적층 내 CO_2 저장 기술

기후변화 대응기술의 하나로서 최근 해양을 매개로 한 CO_2 저장에 관한 관심이 증가하고 있다. 발전소 등과 같은 대규모 CO_2 발생원에서 포집된 CO_2를 해양이나 육상의 퇴적층 내(예 : 염대수층, 가스/석유채굴공 등)에 저장하거나 해양 심층부(분사법), 해저면(저류법)에 CO_2를 주입시켜 영구히 저장하려는 이산화탄소 포집 및 저장(carbon dioxide capture and storage, CCS)하는 방안이 그 대표적인 예이다(강과 허, 2008).

퇴적층을 활용하는 지중저장(육상 및 해양)의 경우 미국, 캐나다, 노르웨이, 호주 등 선진국에서 이미 실용화 단계의 연구개발을 하고 있다(표 4.8.2). 이산화탄소의 지중저장 방법으로는 크게, (1) 고갈된 유전 또는 가스전에 저장하는 방법, (2) 유전 또는 가스전에 CO_2를 주입시켜 석유 및 가스를 증산하는 석유증산 CO_2 저장법(enhanced oil recovery, EOR) 및 가스증산 CO_2 저장법(enhanced gas recovery, EGR), (3) 육상 또는 해양퇴적층의 염대수층에 저장하는 방법, 그리고 (4) 석탄층에 존재하는 메탄을 회수함과 동시에 CO_2를 저장하는 석탄층 CO_2 저장법(enhanced coal bed methane recovery, ECBM) 등이 있다(그림 4.8.6).

표 4.8.2 현재 추진 중이거나 계획 중인 전 세계 CO_2 저장 사업들의 상세내용

Project name	Country	Injection start (year)	Approximate average daily injection rate (tCO_2/day)	Total storage (planned, tCO_2)	Storage reservoir type
Weyburn(C)	Canada	2000	3,000～5,000	20,000,000	EOR
In Salah(C)	Algeria	2004	3,000～4,000	17,000,000	Gas field
Sleipner(C)	Norway	1996	3,000	20,000,000	Saline formation
K12B(D)	Netherlands	2004	100～1,000 (2006＋)	8,000,000	Enhanced gas recovery
Frio(P)	USA	1997	177	1600	Saline formation
Fenn Big Valley(P)	Canada	2003	50	200	ECBM
Qinshui Basin(P)	China	2003	30	150	ECBM
Yubari(D)	Japan	2004	10	200	ECBM
Recopol(P)	Poland	2003	1	10	ECBM
Gorgon(Planned)(C)	Australia	～2009	10,000	unknown	Saline formation
Snohvit(Planned)(C)	Norway	2006	2,000	unknown	Saline formation

C, commercial; D, demo; P, pilot

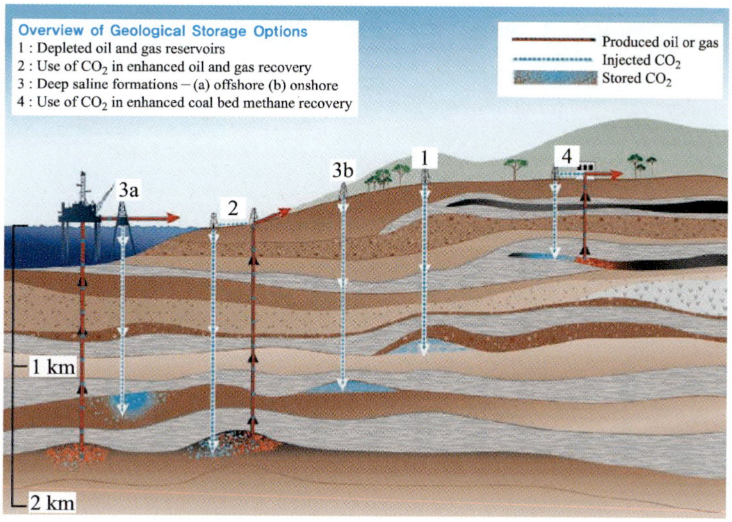

그림 4.8.6 CO_2의 지질학적 저장기술의 개념

반면에 CO_2 해양분사/심해저류기술은 기체 또는 액체상태로 CO_2를 해양에 분사시켜 용해시키는 해양분사기술과 액체상태로 심해에 주입시켜 CO_2의 중력을 이용하여 CO_2 Hydrate화 시켜 고정시키는 심해저류기술로 구분되며, 기본적인 개념도가 그림 4.8.7에 제시되어 있다. CO_2 해양분사나 저류의 경우 아직 해양환경 위해성에 대한 불확실성이 많기에 아직 연구개발 단계에 놓여 있다. 국내에서도 외국에서의 CO_2 해양처리 연구동향에 의거하여 관련 연구개발을 활발하게 추진하여 앞으로 다가올 탄소감축의무에 적극 대응할 필요가 있다고 하겠다.

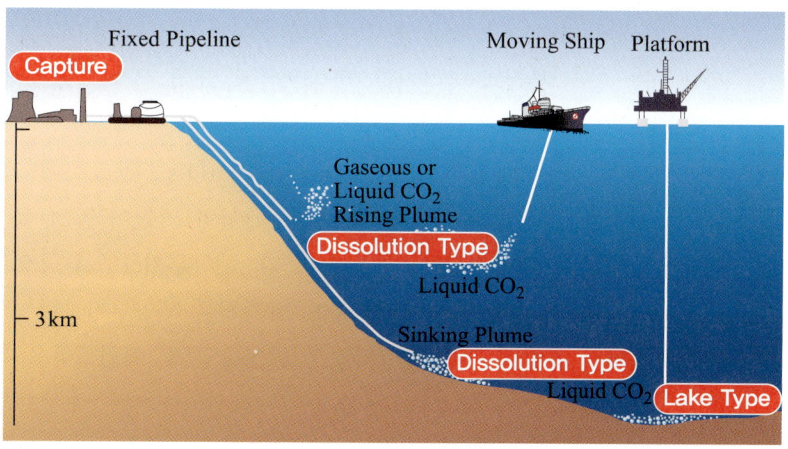

그림 4.8.7 CO_2의 해양분사/심해저류기술의 개념

4.9 해양폐기물 현황 및 관리기술

1 서언

유엔해양법이 발효된 후 배타적 경제수역(EEZ)체제가 정착됨에 따라 한일어업협정, 한중어업협정이 잇따라 맺어졌으며, 이에 따라 우리의 어장이 연안으로 계속 축소되어 왔다. 해양폐기물은 연안 해역의 대규모 어업 활동 등으로 발생하며 선박사고의 원인이 되기도 한다.

본 절에서는 이러한 오염원 중에서 플라스틱 등 고형 해양폐기물의 발생원과 실태를 파악하고 이에 대한 유입방지시스템, 수거 및 처리시스템 기술개발 현황을 알아보고자 한다. 육상의 인구 증가, 경제개발로 인한 산업화의 확대, 생활수준 향상과 여가 활동 증대는 엄청난 양의 폐기물을 발생시킨다. 해상에서 발생하거나 유입된 부유 폐기물 및 해저면의 침적 폐기물, 패각류, 오염 퇴적물 등으로 해양은 자체의 정화능력을 넘어선 심각한 상태에 이르고 있다. 특히 연안어장 및 항만 해저면의 오염물질은 인근 바다의 부영양화, 무산소화 등을 유발하기 때문에 적조, 수산물 폐처리시스템, 폐부자 감용장치, 자원화 시스템 등의 해양폐기물 관리기술에 대한 관심이 필요하다.

2 해양폐기물의 발생원 및 종류

주요 선진국에서는 1980년대 중반부터 해양폐기물의 양적 분석 및 해양생물에 미치는 영향에 대해 체계적인 조사가 이루어지고 있으며, 해면(부유)폐기물, 해안폐기물에 대한 양적 분석과 바다거북, 바다포유류, 조류 등 해양생물에 미치는 영향이 주로 연구되고 있다.

1998년 Green Peace의 "Report on the World's Oceans"에 의하면 전 세계 해양의 오염의 주 발생원은 인간의 육상활동에서의 기인이 77%(육상으로부터의 44%, 대기유입 33%), 해상수송(선박)기인(12%), 해양투기(10%) 등으로 조사되었다.

우리나라의 경우 해양폐기물의 주요 발생원은 해양투기 부분을 제외하면 크게 육상으로부터의 유입에 의한 육상기인과 해상작업 및 어업활동을 통해서 발생하는 해상기인으로 분류할 수 있으며, 해상기인은 다시 선박기인(해상수송)과 어업기인(어업폐기물)으로 분류할 수 있다.

표 4.9.1 우리나라의 해양폐기물 주요 발생원

발생원인 \ 내용			구체적인 주요 발생원인
육상기인			▪ 육상투기(특히 장마철) 쓰레기의 하천을 통한 유입 ▪ 해안휴양지, 상업·주거지역에서의 불법투기
해상기인	선박기인		▪ 선원 및 승객의 음식물찌꺼기, 종이류, 폐비닐 등 투기 ▪ 운항과정에서 발생하는 기름걸레, 플라스틱류 등 투기
	어업기인	어구 방치	▪ 어로활동시 손실된 그물, 어구, 로프, 부자 등 폐기 ▪ 정치망, 양식어장의 어구교체시 해양폐기
		패각류	▪ 패류(조개, 굴 등) 양식시 자연탈락 또는 폐기된 패각 방치

(1) 육상기인

육상기인 고형폐기물들은 육상에서 직접 유입되거나 홍수·폭우시 일시에 하천으로 대량 유입되고 있다. 2017년 해양쓰레기 관리 조사결과를 보면, 육상기인 쓰레기의 연간 총 유입량은 118,437톤으로 추정되었다. 평상시 하천 유입량은 24,250톤, 홍수기 하천유입량은 1,300톤, 해안가 유입량은 7,250톤으로 인공물 쓰레기의 총량은 32,825톤이다. 여기에 홍수기 하천에서 유입되는 초목의 양 85,612톤이 더해진 결과가 연간 유입량으로 추정된다(해양수산부, 2017).

(2) 선박기인

해상기인 쓰레기의 연간 총 유입량은 58,370톤으로 추정되었으며, 이 중 선박 기인 쓰레기가 2,347톤, 항만 쓰레기가 7,560톤을 차지하였다(해양수산부, 2017). 선박(해상)에서 기인되는 오염은 선박의 운항이나 해양시설에서 발생하는 오·폐수 및 기름 등의 유출, 어선 생활쓰레기 배출, 해저자원 개발에 따른 환경교란 및 해저퇴적물의 재부유, 해면양식에 따른 유기물 투입 및 축적, 해난사고에 의한 기름유출, 폐기물의 해역배출 등이 포함되어 해양 내에서의 오염부하량(pollution load)이 증가하고 있다. 특히 다양한 플라스틱류가 선박으로부터 대량 투기되어 해양환경을 위협하고 있다.

(3) 어업기인

어업기인 쓰레기는 어업활동과 양식활동에 의해 발생할 수 있으며 각 연간 44,801톤, 4,382톤의 쓰레기가 발생하는 것으로 추정된다(해양수산부, 2017). 어업활동에서 기인되는 오염은 폐어망, 폐어구, 폐타이어, 폐로프, 폐연료 등이 포함되며, 양식 폐기물로는 스티로폼(styrofoam) 부자, 굴 패각 등이 있다. 특히, 양식장의 스티로폼 폐부자는 우리나라 해안에서 개수와 부피를 기준으로 가장 많이 발견되는 쓰레기로 연간 약 3천만 개 정도 사용되고 있으며, 굴 패각은 연간 약 15만 톤 발생하고 있다.

우리나라는 연근해 어업활동 및 양식업의 비율이 상대적으로 높고, 어업종사자의 해양환경의식이 낙후되어 있어 폐어망, 폐와이어로프, 폐로프, 폐타이어 등의 어업폐기물 무단투기에 의해 발생하는 해양오염이 심각한 실정이다. 또한 해양에 침적된 폐기물은 70%(무게) 이상이 어업이나 선박기인인 것으로 나타나고 있다.

(4) 미세플라스틱

최근 해양쓰레기에 대한 관심이 증폭됨에 따라 5 mm 이하의 미세 플라스틱의 영향에 대한 연구가 증가하고 있다. 해양폐기물에서 높은 비중을 차지하는 플라스틱은 해양에서 파도 및 화학작용에 의해 물리적/화학적 분해가 발생하여 다양한 크기로 부서진다. 이 중에서 크기 5 mm 이하의 플라스틱 입자, 조각, 파편, 알갱이, 섬유 등을 미세플라스틱으로 구분하고 있다. 대형 플라스틱은 상대적으로 발견이나 수거가 용이하나, 크기가 작은 미세플라스틱은 발견하기 어렵고 수거 또한 어렵다. 분해되지 않고 잘게 쪼개진 미세 플라스틱은 독성 물질과 결합하여 바다에 축적되며, 먹이사슬에서 플랑크톤 및 작은 어류 같은 낮은 단계에 섭식되어 생물농축을 일으켜 잠재적으로 인간의 건강에 치명적인 영향을 줄 수 있다고 보고되고 있다.

인천대학교, 한국해양과학기술원 등에서 미세플라스틱의 분포 및 독성에 대한 연구를 시작하는데, 그 결과 우리나라 해변의 미세플라스틱 오염도는 일본, 브라질, 포르투갈, 미국의 해변에 비해 매우 높게 나타났으며, 양식업에 의한 연안 오염이 심각한 수준으로 보고되었다.

3 해양폐기물의 유형 및 분류

해양폐기물은 발생원 외에 폐기물이 분포되어 있는 위치에 따라 구분할 수 있으며, 해안에 산재되어 있거나 쌓여 있는 해안폐기물, 해수면에 떠다니는 부유폐기물, 그리고 해저면(바다 밑)에 가라 앉아 쌓여 있는 침적폐기물로 나누어진다. 다음의 그림은 해안, 부유, 침적폐기물을 보여주며, 침적폐기물은 바다 밑에서 건져 올려 수집되었다.

해안폐기물: 플라스틱류

해안폐기물: 음식물 쓰레기

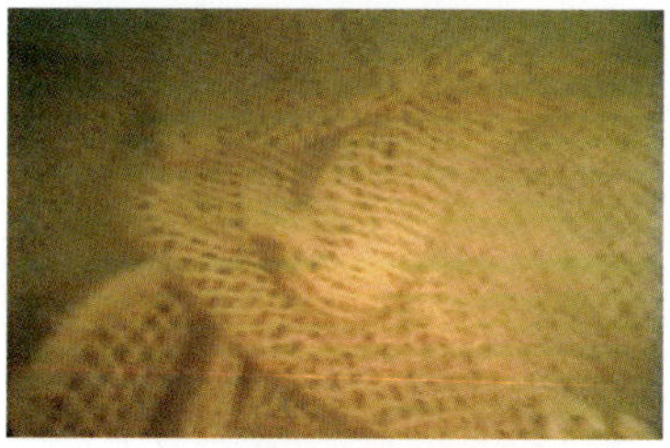

부유폐기물: 폐어망

침적폐기물: 폐어구

침적폐기물: 폐(와이어)로프

침적폐기물: 폐타이어

침적폐기물: 폐목재류

침적폐기물: 선박엔진

침적폐기물: 자동차

침적폐기물: 폐어선

그림 4.9.1 구체적인 해양폐기물 예

(1) 해양폐기물의 분해시간

해양폐기물의 분해시간은 신문의 경우 6주, 섬유장갑은 1년, 스티로폼 부표는 80년, 알루미늄 캔의 경우는 200년, 플라스틱 팩은 400년, 플라스틱 병은 450년, 낚싯줄은 600년 이상이 소요되며, 유리병의 경우는 언제 분해되는지 알 수 없을 정도로 상당한 시간이 지나야 분해되는 것으로 나타난다.

 신문 6주	 우유팩 3개월	 페인트칠한 목재 13년	 일회용 컵 50년	 스티로폼 부이 80년
 알루미늄캔 200년	 플라스틱링 400년	 플라스틱병 450년	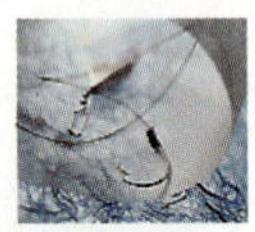 낚싯줄 600년	 유리병/단지 분해 안 됨

4 해양폐기물에 의한 피해

(1) 수산자원

해양폐기물이 수산자원에 미치는 영향은 대단히 심각한데, 실제로 햇빛의 투과를 방해하고, 유독물질과 병원체를 넓은 지역으로 확산시키며, 어류의 아가미에 부착되어 호흡장애를 유발하는 등의 영향을 끼치고 있다. 이러한 해양폐기물이 침전되면 어류의 산란장소 및 치어의 성장장소를 오염시켜 어족의 감소를 가져오며, 장기간 방치시 슬러지를 형성하여 해저생물이 질식하게 된다.

서해(황해)는 세계 7대 해양오염지역으로 인구증가 및 산업화로 인해 어족이 급격히 감소되고 있으며, 한국수산회 어촌문제연구소의 연구에 따르면 1966년 141종에서 1988년 24종으로 감소하고 있는 것으로 보고되고 있다.

1987년 미국에서 보고된 자료에 의하면 연간 해양폐기물 배출량이 630만 톤인 반면, 어획량은 270만 톤인 것으로 집계되고 있어 해양폐기물에 의한 피해의 심각성을 보여주고 있다.

또한 폐기된 낚싯줄과 어망, 로프 등에 바닷새와 바다거북, 물개, 바다사자, 해우 등의 생물이 엉켜 죽는 사고를 유령어업(ghost fishing)이라 하는데, 이 같은 유령어업에 의해 죽는 물고기와 게를 돈으로 계산하면 1년에 25억 달러가 된다는 보고도 있다.

(2) 해상안전

해양폐기물은 대형 여객선 및 유조선을 비롯하여 어선, 보트 등의 안전운항에 위협을 줄 수 있다. 선박 운항 중 폐기 어망, 로프, 통나무 등이 추진기 또는 선체에 걸리거나, 플라스틱류나 비닐포장이 선박의 냉각수 계통을 막아 엔진과열로 사고가 발생하고 있다. 폐기물에 의해 발생하는 추진기 및 선체 해상안전사고는 상당히 빈번하게 발생하여 국내 해양사고의 10% 정도를 차지한다.

(3) 해양생태계

해양폐기물은 해양 포유류, 바닷새, 어류 등 해양생태계 전반에 걸쳐 영향을 끼치고 있다. 전 세계적으로 대략 3만에서 5만 마리의 바다표범이 어망에 걸려 죽어가고 있으며, 115종의 해양포유류 가운데 49종이 플라스틱을 포함한 해양폐기물을 섭취하고 있음이 보고되고 있다.

바닷새와 바다거북은 해양폐기물에 가장 심각한 영향을 받고 있는 생물종이다. 특히 해양폐기물에서 높은 비율을 차지하는 플라스틱은 풍화로 인해 다양한 크기로 분해되어 바닷새 및 해양포유류가 먹이와 구분하기 어렵다. 바닷새는 플라스틱을 먹이로 착각하여 섭취하거나 새끼에게 운반하고, 바다거북은 플라스틱 백을 해파리로 착각하여 섭취하고 있는 것으로 보고되고 있다. 여러 조사에서 다량의 플라스틱 및 비닐봉지가 해양포유류 및 바닷새의 위에서 발견되었으며, 미국의 Alaska주에서는 40%, Hawaii에서는 89%의 바닷새가 플라스틱을 섭취하는 것으로 조사되었다. 또한 전 세계적으로 312종의 바닷새 가운데 36%인 111종이 플라스틱을 섭취하고 있는 것으로 보고되고 있다.

(4) 국내의 피해현황

국내에서는 2010년 동아시아 바다공동체 오션에서 처음으로 해양쓰레기로 인한 생물 피해를 조사하였으며, 총 20종에서 40건의 피해가 발생했다. 이 중 조류가 17

종으로 85%를 차지하였으며, 세계적인 멸종위기종 상괭이가 해양포유류 피해종으로 나타났다. 이러한 생물들은 주로 취미용 낚시도구, 특히 낚싯바늘에 의해 피해를 입었으며 납추, 낚시도래에 의한 피해도 생물에게 치명적이다(OSEAN, 2011). 수산자원의 피해에 대해서는 전반적인 연안 어족의 감소 추이가 뚜렷하지만, 육상에서 유입되는 하천수에 의해 수질이 악화되는 요인과의 구분이 어려워 구체적으로 데이터는 보고되고 있지 못하다. 그러나 여수 및 광양지역의 어촌계를 대상으로 설문지 및 전화 인터뷰를 통해서 조사한 결과 전체적으로 대략 매년 10% 내지 30%가 감소되고 있는 것으로 나타나고 있으며, 구체적으로 어류의 경우 10～20%, 어패류 및 해조류의 경우 20～30% 정도의 어획량이 감소되는 것으로 나타나고 있다.

전체 119개 어촌계 중에 설문지에 답한 27개의 어촌계로부터 수거된 설문지의 내용을 분석해 보면, 많은 어촌계에서 수산자원, 해상안전, 해양생태계 및 미관상의 피해가 있는 것으로 파악되고 있다. 피해발생 건수에 있어서는 1997년 이후로 지속적인 증가추세를 보이고 있다.

(5) 해양침적폐기물 분포 조사기술

우리나라에서는 1999년부터 무역항, 연안항, 어항 및 EEZ를 대상으로 침적되어 있는 해양폐기물을 조사하고 있다. 이 자료는 침적폐기물 수거 작업의 기초로 사용되고 있다. 수중에 침적되어 있는 폐기물 실태를 조사하는 방법은 다음과 같다.

① 실태조사 대상 항에 대한 지리적 특성, 항세 등 주변환경에 대한 기초조사 및 샘플장소 선정
② 양방향음파탐사기를 이용한 수중침적 폐기물 수평분포 개략 실태조사
③ 형망, 잠수부, 그랩 또는 피스톤 코어를 이용한 수중침적 폐기물 실태조사

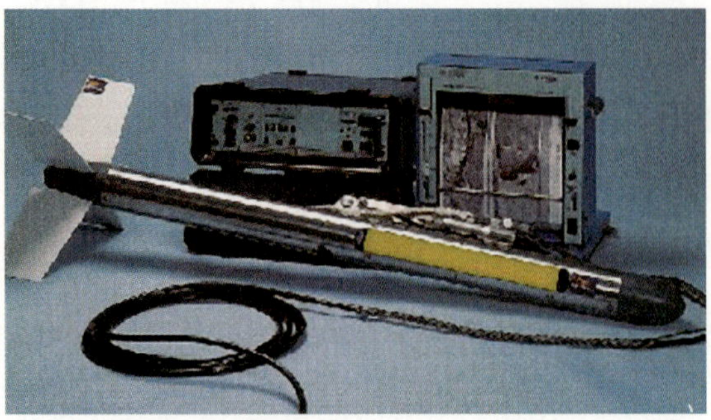

그림 4.9.2 양방향음파탐지기

위의 방법으로 샘플장소에서 조사된 자료를 바탕으로 대상 지역 전체에 대한 고형 수중침적 폐기물 종류 및 양을 추정하고 분포도를 작성한다.

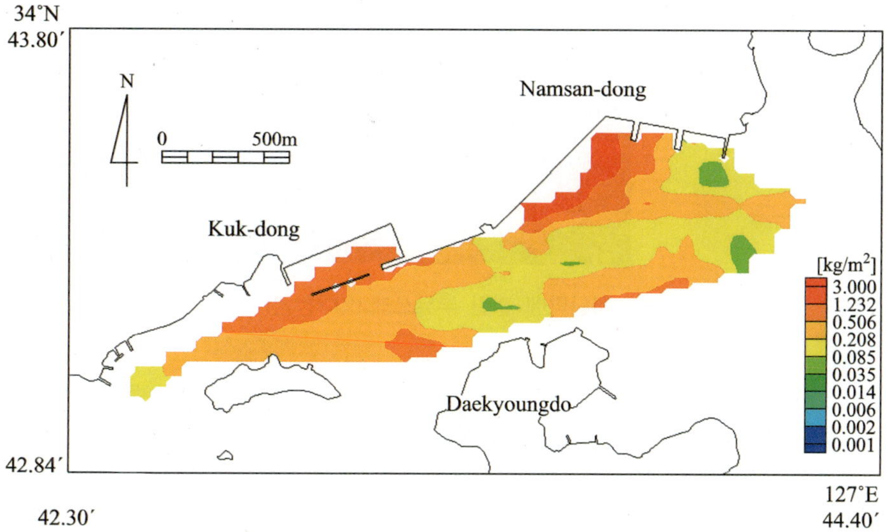

그림 4.9.3 여수시 국동항 수중침적폐기물 분포도

5 해양폐기물 유입예방, 수거-처리기술

(1) 해양폐기물 유입예방기술

① 강, 댐 부유쓰레기 해양유입 차단막 기술개발

육상에서 바다로 유입되는 쓰레기를 차단하여 해양유입을 막는 방법으로서 차단막이 사용된다. 쓰레기가 바다로 유입되면 확산과 침강 과정을 거쳐 해저면에 쌓이게 되는데 해저면에 쌓인 침적쓰레기를 조사하고 수거 처리하는 비용이 흘러 들어오기 전에 유입을 방지하는 비용에 비하여 훨씬 비싸기 때문에 사전에 유입을 방지하는 것이 중요하다. 따라서 평시에는 물론이고 홍수 시에 대량으로 바다에 흘러 들어오는 쓰레기를 차단하여 유입을 막는 방법이 사용되고 있다.

부유쓰레기 차단막은 오일붐과 유사하며 상부의 부력재와 하부의 그물망, 그리고 와이어나 체인으로 물의 흐름에도 견딜 수 있는 장력지지부로 구성된다.

그림 4.9.4 차단막에 걸린 부유쓰레기(대청댐)

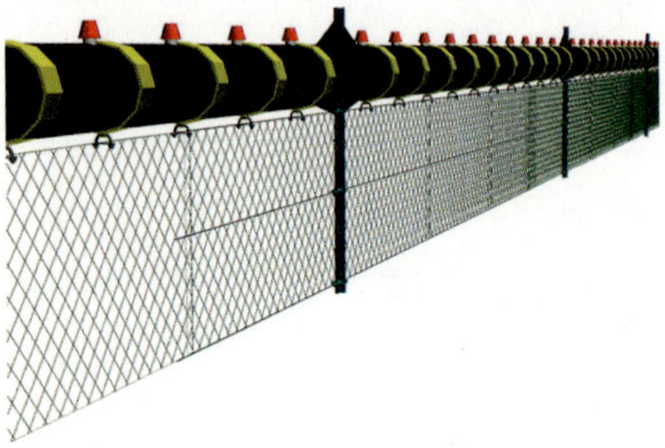

그림 4.9.5 차단막의 구성(좌)과 설치방법(우)

(2) 해양폐기물 수거기술

① 다기능 해양폐기물 수거선

다기능 해양폐기물 수거선은 전자해도를 이용하여 해양폐기물의 위치를 파악하고, 해저폐기물 탐지하는 기능을 보유하고 있으며 조종성이 우수하여 좁은 해역에서도 작업이 용이하다. 해양폐기물 수거선은 로프 제거 장치를 통해 수거지역에 떠다니는 로프 및 기타폐기물에 의한 안전사고를 예방하여 지속적인 수거작업이 가능한 장점을 가지고 있으며, 해저 및 부유쓰레기 수거작업의 고효율화, 생인력화된 다기능 해양폐기물 수거시스템을 개발하여 사용하고 있다.

(3) 해양폐기물 처리기술

① 어구용 폐스티로폼 감용시스템

우리나라 연안의 양식장에서는 가볍고 부력이 뛰어난 스티로폼 부자를 다량 사용하고 있다. 스티로폼 부자는 일반적으로 소각 또는 매립을 통해 처리되어 왔으며 비용이 70,000원/m^3으로 너무 비싸 해안가에 방치하거나 바람, 해류를 따라 흘러가게 내버려 두는 경우가 빈발했다. 방치된 스티로폼 부자는 환경을 파괴하고 미관을 훼손하여 그 피해가 아주 컸다. 폐스티로폼에 의한 환경오염을 줄이기 위해 2001년 한국해양연구원에서는 감용시스템을 개발하여 소각이나 매립 등으로 처리가 곤란했던 폐스티로폼의 친환경적 처리를 도모했다.

감용시스템은 폐스티로폼을 파쇄기로 잘게 부순 다음 물속에 통과시켜 굴 껍질, 흙, 금속류 등 이물질을 제거하고 염분을 세척한다. 이렇게 세정된 폐스티로폼 입자는 열풍건조기에서 함수율이 10% 이내가 되도록 건조시키고 마지막 단계인 압출 성형기에 들어간다. 압출성형기의 중간부 온도는 섭씨 150~170℃를 유지하고 출구온도는 100~110℃를 유지하면서 폐스티로폼을 감용시키면 부피가 1/70로 감용되어 인고트(ingot)가 성형된다. 이렇게 생산된 인고트는 재활용센터에서 구입하여 플라스틱 원료로 재활용된다. 이 감용시스템은 전국 연안에 15기 이상 보급되어 활용되고 있다.

(a) 감용기 설치전의 남해군 해안

(b) 감용기 설치 후 깨끗해진 남해군 해안

그림 4.9.6 감용기 설치 전후 남해군 해안

그림 4.9.7 감용기

그림 4.9.8 감용전 폐부자와 감용후 인고트

② 해양폐기물 자원화 기술

폐어망, 폐로프 등은 석유에서 만들어진 고분자 물질이기 때문에 고형연료(reduced plastic fuel or reduced derived fuel)로 만들어서 비닐하우스의 연료 등으로 사용될 수 있다. 또한, 저온열분해공정을 거쳐 경유나 중유를 추출할 수도 있다.

③ 해양폐기물 소각로

해양폐기물은 일반폐기물과는 달리 어망 등과 같이 염분이 많고 열량이 많은 것으로 구성되어 일반소각로에서는 처리하기 곤란하다. 이에 따라 염분에 부식되지 않고 고열량물질을 소각할 수 있도록 세라믹 등으로 제작된 전용소각로를 개발하여 사용하고 있다.

참고문헌

강성길 외, 2005. CO_2 해양처리기술의 국내외 현황과 향후 비전, 한국해양환경공학회, 추계학술대회논문집, 169-181.

강성길, 허철, 2008. 해저 지질구조내 CO_2 저장기술의 연구개발 동향 및 향후 국내 실용화 방안, 한국해양환경공학회지, 11권 1호

강영실, 이혜은, 장수정, 손민호, 2004. 한국연안의 해파리, 국립수산과학원, 55.

과학기술부, 2006. 기후변화협약 대응 연구개발 종합대책.

구본삼, 1998. 진해만의 바다밑 쓰레기에 대한 조사 연구, 수원대학교 환경공학과 석사학위논문.

김남길, 2000. 갯녹음 현상과 대책, 강원도 동해해역의 해양목장화 추진방안 심포지움, 71-130.

김성준, 김홍선, 최희선, 2006, 제3회 해양오염퇴적물 관리 및 준설토사 처리 및 활용 워크샵, 해양수산부.

김학균, 2005. 해양적조. 다솜출판사, 467.

김형석, 박광석, 한기현, 박기영, 2003, 연안 생태계 복원을 위한 전로슬래그 해중림초 이용 방안 연구, RIST 연구논문, 17(4), 392-397.

남정호, 2005. 연안오염총량관리 기본계획 수립 기초 연구, 마산만 특별관리해역을 대상으로.

박영규, 최상화, Matsumoto, 이정석, 강성길, 황진환, 2007, 심층 분사를 통한 해양 이산화탄소 격리 기술 소개, 한국해양환경공학회지, 10(2), 118-124.

박영선, 1999. 플라스틱에 의한 해양오염 방지 방안, 해양한국.

육근형, 2005. 국 내외 오염총량관리제도 사례 분석 및 정책시사점.

이두곤, 2003. 환경과학적 측면에서의 해양환경공학의 학문적 성격과 발전 방향, 한국해양환경공학회, 추계학술대회논문집, 131-137.

이재학, 2005. 해양생물에 의한 발전소 취수구 폐쇄현상 방지기술, 한국해양연구원, 702.

이지현, 1994. 연안역 통합관리의 개념, 과정 및 실행 방안. 해양정책연구 9(1).

이찬원 등, 1991. 진해만 일원 오염실태조사 보고서.

인천광역시, 2001. 인천 앞바다 쓰레기 실태조사 및 수거 처리 실시설계, 한국해양연구원, 인하대학교 서해안환경연구센터, (주)한국해양기술, (주)유에스티21.

장원근, 한기원, 이윤정, 최석문, 2015, 해양환경기준의 정책 활용도 개선방안 연구.

전홍표, 2012, 활성 굴패각 메디아를 이용한 폐수의 부영양화 물질 회수, 경남대 박사학위논문.

정호성, 김지희, 1998. 백화현상의 실체와 극복, 한국해양연구소, 206.

최진우, 서진영, 2007. 마산만 저서생태계를 중심으로 연안해역 건강성 평가를 위한 저서생물지수의 적용, Ocean and Polar Research, 29(4), 339-348.

한국수산회 어촌문제연구소, 1995. 바다를 살리자(I, II).

한국어촌어항협회, 1998-2005. 해양폐기물 수거 처리사업 결과보고서.

한국해양오염방제조합, 2000-2005. 해양폐기물 처리현황.

해양수산부, 1998. 환경어업기본계획.

해양수산부, 1999. 해양수산통계연보.

해양수산부, 1999-2004. 해양폐기물 종합처리시스템 개발(I, II, III, IV, V), 한국해양연구원 해양시스템안전연구소, 해양수산개발연구원.

해양수산부, 2003. 저온열분해를 이용한 폐어망의 재활용 기술개발 산업.

해양수산부, 2004-2006. 해양폐기물 수거 처리 실용화 기술 개발 연구(I, II, III).

해양수산부, 2005. 연근해 주요어장에 대한 해양폐기물 분포 및 실태조사(III).

해양수산부, 2007, 해양오염퇴적물 조사, 정화 복원체계 구축(III), 한국해양연구원(김석현 등), 경남대(이찬원 등).

Carlton, J. T., Thompson, J. K., Schemel, L. E., Nichols, F. H., 1990. Remarkable invasion of San Francisco Bay (California, USA) by the Asian clam *Potamocorbula amurensis*, I. Introduction and dispersal. Mar. Ecol. Prog. Ser., 66: 81-94.

Clean Ships , 1995. Ports & Oceans, National Academy Press.

Feely, R. A., Sabine, C. L., Kee, K., Berelson, W., Kleypas, J., Febry, V. J. and Millero, F. J., 2004. Impact of anthropogenic CO_2 on the $CaCO_3$ system in the oceans, Science, 305, 362-366.

Fujita, D., Noda, M., Kuwahara, H., 2006. Marine herbivorous fish: ecology, fishery, and utilization. Seizando-Shoten, 261.

Gentzis, T., 2000. Subsurface sequestration of carbon dioxide - an overview from an Alberta (Canada) perspective, International Journal of Coal Geology, 43, 287-305,

International Panel on Climate Change(IPCC), 2005. IPCC Special Report on Carbon Dioxide Capture and Storage, Cambridge University Press(http://www.ipcc.ch)

IPCC, 2005. IPCC Special Report on Carbon Dioxide Capture and Storage, Cambridge University Press(http://www.ipcc.ch).

Itakura, S., 2002. Revention of harmful flagellate blooms by diatom, In: Hiroishi, S., Imai, I., Ishimaru, T. (eds.), Revention and extermination strategies harmful algal blooms. 恒星社厚生閣., 9-19.

Jeong, H. J., Kim, J. S., Yoo, Y. D., Kim, S. T., Song, J. Y., Kim, T. H, Seong, K. A., Kang, N. S., Kim, M. S., Kim, J. H., Kim, S., Ryu, J., Lee, H. M., and Yih, W. H., 2008. Control of the harmful alga *Cochlodinium polykrikoides* by the naked ciliate *Strombidinopsis jeokjo* in mesocosm enclosures. Harmful Algae (in print).

Jeong, H. J., Yoo, Y. D., Kim, J. S., Kang, N. S., Kim, T. H., Kim, J. H., 2004. Feeding by the marine planktonic ciliate *Strombidinopsis jeokjo* on common heterotrophic dinoflagellates. Aquatic Microb. Ecol. 36, 181-187.

Jiro Eiho, Experiences and Lessons Learned through the Implementation of National Legislation for the Seto Inland Sea, Workshop on Ecosystem Management of Interrelated River Basins, Estuaries and Coastal Seas, MOMAF, Korea and PEMSEA, June 1-3, 2005 Kyungnam Univ. Korea

Kamiyama, T., 2002. Regulation of harmful algal blooms by planktonic ciliates, In: Hiroishi, S., Imai, I., Ishimaru, T. (eds.), Revention and extermination strategies harmful algal blooms. 恒星社厚生閣. 89-101.

Kamiyama, T., Takayama, H., Nishii, Y., and Uchida, T., 2001. Plankton Biol. Ecol., 48, 10-18.

Lee, J .H., 1999. Visioning Korean coast in the 21st century by intergrated coastal management, Ocean Pol. Res. 14(1), 325-359.

Marine Debris, 1997. Sources, Impacts, and Solutions, Springer.

Report of the World's Oceans, 1998, Greenpeace Research Laboratories Report.

Sabine, C. L., Feely, R. A., Gruber, N., Key, R. M., Lee, K., Bullister, J. L., Wanninkhof, R., Wong, C. S., Wallace, D. W. R., Tilbrook, B., Millero, F. J., Peng, T. H., Kozyr, A.,

Ono, T. and Rios, A. F., 2004, The oceanic sink for anthropogenic CO_2, Science, 305, 367-371.

Taniguchi, K., 1999. The ecological mechanism of "Isoyake" and marine afforestation. 恒星社厚生閣, 120.

Yoshinaga, I., 2002. Extermination of harmful algal blooms by algicidal bacteria, In: Hiroishi, S., Imai, I., Ishimaru, T. (eds.), Revention and Extermination Strategies Harmful Algal Blooms. 恒星社厚生閣. 63-80.

Internet Resources

해양수산부, http://www.momaf.go.kr/

특허청, http://www.kipo.go.kr/

통계청, http://www.nso.go.kr/

관세청, http://www.customs.go.kr/

자원재활용기술개발사업단, http://www.recycle.go.kr/

Integration and Application Network, University of Maryland, Center for Environmental Science, http://www.ian.umces.edu

Chapter 5

지속가능한 해양개발과 이용

5.1 해양 청정개발 및 청정생산 기술

개발과 보존이라는 서로 상충하는 두 개념 중, 어느 것이 우선 시 되어야 하는가는 매우 난해한 문제이다. 하지만 다양한 요소가 복합적으로 얽힌 작금의 환경보존 문제는 지구상에서의 인류 생존의 미래와 직접적인 연결성을 가진 초미의 관심사임에는 분명하다. 이러한 배경에서, 지구의 구성요소로서의 해양이 전 지구적인 환경 문제에서 큰 역할을 하고 있음을 인정한다면, 해양이라는 대상을 어떠한 철학을 가지고 개발하고 보존할 것인가 하는 점은 우리가 늘 고민하여야 할 화두이다. 본 장은 개발과 보존이 조화롭게 융합되는 청정생산의 개념과 이러한 개념이 해양이라는 환경에 효과적으로 적용될 수 있는 방향과 기술들에 대하여 살펴보았다(송무석, 2003).

1 청정생산(Cleaner Production)

일반적인 의미로 청정생산이라 함은 용역과 재화의 생산과정에서 환경과 인간에게 부하로 작용하는 폐기물을 발생하지 않는 생산을 말한다. 절대적인 의미로 청정이라는 개념이 정의될 수 없고 오염저감을 위한 모든 활동이 청정생산의 영역에 포함된다고 볼 수도 있다. 하지만 우리가 여기서 말하는 청정생산은 일반적인 의미와 구별되는 구체적인 개념을 가지고 있으며 특히 기존의 환경개선 노력과 구별하기 위하여 엄밀하게 정의할 필요가 있다.

인류는 지난 약 100년 동안 지구환경에 엄청난 부담을 주는 방향으로 산업과 생활을 발전시켜 왔지만 결과로 구현된 문명적 풍요를 누리고 있는 인구는 전체의 20%밖에 되지 않는다. 하지만 이미 오염에 대한 지구의 자정능력의 한계가 이야기되는 상황에서 나머지 80% 인구에게도 같은 방식으로 같은 수준의 문명을 제공하자고 한다면 갖가지 환경적인 재앙과 나아가 인류의 생존에 대한 위협과 맞서야 할 개연성이 크다. 여기서 생각할 수 있는 선택은 우리가 지향하는 산업발전의 형태를 "지속가능한 발전(Sustainable Development)"으로 정하는 것인데, 이는 '미래의 인류에게 꼭 필요할 자원과 환경의 희생을 수반하지 않고 현재의 인류가 필요한 것을 이루어가는 발전'을 말한다. 모든 사회, 경제 및 문화적 활동이 이러한 지속가능한 발전의 한계에서 이루어지는 것이 매우 중요하며, 환경의 문제 또한 지속가능한 발전의 중요한 축으로 이해되고 청정생산의 개념이 도입된다.

2 해양환경과 생산활동

해양은 해양에서의 생산활동과 무관한 외부에서 유입되는 환경부하를 받고 있다. 우리나라 근해의 해저 및 부유 쓰레기의 70%가 육상기원이다. 처리되지 않은 하수를 포함하여 매립되지 못하는 최종단계의 폐기물 또한 바다에 투기되고 있는 상황에서 상대적으로 적은 오염량을 배출하는 해양의 산업생산을 논하는 것이 다소 불합리하다고 생각될 수도 있다. 하지만 우리가 지향하는 청정생산을 통한 지속가능한 발전으로 사회, 문화, 경제가 움직인다면 결국 바다의 환경문제도 산업생태의 큰 틀 속에서 해결되어야 할 것이다.

인류가 해양을 이용하는 형태로는 화물과 승객의 운송 통로로서의 이용, 공간자원으로의 이용, 그리고 각종 자원의 공급처로의 이용을 든다. 이들은 다시 세분된 영역으로 분리되어 각각 유형, 무형의 가치를 해양이라는 환경과의 상호작용을 통하여 창출한다.

(1) 해상운송

전통적인 조선산업과 선박을 이용한 해운 산업이 이 영역에 속하는 생산활동이다. 우리나라의 경우 조선산업은 최대 호황기이던 2011년 500억 달러 이상의 무역수지 흑자를 기록하기도 한 국가기간산업으로 여전히 세계 1위의 경쟁력을 자랑하고 있다. 조선산업의 경우 해양오염과 연관이 있는 부분은 선박의 도료문제와 발라스트수/빌지수, 폐유류 및 선박에서 생산되는 생활쓰레기의 방출문제, 선박엔진에서 대기로 배출되는 유해가스의 문제, 그리고 소형 FRP선의 처리 문제 등이 있다. 최근에는 국제해사기구(International Maritime Organization)를 중심으로 온실가스 저감을 위해 선박의 에너지효율을 규제하는 논의가 활발하며, 이 규제에 따라 건조되고 운용되는 친환경 선박에 대한 관심이 높아지고 있다.

TBT계열의 도료는 특히 선박이 오래 머무는 항구나 조선소 지역의 해양생물에 성변이 등의 문제를 발생시키고 있으며, 이러한 문제의 해결을 위하여 선박의 크기에 따라 유해성 도료의 사용을 금하는 등의 규정이 시행되고 있다. 청정생산의 개념으로 본다면 도료산업체에서 유해성이 없는 새로운 방오도료를 청정생산의 틀 속에서 지속적으로 개발해 나가는 것이 실질적인 해결책이 될 수 있다. 빌지수 등의 폐기물의 해상투기는 선박 운용자의 윤리에 관련된 문제이긴 하지만 이용자가 부담 없이 활용할 수 있는 폐기물저장소의 확보와 이용자들에 대한 지속적인 교육이 필요하다.

선박에 의한 대기오염의 문제는 교토협약과 연계하여 민감한 문제이다. 세계 제일의 선박 생산국으로서 이 부분에 있어서 선도적인 역할을 수행할 필요가 있고 성능이 개선된 엔진의 개발에 지속적인 노력을 기울여야 한다. 수명을 다한 소형 FRP 어선은 물리적인 분쇄와 열처리를 통해 재활용 자원으로 전환이 가능하다.

한편 사고로 인하여 대량의 유해물질이 해상으로 방출되는 경우가 종종 있다. 1989년의 엑슨 발데스 호 사고와 1995년의 씨프린스 호 사고 등이 유명하고 그들 사고들은 사회, 문화, 경제적으로 큰 충격과 영향을 주었다. 특히 액상의 화물을 운반하는 선박을 이중선체로 바꾸는 것과, 충돌이나 좌초의 가능성을 줄이기 위하여 선박의 운항정보와 기상 및 해역특성을 포함한 해양환경정보를 선박들과 항만관리자 간에 실시간으로 공유하는 시스템의 구현, 그리고 최악의 상황에 대비하는 긴급계획과 훈련된 방제인력과 충분한 장비의 확보를 통하여 종합적인 위험도를 낮출 수 있다. 아울러 물리적인 회수가 불가능한 유류의 처리를 위한 미생물을 활용하는 방법도 지속적인 연구가 필요하다. 경우에 따라 환경적으로 매우 민감한 지역에서의 선박에 의해 발생된 파도에 의한 침식이 문제가 되기도 한다.

(2) 공간자원

해양을 공간으로 이용하는 예는 실로 다양하다. 해수욕장과 같은 친수공간, 선박이 정박하는 항만시설 그리고 연안지역의 매립이나 대형 해양구조물을 이용하는 각종 시설들을 생각할 수 있다. 해수욕장의 경우 인위적인 쓰레기 투기가 문제가 되고 항만의 경우도 어구나 생활 쓰레기의 투기로 수질과 선박의 안전 운항에 문제를 일으킨다. 역시 교육을 통한 인위적 폐기물의 유입억제가 최선의 해결책이겠고 아울러 악화된 환경을 물리적으로 개선하는 노력도 필요하다.

항만시설의 유지와 항구내의 정온도 확보를 위하여 방파제를 설치하는데, 일반적으로 해저면으로부터 쌓아올리는 착저식이 많이 활용되고 있는데, 이는 월파가 없는 경우 100% 방파가 가능하고 수심이 작은 경우 비교적 설치비가 저렴하다는 장점 등에 기인한다. 그러나 항만 내외의 해수흐름을 완전히 차단함에 따른 만내 수질 악화의 문제와 수심이 커질 경우 공사비의 증가가 매우 심하다는 단점, 그리고 방파제 설치에 따른 해류 변화로 경우에 따라 원하지 않는 퇴적과 침식현상이 유발될 수 있다는 등의 이유로 부유 구조물과 적절한 계류장치를 이용하는 부유식 방파제의 활용이 적극적으로 검토되고 있다.

농지확보를 목적으로 진행되어온 매립은 간석지의 소실이라는 문제로 많은 논란을 야기하고 있다. 개발과 보전의 논리가 서로 대립된 상황이지만 전문가와 이해당사자들의 진솔한 토의와 지속가능한 발전이라는 테두리 안에서 공익을 생각하는 비전과 협력이 필요하다.

소위 NIMBY(Not In My Back Yard) 현상으로 공익성이 강한 혐오시설들이 자리를 찾지 못하면서 다양한 구조물이 해양에 설치되고 있다. 부유식 쓰레기 소각장치, 담수화장치, 유류저장탱크, 부유식 공항 등 거친 바다 환경의 극복을 전제로 한 매우 적극적인 해양개발 활동이라 하겠으나 온배수의 문제, 소음/자기장/해저면의 일조량 문제 등은 청정생산이라는 관점에서 새롭게 조명해야 할 부분이 많다.

(3) 해양자원

인류가 획득하고 있거나 획득 가능한 해양자원은 해양생물자원, 해양석유 및 광물자원, 해양수자원 그리고 재생산이 가능한 바다가 가지는 자연에너지이다. 어업으로 대표되는 수산자원의 획득은 생명공학의 발달로 해양목장의 개념으로 확대되고 있고 신물질 추출 등에 대한 연구도 계속되고 있다. 어업과 관련된 환경의 문제로는 연근해에서의 양식업에 기인한 수질오염이 있다.

해양석유의 개발은 1950년대 멕시코만을 시작으로 1970년대의 북해로 이어져 수심 1000 m 이상의 해역까지 대상이 되고 있다. 석유는 소모성자원이라는 점에서 석유에너지에의 의존과 소비 증가는 청정생산의 방향과 부합되지 않는다. 또한 석유의 탐사와 생산 및 운송에 이르는 과정에서 다량의 기름이 누출되고 있고 원유를 수송하는 대형탱커들의 해상 이동은 해양환경에 잠재적인 위협이 된다고 하겠다. 하와이 근처의 Clipperton-Clarion 해저광구는 고순도의 희소금속을 함유한 망간단괴의 창고로 알려져 있다. 우리나라도 광구개발권을 확보한 상태이므로 자원의 채굴뿐 아니라 해저환경보전을 위한 연구개발이 필요한 시점이다.

전술한 바와 같이, 해양에서의 생산은 상대적으로 폐기물의 지속적인 발생이 적은 편이다. 대부분의 경우, 생산공정에서 필연적으로 오염물이 발생하기 보다는 인간의 실수나 의도에 의해 오염물이 해양으로 유입된다. 이러한 문제는 교육과 의식의 전환으로 그리고 체계적인 기술개발로 많은 부분 해결이 가능할 것으로 판단된다. 그러나 육상의 청정생산 개념에서 빠진 재생산이 가능한 에너지의 개발이라는 측면은 해양만이 가지는 큰 특징이다. 청정생산의 시작이라 할 수 있는 재생가능 에너지의 개발은 해양자원의 적극적인 활용을 통하여 이룰 수 있는 영역이며 육상과 대기 그리고 해양을 묶는 산업생태의 청정 에너지원을 해양이 공급할 가능성도 있다. 이러한 배경에서 적극적인 투자를 통한 기초기술과 응용기술의 개발이 시급하다 하겠다.

5.2 신재생 해양에너지 자원

해양의 재생 가능한 청정에너지를 이용한 발전기술은 화석연료 사용에 따르는 환경오염과 자원고갈 문제를 극복할 수 있는 중요한 대체에너지 기술의 하나로 인식되고 있다. 해양에는 파랑, 조력, 조류, 수온, 풍력, 염도 등 다양한 에너지원이 존재하며, 이를 이용한 에너지 추출기술에 대한 연구가 청정 대체에너지 기술의 필요성이 부각되면서 최근 활발히 진행되고 있다(홍석원 등, 1998). 삼면이 바다로 둘러싸인 우리나라 연안 해역은 다양한 가용 에너지 자원이 풍부하게 분포하며, 설치 가능한 해역 또한 광범위하여 해양에너지 자원은 우리나라 연안역에서 대규모로 활용이 가능한 에너지 자원이다. 특히 화석에너지 수요의 대부분을 수입에 의존하고 있는 우리나라 실정에서 해양에너지 자원의 개발은 국가적 성장 동력인 신재생 에너지 자원의 확보뿐 아니라 기후변화협약에 의한 환경보호 노력에 따른 국제적인 규제에 대응하는 청정기술의 확보라는 측면에서 중요하다.

해양에너지 이용기술은 해양에 광범위하게 분포하는 청정 재생에너지 자원인 파랑, 조력, 조류, 수온, 풍력 등의 물리적 에너지를 전기에너지로 변환하는 장치와 관련 해양구조물의 설계 및 성능평가 엔지니어링 기술과 실해역 설치, 운용 및 복합이용 실용화 기술을 포함한다.

해양에너지의 효율적 이용이 가능하기 위해서는 적지평가기술, 에너지변환기술, 해양구조물기술, 발전장치 운용 및 보수유지기술 등 다양한 분야의 기술들이 종합적이고 유기적으로 결합되어야 한다. 해양에너지 이용기술을 분야별로 세분화하면 다음과 같다.

- 해양에너지 이용적지 분석기술
  - 해양에너지(조력, 조류, 파력, 해양온도차, 해상풍력) 분포특성 수치 시뮬레이션 및 조사관측
  - 해양환경 조사관측 및 환경영향 평가
  - 해양에너지 이용 가동률 산정 및 적지평가
- 해양에너지 변환장치 설계 및 성능평가 기술
  - 해양에너지 집적 및 흡수장치 설계 및 성능평가
  - 발전기 및 제어기 설계 및 성능평가
  - 전력계통 연계기술
- 해양에너지 이용구조물 설계기술

- 지반구조물 설계 및 구조성능 평가
- 상부구조물 설계 및 유체성능 평가
- 복합이용 구조물 설계 및 기능성 평가
- • 해양에너지 발전장치 운용 및 보수유지 기술
  - 해양환경 대응 최적운용
  - 원격 운전 모니터링 및 고장진단
  - 전력망 연계운용 최적화
- • 해양에너지 실용화 및 경제성 제고기술
  - 단위모듈 대형화
  - 대규모 단지화
  - 해양에너지 복합발전

해양에너지 이용기술은 에너지 자원의 종류에 따라 상기 세부기술의 내용이 상이하며, 각각을 구분하여 그 특성과 핵심요소들을 고찰하면 아래와 같다.

1 파력에너지 이용기술

파력발전 방식은 작동 원리에 따라 가동물체형, 진동수주형, 월파형으로 구분되며, 설치 형태에 따라서 착저식과 부유식으로 구분되기도 한다(홍기용 등, 2005). 가동물체형은 수면의 움직임에 따라 민감하게 반응하도록 고안된 여러 형태의 기구를 사용하여 파랑에너지를 물체에 직접 전달하고, 이때 발생하는 물체의 움직임을 전기에너지로 변환하는 방식으로 파력발전의 가장 오래된 형태이다. 가동물체형 파력발전은 파랑에너지를 가장 직접적으로 흡수하므로 에너지 변환효율은 상대적으로 유리한 편이나 에너지 취득 기구자체가 파랑에 의한 외력을 직접 견뎌야 하므로 구조적인 안전성에서 취약하다.

진동수주형 파력발전(Falnes, 2002)은 파 에너지를 공기의 유동으로 변환하고, 발생된 공기의 흐름 중에 터빈을 위치하여 전기를 얻는 파력발전 방식이다(그림 5.2.1(a)). 입사파가 장치의 전면에서 반사되어 중복파가 형성되고, 이때 발생하는 수면의 상하 움직임이 장치 전면의 개구부를 통해 공기실 내로 전달되어 공기실 안의 공기가 압축·팽창을 반복하게 되면, 이에 의해 공기실 상부 노즐부에 공기의 흐름이 발생하게 된다. 월파형 파력발전은 파랑의 진행방향 전면에 사면을 두어 파랑에너지를 위치에너지로 변환하여 저수한 후 형성된 수두차를 이용하여 저수지의 하부에 설치한 수차터빈을 돌려 발전하는 방식이다(그림 5.2.1(b)).

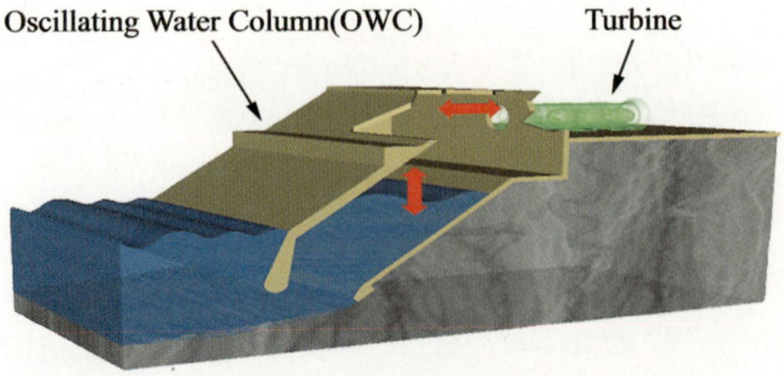

(a) 진동수주형 파력발전(Wavegen, 영국)

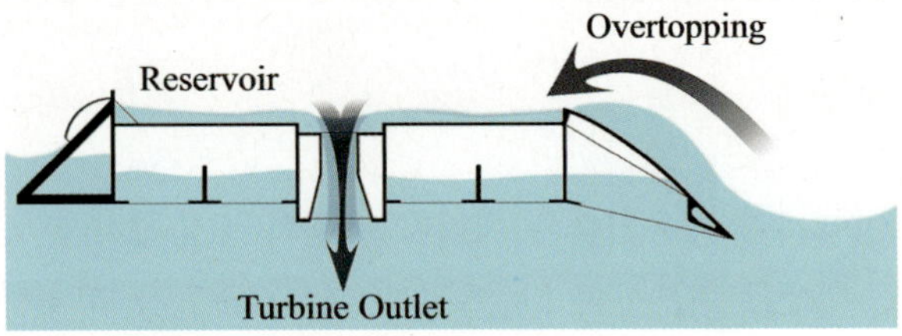

(b) 월파형 파력발전(Wave Dragon, 덴마크)

그림 5.2.1 **파력발전 발전방식**

파랑에너지 변환효율은 진동수주형 파력발전 방식이 일반적으로 월파형 파력발전에 비해 유리한 것으로 알려져 있다. 또한 진동수주형의 경우 파고의 크기에 관계없이 에너지 취득이 가능한 장점을 갖는다. 그러나 월파형의 경우에는 사면 천단고의 설계 높이에 의해 결정되는 일정한계 이상의 파고에 대해서만 에너지 취득이 가능한 제약을 갖는다. 파랑에너지의 변동성은 파력발전 기술에서 직면하는 가장 큰 어려움 중의 하나이며, 이에 따라 파력발전의 실용화를 위해서는 발생전력의 평활화가 중요한 과제가 되고 있다. 진동수주형 파력발전은 입사파 에너지를 곧바로 유체의 운동에너지로 변환하고 이어서 이를 2차 변환 장치로 연결하므로 파랑에너지의 변동성이 발생 전력에 그대로 전달되어 변동성의 제어가 어렵다. 반면에 월파형 파력발전은 저수 시설을 이용하여 파랑에너지를 위치에너지로 변화시킨 후 2차 변환이 이루어지므로 상대적으로 변동성이 작으며 변동성의 제어가 용이한 이점이 있다.

파력발전 개발 초기에는 연안역 적용에 유리한 파력발전장치를 중심으로 연구가 진행되어 진동수주형 및 착저식 파력발전장치의 개발이 활발하였으나, 최근에는 파랑에너지 밀도가 상대적으로 높고, 적용 대상 해역이 넓어 대규모 단자화가 가능한 외해역 적용에 유리한 파력발전장치에 대한 기술개발 노력이 증가하고 있다. 기술개발이 가장 활발한 가동물체형 파력발전은 세부적인 에너지 변환원리에 따라 감쇠형,

점흡수형, 잠수압력차형, 진자형 등으로 다시 세분화되며, 그 중에서도 점흡수 방식의 파력발전장치 개발이 가장 활발하다.

파력발전 기술개발을 세계적으로 선도하는 국가는 영국, 덴마크, 포르투갈을 비롯한 유럽의 여러 나라와 미국, 일본, 호주 등이며, 다양한 실해역 실증이 진행되고 있어 조만간 파력에너지의 대규모 활용이 가시화될 전망이다.

실해역에 설치되어 운용 중인 진동수주형 파력발전장치로는 영국의 Limpet, 포르투갈의 Pico 플랜트, 호주 Energetech 플랜트가 있으며, 다른 방식에 비해 가장 오랜 실해역 경험을 갖고 있고, 모두 착저식이다. 진동수주형 파력발전은 스페인의 Mutriku(그림 5.2.2)와 이탈리아 Civitavecchia 항의 방파제에 단지를 구축하여 상용발전을 시작되고 있다. 월파형 파력발전장치로 대표적인 덴마크의 Wave Dragon은 축소 실증플랜트를 제작하여 실해역에서 성능을 검증하였다. 부유식인 Wave Dragon 상용 모델의 발전용량은 최대 4 MW에 달하며 영국 웨일즈 연안에 설치를 계획 중이다.

그림 5.2.2 스페인 Mutriku의 진동수주형 파력발전 단지

최근 가장 활발한 기술개발이 진행되고 있는 가동물체형 파력발전장치는 다양한 원리들이 적용되어 서로 다른 기술적 특징을 갖는 다수의 실증플랜트가 실해역에서 시험되고 있으며, 영국이 가장 앞선 기술을 보유하고 있다. 본격적인 상용화 단계에 들어선 Pelamis는 부유식으로 파도를 따라 움직이는 실린더형 구조물의 관절부에 위치한 유압장치를 이용하여 파력에너지를 흡수하며, 착저식인 영국의 Oyster는 해저면에 위치한 바닥구조물과 힌지로 연결된 연직구조물이 파도에 따라 진자운동을 하고 이때 유압장치를 이용하여 운동에너지를 기계에너지로 변환하여 발전하는 방식이고, 고정식과 부유식의 혼합형인 영국의 AWS(Archimedes Wave Swing)는 고정되

어 있는 내부 실린더와 파도의 상하 운동에너지를 흡수하여 움직이는 외부 실린더의 상대운동을 이용하여 발전하는 방식이다.

국내의 파랑에너지 이용에 관한 연구는 1990년대에 시작되어 파력에너지 변환장치 개발, 파력발전 구조물 설계, 파력발전 적지조사, 실용화 기술 개발 등 종합적인 파력발전 연구가 꾸준히 지속되고 있다. 2001년 7월에 울산 앞바다에 설치된 60 kW급의 부유식 진동수주형 파력발전장치인 "주전A호"는 국내에서 최초로 실해역에 설치된 파력발전장치이다. 국내에서도 2010년대부터 파력발전 실해역 실증연구가 활발히 추진되어 2016년 7월 500 kW급 착저식 진동수주형 파력발전장치인 "용수시험파력발전소"가 설치되어 가동 중이며(홍기용 등, 2017), 가동물체형인 300 kW급 진자형 파력발전장치 실증플랜트(그림 5.2.3)도 2018년에 제주 해역에 설치되어 운영될 예정이다(신승호 등, 2018).

그림 5.2.3 진자형 파력발전 실증플랜트의 건조 모습

2 조력에너지 이용기술

조력발전이란, 조석을 동력원으로 하여 해수면의 상승하강현상을 이용, 전기를 생산하는 발전방식으로 일정중량의 부체가 받는 부력을 이용하는 부체식, 조위의 상승하강에 따라 밀실에 공기를 압축시키는 압축공기식, 그리고 방조제를 축조하여 해수저수지 즉, 조지(潮池)를 조성하여 발전하는 조지식으로 나눌 수 있다(이광수 등, 2005). 오늘날의 실용화된 조력발전 방식은 조지식으로, 강한 조석이 발생하는 큰 하구나 만에 방조제를 설치하여 조지를 만들고 외해수위와 조지내의 수위차를 이용하여 발전을 하게 된다. 조력발전 방식은 일반적으로 조지의 수에 따라 단조지식과 복조지

식으로 구분되며, 또한 조석의 이용횟수에 따라 단류식과 복류식으로 나누고 있다(그림 5.2.4).

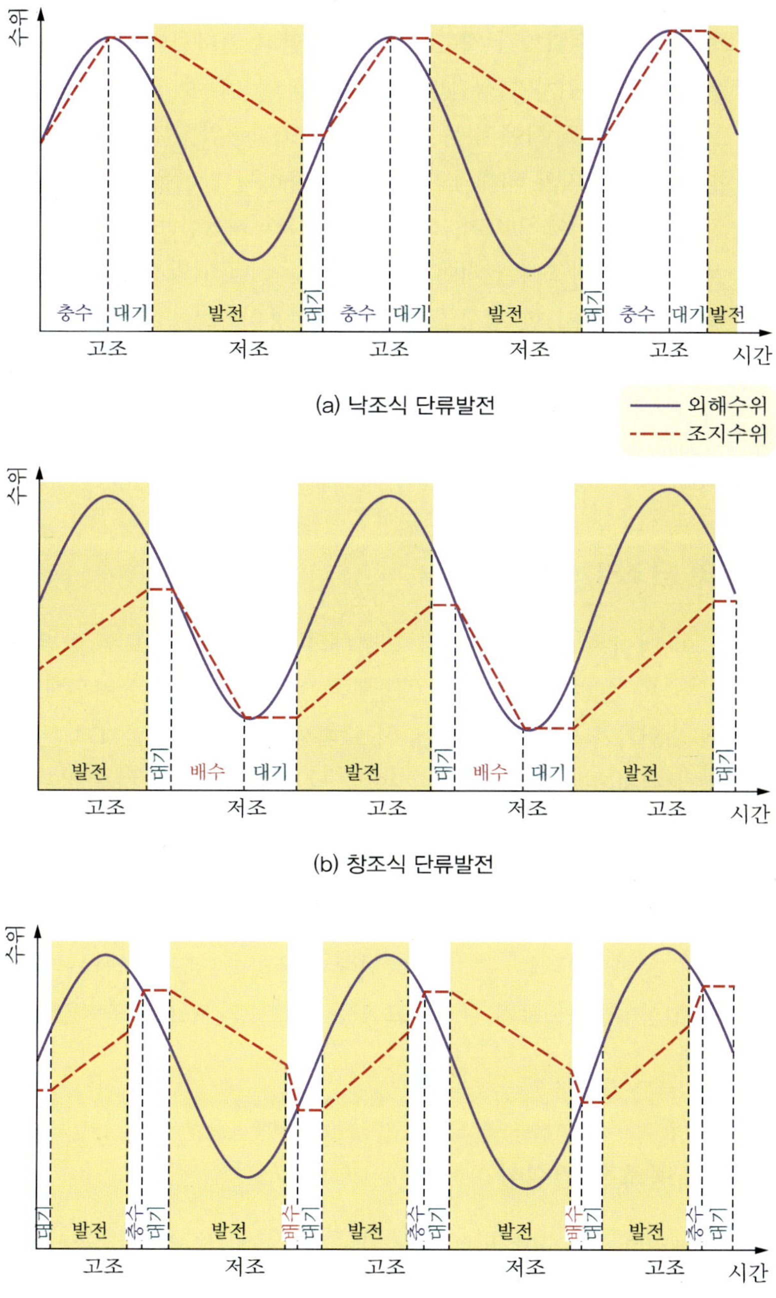

(a) 낙조식 단류발전

(b) 창조식 단류발전

(c) 복류식 발전

그림 5.2.4 조력발전 발전방식

(1) 단조지 단류식

하나의 조지를 조성하여 발전하는 형태로 창조 시에 수문을 개방하여 조지 내에 해수를 만조수위까지 채운 후 수문을 닫고 기다렸다가 낙조 시에 조지와 외해의 조위 사이에 수위차가 생길 때 그 낙차를 이용하여 발전하는 낙조식 발전방식과 이와는 반대로 낙조 시에 수문을 개방하여 조지수위를 간조수위까지 낮춘 후 기다렸다가 창조 시에 조지와 외해와의 낙차를 이용하여 발전을 하는 창조식 발전방식 등 두 가지의 발전방식이 있으며, 해역조건에 따라 적합한 방식을 택하게 될 것이나 발전 효율면에서는 창조식 발전이 낙조식 발전에 비해 약간 불리하다. 어느 경우이든 발전을 함에 있어서 한 방향의 흐름만을 이용하므로 단류식이라 한다. 운전방식은 발전 → 대기 → 충수 → 대기의 사이클을 계속 반복하므로 발전출력의 단속이 불가피하다. 그러나 발전방식이 가장 간단하고 발전설비의 가격도 저렴하여 가장 실용적인 조력발전방식이다.

(2) 단조지 복류식

이 방식은 하나의 조지를 조성하되 창조와 낙조 모두 발전하는 방식으로 단조지 단류식에 비해 발전시간이 연장될 수 있다. 그러나 이 경우에도 역시 조지와 외해와의 수위차가 발전가능낙차에 이를 때까지 대기해야 하기 때문에 발전은 단속적이다. 또한 설치되는 수차발전기도 2방향 발전이 가능해야 하므로 단류식 수차발전기에 비해 구조가 복잡해지고 제작비용도 높아지게 된다. 일반적으로 이 발전방식은 조차가 아주 크게 발생하는 지역에서는 단류식보다 유리한 것으로 알려져 있으나, 우리나라 서해안의 경우 유력한 조력발전 후보지의 하나인 충청남도 가로림만에 대한 분석 결과를 보면 단류식이 경제성 측면에서 유리한 것으로 나타난다. 현재 세계에서 유일하게 상업발전소로서 운영되고 있는 프랑스의 Rance 조력발전소가 단조지 복류식을 이용하고 있다.

(3) 복조지 연결식

조력발전 대상지점이 지형상 두 개의 조지 형성이 가능할 경우 하나를 고조지, 다른 하나를 저조지로 조성하여 두 개 조지 간의 수위 차를 이용, 고조지에서 저조지로 해수를 유통시키면서 발전하고 외해의 조석변화에 따라 고조지와 저조지의 수문을 조작하여 조지의 수위를 계속적으로 조정한다. 이 방식은 연속발전이 가능하나 발전 효율은 단조지 발전방식에 비해 떨어진다.

(4) 복조지 분리식

2개의 단조지 단류식 발전소를 독립적으로 운영하여 계통으로 연결시킨다. 즉, 한쪽 조지는 창조시에 단류식으로 발전하고 이와 동시에 다른 쪽 조지에 해수를 채웠다가 낙조시에 발전함으로써 발전시간 간의 시차를 이용하는 것이다. 복조지식 발전방식은 조력발전의 약점인 출력의 단속성을 완화시키기 위한 방식이다. 그러나 출력의 단속에서 발생하는 문제는 기존 전력계통에서의 효과적인 조정으로 충분히 대처할 수 있다.

조력발전은 발전량 측면에서는 조석간만의 차가 크고 조성되는 조지면적이 넓을수록 유리하고, 건설비 측면에서는 설치되는 댐의 길이가 짧을수록 유리하다. 우리나라 서해안은 굴곡이 심한 리아스식 해안으로 크고 작은 만이 발달해 있고 조차가 커서 세계적인 조력발전의 적지이다(그림 5.2.5). 우리나라 서해안 중부, 경기만 해역은 큰 조차 및 잘 발달된 해만으로 인해 천혜의 조력에너지 자원 보고로 알려져 있으며, 서해안 중부 일대의 조력자원개발 입지 10개 지점에 약 650만 kW의 조력자원이 부존하는 것으로 평가되고 있다.

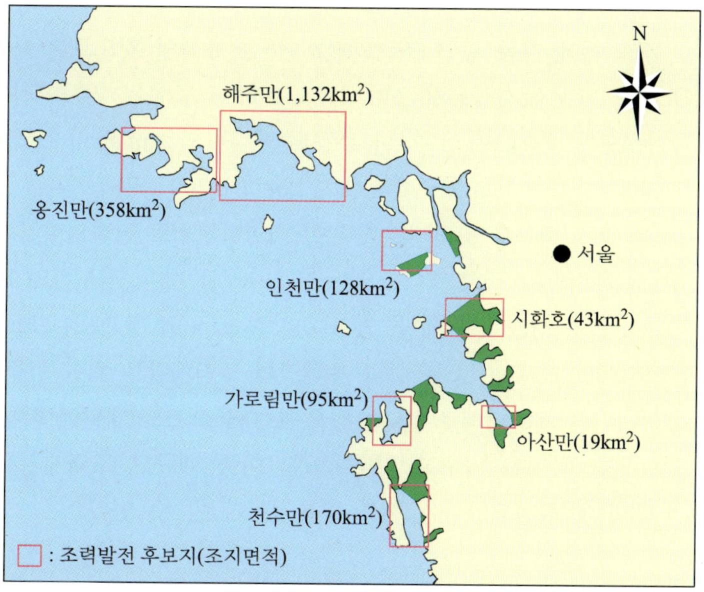

그림 5.2.5 우리나라 조력발전 주요 후보지

우리나라의 시화조력발전소(그림 5.2.6)는 시설용량이 254 MW이고 연간 최대 발전량이 553 GWh에 달하는 세계 최대 규모의 조력발전소이다. 본래 시화만은 농·공업용지 및 휴식공간 조성을 목적으로 시화방조제를 구축하여 담수호를 조성할 계획이었으나, 수질문제로 담수호 계획을 포기하고 해수호로 유지키로 한 이후 시화호에 조력발전소 건설이 추진되어 2011년 완공되었다.

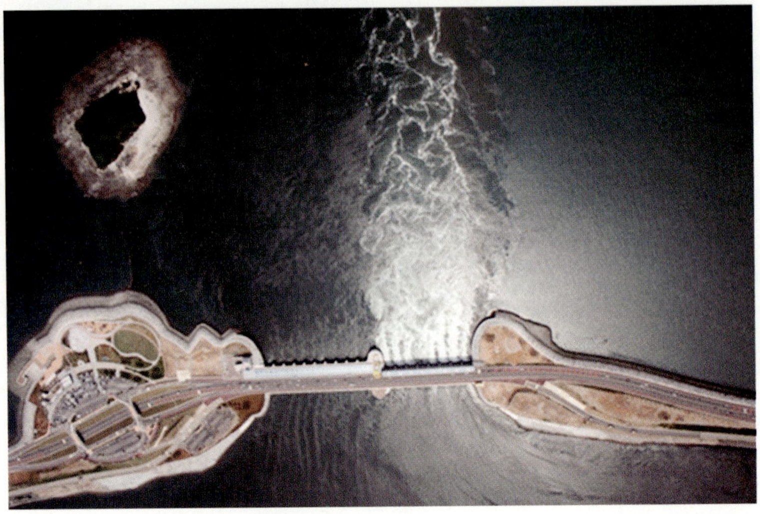

그림 5.2.6 시화조력발전소 전경

국외에서 가동 중인 조력발전소 중 대표적인 것으로는 1967년 준공된 프랑스의 Rance 발전소(시설용량 240 MW), 1968년 준공된 러시아의 Kislaya Guba 발전소(시설용량 400 kW), 1984년 준공된 캐나다의 Annapolis 발전소(시설용량 20 MW), 그리고 중국의 Jiangxia 발전소(시설용량 3,200 kW)를 들 수 있다. 이들의 공통적 특징은 모두 대규모 조력개발을 위한 시험발전소로 건설되었다는 점이다. 즉, 프랑스의 Rance 조력발전소(그림 5.2.7)는 Chausey섬 개발, 러시아의 Kislaya Guba 발전소는 Tugur만과 Mezen만 개발, 캐나다의 Annapolis 발전소는 Fundy만 개발, 그리고 중국의 Jiangxia 발전소는 중국 동해안의 조력개발을 위한 연구, 건설 및 가동경험 축적을 위한 전초단계로 볼 수 있으며, 대규모 조력개발에 따른 시행착오를 최소화하기 위한 목적을 가지고 있다. 또한 이들 대규모 조력개발에 대한 타당성 조사가 1960년대 실시되었다는 점도 공통점이라 할 수 있다.

그림 5.2.7 Rance 조력발전소 전경

유럽을 중심으로 20세기 초 근대적 의미의 조력개발이 시도된 이래 조력발전에 관한 기술은 발전방식, 수차발전기 개발, 시공법 개발 등의 분야에서 상당한 발전이 있었다. 발전방식의 경우 프랑스의 Gibrat가 제안한 6-Cycle Mode 운전은 당시로는 획기적이었으며 조력발전방식에 융통성을 주었고, 벌브(Bulb) 수차의 개발은 조력발전뿐 아니라 저낙차 수력발전에도 큰 파급효과를 주었다. 또한 가물막이 공법을 대체하는 케이슨(Caisson) 공법의 고안으로 건설비 절감은 물론 공사기간을 줄일 수 있게 되었다. 현재 조력발전에 대한 기술적인 문제는 대부분 해결되었으나, 경제성을 높이면서 해양환경에의 영향을 최소화할 수 있는 기술의 개발이 요구되고 있다.

3 조류에너지 이용기술

조력발전이 조력댐을 만들고 조지와 외해 사이의 낙차를 이용하여 발전하는 것과는 달리 조류발전은 조류의 흐름이 빠른 곳을 선정하여 그 지점에 수차발전기를 설치하고, 자연적인 조류의 흐름을 이용하여 설치된 수차발전기를 가동시켜 발전을 하는 것이다. 따라서 조력댐 없이 발전에 필요한 수차발전기만을 설치하기 때문에 비용이 적게 드는 반면, 적지를 선정하는데 어려움이 있고 발전을 적절히 조절할 수 있는 조력발전에 비해 자연적인 흐름의 세기에 따라 발전량이 좌우된다는 단점이 있다. 또한 해수유통이 자유롭고 해양환경에 미치는 영향이 거의 없어 조력발전보다 더 환경친화적인 것으로 간주된다.

조류발전은 풍력발전과 같이 유체의 운동에너지를 이용하여 터빈을 회전시켜 전기를 생산한다. 한편 해수의 밀도가 공기에 비하여 약 840배 정도 크기 때문에 같은 시설용량일 경우 풍력터빈에 비하여 조류터빈의 크기가 훨씬 작다. 유체흐름에 의한 에너지 계산식은 다음으로 표현된다.

$$P = \frac{1}{2}\rho A V^3$$

여기서 ρ는 해수밀도, A는 수로단면적, V는 조류유속이다. 이 식에 따르면 유속이 증가할 때 발생되는 에너지는 유속에 지수함수로 증가하기 때문에 유속이 큰 곳이 조류발전에 절대적으로 유리하다. 또한, 실제 조류터빈을 설치하여 발전하는 경우 획득되는 에너지는 ηP(η : 터빈효율)가 되므로 터빈의 효율에 따라 조류발전을 통하여 얻어지는 전력에 차이가 있다. 따라서 조류터빈의 효율 증가를 위한 연구가 조류발전 실용화를 위한 주요 요소이다.

조류에너지 개발을 위한 필수 요소로는 조류발전설비와 지지구조물로 분류될 수 있으며, 조류 발전설비(조류발전 시스템)는 수차, 증속기, 발전기 및 전력변환장치 등으로 구성된다. 이 중에서 1차 에너지 변환장치인 수차의 효율은 조류발전 시스템의 중요한 요소이다. 조류발전 터빈은 터빈의 회전방향에 따라서 수평축터빈과 수직축터빈으로 분류되며, 수평축인 경우 일방향 흐름, 하천과 같이 일정한 흐름을 유지하는 경우에 적용이 유리하고, 수직축인 경우는 조류와 같이 흐름의 방향이 변하는 경우에 유리하다. 수차의 고정방식에 따라서도 조류발전 형식이 구분된다. 현재 많이 알려진 파일고정식과 계류삭을 사용하는 계류고정식 그리고 자체 무게로 시스템을 고정하는 자중고정식으로 나눌 수 있다. 한편 일반적으로 조류발전은 유속이 1 m/s 내·외인 곳에서도 가능하나, 경제성 있는 발전을 위해서는 최소한 2 m/s 이상인 곳을 후보지로 선정한다.

조류발전 기술개발이 가장 활발한 국가는 영국으로 MCT(Marine Current Turbine)사는 2003년 300 kW급 조류발전시스템을 실해역에 설치하여 운영한 바 있으며, 이를 확장하여 한 쌍의 터빈으로 이루어진 1.2 MW급 조류발전시스템(그림 5.2.8)을 2008년에 제작 설치한 바 있다. 또한 영국의 Lunar Energy사와 Open Hydro사도 수평축 터빈 방식의 조류발전시스템을 독자적으로 개발하여 실해역 시험을 진행한 바 있다. 수직축 터빈으로는 일본에서 많이 연구된 다리우스 수차, 캐나다에서 연구된 데이비스 수차, 미국에서 개발된 헬리칼 수차 등이 있다.

그림 5.2.8 영국 MCT사 SeaGen 조류발전장치

국내에서 개발이 진행 중인 조류발전 기술은 해양연구원이 2003년 울돌목에 설치한 소형 헬리칼 수차 방식의 조류발전시스템이 시초로서, 이를 확장하여 2009년 1 MW급의 조류발전시스템(그림 5.2.9)을 울돌목에 건설하여 운용 중에 있다. 또한 2011년부터는 200 kW급 수평축터빈을 사용한 고정식 조류발전시스템이 개발되고 있으며, 향후 이를 1 MW급의 상용발전 모델로 확장할 계획이다. 우리나라는 울돌목, 장죽수도, 맹골수도 등 남서 해역에 우수한 조류발전 적지들이 산재해 있다. 이들 해역에서는 대규모 조류발전 단지 건설이 계획되고 있으며, 조류발전은 국내에서 가장 유망하고 환경친화적인 해양에너지로 부각되고 있다.

그림 5.2.9 울돌목 조류발전소 전경과 헬리컬 수차

4 해양온도차에너지 이용기술

해수의 온도차에너지 발전은 수심에 따른 바닷물의 온도차를 이용하여 에너지를 취득하는 기술이다. 열대해역에서 해면의 해수 온도는 흔히 20℃를 넘으나 해면으로부터 500～1000 m 정도 깊이의 심해에서는 4℃에서 거의 일정하다. 이와 같은 표층수와 심층수의 온도차를 이용하여 작동유체를 증발시켜 터빈을 회전함으로써 전력을 얻고 다시 작동유체를 응축하는 방식으로 발전하는 기술을 해양온도차 발전(OTEC: Ocean Thermal Energy Conversion)이라 한다. 해양 시스템은 작동유체로 저온 비등 냉매를 사용하는 폐순환 시스템(Closed-Cycle System)과 저압의 증발기를 이용하여 온수 자체를 작동유체로 사용하는 개순환 시스템(Open-Cycle System)으로 구분되며, 혼합순환 시스템(Hybrid-Cycle System)이 사용되기도 한다.

폐순환 시스템(그림 5.2.10)은 해수 표층의 온수를 사용하여 오존층을 파괴하지 않는 암모니아나 프로필렌 같은 비등점이 낮은 작동유체를 증발시켜 터빈을 돌려 발전하는 방법이다. 해수 표층의 온수가 증발기에 유입되면 열교환기를 통해 열전달이 발생하며 이때 비등을 통해 작동 증기가 생성된다. 이 생성된 증기가 터빈을 회전시켜 전력을 생산하는 시스템이다. 터빈을 통과한 증기는 해저로부터 취수된 심층 냉수에 의해 응축기에서 응축액으로 바뀌며 다시 재순환 된다. 폐순환 시스템은 과정이 단순하여 전력 생산만을 목적으로 하는 경우보다 실용적이다. 전력전환 효율은 약 5% 정도이며, 펌프 효율 등을 포함한 전체 시스템 효율은 약 2.5% 정도이고, 플랜트 설비 단가가 저렴한 장점이 있다.

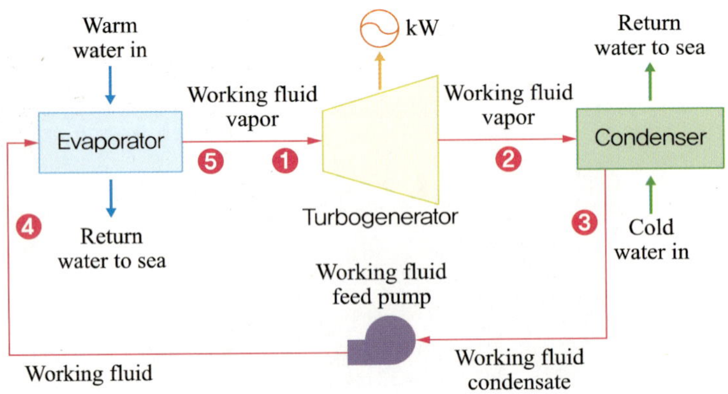

그림 5.2.10 폐순환 해양 온도차발전 시스템 개념도

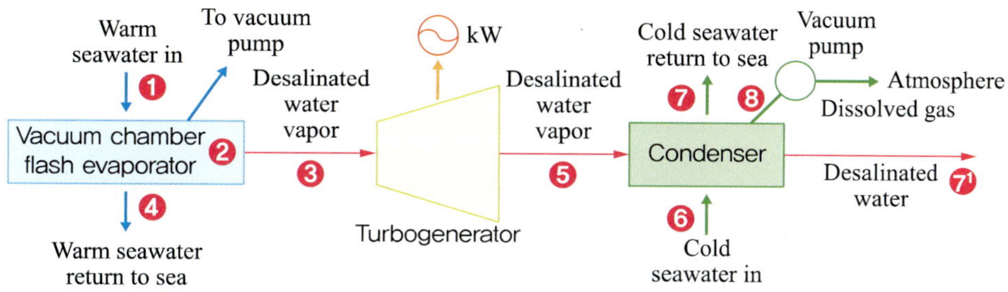

그림 5.2.11 개순환 해양 온도차발전 시스템 개념도

개순환 시스템(그림 5.2.11)은 해수 표층의 온수를 작동유체로 직접 사용하는 방법이다. 표층 온수는 펌프로 증발기에 유입되고, 증발기는 진공펌프로 압력을 낮추어 온수가 상온에서 비등하게 하며, 생성된 증기로 저압 터빈을 구동시켜 전력을 생산하게 된다. 터빈을 통과한 증기는 심층 냉수로 열교환기에서 응축되어 부산물로 담수가 얻어진다. 개순환 시스템은 상대적으로 효율이 높아 더 많은 전력의 생산이 이루어지고 담수의 활용이 가능한 장점이 있으나, 플랜트 설비 단가는 폐순환 시스템보다 다소 비싼 편이다. 개순환 시스템의 전력변환 효율은 약 5.5% 정도이며 전체 시스템의 효율은 약 3.0% 정도이다.

혼합순환 시스템은 폐순환과 개순환 시스템의 장점을 결합한 것으로 열원을 최대로 사용하도록 설계하여 전력과 담수를 동시에 얻게 하는 방법이다. 취수된 표층 온수로 일차적으로 폐순환 시스템에서 전력을 생산하며 여기서 나오는 온수를 이차적으로 개순환 시스템에 보내어 직접 접촉식 증발기를 통과시키고 응축기로 보내 담수를 동시에 생산하는 시스템이다.

해양 온도차발전에 관한 국내 연구의 사례는 제한적이다. 동해의 남부 해역과 제주 일부 해역에는 표층수와 심층수 사이에 상당한 온도차가 존재한다고 알려져 있으며, 원자력 및 화력 발전소로부터의 온배수를 이용한 온도차발전 가능성이 제시된 바 있다. 온도차발전장치의 국내 연구는 2000년 인하대학교, 제주대학교 및 한국해양연구원이 공동으로 수행한 20 kW급 해양 온도차발전 실증 연구가 시초이다(김종보 등, 2000). 이 연구는 열교환기, 저압터빈, 냉해수 취수관의 설계 및 시뮬레이션 기술을 개발하고, 서인천 복합화력 발전소에 실증플랜트를 설치 운용하여 개발 기술을 검증한 바 있다. 최근의 연구 사례로는 강원도 고성의 해수에너지연구센터에서 심층수를 열원으로 하는 20 kW급과 복합열원을 활용한 200 kW급(그림 5.2.12)의 해수 온도차 발전시스템을 2014년 개발 완료하였으며, 이를 확장하여 1 MW급 시스템을 개발 중이다(김현주 등, 2015).

그림 5.2.12 200 kW 복합열원 해수온도차 발전시스템

해양 온도차 발전의 개념이 프랑스 기술자 Jacques Arsene d'Arsonval에 의해 100여년 전 처음 제안된 이래 해양 온도차 발전의 초기 연구는 프랑스에서 가장 활발히 진행되었다. 이후 1973년의 에너지파동을 겪으면서 해양 온도차발전은 미국과 일본을 중심으로 본격적인 기술개발이 시작되었다. 미국에서는 매사추세츠 공과대학과 카네기멜론 대학 등의 학계와 산업체가 참여하여 다양한 온도차발전 방식에 대한 연구가 진행되었으며, 1980년대 이후에는 하와이의 PICTER(Pacific International Center for High Technology Research)에서 가장 활발하게 연구가 진행되고 있다. 미국은 1979년 하와이에 50 kW 출력의 해상형 폐순환식 Mini-OTEC을 설치하여 실험을 수행하였으며, 냉수 취수관은 길이가 663 m이고, 직경이 0.6 m의 폴리에틸렌제를 사용하였다. 표층 온해수의 온도는 24～27℃였고, 수심 663 m에서의 냉해수 온도는 5℃였다. 미국은 1993년부터 하와이에 210 kW 출력의 육상형 개순환식 온도차발전장치 HELH를 운용하고 있다.

일본은 1974년에 발족한 신재생에너지 개발계획인 Sun-Shine 계획의 일부로 해양 온도차발전 기술 개발을 추진하여 1982년 도쿠시마대학이 도쿠노시마에 50 kW급, 1985년 사가대학이 이마리에 75 kW급 육상형 폐순환식 OTEC 실증플랜트를 각각 설치하여 실험하였다. 또한 사가대학은 2013년 오키나와 쿠메지마에 2기의 50 kW급 해수온도차 발전시스템(그림 5.2.13)을 건설하여 운용 중이다.

그림 5.2.13 일본 사가대학의 쿠메지마 OTEC 플랜트

5 해상풍력에너지 이용기술

바람의 운동에너지를 기계장치의 회전력으로 변환하여 전력을 얻는 풍력발전 기술은 육상을 중심으로 비약적인 발전을 거듭하여 이제는 풍력자원이 우수한 곳에서는 화석연료를 이용한 발전과도 경쟁력이 있을 정도의 경제성을 확보하고 있다. 그러나 육상 풍력발전은 부지확보의 어려움과 소음, 시계, 전파 등에 의한 거주 환경 저해 및 이에 따르는 민원 문제로 인해 보급에 한계를 갖는다. 이에 따른 대안으로 출현한 해상 풍력발전은 부지확보나 주거환경 상의 장점 외에도 풍속이 육지보다 빠르고 균일하여 에너지 취득에 유리하여 유럽지역을 중심으로 활발한 기술개발 및 해상 적용이 이루어져 왔으며, 현재는 기당 최대 출력 5 MW에 이르는 대규모 풍력발전 시스템의 단지화가 천해역을 중심으로 이루어지고 있다.

풍력발전 장치의 주요 구성 요소로는 날개(Blade)와 허브(Hub)로 구성된 회전자(Rotor)와 회전을 증속하여 발전기를 구동시키는 증속장치(Gear Box), 발전기와 각종 안전장치를 제어하는 제어장치, 유압 브레이크 장치, 전력제어 장치 및 기반구조물 등이 있다. 해상 풍력발전 기술은 육상 풍력발전에 필요한 기술 요소들 이외에도 해양 설치에 따르는 해양구조물 설계 및 부식 대응기술의 확보와 불리한 접근성에 따른 보수유지 기술의 제고가 필요하다. 풍력발전은 날개의 회전축방향, 운전방식, 출력제어방식에 따라 분류된다.

회전축방향은 회전축이 지면에 대해 수직으로 설치되어 있는 수직축방식과 회전축이 지면에 대해 수평으로 설치되어 있는 수평축방식으로 구분된다. 수직축은 풍향에 무관하므로 풍향의 변동이 많은 사막이나 평원에 적합하나, 수평축에 비해 효율이 떨어지는 단점이 있다. 수평축은 간단한 구조로 이루어져 있어 설치하기 편리하나 풍향에 영향을 받는다. 운전방식에 따른 구분으로는 정속운전 유도형 발전기를 사용하는 기어형과 변속운전 동기형 발전기를 사용하는 비기어형이 있다. 기어형은 유도형 발전기기의 높은 정격회전수에 맞추기 위해 회전자의 회전속도를 증속하는 기어장치가 장착되어 있으며, 발전기의 주파수를 전력계통에 일치시켜 연결할 수 있다. 비기어형은 기어장치 없이 회전자와 발전기가 직결되는 형태로 전력계통에 연결하기 위해서는 가변주파수를 조절하는 인버터가 필요하다. 비기어형은 발전효율은 높으나, 발전기가 비싸고 크기가 큰 단점이 있다. 풍력발전의 출력제어는 날개의 경사각을 조절하여 출력을 능동적으로 제어하는 피치제어(Pitch Control)방식과 한계풍속 이상이 되었을 때 양력이 날개에 작용하지 못하도록 날개의 공기역학적 형상을 조절하는 실속제어(Stall Control)방식이 있다.

해상풍력 발전시스템에 사용되는 터빈의 날개, 기계장치, 발전장치 등은 일반 육상풍력 발전장치와 크게 다르지 않다. 다만 모든 주요부품이 해수환경에서도 견딜 수 있도록 해양화되어야 하며, 보수유지 비용 증가를 최소화할 수 있는 고려가 필요하다. 또한, 육상풍력에 비하여 풍황이 좋은 곳에 설치되므로 경제성 확보를 위하여 대형 발전장치가 사용되기 때문에 날개, 기계장치, 발전장치 등의 설계기준이 강화되어야 한다.

육상과는 달리 해상풍력발전 기술의 개발에서 가장 중요하게 고려하여야 하는 것은 발전타워를 지지하는 해상기초구조물이다. 해상기초구조물은 크게 해저고정식과 해상부유식으로 나누어볼 수 있다. 현재 덴마크, 영국에서 개발하고 있는 대부분의 해상풍력발전 장치들은 수심이 50 m 미만에 해저고정식으로 설치되고 있다. 해저고정식은 고정방법에 따라 모노파일을 사용하는 말뚝식, 콘크리트 케이슨과 같은 자중을 이용하는 중력식, 자켓형 구조물을 이용하는 자켓식, 흡입앵커파일을 이용하는 흡입고정식 등으로 나누어진다. 현재까지는 천해역을 대상으로 직경 3.5 m ~ 5 m의 모노파일 말뚝식이 많이 설치되고 있는데, RCD(reverse circulation drilling)를 사용하여 해저면을 굴착한 후 내부에 철근콘크리트로 채움공사를 수행하게 된다. 대체로 수심 30 m까지는 모노파일 해저고정식 구조물이 적합하며 수심 60 m까지는 자켓식 구조물이 경제적임을 보여준다. 한편, 수심 60 m 이상의 해역에서는 부유식이 더 경제적인 것으로 예측하고 있다. 대수심에 적합한 부유식 해상기초는 해저석유 가스플랜트용 해양구조물을 그 기반으로 하고 있는데 반잠수형, 바지형, Spar형, TLP형 등이 개발되고 있다.

해상풍력 발전기술 개발은 1990년대부터 덴마크, 영국, 독일, 네덜란드 등 서유럽 국가를 중심으로 시작되어 2000년대 들어 실해역 적용이 급격히 증가하고 있다. 풍력발전은 2015년 기준으로 63.5 GW의 신규 설비가 설치되었으며, 총 누적 발전용량 432.9 GW를 달성하여 22%의 성장률을 기록하였다(Global Wind Energy Council, 2016). 이 중에서 해상풍력은 신규 3.4 GW, 총 누적 발전용량 12.1 GW에 달한다. 최초의 상업적인 해상풍력 시설인 덴마크 Vindeby 해상풍력단지에서는 11기의 450 kW 풍력발전기가 1991년 이래 안정적으로 운영되고 있으며, 2000년대 들어 1.5 MW 이상의 해상풍력 발전장치의 실용화가 이루어지고 있다. 해상풍력은 해상 설치 및 운용에 따르는 비용 증가에 기인하여 경제성 제고에 유리한 단위 시스템의 대형화 및 단지화가 기술개발의 주요 목표이며, 최근에는 3～5 MW급 풍력발전기가 주로 설치되고 있고, 최대 8 MW까지의 해상풍력 발전장치가 출현하고 있다.

국내의 풍력시장은 2015년 신규 설치용량 224 MW로 총 누적 설비용량 834 MW를 달성하였다(한국에너지공단, 2016). 해상풍력의 경우 제주 월정리 해상에 2009년 설치된 2 MW급 및 3 MW급이 국내 최초이며, 제주 한경면 전면 해상에 30 MW 해상풍력 단지(그림 5.2.14)가 건설되어 2018년부터 가동 중이다. 또한 대규모 서남해 해상풍력 실증단지 건설이 곧 착수될 예정이다. 이 사업은 3단계로 구성되어 있으며 현재 1단계 3 MW급 20기로 구성되는 60 MW 실증단지 건설을 추진 중이며, 상황에 따라 5 MW급 4기를 추가 설치하여 최대 80 MW 단지로 건설할 계획이다. 이어서 2단계 400 MW, 3단계 2,000 MW 단지를 예정대로 건설하면 총 2.5 GW의 대규모 단지가 조성된다.

그림 5.2.14 제주 한경면 탐라해상풍력 단지

국내의 풍력발전기 개발은 중공업사를 중심으로 이루어지고 있다. 처음에는 750 kW급에서 시작하여 현재 5 MW 시스템까지 개발에 성공하였으나, 협소한 내수시장으로 초기 성장에 어려움을 겪고 있다. 이중에서 해상풍력용으로는 3 MW와 5 MW 시스템이 개발되었다.

5.3 해양생물자원과 해양생명공학

지속가능한 해양환경의 개발과 이용에는 보존이 전제되어야 한다. 최근 국내외에서 해양생물자원의 중요성이 강조되고 있고, 해양생물자원을 활용한 해양생명공학산업이 발전되고 있다. 따라서 본장에서는 해양생물다양성과 해양생명공학의 주요 분야인 수산생명공학, 보건의료, 산업신소재, 해양환경생명공학 분야에 대해 각각 설명하고자 한다.

1 해양생명공학이란

해양생명공학의 정의 및 개요를 살펴보면 해양생명공학이란 해양생물이나 그들의 구성성분, 시스템, 대사, 기능 등을 연구하여 궁극적으로 인간복지를 위한 상품과 서비스를 제공하는 학문 혹은 산업을 말한다. 이를 위해서는 해양과학, 해양생물학, 수산학에 바탕을 두고 분자생물학, 면역학, 생화학, 생물공학 등의 다학제 간의 공동연구를 통한 첨단지식을 탐구하여야 하며 최근에는 유전체학, 단백질체학, 대사체학, 생물정보학 등의 기법을 활용한 연구가 추진되고 있다. 해양생물공학의 발전을 통해 우리는 해양생물자원생산의 증대를 통한 식량문제 해결, 질병치료 방법의 모색, 에너지 문제의 해결, 지구환경의 문제점 해결 등을 통한 삶의 질을 높일 수 있다. 해양생명공학의 범위는 편의상 기존 생명공학의 목적별 분류체계와 같이 보건의료, 식량 및 식품, 산업신소재, 에너지, 환경 분야로 대별할 수 있으며 해양 동물/식물/미생물을 대상으로 연구한다. 이와 같이 해양생명공학은 해양만의 문제점 해결을 목적으로 연구하는 학문이기 보다 모든 생명공학이 추구하는 목적과 동일하다고 볼 수 있다. 그러나 기존의 생명공학은 육상생물소재에 국한되어 있어 해양생물의 접근 및 획득의 제한, 해양환경 및 생물특이성의 규명에 대한 한계 등이 있어 기존 생명공학과 차별화되어 독립된 분야로 연구가 추진되고 있다(김상진, 2003; 2005a; 2007).

지금까지 인류가 의존해 온 육상생물자원으로부터 산업소재, 의약품 등 다양한 신소재 개발은 한계에 도달하였다. 지구표면의 3/4이 해양환경이며 30만 종 이상의 생물종이 해양에 서식하고 있으나, 접근과 획득이 용이하지 않아 그동안 활발한 연구가 진행되지 않았다. 그러나 최근 선진국에서는 생명공학소재 개발의 대상을 육상생물에서 해양생물로 점차 이전하는 추세이다. 해양생물은 육상생물과는 다른 환경 즉 폭 넓은 온도범위, pH, 다양한 용존가스, 무기영양물질(특히 염분) 등이 존재하는 곳에서 생존하므로 특이 생물이 다양하게 존재한다. 또한 매질이 물이므로 생물체간의 통신을 위한 다양한 미량화합물을 생산하고, 외부로부터의 감염에 대한 방어기작이 발달되어 있어 유용 신소재 생산가능성이 높은 무궁무진한 유전자원이 존재하는 것으로 알려져 있다.

해양생명공학은 아직 개발초기 단계로 이 분야의 선점을 위한 국가간 경쟁이 매우 치열하다. 특히 선진국들은 해양생물을 단순한 식량자원으로 이용하는 차원을 넘어서 유용 유전자원의 원천으로 인식, 국가 주도하에 해양생명공학을 활성화하여 21세기 첨단산업의 일환으로 육성하고 있으며 아울러 세계 각국은 자국 내의 해양생물에 대한 배타적 권리를 주장하고 있다.

2 해양생명공학 연구동향

해양생명공학분야의 발전을 위해 학술활동이 국제적 규모로 1989년 제1차 IMBC (International Marine Biotechnology Conference) 학술대회가 일본 동경에서 개최되었고, 2007년 3월 이스라엘 아일랏에서 제8차 IMBC 학술대회가 개최되었다. 한편 아시아 태평양 해양생명공학연맹이 중심이 되어 구성한 제1차 APMBC(Asia Pacific Marine Biotechnology Conference) 학술대회는 1995년 일본 시미즈/시즈오카에서 개최되었고, 2008년 한국에서 제8차 APMBC가 개최될 예정이다.

(1) 해외동향

① 미국

각국별로 해양생명공학분야의 연구동향을 살펴보면 먼저 미국은 해양생명공학에 대한 전반적인 연구를 주도하고 있는 국가로서, 연방정부 차원에서 생명공학육성책인 「21세기를 위한 생명공학(Biotechnology for the 21st Century)」을 수립하였고,

해양생명공학을 4대 생명공학과제(해양생명공학, 농업, 환경, 생산공정) 중 하나로 선정하여 집중 지원하고 있다.

미국은 1960년도 말 케네디정부의 해양개발 10개년계획의 일환으로 지난 30여년 동안 National Sea Grant College Program 등을 통해 정부 차원에서 해양생명공학을 집중 육성하였으며 벤처기업을 중심으로 한 신제품개발 및 산업화가 진행 중이다. 현재에도 벤처기업과 12개 대학의 해양생명공학연구소를 중심으로 활발한 연구·개발을 수행하고 있으며, 연간 200여개 기관 및 100여개 벤처기업에서 3,000여명의 연구자가 기술개발에 참여하고 있다. 자세한 연구분야 및 투자규모는 표 5.3.1과 같이 수산증양식, 신의약 분야, 환경 분야에 중점을 두고 있음을 알 수 있다.

표 5.3.1 National Sea Grant College Program의 해양생명공학 분야별 투자동향 (단위: 백만불)

분 야	투자기간	합 계
Molecular Genetics	1995~1997	2.7
Natural products: Chemistry and biological activity	1995~2002	25.7
Bioprocessing, Bioreaction, Cell & Tissue culture	1995~2002	7.9
Environmental monitoring and assessment, pollution control & prevention, remediation	1995~2002	6.3
Water quality: Toxics, biological contaminants, biotoxins/Harmful algal blooms	1995~2002	11.5
Fisheries, Aquaculture	1995~2002	30.0
Seafood safety & technology	1995~2002	1.9

출처: 김상진, 2002a

미국의 해양생명공학 관련 연구소의 대부분은 민간이 직접 투자하여 수행하기 어려운 연구 등을 연방 정부나 주정부의 지원을 받아 수행하고 있으며, 향후 21세기가 생명공학과 같은 첨단기술의 시대라는 점을 감안하면 해양생명공학분야 연구가 꾸준히 활성화될 것으로 예상되며, 연구 인력 및 개발투자 또한 폭발적으로 증가할 것으로 예측하고 있다.

② 일본

일본은 해양생명공학연구소(MBI)와 일본해양과학기술센터(JAMSTEC)를 중심으로 해양생명공학 연구를 21세기 국가 전략산업으로 수행하고 있다. 정부와 민간기업이 출자하여 설립한 해양생명공학연구소에서는 연 20억 엔 규모로 해양생물로부터 신의약품 및 유용 신물질 등의 연구를 중점적으로 추진하고 있고, 정부 연구기관인 일본해양과학기술센터에서는 심해 미생물 프론티어 사업에 10여년간 500억 엔 이상을 투자하여 진행하고 있다.

심해미생물 연구는 크게 지각 내 미생물 연구영역, 지각 내 생태계연구영역, 심해미생물 연구영역으로 나뉘어 진행되고 있는 한편 극한미생물의 게놈 분석을 수행하고 있다. 이와 같은 연구영역의 성과를 조속히 산업화하기 위하여 바이오벤처센터에서는 심해 및 심해지각 유래 유용미생물 유전체 분석, 게놈정보를 이용한 유용단백질의 탐색 및 개선기술 개발, 보유한 심해 및 심해지각 유래 미생물의 응용연구를 기업체와 공동연구를 통하여 추진하고 있다.

③ 중국

중국은 해양발전 863프로그램 및 해양생명공학 819계획을 추진하고 있다. 그 중 863프로그램은 1단계사업으로 1996~2000년 동안 97,500,000 RMB(중국인민폐)를 투자하였고, 2단계사업은 2001~2005년 동안 진행 중이며 총 투자액은 200,000,000 RMB이다. 본 프로그램의 주요 목적은 13억 인구의 안정된 먹거리 확보에 초점을 맞추고 있으며 주요 연구분야는 다음과 같다; 1. 육종공학(Breeding engineering), 2. 질병제어(Control of the disease), 3. 해양생물 대량생산(Production system and culture facilities), 4. 해양의약품 및 생물제품(Marine drug and bioproducts), 5. 기능성 유전자 및 유전체학(Functional genes and genomics), 6. 내염성 식물육종(Breeding of the salt-resistant plants).

④ 기타 국가

호주는 정부와 민간이 공동출자한 호주해양연구소에서 정부의 지원 하에 자국 및 아세안국가 연안의 해양생물로부터 항암제 등 신의약품과 신기능성 유용물질에 대한 연구 수행을 하고 있으며, 러시아는 과학아카데미 극동지부 산하 태평양 생물유기화학연구소를 중심으로 연구를 수행중이다. 유럽의 제 국가들도 전통적인 해양국가로서 영국, 프랑스, 독일, 스페인 등이 해양생명공학분야에 중점적으로 투자하고 있다. 최근 EU 공동체에서 “Extremophile as Cell Factories Program”을 추진하고 있으며 스페인의 PharMar사 등 유럽의 많은 민간기업들은 해양유래 신의약품 개발에 주력하고 있다.

(2) 국내동향

국내의 해양생명공학분야 국가대형 연구사업으로는 해양수산부가 2004년부터 시작한 마린바이오21사업을 들 수 있다. 2007년도 2단계 1차년도 연구비 규모는 약 110억 원이고, 현재 한국해양연구원, 부경대, 서울대가 각각 해양극한생물분자유전체연구단, 해양바이오프로세스연구단, 해양천연물신약연구단을 주관하고 있다. 이외에도 신물질개발사업, 수산과학원의 생명공학연구단사업 등이 포함되어 있다(김상진, 2005b).

한편 산업자원부에서는 생명공학분야 인프라 구축으로 바이오 집적지 조성사업을 중점적으로 지원하고 있다. 그 중 해양생물분야 지역진흥사업으로 강릉, 울진, 부산지역을 지원하고, 바이오벤처지원센터 조성사업으로는 제주대, 신라대를 지원하고 있다. 또한 지역 바이오산업 육성을 위한 지역 바이오클러스터와의 연계 및 지원을 위하여 2004년도부터 KOREA 바이오허브 구축을 시작하였고, 본 사업은 2004년부터 2008년까지 990억 원(국비 520억 원, 민자 470억 원)의 투자를 계획하고 있다. 또한 2005년도 지역협력연구센터(RRC) 육성사업 60억 원 예산 중 대구카톨릭대학교 해양바이오산업연구센터 RRC에 일부 지원되고 있으며, 제주하이테크 산업진흥원은 지역진흥사업의 일환으로 제주 해양생물다양성 활용에 대한 산업체 지원을 일부 수행하고 있다(김상진, 2005b).

국내 해양생명공학산업은 초기단계로서 해양생물을 이용한 건강보조식품 등의 상품화가 주로 국내 벤처기업 위주로 추진되고 있으며 대기업의 관련분야 투자 및 연구는 매우 미미한 형편이다. 또한 전통적으로 수산 증양식·식품산업 등이 발전되어 있으나 기업의 영세성으로 인한 핵심기술 개발의 한계로 아직도 저부가가치 산업 위주의 매우 취약한 구조를 갖고 있으므로 향후 국가 주도적인 핵심기술 개발을 통한 고부가가치 산업으로의 전환이 필요하다.

현재까지 전 세계적으로 해양생물소재로부터 상용화된 예를 살펴보면 표 5.3.2와 같이 의약품, 분자생물학용 시약, 효소, 영양보조물질, 색소, 화장품첨가물질 등과 같은 다양한 제품이 개발되었음을 알 수 있다. 또한 생의학연구용인 탐침자의 종류도 다양하게 개발되어 있고, 이와 같은 해양생명공학제품은 단순한 식품소재보다 매우 다양하고 고부가가치 생산품임을 알 수 있다.

표 5.3.2 해양생물소재로부터 상용화된 제품현황의 예

Product	Application	Original Source
Pharmaceuticals		
Ara-A (acyclovir)	Antiviral drug (herpes infections)	Marine sponge (*Cryptotethya cryta*)
Ara-C (cytosar-U, cytarabine)	Anticancer drug(leukemia and non-Hodgkin's lymphoma)	Marine sponge (*Cryptotethya cryta*)
Molecular Probes		
Okadaic acid	Phosphatase inhibitor	Dinoflagellate
Manoalide	Phospholipase A2 inhibitor	Marine sponge (*Luffariella variabilis*)
Aequorin	Bioluminescent calcium indicator	Bioluminescent jellyfish (*Aequora vitoria*)
Green fluorescent protein (GFP)	Reporter gene	Bioluminescent jellyfish (*Aequora vitoria*)
Enzymes		
Vent and Deep Vent DNA polymerase (New England BioLabs, Bioneer)	Ploymerase chain reaction enzyme	Deep-sea hydrothermal vent bacterium, Hyperthermophilic archaea
Nutritional Supplements		
Formulaid (Martek Biosciences)	Fatty acids used as additive in infant formula nutritional supplement	Marine microalge
Pigment		
Phycoerythrin	Conjugated antibodies used in ELISAs and flow cytometry	Red algae
Cosmetic additives		
Resilience (Estee Lauder)	"Marine extract" additive	Caribbean gorgonian (*Pseudopterogorgia elisabethae*)

출처: 김상진, 2005a

3 해양생물다양성

(1) 해양환경 특성과 생물다양성

지구상에는 실로 다양한 생물이 서식하고 있다. 지금까지 밝혀진 종수만 170만여 종에 달하고 있으며 아직 밝혀지지 않은 생물수가 이보다 훨씬 더 많을 것으로 생각되고 있다. 학자에 따라서는 지구상의 생물종 수가 500만~3000만여 종에 달한다고 말하며, 심지어 1억 종에 이를 것이라는 학자도 있다. 해양은 이 같은 지구생물다양성을 가져온 40억 년의 생물진화 역사의 주요 무대이자 새로운 생명탄생의 산실이 되어 왔다.

어떻게 해양에서 생명이 탄생하였으며, 다양한 생물이 진화할 수 있었을까? 해양은 짠물로 이루어진 비교적 안정된 환경이라는 특성이 있다. 바닷물 1 kg에는 약 35 g의 염분이 들어있다. 생물의 생리활성에 필요한 다양한 화학성분이 모두 해수에 포함되어 있다. 많은 해양생물에서 체액의 화학조성이 해수와 유사하다고 알려져 있다. 성게와 같은 극피동물은 수관계라 불리는 체내기관으로 해수를 직접 끌어들여 관족 운동을 조절한다. 한편, 물은 공기보다 비열이 높아 온도의 변화가 심하지 않다. 바다의 수온은 극지방에서 최저 영하 2℃까지만 내려가며 적도 해역에서도 약 30℃ 정도까지만 상승한다. 수심 1000 m 이하의 깊은 바다는 일년 내 약 3℃ 정도로 유지된다. 이렇게 안정된 물리, 화학적 환경이 수억 년 이상 지속되면서 해양에서 생명이 탄생할 수 있었다. 생명체는 이후 40억 년 이상 변이와 자연선택, 유전적 부동(genetic drift)의 과정을 거치면서 다양한 생물로 진화하게 되었다.

해양에는 생물 서식지가 다양하다. 평균 수심이 4000 m에 달하는 바다는 수층에 따라 서로 다른 환경이 형성된다. 수심 약 200 m까지는 빛이 투과되는 유광층으로 광합성 생물들이 서식할 수 있다. 그러나 그 이하는 빛이 없는 암흑세계로 발광기관을 갖는 심해 생물이 서식한다. 바닷가나 바다의 바닥은 암반, 자갈, 모래나 진흙 등 다양한 물질로 이루어져 있다. 암반에는 표면에 붙어살거나 바위틈에 숨어사는 생물이 서식하며, 모래나 진흙에는 구멍을 파고 사는 생물이 살고 있다. 열대해역의 산호초에는 특별히 다양한 생물이 서식하며 심해열수구에는 광합성에 의존하지 않고 독자적인 화학에너지를 이용하는 생물들이 서식한다.

공기에 비해 밀도와 점성이 높은 물의 특성이 해양에 다양한 생물이 서식할 수 있는 요인이 되기도 한다. 물의 밀도와 점성은 각 각 공기의 830배와 60배에 달한다. 물의 높은 부력이 중력의 영향을 줄여 주기 때문에 해양은 뼈대가 없는 생물이나 몸집이 매우 큰 동물이 살기에도 적합하다. 바닥에 붙어사는 저서생물(benthos)뿐만 아니라 해양에는 다양한 부유생물(plankton)과 유영생물(nekton)이 서식한다. 생물체의 크기로 보자면 수 pm(10^{-12} m)에 불과한 피코플랑크톤(picoplankton)에서 수십 미터에 달하는 고래까지 다양한 크기의 생물이 부력을 이용하여 바다 속에서 자유롭게 생활한다.

(2) 해양에 서식하는 생물들

지금까지 밝혀진 해양생물은 실제 해양에 서식하는 생물의 극히 일부분에 지나지 않는다. 부유생물은 대부분 그 크기가 mm 크기 이하로 작으며 미생물의 경우는 배양이 불가능한 종들이 99% 이상을 차지하고 있어 종의 수를 다 세기가 어렵다. 현재까지 알려진 해양생물의 종수는 육상생물에 비하여 적다. 그러나 앞으로 DNA 염기서열을 이용하여 종을 구분하는 분자동정 기술이 적용되면 더 많은 해양생물이 밝혀질 것으로 예상된다. 생물다양성을 생물분류의 상위단계인 문(phylum) 수준에서 보면 육상생물이 17개의 문으로 이루어진 반면 해양생물은 그 두 배에 달하는 34~36개의 문으로 구성된다.

바다에 살고 있는 대표적인 동물들을 살펴보면, 가장 단순한 다세포동물로서 신경과 근육조직이 없는 해면동물, 항문이 따로 없고 입 주위에 자세포(cnidocyte)를 갖는 촉수가 나 있는 자포동물, 납작하고 편평한 편형동물, 실 모양으로 체절이 없는 선형동물, 석회질의 패각으로 덮여 있으며 외투막이 기관을 싸고 있는 연체동물, 신축성이 높는 여러 체절로 되어 있는 환형동물, 키틴질의 외골격에 쌓여 있어 성장 시 변태과정을 거치는 절지동물, 방사대칭의 체형에 수관계와 관족(tube feet)이 있는 극피동물, 평생에 한번은 척색을 가지며 신경관이 발달된 척추동물을 포함하는 척색동물 등이 있다. 그 외 유즐동물, 모악동물, 유수동물, 태형동물, 유형동물, 추형동물, 윤형동물 등도 해양에 서식하고 있으며, 극피동물과 모악동물은 바다에만 서식한다.

바다의 식물로서는 엽록소 a와 c, 갈조소(fucoxanthin) 등을 함유하고 바다의 대형 해조숲을 이루는 갈조류, 엽록소 a와 남조소(phycocyanin)와 홍조소(phycoerythrin)를 함유하고 있는 홍조류, 엽록소 조성(a와 b)과 세포벽, 저장물질이 육상식물과 동일하여 육상식물의 조상으로 생각되는 녹조류 등의 해조류(algae)가 있다. 또한, 꽃이 피는 식물로서 연안의 얕은 바다에 서식하는 해초류(sea grasses)와 갯벌 염습지의 염생 목초, 골풀, 쌍자엽식물, 열대 해역 바닷가의 망그로브 홍수림 등이 바다 식물에 포함된다.

해양의 미생물은 해수 1 mL에 10^6개체 이상이 들어있을 만큼 그 숫자가 많고 다양하다. 해양의 세균으로 알파-프로테오박테리아, 베타-프로테오박테리아, 감마-프로테오박테리아, CFB 그룹, 그람 양성 세균, 남세균 등이 있으며, 심해열수구의 고온 환경이나 높은 염분 조건에서 자라는 고세균도 바다에 살고 있다. 또한, 진핵세포의 단세포생물로서 규조류와 와편모조류, 유글레나, 은편모조류, 착편모조류 등과 같이 광합성을 하는 미세조류와 육질편모충, 포자충, 극낭포자충, 섬모충 등과 같이 광합성을 못 하는 원생동물이 바다에 산다. 아세토마이세트(Acetomycetes)와 효모류가 속하는 균류와 주로 다른 생물에 기생하며 살아가는 난균류(water mold) 등도 해양 미생물을 구성한다.

(3) 분자생물학이 밝히는 해양생물의 다양성

생물다양성 연구는 19세기 초반부터 형태분류학을 기반으로 한 고전생물학 연구의 중심에 있었으나 20세기 후반 들어 급속히 발전하기 시작한 분자생물학에 가려 한동안 그 빛이 흐려졌었다. 그런데, 21세기 들어 생명공학산업이 발전하고 생물자원의 중요성이 부각되면서 분자진화, 분자동정 및 계통분석 연구와 함께 다시 주목받게 되었다. DNA염기서열의 차이를 기준으로 종을 분류하게 됨에 따라 그동안 형태적으로 구분이 불분명하던 종들이 서로 다른 종으로 드러나기도 한다. 해양 원생생물에 대한 분자동정과 계통분석 결과는 이 생물군이 기존에 알고 있던 것보다 훨씬 더 다양하고 오래되었음을 보여주었다. 미생물의 경우는 환경유전체 연구방법이 개발되면서 배양이 불가능한 종들까지도 DNA가 분석되고 새롭게 등록되는 종수가 급속히 늘어나고 있다. 그 한 예로서 미국의 크레이그벤터 박사는 사가소해(Sargasso sea)의 바닷물에 들어 있는 DNA를 분석하여 150여 종이나 되는 새로운 해양세균을 보고하였다.

분자생물학은 종간의 유전적 차이는 물론 같은 종 내의 집단 간, 개체 간의 유전적 차이를 밝혀낸다. 생물계는 종다양성 뿐만 아니라 유전적 다양성도 매우 높다. 같은 종이라 하더라도 계통과 서식지에 따라 유전적 조성이 서로 다를 수 있기 때문이다. 미토콘드리아 DNA나 마이크로새틀라이트 DNA, 단염기다형성(single nucleotide polymorphism)과 같은 분자마커가 집단과 개체의 유전적 다양성을 분석하는 데 이용된다. 우리나라에서 방류되어 북태평양에서 자란 후 회귀하는 연어(*Oncorhyncus keta*)의 경우 미토콘드리아 DNA 배열에서 한국 - 일본 연어와 미국 - 캐나다 연어 집단이 유전적으로 서로 달랐다. 해양생물의 유전적 다양성에 대한 연구는 해양생물자원의 보전과 합리적 관리, 지속가능한 이용이라는 측면에서 빼놓을 수 없이 중요한 분야가 되고 있다.

(4) 해양생물다양성 보전 및 자원확보를 위한 국제적 협력과 경쟁

생물은 인류에게 중요한 경제적 자원인 동시에 생태계의 주요 구성원이다. 다양성이 높은 해양생물은 앞에서도 언급하였듯이 아직 대부분 알려지지 않은 상태이다. 그런데, 전 세계의 해양생물 다양성이 점차 감소한다는 우려가 제기되고 있다. 연안지역을 중심으로 산업화와 도시화가 이루어지면서 해양환경이 파괴되고, 지구온난화에 따른 기후변화로 해양생태계가 급격히 변화하기 때문이다. 세계자연보호연맹(World Conservation Union, IUCN)에 따르면, 전체 126종의 해양포유류 중에서 88

종이 멸종위협을 받고 있다고 한다. 또한 30년 이내에 50~60%의 산호초가 사라질 것으로 예측한다. 열대 홍수림인 맹그로브 생태계는 이미 50% 정도가 사라진 것으로 추정되며, 동남아시아 지역의 해초서식지도 20~60%가 사라졌다고 알려진다.

생물종의 감소와 멸종위기에 대하여 지구적 차원의 대처가 필요하다는 인식이 확대되면서 1992년 '생물다양성협약'(Convention on Biological Diversity, CBD, http://www.biodiv.org/default.shtml)이 브라질 리오데자네이로에서 채택되었다. 이는 국제사회가 생물다양성의 환경적·경제적 가치를 인정하고, 생물다양성 상실이 심각한 지구 공동의 문제임을 공론화하는 계기가 되었다. 해양생물다양성 분야에서는 2000년 미국을 중심으로 해양생물센서스(CoML, census of marine life)라는 국제 컨소시엄이 조직되어 전 세계 바다의 해양생물을 범국가적으로 조사하기 시작하였다. 조사 분석된 결과는 해양생물지리정보시스템(OBIS, ocean biogeographic information system)이라는 데이터베이스에 축적하고 그 자료를 전 세계 네트워크를 통해 제공한다. 이 컨소시엄은 미세 플랑크톤부터 거대한 포유류까지 해양생태계 구성원의 과거와 현재 상태를 정확히 조사하여 기록하고, 미래 변동을 예측하는 데 목적을 두고 있다. 현재 70여개 국가의 대학과 연구기관이 컨소시엄에 참가하고 있으며 2016년까지 100만 종의 해양생물종을 채집하고 그 분포에 대한 정보를 수집할 예정이다.

생물다양성협약은 한편 각 국의 생물자원 주권을 인정하는 계기가 되었다. 세계 각 국은 해양생물다양성 보전을 위해 서로 협력하면서도 그 자원의 확보를 위해서는 치열히 경쟁하고 있다. 해양생물로부터 항암제, 에이즈치료제, 심장병치료제 등이 이미 개발되었거나 혹은 개발 중에 있다. 건강식품으로서도 해양생물유래 식품이 많은 호평을 받고 있다. 유럽 연합은 2004년 'Marine Genomics Europe'이라는 프로그램을 만들어 해양생물의 유전자원을 확보하고 있으며, 미국은 에너지성과 유전체연구소(TIGR)를 중심으로 다양한 해양미생물의 유전체를 확보하고 분석을 실시한다. 일본은 1990년부터 DEEPSTAR 프로그램을 수행하면서 심해와 해양지각 속의 극한미생물을 탐색해 오고 있다. 이들 국가들은 아직 알려지지 않은 해양생물자원을 먼저 확보하기 위해 총력을 기울이며 심해잠수정 등 이를 탐사하기 위한 장비 개발에도 많은 노력을 기울이고 있다.

(5) 해양생물다양성 연구의 국내현황

우리나라의 해양생물다양성에 대한 연구는 아직 미흡한 상태이다. 대학이나 정부출연연구원이 부분적으로 조사 연구한 것은 있으나 모든 해양생물종을 종합적으로 조사한 보고는 없으며, 다양성 보전대책이나 다양성정보 데이터베이스가 아직 완전하게 만들어지지 않았다. 우리의 해양생물자원이 전 세계 유용생물자원에 비해 비록 적은 규모라 할지라도 자원부국의 보호정책과 선진국들의 자원확보 경쟁이 점점 치열해져 가고 있는 시점에서 우리의 해양자원을 철저히 조사하고 지속적으로 보전 관리하는 것이 무엇보다 중요한 일이다. 최근 해양수산부도 해양생물자원의 중요성을 인식하고 「해양생태계의 보전 및 관리에 관한 법률」(2006년 10월)과 「해양환경관리법」(2006년 12월)을 제정하고 이와 관련한 시행령과 시행규칙을 제정하였다. 현재 이 법률에 의거하여 해양생태계조사사업과 해양생물다양성 보전대책연구 사업이 수행되고 있다. 해양생태계조사사업은 연차적으로 한국 전 연안에 서식하는 생물을 개괄적으로 조사하여 기록하려는 목적에서 실시되고 있으며 해양생물다양성 보전대책연구는 우리나라 해양생물의 보전대책을 수립함은 물론 전체 종 목록을 작성하고 종명의 유효성을 검증하며 각 종의 출현정보에 대한 자료를 해양생물다양성정보시스템(KoMBIS)에 수록하여 서비스하려는 목적을 갖고 실시된다. 위 법률에 따르면 향후 정부는 해양생물자원관을 설립하여 국내 해양생물자원을 보전하고 그 다양성 증진과 지속가능한 이용을 위해 노력할 계획이다.

한국해양연구원은 2004년부터 해양수산부의 마린바이오21사업의 일환으로 해양극한생물 분자유전체연구를 수행하면서 해양생물자원뱅크를 운영해 오고 있다. 이 뱅크는 주요 해양동식물과 미생물 시료를 수집하여 보존하고 그 유전자 및 유전체 분석을 실시하며 국내 다른 연구자들에게도 시료를 분양한다. 국내의 대학이나 다른 연구소에서도 일부 해양생물시료를 보관하고 있으며 이에 대한 데이터베이스를 구축하고 생리활성 물질을 확보하기 위해 해양생물소재뱅크나 추출물뱅크 등을 만들고 있다. 그러나 아직 외국에 비해 우리나라 해양생물다양성에 대한 연구역사가 짧고 대단위 지원이 부족한 관계로 생물자원 시료에 대한 체계적인 관리가 이루어지지 않고 있는 실정이다.

한편, 해양보호구역의 설정이나 수산동식물 포획·채취의 기간과 체장에 제한을 두어 남획을 막고 자원을 보호하는 제도도 국내에서 실시되고 있다. 해양생물다양성과 해양환경의 보전, 해양생물자원의 지속가능한 이용은 각 종 법률적 규제로서만 이루어지지 않는다. 정부의 제도적 장치 마련과 함께 국민 각자의 그 중요성에 대한 인식, 국제사회의 협력을 통해 우리나라의 해양생물다양성이 보전될 수 있을 것이다.

4 수산생명공학

수·해양은 고급 단백질원 제공과 인류 최후의 식량보고라는 측면에서 그 중요성이 점차 증대되고 있으나, 최근 들어 어업여건의 국제적 악화 및 연안역의 오염과 매립 등 환경오염으로 그 수급에 있어 큰 차질이 빚어지고 있으며 이미 잡는 어업만으로는 수산물의 수요충족에 한계를 나타내고 있다. 이에 수산업의 국제 경쟁력 확보, 국민 복지증진의 요구 수렴, 국가 식량문제 해결에 기여할 수 있는 기술의 전략적 개발과 세계시장의 진출을 통한 수산업의 수출전략이 필요한 시점이다. 따라서 집약적 첨단 생명공학 기술 개발에 의한 생산성 향상의 극대화와 양식 생산량의 증대가 절실히 요구되고 있다.

양식 생산을 위한 기본 요건 중, 종묘의 생산은 생산물의 원료 확보라는 측면에서 가장 중요시되며, 더욱이 생명공학 기법이 도입된 우량종묘의 생산은 양식 생산성 향상의 극대화를 꾀할 수 있는 첩경으로 여겨지고 있다. 이에 단위 노력 당 생산성을 단기간에 극대화하기 위해 유전공학 기법을 이용한 고부가가치의 우량품종을 생산하고자 하는 노력이 전 세계적으로 이루어지고 있으며 특히 수산물중 경제적 가치가 높은 어패류 및 갑각류에 많은 연구들이 집중되고 있다.

수산분야에 있어 생명공학 기법을 이용한 신품종 생산방법은 염색체조의 증가를 꾀해 불임을 유도하거나, 동형접합성 클론을 만들기 위한 염색체공학(chromosome engineering), 암수 간에 성장차가 나는 경우 단성 집단의 양식을 위한 성전환(sex reversal), 두 종간의 우량형질을 가진 신품종을 만들어 내기 위한 잡종(hybridization) 기법과 아울러 최근 유용유전인자를 직접 핵 내에 넣어 이의 발현을 기대하는 유전자 이식(gene transfer) 기법 등이 주로 사용되고 있으며, 이들을 중복 사용하여 획기적으로 생산성을 향상시키기 위한 노력이 이루어지고 있다.

(1) 염색체 공학

염색체 공학은 염색체 또는 염색체조의 수준에서 염색체나 염색체의 반수체 또는 이배체를 넣어 주거나 제거하는 조작으로써 이의 조작은 배란과 수정 사이에 난자의 핵분열, 또는 수정란의 난할 제1분열시 이들을 억제함으로써 용이하게 조작할 수 있다. 세포 분열의 억제를 위해서는 물리 화학적인 처리를 하여야 하며 이때 물리적 처리는 수정란을 냉온 처리, 또는 고온 처리하거나, 강력한 수압을 가함으로써 가능하며, 화학 약품을 처리하는 경우도 있다.

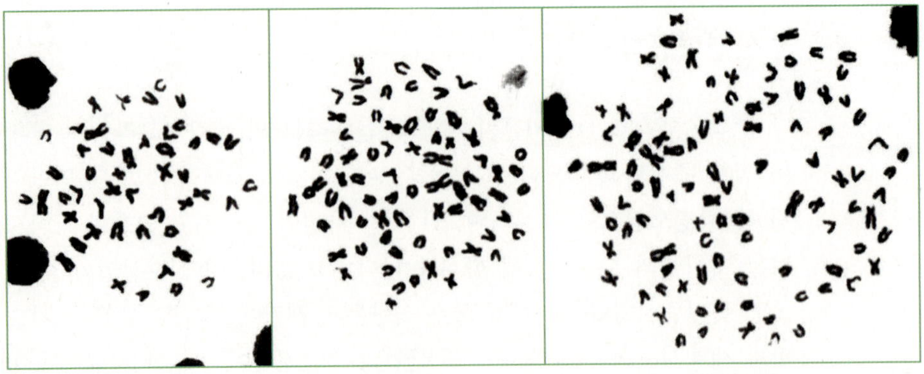

(a) 2배체 (b) 3배체 (c) 4배체

그림 5.3.1 미꾸라지의 염색체

① 3배체

3배체인 개체는 일반적으로 불임이므로 생식소 발달에 필요한 에너지를 성장에 전용할 수 있어 사료효율이 좋아짐은 물론 정상 2배체보다 성숙기 이후 빠른 성장을 보이고 맛과 영양이 증가되는 결과를 가져온다.

② 4배체

4배체는 2배체와 교배하여 3배체의 생산을 용이하게 하기 위하여, 또는 교배가 어려워 유도가 힘든 잡종 배수체의 생산을 위하여 유도되고 있다.

③ 자성발생성 2배체

수컷의 유전인자를 완전히 제거한 암컷의 유전물질만으로 만들어진 2배체성 개체로써 제2감수분열의 중기분열을 정지시켜 자성발생성 개체를 만들면 유전적으로 매우 순수한 개체를 얻을 수 있다. 더욱이 성결정 양식이 암컷이 동형접합형(XX)일 경우 이러한 기작에 의해 유도된 모든 개체는 암컷이 된다. 어패류의 경우 암컷의 경제성이 탁월하다면 이와 같은 조작에 의해 쉽게 암컷만을 생산함으로써 양식에 획기적인 생산성 증가를 가져올 수 있다.

자성발생성 이배체를 제1난할을 정지시켜 유도하면 유전적으로 동질인 계통을 만들 수 있다. 이는 유전학적으로 매우 중요한 의미를 지닌다. 즉 반수체가 유사분열을 통해 이배체를 형성한 것이므로 모든 염색체의 유전자좌위에서 동형 접합자를 이뤄 결국 이들에게서 얻은 난자로 자성발생성 이배체를 만들면 유전적으로 완벽한 복제 어패류의 생산이 가능하게 된다.

④ 웅성발생성 이배체

웅성발생성 이배체의 생산은 암컷의 유전인자를 불활성화 시킨 후 정상정자와 교배하고, 이후 물리 화학적 처리에 의해 생산한다. 세포질을 갖고 있지 않는 정자를 동결보존하면서 난질에 저해를 받지 않고 우량형질의 개체를 대량생산할 수 있다.

(2) 성전환

수산 동물에 있어 성전환에 의한 유전육종은 성장률, 성숙시기, 채색, 모양, 크기 및 습성 등이 암수 간에 차이가 커 한 가지 성만을 양식(단성양식)하는 것이 경제적이거나 또는 사육관리가 쉬운 경우에 시도한다.

① 생리학적 성전환

성호르몬을 처리하여 성을 전환시키는 방법이다. 어류의 생리학적 성을 조절하기 위해서는 적절한 호르몬의 선택, 적당한 농도, 최초처리 시기 및 알맞은 처리기간등과 함께 적절한 처리방법을 선택하여야 한다.

② 유전학적 성전환

생리학적 성전환은 성호르몬을 매회 개체에 처리하는 단점을 지니고 있다. 이에 위의 생리학적 성전환 방법과 병행하여, 단순 교배에 의해 한 가지 성만의 자손을 생산해내는 방법이다. 생리학적인 성 전환이 된 개체 즉, 유전적으로는 본래의 성 유전자를 지니고 있으나 기능적으로는 반대쪽 성의 기능을 수행하는 개체로부터 정자 또는 난자를 얻어 이들과 정상 정, 난자를 교배시키면 그 자손은 모두 암컷 또는 수컷인 단성집단을 얻을 수 있다. 이렇듯 유전학적인 성전환은 생리학적 성전환이 우선되어야 하므로 직접 개체에 성호르몬을 처리하는 생리학적 성전환을 직접 성전환법, 그리고 유전학적 성전환을 간접 성전환법이라고도 한다.

(3) 잡종화

잡종 또는 잡종화는 우량 형질을 가진 서로 다른 두 종간의 교배를 통하여 단기간 내 유용 형질을 획득하여 잡종 강세를 얻기 위해 19세기 말부터 시작된 육종 분야이다. 잡종 개체는 한 종의 정자와 다른 종의 난자가 가진 유전 물질을 인위적으로 교배시켜 생산된 개체를 말하는 것으로, 유도된 형질은 부모로 사용된 두 종의 중간 형질을 나타내는 것이 일반적이다. 그러나 이는 절대적인 경향은 아니며, 간혹 전혀 부모가 갖지 않는 새로운 잡종강세의 형질이 나타나기도 한다.

최근의 잡종화는 인공 수정을 시키기 전 정자 또는 난자에 여러 가지 물리, 화학적 처리를 함으로써 유전적으로 변형된 정자와 난자를 서로 교배시키거나, 수정 후 여러 가지 처리를 하여 유전 물질을 변형시켜 산업적으로 우수한 형질을 얻고자 노력한다. 따라서 최근에는 유전자 조작 방법의 발달에 따라 이종 간의 핵융합에 의한 잡종은 물론, 자성발생성 잡종, 웅성발생성 잡종 및 잡종 3배체 또는 잡종 4배체의 유도도 가능하다.

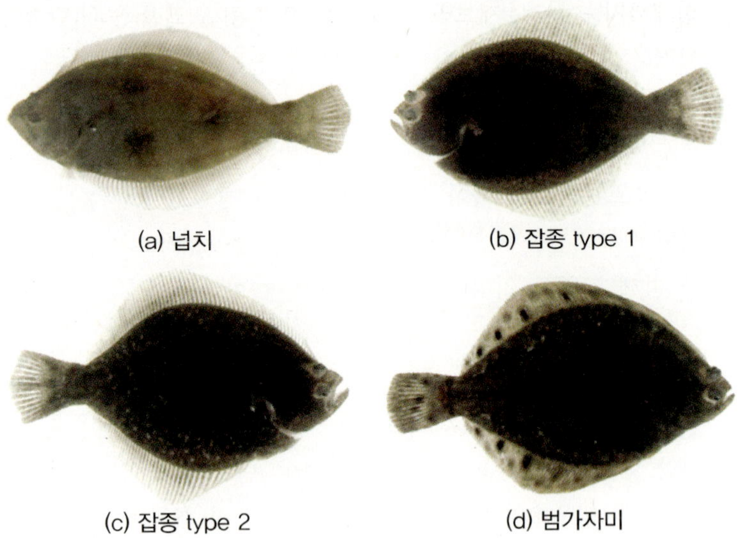

그림 5.3.2 넙치와 범가자미 및 그의 잡종

(4) 유전자이식

Palmiter 등이 1982년 성장 호르몬 유전자를 생쥐에 이식함으로써 획기적으로 성장률이 증가된 슈퍼생쥐를 최초로 생산한 이래 유전자가 이식된 동물을 생산하고자 하는 연구들은 전 세계적으로 활발히 진행되어 몇몇 가축을 포함한 포유동물에서는 이미 좋은 성과를 거둔바 있으며, 이들 유전자이식동물은 산업적 측면뿐만 아니라 생물학의 여러 분야 발전에 크게 기여하고 있다.

수산생물의 경우에도 유전자이식 형질전환생물을 생산하고 유용형질을 발현시키고자 1980년대 중반부터 세계 각국의 많은 연구진들에 의해 의욕적인 연구들이 이루어지고 있다. 최근에는 양식 산업의 생산성 향상뿐만 아니라 생물 발효조로서 고가의 유용물질을 쉽게 생산할 수 있는 가능성 때문에 그 잠재력을 인정받아 세계적으로 연구자들이 급격히 증가되고 있다.

유전자이식의 재료로써 어류는 포유류에 비해 체외 수정을 하여 수정 후 체내 주입조작이 전혀 필요 없으며, 많은 수의 배우자를 동시에 확보할 수 있고, 한 세대의 길이가 짧아 유전자가 이식된 계통의 확보 및 생식세포로 외래유전자의 전달에 관한 조사가 용이하고, 염색체조의 조작을 통해 동형접합성 클론을 확립하기가 매우 유리한 장점을 지닌다. 이에 무지개 송어를 대상으로 최초로 유전자이식이 보고된 이래 현재까지 송사리, 제브라 피시 등의 연구용 모델 어종과 무지개 송어, 대서양연어 등 연어과 어류를 위시한 냉수성 어종, 그리고 미꾸라지, 금붕어, 잉어, 틸라피아 등의 온수성 어종에 걸쳐 유전자이식이 시도된 바 있으며 현재 성장률 증가, 저온내성 향상, 질병저항성 증가를 중심으로 많은 연구들이 시도되고 있다.

그림 5.3.3 성장호르몬유전자가 이식된 슈퍼미꾸라지

5 보건의료

(1) 의약품 개발의 중요한 자원으로서의 해양생물자원

현재 약 50% 정도의 의약품들이 식물, 미생물 등의 천연생물자원 유래 천연물 또는 천연물 유도체이며, 약전에 수재된 의약품 중 상당수가 육상식물이나 토양미생물 유래의 의약품이다. 그러나 이제 육지에서 사는 미생물이나 식물에서 새로운 의약품을 찾기가 점점 어려워지고 있으며, 오랜 연구개발과 많은 다국적 제약회사의 치열한 경쟁으로 인하여 육상생물은 더 이상 새로운 물질을 제공하지 못해 육상생물로부터의 신약개발은 한계를 드러내고 있다. 이와는 달리 해양생물은 의약품 개발에 있어서 많은 가능성을 가지고 있어, 해양생물자원은 의약품 개발에 있어 획기적인 전기를 마련할 것으로 기대를 모으고 있다. 지구 표면의 약 70%를 차지하는 해양에는 지구상에 존재하는 생물의 80%를 차지하는 30여만 종의 해양생물이 서식하고 있다. 또한 매년 새로운 해양생물들이 꾸준히 발견되고 있으며, 아직 밝혀지지 않은 종들도 무수히 많아 해양은 생물의 다양성에 있어서 무궁무진한 생물자원의 보고이다. 해양생물자원은 예로부터 인간의 중요한 식량자원으로 이용되어 왔을 뿐 아니라 의약품의 중요한 공급원으로 역할을 해 왔다. 해양생물은 공기로 둘러싸인 육상생물과는 달리 물이라는 특이한 폐쇄계의 환경에서 살고 있으며, 고압, 고염, 저온 등의 특수한 환경에서 서식하기 때문에 이들이 생성하는 대사물질도 육상생물의 것과는 다른 특이한 화학구조를 가지고 있다. 또한 해양생물들은 해양이라는 특수한 환경에 적응하여 진화를 거듭해 오면서 생존을 위한 화학적 방어능력을 습득하게 되었다. 이러한 화학적 방어에 필요한 물질들이 의약품 개발에 중요한 물질로 활용될 수가 있다. 예를 들어 해면동물은 기생충의 급속한 번식을 막기 위하여 화학물질을 만들어 내는데, 이런 물질들은 암세포를 죽이는 항암제나 항진균제 등으로서 개발될 가능성이 아주 높다. 원뿔달팽이는 먹이를 마비시켜 사망에 이르게 하는데 원뿔 달팽이의 독은 간질병 환자의 치료제로 쓰일 전망이다. 열대지방의 깊은 바다 속의 해양퇴적토에서 분리된 "살리노스포라(*Salinospora*)"라고 하는 해양방선균은 강력한 항암물질을 생성한다. 이와 같이 해양생물은 의약품 개발에 있어서 많은 가능성을 가지고 있는 천연물자원의 보고라고도 할 수 있다.

(2) 해양생물에서 개발된 의약품

2007년 2월 기준으로 현재 해양생물에서 개발되어 시판되고 있는 해양천연물 신약은 항암제, 항바이러스제, 진통제의 3종이다. 해양생물로부터 개발된 대표적인 의약품은 진통제인 프리알트(Prialt)이다. 프리알트는 미국 유타대학의 올리베라(Baldomero Olivera) 교수가 바다달팽이(청자고둥, *Conus magus*)에서 분리한 펩타이드 계통의 독성분으로서 아일랜드의 제약회사인 이랜(Elan)사에 의해 개발된 신약이다. 프리알트에 대한 연구는 1979년 올리베라 교수의 실험실에 있던 1학년생 마이클 맥킨토시(Michael McIntosh)란 학생의 청자고둥의 독에 대한 연구에서 시작되었다. 맥킨토시는 물고기를 사냥하는 청자고둥인 *Conus magus*의 독에서 진통성분을 처음으로 분리하고 그 특성을 밝혔다. 청자고둥은 독이 있는 작살로 물고기를 단숨에 마비시켜서 잡아먹는데 이 독은 N-형 칼슘채널 차단제로서 사람에게 신경세포를 마비시켜서 통증이 뇌로 전달되는 경로를 차단하여 진통효과를 나타낸다. 청자고둥의 독성분인 프리알트는 모르핀보다 1,000배 이상의 강력한 진통효과를 가지고 있어 말기 암 환자들이나 중증 혹은 만성통증 환자에게 쓰이는 강력한 진통제이다. 이 약은 2005년 시판되기 시작했는데, 시판 6개월만에 6000만 달러(약 564억 원)의 매출을 올리는 기염을 토했다. 일본의 제약회사인 에이자이(Eisai)가 1억 달러에 이 약의 유럽 판권을 사들였다.

해양생물에서 의약품 개발 연구를 촉발시킨 것은 1950년대 카리브해 지역의 해면동물인 *Tethya crypta*(*Cryptotethya crypta*)에서 ribose 대신에 arabinose를 가지고 있는 뉴클레오사이드(nucleoside) 계열의 화합물인 spongothymidine(Ara-T)과 spongouridine(Ara-U)라고 하는 물질의 발견이다. 이들 물질의 발견 이후에 다양한 뉴클레오사이드들이 합성되어 그 약효에 대한 연구가 많이 진행되었으며, 그 중에 중요한 물질들이 Upjohn(Pharmacia를 거쳐 현재는 Pfizer사)에 의해 항암제로 상업화된 Ara-C(cytosine arabinoside, Cytosar)와 Burroughs Wellcome(현재 Glaxo Smith-Kline사)에 의해 합성되어 항바이러스제로서 개발된 Ara-A(adenine arabinoside, Vidarabine)이다. Ara-A는 뉴클레오사이드 계열의 항바이러스제로서 인간의 허피스 바이러스(Herpes virus)의 치료에 사용되는 최초의 항바이러스제로서 허가를 받았다. Ara-A는 그 이후의 연구에 의해 지중해의 gorgonian 산호인 *Eunicella cavolini*에서 발견되었으며, 방선균인 *Streptomyces antibioticus*에서도 생산되는 것이 알려졌다. 저자도 동해안에서 채집한 해조류에서 분리한 해양방선균으로부터 Ara-A를 분리한 적이 있다.

이 밖의 보건의료용 물질로서, 해양 와편모조류에서 분리된 okadaic acid(오카다산)은 생화학 및 의약학 분야의 연구를 위한 연구용 시약으로 이용되고 있으며, 해양 미세조류에서 분리된 formulaid®는 영양보조제로서 유아용 유동식에 첨가되어 사용되어 지고 있다. 연산호에서 분리된 pseudopterosins은 소염활성이 뛰어나 resilience®와 같은 스킨크림 등에 화장품첨가제로서 상업적으로 이용 되고 있다. 이 외에도 색소, 기능성 고분자물질, 수술용 접착제 등이 상품화 되어 기능성 신소재로서 사용되고 있다.

(3) 해양생물자원으로부터 보건의료용 의약품 개발 현황

해양생물자원을 이용한 신약 개발은 미국, 일본 등 선진국에서는 이미 활발하게 진행 중이다. 1960년대에는 미국, 일본, 유럽 등을 중심으로 해양생물의 독성분이나 색소성분에 대한 연구가 주류를 이루었고, 1967년에 "바다로부터의 의약품들(Drugs from the Sea)"라고 하는 심포지엄이 개최되어 해양생물에서 의약품을 개발하려는 연구가 주목을 받기 시작하였다. 1970년대에는 로슈 해양약물학연구소(Roche Research Institute for Marine Pharmacology)의 설립으로 호주와 유럽 등에서 해양천연물화학이라는 새로운 연구분야가 생겨나게 되었으며 주로 해양동물이나 식물에서 분리한 물질들에 대하여 약학적인 연구를 주로 하였다. 1980년대에는 미국의 국립암연구소(National Cancer Institute, NCI)를 주축으로 유럽 및 일본 등 선진국의 연구자들에 의해 해양생물로부터 신규 항암물질의 탐색이 주로 이루어졌다. 1990년대 중반 이후 해양생물자원을 확보하려는 국가간의 경쟁이 치열해지고 있으며, 매년 200편 이상의 논문과 1,000종에 가까운 신물질이 해양생물로부터 보고되고 있다. 2000년대에 접어들어 해양생물자원으로부터 보건의료용 신물질의 개발을 위한 연구는 인도, 브라질 등 개발도상국은 물론 전 세계적으로 의약활성을 목표로 하여 해양천연물을 연구하는 사례가 급증하고 있으며, 2007년 현재 18,000여 종의 신물질들이 해양생물에서 분리 되어 그야말로 해양생물은 신물질의 보고로서 각광받고 있다. 지금까지 해양생물에서 분리된 신물질 중에서 많은 물질들이 강력한 항암활성이나 독특한 약리활성을 나타내어 현재 의약품으로 개발을 위하여 임상 혹은 전임상 단계에 진입한 해양천연물이나 천연물유도체는 30여 종이 있다(표 5.3.3). 이들 중에서 수종의 물질은 수년 이내에 상업화가 될 것으로 예측되고 있다.

표 5.3.3 의약품으로 개발되고 있는 대표적인 해양 신물질 및 유도체들

화합물명	해양생물	생물종	개발사	적응증	개발단계
Bryostatin-1	이끼벌레	*Bugula nertina*	GPC Biotech	항암	임상 2상
Yondelis (Trabectedin, ET-743)	원색동물	*Ecteinascidia turbinata*	PharmaMar /J&J PRD	항암	임상 3상
Dolastatin-10	연체동물 남조류	*Dolabella auricularia* *Symploca sp.*	NCI	항암	임상 2상
Soblidotin(TZT-1027) (Dolastatin-10 유도체)	연체동물 남조류	*Dolabella auricularia* *Symploca sp.*	NCI	항암	임상 2상
Halichondrin B	해면동물	*Halichondria okadai*	Eisai	항암	임상 2상
Synthadotin(ILX651) (Dolastatin-15 유도체)	연체동물 남조류	*Dolabella auricularia* *Symploca sp.*	Ilex oncology	항암	임상 2상
Aplidin(e)	원색동물	*Aplidium albicans*	PharmaMar	항암	임상 2상
Kahalalide F	연체동물 미세조류	*Elysia rubefescens* *Bryopsis sp.*	PharmaMar	항암	임상 2상
Squalamine lactate	상어	*Squalus acanthias*	Genaera	항암	임상 2상
Neovastat (AE-941)	상어	*Sphyrna lewini* *Squalus acanthias*	Aeterna Zentaris Inc.	항암	임상 2/3상
IPL-576092 (Contignasterol 유도체)	해면동물	*Petrosia contignata*	Inflazyme /Aventis	항염, 천식	임상 2상

화합물명	해양생물	생물종	개발사	적응증	개발단계
GTS-21 (DMBX-A)	유형동물	*Amphiporus lactifloreus*	Athenagen Inc.	알츠하이머	임상 2상
Manoalide	해면동물	*Luffariella variabilis*	Allergan pharmaceuticals	항염, 건선	임상 2상
KRN-7000 (Agelasphin 유도체)	해면동물	*Agelas mauritianus*	Kirin	항암	임상 1상
Discodermolide	해면동물	*Discodermia dissoluta*	Norvatis	항암	임상 1상
HTI-286 (Hemiasterlin 유도체)	해면동물	*Hemiasterella minor*	Wyeth	항암	임상 1상
AM336	청자고둥	*Conus catus*	AMRAD	진통	임상 1/2상
LAF-389 (Bengamide B 유도체)	해면동물	*Jaspis carteri*	Novartis	항암	임상 1상
Methopterosin (OAS1000)	연산호	*Pseudopterogorgia elisabethae*	OsteoArthritis sciences	상처치유, 항염	임상 1/2상

① 항암제

해양생물에서 의약품의 개발을 위해 가장 많이 연구된 분야는 항암제의 개발이다. Bryostatin-1은 이끼벌레 *Bugula neritina*에서 분리된 강력한 항암물질로서 현재 임상 2상을 진행 중에 있다. 이 물질은 스크립스 해양연구소의 Haygood 박사에 의해 이끼벌레에 공생하는 *Candidatus Endobugula sertula*라는 공생미생물이 생성한다는 것이 밝혀졌으며, 이 물질의 생성에 관여하는 유전자의 구조가 규명되었다. 미국 국립암연구소에서는 임상실험을 위하여 이끼벌레 13,000 kg을 양식하여 이 물질을 제공하였으나, 유전자 클로닝 및 공생미생물의 대량배양을 통하여 이 물질의 공급문제를 해결하려고 하고 있다. 연체동물에서 분리된 펩타이드성 화합물인 dolastatin-10과 그 유도체인 soblidotin, cemadotin(dolastatin-15 유도체) 등은 임상 2상 중에 있다. 이들 물질은 남조류 *Symploca sp.*에서도 분리가 되어 이들 물질의 실제 생산자는 연체동물이 아니라 남조류로 보여진다. Kahalalide F(연체동물 및 미세조류에서 분리된 환상 펩타이드), yondelis(연체동물에서 분리된 이소퀴놀론)와 aplidine(원색동물에서 분리된 환상 펩타이드, didemnin B 유도체), squalamine lactate(상어의 간에서 추출된 혈관신생 억제제), neovastat(혈관내피성장인자를 억제하는 상어연골 추출물) 등이 있고, 해면동물에서 분리된 항암물질인 LAF-389, discodermolide, HTI-286, KRN-7000 등이 임상1상을 진행 중에 있는 혹은 완료한 해양천연물 및 해양천연물유도체이다.

② **항염제**

해양생물에서 분리된 항염제에는 manoalide, IPL-576092, methopterosin 등이 있다. 항염 작용을 가지고 있으며 건선에 효과가 있는 manoalide는 해면동물 *Luffariella variabilis*에서 분리된 sesterterpenoid의 일종으로서 현재 임상 1상을 진행 중에 있다. IPL-576092는 해면동물 *Petrosia contignata*에서 분리된 contignasterol의 유도체로서 항염활성 및 천식에도 효과가 있다. Methopterosin은 연산호 *Pseudopterolgorgia elisabethae*에서 분리되어 화장품 첨가제로서 쓰이고 있는 pseudopterosin의 유도체로서 항염작용은 물론 상처치유 효과도 뛰어나 현재 임상 1/2상을 진행 중에 있다.

③ **진통제**

청자고둥에서 진통제로 개발된 프리알트 이외에도 바다달팽이로부터 여러 가지 독성분들이 분리되어 진통제로 개발되고 있다. 그 대표적인 것이 AM336이다. 이 물질은 청자고둥 *Conus catus*에서 분리된 펩타이드성 물질로서 프리알트와 마찬가지로 만성통증에 뛰어난 진통효과를 가지고 있다. 이 밖에도 *Conus geographus*에서 분리된 CGX-1160이 임상 1상 중에 있고, CGX-1063, ACV1, c-conotoxin 등이 전임상 실험 중에 있다.

④ **항바이러스제**

해면동물에서 분리된 Ara-T와 Ara-U는 해양생물로부터 뉴클레오사이드(nucleoside) 계열의 항바이러스제 및 항암제 개발의 기폭제 역할을 한 물질이다. 이들 물질을 모델로 하여 합성되었으며, 후에 gorgonian 산호인 *Eunicella cavolini*에서도 발견된 뉴클레오사이드인 Ara-A와 해면동물에서 분리된 Ara-T는 현재 항바이러스제로 쓰이고 있는 acyclovir와 AZT의 선도물질로서의 역할을 각각 수행하였다. 이외에도 군체멍게에서 분리된 eudistomin은 항바이러스 효과뿐만 아니라 항미생물 효과도 가지고 있다. 이 물질은 유기합성에 성공하여 동물실험에 필요한 충분한 양을 얻는데 성공하였다.

이밖에도 항생제, 항진균제, 항알츠하이머 물질 등 다수의 물질들이 전임상이나 임상 실험 중에 있다. 해양생물은 강력하고 다양한 생리활성과 신규의 골격을 가진 물질들을 많이 생성하지만 그 물질들이 해양생물의 체내에 미량 존재($\sim 10^{-6}$%) 한다는 것과 일반적으로 해양천연물의 구조가 매우 복잡하여 합성이 어렵다는 것이 해양생물로부터 의약품 개발에 있어서 가장 어려운 점이다. 이런 해양천연물의 공급문제를 극복하기 위하여 공생미생물의 이용, 해양생물의 대량양식, 유전공학적 기법의 활용, 합성법의 개발 등 다양한 해결방법이 제시되고 있어서 멀지 않은 장래에 해양생물로부터 보다 더 많은 종류의 의약품들이 개발될 것으로 전망된다.

그림 5.3.4는 해양생물에서의 의약품 개발을 활성화 시킨 물질로서 이 물질들을 모델로 하여 많은 항바이러스제 및 항암제가 개발되었다. Prialt는 청자고둥에서 분리되어 만성통증 환자에게 쓰이는 강력한 진통제이다.

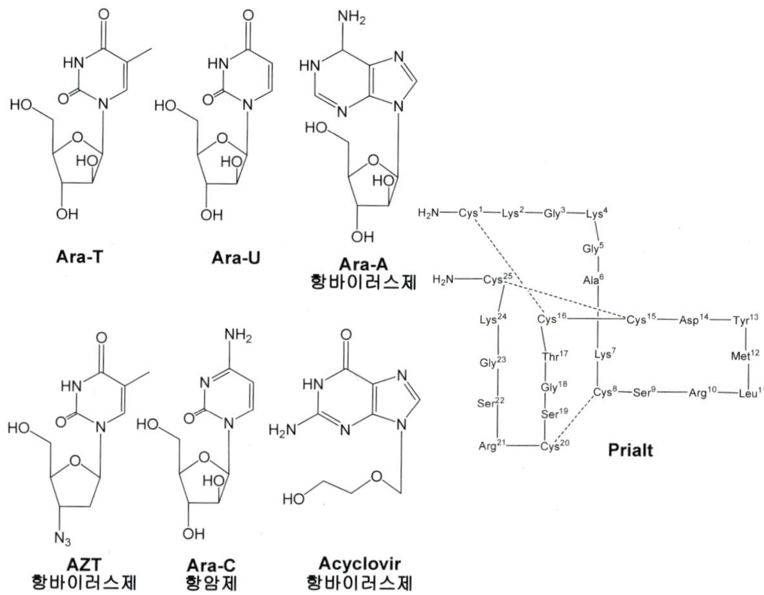

그림 5.3.4 해면동물 Tethya crypta에서 분리된 Ara-T 및 Ara-U

그림 5.3.5 청자고둥이 독이 있는 작살을 쏘아 물고기를 마비시킨 후에 잡아먹고 있는 사진(부경대 김현우 교수 사진제공)

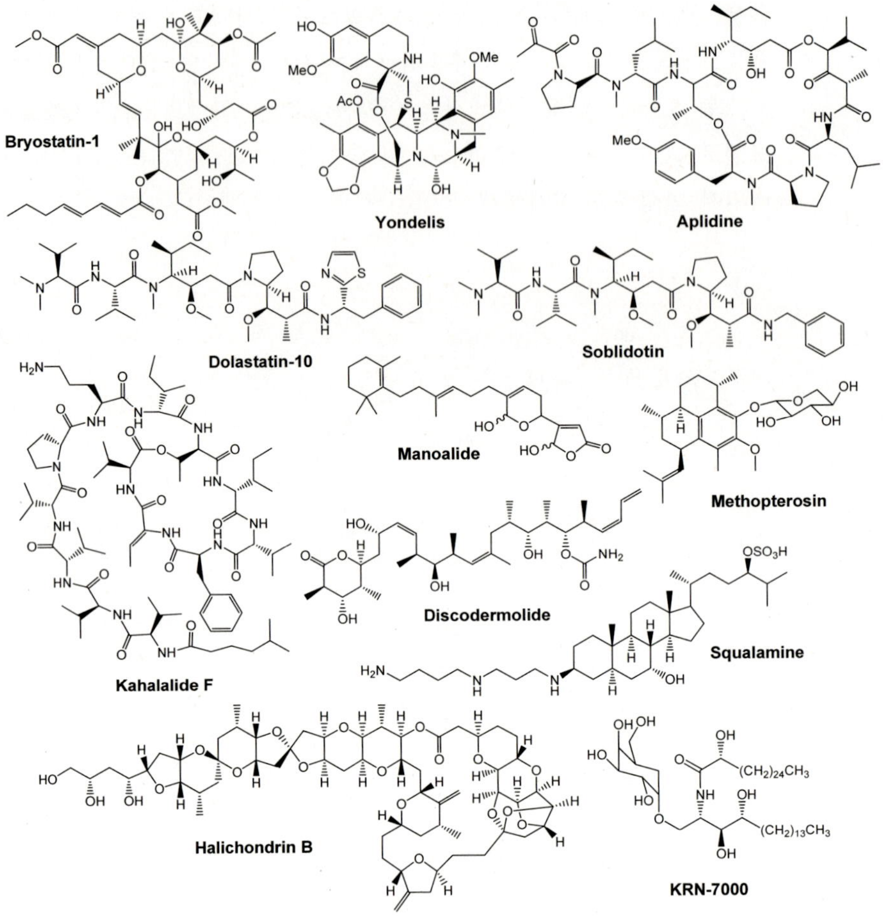

그림 5.3.6 해양생물에서 분리되어 개발되고 있는 대표적인 신물질 혹은 그 유도체들

6 해양생물 활용 산업신소재 개발

(1) 들어가며

해양은 지구표면의 70%를 차지하고 있고 저온, 고온, 고압, 고염 등 다양한 극한 환경을 내포하고 있다. 이러한 해양환경에 적응하고 생명을 유지하기 위해 해양생물은 뛰어난 종다양성을 보이며, 발견된 동물종의 33개의 문(phylum) 중 하나를 제외하고 모두가 해양환경에 존재하고 있는 것으로 알려져 있으며, 그 가치는 수십조 달러에 이르는 것으로 생각되고 있다(해양생물센서스; Costanza, 1997). 해양의 풍부한 생물

자원은 인간생활을 영유하기 위한 필수적인 식생활 재료의 원천이었으며, 최근에는 고부가가치 신소재개발의 소재로서 해양생물자원의 중요성이 부각되고 있다. 세계 각국은 해양생물자원의 중요성을 인지하고 있고 특히 1992년 브라질 리우유엔환경개발회의에서 채택된 생물다양성협약(CBD, Convention on Biological Diversity), 2010년에 채택된 유전자원의 접근 및 이익 공유(ABS, The Access and Benefic Sharing)를 명시한 나고야의정서의 2014년 10월 발효를 계기로 전 세계 각국은 해양생물자원을 전략화하고, 원천소재를 확보하여 이를 바탕으로 산업화하고자 하는 추세이다(http://www.abs.go.kr). 본장에서는 최근에 시도되고 있는 해양생물자원을 이용한 산업신소재 개발에 대해 전반적인 동향을 살펴보고자 한다.

(2) 해양생물활용 고분자 신소재 개발 및 산업화

해양생물자원을 이용한 고분자 소재 개발은 식생활 재료의 원천인 다양한 어류, 무척추동물, 해조류 등을 식품으로 이용하던 전통적인 방법에서 벗어나, 기능성 고부가가치 물질을 생산하여 신산업 창출을 목표로 다양한 시도가 이루어지고 있다. 등푸른 생선에 많이 함유된 다양한 디에치에이, 오메가-6, 게와 새우로부터 키토산, 글루코자민 생산 등은 좋은 예로서 건강 보조제시장에서 매출이 형성되고 있는 제품들이다. 최근에는 기능성 소재의 연구대상이 확대되고 있으며 다양한 해조류, 해양동물유래의 다당류 등 바이오 폴리머의 이용 및 연구분야는 폭넓은 응용분야와 시장성으로 인해 관심의 대상이 되고 있다. 산업용소재로 오래전부터 이용되어온 한천, 알긴(algin), 알긴산(alginate), 카라기난(carrageenan) 등 다당류와 글리코사미노글리칸(glycosaminoglycan), 콘드로이틴(chondroitin), 데르마탄(dermatan), 헤파린(heparin), 케라탄(keratan), 히알루론산(hyaluronic acid), 키틴/키토산 유도체 등 고분자물질도 대량생산 및 산업화 방안이 연구되고 있다. 신규 고분자 기능성 신소재 개발에도 연구가 활발하며, 예를 들면 일본인의 평균수명이 높은 원인 규명을 위한 기초 응용연구로부터 한국 및 일본에서 일상적인 식품으로 이용되고 있는 해조류 중 다시마와 미역에 포함된 황산 다당류의 일종인 후코이단(Fucoidan)의 연관성이 추정되어 다수의 회사에서 후코이단을 기능성 상품으로 개발 상품화하려는 시도가 꾸준히 이어지고 있다. 한국에서도 미역, 다시마를 이용한 고부가가치 산업을 창출하고자 다양한 해조류로부터 기능성소재를 개발하려는 연구가 진행 중이며, 한 예로써 갈조류에서 추출한 폴리페놀(Polyphenol) 물질인 씨놀은 건강기능식품 원료로 사용되고 있다(김상진 2002; 이유경 등 2002; 이연주 2017). 이외에도 해양동물유래 기능성 단백질의 실용화 연구가 진행되고 있다. 해파리 유래 콜라겐을 이용한 치과 및 안과용 충진제, 외상용

드레싱의 주재료, 인공 혈관이나 인공 장기의 제조에도 활용되고 있고, 따개비나 홍합 등 고착성 해양 동물유래 부착단백질의 경우 수분이나 부유물 등이 많은 환경에서도 접착력을 보여 골절이나 수술 부위의 접착에 활용하기 위한 연구 개발이 진행되고 있다(이연주 2017).

(3) 해양생물 오믹스연구 활용 신소재 개발

① 해양·극한환경 탐색 및 미생물 분리 배양

해양 환경은 놀라운 종다양성을 내포할 뿐 아니라 막대한 생물총량을 함유하고 있어 해수 1 mL 안에 약 10^6개 이상의 미생물을 보유하고 있다. 전체 해양의 부피를 고려하면 해양환경 안에 내포되어 있는 미생물의 수는 종류와 총량에 있어 가히 천문학적이라고 할 수 있다. 이러한 다양한 해양환경유래의 미생물들의 이해는 해양탐사, 시료확보 및 미생물배양의 어려움으로 많은 연구가 진행되지는 못했지만, 21세기 들어 탐사기술, 배양기술 발달, 차세대 유전체분석기술(NGS)의 발달에 따라 어려움이 일부 해소되고 있고, 또한 해양·극한생물의 환경 적응기작 및 대사경로 이해의 중요성이 부각되고 있어 새롭게 주목을 받고 있다.

다양한 해양 환경에 서식하는 미생물의 군집 구조(microbial community structure) 및 다양성(microbial diversity) 연구를 통해 확인된 우점 미생물의 경우 전 지구적 물질순환 이해을 이해하기 위해 꾸준한 배양시도가 이루어지고 있으며, 배지, HTS 배양방법 등의 기술개발을 통해 괄목할 만한 성공사례가 증가하고 있다. 분리된 미생물을 바탕으로 유전체 및 생리적 연구를 통해 지구 물질 순환에 중요한 역할을 담당하고 있는 주요 미생물의 이해도가 향상되고 있다. 또한 해양환경에는 고온, 저온, 고염 등 극한환경을 내포하고 있으며 극한환경에 적합한 극한생물 특히 1977년 미국의 미생물 진화학자인 칼우즈(Carl R. Woese, 1977) 박사에 의해 제3의 독립된 분류군(domain)으로 제안된 다양한 고균(Archaea)을 내포하고 있다. 고균류는 바닷물보다 열배나 되는 고염환경에서 자라는 호염성 미생물과, 열수환경에서 유래된 섭씨 100도 이상에서도 성장하는 초고온성 미생물, 해저 퇴적물의 혐기적 환경에서 메탄을 생성하는 자가영양성인 메탄생성균 등을 포함한다. 2001년에는 열수구 환경에서 섭씨 121℃에서 자라는 '121균주'가 분리되기도 하였다(강성균 2005). 또한 이러한 극한환경에서 자라는 미생물유래 극한신소재 개발 연구는 유전체가 본격화되기 이전부터 생물을 활용하여 시도되었고 유전체, 오믹스 연구와 접목되어 지속적으로 연구가 이루어지고 있다.

또한 해양탐사, 시료채집에 대한 기술도 발달하고 있어, 전 지구적 해양탐사 연구와 연계한 생물자원개발 연구 노력도 활발하다. 미국은 대양의 심해 영역에서의 해양적 특성과 생명체에 관한연구를 진행하고 있고, 미국, 일본 등은 국제연합프로젝트인 국제해저지각드릴링(IODP)을 주도하여 지구와 생명체라는 주제로 지구 및 생명체의 진화과정을 이해하고자 하고 있다. 또한 프랑스, 독일은 남극주변을 탐사하고 생물자원을 채집하면서 극한 생물자원에 대한 집중적인 연구를 수행하고 있다(김상진 2002; 최동한 2017).

국내의 해양미생물연구는 선진국에 비해 해양탐사, 시료채집 등에 있어 비교적 열세이지만, 해양환경 이해 및 개선, 다양한 환경에 서식하고 있는 해양미생물의 다양성분석, 해양미생물분리 및 동정, 유용미생물 개발, 미생물유래 고부가가치 신소재 개발 등의 다양한 분야에서 꾸준한 연구가 이루어지고 있다. 또한 분리된 유용균주의 유전체분석 및 정보를 이용한 고부가가치 소재 개발 분야도 활발한 연구가 이루어지고 있다. 고균 연구분야는 극한환경 생물연구의 어려움으로 더욱 제한적이지만 한국해양과학기술원에서 서태평양 마누스 분지 탐사를 통해 확보된 열수구 지역의 퇴적물에서 분리한 고균인 써모커커스(*Thermococcus onnurinues* NA1)를 활용한 바이오수소 연구가 진행되고 있다(강성균 2017; 이홍금 2017). 또한 해양에서 암모니아, 메탄을 이용하는 고균 분리도 최근 여러 그룹에서 성공하여 연구가 진행되고 있다. 이외에도 해양의 극한환경에 특화된 고염, 고압에 적응하여 자라는 호염균, 호압균의 분리와 극한환경 적응기작에 대한 연구도 분리된 미생물, 유전체 분석 및 유전자 조작 tool box개발로 활발하게 진행되고 있다.

② 생물자원연구 방향변화

21세기 들어와 눈부신 발전을 거듭하고 있는 생명공학 분야는 차세대 핵산염기서열 분석기술(NGS), 생물정보학 기술, 초고속(high-throughput) 기술 등의 개발로 괄목할만한 성장이 이루어지고 있다. 최근의 생명공학연구는 유전체, 단백질체 등 오믹스기술을 이용한 대상생물의 전체시스템 분석과 생물정보 분석을 통하여 생명현상을 해석하고 전체시스템을 활용하는 방향으로 변화되고 있다.

해양생물 자원연구도 이러한 변화와 부합하게 변화하고 있으며, 유전체 등의 첨단연구기법을 적용한 연구개발에 많은 투자가 이루어지고 있다. 해양생물자원의 경우 Global Ocean Sampling 프로그램, 국제해저탐사프로그램(IODP), Tara Expedition 프로그램 등 다양한 해양 탐사 프로그램과 연계한 해양샘플을 차세대 염기서열 분석방법(NGS)을 이용하여 저비용, 고효율로 미생물의 다양성과 유전체 분석 연구가 이전에 상상하지 어려운 놀라운 속도로 이루어지고 있다(최동한 2017).

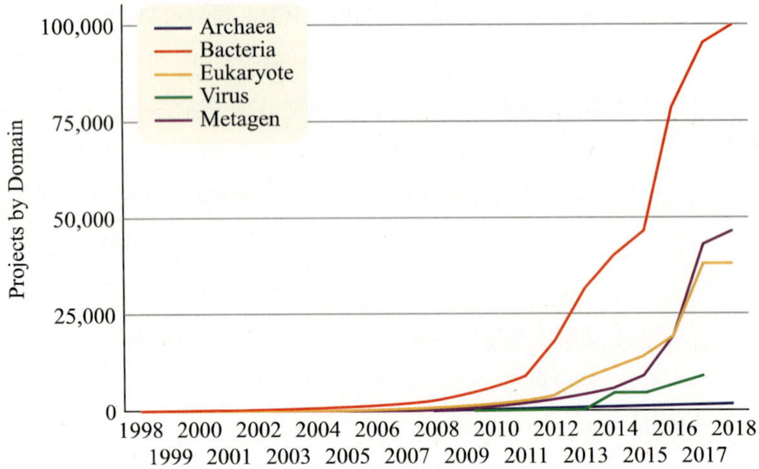

(자료출처: www.gold.net)

그림 5.3.7 Project Totals in GOLD (by year and Domain Group)

NGS의 발달로 해양동식물, 미생물 유전체 연구에도 괄목할 만한 많은 발전을 이루고 있다. 그림에서 나타난 GOLD 사이트의 통계와 같이 세균, 고균, 진핵생물 등의 유전체 연구 대상이 폭발적으로 증가하고 있으며 다양한 해양생물의 발현유전체와 다양한 해양미생물 유전체연구, 복어유전체 연구 등 다양한 해양미생물과 해양생물을 대상으로 한 연구가 활발히 진행 중이다.

③ 오믹스기술 활용 신소재 개발

유전체분석과 더불어 다양한 오믹스기술 — 유전체(genomics), 단백질체(proteomics), 대사체(metabolomics), 구조유전체(structural genomics) — 또한 다양한 해양·극한 환경 미생물에 광범위하게 적용되고 있다. 예를 들면 에너지자원의 고갈위기에 따른 대체에너지개발 필요성은 해양미세조류, 해양미생물의 대사능력을 이용한 바이오에너지기술 개발에 대해 중요성이 부각되게 되었고, 미국을 비롯한 선진그룹을 중심으로 해양미생물의 다양한 대사경로를 이해하고, 바이오에너지생산기술에 접목하려는 시도가 이루어지고 있다. 또한 해양미생물의 유전체, 대사체로부터 유용신소재를 탐색하고, 산업화하기 위한 노력이 계속되고 있다. 적조를 제어하기 위한 방편으로 해양에서 분리한 미생물의 유전체 연구를 통해 적조제어물질 생산관련 유전자 정보를 확보하고, 대사공학 연구로 적조물질을 대량생산함으로써 친환경적인 적조구제물의 개발이 진행되고 있다(권개경 2017). 해양미생물의 유전체연구를 바탕으로 생성된 정보들은 균주를 개량, 대사산물의 대량생산에 이용되고 있다.

또한 해양·극한 환경의 고균은 활성을 나타내는 효소를 내포하고 있어 유전체 연구와 접목하여 단백질체, 구조유전체 연구를 통해 고온, 고염 등의 극한환경에서 안정한 단백질신소재 개발 연구가 활발하다. 미국과 일본의 경우 초고온에서 안정한 단백질의 구조유전체 연구를 통해 단백질 구조를 이해하고 고온 안정 기작을 이해하는 국가 차원의 프로젝트가 진행되기도 하였다. 결과적으로 다양한 고열에 안정한 효소, 단백질(DNA polymerase, ligase과 같은 DNA 수식효소, chitinase, amylase, cellulase, pullulanase, CGTase 등과 같은 당화수식효소, 고열안정 protease)과 저온활성 단백질 등이 산업화되고 있다(김현규 2002; 이현숙 등 2017).

④ 환경유전체 및 발현유전체 이용 신소재 개발

해양·극한 환경의 미생물과 달리 해양 동·식물을 이용한 유전체연구는 유전체 크기 등의 제약이 있지만 다양한 생물 종의 유전체 연구가 진행 중이다. 과거 발현유전체(EST), 마이크로어레이 등에 의존했던 발현유전체 분야도 NGS 기술을 접목하여 괄목할만한 발전을 이루고 있다. 확보된 유전체 정보는 해양 동식물유래 다양한 기능성 단백질 개발에 활용되고 있다. 또한 해양 동식물의 발현체 정보는 생물출처나 환경변화를 감지하고 예측하기 위한 DNA chip 제작에 활용되고 있다(임형순 2017).

배양이 가능한 해양 미생물은 전체의 약 0.1%에 불과한 것으로 알려져 있다. 해양환경의 미생물 다양성을 고려할 때 배양이 어려운 환경미생물의 이해와 정보는 중요한 가치를 지니고 있는 것으로 평가된다. 최근에는 NGS 기술과 접목하여 미생물을 분리, 배양하지 않고 환경시료에서 유전자를 분석하는 환경유전체(metagenomics), 하나의 세포를 분리해 이 세포가 지니고 있는 DNA 혹은 RNA를 증폭시켜서 각 서열을 분석하는 기술인 single cell genomics 기술이 해양환경, 생태연구에 적용되고 있으며, 다양한 해양환경으로부터 채집한 환경유전체를 분석하여 유용기술을 개발하는 연구도 진행되고 있다(최동한 2017).

해양환경의 극한환경유래의 미생물은 고염, 고압, 저온 등에서 안정한 우수한 생촉매를 가지고 있을 것으로 기대되고 있다. 특히 기존의 화학합성에 의한 물질 생산공정에서 공정단계가 복잡하거나 불가능한 다수의 공정에 있어 생촉매를 이용한 공정개발 노력이 진행되고 있다. 또한 기존의 화학공정을 대체한 white biotechnology 분야의 부각으로 생촉매연구 및 개발의 중요성이 강조되고 있다. 해양생물은 지구상 생명체의 80% 이상을 차지하고 있으며, 해양의 다양한 극한환경을 고려할 때 해양미생물의 유전정보, 단백질은 육상생물과 다른 새로운 다양성을 제시할 것으로 기대되고 있다. 해양의 다양한 자원을 이용한 연구개발방식을 접목하면 새로운 소재를 확보할 가능성이 기대된다.

(4) 해양생물자원 신소재연구개발연구 향후 전망

해양생물자원을 이용한 신소재 개발 분야는 그동안 축적된 생명공학분야의 첨단 기술과, 극한·해양생물자원의 결합으로 급속도로 발전하고 있다. 특히 다양한 환경에서 적응하는 생물의 유전체 연구를 통한 신소재 개발 기술은 유전체와 기능유전체, 단백질체 등의 오믹스 기술 발전과 더불어 개발 속도가 증대될 것으로 기대된다. 차후 이러한 국내의 기술과 역량의 축적은 미생물 자원, 생물전환, 의약신소재, 재조합 미생물, 환경, 에너지 등의 다양한 부분에서 산업화 실적으로 이루어질 것으로 기대된다.

7 해양환경생명공학

해양환경생명공학(marine ecobiotechnology)은 '해양생물자원을 활용하여 해양환경과 관련된 제반 문제들을 해결하기 위한 기술'로 정의된다. 이는 해양생물자원의 목적지향적 확보, 생리적·유전적 특성 및 기능 규명을 통한 기능 극대화, 오염된 해양환경을 개선하거나 혹은 오염물질/현상을 제어하기 위한 실증기술을 포함하는데 실제로 유류오염방제, 퇴적토 오염 저감기술 등과 같은 해양오염의 직접적인 방제, 오염물질의 위해성 검정, 적조 제어나 오손생물 제어와 같이 위해를 미치는 생명현상의 조절, 바이오수소와 같은 청정에너지 생산 등 매우 넓은 범위에 걸쳐 적용된다. 이번 항에서는 생물자원을 활용하는 대표적인 내용들을 소개한다.

(1) 독성 유기화합물의 생물정화

생물정화는 '오염현장의 생물 활성을 높여주거나 혹은 외부로부터 오염물질 제거 능력을 지닌 생물을 도입함으로써 오염물질을 분해·제거하는 과정'을 의미한다. 생물정화는 ① 생물활성 촉진, ② 활성미생물 접종, ③ 자연정화 모니터링의 3가지로 구분되며 3번의 경우 인위적인 개입이 어렵거나 환경에 미치는 피해 정도가 크지 않다고 판단될 때 적용된다.

해양은 다양한 경로로 석유화합물에 의해 오염되는데 그 중 다환 방향족 탄화수소(PAHs; Polycyclic aromatic hydrocarbons)는 독성이 매우 강하며 벤젠고리수가 4개나 5개로 증가할수록 환경 잔류성과 유전독성이 증가한다. 오염된 PAHs 화합물은 생물농축에 의해 궁극적으로 인체에 피해를 미칠 수 있어 이의 방제기술이 관심대상이 되어 왔는데 특히 생물정화기술은 저비용, 고효율 기술로 주목받아왔다. '해답은 문제 바로 옆에 있다'는 말처럼 대표적 발암물질인 벤조피렌 분해세균 *Novosphingobium pentaromativorans*(Sohn et al., 2004a)를 비롯한 많은 PAHs 분해미생물이 다양한 오염지역에서 분리되었다. 2010년 멕시코만에서 발생했던 Deepwater Horizon 유류오염사고에서도 오염과 함께 유류분해능을 가진 새로운 종류의 토착미생물들이 증가하는 것이 관찰되었으며(Redmond & Valentine, 2012), 한국에서는 태안 유류오염 사고 이후 기름 성분을 분해하는 새로운 미생물들이 보고되었다(Jin et al., 2016).

확보된 미생물은 대개 분해범위가 다른 여러 미생물이 상승효과를 유발할 수 있도록 조합된다. 또한 미생물의 분해력을 극대화시킬 수 있는 조건, 즉 유화제나 영양물질을 비롯한 다양한 보조기질, 온도, 염도 등의 환경요인, 전자수용체의 공급 방법 등의 최적화과정이 필요하며 현재는 유전체 수준의 연구까지 진행되고 있다.

생물정화기술의 상용화와 관련하여 1990년대 중반 이후 미국과 캐나다에 근거지를 둔 골더사(Golder Associates)는 해밀턴항, 홍콩과 방콕의 수로 등 여러 곳에서의 시범사업 결과로 현장생물정화기술적용의 타당성이 높은 것으로 보고하였다(Murphy 등, 1999). 한국에서는 2007년 태안 유류오염사고 현장에서 부분적으로 생물정화기술 적용 연구가 시도되었으나 깊이 있는 연구는 진행되지 못하였다. 그러나 2015년 여수 신덕해안에서는 생물정화기술 적용 연구가 진행되어 긍정적인 결과를 얻을 수 있었다(임운혁 등, 2016). 생물정화기술은 지역적·환경적 요인에 큰 제약을 받는 등 아직까지 극복해야 할 한계가 많다. 그러나 일련의 사고, 현장연구 등에서 도입한 생물정화기술은 비교적 짧은 기간에 많은 기술축적을 이루고 있으므로 미래 환경정화기술의 핵심으로 자리잡을 것으로 기대된다.

(2) 생명현상 조절

① 생물오손의 제어

생물오손은 '원하지 않는 곳에 생물이 부착해서 성장함으로써 막대한 피해를 끼치는 현상'을 의미한다. 생물오손은 (ㄱ) 유기물 부착, (ㄴ) 세균 부착 및 성장, (ㄷ) 고등생물 부착 및 성장의 순서로 진행되는데 대개 1개월 이내에 고등생물 부착까지 진행된다. 원양선박의 경우 생물오손으로 인해 연료 소비가 50% 이상 증가하게 되며 해수를 냉각수로 이용하는 임해공장이나 발전소는 냉각효율이 나빠져 생산효율이 감소할 뿐만 아니라 가동을 중단해야 할 정도로 심각한 경우도 발생한다(권개경, 2004).

가장 강력한 방오제(防汚劑)인 TBT(Tributyltin)는 해양생물의 성전이를 일으키는 등 심각한 문제를 일으키는 것이 밝혀짐에 따라 국제해사기구에 의해 2008년부터 사용이 금지되며 황산구리도 강한 독성을 지니고 있어 이를 대체할 새로운 방오제 개발이 활발히 진행되고 있다.

생물오손의 초기과정인 세균의 생물막 생성은 신호전달물질에 의해 그 과정이 매개되며 오손생물이 달라붙지 않는 해양생물들은 각기 독특한 방오물질을 분비하는 것이 밝혀졌다. 일본 전력 중앙연구소 등에서는 이와 같은 천연방오물질에 기반을 둔 다양한 방오물질을 화학합성하여 그 기능을 평가하였고(Nogata 등, 2005), 영국은 RINA를 중심으로 생물막 생성 기작, signaling 및 상호작용, 방오물질 개발 등에 지속적으로 투자하고 있다. 미국 몬타나 주립대학교의 Biofilm Technology Center에서는 signaling, 유전자 발현, topology, interaction, regulation, 장비 개발 등 관련 모든 영역의 연구·교육 기능 등을 수행하고 있다(http://www.erc.montana.edu/). 매 2년마다 열리는 '해양부식 - 생물오손학회'와 유관 학회를 통해 학술교류가 이루어지고 있다. 최근에는 오손생물이 부착하지 않는 거북, 상어 등의 해양생물체의 피부 구조를 모사한 재료로 생물오손을 제어하는 생체모방기술(Biomimetics) 연구가 활발하게 진행되고 있다(Demirel, 2018).

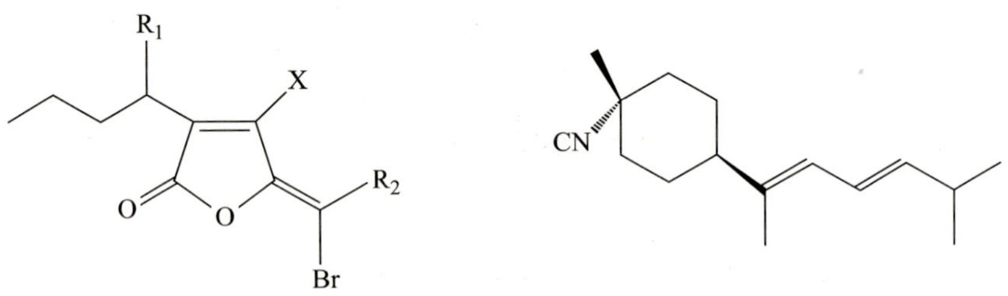

그림 5.3.8 해조류에서 분리된 대표적인 방오물질의 구조

② 식물플랑크톤 대발생 제어

흔히 적조라고 표현되는 "유해 식물플랑크톤 대발생"은 "해양생태계에서 식물 플랑크톤, 원생생물, 미생물 등이 다량으로 일시에 증식하여 생물·물리적으로 집적되어 해수의 색을 변화시키며 다른 생물에게 해를 끼치는 현상"으로 정의된다. 식물플랑크톤 대발생은 담수, 강우와 함께 해양으로 유기물, 질소를 포함한 무기영양염, 미량원소(철 등)들이 유입된 지역에서 물리, 화학 및 생물학적인 조건의 상호관계에 의존하여 발생하는 것으로 추정되고 있다. 1990년대 이후 와편모조류의 일종인

*Cochlodinium polykrikoides*에 의한 적조 피해는 심각한 사회문제가 되고 있다(국립수산진흥원, 1997).

적조생물의 생리적 특성에 대한 연구를 통해 적조발생 기작을 이해함으로써 적조 발생을 제어할 수 있는 가능성을 찾을 수 있다. 일부 적조생물의 경우 특정 불포화 지방산이 사멸 신호로 작용한다는 보고도 있다. 따라서 적조생물의 대량증식과정에도 어떤 신호물질이 작용할 가능성이 있다. 생체신호를 조절하거나 혹은 방해할 수 있는 물질은 적조제어와 관련해서 매우 중요한 연구내용이 될 것이다. 다른 한편 포식자를 이용한 증식 억제, 살조물질을 내는 미생물을 이용하는 방법 등이 적조 제어 방법으로서 높은 기대를 모으고 있다. 살조에 관여하는 물질은 항생물질이나 색소, 저분자 올리고펩티드, 효소를 포함한 단백질, 열에 불안정한 세포외 물질 등이며 살조세균을 접종한 후 몇 시간에서 며칠 사이에 조류의 감소가 진행된다. 국내 연안에서 분리된 미생물인 *Kordia algicida*, *Hahella chejuensis* 등은 살조단백질 혹은 살조능을 보이는 색소를 분비하는 것으로 밝혀졌다(Sohn 등, 2004b; Joeng 등, 2001). 그러나 아직까지 살조기작이 정확하게 설명되지 않고 있으며, 최근에는 이러한 기작을 분자생물학적으로 해석하기 위해 다양한 살조 미생물의 유전체 해독이 이루어졌다(Lee 등, 2011).

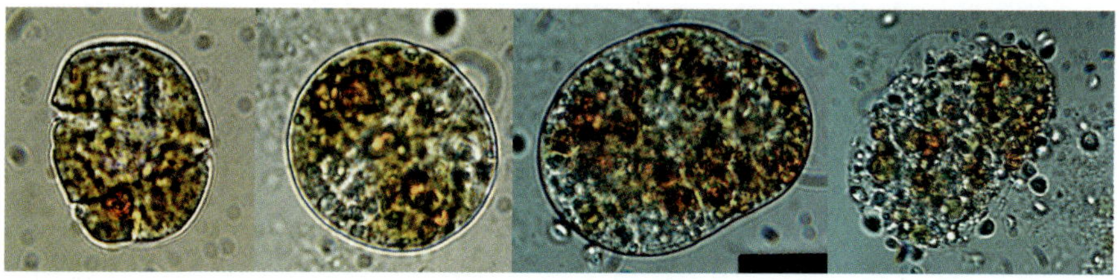

그림 5.3.9 살조세균 *K. algicida*에 의한 적조생물 *C. polykrikoides*의 사멸과정(사진 손재학)

(3) 청정 생체에너지 개발

화석연료의 고갈과 지구환경오염문제가 대두되면서 새로운 청정에너지원에 대한 연구가 활발히 진행되고 있다. 앞의 장과 중복될 수도 있지만 이 중 바이오수소 생산과 생물전지에 대해 기술한다.

① 바이오수소 생산

수소는 대표적인 청정에너지자원으로서 화합물의 형태로 지구상에 거의 무한하게 존재하고 있다. 수소를 에너지자원으로 활용하기 위해서는 먼저 수소의 확보, 안전한 저장방법, 저장된 수소의 사용 방법 등의 기술이 개발되어야 한다. 화합물 상태로 존재하는 수소를 별도로 확보하기 위해서는 다양한 방법이 가능하지만 여기서는 생물자원을 이용하는 방법에 국한시켜 설명한다.

생물학적으로 수소를 생산하는 방법은 크게 (ㄱ) 광합성을 통한 물분해, (ㄴ) 바이오매스의 발효, (ㄷ) 가스의 전환으로 나눌 수 있다(김미선, 2005). 광합성을 통한 물분해는 algae 또는 광합성세균을 이용한다. 생물을 이용한 물로부터의 수소생산은 공기중의 이산화탄소를 고정하고, 수소와 산소를 발생하는 원천기술로써 오래 전부터 미국, 유럽에서 광합성 미생물의 분리, 개선 및 반응기에 관한 연구가 축적되어 왔으며, 바이오매스로부터 혐기 및 광합성 발효를 연속적으로 적용하는 기술은 비교적 최근에 일본을 비롯한 유기성 폐기물이 많은 국가에서 수소에너지 생산과 유기성 폐기물 처리라는 두 가지 목적에 부합하는 연구로써 활발히 진행되고 있다. 현재 광합성 해양세균으로는 *Ectothiorhodospira*속, *Prosthecochloris*속, *Synechococcus*속 등이 이용되고 있으며 발효미생물인 *Clostridium*속 세균은 자연계에 널리 분포한다. 국내에서는 심해열수구에서 발견된 초고온고균인 *Thermococcus onnurineus* NA1을 이용해 상업적으로 수소를 생산하기 위한 연구가 막바지에 있어 조만간 미생물을 이용한 수소생산이 가시화될 전망이다(중앙일보, 2017.12.20.).

표 5.3.4 대표적 바이오수소 생산반응의 종류

원료 및 과정	화학반응
광합성 직접 물분해 (Direct Photolysis)	$H_2O \xrightarrow{light} PSII\ (\nearrow O_2) \rightarrow PSI \rightarrow FD \rightarrow H_2ase \rightarrow H_2$
광합성 간접 물분해 (Indirect Photolysis)	$H_2O \xrightarrow{light} PS \rightarrow (CH_2O)$ ($\nearrow CO_2$) $(CH_2O) \rightarrow FD \rightarrow H_2ase, N_2ase \rightarrow H_2$ ($\nearrow CO_2$)
바이오매스의 혐기발효 (Dark Fermentation)	$C_6H_{12}O_6 + H_2O \xrightarrow{dark} 4 \sim 6H_2 + CO_2 +$ 유기산
가스(CO) 전환반응 (Shift Reaction)	$CO + H_2O \xrightarrow{dark} CO_2 + H_2$

② 생물전지

거의 모든 미생물은 electron shuttle이라 불리는 적절한 매개체만 있으면 전기를 생산하는 데 이용할 수 있지만 고농도의 매개체는 세포에 독성을 지닐 뿐만 아니라 전기생산 효율도 매우 낮다. 반면 *Geobacter*속 세균이나 *Shewanella*속 세균 등 금속염 환원미생물은 대사과정에서 발생된 수소를 체외의 전자수용체로 전달하는데 이때 전자수용체를 양극으로 사용한다면 매개체 없이 전기를 생산할 수 있다(Chang 등, 2006). 해양퇴적토에는 철을 비롯한 금속염 농도가 높으며 다양한 금속염 환원세균이 분포하고 있으므로 이들을 이용한 생물전지 개발은 유기성 오염물질의 제거와 에너지 생산이라는 두 가지 측면을 모두 만족시킬 수 있는 기술로서 활발히 연구되고 있다. BOD 계측기, 독극물 monitoring sensor 등은 소규모 미생물전지의 실용화 사례가 될 것이다.

5.4 해양공간자원

1 해양공간자원의 정의 및 특징

해양은 예로부터 수산물을 주요 공급처로서 오늘날 우리가 섭취하는 단백질의 1/6을 담당하고 있으며 현재 석유·가스 생산의 1/3을 차지하는 한편 막대한 양의 메탄하이드레이트 등 미래의 화석연료에너지가 매장되어 있는 21세기 자원의 보고이다. 또한 파력발전, 조력발전, 해류발전, 온도차발전, 해상풍력발전 등 무한한 잠재력을 지닌 해양 신재생 에너지자원의 공급원이며 망간단괴, 망간각, 열수광상 등 희귀 광물자원의 보고이다. 해양이 이렇게 21세기 자원의 보고임이 밝혀지면서 선진 각국은 더욱 해양에 관심을 갖고 자국에 더 많은 해양자원의 확보를 위해서 기술적, 정책적 투자를 활발히 하고 있으며 이러한 해양자원에 대한 배타적인 이용권을 확보하기 위한 필수조건으로서 해양공간을 자국의 영토로 삼기 위한 국제적 분쟁도 확대되는 양상이다.

한편으로 해양은 교역의 통로와 창구역할을 하는 항구와 항구를 이어주는 공간으로서 산업혁명 이후 서구 열강의 항로 확보를 위한 각축장이 되었으며 역사적으로 해양을 제패한 국가가 세계를 제패한다는 등식을 만들어 냈다. 2차 세계대전 이후의 해양패권을 위한 경쟁은 자국의 해군력 강화, 해양과학기술과 관련 산업의 지원, 유엔법 제정을 통한 해양영토의 확대 노력 등으로 이어지고 있다. 한국과 일본, 중국 사이에 해역의 영유권을 놓고 빚어지고 있는 갈등과 마찰, 동중국해에서 중국이 야기하고 있는 일본, 필리핀, 베트남과의 영토다툼은 어장의 확보와 해양 부존자원에 대한 소유권과 함께 해양패권에 대한 중국의 욕망을 대변하고 있다.

세계적으로 인구가 밀집한 대도시의 2/3 이상이 해안에 밀집된 것으로부터 알 수 있듯이 바다를 낀 공간은 항상 인류 역사에 있어 중요한 위치를 차지해 왔으며 경제활동의 증가에 따른 활발한 교역과 교통이 용이한 지리적 이점으로 인하여 지속적으로 성장해 왔다. 20세기 후반부터 물류경쟁력의 중요성이 국가의 생존 차원에서 인식되었으며 특히 21세기 물류중심국가를 목표로 한 동아시아 국가의 허브공항 및 항만의 개발이 모두 연안공간에서 이루어진 것에서 알 수 있듯이 앞으로 연안을 포함한 해양공간의 개발 경쟁력이 국가경제 발전의 중요요소로 자리매김할 것으로 예상된다.

해양의 표면은 지구 표면적 5억 1천만 km^2 중 약 70%에 해당하는 3억 6천만 km^2를 차지하고 있으며 바다 전체의 평균 수심은 3,962 m로서 육지 평균 고도(약 840 m)에 해당하는 육지의 흙으로 바다를 메운다 해도 지구는 평균수심 약 3천 m 이상의 막대한 공간을 차지하고 있다. 이러한 막대한 해양공간은 인구증가 및 경제성장으로 21세기에 해결해야 할 식량, 에너지 및 물 부족 문제와 전 지구적 문제인 기후변화 대응 및 화경보존을 동시에 해결할 수 있는 마지막 희망이다.

해양공간은 해상공간, 해중공간, 해저면으로 구분할 수 있으나 지금까지는 해양공간의 이용이 해상공간에 국한되어 왔다. 그 중에서도 해안선에 가까운 연안역 개발에 집중되어 왔으며 해중공간이나 해저면의 공간을 활발히 이용하려는 노력은 상대적으로 미약한 편이었다.

해양공간 이용기술은 지금까지 육지 상에서 인간이 활동해 온 공간을 해양으로 확장하는 것이 가능하도록 해상, 해중, 해저면에 신공간을 창조하는 기술을 의미하며 이에 대한 구체적 실행방법으로서 매립, 고정식 및 수중 구조물, 대규모 부유식 해양 구조물의 설계·건조·설치 및 운용 기술이 포함된다.

2 해양공간이용 기술

(1) 해양공간 이용의 종류 및 용도

해양공간의 이용은 크게 두 가지 개념으로 파악할 수 있다. 첫째는 육상공간을 대체하는 개념으로서의 이용으로 간척사업을 통한 농지, 주거 및 산업용지 등의 개발을 들 수 있으며 또 다른 하나는 물고기 및 해조류의 양식, 어초를 활용한 바다목장 등의 양식어업, 관광잠수정, 해중전망탑 등의 해양특성을 이용한 수중관광, 항만의 개발과 이용과 같이 해양공간으로서만 그 가치와 효용이 발휘되는 것이다. 해양에너지 개발, 해양자원개발 등도 후자의 이용에 대한 광의의 의미로 해석될 수 있다.

(2) 해양공간 이용 핵심기술

해양공간 이용을 위한 핵심기술로서 크게 매립과 해양구조물 기술을 꼽을 수가 있는데 전자는 가능한 한 넓은 지역의 바다를 육지로 만드는 것을 목적으로 하여 해양공간을 육상공간으로 바꾸는 개념의 2차원적 이용방법이며 후자는 해양공간 자체에 변화를 주는 것이 아니라 해양공간 안에 고정식 또는 부유식 구조물을 설치함으로써 해양에서의 인간의 활동공간을 확보하는 차원의 3차원적 방법이라 볼 수 있다. 또한 침매터널, 해중전망탑과 같이 해중공간의 이용에도 해양구조물의 개념이 적용되고 있다.

① 매립·준설을 통한 해양공간이용 기술

매립은 육상 또는 해저의 골재와 흙을 사용하여 바다를 메우는 행위를 지칭한다. 매립은 수천년 이상의 역사를 가진 가장 오래된 해양공간 이용기술로서 해안 저습지 개발이나 호안사업이 대부분을 차지하고 있다. 준설은 통상 수중에 놓인 흙 등의 재료를 들어 올려 먼 거리로 이동시키는 기술을 의미한다. 준설은 목적에 따라 운하, 항로, 연안과 심해굴착 등이 실시되며 새로운 지반조성을 위한 매립도 수반하게 된다. 준설행위는 다음과 같은 형태가 있다.

- 기본준설
  기존 수로나 항만을 확장시키고 수심을 더 깊게 하기 위하여 하며, 새로운 지반 및 항만구역을 새로이 개발하거나 파일의 설치, 케이블 매설, 해저터널공사 등을 위하여 수행하는 준설
- 유지준설
  수로, 정박지, 건설공사가 설계규모 차원을 유지하도록 하는 준설
- 청소준설
  인간건강과 환경보호 목적의 해저면 오염물질 제거

매립은 연안의 해양공간을 육상공간화 시키는 가장 적극적인 행위로서 우리나라의 경우 고려시대부터 농경지 확보를 위한 간척사업이 시작 되었으며 공업화에 따른 도시화가 진행됨에 따라 연안역의 매립을 통한 공업용지와 주거지의 확보로 이어져 1990년대 들어서는 다목적 종합개발 간척사업으로 발전하였고 영종도 공항개발, 부

산신항 개발 등 사회 기간시설을 위한 해양공간이용으로 그 범위가 확대되었다.

방조제를 축조하는 등 매립기술을 이용하여 국토를 확장하고 수자원을 확보하는 등 장기간 종합적이고 체계적인 간척사업을 시행하고 있는 대표적인 나라로는 인구에 비해 유지면적이 절대적으로 부족한 공통점을 갖고 있는 한국, 일본, 네덜란드 등이 있다.

네덜란드는 국토의 약 1/3이 해수면보다 낮아 간척시업에 의해 조성된 국토를 해일로부터 보호하기 위해 1200년 전부터 계속적으로 준설매립을 시행하여 왔으며 주다지지구(Zuiderzee project)와 델타지구(Delta project)와 같은 대단위 준설매립사업을 통해 수자원 개발, 농경지 조성 및 주거공간과 휴양지 등을 개발하여 왔다.

일본은 산지의 비율이 80%에 해당하며 평야부의 대부분이 해안선을 따라 발달한 관계로 농지의 확보를 위한 준설매립이 행해졌으며 최근 들어서는 협소한 국토를 확장함으로써 공항, 단지, 거주공간 등을 조성할 목적으로 방향이 바뀌고 있다. 오사카만 해상에 위치한 칸사이 국제공항은 1987년 착공하여 1994년 개항한 것으로 최근 들어 일본에서 행한 대표적인 대규모 매립지로서 부지면적이 510만 3000 m^2에 달하고, 길이 3.5 km, 폭 60 m의 활주로를 갖춰 대형 항공기의 이착륙이 가능하다.

그림 5.4.1 칸사이 국제공항

우리나라는 1235년 몽고의 침입을 피해 강화도로 천도한 후 해상방어를 목적으로 연안제방을 축조한 것을 시작으로 하여 1248년 식량조달을 목적으로 지금의 청천강 하구에 제방을 축조하는 등 일본보다 오랜 준설매립의 역사를 가지고 있으며 1960년대 들어 선진기술 도입을 발판으로 독자기술의 토대를 구축하였고 1970년 대 들어 본격적인 대규모 간척사업에 착수하여 남양, 아산 및 삽교천 방조제를 완성하는 간척기술의 성숙기를 이루어 1990년대 들어서는 시화, 새만금 등 대규모 다목적 준설매립사업의 착공으로 준설매립기술의 선진화를 이루어 영종도 공항, 부산신항 등 대규모 준설매립공사를 성공적으로 완료하였다.

그림 5.4.2 인천국제공항

이상과 같이 매립은 전 세계적으로 오랫동안 연안역의 해양공간을 생활공간으로 사용하기 위해 가장 널리 시행되어 왔으나 일본의 경우에는 매립으로 인해 60% 이상의 갯벌을 잃었으며 칸사이 국제공항의 경우 현재도 계속 침하기 진행되는 등 건설 초기에 예상치 못했던 문제가 나타나고 있다. 또한 오랫동안 매립이 행해졌기 때문에 더 이상 적지를 찾기가 힘들고 입지가 깊은 수심의 바다로 나아가야 되는 등 경제적 환경적인 부담이 늘어가고 있는 추세여서 친환경적이며 경제적인 해양공간 창출기술의 개발이 앞으로의 과제이다.

② 고정식 구조물을 이용한 해양공간이용 기술

고정식 구조물은 해저면에 구조물의 기초를 둠으로써 파랑, 조류, 바람으로부터의 외란에 대해 육상과 같은 조건을 가지므로 부유식 구조물에 비해 양호한 작업성능을 확보할 수 있다. 가장 오래된 고정식 구조물의 형태는 해안에 말뚝을 박아 일정 수심까지 배가 접안할 수 있는 잔교형태로 석유·가스 터미널과 같이 육상에서 먼 곳에서의 하역이 요구되는 시설의 정박지로서의 용도와 친수공간을 조성하여 요트정박, 해상 레스토랑 등과 같이 해변의 여가시설로의 가장 활발하게 사용되어왔다. 한편 고정식 구조물은 해저 석유·가스 개발을 위한 생산플랫폼의 목적으로 자켓형 구조물과 중력식 구조물 등도 개발되어 수심 300 m 이상까지 투입되고 있다.

그림 5.4.3 Seaside pleasure pier, 영국 Brighton

그림 5.4.4 자켓구조물, 이어도 해양과학기지

그림 5.4.5 중력식구조물, Troll A, 노르웨이

③ 부유식 구조물을 이용한 해양공간이용 기술

그동안의 해양공간 이용을 위해 연안역에서 활발히 행해진 매립은 주로 농경지의 확보를 목적으로 하였으며 입지 또한 대도시에서 떨어진 곳에 위치하였다. 이후 택지, 공업용지 및 항만개발 등을 위한 연안공간의 필요로 인해 도시 주변의 연안공간의 이용은 포화상태에 달하고 있으나 경제구조가 공업과 상업중심으로 고도화되면서 도시를 중심으로 한 대규모 해양공간의 수요는 계속 증가하고 있다. 그동안 무분별하게 행해진 매립으로 인한 갯벌 손실 등 환경비용 증가문제의 제기, 적정 입지의 고갈 및 대수심화, 매립지의 침하로 인한 기능상의 문제점 노출 등 기존의 매립방법을 대체할 새로운 개념의 해양공간 창출기술이 부유식 구조물을 이용한 방법이다.

부유식 구조물의 기본 원리는 구조물의 자중을 부력으로 지탱하는 것으로 지진에 대해서는 육상보다 안전한 것으로 알려져 있으나 파도에 의해 동요가 발생하며 바람, 조류, 파도 등에 의해 떠내려갈 우려가 있으므로 이를 막기 위한 계류장치를 필요로 한다. 아울러 오랜 기간 동안 바다의 환경에 노출되므로 이로 인한 부식에 대한 대책, 지속적으로 작용하는 파랑하중에 의한 피로파괴 등 매립으로 해상에 부지를 조성할 때는 고려하지 않는 설계 요소들이 존재한다. 따라서 부유식 해양구조물은 파도에 의한 힘을 적게 받고 구조강도 면에서 유리하도록, 같은 용적인 경우 최소 표면적을 갖도록 형상이 발전하여 왔다. 그림 5.4.6에 나타낸 석유 시추·생산용 해양구조물의 변천사가 이러한 개념을 잘 반영하고 있다. 즉, 반잠수식 시추선, TLP(Tension Leg Platform)는 파도로 인한 동요가 작아지도록 수선면적을 최소화 하여 부력의 대부분을 담당하는 선체부분(lower hull)을 물속으로 잠수시키고 상부 갑판을 원통형 기둥으로 연결한 형태를 가지고 있으며, 흘수(구조물이 물에 잠기는 깊이)가 매우 깊은 하나의 단순한 기둥형태를 하여 동요를 최소화하는 스파플랫폼(spar platform), 일반 선박 형태를 하고 있으나 계류시스템 연결부에 turret을 장착하여 해상환경에 따라 스스로 회전함으로써 해상환경에 대해 최소의 환경외력을 받도록 고안되어 최근 심해에서 석유를 생산, 저장, 하역까지의 과정을 하나의 구조물로 처리할 수 있는 강점을 지닌 FPSO(Floating Production, Storage and Offloading) 등으로 발전하였다.

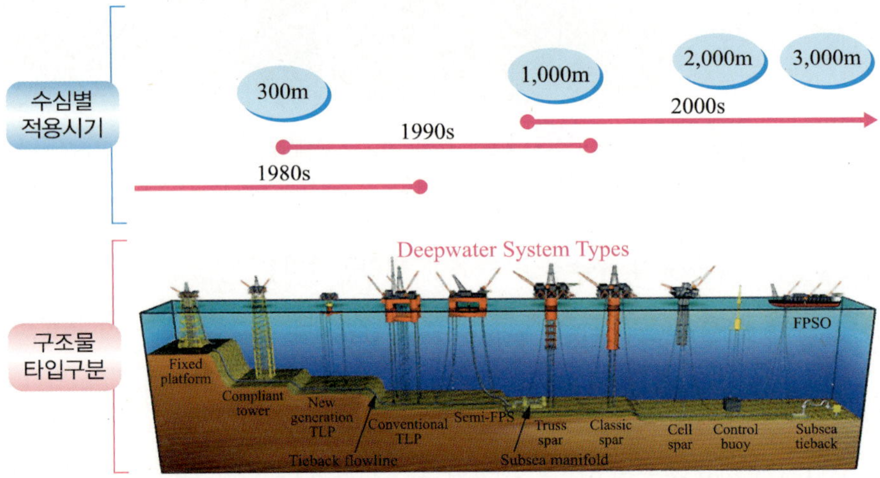

그림 5.4.6 수심변화에 따른 해양 구조물의 변천

해양공간 이용 구조물의 경우 기술의 요구 사항 및 특징은 앞서 살펴본 석유 시추·생산 구조물과 기술의 혁신성에서 많은 공통점을 갖고 있지만 구조물의 설계개념에 있어서는 차이를 갖는다. 해양공간 이용 구조물은 기본적으로 육상공간을 대치할 대규모 공간의 창출이 목적이므로 그 규모 자체가 길이 또는 폭이 수 km에 이르기 때문에 현재까지의 엔지니어링 기술의 경험을 확장 적용하기에는 한계가 있다. 요구되는 공간이 선박이나 석유 시추 생산용 부유식 구조물의 3차원 용적의 확보 개념이 아닌 2차원 평면 공간이므로 지금까지 해양 구조물의 개발에 있어 적용되어 온 최소 크기, 최대 용적의 법칙이 통용될 수 없다. 기껏 수백 미터 규모에 머물고 있는 선박이나 석유 시추 및 생산용 부유식 구조물을 3차원적으로 확장하는 경우 현실적으로 지나치게 비대한 구조물이 되기 때문이다.

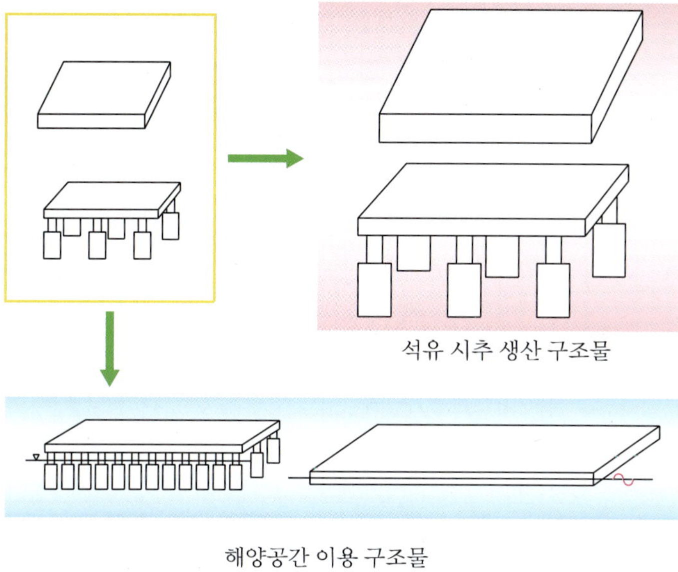

그림 5.4.7 석유 시추 및 생산 구조물과 해양공간 이용 구조물의 형상적 특징

따라서 해양공간 이용을 위한 구조물의 확장을 위한 합리적인 설계 개념은 일본의 메가플로트나 미국의 MOB의 연구 사례에서 볼 수 있듯이 현재의 수백 미터 규모의 폰툰형(pontoon) 구조물이나 반잠수식 구조물을 모두 수 킬로미터 규모로 2차원적으로 확장하고 이로 인해 예상되는 구조물의 강성부족으로 인한 문제를 검토하여 최적의 강성을 도출하는 것이다. 따라서 해양공간 이용 구조물의 형상적 특징은 기존의 구조물에 비해 규모가 이례적으로 커진 반면에 구조적 강성은 현재 규모의 구조물에 비해 현격히 떨어지는 형상을 갖게 된다. 이러한 거대구조물의 안전성 검토를 위해서는, 구조물의 탄성 변형을 반드시 고려하는 소위 유탄성응답 해석 기술이 해양공간 이용 부유식 구조물의 설계·해석 핵심 기술이다.

그림 5.4.8에는 유탄성을 고려하는 경우의 구조물의 응력변화를 길이 100 m 구조물이 강체 가정 하에 양단 지지인 상태와 탄성체이면서 부력 스프링 지지를 받는 경우로 단순화하여 비교하였다. 그림에서 강체구조의 경우 하중이 증가하면 비례하여 응력이 증가하지만 탄성구조는 하중이 증가하더라도 일정 수준에서 더 이상 증가하지 않고 응력 수준도 강체에 비해 눈에 띄게 낮음을 알 수 있다. 이는 유탄성 설계개념을 도입하면 설계 조건에 맞는 최적 강성 도출이 가능함을 보여준다.

해양공간 이용 부유식 구조물은 해양공간의 효율적 이용을 위해 필연적으로 육지와 근접한 연안역에 위치할 것이므로 절대적인 관점에서나 구조물의 규모와 대비한 상대적 관점에서 볼 때 극단적으로 천수심에서 효과적인 계류시스템이 필요하다.

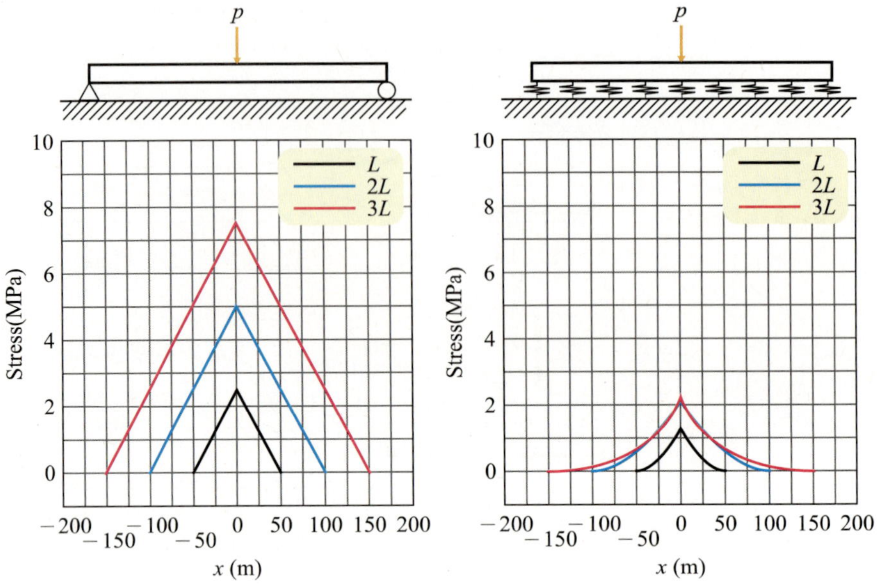

그림 5.4.8 초대형 부유식 구조물의 유탄성 응답특성

(L=100 m, E=2.06×10^{11} Pa, I=30 m^4, p=1000 kN, 부력스프링 상수=502.61 kN/m/m)

더욱이 심해에서 석유 시추나 채굴을 위한 부유식 구조물의 허용 표류 변위의 허용 한계(수심 대비 3~5%) 관점에서나 구조물의 기능 요구사항 관점에서 볼 때 해양공간 이용 부유식 구조물의 표류 허용 범위는 매우 제한적일 수밖에 없다. 따라서 해양공간 이용 부유식 구조물에 있어서의 계류시스템의 성능 요구조건은 오히려 심해 석유 개발용 구조물에 비해 기술적으로 더 어려운 문제가 될 수 있다. 이러한 요구사항을 만족시킬 수 있는 계류시스템은 돌핀-펜더 계류시스템이며 돌핀 - 펜더 계류 시스템은 기본적으로 매우 거친 해상에서는 적용이 불가능하므로 자연적인 정온해역이나 방파제가 설치된 지역에 설치가 국한된다.

파도는 부유식 구조물의 설계에서 고려되는 가장 크고 중요한 설계하중의 원인이 되며 구조물에 동요를 발생시켜 작업성능을 떨어뜨리고 가동률이 낮아지게 한다. 따라서 연안에 장기간 설치되어 안전성이 중요시되고 육상과 같은 수준의 가동률을 요구받는 해양공간 이용 부유식 구조물에서는 경제성 향상과 안전성 보증 측면에서 정온해역을 필요로 하며 자연적인 정온해역의 확보가 어려운 경우 인공적으로 정온해역을 확보하기 위한 방파제의 설치가 요구된다.

해양자원 개발을 위한 해양구조물 기술은 기본적으로 100년 주기에 해당하는 가혹한 해상환경에서도 그 성능과 안전성을 보증할 수 있을 만큼 발전되었으며 대규모 해상공간 창출이 가능하도록 한 초대형 부유식 해상구조물 기술은 일본의 경우 1

km 규모의 실증구조물 건조경험을 보유하였으며 국내에서도 설계의 핵심기술인 유탄성응답 해석기술, 돌핀계류 설계기술, 방파제 일체형 구조물 기술이 실설계에 적용이 가능한 수준으로 개발된 것으로 평가된다.

- 해중 및 해저 공간이용 기술

오랜 역사와 다양한 용도의 이용·개발 실적을 가진 해상공간 활용에 비해 해중공간의 이용은 많지 않지만 외국에서 해중공원(海中公園)이 각지에 건설됨에 따라 바다 속의 경치를 전망하기 위한 설비로 수중 전망탑에서 그 예를 찾아 볼 수 있다. 수중 전망탑은 바다 밑바닥에 설치되어, 주위의 유리창을 통해 바다 속을 전망할 수 있도록 되어 있다. 괌, 일본의 코치현, 치바현 등에 해중전망탑이 있으며 오오츠크 이바라시에는 빙해 전망탑도 있다. 해저공간의 이용은 지금까지는 육지와 섬을 연결하기 위한 터널을 설치하기 위한 공간으로 사용되어 왔으며 해저지형과 지질에 따라 차이는 있으나 주로 침매공법 등이 사용되고 있다. 홍콩의 웨스턴 하버 터널이 침매공법으로 된 터널로 두개의 터널은 각각 3차선으로 이루어져 있으며 1일 최고 통행량은 18만대, 터널 내구수명은 120년으로 설계되었다. 우리나라에도 2010년부터 거가대교 구간 중 가덕도 거제도 3.7 km 구간이 왕복 4차선 침매터널이 개통되어 운영 중에 있다.

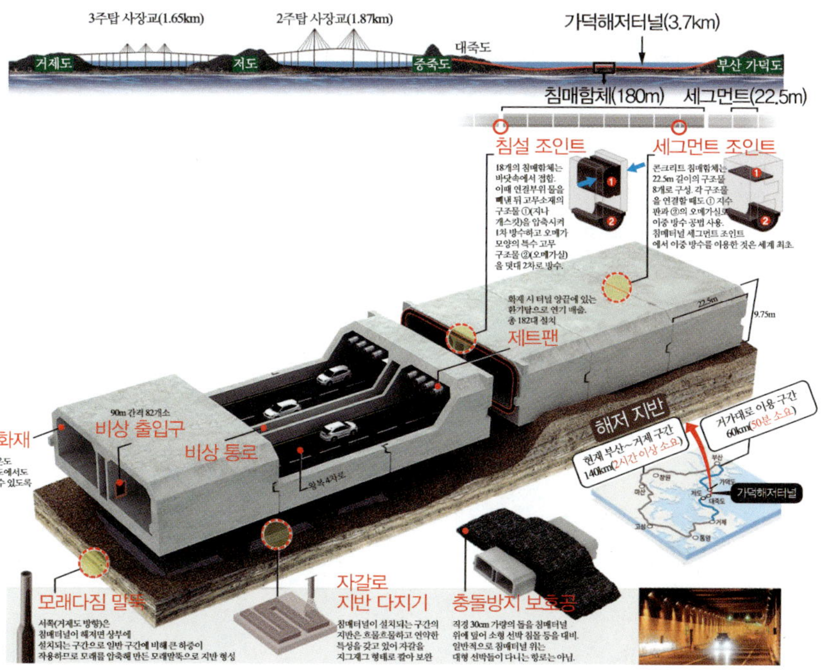

그림 5.4.9 거가대교 침매터널

3 친환경 해양공간 개발

(1) 친환경 해양공간 이용개념

바다와 접한 연안의 해양공간은 여가의 장소로, 어업의 장으로, 또는 교역의 장으로 오랫동안 인간의 활동무대가 되어 왔으며 비좁은 육상공간을 대체하는 수단으로써 식량증산을 위한 농지개발과 더불어 산업용지, 주거용지, 사회기간시설의 부지확보 등을 목적으로 그동안 많은 매립이 행해져 최근 들어는 매립의 적지를 찾기가 힘들 정도가 되었다. 또한 장기적인 환경변화에 대한 충분한 검토와 논의 없이 행해져 온 매립으로 인한 매립지 주변의 (유동적체로 인한 수질오염 및 토사이동 방해에 따른) 환경악화, 해안선 차단효과로 인한 해안선 잠식 등의 후유증이 주변의 환경파괴의 원인으로 인식되고 있으며 매립자체가 갯벌의 파괴의 직접적인 원인이 됨으로써 매립으로 인한 경제적 이득효과보다 환경파괴로 인한 손실이 더 크다는 평가가 나오고 있는 실정이다.

한편 교통 및 교역의 확대와 물류경쟁력의 중요성 인식에 따른 연안공간 수요의 증가와 도시의 팽창으로 인한 사회기간시설 수요의 증가는 해양공간이용의 필요성이 지속적으로 제기되고 있다. 한편 21세기 들어서 일본 시미즈 건설의 Green Float, 네덜란드 DeltaSync와 미국의 Seasteading 연구소가 제안한 Floating Cities에서 볼 수 있듯이 지구온난화로 인한 해수면 상승, 식량과 식수, 에너지를 자급할 수 있는 해상도시 개념이 제안되는 등 육상을 대체하는 해양공간의 개념을 넘어 해상공간 자체의 장점과 매력을 살린 해상공간 개발 시대가 도래하고 있다. 이와 같이 사회의 지속가능한 친환경 해양공간 요구를 해소할 수 있는 새로운 공법의 해양공간 창출기술이 요구된다고 하겠다. 그동안 친환경 해양공간 기술개발의 일환으로 해수투과형 방파제, 부유식 방파제 등 해수의 흐름을 원활히 할 수 있는 친환경 방파제 기술 등이 선보여 왔으며 아울러 초대형 부유식 해상구조물 기술도 개발되었다.

그림 5.4.10 Green Float(좌), Floating City(우)

(2) 국내외적 기술개발 현황 및 전망

일본을 비롯한 세계 각국에 부유식 구조물을 적용하여 해양공간을 활용한 예가 다수 있으며 해역과 목적에 따라 구조물의 규모와 형상을 달리하는데 크게 세미서브형(semi-submersible type)과 폰툰형(pontoon type)으로 대별할 수 있으며 세미서브형은 대양의 고파랑에서도 동요가 적도록 설계된 것으로 규모에 비해 배수량이 적은 단점이 있다. 폰툰형은 상자형상으로 구조가 단순하고 배수량이 큰 장점이 있으나 파랑에 의한 동요가 심하여 내만이나 방파제 설치지역과 같이 정온화된 해역에 적합하다.

세미서브형 구조물의 대표적인 예는 심해석유시추 및 생산 플랫폼으로서 2003년 기준으로 멕시코만 Na Kika 해역에 수심 1,920 m까지 투입되어 석유를 생산하고 있으며 일본에서는 1975년의 오키나와(沖縄) 해양박람회에 미래의 해상도시로서 100 m×100 m의 모델도시인 아쿠아폴리스가 건조, 전시되었다.

그림 5.4.11 아쿠아폴리스, 오키나와

대형 폰툰형 구조물의 대표적인 사례로는 일본 나가사키(長崎)현 가미고토(上五島)와 후쿠오카(福岡)현 시라지마(白島)에 석유비축기지가 운용 중에 있다. 가미고토 석유비축기지는 비교적 정온한 해역에 있으며 방파제는 소규모이다(탱크 사이즈 : 390 m×97 m×27.8 m, 비축 용량 : 88만 kL×5기). 시라지마(白島) 석유비축기지의 설치장소는 태풍의 통로에 해당하므로 강고한 방파제를 건설하여 그 내수면에 탱크(비축 용량 : 70만 kL×8기)를 계류하고 있다.

그림 5.4.12 가미고토 석유비축기지, 일본

일본 히로시마 우지나항과 미국 알래스카 발데즈항에는 선박의 접안과 이안이 가능한 부유식 여객터미널과 컨테이너 터미널이 운용 중에 있다.

그림 5.4.13 알래스카 발데즈항 부유식 컨테이너 터미널

깊은 수심의 피오르드(fjord)가 발달되어 있는 노르웨이와 미국의 워싱턴 주에는 부체를 이용한 교량이 건설되어 사용되고 있으며 이들은 모두 콘크리트로 되어 있다.

네덜란드, 영국 등 전통적으로 수변공간을 활용해 온 유럽 국가들은 주택, 사무실, 호텔 등 주거공간을 부유식 구조물을 이용함으로써 도시기능에서 해양공간이 차지하는 비중을 높이고 있다. 일본에도 플로팅 아일랜드 어뮤즈먼트 시설, 해상호텔, 해상 레스토랑 등의 시설이 운용되고 있다. 이밖에도 오지나 밀림 등에 전력과 담수를 함께 공급하는 플랜트 바지(barge) 등이 있으며 공간효율성, 경제성 등의 이유로 대부분 폰툰형 구조물로 되어 있다.

그림 5.4.14 부유식 교량(Lacey V. Murrow Memorial Bridge, Seattle)

그림 5.4.15 부유식 호텔(Good hotel, London)

지금까지의 해양공간 이용에 부체식 구조물을 가장 활발하게 적용해 온 예에서 볼 수 있듯이 인구에 비해 육지가 좁은 일본, 부유식 콘크리트 기술 경험이 풍부한 미국과 캐나다, 대수심 피오르드 한계 극복이 필요한 노르웨이 등은 각 나라마다 처한 환경 제약을 극복하기 위해 부유식 구조물 기술을 적극 활용한 것을 알 수 있다.

일본은 조선·철강업계를 주축으로 한 메가플로트 기술연구조합을 결성하여 2000년부터 2005년까지 6년 동안 2,000억 엔을 투입하여 2단계에 걸쳐 초대형 부체를 이용한 해상공항 설계·건조 기술을 개발하였다. 1, 2단계에 걸쳐 길이 1000 m의 해상공항을 건조·운용함으로써 km 규모의 초대형 부체구조물로 해상공항 구현이 기술적으로 가능함을 보였으며 초대형 부유식 구조물의 설계엔지니어링의 핵심이 되는 유탄성 해석기법, 돌핀펜더 계류시스템, 내구연한 100년의 초장기 수명유지를 위한 방식 및 모니터링 시스템 등의 기술을 개발하였다.

그림 5.4.16 **일본 메가플로트 해상공항 실증구조물**

미국은 1997년부터 MOB(Mobile Offshore Base) 프로젝트를 수행하여 300～500 m 규모의 세미서브형 구조물을 3～5개 연결하여 길이 1.5～2 km의 미해군의 해상 비행장을 겸한 이동식 군사기지 개발을 위한 기술적, 경제적 타당성을 검토하였으며 여러 가지 개념의 구조물을 대상으로 개념설계를 수행하고 이를 위한 핵심 요소기술을 개발하였다.

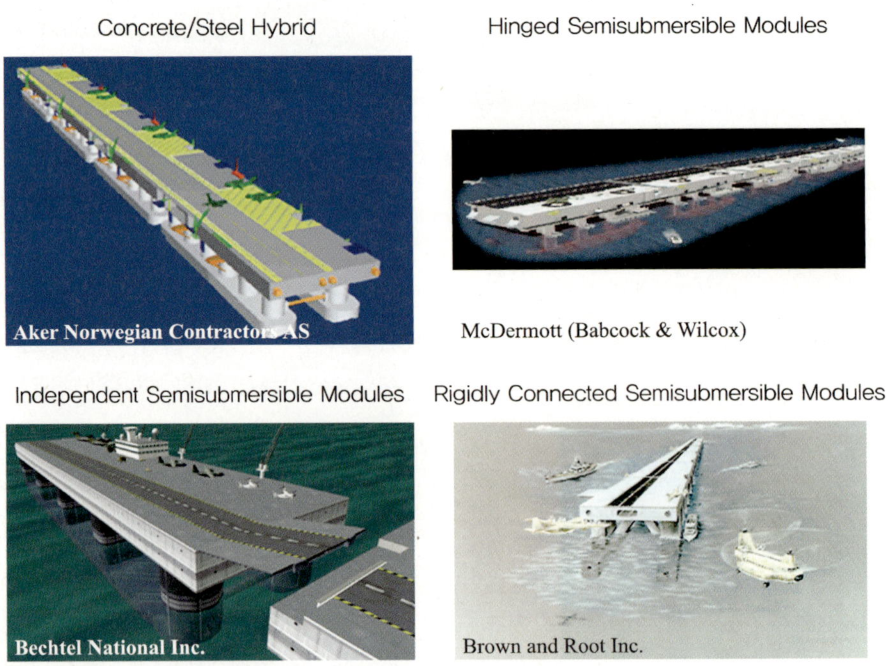

그림 5.4.17 MOB의 개념설계안

국내에서는 1990년대 “대형 해양구조물의 거동해석 기법(1994~1996)”, “해양공간이용 대형 복합플랜트개발(1996~1999)”, “부유식 해양구조물에 대한 연구(1994~1996)” 등 초대형 부류식 구조물의 설계·해석 핵심요소기술에 대한 연구가 수행되어 세미서브형 구조물과 폰툰형 구조물에 대한 유탄성응답해석과 모형시험 성능평가기법 개발을 위한 기술적 토대가 마련되었다. 1999년부터 해양수산부의 지원으로 해양연구원에서 “초대형 부유식 해상구조물 기술개발” 과제를 수행하여 국제적 수준의 유탄성 해석기술을 확보하였으며 국내의 초대형 부유식 구조물의 설계 및 건조 시 적용 가능한 수준의 “초대형 부유식 해상구조물 Provisional Guidance”를 2006년 발효하는 등 초대형 부유식 해상구조물 설계엔지니어링 기술의 실용화 기반이 구축된 것으로 평가된다.

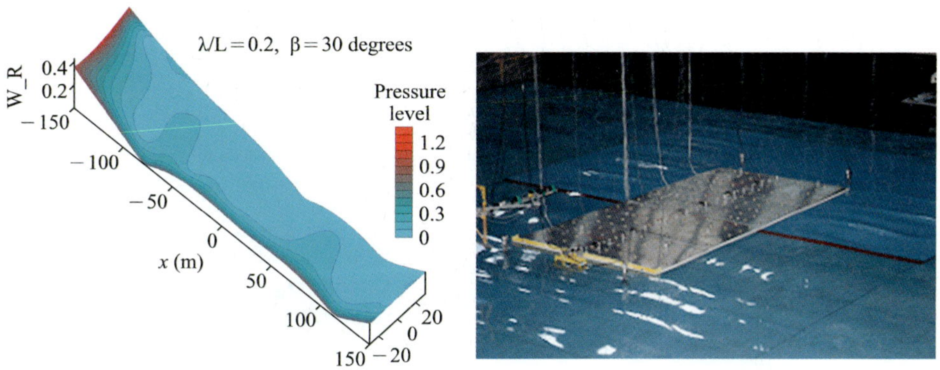

그림 5.4.18 유탄성 응답 해석 및 모형시험 예

4 미래 해양공간 전망

해양공간은 지구상의 육상공간 부족, 지구온난화로 인한 해수면 상승, 미래식량 및 식수, 에너지 문제를 해결할 마지막 공간으로서 지금까지 농지, 산업단지, 주거지 등의 확보를 위해 매립을 통한 평면적 공간을 창출한 것과는 달리 해상은 물론 해중, 해저공간을 다목적으로 이용한 해양도시, 해상비행장, 해상농장 등 새로운 생활공간은 바다로 무한히 뻗어 나갈 것이다.

현재까지 해상공항과 해상기지에 대한 검토가 개념적 차원에서 머물고 있으나 날로 증가하는 물류 수요에 따른 신공항, 신항만의 지속적인 수요, NIMBY로 대표되는 주민들의 비행소음 및 군시설 기피 등 향후 민간 SOC 및 군시설에 대한 해양공간 이용 실수요가 창출될 것으로 전망된다. 담수화 발전소, 원유저장장치 및 정유소, LNG 수요 급등에 따른 해상 LNG 터미널 등의 산업시설, 쓰레기 처리 중에 발생한 에너지를 이용하여 발전과 해수담수화를 병행하려는 인공섬 건설 계획 등이 구체적 대상이 될 수 있다.

최근 들어 지구온난화, 식량부족 및 물 부족, 지속가능한 개발 및 해양 신재생에너지 등의 이슈와 관련하여 육상시설의 해상화를 위한 해상에서의 공간확보를 위한 필요성이 꾸준히 제기되고 있으며 대표적인 시설로 CO_2 배출제한과 신재생 에너지 수요증가에 따른 부유식 발전 플랜트, 수상/해상 주택단지 조성, 해상공원, 해상호텔 등 해상시설 기반 비즈니스 모델이 네덜란드, 영국 등에서 태동 중이다. 이러한 비즈니스 모델은 해상도시 개념으로 확장되면서 규모의 경제확보를 위한 부유식 구조물의 초대형화가 중요한 기술적 이슈로 부각하고 있다. 예로서, Seasteading, 5 Lagoons project 등에서 볼 수 있듯이 다양한 용도와 규모의 단위모듈 구조물의 확장을 통한 대규모 해상공간 확보전략 개념이 제시되고 있다. 해상풍력단지와 같이 동일 기능과 규모를 갖는 부체 모듈이 다수로 설치되는 경우에도 혁신적으로 경제성을 확보를 위한 모듈결합형 VLFS(Very Large Floating Structures) 엔지니어링 솔루션 제공이 필요한 시점으로 파악된다.

그림 5.4.19 네덜란드 아이버그 수상주택(좌), 네덜란드 MARIN의 모듈확장형 인공섬 모형시험(Space@Sea)**(우)**

최근 국내에서 논의 중인 해상도시 이슈와 국내 뿐 아니라 외국에서도 기술적 가능성을 검토 중인 모듈 확장형 해상도시 등의 실현 가능성은 과거와 같은 해상 실증에 앞서 최근 화두로 떠오르고 있는 4차 산업혁명과 디지털 기술을 이용한 가상현실 실증을 통해 보다 더 신뢰성 높은 엔지니어링 솔루션 구현이 가능할 것으로 예상된다.

해양의 환경은 수심에 따른 수압의 증가, 염분 및 생물부착으로 인한 재료의 부식,

수중에서의 시계불량, 전파의 전송의 한계, 태풍·해일 등 극복해야 할 가혹한 환경이지만 해양구조물의 엔지니어링 기술의 진보, 초음파 수중통신의 발달, ROV, AUV 등 심해 탐사장비의 개발은 수면에 머물렀던 해양공간의 이용을 해중, 해저까지 확대시킬 것으로 전망된다.

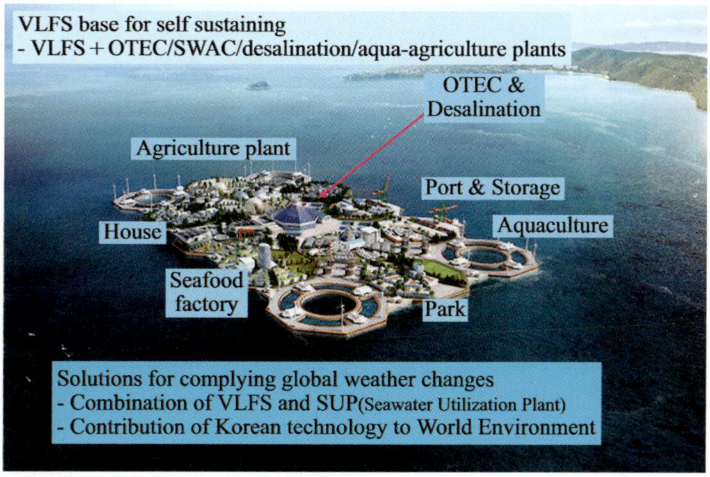

그림 5.4.20 에너지 자급형 인공섬 모델(KRISO)

5.5 해양수자원

1 해양수자원의 종류와 특성

해양수자원이란 이용가능한 물, 용존물질 및 에너지원을 가진 바닷물을 말한다. 해양수자원의 대상 원수는 해양심층수, 중층수, 표층수 및 연안저층수 등을 포함한 해수, 해저용출수, 해변여과수 등으로 분류할 수 있다. 이들 바닷물이 가지는 저온 및 항온의 해수열, 해수로부터 분리 및 추출이 가능한 담수와 용존물질 등이 유용한 자원으로 이용될 수 있다.

해양수자원은 순환재생성, 종합자원성, 저밀도분산성을 가지고 있다. 육상자원은 가용량이 유한하여 소모에 따른 부족문제와 환경문제가 발생하고 있지만 해양수자원은 지구에 존재하는 물의 97%에 달하는 막대한 양으로 존재할 뿐 아니라 순환재생되는 자원이다. 해수의 95%를 차지하는 대표적인 해양수자원인 해양심층수는 물, 열 및 용존물질을 모두 활용할 수 있는 종합자원이며, 이를 단계적으로 잘 이용될 수 있도록 연계하면 효율성을 크게 향상시킬 수 있다. 그러나 원수 이용이나 담수화의 경우는 다르지만 에너지나 용존물질의 경우, 밀도가 낮고 분산되어 있는 자원이라 할 수 있다.

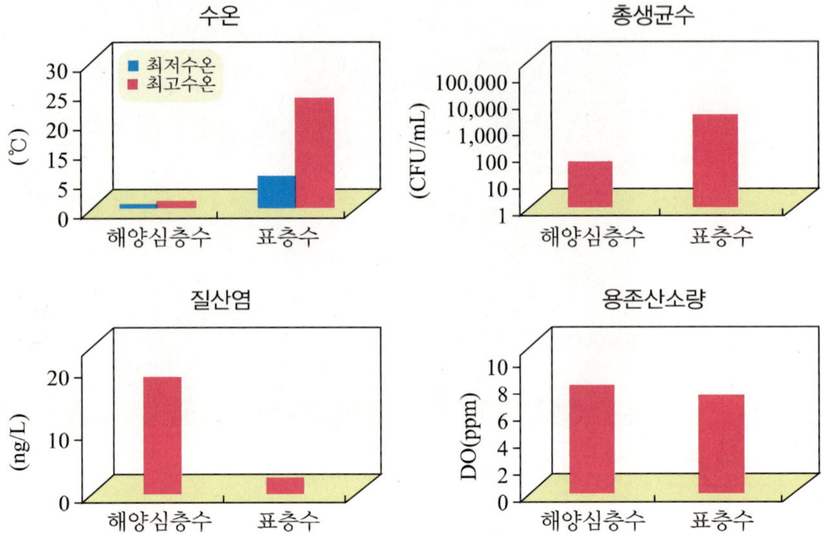

그림 5.5.1 해양심층수의 일반적 특성

2 해양심층수

(1) 해양심층수의 자원적 특성 및 그 활용

① 해양심층수란?

해양심층수는 태양광이 도달하지 않는 수심 200 m 이상의 깊은 곳에 존재하여 연중 안정된 저온성을 유지하고 있으며, 유해 병원균이나 유기물 등은 거의 없을 뿐 아니라 해양식물의 생장에 필수적인 영양염류나 미네랄 등의 무기물은 풍부한 해양수자원이다.

② 해양심층수의 특성

해양심층수는 저온성, 청정성, 안정성, 부영양성, 미네랄성 등의 특징을 가진 유용한 해양자원이며, 태양광을 에너지원으로 하는 물질순환계 중에서 생성되어 해수로서 재생 및 순환되는 막대한 청정자원이다.

③ 우리나라의 해양심층수

우리나라에는 동해에 풍부한 해양심층수가 존재하고 있다. 해양공학적 관점에서 수심 200 m 이상의 해수를 해양심층수라고 하는데, 동해의 평균수심이 1684 m이므로 동해바닷물의 약 90%는 해양심층수라고 할 수 있다. 동해에 풍부하게 부존하고 있는 해양심층수의 자원적 특성은 외국의 심층수와 유사하나 태평양에 비해서는 동일한 수심에서 수온이 훨씬 낮은 특성을 가지고 있다.

우리나라 동해와 일본의 태평양에 대한 수온과 염분분포를 비교한 그림 5.5.2를 보면, 태평양계의 오키나와는 수심 600 m 이상이 되어야 10℃ 이하로 되고, 코우치와 시즈오카는 200 m 이상이 되어야 10℃ 이하가 된다. 그러나 동해계인 일본 토야마(富山)에서는 수심 150 m 이상이어야 10℃ 이하로 내려가고 200 m에서 3℃로 감소하지만 우리나라 강원북부 해역에서는 50 m 이상만 되면 10℃ 이하가 되며, 100 m 이상만 되어도 2℃ 이하로 내려간다. 따라서 우리나라 동해의 해양심층수는 일본측의 태평양에 비해서 얕은 수심에서 안정적인 저온성을 보유하고 있다.

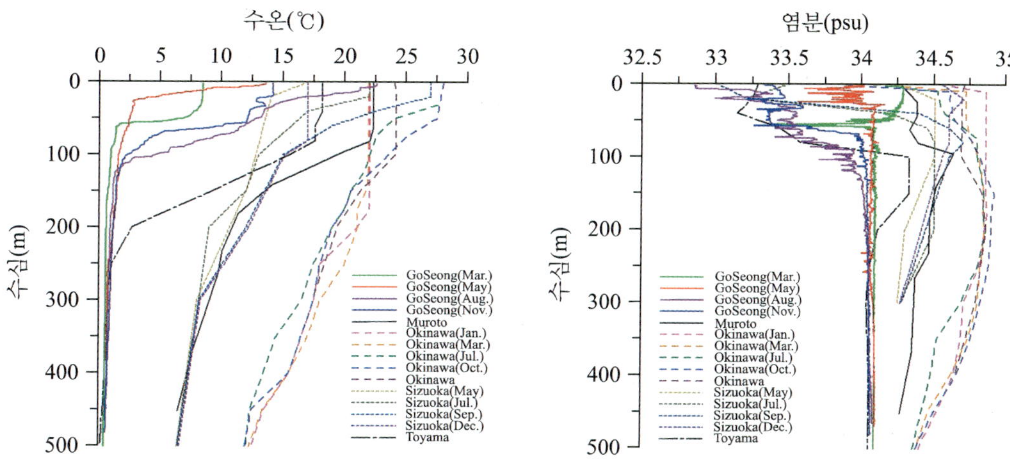

그림 5.5.2 국내외 수온(좌) 및 염분(우)의 수심별 분포 특성

④ 해양심층수의 이용

해양심층수의 자원성은 종합적이므로 다양하게 활용할 수 있을 것이며, 수산업 및 각종 산업을 활성화하기 위해 적용이 가능한 분야를 표 5.5.1과 표 5.5.2에 나타내었다. 수산분야의 경우, 친어관리, 사료배양, 양식, 축양 및 증식 등에 이용할 수 있으며, 에너지 절약형 청정양식을 실현하거나 해양식물의 연중배양 등에 활용할 수 있다. 수산 외 분야에서는 에너지, 담수화, 물질추출, 식품, 건강미용, 농업 등에 이용할 수 있으며, 자연자원을 이용한 무공해 배양, 추출 및 적용을 통해 전통산업의 부양 및 고부가가치 산업 발굴에 활용할 수 있을 것이다.

표 5.5.1 수산분야에서의 해양심층수의 자원적 특성 이용방안

구 분	친어관리	사료배양	종묘생산	양식	축양	증식	비옥화
저온성	○		○	○	○	○	
미네랄성		○				○	○
부영양성		○		○		○	○
청정성	○		○	○	○	○	

표 5.5.2 수산외 산업분야에서의 해양심층수의 자원적 특성 이용방안

구 분	에너지	담수화	물질추출	식품	건강미용	농업
저온성	○					○
미네랄성		○	○	○	○	○
부영양성			○	○		○
청정성		○		○	○	

(2) 해양심층수 자원의 개발 및 관리

① 해양심층수 개발

해양심층수의 개발 및 이용방법은 그림 5.5.3에 나타낸 것처럼 대안거리에 따라 크게 육상형과 해상형으로 구분할 수 있다.

먼저 육상형은 육상에서 취수지점까지 파이프라인을 설치하여 심층수를 육상으로 대량 취수하는 개발방식을 의미한다. 따라서 육상형은 연속적인 대량 취수가 가능하다는 커다란 이점을 갖고 있다.

반면에 해상형은 다목적 취수부이 또는 해상플랜트를 활용하여 심층수를 취수하여 해역 비옥화에 의한 어장 또는 해조장 조성에 이용하고, 일부는 선박을 이용하여 육상으로 수송하여 산업적으로 활용하는 개발방식을 의미한다.

일반적으로 수심 200 m 이상의 해양심층수가 해안선으로부터 10 km 이내인 근해심층수는 육상형 개발이 경제적으로 가능하나, 10 km 이외인 외해심층수는 경제성을 고려하여 신중할 필요가 있다. 즉, 비용에 비해 편익을 높이는 수요 및 상품화가 필요하다. 그러나 해역 비옥화, 이산화탄소 고정, 환경 개선 등의 공익적 이용을 주목적으로 하는 해상형 개발은 간접편익을 적용하여 전개가 가능할 것이다(표 5.5.3).

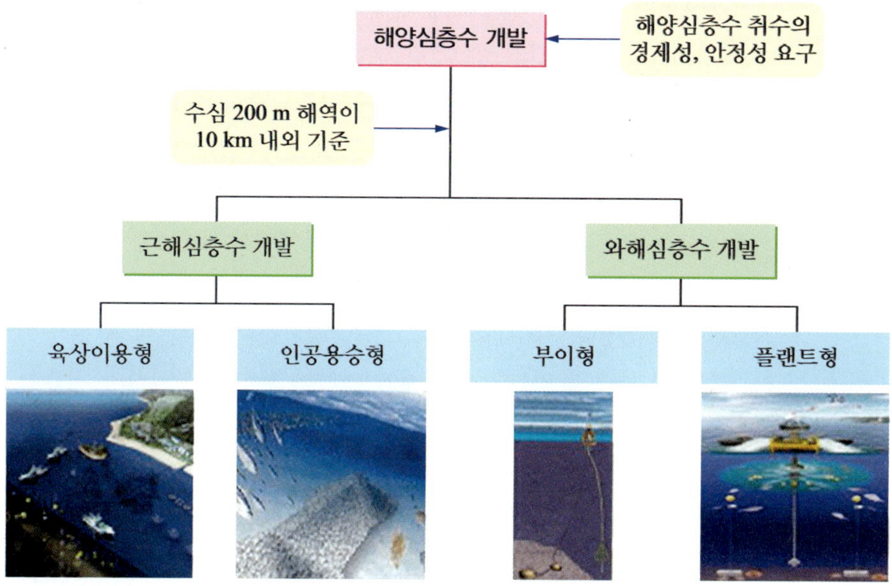

그림 5.5.3 해양심층수의 개발여건별 개발모델

표 5.5.3 육상형 및 해상형 해양심층수 개발 모델의 비교

구 분	육상형 심층수 개발	해상형 심층수 개발
취수설비	• 연속적 대량 취수 가능 • 취수설비 설치비 과다	• 취수시스템 설치는 상대적 용이 • 대량 취수 곤란, 황천시 불가
경제성	• 대량 취수일수록 경제성 양호 • 취수거리 멀수록 경제성 하락	• 초기투자비 적고, 운영비 높음 • 수송, 접안, 저수 부대시설 필요
취수원수확보	• 근해심층수 대상 가능지 제한 • 파랑, 해류의 영향이 많은 지역은 매설하여 안전성 확보 가능	• 소용량부터 대용량까지 수요 대응 조절이 가능 • 황천시 안정적 급수 한계
공익성	• 지역특화 산업단지 다양화 및 대규모화 가능	• 해역비옥화 및 환경개선 적용 • 소규모 고부가가치 단지화 필요

② 해양심층수 관리

해양심층수는 종합 해양자원으로서 생물배양뿐 아니라 식수, 음료, 식품 및 의약품의 원료나 첨가제로 활용될 수 있다. 따라서 건강에 대한 위해나 불안이 없도록 원수 수질과 제조 품질을 관리할 필요가 있다. 외국 뿐 아니라 우리나라에서도 몇 년 전에 발생하였던 '가짜심층수' 파동은 관련 산업을 침체시킬 우려가 있을 뿐 아니라 국민 건강을 우려하게 하는 불편이 초래될 수도 있다.

해양심층수 및 먹는 해양심층수의 관리는 기준을 설정하고, 검사하여 평가하는 체계에 의해 달성될 수 있다. 해양심층수는 일반수질항목, 건강항목, 방사능오염항목, 유기오염물질, 병원균 등에 대한 안전성 검사가 매우 중요하므로 이들을 분석기술 및 검사비용을 고려하여 매일부터 매년까지 일정한 주기로 검사, 관리하여야 한다. 먹는 해양심층수에 대한 검사관리 체계화도 필요하며, 그 기준은 '먹는 물' 수질기준을 바탕으로 하여 해양심층수의 특성을 살릴 수 있도록 경도(硬度), 보론(Boron) 등에 대해 적정기준을 설정하고 있다.

해양심층수의 개발 및 이용 활동은 대상해역에 대한 영향을 피할 수 없다. 개발 방법 및 규모, 이용 형태에 따른 배출수 특성에 대한 환경영향을 평가하여, 악영향을 최소화하고 순영향을 최대화하는 노력이 필요하다. 이를 위해, 생태계 모델을 구축하여, 취수 및 배수가 연안역 생태계에 미치는 영향을 분석하여 저감시키고, 능동적으로 관리하는 해양환경공학기술의 적용이 필요하다(그림 5.5.4).

육상식 수산 증양식에 이용한 심층수는 해역에 방류할 수밖에 없다. 육상에서의 이용방법 및 체류시간 등에 따라 달라지지만 저온 해수의 확산범위를 평가하고 환경영향을 최소화하여야 한다. 또한, 잔여 영양염은 방류해역에서 연안 생산성을 향상시키는 방법으로 이용함으로써 수질관리 및 생산성 향상이 가능할 것이다.

그림 5.5.4 해양심층수 및 해역 환경관리(갯녹음 완화, 개방형 증양식, 연안모니터링 장치)

3 해저용출수

(1) 해저용출수의 자원적 특성 및 그 활용

① 해저용출수란?

해저면을 통해 용출되는 지하수로서 그 과정에 해수와 혼합 유무 또는 정도에 따라 담수에서 저염분 혼합해수로 취수되어 직접 또는 담수화 처리를 통해 보조수자원으로 이용할 수 있는 해양수자원이다.

② 해저용출수의 특성

해저용출수의 수질특성은 육상기원 지하수의 특성과 침투 해수의 특성을 공유하고 있다. 지하수의 특성은 흘러 온 과정에 따른 저질 조성에 따라 달라지므로 지역에 따라 달라질 것이다. 여기에 일정성분비에 의한 염분 조성을 가진 침투해수가 혼합되어 다양한 조성의 수질특성으로 존재할 수 있다.

③ 우리나라의 해저용출수

제주도나 울릉도에서 산업 또는 레포츠로 수중활동 경험이 있는 사람들은 해저면에서 솟아오르는 샘물을 발견하곤 한다. 그 사실은 일부 해도에 용출수로 표시(그림 5.5.5)되어 일반에 알려져 있기도 하다. 해저용출수는 이들 섬 주변 뿐 아니라 삼면의 바닷가 어디에서나 있을 수 있으나 집중 또는 분산되어 용출되는 현상이 경제적 개발이 가능한지를 가늠하게 하는 요소일 수 있다.

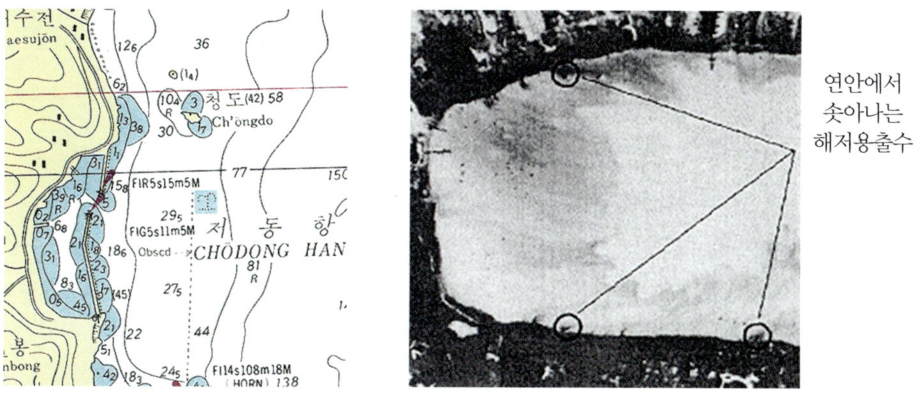

그림 5.5.5 울릉도 해저용출수 및 연안용출 외국사례

우리나라 해역에서의 해저용출수량은 26.9~73.1억 m^3/년에 달할 것으로 추정되고 있어, 부족한 물의 많은 부분을 채울 수 있는 보조수자원으로서의 가능성을 말해준다.

④ 해저용출수의 활용

해저용출수는 담수 형태나 기수 형태로 해저면에서 용출되며, 기수 형태는 주로 지하수가 지하침투 해수에 의해 혼합된 결과이다. 따라서 담수나 저염분 해수의 특성을 가진 용출수는 그 자체로 먹는 물이 되거나 저에너지 담수화 과정을 통해 식수나 용수로 이용이 가능하다. 또한, 지하수 형성과정에 따른 용존물질에 따라서는 식품 또는 음료 등을 제조하기 위한 원료나 첨가물로도 이용될 수 있다.

담수 형태나 기수 형태의 해저용출수가 용출시 해수와 섞이지 않게 취수하여 직접 또는 간단한 여과나 담수화를 거쳐 대체 수자원으로 이용할 수 있다. 이렇게 처리한 처리수는 먹는 물(수도수) 또는 먹는 샘물(병입수)로 이용할 수 있다.

담수화가 필요한 경우, 다양한 담수화기술을 적용할 수 있으나 저염분성에 의해 적은 에너지로도 처리가 가능하다. 막분리기술을 이용할 경우, 염분농도가 일반해수에 비하여 낮아 적은 동력으로 담수화가 가능하다.

그러나 경제성을 고려하면 침투해수가 적고 대량으로 집중 용출되는 해저용출수가 우선 개발 및 이용의 대상이 될 수 있을 것이다.

(2) 해저용출수의 개발 및 관리

해저용출수의 개발은 탐사 및 취수에 의해 이루어질 수 있다. 해저용출수는 일정한 수온의 담수가 대량으로 용출되면 주변 해수와 혼합되지만 부력에 의해 부상하면서 표층수에 수온이나 밀도에 영향을 줄 수도 있다. 이러한 특성을 이용하면 그림 5.5.6과 같이 항공기나 인공위성에 의한 원격탐사기술로 해저 용출수원의 광역탐사가 가능할 것이다.

그림 5.5.6 해저용출수의 탐사방법

해저용출수 유출량 평가는 개발 타당성을 확인하기 위한 중요한 개발과정이며, 그 방법은 직접 측정(그림 5.5.7), 추적자에 의한 평가, 수치모델 등에 의해 실시될 수 있다.

해저용출수를 해양수자원으로 이용하기 위해서는 주변해수와 혼합되지 않게 취수하는 시스템이 필요하다. 이는 그림 5.5.7의 상단을 라이저로 연결하여 운반선으로 취수 및 운반하거나 육상까지 파이프라인을 연결하여 취수 및 이용하는 방법으로 가능할 것이다.

해저용출수의 관리는 해저용출수 자원관리뿐 아니라 이용 대상에 따른 수질관리 측면에서 이루어져야 할 것이다. 용출지역의 수자원 수급 및 부족분 충당방법으로서 해저용출수의 가용량 평가와 안정적 공급관리, 상수도 체계와의 연계관리 등이 필요하다.

해저용출수의 유출이 해양환경에 미치는 영향은 염분의 변화 및 용존물질의 혼합에 의한 연안 생태계에의 영향을 조사 및 분석하여야 한다.

그림 5.5.7 해저용출수량의 측정 또는 취수방법

4 해수담수화 이용

(1) 해수담수화 기술의 종류

① 해수담수화란?

해수에서 염분을 제거하여 식수나 용수로 이용 가능하도록 처리하는 것을 말한다. 일반적으로 해수 담수화기술(desalination)은 그림 5.5.8과 같이 상변화법과 막분리법으로 대별할 수 있다.

상변화법에는 증류수 제조공정과 같은 원리를 이용하는 증발법과 해수의 얼음 알갱이를 녹여 담수로 이용하는 냉동법이 있다.

막분리법은 용매는 통과하고 용질은 통과하지 못하는 선택적 투과막원리를 이용한 역삼투법(RO)과 전기장을 이용하여 음이온과 양이온을 별도의 극성분리막으로 제거하는 전기투석법(ED)으로 나눌 수 있다.

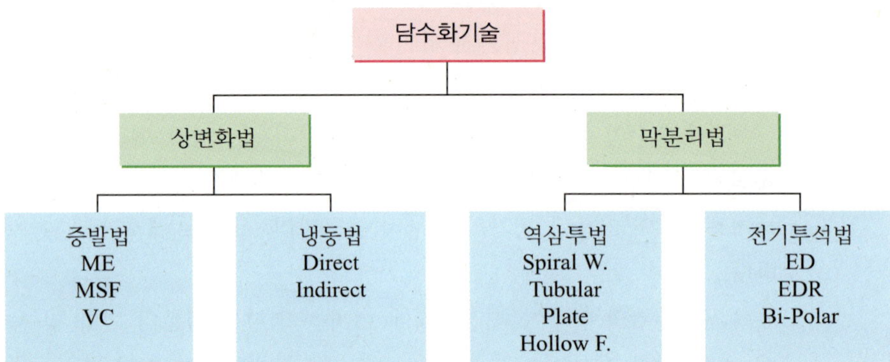

그림 5.5.8 해수담수화기술의 종류

② 상변화법 해수담수화

증발법은 대용량 설비에 많이 사용되어 왔으며, 현재 전 세계 담수화 용량의 약 70%를 차지하고 있다. 소용량의 경우, 가용 열원이 없으면 운영비가 많이 들기 때문에 점차 채용빈도가 줄어들고 있는 추세이다. 증발법은 증기의 이용방법에 따라 다중효용, 다단플래시, 증기재압축 등의 방식이 있다. 증발법의 특징은 생산수의 수질이 이론적으로 증류수와 같이 매우 우수하다는 데 있다.

냉동법은 드물지만 자연적인 저온해수와 기후성을 활용하여 담수화하는 기법으로 검토되고 있다. 해수가 어는 과정에서 물의 빙점이 염분보다 높기 때문에 먼저 결빙된 얼음 알갱이만 분리하여 녹이는 방법으로 담수화가 가능하다. 이를 실용화하기 위해, 빙주를 제작하여 세정한 후 녹이는 과정이 연구되고 있다.

③ 막분리법 해수담수화

대표적인 막분리법인 역삼투식 해수담수화법은 해수를 고압펌프로 분리막(역삼투막)에 약 50~60기압으로 가압하여 용매인 담수만 통과시키고 염분은 막으로 걸러 남기는 원리로 담수를 만드는 방법이다. 해수의 경우 원수의 약 30~60%가 담수로 전환되는데, 염분 배제율은 약 98.5~99.6% 정도이다. 용존 성분들을 100% 제거하는 것은 아니기 때문에 막에 따라 소량을 남길 수도 있다.

우리나라 도서지방에 설치된 담수화 설비는 대부분 이 방식을 택하고 있다. 그러나 국산화율이 매우 저조하여 기술개발이 필요할 뿐 아니라 비용 절감을 위한 에너지 회수장치 등의 개발이 필요하다. 또한, 원수에 부유물질이 많이 함유되어 있는 경우에는 역삼투압이 오염되거나 막힐 수 있어서 사전에 제거하는 전처리 공정이 필요하므로 이러한 과정이 필요 없는 깨끗한 원수의 개발도 경제성을 높이는 중요한 과제이다.

전기투석식은 염도가 비교적 낮은 염도 5,000 ppm 이하의 염수에 경제적인 것으로 알려져 있으나 해수에도 적용은 가능하다. 전기투석은 원리상 전하를 띤 입자(이온)만을 투과시키기 때문에 염수에 포함된 부유물질이나 유기물질을 제거하지 못하는 단점이 있다. 반면에 막 표면에 이러한 물질이 침착되는 정도가 역삼투식에 비하여 낮기 때문에 막 오염에 대한 우려가 비교적 적다. 따라서 전처리공정도 역삼투식에 비하여 간단하게 처리할 수 있는 이점이 있다. 심층수의 활용 면에서 전기투석은 음용수의 제조공정보다는 농축, 제염(製鹽) 등에 활용도가 높은 기술이라 할 수 있다.

그림 5.5.9 역삼투식(좌) 및 전기투석식(우) 해수담수화장치

(2) 해수담수화 적용 및 관리

① 해수담수화 전처리 및 후처리

역삼투막을 이용한 담수화플랜트에서는 대부분 분리막의 기능 열화나 모듈(Module)의 성능 저하를 방지하여 수명을 연장시키기 위한 대책으로 전처리 장치를 채택한다. 그러나 청정한 해수의 경우에는 이를 생략할 수 있는 장점이 있다. 해수담수화를 위한 해수가 청정한지를 판단하는 지표로서 FI(fouling index) 또는 SDI(silt density index)가 적용되고 있다.

FI의 계산은 다음 방법에 의해서 산출하는 것을 기준으로 한다. 0.45 μm의 멤브레인필터(membrane filter)를 이용하여 해수 시료를 2.1 kg_f/cm^2으로 가압하여 여과할 때에 초기에 500 mL를 여과하는 데 필요한 시간(T_0)을 측정하고, 또한 똑같은 상태에서 15분간 계속해서 여과한 후에 500 mL를 여과하는 데 필요한 시간(T_{15})을 측정하여 각각 다음 식으로 구한 값을 FI이라고 한다.

$$FI = (1 - T_0/T_{15}) \times 100/15 \tag{5.1}$$

역삼투막의 사용 기준 값으로는 FI가 4 이하를 권장하고 있으므로 이를 만족하는 청정 해수는 전처리 과정 없이 그대로 사용할 수도 있다.

전처리와 역삼투식 담수화 처리를 거친 후에는 필요에 따라 후처리를 실시하기도 한다. 후처리 과정은 주로 살균 또는 미네랄 조정 과정으로 실시된다.

② 해수담수화 소요에너지

해수담수화 기술에 대한 에너지 비용은 표 5.5.4와 같이 비교할 수 있다. 동 표는 담수 1톤을 제조하기 위하여 소요되는 1차 에너지양을 비교한 것으로 역삼투식의 효율성을 보여주는 것이다. 연안이나 낙도처럼 에너지 수송을 위한 비용이 많이 드는 곳의 경우에는 자연에너지를 이용하는 방안도 고려해볼 필요가 있다.

전술한 증발법에 태양열을 직접 이용하거나 풍력이나 파력으로 취수하고, 고압펌프를 구동하여 담수화 처리를 실시하는 등으로 실현이 가능할 것으로 판단되며, 이들 신재생에너지를 이용하여 발전하는 과정이나 이를 통해 생산된 전기를 활용하는 방법도 가능할 것이다.

표 5.5.4 대표적인 담수화법 및 소요 에너지량 비교(1 m^3 기준)

종 류	에너지 (kWh)
단순증발법	720
다단효용증발법	63
다단플래시증발법	43
냉동법(20℃ 해수)	143
냉동법(2℃ 해수)	116
역삼투식	22
전기투석식	43

그림 5.5.10 풍력을 이용한 해수담수화장치 예

5 해수용존자원 이용

(1) 해수용존자원의 특성 및 그 활용

① 해수용존자원이란?

해수에는 무기물질과 유기물질이 존재하며, 그 존재형태도 용존상태나 입자상태로 다양하지만, 현재까지 발견된 92개 원소(표 5.5.5) 대부분이 용존해 있다. 짠맛을 내는 소금 성분인 나트륨 이온(Na^+)과 염소이온(Cl^-)과 같은 주요원소를 비롯하여 다양한 미량원소가 용존되어 있다.

해수에 녹아 있는 화학물질을 해수용존물질이라 부르며, 각 농도는 낮지만 지구상 해수량이 총 14억 km^3(1.4×10^{18} ton)나 되는 것을 감안하면 그 총량은 엄청나다고 할 수 있다.

해수 중에는 나트륨과 염소 이외에도 브롬, 마그네슘, 칼륨, 리튬 등의 부존량이 막대할 뿐만 아니라 비록 그 농도는 무척 낮지만 금, 은, 우라늄 등 경제적, 전략적 가치가 큰 물질도 총 부존량을 계산해 보면 관심을 가져야 할 자원임에 틀림없다.

표 5.5.5 해수 중 용존원소 및 평균농도(野崎義行, 1996)

원소 (존재형태)	평균농도 (mg/해수 1 kg)	Type	원소 (존재형태)	평균농도 (mg/해수 1 kg)	Type
염소(Cl^-)	19,353	주	레늄(ReO_4^-)	78×10^{-7}	보
나트륨(Na^+)	10,762	주	헬륨(용존가스)	76×10^{-7}	보
유황(SO_4^{2-})	2,712	주	티탄($Ti(OH)_4^0$)	65×10^{-7}	영+S
마그네슘(Mg^{2+})	1,294	주	란탄($LaCO_3^+$)	56×10^{-7}	영
칼슘(Ca^{2+})	413	주	게르마늄($H_4GeO_4^0$)	55×10^{-7}	영
칼륨(K^+)	387	주	니오브($Nb(OH)_6^-$)	50×10^{-7}	?
브롬(Br^-)	67	주	하프늄($Hf(OH)_4^0$)	34×10^{-7}	?
탄소(HCO_3^-)	27	주	네오디뮴($NdCO_3^+$)	33×10^{-7}	영
질소 용존질소(NO_3^-)	8.27 42×10^{-2}	보 영	납($PbCO_3^0$)	27×10^{-7}	S
탄탈($Ta(OH)_5^0$)	25×10^{-7}	?			
스트론튬(Sr^{2+})	7.80	주	은($AgCl_2^-$)	20×10^{-7}	영
붕소($B(OH)_3$)	4.50	주	에르븀($ErCO_3^+$)	12×10^{-7}	영
규소(H_2SiO_4)	3.10	영	코발트(Co^{2+})	12×10^{-7}	S
산소(용존산소)	2.80	역 N	이테르븀($YbCO_3^+$)	12×10^{-7}	영
불소(F^-)	1.30	주	갈륨($Ga(OH)_2^0$)	12×10^{-7}	영+S
아르곤(용존가스)	62×10^{-2}	보	지스프로슘 ($DyCO_3^+$)	11×10^{-7}	영
리튬(Li^+)	18×10^{-2}	보	가드륨($GdCO_3^+$)	9×10^{-7}	영
루비듐(Rb^+)	12×10^{-2}	보	스칸듐($Sc(OH)_3^0$)	70×10^{-8}	(영+S)
인(H_2PO^{4-})	62×10^{-3}	영	세륨($CeCO_3^+$)	70×10^{-8}	S
유소(IO^{3-})	58×10^{-3}	거의 보	프라세오디뮴 ($PrCO_3^+$)	70×10^{-8}	영
바륨(Ba^{2+})	15×10^{-3}	영	사마륨($SmCO_3^+$)	57×10^{-8}	영
몰리브딘(MoO_4^{2-})	10×10^{-3}	보	주석($SnO(OH)_3^-$)	50×10^{-8}	S
우라늄 ($UO_2(CO_3)_3^{4-}$)	32×10^{-4}	보	홀뮴($HoCO_3^+$)	36×10^{-8}	영
바나듐($H_2VO_4^{2-}$)	20×10^{-4}	영	루테튬($LuCO_3^+$)	23×10^{-8}	영
히소($HAsO_4^{2-}$)	12×10^{-4}	영	베릴륨($BeOH^+$)	21×10^{-8}	영+S
니켈(Ni^{2+})	48×10^{-5}	영	툴륨($TmCO_3^+$)	20×10^{-8}	영
아연(Zn^{2+})	35×10^{-5}	영	테르븀($TbCO_3^+$)	17×10^{-8}	영
클립톤(용존가스)	31×10^{-5}	보	유로퓸($EuCO_3^+$)	17×10^{-8}	영
세슘(Cs^+)	31×10^{-5}	보	수은($HgCl_4^{2-}$)	14×10^{-8}	(영+S)
크롬(CrO_4^{2-})	21×10^{-5}	영	로지움($Rh(OH)_3^0$)	80×10^{-9}	영
안티몬($Sb(OH)_6^-$)	20×10^{-5}	거의 보	텔루르($TeO(OH)_5^-$)	50×10^{-9}	S

원소 (존재형태)	평균농도 (mg/해수 1 kg)	Type	원소 (존재형태)	평균농도 (mg/해수 1 kg)	Type
네온(용존가스)	16×10^{-5}	보	$(TeO(OH)_3^-)$	20×10^{-9}	S
셀렌(SeO_4^{2-})	10×10^{-5}	영	팔라듐($PdCl_4^{2-}$)	60×10^{-9}	영
동($Cu(OH)_2^0$)	15×10^{-5}	영+S	백금($PtCl_4^{2-}$)	50×10^{-9}	(보)
카드뮴($CdCl_2^0$)	70×10^{-6}	영	비스무트($Bi(OH)_3^0$)	30×10^{-9}	S
크세논(용존가스)	66×10^{-6}	보	토륨($Th(OH)_4^0$)	20×10^{-9}	S
철($Fe(OH)_3^0$)	30×10^{-6}	영+S	금($AuOH(H_2O)^0$)	20×10^{-9}	(보)
알루미늄($Al(OH)_3^0$)	30×10^{-6}	S	인듐($In(OH)_3^-$)	10×10^{-9}	S
망간(Mn^{2+})	20×10^{-6}	S	루테늄(RuO_4^0)	50×10^{-10}	?
이토륨(YCO_3^+)	17×10^{-6}	영	오스뮴(OsO_4^0)	20×10^{-10}	?
지르코늄($Zr(OH)_4^0$)	15×10^{-6}	영+S	라듐(Ra^{2+})	13×10^{-11}	영
탈륨(Tl^+)	13×10^{-6}	거의 보	이리듐($Ir(OH)_3^0$)	13×10^{-11}	?
텅스텐(WO_4^{2+})	10×10^{-6}	보			

주: 주요원소, 보: 보존성원소, 영: 영양염형 원소, S: 스카벤징 원소, ? 또는 ( ): 불확실

② 해수용존자원의 특성

세계 각지의 77개소 해수를 분석한 챌린저 호 탐사결과는 「해수 중에 녹아있는 주요 성분의 구성 비율은 일정하다」는 일정성분비의 법칙을 만들게 하였다. 그 중에서 해수 1 kg 중에 1 mg 이상의 농도가 존재하는 원소를 주요원소라고 하며, 용존기체인 질소와 산소, 영양염인 규소, 그리고 탄소를 제외한 나트륨(Na^+), 마그네슘(Mg^{2+}), 칼륨(K^+), 칼슘(Ca^{2+}), 스트론튬(Sr^{2+}), 염소(Cl^-), 유황(SO_4^{2-}), 붕소(B), 불소(F^-), 브롬(Br^-)의 10개 원소가 여기에 속한다. 해수 1 kg 중에는 약 35 g의 주요원소를 비롯한 많은 염류가 녹아있지만, 주요원소의 농도는 모든 무기 이온 농도의 99.9% 이상을 차지한다.

한편, 해수 1 kg 중에 1 mg 이하의 농도로 존재하는 원소는 미량원소라고 한다. 이들 미량원소는 연직적인 농도분포의 차에 따라 보존성 원소, 영양염형 원소 및 스카벤징(scavenging) 원소의 세 가지로 대별될 수 있다.

이들 원소는 육지에서 바다로 옮겨진 것이며, 생물에 흡수되거나 화학적으로 변화하면서 해수 중에서 순환하지만 최종적으로는 퇴적물이 되어 저층으로 제거되는 과정을 거치는 특성을 가진다.

③ 해수용존자원의 이용

제1차 세계대전에서 패망한 독일이 배상금과 빈곤을 극복하기 위한 방책으로

1920년대부터 해수에 녹아있는 금을 추출하려는 시도를 하였다. 그러나 해수에 녹아있는 금을 추출하는 비용이 생산 가능한 금의 값보다도 많이 들어 계획은 수포로 돌아간 것은 널리 알려진 얘기다. 즉, 언제라도 금값이 높아져 해수 중 회수비용보다 높아지면 가능성이 있다는 것을 의미한다(그림 5.5.11).

최근, 육상자원이 소모되어 고갈되어 감에 따라 희토류를 비롯한 각종 희소금속, 에너지원의 가격이 급상승하고 있다. 이에 대비하기 위한 연구개발 노력이 선진국에서는 수십 년 전부터 시도되어 왔다. 전략물질의 하나인 우라늄은 육상 매장량이 향후 수십 년 내에 고갈될 것으로 예측되고 있으며, 해수 중에는 1 L당 약 3 μg이 용존되어 있어 약 40억 톤이 해양에 부존하고 있다. 또한, 산업용 합금소재, 리튬전지, 화학제품 등의 원료로 사용되고 있는 리튬도 해수 1 L당 약 170 μg이 함유되어 있어 약 2,300억 톤이 해양에 부존하고 있는 것으로 알려지고 있다.

미국, 일본 등 일부 선진국에서는 해수로부터 마그네슘 약 11만 톤, 브롬 약 30만 톤 정도를 생산하고 있으며, 우라늄, 리튬, 중수소 등을 추출하기 위한 연구개발도 한창 진행 중이다. 현재에도 경제성이 있는 것으로 평가되고 있는 리튬 등의 회수기술은 거의 상용화 단계에 접어든 것으로 알려지고 있다.

리튬은 우리나라에 부존량이 거의 없는 희소금속이며, 우라늄 역시 약 1,000톤 정도 밖에 매장되어 있다고 알려져 있으나, 그마저도 저품위로 경제성이 없기 때문에 산업 및 전략적 측면에서 해수로부터 추출할 수 있는 기술개발이 필수적으로 요구되고 있다.

우리나라에서 전통적으로 이용하고 있는 해수용존자원은 소금(그림 5.5.12)이라고 할 수 있다. 천일염전 등에서 천일염, 자염 등을 만들어 이용하여 왔고, 생존 필수자원의 하나인 소금을 암염을 통해 구할 수 없었던 우리나라는 해수로부터 소금을 제조하여 이용해 왔던 것이다.

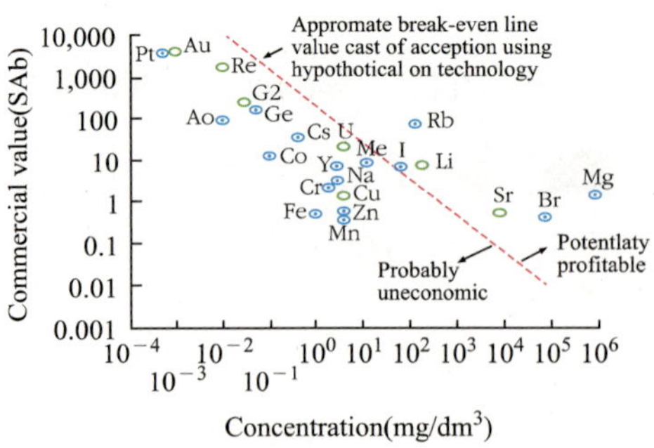

그림 5.5.11 해수용존자원별 경제성

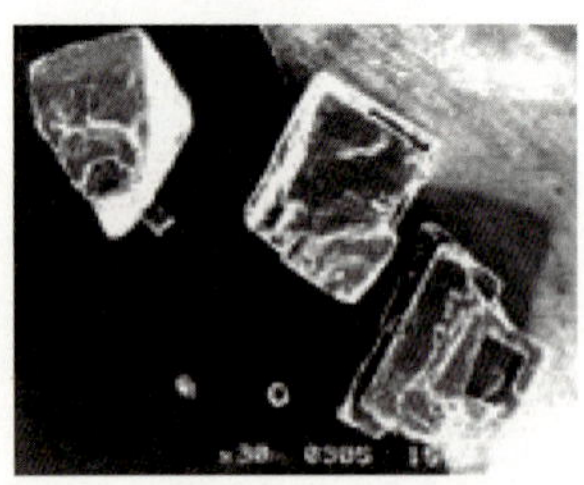

그림 5.5.12 소금의 결정

(2) 해수용존자원의 개발 및 관리

해수용존자원을 이용하기 위해서는 해수로부터 대상 용존물질을 효율적으로 추출해 내는 기술이 필요하다. 이를 위해, 농축, 흡착, 분리, 회수 등의 기술이 이용될 수 있으며, 이를 위한 소재나 시스템의 개발이 필요하다. 최근, 수소에너지가 각광을 받기 시작하면서 해수 중 용존가스(수소, 산소 등)의 선택적 분리 및 추출시스템에 대한 관심도 높아지고 있다.

일부 선진국에서는 이미 해수로부터 마그네슘 약 11만 톤, 브롬 약 30만 톤 정도를 생산하고 있으며, 우라늄, 리튬, 중수소 등의 추출도 시도되고 있다. 일본은 유용한 해수용존자원의 하나인 우라늄 추출을 위한 연구를 계속하여 연간 10 kg 생산 규모의 시험공장을 가동 중이다(그림 5.5.13).

해양수산부 지원 하에 선박해양플랜트연구소는 2004년 청정 미네랄소금 제조시스템을 개발하여 고부가가치의 소금 제조시스템(그림 5.5.14)을 개발한 바 있다. 또한, 한국지질자원연구원은 2002년부터 해외의존도가 높은 리튬, 우라늄 등 유용광물을 해수에서 채취하는 기술개발 사업이 추진되고 있다. 리튬과 우라늄의 양을 분석하는 기술과 이를 채취할 수 있는 흡착제 제조기술을 개발하고 흡착제 제조장치 및 회수시스템을 개발하여 실증실험(그림 5.5.15) 중에 있다.

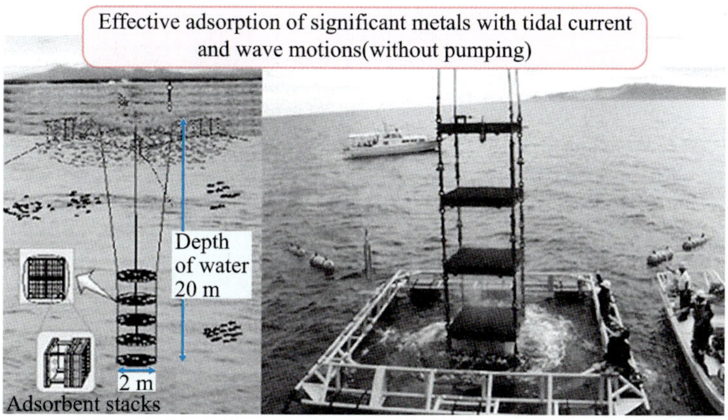

그림 5.5.13 해상 우라늄 회수실험(일본)

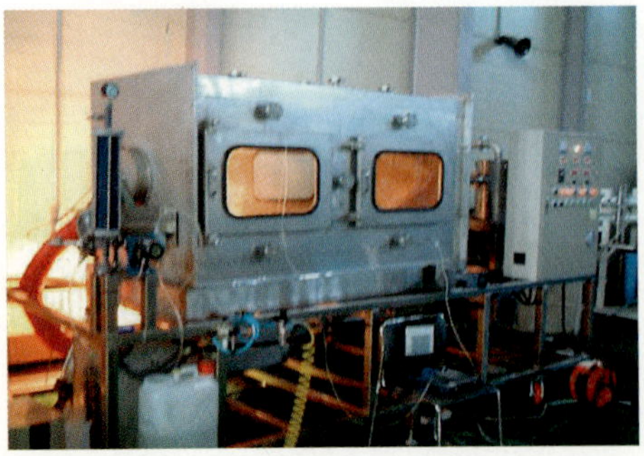

그림 5.5.14 미네랄소금제조장치

그림 5.5.15 리튬회수 실험장치

해수에는 지상에 존재하는 92개 원소의 대다수 종류가 용존되어 있으며, 전량 수입에 의존하고 있는 첨단과학 소재인 희소금속류는 2010년에 1조원에 이를 것으로 전망되어 국제적 자원 무기화에 따른 고비용화 및 성장한계에 직면할 수도 있어 안정적 확보가 절실하다. 따라서 이에 대비하기 위하여 육상자원이 부족한 우리나라 입장에서는 현재 경제성이 있는 용존자원뿐 아니라 미래에 가치를 가질 수 있는 용존자원에 대해서도 연구개발에 위한 준비가 필요하다.

또한, 실용화 시점을 앞당기기 위한 노력으로 경제성 제고방안을 찾아야 하며, 해수담수화 과정에 부산물로 발생하는 농축수 등을 이용하는 방안도 그 중의 하나가 될 수 있어 단계적 이용을 위한 관리가 정책적 및 기술적으로 계속되어야 한다.

6 해수열에너지 이용

(1) 해수열에너지의 특성 및 그 활용

① 해수열에너지란?

해수열에너지란 해수가 보유한 저온, 항온 및 변온 에너지를 생활 또는 산업 현장에서 활용함으로써 화석연료 이용저감 및 이산화탄소 배출저감에 기여할 수 있는 열에너지를 말한다.

해수는 비열이 커서 태양에너지의 흡수가 대기에 비해 변동성이 적은 자연에너지 축열시스템이며, 가용량도 무한한 열에너지원이라 할 수 있다.

② 해수열에너지의 특성

해수의 수온 변동은 대기의 기온 변동에 비해 작은 일교차 및 계절적 변화를 보이고 있어 상대적인 열원으로 충분히 활용가능하다.

이러한 해수열 에너지의 부존량은 태양에너지를 근원으로 하여 순환재생되는 에너지이기 때문에 무한하다고 말할 수 있어 기존의 화석연료처럼 소모하면 고갈되는 문제가 없는 무한자원이다.

또한, 이산화탄소 발생이 없어서 지구 온난화 대응기술로도 주목을 받고 있다.

③ 우리나라의 해수열에너지

해수온의 연간변동은 수심에 따라 매우 달라지며, 우리나라 동해의 경우, 동계 6℃에서 하계 25℃까지 변화하며, 수심 200 m 이상에서는 연중 2℃ 이하를 유지하고 있다. 이로부터 표층해수와 심층해수의 온도차에너지를 산정해보면 그림 5.5.16과 같은 분포하는 것으로 알려져 있다.

기온과 비교할 때, 여름에는 대기보다 5～10℃ 낮고, 겨울에는 대기보다 5～8℃ 높은 온도차 에너지 특성을 가지고 있다. 우리나라 주요 해안도시의 해수열에너지 부존량 분석(표 5.5.6)에 따르면 136～488 Tcal/month가 부존하였고, 평균적으로 해안선 1 km당 아파트 5,000세대의 냉난방이 가능한 막대한 양이라 할 수 있다.

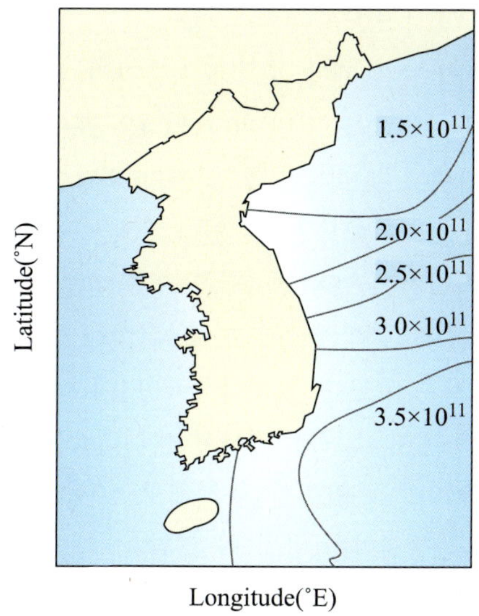

그림 5.5.16 해수온도차 에너지 분포 (단위: GWh/yr, [$1^0 \times 1^0$])

표 5.5.6 해안도시별 해수열에너지 부존량

지 역	해수열에너지 부존량 (Tcal/month)	비 고
인천광역시	487	영종도 포함
부산광역시	488	가덕도 포함
울산광역시	410	
강릉시	136	
군산시	199	
목포시	301	
서귀포시	242	

(박준택, 2003)

(2) 해수열에너지의 이용

해수열에너지는 발전 뿐 아니라 냉방 및 난방, 냉각, 냉장, 제빙 등의 다양한 열에너지 수요에 이용할 수 있다.

① 해양온도차발전

해양온도차발전은 해양 표층과 심층간의 섭씨 20℃ 전후의 수온차를 이용하여 전기를 생산하는 해양온도차발전(OTEC)은 표층의 온수로 암모니아, 프레온 등의 끓는점이 낮은 매체를 증발시킨 후 심층의 냉각수로 응축시켜 그 압력차로 터빈을 돌려 발전하는 방식으로 이용될 수 있다.

해양온도차발전은 1881년 프랑스인 달손발(Jacques Arsene d'Arsonval)이 최초로 제안된 이후 1960년대에 클로드 등에 의해 산발적으로 시도되었지만 기술상 어려움으로 성공하지 못하였다. 그러나 1970년대 석유파동기간에 다시 연구가 시작되어 미국, 일본 등지에서 소규모 해상실험이 실증단계에 도달하게 되었다.

미국은 1979년 하와이섬 근해에서 50 kW급의 소규모 시험발전에 성공하였고, 1981년에도 해상시험을 마친 바 있다. 현재, Makai Ocean사가 하와이자연에너지연구소(NELHA)에 105 kW 파일럿 플랜트(그림 5.5.17)를 설치하여 연속운전 및 전력계통 공급실험을 하고 있다. 이를 토대로 1985년부터 출력 100 MW급 부유식 발전소를 건설하기 위한 기본설계 및 모형실험을 실시하였고, 록히드마틴사, OTI사 등에 의해 실용화가 모색되고 있다.

일본도 1974년부터 산학연 공동으로 실험실 규모의 시험에 착수하였다. 1981년 남태평양의 나우루(Nauru) 공화국 해역에서 100 kW급의 실험발전에 실시한 바 있다. 1982년 말에는 큐우슈우 서남쪽에 위치한 토쿠노시마(Tokunoshima)에서 50 kW급의 출력향상시험에 성공하였다. 한편, 해상플랜트로서는 1989년 토야마(Toyama)만에서 1 MW급의 파일럿 플랜트용 취수실험을 실시한 바 있다. 최근, 코베스틸사 등이 오키나와 쿠메지마에 100 kW 파일럿 플랜트(그림 5.5.17)를 설치하여 연속 운전 및 성능 실험을 실시하고 있다.

그림 5.5.17 미국(좌)과 일본(우)의 해수온도차발전 파일럿플랜트 실험

우리나라 동해연안은 연평균 온도차는 15℃에 이르며, 온도차 15℃이상의 지속시간도 200일에 달하여 실용화 기술이 정립되고, 저온도차 기술이 확보되면 가능성은 있는 것으로 보고 있다. 특히, 육상의 폐열원을 병용하는 방안은 그 가능성을 더욱 높여 줄 수 있을 것이다. 이로부터, 선박해양플랜트연구소는 2013년에 20 kW 파일럿플랜트(그림 5.5.18) 실증실험을 성공하였고, 해상 및 육상형 1 MW 실용화플랜트(그림 5.5.19)를 설계 완료하였다.

그림 5.5.18 20 kW OTEC플랜트(KRISO)

그림 5.5.19 1 MW OTEC플랜트 설계(KRISO)

② 해수열의 현장이용

일반적으로 전체 에너지 공급량의 약 50%는 열에너지의 형태로 이용되고, 소요되는 1차 에너지의 약 60%가 열에너지의 형태로 소실되고 있다. 따라서 에너지 자원은 열에너지 이용을 위해 수입되고 있고, 지구환경 오염이나 폐열 손실이 막대하게 발생하고 있다.

해수열에너지 이용기술은 해수가 보유한 저온, 항온 및 변온 에너지를 열교환기 및 열펌프 등을 이용하여 생활 또는 산업 현장에 필요한 열에너지로 활용함으로써 화석연료 이용저감 및 이산화탄소 배출 저감에 기여할 수 있는 기술로 활용사례가 많은 편이다.

스웨덴은 1982년부터 스톡홀름 Lidingo 및 Ropsten에서 지역난방을 위해 해수를 저온열원으로 하는 열펌프시스템을 구성해 약 100 MW(약 55～80℃ 온수)의 열공급시스템을 완성하여 가동하고 있다. 일본은 오오사카남항 Cosmo Squre(1994), 후쿠오카 Sunport 타카마쓰지구(2001) 등에서 냉난방을 실용화하였다(그림 5.5.20). 기타 미국, 프랑스, 노르웨이 등에서 냉방, 난방 및 양식수온 조절 등을 위해 해수열에너지를 활용하고 있다.

우리나라에서 해수열을 이용한 초기 사례는 발전소 냉각수를 들 수 있다. 주요 화력발전소나 원자력발전소가 바다를 접하고 있는 것은 해수를 냉각수로 이용하고자 한 배경이다.

수산양식장은 대상생물의 생육환경을 조성하기 위해 가온 또는 냉각을 실시하며 흘러 보내는 형식이 많아 열에너지의 사용이 많은 편이다. 최근에는 이를 히트펌프

(heat pump)로 회수하여 에너지를 절감하는 방안들이 개발되고 있다. 2010년, 탠덤형 해수열원 히트펌프가 개발되어 선박해양플랜트연구소 해수에너지연구센터에 적용된 바 있다(그림 5.5.21).

그림 5.5.20 일본 해수냉난방 이용지구

그림 5.5.21 해수냉난방이 적용된 해수에너지연구센터

선박해양플랜트연구소는 2010년부터 2015년까지 60 RT(210 kW)~2000 RT(7 MW)급 해수열원 터보 히트펌프 및 탠덤 시스템을 개발하여, 실용화 보급을 선도해왔다. 2011년 60 RT(210 kW) 해수열원 탠덤 시스템(그림 5.5.22)을 개발하여 선박해양플랜트연구소 해수에너지연구센터에 설치하고, 실증실험 후 현재(2018년)까지 활용하고 있다. 한편, 2013년에는 500 RT(1,750 kW) 해수열원 터보 히트펌프(그림 5.5.23)를 개발하여, 수산양식장 및 관리건물에 수온조절 및 냉난방을 공급하는 해양수산부 지원의 시범보급사업을 실시하였다. 이를 바탕으로 1000 RT(3.5 MW) 및 2000 RT(7 MW) 보급모델을 설계하였고, 공공건물 설치의무화 및 신재생에너지 보급지원사업에 포함되었다. 2016년부터 산업자원부의 건물지원, 융복합 신재생 지원 사업으로 리조트 호텔, 발전소 양식장, 횟집 등에 보급되기 시작하였다.

현재, 해수부의 친환경에너지사업 및 산업부의 신재생에너지 보급지원사업 등으로 매년 약 50 MW의 설비가 보급되고 있고, 2017년까지 약 300 MW의 설비가 설치되어 활용되고 있다.

그림 5.5.22 60 RT(210 kW) 해수냉난방 장치

그림 5.5.23 500 RT(1,750 kW) 해수냉난방 시범보급 설비

(3) 해수열에너지의 개발 및 관리

해수열에너지의 개발은 발전이나 냉난방 등의 이용 방법에 따른 대상 해수열에너지인 해양심층수 - 표층수간 온도차나 해수 - 대기간 온도차가 경제적으로 개발 가능

한 적지를 찾는 것으로부터 시작된다. 온도차발전은 심층의 저온해수와 표층의 고온해수나 육상배출 온수가 충분히 가용한 곳을 대상으로 하고, 냉난방 등은 취수하기 용이한 곳을 대상으로 한다.

해수열에너지 이용시스템은 취수시설과 이용시설 사이에 제작 및 설치되는 온도차발전 또는 열교환 이용시스템 등이다. 온도차발전시스템은 폐쇄형, 개방형 또는 복합형 시스템으로 구성되며, 열교환 이용시스템은 열교환기, 열펌프 등으로 구성된다.

현재, 이러한 이용기술은 현장에 실용화되고 있지만 고효율화, 대용량화, 장수명화(내식성 소재 개발) 등을 통해 경제성과 효율성을 높이려는 연구개발이 계속되고 있다.

열에너지는 수송이 쉽지 않기 때문에 열원 수요지가 열원으로부터 가까울수록 유리하며, 현재 기술로는 2 km 이내여야 한다. 이를 광역에너지시스템(그림 5.5.24)으로 이용하는 것이 필요하다.

또한, 열교환된 배출수는 자연 해수와 온도차가 있을 수도 있으며, 이는 발전소 온배수에서 거론되고 있는 것과 같은 방류수의 환경영향 문제와 연계될 수 있다. 따라서 배출수의 확산을 제어할 수 있는 방류시스템, 운전시스템, 배출해역의 환경모니터링 및 환경개선 시스템 등에 대한 고려가 필요하다.

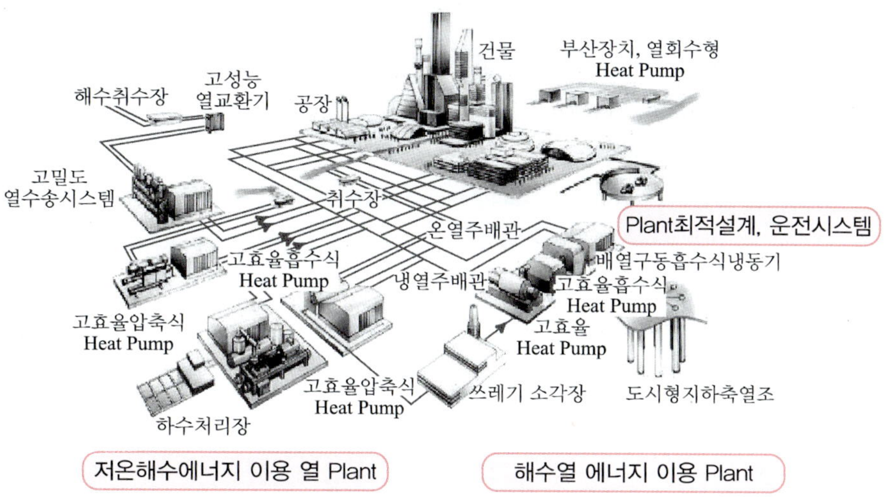

그림 5.5.24 해수열의 광역이용 및 유효관리 개념도

5.6 해양광물자원

해저부존 석유를 비롯하여 해저 다이아몬드에 이르기까지 해양의 광물자원(marine mineral resources)은 그 종류에 따라서 그 생성의 기작과 부존의 특성이 매우 다양하다. 대표적인 화석연료인 석유(石油)는 화학공업의 주요 원자재로서의 높은 가치에도 불구하고 전 세계의 에너지원으로서 차지하는 절대적 비중으로 인해서 일반 광물자원과 별도로 에너지자원으로 분류되고 있는 실정이다. 이에 본 절에서도 광물자원에 대한 이러한 분류기준을 준용하여 해저석유자원을 제외한 해양부존 광물자원에 관하여 다루고자 한다.

육상의 광물자원이 지각의 구성 요소들로서 부존되어 있기에 일반적으로 지하자원이라 불리는 것에 비해서, 해양광물자원은 해저 지표면을 덮고 있거나 해수 중에 용존된 형태로 부존한다는 것이 특징이다. 해수용존 광물들은 그 특성상 해수 단위부피당 용존량이 매우 미량으로 경제적 추출에 한계가 있기에 해수자원 이용과의 병행을 통한 개발 경제성을 기대해보는 현실이다. 한편, 해저의 광물자원들은 단괴 또는 기저암을 덮고 있는 응집 형태로 부존하고 있다. 따라서 일정 지역 내 다량의 광물의 부존량을 가짐으로써 그 경제적 가치가 높게 평가되고 있으며, 개발 경제성 관점에서 주된 관심의 대상이 되고 있다. 이에 본 절은 해저에 부존하는 광물자원의 지속가능한 개발에 관한 내용을 다룬다.

미래 자원으로서 관심을 받고 있는 해저광물자원로는 일명 망간단괴라고 알려진 다금속단괴(polymetallic nodules), 해저열수광상(seafloor massive sulfides), 고코발트 망간각(cobalt-rich manganese crusts) 등이 대표적이고, 지역적으로 나타나는 함금속머드(metalliferous muds), 희토류퇴적물(rare earth sediments), 해저주석 광산, 해저다이몬드 광산 등이 있다.

해저광물자원들은 육상광산에 비해서 함유된 금속 및 비금속 광물의 품위가 높다. 이들은 망간, 코발트, 니켈, 구리, 황, 아연, 금, 은, 백금, 몰리브덴 등등의 유가금속과 희유금속 외에도 다양한 희토류 성분들이며, 최근에는 특히 전기차 배터리를 비롯하여 풍력, 태양광 등 신재생에너지 분야까지 수확/생산, 수송/저장, 절감 등 에너지 관련 전 분야에 걸쳐서 그 수요가 급등하고 있다. 국제금속시장에서 이러한 일명 에너지금속광물들의 가격 상승과 더불어 심해저광업의 실현을 대비하는 제반 준비가 진행되고 있다.

자원의 재활용(recycling)을 제외한다면 광물의 물질적 순환과정은 매우 길다. 따라서 해양광물자원의 지속가능한 개발의 관점은 개발 활동들에 의해 수반되는 해양환경 충격의 최소화 및 통제의 시각에 기초하고 있다. 대부분 해저광물자원들이 수심이 깊은 심해저에 부존되어 있으므로 해저로부터 해상까지의 수주(water column)를 포함하는 해양환경의 공간적 범위가 매우 크다.

1 해저광물자원의 대표적 사례

(1) 심해저 다금속단괴(polymetallic nodules)

해수 중 금속이온들의 산화 침출작용에 의해 생성되는 다금속 산화물(polymetallic oxy-hydroxides)인 심해저 다금속단괴는 감자 형태의 덩어리들로 심해저 분지의 퇴적물 표층부에 산재되어 부존하고 있다. 이미 19세기 말에 전 세계 해양의 심해저에 널리 부존하고 있는 것이 알려졌으며 망간단괴로도 불리고 있다. 크기는 직경 1～15 cm로 다양하고, 경제성이 기대되는 경우는 수심 4,500～6,000 m 심해분지에 부존하고 있다. 최대 부존지역은 북동태평양 클라리온-클립퍼톤 지역이며, 인도양에도 대규모 부존량이 존재한다. 주요 함유금속은 망간(Mn), 니켈(Ni), 구리(Cu), 코발트(Co) 등이며 그 외에도 희토류를 포함하여 40여종의 광물성분을 함유하고 있다(표 5.6.1 참조).

표 5.6.1

특 징	해수에 녹아 있는 금속이온들의 산화침출 작용에 의해 생성된 다금속 산화물(polymetallic oxy-hydroxides). 감자와 같은 덩어리 형태(직경 1～15 cm)로 심해저 분지의 퇴적물 표층에 널리 퍼져 부존하고 있다.
부존빈도	수심 4,000～6,000 m 심해저 분지에 대규모 부존. 최대 부존지역은 북동태평양 클라리온-클립퍼톤 지역이다.
금속성분	Mn(27%), Fe(8%), Ni(1.4%), Cu(1.3%), Co(0.2%), Mo(0.04%), REE(0.12%) 외
가 치	톤당 경제적 가치 : 828 USD (2007～2011년 금속가격 기준) (REE 추출 가능 시 1,944 USD/ton)

(2) 해저열수광상(seafloor massive sulfides)

심부에 마그마방(magma chamber)이 존재하고 해저지각 활동이 왕성한 지역에서 지각의 균열을 통해 분출되는 열수(熱水)가 차가운 해수를 만나면서 함유광물의 급격한 침출에 의해 형성되는 열수분출공(hydrothermal vent) 주변의 고품위 광상을 해저열수광상이라 부른다. 계속되는 열수의 분출로 열수분출공은 굴뚝(chimney) 형태로 성장하며, 해류나 지각활동에 의한 붕괴와 재생성의 반복으로 인해서 3차원적으로 집중된 광상(deposit)을 형성하게 된다. 지역과 열수분출 활동기간에 따라서 함유금속 성분과 광상의 규모는 큰 편차를 보인다(표 5.6.2 참조).

표 5.6.2

특 징	해저열수분출공 및 주변 해저에 부존하는 금속황화물. 300℃ 이상의 열수와 차가운 해수의 접촉에 의한 급격한 침출작용으로 생성되며, 활동 중인 열수분출공 주변은 화학합성(chemosynthetic)을 통한 생태계 존재한다.
부존빈도	중앙해령 및 화산대(수심 300～3,700 m)
금속성분	Cu(1～5%), Au(5～30 ppm), Ag(200～1,900 ppm), Zn(4～36%), Pb, S 등 (지역별로 큰 편차 보임)
가 치	톤당 경제적 가치 : 489～1,360 USD (함유금속에 따라 큰 편차)

(3) 고코발트망간각(cobalt-rich manganese crusts)

해수 중의 금속이온들이 산소와의 결합 반응을 통해서 산화물로 침출되어 생성되는 망간각은 해산(seamounts)의 사면과 정상부 기저암의 표층을 도로의 아스팔트처럼 덮고 있는 형태로 부존하고 있다. 함유금속 성분 중에서 코발트의 함량이 높게 나타나기 때문에 고코발트망간각이라 불린다. 침출작용에 의한 성장기간에 따라서 망간각의 두께는 큰 편차를 보이며, 현재 수심 800～2,500 m 조건에서 발견되고 있다. 또한, 다른 해저광물자원들에 비해서 희토류(REE: rare earth elements)의 함유량이 높은 것이 특징이다(표 5.6.3 참조).

표 5.6.3

특 징	해수 중 금속이온들이 산소와의 결합작용으로 침출되어 생성되며, 해산(seamounts)의 기저암을 피복해가며 부존하고 있다. 성장기간에 따라서 그 두께는 수 cm에서 수십 cm까지 다양하다.
부존빈도	해산의 경사면 및 정상부(수심 800～2,500 m)
금속성분	Co(0.5～1.2%), Ni(0,2～0.9%), Cu(0.1～0.44%), Mn(17～27%), Pt(0～40 ppm), REEs
가 치	톤당 경제적 가치 : 337～1,051 USD 높은 코발트 함유율. 해저광물자원 중 REE 함유율 최고(0.14～0.2%)

그림 5.6.1은 상기한 3가지 심해저 광물자원들의 부존 상황을 해저지각 구조 및 활동에 비추어 도식적으로 설명하고 있다.

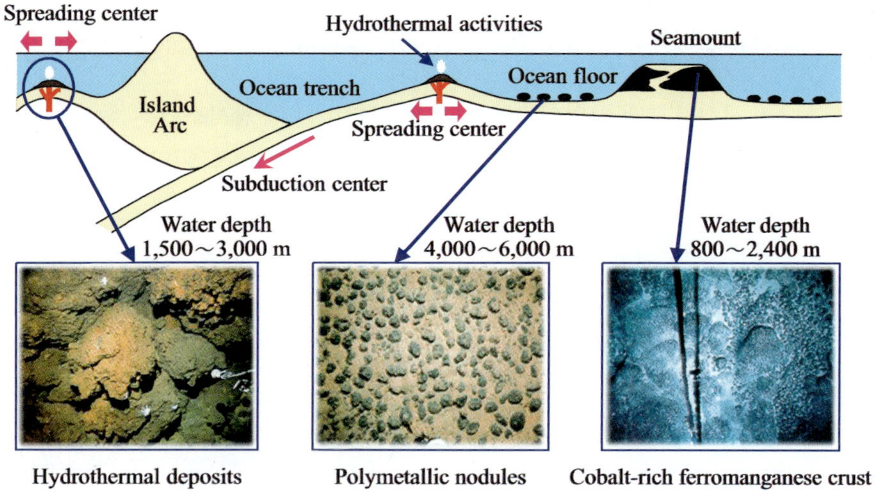

그림 5.6.1 대표적 심해저광물자원들(단, 광종별 부존 수심은 탐사활동에 의한 새로운 발견에 따라서 지속적으로 개정되고 있음)

2 해저광물자원 개발기술

심해저 광물자원의 개발은 심해저광업이란 새로운 해양산업의 도래를 위미한다. 해저광물자원의 개발을 위해서는 탐사에서부터 채광 및 수송을 거쳐서 제련까지 일련의 과정이 순조롭게 진행되어야 한다. 자원탐사 - 환경탐사 - 개발탐사의 과정을 거치면서 자원부존량과 환경특성에 대한 정밀한 자료가 얻어지면, 부존자원에 대한 경제성과 환경영향에 대한 분석이 시행된다.

심해저광물자원 개발의 경제성 여부에는 시장금속가격이 가장 큰 영향인자이며, 시설비(CAPEX)와 운영비(OPEX)를 차지하는 비중은 제련(processing)에 이어서 채광(mining) 그리고 수송(transportation)의 순이다. 전술한 바와 같이 해저광물자원의 지속가능한 개발(sustainable development)의 초점은 해저로부터 해상까지 전체 수주(water column)를 포함하는 해양생태환경이 받게 될 충격(impact)의 최소화 여부에 있으며, 그 관심의 중심에 심해저 채광기술이 있다.

본 절에서는 제련이 개발 경제성에 미치는 비중이 가장 큼에도 불구하고 육상에 건설되고 운영된다는 점에서 심해저 채광기술을 대상으로 해저광물자원 개발기술에 관해 기술하고 있다.

(1) 심해저채광기술(Deep-Seabed Mining Technology)

심해저 광물자원의 채광작업을 담당하는 채광시스템은 수상시스템과 수중시스템으로 구성된다. 해상의 채광선(또는 채광플랫폼)을 기반으로 전체 채광시스템이 운용된다. 해저면의 광물자원을 채광선 선상으로 생산하는 수중시스템은 채광선에서 진수·회수되고 유지보수가 이루어진다. 상업적 채광작업 시나리오로는 해저면 광물의 회수(또는 채굴)에 이어서 바로 해상까지 이송하는 연속적 채광 방식이 기술적 타당성을 인정받고 있다(그림 5.6.2 참조). 이때, 수천 미터 깊은 수심의 해저와 해상을 연결하는 수중시스템은 매우 복잡한 운동 특성을 가지게 된다. 다음은 심해저 채광시스템의 주요 구성 요소들과 그 임무 및 기능에 관하여 설명하고 있다.

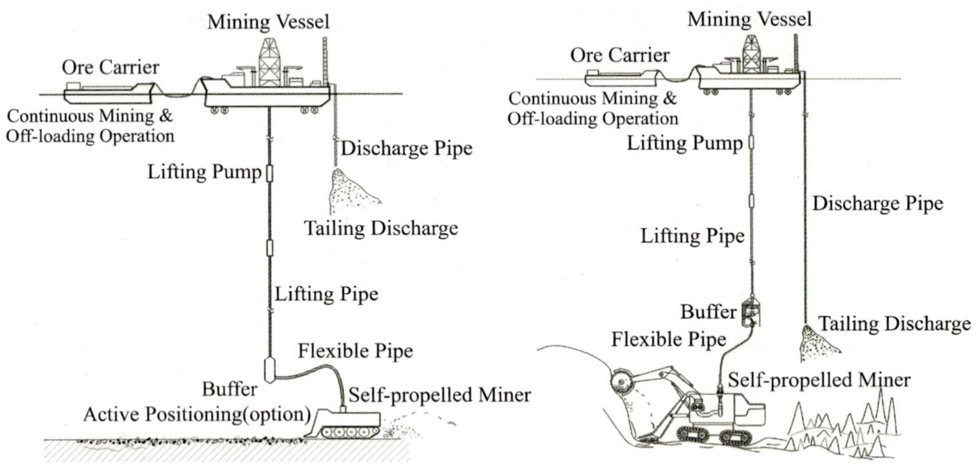

그림 5.6.2 심해저광물자원의 연속적 채광 개념도: 심해저 다금속단괴 채광시스템(좌), 해저열수광상 채광시스템(우)

① 채광선(Mining Vessel)

수중 시스템의 진수·회수 및 운용 그리고 유지보수가 이루어지는 플랫폼으로서 해상으로 생산되는 광물의 분리·저장 및 하역 등 제반 작업공정을 담당하는 임무를 가진다. 이를 위한 주요 기능들은 발전 및 전력공급, 장비보관·유지보수, 수중장비설치·회수, 수중장비원격제어, 광석분리·해수처리, 광물저장·하역, 잔사배출, 동적위치제어(DPS) 등이다.

이러한 기능들의 조화로운 수행을 위해서는 심해저 채광작업 시나리오에 대한 철저한 분석과 이에 따른 시스템 최적설계가 필수적이다. 기본적으로 심해 시추선(drill ship)과 광석운반선(ore carrier)을 혼합한 기능과 선형(船型)을 가진다. 전체 채광시스템의 건조비 중에서 가장 큰 비중을 가지며, 수중시스템과 광석운반 통로가 되는 문풀(moonpool) 및 데릭(derrick)의 설계, 화물창 및 밸러스트탱크, 선상처리시스템을 중심으로 하는 선상 일반배치(General Arrangement) 등이 매우 중요하다.

② 선상처리시스템(On-board Treatment System)

선상처리시스템은 채광선 선상에 탑재되어 해상으로 올라오는 광석의 분리 및 저장, 해수처리 및 잔사배출, 광석의 하역 등 단위 공정들을 통합한 복합 기능을 가지며, 'Top-Side'라 불리는 해저석유/가스 생산시스템(예: FPSO)의 선상 탑재설비에 해당된다. 광물의 연간 목표생산량(예: 다금속단괴 150~300만 톤/년) 대비 불가피하게 동반되는 해수 및 퇴적물과 생산과정에서 발생하는 미세 광물입자들의 처리는 지속가능한 개발에 대한 주요 변수 중 하나이다.

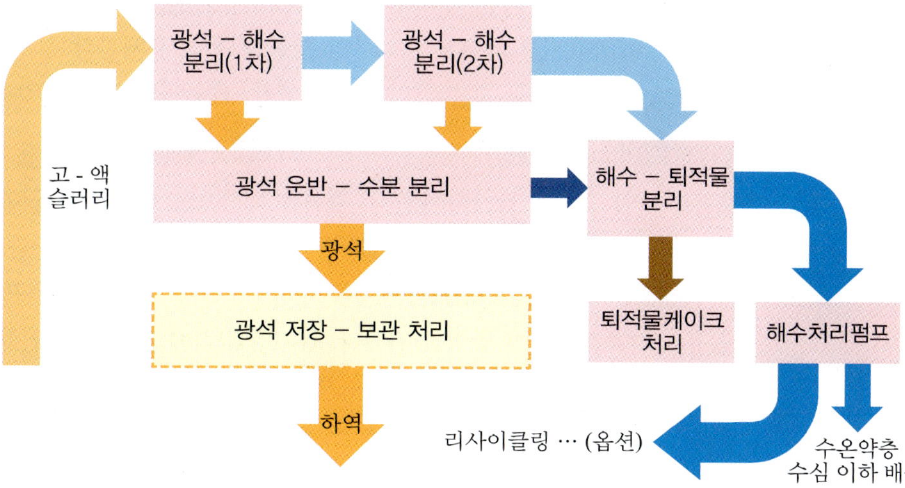

그림 5.6.3 심해저 채광선 선상처리시스템 공정도식도

상기한 그림 5.6.3의 선상처리공정은 해저광물의 수력양광(hydraulic lifting) 방식을 전제로 하고 있다. 함께 회수되는 다량의 해수는 지속가능한 개발의 관점에서 뿐만 아니라 채광선 설계·건조 및 운용 상 재정적 기술적 문제를 야기한다. 대안으로써 기계식 양광방식도 고려되고 있으나, 기계적 손상(마모, 부식, 피로파괴 등)에 따른 내구성 및 안전성 보장 측면에서 매우 많은 문제들이 있다.

다단계 광석 - 해수분리 공정을 비롯해서 해수 중 미세입자(퇴적물, 미세광물입자)

제거 처리 그리고 해수 배출까지 이어지는 선상처리공정의 용량은 해상까지 올라오는 해수의 시간당 유량에 의해 지배된다. 배출 가능 환경기준을 만족하는 대용량 해수처리설비(예: 필터링 포함)에 관한 산업기술 확보가 요구되는 이유다.

③ 양광시스템(Ore Lifting System)

양광시스템은 해저면에서 회수(또는 채굴)된 광석들을 해상까지 수직 이송하는 임무를 담당한다. 그 구성과 기능은 다음과 같다.

- 버퍼(Buffer)

  해저면에서 1차 회수된 광석들의 임시 저장기능과 더불어 양광관으로 인입되는 광석의 흐름양을 조절함으로써 양광관의 관막힘(pipe clogging)을 예방하는 슬러리 유동보장(flow assurance) 기능을 수행한다.

- 양광관(Lifting Pipe)

  해상까지 수직으로 광석을 운반하는 통로 역할을 담당한다. 채광선의 파랑운동과 (상대)해류 등에 의한 심각한 하중조건 하에 놓임으로써 구조적 안전성이 가장 크게 요구되는 요소이다. 채광선의 문풀을 통해서 체결식 설치와 회수가 정기적으로 반복되기에 안전하고 신속한 설치·회수 작업장비가 갖춰져야 한다.

- 양광펌프(Lifting Pump)

  양광관 라인 중간에 장착되어 관내 광석을 해상으로 이송하는 동력을 제공한다. 수력양광 또는 공기양광(air lifting) 두 가지 방식이 고려되고 있다. 수력양광은 공기양광에 비해 높은 효율을 가지나 수중전기모터 내구성과 펌프임펠러 마모 및 유지보수 관점에서 단점을 가진다. 공기양광은 수중 구동부에 없으므로 인한 유지보수의 장점과 해수의 이송량이 보다 적은 장점을 가지나, 양광효율이 낮은 점과 더불어 선상 공기압축기의 구동 소음 그리고 주입공기의 팽창에 따른 충격 등 또 다른 내구성과 안전성의 문제들을 내포하고 있다.

④ 집광시스템(Ore Collecting System)

집광시스템은 해저면으로부터 광물(광석)을 회수(또는 채굴)하여 중간저장소인 버퍼까지 모으는 임무를 담당한다. 그 주요 구성과 기능은 다음과 같다.

- 집광기(Ore Collector)

  심해저 분지 퇴적층을 주행하거나 불규칙한 해저지형을 주행하면서 광물회수(다금속단괴) 또는 광석채굴(해저열수광상, 망간각) 및 송출 작업을 담당한다.

상업 생산량을 결정하는 원격제어로봇으로서 가장 중요한 요소임과 동시에, 심해저면 상에서 작업을 수행함으로써 심해저 생태계에 직접적인 충격을 가하는 요소이기 때문에 심해저광업의 지속가능성 관점에서 가장 활발한 논의가 진행되고 있는 대상이다.

다금속단괴의 경우 : 주행 여건이 극히 열악한 심해저 연약퇴적지반 위를 움직이면서 퇴적표층의 단괴들(nodules)을 가장 효과적으로 회수해야 하므로 목표 생산량 충족을 결정하는 가장 핵심적 기술요소이다. 집광작업은 주행 - 채집 - 송출의 연속공정으로 진행된다.

지속가능한 개발을 위해서 만족해야 하는 주요 요소들은 다음과 같다.

(ㄱ) 해저주행제어 : 퇴적지반 관입깊이 최소화(접지압 최적화), 직진/선회성능 최대화, 생산량 대비 해저접촉면적 최소화(즉, maximum sweeping efficiency)

(ㄴ) 단괴채집공정 : 단괴채집효율 최대화(80% 이상), 퇴적물 채집비율 최소화, 내구성 확보

(ㄷ) 단괴송출공정 : 파쇄공정효율 최대화, 파쇄단괴 송출공정효율 최대화, 퇴적물배출 최대화, 내구성 확보

(ㄹ) 통합집광공정 : 통합공정(주행 - 채집 - 송출) 자동화, 채광트랙설계 최적화

해저열수광상의 경우 : 열수광상 그 자체인 불규칙한 해저지형 위를 간헐적으로 움직이면서 주변의 3차원적 열수광상을 채굴해야 하기에 주행 및 채집의 원리와 형식이 다금속단괴의 경우와 크게 다르다. 또한 근본적으로 해저열수광상의 채굴작업은 자동화가 불가능하다. 특히, 수중 시계(視界)의 한계와 더불어 채굴작업 시 혼탁물(plume) 확산에 따른 시계차단 조건 하에서의 채굴작업 기술 확보는 상업적 생산을 위한 전제 조건이다. 고려되고 있는 집광공정은 다음의 두 가지로 구분된다.

> 단일 연속공정 : 주행 - 채굴 - 송출
> 분할 연속공정 : 주행 - 채굴 - 파쇄 ⇒ 주행 - 채집 - 송출

지속가능한 개발을 위해서 만족해야 하는 주요 요소들은 다음과 같다.

(ㄱ) 해저주행/작업안전성 : 불규칙 경사면 주행안정성(driving stability) 및 작업안전성(operation safety)의 확보, 중량최적화(채광선 진수·회수 작업 최대안전용량 내 안전 중량, 낮은 무게중심)

(ㄴ) 광석채굴공정 : 정점(停點)당 가채굴공간 최대설계, 시간당 채굴량 최대화, 커터(cutter)나 드릴비트(drill bit) 등 재료 내구성 확보
(ㄷ) 광석회수·송출공정 : 채굴광석 회수공정효율 최대화, 회수광석 송출공정효율 최대화, 내구성 확보(추가 고려사항 : 수중선광 기능 여부)
(ㄹ) 스마트집광공정 : MR(VR + AR) 기반의 가상작업환경 구현, 모델 기반 채굴로봇 원격제어기술 확보, 가상물리통합시뮬레이터 구축 등

고코발트망간각의 경우 : 해산(seamount)의 사면과 정상부(guyot) 기저암을 피복하고 있는 망간각 채굴로봇은 극한의 작업 난이도를 가진다. 대체로 기저암과 그 위를 덮고 있는 수 센티미터에서 십 수 센티미터 두께의 망간각은 그 기계적 성질이 유사하기 때문에 망간각 분리·회수장비의 최적화가 매우 까다롭다. 해산 정상부에서의 채굴작업 외에는 일반적으로 사면에서 작업안정성 확보 그 자체가 어려운 조건이다. 이러한 이유로 개발 가능성 확보 및 그 실현시기는 다금속단괴 또는 열수광상보다 이후로 예상되고 있다.
현시점에서는 지속가능한 개발을 위해서 만족해야 하는 주요 요소들은 해저열수광상의 경우와 대동소이하다고 볼 수 있다.

- 유연관(Flexible Conduit)

집광기와 버퍼를 연결하며 해저광물(광석)의 이송 통로 역할을 담당한다. 해저면 집광기의 작업 안정성 확보를 위해서 구조적 유연성과 그로 인해 전체 형상의 비선형성이 매우 크게 요구된다. 집광기로부터 버퍼까지의 광물 이송 시 관 막힘이 발생하지 않고 동시에 양광시스템 거동이 집광기에 미치는 영향을 차단하기 위한 전체 형상설계의 최적화가 매우 중요하다.
특성상 구조적 유연성과 안전성(내구성)을 동시에 만족하는 제작기술이 필수적이다. Offshore 산업계에서 널리 사용되는 flexible riser 기술이 준용되겠으나, 단단한 광석 파편들과의 마찰에 의한 내면의 마모 발생은 해결되어야 할 주요 문제이다.

(2) 해양환경충격의 잠재 인자들

심해저광업의 실현 시 예상되는 해양환경에 대한 충격과 그 통제의 대상이 되는 잠재적 주요 인자들은 다음과 같다(그림 5.6.4 참조).

- 저서생물(benthic habitats)의 제거
- 퇴적물 혼탁류(sediment plume) 발생 및 확산
- 해수 및 퇴적물의 해상으로의 이동
- 퇴적물 및 해수 잔사 배출(tailing)
- 음향 및 광소음(sound and light noises)
- 화학물 유출(chemical leakage)

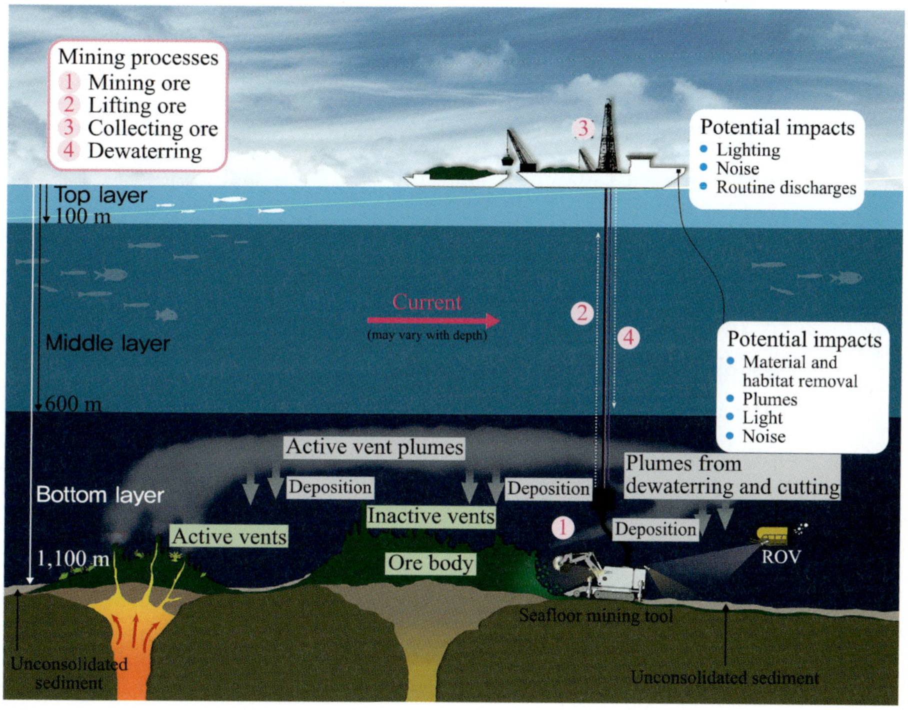

그림 5.6.4 해저열수광상 개발 시 예상되는 환경충격의 잠재적 요인들

① 집광효율(Mining Efficiency)

심해저 광물자원의 지속가능한 개발 여부를 둘러싸고 가장 큰 관심 요소는 심해저 광구에서 채광작업에 의해서 직접적 충격을 받게 될 면적이다. 다금속단괴의 경우, 연간 생산량을 달성하기 위해 직접적으로 충격을 가하게 될 심해저광구의 면적은 다음의 식으로 산출할 수 있다(Sharma et al. 2017; UNOET 1987).

$$A_s = \frac{(A_r)(D)}{(A_n)(E)(M)} \tag{5.2}$$

여기서, 변수의 의미는 다음과 같다.

A_s : 직접적 충격면적(km^2)

A_r : 다금속단괴 연간생산량(dry tons/year)

D : 채광기간(dry tons/year)

A_n : 가채광 면적 내 평균 단괴부존량(kg/m^2)

E : 집광기 총효율(dry tons/year)

M : 가채광면적(km^2)

집광기의 총효율(E)은 단괴채집효율(PE: pick-up efficiency)과 면적스위핑효율(ASE: area sweeping efficiency)의 곱으로 산출된다. 다금속단괴의 상업적 생산을 위해서는 80% 이상의 단괴채집효율을 가지는 장비에 대한 연구개발 성과들이 다수 존재하지만, 심해저 분지의 연약한 퇴적지반에서의 면적스위핑효율에 대하여는 그 주행제어 효율이 실증된 사례는 찾기가 극히 어렵다. 심해저 주행장치의 ASE를 정량화하기 위해서는 정밀한 심해주행항법을 기반으로 장기간의 실해역 시험이 진행되어야 한다. 해저연약지반에서의 경로추종 주행제어 성능실증의 사례는 우리나라의 연구진에 의한 것이 유일하다(Hong et al. 2013).

만약 ASE를 60% 정도로 가정한다면 집광기의 총효율(E)은 약 50%가 될 것이며, 80%의 경우에 집광기 E는 64%에 이르게 된다. 이는 생산량 대비 해저 충격면적이 작아지는 것을 의미한다. 따라서 지속가능한 개발의 관점에서 보면 단괴채집효율(PE)과 면적스위핑효율(ASE)이 높은 것이 절대적으로 필요하다.

면적스위핑효율(ASE) 향상에 필요한 주된 요소들은 다음과 같다.

- 주행장치 최적설계
- 정밀 주행항법 기반의 경로추종(path tracking) 제어알고리즘
- 채광경로(mining tracks) 최적설계

이를 바탕으로 집광공정의 자동화를 수행하는 집광기의 로봇화가 가능해진다.

② 양광효율(Lifting Efficiency)

집광(채굴)로봇에 의해 회수된 광물(광석)을 해상까지 수직이송(양광)하는 데 소요되는 에너지와 광물(광석) 대비 수반되는 해수퇴적물 혼합물의 이송량을 줄이는 것

이 양광효율의 향상을 가져온다.

이에 따른 경제적 효과와 더불어 지속가능한 개발 효과는 다음과 같다.

- 채광선 선상처리시스템의 투자비(CAPEX) 및 운용비(OPEX) 절감
- 부산물(해수, 퇴적물 등)의 선상 이송량 감소로 잔사배출량(tailing) 저감

해저열수광상(SMS)은 전술한 바와 같이 지역별 집중된 3차원적 형상을 가지며, 해당 지역의 지각 구조와 열수분출 규모 및 기간 등의 차이로 인해서 형성된 광상의 형태와 크기 그리고 기저 지각구조와의 상관관계 등이 각기 서로 큰 편차를 보인다. 이때 개발 대상은 열수분출 활동이 중지된(inactive) 지역에 해당된다.

해저열수광상의 상업적 개발은 지역적 광상별 특성들에 따라서 그 생산 공정 시나리오가 다를 수밖에 없다. 또한, 국가의 경제적 관할해역 내 부존하는 광상들의 경우(파푸아뉴기니, 일본, 피지, 통가, 나우루 등), 해양생태환경에 대한 직접적 충격과 더불어 해당 해역의 어업활동에 미치는 영향 등을 고려해야 하는 점에서 지속가능한 개발 시나리오는 그 편차가 더욱 커질 것이 자명하다.

경제성 관점에서 개발자는 탐사에 의해서 (추정)광량이 확보된 광상 전체를 채굴대상으로 할 것이므로, 해저충격면적(이 경우에는 충격부피)은 이미 정해진 것으로 가정할 수 있다. 그러므로 이때의 집광효율은 지형구조에 적합한 채굴시나리오를 가능케 하는 채굴장비(로봇)의 작업효율로 이해될 수 있으며, 그에 따라서 광석의 총생산량이 결정된다.

이러한 관점에서 보면 해저열수광상 개발의 지속가능성(sustainability)에 대한 보다 큰 영향인자는 양광효율이라고 이해된다.

(3) 지속가능한 개발을 위한 심해저 채광시스템 설계 관점

심해저 광물자원의 지속가능한 개발의 관점에서 채광시스템의 설계는 목표 생산량 달성 위주의 시각이 아닌 광물(광석)의 생산효율과 부산물(해수, 퇴적물 등)의 처리 가능성을 중심으로 접근하여야 한다.

그림 5.6.5는 심해저광물자원의 지속가능한 개발의 관점에서 접근해야 하는 채광시스템 설계 관점을 도식화해서 보여준다. 심해저광물의 생산 및 처리(저장, 하역)와 수반되는 해저면 충격 및 이송된 부산물(해수, 퇴적물)을 처리함에 있어서 전체 물질의 이동 순환이 순조롭게 진행되어야 함을 의미한다.

미래 심해저광업에서는 환경친화적 채광기술의 개발 및 적용이 안전(safety)과 채산성(profitability) 모두를 해결하는 방안이 될 것이다(Hong et al. 2014).

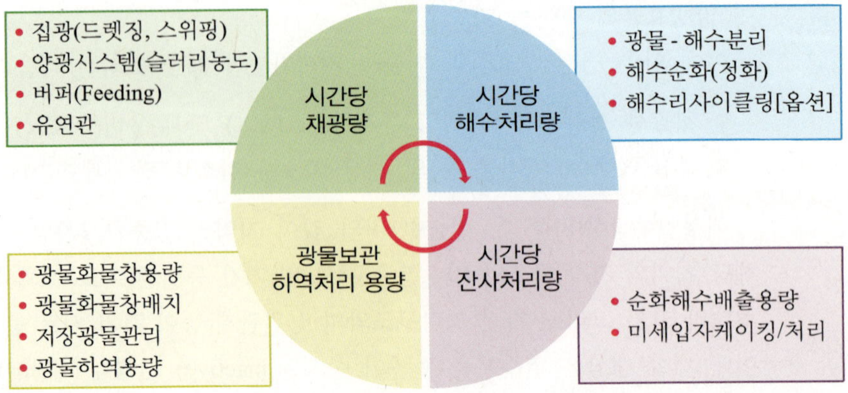

그림 5.6.5 심해저 광물자원의 지속가능한 개발 관점의 채광시스템 설계 접근방안

3 해저광물자원 개발의 미래

19세기 영국 해양탐사선 챌린저 호의 4년간에 걸친 전 세계 대양 탐사로 1876년 세상에 그 존재가 확인된 심해저 망간단괴(다금속단괴)를 비롯해서 함금속퇴적물(metalliferous sediments), 고코발트 망간각, 해저열수광상 등 심해저 광물자원들은 오랜 기간 관심의 대상이 되고 있다. 20세기 냉전시기 다금속단괴는 무기생산을 위한 합금재료로서 개발 경쟁의 대상이었다. 1970년대 말에는 다국적 민간컨소시엄들(OMCO, OMI, OMA, KCON)에 의한 파일럿 규모의 타당성 실증시험들이 수행된 바 있다. 1970년대 말에 심해저 열수분출공 및 주변 해저열수광상의 발견은 지구상 생명의 기원과 해저광물자원에 대한 관심을 보다 증폭시켰다.

21세기에 들어서 국제사회는 글로벌 기후변화의 심각성을 각성하고 지속가능한 성장을 위한 '저탄소 사회(Low Carbon Society)' 구현 노력을 확대하고 있다. 이는 화석연료 의존도를 낮추고 친환경 에너지를 확대하는 에너지 혁명을 가속화하고 있다. 이와 함께 등장한 '4차 산업혁명'의 화두는 산업경제의 모든 분야를 바꿔나가고 있다.

에너지 혁명의 밑거름이 되는 일명 '에너지금속'들을 다량 함유하고 있는 심해저 광물자원에 대한 심해저광업은 가까운 장래에 4차 산업혁명의 산물로서 등장하게 될 것이다. 심해저 광물자원의 지속가능한 개발 실현을 뒷받침하는 국제사회·경제·산업·기술적 배경들을 정리하면 다음과 같다.

① 세계은행(The World Bank) 등은 미래 저탄소 사회 구현을 위해서 금속 및 광

물의 역할이 증대할 것을 전망하고 있다.

② 에너지 혁명의 전 분야(발전/수확, 저장/수송, 절감)에 걸쳐서 에너지금속광물의 시장가격이 폭등하고 있으며, 이는 산업계에서 에너지 혁명의 패러다임이 수용되었다는 반증이다.

③ 전통적 해양산업계 자본의 새로운 투자시장으로서 신산업인 심해저광업 분야에 대한 관심이 높아지고 있다.

④ 제조업 분야에서 촉발된 4차 산업혁명의 프레임은 이미 가상과 물리 환경의 통합체계를 가능케 하고 있으며, 그동안 기술적 장벽이 높았던 심해저 작업장비의 스마트 운용체계 구축을 위한 기술적 여건이 조성되었다.

⑤ 공해상 해저자원을 관장하는 국제해저기구(International Seabed Authority)에 의해 심해저 광물자원 개발규칙(Exploitation Code)이 2020년 초안 제정을 목표로 진행 중에 있으며, 우리나라를 포함해서 이에 관련한 세계 각국들은 국내법들을 갖추었거나 제정 준비 중에 있다.

지속가능한 성장을 위한 저탄소 사회 구현에 필요한 에너지금속을 해양에서 얻는 것은 심해저광업 창출이라는 산업 역사의 새로운 장을 여는 것을 의미한다. 심해저 광물자원의 지속가능한 개발이 요구되는 이유다.

5.7 친환경 선박 기술

1 선박 운항 중 발생하는 환경 위해물질

해상운송은 바다를 통로로 하는 운송수단 즉, 선박을 주로 이용하는 운송행위로 정의할 수 있겠다. 해상운송을 위해 사용되는 선박은 운항 중에 수중 및 대기 중에 위해물질을 배출시켜 해양환경에 피해를 주고 있으며, 특히 해상 사고 시 위해물질을 유출시켜 해양환경에 큰 해를 끼치게 된다.

해상운송을 위해 선박을 건조하는 과정과 선박을 운항하는 과정과 선박을 폐선시키는 과정 그리고 선박 사고 등 선박 운용 전반에 걸쳐서 해양환경에 영향을 미치는 위해 요소들을 정리하면 그림 5.7.1과 같다.

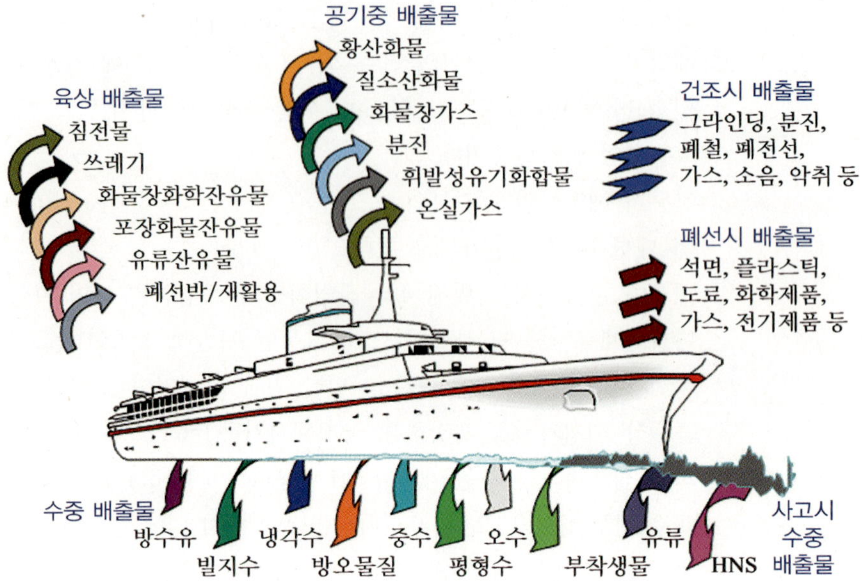

그림 5.7.1 선박 건조, 운항 및 폐선 시 배출되는 위해물질

선박이 정상적으로 운항할 때 수중에 배출하는 위해물질로는 그림 5.7.1과 같이 방수유 등의 각종 유류, 오수 등의 폐수, 페인트 등의 방오 물질은 물론 생태계의 교란을 가져오는 외래생물이 포함된 선박평형수 등을 들 수 있다. 정상 운항 시 대기중에 배출되는 위해물질로는 황산화물, 질소 산화물, 휘발성 유기화합물 외에 최근 크게 문제가 되고 있는 온실가스도 들 수 있다. 운항 후 육상에 배출 처리되는 물질로는 각종 쓰레기 외에 잔유물 등을 들 수 있다. 또한 운항 중 사고시 수중에 배출되는 위해물질로 각종 유류와 위험유해물질(HNS, Hazardous and Noxious Substances)을 들 수 있다.

선박이 배출하는 환경 위해물질로는 이외에도 선박 건조 시 배출되는 그라인딩 분진, 폐철, 폐전선, 가스, 소음 악취 등 여러 가지를 들 수 있으며, 마지막으로 선박을 폐선할 때에도 석면, 플라스틱, 화학제품, 가스 등의 위해물질이 나오게 된다.

국제 항로를 운항하는 선박은 위해물질의 배출이 어느 한 두 국가의 해양환경에 영향을 미치는 것이 아니고 전 세계적으로 영향을 미치게 되므로, 이들 위해물질에 대한 규제는 국제협약을 통해 기준이 마련되고, 이 국제협약을 근간으로 하여 각국에서 법제화를 하여 규제가 되고 있다.

2 IMO(국제해사기구)의 환경 분야 국제협약

IMO(국제해사기구)는 UN 산하 전문기구로서, 해운과 조선에 관한 국제적인 문제들을 다루기 위해 설립된 기관이다. 각국의 정부만이 정회원 자격이 있는 정부 간 기구이다. 1948년 설립 당시의 명칭은 IMCO(정부간해사자문기구)이었으나, 1982년에 현재의 명칭 IMO(국제해사기구)로 바뀌었다. IMO는 해사관련 정부간 기술협력 촉진, 해양안전 및 오염방지에 관한 국제기준 제정, 국제교역증진을 위한 차별 및 제한조치 심의 철폐 등을 다루고 있다.

IMO는 총회, 이사회, 5개의 위원회(Committee) 및 기술 규정을 개발하는 7개의 전문위원회(Sub-Committee)로 구성되어 있고, 사무국을 통해 해정 지원이 되고 있다. 위원회로는 MSC(해사안전위원회), MEPC(해양환경보호위원회), LEG(법률위원회), TC(기술협력위원회), FAL(간소화위원회)이 있다. 전문위원회는 해사안전위원회(MSC)와 해양환경보호위원회(MEPC)를 지원하는 것으로서, 이 두 위원회가 직접 처리할 수 없는 세부 시술 규정을 논의하여 해당 위원회에 보고를 하게 된다. 전문위원회로는 SDC(선박설계 및 건조), SSE(선박시스템 및 설비), PPR(오염예방대응), CCC(화물컨테이너운송), III(IMO 협약준수), NCSR(항해, 통신 및 수색·구조), HTW(인적요소, 훈련 및 당직)가 있다.

MEPC(해양환경보호위원회)에서는 선박에 의한 해양오염의 방지 및 규제를 위한 문제를 심의하고 이와 관련한 국제협약을 채택하고 개정하는 기능을 수행하는데, 이 위원회에서 다루었거나 다루고 있는 국제협약을 보면 다음과 같다.

- MARPOL 73/78(1973년 선박으로부터의 오염방지를 위한 국제협약에 관한 1978년 의정서)
- INTERVENTION 69(1969년 유류 오염시 공해상 개입에 관한 국제협약)
- London Protocol 72(1972년 폐기물 기타 물질의 투기에 의한 해양 오염 방지 협약)
- OPRC 90(1990년 유류오염 대비, 대응 및 협력에 관한 국제협약)
- Anti-Fouling System 2001(2001년 선박 유해 방오 시스템의 규제에 관한 국제협약)
- BWM 2004(2004년 선박평형수 및 침전물의 제어 및 관리에 관한 국제협약)
- Recycling 2009(2009년 선박 재활용 협약)

(1) MARPOL 73/78

(International Convention for the Prevention of Pollution from Ships, 1973, as modified by the Protocol of 1978 relating thereto and by the Protocol of 1997)

MARPOL 73/78(1973년 선박으로부터의 오염방지를 위한 국제협약에 관한 1978년 의정서) 국제협약은 오랜 시간동안 여러 단계를 거쳐 여러 가지 분야의 해양 오염 방지를 위한 내용이 종합되어 왔다. 선박으로부터의 기름에 의한 해양오염의 규제 조치로서는 1954년 5월 12일에 채택되어 1958년 7월 26일 발효된 1954년 유류에 의한 해양오염방지 협약(OILPOL; International Convention for the Prevention of Pollution of the Sea by Oil, 1954 as amended in 1962 and 1969)이 있었으나, 1973년 10월 8일부터 11월 2일 사이에 런던에서 개최된 해양오염에 관한 국제회의에서 기름 이외의 선박으로부터 배출될 수 있는 각종 오염물질의 배출도 규제하기 위하여 1973년 해양오염방지 협약이 채택되었다. 이 협약은 1978년 2월 17일 1978년 의정서에 의하여 수정되었고, 1980년 11월 4일 그 명칭을 "이 협약에 관한 1978년 의정서에 의하여 수정된 1973년 선박으로부터의 오염방지를 위한 국제협약(The International Convention for the Prevention of Pollution from Ships 1973, as Modified by The Protocol of 1978 relating thereto)"으로 통일하였다.

MARPOL 73/78은 다음과 같이 여섯 개의 부속서로 구성되어 있다.

부속서 I : **기름에 의한 오염방지를 위한 규칙**

- 모든 형태의 석유류로 원유, 중유, 슬러지, 폐유 및 정제유 등 선박으로부터의 기름 배출 규제
- 유류오염 방지를 위한 단일선체 유조선 운항금지 및 이중선체 유조선 도입

부속서 II : **산적된 유해액체물질에 의한 오염규제를 위한 규칙**

- 유해액체물질을 운송하는 선박에 적용되며, 유해 등급에 따라 배출 규제

부속서 III : **포장된 형태로 선박에 의하여 운송되는 유해물질에 의한 오염방지를 위한 규칙**

- 포장된 형태 또는 화물컨테이너, 포터블탱크, 도로용 또는 철도용 탱크차에 넣어서 해상으로 운송되는 유해물질에 의한 오염을 방지하기 위한 규제

부속서Ⅳ : 선박으로부터의 오수에 의한 오염방지를 위한 규칙

- 선박이 항해중이며 일정한 배출률에 따르는 요건을 지키지 아니하면 선박으로부터의 하수배출 금지
- 분쇄하고 소독한 하수를 배출하기 위해서는 선박이 가장 가까운 육지로부터 4해리 이상 떨어져 있도록 하고, 분쇄하지 아니하거나 소독하지 아니한 하수를 배출하기 위해서는 12해리 이상 떨어져 있도록 하는 규제

부속서Ⅴ : 선박으로부터의 폐기물에 의한 오염방지를 위한 규칙

- 합성로프, 플라스틱, 음식찌꺼기 등의 각종 선박기인 쓰레기에 의한 오염을 방지하기 위한 규제
- 항구 및 터미널에 선박기인 쓰레기 처리를 위한 수용시설 확보

부속서Ⅵ : 선박으로부터의 대기오염의 방지를 위한 규칙

- 선박의 운항과정에서 발생하는 유해 대기 오염물질의 배출 규제를 통해 지구 대기환경 개선에 기여
- 선박의 배기가스로 황 및 질소 산화물 배출 제한, 휘발성유기합성물 사용 금지 및 온실가스 저감을 위한 선박의 에너지효율 규제

이 가운데 부속서VI(선박으로부터의 대기오염의 방지를 위한 규칙)는 1997년에 채택되어 2005년에 발효된 규칙이다. 그 내용은 오존층파괴물질(제12조), 질소산화물(NO_x)(제13조), 황산화물(SO_x)(제14조), 휘발성유기합성물(VOCs)(제15조), 선박용 소각기(제16조), 수용시설(제17조), 연료유의 질(제18조) 등이다. 그 이후 1997년 교토의정서에 따라 해운분야 온실가스 저감이 필요하게 되었고, 2011년 7월 IMO의 MEPC 62차 회의에서는 온실가스 관련 규제를 MARPOL 부속서VI에 추가하였고 이는 2013년 1월부터 발효되었다. 이때 추가된 내용은 온실가스 저감을 위한 선박의 에너지 효율에 대한 것으로, 적용 범위(제19조), 에너지효율설계지수(EEDI, Energy Efficiency Design Index) 계산방법(제20조), 에너지효율설계지수 기준치(제21조), 에너지절약운항관리(제22조) 등이다. 건조된 선박의 엔진마력과 속력과 화물적하량 간의 관계식인 에너지효율설계지수가 기준치를 넘을 경우 운항을 할 수 없도록 규제하고 있다. 또한 운항선박의 에너지효율운항지표(EEOI, Energy Efficiency Operational Indicator)로 평가되는 운항상 조치는 아직 IMO에서 강제적 조건을 정하지는 않았으

므로, 해운사 별로 자발적으로 이행하고 있는 실정이다.

(2) INTERVENTION 69

(International Convention Relating to Intervention on the High Seas in Cases of Oil Pollution Casualties, 1969)

INTERVENTION 69(1969년 유류 오염시 공해상 개입에 관한 국제협약)는 연안국으로 하여금 공해상에서 해양 사고로 인한 유류 오염으로부터 자국 연안 또는 관련된 이익에 대한 위험 또는 그로 인한 위협을 방지하고 완화 또는 제거하기 위하여 필요한 조치를 취하기 위해 제정한 국제협약으로, 1969년 11월 채택되었고 1975년 5월부터 발효된 협약이다.

본 협약에서는 해당 연안국의 의무를 규정하고 있으며, 연안국은 적절한 이해당사자 특히 기국 정부, 선박 소유자, 화주 등과 자문한 후 필요한 범위까지의 자구 조치만을 행하여야 하며, 필요한 범위를 넘어서 조치를 취한 경우 연안국은 그로 인한 손해를 배상하여야 하는 것으로 규정하고 있다. 이 경우 협약의 적용과 관련한 분쟁의 발생 시 조정 및 중재에 의한 해결을 위한 절차는 부속서에 수록되어 있다.

(3) London Convention 72

(Convention on the Prevention of Marine Pollution by Dumping of Wastes and Other Matter, 1972, and the 1996 London Protocol)

London Convention 72(1972년 폐기물 기타 물질의 투기에 의한 해양 오염 방지 협약)는 국내 수역밖에 있는 모든 해양 지역에 폐기물을 투기하는 것을 방지하기 위한 목적으로 1972년 12월에 채택되어 1975년 8월부터 발효된 국제협약이다. 1996년 11월에는 1972년 협약의 실효성이 문제시되어 배출 조건을 강화한 1996 의정서가 채택되었다.

이 협약은 협약 당사국에게 폐기물의 해양투기 방지 의무를 부과하여, 각 국가로 하여금 인류건강과 생물 자원 및 해양 생물 자원에 피해를 주고 쾌적함을 해치며 합법적인 바다의 이용을 방해하는 폐기물의 방출, 특히 선박, 항공기, 선착장, 바다 위의 인공구조물 등으로부터 폐기물을 해양에 투기하지 못하도록 필요한 조치를 취하도록 요구하고 있다. 폐기물의 해양투기에 대한 최소한의 국제 기준을 설정하고 각 국가들 이 이를 이행하도록 하되 보다 더 엄격한 국내 기준을 채택하도록 권장하고 있다.

이 협약은 폐기물의 사전 허가 내용에 따라 다음과 같이 3가지로 분류하고 있으며, 물질의 특성 및 성분, 투기 장소의 특성과 처분 방법 및 일반적인 고려 사항 및 조건 등을 규정하고 있다.

① 투기를 절대 금지하는 유독성이 강한 폐기물이나 기타 물질
② 사전에 특별 허가를 받아야 하는 폐기물이나 기타 물질
③ 사전에 일반 허가를 받는 폐기물이나 기타 물질

(4) OPRC 90

(International Convention on Oil Pollution Preparedness, Response and Co-operation, 1990)

OPRC 90(1990년 유류오염 대비, 대응 및 협력에 관한 국제협약)은 주요 해양 유류 오염 사고나 위협에 대응하기 위해 국제간의 협조 체제를 구축하는 것을 목적으로 하는 협약으로, 1990년 11월 채택되고 1995년 5월 발효되기 시작하였다.

OPRC 협약에서는 각 당사국이 유류 오염 사고에 즉각적이고 효과적으로 대처할 수 있도록 국가적인 방제 체제를 구축하도록 요구하고 있다. 그리고 각국은 유류오염의 대비 및 대응을 위한 국가긴급계획을 준비해야 하며, 중대한 오염사고가 발생했을 경우 협약에 가입한 국가는 이를 처리하기 위해 국제기구나 주변국에 지원을 요청할 수 있게 된다. 각 국은 유류오염대비 및 대응에 관한 기술적 수준의 향상과 관련된 연구개발을 촉진하고 기술적인 지원을 요청하는 국가에게는 여러 가지 수단을 통하여 기술을 이전해 주도록 되어 있다.

(5) AFS 2001

(International Convention on the Control of Harmful Anti-fouling Systems on Ships, 2001)

AFS 2001(2001년 선박 유해 방오 시스템의 규제에 관한 국제 협약)은 해양 생태계에 악영향을 미치는 유기주석(TBT) 성분의 방오도료 사용을 금지하고, 향후 다른 유해 방오도료의 사용을 금지하기 위해 제정된 국제협약으로, 2001년 10월 채택되었고 2008년 9월 발효되기 시작하였다.

선박 운항 중 발생하는 위해물질임에도 불구하고, 이 협약은 MARPOL 협약의 부속서가 아닌 독립된 협약으로 제정되었다. 국제 항로의 모든 선박에 적용하되, 군함이나 해군 보조정, 그리고 정부가 비상업적 한시적으로 사용하는 기타 선박 등은 적

용이 제외되었다. 2003년 1월부터 유기주석(TBT) 성분의 방오도료 사용을 금지하고, 2008년 1월부터는 해당 도료를 완전 제거하거나 용해되어 배출되지 않도록 피막을 형성하는 코팅을 하도록 하였다.

(6) BWM 2004

(International Convention for the Control and Management of Ships' Ballast Water and Sediments, 2004)

BWM 2004(2004년 선박평형수 및 침전물의 제어 및 관리에 관한 국제협약)는 선박 운항을 위해 꼭 필요한 선박평형수를 통해 특정 해역의 생물 또는 병원균 등이 전혀 다른 타 해역으로 이송되어 그 해역의 환경과 생태계를 교란시키고 나아가 연안 산업이나 다른 상업적 활동 또는 자원에 큰 피해를 유발시키는 것을 방지하기 위한 국제협약으로, 2004년 2월 채택되었고, 2017년 9월 발효되기 시작하였다. 이 협약 또한 선박 운항 중 발생하는 위해물질임에도 불구하고, MARPOL 협약의 부속서가 아닌 독립된 협약으로 제정되었다.

BWM 국제협약에서는 선박에 의해 이송된 타 해역의 선박평형수 내의 생물을 물리적 또는 화학적 방법 등의 처리설비를 이용하여 성능기준 이하로 사멸 또는 불활성화 시켜 배출하는 것을 근간으로 하고 있다. 예를 들어 최소길이 50 μm 이상의 생물(주로 동물 플랑크톤)은 생존 가능 개체수가 m^3당 10개 미만, 최소길이 10 μm 이상 50 μm 미만의 생물(주로 식물 플랑크톤)은 생존 가능 개체수가 mL당 10개 미만으로 규제하고 있다. 이 외에도 BWM 국제협약에서는 항만에서의 시료 채취 방법, 처리설비의 형식승인, 활성물질 승인, 처리 면제를 위한 위해도 평가, 비상시 추가조치, 소형선에의 적용, 선박내 침전물 관리, 각종 수용시설 운용 등을 규정하고 있다.

(7) Recycling 2009

(The Hong Kong International Convention for the Safe and Environmentally Sound Recycling of Ships, 2009)

Recycling 2009(2009년 선박 재활용 협약)는 수명을 다한 선박의 폐선 및 재활용 과정에서 인간 및 환경의 안전을 위협하거나, 잠재적인 위험을 초래할 수 있는 유해물질들을 선박의 건조단계에서부터 관리 통제하여 친환경적인 선박해체작업이 이루어질 수 있도록 하며, 아울러 현재 주로 선박해체작업이 이루어지는 후진국 또는 개발도상국의 열악한 작업환경 및 자연환경의 개선을 목적으로 하여 2009년 5월 채택되었다. 이 협약은 세계 상선 선복량의 40% 이상을 보유하고 재활용 시설의 처리 용량이 가입국 선복량의 3% 이상인 15개국 이상이 수락한 후 24개월 후에 발효되도록 되어 있는데, 아직 이러한 요건을 갖추지 못해 발효가 되지 않고 있다.

이 협약에서는 석면·오존층파괴물질·폴리염화비페닐(PCB)·유기주석화합물을 포함한 방오도료 등은 사용을 금지하고 있으며, 카드뮴·크롬·납·수은 등은 건조 시부터 목록을 작성해서 관리하도록 되어 있다. 또한 각국은 선박 해체 시 유해물질을 체계적으로 수거 처리하여야 하고, 선박을 해체하는 재활용 시설 사업자는 협약에서 정한 시설 및 관리 기준을 갖추고 정부의 승인을 받아야 한다.

3 선박의 환경 분야 국내법

선박에서 배출되는 위해물질을 규제하는 MARPOL 국제협약을 우리나라에서는 2007년 1월 제정된「해양환경관리법」에서 도입하고 있다. 1977년 12월 제정된「해양오염방지법」은 2007년 1월「해양환경관리법」공포와 함께 폐지되었다. 신법인「해양환경관리법」은 총 12장의 133조항으로 구성되었으며, 해양환경의 보전 및 관리에 관한 국민의 의무와 국가의 책무를 명확히 하고 해양환경의 보전을 위한 기본사항을 정함으로써 해양환경의 훼손 또는 해양오염으로 인한 위해 요소를 예방하고 깨끗하고 안전한 해양환경을 조성하여 국민의 삶의 질을 높이는데 이바지함을 목적으로 한다고 기술되어 있다. 이 법을 통해 해양환경의 종합관리를 위한 국가의 기본원칙과 환경정책을 종합적으로 추진할 수 있는 법적 근거를 마련하였으며, 오염방제를 효과적으로 추진할 수 있도록 국가긴급방제계획을 시행하도록 명문화하였다. 해양환경보호를 위한 해역 이용협의의 의무화와 해양환경관리공단 신설 등 깨끗하고 안전한 해양환경 조성을 위한 해양환경관리체계 개편을 주요 골자로 하고 있다. 근래에 MARPOL 부속서VI에 포함된 선박 기인 온실가스 관련 내용도 이 법에 포함되어 있다.

2018년 5월 1일 개정된「해양환경관리법」의 내용을 보면 다음과 같다.

표 5.7.1 「해양환경관리법」 주요 목차

제1장 총칙 **제2장 해양환경의 보전·관리를 위한 조치** 제1절 해양환경 조사 및 정도관리 등 제2절 환경관리해역의 지정 등 제3절 해양환경개선부담금 **제3장 해양오염방지를 위한 규제** 제1절 통칙 제22조(오염물질의 배출금지 등) 제22조의2(폐기물의 배출률) 제23조(육상에서 발생한 폐기물의 해양배출 금지 등) 제24조(해양오염방지활동) 제2절 선박에서의 해양오염방지 제25조(폐기물오염방지설비의 설치 등) 제26조(기름오염방지설비의 설치 등) 제27조(유해액체물질오염방지설비의 설치 등) 제28조(선박평형수 및 기름의 적재제한) 제29조(포장유해물질의 운송) 제30조(선박오염물질기록부의 관리) 제31조(선박해양오염비상계획서의 관리 등) 제32조(선박 해양오염방지관리인) 제32조의2(선박대선박 기름화물이송 관리) 제3절 해양시설에서의 해양오염방지 제33조(해양시설의 신고 및 변경신고) 제34조(해양시설오염물질기록부의 관리) 제35조(해양시설오염비상계획서의 관리 등) 제36조(해양시설 해양오염방지관리인) 제36조의2(해양시설의 안전점검) 제4절 오염물질의 수거 및 처리	제37조(선박 및 해양시설에서의 오염물질의 수거·처리) 제38조(오염물질저장시설) 제5절 잔류성 유기오염물질의 조사 등 제39조(잔류성오염물질의 조사 등) 제40조(유해방오도료의 사용금지 등) **제4장 해양에서의 대기오염방지를 위한 규제** 제41조(대기오염물질의 배출방지를 위한 설비의 설치 등) 제41조의2(선박에너지효율설계지수의 계산 등) 제41조의3(선박에너지효율관리계획서의 비치) 제42조(오존층파괴물질의 배출규제) 제43조(질소산화물의 배출규제) 제44조(연료유의 황함유량 기준 등) 제45조(연료유의 공급 및 확인 등) 제46조(선박 안에서의 소각금지 등) 제47조(휘발성유기화합물의 배출규제 등) 제47조의2(휘발성유기화합물 관리) 제48조(적용제외) **제5장 해양오염방지를 위한 선박의 검사 등** **제6장 해양오염방제를 위한 조치** **제7장 해양환경관리업 등** **제8장 해양오염영향조사** **제9장 해역이용협의** **제10장 해양환경공단** **제11장 보칙** **제12장 벌칙** **부칙**

선박평형수에 의한 해양생물의 이동을 규제하는 선박평형수와 침전물의 통제 및 관리를 위한 국제협약은 「해양환경관리법」이 아니라 별도의 「선박평형수 관리법」에서 도입하고 있는데, 이는 2007년 12월 법률 제8788호로 제정되었다. 그 후 몇 차례의 개정을 거쳤고, IMO 협약과 때를 같이 하여 2017년 9월 8일부터 전반적인 시행을 하게 되었다. 2017년 3월 최종적으로 개정된 「선박평형수 관리법」의 내용을 보면 다음과 같다.

표 5.7.2 「선박평형수 관리법」 주요 목차

제1장 총칙 **제2장 선박평형수의 배출 금지 및 특별수역의 지정 등** 제5조(입항 보고) 제6조(선박평형수의 배출 금지) 제7조(특별수역의 지정 등) 제8조(선박평형수관리를 위한 설비의 설치 등) 제8조의2(시험용 선박평형수처리설비의 설치 등) 제9조(선박평형수관리계획서의 작성 등) 제10조(선박평형수관리기록부의 기록 등) **제3장 선박평형수관리를 위한 선박의 검사 등** **제4장 선박평형수관리를 위한 형식승인 및 검정 등** 제17조(형식승인 및 검정)	제17조의2(형식승인서의 유효기간 및 갱신) 제17조의3(형식승인시험에 대한 품질관리 등) 제18조(형식승인의 취소 등) 제19조(형식승인시험기관의 지정 등) 제19조의2(외국 도입선박의 선박평형수처리설비의 인정) 제20조(처리물질의 승인 등) 제20조의2(독립시험기관의 지정 등) 제20조의3(전산망의 구축·운영) **제5장 선박평형수처리업** **제6장 부적합 선박에 대한 조치 등** **제7장 보칙** **제8장 벌칙** **부칙**

4 친환경 선박 기술 개발

(1) 친환경 선박의 정의

친환경 선박이라 함은 이를 통제 관리 하거나 개발하는 입장의 차이에 따라 다양하게 정의할 수 있다.

넓은 의미의 친환경 선박이라 함은 선박에 의한 해양오염을 최소화하기 위해 특별히 건조된 선박으로서, IMO에서 제정된 각종 해양 환경 관련 국제협약에서 규정하고 있는 내용을 모두 광범위하게 포함시켜 건조 또는 관리되는 선박을 말한다. 반면에 좁은 의미의 친환경 선박이라 함은 IMO에서 제정된 각종 해양 환경 관련 국제협약 가운데 일부 내용을 포함시켜 건조 또는 관리되는 선박을 말하게 된다. 예를 들어 최근에는 좁은 의미의 친환경 선박으로서 IMO 온실가스 협약을 통해 개정된 MARPOL 부속서VI 대기오염의 방지를 위한 규칙 가운데 온실가스 저감을 위한 선박의 에너지효율 규제에 대한 내용만을 가지고 건조되고 운용되는 선박을 말하는 경우가 많다.

각종 IMO 국제협약과 관련 기술을 망라하여 개발되는 넓은 의미의 친환경 선박의 내용은 그림 5.7.2와 같이 나타낼 수 있다.

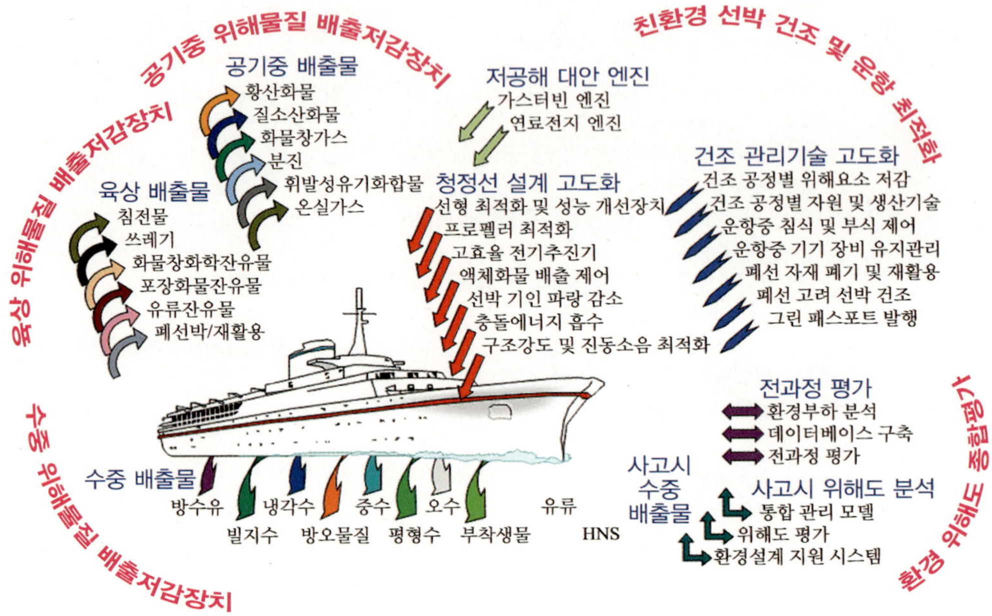

그림 5.7.2 친환경 선박 개발 기술

친환경 선박은 선박 자체는 물론 선박에 탑재되는 각종 기자재 기술이 지원되어야 한다. 오래전부터 선박에서 배출되는 각종 위해물질의 저감을 위해, 오수 처리장치, 중수 처리장치, 빌지수 처리장치, 유증기 처리 장치, 유류 배출 감시 제어 장치 등이 개발되어 왔다. 근래에 이르러 대기 오염 규제가 강화됨에 따라, 질소산화물 저감장치와 황산화물 저감장치 등의 개발이 확대되고 있다. IMO의 유해방오시스템 국제협약 대응 기술로서 친환경 페인트가 개발되어 왔고, 선박평형수 국제협약 대응 기술로서 선박평형수 처리장치와 선박평형수를 사용하지 않는 선박의 개발이 진행되고 있다.

선박 건조시 친환경 선박의 일례로서, 최근 현대중공업을 비롯한 4개 기관이 공동으로 개발되고 있는 LPGreen 과제를 들 수 있다. 이는 IMO 협약에 따른 대기 오염을 최소화하는 친환경 LPG 선박을 개발하는 과제로서, 에너지 효율이 높은 선형과 프로펠러를 개발하고, LPG 연료를 사용하여 연료 효율성과 친환경성을 높이며, 터미널에서의 적하여 시간을 줄임과 동시에 선상 작업자의 안전과 운용성도 향상시키고자 하는 것이다.

최근 IMO 온실가스 관련 규제에 따라, 선박 건조시 에너지효율설계지수(EEDI)를 낮추기 위해 설계속력을 낮추고 있으며 대체에너지를 사용하는 추진 기관을 개발하는 노력을 시작하고 있고, 선박 운항시 에너지효율운항지표(EEOI)를 낮추기 위해 최적항로를 찾아주는 최적항로 지원시스템을 적용하는 노력도 시작하였다.

(2) 에너지효율설계지수(EEDI) 적용

IMO 에너지효율설계지수(EEDI, Energy Efficiency Design Index)는 다음과 같이 계산된다.

$$\mathrm{EEDI} = \frac{\left(\prod_{j=1}^{M} f_j\right)\left(\sum_{i=1}^{nME} P_{ME(i)} C_{FME(i)} SFC_{ME(i)}\right) + \left(P_{AE} C_{FAE} SFC_{AE}\right)}{f_C f_i Capacity\, V_{ref}\, f_w}$$

$$+ \frac{\left(\left(\prod_{j=1}^{M} f_j \sum_{i=1}^{nPTI} P_{PTI(i)} - \sum_{i=1}^{\neq ff} f_{eff(i)} P_{AEeff(i)}\right) C_{FAE} SFC_{AE}\right) - \left(\sum_{i=1}^{neff} f_{eff(i)} P_{eff(i)} C_{FME} SFC_{ME}\right)}{f_C f_i Capacity\, V_{ref}\, f_w}$$

위의 EEDI 식은 IMO 결의서인 2014 Guidelines on the method of calculation of the attained Energy Efficiency Design Index(EEDI) for new ships에 실려 있다. 이 EEDI 식에서 분모는 운송으로 발생되는 사회적 이익을 나타내고, 분자는 그에 대한 환경비용을 나타낸다고 볼 수 있다.

분모는 선박의 화물 용량과 정격운항 속력 그리고 각종 보정계수들로 이루어져 있다. 화물 용량은 각종 화물선과 각종 여객선 그리고 각종 컨테이너선으로 나누어 각각 달리 정의하고 있는데, 화물선에는 산적화물선, 유조선, 가스운반선, LNG선, 로로선, 일반화물선 등이 포함되어 있다.

분자의 첫 항은 선박의 추진을 위해 주기관에서 발생하는 이산화탄소 발생량을, 둘째 항은 운항, 공조, 펌핑, 선원들의 생활 등 선박 운용에 필요한 보조기관에서 발생하는 이산화탄소 발생량을, 셋째 항은 샤프트모터 또는 폐열회수 시스템에 의해 저감되는 이산화탄소 발생량을, 그리고 넷째 항은 풍력이나 태양열 등 각종 대체 에너지 기술의 적용으로 저감되는 이산화탄소 발생량을 나타낸다.

이와 같이 새로 건조된 다양한 선박과 장치와 기술을 각각 고려하여 계산되는 EEDI는 달성된 EEDI(Attained EEDI)라고 부른다. 한편 온실가스 규제를 위해 IMO에서 정한 기준과 단계적 감축률에 따라 목표로 정한 EEDI를 요청된 EEDI(Required EEDI)라고 부른다. 건조되는 선박의 달성된 EEDI는 IMO에서 정한 요청된 EEDI보다 작아야 한다.

2014년 4월에 열린 IMO MEPC 66차 회의에서는 그동안 MARPOL 부속서VI에서 지정한 산적화물선, 가스운반선, 유조선, 컨테이너선, 일반화물선, 냉동운반선, 겸용선 외에 로로차량운반선, 로로화물선, 로로여객선, LNG운반선, 크루즈여객선을 추가하여 그 기준선과 단계별 감축량을 지정하였다. 1단계(2015년~2019년)는 10%, 2단계(2020~2024년)는 20%, 3단계(2025년 이후)는 30%를 감축 목표로 정하였다. 이 감축 목표는 계속 커질 것으로 보인다.

지정된 선박의 감축량을 달성하기 위해서는 다양한 기술적 접근이 필요하다. 가장 손쉬운 방법으로는 운항 속력을 낮추는 일이다. 연료소비량은 선속의 약 3.5승에 비례하므로 EEDI 식에서 분모의 선속을 조금만 낮춰도 분자의 연료소비량은 크게 감소하므로 손쉽게 감축량에 달성할 수 있는 것이다. 그러나 유조선 등 선속이 낮은 선박의 경우 조종성능을 확보하기 위해서는 더 이상 선속을 낮추기 어려운 한계 선속도 있게 된다.

따라서 선속이 낮은 선박이거나 향후 감축 목표가 더 커질 경우를 대비하여 화석연료 대신 연료전지나 수소엔진 등 대체 에너지를 사용하는 선박 추진 기관 개발에 주의를 기울이고 있다. 태양광이나 풍력을 이용하는 방안은 이미 오래 전부터 검토되어 왔으며, 디젤 엔진에서 생산된 출력 에너지와 발전기 또는 충전기로부터의 에너지를 직렬 또는 병렬로 연결하여 사용하는 하이브리드 전기 선박은 이미 실용화 단계에 있다.

(3) 에너지효율운항지표(EEOI) 적용

에너지효율운항지표(EEOI, Energy Efficiency Operational Indicator)는 운항상 조치로서, 아직 IMO에서 강제적 조건을 정하지는 않았다. 그러나 많은 해운사들은 연료비 절감과 고객만족도를 고려하여 미리 EEOI를 자발적으로 적용하고 있는 실정이다.

새로 건조되는 선박에 대한 에너지효율 기술의 적용은 앞의 EEDI에서 다루고, 여기서는 건조된 후의 선박 즉 선박의 운항 관점에서만 그 기술을 다루기로 한다. 운항 선박의 EEOI를 향상시키기 위한 대표적인 예로서 최적항로를 찾아주는 최적항로 지원시스템을 들 수 있다.

최적항로 지원시스템은 바람과 파랑 그리고 해류 등 해양 기상 정보와 선박 상태를 함께 적용하여 최적의 항로와 운항 조건을 도출하는 것으로서, 그 내용을 보면 그림 5.7.3과 같다.

최적항로 지원시스템은 해당 선박의 제원과 저항추진성능 등 운항 성능을 미리 확보하고 있어야 한다.

선박이 출항하기 전에 선박 운용자로부터 화물적재상태와 출항 예정 시간 그리고 도착항 도착 예정시간 등을 입력 받은 후, 전체 항로에서의 파랑 해류 등 해상상태와 바람 저기압 등 기상상태 예측자료를 함께 활용하여 최적의 항로와 선속 등 운항조건을 도출하여 선박운용자에게 제안하는 것이다. 장기간의 운항인 경우에는 매일 또는 수시로 최적항로를 다시 도출할 수 있으며, 운항을 마친 후에는 제안한 항로와 실제 운항한 항로를 비교하여 평가하기도 한다.

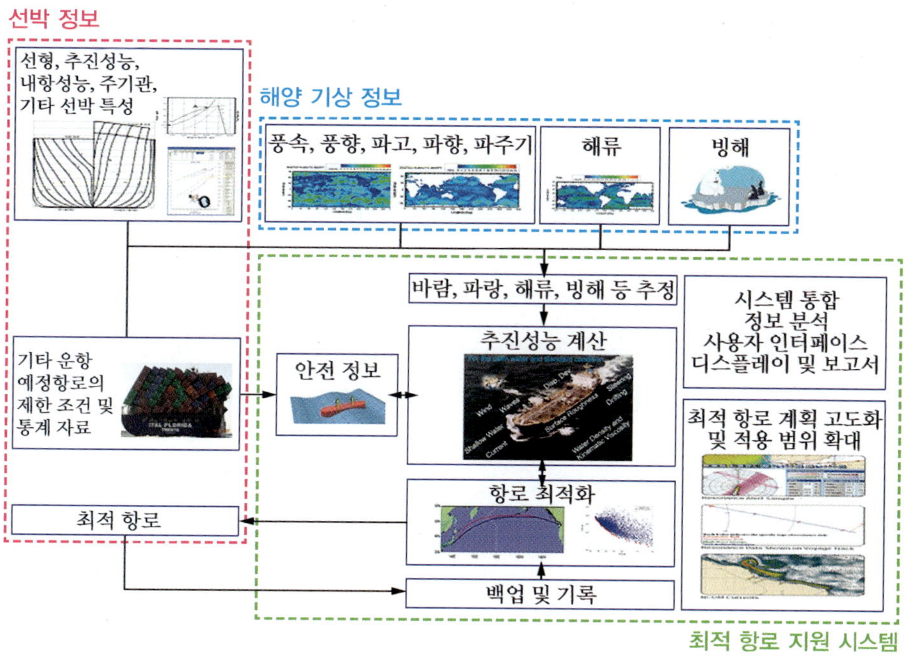

그림 5.7.3 최적항로 지원시스템 개념도

5.8 친환경 항만 기술

1 항만의 역사

인류는 해안의 높은 절벽 사이에 깊숙이 들어간 좁은 만이나 외해 파랑을 잘 막아주는 곳을 항만으로 이용하기 시작하였다. 페니카인은 무려 B.C. 2,500년경 티루스(지금의 레바논 남쪽의 티레) 해안에 최초의 인공항만을 건설하였다. 이들은 항만을 구리 조임쇠를 이용하여 만든 큰 돌뭉치(요즘의 돌망태)를 사용하여 조성하였다. 2016년 우리나라와 이집트간의 협력을 위하여 해양수산부에서 개발 타당성 검토를 한 알렉산드리아항도 B.C. 300~200년 무렵에 인공적으로 항만을 조성하여 이용했던 것으로 알려져 있다.

중세 유럽에서는 베니스가 무역도시국가로 번성하였고 13세기부터는 한자(Hansa) 동맹의 여러 항만도시들이 근대화의 거점이 되었다. 유렵의 여러 항구도시들은 무역을 통하여 도시를 번영시켰으며, 대항해시대의 개막과 함께 신대륙의 발견과 이주, 그리고 개발을 주도하였다. 그 때에, 런던항, 로테르담항, 그리고 함부르크항과 같은 유럽의 주요 항만들이 개발되었으며, 이들 항만은 물류수송을 원활히 하기 위하여 강이나 하구 또는 만에 건설되었다. 미국의 뉴욕항, 보스턴항, 발티모아항, 워싱턴항, 그리고 뉴올리언즈항들도 이러한 예에 해당한다.

이렇게 형성된 세계의 주요 항만은 19세기에 들어서면서 비약적인 발전을 이루게 되었다. 즉, 식민지 무역의 번성에 의한 범선의 대형화에 이어 증기기관의 발명으로 원양항해에 대형 증기선이 등장하게 되면서 항만도 빠르게 대형화되었다. 또한, 해상을 통한 교역량이 증가하면서 항로 단축의 필요성이 대두되어, 1869년에는 수에즈운하가, 1914년에는 파나마운하가 개통되어 바다를 통한 물류흐름이 더욱 활성화되었다.

제2차 세계대전 후에는 항공산업의 비약적인 발전으로 장거리 여행에는 항공기의 이용이 보편화되었으나 화물수송은 여전히 해운에 의존하고 있었다. 그 중에서 석유는 20~30만 톤급의 거대한 탱커선에 의해 운반되었다. 1960년대부터는 일반화물의 컨테이너 수송이 시작되고, 컨테이너선이 점점 대형화되어 1990년대부터는 수심 15 m급의 컨테이너선 전용부두가 간선항로에 위치한 세계 각국의 항만에 건설되었다.

1950년대 후반부터는 중화학공업을 기간으로 하는 경제의 비약적 발전에 따라 국제간의 원료와 제품을 바다를 이용해 대량으로 수송하게 되었다. 따라서 해상수송비용의 절감과 수송시 안정성 확보의 중요성이 대두되면서 임해공업지대에는 전문부두 또는 전용부두가 건설되었으며, 화물도 벌크 카고(bulk cargo)뿐만 아니라, 60년대 후반의 컨테이너화에 의해 제너럴 카고(general cargo)도 급격히 증가하였다. 화물의 형태도 빠르게 변화되어 정기선 항만에서도 부두터미널을 전문화·전용화하였으며 항만의 규모도 크게 확대되었다.

세계는 지금 모든 분야에서 무한 경쟁시대로 접어들었다. 또한, 국민의 삶의 질이 더욱 중요하게 인식됨에 따라 항만도 고도의 유통거점 항만, 정교한 산업정보 항만을 넘어서 친환경 항만(eco-port), 국민 생활공간으로서의 항만으로 빠르게 변화해 나가고 있다.

그림 5.8.1 **국가 무역항**(해양수산부 제공)

그림 5.8.2 **국가 어항**(한국어촌어항협회 제공)

그림 5.8.3 **부산신항**(해양수산부 제공)

그림 5.8.4 부산항 감만부두(해양수산부 제공)

2 항만의 분류와 특성

항만은 사용 목적과 위치 그리고 구조형식에 따라 여러 종류로 분류된다. 먼저 사용목적에 따라서는 상항, 공업항, 어항, 군항, 피난항, 그리고 항공항으로 나뉜다.

상항은 상선은 위한 항만으로 바다와 육지의 연결점 역할을 하는 항만이다. 따라서 상항은 좋은 정박지뿐만 아니라 화물과 여객을 빠르고 싼 비용으로 처리할 수 있는 설비를 필요로 한다. 또한, 무역과 해운의 근거지이므로 배후지역을 갖추어 해상과 철도 및 도로를 원활히 이어줘야 한다. 우리나라에서는 부산항과 인천항이 대표적인 상항이다.

공업항은 공업지대에 건설된 항만으로 화물선을 공장지대의 부두에 접안시켜 원료와 제품을 신속히 싣고 내릴 수 있는 시설을 갖춘 항만이다. 우리나라에서는 울산항, 온산항, 광양항, 포항항 등이 해당된다.

그림 5.8.5 온산항(해양수산부 제공)

그림 5.8.6 저동항(해양수산부 제공)

그림 5.8.7 대흑산도항(해양수산부 제공)

어항은 어업을 위한 항만으로, 어선출입과 어획물을 처리·수송할 수 있는 시설을 갖춘 항만으로 상대적으로 규모가 작다. 우리나라 동해안에 많은 어항이 있으며, 서해안과 남해안에도 다수 있다.

군항은 해군의 군함과 기타 선박이 정박하며, 보급과 수리를 하는 항만을 말한다. 미국의 펄하버, 노보크, 샌디에고, 영국의 포츠머스, 지브롤터, 프랑스의 툴롱, 브레스트, 러시아의 블라디보스토크, 이탈리아의 타란토 등이 세계적인 군항이며, 군항제로 유명한 우리나라의 진해항이 대표적인 군항이다.

피난항은 먼 바다 또는 연안을 항행하는 선박이 태풍 등 기상이변을 만났을 때 잠시 피난하거나 긴급히 수리하기 위한 항만이다.

항공항은 수상비행기를 위한 항만이다. 최근 바다를 날아다니는 위그선을 위한 항도 항공항으로 분류할 수 있다.

앞에서 사용목적에 따라 항만을 분류하였으나, 일반적으로 이들을 명확히 구분할 수 없는 경우가 많다. 즉, 상항과 어항, 그리고 공업항을 겸하는 경우도 있다. 부산항은 상항과 어항을 겸하고, 인천항은 상항과 어항 그리고 공업항을 겸하는 경우도 많다.

항만은 위치에 따라, 연안항, 하구항, 하항, 호수항 그리고 운하항으로 분류한다. 연안항은 우리나라 대부분의 항만이 해당되며, 일반 해안에 위치한 항만이다.

하구항은 하구에 위치한 항만으로, 연안항과는 달리 대규모의 방파제가 필요 없고 강을 통해 상류까지 내륙운송이 가능한 이점이 있다. 홍수시 하천을 통하여 유입되는 토사로 인한 항로 매몰의 문제점이 있다. 미국 허드슨 강 하구에 위치한 뉴욕항, 우리나라에서는 금강하구에 위치한 군산항이 대표적인 하구항이다.

하항은 하천의 중·상류에 위치한 항만이며, 함부르트항, 로테르담항, 런던항 등이 대표적인 예이다. 특히, 스위스의 바젤항은 라인강의 하구로부터 무려 900 km 상류에 위치한 하항이다.

호수항은 호수에 있는 항만으로, 미국 5대호에 있는 시카고항과 밀워키항이 대표적인 예라 할 수 있다.

운하항은 운하 내에 위치한 항만이다. 운하를 건설할 때 새로이 건설한 항만이거나 기존의 항만을 운하와 연결한 항만이 해당된다. 영국의 맨체스터항이 운하 건설로 대형 항만으로 발전한 대표적인 항만이다.

구조형식에 따라 분류하면, 항만은 크게 폐구항(closed harbour)과 개구항(open harbour)으로 나뉜다. 조석간만의 차가 큰 해역에서는 간조 때 선박이 정박할 수 있는 수심을 확보하기 어렵다. 이 경우, 선박이 정박하는 수역과 외해 사이에 수문 또는 갑문을 설치하여, 간조 때에도 항내 수심을 일정하게 유지한 항만이 폐구항이다. 우리나라의 인천항이 대표적이 폐구항이며, 영국의 런던항, 리버풀항도 폐구항이다. 폐구항에는 수문식과 갑문식이 있다. 수문식은 만조 때 수문을 열어 배가 통행하게 하는 방식이고, 갑문식은 항을 출입구에 수문을 두 개를 거리를 두고 설치하여 수문 조작을 통하여 간조 때도 배가 통행할 수 있도록 한 방식이다. 앞에 예로 든 항만은 모두 갑문식 폐구항이다.

우리나라 항만법에서는 무역항과 연안항 둘로 구분하고 있다. 무역항이란 국가경제와 공공의 이해에 밀접한 관계가 있고 주로 외국 수출입 물품을 실은 선박이 출입하는 항만으로 2018년 현재 부산항, 인천항, 군산항, 광양항 등 31개항이 무역항으로 지정되어 있다. 연안항은 주로 국내항 간을 운행하는 선박이 출입하는 항만으로서 2018년 현재 부산남항, 용기포항, 울릉항 등 29개항이 연안항에 해당된다.

항만을 관세에 따라 분류할 경우, 개항과 불개항으로 분류된다. 개항이란 조약이나 법령에 의해 항만을 개방하여 외국과 무역을 할 수 있도록 허용된 항만으로서 해외 국적의 선박이 상시 출입할 수 있는 항만을 말하며 우리나라에는 항만법상으로 분류되는 31개 무역항이 이에 해당한다. 개항 중에 외국에서 수입하는 제품과 원자재에 대해서 관세법의 구속을 받지 않는 항만을 자유항(free port) 또는 자유무역항이라고 하며, 자유항 제도는 중세시대 이탈리아의 자유도시에서 유래되었다고 한다. 자유항은 다시 자유항시와 자유항구로 구분되는데, 시 전체를 자유항으로 지정하는 경우가 자유항시이고, 항만의 특정구역만 관세법의 구속을 받지 않는 경우가 자유항구이다. 자유항에 수입된 물자가 국내로 반입될 때 비로소 관세법의 적용을 받게 된다. 자유항시의 예는 싱가포르, 홍콩이 있고, 자유항구의 예로는 우리나라의 마산항의 수출단지가 있다.

불개항은 외국과 통상이나 무역이 허락되지 않는 항만을 말하며, 외항선박은 긴급한 때를 제외하고는 원칙적으로 입항이 불허된다. 따라서 불개항은 주로 내국 선박이 이용한다.

그림 5.8.8 **인천항**(해양수산부 제공)

표 5.8.1 **우리나라의 항만**

구분		항명					
무역항 (31개)	국가관리 무역항 (14개)	경인항	인천항	평택·당진항	대산항	장항항	군산항
		목포항	여수항	광양항	마산항	부산항	울산항
		포항항	동해·묵호항				
	지방관리 무역항 (17개)	서울항	태안항	보령항	완도항	하동항	삼천포항
		통영항	장승포항	옥포항	고현항	진해항	호산항
		삼척항	옥계항	속초항	제주항	서귀포항	
연안항 (29개)	국가관리 연안항 (11개)	용기포항	연평도항	상왕등도항	흑산도항	가거향리항	거문도항
		국도항	후포항	울릉항	추자항	화순항	
	지방관리 연안항 (18개)	대천항	비인항	송공항	홍도항	진도항	갈두항
		화흥포항	신마항	녹동신항	나로도항	중화항	부산남항
		구룡포항	강구항	주문진항	애월항	한림항	성산포항

3 그린포트, 친환경 항만

최근 아프리카, 아시아 지역 개발도상국들의 발전으로 해운업의 비중은 더욱 커지고 있으며, 이에 따라 기후변화 대응을 위해 해운 및 항만업계 차원의 온실가스 저감 노력 필요성이 대두되었다. 이러한 노력의 일환으로 국제해사기구(IMO)[1]는 선박의 에너지효율 및 친환경성에 대한 규제를 강화하였고, 선박이 접안 하는 항만차원에서도 해운업계의 기후변화대응 성과를 지원해 줄 수 있는 정책 및 기반시설이 필요하다는 공감대가 형성되었다. 그 결과 정책수립 및 기반시설 운영을 통해 항만자체의 에너지 효율향상, 항만주변의 환경개선 등을 도모하는 그린포트(Green port)라는 새로운 친환경 항만의 개념이 제시되었다.

국제적으로 규정된 그린포트의 개념은 없으나, 전 세계적으로 이행되고 있는 관련 동향을 분석하면 항만 내 온실가스 감축, 에너지효율화 및 신재생 에너지 도입, 항만 주변환경을 고려한 환경관리 및 지속가능환경 조성을 공통적으로 고려하고 있는데, 이를 그린포트라 할 수 있다. 최근, 개별 항만 특성과 지역의 요구사항을 종합하여 항만 별로 특화된 그린포트 구축계획을 수립하는 경향을 보이고 있어 더욱 구체화될 것으로 판단된다.

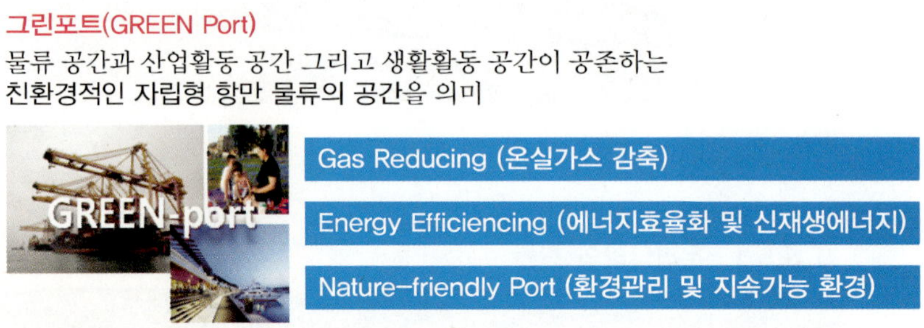

그림 5.8.9 그린포트(Green Port) 개념

국내에서도 이러한 국제동향에 맞춰, 2010년 정부차원의 '그린포트 구축 종합계획'을 수립하였으며, 온실가스 저감을 위한 항만차원의 국제 기조에 더해 국내 여건을 반영, 다음과 같은 5개의 세부항목을 도출하였다. 첫째, 온실가스 배출을 저감하는 탄소 저감형 항만 구축, 둘째, 에너지효율성 제고 및 신재생에너지 도입하는 에너지자립형 항만 구축, 셋째, 지구온난화에 따른 대규모 재난을 방지하는 재난안전형

1) 국제해사기구(International Maritime Organization)는 해운 및 항만관련 국제기구로서 해상운송 안전과 안보 및 선박으로 인한 해안오염 방지를 책임지고 있음(http://www.imo.org/About/Pages/Default.aspx. 2018. 5. 30. 검색)

항만 구축, 넷째, 녹색친수공간 조성을 통하여 항만주변 주민들의 삶의 질을 개선해 주는 친환경·친수형 항만 구축, 다섯째, 개발차원에서 발생하는 준설토 및 폐기물을 재활용하는 자원순환형 항만구축이 그것이다. 이를 기준으로 하여 부산, 인천 등 항만공사(PA)가 있는 항만을 중심으로 개별항만차원의 '그린포트 구축계획'을 수립하여 추진하고 있다.

그림 5.8.10 해양수산부 Green Port 개념도

그림 5.8.11 부산 북항 재개발(좌, 개발 전; 우, 개발 後)

(1) 해외 항만 동향

미국 롱비치(Longbeach)항은 그린포트 선도항으로 유명하며, 2015년 컨테이너 물

동량[2] 기준으로 세계 21위를 차지하고 있다. 동 항은 2005년 '그린포트 정책(Green port Policy)'을 항만공사(PA)차원에서 수립하였으며, 2050년에 2006년 80% 수준의 온실가스 감축을 목표하고 있다. 이에 따른 세부사업으로 화석연료대체 혹은 노후 트럭교체를 통한 연소효율향상을 위한 클린트럭프로그램(CAT), 육상전력공급장치(AMP)설치, 그린임대계약 항만내 신축건축물의 미국친환경건축물인증인 LEED 획득장려 등이 있으며, 다년간에 걸친 그린포트 구축노력을 적극적으로 홍보하여 최근에는 그린포트 구축을 원하는 전 세계항만을 대상으로 컨설팅 제공 등을 신사업화까지 진행하고 있다.

네덜란드 로테르담(Rotterdam)항은 유럽의 최대 항이자 세계 11위의 컨테이너 물동량을 처리하는 항만으로 미국 롱비치항과 같이 유럽의 대표적인 그린포트 구축 선도항이다. 2007년 '로테르담 기후 이니셔티브(Rotterdam Climate Initiative, RCI)'을 수립하여 2035년에 1990년 온실가스배출량 대비 80%로 감축을 목표로 하고 있다. 이에 따른 세부사업으로 항만에너지효율화 사업, 저온 산업폐열의 활용, 대규모 바이오매스 활용, 탄소 포집 및 저장(CCS) 프로젝트, 풍력을 중심으로 한 신재생에너지 구축사업을 대표사업으로 하고 있으며, 이런 항만공사(PA) 추진사업과 지역산업계를 연계하여 로테르담항의 특화사업화를 추진하는 것이 특징이다.

중국지역의 항만은 경제발전과 함께 컨테이너 기준 물동량처리에 있어서 세계 10위권 내에 6개의 항(상하이 1위, 선전 3위, 닝보 4위, 홍콩 5위, 칭다오 7위, 광저우 8위)이 랭크될 정도로 규모 면에서 최고 수준을 자랑한다. 이에 따라 그린포트 구축 필요성이 더욱 높아졌으며, 2013년에 중국 중앙정부 차원의 저탄소 녹색항만 시범사업지로 칭다오항을 선정하여 그린포트 계획수립을 포함하여 27가지 세부 프로그램에 RMB 22억(한화기준 3,800억 원)을 투자 중에 있다.

(2) 국내 항만 동향

부산항은 컨테이너 물동량 기준으로 세계 6위의 국내 최대 규모의 항이다. 2011년 부산항만공사(BPA)에서 '부산항 그린포트 구축 종합계획'을 수립하였으며, 2020년 BAU[3] 대비 30%로 감축을 목표로 하고 있다. 이에 따라 부산 신항 개발과 부산 북항 재개발사업과 연계하여 많은 세부추진계획을 수립 및 진행 중에 있다. 최근 부산

2) 항만물동량순위는 집계기관별로 틀리는 양상을 보이며, 여기서는 World shipping council의 TOP 50 world container port 자료 참조(http://www.worldshipping.org/about-the-industry/global-trade/top-50-world-container-ports).

3) Business As Usual(배출정망치)

항이 세계 10대 미세먼지 오염항만으로 선정되는 불명예를 안게 되어 '미세먼지 걱정없는 부산항 조성'을 목표로 경유를 쓰는 야드트랙터를 LNG로 전환하고 부두에 접안한 선박에서 배출되는 매연과 CO_2 저감을 위해 육상전원공급시설(AMP)설치를 추진하고 있다.

인천항은 수도권 관문항인 관계로 지속적으로 환경관리에 대해서 많은 투자를 진행하여 왔으며, 이를 보다 체계적으로 진행하고자 2013년 인천항만공사(IPA) 차원에서 '인천항 그린포트 구축 종합계획'을 수립하였다. 인천항은 부산항과 동일한 수준인 2020년 BAU대비 30%로 감축을 목표로 하고 있다. 동 목표 달성을 위해 사업초기에는 그린포트 전담조직, 네트워크 등의 구축 및 세부정책수립과 같은 지속가능한 그린포트 구축을 위한 사항이행에 초점을 맞추고 있으며, 장기적으로는 인천 신항 개발과 연계하여 많은 기술적 요소가 단계적으로 도입이 될 예정이다. 2018년, 인천항은 선박이 내뿜는 미세먼지를 최대한 줄이기 위해 국내 최초로 대형 선박에 필요한 고압 육상전원공급시설(AMP)을 설치하였다.

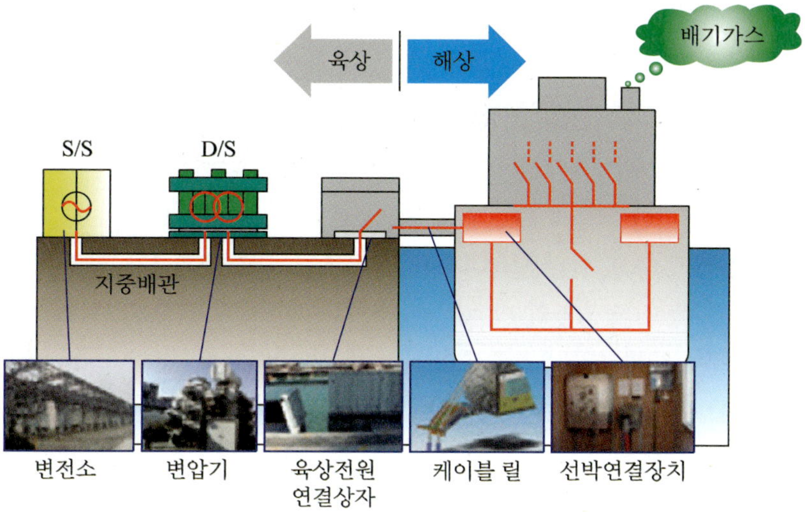

그림 5.8.12 AMP 전력수급 개념도

그림 5.8.13 **부산신항 태양광 발전시설**(BPA 제공)

4 미래항만, 스마트포트

4차 산업혁명 기술이 항만에 접목되면서 친환경 항만은 빠르게 스마트 항만으로 진화하고 있다. 스마트항만은 정보통신기술(ICT), 사물인터넷(IoT), 인공지능(AI) 등 신기술을 접목하여 항만 효율성을 최적화한 자율형 항만이라고 정의할 수 있다. Deloitte Port Services는 스마트항만을 4세대 항만으로 분류[4]하며, 항만이 하역서비스와 같은 기존의 물리적 역할과 더불어 데이터 서비스 제공자로서 항만의 디지털 통합을 더욱 가속화할 수 있음을 언급하였다.

이러한 흐름과 관련하여, 최근 로테르담 항만은 IBM의 사물인터넷(IoT) 기술, 인공지능(AI), 클라우드(Cloud) 등의 최신 기술을 활용해 항의 전체 운영환경을 디지털화하기로 발표한 바 있으며, 중국의 상해항만은 사물인터넷을 활용하여 '친환경적이고 스마트한 효율적 터미널 구축'을 추진하고 있다. 일본은 1995년 이후 20여년 만에 새롭게 수립중인 중장기정책 「PORT2030」을 위한 간담회에서 열도를 잇는 'Connected Port', 새로운 가치를 창조하는 공간으로서의 'Premium Port', 제4차 산업혁명을 선도하는 플랫폼으로서의 'Smart Port'라는 세 가지 중장기 항만정책의 방향성에 대해서 논의한 바 있다.[5] 우리나라도 스마트 항만 구축을 위해 자동화항만 구축 방향 모색을 위하여 정책토론회를 개최[6]하는 등 4차 산업혁명 기술의 접목을 통하여 국제 경쟁에서 뒤지지 않기 위한 노력을 진행하고 있다.

4) https://www2.deloitte.com/content/dam/Deloitte/nl/Documents/energy-resources/deloitte-nl-er-port-services-smart-ports.pdf

5) http://www.keidanren.or.jp/journal/times/2018/0222_06.html

6) http://news20.busan.com/controller/newsController.jsp?newsId=20180326000306

세계 항만들의 일련의 움직임을 감안해 볼 때, 미래의 항만의 모습은 앞에 보인 그린포트, 친환경 항만에 4차 산업혁명의 핵심기술이 접목된 스마트항만으로 발전할 것으로 예견되며, 이미 들어섰다고 해도 과언이 아니다. 미래의 항만 모습은 친환경, 고효율 자율형 항만이 될 것이며, 머지않아 우리 눈으로 확인할 수 있을 것이다.

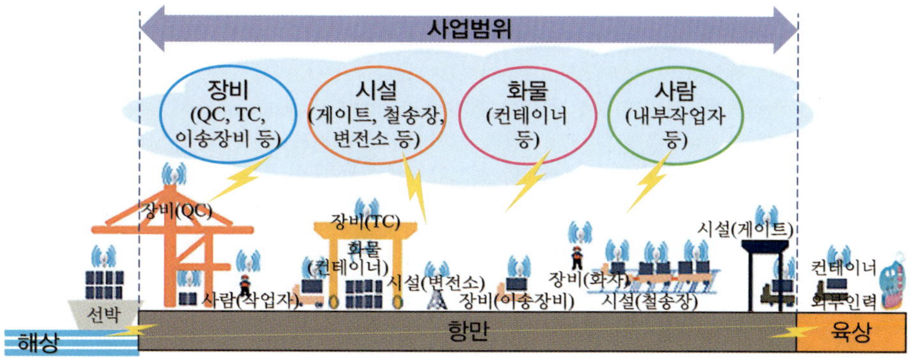

그림 5.8.14 IoT기반 스마트 포트 개념도(한국해양수산개발원, 2015)

참고문헌

강성균 (2005), "국내 미생물유전체연구현황". 유전체소식 9, pp.8~13.

강성균, 김태완 (2017), "바이오수소의 새로운 주제: 해양 및 극한 미생물", 한국해양과학기술원, 해양과학총서 제8권 '해양바이오', pp.186-193.

국립생물자원관 유전자원정보관리센터, http://www.abs.go.kr/.

국립수산진흥원 (1997), "한국 연안의 적조", pp.280.

국토해양부 (2012), "세계의 허브가 되다", 한국항만.

권개경 (2004), "해양생물막 생성기작과 항오손기술 개발에 관하여", 미생물과 산업 30, pp.31~41.

권개경 (2017), "해양 환경생명공학", 한국해양과학기술원, 해양과학총서 제8권 '해양바이오', pp.236-251.

김미선 (2005), "생물학적인 방법에 의한 수소 생산", 수소에너지정보, 10권, pp.1~14.

김상진 (2002a), "미국 해양생명공학 연구동향", 미생물과 산업, 28권, pp.18~22.

김상진 (2002b), "해양바이오산업 발전에 관한 소고", 생물산업, 15권, pp.16~18.

김상진 (2003), "해양생물공학", 과학기술부, 생명공학백서, pp.215~224.

김상진 (2005a), "해양생물공학", 과학기술부, 생명공학백서, pp.271~282.

김상진 (2005b), "해양바이오의 현황과 미래", 한국해양연구원 해양과학총서 제9권 '해양바이오', pp.132~140.

김상진 (2007), "해양생물공학", 과학기술부, 생명공학백서, pp.349~360.

김은찬 등 (2006), "선박오염 관련 국제협약 대응기술 개발", 한국해양연구원 보고서.

김은찬 등 (2013), "선박 온실가스 배출량 감축을 위한 최적 운항 기술 고찰", 선박해양기술, 제52호.

김종보 등 (2000), "해양온도차 발전기술 개발연구", 과학기술부, 인하대학교 보고서.

김현규 (2002), "심해열수 유래 초고온성 효소의 산업화", 생물산업, 15권, pp.25~31.

김현주 (2005), 해양심층수의 다목적 개발(I), 해양수산부, 한국해양연구원 보고서.

김현주 (2005), 해양심층수의 개발 및 이용, 신기술, 257p.

김현주 등 (2015), "해양심층수의 에너지 이용기술 개발", 해양수산부, 선박해양플랜트연구소 보고서.

박우선, 송원오 엮음 (2014), "지속가능한 연안개발", 한국해양과학기술원, 해양과학총서 제6권(2판).

박준택 (2003), 해수 열에너지의 현황과 전망, 한국설비기술협회, pp.113~122.

송무석 (2003), "청정생산과 해양에의 적용성에 관한 연구", 한국해양환경공학회지, 6권 3호.

신승호 등 (2018), "부유식 진자형 파력발전 기술개발 및 실증", 선박해양플랜트연구소 보고서.

이광수 등 (2005), "조력·조류에너지 실용화 기술 개발", 해양수산부, 한국해양연구원 보고서.

이연주 (2017), "해양생물소재", 한국해양과학기술원, 해양과학총서 제8권 '해양바이오', pp.122-131.

이유경, 이홍금 (2002), "조류(Algae)의 산업적 이용", 생물산업, 15권, pp.19-24.

이현숙, 김윤재 (2017), "해양 환경 유래 단백질과 효소", 한국해양과학기술원, 해양과학총서 제8권 '해양바이오', pp.154-161.

이홍금 (2017), “미래해양산업으로서 해양바이오”, 한국해양과학기술원, 해양과학총서 제8권 ‘해양바이오’, pp.112-121.

이홍금, 이유경 엮음 (2005), “해양바이오”, 한국해양연구원, 해양과학총서 제9권.

임운혁 등 (2016), “여수 신덕해안 잔존유 친환경정화”, 한국해양과학기술원 보고서, BSPI55861-11076-7, 160p.

임형순 (2017), “차세대 염기서열분석기술을 이용한 해양 유전체 연구”, 한국해양과학기술원, 해양과학총서 제8권 ‘해양바이오’, pp.58-67.

중앙일보 (2017), “바닷속 미생물로 年480톤 수소생산산; 해수부, 플랜트 구축”, http://news.joins.com/article/22219980.

최동한 (2017), “해양생물 자원탐사”, 한국해양과학기술원, 해양과학총서 제8권 ‘해양바이오’, pp.14-23.

한국에너지공단 (2016), “신·재생에너지 백서 2016”, 산업자원부 보고서.

한국해양과학기술원 (2013), “한반도 주변해역 해양환경 평가 예비보고서”, 해양수산부, 한국해양과학기술원 보고서.

한국해양과학기술원 (2016), “여수 신덕해안 잔존유 친환경정화”, 한국해양과학기술원 보고서, BSPI55861-11076-7, 160pp.

해양생물센서스, http://www.com1.org/com1.htm.

홍기용 등 (2005), “파력에너지 실용화 기술 개발”, 해양수산부, 한국해양연구원 보고서.

홍기용 등 (2017), “진동수주형 파력발전 실용화 기술 개발”, 해양수산부, 선박해양플랜트연구소 보고서.

홍사영 (2007), “초대형 부유식 해상구조물 설계매뉴얼”, 한국해양연구원.

홍사영 (2008), “초대형 부유식 해상구조물 설계기술개발”, 해양수산부, 한국해양연구원 보고서.

홍사영 (2014), “자급형 모듈확장형 초대형 부유구조물 기획보고서”, 선박해양플랜트연구소 보고서.

홍석원, 김현주, 강윤구 역 (1998), “해양에너지공학”, 신기술.

홍섭 (2017), “심해저광물자원 개발 주도권 확보 전략 기획”, 선박해양플랜트연구소 보고서.

Breeze, P. (2004), “The Future of Global Offshore Wind Power”, Reuters Business Insight.

Chang, I. S., H. Moon, O. Bretschger, J. K. Jang, H. I. Park, K. H. Nealson, and B. H. Kim (2006), “Electrochemically active bacteria (EAB) and mediator-less microbial fuel cells”, J. Microbiol. Biotechnol 16, pp.163～177.

Costanza, R., R. Arge, R. Groot, S. Farber, M. Grasso, B. Hannon, K. Limburg, S. Naeem, R. V. O'Neill, J. Paruelo, R. G. Raskin, P. Sutton and M. Belt (1997), “The value of the world’s ecosystem services and natural capital”, Nature 387, pp.253～260.

Demirel, Y. K. (2018), “New horizons in marine coatings”, 3rd International Symposium on Naval Architecture and Maritime, Yildiz Technical University.

Global Wind Energy Council (2016), “Global Wind Energy Outlook 2016”.

Falnes, J. (2002), “Ocean Waves and Oscillating Systems”, Cambridge University Press.

Hong, S. et al. (2013), “Pilot Mining Robot for Polymetallic Nodules and Pre-Pilot Mining Tests”, UMI-2013 Annual Conference, Rio de Janeiro, Brazil.

Hong, S. et al. (2014), “Development of Buffer Station for Safe and Eco-Friendly Mining of Deep-Seabed Mineral Resources” UMI-2014 Annual Conference, Lisbon, Portugal.

IMO (2014), “2014 Guidelines on the method of calculation of the attained Energy Efficiency Design Index (EEDI) for new ships”, Resolution MEPC.245(66) as Amended.

IMO Korea (2018), https://www.imokorea.org/.

Jeong, H., J. H. Yim et al. (2005), "Genomic blueprint of Hahella chejuensis, a marine microbe producing an algicidal agent", Nucleic Acids Res. 33(22), pp.7066~7073.

Jin H. M., H. J. Kim & C. O. Jeon (2015), "Alteromonas naphthalenivorans sp. nov., a polycyclic aromatic hydrocarbon-degrading bacterium isolated from tidal-flat sediment", Int J Syst Evol Microbiol, 65(11):4208-4214.

Jorgensen, B. B. and A. Boetius (2007), "Feast and famine-microbial life in the deep-sea bed", Nat. Rev. Microbiol 5, pp.770~781.

Karl, D. M. (2007), "Microbial oceanography: paradigms, processes and promise", Nat. Rev. Microbiol 5, pp.759~769.

Lee H. S., S. G. Kang, K. K. Kwon, J-H. Lee & S-J. Kim (2011), "Genome sequence of the algicidal bacterium Kordia algicida OT-1", J Bacteriol 193, 4031-4032.

LPGreen (2017), https://worldmaritimenews.com/archives/229516/lpgreen-makes-first-steps-into-alternative-fuels/.

Moran, M. A. and W. L. Miller (2007), "Resourceful heterotrophs make the most of light in the coastal ocean", Nat. Rev. Microbiol 5(10), pp.792~800.

Murphy, T. P., A. Lawson, M. Kumagai, and J. Babin (1999), "Review of emerging issues in sediment treatment", Aquatic Ecosystem Health & Management 2, pp.419~434.

Nogata, N., Y. Kitano ,E. Yoshimura, K. Shinshima, I. Sakaguchi (2004), "Antifouling activity of simple synthetic isocyanides against larvae of the barnacle", Balanus amphitrite BIofouling 20(2), pp.87~91.

Redmond M. C., D. L. Valentine (2012), "Natural gas and temperature structured a microbial community response to the Deepwater Horizon oil spill", Proc Natl Acad Sci 109:20292–20297.

Sharma, R.(editor), (2017), "Deep-Sea Mining - Resource Potential, Technical and Environmental Considerations", Springer International Publishing AG.

Sharma, R.(editor), (to be published), "Environmental Issues of Deep-Sea Mining: Impacts, Consequences and Management", Springer International Publishing AG.

Sohn, J. H., J.-H. Lee, H. Yi, J. Chun, K. S. Bae, T.-Y. Ahn, and S.-J. Kim (2004a), "Kordia algicida gen. nov., sp. nov., an algicidal bacterium isolated from red tide", Int. J. Syst. Evol. Microbiol 54, pp.675~680.

Sohn, J. H., K. K. Kwon, J.-H. Kang, H.-B. Jung and S.-J. Kim (2004b), "Novosphingobium pentaromativorans sp. nov., a high-molecular-mass polycyclic aromatic hydrocarbon-degrading bacterium isolated from estuarine sediment", Int. J. Syst. Evol. Microbiol 54, pp.1483~1487.

UNOET (1987), "Delineation of mine sites and potential in different sea areas", UN Ocean Economics and Technology Branch and Graham & Trotman Limited, London, 79p.

Woese, C. R. & G. E. Fox (1977), Proc Natl Acad Sci 74:5088-5090.

Chapter 6

해양환경공학 적용사례

6.1 개요

본 장에서는 앞에서 다룬 제반 해양환경공학의 이론들이 실제 현장에서 어떻게 적용되는지를 몇몇 사례 중심으로 대략적으로 살펴보고자 한다.

해양환경공학에서 다루는 이론과 주제, 그리고 이를 파악하는 제반 방법론이 매우 다양하기에 이에 대한 현장 적용성을 심층적으로 이해하기 위해서는 본 장에서 설명하는 몇몇 사례 이외에도 다른 현장 적용사례들을 볼 필요가 있다. 이를 위해서 한국해양환경·에너지학회(www.kosmee.or.kr)에서 발간하는 '한국해양환경·에너지학회지'나 또는 여러 국내·외 전문 학술지들을 참조하기 바란다. 특히 해양환경공학 분야에 입문하는 학생들의 경우 관심 분야의 연구들이 실제 현장에서 어떻게 진행되고 적용되는지에 대한 여러 사례들을 자세히 분석하여 다양한 간접 연구 경험을 가질 필요가 있다고 생각된다.

본 장에서 제시하는 사례들은 해수 및 해양퇴적물 오염(시화호 사례), 육상기인 해양오염(마산만 사례), 적조, 외래생물종(선박평형수내), 환경평가방법(생물검정법 이용사례), 기름 유출사고(허베이스피리트 호 대응사례), 해안 침식, 방파제 및 항만설계, 심층수 개발사례(강원 고성), 시화호 조력발전 등 다양한 주제들을 다루고 있다. 그간 우리나라에서 진행된 학술 연구들을 대상으로 다뤘으며, 본 장을 통해서 독자들은 해양환경공학 분야에서 관련 연구들이 어떻게 수행되는지를 개략적으로 파악할 수 있을 것이다.

6.2 시화호 오염평가 사례

1 시화호 건설과 환경 관리

(1) 시화호의 형성과 관리 현황

시화지구 개발 사업은 수도권의 인구 및 산업의 분산을 위한 자족도시 건설과 수도권의 입지 부적격 중소공장 이전, 농지 확보 등의 목적으로 시행되었다. 「산업입지 및 개발에 관한 법률」에 의해 큰 조차와 발달된 갯벌을 가진 경기만 내 해당지역을 "반월특수지역"으로 지정하여 개발하였다(그림 6.2.1). 개발사업의 세부사업 중 하나로 1994년 1월 12.7 km의 방조제 물막이 공사 완공으로 시화호가 만들어졌다. 시화호의 원래 이용 목적은 담수화하여 주변에 조성되는 농지에 농업용수를 공급하는 것이었다. 물막이 공사 완료 후 급격한 수질 악화로 인하여 용수 이용 목적을 달성하지 못하고 2000년 12월부터 해수호로 유지·관리되고 있다(국토해양부, 2011a).

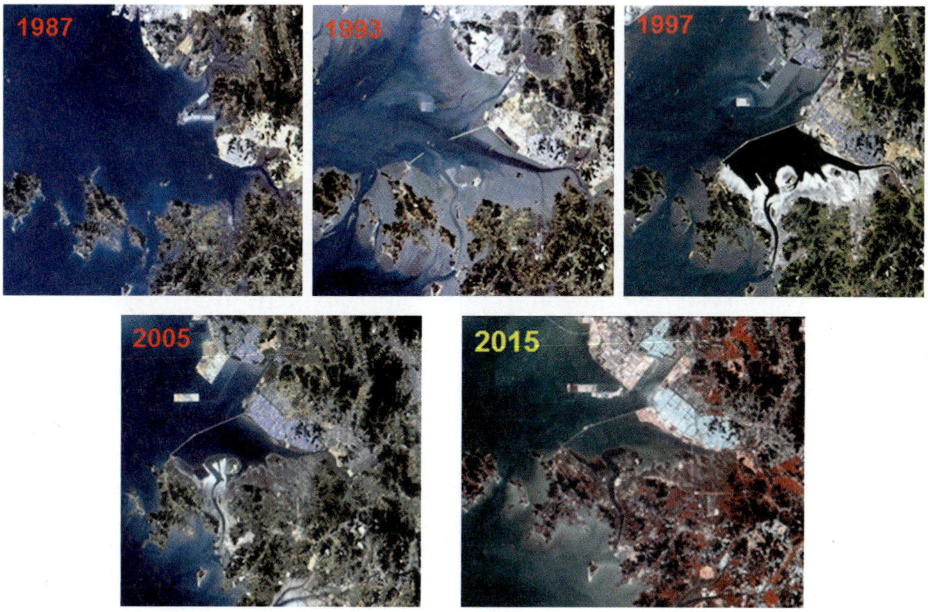

그림 6.2.1 시화호 건설 및 주변 지역 위성사진.

시화방조제 및 시화호, 시화 및 반월 산업단지, 신도시, 탄도호, 시화MTV가 개발됨. 대송단지, 송산그린시티는 개발 중

시화호의 현황과 주요 연혁을 아래와 같이 요약하여 제시하였으며(표 6.2.1). 현재도 시화멀티테크노밸리(시화MTV)의 업체 입주를 비롯하여, 송산그린시티, 대송단지(농업용지) 등의 대규모 개발이 진행 중에 있다(국토해양부 2011b; 그림 6.2.2).

표 6.2.1 시화호 현황

구 분	내 용	비 고
시화 방조제 길이	12.7 km	'86.12～'94.1 공사시행
총저수량	332백만 m^3	체류일수 354일
면 적	43.93 km^2	유역면적 : 494.3 km^2
관리수위	EL −1.0 m	홍수위 EL +0.1 m
배수갑문	1개소	유출입 2,386 m^3/초

* 시화조력발전소 건설·가동으로 수차와 전용 배수갑문이 추가로 설치되어 운영 중

시화호의 주요 연혁

- 시화지구 개발사업 확정 · 시행(건교부 · 농림부, '86.7)
- 방조제 공사 착공('87.6)
- 환경영향평가 협의 완료('88.9)
- 방조제 물막이공사 완료 및 수질 악화('94.1)
  * 시화호 화학적 산소요구량(COD) : '93년 2.6 mg/L에서 '97년 17.4 mg/L로 수질 악화
- 수질개선대책 수립 · 시행(환경부, '96.7) 및 해수유통('97.7)
- 시화호(육역 포함)를 특별관리해역으로 지정(해수부, '00.2)
- 해수호 유지방침 확정(관계부처, '00.12)
- 1단계 시화호 종합관리계획('96 ~ '06) 수립('01.8) 시행
- 국무총리훈령으로 시화호관리위원회 설치('02.11)
- 2단계 시화호 종합관리계획('07 ~ '11) 수립('07.5) 시행
- 연안오염총량관리제 도입 결정('10.7)
- 3단계 시화호 종합관리계획('12 ~ '16) 수립('12.10) 시행 및 변경계획('17 ~ '18) 시행 중
- 제1차 시화호 연안오염총량관리('13 ~ '17) 시행
  * 기본계획 수립('12.12), 경기도에서 해당 지자체별 시행계획 승인('13.6)
- 시화호 연안오염총량관리와 타 관련 계획 간의 연계 업무 처리지침 제정('13.7) 및 이행평가 지침 제정('13.9)
- 제2차 시화호 연안오염총량관리('18 ~ '22) 시행
  * 기본계획 수립('17.12), 경기도에서 해당 지자체별 시행계획 승인('18.2)

그림 6.2.2 반월특수지역 개발계획 현황(국토해양부, 2011b)

(2) 시화호 오염과정

시화호 방조제 건설시 환경영향평가 협의조건은 ① 도시개발 예정지역에 대한 별도의 환경영향평가 협의, ② 하수처리장 방류수 방조제 완공이전 외해 방류, ③ 취락지역, 농경지 발생오수 호수 내 직접유입 금지, ④ 호수 내 물의 정기적 교체 등이었다(환경부, 1996). 방조제 물막이 완공 때까지 협의조건 이행 미흡으로 수질, 퇴적물, 생태계가 급격히 악화되었고, 시화호는 '죽음의 호수'라는 오명을 받게 되었다(국토해양부, 2011b). 시화호 수질악화의 주요 원인은 ① 시화호 유역의 공장, 인구증가로 오·폐수량 급증, ② 지자체의 하수처리장 등 환경기초시설 확충지연, ③ 미처리 축산폐수의 시화호 유입, ④ 하수관로 오접합 등으로 오·폐수 시화호 유입(그림 6.2.3), ⑤ 유역에 비해 큰 저수량으로 유입된 물의 장기체류 등이었다(환경부, 1996; 건설교통부, 2006).

그림 6.2.3 반월산업단지 토구.

우수 배수용이지만, 관로 파손·오접합으로 폐수가 섞여 유출되고 차집 용량을 초과하면 시화호로 들어감

한편 다양한 오염부하량 저감 노력에도 불구하고 개선이 미흡한 수질의 획기적 개선과 신재생에너지 생산을 목적으로 시화조력발전소가 건설되어 운영 중이다. 조력발전소 가동으로 확대된 해수유통량은 시화호 수질을 많이 개선하였지만 이것은 물리적 희석 효과에 크게 의존한 것으로 지역에 따라 수질 개선 정도의 차이가 있다.

2 시화호와 유역의 오염평가

(1) 하천

시화호 유역내의 주요 자연 하천은 신길천, 화정천, 안산천, 반월천, 동화천, 삼화천, 문산천(마도수로) 등이 있다. 인위적으로 만들어진 주요 배수시설은 반월산단의 7개 우수토구, 시화 산단에 4개 간선수로 등이 있다. 하천 및 배수시설은 산지 및 농경지역, 도시지역, 산업지역 등을 흐르고 있으며(국토해양부, 2011a), 유역 특성에 따라 다양한 오염물질 유입되며 오염도에도 큰 차이가 있다.

① 일반수질 및 영양염류

시화호 유역 하천과 시화방조제 앞 해역으로 유입하는 보통천과 승기천을 포함한 14개 하천에서 비강우시 오염도는 SS 및 클로로필 *a*는 장전보, pH, DO, DIN, TN은 동화천, COD, DIP, TP, TOC는 외측의 보통천에서 최대농도를 보인다. 산업지역, 도심지역 및 농촌지역 등의 토지이용형태별로 구분하여 비교하면 농경지 및 축사로부터 오염물질들의 영향을 많이 받고, 물의 흐름이 정체되어 부영양화된 농업지역 하천이 도심 및 산업지역보다 유기물 및 영양염 농도가 높다(해양수산부, 2017; 그림 6.2.4).

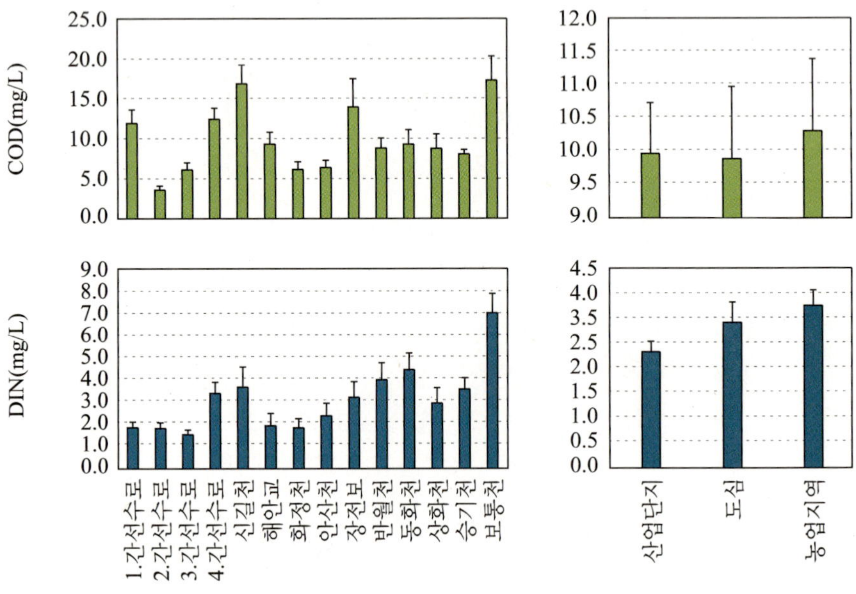

그림 6.2.4 시화호 주변 하천수 중 일반수질 분포(해양수산부, 2017)

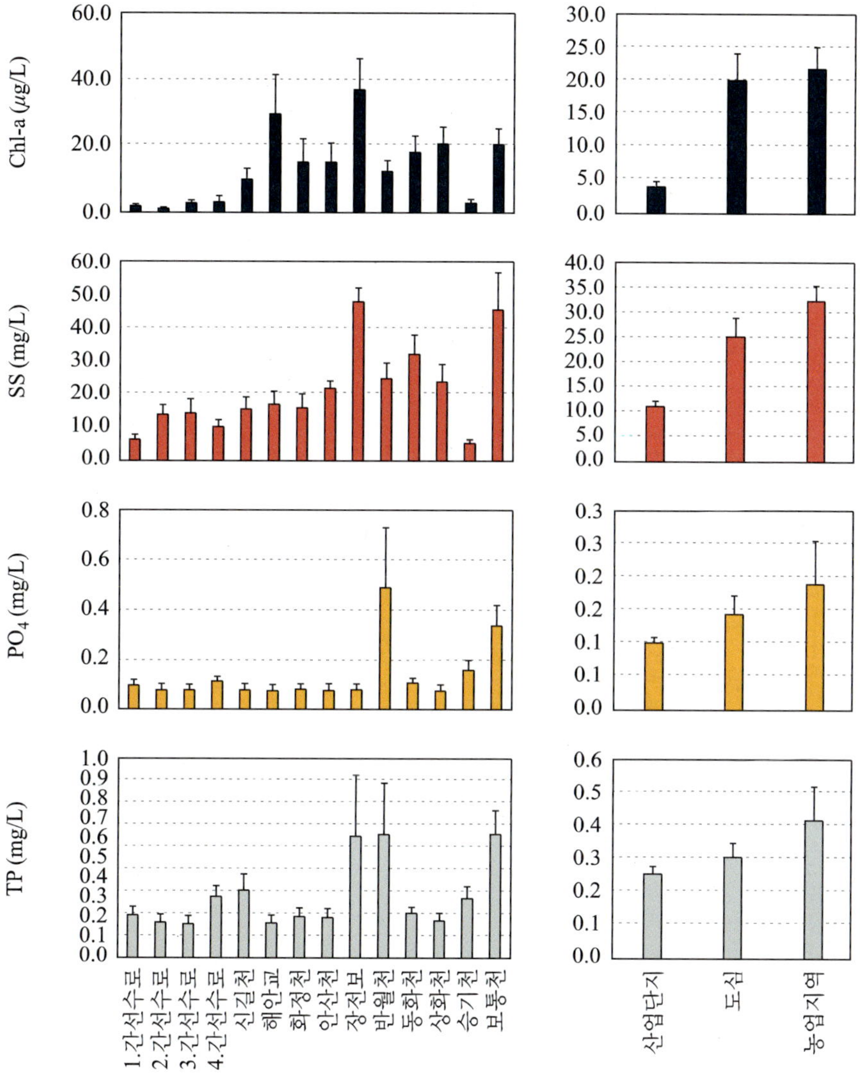

그림 6.2.4 (계속)

② 중금속

반월 산업단지(반월 스마트허브) 토구의 강우 유출수 내 용존과 입자성 중금속 연구 결과, 용존성 Co와 Ni은 강우 초반에 농도가 높고 이후 감소하는 경향이었으나, 그 외의 용존성 중금속과 입자성 중금속은 강우량 증가에 따라 농도가 큰 폭으로 증가하였다. 총 중금속 중 입자성 중금속이 점유율은 Pb(97.2%) > Cu > Cd > Co > Zn > Ni 순이었으며, 입자 - 용존 분배계수(K_d)를 통해 강우 유출수 내 존재하는 Pb는 다른 중금속보다 빨리 입자형태로 제거되었다(그림 6.2.5). 특정한 강우 사상이지만 1일 강우 동안 2개의 토구를 통해 유출되는 중금속의 총유출량은 Co 2.21 kg, Ni 30.5 kg, Cu 278.3 kg, Zn 398.3 kg, Cd 0.39 kg 및 Pb 40.0 kg으로 평가된다(나 등, 2014). 대규모 산업단지, 시화호의 유역면적, 연간 강우량 등을 고려하면 시화호에 많은 양의 중금속이 비점오염원으로 작용하고 있다. 용존성 Ni, Cu 및 Zn 평균농도는 수질기준 중 급성 독성에 해당한다. 입자성 중금속도 배경농도보다 매우 높은 농축계수(EF value)를 보이는데 Co를 제외한 입자성 중금속은 3과 7토구에서 very sever enrichment 또는 extremely severe enrichment 등급에 해당한다(나공태 등, 2014; 그림 6.2.6).

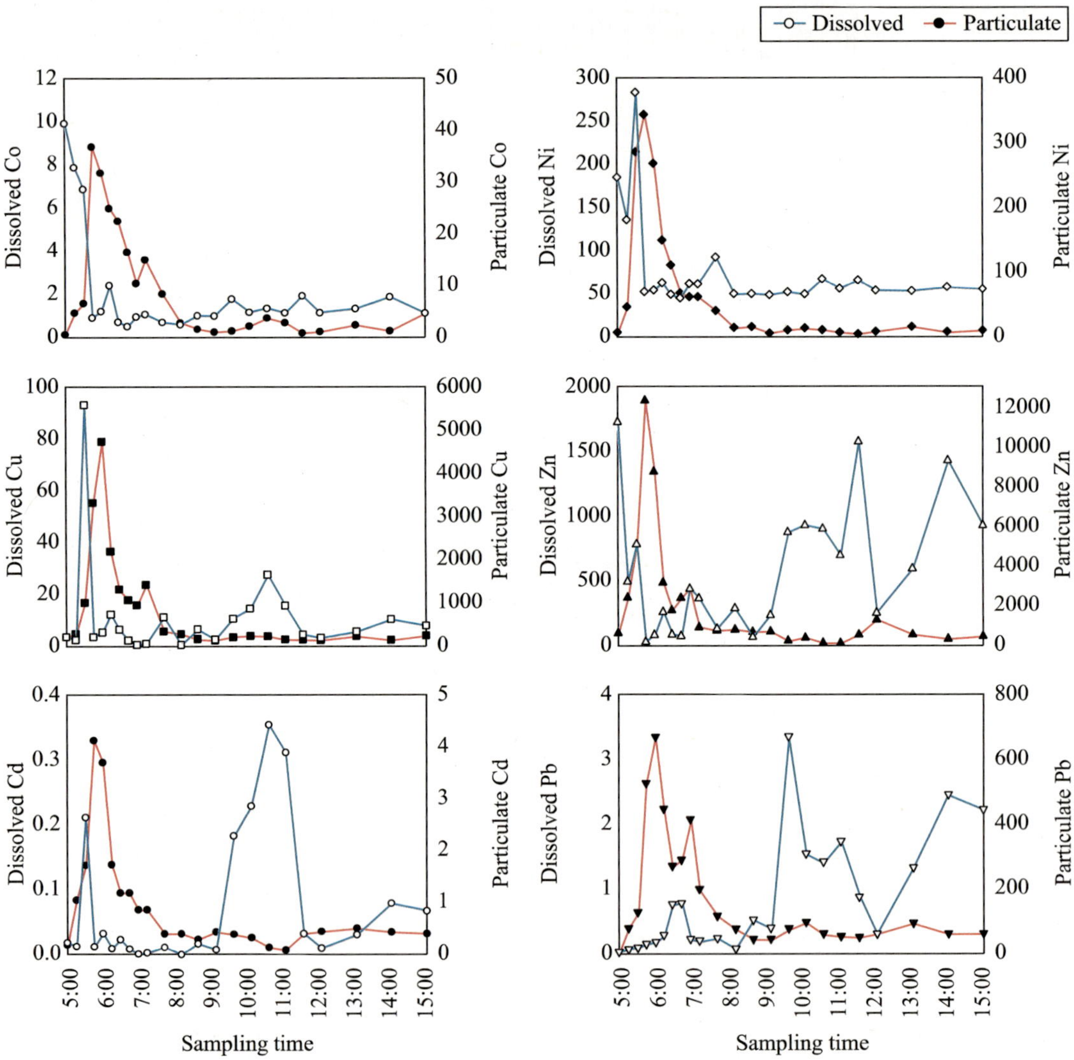

그림 6.2.5 강우시 반월산단 7토구에서 용존과 입자성 중금속 유출 특성(나공태 등, 2014)

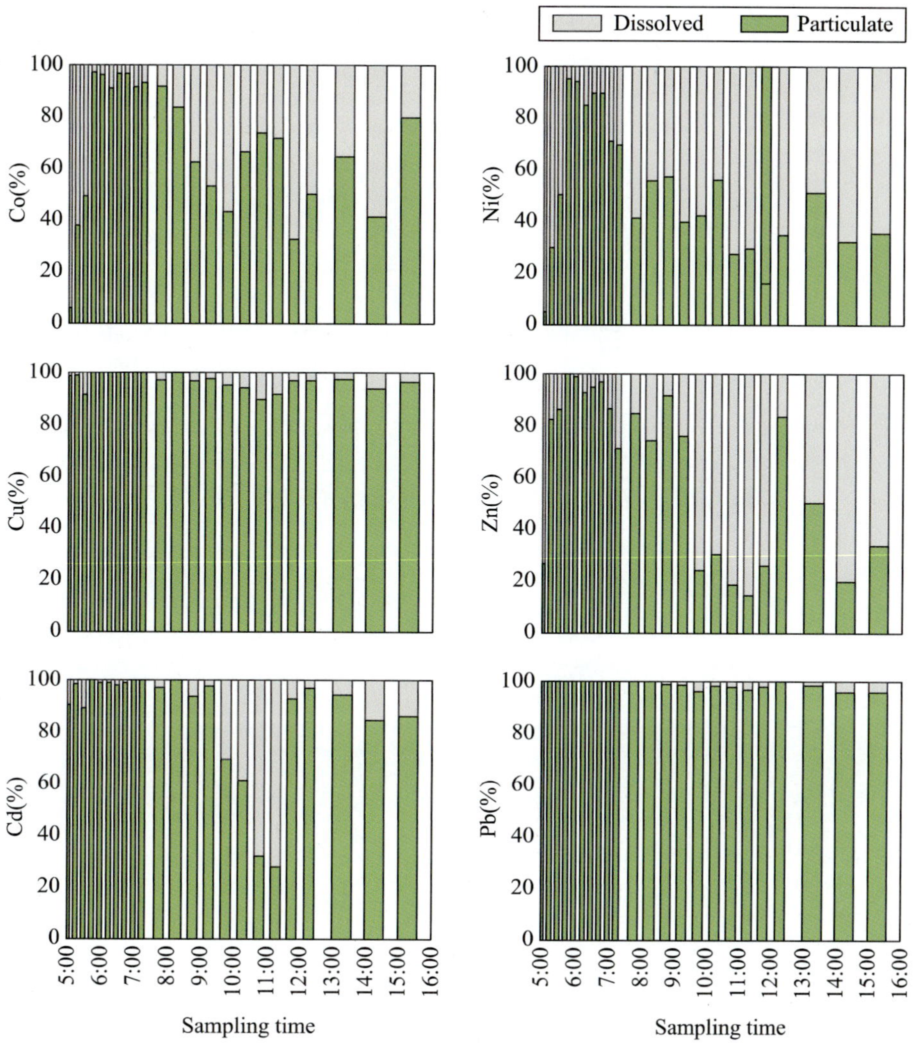

그림 6.2.5 (계속)

시화호 주변 유역 하천 퇴적물 내 중금속 조사결과, TOC, Cr, Ni, Cu, Zn, As는 신길천, Co는 1간선수로, Pb과 Hg는 4간선수로에서 최대농도를 나타내었다. 산업지역이 도심 및 농촌지역보다 높은 중금속 농도를 보였고, 산업단지 하천과 간선수로의 상세 조사에서도 높은 오염도를 보인다. 하천과 간선수로 퇴적물 내 중금속 농도를 국내 오염평가기준(국립환경과학원)과 비교하면 산업단지 주변의 하천은 3～4등급으로 저서생물에 영향을 크게 미치는 수준의 높은 오염도를 보인다(그림 6.2.7～8). 장기적인 변화에서는 Cr, Cu, Pb, Hg는 2010년 이후 감소하지만, Co, Ni, Zn, As, Cd는 비슷하거나, 오히려 최근 증가하는 경향이다(해양수산부, 2017).

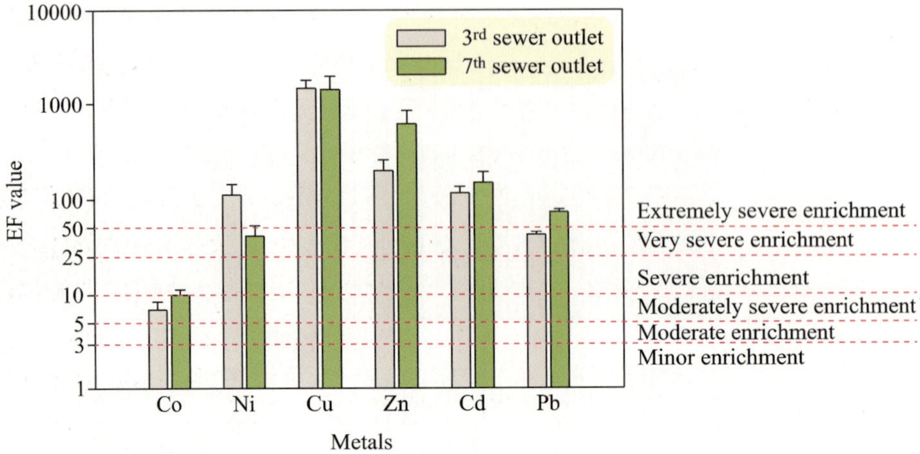

그림 6.2.6 강우시 반월산단 7토구에서 유출수의 입자성 중금속 농축계수(EF value)
(나공태 등, 2014)

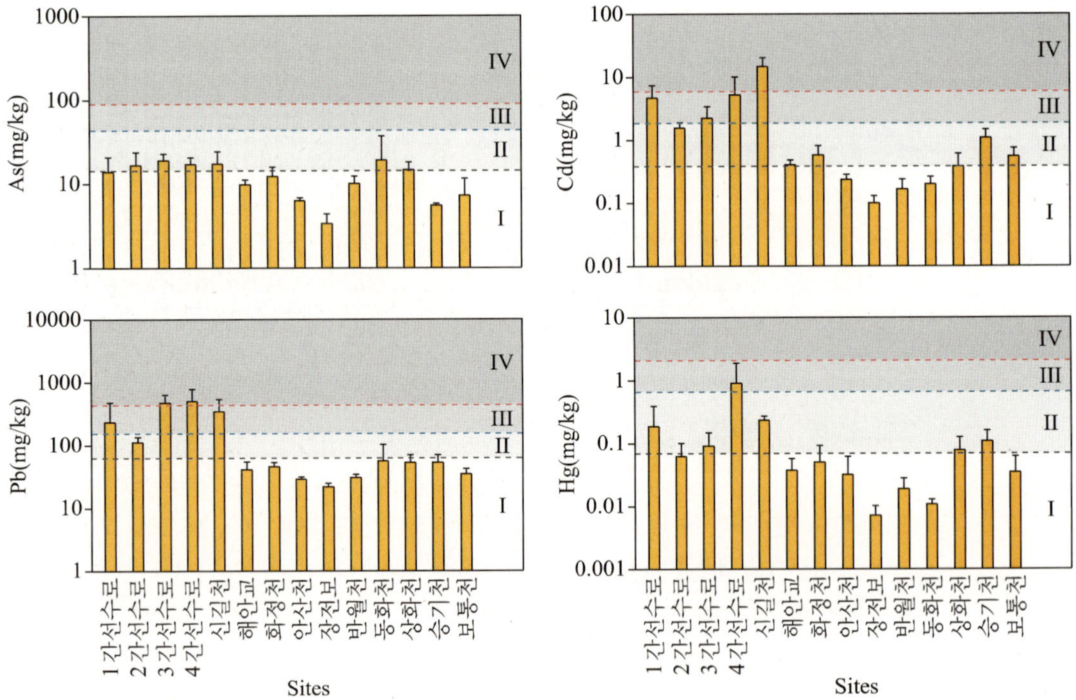

그림 6.2.7 하천 퇴적물 내 중금속 농도 분포(해양수산부, 2017)

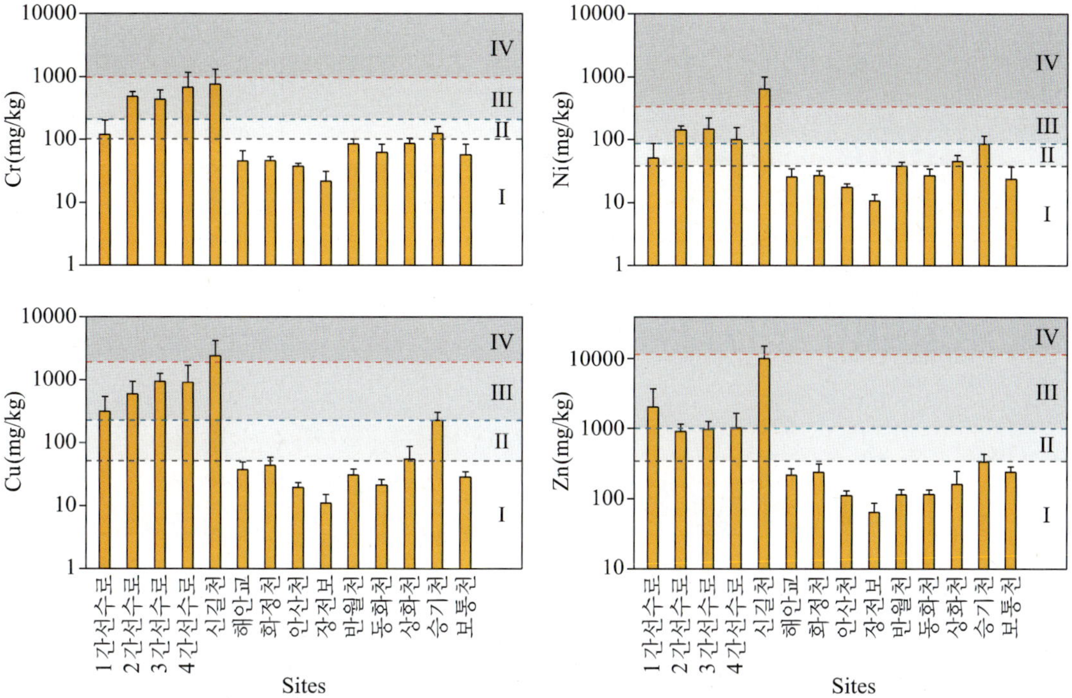

그림 6.2.7 (계속)

그림 6.2.8 산업단지 주변 하천 퇴적물 내 중금속 상세 조사 결과(해양수산부, 2017)

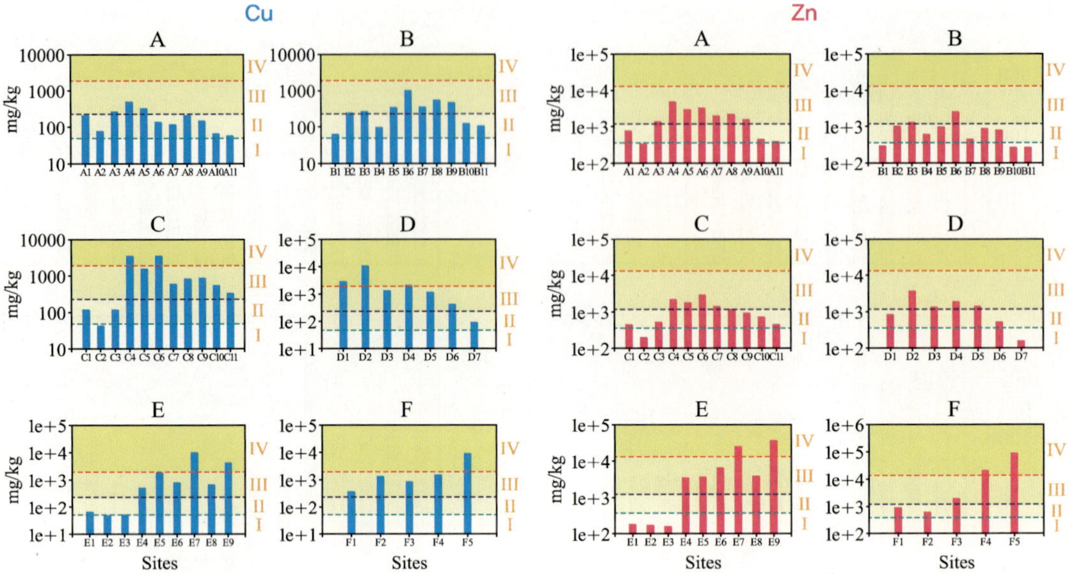

그림 6.2.8 (계속)

③ 유기오염물질

시화호 주변 하천과 시화호에서 다양한 환경 시료에 포함된 오염물질 연구 현황과 주요 결과는 그림 6.2.9에 요약되어 있다. 하천의 물과 퇴적물에서 PCBs, PAHs, NPs, PCDD/Fs, PBDEs, MeHg 등이 높게 나타났으며, 일부 오염물질은 세계적으로 가장 높은 수준의 오염도를 보였다.

안산·화정천 합류부, 신길천 및 4개 간선수로의 물에서 ∑NP은 0.32~875 μg/L, Coprostanol은 0.13~19.0 μg/L의 범위로 간선수로와 신길천에서 높은 농도를 나타내었다. 안산 및 시흥하수처리장 방류수에서도 이들 물질은 높게 검출되었는데 시흥하수처리장에서 더 높은 농도를 보였다. 하천수의 유출량과 하수처리장의 방류량을 고려한 ∑NP과 Coprostanol의 배출부하 점유율은 하수처리장이 절대적으로 많았다(그림 6.2.10; Choi et al., 2011).

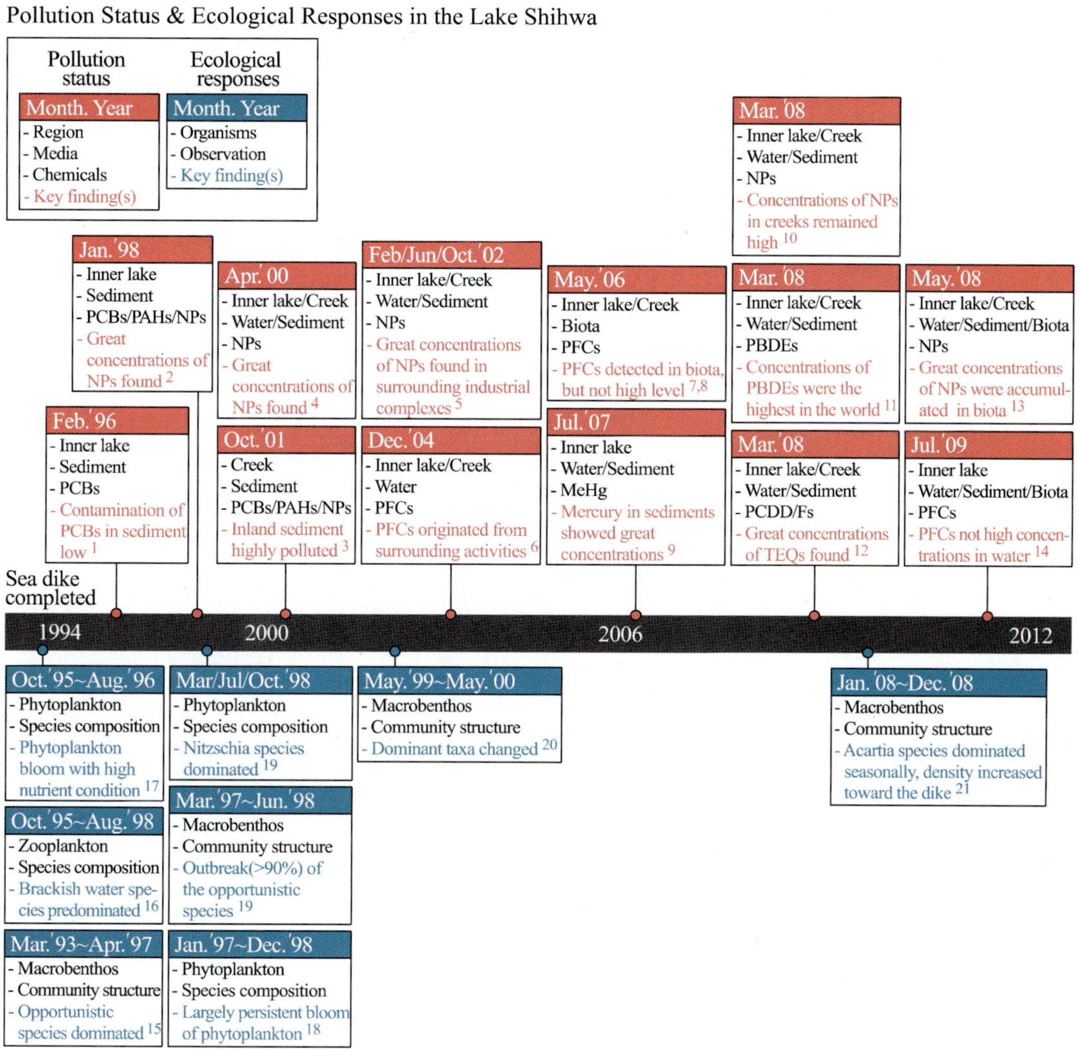

그림 6.2.9 시화호와 유역 수계에서 유기오염물질 및 생태계 현황(Lee et al., 2014 자료 재구성)

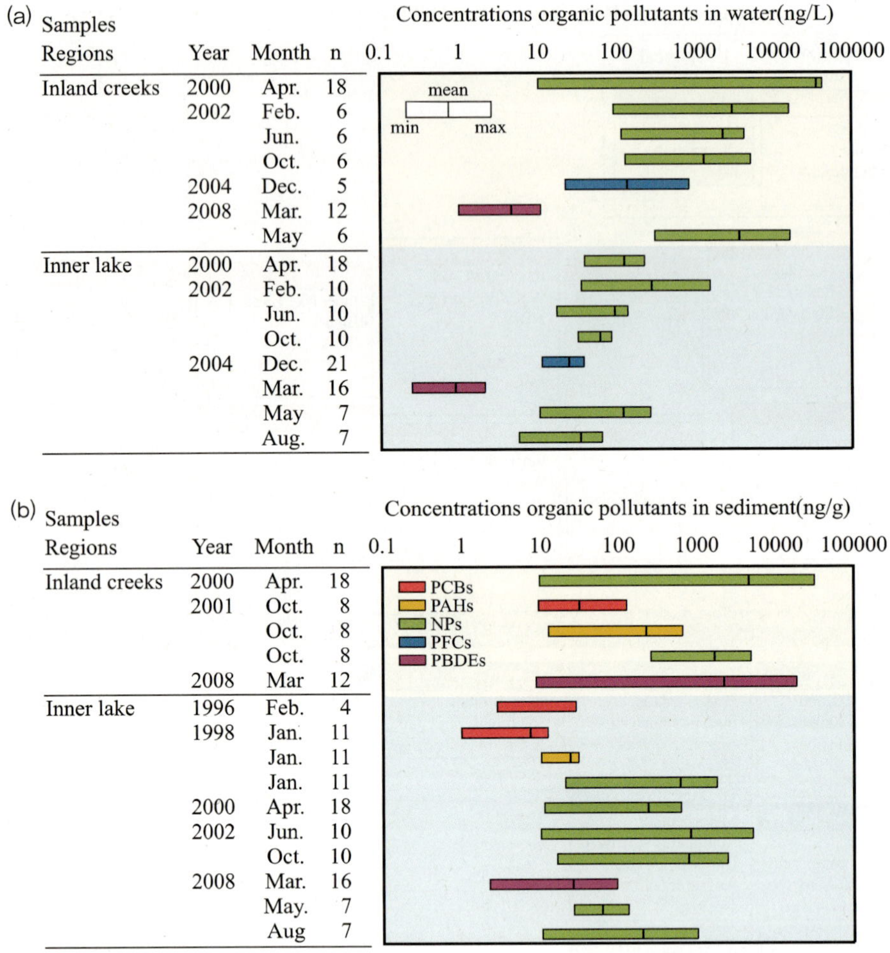

그림 6.2.9 (계속)

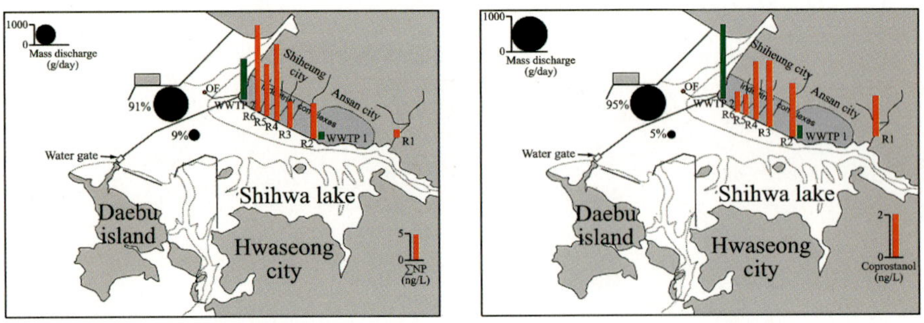

(a) Nonylphenols (b) Coprostanol

그림 6.2.10 시화호 유입 하천, 간선수로 및 하수처리장의 Nonylphenols와 Coprostanol 농도와 유출 부하(Choi et al., 2011)

건축물, 자동차, 섬유, 전자 및 전기 제품 등 다양한 산업에 난연제가 사용되고 있으며, 난연제는 할로겐계, 인계, 무기계 및 난연상승제 등으로 구분된다. 유기인계난연제(OPFRs)는 시화호 주변 하천과 간선수로에서 가장 높고 시화호 및 외해로 갈수록 낮아져서 하천과 간선수로에 오염원이 존재하고 있음을 지시한다(그림 6.2.11, 표 6.2.2). 하천과 간선수로의 물에서 PBDEs(브롬계난연제)는 OPFRs과 비슷한 농도 분포를 보이지만 2000년대 중·후반에 비해서 최근에는 농도가 낮아져서 위해성에 대한 인식과 관리, 대체제의 사용 증가에 따른 것으로 보인다.

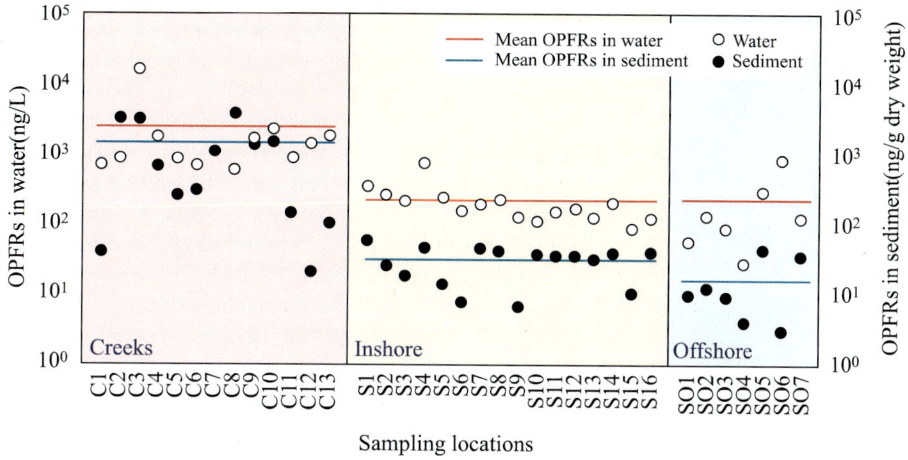

그림 6.2.11 시화호와 유역 하천, 외해 및 하수처리장 방류수 주변 물과 퇴적물 중의 유기인계난연제 농도 분포(Lee et al., 2018)

표 6.2.2 시화호와 유역 하천, 외해 및 하수처리장 방류구 주변 물과 퇴적물 중의 유기인계난연제 농도(Lee et al., 2018)

	DR[a] (%)	Creeks (n = 13)		Inshore region (n = 16)		Offshore region (n = 7)		near WWTP outfall(n = 7)	
		Ave ±SD	Min −Max	Ave ±SD	Min −Max	Ave ±SD	Min −Max	Ave ±SD	Min −Max
Water (ng/L)									
SS (mg/L)		1.2 ±0.7	0.45 − 3.0	1.1 ±1.1	0.45 − 5.0	1.7 ±0.60	0.52 − 2.3	2.6 ±0.56	1.5 − 3.2
TEP	100	459 ±1002	42.2 − 3677	67.5 ±39.7	28.9 − 152	26.0 ±9.33	16.7 − 40.6	81.7 ±47.1	39.6 − 167
TBP	98	40.3 ±19.6	15.6 − 72.9	22.9 ±23.6	0.57 − 68.8	5.75 ±6.29	<LOQ − 16.4	19.3 ±16.7	4.47 − 49.4

	DR[a] (%)	Creeks (n=13)		Inshore region (n=16)		Offshore region (n=7)		near WWTP outfall(n=7)	
		Ave ±SD	Min –Max	Ave ±SD	Min –Max	Ave ±SD	Min –Max	Ave ±SD	Min –Max
TCEP	100	706 ±1586	86.5 –5963	40.7 ±59.6	5.26 –261	72.2 ±140	3.26 –389	87.5 ±64.9	23.5 –186
TCPP	93	594 ±1361	68.3 –5102	31.0 ±57.4	<LOQ –244	55.2 ±121	<LOQ –329	67.1 ±55.4	13.3 –149
TDCPP	81	48.1 ±101	<LOQ[b] –325	1.49 ±0.89	0.19 –2.77	1.56 ±1.79	<LOQ –4.92	1.64 ±1.90	<LOQ –5.44
TBEP	100	436 ±187	145 –839	50.0 ±22.6	21.1 –103	29.8 ±17.1	2.88 –55.6	55.7 ±32.9	20.7 –107
EHDPP	65	9.87 ±15.2	1.91 –59.2	1.25 ±3.47	<LOQ –14.0	17.3 ±35.3	<LOQ –94.8	2.14 ±5.27	<LOQ –14.1
TPhP	91	25.6 ±27.5	5.14 –96.2	0.64 ±0.70	<LOQ –2.84	1.41 ±1.54	<LOQ –4.44	0.60 ±0.56	<LOQ –1.46
TEHP	50	4.96 ±3.445	1.46 –14.0	0.26 ±0.70	<LOQ –2.25	9.46 ±22.1	<LOQ –59.4	0.80 ±2.11	<LOQ –5.58
ΣOPFR[c]		2344 ±4134	597 –16,000	216 ±154	86.3 –738	221 ±282	28.3 –831	317 ±189	164 –627
Sediment (ng/g dry weight)									
TOC[d](%)		5.2 ±5.7	0.49 –17.4	0.68 ±0.21	0.23 –0.95	0.46 ±0.20	0.25 –0.69	0.44 ±0.10	0.29 –0.55
TEP	98	23.2 ±39.4	0.14 –138	0.19 ±0.11	0.02 –0.41	0.13 ±0.11	<LOQ –0.29	0.18 ±0.09	0.03 –0.28
TBP	84	6.44 ±9.92	0.18 –33.3	0.32 ±0.27	<LOQ –0.97	0.12 ±0.16	<LOQ –0.35	0.30 ±0.46	<LOQ –1.29
TCEP	91	57.9 ±83.8	0.47 –290	1.32 ±1.50	<LOQ –4.76	1.11 ±1.44	<LOQ –3.91	1.30 ±1.29	<LOQ –3.81
TCPP	72	637 ±842	3.41 –2500	2.91 ±4.00	<LOQ –16.2	0.26 ±0.49	<LOQ –1.35	0.74 ±0.94	<LOQ –2.18
TDCPP	65	103 ±132	13.2 –405	20.6 ±16.6	<LOQ –35.7	10.6 ±18.3	<LOQ –41.4	19.3 ±24.8	<LOQ –55.5
TBEP	60	213 ±764	<LOQ –2755	0.26 ±0.38	<LOQ –1.54	0.11 ±0.15	<LOQ –0.35	0.08 ±0.11	<LOQ –0.23
EHDPP	80	10.3 ±14.8	0.67 –47.6	3.13 ±4.92	<LOQ –15.6	2.33 ±3.48	<LOQ –7.43	2.35 ±4.05	<LOQ –10.3
TPhP	98	59.4 ±83.0	1.28 –257	1.28 ±1.01	0.17 –4.15	0.58 ±0.38	<LOQ –0.99	1.01 ±0.39	0.58 –1.49
TEHP	95	9.21 ±27.4	<LOQ –99.7	0.89 ±0.33	0.20 –1.32	1.36 ±0.54	0.40 –2.00	0.93 ±0.48	0.30 –1.57
ΣOPFR		1200 ±1337	21.2 –3800	31.1 ±15.6	6.56 –59.2	16.6 ±15.7	2.99 –42.8	26.2 ±22.4	6.85 –61.3

a DR = detection rate.
b LOQ = limit of quantification.
c ΣOPFR = sum of 18 OPFR compounds.
d TOC = total organic carbon.

(2) 시화호

시화호 오염과정에서 살펴본 문제들로 인해서 담수화 과정 중 시화호의 수질 및 퇴적물에서 다양한 형태의 오염이 발생되었고, 생태계는 급격히 악화되었다. 그 후속 조치로 진행된 오염원 저감, 배수갑문을 통한 해수 유통, 해수 유통량 대폭 확대와 신재생에너지 생산을 위한 조력발전소 건설 등으로 시화호 해양환경은 많은 개선을 이루고 있다. 시화호에서 주요한 오염물질별 오염도와 변화를 살펴본다.

① 일반수질

COD는 시화방조제 건설 후 급격히 증가하여 1997년에 17.4 mg/L까지 증가하였다. 1997년부터 본격적인 해수유통이 진행됨에 따라 COD는 뚜렷하게 낮아져서 2000년에 4.3 mg/L를 나타내었지만 수년간 정체 및 증가 추세를 보였다. 2006년부터는 COD 농도가 낮아지고 있으나 뚜렷한 감소는 보이지 않았으며(그림 6.2.12), 2016년에는 2 mg/L 내외를 보였다. Chl-a도 방조제 건설 후인 1997년에 최고 농도를 나타내었고, 해수 유통에 따라 급격히 낮아졌으며, 2000년대에는 연도별 다소의 변동이 있었지만 해수 유통 이전보다는 아주 낮은 농도를 유지하였다(그림 6.2.12; Lee et al., 2014). 그러나 TN과 TP는 최근에도 조사계절과 정점에 따라 높은 농도를 보인다(해양수산부, 2017).

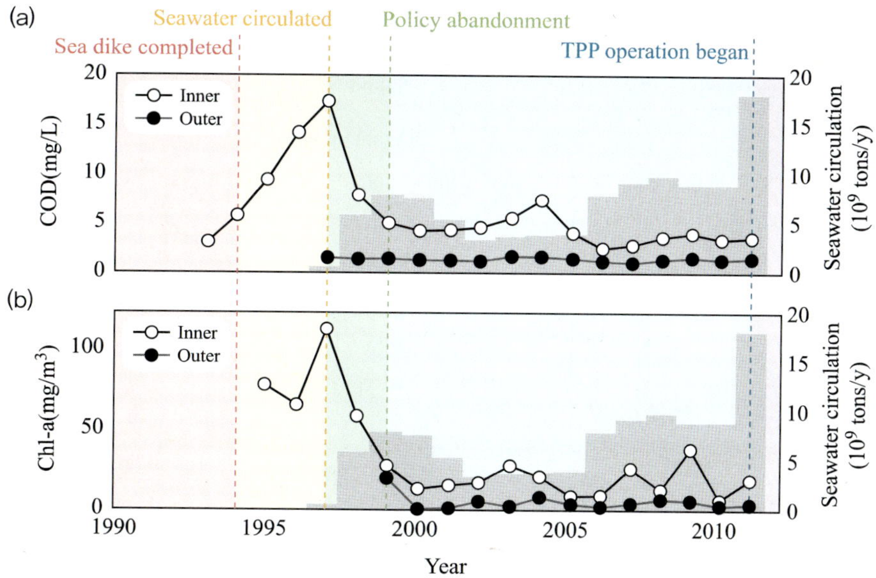

그림 6.2.12 시화호 내측과 외측 해역의 COD와 Chl-a 변화.

회색 막대는 배수갑문과 조력발전에 의한 해수 유통량(Lee et al., 2014)

시화방조제 건설 후 강한 성층 발달, 외부 및 자생 유기물과 영양염류 유입으로 인하여 수층의 DO에 큰 변화를 가져왔다. 담수 유입으로 표층은 낮은 염분을 나타내었고, 식물플랑크톤의 과다 증식으로 DO는 과포화되는 현상을 보였다. 그러나 저층은 발달된 성층으로 상층으로부터의 용존산소 공급제한과 저층수 및 퇴적물 내 다량의 유기물 분해에 산소가 지속적으로 소모되어 빈산소 수괴가 발달하였다. 시화호의 빈산소 수괴 발달은 하계에 특히 심하게 나타났다. 해수유통이 지속되면서 수층간의 염분차이는 감소하였고 빈산소 현상 및 빈산소 수괴 발생 수층의 깊이는 다소 완화되었다. 특히 조력발전 후 해수유통량이 증가되면서 빈산소 수괴 발생은 대부분 사라지게 되었다(그림 6.2.13; 국토해양부, 2012; Lee et al., 2014). 수질평가지수에 의한 수질 등급은 시화호 하류가 상류보다 양호하였으며 I~II등급을 보인다(해양수산부, 2017).

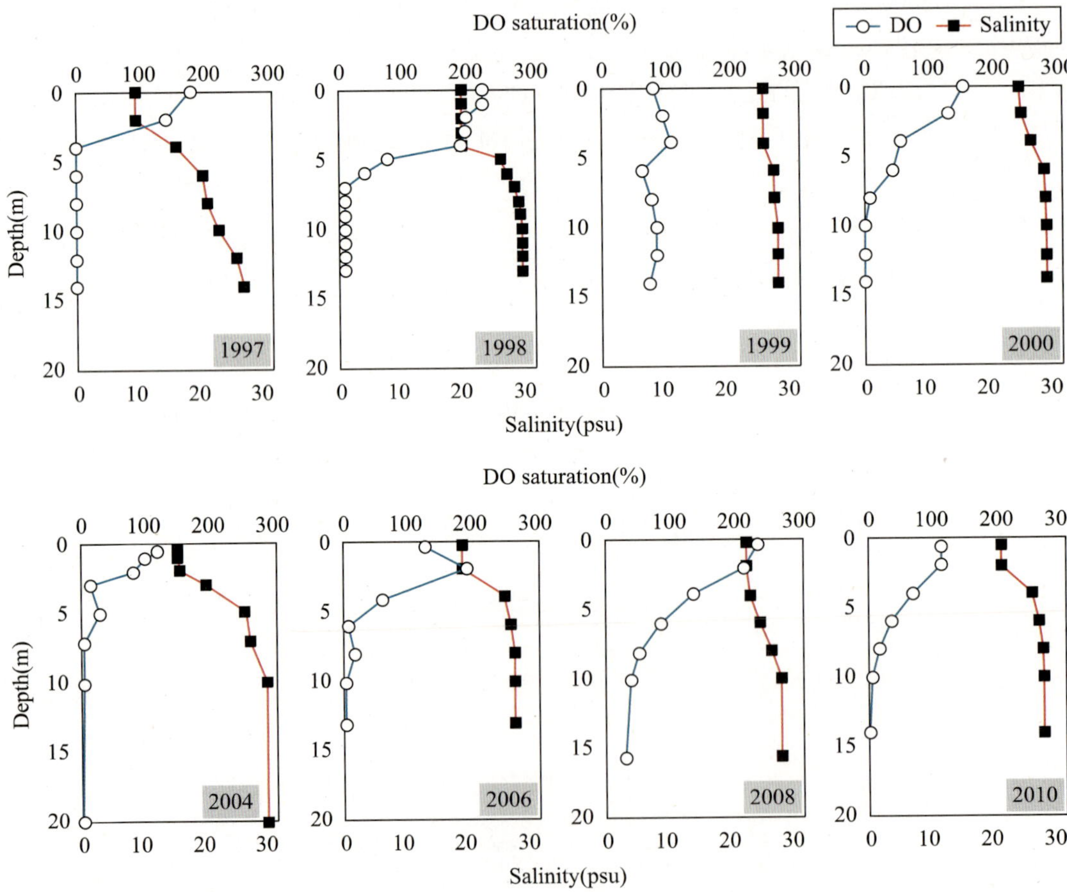

그림 6.2.13 시화호 연도별 DO 수직 분포와 저층수의 DO 변화(Lee et al., 2014, 국토해양부, 2012 자료 재구성)

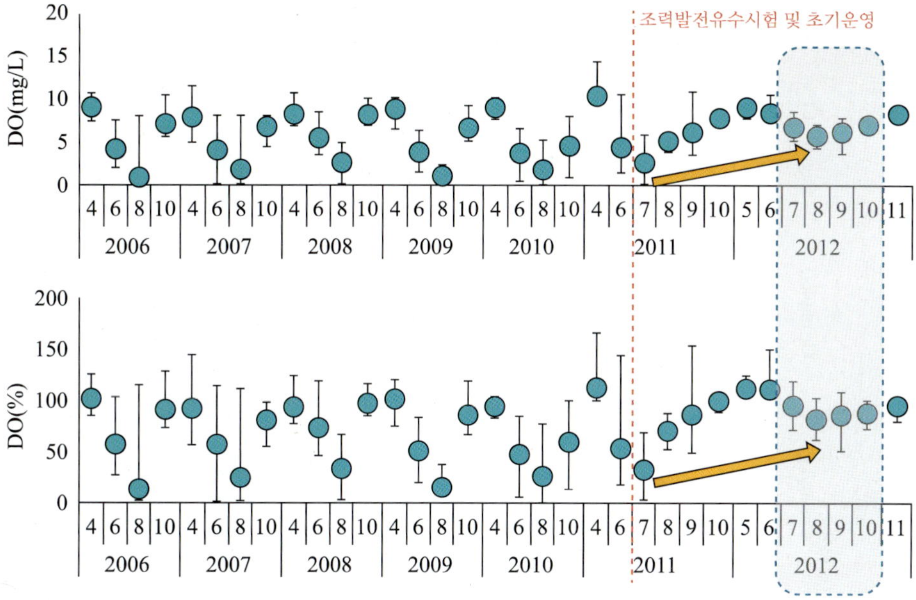

그림 6.2.13 (계속)

퇴적물 중의 유기탄소도 시화 방조제 건설 후 지속적으로 증가하여 1999년까지 증가하다가 담수화 포기 이후에 감소하였지만 외해보다는 높게 유지하고 있다(그림 6.2.14; Lee et al., 2014). 퇴적물의 용존산소 소비량은 시화호가 외측 해역보다 높았으며, 시화호 상류지역 정점에서 더 높게 나타나서 상대적으로 높은 유기물 함량과 그 분해에 많은 산소가 소모되고 있다. 암모니아-질소와 인산-인의 용출량도 상류지역에서 높았다(그림 6.2.15; 해양수산부, 2017).

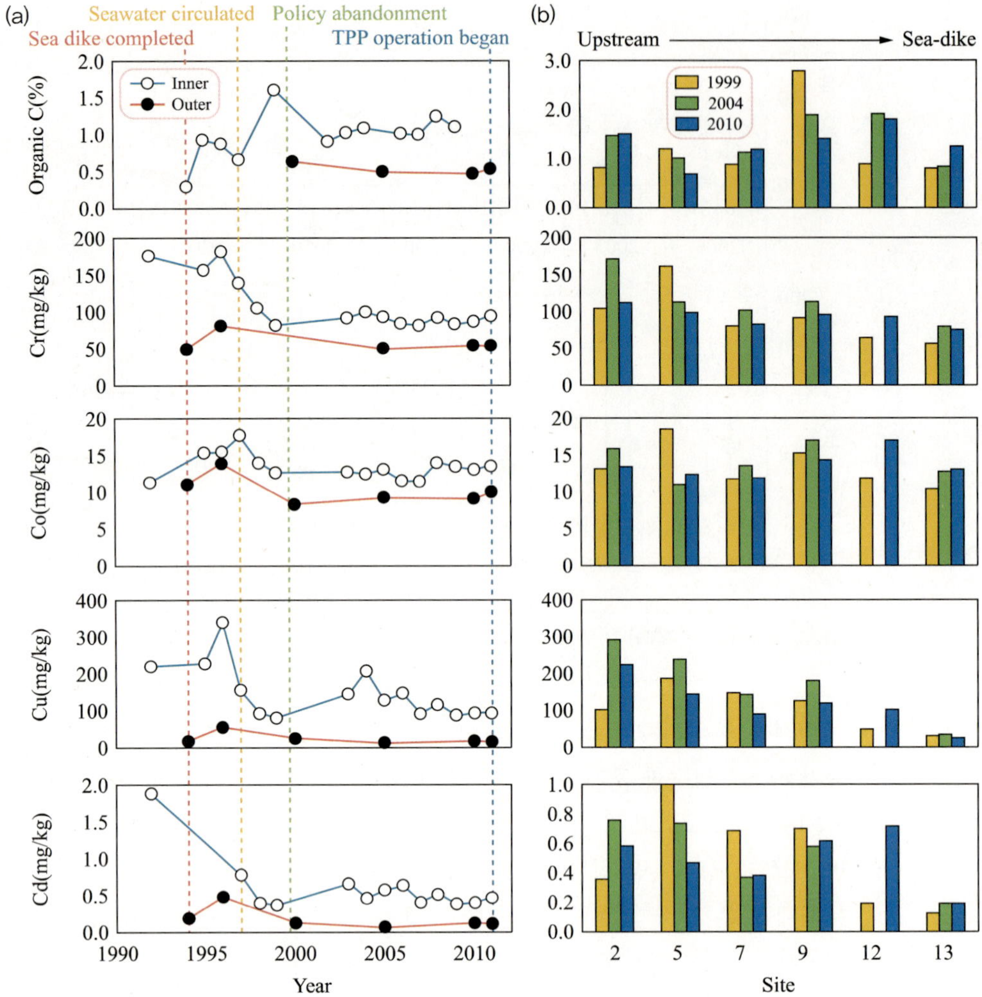

그림 6.2.14 시화호 내측과 외측 해역의 퇴적물 중의 유기탄소와 중금속의 시기 및 공간적 변화(Lee et al., 2014)

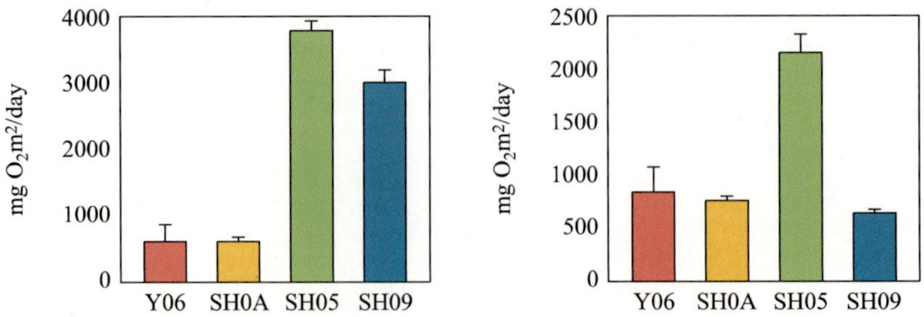

그림 6.2.15 시화호 내측과 외측 해역의 용존산소 소모량.

(좌) 2017년 6월, (우) 2017년 8월(해양수산부, 2017)

② 중금속

시화호 주상 퇴적물을 이용한 오염역사 및 오염도 평가에서 방조제 건설로 산업단지가 가동되는 1980년대 중반부터 방조제가 체절 및 해수 유통 초기인 1990년대 후반까지 중금속 농도가 증가하였으며, 해수화가 지속되면서 지체 및 감소하는 경향을 보였다. 그러나 중금속 농도는 오염원에 근접한 상류지역에서 높고 하류 및 방조제에 가까운 정점에서 낮은 농도를 보였다. 농축계수(EF)와 오염부하지수(PLI, Pollution Load Index) 평가에서 인위적 오염이 있는 것으로 나타났는데 특히 Cu, Zn, Cd의 오염이 심한 것으로 평가되었다(그림 6.2.16～17; 표 6.2.3; Ra et al., 2011).

시화호 표층 퇴적물의 중금속 평균농도는 해수유통으로 개선 추세를 나타내었다. 2000년 이후에는 다소의 증감이 있었으나 뚜렷한 개선을 보이지는 않았다(그림 6.2.16). 최근의 자료에 따르면 2017년 시화호 내측 표층퇴적물 내 중금속 농도는 예년과 마찬가지로 스마트허브에 인접한 상류지역에서 간선수로 및 하천을 통한 중금속 유입이 영향으로 상대적으로 높은 농도를 보였다. Cu, Zn, Pb은 호수 상류 또는 세립 퇴적물이 있는 호수 중앙부에서 해양환경기준의 주의기준을 초과하였지만 관리기준을 초과하는 경우는 없었다(해수부, 2017).

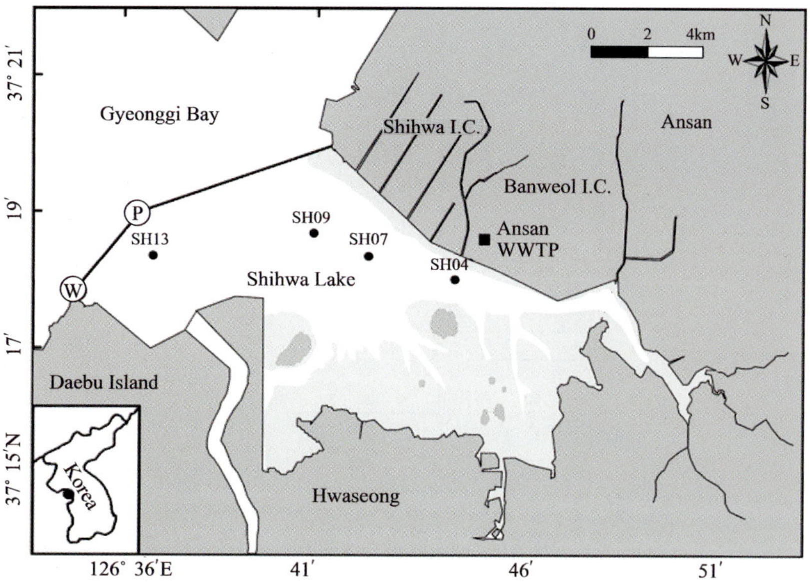

그림 6.2.16 시화호 주상 퇴적물 조사 정점 및 중금속 농도 수직 분포.

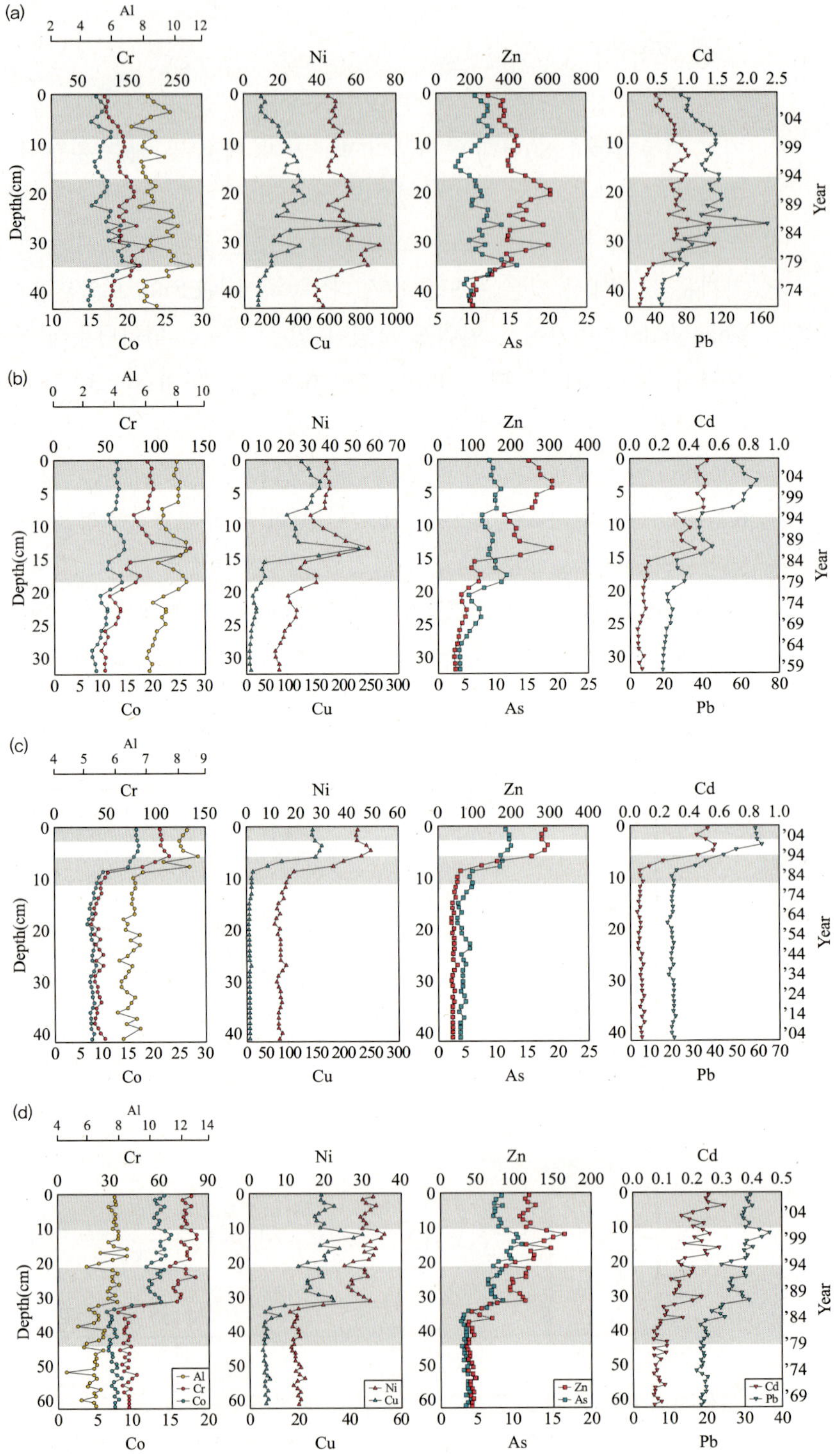

그림 6.2.16 (계속). (a) SH04, (b) SH07, (c) SH09, (d) SH13(Ra et al., 2011)

표 6.2.3 시화호 주상 퇴적물의 정점 및 주요 연대별 중금속 농도, 농축계수(EF), 오염부하지수(PLI)

Site	Year	Metal concentrations(μg/g)								EF								PLI
		Cr	Co	Ni	Cu	Zn	As	Cd	Pb	Cr	Co	Ni	Cu	Zn	As	Cd	Pb	
SH04	2001～2009	117	16.3	49	166	354	11.5	0.6	79	1.8	1.5	2.3	15.5	5.6	1.9	5.7	2.9	4.7
	1994～2001	140	16.3	48	303	417	9.4	0.9	100	2.3	1.5	2.3	28.6	6.8	1.6	7.9	3.7	5.6
	1979～1994	154	17.9	57	335	474	11.4	0.9	96	2.2	1.5	2.5	28.4	7.0	1.7	7.1	3.2	6.0
	1974～1979	126	15.6	42	111	224	10.0	0.3	46	2.0	1.4	2.0	10.1	3.5	1.7	2.2	1.7	3.4
SH07	2001～2009	96	12.4	39	131	273	9.2	0.5	61	1.6	1.2	1.9	12.6	4.5	1.6	4.5	2.3	3.7
	1994～2001	92	12.0	37	124	253	9.4	0.5	56	1.6	1.2	1.9	12.4	4.3	1.7	4.4	2.2	3.5
	1979～1994	95	12.2	39	98	183	9.0	0.3	35	1.6	1.2	1.9	9.5	3.1	1.6	2.7	1.4	2.9
	1957～1979	59	9.2	20	14	63	5.5	0.1	21	1.1	1.0	1.1	1.6	1.2	1.1	0.9	0.9	1.3
SH09	2001～2009	106	16.3	45	136	281	11.8	0.5	59	1.7	1.5	2.2	12.9	4.6	2.0	4.5	2.2	4.1
	1994～2001	108	16.6	49	151	288	12.0	0.6	56	1.8	1.5	2.4	14.4	4.7	2.1	5.2	2.1	4.3
	1979～1994	74	11.9	29	49	115	8.1	0.2	29	1.3	1.2	1.5	4.8	2.0	1.5	1.7	1.2	2.1
	1901～1979	41	7.1	14	7	42	4.1	0.1	20	0.9	0.8	0.8	0.9	0.9	0.9	0.9	1.0	0.9
SH13	2001～2009	77	13.4	32	30	116	7.7	0.2	31	1.4	1.4	1.7	3.0	2.1	1.4	2.3	1.2	2.2
	1994～2001	77	13.7	32	33	128	9.2	0.2	31	1.4	1.4	1.7	3.4	2.3	1.8	2.2	1.3	2.3
	1979～1994	56	9.8	21	17	73	5.4	0.1	25	1.1	1.1	1.2	1.9	1.4	1.1	1.5	1.1	1.4
	1967～1979	41	7.2	13	7	41	3.6	0.1	19	0.9	0.9	0.8	0.9	0.9	0.8	1.1	1.0	0.9

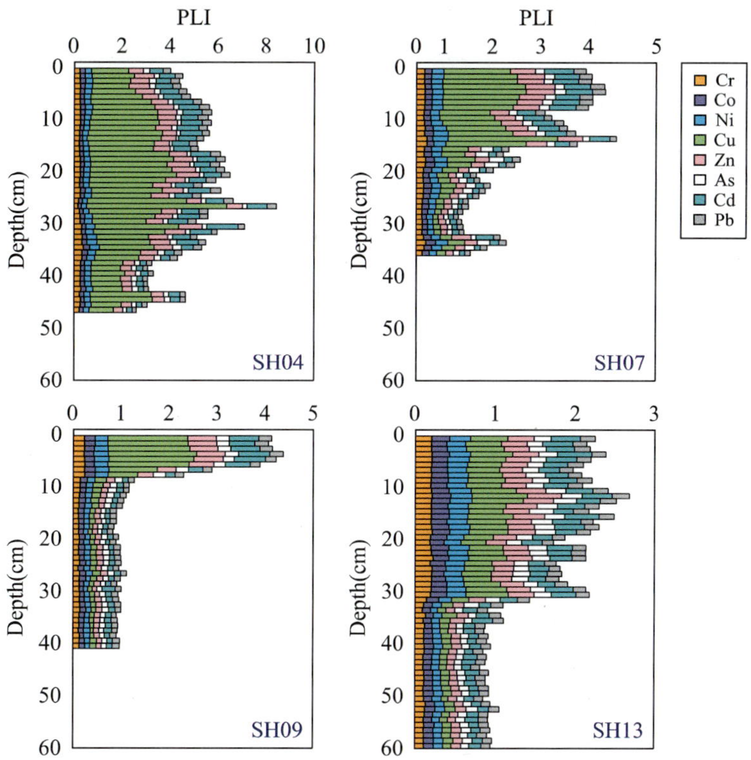

그림 6.2.17 시화호 주상 퇴적물에서 중금속 오염부하지수(PLI)의 수직 분포

③ 유기오염물질

시화호의 물과 퇴적물 등에 대한 유기오염물질 연구는 1990년대부터 2000년대 초까지는 PCBs, PAHs, 노닐페놀류 등에 대하여 수행되었으나 최근에는 난연제, 과불화 화합물 등에 대하여 이루어졌다. 노닐페놀류의 공간적 분포는 공단지역에서 방조제 배수갑문방향(하류지역)으로 가면서 농도가 감소하는 추세를 보였다(그림 6.2.18; 해양수산부, 2002). 시화호에서 이들 오염물질에 대한 고정 정점의 정기적인 모니터링이 이루어지지 않아서 경년변화를 파악할 수는 없다. 다만 노닐페놀류는 다른 유기오염물질보다 상대적으로 많은 연구 자료가 있으며, 2008년은 과거보다 농도 범위와 평균 농도에 있어 낮게 나타났다(그림 6.2.18; Lee et al., 2014).

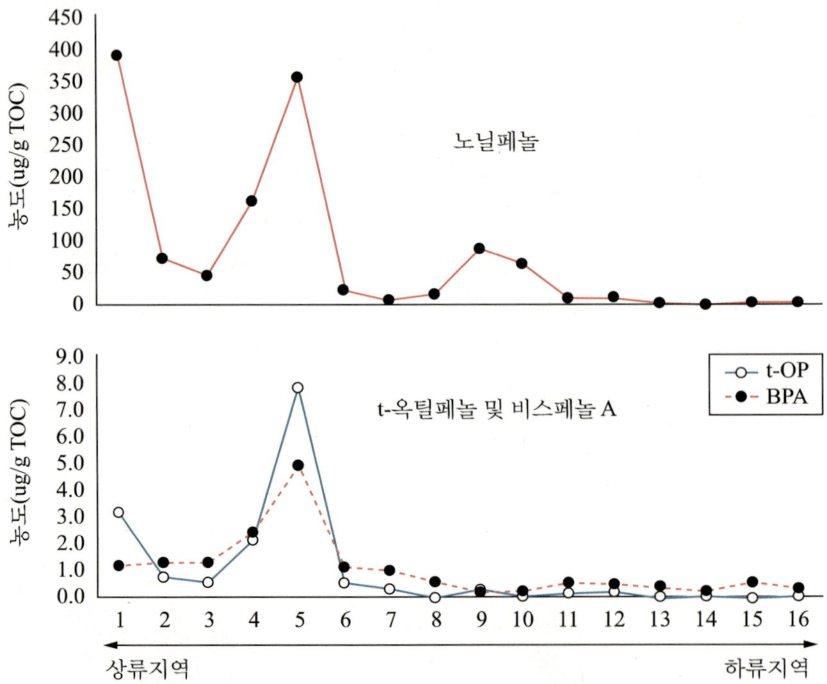

그림 6.2.18 시화호 표층 퇴적물중의 페놀화합물 분포(2002년)

④ 갯벌 생태계

시화방조제 건설, 해수유통 전·후의 수층 염분 및 저층수의 용존산소 농도의 변화는 저서동물군집의 종조성에 큰 변화를 가져왔다. 공사 이전 이 지역에서는 평균 40여 종의 해양 저서동물이 보고되었다(KORDI, 1981). 방조제가 완공되면서 출현종수는 급격하게 감소하였으며, 담수화가 시작된 1995년부터 1997년 여름까지는 저서동물이 매우 제한적으로 출현하였다. 특히 빈산소층이 형성되었던 시기에는 시화호 대부분의 해역이 무생물대로 변하였다. 갑문을 통한 해수의 상시 유통이 진행되면서 시화호의 저서동물은 큰 폭의 증가와 감소가 반복되는 양상으로 바뀌었다. 즉, 해수유통 이후 저층 환경이 개선되는 시기에는 저서동물의 종수가 증가하였다가 여름철에는 빈산소층의 형성으로 저서동물이 사라져버리는 경향이 계속되고 있었다(그림 6.2.19). 그러나 갑문해역에는 해수 상시유통 이후 종수의 급격한 증가가 나타났으며 여름철에도 저서동물이 지속적으로 군집을 유지하였다(국토해양부, 2011b).

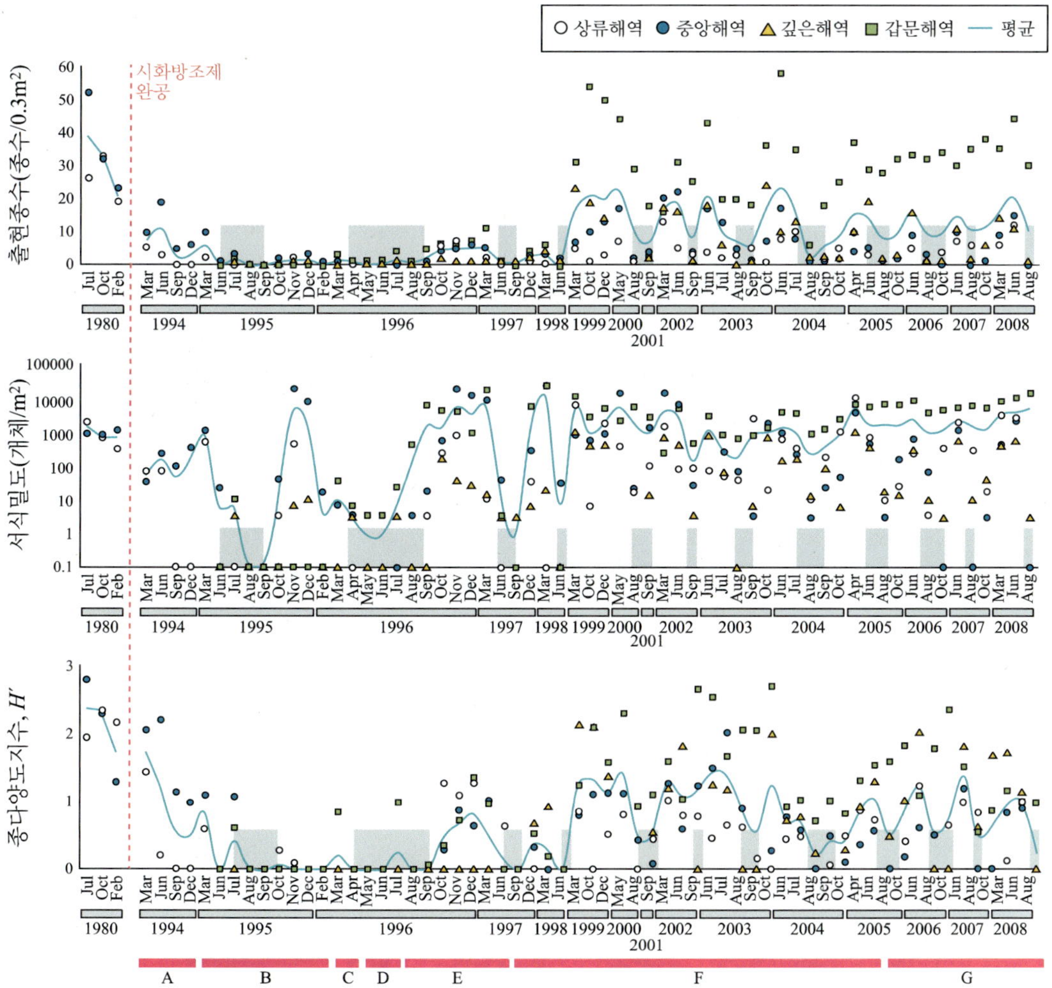

그림 6.2.19 시화호 대형저서동물의 종수, 서식밀도, 종다양도지수의 장기 변동.

A~G는 갑문조작 정도를 표시(A: 수시개 방, B: 폐쇄, C: 일시적 개방, D: 재폐쇄, E: 간헐적 개방, F: 조석주기에 맞춘 개방과 폐쇄, G: 인위적인 폐쇄 및 개방). 채워진 사각형은 저층수 내 빈산소층 형성기간 표시(국토해양부, 2011b)

시화방조제 건설로 사라진 갯벌은 인위적이지만 조력발전소 가동으로 일부 드러나게 되었다. 남측 갯벌에서 조력발전 가동 후 출현종수, 종다양도지수 등과 같은 저서동물군집의 제반지수가 증가 후 안정화되었다. 그리고 오염지시종이 군집 내에서 차지하는 비율이 감소되었으며, 군집의 교란정도를 지시하는 서식지교란도지수(SEP 지수)가 빠르게 감소하는 경향을 보였다(그림 6.2.20).

조력발전 후 새롭게 가입한 주요 갑각류들은 기존에 상부조간대에 정착한 것과는 달리, 2016년에는 중·하부조간대까지 서식범위가 확장되었다. 특히, 엽낭게(*Scopimera globosa*), 길게(*Macrophthalmus japonicus*), 쏙(*Upogebia major*)의 경우에는 상대적으로 좁은 서식면적에도 불구하고 높은 개체수가 관찰되어, 2017년에는 가장 높은 추정량(330.6×10^6개체)을 보였다(그림 6.2.21). 2017년에 패류자원 중 맛(*Solen strictus*)은 서식면적 12.2 km^2, 추정량 317.2×10^6개체, 1,205.4 ton으로 가장 넓은

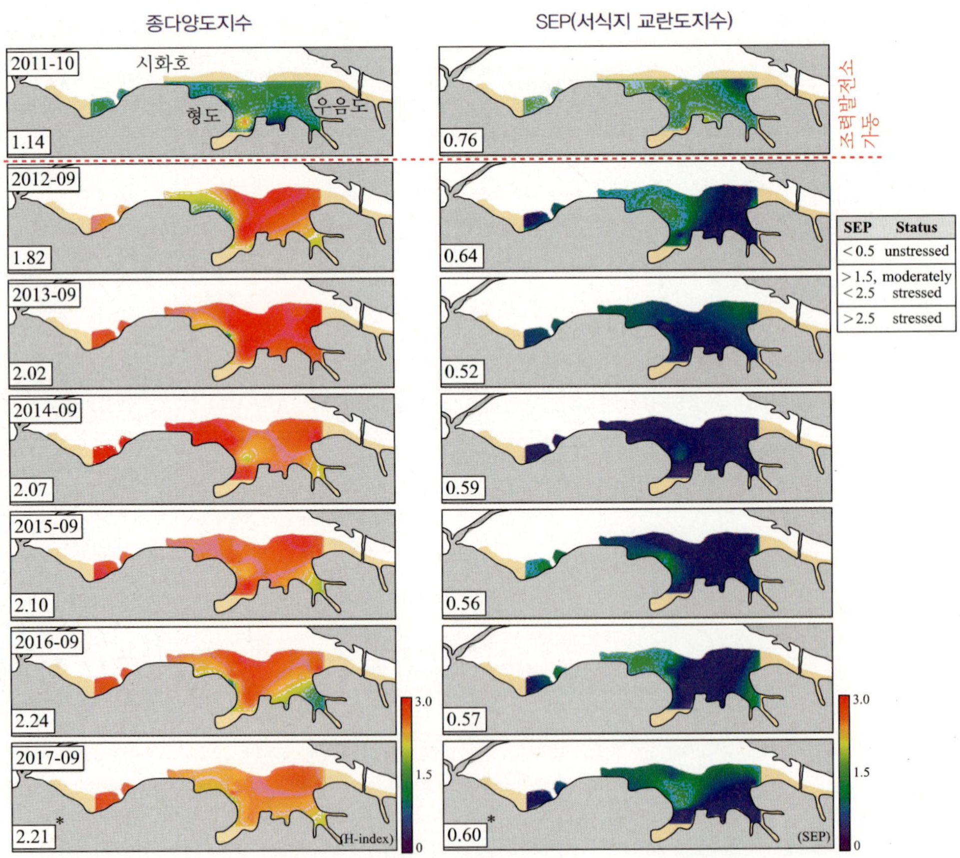

그림 6.2.20 시화호 남측 갯벌에서 대형저서생물의 종다양성지수와 서식지교란지수의 연도별 변화. 박스* 안 숫자는 평균값

서식범위와 가장 많은 개체가 서식하는 것으로 추정되었다. 기타 패류자원(동죽, 맛, 가무락)의 서식범위는 2016년과 유사하였으나, 무분별한 남획 등의 인간영향으로 개체수 감소현상이 관찰되었다. 향후 시화호 환경 개선에 기여하고, 패류자원의 유지 및 증대를 위한 관리 방안의 마련이 필요하다(해양수산부, 2017).

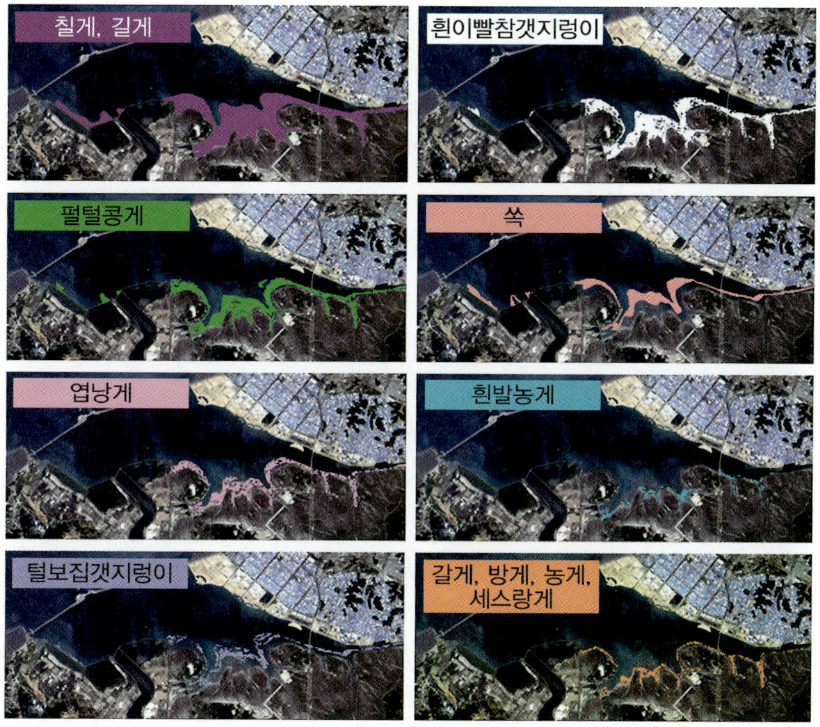

그림 6.2.21 시화호 남측 갯벌에서 주요 우점종의 서식지 분포도

6.3 마산만 연안관리 사례

1 마산만 연안오염총량관리제를 통한 환경관리

(1) 마산만 개요 및 환경관리 현황

마산만은 100만 이상의 인구를 가진 창원시로 둘러싸인 반폐쇄성 내만으로 1970년대부터 대규모 자유무역과 산업단지들이 형성되면서 오염부하량이 계속적으로 증

가되어 왔다. 이에 마산만은 인위적인 오염물질의 지속적인 공급으로 해양오염뿐만 아니라 적조발생 및 저층 빈산소 수괴와 같은 부차적인 환경 문제들이 발생하고 있다(Lee and Min, 1990; Yoo, 1991; Yim et al., 2005).

마산만으로 공급되는 오염물질은 주로 인근의 하천(삼호 - 산호천, 창원천 등)이나 해양방류구(덕동, 진해 하수종말처리장) 그리고 퇴적물로부터의 용출에 의해서 공급되는 것으로 알려져 있으며(조홍연 등, 1998; 박성은 등, 2009; 조경제 등, 1998), 조경제 등(1998)은 진해만과 마산만으로 유입되는 오염부하량의 약 80～90%가 마산, 창원 유역으로부터 공급되는 것으로 보고하였다. Lee et al.(2009)은 마산만으로 해저지하수를 통해서 공급되는 영양염 또한 상당 부분 기여하는 것으로 보고하였다. 마산만으로 유입된 오염물질은 마산만의 해수 유동 및 외해수와의 교환이 원활하지 못하여 오염이 더욱 가중되고 있다(신승호 등, 2004). 오염물질의 지속적인 공급은 마산만과 진해만의 봄과 여름에 저층 빈산소 수괴를 야기시키고 빈산소 수괴는 6월 초부터 시작하여 10월 중순까지 지속되는 것으로 알려져 있다(김숙양 등, 2012). 빈산소 수괴의 형성은 마산만 내에 서식하는 유영·저서생물의 호흡이나 생리작용에 직접적인 영향을 미치는 것으로 보고되었다(김숙양 등, 2012). 마산만 내 유해성조류대번식(적조)은 단일종(규조류 또는 와편모조류) 또는 혼합종에 의해서 1980년대까지는 주로 여름(7～9월)에 집중되었으나, 최근에는 매년 3월부터 11월까지 발생하고 있다(김창훈 등, 1997; 조경제 등, 1998; 곽승국 등, 2001). 1980년 이전에 유해성조류대번식은 주로 만 안쪽에서만 발생하였으나, 1980년대 이후 만 바깥쪽에서도 빈번하게 발생하고 있다(Yoo, 1991; 조경제 등, 1998). 이러한 유해성조류대번식은 번성 후 사멸하고 사체가 분해되는 과정에서 저층 빈산소 수괴를 더욱 심화시키고 있다(국립수산과학원, 2009).

Lee and Min(1990)은 마산만 내에서 1983년부터 1988년까지 마산만 내 오염 지표로 이용되는 주요 인자들에 대한 장기변화 양상을 분석하였다. 1980년대 중반 이후 해수 중 총질소와 용존무기인의 농도가 지속적으로 증가하는 양상을 보였으며, 화학적 산소요구량(COD)은 국내의 오염이 진행되고 있는 주요 해역인 부산연안, 울산연안, 진해만에 비해 약 2～3배 높은 수준이었다.

마산만 내 해양환경 오염이 심화됨에 따라 1975년에는 가포해수욕장 폐쇄, 1979년에는 어패류 채취금지 등의 조치가 취해졌다. 1982년에는 육역을 포함한 마산만을 특별관리해역으로 지정하였으며(해역: 142.99 km^2, 육역: 157.66 km^2), 2007년에는 마산만의 해양환경을 획기적으로 개선하기 위해서 전국 최초로 연안오염총량관리제도를 도입하였다. 연안오염총량관리제도는 해역의 환경관리 목표 수질을 설정하고, 목표수질의 유지·달성을 위해 해역으로 유입되는 오염물질의 허용부하량을 산정하여 유역에서 배출되는 오염물질의 총량을 허용부하량 이내에서 관리하는 제도이다.

마산만의 공유수면 매립은 항만시설용지 조성을 위해 1976년 최초로 매립(22,147 m^2)을 시작한 이후 주택·군용지·공공시설·어항용지 등의 조성을 목적으로 꾸준히 진행되어 왔다. 총 매립건수는 39회, 누적면적은 8,680,171 m^2로 건당 222,568 m^2의 규모이다(그림 6.3.1)(국토해양부, 2012).

마산만은 남북 길이 약 8.5 km, 동서 폭이 약 5 km이며, 평균조차가 약 1.3 m, 내만 평균 유속은 10 cm/sec 이하로 해수교환이 원활하지 않다(국토해양부, 2012). 유로가 짧고 구배가 급한 10여개의 필종 하천이 마산만과 연결되어 있다.

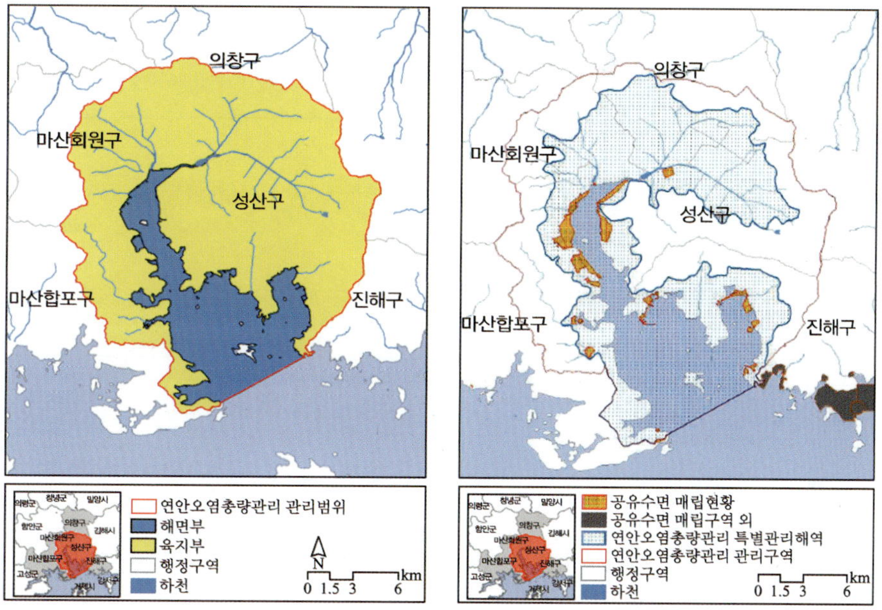

그림 6.3.1 마산만 특별관리해역 연안오염총량관리 관리구역 및 공유수면 매립 현황 (국토해양부, 2012)

2 마산만 오염평가

(1) 해양환경인자의 장기변동 특성

마산만에서 지난 20년간 해양환경인자들의 장기변동 양상과 마산만 연안오염총량관리제도 도입 전후의 마산만 오염 상태 변화를 살펴보았다(그림 6.3.2)(박미옥 등, 2018).

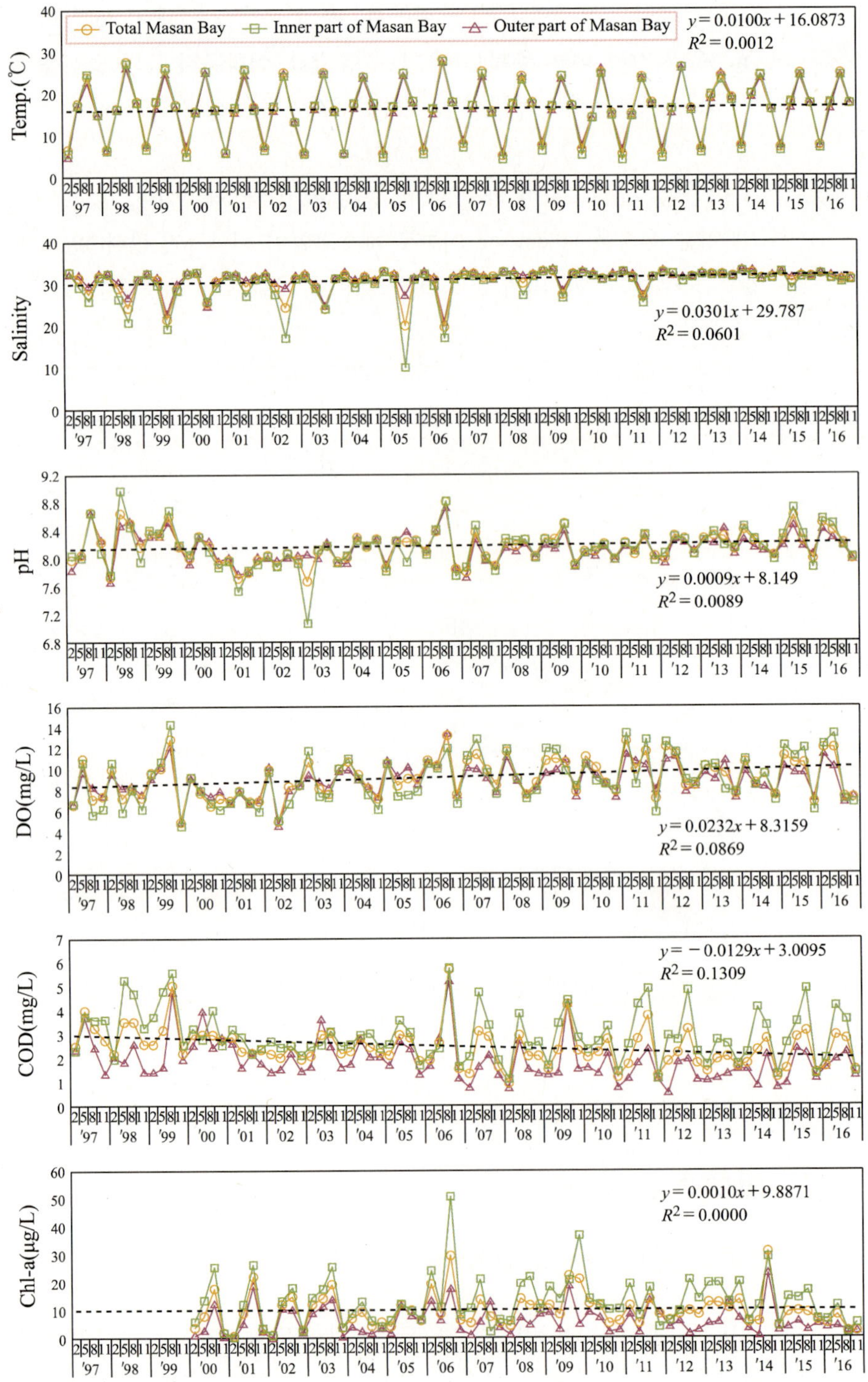

그림 6.3.2 1997년부터 2016년까지 마산만 표층수 중 해양환경인자들의 장기 변동 (박미옥 등, 2018)

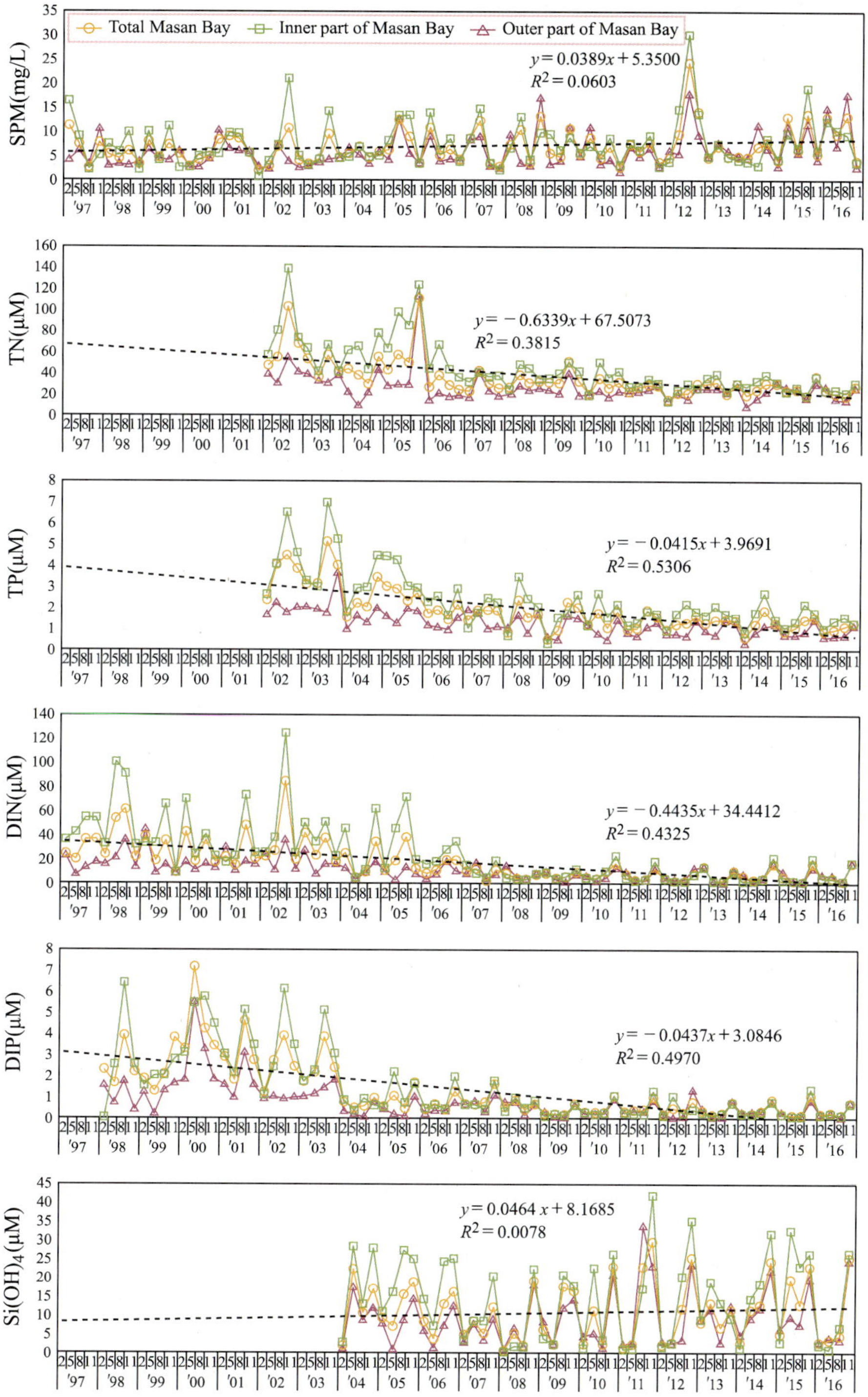
Total Masan Bay
Inner part of Masan Bay
Outer part of Masan Bay
SPM(mg/L)
$y = 0.0389x + 5.3500$
$R^2 = 0.0603$
TN(μM)
$y = -0.6339x + 67.5073$
$R^2 = 0.3815$
TP(μM)
$y = -0.0415x + 3.9691$
$R^2 = 0.5306$
DIN(μM)
$y = -0.4435x + 34.4412$
$R^2 = 0.4325$
DIP(μM)
$y = -0.0437x + 3.0846$
$R^2 = 0.4970$
$Si(OH)_4$(μM)
$y = 0.0464x + 8.1685$
$R^2 = 0.0078$
'97
'98
'99
'00
'01
'02
'03
'04
'05
'06
'07
'08
'09
'10
'11
'12
'13
'14
'15
'16

그림 6.3.2 (계속)

① 일반수질 현황

마산만 표층 수온은 3.81～30.00℃(평균 16.49±6.79℃) 범위로 8월(평균 25.31℃)에 가장 높고 2월(평균 6.65℃)에 가장 낮은 전형적인 계절적 변화 양상을 보였다(박미옥 등, 2018). 겨울(2월)에 비해 여름(8월)에 표층 수온이 약 3.8배 높았다. 표층 염분은 2.52～34.30 psu(평균 31.01±3.29 psu) 범위로 강수량이 증가하는 8월(평균 27.86 psu)에 가장 낮았고 염분의 변동폭이 가장 크게 나타났다(표준편차 5.02 psu).

표층수 중 수소이온농도(pH)와 용존산소(DO) 농도는 각각 6.12～8.99(평균 8.19±0.26), 3.64～15.59 mg/L(평균 9.26±2.18 mg/L) 범위였다. 표층수 중 DO 농도는 수온과 상관성($r^2=0.0774$)이 낮은 반면 저층수 중 DO 농도는 수온과 상대적으로 좋은 음의 상관관계를 보였다($r^2=0.6267$). 저층 DO 농도는 수온이 낮은 2월에 평균 10.40 mg/L로 가장 높고 8월에 5.11 mg/L로 가장 낮았다(그림 6.3.3). 해수 중 DO 농도는 주로 수온, 염분, 식물플랑크톤의 광합성과 호흡, 유기물 분해 과정 등에 의해서 영향을 받게 된다(Cole et al., 1992). 마산만 저층수 중 DO 농도는 수온에 의해 주로 영향을 받는 것으로 나타났으며, 표층수의 경우 식물플랑크톤의 광합성 과정에서 공급된 산소에 의해서 수온과 DO와의 상관관계가 상대적으로 적었다.

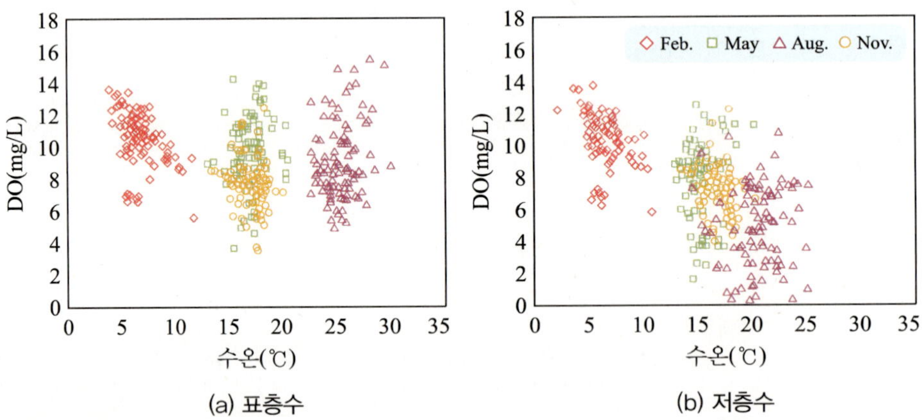

그림 6.3.3 마산만 (a) 표층수와 (b) 저층수 중 수온과 용존산소의 상관관계
(박미옥 등, 2018)

표층수 중 클로로필 *a* 농도는 0.12～71.00 μg/L(평균 9.93±9.10 μg/L) 범위였으며, 대부분 영양염의 공급이 증가하고 수온이 높은 8월에 상대적으로 높았다. 클로로필 *a* 농도는 마산만 내측에서 가장 높았고, 마산만과 인접한 행암만, 마산만 외측 순으로 높았다(박미옥 등, 2018).

마산만 내 표층수 중 COD 농도는 조사가 시작된 이후 점차 감소하는 경향이 뚜렷하게 나타났다(그림 6.3.2). 계절적 변동은 강수량의 증가로 인하여 육상으로부터 해양으로 오염부하량이 증가하는 8월에(평균 3.21±1.33 mg/L) 가장 높았고 11월에(평균 1.94±0.76 mg/L) 상대적으로 낮았다. 특이하게 2005년 이후 8월에 COD 농도가 상당히 증가한 것으로 나타났다.

여름에 마산만 내측과 외측을 구분하여 표층수 중 COD 농도의 장기변동 양상을 살펴본 결과, 마산만 외측에서는 COD 농도가 2000년대에 접어들어 점차 감소하는 경향을 보였으며, 2006년부터 2016년까지 8월에 표층 COD 평균 농도는 2.57 mg/L로 2006년 이전 평균 농도(2.68 mg/L)보다 낮았다. 반면 마산만 내측에서 8월에 표층수 중 COD 농도(4.00 mg/L)는 2006년 이전에 비해 약 0.42 mg/L 증가한 것으로 나타났다.

마산만 내측에서 COD와 클로로필 *a* 농도 사이의 계절별 상관계수(r)는 5월, 8월, 11월에 0.572～0.633 범위로 나타났으며, 2월에는 상대적으로 낮게 나타났다($r=0.065$). 따라서 마산만 내측에서 COD 농도는 2월을 제외하고 만내의 자생 유기물에 의해 상대적으로 영향을 많이 받는 것으로 판단된다. 엄기혁 등(2012)의 조사 결과에 의하면 마산만 내 COD 농도 분포는 외부 유입에 의한 요인보다는 자생 유기물에 의한 영향이 큰 것으로 보고하였다. 김숙양 등(2012)은 1995년부터 2005년까지 마산만 내 수질 변동 양상을 살펴본 결과, 2001년 이후 용존무기질소(DIN)와 COD 농도가 감소하는 경향을 보였으며, 이는 하수처리 용량 증설 등과 관련이 있는 것으로 보고하였다. 권정노 등(2014)은 진해만에서 수질 장기 변동 특성을 살펴보았으며, 마산만 외측에 비해 내측의 유기물 증가는 육상 오염원에 인접해 있고 원활하지 않은 해수 유동의 영향인 것으로 보고하였다.

2005년 이후의 8월에 COD 농도가 상대적으로 높게 나타난 것은 육상으로부터 유기물질의 공급이 증가하였거나 마산만 내측 체류 시간의 증가가 원인일 가능성이 있다(권정노 등, 2014). Chang et al.(2012)의 조사결과에서 마산만 인근 주요 하천으로부터 만내로 유입되는 오염부하량은 연안오염총량관리제도 도입 이후 점차 감소하고 있는 것으로 보고하였다(그림 6.3.4). 박성은 등(2009)에 의하면 마산만 외측에서는 입자의 체류시간은 약 10일 전후였으며, 마산만 내측으로 갈수록 체류시간이 급격하게 증가하는 양상을 보이고, 마산만 내측 삼호천 주변 해역에서 체류시간은 약 75일 이상인 것으로 보고하였다. 따라서 마산만 내측에서 2005년 이후 8월에 COD 농도의 증가는 다양한 요인(매립, 구조물 건설 등)에 의한 체류시간의 변화와 연관이 있을 것으로 생각된다.

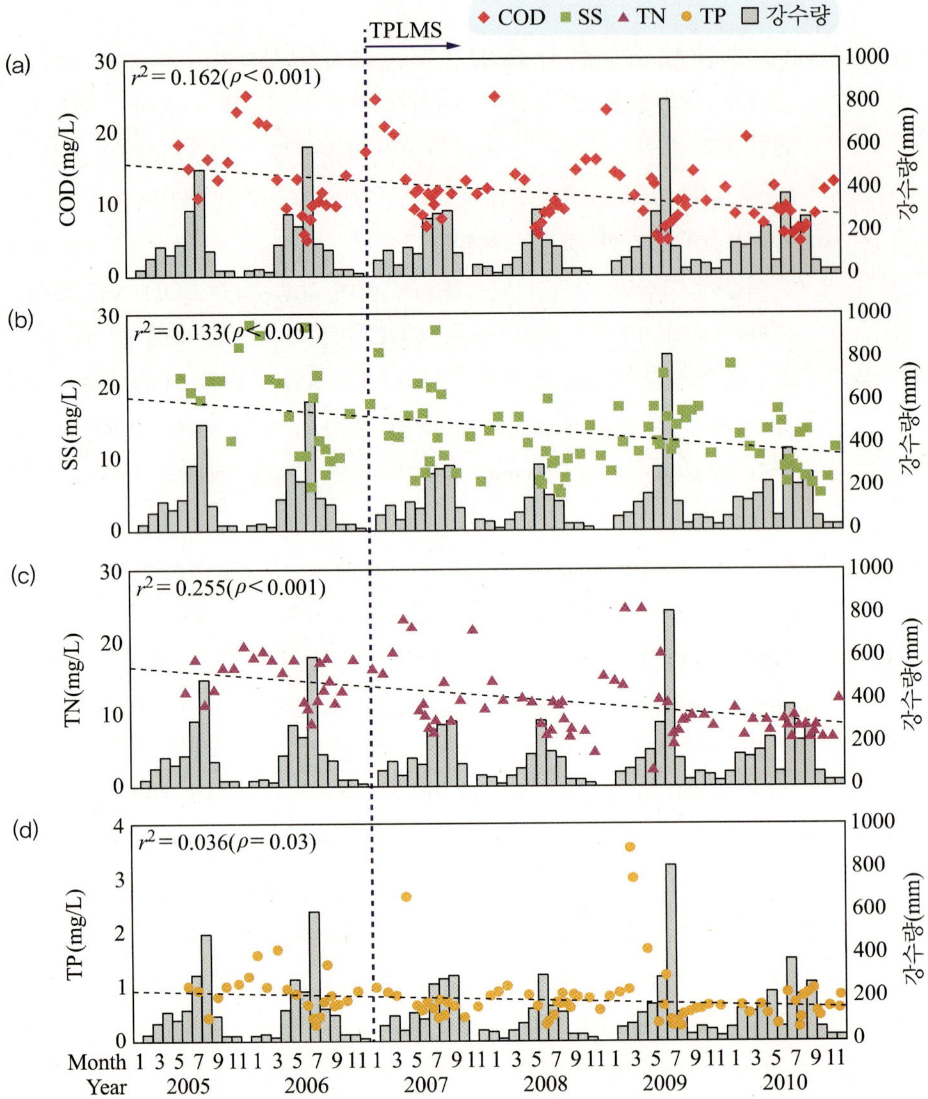

그림 6.3.4 2005년부터 2010년까지 마산만 주변 하천수 14개 지점에서 측정된 (a) COD, (b) SS, (c) TN, (d) TP 농도와 강수량의 시간적 변화 양상(Chang et al., 2012)

② 영양염류의 장기변동 특성

마산만 내 총질소(TN)와 총인(TP) 농도의 장기 변동 양상을 살펴보면 조사가 시작된 이후 TN과 TP 농도는 지속적으로 감소하는 경향을 보였다(그림 6.3.2). TN 농도는 2.93～416.80 μM(평균 41.13±46.51 μM) 범위였으며, 1997～2016년까지 표층수 중 TN의 총 평균 농도는 마산만 외측에 비해 내측에서 약 1.7배 높았다(박미옥 등, 2018). TP 농도는 0.15～19.06 μM(평균 2.03±1.80 μM) 범위로 겨울(2월)에 낮고 여름(8월)에 상대적으로 높았다. 마산만 내측과 외측을 비교했을 때 8월에 평균 농도가 각각 2.93 μM, 1.29 μM로 내측에서 약 2배 이상 높았다.

지난 20년간 표층수 중의 질산염, 아질산염, 암모니아 질소의 합인 용존무기질소 (DIN = NO_3^- + NO_2^- + NH_4^+) 농도는 0.09～133.34 μM(평균 16.48±21.11 μM) 범위였으며, 계절별로 강수량이 많은 8월에 평균 농도가 가장 높았다(평균 21.59±31.14 μM)(박 등, 2018). 영양염의 공간적 분포를 살펴보면 대체로 마산만 외측에 비해 내측에서 약 2배 높았다. 표층수 중 용존무기인(DIP) 농도는 0.00～13.70 μM(평균 1.21± 1.68 μM) 범위였고, 계절별 평균 농도는 11월에 가장 높았다(평균 1.51±1.40 μM).

DIN과 DIP 농도의 장기 변동 양상을 살펴보면 1997년부터 2005년까지는 DIN과 DIP 농도가 8월에 높았고, 그 이후로 8월보다 11월에 상대적으로 높게 나타났다(그림 6.3.2). 반면 TN과 TP 농도의 계절별 분포 양상에서는 11월에 증가하는 양상이 뚜렷하게 나타나지 않았다(그림 6.3.2). 1997～2005년까지 8월에 측정된 표층수와 저층수 중 DIN의 평균 농도는 각각 42.69 μM, 33.28 μM로 표층수에서 상대적으로 높은 농도를 보여 수괴가 안정화되어 있는 8월에 육상으로부터 마산만 내로 영양염의 공급이 많았던 것으로 판단된다. 반면 2006～2016년 8월에 측정된 표층수와 저층수 중 DIN의 평균 농도는 각각 4.32 μM, 9.89 μM로 저층에서 상대적으로 높게 나타났으며, 2006년 이전 농도에 비해 약 3배 이상 낮았다. 2006～2016년 11월에 표층수와 저층수에서 DIN의 평균 농도는 각각 12.44 μM, 11.26 μM로 큰 차이를 보이지 않았다. 하수종말처리장 시설 증대 및 연안오염총량관리제도 시행 등으로 인하여 8월에 육상으로부터 마산만으로 유입되는 DIN과 DIP의 양이 감소한 것으로 판단된다. 2005년 이후 다른 계절에 비해 11월에 DIN과 DIP 농도가 상대적으로 높게 나타난 것은 육상으로부터 영양염의 공급은 감소하고 11월에 수괴의 안정도가 감소하면서 영양염이 풍부한 저층수와 표층수의 원활한 혼합에 의한 공급으로 판단된다.

마산만 전 해역에서 표층수 중 DIN/DIP 비는 2월, 5월, 8월, 11월에 각각 39.2, 20.4, 28.5, 15.1로 2월에 가장 높고 11월에 가장 낮았다. 식물플랑크톤의 성장에 필요한 DIN/DIP 비는 약 16(Redfield ratio)으로 알려져 있어 2, 5, 8월에는 DIP가, 11월에는 DIN이 식물플랑크톤 성장의 제한인자로 작용한 것으로 판단된다(그림 6.3.5). DIN/DIP 비의 장기 변화 양상을 살펴보면 8월에는 2006년 이후 감소하는 경향을 보여주고 있으며, 11월에는 서서히 증가하는 양상을 보였다. 앞에서 살펴보았듯이 계절별로 육상으로부터 공급되는 영양염의 증감과 공급 기원의 변화로 인한 마산만 내 영양염의 상대적인 비가 달라지고 있는 것으로 판단된다. 지난 20년 동안 마산만 정점별 표층수의 DIN/DIP 비를 살펴보면 2월에 총 조사정점 중 약 70%의 정점에서 16보다 높았으며, 5월, 8월, 11월에는 각각 62%, 55%, 73%에서 16보다 낮았다. 마산만 내측과 외측 정점에서 계절별 DIN/DIP 비는 각각 평균 15.36~33.45, 13.2~40.67 범위였으며, 마산만 내측에서는 5월, 외측에서는 11월에 redfield ratio(DIN/DIP = 16 : 1) 이하로 가장 낮았다. 마산만 내측 5월과 외측에서 11월에 조사된 DIN/DIP 비의 변동계수(CV)는 각각 90%, 56%로 가장 낮았으며, 이외의 계절에는 129~150%로 연도별로 상당한 차이를 보였다.

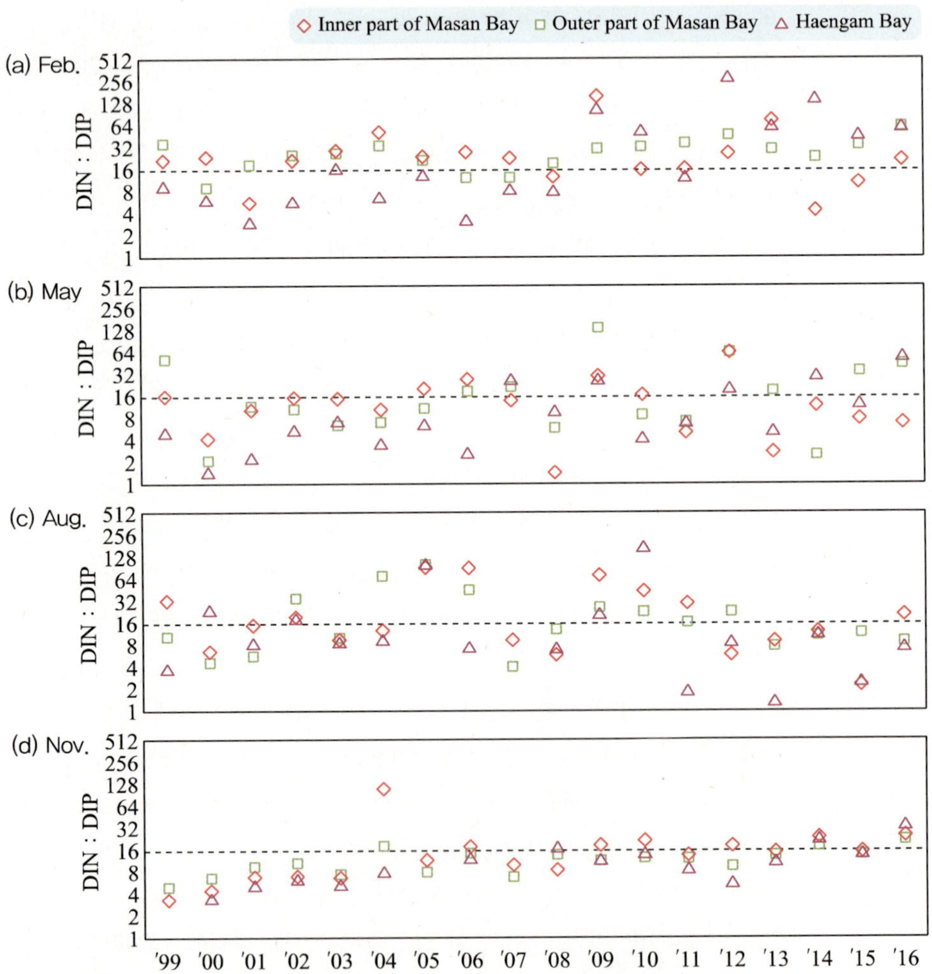

그림 6.3.5 마산만 표층수 중 DIN : DIP 비의 계절별 변화(Y축은 Log 값)
(박미옥 등, 2018)

표층수 중 용존무기규소(DSi)의 계절별 농도는 0.02～44.91 μM(평균 10.82±10.00 μM) 범위였고, 11월에 가장 높았고, 2월에 가장 낮았다. DSi/DIN 비는 2월과 11월에 2.5 이하였고, 5월과 8월에는 7～8로 상대적으로 높게 나타났다.

마산만 내에서 식물플랑크톤의 종조성은 해역별로 시간에 따라 다르게 나타나는 것으로 보고되고 있으며(김창훈 등, 1997; 조경제 등, 1998; 곽승국 등, 2001; Lee et al., 2009), 마산만 내 계절별, 정점별로 다른 DIN/DIP, DSi/DIN 비는 마산만 내 식물플랑크톤의 군집조성에 영향을 미쳤을 것으로 판단된다(Kudo, 2003; Lee and Kim, 2007). 또한 계절별 DIN/DIP 비의 장기적인 변화가 마산만 내 식물플랑크톤의 군집조성에 미치는 영향에 대한 지속적인 연구가 필요할 것으로 생각된다.

③ 연안오염총량관리제도 시행 전·후의 해양환경 변화

2007년 마산만 연안오염총량관리제도의 도입에 따른 수질 개선 효과를 살펴보기 위해서 오염총량관리제도 시행 전(1997～2006년)과 시행 후(2007～2016년)의 마산만 내 주요 오염인자들의 변화 양상을 살펴보았다. 또한 마산만의 내측과 외측을 분리하여 변화 양상을 살펴보았다(그림 6.3.6)(박미옥 등, 2018).

마산만 연안오염총량관리제도 시행 전·후의 마산만 전 해역 표층수 중 COD, TN, TP, DIN, DIP 평균 농도는 각각 20%, 55%, 55%, 77%, 81% 감소하였다. 마산만 내측에서 총량관리제도 시행 전·후의 COD, TN, TP, DIN, DIP 평균 농도 감소 비율은 각각 8%, 53%, 53%, 84%, 83%였고, 외측에서는 30%, 43%, 40%, 58%, 67%였다. 마산만 내측에서는 질소와 인 계열 농도가 50% 이상 감소하였고, COD 농도는 내측에 비해 외측에서 감소 비율이 높았으며, 질소와 인 계열 농도 감소 비율은 오히려 낮았다. 행암만에서는 COD, TN, TP, DIN, DIP 평균 농도 감소 비율은 각각 29%, 29%, 54%, 78%, 88%였다(그림 6.3.6).

Chang et al.(2012)은 2005년부터 2010년까지 마산만 내에서 조사된 결과를 토대로 연안오염총량관리제도가 시행된 이후 마산만 내의 COD, TN, TP 농도는 상당히 감소한 것으로 보고하였으며, 본 연구결과에서도 마산만 연안오염총량관리제도 도입 이후 마산만 특별관리해역에서 수질을 평가한 결과, 전반적으로 개선된 것으로 나타났다. 그러나 해양환경인자들의 계절별, 공간적 분포현황을 살펴보면, 마산만 내측 해역에서는 8월에 COD 농도가 오히려 증가한 것으로 나타났다. 따라서 향후 마산만의 수질 개선을 위해서는 해역별 주요 오염원에 대한 집중적인 모니터링 및 해역별 수질개선방안 마련이 필요할 것으로 판단된다.

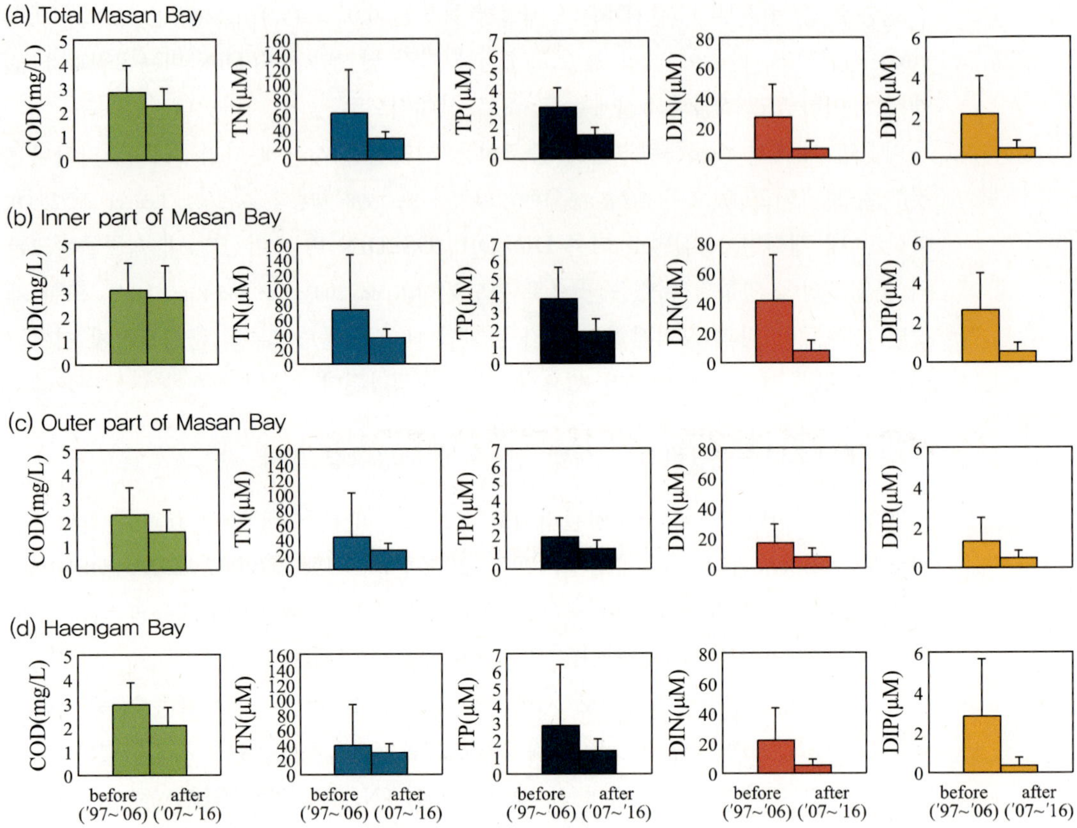

그림 6.3.6 **연안오염총량관리제도 시행 전·후 표층수 중 COD, TN, TP, DIN, DIP의 농도 변화**(박미옥 등, 2018)

④ 마산만 해양환경 현황 및 관리 방안

마산만에서 오염지표로 주로 사용되는 COD, TN, TP, DIN, DIP 농도는 하수처리장 시설 용량 증대 및 연안오염총량관리제도 시행 등으로 인하여 지속적으로 감소하는 경향을 보인다. 그러나 마산만 내측에서는 여름에 유기물질의 농도가 증가하는 것으로 나타났다. 이는 육상으로부터 유입되는 유기물질의 증가보다는 마산만 내측의 체류시간 증가 등에 의한 것으로 판단되나 지속적인 관찰 및 원인 규명이 필요할 것으로 판단된다. 따라서 마산만의 수질 개선을 위해서는 마산만 외측해역보다는 내측해역에 대한 집중적인 관리뿐만 아니라 해역의 특성을 고려한 오염 요인별 관리가 필요할 것으로 생각된다.

마산만은 주변 연안 이용 및 개발이 지속적으로 이루어지고 있는 지역으로 해역의 환경 개선을 위해서는 육지부에 대한 관리가 매우 중요할 것으로 판단된다. 하수처리시설 확대 및 처리 용량 증대, 하수처리장 방류수 중 오염물질 농도 관리, 연안 하수관거 확대 등을 통한 육상으로부터 마산만으로 유입되는 오염물질에 대한 관리가 우선적으로 필요하다. 또한 비점오염원에 대한 적극적인 관리도 필요할 것으로 판단된다. 마산만의 해양환경관리를 위해서는 관계 부처간 협력 강화, 해양환경보전의 중요성에 대한 지자체 공무원과 지역 주민 등을 대상으로 한 교육 확대 및 홍보 활동 등을 더욱 강화할 필요가 있다.

6.4 생물검정법에 의한 해양환경평가 연구사례

1 환경영향평가

(1) 환경영향 종합평가방법

환경을 올바르게 이해하고 종합적으로 평가하기 위해서는 다양한 환경조사가 필요하다. 선진국에서는 생태계 군집, 잔류유해물질 농도, 생물축적이나 생물확대, 생물독성 등 다양한 항목에 대한 조사를 수행하여 얻어진 결과들을 종합분석하여 환경영향을 평가한다(그림 6.4.1). 이들 조사 항목들은 서로 채울 수 없는 정보를 상호보완적으로 제공하고 있는데 예를 들면, 잔류유해물질 농도조사는 환경에 잔류하는 특정한 오염물질 농도를 정량적인 수치로 제공하여 특정 유해물질에 의한 오염 가능성을

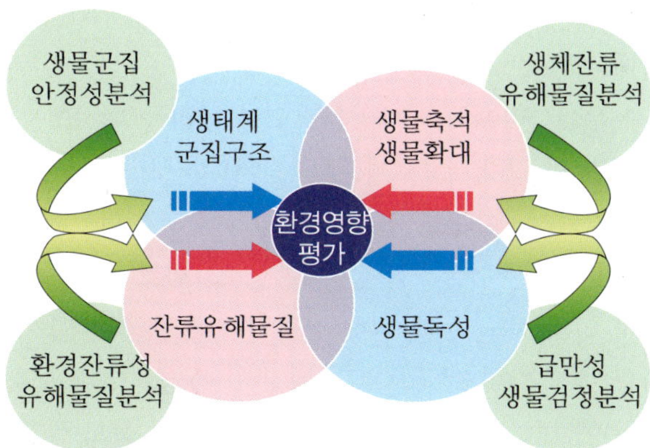

그림 6.4.1 종합적 환경영향평가 모식도

잠정적으로 평가할 수 있게 해준다. 생물검정분석은 여러 환경 매체내에 존재하는 모든 유해물질에 의한 생물독성 유무와 강도에 대한 정보를 제공함으로써, 분석되지 않은 미지의 유해물질에 대한 해로운 영향을 잠정 평가할 수 있게 도와준다.

생물군집 조사는 생태계의 건강성 정보와 군집 구조의 취약성에 대한 정보를 알려줌으로써 오염 수준이 생태계 수준까지 확대되어 영향을 주는가에 대한 판단을 가능하게 해준다. 한편, 생체내 잔류하는 유해물질분석을 통해 생물축적이나 생물확대를 파악할 수 있으며 이 정보는 수산물 섭취에 의해 발생될 수 있는 인체 보건학적 영향을 판단하는 근거자료로 이용될 수 있다.

2 국내외 환경오염관리

(1) 선진국 환경오염관리

미국의 경우 수질보호법(Clean Water Act) 하에 NPDES(National Pollutant Discharge Elimination System) 체계 속에서 산업폐수 배출수에 의해 수생태계가 영향을 받지 않도록 유해물질과 생물독성을 관리하고 있으며, 오염총량규제에 의한 수계기반 배출허용기준 설정 및 적용 방향으로 환경정책이 수립되고 제도화되고 있다 (USEPA, 1991). 유럽의 경우 1976년 EEC에서 배출수 유해물질 관리 지침(74/464/EEC)을 채택한 이래 120여개의 특정수질유해물질이 관리되면서 유럽의 큰 강들과 북대서양과 발틱해로 들어오는 유해물질 부하량이 줄어드는 효과를 얻었는데 관리이후 중금속 배출량이 약 50% 감소되었으며, 일부 유기독성화합물 배출량도 20% 수준으로 감소되었다. 2000년에 개정된 관리지침(2000/60/EEC)에서는 132개 유해물질 관리 및 생태건강성 통합관리 체계가 가동되며 관리 대상도 수질에서 수질, 퇴적물, 생물체까지 확대되었다.

현재 우리나라에서의 해양환경오염 관리를 위하여 생활환경 기준, 생태기반 해수수질 기준 및 생태계보호기준, 사람의 건강보호기준 등의 수질기준과 생태계보호를 위한 해저퇴적물기준을 설정하여 활용하고 있다.

생태기반 해수수질 기준은 저층산소포화도, 식물플랑크톤농도, 투명도, 용존무기질소 및 인의 농도 등에 의해 산출되는 수질평가지수에 의해 I(매우 좋음)에서 V(아주 나쁨)까지 다섯 등급으로 나눠진다. 해양생태계 보호기준은 중금속 8종(구리, 납, 아연 등)에 대하여 해수와 해저퇴적물에서의 농도에 대하여 각각 설정되어 있다. 이와 같은 수질 또는 퇴적물에 대한 기준은 해역의 수질관리에 매우 유용하게 활용될 수 있다. 하지만 해양환경의 건강성을 이들 물질의 농도만으로 모두 평가하는 것은 현실적으로 불가능하다. 현재 국내에 사용되고 있는 유해화학물질의 종류는 수 만개에 이르지만 관리항목은 20여개에 불과하기 때문이다. 따라서 분석 항목에 포함되지 않는 물질에 의한 오염 문제나 생태계에 대한 영향은 정확하게 파악되기 어려운 실정이다. 환경기준과 같이 관리대상 유해물질의 수를 늘리려고 하면 그만큼의 추가적인 시간과 비용이 요구되며 따라서 분석 물질의 대상을 무한정 늘린다는 것은 사실상 불가능하다. 또한 현재 유통되는 유해화학물질 이외에도 매년 새롭게 만들어지는 유해화학물질의 수가 수백 종에 이르고 있어서 이화학적인 농도분석에 의한 접근은 한계가 있을 수밖에 없다.

선진국에서는 이러한 한계점을 극복하기 위해 이화학적 분석기법과 함께 생물검정법(bioassay)을 이용하여 유해화학물질에 대한 독성 판별, 수질환경기준, 퇴적물환경기준, 오염진단과 생태계 위해도 평가, 오염정화와 환경복원 등에 활용하고 있다. 또한 상수원 지역이나 특별관리구역에서 오염 모니터링 방법으로도 생물검정법이 활용되고 있다.

그 동안 우리나라 환경상태는 수질 이화학적 분석에 의한 COD 등 단순한 일반수질 지표에 의해 단순 등급화되어 왔다. 그러나 최근 국가 물환경종합관리 10개년 계획에서는 물고기가 뛰놀고 아이들이 멱감을 수 있도록 생태성, 위해성이 강화된 수환경을 조성하려는 의지가 엿보이고 있다. 이를 뒷받침하는 환경정책으로 이미 산업폐수 특정수질유해물질 관리 대상을 선진국 수준으로 확대, 산업폐수 평가에 생물독성평가 제도를 도입하여 특정수질유해물질로 지정되지 않은 물질들에 대한 생태영향까지 통합적으로 관리, 공공수역에서 생태위해성평가에 따른 등급화 및 총량규제에 의한 유역관리제도 강화, 물환경종합평가, 수질기준 선진화 방안 등이 진행되고 있다. 우리나라 환경관리 정책의 패러다임이 생태성, 위해성에 근거한 수질 관리 제도 도입으로 변환되면서 생물검정기술 및 위해성평가기술이 점차 환경영향평가의 핵심기술로 자리잡아가고 있다.

3 생물검정법

(1) 생물검정법의 정의

생물검정법(bioassay)이란 표준시험종과 표준화된 방법을 사용하여 물질 노출 전후의 생물영향을 비교하여 독성의 상대적 강도를 비교하는 시험을 일컫는다(USEPA, 1997). 아래 그림은 어류 구리노출실험을 활용한 생물검정법의 한 예를 보여준다(그림 6.4.2). 어류를 다양한 구리의 농도에 96시간동안 노출시키는 실험을 한 경우, 구리를 넣지 않은 대조구에서는 96시간 후 생존율은 100%, 구리 0.25 ppm에 노출된 경우 생존율은 80%, 0.5 ppm에 노출된 경우 생존율은 50%, 1 ppm에 노출된 경우는 10% 생존하였다고 하면 어류의 96시간 노출 구리 LC_{50}은 0.5 ppm이다.

또 다른 예로, 똑같은 수의 개구리밥을 다양한 구리 농도에 노출시켜 성장을 관찰하면 구리 노출 농도에 따라 그리고 시간에 따라 성장률이 달라지는 것을 관찰할 수

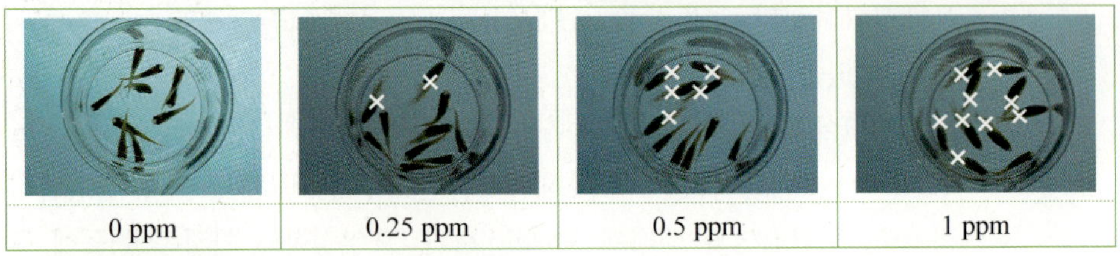

그림 6.4.2 어류 구리 노출 생물검정시험.

높은 농도의 구리에 노출될수록 생존율이 저하된다. 사망한 어류는 똑바로 서서 유영하지 못하고 옆으로 누운 자세를 하므로 육안으로 쉽게 구별할 수 있다.

그림 6.4.3 개구리밥 구리 노출 생물검정시험.

구리에 노출된 경우(그림 아래쪽) 성장이 줄어들며 노출농도가 높을수록 성장저해영향은 더 커진다. 죽은 개체는 잎색이 노랗게 변한다.

있다(그림 6.4.3). 노출 7일 후 상태를 관찰해보면 구리를 처리하지 않은 대조구에서의 살아있는 총 잎수는 132개, 구리 0.2 ppm에 노출된 경우는 120개, 0.5 ppm에 노출된 경우는 21개, 1 ppm에 노출된 경우는 0개이다. 이 경우 개구리밥의 구리 EC_{50}은 0.2 ppm과 0.5 ppm 사이에 존재한다고 생각할 수 있다.

EC_{50} 값을 보다 신뢰성 있게 산출하고 싶을 때는 아래 그림과 같이 농도와 생물반응간의 관계를 표현하고 이 관계를 가장 잘 표현해줄 수 있는 수식을 찾아 원하는 값을 추정해내는 방식을 이용한다(그림 6.4.4). 어떤 생물검정시험 결과든 오염물질의 농도와 생물의 반응이 회귀식으로 표현되면 시험생물 50%가 사망(영향)하는 오염물질의 농도, 80%가 사망(영향) 하는 농도, 20% 사망(영향)하는 농도 등 원하는 수치를 산출해낼 수 있다.

이런 생물검정 실험결과를 다른 실험생물, 다른 오염물질에 대해 얻는다면 오염물질에 대한 생물들의 반응을 정량화할 수 있으며 상대적인 민감도도 비교할 수 있다.

LC_{50}	해당 생물 50%가 죽는 오염물질농도
EC_{50}	해당 생물 50%가 영향을 받는 오염물질농도
$LC(EC)_{50}$	값으로부터 해당 생물 보호를 위한 기준치 도출 가능
$LC(EC)_{50}$	값 비교시 오염물질에 대한 상대적 민감도 비교 가능

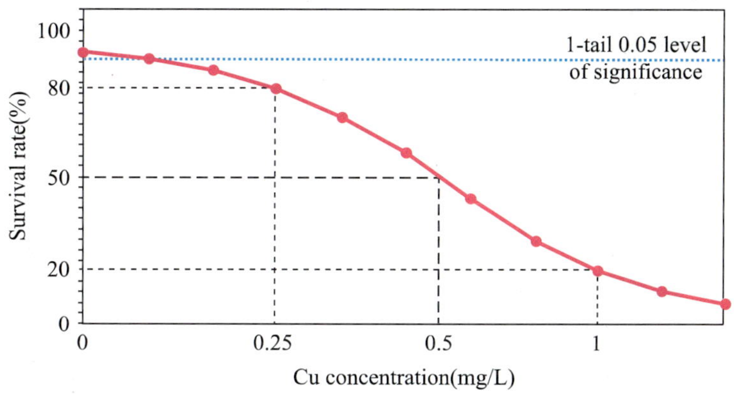

그림 6.4.4 구리 노출 농도 대비 어류 생존율 곡선(용량-반응곡선)

(2) 생물검정법과 화학분석법

생물검정법과 화학분석법은 어느 하나가 우월하거나 부족하다고 할 수 없으며 서로 보완적이다. 화학분석법으로 해당 물질에 대한 농도를 정량적으로 알아낼 수 있지만 해당물질로 생물이 어느 정도 영향을 받는지 알아내기 어렵다. 반면 생물검정법으로 생물이 오염물질에 어느 정도 영향 받는지 알아낼 수 있지만 어떤 물질 때문에 영향을 받았는지 알아내기 어렵다. 그러나 두 방법을 잘 조합하여 사용하면 어떤 물질 때문에 어떤 생물이 얼마나 영향을 받는지 추론해 내는 것이 가능하다.

(3) 급성/만성 생물검정법

생물검정법은 노출기간에 따라 급성과 만성으로 구분될 수 있다. 급성노출시험은 생활사보다 짧은 단기간에 대한 노출시험이며 만성노출시험은 생활사에 해당되는 장기간에 대한 노출시험이다. 예를 들면, 물벼룩 48시간 사망률시험이나 송사리 96시간 사망률시험 등은 급성독성시험이고 물벼룩 28일 생식률시험과 같은 것은 만성독성시험이다. 일반적으로 급성독성은 생물의 치사(사망)를 관찰하고 만성독성은 생물의 성장 저해, 생식 저해 등을 관찰하므로 급성독성영향보다 만성독성영향이 저농도 노출 수준에서 발생한다.

해양생물을 이용한 급성독성시험은 발광박테리아 발광저해시험(30분 노출), 단각류 사망률시험(10일 노출), 성게 수정률시험(1시간 노출) 등이 많이 이용된다(그림 6.4.5와 6.4.6). 해양생물을 이용한 만성독성시험은 요각류나 단각류와 같은 저서갑각류를 이용한 생식률시험이 많이 활용되고 있다(그림 6.4.7).

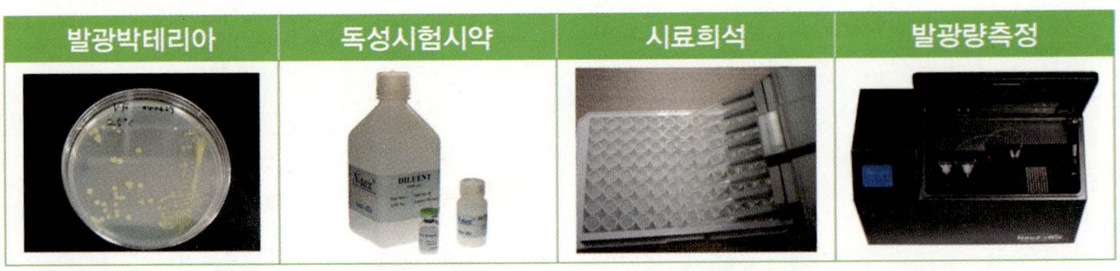

그림 6.4.5 발광박테리아 생물검정법.

시험생물은 해양성 발광박테리아로 자연상태에서 발광하며 독성영향을 많이 받을수록 발광박테리아의 발광도는 감소하는 원리를 이용하여 독성을 평가한다. ISO 국제시험법에 따라 30분 노출 후 발광도를 측정하여 발광저해의 정도에 따라 독성 유무와 상대적 강도를 평가한다.

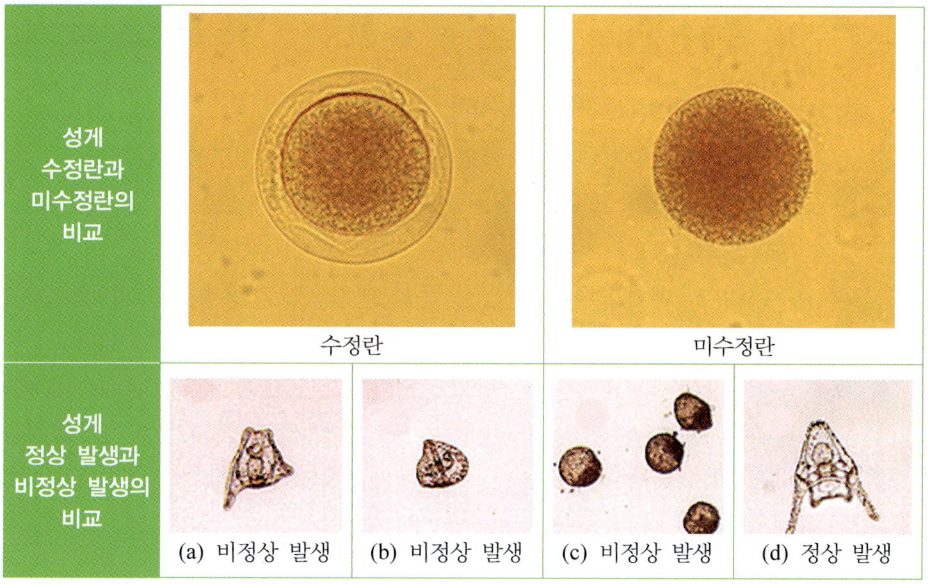

그림 6.4.6 성게 수정/발생 생물검정법.

성게는 산란기에 수컷이 정자를 암컷이 난자를 수중에 방사한다. 성게의 정자와 난자가 만나면 수정란을 형성하고 발생하여 유생이 되고 성체가 된다. 수중에 독성물질이 존재하여 정자가 영향을 받게 되면 수정이나 발생이 잘 이루어지지 않는다. 독성의 세기가 클수록 미수정란 생성률이나 기형 발생률이 커진다.

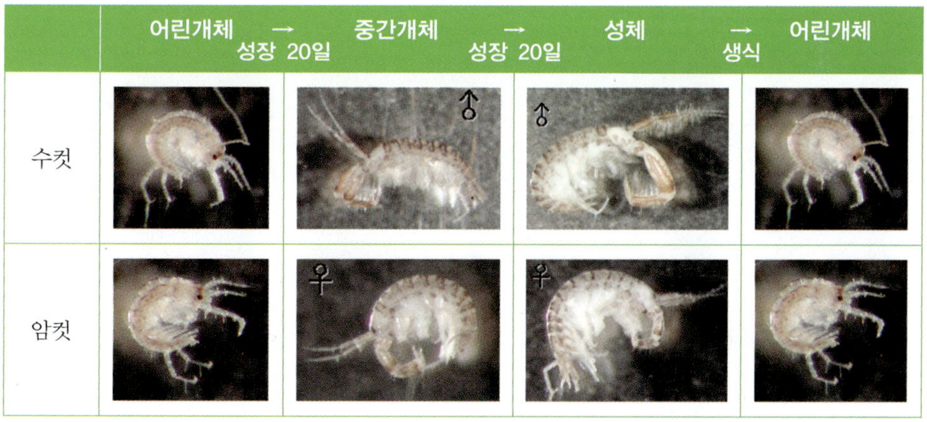

그림 6.4.7 저서단각류 생활사.

생활사로부터 생물의 생식 주기를 알고 재현해낼 수 있다면 생식기능에 대한 만성독성영향 생물검정이 가능하다. 저서단각류는 퇴적물에 서식하면서 굴을 파거나, 집을 짓거나, 이동하면서 퇴적물과 직접 접촉하고 먹이로서 퇴적물을 섭취하거나 또는 먹이를 먹는 과정에서 퇴적물을 섭취한다. 또한 다른 생물에 비해 오염물질에 매우 민감하게 반응한다. 이러한 이유로 퇴적물 오염 평가에 저서단각류가 널리 이용되고 있다.

(4) 생물검정법의 활용도

생물검정법은 노동 절감, 비용 절감 효과가 크며, 오염물질에 대한 생물의 반응을 지표로 삼고 있기 때문에 오염물질의 독성영향 정도를 객관적으로 진단할 수 있는 수단으로 인정받고 있다. 현재 개발되어 사용하고 있는 생물검정기술의 종류는 다양하다(표 6.4.1).

우리나라에서도 물벼룩 급성 독성 테스트를 이용하여 산업폐수 통합독성을 평가하는 제도를 2007년 입법하여 시행하고 있고 식물플랑크톤, 물벼룩, 어류 등을 공공수역 생태위해성평가에 활용하고 있다. 또한 해양분야에서도 발광박테리아, 식물플랑크톤, 동물플랑크톤, 저서단각류, 성게, 어류 등을 이용한 생물검정법을 해양환경공정시험법화 하려는 노력이 이루어져 오염퇴적물 독성 모니터링, 선박평형수 살생처리장치의 인증, 해양투기물 안전성 평가, 해양환경기준 설정 등에 활용하고자 시도하고 있다. 생물검정법은 수체, 퇴적물, 공극수와 같은 자연환경 매질에 대해서 적용될 수 있지만 경우에 따라서는 침출수나 유기용매추출액에 대해서도 적용 가능하다.

표 6.4.1 생물검정기술의 종류

육 상		해 양	
담 수	육상퇴적물	해 수	해양퇴적물
발광박테리아 식물플랑크톤 개구리밥 물벼룩 단각류 어류	발광박테리아 저서단각류 깔따구 빈모류	발광박테리아 식물플랑크톤 해조류 동물플랑크톤 단각류 요각류	발광박테리아 저서단각류, 요각류 성게 이매패류 갯지렁이류 곤쟁이류

4 생물검정 적용 사례: 허베이스피리트 호 기름유출사고

2007년 12월 7일 7시경 태안 앞바다 북서쪽 10 km 해상에서 삼성중공업 소속 부선과 정박 중이던 홍콩 선적 유조선 허베이스피리트 호가 충돌하여, 12,547 kL 원유를 유출시키며 서해안 일대에 검은 재앙을 일으켰다.

유출된 기름은 만리포, 천리포, 신두리 등의 인근 해수욕장과 가로림만, 천수만, 주변 섬으로 유입되면서 해양생태계를 파괴시켰다. 각종 바닷새들이 기름범벅이 되어 죽어갔다. 유출 후 시간이 지나면서 갯벌에 살던 고둥, 게, 성게, 쏙, 갯지렁이와 같은 저서생물들이 큰 피해를 입었다. 사고 당시 만리포, 천리포, 신두리에서 채취된 해수에 대하여 생물검정을 실시한 결과 해양성 식물플랑크톤의 성장 저해 및 사망이 관찰되었고 발광박테리아 발광저해 역시 관찰되었다.

유화제는 계면활성제와 용매가 주요 구성물질로 되어 있어 기름과 물이 쉽게 섞일 수 있게 하는 약품이다. 주로 기름 유출 초기 기름을 잘게 쪼개서 미생물 분해 촉진을 유도하고 기름띠가 해안가로 밀려들지 않게 하려는 목적으로 사용된다. 유화제를 사용하면 기름 잘게 쪼개지고 물과 섞여 기름띠가 사라진다. 휘발성 물질이 많은 유류의 경우에는 유화제의 적절한 사용이 방제에 도움이 된다. 휘발성 물질이 대부분 날아가고 없는 상태이거나 휘발성 물질 함유량이 원래부터 적은 유류가 유출된 경우라면 유화제를 뿌려도 별 효과가 없다. 따라서 현장에서의 적절한 판단아래 필요할 경우 적정량의 유화제 살포가 필요하다. 유화제는 아무 때나 아무렇게 살포해서는

기름오염현장(구름포) / 기름오염현장(천리포) / 기름오염현장(백리포)
오염방제현장 (1) / 오염방제작업 (2) / 오염방제작업 (3)
해양생물(게) / 해양생물(고둥) / 해양생물(쏙)

그림 6.4.8 태안 허베이스피리트 호 기름유출사고로 인한 인근 해수욕장 기름오염현장(상), 기름오염방제현장(중), 기름 유출 여파로 영향 받은 해양생물현장(하).

기름 유출 후 한 달이 지나면서 갯벌에 서식하는 저서생물들이 더 이상 버티지 못하고 대량 폐사하는 사고가 잇따르고 있다.

안 되며 사용 수칙에 대한 국제적 지침이 존재한다. 수심 10 m 이내에서 사용 금지되어 있고 살포 후 3시간 이내 어장에 도달할 수 있는 지역에서도 살포가 금지되어 있다. 10∼20 m 수심에서는 매우 조심스럽게 사용할 것을 권장한다.

유화제가 기름을 근본적으로 없애주지는 않는다. 유화제 자체는 독성이 약할 수 있지만 유화제가 녹여낸 기름 독성은 남아 있다. 녹아나온 기름의 양이 일시적으로 증가하기 때문에 독성 영향은 오히려 일정시간동안 강하게 나타날 수 있다. 바다에 녹아들은 상태로 존재하는 유류관련 유해물질들은 여러 경로를 통해 해양생물에 유입되면서 생태계에 영향을 주게 된다. 유화제 사용으로 큰 기름덩어리들이 쪼개져 작은 기름덩어리들이 만들어지면서 에멀젼 오일이 형성되는데 에멀젼 오일은 수층에

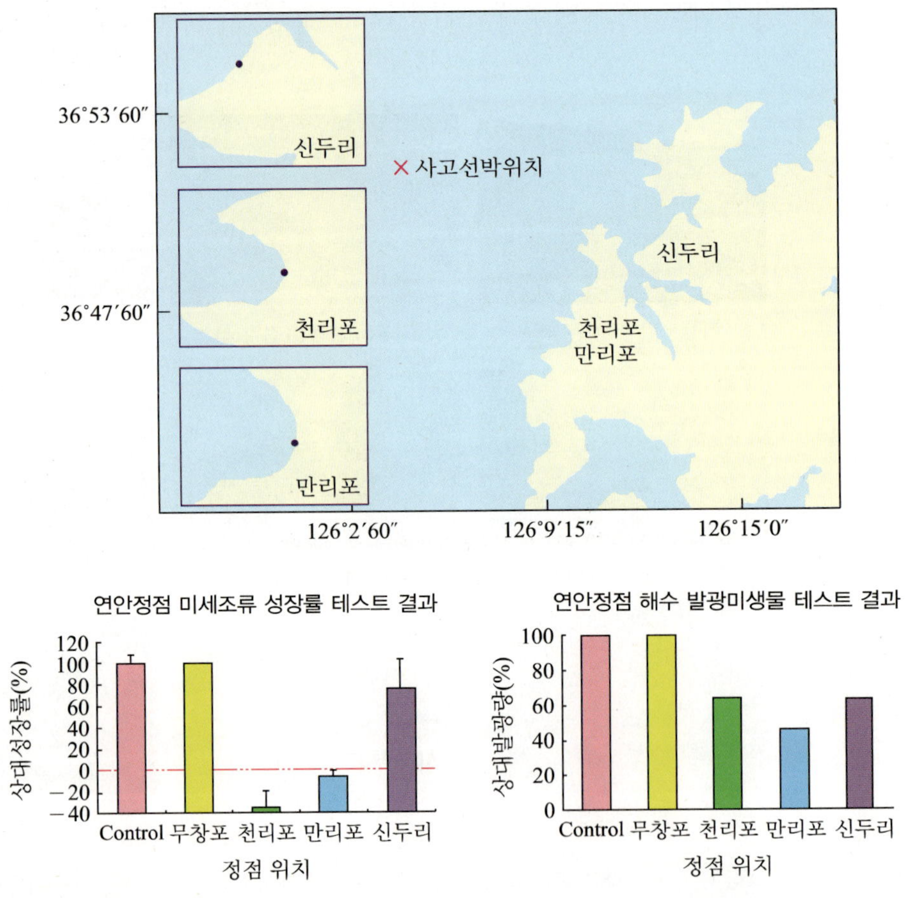

그림 6.4.9 태안 기름 유출지역 해수 생물검정시험 결과.

사고 당시 멀리 떨어진 무창포 해수욕장의 해수에서는 생물독성영향이 관찰되지 않았으나 기름 유출 영향을 받은 태안지역 해수욕장의 해수에서는 미세조류 성장저해, 발광박테리아 발광저해와 같은 현상이 확인되었다.

오일펜스

유흡착제

유화제

그림 6.4.10 유류유출 사고시 방제 방법

머무르면서 해류나 조류에 따라 먼 거리를 이동하다가 해안가에서 터지거나 엉겨 붙기도 한다. 태안에서 발생된 기름유출 사고로 형성된 에멀젼 오일과 타르볼은 전라남도 지역 해안가와 양식장에 피해를 입히고 한 달여 만에 제주도까지 이동한 것으로 조사되었다.

생태계는 한번 파괴되면 회복하는 데 매우 오랜 시간이 걸린다. 지역주민, 자원봉사자, 정부관계부처 등의 복구 노력에 힘입어 해안가 초기 응급방제는 한 달여 만에 마무리되었지만 기름 유출로 피해 입은 상처를 회복하는 데 얼마나 걸릴지 예측하기 어렵다.

6.5 적조 대응 연구사례

1 해양 적조의 발생과 피해 상황

(1) 한국 연안의 적조 발생 상황

한국연안의 적조현상은 삼국시대부터 발생했다는 기록이 삼국사기, 삼국유사에서 발견되고 이후의 고려사와 이조왕조실록에서도 동·남해 연안에서 발생한 적조를 관찰한 기록이 많이 있는 것으로 보아 우리나라의 연안에서는 옛날부터 적조현상이 발생하였음을 알 수 있다(김학균, 2005; 김학균, 2017). 한편 적조현상을 과학적으로 연구하기 시작한 1960대 이후엔 유용 수산생물에 거의 피해를 일으키지 않는 규조류가 우점하는 무해성 적조가 남해안의 진해만을 중심으로 발생하였다. 그러나 1981년 진해만에서 많은 유해적조 피해가 발생한 이후 간헐적으로 발생한 유해적조가 1995년 이후부터는 거의 매년 발생하고 있다. 지금까지 우리나라의 연안 해역에서 적조현상을 일으키는 생물은 약 70여종으로서 거의 식물플랑크톤이며 원생동물인 섬모충류 1종이 가끔 적조를 일으키고 있다. 이들 식물플랑크톤 중 비교적 직접적으로 수산피해를 일으키지 않는 규조류에 속하는 종류로는 *Skeletonema*, *Chaetoceros*속에 속하는 종이다. 1990년대까지 내만 해역에서 직접적인 수산피해를 자주 일으키는 편모조류는 *Ceratium*, *Gymnodinium*, *Prorocentrum*, *Heterosigma*, *Noctiluca*속에 속하는 종이었다. 그러나 1995년부터 와편모조류에 속하는 유해종 *Cochlodinium polykrikoides* 종이 거의 매년 장기간 고밀도로 발생하여 대규모 수산피해를 일으키고 있다. 한편, 적조를 일으키는 생물 중에는 패류를 독화시켜 식중독을 일으키는 종이 출현하고 있는데 마비성 패독(paralytic shellfish poison, PSP)을 일으키는 *Alexandrium*속, 설사성 패독(diarrhetic shellfish poison, DSP)을 일으키는 *Dinophysis*에 속하는 종이 우리나라의 연안 해역에서 자주 출현하고 있다. 지난 30년간 국립수산과학원에서 조사한 바에 의하면 연간 적조 발생건수는 1990년대까지 50건 내외였으나 1995년 이후 60건 이상으로 증가하였다(그림 6.5.1). 이로 인한 생물과 생태계에 미치는 피해도 증가하고 있다.

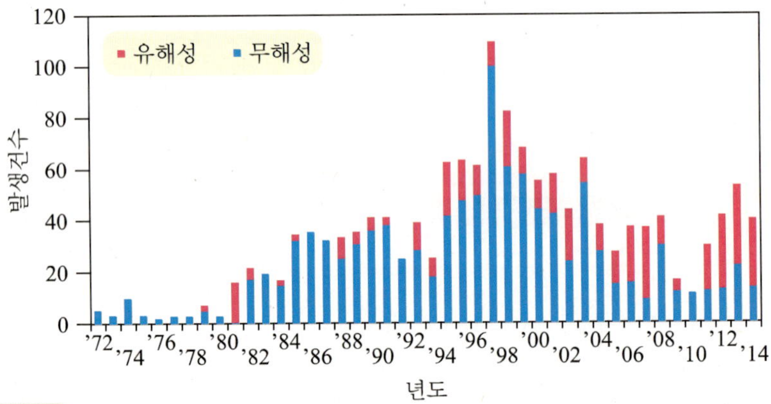

그림 6.5.1 한국연안의 적조 발생과 변천

(2) 유해적조의 피해 상황

① 해양생태계에 미치는 영향

최근에 전 세계에서 발생하는 적조현상은 광역화, 상습화, 고밀도화, 유독화, 및 장기화되어가고 있으며 어떤 연안 해역에서는 새로운 종이 적조현상을 일으키고 있다. 이와 같은 적조현상이 발생하는 연안 해역은 관광과 해양 레저 등의 공간으로 활용되고 있다. 따라서 유해적조가 자주 발생하는 연안 해역 환경을 잘 보호해야 함으로 해양환경의 질을 개선하거나 보호할 수 있는 환경공학 기술개발이 절실하다. 특히 21세기 국가산업경제에 미치는 해양산업 비중이 점차 증가함으로서 연안 환경을 잘 보전해야 하나 연안 해역의 부영양화 진행과 기후변화에 의한 수온상승 등이 유해적조 발생을 촉진함으로서 연안 해역의 이용과 보전에 매우 심각한 사회경제적 문제로 대두되었다. 유해적조가 야기하는 해양생태계 피해를 최소화하기 위해서는 유해적조가 일으키는 나쁜 영향을 철저히 규명하고 적절한 대책을 강구해야 한다.

현재까지 파악한 바에 의하면 적조현상으로 인하여 해양생태계에 많은 영향을 미치고 있을 뿐만 아니라 유용수산생물을 대량으로 폐사시키고 일부의 적조생물은 매우 낮은 생물밀도에서도 어패류를 독화하여 사람들에게 식중독을 일으키고 있어 사회경제적으로 문제를 일으키고 있다. 유해적조가 발생하여 해양생물에 미치는 피해양상은 표 6.5.1과 같이 직접피해와 간접피해로 나눌 수 있다(김학균, 1987; 김학균, 2005). 그러나 한편으로는 적조현상이 발생함으로써 육상의 유기오염물질이 1차 생산으로 연결되어 패류의 생산량이 증가함으로 오염물질을 처리하고 어민소득도 올리는 효과가 있다는 보고도 있다(Landsberg, 2002).

표 6.5.1 유해적조 발생에 의한 해양생물 피해 양상

구분	피해양상	피해원인	초래현상
직접피해	중독사	적조생물의 독성물질 생산	Biotoxin 생산
		세균이 생산하는 독성물질	
		적조생물 등 유기물 분해시 유독성분 생성	독성분해산물
	질식사	활성산소(ROS) 생성	효소변형, DNA 손상, 세포손상
		동식물 부유생물의 호흡작용	수중용존산소 소비
		생물사체 분해시의 저층용존산소 소비	무산소수괴 형성
		아가미 폐색(Gill clogging)으로 호흡장애	Gas교환기능저하 해양생물 폐사
		pH 상승과 수중탄소의 증가로 생리장애	
		상대적 산소부족과 수질악화	
	아가미 손상	적조생물 돌기물이 아가미에 손상 피해 야기	생리기능 저하
간접피해	생산성 감소	회유어 도피, 자원 가입량 감소, 재생산 부진	가입량 감소
		부착생물과의 경쟁, 해수교환 불량	성장둔화
		유기물 → 퇴적저서생물상 변화	저서생물의 변화. 갑각류, 패류 → 다모류
		환경질의 변화(점도, 탁도, 조도)	광합성 저하
	2차 피해	수산식품 가격하락, 해역이용행위 감소	Halo effect
		식중독[마비성 및 설사성 식중독] 유발	건강피해

② 수산피해 상황

유해적조에 관한 관심은 1970년대의 공업발전과 그로 인한 연안해역의 부영양화 현상이 진행되면서 일부 내만에서 유해적조가 1980년대부터 자주 발생하고 1990년대 들어 매년 상당히 큰 규모의 유해성 적조가 장기간 발생하여 많은 수산피해를 일으킴으로서 사회경제적인 문제로 대두되었다. 특히 1981년 진해만에서 17억 원의 피해를 일으킨 *Gymnodinium type*, 65(현재는 *Karenia mikimotoi*) 유해적조 발생이래, 1992년 94억의 피해를 일으킨 *Gyrodinium sp. nov.*, 유해적조, 및 1995년 764억 원의 피해를 일으킨 이래 매년 많은 수산피해를 일으키고 있는 *Cochlodinium polykrikoides*종에 의한 유해적조피해가 대표적이다(김, 2005; 김, 2017). 특히 *C. polykrikoides* 유해적조는 1995년 이래 2005년까지 10년간 총 1,191억 원 연평균 108억 원의 수산피해를 일으켰다(표 6.5.2). 한편 2006년부터 2017년까지의 *C. polykrikoides* 유해적조가 우리나라 연안 해역에서 일으킨 수산피해를 보면 2007년까지 매년 수산피해를 일으키다가 2008년부터 2011년까지는 수산피해가 발생하지 않았다. 그러나 2012년부터 다시 수산피해를 일으키더니 2013년도에는 247억 원에 이르는 많은 수산피해를 일으켰다. 그러나 2016년도 적조 피해 43억 원은 *Karenia mikimotoi*에 의하여 발생했다고 알려졌으며 2017년도엔 *C. polykrikoides* 유해적조에 의한 수산피해가 발생하지 않았다. 유해적조에 의한 수산피해 예측은 점점 어려워지고 있다.

표 6.5.2 1995~2005년 *Cochlodinium polykridoides* 유해적조 발생에 의한 수산피해 (억원)

구분	합계	1995	1996	1997	1998	1999	2000	2001	2002	2003	2004	2005
적조	1,191	764	21	15	1.34	3.2	2.6	88.1	49	236	1.2	10
구분	2006	2007	2008	2009	2010	2011	2012	2013	2014	2015	2016	2017
적조	0.7	115	0	0	0	0	44	247	53	56	43	0

이와 같이 *C. polykrikoides* 유해적조는 우리나라 연안 해역에서 수산피해를 일으킨 가장 악명 높은 종이다. 최근 연구보고에 의하면 우리나라 남해 연안에 아열대성 유해 플랑크톤의 출현이 보고됨으로서 유해성 플랑크톤의 생태와 독성 및 피해대책에 관한 해양환경공학 기술연구 범위를 아열대 종으로까지 확장해야 할 필요성이 높아졌다. 이외에도 매년 봄철에 어패류를 독화시켜 마비성 식중독(PSP)을 일으키는 *Alexandrium tamarense* 종과 설사성 식중독(DSP)을 일으키는 *Dinophysis spp.* 및

기억상실성 식중독(amnesic shellfish poisoning, ASP)을 일으키는 *Pseudonitzschia spp.*도 매년 출현하고 있다. 이와 같이 한반도 주변해역에서는 최근에 유해적조가 상습적으로 발생하여 수산피해는 물론 해양생태계와 식품안전에 많은 문제를 야기하고 있다. 이와 같은 수산피해를 동반하는 유해적조가 상습적으로 발생함에 따라 국립수산과학원과 해양경찰청이 지방자치단체와 공조하면서 유해적조 모니터링 시스템을 운영하고 있다. 특히 최근에 운영하는 유해적조 실시간 모니터링, 조기경보 및 황토 살포 등은 유해적조로 인한 환경훼손과 수산피해를 최소화하는 데 많은 역할을 하고 있다.

2 해양 적조 실시간 모니터링 기술

유해적조 피해를 최소화하기 위하여 현재까지 세계적으로 접근하고 있는 문제해결방식은 첫째, 유해적조 실시간 모니터링과 예보시스템 구축, 둘째, 유해적조 생물제어 등 피해방제대책, 그리고 마지막으로 육상오염을 방지하여 적조 발생을 근본적으로 방지하는 기술 등의 3대 전략으로 나눌 수 있다. 해양 적조 발생을 근본적으로 방지하는 방법은 가장 이상적인 방법이나 오늘날의 물질 문명사회에서 인간행위가 창출하는 오염물질의 발생과 연안 해역의 인구 집중현상을 막을 수 없다. 단지 지혜를 총동원하여 인간에 의한 오염물질 생산과 해양환경을 보호하기 위하여 모든 수단과 방법을 동원하고 있는 실정이다. 따라서 여기서는 실제적으로 이용할 수 있는 환경공학 기술을 이용한 적조 실시간 모니터링과 해양 적조 방제 기술에 관하여 설명하려고 한다. 먼저 해양 적조 실시간 모니터링은 적조생물의 채집과 관찰 기술, 유해적조 실시간 탐색과 분류동정 기술, 및 예보 자료의 분석처리와 제공에 이용하는 적조정보화 기술로 나눌 수 있으며 각 분야에서 다양한 최신 환경공학기술을 활용하고 있다. 이와 함께 이들 기술에 접근하고 활용하는데 필요한 선박과 원격 탐사 장비, 채집기구, 측정 분석 장비, 대용량 처리 소프트웨어 등 해양관측과 분석 기기와 장비와 함께 자료와 정보 처리시스템 개발도 동시에 이루어져야 한다.

(1) 적조생물의 채집과 관찰 기술

유해적조의 발생과 이동 확산을 실시간으로 예보하는데 필요한 해양환경과 유해적조의 생물화학적 자료를 수집하기 위해서는 현장에서 관측하고 채집하여 분석하는 기술이 필요하다. 현재 적조발생 현장의 해양환경정보와 유해적조생물 자료를 실시간으로 수집하기 위하여 선박을 이용하여 직접 환경과 생물시료를 채취하여 분석하거나 고정 또는 표류부이와 원격탐사 자료와 정보를 활용하고 있다. 그러나 현장 관측범위가 한정적이고 지속적으로 자료를 수집하여 분석하는데 아직도 개발해야 할 기술이 많다. 현재까지 환경공학 기술을 활용하고 있는 우리나라의 적조대책기술로는 자동관측부이 활용, 항공기를 이용한 적조 감시, 원격탐사 자료의 분석, 그리고 적조생물의 신속 동정기술 활용이 대표적이다.

그림 6.5.2 유해적조에 의한 생물피해(출처: GEOHAB, 2001, Anderson, 1994)

① 해양환경관측부이

국립수산과학원에서는 적조현상이 자주 발생하는 해역에 자동관측부이를 설치하여 수온, 염분, 수소이온농도(pH), 용존산소, 질소와 인 등의 영양염류의 양을 실시간으로 측정하여 적조상황실로 전송함으로서 적조의 실시간 예보에 활용하고 있다. 한편 적조 현장 조사 때는 적조생물의 채집과 동시에 물리화학적 수질환경요인을 측정하여 얻은 자료와 위성으로 탐색한 정보와 자료를 종합하여 적조 예보에 활용하고 있다. 결국 선박 동원 현장조사, 위성 정보 및 해양환경 측정 부이에서 채집한 모든 정보와 자료를 활용하여 유해적조의 예보에 활용하고 있다.

② 적조 항공 감시

1995년부터 발생하고 있는 *C. polykrikoides* 유해적조는 광역적으로 발생하고 적조가 발생하였을 때 수색이 마치 크림을 넣지 않는 커피색이어서 헬기를 이용한 항공감시활동을 펴고 있다. 적조 항공 감시는 짧은 시간에 넓은 해역을 관찰할 수 있고 항공감시에 다중분광카메라와 위치자동추적장치(GPS)를 활용하는 기법을 활용하면 더욱 효율성을 높일 수 있다.

그림 6.5.3 해양환경관측부이 및 헬기를 이용한 적조항공감시

③ 적조생물 신속 동정기술

현재 우리나라에서는 유해적조를 신속히 탐색하여 실시간으로 예보할 수 있는 실시간 유해적조 모니터링 시스템을 구축하기 위하여 대량으로 채집한 시료중의 유해적조생물을 짧은 시간에 처리할 수 있는 유해적조생물 자동탐색 기술개발 연구를 미국과 합동으로 진행하였으며 일부의 분자생물학적 기술은 실용화 단계이다(그림 6.5.4). 특히 현재 유전자 분석기술을 이용하여 유해적조생물의 유영세포와 휴면포자의 탐색에 활용하고 있다.

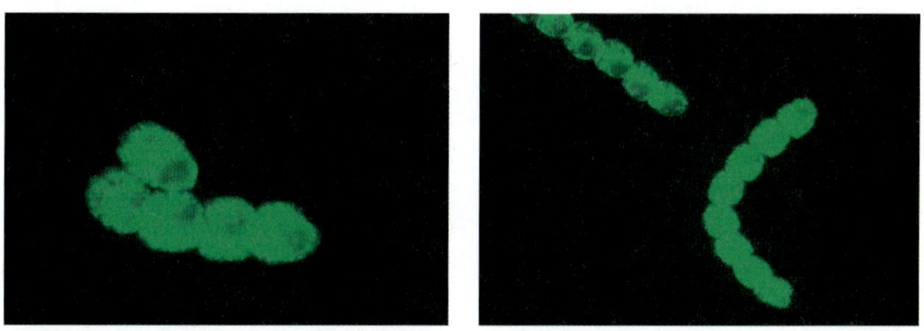

그림 6.5.4 분자생물학적 기술을 활용하여 처리한 *C. polykrikoides* 종의 형광사진

(2) 유해적조 실시간 탐색기술

최근에 연안 해역에서 발생하는 고밀도 유해적조는 매우 짧은 시간에 양식생물을 대량폐사시킴으로서 이와 같은 유해적조는 발생과 동시에 실시간으로 적조의 규모와 이동확산에 관한 정보가 어업인들에게 통보되어야 한다. 우리나라에서는 조사선을 즉시 파견하여 현장에서 적조생물과 밀도를 조사하거나 헬기를 이용한 항공감시결과를 실시간으로 어업인들에게 통보하고 있다. 또한 최근에 위성을 이용한 원격탐사 정보, 즉 수온, 수색 및 엽록소정보를 해석하여 유해적조의 이동과 확산경로를 예보하는데 활용하고 있다.

① 원격탐사 기술 개발

해양의 수색이나 엽록소의 양을 측정함으로써 적조생물의 양을 추정하는 첨단기술이다. 그러나 적조생물의 종을 구분할 수 없고 중층에 분포하는 적조생물을 탐색할 수 없는 한계점을 안고 있어 실용화에 어려움이 많아 이런 문제점을 보완하기 위한 연구가 진행되고 있다. 원격 탐사한 위성정보의 수색을 활용하여 적조생물을 해석하려는 알고리즘 개발이 미국과 일본 등에서 진행되고 있어 우리도 이에 대한 연구를 추진해야 한다.

② 적조생물 실시간 분류 시스템 구축

적조가 발생한 현장에서 적조 생물 분류 전문가가 아니더라도 적조를 일으키는 플랑크톤을 채집하여 현장에서 분류할 수 있는 기술을 개발하려는 노력이 진행되고 있다. 일부에서는 적조생물의 형태적인 특징을 내장시켜 현미경상에 현장 적조생물 시료를 올려놓으면 내장된 분류동정 프로그램이 스스로 분석하여 종류를 알아 낼 수 있는 고도의 기술이다. 일부에서 실용화하기 위한 기술 개발에 착수하고 있는 만큼 우리나라에서도 우리나라 연안에 출현하는 적조생물을 분류할 수 있는 현미경 내장용 분류동정 프로그램 기술을 개발해야 한다. 아울러 생물공학 및 광학기술을 활용한 유전자 분석기술을 활용하여 적조생물을 분류하는 기술 연구도 추진해야 한다.

(3) 적조정보화 기술

① 휴대폰의 활용

유해적조가 발생하여 적조주의보를 발령할 때 적조의 진행사항이나 피해방지요령을 간단히 휴대폰으로 전달하거나, 또는 적조경보기를 설치한 육상양식장에서 적조경보기가 감지한 적조주의보 밀도수준의 정보를 관리인의 휴대폰에 전달하고 응급조치를 취할 수 있도록 하는 데 이용한다.

② 적조화상정보 고속 통신망 구축 활용

유해적조생물 분류전문가와 적조 조사 인력난을 해소하고 적조정보를 신속하게 다원방향으로 전달 송수신하기 위하여 국립수산과학원에서 적조 화상정보 고속 통신망을 구축하여 운영하였다(그림 6.5.5). 동 시스템은 각 연구소, 분소, 해양 지방청이나 지자체에서 적조 시료를 채집하여 화상현미경에 올려 동화상을 본원의 적조상황실로 전송하면 본원의 분류 전문가가 분류결과를 다시 송부하는 시스템으로서 적조생물시료의 종 검색 분류뿐만 아니라 피해경감을 위한 화상회의도 할 수 있는 시스템이다. 한편 유해적조가 발생하면 국립수산과학원 적조상황실에서는 유해적조에 관한 속보를 발행하여 인터넷과 자동응답전화 등으로 서비스하고 있어 피해를 경감할 수 있는 유용한 정보를 알아볼 수 있다.

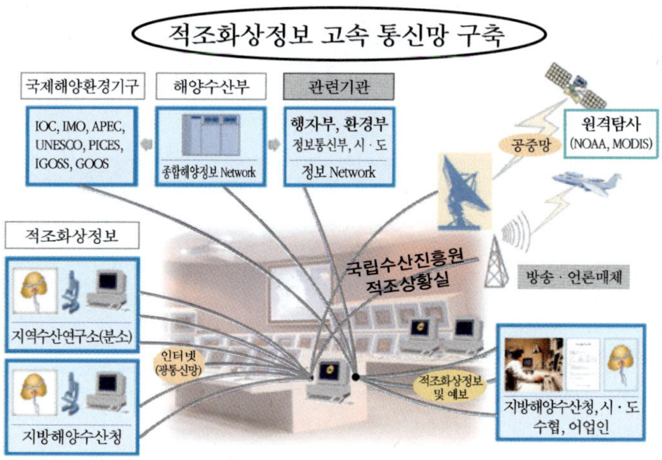

그림 6.5.5 국립수산과학원에서 운용한 적조화상정보 고속 통신망 시스템

③ 무인 드론과 인공지능(AI)의 활용

현재 우리나라에서 유해적조를 일으키는 플랑크톤은 편모조류에 속하는 종이 많아 수직이동이 가능하다. 따라서 이들 집적하면 수색이 변화되어 드론과 같은 무인비행체에서 촬영한 영상으로 적조규모를 파악할 수 있다. 적조 현장 상공에서 관측

한 드론 화상정보의 확보, 정보의 분석, 및 효율적 이용에 필요한 인공지능의 활용도 깊이 있게 연구해야 할 때이다. 특히 유해적조가 이동확산과 규모를 예측할 수 있는 적조 예측 및 예보 알고리듬 개발에도 인공 지능의 적극적인 활용 연구가 이루어져야 한다.

3 해양 적조 방제기술

이미 유해적조가 발생한 해역에서는 유해적조생물을 제거하거나 피해를 받는 수산생물을 적조해역으로부터 안전한 곳으로 대피 이동하거나 또는 적조생물과 격리시킴으로서 피해를 최소화할 수 있다. 이와 같은 적조피해 방지기술에도 환경공학기술이 다양하게 활용되고 있다. 일반적으로 유해적조가 발생하면 신속한 예찰과 함께 피해를 최소화 할 수 있는 조치를 취하는데 크게 조치를 취하는 시간에 따라서 적조발생 전의 예방적 관리기술(precautionary management)과 발생 후의 긴급관리기술(emergent management)로 나눌 수 있다(김학균, 2005; Kim, 2006). 적조발생 전의 예방적 수단에 활용하는 환경공학기술에는 유해적조의 신속한 감시기술, 실시간 예보체제와 조기 경보 시스템구축 기술과 같은 적조피해를 경감시키는 기술이다(표 6.5.3).

표 6.5.3 적조피해방지 기술의 구분

구 분	적조발생 전의 예방적 관리기술	적조발생 후의 긴급관리기술
피해경감 기술	적조예찰감시망 구축 발생 신속 예보 조기피해 발생예측 예보 어류 방양밀도 조절 사료 공급량의 감축 예비 비축해수 확보	적조이동확산 예보 적조주의보 경보운영 적조어장유입 차단과 액화산소 공급 가두리 이동외해 대피 저층수 펌핑 표층살포 생사료 공급 중단
적조제어 기술	해류순환 촉진 영양염류 유입 차단	황토살포(흡착침강) 적조생물 제거(생물제거기) 생물보호막 설치(적조방지막)

한편 적조발생 후에는 적조생물의 밀도를 감소시키기 위한 인공 해류순환 기술, 적조생물을 제거시키기 위한 황토살포 등의 적조생물 제어기술 등 물리학적, 화학적 및 생물학적인 다양한 기술이 있다(표 6.5.4)(김학균, 2005; Kim, 2006). 그러나 보다 실용적이고 경제적인 기술을 개발하기 위하여 많은 연구가 진행되고 있으나, 기술 활용시의 경제성과 환경 친화성을 고려할 때 실용화 할 수 있는 기술을 개발하는 일은 아직까지는 매우 어렵다고 보고 있다. 현재 수산양식산업이 발달한 한국, 일본, 및

중국에서는 적조발생전의 예방적 관리와 적조발생후의 긴급관리를 잘 수행하고 있는 나라에 속한다. 그러나 우리나라와 달리 유독성 적조생물에 의한 식중독예방이 가장 큰 문제인 미국과 유럽 등에서는 유독종과 식중독 독소를 신속하게 탐색하여 실시간으로 분석할 수 있는 기술개발을 적극적으로 추진하고 있다. 앞으로 친환경적인 적조생물 구제물질을 개발하기 위한 생명공학기술과 광학기술이 적극적으로 이루어질 것으로 보인다.

표 6.5.4 해양 적조생물의 제어 방법과 원리

방 법		원 리	응용물질
물리적 방법	적조와 격리	적조도피, 차단	적조방지막
	초음파처리법	세포파괴	초음파(160 ~ 400 kHz)
	오존처리법	독성중화	오존
	적조생물제거법	제거, 여과, 원심분리	원심분리기, 적조제거기
	전기분해법	세포치사	산성수, 치아염소산나트륨
화학적 방법	화학약품살포법	세포치사, 파괴	황산동, 유기화합물
	황토살포법	응집, 침강	황토, 점토
	응집제살포법	응집, 침강	철염, 계면활성제등
생물학적 방법	포식압(천적)	먹이망(grazer)	요각류, 섬모충류
	살조물질세균, 비루스	세포파괴, 용해	폴리유로나이드등
		분해	*Cytophaga sp.*
	기생생물	기생	
	생물효소	세포막파괴, 용해	만노시다제

(1) 물리학적 방제 기술

직접적으로 적조생물을 격리, 제거 또는 차단시키는 생물 물리 화학적 기술 중에서 황토를 이용한 침강기술을 주로 활용하고 있고, 염소를 이용한 치사, 원심분리를 이용한 적조제거기술들은 국부적으로 활용된 바 있다. 현재 국내에서 적조방제 기술로 활용하고 있는 적조제거기와 적조 방지막에 관하여 설명한다.

① 여과 제거 원리

고밀도 유해적조가 육상 양식장으로 유입될 위험이 있을 때 유해적조생물을 양식장 안으로 유입하지 못하도록 여과하는 기술로서 모래 등을 이용한 역상여과장치를 설치하거나 또는 원심분리기술을 이용하여 유해적조생물을 분리 제거하는 적조제거기가 육상 양식장에서 사용하고 있다.

② 적조해역 대피 및 유입차단

유해적조생물이 양식 어류 가두리 안으로 유입하지 못하도록 제작한 적조방지막은 여과막이나 기타 재질을 이용하여 적조 생물의 가두리 유입을 차단하는 기술이다. 그러나 적조생물의 유입을 방지할 수 있는 여과막으로 제작한 방지막에 부착생물이 부착하여 해류의 소통과 산소 공급 등에 영향을 해결하여야 실용화 할 수 있다. 최근에 외해에 방파시설과 같은 해수와 차단된 어류 수용시설을 설치하여 거기에 적조 해역의 어류를 일시적으로 대피시키는 기술도 개발하려고 하고 있다.

(2) 화학적 방제 기술

화학적인 적조방제 기술에는 적조생물의 세포를 치사시키거나 응집하여 침강시키는 기술이 있으며 우리나라에서는 황토를 살포하여 적조생물을 흡착하여 침강시키는 기술이 활용되고 있다(그림 6.5.6). 한편 적조구제물질. 장비 사용승인에 관한 고시 (해수부 고시 제2014-46호)에 의하여 황토이외에 친환경 적조구제물질을 개발하여 실용화하려는 노력을 기울이고 있다.

그림 6.5.6 황토를 살포하여 적조방제작업을 하는 해상 및 항공 촬영 사진

① 황토 흡착침강의 원리

황토를 사용하여 유해적조생물을 흡착 제거하는 방법으로서 황토를 살포하면 적조생물과 흡착하여 해저로 침강시켜 적조생물을 해수 중에서 제거하는 기술로서 현재 지방자치단체에서 사용하는 황토살포기는 해수를 전기분해하여 황토와 혼합 살포토록 제작되었다. 앞으로 황토의 물리적인 처리를 가하여 황토의 흡착 능력을 증대시키는 연구도 수행해야 한다.

② 화학적 방제기술 실용 사례

우리나라에서는 1981년 *Karenia mikimotoi* 적조가 발생하여 황산동을 촘촘한 그물망에 넣어 살포하여 양식어패류의 폐사를 막아보려 시도했으나 생물 피해가 우려되어 사용을 중단되었다. 한편 1985년 황토의 일종인 점토를 사용하여 실내외에서 유해적조 구제실험을 실시하고 적조 생물을 구제할 수 있다는 결과를 얻었다(김, 1986). 한편 1995년 대규모 *C. polykrikoides* 적조가 양식장에 대량 피해를 일으킴으로서 동년 10월에 점토와 비슷한 황토를 거제도 동안에서 살포하여 *C. polykrikoides* 적조의 구제효과를 인정하고 황토를 양식장 주변에 살포하여 양식 피해를 경감시키는 효과를 보았다. 이후 매년 *C. polykrikoides* 적조가 발생하면 황토살포 기준을 통과한 황토를 양식장 주변에 살포하고 있다. 현재 양식장에 살포하는 황토는 「수질 및 수생태계 보전에 관한 법률」상의 수질오염물질을 포함하지 않아야 하고 살포하는 방법도 국립수산과학원에서 작성 배부한 홍토살포 기술지침에 따르도록 하고 있다. 현재 유해적조가 발생하면 일본, 중국, 미국 등에서 황토를 살포하여 피해를 경감시키고 있다. 황토 이외에도 생물을 여과 제거, 방지막 설치, 흡착 침강 등의 환경공학기술은 적조방제에 적극적으로 활용하고 있다.

(3) 생물학적 방제기술

생물학적 기법에는 유해적조생물을 잡아먹는 포식생물(천적), 적조생물을 분해시키는 미생물, 살조세균, 적조생물에 공생하여 세포를 파괴시키는 기생생물 등이 있으며 우리나라에서는 포식생물을 이용하여 *C. polykrikoides* 유해적조를 방제하려는 연구가 이루어지고 있다. 포식생물을 이용하는 방법을 천적이용기술이라고 부르기도 한다.

① 포식의 원리

적조를 일으키는 식물 플랑크톤을 포식하는 1차 소비자 예를 들면 동물성 부유생물을 이용하여 적조생물의 밀도를 감소시키는 환경 친화적인 기술로서 각광을 받고 있으나 대량생산에는 문제점이 있다. 현재까지 우리나라에서 유해적조가 발생하였을 때 활용하고 있는 환경공학기술은 비교적 다양하다.

② 분해 미생물의 활용

적조생물을 분해시키는 미생물을 활용하여 적조생물을 구제할 수 있는 연구결과가 많이 보고되어 있다. 그러나 해양에 미생물을 인위적으로 투입할 경우 생태계의 기능과 구조에 어떤 영향을 미치는가 알 수 없어 실용화가 잘 이루어지고 있지 않다. 그러나 최근 일본에서는 연안 해역에 서식하고 있는 잘피나 파래 등 해조류에 부착하여 살고 있는 적조생물 분해 미생물의 번식을 촉진시켜 적조발생을 간접적으로 약화시키는 연구를 진행하고 있다(Imai, 2006). 우리도 적조가 상습 발생하는 연안 해역에서 이와 같은 연구를 추진하여 실용 가능성을 평가할 필요가 있다.

이상 설명한 바와 같이 적조생물을 구제할 수 있는 생물 물리화학적인 여러 가지 방법이 있다. 단지 이들 물질이나 장비의 실용화에 있어서 이들 물질이 적용 대상 환경에서 어떤 문제를 일으키지 않을 것인가? 적용의 용이성과 경제성 그리고 사람의 건강과 위생에 문제를 야기하지 않을 것인가? 등의 문제를 해결해야 할 것이다. 따라서 가능하다면 황토를 대체할 수 있는 신소재 물질을 개발해야 한다. 현재 널리 살포하고 있는 황토의 경제성과 환경친화성은 지금까지 황토를 대체하기 위하여 개발된 다른 물질보다 비교적 우수한 편에 속한다. 특히 황토를 살포하더라도 어패류를 횟감으로서 이용하는 데 거부감이 없을 정도로 황토는 안전한 물질로서 친근감을 우리 국민들에게 주고 있다. 현재 황토를 대체할만한 기술로서는 해양생태계의 안전성이 우수한 생물학적인 제어 방법을 주로 연구하고 있다. 그러나 포식압, 해양세균의 활용 등 새로운 기술을 실용화하기 위해서는 이들의 경제성, 물질의 안정성, 해양생태계의 안전성 등이 확보되어야 함으로 앞으로 많은 유해적조 방제기술 개발 연구가 활발하게 수행되어야 한다.

6.6 해양 유류오염 대응사례

1 씨프린스 호 해양오염사고

(1) 씨프린스 호 사고 현황

① 사고 발생개요

Sea Prince 호(유조선, 144,567톤)는 '95. 6. 28, 18:00경 사우디아라비아, 나스타누항에서 원유 26만여 kL를 싣고 광양항 호남정유 부두에 접안하여, 원유 하역작업 중 태풍경보를 통보받고, 대피 차 7. 22, 18:00 광양항을 떠나 여수 남쪽 해상에서 피항하던 중 7. 23, 14:05경 태풍 '페이'에 밀려 기관실부위가 작도에 부딪쳐 기관이 멈추고, 기관실에 화재가 발생한 상태에서 표류하다, 7. 23, 15:58경 여천군 남면 소리도 남쪽 끝단 암초에 좌초되어 적재되어 있던 연료유 및 원유 등 5,035 kL가 유출되었다(표 6.6.1, 그림 6.6.1).

사고당일 기상은 태풍경보가 발효 중이었으며, 당시 풍속은 30～32 m/s, 파고는 6～8 m이었다.

표 6.6.1 사고당시 씨프린스 호 주요 현황

선 명	톤 수	승선원	국 적	선 종	적재유(kL)
씨프린스	144,567톤 길이 313 m 폭 56 m	20명	싸이프러스 (호유해운)	유조선 (원유선)	원유 : 86,886 B-C유 : 1,395 B-A유 : 100

그림 6.6.1 씨프린스 호 사고당시 상황도 및 좌초장면

② 오염범위

유출유는 사고지점 소리도 남방 15마일 해역에서 남해를 거쳐 거제 남부해역, 부산, 울산, 포항해상까지 약 127마일에 이르는 해역까지 확산되었으며, 거제 홍도 부근해역 및 일본 대마도 서방 20마일 해상에서도 엷은 유막이 발견되었다(그림 6.6.2).

해안 지역은 전남 여천군 돌산읍, 남면, 화정면 해안 약 46.9 km 해안이 오염되었으며, 특히 소리도, 안도, 금오도, 돌산도 일부해안지역의 오염이 극심하였다. 또한 부산 해운대해수욕장, 태종대, 울산 일부해안에도 타르상태의 유류유막이 부착되었다.

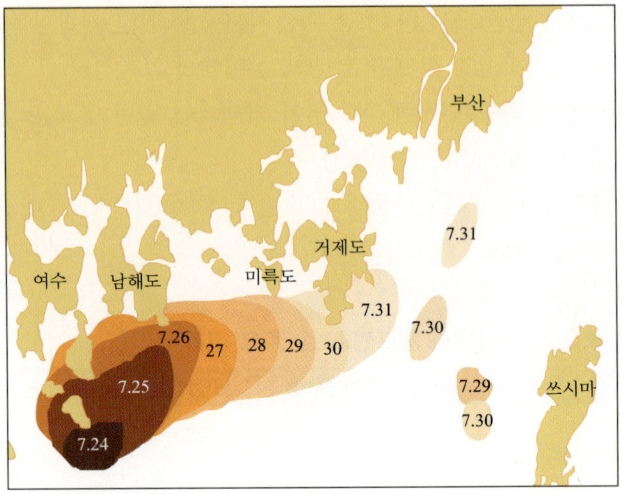

그림 6.6.2 해양오염 확산도

③ 방제조치

태풍 '페이'는 중심기압 940 hPa로서 영향권이 무려 890 km에 이르고 중심부근에서는 초속 40 m의 강한 바람과 8~10 m의 높은 파도를 동반한 A급 태풍으로서, 7. 23, 10:00 태풍경보발령으로 씨프린스 호가 피항 중 소리도 동쪽에 위치한 작도에 선미측이 충돌하면서 기관실이 파손 화재가 발생된 상태에서 2시간 정도 서쪽으로 떠밀려 여수시 소리도 남단 용바위 암초에 좌초되었으며, 기관실의 화재는 계속 심화되어 원유탱크까지 인화될 위험이 높아지고 있었다.

7. 24, 16:00경 태풍주의보 상태에서 부산해양경찰서 소속 구난함 3001함이 사고현장에 도착 화재진압 작업을 약 4시간 20분간 실시하여 화재를 진압함으로써, 원유탱크 인화에 의한 폭발을 방지하고, 선체를 고박하여 적재된 잔유 기름을 조기에 이적조치 할 수 있었으며, 적재량 88,381 kL 전량이 유출될 수 있는 초대형 기름유출 사고를 예방할 수 있었다.

7. 24, 오후 기상이 다소 호전됨에 따라 해경 방제정 2척과 민간업체 선박을 동원, 오일펜스 864 m를 설치하여 해상유출유 확산방지 조치를 하였으나, 이미 많은 양의 기름이 외해로 확산된 상태였으며 높은 파고로 7. 25에 가서야 본격적인 방제작업이 가능하였다.

그림 6.6.3 좌초된 씨프린스 호 주변에 오일펜스 설치장면

7. 25일부터 본격적으로 방제작업이 시작되었지만 유출된 기름이 이미 광범위하게 확산되어 방제작업에 어려움이 많았으며, 많은 인력과 장비가 소요되었다.

전 해양경찰서에 보유하고 있는 장비뿐만 아니라 관계기관, 업체 등 전국 모든 방제선박 및 장비·자재가 동원되었으며, 어선 등 선박이 하루에 많게는 400～500척까지 동원되었다.

트롤 스키머, 스크루 스키머 등 대형 유회수기 및 방제정 등에 의하여 많은 양의 기름을 회수(1,390 kL)하였지만, 유출된 기름은 광범위하게 확산되었고 또 회수능력이 없는 경비정·어선 등에서는 유흡착재·유처리제에 의한 작업이 불가피하였으며, 산림청 헬기와 싱가포르 소재 EARL 항공기(C-130) 지원을 받아 외해로 확산되는 기름에 대해 항공 살포도 병행 실시하여 후에 유처리제 과다사용(약 717 kL)이 언론이나 정치권에서 문제점으로 크게 지적되기도 하였다.

그림 6.6.4 유회수기를 이용한 회수장면

해상방제는 1996. 7. 24～8. 11까지 19일간 이루어졌다. 해상에 유출된 기름이 확산됨에 따라 소리도 해안에서부터 해안부착이 시작되어 전남지역 38개 마을 47 km와 부산 경남지역 13개 마을 약 26 km 등 총연장 73 km의 해안을 광범위하게 오염시켰다.

사고지역인 소리도 해안에 밀려든 두터운 기름 층은 스크루 스키머, 고압 펌프 등으로 회수하였고, 흡착물 등과 혼합된 기름은 청소선, 쓰레기 수거장치 등으로 회수하는 등 기계적 작업과 주민·경찰기동대·군 장병 등을 동원, 삽·바가지 등으로 직접적인 수거작업이 이루어졌다. 돌, 암벽 등에 부착된 기름은 유흡착재, 걸레 등으로 닦아내는 일명 "갯닦기" 작업에 의하여 이루어졌고, 자갈, 모래층에 깊이 스며든 기름은 포클레인 등으로 파서 세정하는 방법으로 이루어졌다.

그림 6.6.5 주민과 군·경을 동원, 흡착재를 이용한 해안방제

표 6.6.2 방제작업에 동원된 인력과 장비

기관별	인원	선박 (척)	항공기 (대)	유회수기 (대)	오일펜스 (m)	유흡착재 (kg)	유처리제 (kL)
계	166,905	8,295	45	126	13,766	239,678	717.6
해경	15,525	826	21	120	864	65,514	302.5
관계기관	21,340	574	22	2	670	35,815	51.8
행위자측	130,040	6,895	2	4	12,232	138,349	363.3

※ 회수량 : 폐유(회수유) 1,304 kL, 폐기물(폐흡착재 등 포함) 2,395톤

이와 같이 오염이 매우 심한 사고지점인 소리도 덕포만 등에서는 기계적 작업이 이루어졌지만, 여타 지역은 대부분 지역주민을 동원한 갯닦기식 작업으로 많은 인력과 장시간이 소요되었다.

해안방제에는 7. 25～12. 31 약 5개월간 소요되었으며, 이후에도 2차에 걸쳐 추가 작업이 이루어지기도 했다.

선내 남아 있던 원유는 8. 6부터 8. 22까지 17일 동안 원유와 연료유 82,643 kL를 이적하고, 선체처리를 위한 정밀조사가 이루어졌으며, 사고선박은 암초에 좌초되면서 기관실 및 선저 부분에 많은 손상이 발생되어 그 상태로 부양시켜 이초가 가능할 것인가에 대하여 정밀 조사한 결과 탱크 내에 밸러스트와 공기를 주입하여 선체 trim을 조정하면 선체를 해체하지 않고 부양이 가능하다고 판단되어, 11. 26일 선체 trim을 조정한 후 부양을 시도하여 이초에 성공하였다. 선체는 12. 2, 13:30경 사고 해역을 출발하여 필리핀 수빅만(Subic Bay)으로 예인하여 해체할 예정이었으나, 예인 중 12. 25 심한 풍랑으로 수빅만 근해 수심 1,200 m에 완전 수장되고 말았다.

그림 6.6.6 좌초선 씨프린스 호 선체 고박 장면

(2) 씨프린스 호 사고당시의 문제점

① 국가방제능력 미흡

1995년 씨프린스 호 사고당시 국가방제능력은 매우 취약했다. 해양경찰청에서 보유한 방제세력은 140톤급 이하 방제선 10척, 유회수기 34대, 오일펜스 8 km, 그 외 유처리제, 흡착재 등의 자재는 초동조치에 필요한 정도로 각 해양경찰서에 분산배치 되어 있었고, 민간의 경우는 더 취약하여 정유회사에서 소형방제선 1～2척, 민간업체에서 자재·약제 일부를 보유하고 있어, 국가방제능력이 약 1,300 kL 정도에 불과하였다.

② 방제지휘체제 미흡으로 방제작업의 효율성 저하

당시 방제업무는 유출량과 해역에 따라 해운항만청, 수산청, 시·도, 해양경찰청으로 분산되어 있었다. 해경, 해군, 시·도 업체 등에서 선박이 1일 최대 400~500척까지 동원되었으나, 방제를 총괄 지휘·통제할 수 있는 책임기관에 관한 법적 근거 미비로 일원화된 지휘체제를 갖지 못하여 방제작업의 효율성은 낮았다.

③ 방제작업의 전문성 결여로 2차 오염문제 등 물의 야기

사고당시 민간 방제능력이 거의 전무한 상태로 관 주도의 방제조치에는 한계가 있었다. 사고 해점 부근인 덕포만을 중심으로 트롤 스키머, 스크루 스키머 등 일부 기계적인 방법에 의해 기름회수작업이 이루어졌다. 하지만, 기간 중 동원된 연 8,295척의 대부분은 어선으로 방제작업 수단이 없어 유처리제나 유흡착재에 의한 방제작업이 이루어졌고, 사용방법이나 인식부족으로 유처리제 과다살포, 투하된 유흡착재 미수거로 인한 2차 오염 등 많은 문제점이 지적되었다.

(3) 씨프린스 호 사고의 교훈

① 유류오염사고 피해의 심각성 인식

씨프린스 호 사고가 발생하자 각종 신문과 방송이 연일 대서특필하고 집중 보도하였으며, 시커먼 기름이 확산되고 있는 장면과 외국사례도 보여주면서 그 피해의 심각성을 지적하였다. 이를 지켜본 모든 국민과 정부당국자 모두가 기름오염사고 피해의 심각성을 인식하게 되었다.

② 우리나라 방제제도 및 방제능력의 취약성 확인

그 동안 방제장비 확보예산은 예산편성 순위에서 항상 뒷전에 밀려났고, 방제제도 개선에도 소홀한 것이 사실이었다. 씨프린스 호 사고로 많은 문제점이 도출되어 언론·전문가·정치권 등으로부터 크게 질타를 받았으며 대책을 강구하게 되는 계기가 되었다.

③ 재난적 해양오염사고 발생 가능성에 대한 경고

사고당시 선박 내 적재되어 있던 기름은 총 88,381 kL이었으며 그 중 5,035 kL가 유출되었다. 선체는 선저에 암초가 15.7 m까지 파고든 상태에서 기관실에 화재까지 발생되어 있었으며, 외해의 바람과 높은 파도의 영향을 직접 받고 있어 언제 선체가 절단될지 모르는 심각한 상태였으며, 선체가 두 동강이 날 경우 화재·폭발로 적재기름 전량이 유출될 가능성이 있었으나, 다행히 해경의 적극적인 소화활동으로 화재가 진화되었고, 선체 안정성 확보를 위한 선체고정 및 추가유출방지를 위한 적극적인 기름 이적으로 적재유 88,381 kL 전량이 유출되는 최악의 시나리오는 막을 수 있었다.

우리나라에도 외국과 같이 수만 톤 내지 수십만 톤의 초대형 유출사고 발생 가능성이 있음을 경고한 사고라 할 수 있다.

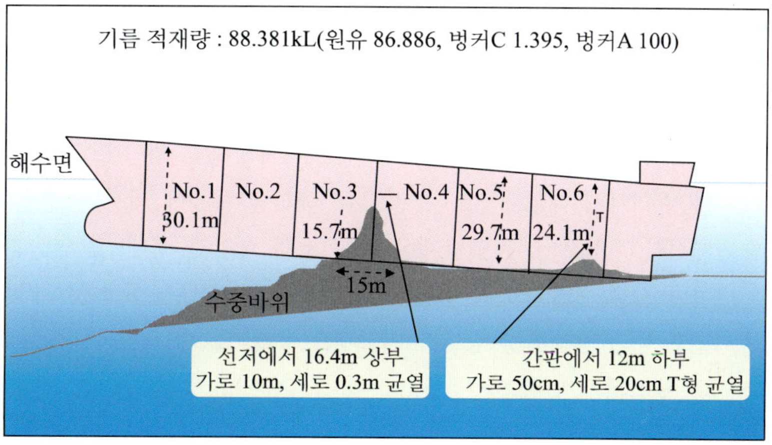

그림 6.6.7 씨프린스 호 좌초당시 선체상태

(4) 씨프린스 호 사고이후 방제체제 개선

① 방제체제를 해양경찰청으로 일원화 등 방제지휘체제 확립

「해양오염방지법」 개정(1995. 12. 29)으로 해양경찰청, 해운항만청, 수산청, 시·도 등 여러 기관에 분산되어 있던 방제업무를 해양경찰청으로 일원화하였으며, 방제작업 현장에 동원된 인력·장비를 총괄지휘·통제할 수 있도록 하기 위하여 해양경찰청장을 본부장으로 하는 방제대책본부를 설치하여 방제작업 현장에 동원된 인력·장비의 지휘·통제토록 하였다.

② 국가방제기본계획 수립·운영

씨프린스 호 오염사고로 범국가적 차원의 대비·대응을 위한 종합적인 계획의 필요성과 유류오염 대비·대응 및 협력에 관한 국제협약(OPRC협약) 가입에 따른 국가방제긴급계획의 수립이 요구되어 관계부처 협의와 해양오염방제대책위원회의 심의·의결을 거쳐, 2000년 1월 11일 국무회의 의결로 국가방제기본계획을 최종 확정하였다.

이 계획은 OPRC 협약에 근거하고, 「해양오염방지법」과 「재난 및 안전관리 기본법」 등 관계법들을 모두 수용하고 있으며, 국가방제조직·지휘체계, 방제장비의 확보·유지, 방제방법 선택 및 방제기술지원단 운용, 피해조사 및 복구, 각 행정기관별 임무 등 기름오염사고 처리에 관한 모든 사항을 체계적으로 규정하고 있다.

③ 지역방제실행계획 작성·운영

국가방제기본계획의 실행계획인 지역방제실행계획은 대형오염사고에 과학적이고 효율적으로 대비·대응하기 위한 현장집행계획으로서 전국을 해양경찰서 단위로 구분하여 각 지역에서의 최대유출사고를 가상하고 해역내의 사고위험성 평가 및 적정한 방제자재 배치, 신고·동원체제, 해역별 특성에 맞는 방제절차 및 방제방법 등을 제시하고 있으며, 지역방제실행계획서와 해안선 형태 및 연안환경위험정보 등 방제관련 자료·정보 DB가 수록된 방제정보집, 어장·양식장 분포 및 관광자원, 중요시설 분포 등의 방제관련 정보가 민감정도에 따라 기호 및 색상으로 표시된 방제정보지도로 구성되어 있다.

④ 국가방제능력 확충 및 민간 방제전문기구 설치

1997년 씨프린스 호 사고 당시 국가방제능력은 1,300 kL에 불과하여 효율적인 대응이 제대로 이루어지지 못함에 따라, 사고이후 국가방제능력 확충을 위해 해양경찰청은 방제장비 중·장기 확보계획을 수립하여 확보목표를 20,000 kL로 설정하고 정부(해양경찰청) 10,000 kL, 민간 10,000 kL씩을 분담하여 확보를 추진하고 있다. 현재 해양경찰청에서는 300톤급 대형 방제정 6척을 비롯한 방제정 19척과 유회수기 72대 등 6,500 kL의 방제능력을 확보하고, 민간에서는 1997년 11월 해양오염방제조합 설립 등을 통하여 9,000 kL의 방제능력을 확보하는 등 2006년 말 현재 총 16,500 kL의 국가방제능력을 확보하고 있다.

⑤ 과학적 방제조치를 위한 방제전문가 지원제도 도입

해양오염사고는 해양의 특성과 오염상황에 따라 다양한 형태로 변화됨에 따라, 해양오염 방제조치에 대한 과학적인 방제방법의 연구 및 대형오염사고 발생시 방제기술 자문을 위하여 「해양오염방지법」(2000년 개정)에 근거한 방제기술지원단을 구성하였으며, 과학적 방제조치에 필요한 전문적인 기술지원과 자문을 받을 수 있도록 전문가 범위를 넓혀 현재 30명의 전문가를 7개 전문분야별로 나누어 운영 중에 있다.

⑥ 인접국가간 국제방제협력 강화

OPRC협약(유류오염 대비·대응 및 협력에 관한 국제협약)은 1989. 3월 미국 알라스카에서 발생한 Exxon Valdez 호 기름유출사고를 계기로 대형기름오염사고는 한 국가에서 대처하기가 불가능하다는 인식하에 미국의 제안으로 1990. 11월 IMO총회에서 협약문을 채택, 1995. 5. 13일 협약이 국제적으로 발효되게 되었다.

우리나라는 이 협약 가입을 위해 가입에 필요한 절차 추진과 함께 국가방제기본계획 수립, 관련 법제도의 개선 등 협약에서 요구하고 있는 국내 방제제도 개선작업을 추진하였다. 관계부처의 협의를 거쳐 협약서를 1999. 11. 9 협약서를 IMO에 기탁, 2000. 2. 9 협약이 국내에 발효됨으로서 국제적 방제협력체제 구축에 동참하고 있다.

또한 북서태평양보전실천계획(Northwest Pacific Action Plan, NOWPAP)은 북서태평양지역의 해양 및 연안 환경의 보호·관리를 위해 유엔환경계획(UNEP)의 권고로 1991. 5월 한국, 북한, 일본, 중국, 러시아 5개국 대표가 활동계획(action plan) 추진에 합의하여 1994. 9월 서울에서 제1차 정부간회의가 개최됨으로서 출범하게 되었다. 우리나라는 NOWPAP 지역의 국제적 방제협력업무를 주도적으로 수행하기 위하여 방제지역활동센터를 한국해양연구소(해양시스템안전연구소)에 유치·설립(2000. 3. 22)하여, NOWPAP 지역 내의 관련사업 및 활동센터들 간의 업무를 총괄 조정하는 등 NOWPAP 지역국가간 협력 체제를 한층 더 강화해 나가고 있다.

2 허베이스피리트 호 해양오염사고

(1) 사고현황

① 원유선의 충돌사고 발생

2007년 12월 7일 07시경, 충남 태안군 만리포 북서방 약 10 km 해상(36～52.01°N, 126～03.01°E)에서 2척의 예인선에 의해 예인되던 해상크레인선(삼성T-1호, 11,800톤)의 예인로프가 절단되면서 파도에 밀려 인근에 묘박중이던 원유선 허베이스피리트(Hebei Spirit 호, 146,848톤)와 충돌하는 사고가 발생하였다.

현지기상은 북서풍이 14～16 m/s로 강하게 불고 파고가 3～4 m로 높게 일고 풍랑주의보가 발효된 상태였다.

(a) 허베이스피리트 호 모습

(b) 해상크레인 모습

그림 6.6.8 사고 유조선 및 해상크레인

② 대량의 원유유출

이 원유선은 1993년에 건조된 단일선체 구조로 화물탱크 13개, 밸러스트탱크 4개로 구성되었는데, 단일선체는 기름탱크 외판을 보호하는 격벽이 없기 때문에 충격에 매우 취약하다.

이 충격으로 좌현 1번(30 cm × 3 cm), 3번(160 cm × 10 cm), 5번(200 cm × 160 cm) 탱크에 파공되어 적재된 원유 약 12,547 kL가 유출되었다.

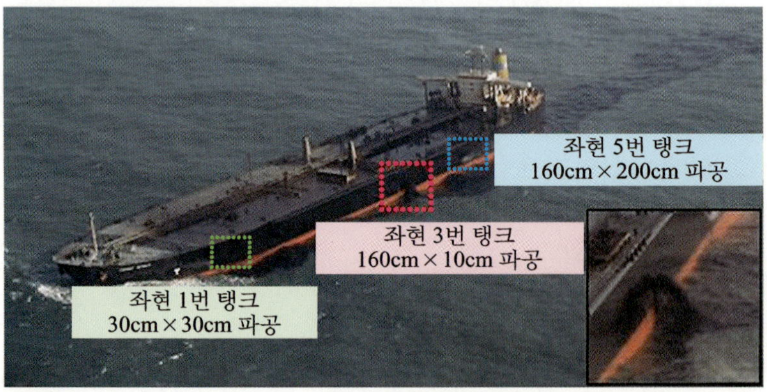

그림 6.6.9 사고선박 허베이스피리트 호 파공부위

③ 유출유의 확산

유출된 기름은 강한 북서풍의 영향으로 빠르게 해안쪽으로 밀려들었다. 태안군 이원면 내리 만대에서 소원면 파도리 구간 총 70 km 해안이 오염되었으며, 그 중 35 km는 두꺼운 기름층으로 심하게 오염되었다.

(a) 밀려오는 기름파도 (b) 해상오염 분포사진

그림 6.6.10 해안으로 밀려오는 기름

(a) 암벽 상단 유층부착 (b) 홍합양식장 오염

그림 6.6.11 해안오염상태

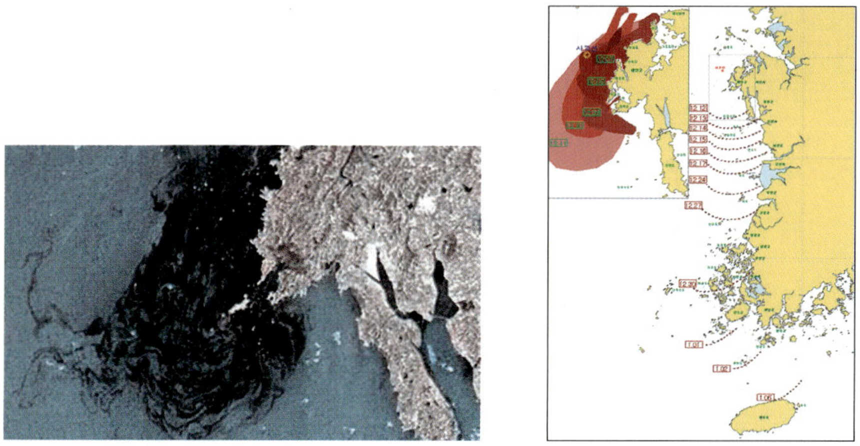

(a) 위성사진(12. 11. 10:40) (b) 일자별 확산상황

그림 6.6.12 유출유 확산상태

해안으로 유입되지 않은 기름은 해류를 따라 남북으로 광범위하게 확산되었고 안면도 앞 해상을 지날 때는 타르가 형성되어 남하하였고 12. 24. 이후 소멸되었다가, 12. 27. 영광군 안마도 부근에서 다시 발견되었다.

12. 29. 저녁부터 3일 동안 풍랑주의보가 발효되고 기상이 악화되어 전남지역 도서에 많은 타르가 유입되는 등 101개의 도서가 오염되었으며 사고해역에서 약 185마일 떨어진 제주 추자도 해안까지 타르덩어리가 일부 부착되기도 하였다.

(2) 재난적 오염사고에 범정부적 대응

대형 유출사고로 판명되자 해양경찰청은 태안해양경찰서에 방제대책본부를 설치하였고 해양수산부에는 중앙사고수습본부를, 행정자치부(소방방재청)에는 중앙재난안전대책본부를 설치하여 범 정부차원의 방제대응태세로 돌입하였으며, 현장 방제조치는 해양경찰청이 주관하고 각 부처의 범정부적 지원이 이루어졌다.

표 6.6.3 관계기관의 방제지원사항

기관명	지원사항
해양수산부	중앙사고수습본부 설치·운영 사고선박 조치 및 보험사항 어장·양식장 피해조사 및 보상업무 해양환경 영향 평가 및 복원사업
행정자치부(소방방재청)	설치·운영 민방위 등 방제인력 지원
외교통상부	및 외국의 방제지원 업무
국방부	및 함정·중장비 동원, 접근이 어려운 해안 방제
농림부(산림청)	동원, 유처리제 살포, 폐기물·중장비 운반
환경부	운반·처리 설치·운영
보건복지부	주민의 질병역학 조사
노동부(산업안전공단)	안전관리지침 제공 설정, 안전로프 설치 등
지방자치단체	모집·배치, 방제물품 제공 등 자원봉사자 활동 지원 피해조사 및 보상업무 집행

12. 11.에는 충남 태안, 서산, 보령, 서천, 홍성, 당진 등 6개 시군에 재난사태를 선포하였고, 2008. 1. 18.에는 전남 영광, 무안, 신안 등 3개 군을 특별재난지역으로 추가 선포하여 피해보상 및 생계지원에 관한 근거를 마련하였다.

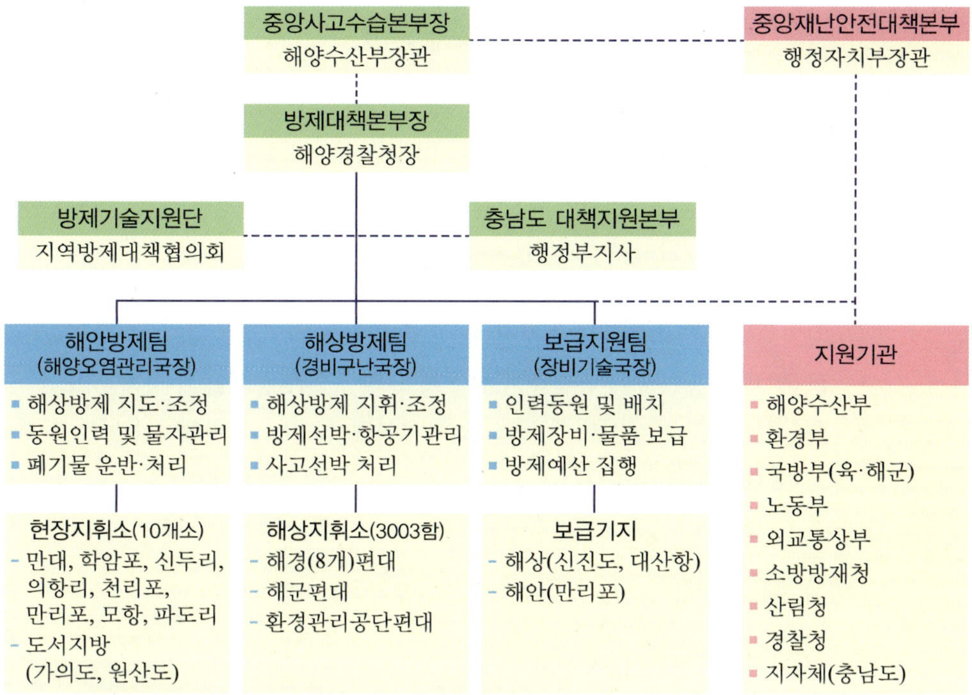

그림 6.6.13 허베이스피리트 호 사고 방제조직도

(3) 초동응급조치

① 신고접수 및 긴급출동

2007년 12월 7일 07:06 사고가 발생하였으나 대산지방해양수산청을 거쳐 07:30 사고를 접수한 해양경찰청(태안해양경찰서)은 전국 방제세력의 비상소집을 지시하고 일차적으로 해경과 해양환경관리공단(당시 방제조합) 방제정 20척을 출동시켜 초동 조치를 취하도록 했다.

07:40 평택항에서 출항한 방제선이 11:00에 현장에 도착하여 사고선 주변에 오일펜스를 500 m 설치하고 사고선에서 300 m를 설치하였으나 높은 파고와 강풍으로 바로 절단되었으며 연이어 경비함정과 방제정들이 현장에 도착하였지만 정상적인 방제 활동이 불가하였다.

대형 유출사고로 확인되자 전국의 해경·경비함정·방제정·헬기 및 방제장비 등을 현장으로 총동원령이 내려졌다.

② 사고 유조선의 추가 유출방지 조치

유조선이 크레인선과 충돌당시 탱크 3개소가 파공이 생겼는데 5번 탱크(160 cm×200 cm)와 3번 탱크(160 cm×10 cm)는 사고초기 대량의 기름이 유출되고 조기에 중단(5번 탱크 12:00경, 3번 탱크 16:00경)되었으나 1번 탱크(30 cm×3 cm)는 계속적으로 유출되고 있었다.

계속적인 유출을 방지하기 위하여 파공탱크내 기름을 타 탱크로 이송조치하는 한편 기름이적을 위하여 유조부선 4척을 동원하였으나 높은 파고로 회항조치 하였으며 구난업체를 동원하여 유출중인 1번 탱크 파공부위 봉쇄를 수차례 시도 하였으나 이 또한 실패하고 해상상태가 어느 정도 회복된 12. 9. 07:30에야 1번 탱크 파공부위를 응급봉쇄 할 수 있었다.

(4) 해상방제

① 초기해상의 방제전략

해상에서 기름이 유출될 경우 기름이 해안에 도달하기 전에 해상에서 최대한 회수하는 것이 환경피해를 줄이고 방제비용도 줄일 수 있어 이상적이다. 그러나 사고초기 해상 상황은 정상적인 방제조치가 힘든 상황이었다.

사고 발생 다음날인 12월 8일부터 방제작업에 들어갔지만 여전히 높은 파고와 강한 바람으로 유회수기 등에 의한 정상적인 회수작업이 어려운 해상상태였고 이미 광범위하게 확산되어 있어 초동단계에서의 부분적인 유출유 확산차단이나 회수작업이 사실상 무의미한 상황이었다.

(a) 근소만 입구 오일펜스 설치 (b) 천수만 북단 오일펜스

그림 6.6.14 오염민감해역보호

유처리제 살포장치가 있는 방제정과 헬기를 동원하여 유처리제를 살포하고 경비정 등에서 소화포 분사로 분산처리 하는 한편 가로림만, 천수만, 근소만, 화력발전소 취수구등에 오일펜스를 3~5중으로 설치하는 등 민감해역보호에 주력하였다.

② 해상방제조치

해상방제는 3,000톤급 해경 경비함정을 지휘함으로 지정하고 동원된 방제세력(해경함정, 해군함정, 어업지도선, 공단방제선, 방제업체 방제선, 어선 등)을 8~10개 방제선단으로 구성하여 분담해역별로 책임방제하도록 하였으며 매일 2~3회 항공기를 이용하여 기름분포 상황을 확인하고 방제선단을 조정배치 운용하였다.

유회수기가 탑재된 방제선등은 유회수기에 의한 기계적회수작업, 경비함정 및 어선등은 유흡착재, 뜰채를 이용하여 회수하고 넓게 확산된 기름은 항공기나 방제정으로 유처리제를 살포한 후 경비함정 등 일반선박에서 스크류 교반이나 소화포로 분산촉진 시키는 방법으로 방제작업이 이루어졌다.

유출된 기름이 시간이 경과되면서 타르화된 이후에는 스크린 벨트식의 특수방제정이나 폐그물망 등으로 회수작업이 이루어졌다.

③ 유처리제에 의한 분산처리

파고가 높고 조류가 빠른 사고해역의 여건에서 넓게 확산되는 기름을 제거하기 위하여 오일펜스 등으로 포집하여 유회수기로 회수하는 기계적 처리방법보다는 유처리제를 살포하여 분산처리하는 것이 효과적이다.

사고 당일 사고해역의 조류가 3~4노트로 빠르게 흐르고 파고 3~4 m로 풍랑주의보가 발효된 상태에서 방제선박들이 도착했을 때 기름이 이미 광범위하게 확산되어 있고 사고선박으로부터 계속 유출되면서 빠르게 확산되고 있어 유처리제 사용은 불가피한 상황이었다.

유처리제 살포는 유처리제 살포장치가 설치된 해경 및 공단의 방제선과 해경 및 산림청 헬기가 주로 동원되었으며 기름확산범위가 확대되면서 민간방재용 헬기와 방제전문기관인 싱가포르 EARL소속 항공기 지원도 받았다.

유처리제 살포작업은 먼저 헬기로 해상에 기름분포 상황을 확인한고 정보를 공유하여 기름이 많이 분포하고 확산되고 있는 기름에 집중적으로 살포하였으며 동원된 다른 선박들은 유처리제가 살포된 해역에 함정 등에 설치된 소화포를 이용하여 물포를 쏘아 교반하거나 일반선박들은 해역을 휘젓고 다니면서 스크류에 의한 분산촉진 시키는 방법으로 이루어졌다.

유처리제 살포는 12월 21일까지 이루어졌으며 살포량은 297,652 L이었다.

(a) 항공 살포 (b) 방제정 살포 모습

그림 6.6.15 유처리제에 의한 분산처리

④ 유회수기 등에 의한 기계적 회수

사고초기 높은 파고와 강한 조류에 의해 기계적 회수작업이 어려웠다. 첫날 회수작업에 임했던 방제정은 스위핑암이 바로 파손되어 제대로 회수작업을 할 수 없었으며 해상상태가 어느 정도 회복된 사고 다음날부터 부분적으로 회수작업을 하였으나 사고초기에는 유처리제 등에 의한 분산처리에 주력하고 기계적 회수작업은 미미했던 것이 사실이다.

시간이 어느 정도 경과되어 에멀젼 상태로 변환이후 회수작업이 주로 이루어 지다 보니 고점도유 회수가 가능한 회수기가 사용되었다.

그림 6.6.16 해경 방제정 스위핑암 파손

(a) 디스크스키머 기름 회수 (b) 드럼식 유회수기 기름 회수

그림 6.6.17 유회수기에 의한 기계적 회수

⑤ 흡착재, 뜰채 등에 의한 물리적 회수

유회수기 등 다른 방제수단이 없는 소형 경비정이나 어선 등에서는 흡착재를 투하하여 기름을 흡착제거하거나 뜰채 등으로 직접 걷어 올리는 방법으로 작업하였다.

이때 흡착재는 투하 후 반드시 수거하여야 한다. 따라서 조류가 빠르거나 개방된 외해에서는 적용하기가 곤란하고 오일펜스 등으로 차단되거나 폐쇄된 해상에서 주로 사용된다.

그러나 어선 등 일부선박에서 투하된 흡착재를 제대로 회수하지 못하여 외해로 유실되거나 다른 해역으로 흘러가 새로운 오염원이 되었다는 지적을 받기도 하였으며 해상 선박에서 사용된 흡착재만 약 27톤에 달하였다.

(a) 흡착재 흡착 회수 (b) 뜰채로 기름 회수

그림 6.6.18 해상 유출유 물리적 회수

⑥ 해상의 타르 차단 및 회수

해상에 유출된 기름은 풍화작용을 받아 휘발성물질이 증발되면서 에멀젼화 되어

갔는데 사고발생 8일째(12월 14일)경부터 에멀젼 상태의 점도가 높은 기름군을 이루어 이동하기 시작했고 시간이 지나면서 타르상태의 덩어리로 잘게 부서지면서 이동하였다.

에멀젼 상태의 큰 타르덩어리들은 스크린벨트 방제선으로 회수하거나 뜰채 등으로 직접 떠 담는 방법으로 수거했다.

(a) 스크린벨트식 방제선 타르 회수

(b) 뜰채로 타르 수거

그림 6.6.19 해상 타르 회수

12. 23. 이후 타르 상태의 기름군이 더 풍화작용을 받으면서 타르덩어리로 잘게 부서져 약간 물에 잠긴 상태로 조류를 따라 남쪽으로 확산되고 있었다.

이렇게 확산되고 있는 타르덩어리들을 차단하고 수거하기 위하여 다양한 방안들을 강구하였다. 경비정 2척으로 오일펜스 500～600 m를 양쪽에서 끌어 타르 덩어리를 모아서 방제정 회수기로 회수하고 방제정 5척을 횡으로 대열하여 학익진 형태로 회수작업을 시도하기도 하였다.

어선에서는 멍석망(여름 햇빛 차단막)을 연결하여 그물망을 만들어 타르입자를 차단하여 수거하는 방안도 동원되었다.

(a) 그물망 설치

(b) 그물망 부착타르 수거

그림 6.6.20 타르 차단 및 회수

(5) 해안부유 · 표착유 방제

① 해안 방제조치

사고 초기 계속된 북서풍의 영향으로 많은 기름이 해안으로 유입되었고 유입된 기름이 외해로 빠져나가지 않고 계속 해안으로 밀려와 해안에서 많은 기름을 회수할 수 있었다. 213만 명(자원봉사자 122만6천 명)이 해안방제에 참여하여 폐유 1815 kL, 흡착폐기물 31,040톤을 수거하였다.

해상에 유출된 기름은 사고발생 14시간 만에 해안에 표착되기 시작하여 사고발생 다음날인 12월 8일 아침에 이미 약 17 km 해안에 표착되었고 사고 4일째인 12월 10일까지 밀물과 썰물에 따라 두터운 기름이 밀려와 태안반도 약 70 km 해안을 뒤덮었다.

방제대책본부에서는 해안방제를 위한 충분한 준비를 갖추기도 전에 기름이 해안으로 밀려오자 태안해안 오염지역을 8개 지역으로 구분하고 전국에서 비상소집된 방제업체(21개사)에게 분담하여 방제작업을 책임지게 하였으며 해경에서는 해안별로 현장지휘소(10개소 : 태안해안 8, 도서 2)를 설치하여 방제작업을 지휘통제하고 태안군은 현장지휘소를 설치(4개 지역 → 24개로 확대)하여 방제물품공급 및 자원봉사자 등 방제작업자 안전교육 등을 지원하였다.

표 6.6.4 해안 상태별 방제방법

오염상태	방제방법
암벽, 바위 표면 기름	1. 갯닦기 작업 후 2. 고압세척 작업(저온수 사용) 3. 파도에 의한 자연방제
방파제, 부두, 안벽 기름	1. 갯닦기 작업 후 2. 고압세척 작업(고온수 사용 가능) 3. 파도에 의한 자연방제
자갈에 묻은 기름	1. 갯닦기 작업 후 2. 저압세척, 고압세척(지하에 침투되지 않도록 작업) 3. 부착 상태가 상당히 심한 경우 스팀세척 4. 오염 자갈을 해수면으로 이동, 자연방제 촉진
모래 속 기름	1. 모래 유층을 수작업으로 주워내기 또는 세망채로 분리 2. 오염된 유층에 저압세정, 제거 3. 갈기, 위치 이동으로 파도, 조석에 의한 자연 방제촉진

② 퍼담기

사고초기 많은 기름이 한꺼번에 밀려와 해안에 두텁게 부착되고 기름파도를 이루고 있었다.

누가 먼저라 할 것 없이 몰려온 자원봉사자들이 양동이, 바가지, 삽, 쓰레받기 등 인근 지역주민들이 제공하는 도구들로 기름을 퍼담기 시작했다.

모래해안에 두텁게 부착된 기름은 밀대 등으로 모아서 담고, 해안으로 밀려온 기름은 그대로 퍼담아서 인간띠를 이루어 릴레이식으로 전달하여 저장용기 등에 모우는 식으로 작업이 진행되었는데 이 작업은 12월 16일까지 약 10일간 계속되었다.

(a) 퍼담기

(b) 긁어 모우기

그림 6.6.21 해안 두터운 기름 회수

③ 유회수기에 의한 기계적 회수

해안으로 밀려와 부두 안벽가나 장비접근이 가능한 연안 가까이 부유하는 기름에 대해 해경과 공단에 보유중인 회수기를 이용하여 기계적으로 회수했다.

그림 6.6.22 드럼식 유회수기 회수장면

(a) 동원된 비치 크리너 (b) 비치 크리너 기름 회수

그림 6.6.23 해안 부착 기름 기계적 회수

④ 흡착재, 볏짚, 스네어 등으로 흡착제거

초기 해안에 밀려온 두터운 기름을 자원봉사자들이 1차적으로 퍼 담고 긁어낸 다음 흡착재를 두 겹, 세 겹으로 깔아 흡착하고 가까운 해안부유 기름위에 흡착재를 투하하여 기름을 흡착제거 하였고 갯닦기 작업에도 흡착재를 사용하게 되었으며 하루에 수만 명씩 몰려드는 자원봉사자들이 모두 흡착재를 사용하다 보니 초기 1주일 동안 하루 20～30톤의 흡착재가 소모되기도 하였다.

사고초기 자원봉사자들에 의해 흡착재가 무절제하게 사용되었다는 지적을 받기도 하였지만 어느 정도 해안방제 지휘체계가 잡히면서 흡착재 사용이 통제되고 체계적으로 사용되었으며 흡착재는 기계적으로 직접 회수할 수 없는 엷은 유막이나 모래·자갈층등에 침투된 기름의 세정작업 과정에서 분리되어 나오는 유층을 흡착·제거하는 등 제한적으로 사용하였다.

롤(Roll)형이나 붐(Boom)형과 같은 긴 흡착재를 해안가에 설치하여 밀물이나 썰물 때 해안으로 밀려오는 기름이나 밖으로 나가는 기름을 차단하는 용도로 사용하였다.

그리고 볏짚을 이용하여 이엉을 만들어 흡착제거하거나 그늘막 및 멍석망을 이용하여 기름을 수거하기도 하였다.

(a) 만리포 해안 흡착재 도포

(b) 흡착재 수거

(c) 그늘막·멍석망 이용 밀물시 기름흡착

(d) 볏짚 이엉으로 밀물시 기름흡착

그림 6.6.24 다양한 흡착 제거

또한 타르형태의 고농도 기름을 제거하기 위하여 오일스네어를 제작하여 사용하였다. 특히 공단에서 스네어 제작 장비를 개발하여 스네어를 대량 제작하여 도서지역 해안이나 암벽틈 사이 등에 미리 설치하여 타르 덩어리 유입에 대비하고 상당한 효과를 보았다.

(a) 오일스네어 사전 설치

(b) 오일스네어 타르협착

그림 6.6.25 오일스네어 흡착

⑤ 갯닦기

사고 초기 두터운 기름을 퍼 담고 긁어모아 직접 제거하는 작업이 끝난 이후 참여한 자원봉사자들은 대부분 암벽이나 바위·돌멩이 등에 부착된 기름을 유흡착재나 헝겊 등으로 직접 닦아내는 일명 "갯닦기" 작업에 대부분 동원되었다. 갯닦기 작업은 접근이 쉬운 평지나 해안가등에는 주로 일반 자원봉사자들이 동원되고 절벽이나 암벽 등 위험지역, 무인도서지역등에는 해경 특공대 요원이나 군장병들이 투입되어 작업이 이루어졌으며 초기에 암벽 등 표면에 남아 있는 기름을 제거하는 데는 많은 효과가 있었고 방제작업에 큰 도움이 되었다.

(a) 지역주민 갯닦기

(b) 석축해안 갯닦기

그림 6.6.26 갯닦기 작업

(6) 해안에 달라붙거나 침투된 기름방제

해안으로 밀려온 유동성 기름이나 두텁게 표착된 표면의 기름을 1단계 제거한 후 축대·암벽·바위·돌 등에 달라붙은 기름이나 자갈·모래 등 땅속에 침투된 기름을 제거하기 위하여 중장비나 다양한 기계적인 방제방법이 적용되었다.

방제방법의 선택은 해안의 특성 및 오염상태에 따라 달리하였다.

① 갈아엎기

이와 같이 모래 속에 침투된 기름을 제거하기 위해 썰물시 트랙터로 밭갈이 하듯이 골을 파거나 포클레인, 굴삭기 등 중장비로 모래사장을 뒤집거나 모래봉우리 등을 만들어 밀물 때 물이 들어오면서 유분을 부상시켜 미리 설치해 둔 롤형 흡착재나 오일펜스로 차단하고 흡착재·짚 등으로 흡착제거 하였다. 유징이 적은 곳은 파도에 의한 자연방산을 유도했다.

그림 6.6.27 모래사장 갈기 및 모래 뒤집기

② 파도에 의한 자연방제 유도

기름이 침투된 지역 자갈이나 모래를 포클레인 등 중장비를 이용하여 파서 뒤집고 물가로 옮겨서 밀물 때 파도에 의해 바닷물에 씻기도록 하는 방법을 적용하였다.

사전에 오일펜스나 붐형 흡착재를 설치하여 외부확산을 차단하고 부유하는 기름을 흡착재 등으로 흡착제거 하거나 자연방산 하도록 유도하는 방법이다. 또한 갯닦기 작업을 하였거나 기름이 고착되어 기름이 쉽게 제거되지 않는 자갈·돌덩이 등도 바닷물에 밀어 넣어 자연방제를 유도했다.

그림 6.6.28 오염된 자갈·모래 바닷물에 노출

그림 6.6.29 갯닦기가 끝난 돌덩이 자연 방제유도

③ 저압 세척

사고 당시 강풍과 높은 파도에 의해 상부 조간대 위쪽 2~3 m까지 오염되었다. 상부조간대나 위쪽 지역에는 평소 조석에 의해 바닷물이 거의 닿지 않아 파도의 작용에 의한 기름이 제거되기 어렵다.

따라서 상부 조간대 부근의 해안표면에 부착된 기름이나 땅속에 스며든 기름을 제거하기 위하여 펌프로 바닷물을 퍼 올려 기름을 씻어내고 바로 아래 해안에 골을 파서 씻어 내린 기름이 모이도록 하여 유흡착재 등으로 제거해 준다. 포클레인, 괭이 등으로 뒤집어 가면서 침투된 기름까지 씻겨 나오도록 반복작업이 이루어졌다.

그림 6.6.30 양수기 등을 이용한 저압 세정

④ 고압 세척

부두시설, 석축, 테트라포트 등 인공구조물이나 암벽·바위 등에 부착되어 고착된 기름은 파도나 일반 세정방법으로 제거되지 않으므로 고압의 물을 분사하는 고압세척기를 이용하여 제거한다.

이때 세척수로 고온의 물을 사용하거나 사전에 유처리제를 먼저 살포한 후 세척하면 쉽게 제거할 수 있다.

그러나 유처리제는 2차 오염문제로 일체 사용이 금지되었고 고온·고압의 경우에도 고온수 자체가 해양생물에 영향을 미친다는 논란 때문에 최대한 사용을 억제하고 해수욕장 주변의 콘크리트 축대, 테트라포트, 방파제, 암벽 등에 극히 제한적으로 사용하였다.

(a) 침투기름 고압 세정

(b) 모항방파제 고압 세척

그림 6.6.31 침투 및 부착기름 고압 세척

⑤ 고압 미세기포 이용 부상분리제거

고압의 미세기포 발생장치를 개발하여 모래 속에서 고압의 미세기포를 발생시켜 보니 기포와 함께 기름입자들이 부상하였고 이를 흡착재를 투하하여 흡착하고 외곽에 미리 설치 해둔 롤형 흡착재로 포집제거 하였다.

그림 6.6.32 미세기포로 기름 부상

⑥ 온수 세척

자갈 등에 부착된 기름은 갯닦기 등으로 제거 하는데 한계가 있었다. 더구나 시간이 경과되어 기름이 말라붙었을 때는 더더욱 잘 닦이지 않는다. 이런 자갈 등을 보일러가 설치된 철재탱크에 넣어 온수로 씻어내는 방법이 적용되기도 하였다. 이 방법은 수많은 자갈돌을 일일이 세척해낸다는 것은 한계가 있고 비효율적이라고 판단하여 이 방법을 중단시키고 파도에 노출시켜 자연방제를 유도하는 방법으로 전환시켰다.

그림 6.6.33 온수로 자갈 세척

⑦ 기타 다양한 방법

모래 속에 침투한 기름 흡착 제거법, 골파기로 기름 포집 제거법, 흡착재 사전배치 부상·유입 기름 흡착법, 솔빗자루로 암반 기름 세척법 등 동원할 수 있는 모든 방제 방법이 적용되었다.

(a) 모래 속 기름흡착 제거

(b) 부상·유입기름 대비 흡착재 설치

그림 6.6.34 다양한 흡착 제거법

(7) 도서지역 타르방제

충남지역의 태안군 및 보령시 도서에는 비교적 많은 기름이 유입되었으며 풍화작용을 적게 받은 덩어리 상태의 원유가 암벽 높은 곳까지 부착되었다.

이후 기름군들이 보령해역을 지나 계속 남쪽으로 이동하여 서천해역까지 도달 하였을 때는 타르화 되면서 조각으로 분해되어 대부분 1~10 cm 크기의 타르입자 상태로 해안에 밀려왔다.

특히, 사고 23일째인 12월 29일 타르 입자군들이 전남 신안군 해역을 지날 무렵 풍랑주의보가 내려질 정도로 강풍이 불면서 12월 30일~1월 1일까지 3일 동안 물속에 잠겨있던 타르 덩어리들이 영광, 신안, 무안, 진도 도서해안에 다양한 크기(1~30 cm)의 덩어리 상태로 대량 유입되었다.

① 도서 암벽에 부착된 타르제거

사고해역에 가까운 도서지역에 유입된 타르에 대한 해안방제작업은 육상 해안방제작업과 같은 방법으로 퍼 담고, 갯닦기, 고압 및 저압 세척방법이 적용되었으며 암벽쪽에 덩어리 형태로 부탁된 타르화된 기름들은 군장병, 해경특공대 등을 동원하여 타르덩어리를 1차 제거하고, 갯닦기·고압세척기 등을 사용하여 방제가 이루어졌다.

스네어를 제작하여 암벽 틈틈이 끼워두거나 롤형 흡착재를 해안가에 미리 펼쳐두고 재유입되는 타르입자를 흡착제거 하기도 하였다.

② 해안에 밀려온 타르 덩어리 제거

해안 모래밭이나 갯벌지역 해안에 올라온 타르 덩어리 들은 지역주민, 군장병 등을 동원해서 쓰레받기, 삽, 모종삽 등으로 수거하거나 자갈밭 등에서는 일일이 주어내는 형태로 제거하였다.

그림 6.6.35 해안에 밀려온 타르 및 수거작업

③ 그물망으로 타르입자 부착제거

신안·무안·진도 등 전남지역 도서에 유입되는 타르입자들의 해안부착을 차단하고 흡착제거하기 위하여 그물을 해안에 설치하기도 하였다.

설치된 지역에 유입되는 타르입자는 적었지만 유입된 곳의 차단효과는 좋았던 것으로 평가되었다.

그림 6.6.36 목포 도서해안 타르방지 그물망 설치

(8) 수거폐기물 처리

① 다량의 폐기물 발생

허베이스피리트 호에서 유출된 기름의 대부분이 해안에 표착되어 진공흡입차량, 유흡착재 등을 이용하여 많은 양의 기름을 회수하는 과정에서 다량의 폐기물이 발생하였다. 또한, 해안 방제작업에 자발적으로 참여한 수많은 자원봉사자들로 인하여 방제작업복, 장화, 고무장갑 등 각종 일회용품도 폐기물로 발생되었다.

회수한 액상폐유는 물통에 담고 고형폐기물은 마대에 담아 해안가에 임시보관 하였는데 수거한 폐유는 4,175 kL, 흡착폐기물은 32,074톤이었다.

그림 6.6.37 마대에 담은 고형폐기물

그림 6.6.38 물통에 모아둔 폐유

② 폐기물 운반처리 분담

수거한 폐기물의 원활한 처리를 위하여 액상폐유는 해경이 주관하여 방제조합에 위탁하고, 고상폐기물은 환경부에서 주관하여 산업폐기물처리공제조합에 위탁하여 처리하였다.

환경부는 폐기물처리 전담팀을 구성하고 24개 지정폐기물처리업체를 투입하여 폐기물을 처리하였는데 도서 해안의 폐기물은 차도선을 이용하여 반출하였으며, 한사리 고조에 휩쓸릴 우려가 있는 해안가 폐기물은 헬기를 이용하여 긴급히 반출하기도 하였다.

(a) 폐유운송 탱크로리 (b) 폐기물 운반 차량

그림 6.6.39 폐유 및 폐기물 처리

그림 6.6.40 차도선 폐유·폐기물 운반

(9) 방제작업 종료

① 방제작업 종료 결정

방제작업과정에서 방제기법에 대한 논란도 있었지만 방제 마무리 과정에서 방제 종료시점에 대한 논란이 많았다.

기름 한 방울까지도 철저히 제거해야 된다는 주장과 어느 정도 작업 후 자연방제에 맡겨야 한다는 주장, 빨리 작업을 끝내야 한다는 주장과 시간을 두고 천천히 철저히 작업해야 한다는 주장, 주민들로 업종별 입장에 따라 주장이 달라 갈등이 생기기도 했다.

이와 같은 해안방제 종료시점에 대한 논란을 최소화하기 위해 관계기관, 전문가, NGO, 지역주민 등이 참여하는 합동조사반을 구성하여 현장조사를 통하여 평가한 후 방제종료를 결정할 수 있었다.

표 6.6.5 방제종료 시점

구 분		종료시점	비 고
해상방제		2008. 1. 8.	사고 36일
해안방제	육 상	2008. 7. 5.	사고 211일
	도 서	2009. 10. 10.	사고 308일

② 동원된 인력 및 장비현황

방제작업기간(해상 2008년 1월 8일, 해안 2008년 10월 10일) 동안 동원된 인력은 연인원 총 2,218,386명으로 해상방제에 86,064명, 해안방제에 2,132,322명이다.

동원된 장비로는 선박 19,864척, 항공기 346대, 방제장비 9,237대, 중장비 19,929대였으며 방제자재 사용량은 오일펜스 46.7 km, 흡착재 493톤, 유처리제 298 kL, 걸레 등 기타 소모품 736톤이 사용되었다(근거 : 해경청 방제현장보고서).

③ 폐유 및 폐기물 수거현황

방제작업 중에 수거된 폐유·폐기물은 폐유가 4,175 kL 폐기물이 32,074톤에 달하였으며 이중 해상에서 폐유 2,360 kL, 폐기물 1,034톤 해안에서 폐유 1,815 kL, 폐기물 31,040톤으로 해상에서 폐유의 57%를 수거하였고 폐기물은 육상에서 97%를 수거하였다. 폐기물 발생량이 이렇게 많은 것은 자원봉사자들의 갯닦이 작업등에서 많은 폐기물이 발생된 것으로 분석하고 있다.

표 6.6.6 폐유·폐기물 수거량

계		해 상		육 상	
폐유(kL)	폐기물(톤)	폐유(kL)	폐기물(톤)	폐유(kL)	폐기물(톤)
4,175	32,074	2,360	1,034	1,815	31,040

(10) 자원봉사자 지원 활동

① 자원봉사자 참여현황

사고 이튿날인 12월 8일부터 시작된 자원봉사자 행렬은 하루에 2~3만 명씩, 최고 36,000명이 넘는 인원이 태안으로 몰려들었다.

사고 100일째 자원봉사자 수가 100만을 넘어섰고 방제작업 기간 내 순수 민간자원봉사만 총 1,226,730명으로 집계되었다.

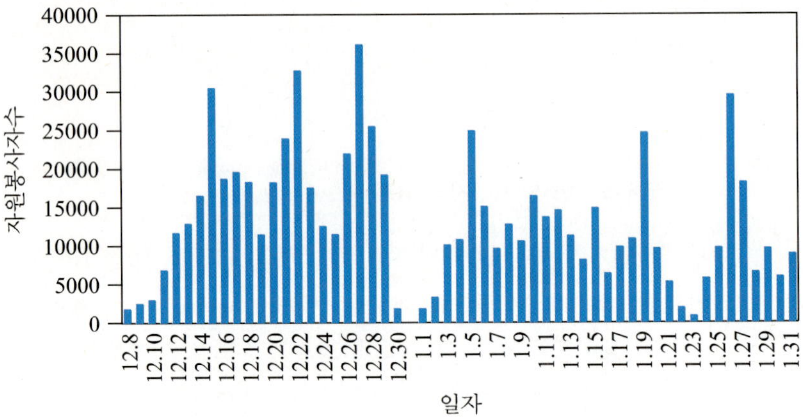

그림 6.6.41 일자별 자원봉사자수('07년 12월 8일~'08년 1월 31일)

② 해안방제작업 지원

자원봉사자들은 초기에 해안으로 밀려온 기름을 바가지로 양동이에 퍼 담아 인간띠를 형성하여 옮기고 흡착재로 흡착시켜 제거하고 밀대로 밀고 삽으로 퍼 담는 등 사고 초기 해안가 두꺼운 기름제거에 크게 역할을 했다.

이후 암벽·돌멩이·자갈 등에 부착된 기름을 흡착재 및 헝겊 등으로 닦아내는 갯닦기 작업, 수거된 폐기물을 임시저장소로 옮기는 작업이 이루어졌으며 사고초기에는 만리포 해수욕장 등 접근이 용이한 해안에서 시작하여 점차 차량이나 장비 등 접근이 어려운 해안에 이르기까지 인간띠를 형성하여 직접 방제작업을 도왔다.

(a) 만리포 외국인 자원봉사자들

(b) 고사리손 자원봉사

그림 6.6.42 자원봉사자 방제작업

③ 의료 및 급식봉사

자원봉사자들의 손길은 방제작업에 그치지 않고 방제작업자를 위한 음식제공, 의료서비스 등 다양한 분야에서 이루어졌다.

일부기업과 환경·종교·시민단체들은 자체적인 조직을 구성하여 봉사활동을 전개하였으며 방제장비 및 보급품지원, 무료급식 및 의료봉사활동뿐 아니라 지역 특산물 구매, 지역에서 행사개최 등 지역 경제 활성화에도 노력했다.

(a) 적십자단의 급식봉사

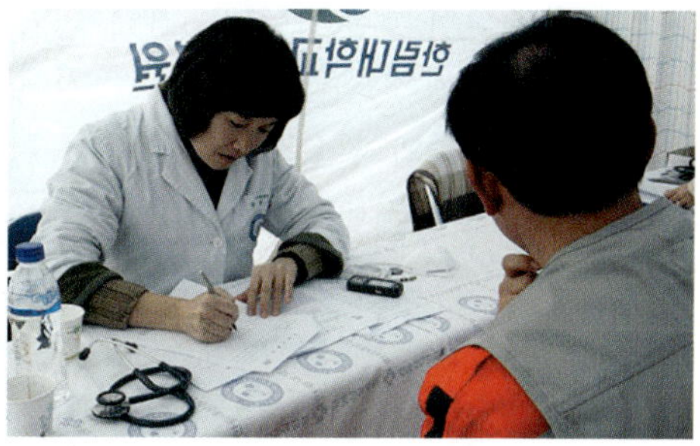

(b) 의료봉사활동

그림 6.6.43 자원봉사자 의료·급식 봉사

(11) 국제적 지원

① NOWPAP 회원국의 지원

이런 대형 유출사고는 드물게 발생하지만 해양환경에 큰 피해를 주기 때문에 국제적으로도 기름오염 대비·대응에 관한 국제협약(OPRC, 1990)을 채택하였고, 대형 유출사고는 직·간접적으로 인접국가에 영향을 미치며 단일 국가의 대응 능력으로는 역부족일 경우가 많기 때문에 북서태평양보전실천계획(NOWPAP) 같은 인접국가간 협력체를 구성하여 공동 대응태세를 갖추고 있다. 한국·중국·일본·러시아 등 4개국이 NOWPAP 회원국이다.

사고 초기 유흡착재가 부족하여 NOWPAP에 지원요청을 하였고 중국에서 56톤, 일본에서 10톤의 유흡착재가 지원되었다.

② 외국전문가들의 자문 활동

원유 1만 kL가 넘는 유출사고는 환경 재앙으로 당연히 세계적인 관심거리가 되기에 충분하였고 세계 각국의 전문가들이 오염현장에 모여들었다. 미국 해안경비대(USCG), 일본 해상보안청 및 유엔(UN)과 유럽위원회(EC) 전문가 등 27명이 방한하여 오염현장을 방문하였으며, 캐나다 환경부의 해안평가팀(SCAT)을 초청하여 환경단체 등과 함께 오염해안을 평가하였다.

외국 전문가들은 언론인터뷰나 합동설명회를 통하여 신속한 방제를 찬탄하며 국민들의 열성적인 자원봉사 활동에 깊은 감명을 받았으며 정부의 대응도 적절하였다고 평가하였다.

(a) USCG 및 JCG전문가 언론브리핑　　(b) 외국 전문가 현장조사

그림 6.6.44 외국전문가 언론브리핑 및 현장 조사

6.7 선박평형수 배출규제 국제협약 대응기술 개발 사례

1 선박평형수 배출에 따른 해양환경 위해 요인과 대응기술의 필요성

(1) 선박평형수와 외래 수중생물종

선박평형수는 선박의 안전 운항과 효율적 추진을 위해 꼭 실어야 하는 것으로, 여객선, 조사선 및 군함과 같이 화물의 변동이 크지 않은 경우는 적게 실으나, 일반 상선과 같이 적재화물의 양이 크게 변하는 경우에는 매우 많은 양의 선박평형수를 싣게 된다. 일반 화물선의 경우에는 화물 적재량의 30~40%를 실으며, 유조선의 경우에는 그 이상을 싣는 경우도 있다.

이렇듯 선박 운항에 꼭 필요한 선박평형수는 그림 6.7.1과 같이 특정 해역의 생물 또는 병원균 등이 선박평형수를 싣고 있는 선박에 의해 전혀 다른 타 해역으로 이동되어 그 해역의 환경과 생태계를 교란시키는 부작용을 유발하게 된다. IMO(국제해사기구)에서 발표한 자료(Pughiuc, 2007)에 의하면, 선박평형수는 전 세계적으로 매년 수십억 톤 이상이 이동되고 있으며, 매번 7,000종 이상의 수중생물이 선박평형수에 포함되어 이동되고 있다고 한다. 선박평형수내 생물종의 국가간 이동으로 인해 나타

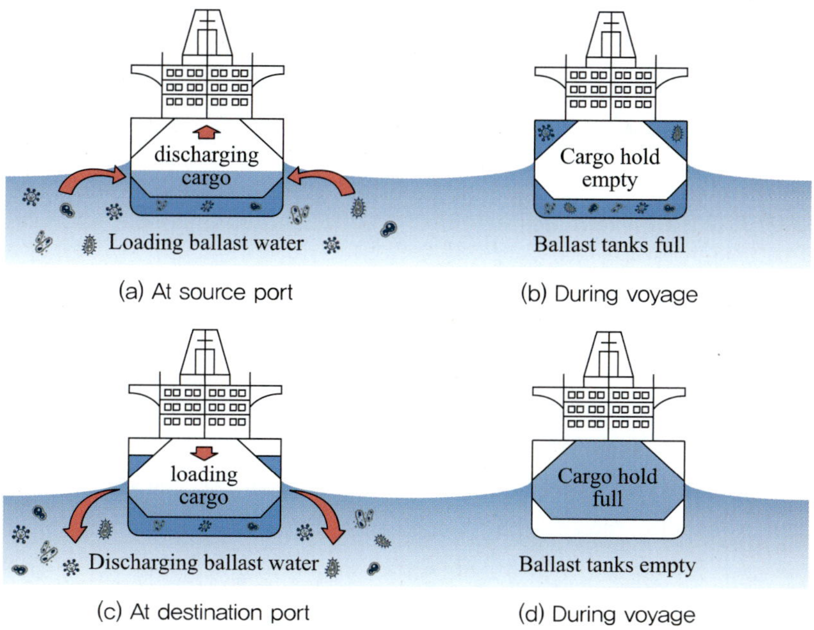

(a) At source port (b) During voyage

(c) At destination port (d) During voyage

그림 6.7.1 선박평형수 흡입 및 배출 과정

나는 문제는 생태계 교란뿐만 아니라 이로 인한 연안 산업이나 다른 상업적 활동 또는 자원에도 큰 피해를 유발시키는 것을 들 수 있다. 대부분의 생물들이 새로운 환경에서 생존할 확률은 매우 낮지만, 정착에 성공한 한 두 종으로 인한 생태계 교란 및 경제 피해는 매우 심각하다.

미국에서는 해마다 천억 불 이상 규모의 경제피해가 외래 해양생물종에 의해 유발되는 것으로 추정되고 있다. 1982년 북미에서만 서식하던 빗해파리가 밸러스트수에 의해 유럽의 북해로 유입되어 최대 1 kg/m^3 정도로 왕성히 번식하여 어족자원의 먹이가 되는 플랑크톤을 왕성히 잡아먹음으로서 최대 5억불의 어업손실을 유발하였다. 미국 오대호 내로 1959년 항로개설 이후 현재까지 130여종의 외래생물종이 유입되었으며, 특히 유럽산 홍합류가 대량 번식하여 생태계 교란뿐만 아니라 발전소나 공장의 취수구를 막아 큰 문제를 일으키기도 하였다. 미국과 캐나다는 이 홍합들을 퇴치하기 위한 비용으로 1989년부터 2000년까지 약 7억5천만 달러 내지 10억 달러 규모의 비용을 투입하였다고 밝혔다.

호주의 경우 1980년대 중반부터 태즈메이니아와 빅토리아 연안에 외래 생물종인 패독성 쌍편모조류가 나타나는 바람에 사회적으로 큰 문제를 일으킨 바 있다. 호주 검역청에 따르면, 호주 수역에 대략 170여종의 외래 생물종이 들어온 것으로 추산하고 있다. 뉴질랜드 또한 외래 생물종의 유입으로 큰 피해를 입은 나라이다. 1980년대 후반에 아시아에서 유입된 것으로 추정되는 유독 적조 때문에 패류 양식장이 크게 훼손되어 자체소비는 물론 외국 수출도 금지한 바 있다.

(2) 선박평형수 배출규제에 따른 고부가가치 산업 창출

선박평형수의 흡입과 배출을 통해 옮겨지는 수중생물의 항만 간 이동을 막기 위해서는, 선박평형수를 배출하지 않거나 선박평형수 내의 생물이 더 이상 번식할 수 없도록 사멸시키거나 불활성화 시켜서 배출해야 한다. 선박이 선박평형수를 배출하지 않으면서 운항하기 위해서는 경제성과 안전성에 큰 문제가 발생하기에 거의 모든 경우 선박평형수를 처리하는 방법을 채택할 수밖에 없다. 선박평형수 처리장치는 일정 규모 이상의 국제 항로 운항 선박은 모두 설치해야 하며, 대상 선박은 새로 건조되는 신조 선박은 물론 운항중인 기존 선박도 협약이 발효되는 해로부터 5년 내에 모두 설치해야 하는 것이다.

선박평형수 처리장치의 가격은 선박의 종류와 크기 그리고 처리장치의 종류에 따라 서로 다르지만 척당 평균 4억 원 가량이 들 것으로 예상되며, 설치비용까지 합하면 척당 8억 원 가량이 들 것으로 보인다. 협약 발효 후 5년 내에 설치해야 하는 전 세계의 신조 선박과 기존 선박을 모두 합하며 약 5만 척이 되므로, 선박평형수 처리장치의 전 세계 시장은 협약 발효 후 5년간 총 40조 원 규모라고 볼 수 있고, 그 후에도 매년 2조 원 이상의 큰 시장이 형성될 것으로 보인다.

우리나라는 IMO 선박평형수 배출규제 국제협약의 제정 시부터 발 빠르게 대응기술을 개발하고 시장을 선점함에 따라 현재로서는 처리장치 시장의 1/3 내지 1/2을 점유하고 있다.

2 선박평형수 관리 협약 및 법제화

(1) IMO 선박평형수 관리협약

선박평형수에 의한 수중생물의 이동을 방지하기 위해 IMO에서는 2004년 2월 선박평형수와 침전물 관리 국제협약(International Convention for The Control and Management of Ship's Ballast Water and Sediment)을 채택하였다(IMO, 2004).

이 협약의 발효를 위해서는 35% 이상의 상선 선복량을 확보하는 30개국 이상이 비준하여야 하는데, 2016년 9월 8일 이 협약이 채택된 지 12년 만에 발효 요건을 갖추게 되었고, 따라서 2017년 9월 8일부터 이 협약은 발효되게 되었다. 그러나 5년이라는 단기간에 5만여 척의 선박에 처리장치를 장착하는 것이 거의 불가능하다는 선사들의 주장이 계속되었고, IMO에서는 선사들의 유예 요청을 받아들여서 일부 기존선의 처리장치의 의무 장착 시한을 2022년으로부터 2024년까지 2년 연장하기로 결정하였다(IMO, 2017).

모든 선박이 이 협약의 적용을 받되, 국내 운항 선박, 군함, 해군 보조함, 정부 소유 비상업적 목적 운항 선박, 길이 50 m 미만으로 최대 평형수 용량이 8 m^3 이하인 오락 또는 경주용, 수색 구조용 선박 중 주관청이 정하는 선박은 제외하도록 되어 있다. 또한, 정기 운항 선박에 대한 협약 적용 면제를 위하여 위해성 평가 지침에 따라 선박평형수가 해양생태계에 유해한 영향을 미치지 않는다는 것을 증명할 경우 일정 항로 상의 선박에 대해 협약의 적용을 면제할 수 있도록 되어 있다.

선박평형수 국제협약에서의 선박평형수 관리방법은 교환과 처리가 있는데, 교환은 연안에서 실은 선박평형수를 깊고 먼 바다에서 교환한 후 입항하여 배출하는 것이고, 처리는 물리적 또는 화학적 방법 등의 처리장치를 이용하여 성능기준 이하로 생물을 사멸시켜 배출하는 것이다. 이 협약의 비준이 크게 지연됨에 따라, 잠정적으로 작용하려고 했던 교환 기준 적용 시기는 이미 지나갔고, 이제는 처리장치를 통해 처리된 선박평형수를 처리 기준에 맞추어 배출해야 한다.

표 6.7.1 선박평형수 처리성능 기준

배출 선박평형수 기준		내 용
수중생물	최소길이 50 μm 이상	▪ 생존가능 생물 10개/m^3 미만
	최소길이 10 μm 초과 50 μm 미만	▪ 생존가능 생물 10개/mL 미만
인간건강	독성 비브리오 콜레라	▪ 1 cfu/100 mL 미만 ▪ 1 cfu/습중량 1 g 미만
	대장균	▪ 250 cfu/100 mL 미만
	분변성 대장균	▪ 100 cfu/100 mL 미만

선박평형수 처리 기준은 표 6.7.1과 같다. 처리 기준에 대해서는 오랫동안 많은 논의가 있었으나 결정을 못하고 있다가 최종 절차인 외교회의 시 마지막 날에 겨우 수중생물 개체수를 10개로 확정하였다. IMO에서는 협약을 준비하는 기간 동안 내내, 외래 생물이 1개라도 있으면 배출되어 번식할 수 있으니 '1개 미만'으로 하자는 의견과 이는 기술적으로 불가능하니 '100개 미만'으로 하자는 의견이 팽팽하게 맞서다가 마지막에 가서야 절충안으로서 '10개 미만'으로 결정한 것이다.

또한 IMO 협약을 보면, 협약 내용보다 강화된 기준을 적용하려는 국가의 경우 이를 IMO에 통지하면 자국 항만 내에서는 강화된 기준을 시행할 수 있도록 하였다. 이에 따라 미국은 일단 IMO의 처리 기준을 따르고는 있으나, 향후 보다 고도화된 처리기술이 개발될 경우에는 처리 기준을 크게 강화하도록 법제화를 하였다. 또한 미국은 현재 자국 항만에 입항 하는 선박에 대해서는 자국의 형식승인을 별도로 받은 처리장치만을 인정하기로 하였다. 따라서 미국은 각국에서 개발된 처리장치가 해당국가에서 형식승인을 받았다 하더라도 미국 항만에 입항하여 선박평형수를 배출하기 위해서는, 미국 정부가 운용하는 체계에 따른 형식승인을 별도로 받아야 한다(US Congress, 2011).

(2) IMO 선박평형수 관리 지침서

선박평형수 관리 협약을 이행하기 위해서는 여러 가지 복잡한 기술 내용과 절차를 거쳐야 하므로, 각국이 서로 다른 기준과 방법으로 적용할 경우 혼란이 가중될 것으로 판단되어, IMO에서는 통일된 적용을 위한 지침서 14종을 제정하였다. 지침서의 제목과 채택 현황은 표 6.7.2와 같다.

표 6.7.2 IMO 선박평형수 관리 협약 지침서

약호	지침서명	협약 조문	MEPC 결의서	채택년도
G1	침전물수용시설 지침서	규정 B-5	152 (55)	2006
G2	선박평형수 시료채취 지침서	조문 제9조	173 (58)	2008
G3	선박평형수 관리협약의 동등한 준수 지침서	규정 A-5	123 (53)	2005
G4	선박평형수 관리와 관리계획 개발 지침서	규정 B-1	127 (53)	2005
G5	선박평형수수용시설 지침서	규정 B-3	153 (55)	2006
G6	선박평형수 교환 지침서	규정 B-4	124 (53)	2005
G7	위해도 평가 지침서	규정 A-4	162 (56)	2007
G8	선박평형수관리시스템 형식승인 지침서	규정 D-3.1	174 (58)	2008
G9	활성물질 시스템 승인 지침서	규정 D-3.2	169 (57)	2008
G10	선박평형수 처리 시제품 기술 승인 지침서	규정 D-4	140 (54)	2006
G11	선박평형수 교환 설계 및 구조표준 지침서	규정 B-5.2	149 (55)	2006
G12	선상 침전물 관리 지침서	규정 B-5	209 (63)	2012
G13	비상상황 등 추가조치 지침서	규정 C-1	161 (56)	2007
G14	선박평형수 교환해역 지정 지침서	규정 B-4.2	151 (55)	2006

표 6.7.2의 각종 지침서 가운데에서, 정부가 연구기관의 기술지원을 받아 수행하여야 할 내용으로는 항만에서의 시료 채취(G2)를 비롯하여, 처리장치의 형식승인(G8), 활성물질 승인 지원(G9), 시제품 프로그램 승인(G10), 면제를 위한 위해도 평가(G7), 교환 지정해역 설정(G14), 비상시 추가조치(G13)를 들 수 있다. 소형선 적용(G3), 관리계획서(G4), 선박평형수 교환(G6), 교환 설계 및 선박평형수(G11), 선박내 침전물 관리(G12)는 선주 및 조선소 입장에서 중점적으로 다루어질 내용들이다. 침전물 수용시설(G1)과 선박평형수 수용시설(G5)은 수용시설을 운용하는 업체 입장에서 주로 다루어질 내용이다.

선박평형수 처리장치의 개발자는 필히 활성물질 승인 지침서(G9)에 따라 IMO로부터 기본승인과 최종승인을 받은 후, 형식승인 지침서(G8)에 따라 해당 정부로부터 형식승인을 받아야 한다.

(3) 국내 법제화

선박평형수는 영어로 Ballast Water로서, 그동안 우리나라에서는 일관성 없이 발음대로 불리우다가 선박평형수로 확정되었다. 그 예로서, 2001년 개정된 「해양오염방지법」에서는 물밸러스트라 표현하였고, 2006년 '밸러스트수 관리시스템의 형식승인 등에 관한 잠정기준'에서는 밸러스트수라 표현하였는데, 2007년 별도의 법으로서

「선박평형수 관리법」을 제정하면서 우리말인 선박평형수라 표현하였다.

우리나라 정부에서는 국내 선박평형수의 관리를 위해 「선박평형수 관리법」을 2007년 5월 국회에 제출하였고, 2007년 11월 22일 이 법안은 국회 본회의를 통과하였고, 2007년 12월 21일 법률 제8788호로 제정되었다. 그 후 몇 차례의 개정을 거쳤고 IMO 협약과 때를 같이하여 2017년 9월 8일부터 전반적인 시행을 하게 되었다. 총 46조로 되어 있는 이 법은 제1장 총칙, 제2장 선박평형수의 배출 금지 및 특별수역의 지정 등, 제3장 선박평형수관리를 위한 선박의 검사 등, 제4장 선박평형수관리를 위한 형식승인 및 검정 등, 제5장 선박평형수처리업, 제6장 부적합 선박에 대한 조치 등, 제7장 보칙, 제8장 벌칙 그리고 부칙으로 되어 있다(국가법령정보센터, 2017).

3 선박평형수 관리협약 대응 기술

(1) 처리장치 기술

선박평형수 처리장치의 개발 경과를 보기 위해서는 먼저 그 당시의 설계 기준을 협약서와 지침서 등을 통해 검토해 볼 필요가 있다. 국제협약이 채택과정에서 성능기준의 개체수가 그동안 논의되던 100개 개체 대신 10개 개체로 확정되면서, 그동안 개발되어 오던 물리적 처리장치만으로는 어렵게 되었다. 물리적 처리만을 계획했던 장치들은 물리적 처리 외에 화학적 처리를 추가할 수밖에 없게 되었다. 한 예로서, 일본 스페셜파이프는 추가로 오존 처리를 더하여 개발하고 있다.

2005년 7월 활성물질 승인 지침서가 채택 되면서 활성물질에 대한 승인 기준이 매우 까다롭게 확정되었다. 그동안 개발되어 오던 화학약품을 사용하는 처리장치들이 화학제의 잔류성 등의 문제를 심각하게 다루게 되었고, 화학약품을 사용하는 처리기술의 사용은 많은 진전을 보여주지 못하고 있다. 2005년 7월 또한 형식승인 지침서가 채택 되었는데, 이때 시험수 기준 가운데 총부유물질 값이 5 mg/L에서 50 mg/L로 변경되면서 혼탁한 물에서 작용하기 어려운 자외선 등의 처리 기술은 보다 강한 처리를 필요로 하게 되었다.

선박평형수 처리장치의 개발자는 먼저 IMO로부터 처리중 사용되는 활성물질이 2차 오염 등 환경에 미치는 영향을 확인하는 활성물질에 대한 기본승인과 최종승인을 받아야 하고, 다음으로 해당 정부로부터 처리 성능 등을 확인하는 형식승인을 받아야 한다. 만약 필터, 열처리 또는 UV 등과 같이 활성물질이 발생하지 않는 경우에는 IMO의 활성물질 기본승인과 최종승인은 받지 않고 직접 형식승인을 받을 수도 있다.

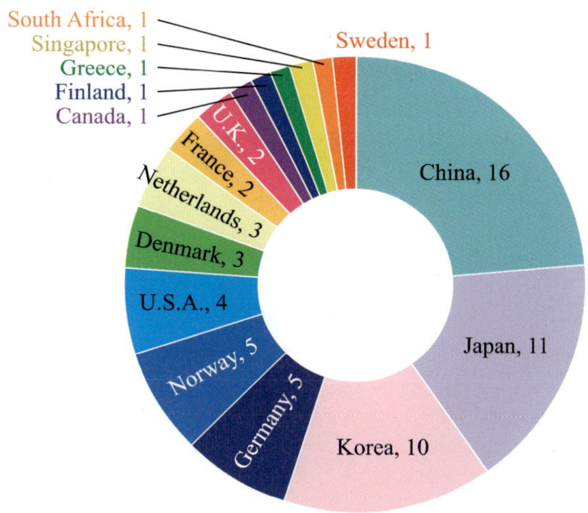

그림 6.7.2 선박평형수 처리장치의 개발 국가별 분포

2006년부터 IMO에서 활성물질 기본승인이 시작되었고, 2007년부터 활성물질 최종승인이 시작되었으며, 2008년부터 해당 정부의 형식승인이 시작되었다. 2017년 말까지 전 세계에서 형식승인을 취득한 처리장치는 총 67개인데, 우리나라에서 개발된 처리장치는 그림 6.7.2와 같이 총 10개를 차지하고 있으며, 시장 점유율도 매우 높은 상황이다. 우리나라는 IMO 협약 제정 시부터 적극적으로 대응하고 처리기술을 개발하였기 때문에 여느 선박 기자재와는 달리 초기에 많은 처리장치를 개발하고 시장에 선점할 수가 있었다.

선박평형수를 처리하기 위해서 다양한 기술이 적용되고 있는데, 필터나 캐비테이션 원리를 이용하는 물리적 방법과 화학약품이나 전기분해 등을 이용하는 화학적 방법으로 나눌 수 있다. 그러나 처리해야 하는 성능 기준이 매우 까다로우므로 대부분의 처리장치는 여러 가지 기술을 함께 사용하는 복합 방식으로 개발되고 있다. 대부분의 처리장치는 전처리로서 필터를 사용하고 있으며, 본처리로서 자외선, 전기분해 또는 화학약품 등을 사용하고 있다. 2017년 말까지 전 세계에서 형식승인을 취득한 67종의 처리장치를 기술별로 보면 그림 6.7.3과 같다. 자외선을 활용하는 것이 거의 반에 이르고 나머지는 전기분해와 화학약품이 거의 비슷한 숫자이다.

자외선을 이용하는 방법은 해양생태계에 영향을 미치는 활성물질이 거의 생성되지 않는다는 장점이 있는 반면 처리 성능이 크지 않다는 단점이 있다. 그러나 필터 등의 전처리를 충분히 해 줌으로서 성능 기준을 충족시켜 주면서도 친환경 처리를 한다는 점 때문에 많이 개발되고 있다.

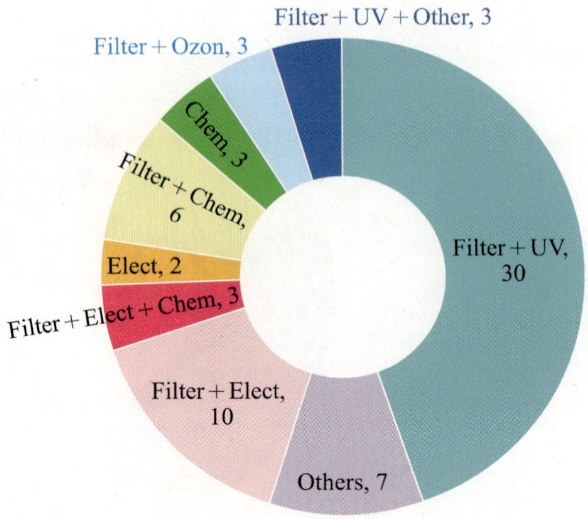

그림 6.7.3 선박평형수 처리장치의 처리기술별 분포

화학약품을 이용하는 방법은 성능 기준을 충분히 맞출 수 있다는 장점과 함께, 해양생태계에 영향을 미치는 활성물질이 생성된다는 단점이 있다. 또한 경우에 따라 독성 또는 화재 폭발의 우려가 있는 화학약품을 배 위에 싣고 다녀야 한다는 단점도 있을 수 있다. 따라서 화학약품을 이용하는 처리장치는 매우 면밀하게 제한적으로 개발되고 있는 실정이다.

전기분해를 이용하는 방법은 성능 기준을 충분히 맞출 수 있다는 장점과 함께, 해양생태계에 영향을 미치는 활성물질이 생성된다는 단점이 있는 점에서는 화학약품 방법과 유사하나, 화학약품을 배에 싣고 다니지 않으므로 독성 또는 화재 폭발의 우려가 적다는 장점을 들 수 있다. 간접 전기분해 방식은 해수를 전기분해하여 차아염소산을 만들고, 이를 통해 선박평형수 내의 생물을 사멸시키는 것이다. 적용 방법에 따라, 일부 해수로부터 고농도의 차아염소산을 생성하여 선박평형수에 희석시켜주는 간접 전기분해 방식과, 전체 선박평형수를 모두 전기분해하여 5∼15 ppm 정도의 저농도의 차아염소산을 생성하여 처리하는 직접 전기분해 방식으로 나뉠 수 있다. 직접 전기분해 방식은 차아염소산 외에 전기분해시 순간적으로 발생하는 각종 라디칼과 전위차를 함께 이용하여 사멸 효율을 높일 수 있다는 장점도 있다(김은찬, 2012).

그림 6.7.4와 그림 6.7.5는 각각 자외선 방법 처리장치와 전기분해 방법 처리장치의 예를 보여주고 있다.

그림 6.7.4 **자외선 방식의 선박평형수 처리장치 예**(한국 Panasia사의 GloEn-Patrol)

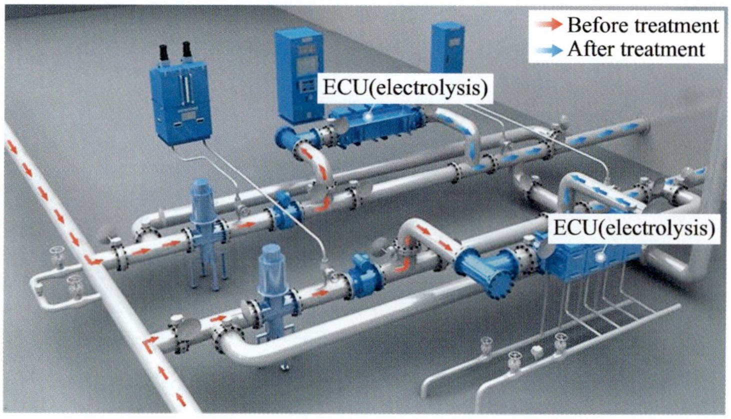

그림 6.7.5 **전기분해 방식의 선박평형수 처리장치 예**(한국 Techcross사의 ECS)

(2) 형식승인시험 기술

처리장치에 대해 IMO 활성물질 기본승인을 받은 후 최종승인을 받기 위해서는 해당국 정부로부터 형식승인 시험을 수행하여야 한다. IMO 협약과 지침서에 의하면 형식승인시험에는 육상시험과 선상시험 그리고 환경시험이 있다. 우리나라에서는 여기에 적합성 시험을 하나 더 추가하고 있다. 우리나라 「선박평형수 관리법」 제17조에 의하면, 선박평형수 처리장치의 형식승인을 위해서는 다음과 같은 4종의 시험을 수행하여 그 합격증서를 제출하여야 한다.

① **적합성시험** : 설계, 구조, 운전 및 기능이 이 법 및 선박의 운항에 적합한지를 확인하는 시험

② **환경시험** : 전기·전자 구성품이 선박의 환경에서 적합하게 유지·작동되는지를 확인하기 위한 시험

③ **육상시험** : 처리기준에 적합한지를 확인하기 위하여 해양수산부장관이 고시하는 육상시험시설에서 실시하는 시험

④ **선상시험** : 처리기준에 적합한지를 확인하기 위하여 완성된 선박평형수 처리장치의 실제크기로 선상에서 실시하는 시험

육상시험의 내용은 그림 6.7.6과 같고 선상시험의 내용은 그림 6.7.7과 같다(Kim, 2007; IMO, 2007).

육상시험을 위해서는 시간당 200 m^3 처리용량의 시제품가동을 비롯하여, 200 m^3 해수탱크가 4개가 필요하고, 해수조건과 담수조건 모두에서 실험을 하여야 한다. 시험수 내의 생물 농도는 최소 길이 10～50 μm의 생물은 1 mL당 1000 내지 1만 개체, 최소 길이 50 μm 이상의 생물은 1 m^3당 10만 내지 100만 개체 이상이 되어야 하는 등 그 조건이 매우 까다롭다. 육상시험은 육상에 시험 장치를 설치하여 수행하기도 하고, 바지선에 설치하여 해상에서 수행하기도 한다.

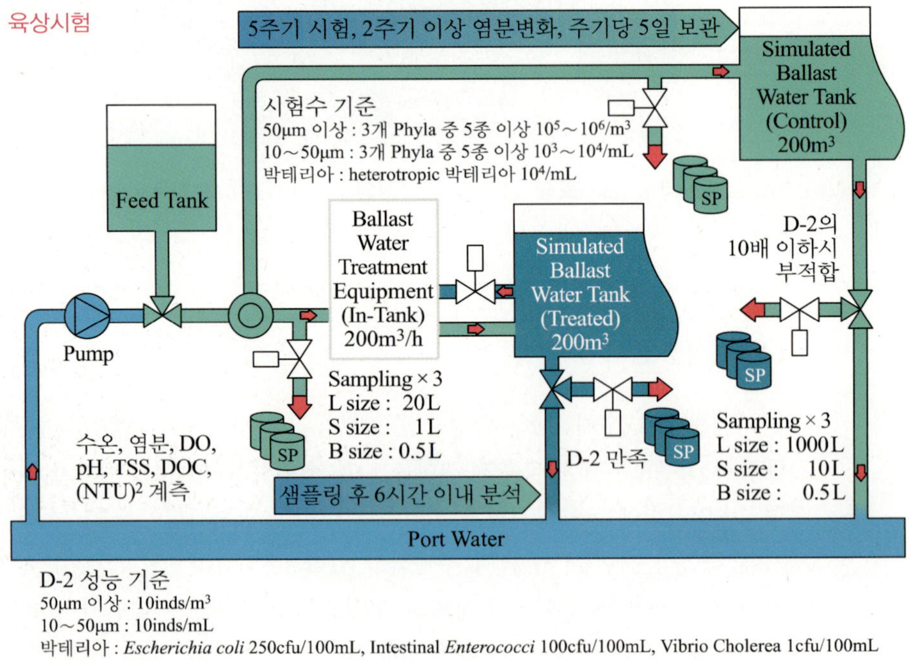

그림 6.7.6 육상시험 절차 및 조건

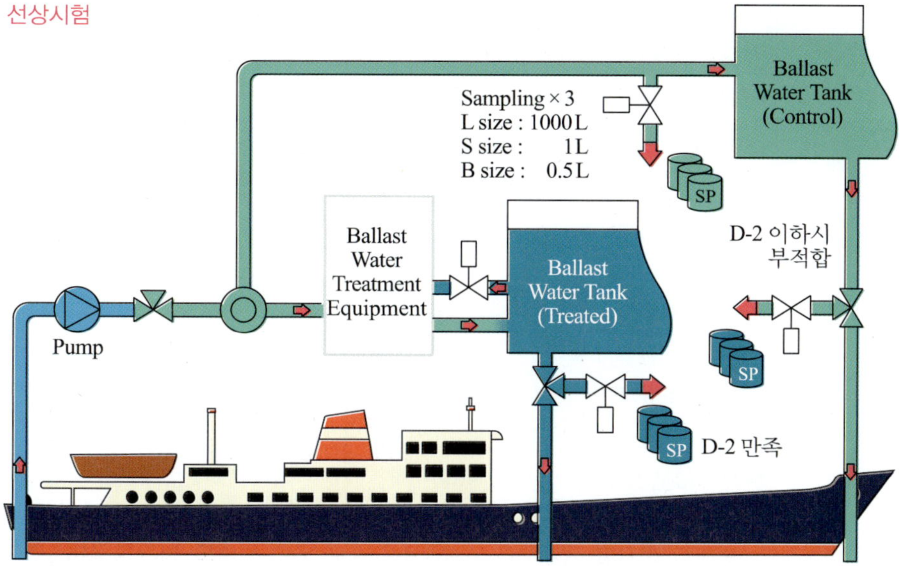

그림 6.7.7 선상시험 절차 및 조건

(3) 면제승인을 위한 위해도 평가 기술

IMO의 선박평형수 관리협약에 의하면, 관할 해역의 당사국은 정해진 항로를 운항하는 선박에 대해 IMO가 제정한 위해도 평가 지침에 따라 위해요소가 적다고 평가되는 경우 선박평형수의 교환 및 처리 면제를 허용할 수 있도록 되어 있다.

면제를 위한 조건은 정해진 항구 또는 지역 간을 운항하는 하나의 항로 또는 여러 항로에서 운항하는 선박, 또는 전적으로 정해진 항구 또는 여러 항로에서 운항하는 선박이나 전적으로 정해진 항구 또는 지역만을 운항하는 선박에 한하며, 중간 검토를 조건으로 하여 유효기간은 5년 이하로 되어 있다. 이러한 조건의 선박이 타 해역에서 밸러스트수나 침전물을 혼입하지 않아야 하고, IMO에 의해 채택된 위해도 평가 지침서에 따라야 한다. 이렇게 인정된 면제 사항은 인접국 또는 타 국가의 환경, 인체 건강, 재산 및 자원을 손상시키거나 파괴해서는 안 되고, 영향을 받을 수 있다고 판단한 국가가 제시하는 우려사항을 해결하기 위해 의견을 수렴해야 한다.

면제 승인 절차를 보면 그림 6.7.8과 같다.

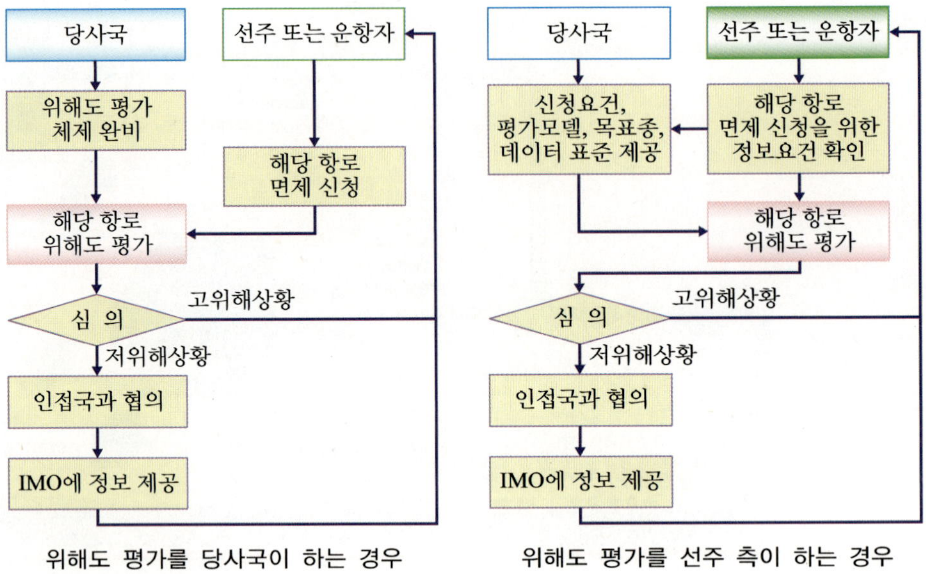

그림 6.7.8 밸러스트수 관리 면제 승인 절차

IMO의 위해도 평가 지침서에서 제시하고 있는 위해도 평가 방법은 3가지인데, 이를 개별적으로 또는 병행해서 사용할 수 있으며, 각 방법에서 필요한 자료와 평가 방법은 다음과 같다.

① 환경 매칭 위해도 평가
② 생물종·생물지리적 위해도 평가
③ 생물종별 위해도 평가

이와 같은 면제 승인을 위한 위해도 평가 종합시스템을 구축하기 위해서는 다음과 같은 기술조사 및 DB 구축이 필요하다(Kim et al, 2014).

① 평형수 배출 및 입항 정보 조사
② 평형수 및 항만 생물 모니터링
③ 항만 환경 정보 조사
④ 데이터베이스 구축
⑤ 인접국 정보 교환
⑥ 위해도 평가시스템 완성
⑦ 위해도관리(면제승인) 체계 구축
⑧ 면제증서 발급 절차

6.8 해안침식 연구사례

1 개요

연안역은 바다와 육지가 서로 접하는 특색 있는 공간으로서, 오래전부터 인간의 다양한 활동에 이용되어 왔다. 특히 해안선 일대는 인간의 생업에 있어서도 매우 중요한 역할을 담당하고 있어 어업이나 해운 또는 예술이나 신앙의 대상으로도 사람들의 생활과 깊게 연관되어 왔다. 국토의 대부분이 산지인 나라들에 있어서는 인구나 자산, 사회경제활동 등이 해안을 인접한 평탄한 저지에 집중되며 이 때문에 해안 및 연안역에서는 해운·물류, 수산, 임해공업, 도로, 철도, 에너지 기지, 관광·레크리에이션 등 다방면에 걸친 고밀도 이용이 전개되어 왔고 급기야 최근에 이르러서는 육지역에 광범위한 용지확보가 곤란해져 이를 해역에서 구하고자 하는 경향이 점점 강해지고 있다.

한편, 1990년대 이후 지구 온난화나 오존층의 파괴, 해양오염 등 지구규모의 환경파괴에 대한 위기감이 확산되고 이를 배경으로 환경에 대한 부담을 줄이고 자연의 생태계를 보호해야 한다는 의식이 고조됨에 따라 사람들 사이에서도 자연 해안의 보전이나 연안역 생태계의 보호를 요구하는 목소리가 한층 높아져 방재나 이용을 목적으로 한 개발 사업과 환경보전에 대한 열망간의 근본적인 상호 조정이 더욱 요구되고 있다.

연안역 특히 천해역으로부터 해안선에 이르기까지는 저질에 대한 파나 흐름의 작용이 가장 현저한 영역으로서 그곳에서는 해저면의 모래가 끊임없이 이동하고 있다고 해도 좋다. 파랑조건이 변하면 해빈류장도 변하며 이들이 서로 어울려 이동 즉, 표사(漂沙)의 양이나 방향을 변화시켜 결과적으로 크고 작은 해변 지형의 변동이 나타난다.

자연 해빈에 있어서 지형 변화는 주로 일시적인 고파랑 혹은 계절에 따른 파랑 환경의 변화 등에 따라 그 정도가 달라지지만, 수년간에 걸쳐 판단하면 토사량의 수지는 내외해 방향으로 거의 균형을 이루고 있으며(평형단면), 연안 방향으로도 일정한 경향으로 안정되어 있어 해빈의 지형은 안정 상태, 이른바 동적인 평형 상태인 것이 대부분이다. 그러나 해안에 주된 토사 공급원이 되는 하천에 댐이 건설되거나(공급원의 감소), 연안역에 방파제 등의 인위적인 구조물이 건설되면(파·흐름 등, 표사이동에 대한 외력의 변화), 이전 형성되었던 균형은 붕괴되고 새로운 평형으로 향하게 되므로 주변의 해빈 침식이나 결괴 등, 해안 보전의 관점에서 중대한 문제가 발생되는 일이 자주 있다.

최근, 대단위 개발을 위한 용지를 육지역에서 새로이 확보하기 어려워짐에 따라 이를 해역에서 구하려 하는 움직임이 대두되고 있다(예를 들면, 해상공항 등). 이와 같은 해상 구조물은 주로 외해에 거대한 형태로 존재하게 되는데, 이는 건설 입지 주변에 있어서 파랑 및 흐름(특히 해빈류)의 광역에 걸친 변화와 연결되어 특히 자연해안을 가진 인접 연안역은 그에 수반된 광범위하고도 심각한 해빈변형문제에 직면하게 된다.

본 장에서는 대규모 해상 구조물의 건설에 기인한 해안 침식의 한 예를 일본 가고시마현 시부시만의 카시와바라 해안의 해상석유비축기지 시공에 의한 지형변화를 대상으로 하여 살펴보기로 한다.

2 현지 해안 침식의 사례

(1) 연구대상 해안의 개요

연구대상 해안은 일본 가고시마현 시부시만의 카시와바라 해안이다(그림 6.8.2). 카시와바라 해안은 1984년 말, 외해 500 m 지점에 인공섬 형태의 석유비축기지 건설공사가 착공되어 1987년 6월에 196 ha 규모의 외곽시설이 완성되었으며, 1993년 12월부터 전면 조업을 개시한 곳이다.

① 지형조건

카시와바라 해안은 그림 6.8.1 및 그림 6.8.2에 제시된 바와 같이 커다란 호상(弧狀) 해안으로서 시부시만의 남단부에 석유비축기지인 인공섬이 위치하고 있으며, 만 내부의 해안에는 5개의 하천이 유입되고 있어 카시와바라 해안의 토사 공급원이 되고 있다. 만의 입구는 남북으로 둘러싸이고 남동부를 향해 열려있어 카시와바라 해안지구는 남동 방향으로부터 내습하는 파랑이 직접 영향을 주기 어려운 지형이다.

② 해상조건

해당지역을 관할하는 일본 운수성 제4 항만건설국 시부시만 공사 사무소에서는 1981년부터 1985년까지의 계절별 풍향 풍속을 관측하였으며 그 중에서, 풍속 10 m/s 이상인 강풍의 출현율은 석유비축기지 주변에 직접 영향을 주는 만 입구 방향(E～SE)인 경우, 대부분이 여름부터 가을에 걸쳐서 발생하며 특히 SE방향이 탁월하고 겨울은 육지에서의 계절풍이 탁월하여 대상 해역의 파랑에의 영향은 적다고 판단하고 있다(가고시마현 시부시만 항만사무소, 1991).

파랑자료는 그림 6.8.2의 오른쪽 제시된 비로도에서의 관측으로부터 얻어진 것이며, 이때 파향은 관측되지 못했다.

1984년부터 1990년까지의 비로도 파랑 관측결과에 의하면, 유의파고 1 m 미만의 파랑은 각 계절 모두 80% 이상을 차지하고 겨울의 경우는 약 95%가 이에 해당한다. 높은 파랑의 발생은 태풍이 통과하는 여름 및 가을에 한정되어 있으며, 봄~겨울에는 3 m 이상의 파고가 거의 발생하지 않는다. 관측기간 중 가장 큰 파고는 가을인 1990년 9월($H_{1/3} = 7.49$ m)에 발생하였지만, 유의파고 2 m 이상의 발생회수는 여름이

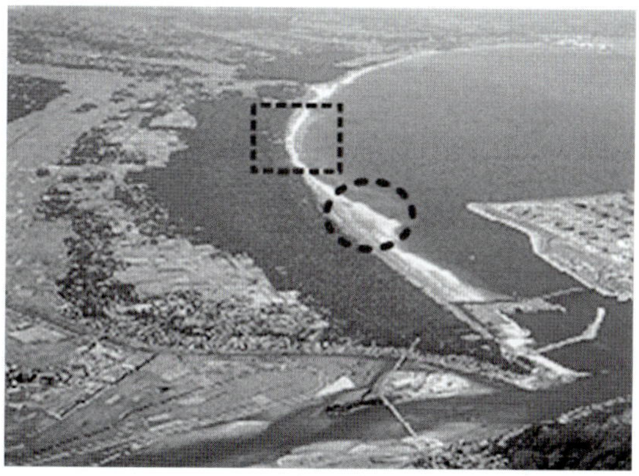

그림 6.8.1 침식(원) 및 퇴적(사각)이 진행된 카시와바라 해안

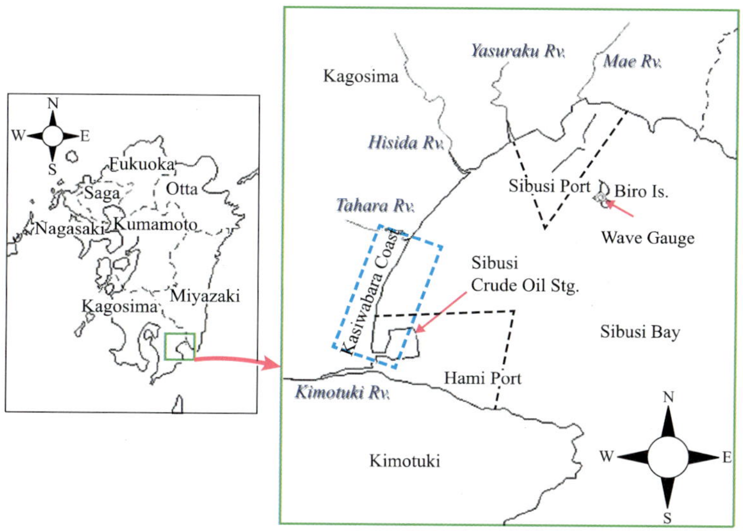

그림 6.8.2 해안침식 연구지역인 일본 가고시마현 카시와바라 해안

가장 많고 봄, 여름, 가을, 겨울의 순서로 1.0, 5.4, 2.1 0.2%의 출현율을 나타내고 있다.

파의 주기는 각 계절 모두 6~8초가 가장 많으며 겨울은 약 37%, 봄~가을에는 50% 정도의 출현율을 가진다. 이 주기를 중심으로 하여 전체적으로는 2~15초 사이에 분포하지만, 겨울에는 다른 계절에 비해 짧은 주기의 파가 많다. 이는 겨울철 계절풍에 기인한 만 내 발생파가 주로 단주기로 형성되기 때문이라 여겨진다. 주기 계급별로 보면 유의파고 2 m 이상의 경우는 10초 정도가 가장 많고 대부분이 7초 이상의 주기를 나타내고 있다고 보고하고 있다.

석유비축기지가 위치하는 시부시만의 조위는 HHWL(기존최고조위), +3.24 m, HWL(삭망평균만조위), +2.40 m, MSL(평균해면), +1.19 m, LLWL(기존최저조위), −0.3 m 등이다.

(2) 석유비축기지의 건설과 해안의 침식

그림 6.8.2 및 그림 6.8.3에 제시된 카시와바라 해안의 외해 500 m 지점에 건설된 석유비축기지는 1984년 말에 착공되어 1987년 6월에는 196 ha 규모의 외곽호안이 완성되고, 1993년 2월부터 전면조업을 개시하였다.

비축기지 건설 직전인 1984년 12월의 지형을 기준으로 하여 외곽호안이 완성된 1987년 6월까지의 지형변화는 「1988년~1990년의 해안선 감시 조사보고서」(가고시마현 시부시만 항만사무소, 1991)에 정리되어 있으나, 여기서는 지형변화가 현저히 나타나고 있는 1987년 6월(석유비축기지의 외곽호안 완성) 이후의 변화에 주목하여 해안변형의 상황과 그 원인을 고찰하기로 한다.

그림 6.8.3은 비축기지의 외곽호안 완성 직후인 1987년 6월의 수심측량결과로서 시부시만의 평균수면 값을 보정(+1.16 m)한 등수심도 및 3차원 수심분포를 나타낸 것이다. 그림에서 알 수 있는 바와 같이 그림의 좌표계에서 연안방향 4.5 km 부근의 해안선에는 이미 약간의 설상사주 형상이 보이지만 이는 1985년 석유비축기지의 남쪽 호안과 동쪽 호안의 착공과 1986년의 북쪽 호안의 시공 등에 의해 파의 진행방향에 대한 구조물 배후의 파랑 차폐역이 서서히 형성되어온 것에 기인하고 있으며, 주된 침식 해안은 연안 방향 2.7~4.2 km의 범위이고 퇴적 해안은 4.2~5.2 km의 범위이다.

대상 해안지구에서는 기본적으로 토사가 파랑환경 변화에 의해 연안방향 3.5 km 부근에서 남북으로 이동하고 있다. 그러나 석유비축기지의 건설에 의하여 파의

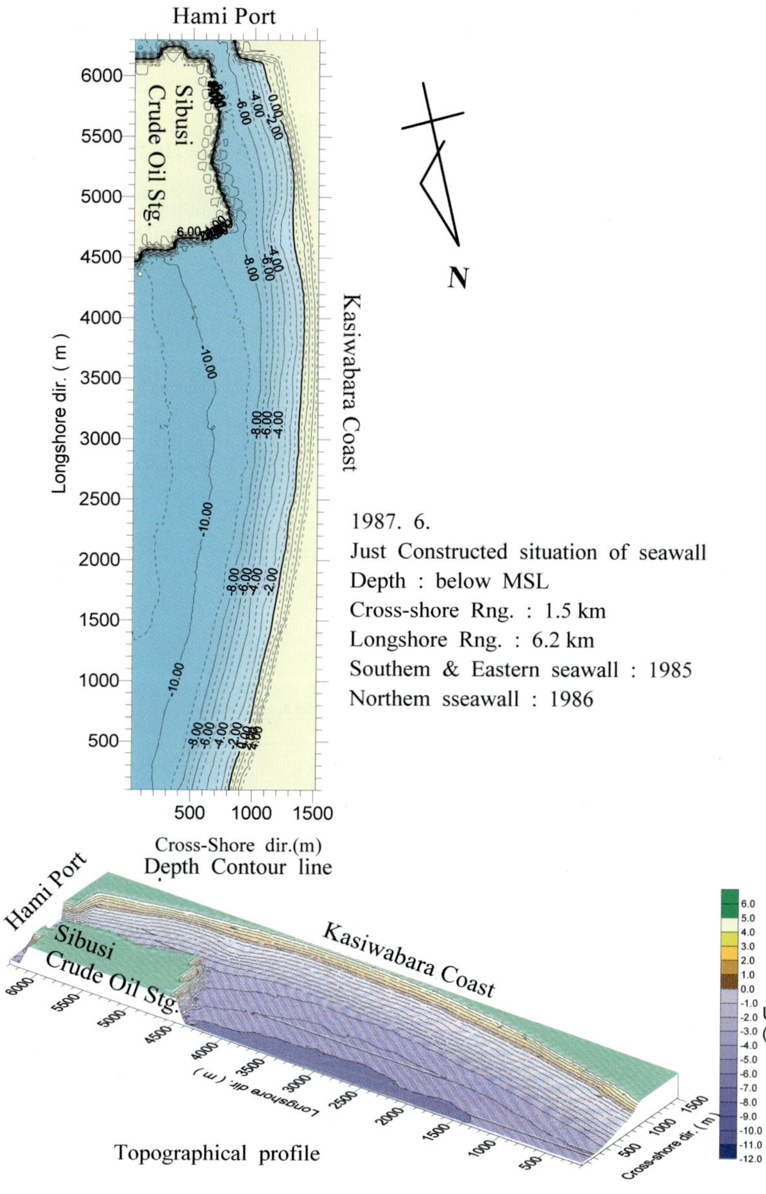

그림 6.8.3 석유비축기지 외곽호안 완성 직후의 해빈지형(1987.6)

차폐역이 형성되어, 차폐역에 유입된 토사는 퇴적되지만 차폐역에서 바깥쪽으로는 유출되지 않은 것이 지형변화의 큰 원인으로 작용한다고 추정된다.

해당 지구에 있어서 1984년~1997년의 측량결과(연 2 또는 3회) 중에서, 석유비축기지의 외곽호안이 완성된 1987년 6월 이후~1990년 6월까지의 측량결과 그림

6.8.4~6.8.5와 해당 기간 중의 파고 3 m 이상을 나타낸 고파랑의 발생상황(표 6.8.1)과의 비교를 통하여 대상 해안변형의 계절적인 변동을 분석해 보면,

표 6.8.1 1987년 6월~1990년 6월의 고파랑 자료(파고 3.0 m 이상)

연 도	월 일	태 풍	유의파고(m)
1987년	8월 31일	12호	3.85
	10월 15일	19호	3.42
1989년	4월 22일	-	3.03
	6월 24일	6호	3.73
	7월 27일	11호	4.28
	9월 19일	22호	3.77
	10월 28일	28호	3.35
1990년	4월 12일	-	3.47
	6월 9일	-	3.36

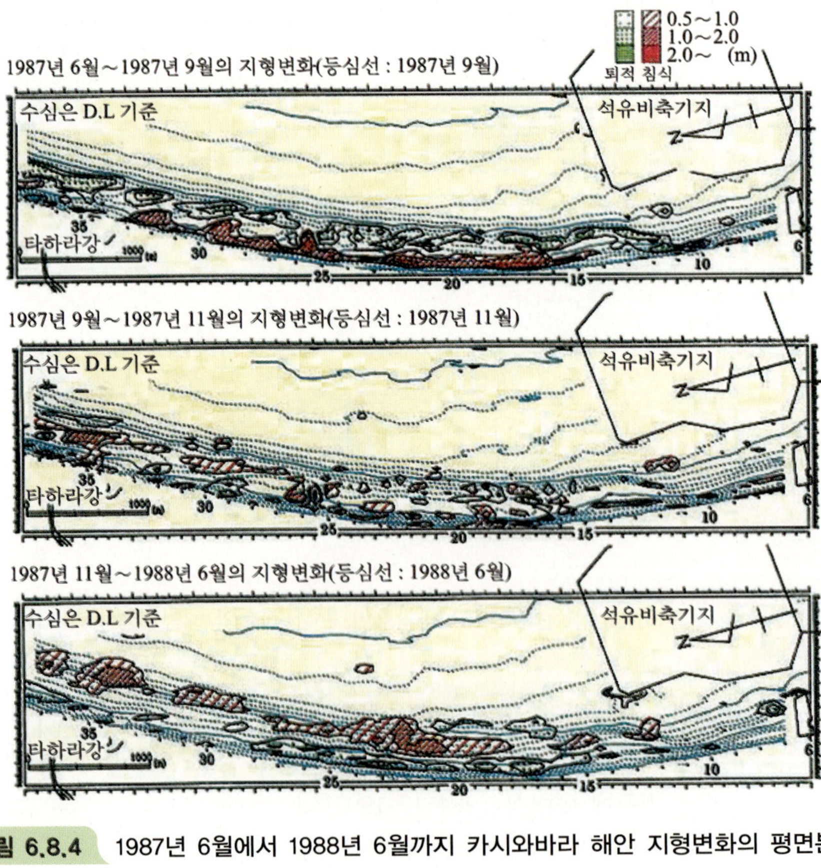

그림 6.8.4 1987년 6월에서 1988년 6월까지 카시와바라 해안 지형변화의 평면분포

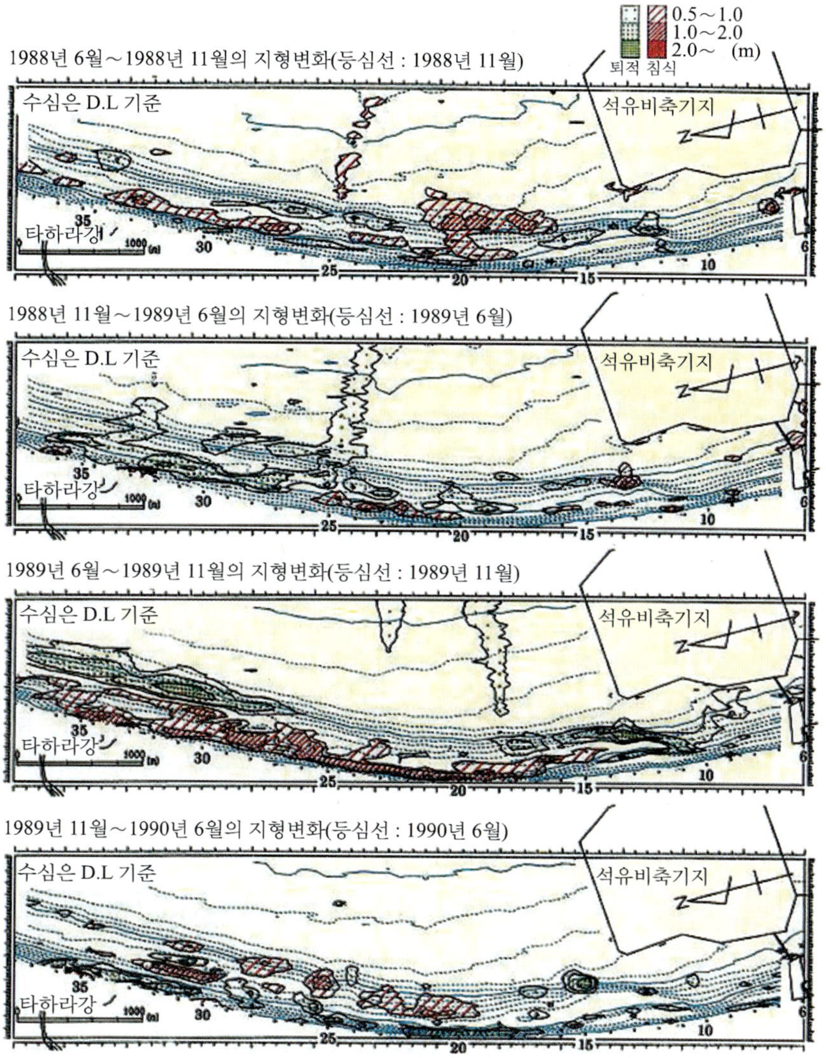

그림 6.8.5 1988년 6월에서 1990년 6월까지 카시와바라 해안 지형변화의 평면분포

① 여름～가을에 걸쳐 발생하는 태풍 등에 의한 높은 파랑의 경우는 침식성 파랑에 의한 전형적인 지형 변화양상을 띠게 되어 전역에 걸쳐서 해안선 부근의 토사가 수중부로 이동하여 연안사주 형상으로 퇴적되고 있다. 하지만 차폐 영향역의 경계 부근인 연안방향 3.5 km 부근에서부터 남쪽에 이르는 비축기지 배후는 파의 차폐역 형성에 기인한 순환류(반 시계방향)에 의한 남향의 연안류가 발달하므로, 토사는 연안방향의 4.2～5.2 km의 범위에 퇴적된다. 차폐 영향역의 경계 부근으로부터 북쪽의 해안에서는 북향의 표사가 형성되고 따라서

차폐 영향역의 경계부근은 남북 양방향으로의 토사 공급원이 되므로 토사량의 감소가 발생하게 된다.

② 겨울에는 여름의 파에 비해 비교적 낮은 파고의 퇴적성 파가 약간 남쪽으로 치우쳐 해당 해역에 입사하므로 해역 전체에서 남향의 토사이동이 일어나고, 또 해당 해역의 북쪽 해안으로부터 유입되는 토사에 의해 전체 토사량이 증가함으로서 결과적으로 해안선은 전진한다.

그러나 차폐 영향역의 경계부근에서는 외해 측을 포함하여 전체적으로 수심이 깊어져서 파가 감쇠되지 못하고 직접 입사되므로 해안선 부근은 토사 퇴적이 일어나기 어려운 상태가 된다.

이상의 계절적인 변동으로부터 해당 해안의 연간 전체 토사수지는 비교적 균형 잡혀 있지만, 석유비축기지로부터 북측에 위치한 해안은 비축기지의 배후역에 대한 일방적인 토사 공급원의 역할을 하고 있어 공간적 토사의 부분적인 불균형이 일어나고 있음을 알 수 있다.

그림 6.8.6은 1987년 6월 석유비축기지의 외곽호안이 완성된 이후 5년이 경과한 1992년 6월의 등수심도와 수심 변화량을 나타내고 있다. 그림에서는 연안방향 2.5~3.7 km 영역에 걸쳐 극심한 해안침식이 나타나 있으며 3.7 km 지점을 경계로 하여 5.4 km 영역에서는 지속적인 퇴적으로 인해 해안선 전진이 일어나고 수중에도 사주(설상사주)가 형성되어 있음을 알 수 있다.

1987년 6월부터 1992년 6월까지 연 2~3회의 지형측량 결과에서는 침식역의 경우, 외곽호안 완성 1년 후에 연안방향 3.0~4.2 km의 1.2 km간에 걸친 해안선 측의 본격적인 침식이 발생하기 시작하여 해안선의 후퇴는 물론 그 범위도 서서히 확대되고 있었다. 3년 후에는 약 2.3 km 범위, 5년 후인 1992년 6월에는 2.8 km의 범위에까지 미치고 있었다(그림 6.8.6). 수중에서 나타난 침식역은 외곽호안 축조 2년 후부터 연안방향 3.5 km 지점의 외해 측에서 나타나고 있었으며, 시간의 경과와 함께 침식범위를 북측으로 확산해 가고 있어 상당히 심각한 해빈변형 문제가 일어나고 있었다.

그림 6.8.7은 침식이 가장 심한 연안방향 3.5 km 지점인 해안선 측의 침식상황을 나타낸 것으로, 해당 지점에 대해 1993년 하계부터 추계에 걸쳐 촬영 결과이다. 사진 속의 태풍 7호는 최대파고 9.74 m, 태풍 19호, 20호는 3.91 m를 기록하고 있었으며, 대상 해역의 침식 시기인 하계~추계에 있어서 고파랑에 기인한 해안 침식의 극심함을 단적으로 보여주는 것이다.

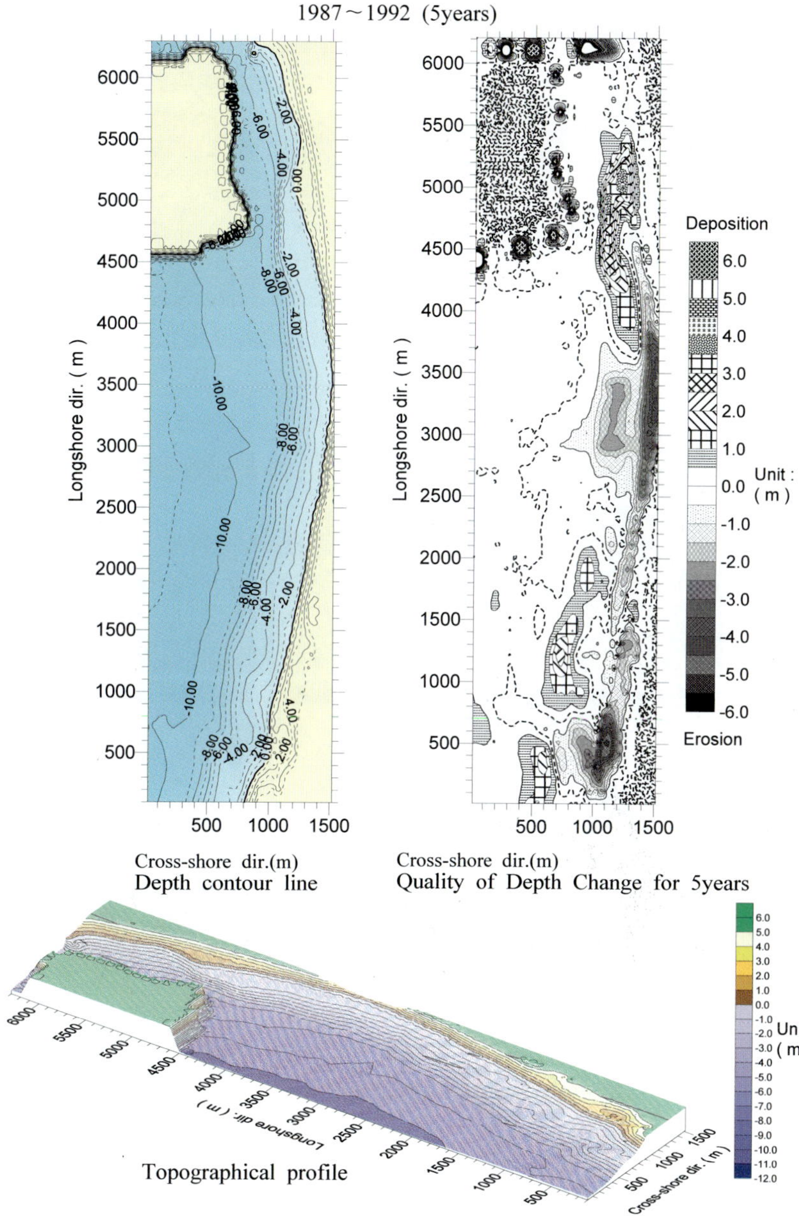

그림 6.8.6 카시와바라 해역의 등수심도와 수심변화량 분포(외곽호안 건설 후 5년 경과된 지형, 1992.6)

(a) 태풍 7호(1993.8.10.) 직전

(b) 태풍 7호 통과 직후

(c) 태풍 19호('93.10.7.), 20호('93.10.8.) 내습시

(d) 가을의 해안('93.11.12., '93.11.26.)

그림 6.8.7 카시와바라 해안의 침식 현황(1993. 8.~1993. 11.)

(3) 해안 침식의 대책

카시와바라 해안의 침식에 대한 대책은 돌제의 건설과 침식역에 대한 양빈으로 행해졌다. 1993년 5월에 건설한 돌제는 연안방향 4.5 km 지점에 해안선에 수직한 방향으로 230 m 연장으로 축조되어 비축기지 배후로의 토사 유입을 차단하도록 설계되었으며, 석유비축기지 배후에 퇴적된 토사는 준설하여 침식역이었던 연안방향 3.5 km 지점에 양빈을 행하였다.

돌제와 양빈에 의한 대책공 실시 후, 해당 해안은 돌제 선단부에서 약간의 퇴적이 진행되고 있지만, 돌제의 기부 및 인근에서의 퇴적 양상이 서서히 줄어들고 있음을 확인하고 있다.

6.9 친환경방파제와 유동제어구조물 설치사례

인간의 다양한 활동에 기인하여 특정 해역의 수질이 악화되는 경우가 있다. 해역 자체의 폐쇄적인 특성 때문에 유입되는 오염원이 적절히 분산되고 분해되지 못하는 경우도 있겠고, 해당 해역의 정온도(tranquility) 확보 등을 목적으로 설치한 인공적인 구조물로 인하여 해수의 교환이 억제되는 것에 기인하는 경우도 있겠다. 이러한 해양환경의 건강성이 위협 받는 상황은 바람직하지 않을 뿐 아니라 해양을 기반으로 하는 각종 인간 활동의 생산성과 질을 떨어뜨리는 결과를 가져온다.

우리나라의 항구와 수산양식활동이 진행되고 있는 해역은 일반적으로 방파시설을 설치하여 운영하고 있으며, 이들은 기본적으로 골재를 이용하여 벽을 쌓는 방식의 착저식으로서 파랑뿐 아니라 해수의 흐름 또한 완전히 차단하고 있다. 이런 경우, 외해와의 해수교환이 제한적인 크기의 통로를 통하여만 이루어질 수 있고, 특히 조석의 크기가 작은 동해안의 경우는 심각한 수준의 만내 수질 악화를 가져온다. 동해의 주문진항이 이에 해당하는 사례로 수질등급이 최저기준에도 못 미치는 상황에 이른 바 있었다.

이러한 배경에서, 다양한 공학적 지식을 활용한 환경친화적인 방파시설과 수질개선 구조물이 연구되고 있으며, 근래에 들어 실제로 적용되는 사례가 늘어가고 있다. 이는 오염물이 해양으로 유입되는 것을 차단하고 해수의 자연적인 순환을 보장하는 원칙적인 노력을 강조하는 소극적인 자세에서 벗어나, 생산적인 산업활동과 환경보전 및 개선이라는 두 가지의 가치를 적극적으로 추구하는 현실적인 해양환경공학의 미래지향적인 측면으로 이해될 수 있다. 본 절에서는 국내에서 보고된 자료들(홍기용, 1998; 이달수, 2001; 안희도, 2001; 박성윤, 2006)의 내용을 바탕으로 해수교환촉진을 유도하는 다양한 시설을 방파구조물을 중심으로 소개하였다.

1 해수교환방파제

해수의 교환을 위하여 어떤 형태이든 에너지가 필요하지만, 해양의 경우 우리가 따로 부담할 필요가 없는 조석과 파랑이라는 자원이 존재하므로 이를 효과적으로 이용할 수 있으면 되겠다. 어떤 에너지를 이용할 것인가는 해당 지역의 특성을 고려하면 되는데, 에너지원과 해수교환 원리에 따라 다양한 방식이 고려될 수 있겠다.

우선 가장 간단한 형식이 그림 6.9.1과 같이 방파제 후방의 콘크리트 구조에 구멍을 뚫어 해수교환의 통로로 이용하는 것이다. 이러한 형식은 일본 등에서 흔히 적용되어온 것으로 통로 근처를 중심으로 해수의 교환이 이루어질 수 있고, 구조물의 형태나 구멍의 모양은 다양하게 변형되어 쓰이고 있다(그림 6.9.2). 유사한 형태의 방파제가 경남 거제 및 남해의 몇 곳에 설치되었고 제주 외항의 방파제 중 일부도 해수의 흐름을 허용하는 방식으로 구성되어 있다.

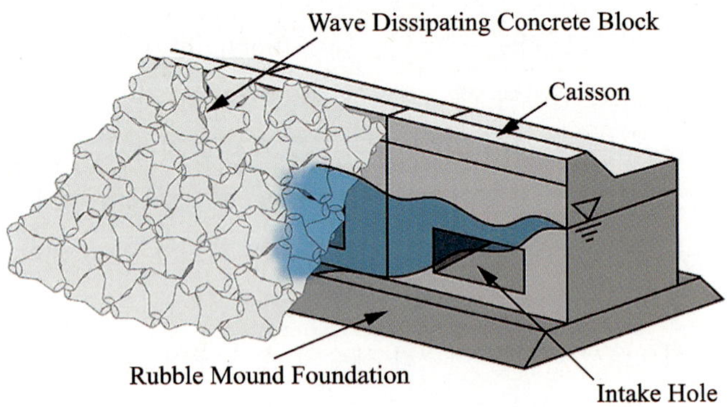

그림 6.9.1 일본 Kudoh Fishing Port의 방파제 절개도

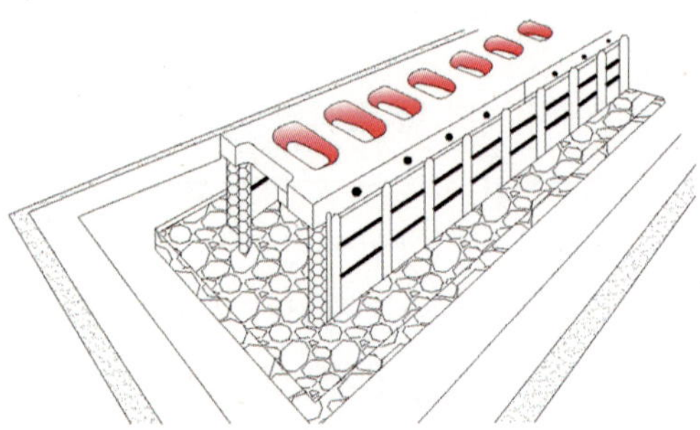

그림 6.9.2 수평 홈을 낸 커튼형식의 방파제(Hakada Bay)

이러한 형식은 매우 단순하다는 장점이 있으나, 해수의 교환이 방파제 근처로 제한되고 간조 시 유입된 해수가 도로 외해로 빠져 나가는 단점이 있다. 이를 극복하기 위하여 아래의 그림 6.9.3과 같이 해수의 통로에 차단장치를 설치하여 해수의 흐름이 단속적이기는 하지만 일방향(one-way)으로 되도록 하기도 한다. 그림에서 파이프 형태로 뚫린 해수통로의 항내 측 끝단은 직경이 다르게 되어 있어 해수와 비중이 유사한 공 모양의 밸브가 해수의 역류를 차단하도록 되어 있다.

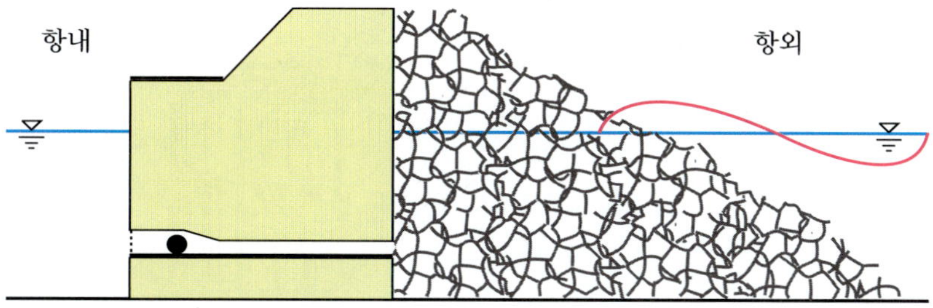

그림 6.9.3 일방향 유도형 방파제

또한, 외해 쪽으로 월류제를 설치하여 월파나 조류에 의해 월류(overflow)된 해수를 이용하여 방파제 전방의 수위를 상승시키고, 이 수위차에 의하여 방파제 후방, 즉 항내로 해수가 유입되도록 하는 방식도 있다(그림 6.9.4). 이 형식은 2004년 주문진항에 설치되어 항내의 수질개선에 큰 효과를 보인 것으로 알려져 있고, 묵호항 등으로 유사한 형식의 방파제 설치를 확대하고 있다.

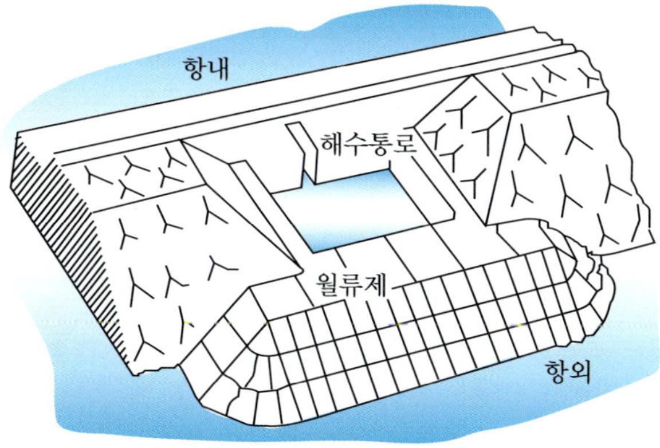

그림 6.9.4 월류제를 이용한 일방향 해수교환 방파제

유입되는 해수의 양을 극대화하기 위하여 수두차를 키울 필요가 있는데, 주로 입사되는 파랑과 해수통로 전방에 설치되는 유수(遊水, detention)공간의 공진특성을 이용한다. 그림 6.9.5는 방파제 내부에 수직방향으로 원통형 수로를 설치하고 공진에 의하여 높아진 수두로 인하여 도수로를 통하여 강하게 해수가 유입되도록 하는 방식의 개략도를 보여준다.

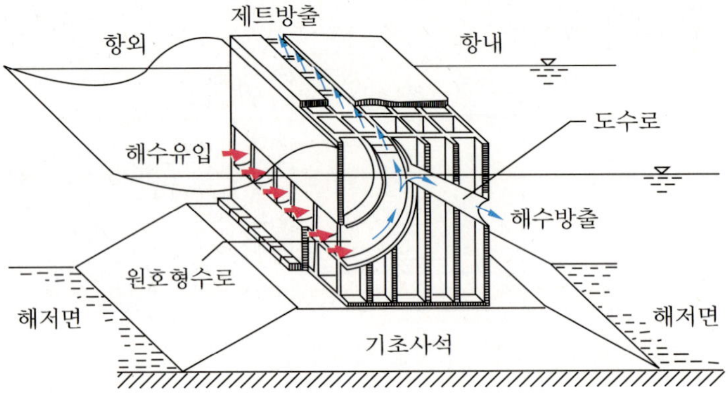

그림 6.9.5 진동수주형 해수순환 방파제

한편, 착저식에서 탈피하여 그림 6.9.6과 같이 방파구조물을 부유식으로 하여 해수의 흐름을 완전히 허용하는 방식도 사용되고 있다. 부유식방파제(floating breakwater)는 2차 세계대전시 연합군의 노르망디 상륙작전을 위해 처음 도입 되었다. 본 방파제는 환경친화적이고, 수심이 크거나 해저지반이 약할 경우 적용성이 좋고, 이동설치가 가능하다는 등의 장점으로 꾸준히 활용되어 오고 있고(Tsinker, 1995), 특히 일본을 중심으로 다양한 형식이 운용된 바 있다.

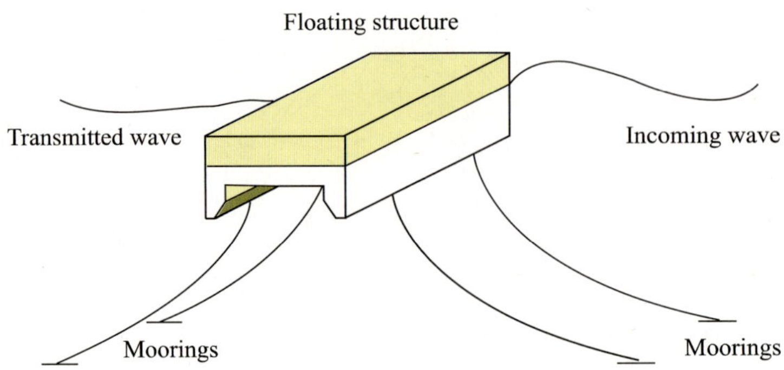

그림 6.9.6 부유식 방파제의 개념도

하지만 부방파제는 파랑을 충분히 차단하지 못한다는 단점이 있다. 부방파제가 투과되는 파를 줄여주는 기본 원리는 부체의 운동으로 만들어지는 파도와 입사파가 서로 상쇄되도록 하는 것인데, 이 효과는 부체의 크기, 운동특성, 그리고 계류방식 등에 민감하고 특히 입사파의 파주기에 크게 영향을 받는다. 단면형상에 따라 소파특성이 다소 달라지지만(송무석 등, 2000, 2005), 기본적으로 한 가지 설계로 넓은 파주기 영역의 파랑에 대한 차단이 어렵고 장파에 대한 효과는 매우 제한적이다. 이러한 이유로 외해로 열려 있는 해역에서의 사용은 어렵고, 비교적 잔잔한 지역에서 보조적인 방파제로 많이 활용되고 있다. 실제로 경남 마산의 원전항의 내만용으로 폰툰형태의 부유식 방파제(길이 60 m × 폭 7.5 m, 4기로 총 250 m 길이)가 설치된 바 있다.

2 해수유동제어구조물

폐쇄성이 강한 만내의 수체는 수평 및 수직 유동이 매우 약해서 국부적인 수질저하를 야기한다. 이를 해결하기 위하여 적절한 구조물을 설치하여 수체의 순환을 유도하는 것이 필요한데, 외부 에너지를 이용하는 방식과 조류나 파랑에너지를 활용하는 방법이 있다. 그림 6.9.7은 조류가 있는 만내 해저면에 수로를 굴착하여 국부적인 유속증가를 유발시키고 이를 통하여 수체의 수평순환을 얻는 방식의 개념도인데, 이 방식은 비교적 파고가 작은 천해역에서 활용될 수 있다.

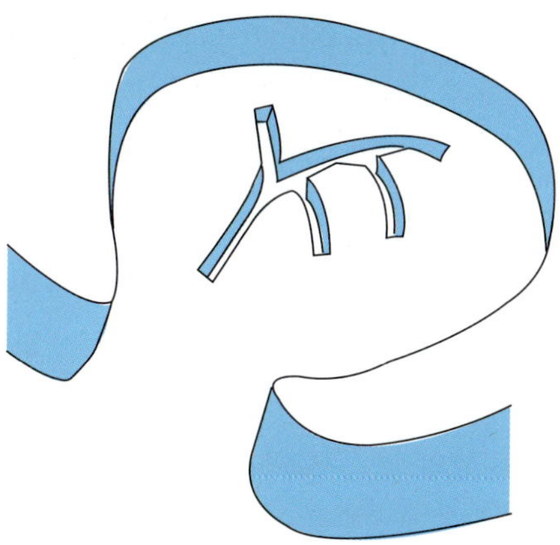

그림 6.9.7 수평순환류 발생을 위한 해저면 수로모형도

다양한 잠제(submerged breakwater)를 이용하여 순환류를 발생시키는 방식도 생각할 수 있는데, 그림 6.9.8은 수평순환류의 발생을 위해 쓰이는 대표적인 형태이다.

파도에 의한 순환류 발생시설은 구조물을 일정 간격을 두고 그림과 같이 배치한다. 파도가 잠제 위를 통과할 때 파도에너지에 의해 해안으로의 해수흐름이 일어나고, 역으로 잠제와 잠제 사이에서는 외해로의 해수유동이 생기는 것을 이용하여, 평면적 순환을 발생시킨다. 파가 천해역으로 입사할 때 파의 진행 방향으로 유체입자의 이동이 수반되고, 쇄파에 의해 이 흐름은 강화된다. 해수유동에 의해 잠제 후방(해안 쪽)의 수위가 상승하고, 인접한 구조물과의 사이에 수심이 깊은 지점을 통하여 외해로 흐름이 발생한다. 수평순환류의 발생에는 파도, 조류, 수심, 지형 등 대상해역의 특성과 잠제의 배치 및 구조 등 수많은 인자가 영향을 끼치지만, 잠제 위에서 쇄파시키는 것이 가장 중요하며, 대상으로 삼는 파도, 조위를 고려하여 쇄파의 확률이 가장 높도록 잠제의 치수를 결정하는 것이 중요하다.

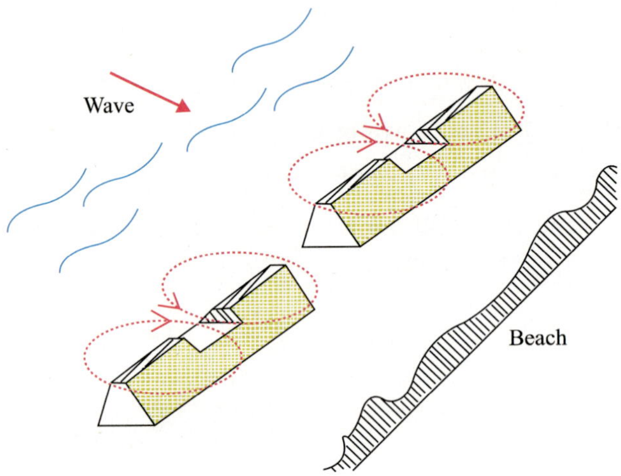

그림 6.9.8 이안잠제(detached submerged breakwater)를 이용한 수평순환류 발생

조류를 이용하는 연직순환구조물은 정수면보다 낮은 구조물을 흐름에 직각으로 설치하여 하류 쪽에 연직순환류를 만들어주는 것으로, 구조물의 설치가 간단하고, 자연 에너지를 직접 이용하는 방법으로써 대규모화가 용이하다는 장점이 있다. 그림 6.9.9와 같은 V-형의 용승구조물이 유력한데, 유동의 박리로 후류 쪽에 발생하는 와류(vortex flows)의 상호작용으로 상승류가 유발되는 개념이다. 그림에서 보이는 구조물 후방의 띠는 화살표 방향으로 회전하는 와류유동의 중심을 연결한 것으로, 좌우 대칭형의 이들 유동은 서로를 상부로 올려주는 효과가 있어 결국 하부의 물을 상부로 끌고 올라가는 역할을 한다. 한편, 순환류를 유도하는 구조물들은 해안의 지형변화, 순환 해역내의 해저지질 변화 등을 초래할 수 있고 구조물의 후방에 비중이 큰

오염물이 집적되는 문제점 등을 야기할 수 있으므로 주의가 필요하다.

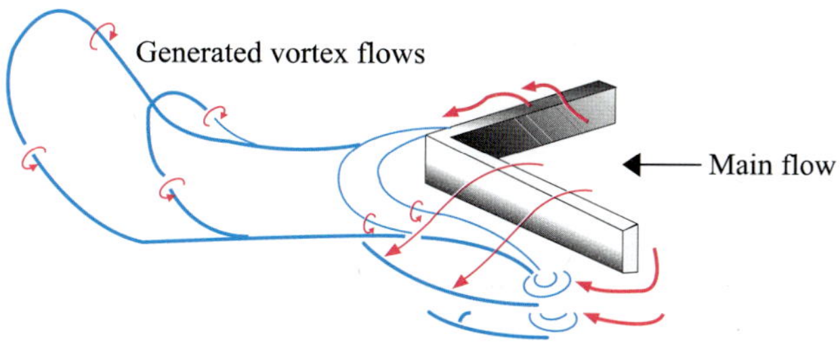

그림 6.9.9 V-형 해저면 구조물을 이용한 수직순환류 발생

필요에 따라 외부에너지를 이용하여 수체를 강제 혼합시키는 경우도 있다. 그림 6.9.10은 수체 저층에서 기포를 발생시키고 이 기포의 부상에 의해 야기되는 상승류를 이용하는 수직수체혼합의 개념을 보이고 있다. 동절기에 호수 등이 결빙되는 것을 방지하기 위해 도입된 이러한 기포를 이용하는 강제 순환은 수체가 온도성층(thermal stratification)을 형성하여 수질문제를 야기하는 경우에 광범위하게 활용되고 있다(송 등, 2002). 압축공기를 산기판(diffusing plate)이나 파이프에 뚫린 구멍을 통하여 연속적으로 뿜어주는 산기식 방식과 다양한 형식의 수중폭기장치(intermittent deep draw aerator)를 이용하는 것이 주를 이루고 있다(Song et al., 2004; 송 등, 2005). 그림 6.9.11은 수중폭기장치의 예를 보이고 있는데, 하부에 설치된 공기저장실에 압축공기가 차면 폭기 실린더 안쪽으로 압축공기가 넘어들면서 하부의 물이 함께 끌려올라가 상단에서 방출되는 방식이다.

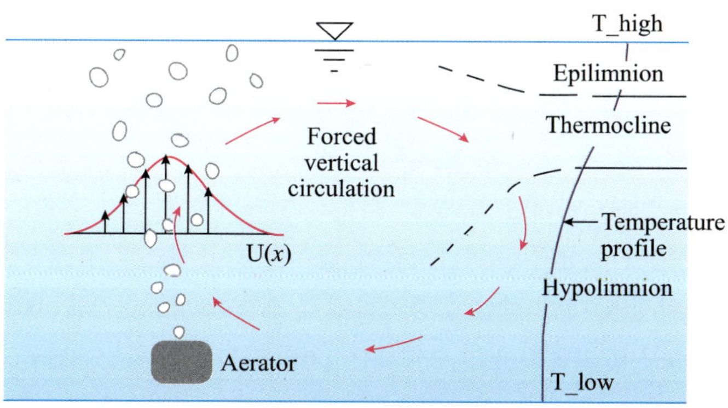

그림 6.9.10 기포를 이용한 강제수체혼합방식의 개념

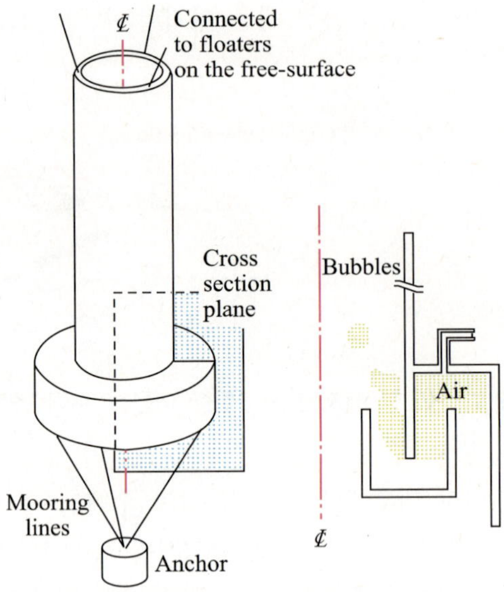

그림 6.9.11 일반적인 간헐식 수중폭기장치의 형태와 작동원리

6.10 친환경 항만 개발사례

과거 우리나라 항만은 물류수송이라는 기능성만을 강조하여 개발되어 왔으며, 이로 인해 일반인들이 접근하기 매우 힘들었으며, 폐쇄된 수역 공간을 창출함으로 인하여 유입된 오염물질이 외부로 방출되지 못하고 항내에 체류하게 되면서 내부 수역의 수질이 크게 오염시켰다. 따라서 항만하면 떠오르는 개념은 폐쇄된 공간으로 수질이 오염되어 있는 곳, 하역을 위한 선박이 접안되어 있는 곳, 일반인 들이 접근하기 어려운 곳 등으로 인식되어 왔다.

최근에는 이러한 항만에 대한 기존 개념을 바꾸기 위한 노력이 진행되고 있다. 경제수준이 향상되고 여가시간이 늘어나면서 시민의 휴식공간에 대한 수요가 증가하고, 환경에 대한 관심이 증가하면서 깨끗한 항만환경을 요구하고 있다. 이러한 국민적 요구에 발맞추어 정부에서는 환경 친화적인 항만개발을 21세에 들어서면서 시작하였다. 그 동안은 항만의 기능성만을 강조하여 양적인 팽창에만 힘써 왔다. 그러나 최근에는 질적인 요구가 높아짐에 따라 인간 친화적인 다목적, 다기능 항만을 건설해야 한다는 개념으로 항만에 대한 패러다임이 변화하고 있다. 항만의 기존 기능인

물류 수송공간으로서의 기능에 충실할 뿐만 아니라 지역주민의 생활에 도움이 되고, 환경훼손을 최소화하고, 워터프론트의 이용을 최대화할 수 있도록 환경성과 친수성 기능이 점차 강화되고 있다.

특히 선진국의 예에서 볼 수 있듯이 국민소득이 향상되어 경제구조가 선진국형으로 변화되면, 해양공간의 활용에 대한 수요는 급격히 증가하게 되며, 이로부터 항만 또한 자유로울 수 없다. 이를 위해서는 무엇보다 깨끗한 자연환경을 보존하여 인간이 해양을 활용하는 데 거부감이 없도록 해야 한다. 우리나라의 경우도 소득수준이 향상되고 주 5일제 근무의 확대로 여가시간이 늘어남에 따라 여행에 대한 관심이 늘어나고, 깨끗한 해양에 대한 국민적 관심이 증가하고 있다. 특히 친수공간과 같은 해양공간의 활용에 대한 요구가 급격히 증가하고 있으며, 해양 레저스포츠, 해양마리나, 해양박물관, 친수성 해양공원 등에 대한 관심이 증가하고 있다.

이와 같은 시대적 요구에 부응하기 위해 정부는 친환경 항만개발을 서두르고 있으며, 제주외항은 그 대표적인 하나의 예이다. 관광도시인 제주의 특성을 고려하여 여객선전용항으로 개발 중인 제주항은 방파제, 접안시설 등의 건설에서 많은 친환경 및 친수성 건설기술을 도입하고 있다. 제주항 이후로 많은 신규 항만건설에서 친수성 기술이 도입되고 있으며, 최근에는 기존 노후항만의 재개발, 어항 재개발에서도 친수기능의 적용이 보편화 되고 있다. 이 외에도 지구온난화로 인한 기후변화와 미세먼지로 인한 대기오염을 저감하기 위해서 항만내 온실가스 배출절감과 에너지효율화를 위한 신재생에너지 시설의 도입, 운용선박과 트럭의 배출가스 배출을 최소화하기 위한 다양한 방안을 강구하고 있다. 본 절에서는 친환경 항만건설 사례에 대해 개략적으로 소개하였다.

1 외국의 친환경항만 개발

(1) 일본의 친환경항만(Eco-port)

경제적으로 안정화되면서 시민들은 풍요롭고 여유 있는 생활을 위한 공간을 요구하게 되었으며, 항만 공간에 대해서도 친환경 수요가 증가되었다. 이에 따라 단지 물류수송의 공간으로만 생각되었던 항만에 대한 개념이 바뀌기 시작했으며, 항만의 쾌적성과 친수성을 높여 시민들에게 휴식공간을 제공하기 위한 노력이 시도되었다. 인공 갯벌과 얕은 수심의 친수성 해역공간의 조성, 자갈을 이용한 수질정화 등을 통해 개발로 인한 환경영향을 완화시키는 미티게이션(mitigation) 공법들이 개발되었다. 이를 토대로 1994년에는 새로운 개념의 항만환경정책을 수립하였다. 새로운 개념은 항만환경을 잘 관리하여 후손에게 물려주기 위한 노력, 자연 생태계와 공생할 수 있는 항만의 건설 및 정비, 쾌적성을 갖추어 친수공간으로 활용성을 극대화한 워터프론트의 건설 등이다.

1994년에 수립된 일본의 항만환경정책 기본방향은 생물과 생태계를 배려하며, 자연환경과 어울리고 쾌적성을 가진 환경공생형 항만을 새로운 항만정책의 목표로 하고 있다. 자연친화적이고, 생태계를 배려하고, 적극적으로 양호한 자연환경을 창조하고, 인간에게 부드럽고 편안함을 주어 시민이 바다에 쉽게 접근하기 쉽도록 하며, 건설로 인한 환경영향을 최소화하고, 주변 환경을 잘 보존할 수 있는 항만을 개발하려고 노력하고 있다(이달수, 1999).

(2) 유럽의 환경친화적인 항만 개발

기존의 환경피해에 대한 완화(mitigation)의 소극적인 개념으로부터 한걸음 더 나아가 보상(compensation)의 개념으로 전환하고 있다. 대표적인 예로 항만개발로 사라진 갯벌에 상응하는 인공갯벌을 조성하는 것이다. 즉 훼손된 해양환경에 해당하는 부분을 주변의 다른 지역에서 보상할 수 있도록 하여, 항만건설로 인해 사라진 자연환경을 주변에 대체 복원하는 것이다. 이외에도 최근에는 신재생에너지 사용과 친환경 에너지의 사용 등을 통해서 이산화탄소 배출을 줄이려고 노력하고 있다.

2 국내 친환경항만 건설 사례

1992년 브라질에서 개최된 유엔환경개발회의에서는 환경적으로 지속가능한 개발을 포함하는 Agenda 21이 채택되었으며, 이후로 연안개발은 환경피해를 최소화하여 지속가능한 개발이 가능하도록 해야 한다는 개념이 국제사회에 도입되었다. 이에 따라 우리나라에서도 항만 개발시 친환경 개념을 도입하기 시작하였으며, 과거 물류수송에 대한 기능만을 강조하던 항만이 친환경 공간의 조성, 수질오염 방지 등에 관심을 두고 연구와 투자가 진행되고 있다(해양수산부, 2002; 삼성건설, 2006). 최근 국내에서 새로이 건설되는 항만은 대부분 친환경 개념을 도입하고 있다.

(1) 제주외항

제주도의 국제자유도시 확정에 맞추어 국제관광 중심지로의 도약을 꿈꾸고 있는 제주시는 대형 국제여객선이 접안할 수 있는 부두의 부족으로 관광객 유치에 어려움을 겪어 왔으나 최근에 이를 타개하기 위해 관광선 전용부두인 제주외항(그림 6.10.1)을 건설 중에 있다. 제주외항 공사는 2001년에 시작하여 2019년에 준공하는 것을 목표로 하고 있으며, 총 3단계 공사로 구성되어 있다(대림산업, 2006). 각종 친환경 및 친수성 공법이 국내 최초로 도입되었다. 방파제 건설에 있어서 서방파제에는 항만 내부의 수질을 개선하기 위해서 유입구 노출 유수실 내장형 해수교환 방파제(그림 6.10.2)를 도입하였으며, 서방파제와 국제유람선 부두의 사이수로를 통한 해수교환이 차단되도록 하지 않도록 매립하지 않고 연결교량을 설치하는 방법으로 항 내부와 외부의 해수교환이 원활하게 하여 폐쇄성으로 인해 항내 수질이 오염되는 것을 방지하였다.

그림 6.10.1 제주외항 개발계획도

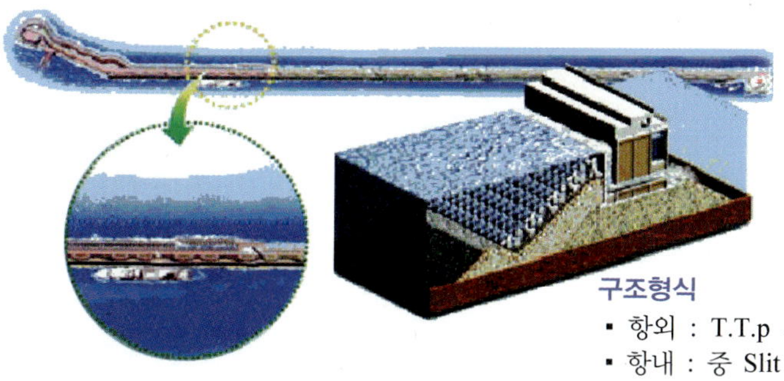

그림 6.10.2 제주외항의 해수교환방파제

그림 6.10.3 제주외항 개발 조감도

또한 해안선의 아름다운 자연경관을 보호하기 위하여 부두 연안에서 일정 간격 이격하여 부두시설을 건설하여, 육지의 아름다운 자연경관이 훼손되지 않도록 하였으며, 육지와 부두 사이에는 아름다운 조경을 가진 친수공간을 조성하고, 휴양공간으로 리조트를 조성하며, 각종 친수성 공간을 방파제에 조성하여 단지 파도를 막기 위한 공간이 아니라 파도가 크지 않은 평상시에는 관광객들이 찾아 즐길 수 있는 관광명소가 되도록 하였다(그림 6.10.3). 방파제에는 각종 이벤트와 축제행사를 진행할 수 있는 해양공원을 조성하여 관광객이 바다와 만나는 공간으로 활용하였고, 친환경 에너지인 풍력발전기의 설치를 계획하여 청정에너지 개발에도 기여할 수 있도록 하였다. 대규모 항만개발에 있어서 국내에서는 최초로 친환경 기법들을 항만건설에 도입한 대표적인 항만으로 앞으로 제주도의 주요 관광명소가 될 것이다(신동렬 등, 2004; 이주상 등, 2006).

(2) 주문진항

그림 6.10.4와 같은 폐쇄성 형태를 가진 강원도 강릉시에 위치한 주문진항의 수질

을 개선하기 위하여 유수실 내장형 해수교환방파제가 현재 그림 6.10.5와 같이 설치되어 있으며, 이 시설로 인하여 항내 수질과 생태계가 개선되었다(해양수산부, 2006).

월류제에서 월파된 파랑으로 인해 유수지내 수위가 상승하면 수위차로 인해 깨끗한 해수가 항내로 유입되어 내항의 수질이 개선된다. 수질오염으로 인한 항내 악취가 사라졌으며, 해수의 투명도가 증가하였고, 해초가 자랐으며, 서식하는 물고기의 종류가 다양해졌다. 설치 후에 항내 주요 수질지표인 총질소량과 COD가 그림 6.10.6과 같이 크게 개선되었다(삼성건설, 2006).

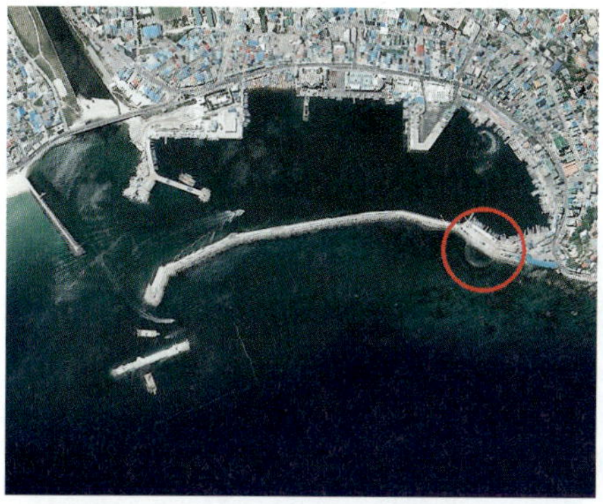

그림 6.10.4 주문진항 전경

그림 6.10.5 주문진항 해수교환방파제

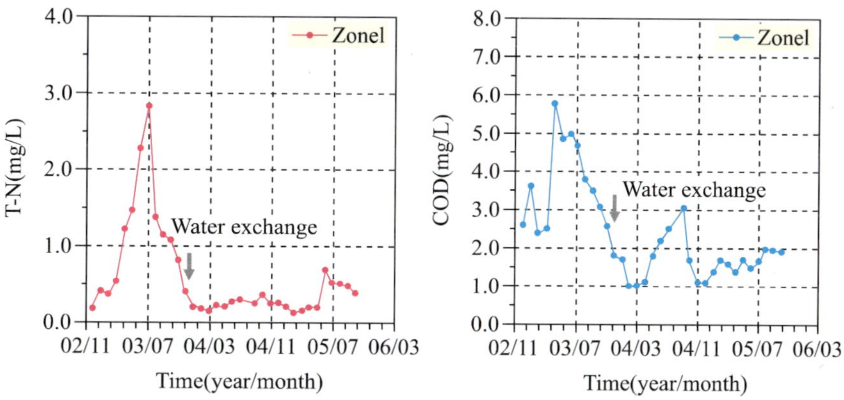

주문진항 해수교환 전·후 항내 총질소량의 변화

주문진항 해수교환 전·후 항내 화학적 산소요구량(COD)의 변화

그림 6.10.6 주문진항 해수교환전후 수질변화

(3) 묵호항

묵호항 또한 주문진항과 같이 폐쇄성으로 인해 항만내 수질이 오염되어 있으며, 이에 대한 개선대책이 시급히 필요한 실정이다. 이를 위해 주문진항과 같은 해수교환방파제가 초기에 제안되었다. 그러나 묵호항 주변해역은 표사이동이 활발하여 유수지 또는 유수실을 가진 방파제를 설치할 경우에 유수실 입구에 토사가 퇴적되어 해수가 소통이 되지 않는 문제가 발생된다. 따라서 이를 방지하기 위해 그림 6.10.7과 같이 전면에 인공섬 형식으로 유수지를 설치하여 이 문제를 해결할 계획이다(해양수산부, 2006).

그림 6.10.7 묵호항 해수교환방파제

(4) 울산신항

방파제 공사로 폐쇄되는 항만의 수질을 개선할 목적으로 방파제 하부에 해초를 식재하여 방파제 건설로 증가되는 폐쇄성으로 인해 항내 수질이 급격히 악화되는 것을 완화하도록 한 mitigation 공법을 도입하였다. 해조장을 건설하여 해조류의 수질정화 및 바이오필터 역할로 인해 수질악화가 완화되도록 하였다. 그림 6.10.8은 울산신항 남방파제에 조성된 해조장의 모습이다.

그림 6.10.8 울산신항 남방파제의 해조장

(5) 광양항

광양항 컨테이너항만 부두공사 및 항로 준설공사로 발생하는 오탁물질과 오염물질의 배출 등으로 인하여 주변 해수의 수질환경이 크게 영향을 받으며, 개발사업 종료 후에는 폐쇄성으로 의한 해수순환의 감소로 인해 수질이 일반적으로 악화된다. 이러한 환경변화를 사전에 검토하고 최소화하기 위해 환경영향평가를 실시하였으며, 공사중 발생되는 부유사로 인한 환경피해를 저감하기 위해 오탁방지막을 공사현장 주변에 설치하여 부유물질의 확산을 제어하는 등의 대책을 수립하였다. 오탁방지막은 다양한 형태로 고정식 수하형, 고정식 자립형, 부침식 수하형, frame형, 조합형 등 여러 가지 형태가 있으며, 주변환경을 고려하여 형식을 선정해야 한다(해양수산부, 2002). 그러나 환경영향평가에서 예측한 환경변화 모의결과가 정확하지 못해 예측했던 결과와 다른 환경변화가 종종 발생하여 돌이킬 수 없는 환경문제가 야기하기도 한다. 이러한 문제를 사전에 방지하기 위해서는 무엇보다도 공사 중 환경변화를 신속하고 정확하게 파악할 수 있는 그림 6.10.9와 같은 환경모니터링시스템을 설치 운영하여 연안환경을 적극적으로 보호해야 한다(정 등, 2006). 광양항은 환경피해를 최소화하기 위해 항만개발과 더불어 생태복원을 위해 인공철새도래지 조성, 환경친화적 어도시설, 해조장 조성 등의 친환경 공법을 도입하였다.

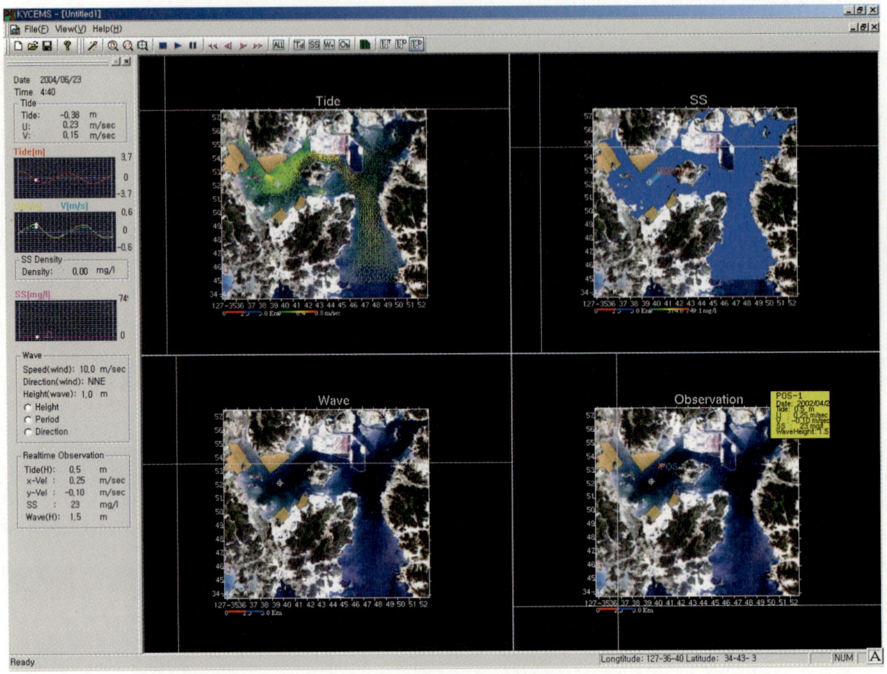

그림 6.10.9 광양항 연안환경변화 모니터링시스템

(6) 여수구항, 궁촌항, 대포항

전라남도에 있는 여수구항은 하역기능만을 강조하여 건설 및 운영되어 왔으며, 최근에는 인근에 대형항만의 건설로 인하여 그 활용성이 약화되고 있다, 이에 따라 기존 항만의 기능을 재정비하기 위해 항만 리모델링사업을 실시하였다. 리모델링을 통해 쉽게 접근할 수 있는 아름다운 공간으로 재창출하였다. 친수호안, 조석체험구간, 친수방파제, 호안갤러리, 조망시설을 설치하고, 해양생물 서식지를 조성하였다. 난립되어 있던 구항의 해안선을 재정비하여 주변 환경과 조화를 이룰 수 있는 아름다운 친환경 항만으로 개선하였다(그림 6.10.10). 해양생물의 서식공간을 조성하여 수질을 개선하였으며, 산책로, 휴식 공간 등을 조성하여 휴식, 산책, 조망, 바다 체험 등이 가능하도록 하였다. 앞으로 노후된 기존 항만시설이 여수구항과 같이 리모델링되어 친수공간으로 활용될 예정이다. 그림 6.10.11은 강원도 속초시에 있는 궁촌항 재개발 사업에 도입된 친환경 공법의 적용현황도로 친수시설, 해수교환시설, 친수호안블록, 해양생태계개선공법 등이 도입되었으며(동해지방해양수산청, 2006), 현재 난개발 되어 있는 강원도 속초의 대포항은 그림 6.10.12와 같이 관광기능을 극대화하기 위해 친환경 시설 및 친수 시설의 도입, 해수유통구 설치를 통한 수질개선, 어항 기존시설의 확충 등을 통해 종합관광어항으로 변모하여 관광객들을 적극적으로 유치할 예정이다 (해양수산부 보도자료).

그림 6.10.10 여수구항 리모델링 조감도

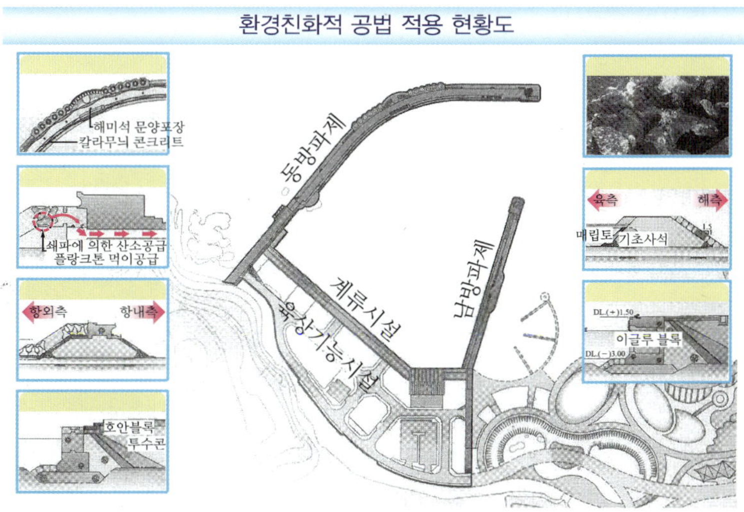

그림 6.10.11 궁촌항 친환경시설 현황도

(a) 리모델링 전 (b) 리모델링 후

그림 6.10.12 리모델링 전후의 대포항 모습

(7) 부산신항

부산신항(그림 6.10.13)의 항만개발 과정에서 발생하는 환경훼손으로부터 자연환경을 보호하려는 노력의 일환으로 철새들의 서식지 마련, 환경친화적인 어도시설 설치, 해조장 조성 등을 하여 수생생물을 위한 서식환경의 복원을 유도하고, 슬릿트케이슨의 유수실을 어초기능 또는 자연정화필터로 사용하도록 하였다. 연안환경의 활용에 대한 시민의 관심이 높아짐에 따라 환경생태공원을 수변공간에 조성하여 물과 인간이 가까워 질수 있도록 하였으며, 각종 동물의 서식지도 함께 조성하고 있다. 그림 6.10.14는 부산신항 남컨테이너부두의 배후지로 개발될 준설토투기장 가호안에 조성될 환경생태공원의 조감도이다.

그림 6.10.13 부산신항만 전경

그림 6.10.14 부산신항 환경생태공원의 조감도

(8) 그린포트

온실가스 배출로 인한 온난화 상승의 가속화를 완화하기 위해서 선진국은 항만시설의 온실가스 배출을 절감하려는 노력을 하고 있으며, 우리나라 정부도 이러한 노력에 동참하고 있다. 이를 위해서 항만자체시설의 에너지 효율향상과 환경개선을 추구하는 그린포트(친환경항만)의 개념이 도입되었다.

친환경항만을 조성하기 위해서 이산화탄소 배출을 최소화하기 위해서 항만내 운송수단의 탄소가스 배출을 최소화하려는 노력을 하고 있다. 친환경연료인 천연가스를 연료로 하는 에코선박의 운항, 야드 트렉터와 크레인의 천연가스 사용, 태양광 발전소의 설치 등의 노력을 하고 있다(해양수산부 공식블로그). 앞으로는 선진국에서 도입하고 있는 풍력발전, 지열과 산업폐열의 활용, 온실가스 포집장치의 설치, IT 기술의 활용을 통한 하역시스템 개선(스마트항만)으로 인한 연료절감, 전기를 이용하는 친환경 하역시설의 운영 등의 다양한 노력을 해야 할 것이다.

6.11 해양심층수 개발 및 이용 사례

1 해양심층수 자원의 개발

해양심층수가 해양자원의 하나인 '해양수자원'으로 분류되고, 동해안에서 해양 신산업의 창출을 위한 '해양심층수 테크노파크' 구상이 해양수산부에 의해 2002년에 발표되었다. 이를 위한 테크노파크 시범단지(그림 6.11.1(상))는 개발 여건이 유리한 강원도 고성에 조성하기로 하고, 2005년에 해양심층수연구센터(현, 해수에너지연구센터; 그림 6.11.1(하))를 준공하였다. 그리고 공모한 8개 기업과 함께 제품화가 가능한 10여개 이상의 시제품을 개발하여, 전시 및 홍보에 들어가면서 산업화 가능성을 보여 주기 시작하였다.

그림 6.11.1 해양심층수 테크노파크 시범단지 조감도(상) 및 해수에너지연구센터 전경(하)

그러나 지자체의 독자 개발 의지와 관련 법규의 미비로 2년여 간의 공백기가 생겼고, 2007년에 「해양심층수의 개발 및 관리에 관한 법률」이 입법되고 이듬해부터 발효되면서 고성을 비롯한, 울릉, 양양, 속초 등에서 해양심층수 개발 및 제품 생산 등 산업활 활동이 본격화되었다. 산업 도입기에 해양심층수 개발면허가 강원 및 경북의 8개 시군(고성(2), 속초, 양양, 동해, 울릉(3))에 발부되었고, ㈜강원심층수 등 6개 기업이 '해양심층수개발'을 통해 원수 및 처리수, 먹는 해양심층수 등을 생산하여 2010년경 연간 100억 원의 매출을 올렸다. 산업 성장기로 진입하면서, 이를 포함한 ㈜아모레 퍼시픽 등 다수의 '해양심층수 이용' 기업이 참여하여 다양한 제품을 생산 및 판매하기 시작하였고, 2015년경 매출액은 약 850억 원으로 추계되었다. 아직 성장기 초기에 머물고 있지만, 산학연관의 노력으로 본격적인 성장기를 거쳐 성숙기에 접어들면, 2024년경에 1조원 이상의 해양산업으로 자리매김할 수 있으리라 본다.

(1) 자원탐사

해양자원의 하나인 해양수자원의 이용을 위해서는 해양 조사 및 분석을 통해 자원성 평가를 실시하여야 한다. 대표적인 해양수자원인 해양심층수의 개발을 위하여, 자원성 및 안전성 평가가 해양조사 및 수질분석을 통해 이루어졌다. 취수 해역 및 주변 해역을 월별 또는 계절별로 수온염분계(CTD), 유속계(ADCP), 채수기 등을 이용하여 수심별 수질 및 수괴 특성을 조사하고 성층 구조를 분석하였다. 채수기(Niskin sampler)로 일정 수심의 해수를 채수하여 주요원소와 미량원소를 분석하고, 유해중금속, 유기오염물질, 방사능오염물질, 병원균 등이 안전한 정도인지 평가하였다.

동해 연안역을 대상으로 해저지형에 의한 심층수 자원분포(그림 6.11.2)를 참고하여 취수 가능해역을 선정하여 조사하였다. 해양조사 및 수질분석을 통해 심층수의 자원 특성인 저온성, 청정성(안전성), 부영양성이 항상 안정되게 만족되는 수심을 해역별로 선정하였다. 이는 보상심도(해면조도의 1%에 해당하는 상대조도의 수심으로 식물 생장이 가능한 한계수심)와 동계 연직혼합의 영향을 받지 않는 수심 아래에 존재하여 자원적 특성이 변화하지 않는 수심이다. 일반적으로 수심 200 m 아래에 있는 해양심층수는 이러한 특성을 만족하는 안정된 해양수자원으로 평가되고 있으며, 현행 법규는 "해양심층수"란 해양수산부령으로 정하는 수심 이하의 바다에 존재하면서 수질의 안전성을 계속 유지할 수 있는 바닷물로서 법규가 정한 수질기준에 적합한 것을 말한다.

해양심층수는 '동해고유수'(그림 6.11.3)로서 동해역에만 부존하고 있고, 이러한 특성을 만족시키기에 필요 충분한 것으로 인정되었다. 우리나라 해역에서 남해나 서해는 수심이 충분하지 않아서 이러한 정의를 만족시키는 해양수자원을 찾아보기 힘들다. 그러나 이 해역의 해양수자원은 해양심층수는 아니지만 가용한 자원적 특성을 담수화, 냉난방 등에 이용할 수 있을 것이다.

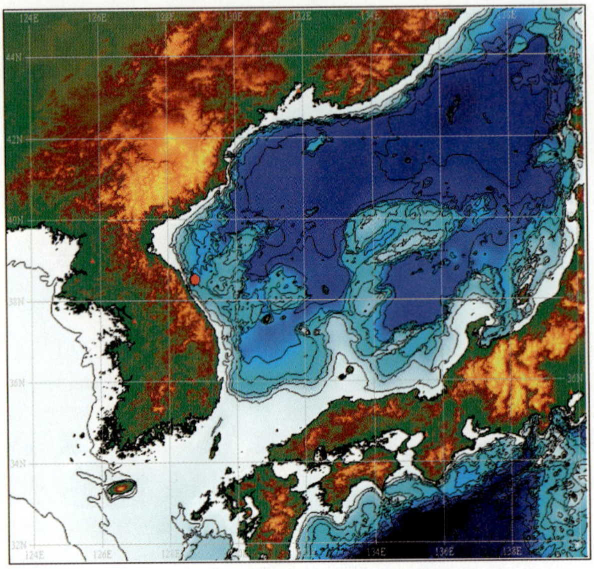

그림 6.11.2 동해의 해저지형 및 자원 분포도(붉은원: 고성)

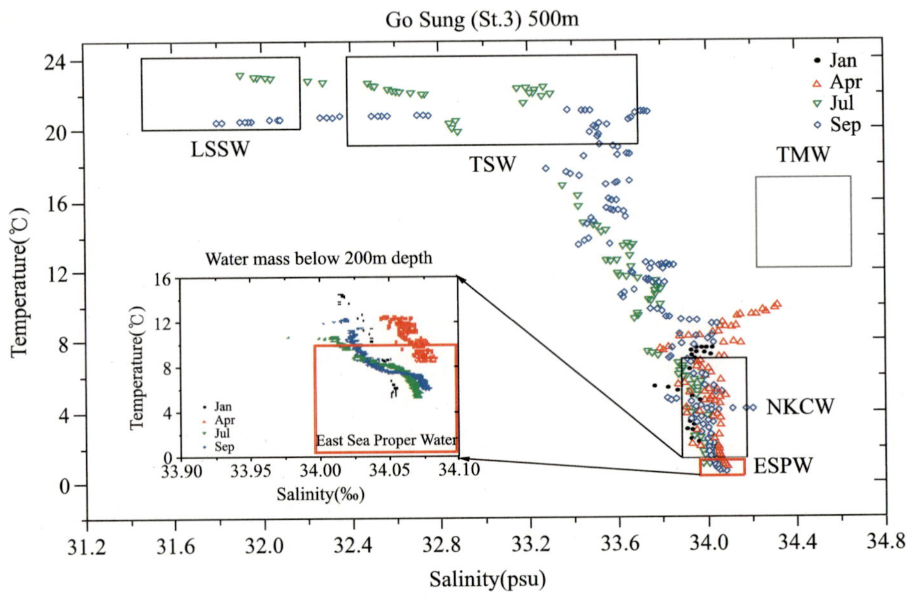

그림 6.11.3 고성 취수해역의 수괴분석 및 동해고유수

해양심층수 자원도 경제성을 인정받을 수 있는 조건이어야 개발의 대상이 될 수 있다. 이는 비용에 비해 이익이 많을 수 있는 조건이어야 하며, 역설적으로 예상 이익에 비해 비용이 적게 드는 조건이어야 자원으로 개발될 수 있다는 의미이다. 여기서, 근해형 심층수(수심 200 m보다 깊은 해수가 연안으로부터 5～10 km 이내에 있는 부존)를 취수관을 설치하여 개발한다고 가정할 때, 해저지형 및 지질, 지장물 및 어장 분포 등에 따라 달라지지만 취수관 거리가 짧을수록 비용이 적게 드는 것은 자명할 것이다. 이러한 기준 아래 근해심층수의 시범개발을 위한 실증연구가 강원도 고성해역에서 이루어지게 되었다.

(2) 자원 특성

강원도 고성해역에서 해양심층수 자원의 연구개발 및 실용화 촉진을 위한 시범기반을 조성하고 운영하기 위해 2000년부터 2010년까지 해양조사 및 수질분석이 계속되었다. 이는 청정성을 비롯한 해양심층수의 자원적 특성이 변동하지 않고 안정하게 유지되는 수심이 어느 깊이 이상인지를 찾아가는 과정으로써 자원탐사 뿐 아니라 환경관리를 위한 유용한 수단을 제공하는 것이다.

일반적으로 해양심층수의 자원성은 '청정성', '저온성', '부영양성' 및 '미네랄성' 등으로 설명되고 있다. 청정성은 수질 안전성으로 방사능 오염 및 유해 중금속 등이 수질 기준을 만족하는지를 통해 확인되어야 한다. 이러한 청정성이 잘 유지되고 있는지는 성층 안정화를 통해 판단할 수 있으며, 저온 안정성이 유지되고 있는지를 통해 확인해 볼 수 있다.

고성 해역 해양심층수의 방사능오염에 대한 안전성을 조사하기 위하여 인공방사능 원소(^{3}H, ^{137}Cs과 ^{90}Sr)의 해수 중 농도와 천연 방사능 원소(^{238}U, ^{234}U, ^{235}U, ^{40}K)의 해수 중 농도를 조사하였다. 그 결과, 인공방사능 농도는 현재 방사능 낙진 준위에 비해 낮은 수준이었고, 천연방사능 농도도 육상 지하수에 비하여 상대적으로 매우 낮은 농도로서 안전한 것으로 판단되었다.

유기인계 농약 분석도 실시되었으며, 그 결과 먹는 샘물 기준에 포함된 다이아지논(diazinon) 등의 유기인계 농약 성분은 검출되지 않았다. 병원성 미생물을 분자생태학적 방법으로 분석하여 음용수 기준으로 이용되는 지표인 분원성연쇄상구균, 녹농균, 살모넬라, 쉬겔라, 아황산환원 혐기성포자형성균, 총대장균군, 대장균, 분원성대장균군, 분원성연쇄상구균에 해당하는 미생물의 유전자는 검출되지 않았다.

고성해역의 수질 안전성은 청정하고 차가운 특성이 변하지 않고 유지되고 있다는 것이다. 성층화가 강해지면 연직혼합은 거의 이루어지지 않으므로 이러한 특성을 확인할 필요가 있다. 고성해역에서 월별 해양조사를 통해 수심별 수온 및 염분(그림 6.11.4), 용존산소, 수소이온농도 등을 측정하여 안정성을 확인하고, 안정한 수심층을 대상으로 안전성을 정밀분석하여 자원적 특성을 확인하였다.

한편, 부영양성은 식물 성장에 필수적인 질산염, 인산염 및 규산염의 풍부성을 의미하며, 해양심층수의 영양염류는 해양표층수에 비해 수십~수백 배 풍부한 것으로 평가되고 있다. 미네랄성은 바닷물에는 지구상의 모든 원소가 일정한 비율로 녹아있다는 특성으로 해양심층수뿐 아니라 해양표층수도 보유한 특성이라 할 수 있다. 그러나 해양심층수의 미네랄성을 중요하게 생각하는 것은 상술한 바와 같이 청정한 미네랄이라는 자원적 가치라고 할 수 있을 것이다.

이러한 해양심층수의 자원적 특성은 우리와 같은 동해고유수를 개발하여 이용하고 있는 일본의 서측 연안역과 동일하며, 태평양계심층수에 비해서는 동일한 수심에서 훨씬 차가운 특성이 있었다.

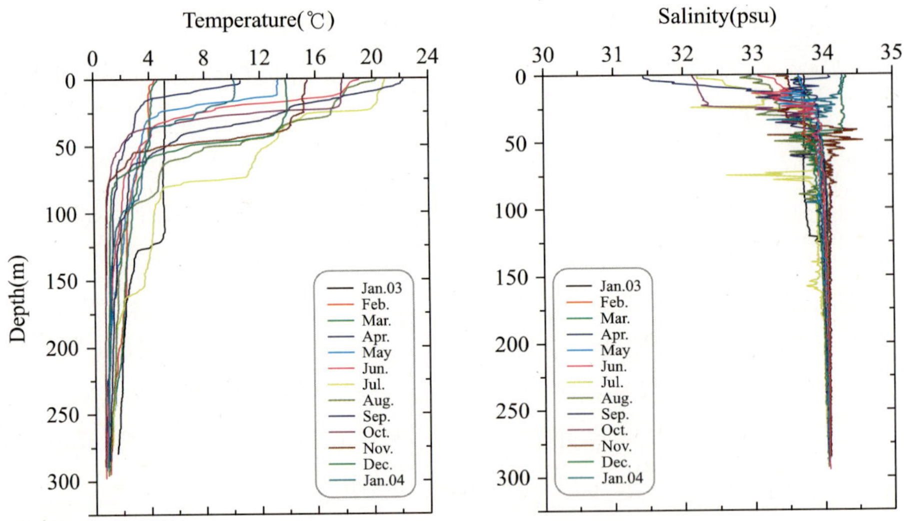

그림 6.11.4 수온(좌) 및 염분(우)의 연직분포 변화특성

표 6.11.1 한국과 일본 해역의 해양심층수 자원성 비교

분석항목		기호	단위	건강관련 환경기준 (건강항목)	먹는 샘물 기준 (개정: 02.6.21)	일반 해수	토야마	코우치	가고 시마	강원 고성	경북	비고
건강 항목	카드뮴	Cd	mg/L	0.01	0.01 mg/L 이하	0.00005	0.00003	0.000111	0.001 미만	0.0001～0.0005	0.0001	영양염형 원소
	납	Pb	mg/L	0.01	0.05 mg/L 이하	0.00003	0.0025	0.00041	0.0013	0.002	0.005	스캐벤진형 원소
	비소	As	mg/L	0.01	0.05 mg/L 이하	0.0023	0.00002 미만	-	0.00005 미만	ND		영양염형 원소
	수은	T-Hg	mg/L	0.0005	불검출	0.00005	0.0002 미만	-	0.00005	ND	0.00001	-
	셀렌	Se	mg/L	0.01	0.01 mg/L 이하	0.00045	1.1	0.5	1.23	-	0.0001	영양염형 원소
	불소	F	mg/L	0.8	1.5 mg/L 이하	1.3	0.26	-	0.3	0.3		주요원소-보존형 원소
	질산성질소	NO_3^--N	mg/L	-	10 mg/L 이하	0.5	0.02 미만	-	0.002 미만	0.7	0.7	영양염형 원소
	아질산성질소	NO_2^--N	mg/L	10	-	-	-	-	ND	0.001 미만	0.004	영양염형 원소
	전 시안	CN^-	mg/L	검출되지 않을 것	불검출	-	-	-	0.005 미만	-	ND	-
	6가 크롬	Cr[VI]	mg/L	0.05	0.05 mg/L 이하	0.0006	-	-	ND	-	0.007	영양염형 원소
	알킬수은	R-Hg	mg/L	검출되지 않을 것	불검출	-	-	-	ND	ND	ND	-
	PCB		mg/L	검출되지 않을 것	-	-	-	-	0.002 미만	ND	ND	
	디클로로메탄		mg/L	0.02	0.02	-	-	-	0.0002 미만	ND	ND	
	사염화탄소		mg/L	0.002	0.002	-	-	-	0.0004 미만	ND	ND	
	1,2-디 클로로에탄		mg/L	0.004	-	-	-	-	0.002 미만	ND	ND	
	1,1-디 클로로에틸렌		mg/L	0.02	0.03	-	-	-	0.004 미만	ND	ND	
	시스-1,1-디클로로에틸렌		mg/L	0.04	-	-	-	-	0.0005 미만	ND	ND	
	1,1,1-트리 클로로에탄		mg/L	1	0.1	-	-	-	0.0006 미만	ND	ND	
	1,1,2-트리 클로로에탄		mg/L	0.006	-	-	-	-	0.002 미만	ND	ND	
	트리 클로로에틸렌		mg/L	0.03	0.03	-	-	-	0.0005 미만	ND	ND	
	테트라 클로로에틸렌		mg/L	0.01	0.01	-	-	-	0.0002 미만	ND	ND	
	1,3-디 클로로프로펜		mg/L	0.002	-	-	-	-	0.0006 미만	ND	ND	
	티우람		mg/L	0.006	-	-	-	-	0.0003 미만	ND	ND	
	시마진		mg/L	0.003	-	-	-	-	0.001 미만	ND	ND	
	티오벤칼프		mg/L	0.02	-	-	-	-	0.001 미만	ND	ND	
	벤젠		mg/L	0.01	0.01	-	-	-	-	-	-	
	붕소	B	mg/L	1	0.3	4.4	4.4	4.4	4.4	4.4	4.4	주요원소
	브롬	Br	mg/L	-	-	67.3	67.3	67.3	67.3	67.3	67.3	주요원소
생활 환경 항목	용존산소량	DO	mg/L	-	-	-	-	0.9	1.1	6.59	8.5	
	화학적 산소요구량	COD	mg/L	-	10	-	-	-	0.5	0.2	0.2	
	대장균 군수 (MPN법)		MPN/100	1000 MPN	검출되지 않을 것	-		-	21	-	-	

분석항목		기호	단위	건강관련 환경기준 (건강항목)	먹는 샘물 기준 (개정: 02.6.21)	일반 해수	토야마	코우치	가고시마	강원 고성	경북	비고
영양 염류 항목 외	일반세균 수		MPN/100	-	100 CFU/mL	-	7.6	7.9	7.8	<3.0		
	pH값 (수소이온농도)	pH	-	-	5.8 이상 8.5 이하	8.0	-	-	-	7.82	7.9	
	전 질소	T-N	mg/L	-	-	0.5	0.056	-	0.048	0.45	0.8	영양염형 원소
	전 인	T-P	mg/L	-	-	0.07	0.05 미만	-	0.003	0.03	0.05	영양염형 원소
	암모니아성 질소	NH_4^+-N	mg/L	-	0.5 mg/L	-	-	-	0.049	0.04	0.05	
	인산성 인	PO_4^{3-}-P	mg/L	-	-	0.218	0.218	-	0.200	0.2	0.05	
수도법 항목	염소이온 (염화물 이온)	Cl^-	mg/L	-	250 mg/L	19,870	19,870	19,870	19,870	19,870	19,870	주요원소
일반 금속 항목	나트륨	Na	mg/L	-	-	11,050	11,050	11,050	11,050	11,050	11,050	주요원소
	칼륨	K	mg/L	-	-	416	416	416	416	416	416	주요원소
	칼슘	Ca	mg/L	-	-	422	422	422	422	422	422	주요원소
	마그네슘	Mg	mg/L	-	-	1326	1326	1326	1326	1326	1326	주요원소
	알루미늄	Al	mg/L	-	0.2 mg/L	0.005	0.00004	-	-	-	0.00001	스카벤진형 원소
	코발트	Co	mg/L	-	-	0.0008	0.00013	0.000173	0.000099	0.0001	0.0007	
	구리	Cu	mg/L	-	1.0 mg/L 이하	0.003	0.00053	0.000378	-	0.001	0.0007	영양염형과 스카벤징형 원소
	니켈	Ni	mg/L	-	-	0.002	0.0007	-	-	0.0005	0.0006	영양염형 원소
	크롬	Cr	mg/L	-	-	0.0006	0.00099	-	-	0.0004	0.0004	영양염형 원소
	바나듐	V	mg/L	-	-	0.0015	0.0013	0.000153	0.000098	-	-	
	망간	Mn	mg/L	-	0.3 mg/L 이하	0.002	0.0022	0.00071	0.0024	0.002	0.003	
	아연	Zn	mg/L	-	0.3 mg/L 이하	0.005	0.0053	0.00773	-	0.005	0.003	영양염형 원소
	몰리브덴	MoO_4	mg/L	-	-	0.01	0.018	0.000281	-	0.0001	0.0001	보존성 원소
	철	Fe	mg/L	-	0.3 mg/L 이하	0.03	0.13	-	-	-	0.03	
	루비듐	Rb	mg/L	-	-	0.12		-	-	-	0.12	보존성 원소
미량 원소	아르곤	Ar	mg/L	-	-	0.45		-	-	-		보존성 원소
	우라늄	U	mg/L	-	-	0.003	0.003	0.003	0.003	0.003	0.003	보존성 원소
기타	황산이온	SO_4^{2-}	mg/L	-	200 이하	928	928	928	928	928	928	주요원소
	탄산수소이온 (중탄산이온)	HCO_3^-	mg/L	-	-	28	28	28	28	28	-	주요원소
	요소이온	I^-	mg/L	-	-	0.06	0.06	0.06	0.06	0.06	0.06	영양염형 원소
	전 유기탄소	TOC	mg/L	-	-	3.1	2.49	-	2.4	-	-	
	용존규소 (용해성 실리카)	SiO_4	mg/L	-	-	1	0.01	0.045	0.1 미만	1.34	2.03	영양염형 원소
	바륨	Ba	mg/L	-	-	0.03	0.03	0.03	0.03	0.006	0.0015	영양염형 원소
	리튬	Li	mg/L	-	200 mg/L 이하	0.18	0.18	0.18	0.18	0.18	0.18	보존성 원소
	스트론튬	Sr	mg/L	-	-	8.1	8.1	8.1	8.1	7.96	7.59	주요원소

(3) 취수시스템 설계, 설치 및 운용

자원탐사를 거쳐 해양수자원화를 위한 기반기술인 고강도 유연관의 국산화 시작품이 개발되었고, 선박해양플랜트연구소는 해양공학수조에서 취수관 설치 시 선박 및 파이프라인의 동적응답 실험을 거쳐 설치시뮬레이터가 개발되었다. 이를 활용하여 취수 - 급수 - 배수 시스템을 설계하고, 건설회사를 통해 실시설계 및 건설공사를 시행하였다.

고성해역의 해양외력환경과 해저지형지질을 조사 및 해석하여 설계조건과 취수관로를 결정하였다. 극치해석에 의해 설계풍속, 설계조위를 산정하고, 해류 측정결과를 이용하여 설계유속을 결절하였다. 또한, 심해설계파를 대상으로 파랑변형모델을 통해 취수관로상 천해설계파를 산정하고, 설계파 및 설계유속에 대한 취수관과 취수구의 안정성을 해석하고, 구조해석 및 소요중량을 산정하였다.

취수관은 해양심층수의 청정성, 저온성의 유지를 위해 외경 216 mm의 고밀도폴리에틸렌(HDPE) 관을 사용하였다. 전술한 소요중량 뿐 아니라 설치간 작용할 수 있는 인장력에 견디기 위해, 강관과 스틸와이어 및 스틸밴드로 보강하여 장관을 제작하여 연결하면서 설치하는 공법을 적용하였다.

그림 6.11.5 해저예인법과 부유예항-포설법

천해부는 해저면에 도랑을 파놓고, 육상으로부터 취수관을 끌어당기며 연결시키는 해저예인법을 적용하였다. 천해부는 쇄파 및 고파랑의 영향을 받을 수 있으므로 강관으로 입히고, 사석으로 보호하는 조치를 취하였다. 심해부는 길게 이은 장관(長管)을 부유예항하여 동적위치유지시스템(DPS)의 작업선에서 접합하며 포설하는 레잉공법(laying method)이 적용되었다.

취수관의 끝단에는 강제 취수구를 설치하여 취수관 끝단으로 해저 오탁물이 혼입되어 들어오지 않도록 하였다.

이러한 과정으로 길이 3 km 및 5 km의 취수관 2조가 수심 300 m 및 500 m에 설치되었고, 1일 1,100 m^3 이상이 연중 취수되어 연구개발용으로 활용되고 있다.

2 해양심층수 자원의 이용 및 활용

(1) 공공이용 방안 및 현황

① 청정 식수, 그리고 '먹는 해양심층수'

육상 수자원이 부족한 곳에서는 해양심층수를 담수화하여 식수로 이용할 수 있다. 제조비용이 상수도 제조비용보다 다소 비싸지만 담수화 비용만으로 보면 청정성으로 전처리 비용이 절감되어 표층해수에 비해 30% 정도의 비용을 절감할 수 있다. 우리나라도 증발식 담수화 기술은 발전해 있지만 막분리식은 기초단계라 핵심부품 소재를 개발하고 국산화하여야 한다. 해수에너지연구센터에서는 신형식 역삼투분리막을 개발하고, 성능평가를 완료하였다.

한편, 지하암반수를 '먹는 샘물(생수)'로 제품화하고 있는 것처럼 해양심층수도 담수화 단계를 고도화하면 '먹는 해양심층수(생수)'로 제조할 수 있다. 해양심층수 원수가 청정하므로 풍부한 함유 미네랄을 선택적으로 조절하면 다양한 종류로 만들 수 있고, 혼합음료 또는 기능성 건강음료를 제조하는 데 활용할 수 있을 것이다. 이를 위한 역삼투막 및 나노필터막 복합공정, 전기투석시스템 및 전기분해시스템 등의 최적공정 연구가 진행되었고, 이들을 특정 조성의 미네랄 농축수나 추출물을 생산하기 위한 특정 또는 일관 공정이 연구 개발되어 기술 이전을 통해 실용화되고 있다.

② 청정식량, 수산업과 농업 이용

해수에너지연구센터의 수산실험동에서는 연어, 뚝지, 털게, 대게, 다시마, 김 등의 보육 및 배양에 대한 해양심층수의 적용성이 평가되었다. 대부분 한해성 해양생물이며, 해양심층수가 개발되기 전에는 여름철 고수온과 질병으로 대량폐사를 면하기 어려웠다.

해양심층수의 저온성과 부영양성을 이용하여, 고급 김과 다시마의 연중생산이 가능하였다. 다시마는 자체가 건강식품의 원료가 될 뿐 아니라 전복양식의 먹이가 되므로 연중 자연먹이에 의한 복합양식이 가능할 것이다. 또한, 건강식품으로 각광받고 있는 미세조류(클로렐라 등)의 대량배양 가능성도 확인하였다.

대게와 털게 등의 축양을 통한 전략적 유통기술을 확보하고, 종묘생산을 위한 연구기반으로 활용하고 있다. 부화한 털게 및 대게의 유생을 배양하고 있으며, 적절한 단계에 방류하거나 배양실험을 계속하고 있어 자원조성 및 관리에 활용되었다.

한해성 어류에 대한 기초연구가 헐리벗, 대구 등에 대해 실시되었으며, 연어, 송어 등의 해수순치 실험과 고급 연어의 부화 및 육상양식 실험을 하고 있다. 스몰트 크기가 되면 해상양식을 통해 성어단계까지의 양식기술을 개발하여 상업생산이 가능하도록 체계화할 계획이다.

또한, 해양심층수에 서식하는 해양생물, 특히 미생물을 먹이생물로 활용하는 것 뿐 아니라 유용한 물질을 추출하거나 발효 등에 이용하기 위한 연구를 진행하고 있어 해양바이오 산업의 발전에도 기여할 것으로 기대된다.

③ 식량생산 기반 안정화를 위한 농업 이용

바닷물은 염분이 있어 대부분의 육상식물들은 견디지 못한다. 그러나 원수나 처리수를 잘 활용하면 농산물의 생장억제, 생장촉진 및 기능성 물질의 증강에 활용할 수 있다. 농작물 육묘시 적절한 농도로 희석하여 적용하면 생장억제에 활용할 수 있어 농약 대체효과가 있었다. 농산물의 생장 억제 뿐 아니라 생장 촉진, 기능화 과정에 해양심층수 원수나 염분을 적절히 제거한 처리수를 이용할 수 있었다. 숙취해소 효과가 좋아진 새싹채소와 라이코펜이 증가된 토마토 등의 재배기술이 개발되었다.

이를 벼와 같은 기초식량원과 인삼과 같은 약용작물에 응용하여, 고품질화를 시도하고 있다. 이는 생존과 직결되는 농업생산 기반 안정화를 위해서 뿐 아니라 농약을 대체함으로써 환경친화적인 농법을 개발하는 중요한 의의를 가진다. 그 결과물은 식품이나 음료, 화장품 등을 만들 때 고품질화, 기능화하는 원료로서 중요하므로 지역별 특화 제품을 개발하는 원료로 활용될 수 있을 것이다.

④ 자연에너지의 현장이용, 냉방과 제빙

해양심층수는 바다 속에서 항상 2℃ 이하를 유지하고 있고, 취수되어 육상 저수조에 왔을 때도 3~5℃의 차가움을 가지고 있다. 그래서 미국이나 일본은 아열대 지방에서 항상 따뜻한 표층해수와 같이 사용하여 해양온도차발전을 연구하고 있다. 우리나라도 여름에는 가능하지만 보다 효율 좋게 사용하는 방법은 냉기가 필요한 현장에서 바로 사용하는 것이다. 천정에 온돌파이프처럼 해양심층수를 흘리면 시원해질 것이다. 수산물의 빙장에 필요한 해수얼음을 표층해수 25℃의 표층해수로 얼리는 것보다 심층수로 얼리는 것이 훨씬 에너지가 적게 들 것이다. 이러한 원리를 기술화하고, 첨단화하는 연구를 실시하고 연구동의 일부를 냉방이 되게 해 놓고 있었다. 또한, 냉기를 이용한 동결건조, 이를 고도화한 진공분무동결 건조시스템 등의 개발도 이루어졌다.

그림 6.11.6 공익이용 연구결과

분리막, 담수화장치, 제빙장치, 제염장치, 순환여과양식시설, 농업적용성 및 피부 보습성 실험

(2) 산업이용 방안 및 현황

① 지역특화 산업발전을 위한 지원연구

해수에너지연구센터는 해양심층수를 식수, 식량, 에너지 등의 공공재로 활용하기 위한 과학기술 고도화를 목표로 하지만 그 결과는 민간(기업)에 의해 상품화되어 지역산업이 부양되고, 고용이 창출되는 기반으로써 활용될 수 있을 것이다.

이를 실증해 보이기 위해, 2005년에 선박해양플랜트연구소는 참여기업을 공모하여 해양심층수 실용화 시작품을 제조 및 평가하였다. 대상은 '녹차음료, 이온음료, 간장, 두부, 청주, 증류식 소주, 화장품 등'이었고, 양호한 가능성을 확인하였다.

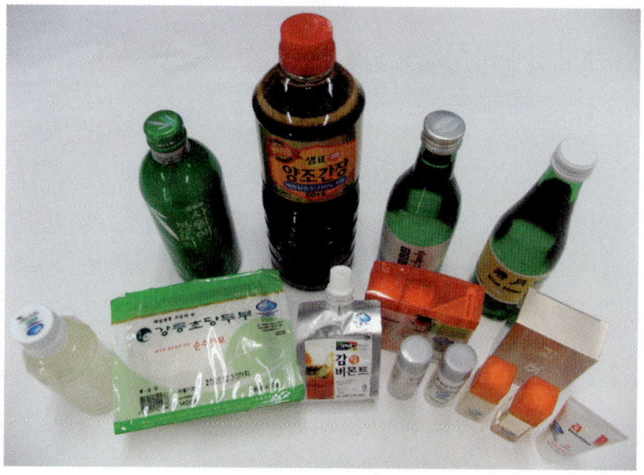

그림 6.11.7 심층수제품 생산기술 정립 및 시작품 제조

② 체험형 관광과 사회적 웰빙을 위한 이용

해양심층수가 아토피성 피부염의 치료 보조용수로 사용할 만 하다는 임상실험 결과가 있었고, 이를 확인하기 위한 보습성, 피부장벽 회복 효과 등이 확인되었다.

유럽에서는 고대부터 바닷물과 기후를 이용하는 해양요법이 있었으며, 우리나라와 일본에도 도입되어 확산되고 있다. 일본에서는 해양요법에 해양심층수를 이용하여 차별화하는 생활형 또는 휴양형 해양요법이 생겨 확산되고 있다.

해수에너지연구센터에서는 피부질환 개선, 피부의 활성화 촉진 및 노화방지 효과, 재활을 위한 요양 방법으로 한국적인 해양요법을 체계화하기 위한 연구에 착수하여 요법장치, 처치프로그램 등을 학연 공동으로 연구한 바 있다. 이러한 해양요법기반은 체험형 해양관광기반으로써 뿐 아니라 지역주민들을 위한 건강관리기반으로서 의미를 가진다.

그림 6.11.8 심층수 수질분석 및 청정실내 정밀분석

③ 해양심층수산업클러스터 조성 및 활성화

전술한 다양한 해양심층수 제품 생산 및 이용 서비스는 지역별 자연자원 및 전통산업, 그리고 전략 신산업 추진을 위해 활용될 수 있다. 해양수산부는 2015년 강원도 고성에 해양심층수 산업클러스터를 조성할 계획이라고 밝힌 바 있다.

이를 위해, 해수부는 식약처와 협력하여, 해양심층수를 모든 식품의 원료로 사용할 수 있도록 하는 '해양심층수 처리수 기준 및 규격'을 고시하였다. 이전에는 해양심층수를 두부·김치 등 6개 식품류에만 적용이 가능하였고, 이는 제품 다양화의 걸림돌이 되어 왔었다. 해양심층수 처리인 '미네랄 탈염수'를 커피, 탄산음료, 요구르트, 과자 등의 제조에 이용할 수 있고, '미네랄 농축수'는 맥주, 소주, 막걸리 등에, '일반 농축수'는 고추장, 젓갈 등의 제조에 활용할 수 있게 되었다.

해양심층수 신산업을 선도하기 위한 해양심층수 산업클러스터는 고성지역에 있는 제1농공단지를 기반으로 해양심층수 제품 다양화, 미네랄 가공, 품질 분석 등이 가능한 '해양심층수산업지원센터' 구축과 제2농공단지 개발을 통해 해양심층수산업클러스터로 조성해 나간다는 계획이다.

그림 6.11.9 해양심층수 산업클러스터 조성 계획(안)

3 해양심층수 자원 및 환경 관리

(1) 수질분석 및 품질관리

해양심층수가 먹거리로 이용될 때, 가장 중요한 것은 국민 건강에 대한 안전성이다. '가짜심층수'에 의한 소비자의 불이익이나 위해가 없도록 안전관리를 위한 수질분석 및 품질관리 기준을 만들었다. 일반수질, 병원균, 미량원소, 방사능오염 등을 대상으로 각각 주기적인 분석이 되게 절차를 마련하였다. 이를 위해, 연구센터에는 수질자동분석시스템뿐 아니라 청정실에 정밀분석시스템을 구축하여 운영 중에 있다. 여기서, 심층수 유래물질, 심층수 서식생물 및 배양생물에서 추출한 유용물질의 기능성 평가뿐 아니라 과용시 안전성 등에 대한 안전성 평가도 추진할 계획이다.

(2) 환경영향 개선방안

해양자원의 개발과 이용은 환경에 부담을 줄 수도 있으므로 신중하게 검토하고 능동적으로 대응하며 실시하지 않으면 안 된다. 이를 위해, 취수시스템 건설뿐 아니라 배출수에 의한 환경영향을 수온 및 염분이 다른 일정량을 배출할 경우의 환경영향시뮬레이션을 통해 평가하였다. 이를 통해, 취수량 결정에 적용하였을 뿐 아니라 냉배수 영향 최소화를 위한 배수온도 및 배수량을 평가하였다. 배수온도의 조절은 육상이용의 다단계 시스템으로 설계하였다.

또한, 해역에서 재활용을 통하여 해중림 조성에 활용함으로써 해조자원 및 환경개선을 위한 기반으로 조성하고 있다.

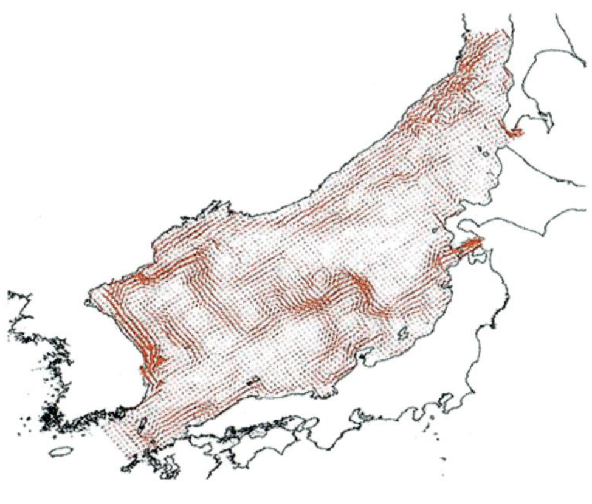

그림 6.11.10 동해 해수순환 및 환경영향 평가모델

(3) 기초생산의 증강

해조류나 식물플랑크톤은 광합성을 통해 유기물을 생성시키며 이산화탄소를 고정하여 지구환경보호에 기여할 뿐 아니라 먹이연쇄를 통해 양호한 어장을 형성시키는 것으로 알려지고 있다. 해양심층수의 풍부한 영양염은 기초생산을 증강시키는 데 활용할 수 있다(그림 6.11.11). 세계적인 주요어장이 용승해역에 자리잡고 있는 것은 자연 용승의 위력을 알 수 있게 하는 것이다.

해양심층수를 인공적으로 용승시키면 기초생산력이 증대되고, 양호한 어장이 조성될 수 있을 것이다. 해역비옥화플랜트(그림 6.11.12)를 설치하여, 자연에너지를 동력으로 하여 해양심층수를 취수하여 표층 및 중층에 살포함으로써 해역을 비옥화하는 시스템 개발에 대한 기초연구를 실시한 바 있다. 이는 해양자원 개발 및 이용을 위한 기반으로서 뿐 아니라 영해관리와 환경모니터링을 위한 기반으로서도 중요한 의의를 가질 것이다.

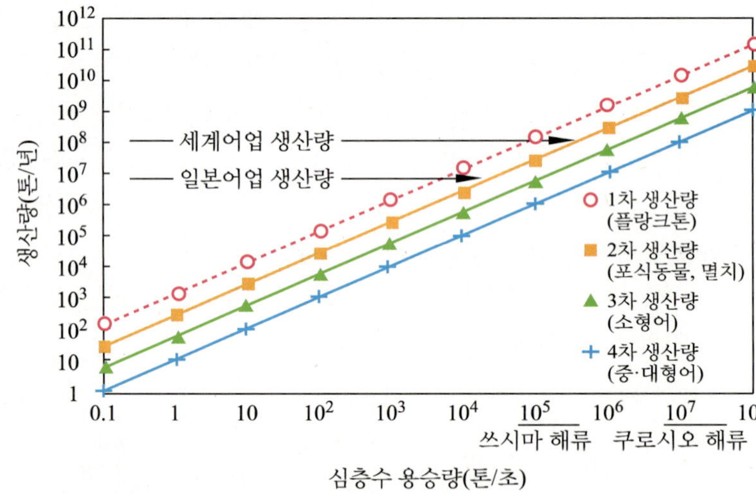

그림 6.11.11 해양심층수 용승의 생산성 증대

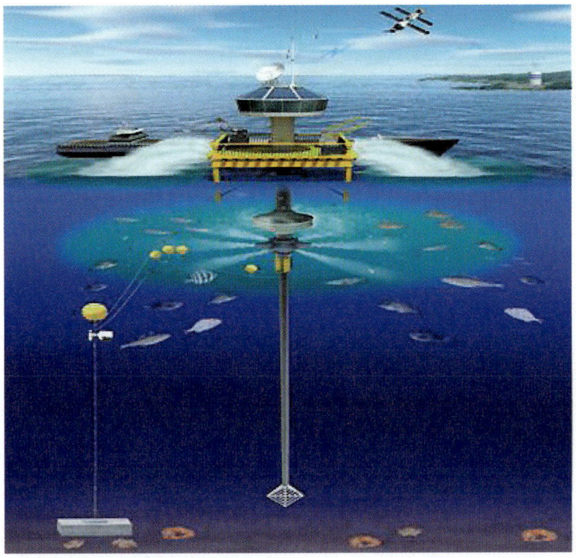

그림 6.11.12 해역 비옥화 플랜트 조감도

참고문헌

건설교통부. 2006. 시화지구 장기종합계획.

곽승국, 최만영, 조경제, 2001. 마산-진해만에서 적조원인 편모조류의 분포와 발생빈도, 한국조류학회지, 16(2), 315-323.

국가법령정보센터, 2017, "선박평형수 관리법"

국립수산과학원, 2009. 한국 연안의 빈산소 수괴, p. 173.

국토해양부, 2012. 육상오염원 관리 및 연안오염총량관리제 도입·시행(II)

국토해양부. 2011a. 시화호 해양환경 개선 사업.

국토해양부. 2011b. 시화호 연안환경관리 백서.

국토해양부. 2012. 시화호 해양환경 개선 사업.

권정노, 이장호, 김영숙, 임재현, 최태준, 예미주, 전지원, 김슬민, 2014. 진해만의 장기 수질변동 특성, 한국해양환경에너지학회지, 17(4), 324-332.

김경태, 김은수, 조성록, 박준건, 박청길, 2003. 시화호 및 주변하천 표층 퇴적물의 중금속 분포 변화, Ocean Polar Res., 25(4), 447-457.

김경태, 김은수, 조성록, 정경호, 박준건, 2005. 시화호 환경 중의 중금속 분포 특성과 오염, 한국해양환경공학회지, 8(3), 148-157.

김경태, 이수형, 김은수, 조성록, 박청길, 2002. 시화호와 주변 하천 표층수중의 중금속 거동 특성, 한국해양환경공학회지, 5(1), 51-67.

김숙양, 이용화, 김영숙, 심정희, 예미주, 전지원, 황재란, 전상호, 2012. 2010년 진해만 빈산소 수괴 발생시 환경변화 특성, 한국자연보호학회지, 6(2), 115-129.

김승규, 1999. 인천 북항 생태계에서의 PCBs의 환경유동, 이학석사논문, 서울대학교.

김은수, 김경태, 조성록, 1998. 시화호 해수 및 표층퇴적물의 생지화학적 연구, 해양연구, 20, 237-250.

김은찬 외, 2005. 선박 운항중 환경 위해물질 저감기술 개발, 한국해양연구원 보고서.

김은찬 외, 2006. 선박 밸러스트수 배출규제 대응기술 개발 연구(3), 한국해양연구원, 해양수산부 보고서.

김은찬, 2012, "IMO 선박평형수 처리장치 기술과 발전 방향에 대한 고찰", 한국해양환경공학회지 제15권 4호

김창훈, 신재범, 1997. 한국 연안의 유해·유독 적조조류의 발생과 독성생산, 한국조류학회지, 12(4), 269-276.

김학균, 1987. 적조피해와 방지대책- 적조현상과 어장보전, 적조 및 어장보전에 관한 심포지움 결과보고서, 115～128.

김학균, 2005. 해양적조, 다솜출판사.

김학균, 2017. 해양적조 연구. 241～267. 우리나라 해양환경 연구 역사. 해양수산부 국립수산과학원. pp 660.

나공태, 김종근, 이정무, 이승용, 김은수, 김경태. 2014. 시화호 산업지역 강우유출수 내 중금속 유출특성 및 위해성 평가. 한국해양환경공학회지, 17(4), 283-296.

동해지방해양수산청, 2006. 궁촌항개발사업 대안설계보고서.

류종성, 최진우, 강성길, 고철환, 허성회, 1997. 시화 방조제 건설 이후 시화호 다모류의 종 조성

및 서식밀도 변화, 한국해양학회지「바다」, 2(2), 101-109.

박광석, 전희동, 2002. 해저 퇴적물 오염 개선을 위한 제강슬래그 복토 정화법의 활용, RIST 연구논문, 16: 132-139.

박미옥, 이용우, 박준건, 김성길, 김성수, 이석모, 2018. 연안오염총량관리제도 도입에 따른 마산만 해양환경 변화, 한국해양환경에너지학회지, 21, 139-148.

박성윤, 2006. 해수교환방파제의 실해역 성능평가에 관한 연구, 박사학위논문, 명지대학교.

박성은, 홍석진, 이원찬, 2009. Particle Tracking Model을 이용한 평균체류시간의 공간분포 계산, 한국해양공학회지, 23(2), 47-52.

박용철, 박준건, 한명우, 손승규, 김문구, 허성회, 1997. 시화호 산하-환원 환경하의 용존 유, 무기화합물의 생지화학적 연구, 한국해양학회지「바다」, 2(2), 53-68.

박철, 허성회, 1997. 시화호와 인근 해역의 동물플랑크톤 분포로 본 시화호의 생태적 안전성, 한국해양학회지「바다」, 2(2), 87-91.

산업기지개발공사·농업진흥공사, 1988. 시화지구 간척지종합개발사업 환경영향평가서.

삼성건설, 2006. 항만건설기술.

송무석, 강현선, 서동일, 황현동, 2002. 공기공급을 이용한 온도성층 파괴효과에 관한 기초연구, 대한조선학회 추계학술대회 논문집.

송무석, 김도영, 2005. 간섭식 부방파제의 2차원 단면형상 소파성능, 한국해양환경공학회지, 8(2).

송무석, 김도영, 조일형, 김현주, 2000. 규칙파중 상자형 부유식 방파제 특성에 대한 연구, 대한조선학회논문집, 37(3).

송무석, 서동일, 2005. 간헐식 폭기형 수체순환장치 모델링, 대한조선학회 논문집, 42(3).

신동렬, 이원민, 2004. 제주외항 서방파제 축조공사. 대한토목학회, 52(3), 74-81.

신소영, 이충일, 황선출, 조규대, 2004. 마산만 주변 해역에서 오염인자와 해양환경변동과의 관계, 해양환경안전학회, 10(2), 69-79.

신승호, 홍기용, 2004. 복합 3차원 해빈변형모델의 구축과 그 적용, 한국해양환경공학회지, 7(4), pp. 199-206.

신승호, 홍기용, 2004. 외해 구조물 배후의 표사이동에 관한 실험적 연구, 한국해양환경공학회지, 7(4), pp. 207-215.

심무준, 김은수, 김경태, 이기복, 강화성, 이광우, 1998, 시화호 퇴적물의 유기탄소, 황 및 중금속의 분포, 한국물환경학회지, 14(4), 469-482.

안희도, 2001. 환경공생을 목적으로 한 해수교환촉진 구조물의 개발, 한국해양연구원, BSPN416-00-1351-2, 과학기술부.

엄기혁, 김귀영, 이원찬, 이대인, 2012. 생물정화기작과 총허용오염부하량을 연계한 마산만의 효율적 해양환경 개선방안, 한국해양환경공학회지, 15(1), 38-46.

오석진, 박달수, 양한섭, 윤양호, 本城凡夫, 2007. 발광다이오드(LED)를 이용한 저서미세조류의 성장촉진에 의한 오염해역 저질환경개선 1. 저서규조류 Nitzschia sp. 성장에 영향을 미치는 광량과 파장, 한국해양환경공학회, 10: 93-101.

유준, 1998. 한국 연안환경에서의 유기인제 잔류 농약분포에 관한 연구, 이학석사논문, 군산대학교.

이달수, 1999. 환경친화적 항만개발에 관한 일본의 정책동향과 우리의 과제. 21세기 미래에 대비한 환경친화적인 항만(Eco-Port) 개발정책, 해양수산부 정책세미나, 23-45.

이달수, 2001. 해수교환방파제에 관한 연구, 대한토목학회 학술발표회 논문집.

이봉길, 2017, 허베이스피리트 호 오염사고 방제 그리고 10년, 동화기술.

이주상, 한태영, 2006. 제주외항 2단계 항만시설 턴키설계. 한국항만협회, 99, 55-70.

정혜령, 김경태, 김은수, 나공태, 이승용. 2016. 시화호 유역 하천 퇴적물에서의 중금속 오염도 평가에 관한 연구. 한국해양환경공학회지, 19(1), 25-36.

조경제, 최만영, 곽승국, 임성호, 김대윤, 박종규, 김영의, 1998. 마산-진해만의 수질 부영양화 및 계절 변동, 한국해양학회지, 3(4), 193-202.

조홍연, 채장원, 1998. 진해·마산만 오염부하량의 특성분석, 한국해안해양공학회지, 10(3), 132-140.

최만식, 천종화, 우한준, 이희일, 1999. 시화호 표층퇴적물의 중금속 및 퇴적상 변화, 한국환경과학회지, 8(5), 593-600.

최중기, 이은희, 노재훈, 허성회, 1997. 시화호와 시화호 주변 해역 식물플랑크톤의 대증식과 일차생산력에 관한 연구, 한국해양학회지 「바다」, 2(2), 78-86.

한국수자원공사, 1999. 시화방조제 배수갑문조작관리규정.

한국수자원공사, 2002. 시화호 조력발전 건설 사업 타당성 조사와 기본계획 수립.

한국수자원공사, 2006. 시화호 약사: 자연과 문화의 시화호, 개발과 성장의 시화호.

한국수자원공사·농어촌진흥공사, 1994. 시화지구 담수호 수질보전대책수립 조사보고서.

한국수자원공사·농어촌진흥공사, 1995. 시화지구 담수호 수질보전대책수립 조사보고서.

한국해양연구소, 1997. 시화호의 환경변화조사 및 보전대책 수립에 관한 연구(1차년도).

한국해양연구소, 1998. 시화호의 환경변화조사 및 보전대책 수립에 관한 연구(2차년도).

한국해양연구소, 1999. 시화호의 환경변화조사 및 보전대책 수립에 관한 연구(3차년도).

한국해양연구소, 2000. 시화호의 해수화에 따른 환경변화 및 수질관리에 관한 연구(1차년도).

해양수산부, 2002. 부유토사 발생량 평가 및 오탁방지막 효율에 관한 연구용역.

해양수산부, 2002. 해양오염 원격 감시체제 구축연구.

해양수산부, 2003. 시화호 해양환경 개선 사업.

해양수산부, 2006. 시화호 해양환경 개선 사업.

해양수산부, 2006. 항만 신공법 사례집.

해양수산부, 2017. 시화호 해양환경 개선 사업.

현상민, 천종화, 이희일, 1999. 시화호의 퇴적환경과 중금속오염, 한국해양학회지 「바다」, 4(3), 198-207.

홍기용, 1998. 해역정온화 구조물 설계기술 개발, 한국기계연구원, 98-NQ-12-01-A-05, 과학기술부.

환경부. 1996. 시화호 수질개선종합대책.

Ahn, I.Y., Y.C. Kang, and J.W. Choi, 1995, The influence of industrial effluents on intertidal benthic communities in Panweol, Kyeonggi Bay (Yellow Sea) on the west coast of Korea. Mar. Pollut. Bull., 30(3), 200-206.

Anderson, D. 1994, Red Tides, Sci. Am., 271(2), 52-58.

Brotas V. and Catarino F, 1995, Microphytobenthos primary production of Tagues estuary intertidal flats (Portugal), Neth. J. Aquat. Ecol., 29: 333-339.

Chang, W.K., Ryu, J., Yi, Y., Lee, W.C., Lee, C.W., Kang, D., Lee, C.H., Hong, S., Nam, J. and Khim, J.S., 2012. Improved water quality in response to pollution control measures at Masan Bay, Korea, Mar. Pollut. Bull., 64(2), 427-435.

Choi. M., E.T. Furlong, H.B. Moon, and H.G. Choi. 2011. Contamination of nonylphenolic compounds in creek water, wastewater treatment plant effluents, and sediments from Lake Shihwa and vicinity, Korea: Comparisom with fecal pollution. Chemosphere., 85, 1406-1413.

Cole, J.J., Caraco, N.F., Peierls, B., 1992. Can phytoplankton maintain a positive carbon balance in a turbid, freshwater tidal estuary? Limnol. and Oceanogr., 37, 1608-1617.

Dandu Pughiuc, 2007, Ballast Water Management Convention and the Need for Concerted Action, International Workshop on the Ballast Water Risk Management in the Northwest Pacific Region, KORDI, Busan, October 2007.

Decho A.W., 1990, Microbial exopolymer secretions in ocean environments. Their role(s) in foodwebs and marine processes, Oceanogr, Mar. Biol. Ann. Rev., 28: 73-153.

Fukami K., Murata N., Morio Y. and Nishijima T., 2002, Improvement of eutrophic coastal bottom environments by using an optical fiber and effective psychrophilic bacteria, Fish. Sci., 68: 617-620.

GEOHAB, 2001, GEOHAB Global Ecology and Oceanography of Harmful Algal Blooms. Science Plan Patricia M. Glibert and Grant Pitcher (Eds.), SCOR/IOC. April 2001. -수정

Hollibaugh J.T., Seibert D.L.R. and Thomas W.H., 1981, Observation on the survival and germination of resting spores of three Chaetoceros (Bacillariophyceae) species, J. Phycol., 17: 1-9.

IESE. 2004, 2nd International Conference & Exhibition on Ballast Water Management, IESE & Nanyang University, Singapore, May 2004.

IESE. 2005, 3rd International Conference & Exhibition on Ballast Water Management, IESE, Singapore, September 2006.

Imai, I., D. Fujimaru, T. Nishigaki et al., 2006. Algicidal bacteria isolated from the surface of seaweeds from the coast of Osaka Bay in the Seto Inland Sea, Japan. 319~323. In: Pitcher GC, Probyn TA, Verheye HM(edds). Harmful Algae 2004. African Journal of Marine Science. Vol.28(2). 2006.

IMO, 2001, Proceedings on 1st International Ballast Water Treatment R&D Symposium, Globallast Monograph Series No. 5, IMO, March 2001.

IMO, 2003, Proceedings on 2nd International Ballast Water Treatment R&D Symposium, Globallast Monograph Series No. 15, IMO, March 2003.

IMO, 2004, "International Convention for the Control and Management of Ship's Ballast Water and Sediments", IMO, BWM/CONF/36, February 2004.

IMO, 2005, Report of the Marine Environment protection Committee on its 53rd Session, IMO, MEPC 53/24, July 2005.

IMO, 2006a, Report of the Marine Environment protection Committee on its 54th Session, IMO, MEPC 54/21, March 2006.

IMO, 2006b, Report of the Marine Environment protection Committee on its 55th Session, IMO, MEPC 55/23, October 2006.

IMO, 2007a, Report of the Marine Environment protection Committee on its 56th Session, IMO, MEPC 56/23, July 2007.

IMO, 2007b, "Information on land-based testing facility and the availability of testing slots", Submitted by the Republic of Korea, IMO, BLG 11/4/8, February 2007.

IMO, 2017, "Report of the Marine Environment protection Committee on its 71th Session", IMO MEPC 71/17.

Iwata, H., S. Tanabe, N. Sakai, A. Nishimura, and R. Tatsukawa, 1994. Geographical distribution of persistent organochlorines in air, water and sediments from Asia and Oceania, and their implications for global distribution from lower latitudes Environ. Pollut., 85, 15-33.

Jung, H. S., C. B. Lee, Y. G. Cho, and J. K. Kang, 1996. A mechanism for the enrichment of Cu and depletion of Mn in anoxic marine sediments, Banweol intertidal flat, Korea. Mar. Pollut. Bull., 32(11), 782-787.

Kim, D. S., Lee, C.W., Choi, S.H. and Kim, Y.O., 2012. Long-Term Changes in Water Quality of Masan Bay, Korea, J. of Coast. Res., 28(4), 923-929.

Kim, E. C. et al, 2014, "Port Risk Assessment for Ballast Water Managements in the Republic of Korea", Indian Journal of Geo-Marine Science Vol. 43(11)

Kim, Eun-Chan, 2007. Development of technologies preparing for the IMO Convention on BWM in Korea, International Workshop on the Ballast Water Risk Management in the Northwest Pacific Region, KORDI, Busan, October 2007.

Kim, H. G. 2006. Mitigation and Controls of HABs. pp.327-338. In: Ecology of Harmful Algae. Ecological Studies 189. (Eds.) Edna Granéli and Jefferson T. Turner. Springer. pp.413.

KORDI, 1981. Water quality monitoring in coastal areas of Banweol, Ulsan, Changwon and Yeochon. pp. 302. In: Wastewater treatment and disposal for five industrial cities. ed. by K.W. Lee.

Kudo, I., 2003. Changes in the uptake and cellular Si:N ratio in diatoms responding to the ambient Si:N ratio and growth phase, Mar. Biol., 143(1), 39-46.

Landsberg, J. H., 2002. The effects of harmful algal blooms on aquatic organisms, Rev. Fish. Sci., 102(2), 113～390.

Lee, C. B., Y. A. Park, and C. H. Koh, 1985. Sedimentology and geochemical properties of intertidal surface sediments of Banweol area in the southern part of Kyunggi Bay, Korea, J. Oceanol. Soc. Korea, 20(3), 20-29.

Lee, C.H., B.Y. Lee, W.K. Chang, S. Hong, S.J. Song, J Park, B.O. Kwon, and J.S. Khim. 2014. Environmental and ecological effects of Lake Shihwa reclamation project in South Korea: A review. Ocean & Coast. Manage., 102, 545-558.

Lee, C.W. and Min, B.Y., 1990. Pollution in Masan Bay, a matter of concern in South Korea, Mar. Pollut. Bull., 21(5), 226-229.

Lee, K-T., S. Tanabe, and C-H. Koh, 1997. Contamination level and characteristic distribution of PCBs in sediments from the west coast of Korea, pp. 145-171. In: Marine Environmental Monitoring and Assessment Technology. Report of ME & MOST.

Lee, S., H.J. Cho, W. Choi, and H.B. Moon. 2018. Organophosphate flame retardants(OPFRs) in water and sediment: Occurence, distribution, and hotspots of contamination of Lake Shihwa, Korea. Mar. Pollut. Bull., 130, 105-112.

Lee, Y.W. and Kim, G., 2007. Linking groundwater-borne nutrients and dinoflagellate red-tide outbreaks in the southern sea of Korea using a Ra tracer, Estuar. Coast. Shelf Sci., 71(1-2), 309-317.

Lee, Y.W., Hwang, D.W., Kim, G., Lee, W.C. and Oh, H.T., 2009. Nutrient inputs from submarine groundwater discharge (SGD) in Masan Bay, an embayment surrounded by heavily industrialized cities, Korea, Sci. Total Environ., 407(9), 3181-3188.

MacIntyre H.L., Geider R.J. and Miller D.C., 1996. Microphytobenthos: The ecological role of the secret gardenof unvegetated, shallow-water marine habitats. I. Distribution, abundance and primary production, Estuaries, 19: 186-201.

Okaichi, T., 2004. Red tide, Springer, Tokyo, 432pp.

Pughiuc, D., 2007, "Ballast Water Management Convention and the Need for Concerted Action", International Workshop on the Ballast Water Risk Management in the Northwest Pacific Region, KORDI, Busan.

Ra, K. J.H. Bang, J.M. Lee, K.T. Kim, and E.S. Kim. 2011. The extent and historical trend of metal pollution recorded in core sediments from the artificial Lake Shihwa, Korea. Mar.

Pollut. Bull., 62, 1814-1821.

Ruangdej U. and Fukami K., 2004. Stimulation of photosynthesis and consequent oxygen production in anoxic bottom water by supply of low-intensity light through an optical fiber, Fish. Sci., 70: 421-429.

Song, Museok and Dongil Seo, 2004. Investigation of the flow generated by an intermittent hydraulic jet circulator, J. Ocean Sci. Tech no1., 1(2).

Tsinker, G.P., 1995. Maine Structures Engineering: Specialized Applications, Chapman & Hall, NY.

Underwood, G.J.C and Kromkamp J., 1999. Primary production by phytoplankton and microphytobenthos in estuaries, Adv. Ecol. Res., 29: 93-153.

US Congress, 2011, "A bill to amend the Federal Water Pollution Control Act to regulate discharges from commercial vessels, and for other purposes", 112th Congress H.R.2840.

Venkatesan, M.I., R.P. de Leon, A. van Geen, and S.N. Louma, 1999. Chlorinated hydrocarbon pesticides and polychlorinated biphenyls in sediment cores from San Francisco Bay, Mar. Chem., 64: 85-97.

Yamada H. Kayama M. Saito K. and Hara M., 1987. Suppression of phosphate liberation from sediment by using iron slag, Water. Res., 21: 325-333.

Yamamoto T., Oh S.J. and Goto I., 2004. Effects of temperature, salinity and irradiance on the growth of microphytobenthos Nitzschia sp. Jpn., J. Phycol. (Sôrui), 52: 5-11.

Yamamoto T., Suzuki M., Oh S.J., Matsuda O., 2003. Release of phosphorus and silicon from steelmaking slag and their effects on growth of natural phytoplankton assemblages, Tetsu-to-Hagane, 89: 102-108.

Yim, U.H., Hong, S.H., Shim, W.J., Oh, J.R. and Chang, M., 2005. Spatio-temporal distribution and characteristics of PAHs in sediments from Masan Bay, Korea, Mar. Pollut. Bull., 50(3), 319-326.

Yoo, K.I., 1991. Population dynamics of dinoflagellate community in Masan Bay with a note on the impact of environmental parameters. Mar. Pollut. Bull., 23, 185-188.

広島県環境保建協会, 2003. 微細藻を用いた瀬戸内海の生態学的低質改善に関する研究報告書（その２), 日本財団、広島、22pp.

今井一郎, 1992. 瀬戸内海のシャットネラ赤潮におけるシストの生態的役割, 月刊海洋 24: 33-42.

德田博保, 1999. ダイオキシン對策. 水質保全分野の取組, 日本水環境學會誌, 22: 722-723.

鹿児島志布志湾港湾事務所, 1991. 志布志湾国家石油備蓄基地整備事業汀線監視調査報告書.

鹿児島志布志湾港湾事務所, 1997. 志布志湾国家石油備蓄基地整備事業汀線監視調査報告書.

牧谷邦昭, 1999, ダイオキシン對策. ダイオキシン對策と新たなTDIの設定, 日本水環境學會誌, 22: 714-719.

申承鎬, 2001. 沖合構造物背後の海浜変形機構とそのモデル化に関する研究 九州大学大学院学位論文.

申承鎬, 山口洋, 入江功, 2001. 沖合構造物背後の海浜変形機構に関する実験的研究, 日本土木学会 海洋開発論文集 17: 547-552.

運輸省第3港灣建設局神戸調査設計事務所, 1998. 環境共生型防波堤設計の手引き.

Chapter 7

해양환경보전 법제도

7.1 개요
7.2 해양환경보전 국내 법률 및 제도
7.3 해양환경보전 관리체제(유류오염방지대책)
7.4 지속가능한 사회와 해양환경공학

7.1 개요

해양환경공학을 전공하는 학생이나 이 분야를 연구하는 기업의 공학자, 연구기관 연구원, 교수 등 전문가 혹은 연구자에게 법률과 제도는 매우 생소한 느낌을 주기 마련이다. 과학기술의 한 분야인 해양환경공학을 공부하거나 연구하는 사람들에게 법률과 제도는 다른 세계에 존재하는, 과학활동과 무관한 그 어떤 것으로 인식되기도 한다. 국내 정책과 제도뿐만 아니라 국제사회에서 회자되는 중요한 환경보전 현안이나 이 현안의 해결을 위해 관련 국가가 합의하여 채택한 국제협약에 대한 관심도 높지 않은 것이 현실이다. 이는 '과학기술은 사회의 변화나 흐름과 별개의 영역'이고, '과학기술자 또는 공학자가 사회변화에 민감하게 반응하는 것은 과학기술의 발전에 크게 기여하지 못한다'는 전통적인 인식 때문이기도 하다.

그러나 다양성과 복잡성이 특징인 현대사회[1)]에서 다양한 영역 사이의 교류와 소통은 사회발전에서 중요한 수단이다. 서로 다른 학문분야 사이의 협력과 통합을 추구하는 학제간 접근(interdisciplinary)이나 다학제간 접근(multidisciplinary approach)이 주목받고 있는 것은 이런 현대사회의 특징 때문이다. 과거처럼 하나의 학문분야만으로 자연현상을 해석하거나 우리 앞에 닥친 문제를 해결할 수 있는 답을 구하는 것이 어렵게 되었다. 이는 여러 학문분야에서 축적된 지식과 성과가 조화를 이루어야 할 뿐만 아니라 법률이나 제도에 과학연구나 기술개발의 성과와 업적이 반영되어야 현대사회의 문제를 해결할 수 있다는 것을 의미한다.

한편 과학기술이 제 역할을 다하지 못하여 정책결정이나 시행과정에서 오류가 나타날 때 이를 과학의 실패(failure of science)라고 하는데, 시화호 간척사업은 대표적인 과학의 실패사례로 꼽힌다.[2)] 과학의 실패는 때때로 법률, 제도 또는 정책의 한계 때문에 발생한다는 지적이 있다. 부분적으로는 이러한 지적이 타당하지만 과학의 실패를 법률을 제정하고 제도를 정비하는 행정기관이나 입법기관의 탓으로만 돌리는 것은 문제 해결을 더디게 할 수 있다. 과거에는 우리 사회의 정책이나 법률에 미치는 과학기술의 영향이 크지 않았으나, 사회가 복잡해지고 예측능력이 중요해지면서 과학기술의 역할이 점점 커지고 있다. 이에 따라 정책과 과학기술의 통합(integration)이 해양환경을 보전하고 환경문제를 효과적으로 해결하는 데 중요한 역할을 하고 있다. 과학기술이 정책결정과정에서 나타나는 불확실성(uncertainty)을 줄여 사회적 비

1) 현대사회의 특징에 관한 사항은 남정호(2000)를 참고할 것.

2) 과학의 실패에 대한 원인분석은 남정호(2005)를 참조.

용의 낭비를 막는 데 큰 기여를 하고 있다는 점도 주목할 필요가 있다.

또한 현대사회는 민주주의와 다양성을 특징으로 하고 있어, 적어도 제도적으로는 누구나 의견을 자유롭게 제시할 수 있는 권한이 부여된 사회다. 투명성이 강조되면서 객관적인 자료에 기초하여 합리적인 방식으로 법률과 제도를 만들고 정책을 결정하는 시대에 살고 있다. 따라서 법률, 제도를 정비하거나 정책을 결정하는 과정에서 객관적인 자료와 과학적인 방법에 의존하여 문제를 해결하는 절차와 과정이 매주 중요하게 되었다. 이는 현대사회의 특징이나 문제해결에서 과학기술의 역할이 커지고 있는 현실을 고려할 때 앞으로 과학기술자의 책임은 더욱 커질 것임을 시사한다. 특히 해양환경보전이 우리 사회의 지속가능한 발전과 더 나은 사회적 가치를 창출하는 대안의 영역으로 주목을 받고 있는 현실에서 해양환경공학과 법률·제도 사이의 통합은 해양환경보전의 수준을 결정짓는 핵심요소가 될 것이다.

이제 해양환경공학을 공부하는 학생들이나 전문 연구자들은 외부와 단절된 자기만의 세계(cocoon)에서 벗어나 다른 분야 특히 아주 생소한 분야인 법률, 제도, 정책에 관심을 가져할 때가 된 것이다. 따라서 해양환경공학자와 해양환경보전 분야 정책결정자, 입법기관 사이의 정보와 지식의 원활한 소통을 위해서는 서로 다른 분야의 특성과 문화적 차이를 이해[3]하는 것이 필요하다.

이 장은 해양환경공학을 전공하는 학부생뿐만 아니라 앞으로 우리 사회의 해양환경보전 현안을 해결하는 일을 하기 원하는 대학원생이 알아야 할 해양환경보전에 관한 법률, 제도, 정책에 관한 사항을 다루고 있다. 주요 내용은 서론을 포함하여 모두 네 개의 절에 나누어 기술하였다.

7.2절에는 1990년대 중반부터 체계적으로 정비가 이루어졌던 우리나라 해양환경보전 정책의 역사를 소개하였다. 또한 해양환경보전에 관한 법률을 현재 우리나라 해양환경보전 현안과 연계하여 '기본정책분야', '생태계 보전분야', '오염개선 및 관리분야'로 구분하여 설명하였다. 해양환경보전에 관한 제도는 법률에서 정한 '입법목적'을 달성하기 위한 집행수단인데, 국가계획과 핵심 정책을 중심으로 소개하였다. 그리고 끝부분에 해양환경을 보전하기 위한 법률과 제도를 정비하고, 이 법제도를 시행할 때 정책결정자, 자연과학 및 공학자, 이해관계자가 따라야 할 원칙을 제시하였다. 환경보진에 관한 일반적인 원칙과 유사한 부분이 많지만 헤양환경보전과 관련하여 특히 강조해야 할 원칙이 무엇인지도 고찰하였다.

7.3절은 해양환경을 보전하기 위한 법률과 제도를 현장의 구체적인 문제점에 어떻게 적용하는지를 사례를 들어 제시하였다. 해양에서 유류오염사고가 발생하면 해양

3) 과학기술자와 정책결정자의 문화적 특성의 차이에 대해서는 Bernstein et al.(1993)을 참조.

환경뿐만 아니라 지역주민의 생활, 경제활동에 치명적인 영향을 주는데, 이 절에서는 유류오염방지분야에서 해양환경보전정책이 구현되는 메커니즘을 제시하였다.

마지막으로 7.4절에서는 지속가능한 발전[4]이라는 개념이 무엇이며, 연안과 해양에서 지속가능한 발전을 실현하기 위해 해양환경공학은 어떠한 역할을 할 수 있는지 기술하였다. 특히 미래 해양환경의 중요성을 고려하여 해양환경공학의 의미를 살펴보았다.

7.2 해양환경보전 국내 법률 및 제도

1 우리나라 해양환경보전정책의 발전

현재는 과거의 결과물이고 미래를 설계하는 나침반 역할을 한다. 우리나라 해양환경을 보전하기 위한 법률과 제도의 현황과 특성을 살펴보기 전에 해양환경관리체제 발전과정을 돌아보는 것은 뒤에 설명할 법제도의 특징을 파악하는 데 도움을 준다. 우리나라 해양환경관리체제 발전과정은 '법률과 제도, 정책, 국민의 인식 변화' 등을 고려하여 크게 6단계로 구분할 수 있다(그림 7.2.1 참조).[5]

(1) 육상환경관리의 한 분야로서 해양환경관리 단계(1977~1991년)

해양환경을 관리하기 위한 법률과 제도는 1977년 해양오염방지국제협약(MARPOL 73/78)을 비준하고, 이를 국내 환경관리에 수용하기 위해 「해양오염방지법」을 제정하면서부터 본격적으로 운용되었다. 이 시기에 제정한 「해양오염방지법」은 선박에서 발생하는 폐기물관리와 유류 유출로 인한 해양환경 오염을 주로 다루었다. 해양환경에 영향을 미치는 유기물, 영양염류, 중금속 및 유해화학물질과 같은 다양한 오염물질과 선박 이외의 다른 오염원인 행위를 다루기 위한 수단은 마련되지 않았다. 이 시기에 육상의 수질관리는 '맑은물공급종합대책(1989)'의 수립, 환경청의

4) 연안해양의 지속가능 발전에 대한 개념적 틀은 Kang and Nam(2002)을 참고할 것.

5) 해양환경관리체제 발전과정에 관한 사항은 남정호·강대석(2003)의 내용을 기초로 일부를 수정하였음.

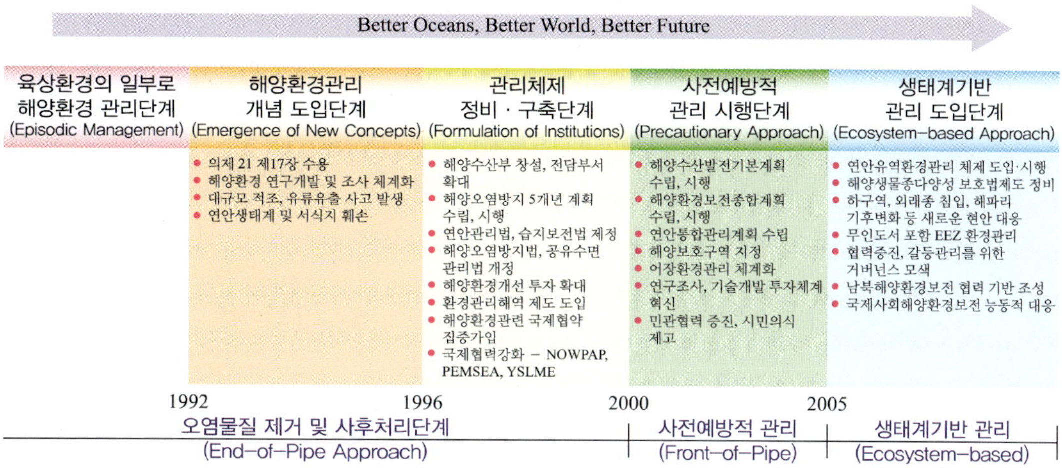

그림 7.2.1 우리나라 해양환경관리 발전단계(남정호·강대석, 2003)

환경처로 확대 개편(1990년), 「수질환경보전법」, 「오수·분뇨 및 축산폐수 처리에 관한 법률」의 제정 등 수질개선을 위한 법률과 제도가 정비되었다. 그러나 연안이나 해양의 환경관리는 사업장 배출수, 오수와 축산폐수에 대한 농도기준의 배출수를 규제하는 데 그쳤다. 즉, 이 시기의 해양환경관리는 독자적인 법률체계나 관리체계가 마련되지 않은 상태였으며, 국가환경 정책의 우선순위도 육상수질환경 관리에 맞춰져 있어서 육상환경관리의 한 부분으로 취급되었다.

(2) 해양환경관리 개념 도입 단계(1992~1995년)

육상환경관리의 일부로 인식되던 해양환경관리는 1992년에 리우에서 열린 '유엔 환경과 개발에 관한 정상회의'(리우회의) 이후 많은 변화를 겪었다. 이 회의에서 세계 정상들은 인류사회의 지속가능한 발전을 실현하기 위한 이정표로 의제21(Agenda 21)을 채택하였다. 의제21은 지속가능한 발전에 대한 국제사회의 합의문이 되었다. 이후 각 나라는 지속가능한 발전을 실현하기 위한 국가실천계획을 수립하였다. 우리나라도 리우회의 이후 정부차원에서 국가실천계획을 수립하였고 해양환경관리의 독자성과 필요성을 인식하게 되었다. 의제21의 중요한 특징의 하나는 해양과 연안의 지속가능성을 중요한 주제로 다루었다는 데 있다. 해양환경을 보전하고 연안의 지속가능한 발전을 실현하기 위한 방향은 의제21 제17장 Ocean Chapter에서 다루었다. 국내에서는 리우회의 이후 연구자들을 중심으로 연안을 통합적 관점에서 관리할 수 있는 틀인 연안통합관리(integrated coastal management)제도를 도입하기 위한 연구

가 활발하게 이루어졌다.[6)]

국제사회의 흐름을 반영한 정부정책의 변화, 해양환경보전에 관한 연구결과 외에도 갯벌의 매립으로 인한 수질오염과 생태계 훼손은 해양환경보전에 관한 정부정책을 변화시키는데 기여하였다. 특히 1995년에 발생한 대규모 유해성 적조와 씨프린스 호 사고로 인한 유류오염은 정부뿐만 아니라 민간영역에서도 해양환경보전의 중요성과 관리체제 구축의 필요성을 인식하는 계기가 되었다. 대규모 유해성 적조와 씨프린스 호 기름유출 사고는 1996년 해양환경보전에 관한 최초의 국가계획인 '해양오염방지 5개년 계획'을 수립하는 데 직접 영향을 주었다.

(3) 해양환경관리체제 구축단계(1996~1999년)

해양수산부가 창설된 1996년은 우리나라 해양환경관리에서 가장 중요한 전환적 시기라고 할 수 있다. 이 해에 해양환경을 관리하기 위한 우리나라 최초의 종합계획인 '해양오염방지 5개년 계획'을 정부부처 합동으로 수립하였다. 해양수산부의 창설 이후 해양환경관리를 위한 다양한 법률이 제정되거나 개정되었다. 육지중심의 지속가능하지 않은 연안자원·공간 개발의 문제점을 극복하고 연안자원·공간을 합리적으로 이용하기 위한 기본 법률인 「연안관리법」을 제정하였다. 이와 함께 연안지역의 해양생태계를 보호할 수 있는 구체적인 실행수단을 확보하기 위해 「습지보전법」이 제정되었고, 「해양오염방지법」·「공유수면관리법」·「공유수면매립법」 등 관련 법률이 개정되었다. 특히, 개정된 「해양오염방지법」에 연안해역의 환경상태에 가장 큰 영향을 미치는 육상기인오염물질과 육상활동을 관리할 수 있는 법적 근거인 특별관리해역 및 환경보전해역 제도를 도입하였다.

이 시기에 법률의 정비와 함께 해양환경관리 업무를 담당하는 조직이 개편되었는데, 1개에 불과하였던 해양환경관리 부서가 해양수산부 창설로 3개(해양환경과, 해양보전과, 연안계획과)로 확대되었다. 국내 법제도 정비 외에도 해양환경 오염물질의 국가 간 이동에 대응하고, 공유해역의 환경과 자원을 관리하기 위해 인접 국가와 협력을 확대하였다. 북서태평양 해양환경보전 실천계획(NOWPAP), 황해광역생태계관리프로그램(YSLME), 동아시아해양환경협력기구(PEMSEA)에 참여하는 등 동북아시아 지역해 차원에서 국제협력을 활발하게 진행하였다. 특기할 사항으로는 우리나라가 이 시기에 해양환경보전 분야 국제협약에 집중적으로 가입하였다는 것이다.

---

6) 과학기술처, 1995. 연안역이용 및 통합관리를 위한 연구(I). 865pp; 과학기술처, 1996. 연안역이용 및 통합관리를 위한 연구(II, III). 682pp.

(4) 사전예방적 관리 시행단계(2000~2005년)

이 시기에는 '해양환경관리체제 구축 단계'의 성과물 — 해양수산부 설립, 해양환경관련 법제도 정비 등 — 을 토대로 해양환경을 보전하고 자원을 합리적으로 이용하기 위한 사업을 본격적으로 추진하였다. 2000년 이후 육상기인오염물질의 해양유입을 방지하기 위한 실질적인 대책을 제도화하여 시행하였다. 과거의 특별관리해역이 해역 위주로 지정되어 있어 오염원인을 적절하게 관리할 수 없었을 뿐만 아니라 특별관리해역 지정 후에 관리대책이 수립 시행되지 않은 문제점을 개선하기 위해 관리해역에 육지부를 포함하여 지정할 수 있도록 법률을 개정하였다. 이 단계의 해양환경보전 정책은 해양에 유입한 오염물질(폐기물, 유류)을 제거하는 사후처리 중심의 관리에서 벗어나 오염물질의 유입을 근원적으로 차단하고 해양생태계를 훼손할 가능성이 있는 육상활동을 관리할 수 있는 사전예방적 관리의 특징을 보이고 있다. 사전예방적 관리는 해양수산발전기본계획, 해양환경보전종합계획 등 당시 중요 국가계획의 기본 전략으로 채택되었다. 서식지와 생물종다양성을 보호하기 위해 보호구역이 지정되는 등 해양환경관리가 강화되었다. 또한 이러한 사전예방적 관리와 밀접한 관련이 있는 정책인프라인 시민의 해양환경보전의식이 제고되었고, 지역이해당사자의 참여가 활성화되었다.[7]

한편 연안육지부의 사회경제활동은 해양환경에 영향을 주는 압력요인이기 때문에 해양환경보전은 연안과 해양의 공간관리와 밀접한 관련이 있다. 따라서 해양환경의 보전가치나 이용잠재력, 자원활용 가치 등을 종합적으로 고려하여 공간을 계획적으로 관리하는 것이 필요하다. 이에 따라 2000년에 연안을 체계적으로 이용, 관리하기 위한 국가계획인 '연안통합관리계획'과 지역계획인 '연안관리지역계획', 연안의 환경과 이용여건을 개선하기 위해 '연안정비계획'을 수립하였다. 갯벌매립에 따른 사회적 갈등을 줄이고 무분별한 간척, 매립을 방지하기 위해 제2차 공유수면매립기본계획을 수립할 때 해양환경 상태를 고려하였던 것도 이 시기에 나타난 변화라고 할 수 있다.[8]

7) 남정호·강대석·육근형, 2003, 민·관·연 협력형 해양환경보전활동 진단과 발전방향, 「해양환경보전활동 강화를 위한 제6차 정책워크숍 자료집」, pp.83-103.

8) 이전 시기 공유수면의 간척과 매립은 토지확보에 중점을 두었기 때문에 해양환경의 특성을 충분히 고려하지 않은 한계가 있었음.

(5) 생태계기반 관리체제 도입단계(2006~2010년)

사전예방적 관리단계에서 해양환경관리[9]의 주요 현안은 수질 악화나 갯벌의 훼손과 같은 가시적 환경훼손이 중심이었다. 물론 이 시기에 보전가치가 높은 해양생태계를 보호하기 위해 보호구역 지정과 같은 정책이 수립, 시행되었지만 해양환경보전 정책의 핵심대상은 수질오염이었다. 그러나 2006년에 수립한 제3차 해양환경보전종합계획에서는 해양환경보전 국가정책의 방향에 변화가 있었다. 해양환경보전의 목표를 생태계의 질을 증진·개선하는 것으로 설정하고, 생태계의 건강성을 높이기 위한 대책을 개발하는 데 초점을 맞추었다. 이에 따라 제3차 해양환경보전종합계획의 기본정책방향을 「"사전예방적 관리"를 정착하고, "해양생태계 중심의 관리", "참여와 협력의 해양거버넌스", "인간과 해양환경의 공존·조화"를 추구」 하기 위한 Marine ECHO(Marine Ecosystem, Cooperation, Human & Ocean)로 설정하였다. 해양생태계 보전과 정책 인프라를 강화하기 위한 예산이 제2차 해양환경보전종합계획보다 크게 증가한 것은 이러한 정책변화를 반영한 것이다.

이 시기에 사회경제 현황과 환경상태를 고려하여 새로운 환경현안에 적극적으로 대응하기 위해 기존의 기름오염과 폐기물 관리가 중심이었던 「해양오염방지법」을 「해양환경관리법」으로 전면개정 하였다.[10] 생태계중심 관리의 원칙을 해양환경보전 정책의 기조로 삼기 위한 법률인 「해양생태계의 보전 및 관리에 관한 법률」과 해양환경정책 대상을 내륙연안에서 무인도서와 수중까지 확장한 「무인도서의 보전 및 이용에 관한 법률」을 제정하였다. 이와 함께 증가하는 해양환경보전 수요에 능동적으로 대처하기 위하여 해양환경기획관실을 신설하고, 2005년에 설치한 해양환경발전팀을 해양생태팀으로 확대 개편하였다.

이 시기에 육상 환경정책도 생태계 보전의 중요성을 법률에 반영하였는데, 「수질환경보전법」을 「수질 및 수생태계 보전에 관한 법률」로 전면 개정하였다.

---

9) 「해양환경 보전 및 활용에 관한 법률」 제2조(정의)는 해양환경을 '해양에 서식하는 생물체와 이를 둘러싸고 있는 해양수·해양지·해양대기 등 비생물적 환경 및 해양에서의 인간의 행동양식을 포함하는 것으로서 해양의 자연 및 생활상태'로 규정하고 있음.

10) 국제사회의 생물다양성협약(CBD), 런던협약 '96의정서, 육상활동으로부터 해양환경보호를 위한 범지구실천계획(GPA), 지속가능발전세계정상회의 이행계획, 해양오염방지국제협약(MARPOL 73/78) 및 부속서, 스톡홀름협약, 기후변화협약 등 해양환경보전 정책 강화 요구가 증가하였음.

(6) 생태계기반 관리체제 시행단계(2011~현재)

2000년대 중반부터 진행한 생태계기반 관리체제 구축을 위한 법률과 제도 정비의 성과는 2010년에 가시화되었다. 법령에서 정한 규정이나 국가계획에 수사적 문구로 반영된 '해양생태계기반 관리체제'를 본격적으로 시행하는 단계에 들어섰다고 할 수 있다.

해양생태계 보전을 상징하는 정책인 해양보호구역(Marine Protected Areas, MPAs)의 확대는 우리나라 해양환경정책의 질적 변화를 간접적으로 보여주는 지표이다. 「습지보전법」에 따른 갯벌 습지보호지역, 「해양생태계의 보전 및 관리에 관한 법률」에 따른 해양보호구역은 2010년 14개소에서 2017년 기준 28개소, 면적은 288.524 km^2에서 586.379 km^2로 증가하였다. 해양보호구역은 2010년 이전에는 매년 1개소씩 지정되었는데, 2011년 이후에는 연평균 2개소가 지정되었다. 우리나라 해양보호구역 면적은 전체 해역면적의 2.1%를 차지하고 있다.

우리나라 고유종, 개체수가 현저하게 감소하는 종, 학술적·경제적 가치가 높은 종, 국제적으로 보호가치가 높은 종인 해양보호생물은 46종에서 77종으로 확대하였다. 한편, 2016년부터 '사람의 생명이나 재산에 피해를 주는 해양생물'인 유해해양생물은 식물플랑크톤 5종을 포함하여 17종이 지정되었다.

기존 법률에 따라 해양생태계 기반 해양환경관리를 실현하기 위한 실질적인 조치는 보호구역의 지정이나 유해생물의 지정과 같은 규제조치에서 생태계 건강성을 증진하고 이를 활용하는 정책으로 발전하였다. 즉 규제중심에서 해양생태계의 복원과 활용으로 정책 방향을 전환하였다. 2015년에 『갯벌자원화계획』, 2016년에 『갯벌생태복원종합계획』을 수립하여 갯벌의 상태를 개선하고, 지역주민과 함께 관리하기 위한 적극적인 정책을 도입하였다. 갯벌생태복원종합계획에 따라 2017년부터 2021년까지 1,806억 원을 투자하여 갯벌의 건강성을 증진할 수 있는 기반이 마련되었다.

이 시기에 해양생태계의 보전, 생물자원의 복원·증식·수집, 해양동물 구조·구제, 외래종 및 LMOs 대응 등을 목적으로 2015년에 국립해양생물자원관을 설립하였다. 국립해양생물자원관의 설립으로 해양생물 주권을 효과적으로 보호하고, 생물자원의 효율적 관리를 실현할 수 있는 기반이 만들어졌다.

해양생태계기반 관리를 실현하기 위한 법제도 정비도 주목할 필요가 있다. 2012년에 「해양생명자원의 확보·관리 및 이용 등에 관한 법률」, 2017년에 「해양환경 보전 및 활용에 관한 법률」, 2018년에 「해양공간계획 및 관리에 관한 법률」을 제정하였다. 제정된 법률 중 「해양공간계획 및 관리에 관한 법률」은 우리나라 해양공간의 보전 및 이용·개발 정책의 패러다임을 전환할 수 있는 법적 토대가 되었다.

2 해양환경보전 관련 법률 및 국가계획

(1) 해양환경보전 법률의 일반 체계

일반적으로 해양환경보전 정책의 운영 메커니즘은 다른 분야 정책 메커니즘과 크게 다르지 않다. 환경 현안별로 나타나는 문제점을 해결하기 위해 해양수산부,[11] 환경부, 국토교통부, 농림축산식품부, 문화재청을 비롯한 관계 정부부처의 정책시행 근거가 되는 '법률'과 법률의 제정목적을 달성하기 위한 구체적인 수단인 '계획'이 해양환경보전 정책수단의 기본 틀이다. 각 법률은 제정목적, 법률 적용대상과 수단을 명확하게 제시하기 위한 용어의 정의, 실태조사, 계획의 수립과 시행, 점검 및 감독, 행위제한, 변경절차, 기타 이행수단, 벌칙조항, 부칙조항 등을 담고 있다(그림 7.2.2 참조).

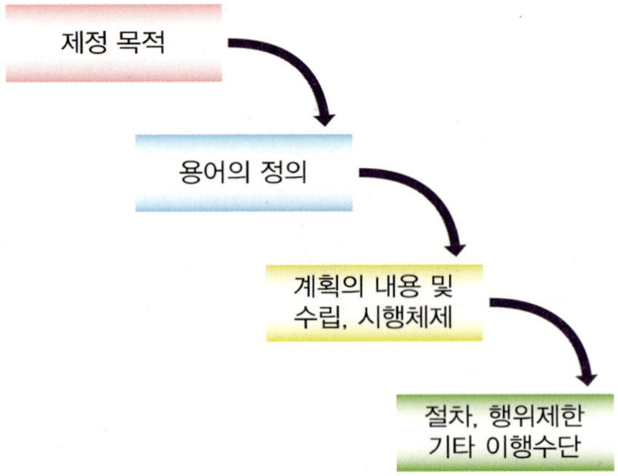

그림 7.2.2 해양환경보전 관련 법률의 일반 구조

뒷부분에서 따로 설명하겠지만 일반적으로 알려진 많은 환경보전 관련 용어, 환경기준, 국가계획의 내용 등은 모두 법률에서 규정하고 있다. 즉, 국가와 지방자치단체는 법률에서 정한 계획('법정계획')이나 기준에 근거하여 법률 제정목적을 효과적으로 달성할 수 있도록 행정업무를 수행한다. 한편 법률을 구성하는 내용 중 행위제한 규정은 사인(私人)의 자유로운 사회경제적 행위 또는 활동을 제한하거나 재산과 권한의 처분 및 행사에 따른 제약 또는 피해가 예상되므로 매우 신중한 접근이 필요한 정책 집행수단이다. 입법과정에서 일반적으로 '규제개혁위원회'[12]를 거치도록 하고

11) 2008년 2월 29일 정부조직법이 개정되기 전까지 해양환경보전 주무 부처는 해양수산부였음. 정부조직법이 개정되면서 해운, 항만, 해양정책 기능은 건설교통 기능과 통합되어 국토해양부로, 수산기능은 농림수산식품부로 이관되었음. 2013년 정부조직법 개정으로 해양수산부가 설치되면서 해양환경보전 주무 부처가 바뀌었음.

있고, 불가피하게 발생하는 기본권 침해에 대해서는 법률에 피해나 손해에 대한 보상조치를 명시하여야 한다. 이는 법률의 시행과정에서 발생한 피해나 손해에 관한 보상절차와 보상액을 산정·지급하는 근거가 되기 때문이다.

(2) 해양환경보전 법률 및 국가계획 현황

1990년대 중반에 해양환경을 보전하고 자원을 체계적으로 관리하기 위한 법률과 정책이 본격적으로 등장하기 시작하였다는 점에서 이 시기는 우리나라 해양환경보전 정책의 발전 역사에서 매우 중요한 시기이다. 이 절에서는 해양환경보전 정책의 근거가 되는 법률과 국가계획을 4개의 유형으로 구분하여, 우리나라 해양환경보전 정책이 어떤 법률체계에 바탕을 두고 시행되고 있는 지를 다루었다. 해양환경보전 법률·계획은 ① 환경기준, 자원과 환경관리 기본방향 등을 규정하고 있는 기본 법률과 계획, ② 오염물질의 해양유입을 관리하는 법률과 계획, ③ 해양으로 유입한 오염물질을 수거·처리하고, 해양환경을 관리하는 법률과 계획, ④ 해양생물다양성 등 생태계의 보전에 관한 법률과 계획으로 나눌 수 있다(그림 7.2.3, 표 7.2.1).[13)]

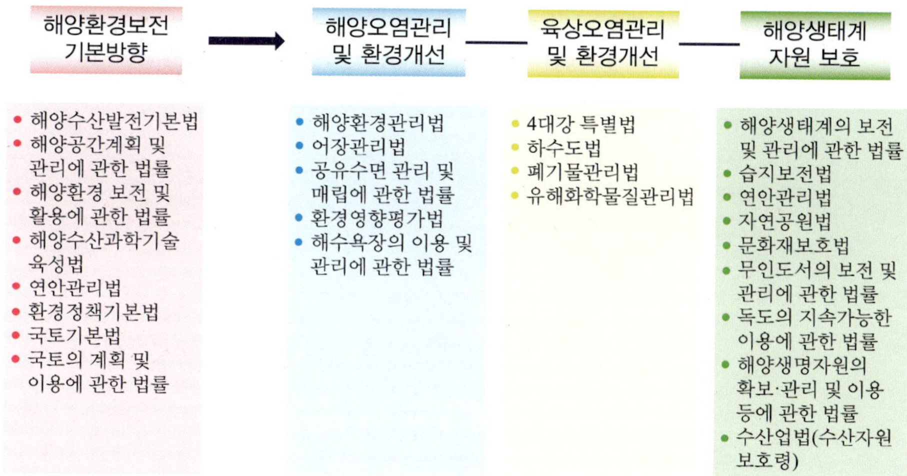

그림 7.2.3 해양환경보전 관련 법률 현황

12) 「행정규제기본법」에 근거하고 있으며, 대부분의 환경보전 관련 법률은 규제개혁위원회의 규제심의·조정절차를 거쳐야 함. 토지이용규제심의위원회는 용도지역, 지구, 구역의 변경에 따른 심의를 전문적으로 다루는 기구이며 「토지이용규제기본법」에 근거하고 있음.

13) 이 글의 해양환경보전 관련 법률 분류 체계는 기본법과 개별법의 관계, 제4차 해양환경종합계획(2011~2020)의 틀, 해양환경관리 대상을 종합적으로 고려한 것으로, 분류목적이나 분류하는 사람에 따라 다른 형태의 분류도 가능함.

이 법률과 계획 중 해양환경보전과 관련이 깊은 법률과 계획을 중심으로 우리나라 해양환경보전 정책이 작동하는 메커니즘을 살펴보고자 한다. 각 법률과 계획이 해양환경보전과 얼마나 관련이 있는지를 평가하는 기준은 여러 가지가 있을 수 있으나 이 책에서는 세 가지 항목을 기준으로 삼았다.

① 해양환경보전을 직접 관장하는 부처의 소관 법률
② 오염물질(육상기인, 해양기인 포함)이 해양환경상태에 미치는 영향 정도
③ 해양환경보전 대책의 이행에 미치는 영향 정도(배출권 통제 및 환경개선사업 예산)

표 7.2.1 해양환경보전 관련 법률 및 국가계획 현황

구 분	법률명	관련 국가 계획
기본정책 방향 및 기준 분야	▪ 해양수산발전기본법 ▪ 해양공간계획 및 관리에 관한 법률 ▪ 해양환경 보전 및 활용에 관한 법률 ▪ 해양수산과학기술육성법 ▪ 환경정책기본법 ▪ 국토기본법 ▪ 국토의 계획 및 이용에 관한 법률 ▪ 지속가능발전기본법	▪ 해양수산발전기본계획 ▪ 해양공간기본계획, 해양공간관리계획 ▪ 해양환경종합계획 ▪ 해양수산과학기술육성 기본계획 ▪ 국가환경종합계획 ▪ 국토종합계획 ▪ 도시계획, 토지이용계획 ▪ 국가지속가능발전전략, 국가이행계획
해양오염 관리 및 환경개선 분야	▪ 해양환경관리법 ▪ 공유수면 관리 및 매립에 관한 법률 ▪ 어장관리법 ▪ 환경영향평가법	▪ 환경관리해역기본계획 ▪ 공유수면매립기본계획 ▪ 어장관리기본계획 -
육상기인 오염물질 관리 및 환경개선 분야	▪ 물환경보전법 ▪ 4대강특별법 ▪ 하수도법 ▪ 폐기물관리법 ▪ 유해화학물질관리법	▪ 국가물환경관리기본계획 ▪ 오염총량관리기본계획 ▪ 하수도정비기본계획 ▪ 국가폐기물종합관리계획 ▪ 유해화학물질관리기본계획
생태계·서식지·수산자원 보호 분야	▪ 해양생태계의 보전 및 관리에 관한 법률 ▪ 습지보전법 ▪ 연안관리법 ▪ 문화재보호법 ▪ 자연공원법 ▪ 야생생물 보호 및 관리에 관한 법률 ▪ 무인도서의 보전 및 이용에 관한 법률 ▪ 독도의 지속가능한 이용에 관한 법률 ▪ 독도 등 도서지역의 생태계 보전에 관한 특별법 ▪ 수산업법(수산자원보호령)	▪ 해양생태계보전·관리기본계획 ▪ 습지보전기본계획 (연안습지보전기초계획) ▪ 연안정비계획 ▪ 문화재보존·관리·활용계획 ▪ 국립공원기본계획 ▪ 야생생물보호기본계획 ▪ 무인도서종합관리계획 ▪ 독도지속가능이용계획 ▪ 특정도서보전 기본계획 -

자료: 남정호·강대석(2003)을 수정

앞에 제시한 기준을 종합적으로 고려하여 해양환경보전 관련 법률과 계획을 '기본정책방향 및 기준 분야', '해양오염관리 및 환경개선 분야', '육상오염물질 관리 및 환경개선 분야', '생태계·서식지·수산자원 보호 분야'의 네 가지로 구분하였다(표 7.2.1).

이 법률 중 관할 부처 소관법률과 국가 환경정책에 관한 기준을 총괄하는 법률인 「해양수산발전기본법」, 「해양공간계획 및 관리에 관한 법률」, 「해양환경 보전 및 활용에 관한 법률」, 「연안관리법」, 「환경정책기본법」, 「해양환경관리법」, 「공유수면 관리 및 매립에 관한 법률」, 「어장관리법」, 「환경영향평가법」, 「습지보전법」, 「해양생태계의 보전 및 관리에 관한 법률」 등을 연혁 및 제정목적, 법률 제정목적 이행을 위한 국가계획, 주요 이행수단 등을 중심으로 살펴보도록 하겠다.

3 기본법 분야

해양환경보전을 종합적으로 관장하고 있는 기본법은 「해양수산발전기본법」, 「해양공간계획 및 관리에 관한 법률」, 「해양환경 보전 및 활용에 관한 법률」이 있으며, 국가 전체의 환경보전(육상 및 해양 포함)과 관련이 있는 기본법에는 「국토기본법」, 「환경정책기본법」, 「국토의 계획 및 이용에 관한 법률」이 있다. 이 글에서는 「해양수산발전기본법」(해양수산발전기본계획 및 해양과학기술개발계획), 「해양공간계획 및 관리에 관한 법률」(해양공간기본계획, 해양공간관리계획), 「해양환경 보전 및 활용에 관한 법률」(해양환경종합계획), 「환경정책기본법」(국가환경보전종합계획, 해양환경기준, 사전환경성검토)에 대해 살펴보았다.

(1) 해양수산발전기본법

① 제정 배경 및 개요

이 법률은 해양수산분야의 경제와 산업, 환경보호, 자원관리에 관한 기본법으로, 2000년 이후 나타난 해양 및 수산 관리의 여건변화를 적극적으로 반영하기 위해 기존의 「해양개발기본법」을 전문개정 방식으로 2002년 5월 13일 제정되었다. 법률의 제1조(목적)와 제4조(다른 법률과의 관계)는 이 법의 특징을 잘 반영하고 있다.

"제1조(목적) 이 법은 해양 및 해양자원의 합리적인 관리, 보전 및 개발·이용과 해양산업의 육성을 위한 정부의 기본정책 및 방향을 정함으로써 국가경제의 발전과 국민복지의 향상에 이바지함을 목적으로 한다."

"제4조(다른 법률과의 관계) 해양수산에 관한 다른 법률을 제정 또는 개정하는 경우에는 이 법의 목적과 기본이념에 맞도록 한다."

이 법은 모두 4개 장, 36개의 조문으로 구성되어 있다. 제1장 총칙은 법의 목적, 기본이념, 다른 법률과의 관계, 국가 등의 기본 책무를 다루고 있으며, 제2장 해양수산 정책의 수립 및 추진체계는 이 법률의 제정목적을 달성하기 위한 정책수단인 해양수산발전기본계획(제6조), 해양수산발전위원회(제7조)에 관한 사항을 규정하고 있다. 제3장은 해양영토의 관리(제12조), 해양환경과 생태계의 보전(제13, 제14조), 해양과학조사 및 기술개발(제17조), 해양공간의 이용(제18조), 해양과학기지의 설치 및 조사·연구(제208조), 해운항만·수산·해양관광 등 해양산업의 육성에 관한 내용을 포함하고 있다. 제4장은 해양수산발전 기반 및 환경조성에 관한 사항인 연구기관의 설치·육성(제30조), 해양수산전문인력의 양성(제31조), 해양개발을 위한 정보화 촉진(제32조) 등을 다루고 있다. 「해양수산발전기본법」은 "기본법"으로서 위상이 있는바, 법체계에서 행위제한, 벌칙 등을 별도로 규정하고 있지 않다.

② 해양수산발전기본계획

해양수산발전기본계획[14]은 국내외 해양수산 관리 여건변화에 능동적으로 대응하기 위해 10년 주기로 수립하는 해양수산분야 최상위 계획이다. 해양수산부장관이 위원장인 해양수산발전위원회와 국무회의의 심의를 거쳐 확정하는 이 계획은 관계부처[15] 합동계획이며 해양수산분야 종합계획이다.

2011년에 수립한 제2차 기본계획은 '2020 해양한국의 비전, 3대 기본목표, 5대 추진전략, 26개 정책과제, 222개 실천과제'로 구성되어 있다. 해양수산비전에 환경보전에 관한 내용을 직접 다루고 있지 않아 경제분야 계획의 특성이 크게 나타나지만, 기본목표와 추진전략 등에는 해양환경보전 정책방향과 사업내용을 제시하고 있다. 해양환경보전을 규정한 기본목표는 '지속가능한 해양환경의 보전 및 관리'이며, 추진전략은 '건강하고 안전한 해양 이용·관리 실현, 신성장동력 창출을 위한 해양과학기술개발'이다.

14) 이 계획은 「해양개발기본법」에 따른 해양개발기본계획(해양한국, OK21)을 승계한 것임.

15) 교육부·산업통상자원부·국방부·행정안전부, 과학기술정보통신부·문화체육관광부·농림축산식품부·환경부, 보건복지부·국토교통부·해양수산부·기상청·해양경찰청

(2) 해양공간계획 및 관리에 관한 법률

① 제정 배경 및 개요

「해양공간계획 및 관리에 관한 법률」(이하 '해양공간계획법')은 선점식으로 해양공간을 이용개발하면서 나타난 비계획적 해양공간관리 체계를 '선(先)계획 후(後)이용개발' 체계로 전환하여 계획적 보전·이용·개발체제를 구축할 목적으로 2017년 4월 18일 제정되었다. 이 법률의 제정으로 그동안 영해에 한정되었던 공간관리체제를 배타적 경제수역(EEZ)으로 확대할 수 있었고, 해양공간수요에 적합한 용도구역제를 시행할 수 있게 되었다.

해양공간에 대한 다양한 수요를 체계적으로 조정하고, 수요에 적합한 공간을 과학적 공간분석과 합리적 의사결정 절차에 따라 할당한다는 점에서 국가 해양공간관리에 관한 기본법이라 할 수 있다. 이 법률을 제정하면서 그동안 우리나라 해양공간계획체제의 근거 법률인 「연안관리법」도 동시에 개정하였다. 이에 따라 「연안관리법」의 연안통합계획과 연안관리지역계획은 「해양공간계획법」의 해양공간기본계획과 해양공간관리계획으로 수용·전환되었다.

「해양공간계획법」은 4개 장, 22개 조문으로 구성되어 있다. 해양의 다양한 수요를 통합적 관점에서 체계적으로 관리하는 기본법으로서 이 법률의 위상은 법률의 제정 목적에서 확인할 수 있는데, '이 법은 해양공간의 지속가능한 이용·개발 및 보전에 관한 계획의 수립 및 집행 등에 필요한 사항을 정하여 공공복리를 증진시키고 해양을 풍요로운 삶의 터전으로 조성하는 것을 목적으로 한다'로 구체화되어 있다(법 제1조). 특히 해양공간관리의 기본원칙으로 '생태적·문화적, 경제적 가치의 공존'을 법 제3조에 규정함으로써 비시장재에 대한 가치인식에 기초한 계획체제를 운영하는 것을 지향하고 있다.

해양공간을 전략적 관점에서 관리하기 위한 정책수단으로 해양공간기본계획의 수립(제5조), 해양의 특성과 잠재적 수요를 종합적으로 고려하여 9개의 용도[16]로 구분

16) 해양공간계획법 제12조에 따른 9개의 해양용도구역은 아래와 같음.

1. 어업활동보호구역 : 면허어업, 허가어업 등 어업활동을 보호·육성하고 수산물의 지속가능한 생산을 위하여 필요한 구역
2. 골재·광물자원개발구역 : 바다에서 골재 및 광물자원의 효율적·안정적 공급을 위하여 필요한 구역
3. 에너지개발구역 : 해양에너지 개발과 생산을 위하여 필요한 구역
4. 해양관광구역 : 해양관광 기능의 유지 및 개발이 필요한 구역
5. 환경·생태계관리구역 : 해양환경, 생태계 및 경관의 보전 및 관리가 필요한 구역
6. 연구·교육보전구역 : 해양수산 연구와 교육활동을 위하여 필요한 구역
7. 항만·항행구역 : 항만기능의 유지와 선박의 안전운항 등을 위하여 필요한 구역
8. 군사활동구역 : 국방 및 군사 활동을 보호하기 위하여 필요한 구역
9. 안전관리구역 : 해양에 설치한 시설물의 보호 및 해양안전을 위하여 필요한 구역

하여 지정관리하는 해양용도구역제 시행(제12조), 용도구역에 기반한 해양공간관리를 구체화하기 위한 수단으로 해양공간관리계획(제7조), 해양에서 용도구역의 지정과 변경을 위한 과학적 해양공간정보의 분석(제13조 해양공간특성평가), 다른 법률에 의한 사업 및 계획에 대한 입지 적정성을 평가하는 해양공간적합성협의제도(제15조) 등이 이 법률 시행의 핵심 정책수단이다.

「해양공간계획법」에 의한 해양공간관리계획의 이행방식과 「연안관리법」에 의한 연안관리지역계획 이행방식은 외형적으로는 용도구역제를 활용한다는 점에서 유사하다. 그러나 과거 「연안관리법」에 의한 용도구역제가 복잡하고 매우 세분화되어 실효성이 미흡하였는데, 이 법에 의한 용도구역제는 우리나라 해양의 보전·이용개발 특성에 적합하여 정책이행의 실효성이 높아질 것으로 기대된다. 또한 「연안관리법」은 다른 법률에 의한 대규모 이용·개발사업이나 구역지정 결과를 수용하는, 수동적 정책행위의 특성을 띠고 있다. 반면, 「해양공간계획법」은 적합성 협의제도를 통해 이용·개발사업 결정이나 구역지정 이전 단계에서 허용여부를 해양의 관점에서 평가한다는 점에서 적극적 정책행위가 시행될 것으로 기대된다.

② 해양공간기본계획 및 해양공간관리계획

법 제5조에 따른 해양공간기본계획은 10년 단위로 해양수산부장관이 수립하는 정책계획으로, 해양공간기본계획에 포함될 사항은 해양공간에 관한 기본정책방향, 해양공간관리계획 수립 방향, 해양공간정보의 수집·관리·활용에 관한 사항, 해양공간특성평가에 관한 사항, 연구개발 및 국제협력에 관한 사항 등이다.

정책계획과 달리 실질적인 해양공간관리는 해양수산부장관, 시·도지사가 법 제7조에 따라 수립하는 해양공간관리계획을 통해서 이루어진다. 해양수산부장관은 배타적 경제수역 및 대륙붕, 항만구역에 대한 계획수립권자이며, 영해에 대해서는 시·도지사가 해양공간관리계획을 수립한다. 해양공간관리계획은 구체적, 실질적 해양공간관리를 시행할 수 있도록 계획에 관할 해역의 공간구조와 기능배분, 해양용도구역의 지정·관리에 관한 사항을 포함해야 한다.

(3) 해양환경 보전 및 활용에 관한 법률

① 제정 배경 및 개요

「해양환경 보전 및 활용에 관한 법률」(이하 '해양환경보전법')은 해양환경보전 및 관리에 대한 기본법이 부재한 상황에서 해양환경관리를 위한 기본정책을 수립하고 이를 시행할 법적 근거를 확보할 목적으로 2017년 9월 22일 제정되었다. 「해양오염방지법」은 해양오염방지국제협약을 수용할 목적으로 제정한 이래 「해양환경관리법」으로 개정되었으나, 큰 틀의 변화없이 40여년 존속했다. 또한 새로운 환경수요가 나타나면 기존 법률에 기계적으로 추가하는 과정을 거치면서 매우 비대하고 복잡해졌다. 그 결과 빠르게 변화하는 해양환경관리 현안에 체계적으로 대응할 수 있는 법률적 기반이 상대적으로 취약해졌다. 이에 따라 해양환경관리 고도화와 체계화가 법률정비의 이슈가 되었고, 대안으로 비대한 「해양환경관리법」의 분화 필요성이 지속적으로 제기되었다.

이에 따라 2017년 「해양환경관리법」은 기본법적 위상을 갖는 「해양환경보전법」과 해양 오염관리를 담당하는 「해양환경관리법」으로 분화하였다. 기본법으로서 「해양환경보전법」은 해양환경관리를 위한 기본정책에 관한 사항을 법률로 규정한 것으로 해양환경종합계획의 수립 및 시행(제10조~제12조), 해양환경기준 설정(제13조), 해양환경관리해역의 지정(제16조), 해양기후변화 대응(제17조), 해양환경종합조사(제18조), 해양환경질평가(제19조), 해역이용영향평가(제20조) 등이 주요 정책수단이다. 각 정책수단의 세부 이행에 관한 사항은 「해양환경관리법」에 존치시킴에 따라 「해양환경보전법」이 기본법으로서 위상을 갖게 된 것이다.

② 해양환경종합계획

앞에서 우리나라 해양환경관리정책의 발전과정을 설명하면서, 1996년에 최초의 해양환경관리에 관한 국가계획인 '해양오염방지 5개년 계획'에 대해 언급하였다. 이 해양오염방지 5개년 계획은 1995년 씨프린스 호 선박사고에 의한 기름오염과 남해안에서 동해안에 이르는 대규모 유해성적조로 경제적, 생태적 피해가 심각한 상황에서 마련된 계획이다. 국가차원에서 해양환경보전의 중요성과 관리부재로 인한 피해의 심각성을 인식한 결과물이라고 할 수 있다. 이후 2001년 제2차 해양환경보전종합계획, 2006년 제3차 해양환경보전종합계획을 5년 단위로 정부부처 합동으로 수립·시행하였다. 그 이후 2011년부터 해양환경관리를 위한 종합적 장기계획의 수립·시행의 필요성이 높아져, 종래 5년 단위로 수립하던 해양환경종합계획을 10년 단위로 수립·시행하고 있다.

(4) 환경정책기본법

① 제정 배경 및 개요

「환경정책기본법」은 「환경보전법」(1977년 제정)[17]을 폐지하고 환경보전 관련 사항을 분화하는 과정에서 1990년 8월 1일 제정[18]된 우리나라 환경보전에 관한 기본법이다. 이 법은 모두 5개 장, 62개 조문으로 구성되어 있다. 기본법으로서 이 법률의 위상은 '이 법은 환경보전에 관한 국민의 권리·의무와 국가의 책무를 명확히 하고 환경정책의 기본이 되는 사항을 정하여'라는 제1조 제정 목적에 잘 나타나 있다. 제6조에는 '모든 국민은 건강하고 쾌적한 환경에서 생활할 권리를 가진다'라고 규정함으로써 환경권을 기본권으로 수용하고 있다. 「환경정책기본법」은 오염원인자 책임원칙(제7조), 환경오염 등의 사전예방(제8조), 환경과 경제의 통합(제9조) 등 환경보전에 관한 기본원칙을 규정하고 있다는 점을 눈여겨볼 필요가 있다.[19]

제2장은 환경기준의 설정(제12조), 국가환경종합계획의 수립(제14조), 환경보전중기종합계획의 수립(제17조), 환경영향평가(제41조), 환경개선특별회계(제45조) 등을 다루고 있으며, 제4장은 국가와 지방자치단체가 취해야 하는 법제상, 재정상 조치에 관한 사항을 다루고 있다. 이 법률에서 정한 주요 정책수단 중 국가환경보전종합계획, 환경기준, 환경영향평가 등은 해양환경보전정책에서 준용하고 있는 내용이 많기 때문에 아래에 소개하였다.

② 국가환경종합계획

1987년부터 수립·시행한 '환경보전장기종합계획'이 있었으나, 2002년 「환경정책기본법」을 개정하여 국가환경종합계획으로 명칭이 바뀌었다. 2015년 법률 개정으로 10년 단위 계획수립 주기를 20년으로 확대하여 계획의 전략적 성격을 강화하였다. 제3차 계획은 2006년 국무회의의 심의를 거쳐 확정되었으며 장기적인 국가 환경정책의 비전과 방향을 제시하는 전략 계획이다. 따라서 국가환경정책을 집행하는 기본틀을 제시하고 있으며, 분야별 환경정책을 총괄·조정하는 역할을 수행한다.[20]

③ 해양환경기준

「환경정책기본법」 제12조는 '국가는 생태계 또는 인간의 건강에 미치는 영향 등을 고려하여 환경기준을 설정하여야 하며, 환경여건의 변화에 따라 그 적정성이

17) 「환경보전법」은 1963년 제정한 「공해방지법」을 폐지하고 제정된 법률임.

18) 「수질 및 수생태계 보전에 관한 법률」(2007년 5월)로 명칭 변경, 전신인 「수질환경보전법」은 1990년 8월 1일 제정, 「자연환경보전법」은 1990년 8월 제정, 「환경·교통·재해 등에 관한 영향평가법」은 1999년 7월 제정.

19) 제7조는 오염원인자부담의 원칙(polluter's pay principle), 제8조는 사전예방관리의 원칙(Precautionary principle), 제9조는 환경과 경제의 균형 및 조화와 같은 국제사회의 환경관리 원칙을 수용하고 있음.

20) 이 계획은 국가환경종합계획의 성격을 '환경정책의 구체적인 집행방향을 제시하는 환경보전중기종합계획을 선도하며 대기, 수질, 자연환경, 국토환경, 연안·해양환경 등 분야별 환경계획의 정합성을 확보하고 시너지효과 유도'로 설정하고 있음.

표 7.2.2 해역환경기준 현황

■ 생활환경

항 목	수소이온농도(pH)	총대장균군(총대장균군수/100 mL)	용매 추출유분(mg/L)
기 준	6.5～8.5	1,000 이하	0.01 이하

■ 생태기반 해수수질 기준

등 급	수질평가 지수값(Water Quality Index)
Ⅰ(매우 좋음)	23 이하
Ⅱ(좋음)	24～33
Ⅲ(보통)	34～46
Ⅳ(나쁨)	47～59
Ⅴ(아주 나쁨)	60 이상

■ 해양생태계 보호기준 (단위: μg/L)

중금속류	구리	납	아연	비소	카드뮴	크롬(6가)
단기 기준	3.0	7.6	34	9.4	19	200
장기 기준	1.2	1.6	11	3.4	2.2	2.8

■ 사람의 건강보호

등 급	항 목	기준 (mg/L)
모든 수역	6가 크롬(Cr^{6+})	0.05
	비소(As)	0.05
	카드뮴(Cd)	0.01
	납(Pb)	0.05
	아연(Zn)	0.1
	구리(Cu)	0.02
	시안(CN)	0.01
	수은(Hg)	0.0005
	폴리클로리네이티드비페닐(PCB)	0.0005
	다이아지논	0.02
	파라티온	0.06
	말라티온	0.25
	1,1,1-트리클로로에탄	0.1
	테트라클로로에틸렌	0.01
	트리클로로에틸렌	0.03
	디클로로메탄	0.02
	벤젠	0.01
	페놀	0.005
	음이온 계면활성제(ABS)	0.5

유지되도록 하여야 한다'고 규정하고 있다. 환경기준의 구체적인 내용은 대통령령(법률의 시행령)으로 정하도록 하고 있는데, 「환경정책기본법」 시행령의 별표에 해

양환경기준을 '생활환경'(1개), '생태계기반 해수수질 기준'(5개), '해양생태계 보호기준'(6개), '사람의 건강보호'(19개)로 구분하여 제시하고 있다. 해양환경보전 정책의 근거로 사용하는 기준은 생태계기반 해수수질 기준으로 수질의 오염수준에 따라 5개의 등급으로 구분하고 있다(표 7.2.2). 「해양환경관리법」의 특별관리해역과 환경보전해역을 지정하거나 해양환경관리의 우선순위를 설정할 때 이 기준을 활용한다.

④ 환경영향평가

환경영향평가제도는 사전예방적 관리의 기초가 되는 정책수단으로 전략환경영향평가, 환경영향평가, 소규모 환경영향평가로 구분된다. 사업의 규모와 환경에 미치는 영향의 정도 등을 고려하여 개발사업 및 정책 등에 대해 각기 다른 평가체계를 적용한다. 이 중 전략환경영향평가는 각종 개발계획이나 개발사업을 수립·시행할 때 타당성 조사 등 계획 초기단계에서 입지의 타당성, 주변환경과 조화 등 환경에 미치는 영향을 고려하도록 하여 '개발과 보전의 조화', '환경친화적인 개발'을 도모하고자 하는 제도이다.

4 해양오염관리 및 환경개선 법률 분야

해양환경보전 관련 법률 중 해양오염관리와 해양환경개선을 관장하는 법률은 「해양환경관리법」, 「공유수면 관리 및 매립에 관한 법률」, 「어장관리법」, 「환경영향평가법」이 있다. 해양환경보전에 관한 계획과 집행수단의 핵심을 규정·관장하고 있는 법률은 「해양환경관리법」(구 「해양오염방지법」)이다. 「공유수면 관리 및 매립에 관한 법률」(이하 「공유수면 관리법」)은 공유수면을 매립하고 이용·개발하는 절차를 다루고 있는 절차법인데, 갯벌, 바닷가 등 해양생태계의 물리적 훼손과 직접 관련이 있어 이 분야에서 다루었다. 「어장관리법」은 어장으로 이용하는 해양공간의 정화 및 환경개선을 규정하고 있으며, 「환경영향평가법」은 연안 및 해양에서 개발사업으로 인한 환경오염 및 훼손을 방지 또는 최소화하기 위한 수단의 하나이므로 이 분야에 포함하였다.

(1) 해양환경관리법

① 제정 배경 및 개요

「해양환경관리법」은 「해양오염방지법」을 폐지하고 변화하는 해양환경 상태와 국내외 관리 여건(국제협약 포함)을 적극적으로 반영하기 위해 2007년 1월 19일 제정하였다. 「해양환경관리법」 제정 30년 전인 1977년 12월 31일에 제정한 「해양오염방지법」은 1973년 국제해사기구(IMO, International Maritime Organization)가 주관하여 채택한 해양오염방지국제협약(MARPOL 73/78)을 국내 법제에 수용하기 위한 목적으로 제정되었다. 당초 선박에 의한 기름유출 및 선박사고를 방지할 목적으로 제정한 「해양오염방지법」은 1980년대 적조발생을 비롯하여 새로운 해양환경관리 현안을 이 법체계에 수용하면서 확대·발전하였다. 「해양환경관리법」을 제정한 것은 단순히 법률 명칭의 변경이 아니라 해양환경보전에 관한 기본이념과 정책방향이 변화하였음을 의미한다.

한편 해양환경정책의 발전, 해양환경 이슈가 다양하고 복잡하게 나타나면서 해양환경보전 및 관리를 위한 기본법 제정의 필요성이 제기되었다. 이를 위해 「해양환경보전 및 활용에 관한 법률」이 제정되면서, 현재의 「해양환경관리법」은 해양환경을 훼손하는 오염원 관리에 집중하는 법률이 되었다. 이는 법률 제정의 목적을 통해서 확인할 수 있다.

> "「해양환경 보전 및 활용에 관한 법률」 제1조(목적) 이 법은 해양환경 보전 및 활용에 관한 정책의 기본방향과 그 수립 및 추진체계에 관한 사항을 규정함으로써 해양을 체계적이며 지속가능하게 관리하여 해양의 건강성을 증진하고 국민의 삶의 질 향상과 국가의 지속적인 발전에 이바지함을 목적으로 한다."
>
> "「해양환경관리법」 제1조(목적) 이 법은 선박, 해양시설, 해양공간 등 해양오염물질을 발생시키는 발생원을 관리하고, 기름 및 유해액체물질 등 해양오염물질의 배출을 규제하는 등 해양오염을 예방, 개선, 대응, 복원하는 데 필요한 사항을 정함으로써 국민의 건강과 재산을 보호하는 데 이바지함을 목적으로 한다."

오염원 관리가 중심인 「해양환경관리법」은 해양환경 오염원 관리에 관한 사항을 방대하게 규정하고 있다. 제1장 총칙은 법률에서 사용하는 용어의 정의, 국제협력 등을 명시하고 있다. 제2장은 해양환경측정망(제9조), 해양환경정보망(제11조), 해양환경측정기관의 정도관리(제12조), 환경관리해역의 지정·관리(제14조), 환경관리해역 기본계획의 수립(제16조), 해양환경개선부담금(제19조) 등을 다루고 있다. 제3장은 선박 및 해양시설 기인 오염물질관리, 육상폐기물의 해양투기 관리 및 폐기물 무단배출 금지, 오염물질의 수거와 처리, 잔류성 유기오염물질 실태조사 등을 포함하고 있다. 제4장은 해양에서 대기오염방지대책에 관한 사항을, 제5장은 해양오염방지를 위한 선박검사에 관한 사항을, 제6장은 기름오염방지 및 효과적 방제를 위한 국가긴급방제계획의 수립과 방제조치 등을 다루고 있다. 해양환경관리 기업에 관한 등록과

의무는 제7장에, 해양오염영향조사에 관한 사항(조사분야 및 항목, 조사기관의 자격)은 제8장에서 규정하고 있다. 제9장은 공유수면의 점용, 사용, 매립에 따른 환경영향평가에 관한 사항을 다루고 있는데, 「환경영향평가법」의 적용대상이 아닌 사업에 대해서는 해역이용영향평가를 통해 환경영향을 제어, 관리한다. 제10장은 환경부가 운영하고 있는 한국환경공단과 같은 위상의 해양환경 보전과 개선사업을 시행하기 위한 전담기구로 해양환경공단의 운영에 관한 사항을 다루고 있으며, 제11장은 보칙, 제12장은 벌칙 사항을 규정하고 있다.

② 환경관리해역 제도

1982년 환경청 고시로 지정한 특별관리해역(4개 오염우심해역) 제도[21]가 1995년 12월 「해양오염방지법」의 개정으로 법적 근거를 확보한 후, 1999년 2월 시행령을 개정하면서 환경관리해역 제도로 발전하였다. 현재의 환경관리해역 제도는 오염우심해역을 대상으로 운영하는 특별관리해역[22]과 환경상태가 양호한 해역을 대상으로 시행하는 환경보전해역[23]을 통칭하는 제도이다. 2000년 2월 시행령을 통해 전국 9개 해역 4,772.64 km^2의 면적(해역 44.4%, 육지 55.6%)을 대상으로 환경관리해역 제도를 시행하고 있다.

환경관리해역의 지정기준은 법 제15조에 규정되어 있으며,[24] 환경관리해역으로 지정한 해역은 해역별로 환경관리기본계획을 수립하도록 하고 있다. 특별관리해역 중 "해양환경 상태 및 오염원을 측정·조사한 결과 제15조 제1항의 규정에 따른 해양환경기준을 초과하게 되어 국민의 건강이나 생물의 생육에 심각한 피해를 가져올 우려가 있다고 인정되는 경우"에는 오염물질을 농도 기준이 아닌 총량기준으로 관리하는 총량관리를 실시할 수 있다. 현재 4개 특별관리해역에서 COD 및 총인(TP)을 대상으로 총량관리를 시행하고 있고, 향후 중금속으로 확대할 계획이다.

환경관리해역 관리를 위한 계획은 개별 해역을 관리하는 해역별 관리계획과 환경관리해역 제도에 관한 기본정책방향을 담은 기본계획으로 구성된다. 제16조에 따른

21) 연안해역의 오염을 집중적으로 관리하기 위해 외해와 해수순환이 원활하지 못하고 다량의 육상기인오염물질이 유입하는 해역 중 오염정도가 심각한 부산, 울산, 광양만, 진해만 등 4개 해역(총 934 km^2)을 최초로 지정

22) 시화호 - 인천해역, 광양만, 마산만, 부산연안, 울산연안 5개 해역 2,890.51 km^2(육지부 59.44%)

23) 함평만, 완도 - 도암만, 득량만, 가막만 4개 해역 1,882.13 km^2(해면부 50.4%)

24) • 환경보전해역 : 「국토의 계획 및 이용에 관한 법률」 제6조제4호의 규정에 따른 자연환경보전지역 중 수산자원의 보호·육성을 위하여 필요한 용도지역으로 지정된 해역, 해양환경 및 생태계의 보존이 양호한 곳으로서 지속적인 보전이 필요한 해역.

• 특별관리해역 : 법 제15조제1항의 규정에 따른 해양환경기준의 유지가 곤란한 해역 또는 해양환경 및 생태계의 보전에 현저한 장애가 있거나 장애가 발생할 우려가 있는 해역으로서 대통령령이 정하는 해역(해양오염에 직접 영향을 미치는 육지를 포함)

환경관리해역기본계획은 5년 주기로 해양환경관측, 오염원의 조사연구, 해양환경보전 및 개선대책, 주민지원 등에 관한 사항을 포함하여 수립하도록 규정하고 있다. 이 기본계획의 구체적인 이행방향을 담은 해역별 관리계획과 특별관리해역에 대해 오염총량관리를 위한 오염총량관리기본계획 및 시행계획을 수립하여 시행한다.

(2) 공유수면 관리 및 매립에 관한 법률

① 공유수면 관리 및 매립에 관한 법률의 성격

「공유수면 관리 및 매립에 관한 법률」(이하 '공유수면법')을 해양환경보전과 관련 있는 법률로 분류하는 것에 대해 의문을 제기할 수 있다. 바다를 매립하고 점유하여 이용하는 것은 해양환경을 훼손하는 행위이기 때문이다. 반면에 공유수면을 매립하고 이용하는 것을 근원적으로 차단하지 못하는 현실에서 공유수면의 매립과 사용으로 인해 발생하는 환경영향을 최소화하는 것은 해양환경보전과 맥을 같이한다. 이 법률은 공유수면의 매립과 이용을 조정하는 것이 아니라 매립과 이용에 관한 절차(신청, 면허발급 등)를 다루는 법률이다. 따라서 「공유수면법」을 어떤 관점에서 운용하느냐에 따라 환경보전을 위한 법률이 될 수 있고 환경에 나쁜 영향을 주는 법률이 될 수도 있다. 해양환경보전에 대한 국가의 정책이 발전하고 있고, 국민의 의식이 높아진 현실에서 「공유수면법」은 과거와 달리 환경을 고려한 절차법으로서 위상을 강화하고 있다. 앞으로 이 법률이 '불가피한 사회경제 활동'(매립 및 점용, 사용)을 환경보호의 관점에서 통제할 수 있는 수단으로 기능할 수 있도록 하는 것이 중요하다. 해양환경공학에 뜻을 둔 사람들이 절차법으로서 이 법률의 성격을 이해하는 것이 필요하다고 판단하였기 때문에 소개하였다.

② 제정 배경 및 개요

「공유수면법」은 1962년 1월 20일 제정한 「공유수면매립법」과 1961년 12월 19일 제정한 「공유수면관리법」을 2010년 4월 15일 통합 제정한 법률이다. 공유수면의 관리에 관한 법률의 성격은 우리나라 국토관리 및 환경정책이 발달하면서 조금씩 바뀌고 있는데 법률의 제정목적에 이러한 변화가 잘 나타난다.

먼저 「공유수면매립법」의 제정 당시 목적은 제1조에서 "본 법은 공유수면을 매립하여 효율적으로 이용하게 함으로써 공공의 이익을 증진하고 국민경제의 발전에 기여함을 목적으로 한다."로 규정되어 있다. 산업단지, 농업용지, 도시용지를 확보할 목적으로 1960년대부터 40년 동안 이 법률을 시행하는 과정에서 갯벌과 같은 서식지와 연안지역 자원의 생태적, 경제적 가치와 잠재력을 충분하게 인식하지 못하였다. 공유수면매립이 무분별하게 이루어지면서 지역주민과 갈등, 수산자원 감소 등 문제점이 발생하자 계획적인 공간관리의 필요성이 대두하였다. 이후 1990년대 중반부터 갯벌의 중요성과 가치, 해양환경보전의 중요성에 대한 인식이 사회적으로 확산되면서 이 법의 제정목적은 "공유수면을 환경친화적으로 매립하여 합리적으로 이용하게 함으로써 공공의 이익을 증진하고 국민경제의 발전에 이바지하는 것"으로 바뀌었다. '환경친화적'이라는 수식어는 단순한 수사(rhetoric)가 아니라 공유수면에 관한 국가정책과 사회적 인식의 변화를 반영한 것이다. 이에 따라 2000년대 이후 우리나라 공유수면매립은 매립으로 인한 생태적, 환경적 피해를 우선적으로 고려하여 시행될 수 있도록 변하였다.

한편, 「공유수면관리법」은 제정 당시에 법률의 제정목적을 "공유수면의 관리, 보전, 이용 등에 관한 사항을 규정하여 공공위해의 예방, 경감과 공공복리의 증진에 기여함을 목적으로 한다."로 규정하였다. 그러나 1999년 2월 8일 법률을 전문 개정하면서 환경보호에 관한 사항이 법률의 제정목적에 추가되었다.[25] 1999년 개정 법률의 제1조에서 이 법률의 목적을 "이 법은 공유수면의 보전·이용 및 관리에 관하여 필요한 사항을 규정하여 공유수면의 적절한 보호와 효율적인 이용을 도모함으로써 공공복리의 증진에 이바지함을 목적으로 한다."로 규정하고 있다. 즉, 개정 법률의 제정목적은 공유수면을 환경보호의 관점에서 관리하겠다는 정책의지를 적극적으로 반영하고 있다. 공유수면을 관리하는 수단은 공유수면매립기본계획, 매립면허제도, 점사용허가, 점사용료의 징수 등이 있다. 한편 우리나라 지적 및 토지관리체제의 특성이 반영된 결과로, 토양의 특성을 보이지만 지적공부에 등록되지 않은 바닷가(구 '빈지')[26]를 공유수면으로 규정하고 있다.

「공유수면관리법」과 「공유수면매립법」을 2010년 4월 통합하여 제정한 「공유수면법」은 해양환경보전 계획을 수립하지 않는다. 공유수면의 합리적 이용과 보전을 위한 대책으로 오염물질이나 선박 등을 공유수면에 배출 또는 방치행위 금지(제5조), 공유수면의 점용과 사용에 관한 허가의 대상과 절차(제8조~제16조) 등을 규정하고 있다. 불가피하게 공유수면을 매립하여 토지로 전환하기 위한 수요를 체계적으로 관리하고, 공유수면매립으로 인한 환경적, 사회경제적 영향을 최소화할 수 있도록 10년 주기로 공유수면매립기본계획을 수립한다.

---

25) 1966년 2월 23일 제정 목적에서 '공해'의 개념을 추가하였음. 제1조에 "이 법은 공유수면의 보전·이용 기타 관리에 관하여 필요한 사항을 규정하여 공해를 예방 또는 경감하거나 그 이용을 증진시킴으로써 공공의 복리에 기여하게 함을 목적으로 한다"로 규정하고 있음.

26) 바닷가(빈지)는 만조수위선으로부터 지적공부에 등록된 지역까지의 공간임.

(3) 어장관리법

① 제정 배경 및 개요

「어장관리법」은 입법 준비 과정에서 법률 명칭을 "연안어장환경관리법"으로 추진하였다. 초기 이 법률을 준비할 당시의 제정 목적은 '환경보전과 어업행위를 조화시키고, 안전한 수산물을 확보하며, 수산식품안전성에 관한 국제사회 동향과 규제에 대비' 하는 것이었다. 그러나 2000년 1월 28일 「어장관리법」으로 명칭이 바뀌어 제정되었다. 법률 명칭이 바뀌면서 생산량과 수산물의 식품안전성을 높이기 위해서는 해양환경보전을 우선적으로 고려해야 한다는 초기 제정취지가 퇴색하였지만 법률제정의 핵심 개념은 유지되었다.

이 법률은 4개 장 33개 조문으로 구성되어 있다. 제1장은 총칙으로 법률의 제정목적과 용어를 다루고 있으며, 제2장은 어장관리기본계획(제3조), 어장관리시행계획(제4조), 어장관리해역(제5조), 어장휴식(제9조), 어장환경기준의 설정(제11조), 어장환경평가(제11조의2) 등으로 구성되어 있다. 제3장은 면허·허가자의 의무사항(제12조, 제13조),[27] 어장의 정화정비를, 제5장은 「어장관리법」에서 정한 사항을 위반한 경우의 벌칙사항을 규정하고 있다. 이 법률의 집행수단 중 어장관리기본계획·시행계획, 어장관리해역, 어장관리특별해역에 대해서 살펴보고자 한다.

② 어장관리기본계획 및 어장관리해역

어장관리기본계획은 해양수산부장관이 5년마다 수립하는 국가계획이며,[28] 어장관리시행계획은 시·도지사, 시장·군수·구청장이 어장관리기본계획에서 정한 사항을 이행하기 위해 수립하는 지역계획이다.

2013년 법률 개정 이전에 어장관리해역은 시·도시자, 시장·군수·구청장이 '면허동시갱신 등 어장관리를 위한 적정한 조치가 필요하다고 인정되는 일단의 어장'을 대상으로 지정하였다. 2013년 법률을 개정하여 어장관리해역의 지정과 해제는 해양수산부장관의 권한으로 전환되었다. 이에 따라 기존 법률에서 해양수산부장관이 지정권한을 행사했던 어장관리특별해역제도[29]의 존속 필요성이 사라져 해당 규정은

27) 입법준비과정에서 제안한 어장 면허·허가자의 환경보전 의무사항은 상당히 완화되었는데, 입법예고 법안에는 어장환경상태가 악화될 경우 '정화의무부여, 면허유효기간 연장 제한 등' 불이익을 주도록 하였으며, 어업면허 기간 만료 후 재 신청시 '면허 전에 어장정화를 시행' 하도록 하였으나 삭제되었음. 의무조항뿐만 아니라 어장환경상태가 개선될 경우 정책자금 우선지원 등 인센티브제도도 있었음.

28) 기본계획에는 '어장관리에 관한 정책목표 및 기본방향, 어장환경의 보전 및 어장의 효율적인 이용에 관한 방안, 어장정화·정비에 관한 기본방향, 그 밖에 어장을 효율적으로 관리하기 위하여 해양수산부장관이 필요하다고 인정하는 사항' 등을 포함하도록 하고 있음.

삭제되었다.

한편, 「어장관리법」 입법을 준비하는 시기에 어장을 체계적이고 효과적으로 관리할 수 있는 수단인 '용도구역제(zoning mechanism)' 도입을 검토한 바 있다. 입법예고안은 해역을 청정해역, 정화해역, 환경관리해역, 어업제한관리해역으로 구분하였다. 현재 「어장관리법」에 이 제도가 반영되지 않았지만 공간을 대상으로 보전과 이용을 체계적으로 실현할 수 있는 수단인 용도구역제는 앞으로 법률 개정과정에서 도입해야 할 정책수단이다.[30)]

(4) 환경영향평가법

「환경영향평가법」은 교통영향, 재해영향 평가체계를 통합하고 법률의 전면 개정을 거치면서 발전하였다.

통합법률의 역사를 먼저 살펴보면, 통합법인 「환경·교통·재해 등에 관한 영향평가법」(이하 「통합영향평가법」)은 1999년 12월 31일에 제정되었다. 1977년 「환경보전법」을 제정하면서 도입한 사전협의 규정(제5조)에 근거하여 행정기관이 사업주체가 되는 도시개발, 산업단지조성, 에너지개발 3개 분야 사업에 대해 협의근거를 마련하였다. 그러나 1982년 '환경영향평가서 작성에 관한 규정'을 고시하기 전까지 구체적인 사전협의 및 시행지침이 마련되지 않았다. 이후 구 「환경보전법」의 폐지 및 발전적 분화과정에서 환경영향평가제도는 「환경정책기본법」(제4절 환경영향평가서의 작성 등)에서 유지되다가, 1993년 6월 11일 「환경영향평가법」을 제정하면서 체계적인 형태를 갖추게 되었다. 이후 개발사업의 환경영향뿐만 아니라 교통, 안전에 미치는 영향을 종합적으로 관리하기 위하여 전면 개정과정을 거쳐 1999년 12월 31일 「통합영향평가법」으로 제정되었다.

「통합영향평가법」은 2008년 3월 28일 전부개정을 거치면서 「환경영향평가법」으로 개명되었는데, 교통과 재해도 포괄적 의미의 환경영향의 범주에 포함된다는 인식을 반영한 것이다. 이 법은 「환경정책기본법」에서 정한 환경영향평가에 관한 사항을 이행하기 위한 개별법이라 할 수 있다. 환경영향평가는 과거 사전환경성검토가 발전한 전략환경영향평가, 환경영향평가, 소규모환경영향평가로 구분되는데, 각 영향평가

29) 어장관리해역 중 '환경오염이 심화되어 어장휴식, 신규 어업면허의 금지 등 어장환경의 보전·개선을 위한 특별한 조치가 필요하다고 인정되는 해역'을 어장관리특별해역으로 지정

30)
- 청정해역 : 어장의 환경 및 위생상태가 우수한 해역
- 정화해역 : 지속적인 어장이용으로 어장이용과 환경보전의 조화가 필요한 해역
- 환경관리해역 : 어장의 환경이 악화되어 환경개선이 필요하다고 판단되는 해역
- 어업제한관리해역 : 어장의 환경오염이 심각하여 어업존립기반을 위협하거나 국민보건상 심각한 우려가 있는 해역

의 대상이 되는 항목은 이 법의 시행령 별표에 규정하고 있다.[31)]

5 생태계 및 서식지 보호분야

해양생태계와 서식지를 보호할 목적으로 제정한 법률은 「해양생태계의 보전 및 관리에 관한 법률」(이하 「해양생태계법」), 「습지보전법」, 「연안관리법」, 「자연환경보전법」, 「문화재보호법」, 「자연공원법」, 「야생생물 보호 및 관리에 관한 법률」, 「무인도서의 보전 및 이용에 관한 법률」(이하 「무인도서 관리법」), 「독도 등 도서지역의 생태계 보전에 관한 특별법」, 「수산업법」 등이 있다. 이 중 해양환경보전과 가장 밀접한 관련이 있는 법률인 「해양생태계법」, 「습지보전법」, 「연안관리법」의 내용을 살펴보았다.

(1) 해양생태계의 보전 및 관리에 관한 법률

① 제정 배경 및 개요

「해양생태계법」은 2006년 10월 4일 「자연환경보전법」에서 분화되어 제정되었다. 이 법을 제정하기 전에는 해양생태계의 보호에 관한 사항은 「자연환경보전법」에서 관장하였는데, 해양생태계보전지역의 지정과 관리가 대표적인 사례이다. 「해양생태계법」의 제정목적은 제1조에 '이 법은 해양생태계를 인위적인 훼손으로부터 보호하고, 해양생물다양성을 보전하며 해양생물자원의 지속가능한 이용을 도모하는 등 해양생태계를 종합적이고 체계적으로 보전·관리함으로써 국민의 삶의 질을 높이고 해양자산을 보호함을 목적으로 한다'로 규정되어 있다.

이 법률은 8개 장, 65개 조문으로 구성되어 있다. 이 법의 제정과정에서 국제 사회의 새로운 생태계 현안인 회유성 해양동물, 포유동물, 교란생물, 유해해양생물 등에 관한 사항을 적극적으로 법률에 반영하였다. 또한 보호가치가 높은 생태계와 경관을 보호하기 위해 해양보호구역제도를 도입하였다.[32)] 제2장은 해양생태계 보전대책을

31) 법률에서 정한 대상사업은 '도시의 개발, 산업입지 및 산업단지의 조성, 에너지개발, 항만의 건설, 도로의 건설, 수자원의 개발, 철도(도시철도를 포함한다)의 건설, 공항의 건설, 하천의 이용 및 개발, 개간 및 공유수면의 매립, 관광단지의 개발, 산지의 개발, 특정지역의 개발, 체육시설·폐기물처리시설 기타 대통령령이 정하는 시설의 설치, 기타 환경·교통·재해 또는 인구에 영향을 미치는 사업으로서 대통령령이 정하는 사업'임. 「영향평가법」 시행령 별표1에 평가대상 사업의 구체적인 내역과 규모가 있으므로 참고바람.

32) 이 법률에서 규정한 해양보호구역과 일반적 의미의 해양보호구역의 범주는 다름. 예를 들어 「습지보전법」에 의한 습지보호지역은 일반적 의미의 해양보호구역의 위상이 있지만 「해양생태계법」의 관리대상이 아님.

체계적으로 시행하기 위한 정책수단인 '해양생태계보전·관리기본계획의 수립'(제9조), 국가해양생태계종합조사(제10조), 해양생태도의 작성(제12조)에 관한 사항을 규정하고 있다. 제3장은 회유성 해양동물 보호, 보호대상해양생물보전계획의 수립, 교란생물 및 유해생물관리 정책을 규정하고 있다. 제4장은 해양보호구역의 지정과 관리에 관한 사항을, 제5장은 해양생물의 종다양성 보전을 위한 자원관 설치, 생물다양성관리계약 사항을 다루고 있다. 제6장은 해양자산의 관리를 다루고 있으며, 제7장은 보칙, 제8장은 벌칙으로 구성되어 있다.

이 글에서는 「해양생태계법」의 제정목적을 달성하기 위한 주요 수단 중 해양생태계보전·관리기본계획 및 해양보호구역제도[33]에 대해서 살펴보았다.

② 해양생태계보전·관리기본계획 및 해양생태도 작성

이 계획은 해양수산부장관이 10년마다 수립하는 국가계획으로 해양생태계의 현황, 보전·관리 기본방향 및 주요사업, 서식지 및 이동경로 복원, 교육홍보 및 민간협력, 지방자치단체와 협조, 국제협력 등의 사항을 포함하고 있다.

국가계획의 시행, 해양보호구역의 지정 및 관리 등 해양생태계를 효과적으로 보호하기 위해서는 보호가치가 높은 생태계의 현황 자료와 생태계에 대한 현재 및 잠재적 영향요인을 충분히 파악하여야 한다. 해양수산부장관은 10년 주기로 우리나라 해양생태계 실태조사를 수행한다. 2006년부터 시작한 생태계기본조사사업은 「습지보전법」에 의한 습지 기초조사와 통합하여 현재 국가해양생태계종합조사로 발전하였다. 해양생태계종합조사결과를 토대로 해양생태도를 작성하도록 규정[34]하고 있고, 해역을 생태적 보호가치에 따라 1등급권역, 2등급권역, 3등급권역, 별도관리지역[35]으로 구분하도록 하고 있다. 생태적 기준에 따른 해역을 구분하고 이를 지도로 나타

---

33) 우리나라 해양보호구역 전반에 관한 사항은 남정호 외(2004)를 참고할 것.

34) 시·도지사는 상세 해양생태도를 해양수산부장관과 협의하여 별도로 작성할 수 있음.

35) 1. 1등급 권역 : 다음에 해당하는 지역 및 해역
가. 보호대상해양생물의 주된 서식지·산란지 및 주요 이동경로가 되는 지역 및 해역
나. 해양생태계가 특히 우수하거나 해양경관이 특히 수려한 지역 및 해역
다. 생물의 지리적 분포한계에 위치하는 지역 및 해역 또는 해양식생(海洋植生)의 유형을 대표하는 지역 및 해역
라. 해양생물다양성이 특히 풍부하고 보전가치가 큰 해양생물자원이 존재·분포하고 있는 지역 및 해역
마. 그 밖에 가목 내지 라목에 준하는 해양생태적 가치가 있는 지역 및 해역으로서 대통령령이 정하는 기준에 해당하는 지역 및 해역
2. 2등급 권역 : 제1호 각 목에 준하는 지역 및 해역으로서 장래 해양생태적인 보전 가치가 있는 지역 및 해역 또는 1등급 권역의 외부지역 및 해역으로서 1등급 권역의 보호를 위하여 필요한 지역 및 해역
3. 3등급 권역 : 1등급 권역, 2등급 권역 및 별도관리지역으로 분류되지 아니한 지역 및 해역으로서 개발 또는 이용의 대상이 되는 지역 및 해역
4. 별도관리지역 : 다른 법률의 규정에 의하여 보전되는 지역 중 경관적 가치가 있는 지역으로서 대통령령이 정하는 지역

낸 해양생태도는 1차적으로 해양생태계보전·관리기본계획을 수립하는 데 기초자료로 사용된다. 또한 연안지역에서 개발사업에 관한 인·허가와 범위, 규모 등을 결정할 때 활용할 수 있다.

③ 해양보호구역 제도

「해양생태계법」은 해양보호구역을 '해양생물다양성이 풍부하여 생태적으로 중요하거나 해양경관 등 해양자산이 우수하여 특별히 보전할 가치가 큰 구역'(제2조 14호)으로 정의하고 있다. 이에 따라 해양수산장관은 '해양 자연생태계가 원시성을 유지하고 있거나 해양생물다양성이 풍부하여 보전 및 학술적 연구가치가 있는 해역' 등을 포함하여 6개의 범주에 해당하는 해역을 해양보호구역으로 지정하여 관리할 수 있다. 또한 해양보호구역을 해양생태계의 특성에 따라 해양생물보호구역, 해양생태계보호구역, 해양경관보호구역[36] 세 개의 형태로 구분하여 해양수산부장관뿐만 아니라 시·도지사가 지정할 수 있다(제36조).

해양보호구역으로 지정되면 법률에서 정한 바에 따라 행위제한(법 제27조)이 이루어지므로, 해양보호구역 지정은 지역이해관계자의 법률적 이익을 침해할 가능성이 있다. 이에 따라 해양보호구역을 지정할 때에는 지방자치단체, 지역주민, 이해관계인의 의견을 듣고, 관계부처의 장관과 협의 및 해양수산발전위원회의 심의를 거쳐야 한다. 과거 우리나라 해양보호구역 관리제도의 문제점은 지정 후 지정목적인 '생태계 보호'를 위한 사후대책을 시행하지 않았다는 데 있다. 이러한 문제를 해결하기 위하여 해양보호구역에 대해 관리기본계획을 수립(제28조)하도록 하고 있다.

한편 해양보호구역을 지정할 때 지역 이해관계자, 지방자치단체, 관계부처와 협의하는 기간이 오래 걸릴 수 있고, 이에 따라 보호가치가 높은 대상 해역이 적절하게 관리되지 않아 훼손될 우려가 있다. 이렇게 절차상 나타날 제도적 한계를 보완하기 위하여 '보호가치가 높은 해양생태계의 훼손이 우려되어 긴급한 보호가 필요한 해역'을 '긴급해양보호구역'으로 지정(제31조)할 수 있도록 하였다.

36) • 해양생물보호구역 : 보호대상해양생물의 보호를 위하여 필요한 구역
• 해양생태계보호구역 : 해양생태계가 특히 우수하거나 해양생물다양성이 풍부한 구역 또는 취약한 생태계로서 훼손되는 경우 복원하기 어려운 구역
• 해양경관보호구역 : 바닷가 또는 바다 속의 지형·지질 및 생물상(생물상) 등이 해양생태계와 잘 어우러져 해양경관적 가치가 탁월한 구역

(2) 습지보전법

① 제정 배경 및 개요

습지의 보전과 관리를 제도화하기 위한 검토는 1990년대 초반부터 시작되었다. 1990년대 중반 생태계와 서식지의 중요성, 가치를 새롭게 인식하면서 생물종 외에 일반 해양생태계나 서식지도 법률로 보호할 필요성이 제기되었다. 「습지보전법」은 기존의 생태계와 서식지 보호에 관한 법률이 포괄하지 못했던 습지생태계를 보호하기 위하여 1999년 2월 8일 제정되었다. 「습지보전법」은 우리나라의 대표적인 연안 습지인 갯벌의 무분별한 매립으로 발생하는 환경적, 생태적 영향과 손실을 방지할 수 있는 법적 수단으로서 의의가 크다. 또한 이 법률은 국제사회의 동향과 협약의 중요성을 인식하여 제도로 만든 측면도 있는데, 습지와 물새의 보호에 관한 국제협약인 람사르협약(Ramsar Convention)을 국내법 체계로 수용하였다는 점에서 의의가 있다. 이 법은 이를 반영하여 '습지의 효율적 보전·관리에 필요한 사항을 규정하여 습지와 그 생물다양성의 보전을 도모하고, 습지에 관한 국제협약의 취지를 반영함으로써 국제협력의 증진에 이바지하는 것'을 제정 목적으로 제시하였다.

「습지보전법」은 습지를 '담수·기수 또는 염수가 영구적 또는 일시적으로 그 표면을 덮고 있는 지역으로서 내륙습지 및 연안습지'로 정의하고 있다. 해양환경보전과 직접 관련이 있는 습지는 연안습지로, '만조시에 수위선과 지면이 접하는 경계선으로부터 간조시에 수위선과 지면이 접하는 경계선까지의 지역'이다.

4개 장, 27개 조문으로 구성된 「습지보전법」은 환경부장관과 해양수산부장관이 공동으로 관장하는 법률로 각 부처별로 습지조사(제5조)를 하도록 하고 있다. 이를 토대로 각 장관은 5년마다 습지보전기초계획을 수립하고, 부처 공동의 국가관리계획인 '습지보전기본계획'을 수립하여야 한다(제4조). 제2장은 습지보호지역의 지정과 개별 습지보호지역 보전계획의 수립에 관한 사항, 행위제한 등을 다루고 있으며, 제3장은 습지보호지역의 효과적인 관리를 위하여 보호지역의 권한(광업권, 어업권 등) 또는 토지를 매수할 수 있는 규정 등을 담고 있다. 이 법률의 제정목적을 달성하기 위한 중요한 정책 수단은 습지보전기본계획 및 기초계획과 습지보호지역 지정이다.

② 습지보전기초계획 및 습지보호지역

환경부장관과 해양수산부장관이 공동으로 수립하는 '습지보전기본계획'은 '습지보전에 관한 시책 방향, 습지조사에 관한 사항, 습지의 분포 및 면적과 생물다양성의 현황에 관한 사항, 습지와 관련된 다른 국가기본계획과의 조정에 관한 사항, 습지보전을 위한 국제협력에 관한 사항' 등을 포함하여 수립한다.

연안습지를 보호하기 위한 국가계획인 '연안습지보전기초계획'은 5년 주기로 수립하는데, 제1차 계획은 2006년 4월에 수립되었다. 이 계획의 정책기조는 '인간과 연안습지 생태계의 조화로운 공생'으로, 정책목표는 '지속적 이용이 가능한 연안습지 생태계의 유지·조성'으로 설정되었다. 정책목표 달성을 위한 5대 추진전략은 '연안습지 관리제도 기반구축, 지속가능한 이용을 위한 연안습지활용도 제고, 연안습지 생물다양성 보전체계 기반조성, 연안습지 보호 교육·홍보 강화, 남북한 및 국제협력증진'이다.

(3) 연안관리법

① 제정 배경 및 개요

연안(coastal area)은 바다와 육지가 만나는 특수한 환경대이고, 육상의 사회경제활동과 해양의 사회경제활동이 복합적으로 이루어지는 곳이다. 그러나 우리나라 연안은 그동안 육상중심, 개발중심의 정책으로 난개발, 공유수면(갯벌, 바닷가 등)의 무분별한 매립과 간척, 오염물질의 해양배출 등으로 해양환경오염, 생태계 훼손, 수산자원 감소, 심미적 가치 손실과 같은 문제가 발생하였다. 개발과 보전, 육상활동과 해양활동 사이의 갈등·경합뿐만 아니라 해양 공간 내에서 갈등과 경합(예, 항만개발과 생태계·수산자원 보전)이 연안지역에 나타난 대표적인 문제점이었다. 연안의 이러한 문제점을 환경보전, 개발, 해양, 육상분야와 같이 기능, 공간으로 나누어 해결하려는 분야별 접근(sectoral approach)만으로 해결하는 것은 한계가 있다. 따라서 분야별 접근의 한계를 극복할 수 있는 새로운 접근인 통합정책의 도입이 필요하게 되었다. 1992년 리우회의에서 채택한 의제21(Agenda 21)의 제17장 Ocean Chapter에서 연안통합관리를 해양과 연안의 지속가능한 발전을 실현할 수 있는 핵심수단으로 규정한 것은 통합적 접근의 중요성을 반영한 것이다.

정부는 연안통합관리 제도 도입을 위해 1996년부터 연안 실태조사를 수행하였으며, 이를 토대로 연안육역과 해역을 통합적으로 관리할 수 있는 법률인 「연안관리법」을 1999년 2월에 제정하였다. 이 법률의 제1조는 「연안관리법」이 연안의 지속가능한 발전을 실현하는 것을 목적으로 한다는 법률의 제정취지를 잘 보여준다.

> "제1조(목적) 이 법은 연안의 효율적인 보전·이용 및 개발에 관하여 필요한 사항을 규정함으로써 연안환경을 보전하고 연안의 지속가능한 개발을 도모하여 연안을 쾌적하고 풍요로운 삶의 터전으로 조성하는 것을 목적으로 한다."

이 법에서 처음으로 "연안"이라는 개념을 도입하였는데, 연안을 "연안해역과 연안육역"으로 규정하고, 연안해역을 바닷가와 만조수위선으로부터 영해의 외측한계까지의 바다로 정의하였다. 연안육역은 무인도서 및 연안해역의 육지쪽 경계선에서 500 m까지이며, 해양에 대한 영향이 큰 지정항만, 국가어항, 산업단지에 대해서는 1,000 m까지 그 범위를 확장하였다.

「연안관리법」은 4개 장 29개 조문으로 구성되어 있다. 이 중 「연안관리법」의 제정목적을 달성하기 위한 정책수단으로 국가계획인 '연안통합관리계획'과 지방자치단체가 수립하는 지역계획인 '연안관리지역계획'은 제2장 연안의 통합관리분야에서 규정하고 있다.[37] 연안의 환경 및 이용여건을 개선하기 위해 실시하는 연안정비사업은 자연재해로부터 해안보호사업, 해역정화·방치폐선 제거 등 연안해역 개선사업, 연안휴식공간 조성사업으로 구성되어 있다. 「연안관리법」은 연안정비사업의 효율적인 시행을 위해 10년 단위로 '연안정비계획'을 수립하도록 하고 있다.

현재 「연안관리법」의 용도구역제가 「해양공간계획법」으로 수용되면서 「연안관리법」은 연안침식관리, 자연해안목표관리, 연안정비사업 등 해안지역의 보전 및 관리에 특화된 법률로 변화하였다.

② 연안침식관리, 자연해안목표관리 및 연안정비사업

동해안을 중심으로 연안지역에서 광범위하게 발생하는 해안침식을 효과적으로 관리하기 위해 2013년 법률 개정을 통해 연안침식관리구역 지정에 관한 규정을 도입하였다. 이 법 제20조의2에 따라 해양수산부장관이 지정하는 연안침식관리구역은 핵심관리구역과 완충관리구역으로 구분하여 지정할 수 있다. 연안침식이 빠르게 진행중이거나 이로 인한 피해가 심각하여 긴급한 조치가 필요한 구역인 핵심관리구역에서는 침식에 영향을 주는 행위[38]를 법률에 따라 제한할 수 있다. 완충관리구역은 '핵심관리구역과 맞닿은 지역 등으로서 핵심관리구역 관리를 위하여 필요한 구역'으로 별도의 제한 행위가 없다. 침식관리구역으로 지정하게 되면 침식관리를 위한 구체적인 계획인 침식관리계획(제20조의4)을 수립·시행해야 한다.

한편 법 제21조에 따라 연안지역의 침식방지, 환경개선, 휴식공간조성을 목적으로 시행하는 연안정비사업은 10년 주기로 연안정비기본계획을 수립하여 시행해야 한다. 연안정비기본계획에는 '연안정비사업의 추진방향, 연안정비사업의 중장기계획, 연안

37) 「해양공간계획법」을 제정하면서 「연안관리법」을 개정하였는데, 연안통합관리계획 및 연안관리지역계획의 용도구역제가 「해양공간계획법」으로 수용되면서, 연안관리를 위한 계획의 수립에 관한 규정은 삭제되었음.

38) 건축물, 그 밖의 공작물의 신축·증축(관리구역 지정 당시의 건축연면적의 2배 이상 증축하는 경우에 한정한다), 공유수면 또는 토지의 형질변경 행위, 바다모래·규사 및 토석의 채취행위 등

정비사업의 연도별 내용 및 추진계획, 연안정비사업 간의 조정에 관한 사항' 등을 포함해야 한다. 연안지역의 생태계보전과 직접 관련이 있는 규정은 제32조에 따른 자연해안관리목표제이다. 이 제도는 인공해안이 증가하는 연안지역의 상태를 개선할 목적으로 도입하였는데, 자연해안에 대한 계획적 관리를 위해 해당 지역의 자연해안의 유지목표를 정하여 무분별한 해안개발을 통제할 수 있다. 자연해안관리목표를 유지하기 위해 개발이 불가피할 경우 자연해안복원사업을 연안정비사업으로 시행할 수 있다.

6 해양환경보전 및 관리의 원칙

해양환경을 보전하고, 보전으로 인해 발생하는 편익을 극대화하기 위해서는 앞서 설명한 법률과 제도의 정비, 관리계획의 수립, 정교한 정책수단의 개발과 시행, 재원 마련 등이 필요하다. 그러나 법률과 제도의 정비, 새로운 정책수단의 개발과 시행이 일관성을 유지하기 위해서는 해양환경보전 및 관리를 위한 원칙을 정하고 이를 정책 시행과정에서 적용해야 한다. 해양환경보전을 위한 원칙은 여러 가지가 있으며, 우선순위나 명칭은 기관이나 전문가에 따라 다양하다. 이 글에서는 우리가 해양환경보전과 관련한 법제도 및 정책의 개발과 이행과정에서 고려해야 할 원칙에 대해 기술하였다.

(1) 지속가능발전의 원칙(Principle of Sustainable Development)

해양환경을 보전하기 위한 법제도 개발, 정책방향, 관리목표 및 관리방안의 수립할 때 고려해야 할 가장 기본적인 원칙은 지속가능발전의 원칙이라 할 수 있다. 현세대의 욕구를 충족시키기 위한 개발행위가 우리 후손의 욕구를 충족시킬 수 있는 여건, 환경, 능력을 저해하지 않는 범위에서 이루어져야 한다는 것이다. 이는 자연환경이 가지고 있는 자체치유 능력, 즉 자연에 가해지는 스트레스를 완충하고 회복할 수 있는 능력에는 한계가 있으며, 이 한계를 넘어선 개발은 재생이나 복원이 불가능한, 돌이킬 수 없는 자연 파괴의 원인이 된다는 인식에서 출발한다.

정부에서는 이런 개념을 구현하기 위한 노력의 일환으로 정책적으로는 국가개발사업이 자연생태계의 환경용량[39]을 초과하지 않는 범위에서 이루어질 수 있도록 다

39) 환경용량에 관한 사항은 강대석·남정호(2003) 또는 임효혁 외(2003)를 참조할 것.

양한 정책을 개발하여 시행하고 있다. 범 정부차원에서는 대통령자문기구로 지속가능발전위원회를 설치하였다. 또한 일정규모 이상의 개발사업에 대해서는 환경영향평가 또는 해역이용협의제도를 적용하고 있으며, 규모가 매우 큰 개별 단위사업에 대해 전략환경영향평가 개념을 적용하는 등 제도개선을 꾸준히 추진하고 있다. 개발수요와 보전수요를 조화하려는 이 원칙을 현장에 적용하는 과정에서 갈등과 혼선이 있기도 하지만 지속가능발전은 과거 개발중심의 일방적 관리체계를 교정할 수 있는 원칙으로 기능하고 있다. 이 원칙은 해양환경보전과 관계가 있는 기본법인 「국토기본법」, 「국토의 계획 및 이용에 관한 법률」, 「지속가능발전기본법」, 「해양수산발전기본법」에서 자원과 공간에 관한 기본원칙으로 채택하고 있다.

(2) 사전예방적 관리의 원칙(Principle of Precautionary Approach)

사전예방적 관리의 원칙은 엄밀하게 '오염물질이 수체나 생태계로 유입하기 전에 사전에 처리(front-of-pipe)'하는 일반적인 환경보전 정책수단보다 훨씬 포괄적인 개념이다. 단순히 오염물질을 발생단계에서 줄이는 협소한 기술적 개념이 아니라 과학적으로 인과관계가 불확실하더라도 환경관리 대책을 시행해야 한다는 적극적이고 포괄적인 정책적 개념이다. 1969년 스웨덴의 환경보호법에 기원을 두고 있는 이 원칙은 지속가능발전의 원칙, 오염원인자 부담의 원칙과 더불어 국제사회가 환경보전에서 가장 적극적으로 채택하고 있는 원칙이다. 이에 따라 리우회의의 의제21이나 기후변화협약을 비롯하여 최근 발효한 환경보전 관련 국제협약을 이행하는 원칙이 되었다. 국내 법률에서는 1999년 「환경정책기본법」을 개정하면서 명문화하였고, 과학적, 기술적으로 가능한 최대한의 범위 내에서 환경훼손의 방지나 환경복원을 위한 대책을 수립하여 시행할 수 있는 근거라고 할 수 있다. 즉 앞서 설명한 바와 같이 환경문제의 인과관계를 과학적으로 명확하게 규명하는 것은 불가능하기 때문에 환경문제의 발생을 근원적으로 차단하기 위한 대책을 수립해야 한다는 것이다. 육상보다 과학적 불확실성이 크고, 국민보건과 직접적 관련성이 상대적으로 적은 해양에서는 이 원칙이 매우 제한적으로 적용되고 있다. 사전예방적 관리의 원칙을 적용하는 과정에서 '규제강화'를 우려한 개발주체의 반발과 예산과 비용이 과다하게 소요된다는 지적이 있기 때문이다. 그러나 국민소득이 증가하고 해양환경보전에 대한 인식이 높아지면서 사전예방적 관리의 원칙을 해양환경보전에 적용하는 범위는 확대되고 있다. 해양환경영향평가제도가 강화되고 있고 해역이용협의제도가 정착하고 있는 것은 이를 반영한다.

(3) 오염원인자 부담의 원칙(Principle of Polluter's Pay)

오염원인자 부담의 원칙은 환경보전에서 가장 오래되고, 폭넓게 받아들여지고 있다. 우리나라는 1990년 「환경정책기본법」을 제정하면서 '오염원인자의 비용부담 책임'이라는 조문을 통해 이 원칙을 도입하였고, 그 후 '오염원인자 책임원칙'으로 정착되었다. '시장의 기능'을 중요하게 생각하는 규제완화나 경제학적 관점에서 환경문제에 접근하는 입장에서도 이 원칙을 환경보전의 일반 원칙으로 받아들이고 있다. 이 원칙의 핵심은 사회경제활동 주체가 환경오염이나 서식지 훼손과 같은 환경문제를 일으킬 경우 이에 대한 책임을 지고 환경오염을 방지하기 위한 대책을 시행하거나 피해를 보상하고, 손상된 환경을 복원해야 한다는 것이다. 즉 자연자원과 공간을 법률에 근거하여 정당하게 이용하였더라도 환경문제가 발생하면 이에 대해 책임을 져야 하는 것으로, 한 국가 내에서 개인(단체, 기관 포함) 대 개인 사이에는 확고하게 준용되고 있다. 최근 들어서는 지역 대 지역 간 발생하는 환경문제뿐만 아니라 국가 대 국가 사이에 발생하는 환경문제의 해결에도 적용하려는 움직임이 있다. 지역 대 지역, 국가 대 국가 사이에는 법리 논쟁이 있어 이 원칙을 실제 적용하기까지는 이론적 연구가 더 필요하다. 수익자 부담원칙은 오염원인자 부담의 원칙에 대비되는 원칙으로 우리나라 4대강 수계 오염총량관리제도의 근간이 되고 있다. 수익자부담 원칙을 모든 환경문제 해결에 적용할 수 없겠지만 환경보호를 위해 누군가의 권한을 제한할 경우 권한의 제한으로 발생하는 재산권 손실부분을 환경보호로 이익을 얻는 주체가 보상할 수 있는 이론적 근거가 될 수 있다. 예를 들어 해양보호구역의 지정은 어업권, 광업권 등 어민과 이해당사자의 권한을 제한할 수 있기 때문에, 해양보호구역 제도의 시행으로 이익을 얻는 주체인 다수의 국민들이 지역주민의 경제적 손실을 보상해야 한다는 것이다.

(4) 동반자적 협력관리의 원칙(Principle of Partnership-based Management)

해양환경을 보전하기 위해서는 육상활동 및 육상기인 영향을 효과적으로 관리하는 것이 매우 중요하다. 특히 이용개발 수요가 높고 보전과 이용·개발 사이의 갈등[40]이 심각한 연안에는 이해관계자뿐만 아니라 관계부처도 매우 다양하다. 또한 육상과 해양의 경제적 수요가 복합적으로 발생하며, 중앙부처와 지방자치단체의 이해가 때로 엇갈리기도 한다. 생태적으로는 갯벌, 습지, 늪지, 하천 등 다양한 생태계가

40) 우리나라 연안해양 갈등관리에 대한 자세한 사항은 남정호(2005b)를 참고할 것.

분포하고 있다. 따라서 해양환경보전 정책이 성공하기 위해서는 다양한 이해관계자의 입장을 합리적으로 조정하고, 일반시민의 관심을 육상환경에서 해양환경으로 확대하는 것이 필요하다.

해양환경 보전에 관한 사회의 인식이 최근에 확산되고 있지만 과거에는 매우 취약한 상태였다. 해양환경보전에 대한 인식이 확대됨에 따라 환경관리에서 보전과 개발이라는 근본적으로 충돌하는 두 가지 입장을 조화시키는 것뿐만 아니라 해양환경보전에 대한 관심을 높이고 역량을 모을 수 있는 동반자적 협력관계를 구축하는 것이 매우 중요하다. 협력관계는 중앙부처 사이, 지방정부와 중앙부처 간, 지방정부 간(내륙-연안, 인접 연안 지방자치단체 간), 행정기관과 지역주민 사이, 산업체와 민간단체 사이 등 다양한 형태로 나타날 수 있다. 특히 1990년대 중반까지 주를 이루었던 수직적, 상의하달(top-down)형 정책개발과 집행방식에서 벗어나 수평적, 하의상달(bottom-up)형 정책결정 체제를 구축하는 것이 진정한 협력관계를 구축하는 데 기여할 수 있다. 동반자적 협력관계는 정책의 투명성을 높일 뿐만 아니라 정책결정 과정의 민주성과 완성도를 높일 수 있다. 또한 이렇게 협력과 참여를 통해 정책이 결정되면 각 이해관계자가 공동의 책임을 느껴 정책이 효과적으로 시행될 수 있는 기반이 만들어지므로 사회적으로는 비용을 줄이는 효과도 있다. 즉, 중앙부처에 대해서는 지방자치단체가, 행정기관에 대해서는 산업체와 지역주민이 정책의 '대상'이 아닌 정책 시행의 동반자가 되어야 한다는 것이 '동반자적 협력관리의 원칙'이다. 법률이 동반자적 협력관리의 원칙을 별도의 조문으로 명확하게 규정하고 있지 않지만, 이 원칙은 대부분의 환경보전 관련 법률에서 정한 정책결정 과정과 집행절차의 필수 구성요소로 기능하고 있다. 예를 들면 지역주민 의견수렴, 공청회의 개최와 같은 기초적인 민주적 절차부터 민간인이 정책결정과정에서 각종 위원회에 참여하는 제도까지 매우 다양하게 존재한다.

(5) 통합관리의 원칙(Principle of Integrated Management)

지속가능한 발전의 원칙, 동반자적 협력관리의 원칙은 통합관리의 원칙과 매우 밀접한 관계가 있다. 이는 앞의 2개 원칙을 일관성 있게 현장에서 적용할 때 다양한 요소를 종합적으로 고찰하는 통합적 접근이 불가피하기 때문이다. 통합관리의 원칙은 개발과 보전의 조화, 상충하는 이해관계의 조정을 견지하는 앞의 두 원칙보다 폭이 넓을 뿐만 아니라 체계적인 접근을 필요로 하는 원칙이다. 물론 통합관리의 범위는 통합의 목적, 통합의 대상, 통합의 요소, 통합의 수준 등에 따라 크게 다르기 때문에 획일적으로 정의하기 어렵다. 그러나 우선적으로 생각해 볼 수 있는 통합관리의 내용은 '해양, 담수, 유역 등 공간통합', '관련부처 및 지방자치단체 간 협력관리를 실현하는 관리주체의 통합', '관리주체 간 역할분담과 이용·보전·개발 행위 간 조화를 추구할 수 있는 정책의 통합', '과학조사에 근거하여 해양·연안관리를 실현하는 과학과 정책결정의 통합', '현세대와 미래세대의 이용을 고려한 시간의 통합' 등이 있다.[41] 이 글에서는 통합의 대상을 개념적으로 구분하였지만 실제 이 모든 대상은 서로 밀접하게 연관되어 있다. 이 중 해양환경보전을 위해서는 공간(육상-해양, 해안-표층-수중), 과학과 정책결정, 관리주체와 제도의 통합을 먼저 고려해야 한다.

이러한 통합의 개념은 각 요소를 단순히 기계적으로 결합하는 종합의 개념과 차별되어야 한다. 이런 관점에서 구성요소 간, 관리대상 간의 유기적인 연관관계를 고려한 통합 메커니즘을 다양한 형태로 개발할 필요가 있다. 통합관리의 원칙에 바탕을 두고 제정된 법률은 「연안관리법」이 대표적이며, 명시적으로 표현하고 있지 않지만 대부분의 법률이 통합관리의 원칙을 함축적으로 포함하고 있다.

7.3 해양환경보전 관리체제(유류오염방지대책)

1 해양오염관리 관련 법령 및 관장기관

(1) 해양오염방지법

해양환경분야 관련 법령에는 「해양환경관리법」, 「해양수산발전기본법」, 「공유수면법」, 「어장관리법」, 「연안관리법」 등 여러 법률이 있으나 유류오염중심의 해양오염방지를 위한 법률의 기원은 1997년 12월에 제정한 「해양오염방지법」이다.

이 법은 선박과 해양시설로부터 기름, 유해액체물질, 폐기물 등의 해양배출을 규제하고, 오염방지시설의 설치·운영 및 오염사고 발생시 방제조치사항 등을 규정하고 있으며, 73/78MARPOL협약, LC협약(London Convention), OPRC협약(International Convention on Oil Pollution Preparedness, Response and Co-operation) 등 각종 국

41) 통합관리의 원칙, 지속가능발전의 원칙과 궤를 같이하는 원칙으로 생태계 중심 관리의 원칙이 있음. 지속가능발전의 원칙이 근본적이고 포괄적인 개념이라면 생태계 중심관리의 원칙은 생태계를 이루는 서식지, 생물, 인간, 물, 토양 등 다양한 구성요소가 서로 밀접하게 연결되어 있다는 점에서 통합관리의 원칙을 수용하고 있음. 이에 따라 생태계 중심관리의 원칙은 공간적으로는 해양-연안-하구-하천-유역을 통합적, 종합적 관점에서 관리하는 원칙으로 이해될 수 있는바 광의의 관점이라고 할 수 있음. 이와 달리 생태계의 건강성을 유지·증진하는 것을 정책의 목표로 설정하거나 생태계를 정책이행의 지표로 설정하는 협의의 관점도 있음.

제협약의 이행방향을 포함하고 있다.

(2) 해양환경관리법 제정

해양오염물질의 다양화와 새로운 국제협약 채택 등 여건 변화를 수용하고 해양환경정책을 더 종합적·체계적으로 추진하기 위해 2007년 1월 19일 「해양오염방지법」을 폐지하고 「해양환경관리법」을 제정하였다. 새로 제정된 이 법은 2008년 1월 19일부터 시행되고 있으며 유류오염방지분야 규정은 기존의 「해양오염방지법」 체제를 그대로 유지하고 있다.

(3) 관장기관

해양환경보전 관련 업무는 해양수산부, 해양경찰청, 환경부, 지방자치단체 등 여러 기관이 담당하고 있다. 해양수산부는 해양 관련 종합행정기관으로서 해양환경보전 관련 법령정비 및 제도·정책총괄, 해양환경종합 계획 등 기본계획수립, 각종 기준 설정, 피해조사 및 배상 관련 업무 등을 담당하고 있다.

해양경찰청은 해양오염예방·규제단속, 해양오염방제 등 해양오염분야 현장집행업무를 총괄하고 있다. 환경부는 해양을 포함하는 자연환경보전 국가환경보전정책과 해양오염의 주범이 되고 있는 육상오염 방지시설설치 등 간접적인 해양오염관리업무에 관여하고 있다. 지방자치단체는 쓰레기 등 육상오염물질의 유입방지, 해안표착 방제 등 관할 해역관리 일환으로 해양환경보전 업무에 참여하고 있다.

2 해양오염사고 예방대책

(1) 유조선 안전운항 체제구축

해양에서 선박에 의한 대형 해양오염사고는 대부분 유조선의 해난사고에 기인하고 있으므로, 유조선의 해난사고 방지대책이 곧 대형해양오염사고 예방대책이라 할 수 있다. 1995년 여수 씨프린스 호 사고 이후 유조선을 비롯한 선박의 안전운항체제를 구축하고 2007년 태안 허베이스피리트 호 사고를 계기로 더욱 강화하였다.

① 유조선 통항금지해역 설정

대형오염사고는 선박이 연안 가까이 좁은 항로로 운항하면서 좌초·충돌 등 해난사고에 의하여 발생하고 있다. 기름 또는 유해액체물질을 1,500톤 이상 운반하는 선박은 통항금지해역 안에서 운항을 금지하고, 운항확인을 위하여 위성자동항적기록장치(GPS-Plotter) 설치, 운항사항 보고 및 기록 유지 등을 의무화하고 있다.

- 대　　상 : 경유 또는 중유 1,500 kL 이상,
  유해액체물질 1,500톤 이상을 싣고 운반하는 선박
- 시행일자 : '97. 8. 1일 시행

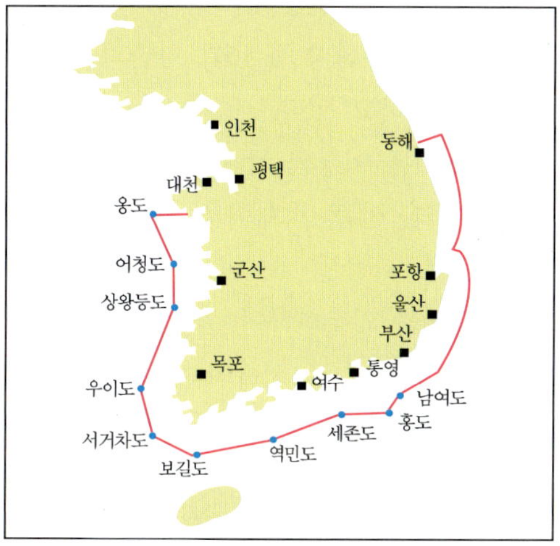

그림 7.3.1 유조선 통항금지해역

② 유조선 이중선체구조 의무화

선박은 충돌·좌초 또는 그 밖의 해양사고가 발생하는 경우 기름의 배출을 방지할 수 있는 선체구조를 갖추어야 한다. 대표적인 사례로 유조선에 대해서는 이중선체구조를 갖추도록 의무화하고 있다. 유조선 사고로부터 기름유출을 방지하기 위한 선체구조에는 이중선체구조, 소형선이중선체구조 또는 이중선저구조 등이 있으며, 건조·인도 시점, 재화중량톤수, 국제항행 여부 등에 따라 갖추어야 하는 시점이 달라진다.

1996년 7월 6일 이후 건조되는 재화중량톤수 600톤 이상의 유조선은 이중선체구조 또는 이중선저구조를 갖추어야 하며, 2010년 1월 1일 이후에 건조되는 600톤 미만 유조선은 소형선이중선저구조를 갖추어야 한다. 기존 선박도 재화중량톤수 5000톤 이상은 2010년 12월 31일까지, 재화중량톤수 600톤 이상 5000톤 미만 국제항해에 종사하는 중질유 운송 유조선은 2008년 해당선박 인도일까지 소형선이중선체구조를 갖추어야 한다. 1996년 7월 6일 전에 인도된 재화중량톤수 600톤 미만 소형 유

조선은 2019년 12월 31일까지 소형선이중선저구조를 갖추어야 한다.

③ 선박안전운항 지원시스템 구축

선박통항이 빈번한 협수로 또는 항로상의 장애물 등으로 인하여 해양사고 발생 위험성이 높은 해역에 해상교통관제센터를 설치하고 이 해역을 항행하는 선박에 필요한 항행정보를 제공함으로써 사고를 방지하기 위한 해상교통관제시스템(Vessel Traffic Service, VTS)을 운용하고 있다. 우리나라는 1993년 포항항에 최초로 VTS를 도입한 이후 현재 부산항 등 15개 항만과 5개 연안에 총 20개소를 설치하여 24시간 관제업무를 수행하고 있다.

또한 총톤수 300톤 이상의 국제항해 선박, 여객선 및 일정규모 이상의 국내항해 선박에 대하여 선명·선종·적재화물 등 정적정보와 항해위치, 항해상태, 침로, 속도 등 동적정보 등을 파악할 수 있는 선박자동식별시스템(Automatic Identification System, AIS) 설치를 의무화하여 선박안전운항을 도모하고 있다. 2010년 이후 50톤 이상의 선박으로 장착 의무 선박의 범위를 확대하여 운영하고 있다.

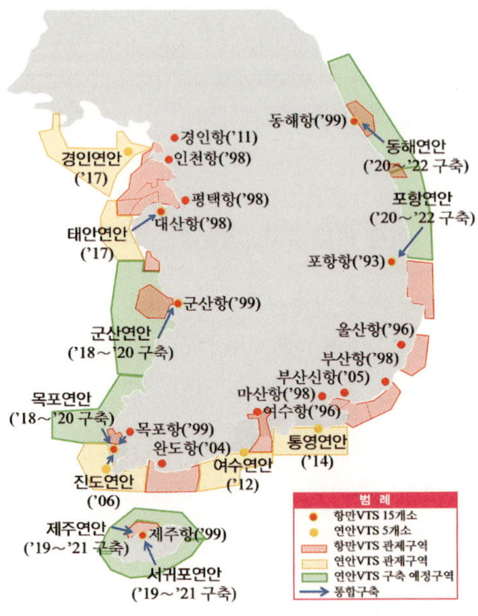

그림 7.3.2 해상교통관제센터 설치·운영 현황

(2) 해양오염예방 및 감시활동

해양오염사고 예방을 위하여 선박이나 해양시설에 대한 점검과 불법적인 배출행위 등을 감시·단속하고 있다. 해양오염감시활동은 해양경찰청에서 해양환경감시원을 임명하여 감시원에 의한 연안 육상감시와 경비함정·방제정·순찰정 등에 의한 해상감시 그리고 헬기나 고정익 비행기에 의한 항공감시 등 육상·해상·항공 등 입체적인 감시활동을 실시하고 있다.

특히, 국내·외 유조선 및 화학물질 운반선 1,000여 척에 대한 해양경찰청 - 해양수산부 합동점검을 통해 대규모 해양오염사고를 사전예방하기 위해 노력하고 있으며, 기름 넘침관 미설치 선박 등 해양오염사고에 취약한 선박 등에 대해서는 특별관리 및 사전·사후 컨설팅 등을 실시하여 부주의에 의한 해양오염사고 줄이기도 적극적으로 추진하고 있다.

최근 미세먼지, 황산화물, 질소산화물 등을 선박에서 대량으로 발생하는 대기오염물질에 대한 배출단속 및 대기방지설비 운용상태 점검을 통해 대기질 개선에도 노력하고 있다.

또한, 재난적 해양오염 및 안전사고 우려가 높은 기름·유해액체물질 저장 해양시설 486개소를 대상으로 2015년부터 지자체·소방서 등과 합동으로 국가안전대진단을 실시하고 있다.

해양오염 사각지대를 없애기 위해 시기별·대상별 테마단속, 특별단속 기간을 설정하여 상습적이고 고질적인 불법 해양오염행위를 집중 단속하고 있다.

해상에서 발견되거나 신고된 오염사항 중에 행위자를 쉽게 파악할 수 없는 경우에는 시료를 채취하여 유지문법에 의한 감식·분석으로 행위자를 색출 처리하고 있다.

유지문법이란?
사람마다 고유한 지문이 있는 것처럼 각각의 기름이 가지고 있는 탄화수소의 고유한 특성을 분석하는 방법으로, 오염사고 시 해상으로 유출된 기름과 사고해역 인근 선박들이 적재 또는 사용하고 있는 기름을 비교, 분석해 오염 선박을 찾아낸다.

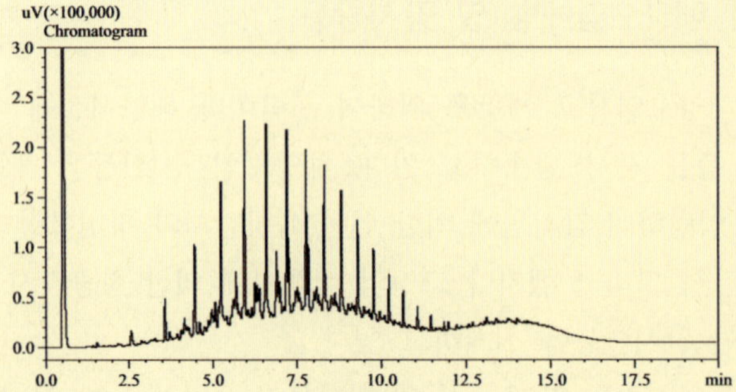

▲ 해상유출유

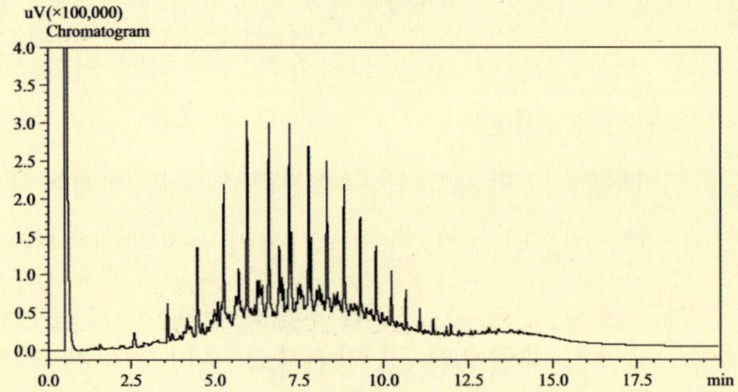

▲ 해상유출유와 같은 종류의 기름

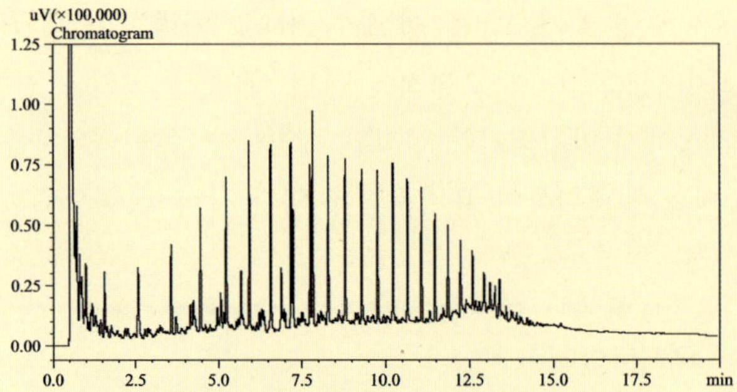

▲ 해상유출유와 다른 종류의 기름

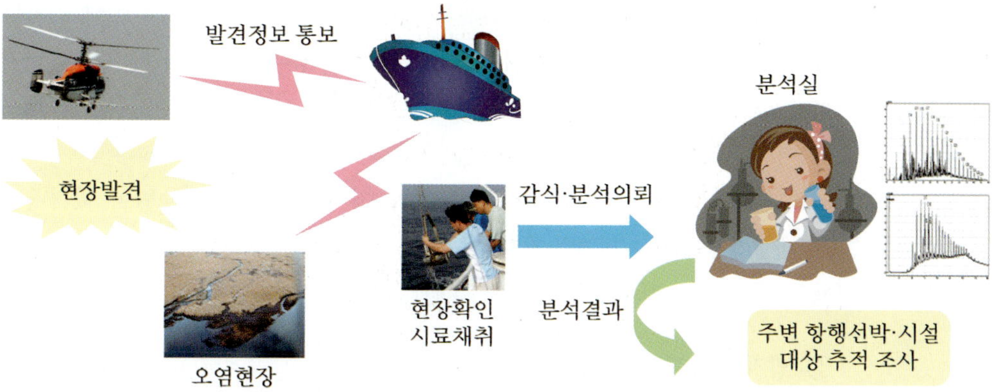

그림 7.3.3 유류오염 원인자를 알 수 없는 경우의 조사절차

표 7.3.1 해양오염 단속실적

구분	합계	위반대상별							위반내용별			
		선박(척)					시설	불명	오염행위	의무규정위반	행정질서위반	경고(행정지도)
		소계	유조선	화물선	어선	기타선						
2013	1,032	639	167	89	159	224	391	2	338	70	116	508
2014	500	336	67	24	47	198	159	5	229	15	38	218
2015	1,308	517	104	55	127	231	774	17	284	20	87	917
2016	1,574	877	139	112	234	392	694	3	303	39	89	1,143
2017	1,223	760	169	54	154	383	455	8	322	83	113	705

주) ▪ 오염행위 : 기름, 유해액체물질, 폐기물 등 해양에 배출한 경우
▪ 의무규정 위반 : 오염방지설비 유지·작동 의무위반, 기름 등 폐기물 배출방지조치 미이행, 폐기물 처리기준 위반 등
▪ 행정질서 위반 : 폐유저장용기·기름기록부·기름오염비상계획서 미비치, 오염방지관리인 교육·훈련 미 이수 등

3 해양오염사고 방제대책

(1) 해양오염사고 방제제도

① 방제조치의무

해양오염사고 발생시 방제조치 의무는 '원인자 책임의 원칙'에 의거 배출행위자인 사고선박 선주 또는 시설주에게 있으며, 행위자가 자체 보유장비로 방제조치를 하거

나 해양환경공단·방제업체에 의뢰하여 방제할 수 있다. 행위자가 방제조치를 하지 아니하거나 미흡할 때 또는 행위자를 알 수 없는 경우에는 국가(해양경찰청)가 방제조치를 하고, 소요된 방제비용을 행위자에게 징수하도록 「해양환경관리법」에 규정하고 있다.

그러나 오염사고 발생시 대부분의 방제조치 의무자는 방제능력이 없거나 미약하므로 해양경찰청에서 방제조치를 주관하고 있으며, 연안표착유 방제는 기름으로 오염된 지역의 연안지자체장 또는 시설관리 행정기관의 장이 조치하도록 되어 있다.

② 방제지휘체제

해양오염사고 대응 시 관계부처의 역할과 책임은 「해양환경관리법」과 국가긴급방제계획 등에 명확하게 명시되어 있으며 해양경찰청은 오염현장 사고대응을 총괄지휘하며 사고 초동조치를 주도한다. 해양수산부는 피해보상과 오염영향평가 책임을 지고, 위험도에 따라 위기경보를 발령하는 역할을 하며, 해안에 달라붙은 기름은 관할 지방자치단체가 처리하도록 구분되어 있다.

대규모 해양오염사고는 1~2개 기관의 역량만으로는 대응할 수 없어 국가긴급방제계획에서는 오염행위자와 20개 관계기관이 서로 협력하여 대응하도록 역할과 책임을 분장하고 있다.

해양경찰청은 「정부조직법」, 「해양환경관리법」 상 국가 방제 총괄기관으로서 전문 인력과 장비를 보유하고 있으며, 실제 사고 현장에서 사고대응을 총괄한다. 해양오염사고 발생 시 해양경찰청장을 본부장으로 하는 방제대책본부를 설치하여 방제작업 현장에 동원된 인력·장비를 총괄 지휘·통제하고 있으며, 사고규모에 따라 방제대책본부장의 권한을 해양경찰서장에게 위임하고 있다. 대규모 해양오염사고가 발생할 경우 현장 대응을 총괄 지휘하는 방제대책본부(본부장 해양경찰청장) 이외에 해양수산부에서는 중앙사고수습본부를, 행정안전부는 중앙재난안전대책본부를, 지방자치단체는 지역재난안전대책본부를 설치하여 상호 유기적으로 협력하면서 사고에 대응한다(해양수산부, 2018). 또한, 기획재정부, 과학기술정보통신부, 외교부, 국방부 등 정부부처, 지방자치단체, 해양환경공단 등 20개 정부부처와 단체에서 사고대응에 참여하여 주어진 역할을 수행하게 된다(해양경찰청, 2018).

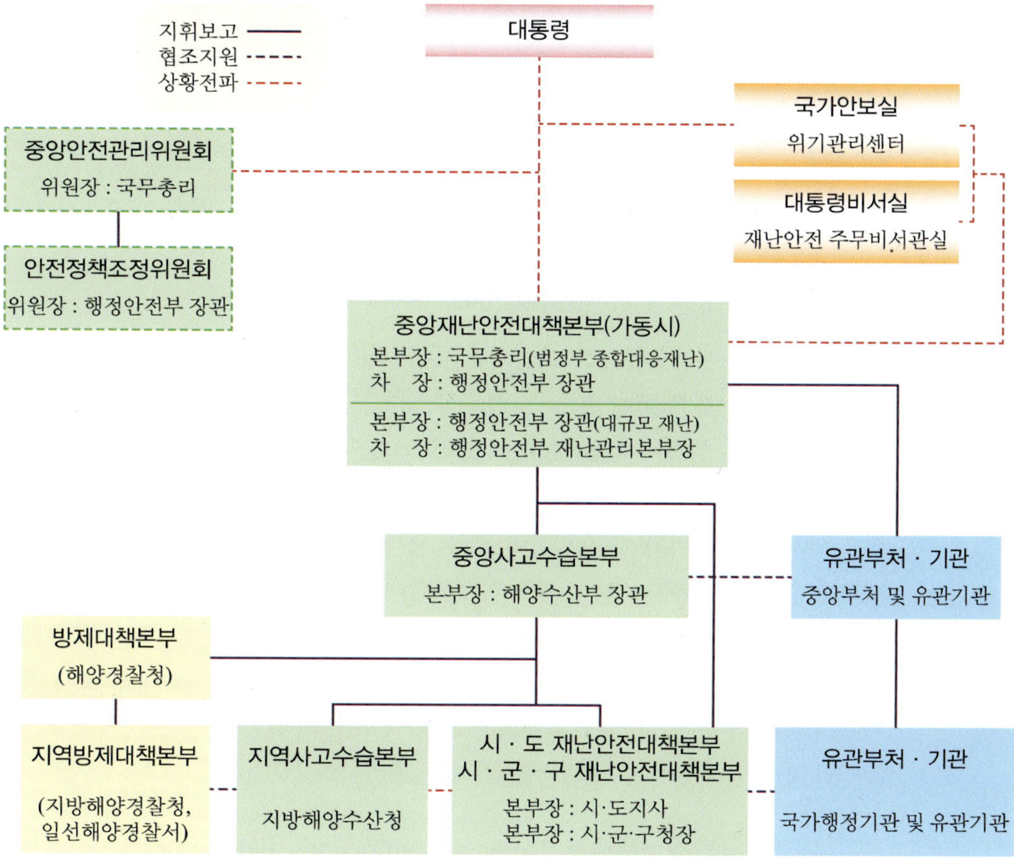

그림 7.3.4 대규모 해양오염사고 위기관리 종합체계도(해양수산부, 2018)

③ 지역 해양오염 방제대책협의회

지역 해양오염 방제대책위원회는 해양경찰서장을 위원장으로 하고 해당지역을 관할하는 관계기관의 소속 공무원, 유관단체·업체의 임직원 및 주민대표 등을 위원으로 구성되며, 해양오염사고에 대비한 방제실행 계획의 심의, 방제조치에 필요한 인력, 물자, 장비, 처리시설 등에 관한 관계 지방행정기관간의 업무 조정 등의 기능을 수행하고 있다.

④ 방제기술지원협의회

해양환경보전과 과학적인 방제를 위한 기술지원 및 자문을 위하여 유출유 확산예측, 선체구난, 보험법률 등 6개 분야 25명의 전문가로 방제기술지원단을 구성하여 운영하고 있다. 이들 전문가는 방제전략 수립 및 방제방법 선택, 사고선박의 선체안전 및 처리, 기름과 유해액체물질의 특성 규명 및 피해감소 방안, 유출유 이동확산 예측 등에 있어 현장지휘관과 방제대책본부장을 자문하고 기술지원하는 역할을 수행하고 있다.

(2) 해양오염사고 대비·대응계획

① 국가긴급방제계획(National Contingency Plan, NCP)

기름 또는 위험유해물질이 해양에 배출될 우려가 있거나 배출되는 경우를 대비하여 해양오염의 사전 예방 또는 오염물질 배출시 방제조치에 관하여 범 정부차원의 긴급방제계획을 수립·시행하고 있다. 이 계획은 국가 방제체제·조직, 관계기관의 임무와 역할, 국제협력 등 해양오염사고 대비·대응에 관한 기본 틀을 규정한 법정계획으로서 해양경찰청장이 수립하여 해양수산발전위원회의 심의를 거쳐 확정한다. 이 계획에는 국가방제체제 및 대응조직, 사고 대응을 위한 지역긴급방제실행계획의 수립·시행, 방제자원의 확보 및 긴급동원 태세 유지, 방제 교육·훈련, 현장 대응절차 및 안전관리, 야생동물 보호조치, 방제종료, 해양오염사고 영향과 피해 조사 등에 관한 사항을 다루고 있다. 제1차 계획은 2000년 1월, 국무회의 보고를 거쳐 최초로 확정되었고, 이후 여러 차례 개정을 거쳐 시행중이다.

② 지역긴급방제실행계획(Regional Contingency Plan, RCP)

국가긴급방제계획을 원활하게 시행하기 위하여 해양경찰서 관할 해역별로 지역긴급방제실행계획을 수립·시행하고 있다. 현재 우리나라 전 해역을 해양경찰서 관할에 따라 18개 해역으로 구분하여, 해역별 특성을 파악하고 해양오염 위험도를 분석·평가한 뒤 지역방제실행계획을 수립하였으며, 이 계획에는 해역별 특성뿐만 아니라 오염물질별 사고위험평가 및 대응전략, 방제조직의 운영 및 사고 유형별 방제조치 계획, 방제장비, 자재 및 약제 등의 동원 및 보급·지원 계획, 해양오염 방지 및 방제에 관한 교육·훈련 등이 포함되어 있다.

③ 방제지원시스템 개발·운용

사전에 조사한 정보나 수치모델을 가동한 결과 등을 기반으로 해양오염사고 대응전략을 결정하는 것을 지원하거나 자료가 너무 방대하여 사람의 힘으로는 한계가 있는 정보를 체계적으로 관리하는 전산시스템을 개발하여 해양오염사고 대응에 활용하고 있다. 이 시스템에는 유출유 확산예측 시스템, 안전디딤돌 해양오염대응정보 앱,

해양오염예방관리시스템, 해안방제통합포털시스템 등이 있다.

유출유 확산예측 시스템은 해양오염사고 발생 시 해상유출유의 이동·확산경로를 과학적으로 예측하고 해양오염피해 위험평가를 통하여 방제우선순위 등 최적의 방제전략 결정 등을 지원하는 방제지원시스템이다. 해안방제통합 포털시스템은 우리나라 전 해역에 대한 해역과 저질 특성, 환경민감도 정보, 방제장비 D/B 등을 한눈에 볼 수 있으며, 각 해역별로 권장방제방법과 방제종료기준을 제공하여 현장 방제작업에 활용할 수 있다.

(3) 해양오염사고 대비·대책

① 국가방제능력 확보

국가방제능력은 현지기상, 오염상황, 방제여건 등을 복합적으로 고려해야 하므로 정확하게 수치화할 수 없으며, 일부 국가에서는 나름대로의 국가방제능력 확보목표를 설정하여 관리하고 있다.

우리나라는 1995년 씨프린스 호 사고 이후 국가방제능력 확보 목표를 20,000 kL로 설정하고 정부(해양경찰청) 10,000 kL, 민간 10,000 kL씩 분담하여 능력을 확보하였다. 그러나 이후 이를 일부 개정하여 현재는 해상은 기름회수 목표량을, 해안은 대규모 해양오염사고 시 초기 7일간 사용할 기자재를 비축하는 것을 목표로 설정하여 관리하고 있다.

해상기름회수 목표량은 우리나라에서 발생할 수 있는 최악의 오염사고를 초대형 원유운반선에 의한 기름 45,000톤 유출사고로 가정하고, 이를 방제정이나 유회수기 등을 동원하여 7일만에 회수하는 것을 목표로 회수능력 22,500 kL를 설정하여 관리하고 있다.

회수능력은 해양경찰을 포함한 우리나라의 모든 방제정과 유회수기를 동원하여 1일 8시간 3일간 운용한 회수용량을 의미하며, 2017년 12월 말 현재 우리나라 회수용량은 30,040 kL로 목표량을 약간 초과하여 확보하고 있다. 해경을 비롯한 정부기관에서 12,402 kL, 해양환경공단, 민간방제업체 및 기름과 유해액체물질 취급 해양시설 등에서 17,638 kL를 보유하고 있다.

해안의 경우 2007년 12월 충남 태안에서 발생한 허베이스피리트 호 사고와 같은 국가 재난적 해양오염사고 발생 시 사고 초기 7일간 사용가능한 방제기자재를 비축하는 것을 목표로 설정하여 관리하고 있다. 2007년 태안 오염사고 시 해안방제 자재 부족으로 사고대응에 차질을 초래한 문제점을 개선하기 위하여 전국 3개소(대산, 광양, 울산)에 대규모 방제비축기지를 신축하여 개인보호복, 개인용 방제작업도구, 유흡착재, 저장용기 수거포대 등 사고초기 대규모 물량이 소요되는 물품을 비축하고 있다.

구 분	대산방제비축기지	광양방제비축기지	울산방제비축기지
위 치	대산항	광양항	온산항
준 공	'09. 11월	'09. 9월	'11. 4월
연면적	1,731 m^2	2,424 m^2	1,767 m^2
공사비	20억 원	35억 원	20억 원
시설형태	단층 철골구조	3층 철골구조	2층 철골구조

그림 7.3.5 전국 대규모 방제비축기지 현황

② 해양오염방제조합(현 해양환경공단) 설립

1995년 씨프린스 호 기름유출사고 이후 민간차원의 방제능력을 높이기 위하여 1996년 4월에 「민법」에 의한 방제조합이 설립되고, 1997년 11월 「해양오염방지법」에 의한 특수법인으로 한국해양오염방제조합이 설립되었다. 그 당시 한국방제조합은 141개의 회원사를 두고 있었다.

방제전문기관으로서 주요사업은 선박 또는 해양에서 배출된 기름 등 폐기물의 방제조치, 방제기자재 비축·대여, 폐유저장·처리시설 운용, 방제선 등의 배치 대행, 국가 및 지자체 위탁사업 등이 있다.

2007년 1월 19일 「해양환경관리법」이 제정되면서 해양오염방제조합이 해양환경관리공단으로 개편되고, 해양오염방제뿐만 아니라 해양환경 보전·관리·개선을 위한 사업, 해양환경관련 기술개발 및 교육훈련 등 종합적인 해양환경관리업무를 담당하게 되었다. 현재 해양환경공단으로 기관의 명칭을 변경하였으며, 사업영역도 확장하였다.

③ 신속대응태세 유지

해양오염사고 신고를 신속하게 접수하기 위하여 전국 해양경찰서, 파출소 및 출장소 등을 해양오염신고센터로 지정하여 24시간 신고접수체계를 유지하고 있으며, 신고 접수 시 현장에 가장 빨리 도착할 수 있는 함정, 항공기 또는 전문인력이 즉각 현장에 출동하여 확인하여 조치할 수 있는 체계를 갖추고 있다.

그리고 해양경찰, 해양환경공단, 관계기관 및 단·업체에서 보유하고 있는 전국방제장비를 D/B화하여 사고 발생시 신속하게 동원할 수 있도록 하고 있다.

④ 방제실행능력 확보

해양오염사고 시 체계적으로 대응할 수 있도록 각종 매뉴얼과 교육·훈련 프로그램을 개발하여 활용하고 있다. 「해양환경관리법」과 국가긴급방제계획에 의거 18개 해역에 대해 지역긴급방제실행계획을 수립·시행하고 있으며, 대규모 해양오염사고 방제대응절차를 개발하여 사고에 체계적으로 대응하고 있다. 또한, 방제요원의 기술능력을 배양하고 실제 사고시 몸이 기억하고 반응할 수 있도록 다양한 방제교육·훈련 프로그램을 운영하고 있다. 특히, 기름과 유해화학물질 유출사고에 대비하여 실전과 같은 민관 합동 해상방제, 해안방제 및 화학사고 대응훈련을 연중 실시하고 있다.

(4) 인접국가 간 방제협력체제 구축

① 국제협약 가입

대형 해양오염사고는 해당 국가뿐만 아니라 인접국가에도 영향을 미칠 수 있으며, 사고대응에 한 국가의 힘만으로는 부족한 경우가 있어 국제적인 협력이 필요하다. 이에 따라 국제해사기구는 1990년 11월에 유류오염사고 대비·대응 및 협력을 위한 국제협약(OPRC협약)을 채택하였고, 1995년 5월부터 이 협약이 발효되었다. 우리나라는 1999년 11월에 이 협약에 가입하고, 국가방제기본계획과 지역방제실행계획 수립 등 국내 방제체제 정비와 인접국가간 협력체계를 구축해 나가고 있다. 2017년 7월 현재 우리나라를 포함한 112개국이 가입한 상태이다.

한편, 유해화학물질의 해상운송량이 점차 증가하고 이로 인한 사고 위험이 커짐에 따라 IMO는 기름이외에 유해화학물질 유출사고에 대비할 필요성을 인식하여 2000년 3월 '유해물질(HNS, Hazardous and Noxious Substances)에 의한 오염사고의 대비·대응 및 협력에 관한 의정서'를 채택하였으며, 2007년 6월 발효되었다. 우리나라는 2008년 가입하였으며 2017년 7월 현재 우리나라를 포함하여 39개국이 가입한 상태이다.

② NOWPAP 사업 추진

우리나라 주변해역인 북서태평양지역의 해양환경보호를 위한 국가간 협력사업인 북서태평양보전실천계획(NOWPAP, Northwest Pacific Action Plan) 사업에 한국·

중국·일본·러시아 등 4개국이 참여하고 있다.

NOWPAP은 유엔환경계획(UNEP)의 권고에 따라 북서태평양 해역의 지속가능한 이용·개발 및 관리를 목적으로 한·중·일·러 4개국이 합의한 계획이다. 전 세계 18개 지역해 보전프로그램의 하나이며, NOWPAP RCU 사무국을 중심으로 4개 지역 활동센터(Regional Activity Center)가 활동하고 있다.

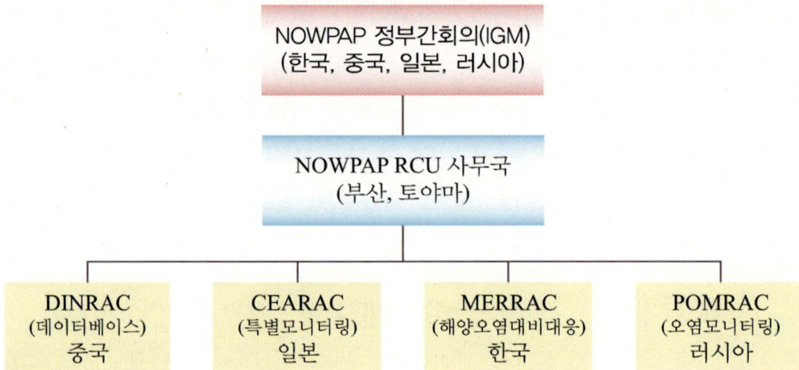

그림 7.3.6 NOWPAP 운영체계

우리나라는 '해양오염 대비·대응에 관한 사업'을 주관하기 위한 방제활동센터(MERRAC)를 유치하여 현재 선박해양플랜트연구소에 사무소를 설치·운영 중이다.

NOWPAP해역 방제협력을 강화하기 위하여 정부간회의, 4개국 방제책임기관 회의 등을 매년 개최하고 있으며, 4개국 합동방제훈련, 도상훈련, 통신훈련 등을 정기적으로 실시하고 있다. 인접국가에 영향을 미칠 우려가 있거나 인접국가의 지원이 필요한 실제 사고가 발생할 경우 상호 정보를 전달하는 시스템을 갖추고 있으며, 실제 2007년 허베이스피리트 호 사고 등에서 이 체계를 작동하여 협력한 사례가 있다.

7.4 지속가능한 사회와 해양환경공학

최근 우리나라는 물론 세계적으로 지속가능한 발전(sustainable development) 또는 지속가능성(sustainability)이 큰 화두가 되고 있다. 이들 용어는 1980년대 후반부터 그 개념이 형성되고 쓰여지기 시작했고, 1990년대 들어 세계적으로 환경문제를 극복하며 인류가 나아가야 하는 큰 새로운 방향으로 받아들여지고 있다. 2000년대 들면서 지속가능한 발전의 개념은 초기의 환경보전과 경제개발의 조화의 추구에서 보다 확장되어 사회적 발전까지 포함하게 되었으며, 오늘날 인류 사회를 이끄는 가장 중요한 이념이 되고 있다. 이 절에서는 지속가능한 발전의 개념을 살펴보고, 해양환경공학이 지속가능한 발전과 관련하여 어떤 의미가 있으며, 해양환경공학의 미래 전망과 발전방향에 대해 탐색해 보고자 한다.[42]

1 지속가능한 발전과 해양환경

(1) 환경문제의 대두와 환경과학

환경문제는 현대 사회의 특징적인 시대사적인 문제로 대두되었다. 역사적으로 보아 환경문제가 본격적으로 중요한 사회적 이슈가 된 것은 미국 등 선진국의 경우 대략 1960년대 이후라고 할 수 있다. 그 이전에도 환경오염 등의 환경문제가 제기되기도 했었지만, 1960년 무렵부터는 환경문제가 선진국에서는 사회의 큰 문제로서 대중적으로 널리 받아 들여졌다. 환경문제에 대한 사회적 관심과 함께 환경문제를 과학적으로 해결하고자 하는 노력이 많은 사회적 지원과 함께 활발하게 이루어졌으며, 이에 부응하여 환경문제를 이해하고 해결하고자 하는 학문적 분야로서 환경과학과 환경공학의 학문적 발달이 이루어지기 시작하였다. 그리고 환경과학과 환경공학 이외에도 기존의 많은 학문 영역에서 그 학문 영역과 관련한 환경문제나 환경적 관점으로 탐구하고자 하는 흐름이 크게 형성되었다.[43] 따라서 환경문제의 대두와 함께 발전한 환경과학과 환경공학의 역사는 선진국에서도 그리 길지 않다.

우리나라 1980년 이전까지는 경제발전이 환경보전에 절대적으로 우선하여 추구되었으나, 1980년 이후 환경보전의 가치를 보다 적극적으로 추구하여, 1980년 개정된 헌법에도 환경권(環境權)에 대한 조항이 처음으로 들어가게 되었으며, 정부기관으로도 환경청이 독립기관으로 설립되었다. 이때부터 우리나라에서도 환경보전을 위한 환경과학과 환경공학이 활발히 발전되기 시작했다(이두곤, 2007b).

그러나 환경 중에서도 해양에 대한 관심은 육상의 수질이나 대기 또는 폐기물 등과 관련된 환경문제보다 더 늦게 발전되었다. 해양환경 문제는 우리와 가까운 곳에

42) 이 절의 내용은 이두곤(2003)의 내용을 기초로 일부를 수정 보완하였음.

43) 여러 학문 영역에서 환경문제나 환경적 관점으로 학문적 탐구가 발전되었는데, 예를 들면 환경지질학, 환경기상학, 환경화학, 환경생태학, 환경농학, 환경건축학, 환경경제학, 환경법학, 환경정책학, 환경사회학, 환경철학 등이 있음(이두곤, 2007b).

서 일어나는 하천이나 호수의 오염문제나 대기오염 문제에 비해 상대적으로 멀리 떨어져 있고, 덜 급박한 문제로 생각되어서인지 환경관련 학문의 여러 분야 중 최근에야 관심을 받게 되었다고 할 수 있다.

환경오염이나 환경파괴와 같이 현상적으로 나타나는 환경문제는 다양한 측면을 가지고 있어 그 이해와 해결을 위해서는 학문적으로도 다양한 분야의 학문이 함께 노력할 필요가 있다.

'환경오염'이란 자연환경에 인간 활동이나 자연적인 과정에 의해 물질이나 에너지가 과도하게 유입되어, 자연의 자정능력을 초과하게 되면서 생물이나 생태계에 해로운 영향을 주거나 인간의 자연자원 이용에 지장을 초래하게 되는 현상으로 정의할 수 있다. 대기오염, 수질오염, 토양오염, 그리고 해양오염이 이러한 오염의 예이다.

이에 대비해 환경파괴란 인간 활동 등에 의해 건강하고 조화롭게 작동되어야 하는 자연의 중요한 구성 요소가 물리적으로 손상이 되는 현상이라 할 수 있다. 그러한 예로서 간척에 의한 갯벌의 매립, 도시 건설이나 도로 건설 등에 의해 자연환경 또는 생물 서식지의 환경파괴, 또는 남획에 의한 생물자원 고갈 등을 들 수 있다(이두곤, 2003).

환경과학(environmental science)이란 바로 환경과 이러한 환경문제(환경오염과 환경파괴)를 탐구하는 학문이라 할 수 있다. 해양환경공학은 환경과학과 상당히 연관성이 크다고 생각되므로 환경문제의 대두와 함께 형성되어왔다고 생각되는 환경과학의 발전역사와 연관지어 생각해볼 필요가 있다.

환경과학은 인간이 환경에 어떠한 영향을 미치는가를 연구하는 학제적 연구 분야이다(안동만 역, 2001). 환경과학이 학제적인 성격을 갖는다는 것은 환경 및 환경문제와 관련하여 여러 학문 분야, 즉 생태학, 화학, 지구과학, 물리학, 생물학 등 자연과학과 경제학, 정책학, 법학, 사회학 등 사회과학, 철학과 윤리학 등 인문학, 그리고 환경공학, 자연자원 관리학, 임학, 농학, 환경보건학, 독성학 등 응용과학의 학문적 탐구를 바탕으로 환경과 환경문제에 대해 종합적이고 체계적인 이해를 추구하기 때문이다. 따라서 환경과학은 물리, 화학, 생물, 지구과학과 같은 전통적인 자연과학뿐만 아니라 인문 사회과학과 응용과학을 포함한다.

또한 환경과학은 그 이름에 과학을 포함하고 있어, 물리학이나 화학, 또는 생물학, 지구과학과 같이 순수한 자연과학 또는 하나의 기초과학처럼 생각될 수도 있으나, 응용과학적 성격을 상당히 크게 가진다. 왜냐하면 이는 환경과학이 환경문제를 중요한 탐구대상으로 하기 때문이다. 환경문제를 탐구한다는 것은 환경문제를 해결하고자 하는 목적이 있기 때문에 환경문제의 본질을 이해하고 그 해결을 추구하는 것을 의미한다. 따라서 환경과학은 특히 응용과학적 성격을 많이 가지며, 환경공학과도 긴밀한 관계를 가진다고 할 수 있다. 우리의 탐구대상인 해양환경공학 역시 해양과 해양 환경문제와 관련된 공학으로 생각할 때 이러한 환경과학적 본질에서 시사점을 많이 찾을 수 있다.

환경과학이 전반적인 환경문제를 오랫동안 다루었으나, 해양 환경문제를 본격적으로 다룬 역사는 짧다. 그것은 대기오염이나 육상에서 수질오염 등 우리와 가까운 곳에서 발생하는 환경문제 해결에 더 많은 사회적 우려와 관심이 치중되었기 때문이다. 즉 인류 경제활동의 중심인 육상에서 나타나는 환경문제가 훨씬 가시적이고 긴급하게 해결해야 했던 과제였으므로 환경과학의 역사적 발전에서 해양 환경문제에 대한 관심은 토양환경 문제와 함께 가장 나중에서야 관심을 받게 된 환경과학의 영역이다. 그러나 지구환경을 구성하는 모든 요소는 아주 긴밀하게 상호작용하여 지구의 생명부양에 필요한 조건을 제공하는데, 해양 역시 인간을 포함한 지구상 모든 생물의 생존에 필수적인 자원을 공급하는 지구환경의 핵심 구성요소이다. 따라서 해양 환경문제를 이해하고 해결하기 위한 노력이 인류사회의 지속가능한 발전 실현에서 차지하는 중요성은 대기나 육상 환경문제 해결에 비해 결코 작지 않다.

해양환경공학은 이상과 같은 맥락에서 지구의 중요한 요소이자 인간과 관련성이 많은 해양을 대상으로 한 종합적인 환경과학의 성격을 가지고 있으며, 동시에 문제를 효율적으로 해결하며 새로운 창조를 하고자 하는 공학의 성격을 함께 가지고 있다고 하겠다. 특기할 점으로 해양환경공학은 기존에 형성되어 있는 환경공학과도 좀 구별되는 특징이 있다고 할 수 있는데, 기존 환경공학에서는 아직 발견하기 어려운 보다 좋은 환경을 창조하고 인류의 삶의 질을 높이기 위해 유용한 자원과 에너지를 개발하고자 하는 부분까지도 중요하게 포함하고 있는 점을 특별하게 볼 수 있다.

예를 들면 해양환경공학은 다양한 유형의 해양오염 문제를 해결하기 위한 연구 외에도 해상풍력발전이나 조류발전이나 파력발전과 같은 해양 신재생에너지 개발을 포함하며 해양심층수 개발, 친환경 해양공간 이용기술 개발, 해양생물에 포함되는 신물질을 자원으로 개발하는 해양생명공학 기술 개발 등도 다루고 있다. 즉 해양환경공학의 학문적 영역은 해양환경을 보전하고 인간 삶의 질을 높이는 친환경 해양자원 개발을 포괄하기 때문에 해양 분야의 지속가능한 발전에 크게 기여할 수 있는 학문이라고 할 수 있다. 또한 학문적으로 통합적이고 종합적인 해양환경공학을 바탕으로 해양환경 정책까지 포함하며, 이러한 과정에서 사회적 측면의 지속가능한 발전의 구현에도 해양환경공학의 학문적인 범주가 연결되는 성격을 갖는다.

(2) 지속가능한 발전의 개념과 해양환경

최근에는 '지속가능성(sustainability)'이 환경과학의 중요한 화두가 되어 환경과학

전체의 성격을 새로이 형성하고 있다고 할 수 있다. 지속가능성이란 간략히 말해 현재 인간의 생존과 행복추구를 위해 자연자원을 이용하되 환경문제가 가능한 한 최소한도로 발생되게 이용하자는 원칙이라 할 수 있다. 인간활동의 영향에 의해 자연 생태계가 쇠퇴하지 않고, 미래에도 계속 지구상의 인간을 포함한 생물들을 부양하는 기능이 유지될 수 있게 하여야 한다는 것이다. 즉, 개발과 자연자원의 이용에 있어서 공간을 개발하거나 자연자원을 이용할 때 최대한 환경을 보호하고 고려하여야 한다는 이론이다.

일반적으로 지속가능성을 지속가능발전(sustainable development)과 개념을 특별히 구분하지 않고 쓰는 경향이 있다. 그러나 이 두 개념을 구분하여 '지속가능성'은 건강한 환경이 가지고 있는 하나의 일반적 속성, 즉 '어떤 좋은(바람직한) 상태가 계속 지속될 수 있는 성질이나 그러한 상태'로 규정하여 이러한 특성을 나타내는 개념으로, '지속가능발전'이란 그러한 지속가능성의 특성이 유지될 수 있는 발전(개발, 노력, 활동 등)으로 개념을 구분할 수 있다(이두곤, 2007a).

즉, 지속가능성은 건강한 환경이 가지고 있는 하나의 추상적인 속성이라 할 수 있다. 원래 지구의 건강한 자연환경은 그 속에서 인간의 활동을 포함하여 지속가능성이라는 소중한 가치를 갖는 특성이 자연적으로 있다. 이는 지구생태계의 생태학적 원리라고 할 수 있다. 즉 건강한 지구생태계는 물질순환과 에너지흐름에 의해 태양의 빛이 지구 외부로부터 유입해 들어오는 한 생태계의 기능이 지속적으로 유지될 수 있다.[44] 현대사회에서 인간의 활동은 이러한 지구환경의 지속가능성을 위협하고 있다고 보는 것이다. 이러한 지속가능성 또는 지속가능한 발전의 개념은 최근 환경을 보는 새롭고도 근본적인 관점이 되며, 세계를 변화시키는 방향이 되고 있는 것이다.

지속가능한 발전의 개념은 1992년에 열린 국제환경회의인 리우환경회의 이후 국제적으로 크게 확산되었는데, 이 개념은 1987년 '환경과 발전에 관한 세계위원회'(World Commission on Environment and Development, WCED)가 발간한 '우리의 공동 미래'(Our Common Future, Bruntland 보고서라고도 함)에서 처음 쓰였다(정대연, 페트릭 뮬린즈, 2003). 우리나라에서는 '지속가능한 개발' 또는 '환경적으로 건전하고 지속가능한 개발'(Environmentally Sound and Sustainable Development, ESSD)이라는 용어가 많이 쓰였으나, 그 개념이 확장되면서 지속가능한 개발이라는 용어보다 현

44) 여기서 물질순환(material cycle)과 에너지 흐름(energy flow)은 생태학의 용어임. 물질순환이란 지구에서 유기체와 관련한 주요 물질(탄소, 질소, 인, 물 등)이 다양한 과정을 통해 생물에서 비생물환경으로, 비생물환경에서 다시 생물로 이동하는 생지화학적 순환(biogeochemical cycles)을 의미함. 에너지 흐름이란 태양에너지가 지구로 유입되어 광합성과정을 통해 무기물로부터 유기물이 만들어지고, 생태계 내에서 이 유기물이 먹이그물을 통해 소비되면서 에너지가 이동하는 것임. 결국 유기물이 열에너지의 형태로 공간 속에 흩어지며, 이 과정에서 특징적으로 에너지는 물질순환과 달리 순환되지 않고 한쪽 방향으로 흐른다는 것임(안동만 역, 2001).

재는 지속가능한 발전이라는 용어를 더 많이 쓰게 되었다. 이는 지속가능한 발전이 환경과 경제만의 관계가 아니라, 사회적 발전까지 포함하는 개념으로, 즉 사회발전의 전반적인 방향으로 그 개념이 확장되었기 때문이라고 할 수 있다. 그래서 오늘날 지속가능발전의 개념은 환경, 경제, 사회적으로 지속가능한 발전을 의미하는 것으로 그 개념이 확장되었으며, 우리 사회와 지구촌 발전의 큰 방향으로 자리매김하고 있다.

이러한 지속가능한 발전은 그 이전에 환경보전과 개발을 대립적인 시각에서 보던 관점을 극복하여, 개발도 하며 환경도 보호하는 두 가치를 조화롭게 함께 추구하고자 하는 관점을 나타내는 것이다. 경제발전과 환경보전을 함께 추구하여야 하며, 할 수 있다고 보는 것이다. 이러한 지속가능한 발전의 관점은 오늘날 환경과 관련한 전망에 핵심적인 지향내지 이념이 되고 있다.

지속가능성 관점에서 환경문제를 생각해 보면, 환경문제는 인간의 환경이용과 관련하여 주로 발생하는데, 환경의 자정능력이나 재생능력 이상으로 환경을 이용하면서 환경이 지속가능하지 않게 되는 문제가 환경문제라 할 수 있다. 그렇다면 환경문제를 야기하는 인간이 환경을 이용하지 않으면 문제를 해결할 수 있지 않을까 생각해 볼 수 있으나, 현실적으로 인간이 생존하고 삶의 질을 개선하기 위해서는 자연 환경을 이용하여야 한다는 것이다. 그래서 환경문제의 야기와 인간의 자연이용 또는 개발은 대립적 관계, 또는 긴장관계가 상당히 높게 유지되었으나 지속가능발전의 개념에서는 인간의 삶의 발전을 위해 자연이용과 개발을 부정하지 않고, 개발을 하되 자연이 미래에도 지속가능하게, 그 한도 내에서 개발을 하자는 아이디어이다. 즉, 지속가능성이란 토양, 물, 공기, 생물다양성 등 자연계가 인간이 가하는 스트레스로 인해 쇠퇴하지 않고, 영구히 그 기능을 가지는 것이며, 지속가능한 개발(발전)이란 인류의 현재의 필요를 충족하면서도 미래세대의 필요를 위협하지 않게 환경을 이용한다는 것을 의미한다(안동만 역, 2001). 논리적으로 이렇게 환경을 이용할 때, 소중한 환경이 지속가능성의 특성을 계속 가질 수 있으며, 인간이 그 자신의 필요를 충족하며, 삶의 질을 높이며 살아가면서도 자연과 조화되며 살게 되는 것이다.

해양환경과 관련하여 지속가능한 개발 내지 지속가능한 발전이란 인류의 삶의 질의 향상을 위해 해양을 이용하되 최대한 보호를 하며 해양을 이용하는 것을 의미한다고 할 수 있다. 지구와 인류에게 소중한 해양이 미래에도 지속적으로 유지되는 한도 내에서 해양을 이용하고 보호하는 것을 의미한다. 즉, 이는 해양의 건강한 생태계가 쇠퇴하지 않고 지속적으로 유지되며, 해양의 자원적인 가치가 미래에도 계속 유지되는 것을 의미한다. 그래서 해양오염이나 해양환경파괴 등 해양환경 문제로 인해 소중한 해양환경의 지속가능성이 위협되지 않게 하는 것이다. 그러기 위해 우리는 해양환경을 보다 깊이 이해하고, 해양환경 보호를 위한 과학기술, 시스템, 체제를 개발하여 창의적으로 적용할 필요가 있는 것이다.

2 해양환경공학의 현재와 미래

해양환경의 중요한 환경문제 역시 주로 인간의 해양자원 이용과 관련하여 발생하며, 해양환경 파괴문제와 해양환경오염 문제로 대별될 것이다. 환경과학적 관점에서 볼 때 해양환경공학은 이러한 해양환경문제를 학제적으로 종합적으로 해결하기 위해 특히 과학과 공학적 방법으로 또한 가장 효율적이고 경제적인 문제 해결을 모색하기 위해 태동된 학문분야라 할 수 있다.

앞에서 크게 구분한 두 가지 해양환경문제의 한 가지인 해양환경오염은 해양환경에 인위적이거나 자연적 과정에 의해 물질이나 에너지가 해양의 자정능력 이상 유입되어 해양생태계나 인간에게 좋지 않는 영향을 주게 되는 현상이다. 물론 그 원인은 주로 인위적인 원인이다. 개념적으로 볼 때 해양환경오염, 즉 해양오염에 대비되는 해양환경 파괴에 해당되는 현상의 예로서는 연안 개발에 의한 갯벌 파괴, 토사 채취나 항만 준설 또는 심해저 개발에 의한 해양 저서 환경(생태계) 파괴, 또는 방조제 건설이나 연안의 풍력발전기나 조력 발전소 혹은 기타 해상 구조물 설치에 따른 해양의 물리적 환경의 변형 등을 들 수 있다.

환경과학적 견지에서 해양환경공학은 지구를 구성하는 수권(hydrosphere) 중 가장 물의 규모가 큰 하구(estuary)와 연안을 포함하는 해양의 환경과 환경문제를 탐구하고 해결하고자 하는 종합적, 학제적 학문이라 할 수 있다. 환경과학의 일반적 성격에서 논의했듯이 해양환경공학은 이러한 해양환경문제의 이해와 해결에 도움이 되는 모든 학문분야를 포함하며, 앞으로 포함하여야 할 것이다. 즉, 환경오염물질을 분석하고 평가하는 데 필요한 전통적인 해양오염 분석에 관련된 학문분야는 물론, 해양오염물질의 사후처리 기술에 관련된 분야(end of the pipe technology), 해양오염과 관련된 해양 환경복원(marine environmental remediation)분야, 해양오염과 관련된 청정생산분야, 해양오염의 예측과 모델링, 관리 또는 해양오염과 해양환경 파괴로부터 해양환경을 보전하기 위한 제반 과학과 공학 및 정책을 포함하는 영역이 환경과학적 견지에서 생각할 수 있는 해양환경공학의 영역이다(이두곤, 2003).

최근 논의되는 해양과학기술(marine technology, MT)의 상당히 많은 영역들이 해양환경공학의 영역과 긴밀히 관련된다. 정회수(2003)는 MT를 세 가지 연구영역으로 나누어 첫째, 해양환경 보전을 위한 연구영역, 둘째, 해양자원의 개발·활용을 위한 연구 영역, 셋째, 해양에서의 활동을 위한 연구영역으로 나누고 있다. 해양환경 보전을 위한 연구 영역으로 해양환경 관측 기술, 환경변화 예측기술, 연안 해양환경 모니터링·평가 기술, 오염해역 청정화 기술, 친환경적 해양환경관리 기술 등을 포함한다. 해양자원 개발·활용 기술은 해양생물자원, 해양에너지 자원, 광물자원, 해양 수자원, 해양 공간 자원 등을 개발하는 데 관련되는 기술을 말한다. 해양활동을 위한 MT의 연구영역으로는 선박개발기술, 해양플랜트 개발기술, 수중 활동기술, 해양 장비시스템 개발기술 등을 포함한다(정회수, 2003). MT에 대한 이러한 분류를 살펴보더라도 해양환경공학은 이 MT 분류의 첫 번째(해양환경보전을 위한 연구) 영역뿐만 아니라, 두 번째 영역(해양자원 개발·활용 기술 영역)에서도 관련성이 크다. 이 뿐만 아니라 세 번째인 해양활동을 위한 MT의 연구영역에서도 환경친화적인 선박이나 플랜트, 장비 시스템을 개발하는 데도 긴밀히 관련되어 있다. 예컨대 심해저의 망간단괴 등 자원을 개발하는 과정에 있어서도 환경영향을 평가하는 기술, 개발장비와 개발과정을 환경친화적인 시스템으로 개발하는 것은 중요한 요청이 되며, 이러한 연구에 해양환경공학은 중요한 역할을 할 수 있는 것이다.

이상에서 살펴보았듯이 해양과학기술(MT)의 핵심적인 많은 영역들에서 해양환경공학이 필요하며, 해양환경공학이라는 학문의 발전은 MT 연구의 발전에도 중요하다고 볼 수 있다.

또한 해양환경공학은 최근 많이 논의 되는 4차 산업혁명과도 많은 관련이 있다. 최근 놀랍도록 빠르게 발전하고 있는 인공지능(Artificial Intelligence, AI), 로봇, 다양한 센서(sensors)와 사물인터넷(Internet of Things, IoT) 등 4차 산업혁명의 새로운 기술들은 해양환경공학 영역에서도 미래에 적용되어 우리 해양환경을 지키고, 인류의 삶의 질을 높이며 친환경 해양개발을 하는 스마트 녹색 정보기술(smart green information technology)로 발전할 가능성이 크다. 그리고 해양은 다양한 생물들이 사는 서식처이며, 지구상에서 생물다양성이 매우 높은 생태계이므로 해양생태학과 생명공학을 기반으로 하는 해양환경공학의 발전 역시 21세기의 중요한 비전인 생명과 환경가치의 존중과 추구에 중요한 의미를 가지며 기여하게 될 것이다.

해양환경공학의 학문적 성격은 환경과학의 일반적 성격처럼 다학문적, 간학문적, 학제적 성격을 갖는다. 해양환경 자체가 물리, 화학, 생물, 지구과학의 성격을 갖는 다학문적 성격을 갖지만, 해양오염 등 해양환경 문제를 이해하고 해결하기 위해서는 많은 기술, 공학적 성격을 가질 수밖에 없다. 또한 공학의 일반적 성격처럼 현실의 문제 해결을 위해 수학과 자연과학을 바탕으로 효율적이고 실용성이 높은 방법을 찾기도 한다.

흔히 과학과 공학의 차이를 간략히 과학은 탐구 대상에 대한 이해를 추구하고, 공학은 문제해결을 추구한다고 하지만, 오늘날 많은 경우 과학과 공학은 긴밀히 연결되어 있다. 해양환경공학도 해양 환경과 해양 환경문제에 대한 이해와 문제해결이 긴밀히 연결되어 있어 해양환경에 대한 과학(science)과 공학(engineering) 내지 기술(technology)을 모두 포함하고 있다. 환경문제를 이해한다는 것은 이미 현실의 사회적 문제를 다루고 있으며, 문제 해결을 추구하고 있는 것이다. 따라서 환경과학적 관점에서 볼 때 해양환경공학은 해양환경과 해양환경문제에 대한 자연과학적, 순수 과학적 접근과 응용과학적, 공학적, 기술적, 정책적 접근을 함께 포함하는 학문적 영역이라 할 수 있다.

또한 해양환경공학은 해양환경오염이나 해양환경파괴 같은 해양환경문제를 해결하는 공학 이상의 성격도 가지고 있다. 해양과 관련된 환경문제 해결 이외에도 보다 좋은 환경을 창출하고 창조하는 공학의 성격도 함께 가지고 있다. 그런 영역이 크게 발전될 가능성도 가지고 있다. 건강하고 지속가능한 해양환경을 위한 공학, 인간의 삶의 필요와 자아실현, 꿈의 실현을 위한 보다 좋은 해양환경과 공간을 창출하는 공학 역시 해양환경공학의 미래라 할 수 있다.

공학은 자연과학과 수학, 컴퓨터 과학 등을 이용하여 현실의 문제를 해결하고 삶의 질을 향상시키는 데 목적을 둔다. 해양환경공학은 해양환경의 문제를 해결하고, 지속가능한 보다 나은 환경을 창출하고자 한다.

3 지속가능한 사회와 해양환경공학

(1) 지속가능성, 지속가능발전을 위한 해양환경공학

우리는 이 책을 통해 해양환경공학의 다양한 측면을 살펴보았다. 해양환경에 대한 기초과학적, 해양학적 이해를 바탕으로(제2장), 해양환경 문제의 다양한 측면을 탐구하였으며(제3장), 해양환경 보전과 관리기술을 탐구하여, 해양환경과 관련된 문제를 해결하고 보다 나은 해양환경을 창출하는 공학을 탐색하였다(제4장). 그리고 미래지향적인 해양환경의 새로운 분야를 해양청정개발기술, 신재생 해양에너지, 해양생물자원과 해양생명공학, 해양공간자원과 해수자원 등의 분야를 중심으로 살펴보았다(제5장). 또한 해양환경공학이 실제 적용되는 사례를 탐구하였다(제6장). 그리고 해양환경보전 관련법과 제도 관리체제 등을 마지막으로 탐구하였다(제7장).

이러한 탐구를 통해 최근 발달하고 있는 해양환경공학의 전체적인 그림을 그려보았다. 해양환경공학을 선도하는 한국해양환경·에너지학회는 1997년에 창립된 한국해양환경공학회를 기반으로 2012년 새로운 비전으로 학회 명칭이 개정되며 이 영역의 학문이 발전하고 있으니, 이 또한 해양환경공학이 매우 최근에 형성 발전되고 있는 분야라는 것을 말해 주는 것이다. 이 책은 해양환경공학 분야의 학문적인 성격과 비전을 가지게 하는 데 크게 도움이 될 것으로 기대된다.

길지 않은 역사의 환경과학도 그 내용적 중심 주제와 지향이 조금씩 바뀌어가고 있다. 초기에 환경과학 내지 환경공학은 주로 대기나 수질오염, 폐기물 문제에 대해 오염 현상의 이해와 사후적 처리(end of the pipe technology)를 다루었으나 최근에는 청정기술(clean technology) 등 오염의 사전 예방적 기술, 오염된 자연환경을 건강히 회복시키는 환경복원(environmental remediation) 기술 등으로 영역이 확장되고 있다. 이러한 흐름, 즉 지속가능성을 고려한 환경과 환경문제에 대한 이해가 환경과학의 중요한 연구 과제가 되고 있으며, 환경공학에 있어서도 최근 지속가능성을 위한 공학(engineering for sustainability)을 연구하고자 하는 흐름도 있다(이두곤, 2003). 해양환경공학은 지속가능성을 위한 공학으로서의 의미를 크게 가진다(심정은, 이두곤, 2008).

해양환경공학은 현재 특히 그 학문 영역 자체가 형성 개척되어 가는 신생 분야라 할 만하다고 할 수 있다. 해양환경공학의 탐구 영역을 살펴보면, 비교적 전통적 영역이라 할 수 있는 해양오염의 측정 및 평가, 해양오염 원인에 대한 파악, 해양오염 물질의 처리 이외에도 최근의 환경과학의 경향처럼 오염된 해양환경의 복원, 해양에서의 청정생산도 앞으로 주목되는 영역으로 생각된다. 해양환경 보전을 위한 기계 시스템의 개발 또는 정보 및 관리 시스템의 구축, 해양환경 보전을 위한 예방적 방안 강구, 그리고 해양환경에서 지속가능성을 구현하기 위한 통합적 과학과 공학(science and technology) 등의 방향으로 해양환경공학의 발전을 전망할 수 있다.

앞으로 해양환경보전을 위해 해양환경과 관련된 센서기술을 포함한 자동화된 환경 모니터링 및 정보관리 시스템 개발 및 구축, 그리고 해양환경 문제의 이해와 해결을 위한 첨단 기술 분야 등이 해양환경공학의 미래에 우리 연구자들을 초청하고 있는 분야 중 일부이다. 또한 지금은 생소하거나 알려져 있지 않은 미래의 환경문제를 해결하기 위한 탐구와 환경문제가 아니라 적극적으로 좋은 환경을 창출하기 위한 과학 및 공학까지도 해양환경공학의 미래에 개척해야 할 대상 분야로 생각된다. 또한 지속가능한 해양환경을 창출하기 위한 과학과 공학(science and engineering for marine sustainability)이 바로 미래의 해양환경공학의 영역이라 할 수 있다.

특히 해양환경공학 분야는 해양 환경문제의 이해와 해결을 목표로 또 그를 통해 보다 밝고 지속가능한 인간과 바다의 관계를 창출하는 새로운 연구 분야로 발전 전망이 크다고 생각된다.

(2) 해양환경공학의 역할과 의미

기나 긴 지구의 역사와 인류의 역사에서 인간의 존재와 생활이 지구전체의 환경에 영향을 미치게 된 것이 과학 기술 문명이 크게 발달한 20세기 이후라 할 수 있겠는데, 환경문제의 중요성을 인류가 인식하고 지구환경을 보전하여야 한다는 인식과 그에 따른 사회적 노력을 하게 된 것은 20세기 후반, 1960년대 이후의 일로서, 이러한 환경주의는 20세기를 대표하는 문명사적인 의미를 갖는 현상이 되었다고 할 수 있다. 이는 환경혁명(environmental revolution)을 인류의 3대 혁명 중 하나로서 환경혁명(environmental revolution)이라고 할 정도로 환경적으로 큰 변화의 물결이 현재 진행되고 있다. 우리 사회는 현재 인간과 환경의 관계를 건강한 관계로 변화시키는 문명, 과학, 기술, 교육 등 인간의 제반 활동에서 혁명적인 변화가 진행되고 있다.

근대이후 과학기술과 산업의 발전으로 인간의 자연지배력이 높아지고, 생산력이 높아져 인간의 삶의 질은 크게 발전하였지만, 자연을 지배하고 이용하고자 하는 과정에서 자연은 돌이킬 수 없이 파괴되고 오염되어 갔으며, 마침내 지구의 지속가능성을 걱정하는 데 이르게 되었다. 인류는 새로이 지속가능한 미래를 건설하고 창조하고자 하는 이상을 가지게 되어 새로이 지속가능성에 기반을 둔 문명을 만들고자 하는 것이다(안동만 역, 2001; 이두곤, 2006). 이 세계사적인 흐름에 핵심적인 개념이 지속가능성(sustainability) 또는 지속가능발전(sustainable development)이다.

환경 중에서도 해양환경은 가장 최근에 우리가 눈을 돌려 보호하고 발전하고자 하는 영역이다. 해양은 환경과학 영역 중 가장 최근에 주목을 받고 있는 부분이다. 그만큼 해양을 보전하고자 하는 관심과 노력이 부족했었다고 할 수 있다. 해양환경을 잘 보전하기 위한 과학과 공학을 잘 발전시킬 의무가 우리에게 있다. 지속가능성의 방향으로 우리의 이해를 보다 깊이 하고, 해양 환경문제를 지속가능성의 방향으로 창의적으로, 효율적으로 해결하고, 보다 나은 좋은 환경을 창출하는 방향을 과학적으로 모색하고자 하는 것이 새로이 발전하고 있는 해양환경공학의 세계라 할 수 있다.

이것은 인류의 새로운 이상이라 할 수 있다. 인류의 긴 역사 가운데 20세기 후반에 이르러 자연과 인간이 함께 조화롭게 살고, 건강한 환경을 유지 지속하고자 하는 새로운 이상이라 할 수 있다.

우리는 해양환경문제를 해결하고, 해양환경을 건강하게 보전하고, 좋은 해양환경을 창출하기 위한 과학과 공학을 잘 발전시킬 의무가 우리에게 있다. 우리는 해양환경공학을 탐구하는 데 대한 자부심과 비전을 가진 창조적인 해양환경공학도가 되도록 노력하자.

참고문헌

강대석 · 남정호, 2003. 에머지 개념을 이용한 해양환경자원의 가치평가와 정책활용방안, 한국해양수산개발원, 127

과학기술처, 1995. 연안역이용 및 통합관리를 위한 연구(I). 865

과학기술처, 1996. 연안역이용 및 통합관리를 위한 연구(II, III). 682

남정호, 2000. 해양수산정책실효성 제고를 위해 네트워크 생산체제 구축, 해양수산동향, 제961호, 2000년 2월 14일, 한국해양수산개발원.

남정호, 2005. 연안통합관리를 위한 과학과 지식의 역할모델 개발 연구, 해양환경공학회 2005 춘계학술대회 발표자료. 2005년 5월, 부산 Bexco.

남정호 · 강대석. 2003. 육상활동으로부터 해양환경을 보호하기 위한 관리체제 개선방향. 해양정책연구. 18(2):33-68

남정호 · 강대석 · 육근형, 2003. 민 · 관 · 연 협력형 해양환경보전활동 진단과 발전방향, 해양환경보전활동 강화를 위한 제6차 정책워크숍 자료집, 83-103.

남정호 · 최지연 · 육근형 · 최희정, 2004. 연안 · 해양보호구역 통합관리체제 구축방안 연구, 한국해양수산개발원, 268

심정은, 이두곤 (2008). 해양환경공학과 환경교육: 환경교육을 위한 환경학의 관점에서. 한국해양환경 · 에너지학회지, 11(4), 175-180.

안동만 역, 2001. 환경학, 보문사.

이두곤, 2003. 환경과학적 측면에서의 해양환경공학의 학문적 성격과 발전 방향, 한국해양환경공학회 추계학술대회논문집, 131-137.

이두곤, 2006. 탐구 중심 환경교육의 개념과 의미, 환경교육, 19(1), 80-89.

이두곤, 2007a. 환경교육과 교과내용, 한국환경교육학회 2007 전반기 학술대회논문집, 146-162.

이두곤, 2007b. 환경교육과 환경학의 관계: 환경교육을 위한 환경학의 관점, 한국교원대학교 환경학교육연구소(ESE) 학술발표 및 토론회 자료집, 3-24.

임효혁 · 강대석 · 남정호, 2003. 연안유역관리를 위한 해양환경수용력 평가모델의 활용 개선방안, 해양정책연구, 18(1):33-69

정대연, 페트릭 뮬린즈, 2003. 환경과 지속가능한 발전, 제주대학교 출판부.

정회수, 2003. MT와 지속가능한 해양개발, MT와 지속가능한 해양개발을 위한 해양수산정책 워크샵, 한국해양과학기술협의회(제8회 바다의 날 기념 2003년도 워크샵), 10-23.

해양수산부, 2018. 대규모 해양오염사고 위기대응 표준매뉴얼

해양경찰청, 2018. 해양오염사고 대비 · 대응을 위한 국가긴급방제계획

환경부, 2006, 국가환경관리종합계획

Bernstein, B. B., B. E. Thompson, and R. W. Smith. 1993. A combined science and management framework for developing regional monitoring objectives. Coast. Management. 21: 185-195.

Kang, D. and J. Nam. 2002. Coastal use conflicts and their resolution for the successful implementation of ICM in Korea. MOMAF-NOAA Integrated Coastal Management Workshop. 2～3 December, 2002. Seoul, Korea. 87～99.

Nam, J. and D. Kang, 2006. Strengthening ICM implementation through national strategy for the marine environmental protection in RO Korea, 2006 EAS Congress hosted by PEMSEA, Dec. 12-16. China.

찾아보기

해양환경공학 정가 35,000원

발 행 2018년 12월 20일 2판 1쇄
저 자 한국해양환경 · 에너지학회
발행인 정우용
발행처 도서출판 **동화기술**
경기도 파주시 광인사길 201(문발동, 파주출판도시)
Tel (031)955-4211~6 donghwapub@nate.com
Fax (031)955-4217 www.donghwapub.co.kr
(등록) 1977년 12월 19일/9-16호

ISBN 978-89-425-9211-1